核苷酸营养

（第 2 版）

主　编　李　勇　徐美虹　陈玉松

编　委　（以姓氏笔画为序）

丁　婷　北京大学医学部
马　媛　大连珍奥生物技术股份有限公司
于晓晨　北京大学医学部
王秀娟　北京大学医学部
韦　婵　北京大学医学部
尤　美　北京大学医学部
毛瑞雪　北京大学医学部
刘　睿　北京大学医学部
刘欣然　北京大学医学部
李　勇　北京大学医学部
李　臻　北京大学医学部
宋　歌　北京大学医学部
张　颖　北京大学医学部
陈玉松　珍奥双迪健康产业集团
武　欣　北京大学医学部
胡佳妮　北京大学医学部
珠　娜　北京大学医学部
徐美虹　北京大学医学部
黄国新　大连珍奥生物技术股份有限公司
曾　峥　珍奥双迪健康产业集团
鲍　雷　北京大学医学部
蔡夏夏　北京大学医学部
貌　达　北京大学医学部
樊　蕊　北京大学医学部

秘　书　樊　蕊（兼）

北京大学医学出版社

HEGANSUAN YINGYANGXUE

图书在版编目（CIP）数据

核苷酸营养学 / 李勇主编 . —2 版 . —北京：北京大学医学出版社，2023.3

ISBN 978-7-5659-2785-0

Ⅰ. ①核…　Ⅱ. ①李… ②徐… ③陈…　Ⅲ. ①核苷酸－营养学　Ⅳ. ① Q524

中国版本图书馆 CIP 数据核字（2022）第 230224 号

核苷酸营养学（第 **2** 版）

主　　编：李　勇　徐美虹　陈玉松
出版发行：北京大学医学出版社（电话：010-82802495）
地　　址：（100191）北京市海淀区学院路 38 号　北京大学医学部院内
电　　话：发行部 010-82802230；图书邮购 010-82802495
网　　址：http://www.pumpress.com.cn
E-mail：booksale@bjmu.edu.cn
印　　刷：北京信彩瑞禾印刷厂
经　　销：新华书店
责任编辑：靳新强　**责任校对：**靳新强　**责任印制：**李　啸
开　　本：787 mm×1092 mm　1/16　**印张：**37.5　**字数：**934 千字
版　　次：2023 年 3 月第 2 版　2023 年 3 月第 1 次印刷
书　　号：ISBN 978-7-5659-2785-0
定　　价：150.00 元

前 言

健康长寿是全人类的共同追求，也是民族昌盛和国家富强的重要标志。全球化使健康风险的传播速度和累积速度不断加快，使全球健康促进进入新时代。我国在历经快速工业化、城镇化后，生态环境、生活方式发生了巨大变化，所面临的健康挑战更为复杂。另外，当前我国经济保持持续增长，国民消费结构明显升级，疫情常态化，这些也使得公众对健康食品和健康生活方式的认知明显提升，人们对健康类产品的需求更为理智和旺盛。因此，在“健康中国”战略的大背景下，以科研突破为核心牵引，联动科技创新，必将是营养健康领域变革的中轴路径。

早在 10 年前，我就率先提出“核苷酸营养学”这一概念，认为它将重排营养素构成，将会是营养学科中颇具活力和影响力的领域之一。核苷酸不仅是构成生物体遗传结构 / 信息的基本单元，还在生命信息传递与生命活动调控中充当操盘手一角，兼具遗传与非遗传作用，是当之无愧的“生命本源物质”。外源核苷酸（包括 DNA、RNA、核苷酸和核苷）在特定生理条件下是不可缺少的营养成分，并且在机体受到免疫挑战、肝损伤、应激、饥饿、快速生长及衰退的情况下，能进入各种组织中并被吸收利用，节省机体从头或者补救合成的消耗，从而可以优化组织功能。因此，核苷酸被认为是人体重要的营养素之一。在营养与食品创新领域，核苷酸更以其高安全性、功能多样、效能优越、多维应用等诸多特点，显示出其在促进人类健康方面具有得天独厚的优势，已被国家食品药品监督管理局批准上市，作为符合国标的食品营养强化剂（GB 14880-2012）和特殊医学用途配方食品原料（GB 29922-2013）已被广泛使用于婴幼儿配方乳粉、保健食品和特殊医学用途食品，还规定了核苷酸型食品配料国标（GB/T 20886.2-2021），成为营养食品行业中发展前景极为广阔的核心功能性配料。

不待扬鞭自奋蹄。10 年来，我带领研究团队“用力用心用情，为人类健康服务”，针对核苷酸的营养学作用，继续投入大量人力，历经千辛万苦，耗资数千万，开展了近百项科学试验。在既往工作的基础上，我们更进一步地从基因分子-细胞器-细胞 / 菌群-组织器官-动物等多维层面对核苷酸进行了全面系统的安全性评价和基础生理 / 营养功能探索，发表相关论文数十篇。先后发现并证实：①外源核苷酸具有延缓衰老的作用。外源核苷酸干预可延长寿命（生存时间）12.6%。②外源核苷酸具有延长健康寿命的作用。外源核苷酸干预可调节机体代谢、改善衰老引起的机体功能衰退，有效降低小鼠病理改变的发生，减少疾病发生率，改善小鼠生命质量，使其拥有更好的健康寿命，对生命质量的提高有着极为正向的促进作用。③外源核苷酸可直接被衰老细胞吸收利用，并影响衰老细胞的多种代谢水平。④外源核苷酸对于衰老相关的学习记忆功能衰退等神经退行性变和肌少症的发生发展有较好的防治作用，具备改善增龄引起的失能失智的潜力。⑤外源核苷酸对免疫系统具有重要的调节作用，尤其在老年免疫的维稳和抗过敏方面。⑥外源核苷酸具有延缓血管内皮细胞衰老、改善衰老肝脂质沉积和纤维化、调节肠道菌群的作用。现将我团队针对核苷酸营养的研究成果进行总结和提炼，核心内容更新 80% 以上，形成第 2 版的《核苷酸营养学》专著，旨在系统介绍全球核苷酸营养学领域的理论进展与现状，以期为核苷酸营养的人才培养提供可靠的基础教材，为标准制定、全链条转化升级提供可靠的科学数据，为人类的健康奉献绵薄之力。

本著作力图做到系统全面、学术实用兼备。本著作从历史沿革到研究前沿，从基本概念到机制描述、从基础研究到临床应用，多层次和系统地阐述了核苷酸的基本知识，以及核苷酸的发现、发展和研究开发前景。一方面本著作涵盖第 1 版的主要内容，包括核苷酸的基本概念、外源核苷酸、核苷酸的生物学功能、核苷酸与营养相关疾病、核苷酸与特殊人群营养；另一方面，本著作重点就核苷酸的抗衰老、延长健康寿命方面进行了全方位、系统、深入的介绍，同时对核苷酸营养学的研究前景和面临的挑战等进行展望。本著作内容全面，涵盖国内外核苷酸研究的主要成果，并对其面临的挑战进行分析，为核苷酸营养学这一学科的进一步发展提供了良好和扎实的平台。

由于本著作涉及面广且具有多学科交叉和融合的特点，加之编者的水平有限，书中的错误 / 失误和片面性可能是存在的。所以，我们真诚地欢迎广大读者批评指正。同时，我也衷心地希望本著作能推动全球核苷酸营养学研究的进程，我还希望本著作再版时会有更多的同行专家参与进来，进一步更新、完善和提高本著作的质量，使之成为一部更为有效和完整的工具书 / 参考书，成为科研和宣教工作的有力帮手。

最后，我要着重强调的是，本著作的编者和实验者在核苷酸的试验研究和编写过程中均付出了大量的心血和时间，没有他们就没有本著作的面世。因此，我向我团队的数十名硕士、博士、博士后、教师、辅助人员表示最崇高的敬意和衷心的感谢！此外，珍奥双迪健康产业集团和北京大学医学出版社为本著作的顺利出版也起了重要的作用，我也一并向他们表示衷心的感谢！

李　勇

北京大学公共卫生学院营养与食品卫生学系

2022 年 6 月于北京

目　录

Contents

第一章 概　述 Introduction

核苷酸是机体重要的遗传、能量代谢、信号转导等的物质基础。在生命全周期与健康过程中，核苷酸所起的作用不可替代，是当之无愧的“生命本源物质”。近年来，外源补充核苷酸的多种生物功效被相继报道，如调节免疫力，促进生长发育，调节肠道菌群，抗氧化，缓解体力疲劳，辅助降血脂，保护肝，辅助改善记忆，延缓衰老，显示出在其生命全周期、健康全过程中不可替代的重要作用。因此，核苷酸也被认为是机体重要的营养素之一。在营养与食品创新领域，核苷酸作为多靶向“新型营养”干预物、生物佐剂等，与食物活性物质/中医药联合配伍，实现全物种立体干预、生物信息传递与识别等多个方面的应用前景也日趋引起关注。本章将主要就有关核苷酸营养学的背景、发展现况进行详细阐述。

第一节　核苷酸营养学 Nucleotide nutrition

各种生物体包括人体在内，都以独特的代谢方式利用从周围环境获得的物质，将其造成为自身可利用的物质，并借以取得能量，维持生命，同时将代谢废物排出体外。现代科学认为，这种独特的代谢方式取决于生物体独特的遗传结构。而所谓的健康，即以受遗传结构控制的代谢方式与人体周围环境保持平衡。当遗传结构的缺陷或周围环境的显著改变将这种平衡打破时，就意味着疾病发生。分析人类疾病谱会发现，在不同疾病的病因中，遗传因素和环境因素所占比重各有不同[1]。

核苷酸是核酸（DNA、RNA 等）的基本构成单位，由碱基、戊糖和磷酸 3 种成分连接而成。核苷酸是生物体细胞中决定生物特性和蛋白质结构与功能的重要物质基础，控制着生物体的生长、发育、繁殖和遗传。它还是体内多种营养物质的代谢调节因子，是各种营养因子的总协调者和指挥者[2]。核苷酸兼具遗传与非遗传两种作用。所以也可以说，核苷酸是构成生物体遗传结构/信息的基本单元。

目前，核苷酸的主要来源有 2 种：①存在于人体内的内源性核苷酸；②通过酶解法等技术制备的外源核苷酸。近年来的研究发现，长期缺乏核苷酸摄入会导致免疫系统功能减退，骨髓造血功能降低，消化吸收功能降低，骨折、伤口难以愈合、组织的再生功能降低，性功能衰退，毛发、指甲、皮肤老化，神经系统功能衰退，基因自主修复功能衰退，以及发育不良，等等。与此同时，外源性来源的 DNA 和 RNA 的降解产物、核苷酸和核苷等物质在特定生理条件下是不可缺少的营养成分，外源摄入可直接进入机体被吸收利用，节省机体从头或者补救合成的消耗，参与机体生命活动，从而可以优化组织功能[3]。在机体受到免疫挑战、肝损伤、应激、饥饿、快速生长及衰退的情况下，对核苷酸营养需求增加，外源补充核苷酸的功能作用显现得更为突出。

一、核苷酸的研究简史

回望核苷酸的研究简史，对它的结构与功能的不断揭示、描绘与解析，仿佛是一部诺贝尔化学、生理学与医学奖的编年史，也恰似一部人类探索生命奥秘、追求健康长寿的奋斗史。

（一）核苷酸的发现与进展

在科学领域，生命是永恒的话题。在生物学家们不断探讨生命本质及生命活动规律的同时，化学家们也在进行构成生命物质基础的探索研究。而核苷酸的发现与发展是所有科学家共同努力的成果。

1839 年，Matthias Schleiden 和 Theodor Schwann 提出了细胞学说。自此，细胞生物学家们从细胞水平对生命活动的研究工作与整体水平的研究同时进行。

1859 年，C. Darwin 的《物种起源（On the Origin of Species）》一书出版。Darwin 以自然选择为中心，用丰富事实从变异、遗传、选择、生存和适应等方面论证了生物的进化，尤其重要的是，说明了生物是怎样进化的（即自然选择在生物进化中所起的作用）。Darwin 学说是对进化论研究成果全面的、系统的科学总结，也是现代进化论的主要理论基础。Darwin 进化论所揭示的关于生命自然界辩证发展的规律，结束了生物学中的特创论、物种不变论和目的论的统治，为辩证唯物主义提供了重要的自然科学基础。

1865 年，Gregor Mendel 在分析豌豆性状遗传的杂交实验结果时，对生命的特征和生物性状为什么能代代相传，代代相传的形状为什么又可以改变，是什么在控制生物的性状等问题提出了初步解释。Mendel 认为生物体内有某种遗传颗粒或遗传单位，能够从亲代传递到子代。这种遗传单位控制着特定的生物性状。自此，Mendel 通过豌豆实验，发现了遗传规律、分离规律及自由组合规律。Mendel 也因此被誉为现代遗传学之父。

1868 年，Miesher F 取得一种含氮和磷特别丰富的沉淀物质，当时曾叫它做核质。1872 年又从鲑鱼的精子细胞核中，发现了大量类似的酸性物质，随后有人在多种组织细胞中也发现了这类物质的存在。因为这类物质都是从细胞核中提取出来的，而且都具有酸性，故称之为核酸。细胞核内的奇妙世界由此被打开。

1879 年，Walter Flemming 在研究细胞分裂时观察到了染色体。

1881 年，Albrecht Kossel 凭借关于细胞化学尤其是蛋白质和核酸方面的研究《关于细胞核物质及其分解产物的研究》获得了 1910 年的诺贝尔生理学或医学奖。

1902 年，Walter Sutton 提出了染色体遗传学说，即细胞核内的染色体有两套，在减数分裂时，每个配子得到一套染色体。该学说认为基因是染色体的一部分。染色体遗传学说合理地解释了 Mendel 的实验结果。

1905 年，W.L. Johannsen 出版了《遗传学原理》一书，此书成为遗传学的基础教科书之一。Johannsen 不仅首先将“gangenes”改称为“gene”（基因），来代表控制遗传性状的遗传单位，而且他还是区别基因型（genotype）和表现型（phenotype）的创始人。自此，人们对基因概念的认识也不断深化。

1909 年，Owen 发现核酸中的糖分子比 Hoppe-Seyler 发现的“酵母核酸”中的糖分子少了一个氧原子，因此将这种糖分子称为“脱氧核糖”，含有两种不同糖分子的核酸分别称为“脱氧核糖核酸（DNA）”和“核糖核酸（RNA）”。

1910 年，T.H. Morgan 发现果蝇白眼性状的遗传总是与性别相联，指出白眼基因位在 X 染色体上，而 Y 染色体不含有它的等位基因，从而发现了伴性遗传现象。以后用果蝇进行实验，又发现了连锁与互换规律，证明了基因的确存在于染色体上。Morgan 于 1926 年出版了《基因论》，并于 1933 年获诺贝尔生理学或医学奖。

1912 年，F.G. Hopkins 用实验肯定了维生素的存在，并提出“营养缺乏症”的概念。C. Eijkman 用试验证实糙米含维生素 B_1，有治疗多发性神经炎的作用。为此，1929 年 Hopkins 与 Eijkman 共获诺贝尔生理学或医学奖。

1934 年，Owen 将核酸水解，证明核苷酸是核酸的基本单位。这一时期又证明了核苷酸是由碱基、戊糖和磷酸组成。

1941 年，G.W. Beadle 和 E.L. Tatum 共同提出“一个基因一个酶”的假说，开辟了生化遗传学的研究。

1944 年，Oswald Avery 等为了寻找导致细菌转化的原因，他们发现从 S 型肺炎球菌中提取的 DNA 与 R 型肺炎球菌混合后，能使某些 R 型菌转化为 S 型菌，且转化率与 DNA 纯度呈正相关，若将 DNA 预先用 DNA 酶降解，转化就不会发生，从而得出“S 型菌的 DNA 将其遗传特性传给了 R 型菌，DNA 就是遗传物质”的结论。从此核酸是遗传物质的重要地位才被确立。

1950 年，Buchanan 和 Greenberg 采用同位素示踪结合嘌呤核苷酸降解物——尿酸分析证明，嘌呤分子的原子 N_1 来自天冬氨酸、N_3 和 N_9 来自谷氨酰胺等，完成嘌呤生物合成过程的演绎。

1953 年，James Watson 和 Francis Crick 关于 DNA 双螺旋结构的分子模型的研究成果被刊登在《Nature》杂志上。这一成果具有划时代的意义，后来被誉为 20 世纪以来生物学方面最伟大的发现，标志着分子生物学的诞生。1962 年，Watson 凭借此研究成果获得诺贝尔生理学或医学奖。

1955 年，Severo Ochoa de Albornoz 从细菌内分离出核糖核酸聚合酶——多核苷酸磷酸化酶，这种酶能够从脱氧核糖核酸中复制核糖核酸分子。该酶的发现帮助 Ochoa 用人工合成的方式获得核糖核酸，从而让科学家了解基因内的遗传信息通过使用核糖核酸中间体而“翻译”成各种酶的过程，成为遗传密码翻译的突破口。

1956 年，A. Kornberg 发现了 DNA 多聚酶，为研究 DNA 的离体合成提供了重要条件。1959 年，Kornberg 与 Ochoa 发现了核糖核酸和脱氧核糖核酸的生物合成机制，并共同获诺贝尔生理学或医学奖。

1957 年，Lord（Alexander R.）Todd 因其在核苷酸和核苷酸辅酶研究方面的工作获得了诺贝尔化学奖。

1958 年，Francis Crick 提出：分子遗传中心法则（central dogma）揭示了核酸与蛋白质间的内在关系，以及 RNA 作为遗传信息传递者的生物学功能。遗传信息以核苷酸顺序的形式贮存在 DNA 分子中，它们以功能单位在染色体上占据一定的位置构成基因。并指出了信息在复制、传递及表达过程中的一般规律，即 DNA → RNA →蛋白质。该法则的提出对于深入理解遗传与变异的实质具有重要意义，被认为是 21 世纪自然科学界令人瞩目与惊叹的事件之一。

1967 年，Marshall W. Nirenberg 等人完成了全部密码词典，4 种碱基 U、C、A、G，每种 3 个构成一组的排列有 64 种，而生命中的氨基酸只有 20 余种，因此它们之间出现了非一一对应的关系，揭示了其密码存在着简并的情况，1968 年，Marshall W. Nirenberg、Har Gobind Khorana 和 Robert W. Holley 共获诺贝尔生理学或医学奖。

1967 年狄诺发现马铃薯仿锤状茎病毒，是只有核酸而没有蛋白质的类病毒后，又接连发现 7 种只有核酸而没有蛋白质的类病毒，这就证明生命是以核酸的形式存在着。

1969 年，R.B. Merrifield 用固相法人工合成含有 124 个氨基酸的、具有酶活性的牛胰核糖核酸酶，并于 1984 年获得诺贝尔化学奖。

1971 年，E.W. Sutherland 发现了环腺苷酸（cyclic adenosine monophosphate，cAMP），并阐明了 cAMP 是在细胞内起作用的“第二信使”，Sutherland 也因此获得诺贝尔生理学或医学奖。

1972 年，Christian B. Anfinsen，Stanford Moore 和 William H. Stein 因对核糖核酸酶的研究，特别是对其氨基酸序列与生物活性构象之间的联系的研究，而获得诺贝尔化学奖。

1974 年，美国科学家乔治・埃米尔・帕拉德和比利时科学家阿尔伯特・克劳德、克里斯汀・德・迪夫因核糖体的发现获得诺贝尔生理学或医学奖。核糖体是细胞内一种核糖核蛋白颗粒（ribonucleoprotein particle），主要由 RNA（rRNA）和蛋白质构成，其功能是按照 mRNA 的指令将遗传密码转换成氨基酸序列并从氨基酸单体构建蛋白质聚合物。

1975 年，David Baltimore，Renato Dulbecco 和 Howard Martin Temin 因为发现了肿瘤病毒和细胞遗传物质之间的相互作用，而获得诺贝尔生理学或医学奖。

1982 年，中国学者洪国藩提出了非随机的有序 DNA 测序新策略，对 DNA 测序技术的发展做出了重要贡献。

1989 年，Sidney Altman 和 Thomas R. Cech 因为发现了 RNA 的催化性质而获得诺贝尔化学奖。

1990 年，人类基因组工程计划正式启动。内容包括：完成人类基因组图谱和弄清人体 DNA 中约 32 亿个核苷酸的排列顺序，完成与生物学研究密切相关的其他生物的基因组图谱和排序，开发分析 DNA 的技术，研究人类基因组工程中伦理、法律和社会关系问题。

1993 年，Richard J. Roberts 和 Phillip A. Sharp 因为发现分裂基因，改变了人们对高等生物在进化过程中基因如何发育的看法。这一发现还导致了一种新的遗传过程的预测，即剪接。这是表达遗传信息的关键。分裂基因的发现对今天的生物学基础研究，以及有关癌症和其他疾病发展的更多以医学为导向的研究具有重要意义。他们也因此而获得诺贝尔生理学或医学奖。

2003 年，人类基因组计划序列图完成；2004 年，人类基因组草图的绘制工作已经完成，精度大于 99%。

2006 年，Andrew Z. Fire 和 Craig C. Mello 首次发现并确定了 RNA 干扰——双链 RNA 引发的沉默现象，因而获得诺贝尔生理学或医学奖。

2009 年，Venkatraman Ramakrishnan，Thomas A. Steitz 和 Ada E. Yonath 因对核糖体结构和功能方面的研究，而获得诺贝尔化学奖。

2015 年，精准医学计划（precision medicine initiative）正式启动，标志着医学进入个体化基因组学研究和个性化医疗的新时代。

2020 年，Emmanuelle Charpentier 和 Jennifer A. Doudna 开发出一种用于基因编辑技术的方法，并因此获得诺贝尔化学奖。

（二）标志性历史事件

1. DNA 双螺旋结构的发现

DNA 双螺旋结构模型（DNA double helix）是 James Watson 和 Francis Crick 于 1953 年提出的描述 DNA 二级结构的模型，也称为 Watson-Crick 结构模型。模型要点是：①两条多核苷酸链以相反的平行缠结，依赖成对的碱基上的氢键结合形成双螺旋状，亲水的脱氧核糖基和磷酸基骨架位于双链的外侧，而碱基位于内侧，两条链的碱基之间以氢键相结合，一条链的走向是 5′到 3′，另一条链的走向是 3′到 5′；②碱基平面向内延伸，与双螺旋链成垂直状；③向右旋，顺长轴方向每隔 0.34 nm 有一个核苷酸，每隔 3.4 nm 重复出现同一结构；④ A 与 T 配对，其间距离 1.11 nm；G 与 C 配对，其间距离为 1.08 nm，两者距离几乎相等，以便保持链间距离相等；⑤在结构上有深沟和浅沟；⑥ DNA 双螺旋结构稳定的维系：横向稳定靠两条链间互补碱基的氢键维系，纵向则靠碱基平面间的疏水性递积力维持。

DNA 双螺旋结构的提出开启了分子生物学时代，使遗传的研究深入到分子层次。“生命之谜”被打开。人们清楚地了解到遗传信息的构成和传递的途径。在其以后的近 50 年里，分子遗传学、分子免疫学、细胞生物学等新学科如雨后春笋般出现，一个又一个生命的奥秘从分子角度得到了更清晰的阐明，DNA 重组技术更是为利用生物工程手段的研究和应用开辟了广阔的前景。

2. 人类基因组计划

人类基因组计划（human genome project，HGP）是一项规模宏大、跨国跨学科的科学探索工程，由美国科学家于 1985 年率先提出，于 1990 年正式启动。美国、英国、法国、德国、日本和我国科学家共同参与了这一预算达 30 亿美元的人类基因组计划。其宗旨在于测定组成人类染色体（指单倍体）中所包含的 30 亿个碱基对组成的核苷酸序列，从而绘制人类基因组图谱，并且辨识其载有的基因及其序列，达到破译人类遗传信息的最终目的。基因组计划是人类为了探索自身的奥秘所迈出的重要一步，是继曼哈顿计划和阿波罗登月计划之后，人类科学史上的又一个伟大工程，被誉为生命科学的“登月计划”。2004 年 10 月 21 日，参加人类基因组工程项目的 6 国科学家共同宣布，人类基因组草图的绘制工作已经完成。最终完成图要求测序所用的克隆能够忠实地代表常染色体的基因组结构，序列错误率低于万分之一。根据国际人类基因组测序联合体对人类基因组 DNA 完成序列的分析，人类基因组只有 2.6 万个编码蛋白质的基因，仅占人类基因组全序列的 1.1% ～ 1.4%，发现人类基因组有着 1.42×10^6 单核苷酸多态性（single nucleotide polymorphism，SNP）。随着全外显子组测序（whole-exome sequencing，WES）及全基因组测序（whole-genome sequencing，WGS）技术的日趋成熟，识别新的疾病基因的进度大大加快。应用 WES 和 WGS 技术将大大加快多基因病易感基因和癌肿相关基因的识别，为个性化临床治疗奠定基础。

然而，HGP 仅对基因组进行了测序，人类约有 3 万个基因及其较为确切的染色体定位。这些基因具有怎样的生物学功能？在生物活动中发挥着怎样的调控作用？自此，人们已从基因组时代步入后基因组时代。以基因功能鉴定为目标的功能基因组学（functional genomics）也叫后基因组学。后基因组学是利用结构基因组学提供的信息和产物，通过在基因组或系统水平上全面分析基因的功能，使得生物学研究从对单一基因或蛋白质的研究转向对多个基因或蛋白质同时进行的系统研究，应用的学科包含蛋白质组学（proteomics）、转录组学（transcriptomic）、代谢组学（metabolomics）和生物信息学（bioinformatics）。

3. 营养组学的建立与发展

营养组学（nutriomics）是高通量组学技术在营养学研究中的应用，是后基因组时代营养食品科学与组学交叉形成的一个前沿的分支学科，包括营养基因组学、营养转录组学、营养蛋白质组学、营养代谢组学、营养系统生物学等，它以分子生物学技术为基础，应用DNA芯片、蛋白质组学等技术，从分子水平和人群水平研究膳食营养与基因的交互作用及其对人类健康的影响，进而建立基于个体基因组结构、代谢特征的膳食干预方法和营养保健措施，实现个体化营养。

营养与膳食是影响人体健康重要的环境因素之一。个性化营养（personal nutrition）是指从理论和实践两方面对基因与营养素间的相互作用进行深入研究与分析。它主要研究在分子水平上及人群水平上膳食营养与基因的交互作用及其对人类健康的影响；致力于建立基于个体基因结构和机体代谢特征的膳食干预方法和营养保健手段，提出更具个性化的营养政策。它强调对个体的作用，提出更具个性化的营养政策，从而使得营养学研究的成果能够更有效地应用于疾病的预防，达到促进健康的目的。组学技术在营养学与食品科学领域的应用将为全面认识营养素、食物成分及其与疾病的关系提供新的历史机遇。通过深入的营养组学研究，将互联明晰外暴露与内暴露间的关系，同时将有可能发现一批营养相关疾病的预防、诊断和治疗的生物标志物及营养素或食物活性成分作用的新靶点。营养组学的建立与发展，是继药物之后源于人类基因组计划的个体化治疗的新浪潮。

4. 核苷酸营养学的萌芽与发展

“核苷酸营养学”这一先锋概念，是由北京大学李勇教授于2016年在全球范围内最早提出的[4]。迄今为止，国际营养学界公认的人体“营养素”只有蛋白质、脂类、糖、矿物质、维生素和水六大类，后来也有不少学者提出把膳食纤维作为第七大营养素。由于人体可以合成内源性核苷酸，核苷酸曾一度被认为不需要外源性补充，故未将其归入营养素行列。然而，随着国际上对与核苷酸营养研究成果的日益增多，发现长期缺乏核苷酸摄入会导致免疫系统功能减退，骨髓造血功能降低，消化吸收功能降低，骨折、伤口难以愈合、组织的再生功能降低，性功能衰退，毛发、指甲、皮肤老化，神经系统功能衰退，基因自主修复功能衰退，以及发育不良等。而补充核苷酸后，以上症状得到了良好的改善。此外，补充外源核苷酸，有利于这些器官、系统的发育和组织修复。例如生长期的婴幼儿胃肠系统和免疫系统的发育，成人肝切除或损伤后的再生。在这些情况下提供外源核苷酸会带来很好的临床效果，在再生医学领域具有重要价值。基于此，一些学者建议，就核苷酸对于细胞复制的机体器官或系统的正常反应来说，可以认为其是人体重要的营养素之一。这标志着核苷酸营养学的基本建立。

随着个体化与精准营养的发展，基因的结构和功能、机体内代谢谱与膳食营养物质外暴露的关系被广泛描绘与解析。核苷酸作为生命本源物质的不可替代性也被阐述得日渐清晰。它兼具遗传与非遗传作用，不仅是构成生物体遗传结构/信息的基本单元，更在生命信息的传递与生命活动调控中充当操盘手一角。在生命全周期、不同生命状态下，外源核苷酸可同其他营养物质一样，直接进入机体起着重要作用，例如调控基因启动、转录和表达，调节机体信号转导，参与体内代谢等。这也使得短短数年间，核苷酸营养学得到了迅猛发展，再上新台阶。

二、核苷酸营养学的概念与地位

所谓核苷酸营养学（nucleotide nutrition）就是研究来自外源的核苷酸对人体健康状况影响的科学。具体来说，核苷酸营养学的研究内容包括外源核苷酸的种类，核苷酸的消化、吸收、代谢，以及其对事物本身和对人体健康状况的影响。核苷酸营养学主要研究 NTs 的来源、种类及对人体健康的各种作用及作用机制，并介绍外源核苷酸的制备方法等内容。

Nucleotide nutrition is a scientific subject studying the effects of exogenous nucleotides on human health. It includes the category，digestion and absorption of the food original nucleotide，and the effects of these nucleotides on food characters and on human health. It especially focuses on the origin，category，effects on health，and preparation of exogenous nucleotides.

（一）核苷酸营养学开启了研究人类营养的新篇章

核苷酸作为生物体内重要的低分子化合物，由碱基、戊糖和磷酸 3 种成分连接而成。在体内，核苷酸是核酸的基本构成单位，是生物体细胞中决定生物特性和蛋白质与功能的物质，控制着生物体的生长、发育、繁殖和遗传。核苷酸除了构成生命的基础——核酸大分子以外，还会以游离核苷酸或其衍生物的形式参与各种物质代谢的调控和多种蛋白质功能的调节。游离核苷酸是能量代谢途径中的主要高能化合物，也是细胞信号传导过程中的重要信使，是体内多种营养物质的代谢调节因子。由此可见，核苷酸是当之无愧的“生命本源物质”。

核苷酸在生物体内不断地进行着合成和降解的过程，其主要来源有两种：①存在于人体内的内源性核苷酸；②通过酶解法等技术制备的外源性核苷酸。既往，因生物有机体能利用内源从头合成各种核苷酸，而且核苷酸的缺乏并不导致典型的营养缺乏症，因此外源核苷酸一直被认为并非生长发育所需要的营养物质，无须外源性补充。然而，随着现代营养学研究的不断深入，越来越多的既成理论被重新修订。近年来的研究发现，外源性来源的核苷酸（包括 DNA、RNA、核苷酸和核苷）在特定生理条件下是不可缺少的营养成分，并且在机体受到免疫挑战、肝损伤、应激、饥饿、快速生长及衰退的情况下，外源核苷酸能进入各种组织中并被吸收利用，节省机体从头或者补救合成的消耗从而可以优化组织功能。与此同时，随着对核苷酸营养研究的不断深入，越来越多的外源核苷酸生物学功能被不断发现。

自 20 世纪 90 年代以来，对核苷酸营养及其对机体的生理调控的研究逐步成为营养学、生理学及免疫学的一个研究热点。最早有关核苷酸的研究发现多集中于长期缺乏核苷酸所带来的危害方面：首先，较之母乳喂养的婴儿，配方奶粉喂养的婴儿的免疫力较低。究其原因是由于配方奶中的核苷酸含量很低，而母乳中的核苷酸含量为 35 ～ 70 mg/L，添加 72 mg/L 核苷酸的配方奶能够显著减少婴儿的急性腹泻发生率，这些婴儿的肠上皮绒毛高度显著高于无核苷酸组，与继续母乳喂养组相近，感染性腹泻发病率显著下降。其次，因为长期缺乏核苷酸摄入会导致全生命周期的免疫系统的功能减退，骨髓造血功能降低，消化吸收功能降低，骨折、伤口难以愈合、组织的再生功能降低，性功能衰退，毛发、指甲、皮肤老化，神经系统功能衰退，基因自主修复功能衰退，以及发育不良。由此推测，外源来源的核苷酸在特定生理条件下是不可缺少的营养成分。研究认为当机体在受到免疫挑战、肝损伤、应激、饥饿、快速生长及衰退的情况下，外源核苷酸能进入各种组织中并被吸收利用，节省机体从头或者补救合成的消耗从而可以优化组织功能，帮助器官、系统的发育和组织修复。

北京大学李勇教授课题组在核苷酸营养领域起步较早，并进行了为期15年的深耕，取得了突破性的进展，填补多项领域空白，也为其在健康领域的未来发展提供了扎实的理论基础和数据支持。团队在确定安全性的前提下，先后揭示了核苷酸的多种生物活性，如调节免疫力、促进生长发育、调节肠道菌群、抗氧化、缓解体力疲劳、辅助降血脂、保护酒精性肝损伤、辅助改善记忆，延缓衰老等，并对核苷酸与不同疾病状态、不同人群状态的关系与需要量进行了初步探索。基于以上科学数据可以认为，核苷酸是人体重要的营养素之一。

核苷酸营养学是一门新兴的科学，也是对以往科学的颠覆与补充。因为传统的核苷酸研究多集中在遗传、化学、药学等领域。从营养学的角度诠释食物中的核苷酸成分的生物学功效、对人体的健康作用、对疾病的预防与治疗，有助于人们选择具有生物活性的核苷酸营养品或者食品，用于疾病的预防与治疗。由于核苷酸营养学是研究外源核苷酸对人体健康的影响，因此我们面对核苷酸的世界也和传统生物化学和遗传学不同，这引起了人们的探索欲望。同时，核苷酸对营养学、食品加工利用，疾病防治等所起到的作用，渐渐地使人大开眼界，也逐渐让人叹为观止。可以说，核苷酸营养学的提出，重新定义了营养学中营养素的成员，毫无疑问地开启了食物营养研究的新篇章。

（二）核苷酸营养学是精准营养与转化营养学的重要组成部分

转化医学（translational medicine）是21世纪国际医学学科领域出现的崭新概念，其核心是通过建立医学基础研究与临床医学和预防医学实践的有效联系，将从临床实践中发现的问题凝炼成基础生物医学命题，组织多学科合作研究与攻关，从而建立从临床到实验室（bedside to bench）以及从实验室 / 临床到社区（bench/bedside to community）的快速转化通道，即把生物医学基础研究取得的理论成果转化为疾病诊断、治疗和预防的医学技术和实用方法。而转化营养学是营养科学理论与实践的结合，是转化医学的重要分支。基于个体的遗传特性、遗传背景、肠道微生态、代谢特征和生理状况的精准营养兴起，使得根据个体对营养、食物代谢的反应，突出特定营养需求成为可能，也成为转化营养学发展的新契机。其中，融入个性化营养治疗的特殊医学用途配方食品（food for special medical purpose，FSMP）设计，以及代餐食品、保健食品和运动模拟剂、营养代谢调节等成为转化营养学的重要着陆点[5]。

作为转化营养学的重要组成部分，核苷酸营养学除了要深入开展探索核苷酸的生物学作用、核苷酸营养与相关疾病的关系等营养学方面的系统研究，还要充分将科研成果进行转化，开发和利用核苷酸所具有极强的生理学活性和多样性，尤其是筛选药物、制备疫苗、保健食品和食品添加剂等。20年来，核苷酸的研究与应用日渐成熟。目前核苷酸类物质及其衍生物已在理论探索、医药、食品、农业生产、化妆品和科研等领域得到广泛应用，并且相关产业发展迅猛，前景光明。在营养食疗领域，核苷酸已经突破了既有的主打呈味性功能，拓展为具有生物功能的营养强化剂。因核苷酸具有多种生物学效能，已被广泛地应用于保健食品中。特殊医学用途配方食品中的核苷酸对增加免疫力、加快蛋白质的合成、加快病情恢复起到很重要的作用。近年来，随着《国家创新驱动发展战略纲要》和《“十三五”食品科技创新专项规划》的发布，国家对于食品产业的科技投入不断加大，为核苷酸营养的落地提供了广阔的发展平台和技术保障。专家们预测核苷酸是极具潜力兼具影响力和功能性的食品基料，也是医药、食品中的一种新原料、新材料。

三、核苷酸营养学的发展趋势

核苷酸营养学起源于生物化学和遗传学，是生物化学、遗传学、药学与营养学相互渗透的交叉科学。随着精准营养和多组学技术的发展，基因结构和功能与膳食营养物质的关系日趋被人们所关注。核苷酸作为人体极重要的营养素之一，不仅因其是基因构成的物质基础而具有重要的遗传作用，而且它在不同生命状态下的基因启动、转录、表达和修复等环节皆被赋予重要的非遗传的调节与协调角色作用。随着营养组学的发展和多种生物、信息学技术的革新，核苷酸营养学的内容体系也将日渐完善。目前，外源酵母细胞制备的核苷酸类物质及其衍生物已在医药、食品、农业生产、化妆品和科研领域中得到广泛应用，而化学合成制备的外源核苷酸及其衍生物则多应用于医药和化妆品领域。我国在核苷酸的研究开发上，从事核苷酸的研究单位也多从医药和农业生产角度进行推进。近年来研究探索与产业发展也日渐活跃。未来有关核苷酸营养的发展还应着力于：一方面，对核苷酸营养理论研究与探索，多学科协同应对，对核苷酸及其衍生物的生理活性进行揭示；另一方面，进行核苷酸研发，开展分离、纯化和作用机制的研究与转化应用。通过升级工艺技术，优化配伍模式与活性物质共传递剂型 / 方式，实现精准营养的落地。

第二节 核苷酸的基本概念 Basic concepts of nucleotides

1868 年，F.Miescher 从脓细胞核中分离得到一种酸性物质——核素，此后该物质被称为脱氧核糖核蛋白。1889 年，Altman 对核素进行了纯化，把不含蛋白质的核素称为核酸。后来 Hoppe-Seyler 从酵母中分离出“核酸”，1909 年，Owen 发现核酸中的糖分子比 Hoppe-Seyler 发现的“酵母核酸”中的糖分子少了一个氧原子，因此将这种糖分子称为“脱氧核糖”，含有两种不同糖分子的核酸分别称为“脱氧核糖核酸（DNA）”和“核糖核酸（RNA）”。1934 年，Owen 将核酸水解，发现其水解产物为核苷酸。核酸由碱基（主要是嘌呤、嘧啶碱的衍生物）、戊糖（核糖或脱氧核糖）和磷酸连接而成的化合物，其中核苷酸是构成核酸的基本单位。核苷酸及其衍生物广泛地参与生物体内各类生物化学反应。

一、核苷酸的定义、组成、命名和分类

（一）核酸的基本结构单位是核苷酸

核酸（nucleic acid）是生物信息大分子。天然存在的核酸可以分为脱氧核糖核酸（deoxyribonucleic acid，DNA）和核糖核酸（ribonucleic acid，RNA）两大类。核酸在酶的作用下水解为核苷酸。因此核酸的基本构成单位是核苷酸（nucleotide，NT），而核苷酸则是由碱基（base）、戊糖（pentose）和磷酸 3 种成分连接而成。DNA 的基本组成单位是脱氧核

糖核苷酸，RNA 的基本组成单位是核糖核苷酸。在体内，核苷酸除了构成核酸大分子以外，还会以游离核苷酸或其衍生物的形式参与各种物质代谢的调控和多种蛋白质功能的调节。游离核苷酸是能量代谢途径中的主要高能化合物，也是细胞信号传导过程中的重要信使。

Nucleic acid is a macromolecule carrying genetic information. Nucleic acids can be divided into two categories：Deoxyribonucleic acid（DNA）and ribonucleic acid（RNA）in nature which can be hydrolyzed to nucleotides by enzymes. Nucleotide（NT）is the basic unit of nucleic acid，and nucleotide is formed by linking three components，namely base，pentose and phosphoric acid. The basic building blocks of DNA are deoxyribonucleotides while the basic building blocks of RNA are ribonucleotides. In vivo，free nucleotides or their derivatives nucleotides not only constitute macromolecules like nucleic acid，also involved in the regulation of various substances metabolism and regulation of multiple protein functions. Free nucleotides are the main energetic compounds in energy metabolism and important messengers in cell signal transduction.

（二）核苷酸由碱基、戊糖、磷酸组成

核苷酸由碱基（base）、戊糖（pentose）和磷酸 3 种成分以共价键依次连接而成，构成见图 1-2-1 所示。

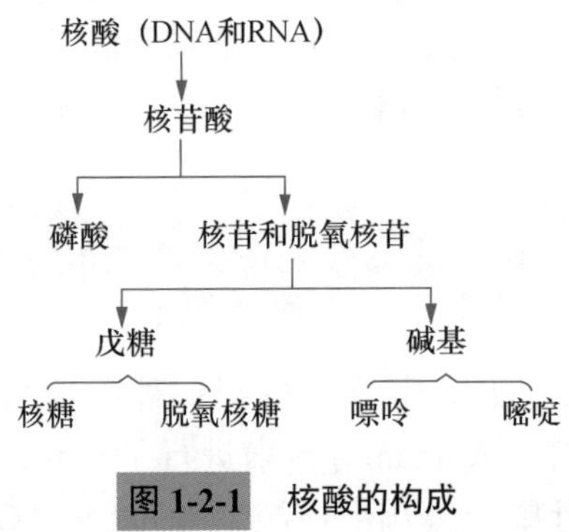

图 1-2-1　核酸的构成

1. 碱基的分类

（1）基本碱基

碱基属于生物碱，是构成核苷酸的基本组分之一。构成核苷酸的碱基分为两类：嘌呤（purine）和嘧啶（pyrimidine）。腺嘌呤（adenine，A）、鸟嘌呤（guanine，G）、胞嘧啶（cytosine，C）既是 DNA 的组成碱基，也是 RNA 的组成碱基；而胸腺嘧啶（thymine，T）仅存在于 DNA 分子中，尿嘧啶（uracil，U）则仅存在 RNA 分子中。换句话说，DNA 分子中的碱基成分为 A、G、C 和 T 四种；而 RNA 分子则主要由 A、G、C 和 U 四种碱基组成（见图 1-2-2）。

核苷酸中的嘌呤和嘧啶碱基均为含氮杂环化合物，杂环上有—OH 和—NH_2 取代基。受环境 pH 的影响，嘌呤和嘧啶碱基存在两种互变异构体的构型，其构型的转变见图 1-2-3。鸟嘌呤、尿嘧啶、胸腺嘧啶是环式酰胺结构，存在酮式（keto）和烯醇式（enol）互变，酮式又称为内酰胺式（lactam），烯醇式又称为内酰亚胺式（lactim），在体液条件下（中性条件）以酮式为主；腺嘌呤和胞嘧啶是环式脒结构，存在氨式（amino）和亚氨式（imino）互变，体液条件下（中性条件）以氨式为主。

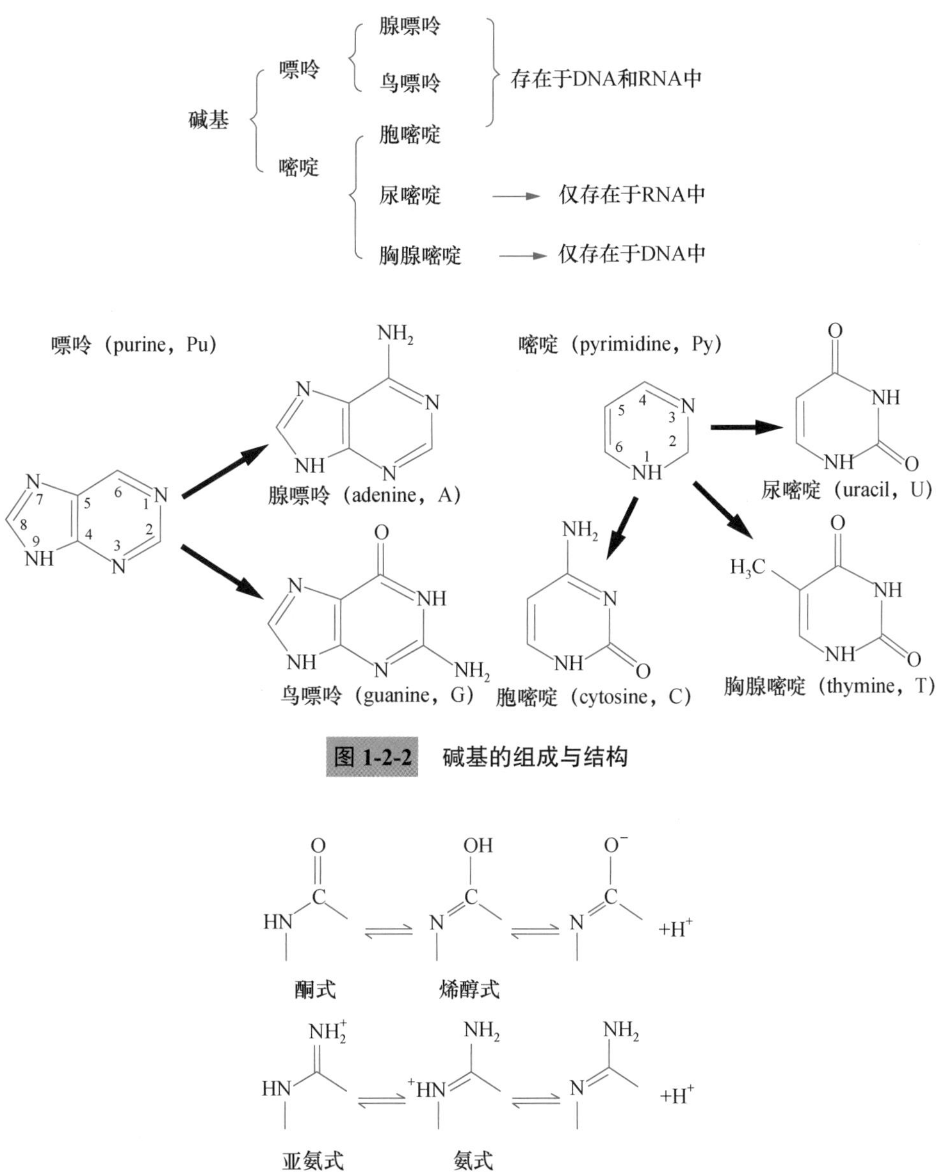

图 1-2-2 碱基的组成与结构

图 1-2-3 碱基构型的转变

（2）稀有碱基

构成核苷酸的碱基有 5 种，除了这 5 种基本的碱基外，核酸中还有一些含量较少的碱基，称为稀有碱基（rare base）。稀有碱基种类很多，大多数都是甲基化碱基（见表 1-2-1）。tRNA 中含有较多的稀有碱基，可高达 10%。植物 DNA 中有相当多的 5- 甲基胞嘧啶。一些大肠埃希菌噬菌体 DNA 中，含有较多的 5- 羟甲基胞嘧啶。

表 1-2-1 核酸中的部分稀有碱基

	RNA		DNA	
嘌呤	N6，N6-2m6A	N6，N6- 二甲基腺嘌呤	m7G	7- 甲基鸟嘌呤
	N6-m6A	N6- 甲基腺嘌呤	N6-m6A	N6- 甲基腺嘌呤
	m7G	7- 甲基鸟嘌呤		
嘧啶	DHU	二氢尿嘧啶	m5C	5- 甲基胞嘧啶
	T	胸腺嘧啶	Hm5C	5- 羟甲基胞嘧啶

2. 戊糖

戊糖是核苷酸的另一个基本成分，分为核糖和脱氧核糖两类。戊糖是五碳糖，有直链式和氧环式两种结构，核苷酸中的戊糖均为氧环式。为区别与碱基的碳原子编号，核糖或脱氧核糖中的碳原子标以 C-1′、C-2′等。其中 C-1′是不对称碳原子，固有 α 和 β 两种构型，核酸分子中的糖苷键均为 β 型。脱氧核糖核苷酸中的戊糖是 β-D-2′- 脱氧核糖；核糖核苷酸中的戊糖是 β-D- 核糖。这一结构上的差异使得他们所形成的 DNA 分子比 RNA 分子在化学上更为稳定。

3. 核苷

碱基与核糖或脱氧核糖通过 β-N- 糖苷键（β-N-glycosidic bond）缩合形成核苷（nucleoside）或脱氧核苷（deoxynucleoside）。嘌呤类核苷是糖的第一位碳原子（C-1′）与嘌呤碱的第九位氮原子（N-9）相连接；嘧啶类核苷是糖的第一位碳原子（C-1′）与嘧啶碱的第一位氮原子（N-1）相连。

对于糖的环式结构来说，碱基位置存在顺式（syn）和反式（anti）两种。尽管自然界存在着顺式和反式核苷，但由于空间位阻效应，天然条件下核糖苷键处在反式构象上。

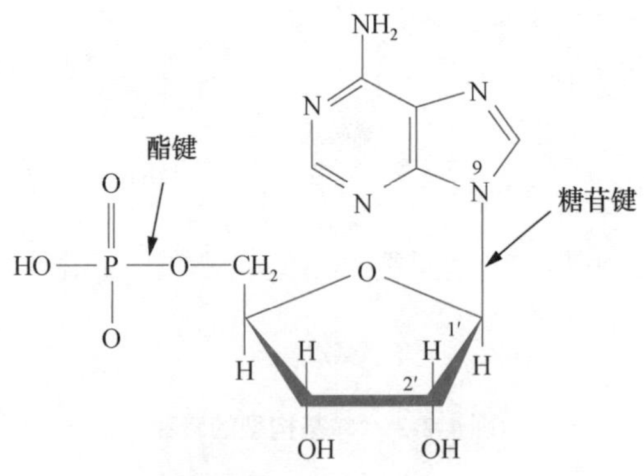

图 1-2-4 核苷酸的形成

4. 核苷酸

核苷与磷酸通过酯键结合构成核苷酸或脱氧核苷酸（见图 2-1-4）。尽管核糖上的游离羟基（核糖的 C-2′，C-3′，C-5′及脱氧核糖的 C-3′，C-5′）均能与磷酸发生酯化反应，但生物体内多数核苷酸的酯化反应都是在 C-5′原子上，都是属于 5′- 核苷酸。腺苷酸的结构如图 1-2-5 所示。

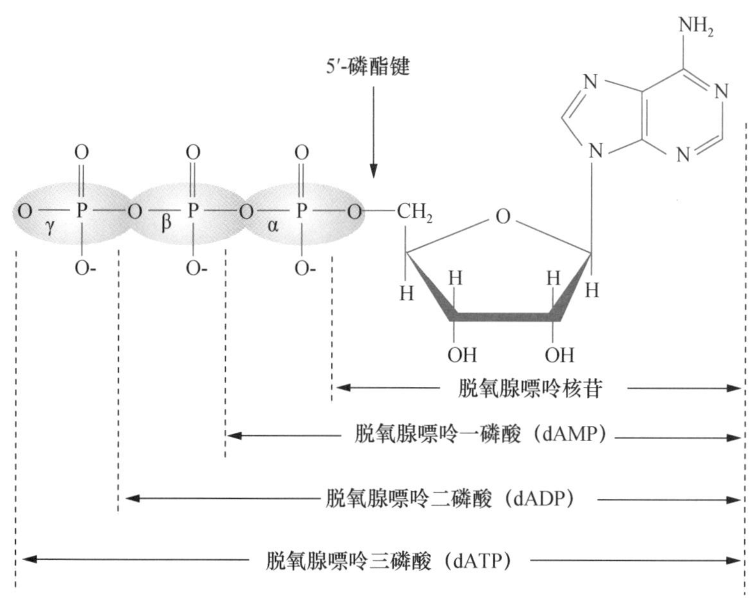

图 1-2-5 腺苷酸的化学结构

核苷的 5′- 羟基上共价连接磷酸基团而形成的核苷酸的磷酸数目由 1 到 3 个不等，从距核苷最近的位置开始，分别称为 α-，β- 和 γ- 磷酸基（团）。三磷酸核苷酸的 α- 磷酸基与核苷间的酯键相连，而 α-、β- 磷酸基之间，β-、γ- 磷酸基之间的连接则是酸酐键。结合一个磷酸基团的核苷酸称为核苷一磷酸（nucleoside monophosphate，NMP），也称单核苷酸。第二个磷酸基团可与核苷一磷酸的磷酸基脱水形成酸酐键连接，形成核苷二磷酸（nucleoside diphosphate，NDP）；第三个磷酸可与核苷二磷酸的磷酸基脱水形成酸酐键连接，形成核苷三磷酸（nucleoside triphosphate，NTP）。以腺苷酸为例，具体的核苷酸分别称为腺苷一磷酸（adenosine-monophosphate，AMP）、腺苷二磷酸（adenosine diphosphate，ADP）、腺苷三磷酸（adenosine triphosphate，ATP）。

脱氧核苷和脱氧核苷酸的命名与核苷和核苷酸类似。在核苷和核苷酸的前面加“d”代表脱氧，如脱氧腺苷（deoxyadenosine，dA）、脱氧腺苷一磷酸（deoxyadenosine monophosphate，dAMP）。脱氧核苷一磷酸、二磷酸、三磷酸分别记作 dNMP、dNDP、dNTP。在 NTP 和 dNTP 中的第一、二、三磷酸基团中的磷原子分别标以 α 、β 和 γ 以示区别。

除上述结构的核苷酸外，体内还有其他类型的核苷酸。例如，环式腺苷一磷酸（cyclic AMP，cAMP）、环式鸟苷一磷酸（cyclic GMP，cGMP）；烟酰胺腺嘌呤二核苷酸、黄素单核苷酸等。

（三）多聚核苷酸

1. 3′,5′- 磷酸二酯键

3′,5′- 磷酸二酯键是核酸的基本结构键。在脱氧核糖分子中只有 3′和 5′两个自由羟基，因此，相连的两个核苷酸只能形成3′,5′-磷酸二酯键；虽然核糖分子中有2′,3′，5′三个自由羟基，但是相连的两个核苷酸也是靠3′,5′-磷酸二酯键连接。许多核苷酸通过3′,5′-磷酸二酯键连接在一起形成多（聚）核苷酸（polynucleotide），即核酸（见图1-2-6）。一般由几个或几十个核苷酸连接成聚核苷酸分子称为寡（聚）核苷酸（oligonucleotide），多寡之间并无严格规定。而核酸通常是由几百到几千万个核苷酸连接成的大分子。

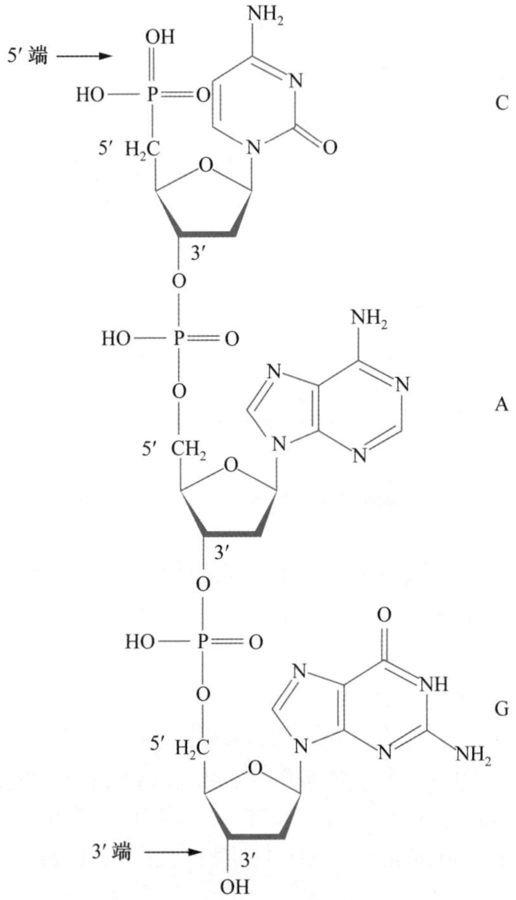

图1-2-6 多聚核苷酸

2. 多聚核苷酸链的方向性

在多聚核苷酸链中，由前一位核苷酸的3′-OH与下一位核苷酸的5′位磷酸基形成3′,5′-磷酸二酯键，从而构成一个没有分支的线性大分子。它们的两个末端分别称为5′末端（游离磷酸基）和3′末端（游离羟基）。因此，核苷酸链是有方向的。

多聚核苷酸的结构书写采用自左至右按碱基顺序排列的方式，左侧端标出5′末端，右侧为3′末端，或更简化为仅写出自左至右的碱基顺序，左侧端为5′末端，右侧为3′末端。

（四）核酸的分类

根据核酸中的核糖种类，核酸分为核糖核酸（RNA）和脱氧核糖核苷酸（DNA）两类。

1. 核糖核酸

由 4 种核糖核苷酸按照一定的序列连接成的多（聚）核苷酸，称为核糖核酸（ribonucleic acid，RNA）。RNA 是单链多（聚）核糖核苷酸。

2. 脱氧核糖核苷酸（deoxyribonucleic acid，DNA）

由 4 种核糖核苷酸按照一定的序列连接成的多（聚）脱氧核苷酸（polydeoxynucleotide）称为脱氧核糖核酸（deoxyribonucleic acid，DNA）。DNA 可以是单链，也可以是双链分子；前者存在于某些单链 DNA 病毒中，但多数细胞的 DNA 是由两条多（聚）脱氧核苷酸链组成，这两条链的走向成反向平行，即一条链沿一定方向行进是 5′→ 3′，另一条链 5′→ 3′行进方向与前者相反。

3. DNA 和 RNA 的组成

DNA 的基本组成单位是 4 种脱氧核糖核苷酸，成分包括：碱基 A、G、C 和 T；脱氧核糖；磷酸。RNA 的基本组成单位是 4 种核糖核苷酸，成分包括：碱基 A、G、C 和 U；核糖；磷酸。戊糖以及 T、U 两种碱基的差异是两类核酸成分的根本区别。

4. 多聚核苷酸链中核苷酸的排列顺序

核酸分子中核苷酸的排列顺序称为核酸的一级结构（primary structure），即基本结构。

由于组成 RNA 分子的 4 种核苷酸仅是碱基的不同，所以碱基的排列顺序就代表了核苷酸的排列顺序。核苷酸的排列顺序称为序列（sequence）。同理脱氧核苷酸序列也是 DNA 的基本结构。

二、核苷酸的性质与功能

核苷酸是核酸的基本组成单位。核苷酸是具有特定理化性质的分子，其主要参与构成核酸，许多单核苷酸也具有多种重要的生物学功能，如与能量代谢有关的三磷酸腺苷（ATP）、脱氢辅酶等。

（一）核苷酸的理化性质

核苷酸一般为白色粉末或结晶状物，平均分子质量约为 340。溶于水，不溶于丙酮、乙醇等有机溶剂。水溶液呈酸性。

1. 核苷酸的紫外吸收特性（彩图 1-2-7）

嘌呤碱和嘧啶碱具有共轭双键（－ C ＝ C － C ＝ C －），使碱基、核苷、核苷酸和核酸在 220 ～ 290 nm 紫外波长范围内具有吸收紫外光的特性，最大吸收峰值在 260 nm 附近，不同的核苷酸有特征性的紫外吸收光谱（UV-absorption spectrum）如彩图 1-2-7 所示，此特征吸收峰可用于鉴定核苷酸的种类[6]。

2. 核苷酸的解离特征

游离的核苷 / 核苷酸均可解离。由于戊糖的存在，核苷中碱基的解离受到一定影响。例如，腺嘌呤环的 pKa 值为 4.15，在腺嘌呤核苷中则降至 3.8。胞嘧啶 pKa 为 4.6，胞嘧啶核苷中降至 4.5，pKa 的下降说明戊糖的存在增强了碱基解离。对于核苷酸，由于磷酸基的存在，使核苷酸具有较强的酸性。在核苷酸中，碱基部分的 pKa 值与核苷的相似，额外两个解离常数是磷酸基引起的。这两个解离常数分别为 pK1 ＝ 0.7 ～ 1.6，pK2 ＝ 5.9 ～ 6.5。但

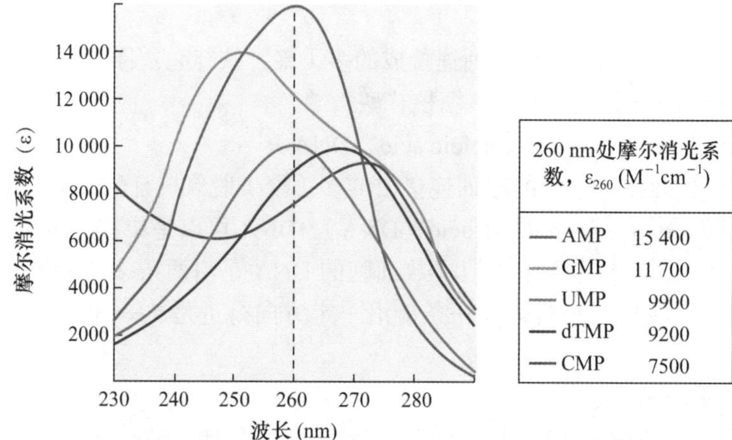

彩图 1-2-7 几种不同碱基的紫外吸收曲线（pH 7.0）

在多聚核苷酸（核酸）中，除了末端磷酸基外，磷酸二酯键中的磷酸基只有一个解离常数，pK1′ = 1.5。因此，通常核酸显酸性[7]。

各种核苷酸的不同结构决定了其带电状态（或极性）不同及在溶液中的解离特性。核苷酸分子在特定溶液中各基团的解离常数（pK）和等电点（pI）均为特征性常数，这些特性赋予核苷酸层析和电泳行为的差异，因此被广泛用于核苷酸的分离和纯化。例如，薄层层析、离子交换层析、毛细管电泳等技术都利用此特性用于分离和纯化核苷酸。

3. 核苷酸的功能[2]

在体内，核苷酸除了构成核酸大分子以外，还会直接或以其他衍生物的形式参与多种生命活动，如参与各种物质代谢的调控和多种蛋白质功能的调节，表 1-2-2 列举了部分核苷酸的生理功能。

表 1-2-2 核苷酸的重要生理功能举例

功能物质或生理过程	核苷酸种类
重要的辅酶	FAD、CoA、NAD、NADH、NADP、NADPH
高能化合物	ATP、GTP、CTP、UTP
神经递质	ATP
细胞内第二信使	cAMP、cGMP
酶或蛋白的变构调节	GTP、GDP、AMP、ADP、ATP、TTP、dCTP、dATP
蛋白质生物合成	GTP、ATP
糖原合成	UDP
糖醛酸代谢	UDP
蛋白糖基化	UDP、GDP
蛋白磷酸化	ATP
磷脂合成	CDP

（1）化学能载体

三磷酸核苷酸的 α - 磷酸基与核苷间的酯键相连，而 α -、β - 磷酸基之间，β -、γ- 磷酸基之间的连接则是酸酐键。在标准条件下，酯键水解释放的能量是 14 J/mol，而酸酐键水解所释放的能量可达 30 kJ/mol。酸酐键属于高能磷酸键，因此二磷酸核苷和三磷酸核苷均属于高能有机酸化合物。细胞活动所需要的化学能主要来自三磷酸核苷酸的水解，其中 ATP 是被细胞最广泛使用的化学能载体，GTP、CTP 和 UTP 也在一些特定的代谢反应中作为供能物质。

（2）信号转导信使

cAMP 和 cGMP 是细胞信号转导（signal transduction）过程中的第二信使，具有重要调控作用。

（3）构成辅酶

细胞内一些参与物质代谢酶分子的辅酶结构中含有腺苷酸，如辅酶 I（即烟酰胺腺嘌呤二核苷酸，nicotinamide dinucleotide，NAD^+）、辅酶 II（磷酸烟酰胺腺嘌呤二核苷酸，$NADP^+$）、黄素腺嘌呤二核苷酸（flavin adenine dinucleotide，FAD）及辅酶 A（coenzyme A，CoA）。NAD^+及 FAD 是生物氧化体系的重要组成成分，在传递质子和电子中有着重要作用；CoA 作为辅酶成分，能参与糖的有氧氧化及脂肪酸氧化。

（4）药用价值

由于在各种生命活动中的关键作用，核苷酸及其结构成分，如碱基、核苷等其类似物都具有重要的药用价值。有些可以通过干扰肿瘤细胞的核苷酸代谢、抑制核酸合成等发挥抗肿瘤作用，如 6- 巯基嘌呤（6-mercaptopurine，6-MP）、阿糖胞苷（cytosine arabinoside，AraC）和 5- 氟尿嘧啶（5-fluorouracil，5-FU）等；有些通过抑制病毒 DNA 的复制来治疗乙型肝炎、AIDS 等病毒感染性疾病，如拉米夫定和司坦夫定等双脱氧核苷酸物质；ATP 本身作为供能分子，也可以用于肝炎、心肌病等多种疾病的辅助治疗。有关核苷酸在医药领域的应用将在第三章详细介绍。

三、核苷酸衍生物

核苷酸有多种衍生物。核苷酸的三磷酸酯对于生物体的生命活动有重要作用。此外，还存在一些环式核苷酸，也在生命活动中起十分重要的作用。当然还存在一些其他种类的衍生物。

（一）核苷多磷酸

含有两个以上磷酸基的核苷酸。只带有一个磷酸基的核苷酸叫作核苷一磷酸，带有两个磷酸基的核苷酸叫做核苷二磷酸。如腺嘌呤核苷酸有腺苷一磷酸（即腺苷酸，AMP）、腺苷二磷酸（ADP）、腺苷三磷酸（ATP）和脱氧腺苷一磷酸（即脱氧腺苷酸，dAMP）、脱氧腺苷二磷酸（dADP）、脱氧腺苷三磷酸（dATP）。天然的核苷多磷酸，磷酸基多是与戊糖的 5′- 羟基相连。4 种核苷三磷酸（ATP、GTP、CTP 和 UTP）、4 种脱氧核苷三磷酸（dATP、dGTP、dCTP 和 dTTP）分别是 RNA 和 DNA 生物合成的原料。

（二）寡核苷酸与多核苷酸

2 ～ 20 个核苷酸连接而成的化合物叫寡核苷酸。20 个以上的核苷酸构成的化合物叫多核苷酸。

（三）核苷酸衍生物[2]

1. 腺苷酸衍生物

腺苷-3′,5′-磷酸即环腺苷酸（cAMP），主要存在于动物细胞中，生物体内的激素通过引起细胞内cAMP的含量发生变化，从而调节糖原、脂肪代谢、蛋白质和核酸的生物合成，所以cAMP被称为第二信使。

2′,5′-寡聚腺苷酸，通常由3个腺苷酸通过2′,5′-磷酸二酯键连接而成，即pppA（2）p（5）A（2）P（5）A，是干扰素发挥作用的一个媒介，具有抗病毒、抑制DNA合成和细胞生长、调节免疫反应等生物功能。

几个重要的辅酶都是腺苷酸衍生物。ATP就是其中最重要的一个。此外，NA、NAD和FAD，可通过氢原子的得失参与许多氧化还原反应。辅酶A形式活化脂肪酸的功能，与脂肪酸、萜类和类固醇生物合成有关。

腺苷-3′-磷酸-5′-磷酰硫酸是硫酸根的活化形式，蛋白聚糖的糖组分中硫酸根的来源。甲硫氨酸被腺苷活化得到S-腺苷甲硫氨酸，它在生物体内广泛用作甲基供体。

β-烟酰胺单核苷酸，又称烟酰胺单核苷酸（nicotinamide mononucleotide，NMN），是人体内天然存在的物质，是细胞能量重要来源之一。NMN作为哺乳动物体内辅酶I——烟酰胺腺嘌呤二核苷酸（nicotinamide adenine dinucleotide，NAD^+）合成的关键前体之一，逐渐被研究者了解和研究（图1-2-8）。

NAD^+对人体健康有着重要作用，参与上千种生物催化反应，其总含量随着年龄增加而逐渐减少。

近年来，随着对NMN的研究逐渐深入，发现其具备多种生物功能，对心脑血管疾病、老年退行性疾病、神经退行性疾病、延缓衰老等有治疗作用[8]，同时具有修复DNA损伤，提高线粒体能量状态，调节胰岛素分泌，改善视力等生理作用[9]。

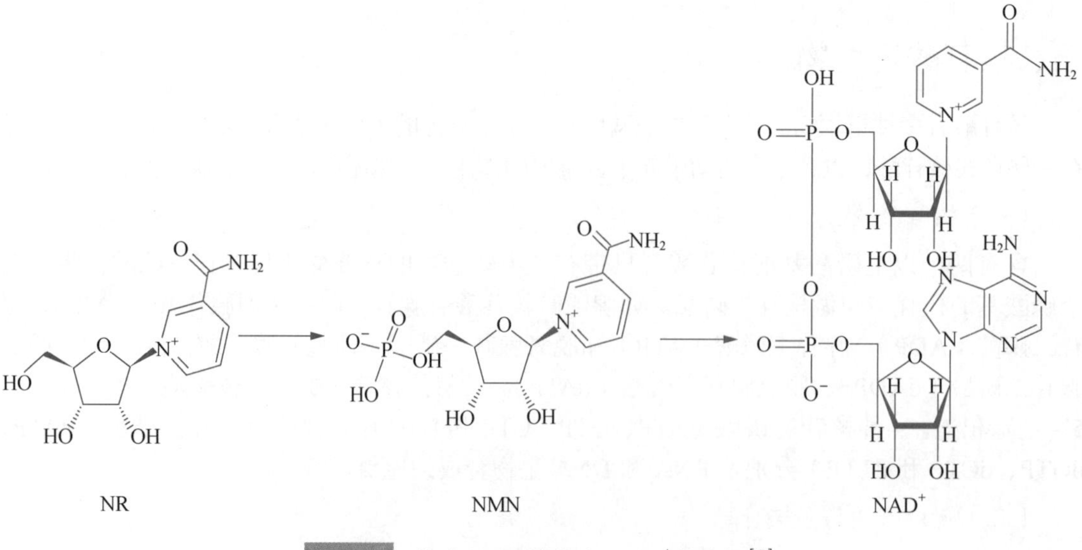

NR　　NMN　　NAD^+

图1-2-8　体内NMN转化为NAD^+的路径[8]

补充 NAD^+中间体具有预防和改善年龄相关退行性疾病的效果，并且延长寿命。虽然以 NMN 为代表的药代动力学和代谢仍在深入研究中，但这些 NAD^+中间体可以表现出不同的功能，似乎与组织分布和 NAD^+生物合成酶、核苷酸酶和各自的转运蛋白的表达水平相关。一个将 NAD^+代谢与哺乳动物衰老和长寿联系起来的综合概念已经提出，但要将此概念转化为有益人类健康的理论，还有很长的路要走[10]。

在发育过程中，神经回路的形成需要有活性的 γ- 氨基丁酸介导（GABAergic）以稳定突触和消除无活性的突触。研究表明，虽然突触 GABAA 型受体（GABAARs）和腺苷 A2A 受体（A2ARs）的激活可以稳定 GABA 突触，但只激活 A2AR 受体可达到相同的作用。GABAAR 和 A2ARs 依赖的信号通路协同作用，通过钙–钙调素–腺苷酸环化酶途径产生腺苷 3′,5′- 单磷酸。腺苷在体内和合成关系到神经系统的发育[11]。

2. 胞苷酸衍生物

CDP 和 CTP 也是一类高能化合物。与磷脂类代谢有关的胞苷酸衍生物有 CDP- 胆碱、CDP- 乙醇胺、CDP- 二甘油酯等。阿糖胞苷（cytarabine，ara-C）是 20 世纪 60 年代上市的、最早的一类抗代谢药物。主要作用是抑制细胞的 DNA 合成，从而达到抑制癌细胞增殖的作用。该药物常与其他药物连用，用以治疗恶性淋巴瘤、肺癌等疾病[12]。

3. 尿苷酸衍生物

在糖代谢中起重要作用，UDP 是单糖的活化载体，参与糖和双糖、多糖的生物合成，如 UDP- 半乳糖是乳糖的前体，UDP- 葡萄糖是糖原的前体，UDP-N- 乙酰葡糖胺与糖蛋白合成有关。UDP 和 UTP 也是一类高能磷酸化合物。

尿嘧啶核苷，简称尿苷，是人体内的一种内源性小分子物质，是 RNA 组成成分的前体。尿苷是卵磷脂的前体（卵磷脂是细胞膜的重要组成部分），对于促进细胞膜健康形成有着重要的作用。尿苷由肝产生，在母乳和婴儿的大脑中，含量也很丰富。一项研究显示，尿苷可能成为组织修复和再生领域的关键因子。在对两种脊椎动物器官蝾螈肢体胚母细胞和鹿角干细胞再生模型进行了代谢组学分析后，该项研究构建了灵长类幼年和老年组织，包括年轻和老年人类干细胞的代谢谱。在联合分析后，发现嘧啶代谢和脂肪酸代谢与组织再生能力正相关。其中，尿苷可以使衰老的人类干细胞恢复活力，并促进体内各种组织的再生。这项结果为组织修复和再生中的代谢干预开辟了新的途径[13]。

四、核苷酸在体内的代谢

核苷酸是核酸的基本结构单位。人体中的核苷酸主要是由机体细胞合成。核苷酸在体内分布广泛。细胞中主要以 5′- 核苷酸形式存在。人体中核苷酸的合成有从头合成和补救合成两条途径。而核苷酸的分解则在核苷酸酶的作用下分解为核苷，进而分解为尿素。

（一）核苷酸的合成代谢概述

1. 核苷酸的合成代谢

内源性合成是体内核苷酸的主要来源。核苷酸存在两种合成代谢途径——从头合成（denovo synthesis）和补救合成（salvage synthesis）。从头合成途径使用简单前体分子（如氨基酸、一碳单位和磷酸核糖等）组装成核苷酸（图 1-2-9）。补救合成途径中，体内核苷酸降

解产生的游离嘌呤 / 嘧啶碱基或核苷被重新利用以合成核苷酸。生物体不同的组织选择与之相适应的合成途径，例如，肝中进行从头合成，而脑和骨髓中则进行补救合成。从头合成是体内核苷酸合成代谢的主要途径。

Endogenous synthesis is the main way of producing nucleotides in body. There are two anabolic pathways for nucleotides-denovo synthesis and salvage synthesis. The denovo pathway uses simple precursor molecules such as amino acids，one-carbon units，and phosphate ribose to assemble nucleotides（Figure 1-2-9）. In the remedial synthesis pathway，free purine/pyrimidine bases or nucleosides resulting from nucleotide degradation are reused for nucleotide synthesis. Synthesis pathways vary depending on different tissues of the organism，for example，denovo synthesis often occurs in the liver while remedial synthesis occurs in the brain and bone marrow. Denovo synthesis is the main pathway of nucleotide anabolism in human.

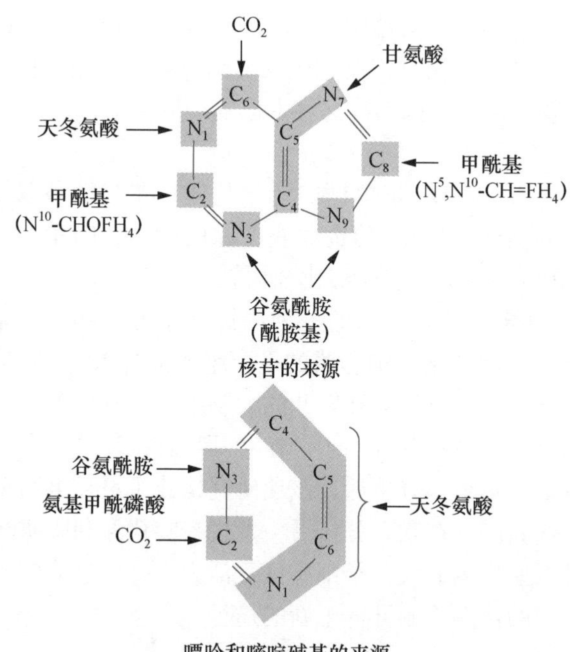

图 1-2-9 从头合成核苷酸的途径

核苷酸的补救合成途径是吸收利用现成的嘌呤 / 嘧啶碱或核苷，与从头合成途径相比，其合成过程较为简单，节省能耗。并且体内某些组织 / 器官，如脑和骨髓等，缺乏嘌呤核苷酸从头合成的酶系，因而补救合成途径对与它们来说至关重要。此时一旦由于遗传缺失导致补救合成途径受阻，则会导致严重的遗传代谢疾病。

2. 磷酸核糖焦磷酸是从头合成和补救合成途径的交叉点

磷酸核糖焦磷酸（phosphoribosyl pyrophosphate，PRPP）由 5′- 磷酸核糖在 PRPP 合成酶（PRPP synthetase）催化下活化生成。PRPP 在嘌呤和嘧啶核苷酸的从头合成途径中都充当重要中间物。在嘌呤核苷酸从头合成途径中，氨基酸等前体物质在 PRPP 的基础上不断添加成环得到次黄嘌呤核苷酸（IMP），并转变得到腺嘌呤核苷酸（AMP）和鸟嘌呤核苷酸（GMP）。而在嘧啶核苷酸从头合成途径中，氨基酸等前体物质先形成环状中间物（乳清酸），再与 PRPP 结合，继而反应得到尿嘧啶核苷酸（UMP），并转变得到胞苷三磷酸（CTP）和胸腺嘧啶核苷酸（TMP）。补救合成途径中嘌呤 / 嘧啶碱在各种嘌呤 / 嘧啶磷酸核糖转移酶的催化下与 PRPP 反应生成相应的核苷酸。由此可见 PRPP 同时参与了核苷酸的从头合成和补救合成途径，因而 PRPP 处于核苷酸合成代谢的中间位置（见图 1-2-10）。

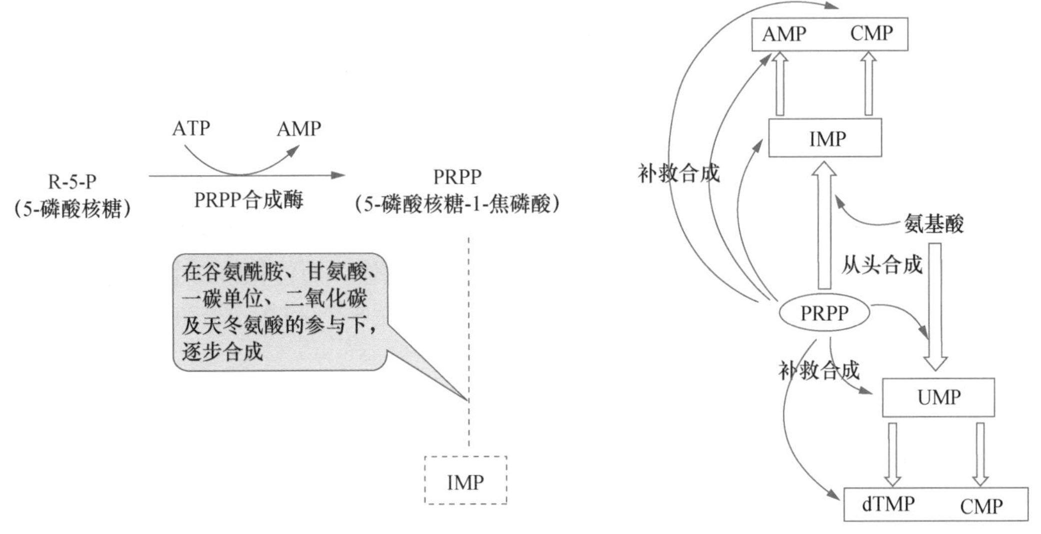

图 1-2-10　PRPP 处于核苷酸合成代谢的中心位置

（二）嘌呤核苷酸的合成与分解代谢

1. 嘌呤核苷酸的从头合成

嘌呤核苷酸从头合成途径从 5′- 磷酸核糖起始逐步形成嘌呤环。所有反应都在胞质中完成。人体内从头合成嘌呤核苷酸的主要器官是肝，其次是小肠黏膜和胸腺。几乎所有生物都能从头合成嘌呤核苷酸。同位素掺入实验表明嘌呤碱的前体分子都来自简单原料如氨基酸、CO_2 和甲酰四氢叶酸。嘌呤核苷酸的从头合成途径分为两个阶段：首先合成嘌呤核苷酸的共同前体 IMP，然后由 IMP 转化为 AMP 和 GMP。

（1）嘌呤核苷酸从头合成途径

IMP 合成可分为以下两个阶段共 11 步反应。第一阶段反应生成 PRPP，仅包括第Ⅰ步反应。第二阶段是 IMP 的合成过程，包括第Ⅱ～Ⅺ步这 10 个反应。

Ⅰ. 来源于戊糖磷酸途径的 5′- 磷酸核糖在 PRPP 合成酶的催化下将一分子焦磷酸从 ATP 转移到 5′- 磷酸核糖的 C-1′上，形成 PRPP。

Ⅱ. 在谷氨酰胺 -PRPP 氨基转移酶（GPAT）催化下，谷氨酰胺侧链的 N 原子代替了 PRPP C-1′焦磷酸基团，形成 5′- 磷酸核糖胺（PRA）。该反应为嘌呤核苷酸从头合成的关键步骤。

Ⅲ. PRA 在甘氨酰胺核苷酸（GAR）合成酶催化下消耗 ATP、经甘氨酰胺化生成 GAR。

Ⅳ. N10- 甲酰四氢叶酸的甲酰基转移到 GAR，形成甲酰甘氨酰胺核苷酸（FGAR）。

Ⅴ. 在 ATP 存在时，FGAR 接受谷氨酰胺的酰胺基转变为甲酰甘氨脒核苷酸（FGAM）。

Ⅵ. FGAM 脱羟基并成环得到 5′- 氨基咪唑核苷酸（AIR）。

Ⅶ. CO_2 掺入并成为嘌呤环上的 C-6，产生 5′- 氨基咪唑 -4- 羧酸核苷酸（CAIR）。

Ⅷ. 天冬氨酸继续添加到嘌呤环中，缩合得到 5′- 氨基咪唑 -4-（N- 琥珀基）- 氨甲酰核苷酸（AICAR）。

Ⅸ. SAICAR 脱去一分子延胡索酸，分解转变为 5′- 氨基咪唑 -4- 甲酰胺核苷酸（AICAR）

Ⅹ. N10- 甲酰四氢叶酸供给甲酰基，使 AICAR 转变为 5′- 甲酰氨基咪唑 -4- 甲酰胺核苷酸（FAICAR）。

Ⅺ. 最终，第一个环中的甲酰基与氨基 N 原子脱水缩合得到 IMP。

在 IMP 生成的过程中，PPRP 是嘌呤从头合成过程中的第一个中间物，同时也是嘌呤和嘧啶核苷酸从头合成过程中所需的共同 5′- 磷酸核糖供体。而催化第二个反应的 GPAT 是 IMP 合成过程中的调节酶。这 11 步从头合成反应共消耗 5 个 ATP 分子和谷氨酰胺，CO_2、天冬氨酸、N10- 甲酰四氢叶酸等多种前体分子。

（2）AMP 和 GMP 的生成（图 1-2-11）

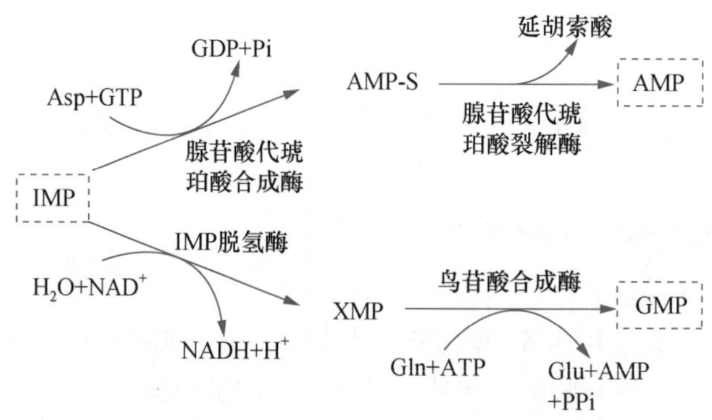

图 1-2-11 次黄嘌呤核苷酸的从头合成

IMP 可转化为 AMP 或 GMP。IMP 在 GTP 供能的条件下与天冬氨酸合成腺苷酸代琥珀酸（AS），中间产物 AS 随即在 AS 裂解酶的催化下分解成 AMP 和延胡索酸。IMP 在 IMP 脱氢酶催化下氧化生成黄嘌呤核苷酸（XMP），XMP 再由鸟苷酸合成酶经氨基化生成 GMP。AMP 和 GMP 经磷酸化得到相应的二磷酸产物和三磷酸产物。

2. 嘌呤核苷酸的补救合成代谢

嘌呤核苷酸补救合成代谢利用游离的嘌呤碱或嘌呤核苷合成嘌呤核苷酸。

（1）嘌呤碱与 PRPP 经磷酸核糖转移酶催化生成嘌呤核苷酸

嘌呤与 PRPP 可以在相应磷酸核糖转移酶的催化下生成核苷酸。腺嘌呤、次黄嘌呤和鸟嘌呤与 PRPP 分别生成 AMP、IMP 和 GMP、其中 PRPP 提供磷酸核糖。两个重要的酶参与了上述过程，它们是腺嘌呤磷酸核糖转移酶（adenine phosphoryl transferase，APRT）和次黄嘌呤、鸟嘌呤磷酸核糖转移酶（hypoxanthine-guanine phosphoryl transferase，HGPRT）。反应式如下：

$$\text{腺嘌呤}+\text{PRPP}\xrightarrow{\text{APRT}}\text{AMP}+\text{PPi}$$

$$\text{次黄嘌呤}+\text{PRPP}\xrightarrow{\text{HGPRT}}\text{AMP}+\text{PPi}$$

$$\text{鸟嘌呤}+\text{PRPP}\xrightarrow{\text{HGPRT}}\text{AMP}+\text{PPi}$$

嘌呤核苷酸的补救合成途径是脑和脊髓合成核苷酸的唯一来源，这使得 HGPRT 成为补救途径的调节酶。

（2）嘌呤核苷经核苷激酶催化生成 AMP

人体内腺嘌呤核苷还可以在腺苷激酶催化下，利用 ATP 提供的磷酸基团实现磷酸化并得到腺嘌呤核苷酸。

生物体内除腺苷激酶外，缺乏其他嘌呤核苷的激酶。嘌呤核苷酸补救合成途径中主要以磷酸核糖转移酶催化的反应为主。同时，体内嘌呤核苷酸可以相互转化。IMP 可以转变成 XMP、AMP 及 GMP、AMP、GMP 也可以转变成 IMP。AMP 和 GMP 之间可以实现相互转变。

$$\text{腺嘌呤核苷}+\text{ATP}\xrightarrow{\text{腺苷激酶}}\text{AMP}+\text{ADP}$$

（3）嘌呤核苷酸的分解代谢（图 1-2-12）

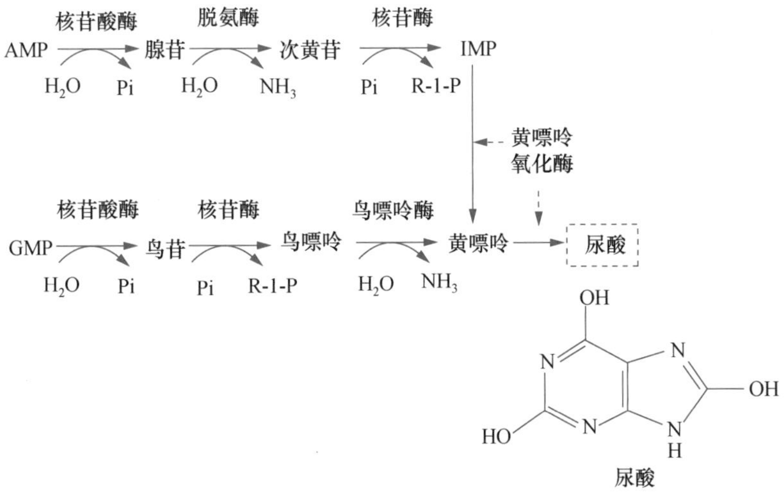

图 1-2-12 嘌呤核苷酸的分解代谢

嘌呤核苷酸的分解代谢包括以下 3 个基本过程：首先，核苷酸在核苷酸酶的作用下水解成核苷和磷酸。继而核苷在核苷磷酸化酶的催化下得到游离的嘌呤碱基 1′- 磷酸核糖。1′- 磷酸核糖在磷酸核糖变位酶的作用下可变为 5′- 磷酸核糖，参与戊糖磷酸途径；分解得到的嘌呤碱可在补救合成途径中获得重新利用或进行进一步氧化。腺嘌呤转化为次黄嘌呤，与鸟嘌呤一同转变为黄嘌呤，再在黄嘌呤氧化酶的催化下代谢为尿酸（uric acid）。嘌呤核苷酸的分解代谢过程主要在肝、小肠和肾中进行，这些脏器的黄嘌呤氧化酶活性较高。人体内嘌呤碱最终分解代谢为尿酸并随尿液排出体外。嘌呤脱氧核苷酸通过相同途径最终降解为尿酸。

（4）嘌呤核苷酸的合成代谢的调节

从头合成是嘌呤核苷酸的主要来源。这个过程中消耗大量物质和能量，精密的调控体系对合成过程十分必要，且实现了营养和能源的节约。该过程中主要涉及反馈抑制调节（图 1-2-13）。

嘌呤核苷酸从头合成途径的前两种酶：PRPP 合成酶和 GPAT（谷氨酸酰胺转移酶）受到嘌呤核苷酸的反馈抑制。一方面 IMP 向 AMP 和 GMP 转化过程的终产物可抑制反应进行，而另一方面，PRPP 可以促进 GPAT 的活性，加速 PRA 的产生。GPAT 是一个别构酶，其活化结构为单体，形成二聚体会导致失活。IMP、AMP 和 GMP 能够促进其活化向失活结构的过渡，从而抑制 GPAT 的活性。实际上，嘌呤核苷酸合成过程中，PRPP 合成酶比 GPAT 更重要。

IMP 转化为 AMP 时需要 GTP，转化为 GMP 时需要 ATP 的作用。GTP 促进 AMP 的生成，ATP 促进 GMP 的生产。过量的 AMP 抑制 AMP 的生成，不影响 GMP 的合成；同样过量的 GMP 抑制 GMP 的生成，不影响 AMP 的合成。这种复杂的交互调节可维持 ATP 和 GTP 的平衡。

嘌呤核苷酸的补救合成途径也存在反馈抑制调节：APRT 受 AMP 的反馈抑制，而 HGPRT 受 IMP 与 GMP 的反馈抑制。

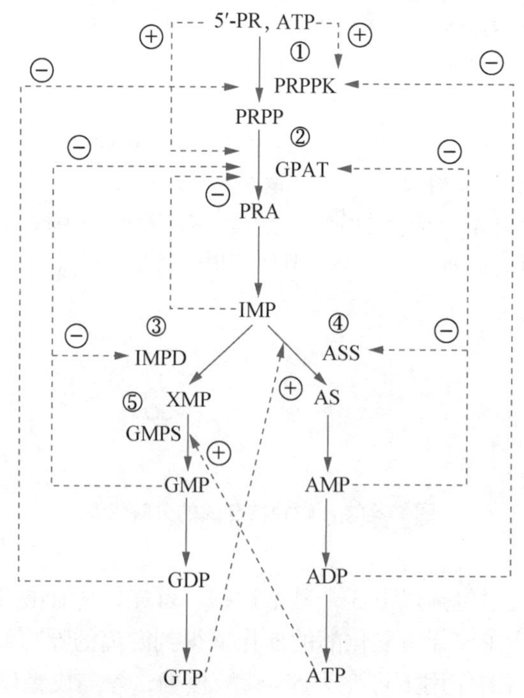

图 1-2-13 嘌呤核苷酸从头合成的调节

（三）嘧啶核苷酸的合成与分解代谢

1. 嘧啶核苷酸的从头合成（图 1-2-14）

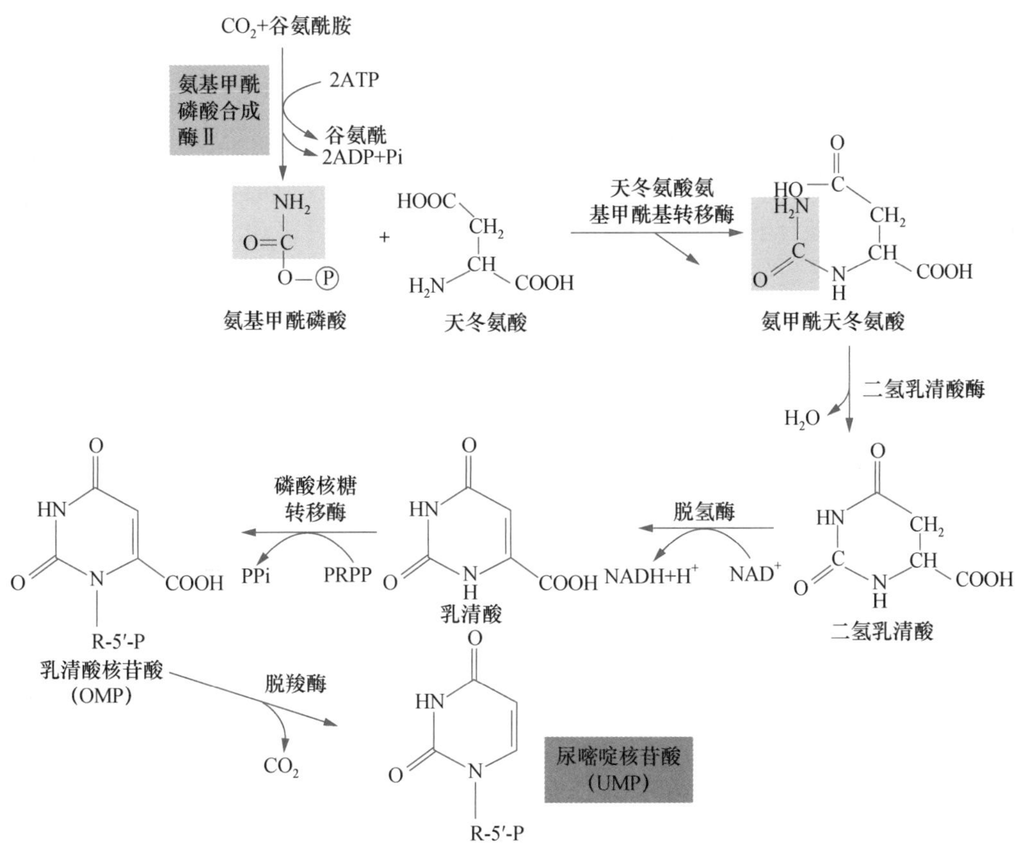

图 1-2-14　尿嘧啶核苷酸的从头合成

与嘌呤核苷酸相比，嘧啶核苷酸的从头合成过程较为简单。嘧啶环的 C、N 原子分别来自谷氨酰胺、CO_2 和天冬氨酸。与嘌呤核苷酸从头合成不同，嘧啶核苷酸从头合成途径首先合成含有嘧啶环的乳清酸（OA），再与 PRPP 结合称为乳清酸核苷酸（OMP），最后生成 UMP。肝是合成嘧啶核苷酸的主要器官，反应过程在胞质和线粒体进行；胞嘧啶核苷酸、胸腺嘧啶核苷酸可由 UMP 转变而来。

（1）UMP 的从头合成

嘧啶环的合成起始于氨甲酰磷酸（carbamoyl phosphate，CP）的产生。谷氨酰胺、CO_2 和 ATP 经胞质中氨甲酰磷酸合成酶Ⅱ（CPS Ⅱ）催化生成氨甲酰磷酸，谷氨酰胺的酰胺 N 原子为氮源。氨甲酰磷酸同时也是尿素合成的原料；但尿素合成是在线粒体中进行，且由氨甲酰磷酸合成酶 I 催化相应的反应。这两种酶并不相同。

产生氨甲酰磷酸合成酶在天冬氨酸转氨甲酰酶（ATCase）的催化下，与天冬氨酸结合生成氨甲酰天冬氨酸。

氨甲酰天冬氨酸在二氢乳清酸酶催化下脱水形成二氢乳清酸（DHOA）。

DHOA 脱氢氧化生成乳清酸（OA）。

OA 并不是合成核苷酸的嘧啶碱，它在乳清酸磷酸核糖转移酶（OPRT）催化下与 PRPP 结合，生成乳清酸核苷酸（orotidine-5′-monophosphate，OMP）。

接着，OMP 在乳清酸核苷脱羧酶（OMPD）催化下脱去羧基，形成 UMP。

哺乳动物的嘧啶核苷酸从头合成过程前 3 步反应涉及的酶，即氨甲酰磷酸合成酶Ⅱ（CPS Ⅱ）、天冬氨酸转氨甲酰酶（ATCase）和二氢乳清酸酶，位于胞质内同一多功能酶的不同结构域；二氢乳清酸脱氢酶位于线粒体；而催化后两步反应的乳清酸磷酸核糖转移酶（OPRT）和乳清酸核苷酸脱羧酶（OMPD）则位于胞质内另一多功能酶的同一肽链。这些多功能复合体对高效、均一地催化嘧啶核苷酸的合成很有益处。

（2）CTP 来源于 dUTP 的氨基化，dTMP 来源于 dUMP 的甲基化（图 1-2-15）

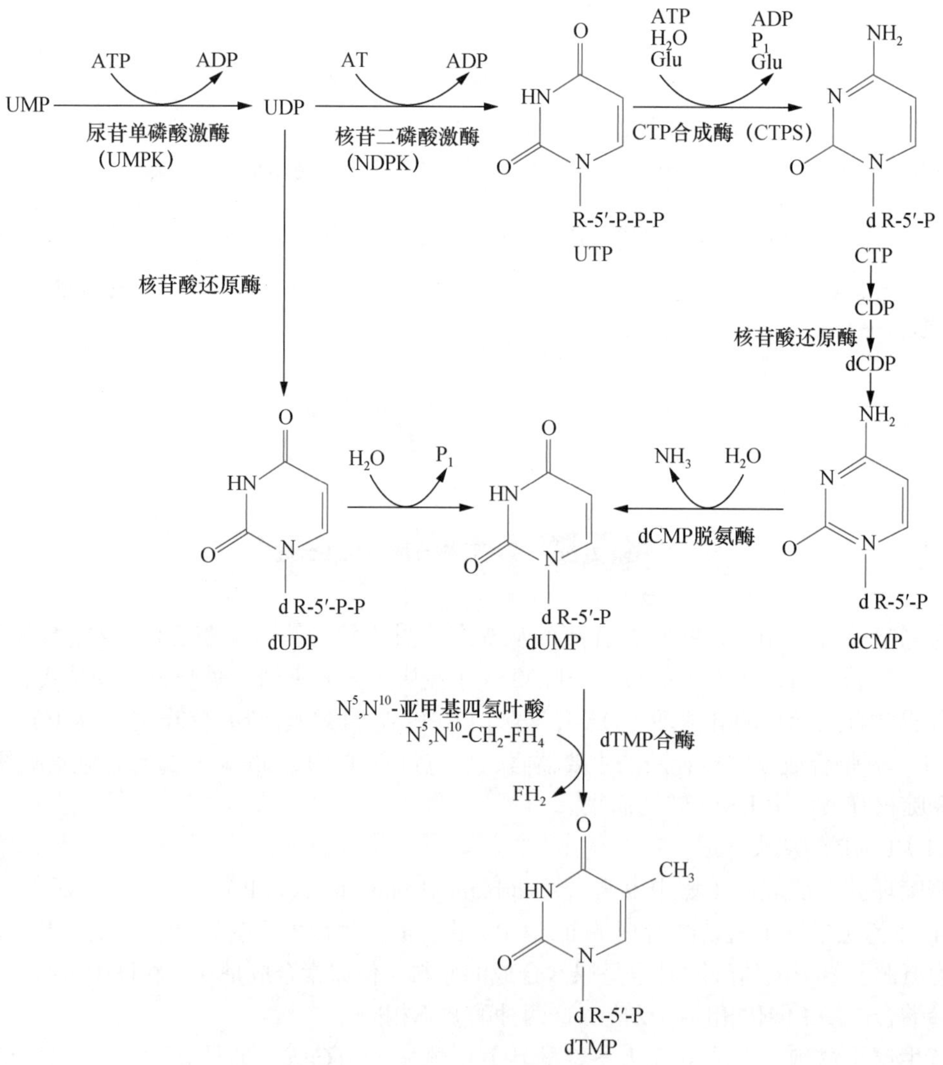

图 1-2-15 UMP 向 CMP 和 dTMP 的转化

CTP 的合成是在核苷三磷酸的水平上进行的，UMP 经尿苷酸激酶和核苷激酶的连续磷酸化作用，生成 UTP；UTP 在 CTP 合成酶的催化下，消耗一分子 ATP，接受谷氨酰胺的δ - 氨基成为 CTP。dTMP 由 dUMP 甲基化获得。

2. 嘧啶核苷酸的补救合成

嘧啶核苷酸的补救合成途径和嘌呤核苷酸很相似。

（1）部分嘧啶碱与 PRPP 可由核糖磷酸转移酶催化得到嘧啶核苷酸

嘧啶磷酸核糖转移酶能够利用尿嘧啶、胸腺嘧啶及乳清酸作为底物，与 PRPP 生成相应的嘧啶核苷酸，但对胞嘧啶不起作用。

$$\text{嘧啶} + \text{PRPP} \xrightarrow{\text{嘧啶磷酸核糖转移酶}} \text{嘧啶核苷酸} + \text{PP}_i$$

（2）嘧啶核苷可由嘧啶核苷激酶催化得到嘧啶核苷酸

嘧啶核苷激酶可催化嘧啶核苷转变成嘧啶核苷酸。尿苷激酶（uridine kinase）催化尿嘧啶核苷及胞嘧啶核苷生成 UMP 和 CMP；而胸苷激酶（thymidine kinase）催化脱氧胸苷生成 dTMP，反应分别如下：

嘧啶核苷酸补救合成以核苷激酶催化的反应为主。胸苷激酶的活性与细胞增殖状态密切相关，其在正常肝中活性低，再生肝中活性高，而恶性肿瘤中也有明显升高，并与肿瘤的恶性程度有关。

3. 嘧啶核苷酸的分解代谢

嘧啶核苷酸可以彻底分解为可溶性的小分子物质（图 1-2-16）。

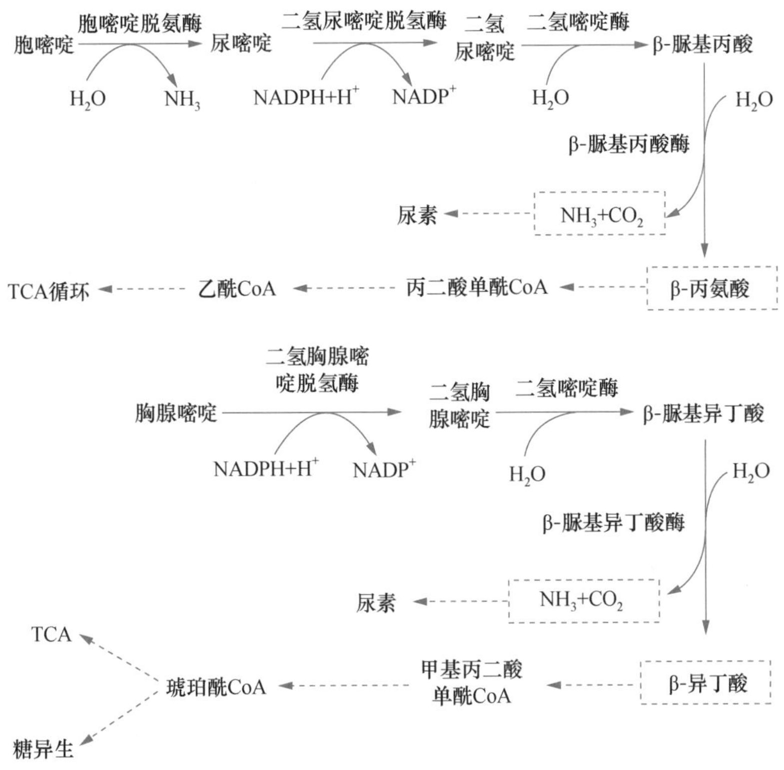

图 1-2-16 嘧啶核苷酸的分解代谢

嘧啶核苷酸首先通过核苷酸酶和核苷磷酸化酶的作用，脱去磷酸及核糖，产生嘧啶碱。胞嘧啶在脱氨基作用下转变为尿嘧啶。尿嘧啶还原为二氢尿嘧啶，再水解开环，最终可生成小分子可溶性物质如 NH_3、CO_2 及 β-丙氨酸。而胸腺嘧啶则降解为 β-氨基异丁酸（β-aminoisobutyric），直接随尿排出体外或进一步分解为 CO_2 和水。嘧啶碱的分解代谢主要在肝中进行，嘧啶碱的降解产物均具有良好的溶解性。

4. 嘧啶核苷酸合成代谢的调节

天冬氨酸转氨甲酰酶（ATCase）是细菌中调节嘧啶核苷酸从头合成过程的调节酶；对哺乳动物而言，氨甲酰磷酸合成酶Ⅱ（GPS Ⅱ）则至关重要。这两种酶都受到反馈抑制调节。此外，哺乳动物体内嘧啶核苷酸 UMP 合成过程的两个多功能酶均受到阻遏和去阻遏两种方式的调节。嘌呤和嘧啶核苷酸的合成过程都涉及 PRPP 合成酶，它同时受到来自嘌呤和嘧啶核苷酸合成过程的调控，维持着嘌呤和嘧啶核苷酸合成过程协调、平行地进行。

（1）底物的去遏制作用可增强相关酶基因表达而促进嘧啶核苷酸合成

嘧啶核苷酸代谢过程中底物对催化反应的酶具有去阻遏（激活）作用。如 ATP 可激活 PRPP 合成酶和氨甲酰磷酸合成酶Ⅱ（GPS Ⅱ）基因表达，PRPP 激活乳清酸磷酸核糖转移酶（OPRT）基因表达，它们均可促进嘧啶核苷酸的合成。

（2）通过反馈抑制酶活性调节嘧啶核苷酸合成

某些嘧啶/嘌呤核苷酸产物可通过反馈抑制相应酶活性而调节嘧啶核苷酸合成。主要 4 种反馈机制如下：① UMP 反馈抑制 CPS Ⅱ；② UMP 和 CTP 反馈抑制 ATCase；③嘌呤核苷酸合成途径产生的 ADP 和 GDP 反馈抑制 PRPPK；④ CTP 反馈抑制 CTPs。通过上述反馈抑制不仅可使嘧啶核苷酸合成代谢受到精细调节，而且使得嘧啶核苷酸与嘌呤核苷酸合成途径协调进行。

（四）核苷酸的相互转化

1. 核糖核苷二磷酸还原生成脱氧核糖核苷酸

DNA 由脱氧核糖和核苷酸组成。脱氧核糖核苷酸的脱氧核糖并非先自行合成，然后与相应的碱基和磷酸分子连接的，而是由相应核糖核苷酸在 D- 核糖的 C-2′ 处直接还原生成。该反应是在核苷酸二磷酸（NDP）水平上由核糖核苷酸还原酶催化下进行的，还原型辅酶Ⅱ（NADPH）是 H 供体。核糖核苷酸还原酶从 NADPH 获得电子时，需要硫氢还原蛋白作为电子载体，其分子质量为 12 kD，所含的巯基在核糖核苷酸还原酶作用下氧化为二硫键。后者再经硫氢化还原蛋白还原酶（thioredoxin reductase）催化，重新生成还原型的硫氧化还原蛋白，由此构成一个复杂的酶体系。在 DNA 合成旺盛、分裂速度较快的细胞中，核糖核苷酸还原酶体系活性较强（图 1-2-17）。

核糖核苷酸还原酶本身含有两个亚基：R1 和 R2，这两个亚基结合并有 Mg^{2+} 存在时才能发挥酶活性。核糖核苷酸还原酶存在酶活性调节位点，该位点影响整个酶的活性，ATP 结合时可使酶活化，dATP 可抑制该酶活性。同时还存在底物特异性位点，使得该酶受到底物激活调控（图 1-2-18）。

实际上体内 4 种 NDP（N = A、G、C、U）就是经上述还原反应生成相应的 dNDP，再磷酸化得到 dNTP 的。dATP 是以上 4 个反应的负调控信号。当某个特定的 NDP 在核糖核

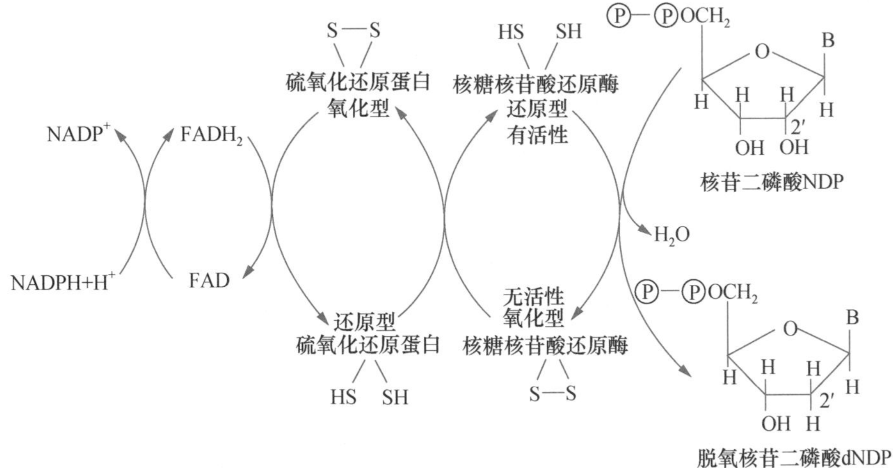

图 1-2-17 脱氧核苷二磷酸的合成过程

苷酸还原酶催化下还原成 dNDP 时，需要特异 NTP 来促进该反应的发生，同时其他的 NTP 又能抑制该酶的活性，以此维持各种脱氧核糖核苷酸合成反应的平衡进行。而 dTMP 是由 dUMP 在 dTMP 合酶催化下进行甲基化（methylation）反应转变得到的，该反应发生在核苷一磷酸水平。

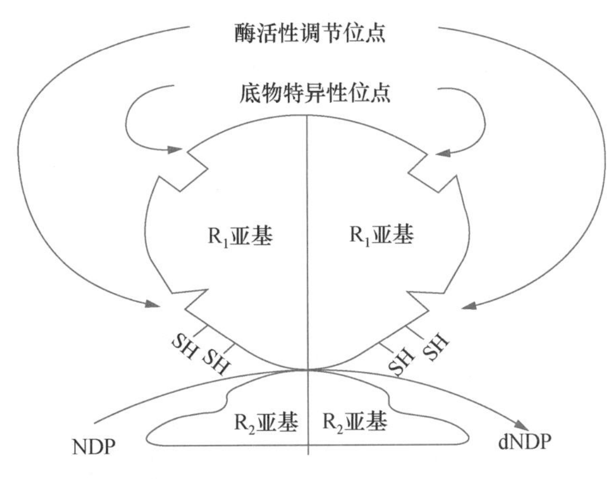

图 1-2-18 核糖核苷酸还原酶的结构

2. 核苷二磷酸和核苷三磷酸的转化

4 种核苷（或脱氧核苷）一磷酸可以在特殊的核苷一磷酸激酶作用下，由 ATP 供给磷酸基，而转变成核苷（或脱氧核苷）二磷酸。现在已经从各种生物体内分离、纯化出上述功能的激酶来催化此类反应。例如 AMP 激酶可以使 AMP 转化成 ADP。

核苷二磷酸与核苷酸三磷酸可在核苷二磷酸激酶（NDP kinase）的催化下实现相互转变。核苷二磷酸激酶的特异性不如核苷一磷酸激酶高，NDP 激酶可以催化所有嘌呤、嘧啶的核糖或脱氧核糖核苷二、三磷酸之间的转化。

$$\text{AMP} + \text{ATP} \xrightarrow{\text{AMP 激酶}} \text{ADP} + \text{ADP}$$

$$\text{XDP} + \text{YTP} \xrightarrow{\text{核苷二磷酸激酶}} \text{XTP} + \text{TDP}$$

五、核苷酸代谢与医学的关系

（一）核苷酸代谢障碍可引发多种疾病

多种遗传性疾病与核苷酸代谢缺陷有关。人类的多种遗传性疾病由核苷酸代谢缺陷导致。

1. Lesch-Nyhan 综合征

Lesch-Nyhan 综合征（Lesch-Nyhan syndrome）由 HGPRT 基因功能的缺失导致。HGPRT 基因位于 Xq26.1，使得该疾病具有伴性遗传模式。该酶是嘌呤核苷酸补救合成的重要酶。该酶基因缺陷可引起嘌呤核苷酸补救合成途径障碍，脑合成嘌呤核苷酸能力低下，造成中枢神经系统发育不良。患者表现出严重的痛风症状和神经系统的严重功能障碍。重症患者常表现出举止异常、自咬嘴唇、手指，因而又被称为“自毁容貌症”。患者一般寿命不超过 20 岁。

2. 重症联合免疫缺陷

部分隐性重症联合免疫缺陷（severe combined immunodeficiency，SCID）遗传病患者存在腺苷脱氨酶的缺陷。ADA 基因位于 20q12-q13.11，该酶在体内催化腺嘌呤核苷和脱氧腺嘌呤核苷转化为次黄嘌呤核苷和脱氧次黄嘌呤核苷。ADA 的缺陷会引起腺嘌呤核苷酸及其二磷酸和三磷酸衍生物的堆积，抑制核苷酸还原酶活性，导致脱氧核苷酸的锐减，严重影响 DNA 合成，继而导致 B 细胞和 T 细胞的联合缺陷。患者胸腺萎缩，免疫功能低下，骨骼发育异常。

3. 乳清酸尿症

乳清酸尿症与嘧啶核苷酸代谢异常有关。由于嘧啶核苷酸降解终产物溶解性良好，因而嘧啶核苷酸合成/分解代谢相关的疾病相对较少，而乳清酸尿症是其中之一。UMP 合成的最后两步反应中的酶 OPRT 或 OMPD（两基因都位于 3q13）存在缺陷则会影响嘧啶合成，导致血中乳清酸堆积、尿嘧啶核苷酸合成减少、胞嘧啶核苷酸和胸腺嘧啶核苷酸合成受影响，RNA 和 DNA 合成均不足。这些缺陷可引起乳清酸尿症，导致生长迟缓和由低色素红细胞和巨幼红细胞造成的严重贫血，白细胞减少也是其常见症状之一。上述紊乱为Ⅰ型乳清酸尿症，临床上可应用胞嘧啶核苷和尿嘧啶核苷，通过自身核苷酸激酶的催化来补充 UMP 的合成，减少乳清酸等中间物的堆积，得到较好的疗效。该疾病为常染色体隐性遗传病。而Ⅱ型乳清酸尿症仅涉及乳清酸核苷酸脱羧酶，症状较轻。

4. 新生儿脊柱裂

新生儿脊柱裂是一类典型的新生儿缺陷，其成因在于发育早期神经管功能的不完整或紊乱。该病在全美新生儿中发病率为 1/1000。多项研究显示，孕妇在妊娠前 3 个月若膳食中补充摄入叶酸，则可降低新生儿 70% 的疾病风险。这显示了叶酸的多种衍生物在合成 DNA 前体物质过程中的重要作用。

5. 痛风

高尿酸血症可引起痛风。血中尿酸水平超过溶解能力就称为高尿酸血症（hyperuricemia）。组织中的尿酸盐晶体会沉淀出来。痛风（gout）石由尿酸盐集中沉积于皮下组织形成，无明显症状。一旦尿酸盐的晶体沉积于关节等处则会触发痛风性关节炎的炎症反应。这种疾病多发于中老年男子。持续性高尿酸血症较易引起痛风性关节炎。

痛风可能是一种多基因病，表现出家族遗传倾向性。它可能涉及的基因主要有：HGPRT、PRPP 合成酶、GPAT（基因位于 4q12）、葡萄糖 -6- 磷酸酶（基因位于 17q21）和黄嘌呤氧化酶（基因位于 2p23-p22）。多数患者的高尿酸血症是由于肾中尿酸排出减少导致的，仅有 10% 患者的病因是尿酸生成过多。HGPRT 的部分缺陷会影响嘌呤核苷酸的补救合成，导致生成的 IMP、GMP、GDP 减少，削弱对嘌呤核苷酸从头合成途径中 PRPP 合成酶和 GPAT 的抑制作用，导致嘌呤核苷酸从头合成增强。糖原储存疾病中的 Von Gierke 症也会导致尿酸的过量产生，该疾病由葡萄糖 -6- 磷酸酶缺陷导致。该酶的缺陷导致葡萄糖 -6- 磷酸转化为葡萄糖的反应过程受阻，继而转向戊糖磷酸途径生成过多的 5- 磷酸核糖（PRPP 的合成原料）。

此外，膳食中摄入过量富含嘌呤的食物，白血病和肿瘤中核苷酸的过量降解以及由于肾引发的尿酸排泄障碍都是痛风的可能成因。

临床上使用别嘌呤醇（allopurinol）作为痛风治疗的常规药物。别嘌呤醇是次黄嘌呤的类似物，在黄嘌呤脱氢酶催化为别嘌呤二醇，对黄嘌呤脱氢酶有很强的抑制作用，因而可抑制尿酸的生成。此外，别嘌呤醇可与 PRPP 反应生成别嘌呤核苷酸，一方面消耗 PRPP，另一方面通过反馈抑制阻碍嘌呤核苷酸的从头合成，最终抑制尿酸的生成。

6. 癌症

当原代（正常）哺乳动物细胞中的癌基因（如 RAS，Rat sarcoma oncogene 或 BRAF，v-Raf murine sarcoma viral oncogene homolog B）被激活时，就会发生癌基因诱导的衰老（oncogene-induced senescence，OIS）[14]。癌基因的表达可导致细胞周期退出和持续的生长停滞，从而最终引发癌症。例如，由于致癌 BRAF 或 NRAS 的表达和 OIS，良性痣最终可变成黑色素瘤[15]。因此，了解细胞如何绕过衰老并发生转化是很重要的[16]。OIS 的特征包括导致持续 DNA 损伤反应（DNA damage response，DDR）的 DNA 复制应激，可诱导 p53/p21 和 p16/PRB 途径表达上调[17]。而核苷酸代谢在 OIS 中具有关键作用。因此，内源核苷酸可成为癌症诊断和预后的生物标志物，并可以通过诱导癌细胞衰老将该途径作为癌症治疗的靶点。

一个以酵母为模型的研究表明，降低的 dNTP 水平通过基因组不稳定性的增加导致突变的增加[18]。当向细胞培养基中补充外源核苷酸（NTs）时，BRAF 或 NRAS［neuroblastoma RAS viral（v-Ras）oncogene homolog］的黑素细胞可以减缓衰老[19]。在表达 HRAs 的成纤维细胞中可以观察到同样的结论。完全衰老的成纤维细胞中，RRM2（ribonucleotide reductase M2）的异位表达或外源性核苷补充都可以抑制细胞周期退出。E6/E7 细胞中 dNTP（deoxyribonucleotidetriphosphate）库的减少是导致这些细胞转化的原因[20]。虽然 E6/E7 表达不诱导衰老，但该研究清楚地表明低 dNTP 可能在肿瘤发生的早期阶段发挥作用。RRM2 或 p53R2 的过表达本身具有致肿瘤性[21-22]。增加的 RRM2 或 p53R2 表达在体外是诱变性的，并在体内导致肺肿瘤。与 p53R2 过表达相比，RRM2 过表达在体外诱导更高的突变频率。此外，与 p53R2 转基因小鼠相比，RRM2 转基因小鼠具有更大和更恶性的肺肿瘤[23]。这些结果表明 RRM2 可能是比 p53R2 更强的癌基因[24]。此外，另一种核苷酸代谢酶 TS 可以在体内独立地转化细胞并导致肿瘤形成。相反，RRM1（ribonucleotide reductase M1）的表达被认为是一种可能的肿瘤抑制。事实上，在体外和体内模型中，RRM1 的过表达可以减少肿瘤的形成、迁移和转移[25]。这些研究表明，核苷酸代谢在衰老旁路、肿瘤形成和进展中起着重要作用。

由于核苷酸代谢的变化可导致转化和肿瘤发生，内源性核苷酸可作为癌症标志物（表 1-2-3）。因此，许多研究试图确定核苷酸代谢途径的组分是否为多种癌症预后或诊断的生物标志物。RRM2 既是预后生物标志物，也是诊断生物标志物。RRM2 已被证明是结肠、乳腺和胰腺的诊断生物标志物[26-28]。RRM2 可作为一种预后——具有致癌 BRAF、上皮性卵巢癌（EOC）或 NRAS 黑色素瘤的诊断生物标志物[19, 29]。在上皮性卵巢癌中，RRM2 的表达与细胞增殖标记物 Ki67、肿瘤分级和分期呈正相关[29]。另外，在上皮性卵巢癌和黑色素瘤患者中，高 RRM2 表达可独立预测较短的总生存期[19, 29]。在同一组黑色素瘤患者中，RRM1 与生存率无关[19]。另一个 R2 亚单位 p53R2 作为生物标志物的作用尚不清楚。p53R2 已被证明是多种癌症类型（包括黑色素瘤）的诊断生物标志物[30]和鳞状细胞癌[31]。此外，p53R2 高表达也是非小细胞肺癌预后不良的生物标志物。然而，另一项研究表明高 p53R2 导致更好的预后[32]。因此，未来的研究应在大样本量的人群队列中进行，才能真正明确 p53R2 是否能预测更好或更差的患者预后。RRM1 在癌症诊断和预后中的作用也仍不清楚。RRM1 是一种肿瘤抑制因子[33, 34]，然而，其他研究发现，RRM1 高表达导致生存率低[35]；另一项研究发现，RRM1 的高表达对患者的预后是不确定的[36]。RRM2 则可以预测 BRAF 或 NRAS 阳性肿瘤患者更好的生存率[29]。核苷酸生物合成途径上游的其他酶也被证明是重要的癌症生物标志物。例如，dTTP 合成所必需的胸腺苷酸合酶的高表达是不同癌症类型生存率低的预测指标[37, 38]。

表 1-2-3　部分内源性核苷酸及其衍生物的生物标志物

No.	缩写	Analyte	浓度（nmol/L）		
			尿液	血浆	大鼠肝
1	A	腺苷	12 664.73±2946.69	1591.84±68.51	11 257.30±2354.80
2	a4C		4166.49±1049.67	6.33±1.18	—
3	ADP	5′- 二磷酸腺苷	271.49	808.02±18.89	329.65±40.35
4	Am	2′-O- 甲基腺苷	64.54±19.72		—
5	AMP	5′- 单磷酸腺苷	—	149.18±24.39	420.98±36.30
6	C	胞苷	1879.77±187.36	47.16±11.59	6798.18±494.33
7	Cm	2′-O- 甲基胞苷	1314.65±175.85	47.85±4.18	8.72±2.67
8	CMP	胞苷 -5′- 单磷酸	—		508.93±43.45

续表

No.	缩写	Analyte	浓度（nmol/L）		
			尿液	血浆	大鼠肝
9	f5C		—		
10	G	鸟苷	311.34±126.58	—	875.56±99.36
11	GDP	鸟苷 5′- 二磷酸		318.05±2.36	
12	Gm	2′-O- 甲基鸟苷	606.25±149.33	—	—
13	GMP	鸟苷 5′- 单磷酸		7.75±3.38	51.84±3.54
14	ho5U		267.38±62.51	1195.53±73.31	
15	I	肌苷	577.88±167.41	5.12±0.42	20 549.59±1643.31
16	i6A			—	—
17	Im	2′-O- 甲基肌苷	10 163.35±1103.46	599.50±34.35	3.85±0.88
18	imG-14	4- 去甲基维奥辛		28.60±3.03	—
19	IMP	肌苷 5′- 单磷酸	35，261.55±4485.76	—	339.68±48.82
20	m1A	1- 甲基腺苷		1.21±0.43	—
21	m1Y	1- 甲基假尿苷	2571.15±497.55	—	2.26±0.62
22	m2,2,7,G	7- 甲基鸟苷		—	
23	m2,7G	2- 甲硫基 -N6- 甲基鸟苷			
24	m22G	2- 甲基鸟苷	7428.88±1630.73	121.92±9.22	69.36±17.67
25	m2A	2- 甲基腺苷	—		
26	m2G	2- 甲基鸟苷	10 363.53±2465.55	83.53±6.90	118.98±15.03
27	m3C	3- 甲基假尿苷	212.55±65.17	—	69.08±6.28
28	m3Y	N4,N4,2′-O- 三甲基胞苷		1.21±0.43	
29	m4Cm		—	—	
30	m5C		2464.37±244.05	4.74±0.83	
31	m5U	5- 甲基胞苷	13.02±2.69	67.30±27.45	
32	m6A		800.45±81.28	—	
33	m6AMP			969.29±76.85	
34	U		393.00±133.41	4322.30±191.47	26 539.24±1936.13
35	Um	5- 甲氧羰基甲基 -2- 硫尿苷	728.07±19.32		—
36	UMP	5- 甲氧羰基甲基尿苷			22.70±9.64
37	Y	2- 甲硫基 -N6- 苏氨酰氨基甲酰腺苷	150 986.02±21 860.35	8536.37±711.37	2028.16±354.89

续表

No.	缩写	Analyte	浓度（nmol/L）		
			尿液	血浆	大鼠肝
38	URN		660±30 ng/mL		
39	8OH2dG		230±10 ng/mL		
40	INN		1390±30 ng/mL		
41	8OHG		160±20 ng/mL		
42	ADN		1800±30 ng/mL		
43	GUA		1480±30 ng/mL		
44	7mGUA		4870±40 ng/mL		
45	1mA		2890±80 ng/mL		
46	7mG		280±20 ng/mL		

总之，这些研究表明，核苷酸代谢失衡，特别是 dNTP 库失衡，是多种疾病诊断和预后的生物标志物。

7. 核苷酸代谢在癌基因诱导衰老中的作用

dNTP 库中的核苷酸代谢和失衡在多种人类病理中发挥作用，其中包括复制应激、DNA 损伤反应和癌基因激活后衰老途径等方面[39]。

早期研究表明，羟基脲（Hu）减少 dNTP 库失衡导致的细胞 S 期阻滞[40]。在酵母模型中，由于 dNTP 库的减少而导致的复制应激也被证实。此外，在复制调节因子如 RecQ 解旋酶，例如，Werner 综合征 ATP 依赖性解旋酶（WRN）、Bloom 综合征 RecQ 解旋酶样（BLM）和 RecQ 蛋白样中具有突变的患者（RecQL4）显示出了复制应激、基因组不稳定性和加速老化表型[41]。这些数据表明 dNTP 库在衰老期间的复制应激中发挥了主要作用。

由 dNTP 库的减少诱导的复制应激导致 DNA 损伤积累中起主要作用[19]。通过添加外源性核苷可恢复细胞 dNTP 水平从而抑制 DDR。另一研究发现，dNTP 水平降低是由致癌 RAS 诱导的衰老过程中 DNA 损伤的原因[24]。

在 dNTP 库减少后，由于核糖核苷酸还原酶 M2（RRM2）减少，细胞不能重新进入细胞周期从而导致 DNA 损伤的积累和 DDR 的持续诱导。因此许多信号传导途径在此期间被激活，特别是 p53/p21 和 p16/PRB 途径[42，43]。在致癌基因 RAS 活化的细胞中，异位的 RRM2 或补充外源性核苷可以抑制 p53 的激活。外源核苷抑制 DDR，也抑制由 RRM2 抑制的衰老[43]。未来的研究需要阐明由 DNA 损伤激活的下游途径，该途径介导衰老和由核苷酸代谢抑制诱导的相关细胞的生长停滞。

第三节　外源核苷酸 Exogenous nucleotides

核苷酸是生物体内一类重要的含氮化合物，是各种核酸的基本组成单位，是生物体细胞中决定生物特性和蛋白质结构与功能的物质。核苷酸几乎在所有的细胞结构、代谢、能量和调节功能等方面起着重要作用，被认为是人体最重要的物质之一。核苷酸在生物体内不断地进行着合成和降解的过程，但机体在特殊情况下，组织利用氨基酸从头合成和利用循环中核苷类物质补救合成将同时受限，导致体内核苷酸不能满足各种代谢旺盛的组织和细胞的需要。此时，从诸如膳食等外源途径摄入足量核苷酸就显示出对机体健康至关重要的意义。

外源核苷酸（exogenous nucleotides，NTs）是指在自然界中存在或经过制备、分离纯化得到的核苷酸及其类似物和衍生物，经机体摄入后，可对机体的正常生命活动起到非常重要的调节作用的核苷酸[4]。目前，核苷酸的应用在食品、药品、农业生产等方面，应用前景十分广阔。

Exogenous nucleotides（NTs）refer to nucleotides，their analogues and derivatives that exist in nature or are prepared，separated and purified which can play an important regulatory role in normal life activities after ingestion[4]. The application prospect of nucleotide in food，medicine，agricultural production or other aspects，is broad at present.

一、NTs 的消化、吸收及代谢

核苷酸在生物体内不断地进行着合成和降解的过程。由上一节介绍可知，核苷酸的合成途径主要有两条：一是从头合成途径。在体内以一些氨基酸——谷氨酸、天冬氨酸、甘氨酸、甲酸和二氧化碳等原料在酶的作用下合成；二是补救合成途径。在机体内直接利用 NTs 的降解产物来合成。其中第二条补救合成途径比较简单而且消耗的能量较第一种从头合成途径少得多[2]。

NTs 的降解产物需要从 NTs 的消化开始介绍。食物中的核苷酸是以核蛋白的形式存在。核蛋白被人体吸收后，首先被蛋白酶降解为核酸和蛋白质，核酸又在核酸酶的作用下分解为核苷酸，部分核苷酸在通过碱性磷酸酶和核苷酸酶的作用继续分解为核苷和碱基，核苷再水解为碱基和戊糖或磷酸戊糖[1]。这些水解产物可被细胞吸收，通过补救合成途径重新得到利用。但大部分则在肠黏膜彻底分解。其中戊糖可参加戊糖代谢，而大部分嘌呤和嘧啶碱基则分解后随尿液排出。正由于膳食来源的核酸和核苷酸在消化吸收的过程中被大量降解，因而核苷酸并非人体必需营养物。细胞内同样存在核酸酶，使细胞内部的核酸逐步分解为核苷酸，或进一步分解为碱基、戊糖和磷酸，以维持细胞内遗传物质的稳定。

Degradation of NTs are starting from the digestion of NTs. Degradation products of NTs need to be introduced from the digestion of NTs. Nucleotides in foods are in the form of nucleoproteins. After being absorbed，nucleoprotein is firstly degraded by protease into nucleic acid and protein，and nucleic acid is decomposed into nucleotide under the action of nuclease，part of nucleotide is decomposed into nucleoside and base through the action of alkaline phosphatase and nucleotide enzyme，and nucleoside is hydrolyzed into base and pentose or pentose phosphate[1]. These hydrolysates can be absorbed by cells and reused through remedial synthesis pathways.

核苷酸的吸收主要是在小肠的上段进行的。肠细胞对核苷酸的吸收有三种形式：可逆的被动转移、自由扩散和依赖钠离子的主动运输。在四种核苷酸中，腺苷酸是机体利用的主要核苷酸，与正常饲喂的动物相比，绝食的动物能更好地吸收和利用腺苷酸，这表明腺苷酸在机体的从头合成和补救合成核苷酸之间的平衡发挥重要的作用[2]。核苷酸的来源、消化、吸收、分布和生物功能如图 1-3-1 所示。

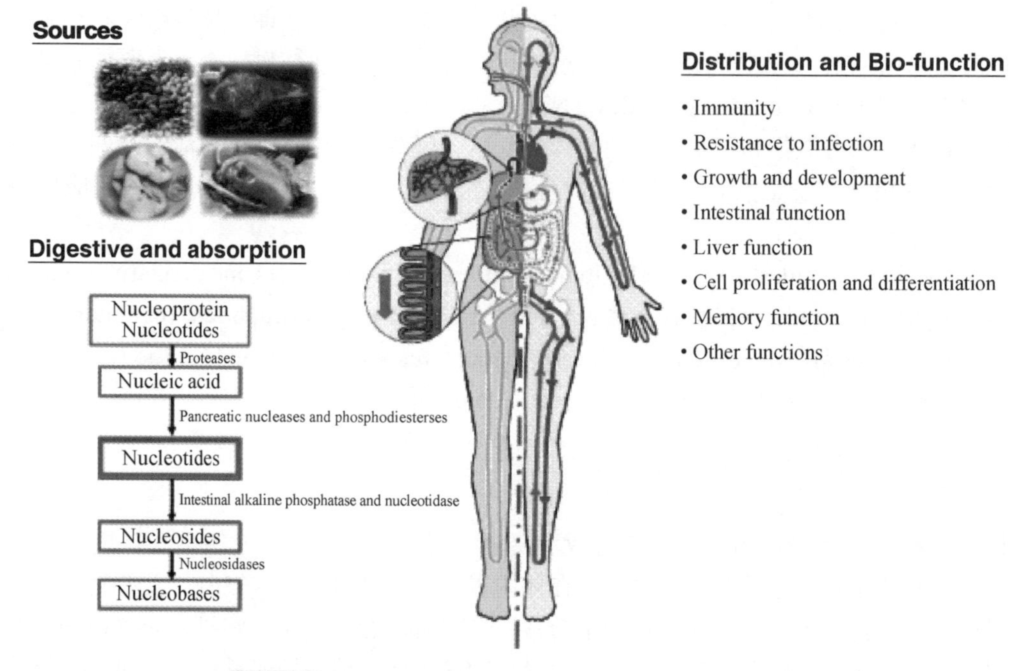

图 1-3-1　核苷酸的来源、消化、吸收、分布及生物功能

二、NTs 的来源

一般地，NTs 的来源可笼统地分为食物中的天然来源和通过人工制备纯化而获得的来源。

（一）天然食物来源

食物是 NTs 的重要来源，天然食物中的核苷酸主要以核酸的形式存在，动物肝、海产品含量最丰富，豆类次之，谷物籽实含量较低[44]。许多食物中也含有核酸，依据食物的核酸含量多少，可将食物分为三大类[45]：

1. 含核酸丰富的食物（每 100 g 食物含核酸 100 ～ 1000 mg）：瘦肉、动物内脏（如肝、肾、心、脑）、肉汤、肉汁、肉馅；鱼类（如鲭鱼、大比目鱼、鱼卵、小虾、牡蛎）；鹅肉；酵母（酿造或烤面包需用的酵母）等。

2. 含核酸中等量的食物（每 100 g 食物含核酸 90 ～ 100 mg）：肉类、贝壳类、干豆类、菠菜、竹笋、蘑菇等。

3. 含核酸很少的食物：谷类（大米、玉米面、面粉、蛋糕、饼干等）；乳类及其制品（牛奶、奶酪、奶油、冰淇淋等）；蛋类（鸡蛋、鸭蛋等）；蔬果类（除第二类以外的其他蔬菜、水果、花生、杏仁、核桃等）；油脂类（植物油、动物油、黄油）；其他（各种调味品、茶、咖啡、巧克力、橄榄、泡菜等）。

根据核苷酸来源不同，大体分为动物性食品来源和植物性食品来源。核苷酸是一种存在于母乳中且含量丰富，并对婴儿发育有重要作用的营养素[46]。随着核苷酸营养的研究，核苷酸对于婴幼儿的营养支持的研究愈加深刻，为核苷酸添加在配方奶粉中提供了依据。母乳中可利用的核苷类成分（简称 TPAN）包括 RNA、游离核苷、游离核苷酸以及核苷酸加和物。有文献分别调查了美国、欧洲、亚洲人群 TPAN 含量的研究中，其总量分别为 72 mg/L、68 mg/L 和 69.4 mg/L。并且各种核苷酸的比例有高度保留性[47, 48]。2003 年，对 135 例亚洲人群母乳中 TPAN 的分析结果，其主要成分为 RNA 和游离核苷酸，比例分别为 43.3% 和 39.9%。由于母乳中 TPAN 成分复杂，因此采用酶解法得到单核苷酸，除了 IMP 含量很低（初乳中含有 3.3 μmol/L，其他阶段均低于检出限），乳样品中的 CMP、UMP、GMP、AMP 的平均浓度分别为：90.3、46.8、33.4、32.6 μmol/L[49]。人乳中的游离核苷酸中，胞嘧啶核苷酸含量最多，腺嘌呤核苷酸、尿嘧啶核苷酸次之，因此，胞嘧啶核苷酸是母乳核苷酸最重要的成分，人乳和牛乳中的核苷酸含量见表 1-3-1 所示[49]。关于核苷酸在配方乳粉中的应用将在之后章节详细介绍。

表 1-3-1　人乳和牛乳中核苷酸成分差异

核苷酸类物质	人乳（μg）	牛乳（μg）
胞二磷胆碱	痕量	痕量
5′- 胞苷酸	1080 ～ 1800	297
5′- 腺苷酸	90	—
3′,5′- 环腺苷酸	21 ～ 24	138
5′- 鸟苷酸	27 ～ 53	—
5′- 尿苷酸	114 ～ 133	—
鸟苷二磷酸	34	—
尿苷二磷酸和尿苷二磷酸葡萄糖酸	127 ～ 218	—
尿苷二磷酸 -N- 乙酰乳糖胺	11	—
尿苷二磷酸 -N- 乙酰乳糖胺岩藻糖	160	—
鸟苷二磷酸甘露糖	67 ～ 91	—
尿苷二磷酸 -N- 乙酰葡糖胺和尿苷二磷酸 -N- 乙酰半乳糖胺	260 ～ 361	—
尿苷二磷酸葡萄糖和尿苷二磷酸半乳糖	67 ～ 84	—

人体内嘌呤经代谢最终转化生成尿酸，如果尿酸在体内沉积会引发高尿酸血症或痛风，近年来国内对于尿酸的关注度逐渐提高，被称之为第四高，而嘧啶类核苷酸不会引起尿酸相关等疾病，因此对于食品中的嘌呤的研究较多，嘧啶的研究较少。表 1-3-2 和表 1-3-3 中分别列举了部分植物性和动物性食品中的嘌呤含量[50, 51]。另外，我们日常烹饪中经常会添加很多调味品，有研究人员利用高效液相色谱测定了多种调味品，蔬之鲜、高汤精、鸡粉、鸡精和味精等的嘌呤含量，结果表明鸡精中的嘌呤含量较高，7 种不同品牌的鸡精中总嘌呤平均值为（368.9±100.3）mg/100 g。鸟嘌呤和次黄嘌呤占 98% 以上，嘌呤的来源主要是呈味

核苷酸，并提出调味品中的嘌呤含量不容忽视[52]。饮酒也是引起高尿酸血症的重要因素，研究显示不同的啤酒的总嘌呤含量在 28.6492 ～ 79.3544 mg/L 之间，总游离态嘌呤含量在 7.1143 ～ 24.9308 mg/L，总游离嘌呤含量与酒精含量、原浓度显著相关，与色度、真浓度、总酸显著相关[53]。

除此之外，我们的日常饮食中对核苷酸的摄入还取决于对食物的烹调方式。研究通过水煮、微波加热、油炸等热加工过程中嘌呤类组分的变化规律分析，结果表明水煮、微波加热、油炸过程中猪肉中总嘌呤含量均不断减少至趋于稳定值，肉汤中嘌呤含量相应增加，三种加工方式对嘌呤的脱除率不同：微波＞水煮＞油炸，水煮 60 min 的除率约为 60%，微波 10 min 约为 70%，油炸 5 min 约为 40%[12]。核苷酸具有良好的热稳定性，在食品加工过程中不易被分解，但是其良好的水溶性使其易转移至汤水中，因此，选择合适的烹调方式也可以对食品口感风味、核苷酸的摄取以及对人们的健康影响起到指导作用。

表 1-3-2　核苷酸在部分植物食品中的分布（mg/kg）

食物	鸟嘌呤	腺嘌呤	次黄嘌呤	黄嘌呤	总嘌呤
谷类及制品					
糯米	221.00±2.70	203.67±7.50	—	78.91±4.90	503.80±15.10
普通大米	180.31±2.18	164.38±2.14	1.02±0.05	0.77±0.27	346.47±4.53
香米	161.09±3.45	100.86±2.52	37.76±0.22	43.95±1.29	343.66±7.48
小米	96.10±2.70	96.02±1.8	—	8.49±0.2	200.60±4.44
坚果、种子类（熟）					
花生	312.09±20.32	377.10±24.22	0.89±0.09	164.67±92.51	854.75±137.14
腰果	298.99±2.95	350.63±4.54	10.81±0.41	52.99±1.41	713.43±9.30
南瓜子	288.27±7.15	271.76±8.39	1.36±0.12	46.23±1.31	607.63±14.35
山核桃	128.14±4.17	149.95±5.98	2.07±0.05	124.27±10.94	404.42±0.83
干豆类及制品					
黄豆	1017.07±30.40	1132.73±35.13	3.07±0.24	29.04±0.77	2181.91±66.06
绿豆	889.34±41.67	1025.03±9.55	5.09±2.96	38.36±10.53	1957.82±24.55
红小豆	647.45±10.16	803.17±7.66	1.45±0.02	112.39±36.95	1564.46±19.15
红芸豆	517.64±3.57	631.25±7.11	1.80±0.25	113.01±10.90	1263.70±21.83
菌藻类（干）					
紫菜	1701.00±111.63	1968.41±96.25	476.80±35.07	7.19±0.24	4153.40±243.19
榛蘑	1093.20±7.05	354.51±10.30	327.19±63.67	84.52±0.77	1859.73±81.79
猴头菇	723.10±57.59	1029.46±73.13	19.90±13.93	4.12±3.15	1776.59±119.94
黑木耳	688.98±63.14	874.65±83.80	60.97±6.57	37.46±11.55	1662.07±165.06
薯类、淀粉及制品					
甘薯（红心）	63.46±0.11	81.99±1.10	3.47±1.24	37.32±5.49	186.24±5.51
木薯	27.70±0.37	52.91±0.32	11.25±2.89	12.63±11.48	104.48±13.69

续表

食物	鸟嘌呤	腺嘌呤	次黄嘌呤	黄嘌呤	总嘌呤
		蔬菜类及制品			
大葱	122.31±6.80	149.93±8.15	—	33.91±13.73	306.45±28.49
四季豆	109.83±5.59	101.37±5.23	0.84±0.23	20.45±2.45	232.50±14.26
红萝卜	53.94±1.75	45.01±1.22	10.21±0.82	23.12±0.08	132.28±3.87
白萝卜	33.64±1.56	30.74±3.80	17.90±1.66	27.51±7.93	109.80±7.35
		水果类及制品			
菠萝	23.30±0.16	26.00±1.41	2.16±0.03	63.35±14.82	114.80±13.27
柚子	18.04±0.91	26.92±1.11	—	38.73±4.57	83.69±6.59
橘子	15.63±0.98	17.65±0.80	—	8.00±5.60	41.28±3.38

注:“—”表示未检出。

表 1-3-3 核苷酸在部分动物食品中的分布（mg/kg）

食物	鸟嘌呤	腺嘌呤	次黄嘌呤	黄嘌呤	总嘌呤
		肉类及肉类制品			
猪					
生猪肝	1340.4±72.4	898.1±40.3	186.5±14.0	327.1±19.3	2752.1±146.0
生猪肉，含瘦肉和脂肪	198.7±23.5	223.7±9.4	949.9±34.3	6.1±5.7	1378.4±72.9
干燥猪肉松，糖盐腌制	282.6±10.1	335.2±11.4	67.0±5.0	77.7±3.8	762.5±12.7
牛					
生牛肝	1298.4±68.4	763.0±24.2	237.0±12.2	207.5±7.5	2506.0±137.1
牛肉干，用盐等加工而成的干牛肉	202.0±3.3	253.9±18.6	774.7±13.4	43.3±4.2	1274.0±39.5
牛肉，瘦肉和肥肉	116.4±7.2	177.2±8.4	679.0±24.1	74.4±5.3	1047.0±34.4
羊					
生羊肝	1057.5±30.4	821.5±35.1	207.4±8.24	191.5±8.8	2278.0±66.1
羊肉	229.3±15.5	241.7±15.0	538.9±28.6	81.0±4.2	1090.9±63.3
驴					
五香驴肉，用盐糖等加工	186.6±8.6	401.2±7.1	523.1±20.3	63.3±4.9	1174.0±21.8
		禽类及禽类制品			
鸡					
生鸡肝	1507.4±37.1	899.8±20.3	386.9±13.7	376.1±10.8	3170.0±81.8
生鸡胸肉，脱皮脱骨	324.2±12.5	302.7±23.8	1441.0±93.6	11.8±1.6	2079.7±80.7

续表

食物	鸟嘌呤	腺嘌呤	次黄嘌呤	黄嘌呤	总嘌呤
鸭					
生鸭肝	1750.1±137.9	1353.2±56.4	140.2±19.1	735.6±3.8	3979.0±104.4
鹅					
生鹅肝	1744.6±122.4	1227.6±100.3	217.6±12.4	579.2±31.5	3769.0±213.7
鱼虾蟹贝类食品					
鱼					
草鱼，白色，淡水，生的	372.2±25.6	142.0±7.2	817.1±3.1	13.1±1.7	1344.4±122.7
黄花鱼，生的	492.2±8.2	119.3±3.4	610.0±9.3	21.3±2.2	1242.6±11.9
虾类					
基围虾	556.5±22.3	692.8±15.2	252.0±10.3	373.1±13.2	1874.0±43.2
蟹和贝类					
扇贝	194.6±5.3	1640.3±8.1	95.7±3.9	3.8±0.2	1934.4±83.4
河蟹	182.3±10.9	1196.7±91.1	89.7±4.7	1.3±0.1	1470.0±76.6

（二）人工制备来源

随着人们对NTs功能认识的不断进步，人工制备、纯化而获得的核苷酸及其衍生物/类似物也已成为人们NTs的重要来源。有关NTs的制备方法及相关产品类型，请详见本书第十一章。

三、NTs的应用

核酸产业的迅猛发展，带动了以核苷酸为基础的理论及应用研究。目前，核苷酸的用途越来越广阔。核苷酸类物质及其衍生物已在理论研究、医药、食品、农业生产、化妆品和科研领域中得到了广泛应用，具体可详见本书第十一章。

第四节　核苷酸的安全性 The safety of nucleotides

食品安全性评价是以毒理学评价为基础，对食品中的物质及食品对人体健康的危害程度进行评估，以阐明某种食品是否可以安全食用，食品中有关危害成分或物质的毒性及风险大小，并通过科学的方法确定危害物质的安全剂量，在食品生产中进行风险控制。

现有针对市售核苷酸产品所做的安全性评价均未发现急性、亚慢性毒性以及对体细胞和生殖细胞的致突变作用。Meta分析也显示在婴儿奶粉中添加核苷酸是安全的而且有益于婴儿健康。北京大学李勇教授课题组自2006年起对外源5′-核苷酸进行了系统性的安全性评价。通过对外源性5′-核苷酸（exogenous 5′-nucleotides，NTs）进行安全性评价，均未发现急性、亚慢性毒性、慢性毒性及对体细胞和生殖细胞的致突变作用[54-57]。NTs 的 LD_{50} 大于 15.0 g/（kg · bw）未观察到有害作用剂量（NOAEL）为 1.28 g/（kg · bw），属于无毒级。而且，创新性地开展了多代繁殖实验和终生喂养实验，对外源性补充 NTs 的安全性进行评价。以下对研究发现进行阐述。

Since 2006，the research group of Prof. Yong Li in Peking University has systematically evaluated the safety of exogenous 5′-nucleotide. The safety evaluation of exogenous 5′-nucleotides（NTs）showed no acute，subchronic，chronic toxicity or mutagenic effects on somatic and germ cells[54~57]. The LD_{50} of NTs is exceeding 15.0 g/（kg · bw）and the NOAEL is 1.28 g/（kg · bw），which means nucleotides is classified into non-toxic grade. In addition，multi-generation breeding experiments and lifelong feeding experiments were innovatively carried out to evaluate the safety of exogenous supplemental NTs in our team. The results were elaborated as follows.

一、NTs 长期并未因生物的蓄积作用而具有繁殖毒性

采用多代繁殖试验方法（图 1-4-1）。研究结果显示，NTs 大鼠多代繁殖发育喂养试验未观察到有害作用剂量（NOAEL）均为 1.28 g/（kg · bw）。外源补充 NTs 并未使亲代大鼠的

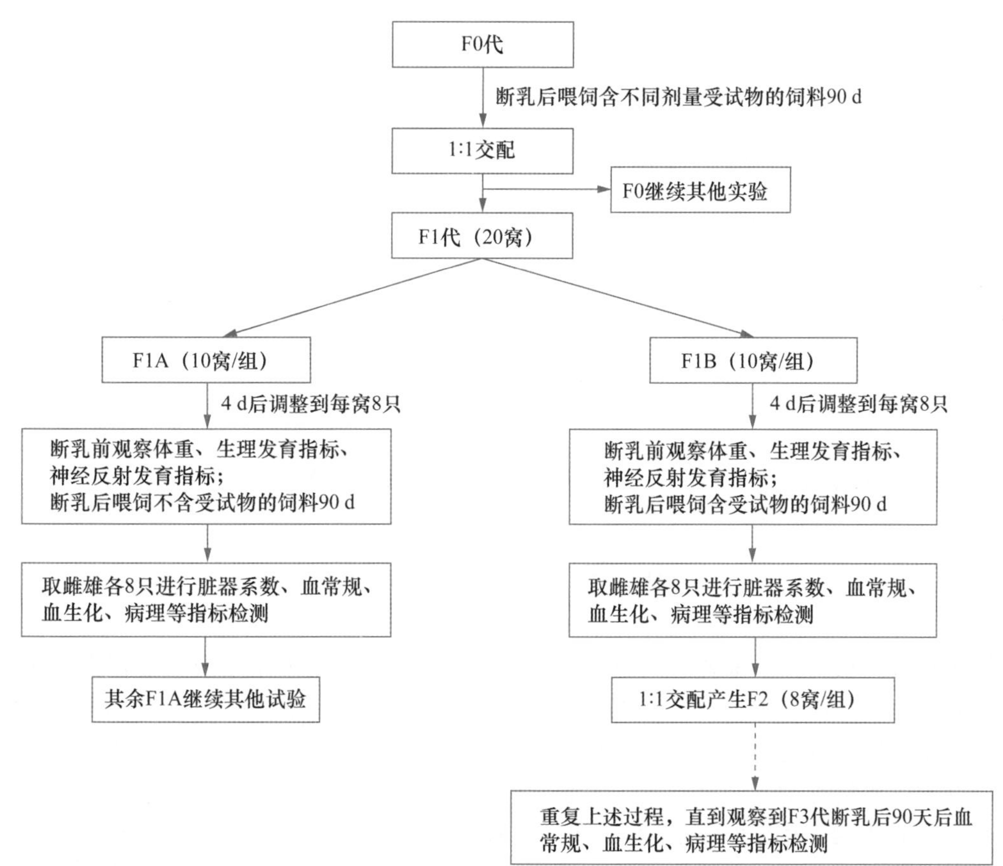

图 1-4-1 多代繁殖试验流程图

孕期、分娩、哺乳期和子代大鼠的哺乳期、生理发育和神经反射以及断乳后出现异常情况。因此，在上述剂量下，外源补充 NTs 对于多代大鼠的生殖功能和胚胎期、胎儿期、哺乳期、断乳后的发育是安全的，并可以促进亲代与子代大鼠的生长发育及抗断乳应激的能力。此外，外源补充 NTs 可导致雄性大鼠血清尿酸水平降低。

二、长期外源摄入 NTs 未带来远期健康危害

采用终身喂养试验方法（图 1-4-2）。将 SPF 级健康初断乳 SD 大鼠随机分为 5 组，每组 100 只，雌雄各半，分别喂饲添加不同剂量 5′- 核苷酸的饲料。NTs 在高至 1.28 g/（kg · bw）剂量下，大鼠一般行为体征、体重、食物利用率、血液学、血液生化学、系统解剖、组织病理学等各项指标与对照组比较有统计学差异，也均未发现与外源补充 NTs 相关的异常表现。

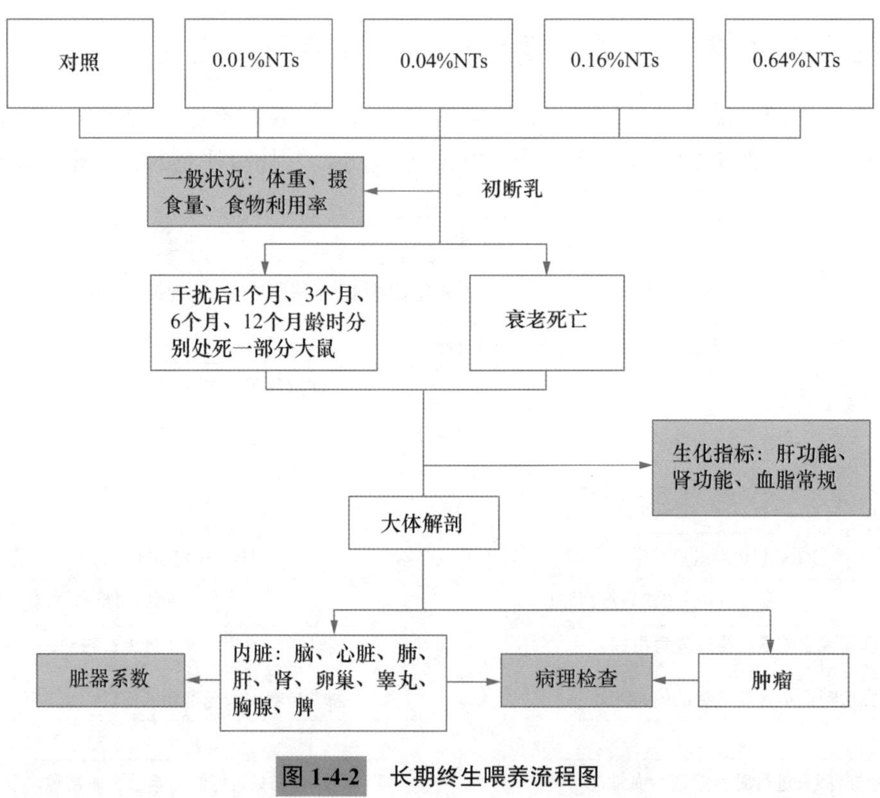

图 1-4-2 长期终生喂养流程图

与此同时，在实验中未观察到 NTs 对其他非肿瘤性病变的发生率及病变程度有显著影响。实验证明 NTs 组的非荷瘤动物的平均生存时间也显著长于对照组，提示 NTs 对 SD 大鼠的非肿瘤性病变可能也有一定的抑制作用。由于研究中大鼠均在处于濒死状态时进行处理，所以无法判断对于同一年龄段非肿瘤性病变的发生和发展情况。但是在研究中 NTs 干预组动物在比对照组相比更长的生存时间内，非肿瘤性病变的发生率未见有明显增高。从安全性角度未发现 NTs 引起各器官系统非肿瘤性病变发生率的增加。对各系统肿瘤性病变的

影响方面，体内长期实验证明 NTs 的长期摄入 SD 大鼠肿瘤的发生未观察到促进作用，而且在一定程度上还表现出一定的抑制作用。

第五节 核苷酸的生物学功能 Biological functions of nucleotides

动物机体能利用内源从头合成各种核苷酸，而且核苷酸的缺乏并不导致典型的营养缺乏症，因此核苷酸一直被认为并非生长发育所需要的营养物质。直到 20 世纪 80 年代初，这种看法才有所改变。近年来的许多研究表明，哺乳动物代谢旺盛的组织和细胞，如胃肠道、骨髓细胞和淋巴细胞合成核苷酸的能力缺乏或有限，内源途径合成的核苷酸并不能满足机体需要。当处在受到免疫挑战、肝损伤、饥饿及快速生长的情况下，外源核苷酸（exogenous nucleotides，NTs）能进入各种组织中并被利用，进而能发挥重要作用。因此，现在有学者认为核苷酸是最重要的营养素之一[4]。

Animals can synthesize nucleotides from endogenous sources and nucleotides deficiency does not lead to the typical nutritional deficiency，so nucleotides have been considered as non-essential nutrients for growth and development. This perception wasn't changed until the early 1980s. In recent years，many recent studies have shown that mammalian tissues and cells with high metabolism，such as gastrointestinal tract，bone marrow cells and lymphocytes，easily lack or have limited ability to synthesize nucleotides，and endogenous nucleotides can not meet the needs of the body. Exogenous nucleotides（NTs）can enter and be used in various tissues to play an important role in situations of immune challenge，liver injury，starvation and rapid growth. Therefore，it's believed that nucleotide is one of the most important nutrients[4].

目前通过分子生物学、微生态学、代谢组学和基因组学等方法深入探讨了营养相关疾病的发病机制以及外源性 NTs 的干预效果，取得了重要进展；并从流行病学、病理生理学、临床诊断和治疗等方面探讨 NTs 对营养相关疾病的干预效果，主要发现有：

一、NTs 具有增强免疫的功能

因为免疫细胞自身合成核苷酸的能力有限，所以额外补充具有重要意义。最早的相关研究发现，较之母乳喂养的婴儿，配方奶粉喂养的婴儿的免疫力较低。由于母乳中的核苷酸含量在 35 ～ 70 mg/L，而配方奶中的核苷酸含量很低，所以提示 NTs 摄入不足应为导致婴儿免疫力下降的原因。现有临床研究表明，母乳中含有的 NTs 可以促进婴儿的免疫反应，提高抗病毒能力[58, 59]。Brunser 等[58]研究发现添加 NTs 的配方奶能够显著减少婴儿的急性腹泻发生率。Martinez-Puig 等[59]试验于 21 天断乳的幼猪饲料中添加 NTs 混合物，发现幼猪肠上皮绒毛高度显著高于无核苷酸组，与继续母乳喂养组相近；感染性腹泻发病率显著下降。Yau 等[58]依照母乳中的成分，在足月新生儿配方奶中添加 72 mg/L NTs，发现腹泻发病率显著下降，但对 HBV-Ab 的影响无显著性，且上呼吸道感染率增加。

NTs 摄入可直接影响机体的免疫系统。无核苷酸饮食或低核苷酸饮食饲喂的动物，其免疫功能低下，条件致病菌就可使其感染，在用 RNA、腺嘌呤或尿嘧啶饮食进行干预后发现，RNA、腺嘌呤或尿嘧啶饮食组动物生存率显著高于无核苷酸饮食组[61]。无 NTs 饮食致使动物 T 淋巴细胞发育障碍及功能低下，细胞免疫和 T 细胞依赖的体液免疫功能缺陷；而补充摄入 NTs 可恢复免疫抑制模型。目前大量的人与动物实验结果支持 NTs 营养对免疫具有调节作用，表明婴儿配方奶粉中添加 NTs 具有提高婴幼儿免疫力的作用[62-67]。推测 NTs 对免疫系统的具体作用可能与以下途径密切相关：

（一）NTs 对体重和免疫器官相对重量具有调节作用

研究发现膳食 NTs 使老龄小鼠的胸腺指数显著增加[68]。北京大学营养与食品卫生学系李勇教授课题组通过脏器体重比值的测定，表明经口给予小鼠不同剂量的 5′- 核苷酸 4 周后，各剂量组小鼠的体重与正常组比较差异均无显著性，与无核酸饲料（NF）对照组比较差异也无显著性，即 NTs 对小鼠体重无影响；各剂量组脾 / 体重及胸腺 / 体重的比值与正常对照组以及无核苷酸对照组比较，差异也均无显著性，即 NTs 对小鼠免疫器官相对重量无影响[56]。研究结果不尽相同可能是由于所用试验动物的年龄阶段不同引起，可能 NTs 对免疫器官的改善作用在老年动物效果更明显。

（二）NTs 具有调节细胞免疫的作用

T 淋巴细胞是机体产生特异性免疫应答的重要细胞，主要参与细胞免疫。在体外 T 淋巴细胞受到有丝分裂原的刺激，可转化为淋巴母细胞，并进行有丝分裂。转化后的淋巴细胞呈现不成熟的母细胞形态，细胞体积增大，细胞器增多，蛋白质与核酸合成增加，同时还合成和释放淋巴因子。迟发型变态反应（DTH）也是检测细胞免疫功能的常用方法之一。其组织损伤机制是迟发超敏反应 T 细胞与抗原结合而活化，释放出多种淋巴因子，导致反应局部组织发生以单核细胞浸润为主的炎症反应。DTH 是由特异性致敏效应 T 细胞介导的细胞免疫反应，其中的 T 细胞在移植物排斥、移植物抗宿主病、自身免疫和肿瘤免疫等方面起着关键作用。一般通过刀豆蛋白 A（Con A）诱导的小鼠脾淋巴细胞转化实验、迟发型变态反应（DTH）实验来评价小鼠细胞免疫反应能力。在 Yamauchi 等[69]的研究中，给予 3 周龄小鼠鸟嘌呤核苷酸（GMP）与 I、T、C、U 的混合物，约 6.5 g/kg，4 周后发现经异体抗原刺激后，腘窝淋巴结增殖显著增加；绵羊红细胞（SRBC）引起的 DTH 能力显著加强。王兰芳等[67]在正常小鼠日粮中添加混合 NTs 的研究也发现添加 NTs 能够提高正常小鼠淋巴细胞转化率。北京大学李勇教授课题组通过给予小鼠无核酸饲料 4 周后发现，与正常对照组比较，Con A 诱导的淋巴细胞增殖能力以及足跖肿胀度明显降低，而给予小鼠不同剂量的 5′-NTs 后，这两项功能均有所恢复。与无核苷酸对照组比较，0.01 g/（kg·bw）组的足跖肿胀度显著提高，0.04 g/（kg·bw）组的淋巴细胞增殖能力和足跖肿胀度均显著提高。这说明补充 NTs 能缓解无核酸饲料喂养小鼠引起的细胞免疫抑制作用。以往也对特殊的生理条件下 NTs 对细胞免疫反应的能力进行了研究，Yamauchi 等[69]给予悬尾模型的小鼠饲料中添加 NTs，发现补充 NTs 可以调整失重状态下的免疫紊乱，增加淋巴结重量和淋转率。Adjei 等[70]对地塞米松造模的免疫抑制小鼠饲喂添加含 0.5% 的 GMP、I、C、U、T 的饲料，发现隐孢子菌感染小鼠的粪便排菌量显著下降，Con A 诱导的淋转率增加。

以上研究均表明，NTs 具有明显改善细胞免疫功能的效果。

（三）NTs 具有调节体液免疫的作用

体液免疫是特异性免疫的另一重要组成部分，在抗感染免疫中与细胞免疫相辅相成，共同发挥免疫作用。血清中溶血素水平测定实验和抗体生成细胞实验的原理都是经过 SRBC 免疫的小鼠脾细胞能够分泌针对 SRBC 的抗体。将这种脾细胞与一定量的 SRBC 混合，在补体参与下，释放的抗体可以将周围的 SRBC 溶解。血清中溶血素测定是通过测量的溶血程度反映出抗体水平，而抗体生成细胞试验是计数脾细胞周围的 SRBC 溶解后形成肉眼可见的空斑数量。此两项指标均是检测体液免疫功能的常用指标，不仅能够反映抗体形成细胞的数量，也提示合成抗体的能力。王兰芳等[67]对环磷酰胺造模的免疫抑制小鼠日粮中添加混合 NTs，发现日粮中添加 NTs 能够极显著提高免疫抑制小鼠抗体水平，使免疫抑制小鼠的各项指标接近正常，但抗 SRBC 抗体形成细胞数量没有显著变化。北京大学李勇教授课题组给予小鼠无核酸饲料 4 周后发现，与正常对照组比较，溶血空斑数以及样品半数溶血值均无显著变化。给予小鼠不同剂量的 5′-NTs 后，与无核苷酸对照组比较，0.04 g/（kg·bw）组的溶血空斑数以及样品半数溶血值显著提高；与正常对照组比较，0.04 g/（kg·bw）组的半数溶血值也有显著提高。即补充 NTs 能提高小鼠的体液免疫功能，并缓解无核酸饲料喂养小鼠引起的体液免疫抑制作用[71]。

（四）NTs 具有调节小鼠单核–巨噬细胞吞噬功能的作用

巨噬细胞是一类重要的免疫细胞，在体内发挥着抗感染、抗肿瘤以及免疫调节等生理功能。单核–巨噬细胞的吞噬能力是衡量机体非特异性免疫功能的标志之一。当颗粒状异物注入血液循环后，迅速被单核–巨噬细胞——主要为存在于肝和脾中的巨噬细胞所吞噬。我们通常采用小鼠腹腔巨噬细胞吞噬鸡红细胞试验（半体内法）、小鼠碳粒廓清试验来评估单核–巨噬细胞吞噬功能。Nagafuchi 等[72]给予 3 周龄 OVA 特异性 T 细胞转基因小鼠 IMP、UMP、GMP、CMP 的混合物 4 g/kg，4 周后发现小鼠腹膜巨噬细胞数显著增加。北京大学李勇教授课题组给予小鼠无核酸饲料 4 周后研究发现与正常对照组比较，巨噬细胞吞噬鸡红细胞能力有所降低但差异无显著性，碳粒廓清能力显著降低，而在给予 5′- 核苷酸 4 周后，0.01、0.04 和 0.16 g/（kg·bw）组的碳粒廓清能力表现出回升的趋势，但与正常对照组和无核苷酸对照组比较均无显著性差异[71]。

（五）NTs 具有调节小鼠脾淋巴细胞群百分比的作用

T 淋巴细胞亚群的数目和比值测定是估计体内免疫调节平衡状态的最有意义的参数，也是疾病严重程度和预后的重要标志之一，尤其是 $CD4^+$ T 细胞亚群、$CD4^+/CD8^+$是决定机体免疫状态和免疫水平的中心环节，是反映机体免疫系统内环境稳定状况的重要指标[73]。北京大学李勇教授课题组给予小鼠无核酸饲料 4 周后发现，与正常对照组比较，无核苷酸对照组的小鼠脾 $CD4^+/CD8^+$的比值显著降低，$CD4^+CD25^+$ T 细胞（T 调节细胞）百分比显著提高；$CD3^+$ T 细胞百分比、$CD4^+$ T 细胞亚群百分比以及 NK 细胞百分比均有所降低，但差异无显著性。与无核苷酸对照组相比，给予 5′-NTs 的各组免疫细胞的比例有所恢复。与 NF 组相比，0.04 g/（kg·bw）组的 $CD4^+$ T 细胞亚群百分比、$CD4^+/CD8^+$的比值以及

NK 细胞百分比均显著提高，$CD4^+CD25^+$细胞（T 调节细胞）百分比显著降低；0.0025 g/（kg·bw）和 0.16 g/（kg·bw）组的 $CD4^+/CD8^+$的比值，以及 0.16 g/（kg·bw）组的 NK 细胞百分比也显著提高。提示 NTs 可以通过增强 Th 细胞比例，减少 Tr（T 调节细胞）比例而实现增强免疫功能的作用。此外，NTs 还可能通过增加淋巴细胞的百分比，特别是 $CD4^+$细胞亚群，从而提高 DTH 的效应，产生增强细胞免疫功能的作用[71]。

（六）NTs 具有调节小鼠血清免疫球蛋白水平的作用

Maldonado 等[75]认为，添加 NTs 的配方奶可以使 TD-Ag 反应增加，总抗体增加，对疫苗反应增加，发病率下降。Maldonado 等[74]在早产儿配方奶中添加与母乳中含量相近的核苷酸，发现与不添加 NTs 组相比，血清 IgM、IgA 含量显著增加，IgG 及淋巴细胞亚群未见变化。而王兰芳等[67]对环磷酰胺造模的免疫抑制小鼠日粮中添加混合 NTs，发现日粮中添加 NTs 能够显著提高正常小鼠血清和免疫抑制小鼠血清抗体水平。在 Nagafuchi 等[72]的试验中，给予 3 周龄 OVA 特异性 T 细胞转基因小鼠 4 g/kg IMP、UMP、GMP、CMP 的混合物，4 周后发现血清 IgE 显著下降。与之相似，北京大学李勇教授课题组在研究中也发现，给予小鼠无核苷酸饲料 4 周后，与正常对照组比较，无核苷酸对照组的小鼠血清免疫球蛋白 IgG、IgM 水平均有所下降，但差异无显著性；0.04 g/（kg·bw）组的 IgG、IgM 水平显著提高。与无核苷酸对照组比较，各剂量组的免疫球蛋白水平均有所提高，其中 0.04 g/(kg·bw）组的 IgG、IgM 水平的增加具有显著性。这说明补充 NTs 可提高小鼠血清中免疫球蛋白水平，而体液免疫功能的改善正源于免疫球蛋白水平的提高[71]。

（七）NTs 具有调节小鼠血清细胞因子分泌的作用

免疫细胞之间存在错综复杂的调节关系，细胞因子是传递这种调节信号的必不可少的信息分子。静息状态下炎性细胞因子（proinflammatory cytokines）的含量极低，而当遇到免疫刺激时，这些细胞因子的含量会成数十倍的增加，将机体的各种免疫反应联系成一个整体，发挥作用[75, 76]。Yamauchi 等[69]给予 3 周龄小鼠约 6.5 g/kg GMP 与 IMP、TMP、CMP、UMP 的混合物，4 周后发现异体抗原刺激后，IL-2 显著增加；IFN-γ 分泌显著增加。与之类似，Nagafuchi 等[72]给予 3 周龄 OVA 特异性 T 细胞转基因小鼠 4 g/kg IMP、UMP、GMP、CMP 的混合物 4 周后，发现脾抗原特异性 IFN-γ、IL-12 分泌显著增加，腹膜巨噬细胞数显著增加，血清 IgE 显著下降，因此推测有促进 Th1、抑制 Th2 的作用。北京大学李勇教授课题组则采用具有更高的灵敏度、更好的重复性和更宽的测量范围的新型微球技术的多参数检测技术（CBA）对小鼠血清多种细胞因子进行了测定，采用 K-W 秩和检验进行统计学分析，结果表明显示与对照组相比，NF 组血清 IL-2 浓度表现出降低趋势。而补充 5′-NTs 后，IL-2 浓度有所回升（$P = 0.079$）。相似的，NF 组血清 GM-CSF 浓度表现出降低趋势，而补充 5′-NTs 后，GM-CSF 浓度有所回升，组间差异有显著性（$P = 0.018$）。虽然各组间 IL-4、IL-10 均差异不显著，但与 NF 组相比，0.04 g/（kg·bw）组均有增强的趋势[71]。

有研究者同样对特殊状态下的 NTs 干预进行了研究，Adjei 等[70]对地塞米松造模的免疫抑制小鼠饲喂添加含 0.5% 的 GMP、IMP、CMP、UMP、TMP 的饲料，发现隐孢子菌感染小鼠的粪便排菌量显著下降，Con A 诱导的淋转率增加，脾细胞 IFN-γ、IL-2 分泌显著增加，小鼠生存率增加。Yamauchi 等[69]给予悬尾模型的小鼠饲料中添加 NTs，发现补充 NTs

可以调整失重状态下的免疫紊乱，增加淋巴结重量、淋转率、IL-2 和 IFN-γ 的含量。其中涉及的机制有可能在于，Th1 分泌的 IL-2 是 Th 细胞帮助 CTL 细胞活化的主要细胞因子。IL-2 可以与 NK 细胞表面 IL-2R 结合，促进 NK 细胞分泌 IFN 并使之继续分裂；IL-4 主要由 Th2 产生，参与 B 细胞对抗原刺激的应答，包括增殖和分泌抗体；参与 Ig 类别转换，IgE 产生。IgE 介导 I 型超敏反应，故 IL-4 的产生在超敏反应发生中有重要作用。IL-10 由活化 T 细胞、巨噬细胞分泌，抑制巨噬细胞。GM-CSF 能够刺激骨髓中粒细胞系和单核吞噬细胞系干细胞的生长与分化。这些细胞因子的变化与前面试验中观察到的 T、B 细胞、巨噬细胞和 NK 细胞免疫水平的变化相似。既证实了前面试验的结果，也提示了 NTs 对机体的免疫功能有全面的调节作用的机制。

（八）NTs 的免疫调节作用机制及可能的位点

NTs 的免疫调节作用途径及可能的位点有以下几个方面。

1. NTs 在淋巴细胞分化中的营养作用

Barankiewicz 等[77]研究表明，在静止期的外周血 T 细胞可以从从头合成和补救合成两个途径合成核苷酸，然而在给予 PHA 刺激几分钟后，嘌呤的补救合成速度大幅增加，从头合成的速度也有明显增加。在进行补救合成时，如果反应的底物充分，将有利于反应的持续进行。因此 NTs 在体内可能是作为反应底物发挥作用。

2. NTs 对肠道菌群和肠黏膜的作用

以往对婴儿配方奶的研究发现，核苷酸增加肠道中双歧杆菌的含量，促进有益菌的繁殖而抑制有害菌的繁殖。Singhal 等[78]对婴儿的 RCT 试验表明，配方奶粉中添加 NTs 后，其粪便中的类杆菌属卟啉单胞菌属普氏菌属群（BPP）与双歧杆菌的比例低于食用普通配方粉婴儿组，改善了肠道菌群比例，并可能因此促进肠道的发育、获得正常的免疫力。Holen 等[79]对正常大鼠肠细胞 IEC-6 培养后发现，核苷酸能促进缺乏谷氨酰胺，甚至是缺乏血清条件下的细胞生长。这些作用可以促进肠上皮黏膜的修复，防止病原菌的迁移。并有文献报道 GALT 可以看作胸腺的类似物，能够活化和调节 T 细胞[80]。

3. NTs 抑制 DNA 损伤的作用

Wang 等[81]发现，口服 NTs 可以抑制环磷酰胺诱导的小鼠胸腺细胞 DNA 损伤，减少彗星细胞百分比和彗尾长度。老龄造成的 T 细胞免疫水平下降有可能是 DNA 损伤所造成的功能下降。因此 NTs 抑制 DNA 损伤的功能，可能也是其改善老年人免疫力下降的原因之一。

因此，NTs 不但能够促进正常小鼠免疫功能的提高，使免疫抑制小鼠免疫功能得到改善，而且可促进幼龄小鼠肠道黏膜屏障的建立，完善肠道免疫功能；延缓老龄小鼠胸腺形态学的退化萎缩，维持老龄机体的正常免疫功能。

二、NTs 具有促进生长发育功能

NTs 具有促进生长发育功能[46]。母乳中含有核苷酸，以及以游离形式存在的微摩尔浓度嘧啶和嘌呤。人乳和牛乳中核苷和核苷酸的含量不同，且人乳中核苷和核苷酸的含量均高于牛乳[82]。因此在婴儿配方奶粉中添加核苷酸以达到与母乳营养更加接近的目的。人乳中除含有游离核苷酸和核苷外，NTs 的合成物（如 NAD 和 UDP 葡萄糖），寡聚和多聚核糖核酸（如 RNA）也可通过消化和代谢作为人乳中核苷和核苷酸的潜在来源，我们将这些核苷、核苷酸寡聚和多聚核糖核酸及其衍生物的总量称之为潜在可利用核苷总量（TPAN）[83]。Tressler 等[47]对人乳中 TPAN 进行了检测，并分析了不同泌乳期 TPAN 中每种成分的含量，发现多聚（或寡聚）核糖核酸和游离核苷酸是人乳中 TPAN 的主要来源，核苷和核苷酸的合成物含量相对较少，Leach[46]和 Thorell[83]同样也验证了这样的观点，TPAN 中各组分所占比例与 Tressler 报道的数据相近[47]。人乳在不同泌乳期 TPAN 的含量不同，不同的报道其 TPAN 的变化趋势也不同，有的文献表明核苷酸含量随着泌乳期的延长而略有增加，但目前研究表明，核苷酸的含量会随着泌乳期的延长而逐渐减少。其中 Gil 和 Sanchz[84]研究表明，从初乳到产后 3 个月的成熟乳，核苷酸含量逐渐下降。Sagawara[85]等也证实了这样的观点。另外，Sagawara 等研究发现不同泌乳期不同季节和不同地区采集的母乳中核苷酸含量是不同的。人乳中的游离核苷酸中，胞嘧啶核苷酸含量最多，腺嘌呤核苷酸、尿嘧啶核苷酸次之，因此胞嘧啶核苷酸是母乳核苷酸最重要的成分。有关人乳中次黄嘌呤核苷酸的含量，不同的研究报道数据差别很大，有文献显示，日本母乳中次黄嘌呤核苷酸含量占总核苷酸的比例很小，Janas 和 Picciano[48]检测了美国产妇母乳中次黄嘌呤核苷酸含量，不同产妇差异较大；Leach 和 Tressler[46]等研究表明母初乳中次黄嘌呤核苷酸含量非常低，且母成熟乳中未检测出次黄嘌呤核苷酸[86]。

北京大学李勇教授课题组的动物实验结果显示[87]，NTs 能够促进亲代与子代大鼠生长发育，提高抗断乳应激性。Singhal 等[86]研究表明，食用补充 NTs 配方粉的婴儿在出生后 8 周 16 周 20 周的头围比对照组增加，甚至在调整了潜在影响因素后，食用补充 NTs 的婴儿在 8 周头围仍比对照组增加，且体重从出生到 8 周都比对照组均有明显的增加。Cosgrove[88]等也做了相关研究，证实了在早产婴儿食品中添加 29.5 mg/L 的 NTs 使婴儿的平均增重增长及头围皆比对照组增加。婴儿头围的增加反映了脑容量的变化，因此头围增加对婴儿后期认知发育具有重要作用[89~92]。由此可以看出，NTs 在婴儿早期能够提高其生长发育性能，对配方食品喂养的婴儿来说是必要的。研究发现[93]，NTs 是多不饱和脂肪合成的重要调节物。分析奶粉喂养新生儿的红细胞膜磷脂质的磷脂酰乙醇胺（PE）、磷脂酰丝氨酸（PS），可以得知花生四烯酸 -3-6 不饱和脂肪酸的约 6 成左右不饱和度低。如在奶粉中添加 NTs，就可以将其改善成为与母乳相同的情形。新生大鼠饲喂 NTs 时，血浆极低密度脂蛋白（VLDL）和高密度脂蛋白（HDL）浓度增加[94]。给健康婴儿添加 NTs 后，血浆脂蛋白浓度提高，血浆酯化作用率提高，但总的胆固醇浓度不改变[95]。以上结果说明，饮食中添加 NTs 能促进新生儿，尤其是早产儿脂蛋白的合成或分泌。由此可以看出，婴幼儿期膳食中合理添加 NTs，不仅有助于婴幼儿的生长发育，而且还有助于预防成年期慢性病的发生。

三、NTs 具有抗氧化功能

正常人体内存在抗氧化防御系统，以清除自由基并应对氧化应激的损伤，维持机体的氧化与抗氧化的平衡。根据抗氧化剂的性质，分为酶类抗氧化系统和非酶类抗氧化系统[36]。

酶类抗氧化系统由体内的抗氧化酶构成，包括 SOD、CAT、GSH-Px 等。非酶类抗氧化系统由抗氧化剂构成，主要包括抗氧化营养素，如维生素 C、维生素 E、硒等；某些植物化学物，如类胡萝卜素（番茄红素、虾青素等）、花色苷、原花青素及谷胱甘肽等。他们分别通过不同的抗氧化机制，发挥着抗氧化作用。NTs 是非酶类抗氧化剂，阻止脂质过氧化反应的发生，保护机体组织细胞免受氧化应激的损伤。

北京大学李勇教授课题组对 5′-NTs 的抗氧化作用开展研究。结果提示[96] 5′-NTs 具有提高 SD 大鼠在衰老过程中抗氧化能力的作用，在饲料中添加 0.01%、0.04%、0.16% 和 0.64% NTs 的长期干预可有效抑制抗氧化酶 SOD 和 GSH-PX 的活性下降和脂质过氧化物 MDA 水平的升高。通过对 NTs 干预 24 ～ 26 月龄 SD 雄性大鼠进行肝组织内 SOD、SDH、LDH、ATP 酶和 MDA 水平的测定。实验结果显示，NTs 长期干预可减少自然衰老大鼠肝细胞中线粒体的变性坏死，提高 SDH、ATP 酶活性，减少 LDH 生成，促进细胞能量代谢；抑制自然衰老大鼠肝中脂质过氧化产物 MDA 的生成，在一定程度上提高肝中抗氧化酶 SOD 的活性。

NTs 干预对酒精肝损伤 SD 大鼠血清及肝抗氧化相关指标具有调节作用。与等热量对照组相比，酒精对照组大鼠肝组织中 MDA 和 GSSG 浓度明显升高，但是 GSH 浓度和 SOD 活性明显降低；与酒精对照组相比，0.04%NTs 和 0.16%NTs 组大鼠肝组织中 SOD 的活性和 GSH 的活性明显升高，而 GSSG 浓度明显降低，此外，0.16%NTs 干预能够明显抑制酒精引起的肝组织中 MDA 含量的升高。

四、NTs 具有调节肠道屏障和菌群的功能

膳食中所有的营养素都需要经过肠道黏膜吸收入血，因此肠道结构和功能的完整性对于营养素的有效吸收和利用至关重要。快速生长的动物肠道细胞周转较快，对 NTs 需求较多，但是体内和体外试验发现，^{14}C 标记的甘氨酸不能整合进小鼠小肠细胞的 NTs 池，表明小肠细胞缺乏利用氨基酸从头合成核苷酸的能力[13]，并且肠道缺乏嘌呤从头合成所需要的一种关键酶——谷氨酸核糖转移酶，但在小肠中的嘌呤补救合成途径的酶含量较肝和盲肠多。Witte 等[97]的一项研究表明，初生小鼠胃肠道前端 5′- 核苷酸酶、碱性磷酸酶、腺嘌呤降解酶、嘌呤核苷磷酸化酶等的表达强和产量高，这表明在进化过程中，肠道核苷酸补救合成途径较从头合成途径具优势，所以应补充 NTs。目前 NTs 对于正常肠道及肠道功能紊乱的保护作用的研究越来越多，包括人群及动物研究，涉及 NTs 对正常肠道功能、腹泻、肠易激综合征等的影响。但目前 NTs 并未在临床上应用。同样地，各种功能性食品，如寡糖、益生元、益生菌、蛋白质等能够影响婴幼儿肠道菌群的组成和活性[98]。欧盟也批准婴幼儿配方食品中添加 NTs[99]。体内及体外研究显示，添加 NTs 有助于调节肠道菌群的生长[100]。此外还能够对结肠细菌提供另外的营养来源[101]。下面将就目前主要的具有调节肠道屏障和菌群功能的核苷酸及其衍生物进行归纳阐述：

（一）NTs

1. NTs 具有调节肠道的生长发育和成熟的作用

大量研究结果表明，NTs 能够加速肠细胞的分化、生长与成熟，提高动物肠黏膜 DNA、蛋白含量以及麦芽糖酶、乳糖酶及蔗糖酶的活性。He 等[102]用体外培养小鼠小肠上皮细胞

（intestinal epithelial cell，IEC）-6 的方式来观察 NTs 对肠细胞分裂及分化的影响。发现在体外正常培养条件下添加 NTs，能促进正常小鼠小肠上皮细胞的增殖、分化，且当谷氨酰胺或谷氨酰胺和必需氨基酸缺乏时，添加 NTs 能促进小肠上皮细胞的增殖，提高细胞内 ATP 水平。Holen 等[79]考察 NTs 对小肠上皮细胞株的增殖发育的影响，结果表明，RNA 和脱氧核苷酸 dAMP、dGMP、dCMP 有促进肠细胞增殖的功能，并且可以弥补因谷氨酰胺不足和肠局部缺血带来的影响。

当饲喂动物无核苷酸的日粮时，即使饲料中蛋白质充足，其体内 RNA 的含量也很低。动物机体虽缺乏蛋白质，但只要饲料中有充足的核苷酸存在，就可维持小肠滤泡细胞的生长。Uauy 等[103]用纯化的无核苷酸饲料和添加了 0.18%NTs 的饲料分别喂养刚断奶的大鼠两周，两组热量摄入相等，结果发现，增补组大鼠的黏膜蛋白和近端肠的 DNA 含量与无核苷酸的纯化饲料组（对照组）相比，分别提高了 50% 和 77%；肠绒毛高度提高了 25%。小肠中的麦芽糖酶活性也显著增高，提高幅度最大的是小肠近端，提高了 87%；但乳糖酶和蔗糖酶活性所受影响甚微。邬小兵等[104]研究表明，纯合日粮能显著消耗雏鸡肠黏膜中的 RNA，纯合日粮中添加 0.2% 核苷酸使雏鸡肠道黏膜核苷酸及蛋白含量比对照组显著增加，并能促进肠绒毛的生长。在肉鸡日粮中补充酵母 RNA，提高了鸡肠绒毛高度、空回肠黏膜湿重，空回肠绝对重量和相对重量、胰腺重量、肝、肠道黏膜蛋白质合成率，添加核苷酸促进肉鸡（早期）消化器官的发育[105]。王兰芳[106]等研究表明，日粮核苷酸能够促进断奶小鼠小肠生长发育，小鼠空肠前段绒毛高度及腺窝深度随着时间的延长显著升高。Tsujinaka 等[107]研究发现，与全胃肠外营养组相比，添加核苷酸-核苷混合物组的小鼠空肠黏膜重量、蛋白质和 DNA 浓度都有明显提高，核苷酸-核苷混合物组的肠绒毛高度和二元胺氧化酶活性也都显著高于全肠外营养组，说明补充核苷酸能促进肠细胞的增殖功能。日粮核苷酸能提高幼鼠的小肠黏膜的麦芽糖酶、乳糖及蔗糖酶活性，对十二指肠及空肠近端的酶活性影响较大。肠道酶活性的变化与 mRNA 含量变化相一致，许多试验发现，当日粮中缺少核苷酸时，肠碱性磷酸酶、亮氨酰氨基肽酶、麦芽糖酶、蔗糖酶和乳糖酶活性降低，补充核苷酸或核苷混合物后，提高了这几种酶的活性[108]，而这些酶是肠细胞成熟的标志。

2. NTs 具有调节婴幼儿肠道功能的作用

在母乳喂养的婴儿肠道内，双歧杆菌占主导地位，而食用配方奶粉的婴儿肠道内占主导地位的是革兰阴性菌。把五种单磷酸核苷分别加入到基本培养基中，可以看到它们能缓慢地但很明显地促进生长。同时加入 5 种 NTs 则会更大程度地促进生长[109]。Barness 等[110]用添加核苷酸的配方乳喂养婴儿，其粪便中双歧杆菌占优势，和母乳喂养婴儿的粪便相似；而用未加 NTs 的配方乳喂养婴儿，粪便菌群则以肠道杆菌为主。Singhal[78]等研究发现在 NTs 补充组，婴幼儿双歧杆菌中的类杆菌属-卟啉单胞菌属-普氏菌属群比例显著低于对照组，也说明了 NTs 补充剂可以改善肠道微生物的组成。Tanaka 和 Mutai[111]的体外试验也表明，添加了 NTs 的培养基可以促进双歧杆菌的生长。这些结果表明，在婴幼儿饮食中添加核苷酸有助于改善肠道微生物菌群，使粪中双歧杆菌数量占优势[112]。而双歧杆菌对婴儿有许多潜在的益处，它们能将糖水解为乳酸，降低结肠的 pH 值，从而抑制肠道病源微生物的增殖，减少婴儿腹泻的发生。Brunser[58]用小于六月龄的婴儿做实验，一组婴儿用牛奶配方食品喂养，另一组在同样的食品中加入与母乳相同浓度核苷酸水平的食品，结果表明：两组婴儿中各有 31.1% 及 45.0% 的婴儿没发生任何腹泻，而且核苷酸组婴儿发生腹泻的天数也更少。

3. NTs 具有调节肠道菌群的作用

体外研究显示，单独添加单磷酸腺苷、CMP、单磷酸鸟苷、单磷酸尿苷，次黄苷酸能够刺激体外双歧杆菌的生长，而以上几种核苷酸联合作用效果更好[113]。双歧杆菌通过对各种糖类的水解作用可以降低肠道内容物的 pH。pH 的降低则可以阻碍致病菌如拟杆菌属和梭菌属细菌的生长和繁殖[114]。Roselli[115]等用猪小肠上皮细胞评估一些天然物质（例如酵母提取物等）在抵抗产肠毒素大肠埃希菌（ETEC）K88 诱导的黏膜损伤中的潜能，发现 NTs 饲料可以避免细胞因 ETEC 而导致的胞膜通透性增加。此外，有研究表明母乳和添加 10.5 mg/L 核苷酸的配方奶粉喂养的婴幼儿粪便中双歧杆菌的比例高于肠杆菌，而未添加核苷酸的配方奶粉喂养的婴幼儿则相反[3]。添加 31 mg/L NTs 能够改善配方食品组婴幼儿肠道菌群的组成，促进双歧杆菌的生长，直接抑制拟杆菌属-卟啉单胞菌属-普氏菌属的生长[79]，因此，核苷酸补充具有直接或间接的益生菌效应[3]。

但是，核苷酸对肠道菌群的影响目前并未完全阐明。体外研究显示，单独添加单磷酸腺苷、CMP、单磷酸鸟苷、单磷酸尿苷、次黄苷酸能够刺激体外双歧杆菌的生长，增加益生菌胞外聚合物，增厚生物被膜，刺激益生菌产生群体感应抑制剂的作用等。但是，研究者发现不同菌株的大肠埃希菌的生长反应却有所不同，并和菌株种类以及核苷酸浓度有关。这些结果提示细菌可能利用核苷酸和（或）核苷来进行繁殖，但这还需要通过体外实验进一步扩大菌株范围来加以验证[116]。同时有研究采用酵母培养物喂养刚断乳的小猪，并对肠内容物菌群进行 PCR- 变性梯度凝胶电泳指纹图谱分析也没有发现饲喂酵母培养物（含核苷酸）对菌群结构等有任何改变[117]。动物研究表明短期添加酵母核苷酸不会影响刚断乳的小猪回肠食糜中的细菌数量[118]；而且添加 NTs 对刚断乳的小猪小肠和大肠菌群组成没有明显影响[119]。

4. NTs 对过量酒精诱导的肠道功能紊乱具有保护作用

北京大学李勇课题组对 NTs 对过量酒精诱导的肠道功能紊乱的保护作用及其机制进行了初步的探索与研究，取得了良好的结果[120, 121]。研究发现：

（1）NTs 对酒精暴露引起的大鼠结肠病理学改变具有保护作用

正常对照组和等热量对照组大鼠肠道结构完整，黏膜层、固有层、黏膜下层和肌层清晰可见，黏膜层和固有层杯状细胞丰富、肠腺发达、排列规则；酒精对照组大鼠结肠黏膜不完整，杯状细胞减少，可见潘氏细胞，黏膜下层可见炎性细胞浸润，肌层不完整；与酒精对照组相比，NTs 干预组大鼠结肠黏膜完整，炎性细胞减少，肌层较完整。

（2）NTs 对酒精暴露引起的大鼠结肠屏障功能相关蛋白表达异常具有改善作用

Claudin 和 Occludin 是细胞间转运过程中紧密连接的结构和功能性成分，在肠道屏障功能发挥中扮演着重要角色。研究发现与等热量对照组相比，酒精对照组大鼠结肠 Claudin 和 Occludin 均显著低表达，差异具有统计学意义；然而，与酒精对照组相比，NTs 干预能够明显上调结肠 Occludin 的表达水平，且具有剂量依赖关系，此外，NTs 干预亦能明显上调结肠 Claudin 的表达水平。8 g/（kg·bw）酒精灌胃后酒精对照组大鼠结肠黏膜结构不完整，腺体排列紊乱，肌层变薄，免疫印迹分析结果显示，结肠紧密连接蛋白表达较等热量对照组明显降低，表明酒精灌胃后，大鼠肠道通透性增加。与酒精对照组相比，NTs 添加组大鼠肠道黏膜结构更完整，结肠紧密连接蛋白表达明显升高，表明 NTs 添加能够抑制酒精引起的肠道机械屏障功能的降低。

（3）NTs 对酒精暴露引起的大鼠肠道菌群异常具有调节作用。

与等热量对照组相比，酒精灌胃后，大鼠粪便乳酸杆菌（Lactobacilli）数量明显减少，肠球菌（Enterococci）、大肠埃希菌（Escherichia coli）和拟杆菌（Bacteroides）数量明显增多；添加不同剂量 NTs 后，大鼠粪便乳酸杆菌数量较酒精对照组明显增多，同时两个 NTs 干预组肠球菌数量较酒精对照组明显减少，0.16% NTs 组肠杆菌数量较酒精对照组亦明显减少；双歧杆菌数量在各组间没有统计学差异。

与此同时，NTs 对各组大鼠盲肠内容物中肠道菌群异常同样具有调节作用。

A. NTs 对酒精暴露引起的大鼠肠道菌群整体结构具有调节作用

主坐标分析结果显示酒精对照组与其他三组（等热量对照组、0.04% NTs 组和 0.16% NTs 组）明显分离。酒精对照组中的操作分类单位（operational taxonomic unit，OTU）有 8.26% 在其他组中没有出现，而等热量对照组、0.04% NTs 组和 0.16% NTs 组中这一数值分别是 1.40%、2.43% 和 3.17%，可见不同组间大鼠肠道菌群种类多样性不同。

B. NTs 在不同水平上对酒精暴露引起的大鼠肠道菌群组成具有调节作用

在门水平上，各组主要菌门是拟杆菌门（Bacteroidetes）、厚壁菌门（Firmicutes）、变形菌门（Proteobacteria）和蓝藻门（Cyanobacteria）。与等热量对照组相比，酒精对照组大鼠盲肠内容物中拟杆菌门细菌相对丰度百分比明显升高，而厚壁菌门细菌明显减少，NTs 干预能够降低拟杆菌门细菌的数量，增加厚壁菌门细菌的数量，且具有剂量依赖关系；而且，NTs 干预组厚壁菌门与拟杆菌门数量的比值明显高于酒精对照组。

在目水平，各组主要菌目是拟杆菌目（Bacteroidales）、梭菌目（Clostridiales）、乳杆菌目（Lactobacillales）、丹毒丝菌目（Erysipelotrichales）、脱硫弧菌目（Desulfovibrionales）和弯曲菌目（Campylobacterales），其中，拟杆菌目、脱硫弧菌目和弯曲菌目为革兰阴性菌，梭菌目、乳杆菌目和丹毒丝菌目为革兰阳性菌。与等热量对照组相比，酒精对照组大鼠盲肠内容物中拟杆菌目细菌相对丰度百分比明显升高，而梭菌目、乳杆菌目和丹毒丝菌目相对丰度百分比明显降低；与酒精对照组相比，0.04% NTs 和 0.16% NTs 的干预能够明显降低拟杆菌目的相对丰度，升高梭菌目的相对丰度，而且与酒精对照组大鼠相比，0.16% NTs 组大鼠盲肠内容物中乳杆菌目的相对丰度明显升高。

在属水平，各组主要菌属是拟杆菌门的拟杆菌属（*Bacteroides*）、变形菌门的 *Helicobacteraceae norank*，以及 *Blautia*、*Lachnospiraceae incertae sedis*、*Lachnospiraceae unclassified*、*Lachnospiraceae uncultured*、乳杆菌属（*Lactobacillus*）、*Oscillibacter*、*Ruminococcaceae incertae sedis*、*Ruminococcaceae unclassified*、*Ruminococcaceae uncultured* 和 *S24-7norank*，它们均属于厚壁菌门。与等热量对照组相比，酒精对照组大鼠盲肠内容物中 *Blautia* 菌属细菌相对丰度明显升高，乳杆菌属细菌相对丰度明显降低，而 *Ruminococcaceae unclassified* 菌属细菌相对丰度明显降低；核苷酸干预后，与酒精对照组相比，0.04% NTs 组大鼠盲肠内容物中 *Blautia* 菌属细菌相对丰度明显降低，而 *Lachnospiraceae incertae sedis*、*Lachnospiraceae unclassified* 和 *Ruminococcaceae unclassified* 三个菌属细菌相对丰度明显升高，0.16% NTs 组

大鼠盲肠内容物中拟杆菌属和 *Helicobacteraceae norank* 菌属细菌数量明显降低，*Lachnospiraceae unclassified* 菌属细菌数量明显升高，此外，0.16% NTs 的干预与酒精对照组相比能够轻度增加盲肠内容物中乳杆菌属的细菌数量，但没有统计学差异。

（5）粪便特定肠道菌群与血浆差异代谢物的相关性分析

将各组大鼠粪便平板培养得出的差异肠道菌群与血浆差异代谢物进行相关性分析后，可以看出粪便乳酸杆菌菌落数与血浆鹅脱氧胆酸、鹅脱氧甘氨胆酸、磺酰基石胆甘氨酸呈显著负相关；拟杆菌菌落数与以上 3 种代谢物成显著正相关；粪便肠球菌菌落数亦与血浆鹅脱氧胆酸、鹅脱氧甘氨胆酸呈显著正相关，而与血浆 LysoPC（20：3）呈显著负相关；粪便肠杆菌菌落数与鹅脱氧甘氨胆酸呈显著正相关，而与血浆 LysoPC（20：3）呈显著负相关。

慢性酒精摄入能够诱导肠道菌群的过度繁殖，尤其是革兰阴性细菌，导致肠道生物屏障功能的损伤，从而导致内毒素的产生增多[122]。在酒精性中毒性精神病的患者体内，升高的转氨酶活性和降低的双歧杆菌、乳酸杆菌、肠球菌能够同时监测到，而且益生菌治疗能够降低转氨酶的水平[123]，这说明肠道菌群紊乱与肝损伤密切相关；另一项研究中，Leclercq 等[124]通过对 V1-V2 区 16S rRNA 基因测序发现酒精依赖症患者粪便中瘤胃球菌属相对丰度明显降低，而 *Blautia* 属相对丰度明显增加；Yan 等[125]也证实酒精干预的小鼠厚壁菌门明显降低，拟杆菌门明显增高，研究主成分分析结果表明酒精组和对照组的样本明显分离，结果与北京大学李勇教授课题组研究结果类似，而且，酒精对照组有更多的 OTU 在其他三组中没有出现，这也说明酒精及 NTs 干预后大鼠肠道菌群的种类和数量均发生了改变。与等热量对照组相比酒精对照组厚壁菌门丰度明显降低，拟杆菌门丰度明显升高，即革兰阴性细菌丰度明显升高，革兰氏阳性细菌丰度明显降低，在属水平上的分析结果显示，酒精干预明显降低了瘤胃球菌属、乳杆菌属细菌的相对丰度，增加了 *Blautia* 属相对丰度，以上结果表明过量酒精摄入导致肠道微生物组学明显改变，引起了微生态紊乱。NTs 添加已被证明对配方食品喂养的婴幼儿的肠道菌群具有益生菌效应，它们能够作为双歧杆菌生长的辅助因子。研究对大鼠盲肠内容物 16s rRNA 的 V1-V2 区测序结果也证实 NTs 干预能够部分逆转过量酒精摄入引起的上述肠道菌群的改变。同时，对粪便特定肠道细菌平板培养结果进一步证实，NTs 的干预能够降低肠球菌、肠杆菌和拟杆菌数目，增加乳酸杆菌数目，具有益生菌的效应。

而且以上几种核苷酸联合作用效果更好。膳食添加核苷酸能够改善各种因素诱导的肠道功能紊乱，尤其是核苷酸对婴幼儿肠道菌群的影响已经被多次证实，对肠易激综合征的改善作用亦在人群中得到证实。值得注意的是，北京大学李勇教授课题组研究结果发现 NTs 能够调节酒精诱导的肠道菌群紊乱，同时，相关性分析结果表明特定肠道菌群的数目与血浆差异代谢物具有显著的相关性，尤其是胆汁酸代谢物，因此，NTs 对于肠道功能紊乱的调节可能会进一步缓解酒精诱导的机体代谢紊乱，二者可能互相影响，进而改善机体健康状况。

5. NTs 对其他因素引起的肠道功能紊乱的保护作用

NTs 对肠道具有保护作用，能够改善肠的屏障作用，维持肠壁的完整性，减少细胞的死亡率以及细菌、脂多糖引起的细菌易位，减少腹泻的发生，加速饥饿应激和感染后损伤的肠道恢复。Nunez 等[126]对刚断奶的大鼠用乳糖致其腹泻，并用乳糖持续饲喂两周后随机分为两组，对照组饲喂无核苷酸饲料，试验组饲喂补充 0.15% 核苷酸的同样饲料，4 周后试验组大鼠血清的乳糖酶、蔗糖酶和麦芽糖酶活性都高于对照组，而且肠组织学和超微结构的分析表明：试验组的绒毛高度和隐窝深度均比对照组增高，线粒体基质密度和嵴也接近正常大鼠，说明 NTs 改善了大鼠腹泻病的状况。Carver JD[127]发现 NTs 可以增加婴幼儿餐后 90 min 的肠系膜上动脉血流速度。Arnaud A[128]指出 NTs 可以促进慢性腹泻之后的回肠线粒体功能的早期恢复。此外，国外学者采用 NTs 干预 37 名肠易激综合征的患者，结果表明，与安慰剂组相比，NTs 干预能够改善肠易激综合征的一些症状，尤其是腹痛，排便紧迫感等[129]。NTs 可促进小肠受伤后的恢复。Iijima 等[130]研究表明，在切除 80% 肠道的小鼠中，在其全胃肠外营养物（total parenteral nutrition，TPN）中添加 OGVI（一种核苷酸标准混合物），术后 7 d，残余空肠总重和黏膜重量以及小肠蛋白质、DNA、RNA 含量明显高于没添加 OGVI 组，补充 OGVI 增进了残余小肠从黏膜萎缩中的恢复，说明外源嘧啶核苷酸和嘌呤核苷酸有助于肠道切除术后早期阶段维持肠黏膜的完整性，减轻黏膜的萎缩和增加小肠细胞的周转。Evans 等[131]给切除 80% 空肠和回肠的大鼠饲喂含 1% 尿嘧啶的日粮，结果发现，饲喂尿嘧啶的大鼠与对照组相比，其剩余空肠黏膜绒毛高度提高 14%，隐窝深度提高 18%。

NTs 对缓解肠道炎症也能够起到积极的作用。Belo A[132]研究发现 NTs 能够在损伤修复中发挥生物学活性，在预防和治疗损伤时可以相当于非甾体类抗炎药。Brunse 等[58]用小肠的局部缺血及灌注试验证实核苷酸有保护小肠细胞受自由基的攻击、降低小肠炎症发生的作用。但有些研究得出不同的结果。Sukumar 等[133]报道，在用葡聚糖–硫酸钠介导的前端结肠炎小鼠中，添加 NTs 反而导致炎症加重，并促进 IL-1（白细胞介素 -1）的分泌。Adjei 等[70]研究发现，注射三硝基苯磺酸的大鼠，饲喂含 0.5% 的混合 NTs 后其结肠重量及肉眼和显微镜观察的结肠损害程度与对照组相比都显著增强。由于肠道溃疡造成的多形核白细胞、巨噬细胞、淋巴细胞和成纤维细胞的渗透，试验显著高于对照组。这表明，添加核苷酸可能加剧大鼠结肠炎的发生。因此可以推测，日粮 NTs 对小肠炎症恢复的作用可能与炎症的性质有关。

（二）烟酰胺单核苷酸

肠道微生物群在人体能量和代谢稳态中起着关键作用，至今仍被人们所重视。微生物群对人类健康的影响一方面是它可以与饮食摄入的营养素相互作用，使摄入食物的化学结构发生有利于机体的改变，从而调节人体新陈代谢；另一方面膳食摄入食物也能改变微生物的组成成分和（或）其代谢活动[98, 99, 134]。越来越多的研究发现 NAD^+、其前体物质 NMN 和 NR 以及转移酶 NAMPT 等在调节肠道微生物、降低肠道炎症等方面起着重要作用。

NAD^+是生物能量过程中的一种主要辅酶，也是许多生物代谢过程中的关键，如细胞代谢、炎症反应及细胞死亡。Huang 等[100]研究了长期摄入 NMN 对小鼠肠道菌群多样性和组成的影响，并探讨其与肠道屏障功能的关系。他们通过给 C57BL/6J 小鼠饲喂不同浓度的 NMN，收集其粪便进行 16S rDNA 和非靶向代谢物检测，探讨 NMN 对肠道菌群和代谢物的影响。结果表明，NMN 处理后，小鼠丁酸生产菌和其他益生菌（嗜黏蛋白阿克曼氏菌）的丰度增加，而几种有害菌（嗜胆菌属和颤杆菌克属）的丰度降低。同时，与对照组相比，0.1 mg/ml NMN 干预组小鼠的粪便中胆汁酸相关代谢产物如胆酸、牛磺去氧胆酸、牛磺胆酸、甘胆酸、牛磺 -b- 鼠胆酸等水平显著升高。此外，长期的 NMN 治疗影响肠黏膜的通透性，表现为肠黏膜杯状细胞增多、黏液厚度增加、紧密连接蛋白表达增多等。这些结果表明，NMN 可降低肠黏膜的渗透性，对肠道具有一定的保护作用。另一项研究观察了雄性 C57BL/6 小鼠口服短期 NMN 后粪便微生物群和代谢组的变化，结果发现 NMN 显著降低了小鼠粪便细菌多样性，与烟酰胺代谢相关的幽门螺杆菌、黏液菌和粪肠杆菌丰度增加，嗜黏蛋白阿克曼菌丰度降低[101]。Gerner 等发现 NAMPT 水平在包括炎性肠病的炎症过程中显著上调，而 NAMPT 抑制剂 -FK866 可有效改善葡聚糖硫酸钠引起的小鼠结肠炎，并抑制炎症引起的肿瘤发生，提示 FK866 介导的 NAMPT 阻断是一种潜在的治疗急性肠炎的有效方法[113]。

（三）三磷酸腺苷（ATP）和环核苷酸

通过膳食补充 NTs 后，肠道内存在大量的胞外核苷酸，主要以 ATP 的形式存在。多项证据表明，细胞外 ATP 作为一种危险信号诱导炎症反应的发生。因此 ATP 对巨噬细胞和树突状细胞的刺激可诱导炎性细胞因子的产生，从而导致哮喘、接触性超敏反应或移植物抗宿主病的发生[114，135，136]。ATP 也通过激活肠树突状细胞诱导 Th17 细胞参与肠炎症的发生和发展过程[137]。在肠腔内，细胞外 ATP 由 ATP 水解酶催化，如优先表达于肠腔上皮细胞上的外核苷三磷酸二磷酸水解酶。最近的一项研究表明，缺乏外核苷三磷酸二磷酸水解酶的小鼠肠腔内 ATP 水平升高，从而导致肠固有层中 Th17 细胞数量增多[61]。除了诱导 Th17 细胞外，ATP 还直接刺激肠道中的肥大细胞。在肠内的免疫感受性细胞（如 DC、T 和 B 细胞、巨噬细胞和上皮细胞）中，肥大细胞表达出 P2X7 嘌呤受体（一种细胞外 ATP 受体）的最高水平。ATP 介导的肥大细胞刺激导致炎症细胞因子（如 IL-1β 和肿瘤坏死因子 -α）、趋化因子和脂质介质等的产生，因此，通过阻断抗体抑制这一途径可有效预防肠道炎症[138]。

环腺苷 3,5- 磷酸腺苷（cAMP）和环鸟苷 30,50- 磷酸腺苷（cGMP）是关键的核苷酸第二信使，其在感染过程中被各种致病菌利用并在宿主细胞中持续存在。在一些细菌感染中，环核苷酸水平显著增加，这可能是与环核苷酸纠正了水和电解质紊乱有关。最近的研究表明，环核苷酸，尤其是 cGMP，在肠道感染中具有保护作用[118，139]。Prasad 等[119]推测环核苷酸可能在肠道感染的炎症小体调控中发挥复杂的作用。目前有关环核苷酸与肠道功能的研究很少，其作用需要更多的研究来证实。

五、NTs 具有缓解体力疲劳的功能

抗疲劳的作用途径和机制包括提供能源物质、调解能量代谢、稳定内环境、改善氧的供应和利用、刺激肌肉蛋白质合成、中枢神经调节、促进疲劳恢复、抗应激和抗氧化等。而核苷酸在细胞结构、代谢、能量和调节功能等方面起着重要作用，具有促进肠道功能的健全和脂肪代谢、维持肝的正常功能、增强学习记忆力以及人体的生长发育、提高免疫功能、抗氧化等多种生物学功能[140]。北京大学李勇教授课题组对核苷酸缓解体力疲劳功能进行了研究。研究中将健康 SPF 级雌性 ICR 小鼠 160 只，随机分为空白对照组和 3 个 5′- 核苷酸干预组，分别喂饲添加不同剂量 5′- 核苷酸［0、0.04、0.16、0.64 g/（kg·bw）］的饲料。30 d 后，测定各组小鼠负重游泳时间、血清尿素氮、肝糖原和血乳酸等指标。负重游泳时间的长短可以反映动物运动疲劳的程度，是评价抗运动疲劳能力强有力的指标。结果表明[141]，与空白

对照组相比，5′-核苷酸各剂量组小鼠体重比较无明显差异；各剂量组小鼠负重游泳时间均明显延长，说明膳食添加5′-核苷酸可提高小鼠的动力性力量，增强小鼠的运动耐力，起到了抗疲劳作用。力竭游泳实验导致小鼠体内血乳酸、血尿素氮和血红蛋白含量下降。机体剧烈运动时，蛋白质及氨基酸的分解代谢增强，氨基酸会代谢转化生成尿素进入血液，使血尿素含量增加，与血乳酸一样，血尿素氮也是疲劳时肌肉酸痛的主要原因，因此血尿素氮水平的高低是判断机体疲劳程度的重要指标，运动后血尿素氮清除越快，则疲劳消除得越快，抗疲劳的效果也越明显。小鼠不负重游泳90 min后，虽然静息状态下肝糖原水平未见明显差异，但5′-核苷酸剂量组血清尿素氮水平与空白对照组比较均明显下降。这说明5′-核苷酸可减少蛋白质和含氮化合物分解代谢，提高机体对运动负荷的适应能力，具有一定的抗疲劳作用。机体剧烈运动时细胞相对缺氧，糖酵解加快，产生大量乳酸使肌肉中H^+浓度上升，pH下降，从而引起疲劳。清除肌肉中过多的乳酸，可延缓和消除疲劳。5′-核苷酸中剂量组小鼠游泳后0 min及中、高剂量组小鼠游泳后20 min血乳酸水平显著低于空白对照组；中、高剂量组小鼠3个时间点血乳酸曲线下面积也均显著低于空白对照组。以上结果说明5′-核苷酸能够降低血乳酸水平，延长运动时间，延缓疲劳的产生。5′-核苷酸能显著延长负重游泳时间，降低糖无氧酵解引起的乳酸积累，降低血清尿素氮水平，根据《保健食品检验与评价技术规范（2003）》中缓解体力疲劳功能的结果判定标准，可认为5′-核苷酸具有缓解体力疲劳功能。这可能与5′-核苷酸增强运动耐力，提高氧利用率，降低无氧酵解的程度，较少乳酸产生，减少蛋白质和含氮化合物分解代谢密切相关，但是具体机制还需要进一步研究证实。

六、NTs具有辅助降血脂的功能

北京大学李勇教授课题组研究发现，将健康SPF级SD大鼠60只随机分为成正常对照、高脂模型对照和0.04、0.16、0.64 g/（kg·bw）NTs组，正常对照组大鼠饲喂普通饲料，高脂模型和NTs组大鼠饲喂高脂饲料。NTs组大鼠以灌胃方式给予不同剂量的核苷酸（1 ml/100 g）45天。研究结果显示：摄入核苷酸45天后，0.04、0.16、0.64 g/（kg·bw）NTs组大鼠血清总胆固醇（TG）分别为3.14±1.45、3.65±1.58、3.14±1.70 mmol/L，0.04 g/（kg·bw）核苷酸组及0.64 g/（kg·bw）核苷酸组与高脂模型对照组（4.26±1.96 mmol/L）相比显著降低；三酰甘油（TG）含量分别为0.93±0.53、0.93±0.44、0.72±0.38 mmol/L，0.64 g/（kg·bw）组与高脂模型对照组1.29±0.49 mmol/L相比显著降低；高密度脂蛋白胆固醇（HDL-C）分别为1.19±0.31 mmol/L、1.22±0.31 mmol/L、1.26±0.36 mmol/L，与高脂模型对照组（1.09±0.16 mmol/L）相比未出现显著差异。说明NTs可降低高脂模型大鼠血清总胆固醇和三酰甘油水平，对高密度脂蛋白胆固醇则无显著影响。口服NTs具有一定的辅助降血脂功能。此外他们用富含NTs的饲料喂养酒精性肝损伤大鼠，结果显示，摄入核苷酸7周后，0.04、0.16 g/（kg·bw）核苷酸组大鼠血清三酰甘油水平分别为为1.89±0.35、1.66±0.60 mmol/L，普通饲料喂养组则为2.41±0.79 mmol/L，高剂量核苷酸组与普通饲料喂养组相比差异显著；核苷酸组高密度脂蛋白水平分别为1.47±0.18、1.44±0.15 mmol/L，较普通饲料喂养组（1.14±0.06 mmol/L）相比显著升高[121, 142]。说明NTs能够抑制酒精引起的大鼠血清血脂水平升高，并升高高密度脂蛋白的水平。

刘永峰等[143]以哈白兔为实验对象，腹部皮下注射外源性环磷酸腺苷（cyclic adenosine monophosphate，cAMP）0.64 mg/ml，环磷酸鸟苷（cyclic guanosine monophosphate，cGMP）0.64 mg/ml 及其等量混合物（0.32 mg/ml cGMP ＋ 0.32 mg/ml cAMP），对照组则腹部皮下注射 9 mg/L 的生理盐水溶液，选取不同时间点对兔血液中血脂含量进行测定，结果发现：对照组血脂含量为 10.72 mg/ml，cGMP、cAMP 和混合组的平均血脂含量分别为 12.61 mg/ml、9.79 mg/ml 和 10.59 mg/ml，其中 cGMP 单独处理后，血脂含量大幅度增加，平均增加了 17.63%，其中 65 h 增加量达到了最高为 54.71%，说明 cGMP 的注射使动物体内的血脂含量明显增加，cAMP 组中注射 cAMP，血脂含量比对照组平均减少了 8.68%，21 h 减少量达到了最高为 32.26%，说明 cAMP 的注射使动物体内的血脂含量明显降低；此外，cGMP 对促进脂肪的合成代谢有明显作用，通过注射 cGMP 在 10 h 内对血脂没有影响，10 ～ 21 h 对血脂的合成有显著促进作用，21 h 后血脂才保持一定的增加幅度；而 cAMP 对降解有较小作用，通过注射 cAMP 在 45 h 以内对血脂有降解作用，而 45 ～ 65 h 又转为合成作用，65 h 以后作用消失；混合组中注射 cGMP ＋ cAMP，血脂含量较对照组平均减少 1.21%，在注射后 1、3、10、15 h 时血脂减少量达到了显著水平，而在 65、75、85、95 h 时血脂增加量达到了显著水平，说明 cGMP 和 cAMP 的混合注射使动物体内血脂含量有减有增，发挥了 cAMP 和 cGMP 的共同作用。以上结果，单独注射 cGMP 和 cAMP 对内源性血脂含量有明显的促进和抑制效果，混合注射的前期主要发挥 cAMP 的作用而后期主要发挥 cGMP 的作用。另外在注射 CNT 后 21h 前，3 处理组都处于剧烈变化状态，过了 75 h 基本上趋于平稳状态，说明注射外源性环核苷酸会明显打乱正常状态下血液中脂肪含量的变化规律。

Boza J 等[144]认为 NTs 在生命早期扮演重要角色。在早产儿和足月新生儿中，NTs 影响必需脂肪酸向其长链多不饱和（PUFA）衍生物转化。他们研究了出生后的年龄和 NTs 对大鼠血浆总脂和脂质组成的影响。将断乳（21 天龄）大鼠分成 3 组。第一组直接处死，其余 2 组饲喂标准半纯化饲料，第三组在相同饲料中添加 250 mg/100 g 的 CMP、UMP、AMP、GMP 和 ZMP。连续干预 4 周。研究发现，随年龄的增加，血浆总脂肪酸［尤其是饱和脂肪酸（SFA）和 n-6 系列多不饱和脂肪酸（PUFA）］增加，而 n-3 系列 PUFA 减少。血浆磷脂（PL）的脂肪酸谱变化不大，但 n-3 系列 PUFA 和总 PUFA 有降低趋势，n-6 系列 PUFA 显著增加。胆固醇酯的反应与 PL 相似，但花生四烯酸（20：4、n-6）的增加显著。对于甘油三酯、亚油酸（18：2、n-6）和单不饱和脂肪酸（MUFA）增加，而饱和脂肪酸（SFA）减少。与对照组相比，NTs 介导了血浆总脂肪酸（n-6、n-3 的 PUFA）和单不饱和脂肪酸（MUFA）均显著增加。PL 和胆固醇酯的相对脂肪酸组成基本不受影响。

七、NTs 具有辅助保护肝的功能

NTs 对维持肝正常功能有着重要作用，改变肝中 NTs 的浓度会影响肝的结构和功能。NTs 在体内有两条合成途径：从头合成和补救合成途径。肝所需要的 NTs 可以由氨基酸从头合成供给，肝自身虽然具有很强的合成 NTs 的能力，但正常生理条件下，肝的功能活动还需要从膳食获得一定量的 NTs，通过日粮途径满足肝 NTs 需要具有节约能量的优势，足量的NTs有助于肝正常功能和结构的维持。然而，核苷酸作为一种外源性的膳食补充剂与肝损伤的研究并不多，深入研究更少，且主要以动物实验为主，其具体作用有待进一步验证。但是，以脱氧核苷酸为活性组分的药物如脱氧核苷酸钠，以及核苷和核苷酸类药物如拉米夫定、阿德福韦酯、恩替卡韦、替比夫定、替诺福韦等均在临床上有一定的应用，且有多项对其疗效评价的人群研究。下面将就目前主要的具有辅助保护肝功能的核苷酸及其衍生物进行归纳阐述：

（一）NTs

核苷酸是体内合成核酸和多种辅酶的前体物质，也是细胞生命活动的重要物质，其作为外源性的膳食补充剂可以保护肝，减少多种因素引起的肝损伤。Pérez等[145]发现NTs的添加能够有效改善硫代乙酰胺诱导肝硬化大鼠模型的肝细胞功能，并减少肝组织纤维化损伤，这可能与核苷酸可以提高大鼠肝组织胶原酶活性及降低胶原含量有关。江清浩[146]等发现酒精性肝损伤模型大鼠添加5′-核苷酸饲料干预后，与无核苷酸饲料干预的大鼠相比，血清总三酰甘油水平降低，白蛋白、肝体比水平升高，超氧化物歧化酶活力增加，这些结果表明添加外源性5′-核苷酸能够促进大鼠白蛋白合成，调节脂质代谢，增强其抗氧化能力，有助于促进酒精性肝组织损伤的修复。

混合核苷酸是核糖核酸的酶解产物，由2′,3′-腺嘌呤核苷酸、2′,3′-鸟嘌呤核苷酸、2′,3′-胞嘧啶核苷酸、2′,3′-尿嘧啶核苷酸钠盐组成。混合核苷酸可增强肝细胞的代谢功能，提高肝组织的抗缺血、缺氧能力，临床用于治疗急慢性肝炎及肝损伤均有较好疗效。实验研究发现，混合核苷酸对四氯化碳、D-氨基半乳糖引起的小鼠急性肝损伤及刀豆蛋白A所致的小鼠免疫性肝损伤均有较好的保护作用[147，148]。

1. NTs对正常肝结构和功能具有维稳作用

正常生理条件下，NTs的添加有助于维持肝结构，提高肝代谢及合成功能，并能够促进肝的抗氧化能力。

（1）NTs对肝结构和肝细胞增殖的作用

在正常生理条件下，膳食剥夺核苷酸会影响成年大鼠肝的超微结构和功能，使肝细胞核和核仁变小，同时粗面内质网、核糖体减少，肝RNA浓度减少、脂质聚集[149]。体外培养肝细胞也发现，NTs对肝细胞具有重要作用。Ohyanagi等[150]通过体外培养肝细胞和肝癌细胞AH130发现，低浓度核苷酸和核酸混合物可以促进肝细胞的增殖，而高浓度则会对肝细胞以及肝癌细胞的生长产生抑制作用。NTs对肝细胞增殖、分化、代谢的调节通路可能有多条，尚未获得一致的解释。Saez-Lara等[151]认为核苷酸以诱导c-myc和H-ras基因的表达，提高S期细胞的比例，并增加α-甲胎蛋白的表达，通过以上方式促进肝细胞增殖，并有助于保持胎鼠肝细胞的未分化状态。Fausther等[152]认为细胞外的NTs和核酸可以诱导肝细胞表达出许多特定的膜转运受体从而转换生理信号，并能通过细胞表面酶调节胞外基质中介质水平。

（2）NTs对肝功能的作用

肝是动物体内合成核苷酸的主要器官，其对日粮中核苷酸含量最敏感。Lopez-Navarro等[108]发现在日粮中补充核苷酸能够被肝部分利用，维持细胞核苷酸池的浓度，避免由于核苷酸缺乏而引起肝核苷酸和 DNA、RNA 浓度降低，此外，由于核苷酸抑制了氨基酸的氧化，增强了肝的再生能力，肝能够维持正常的生理功能。

ALT 和 AST 的活性与肝氨基酸代谢有关，当肝细胞受损和肝细胞膜通透性升高时 ALT 与 AST 就进入血液，它们在血液中活性高低是反映肝损伤程度的一个标志。北京大学李勇教授课题组研究显示，大鼠日粮中添加不同剂量核苷酸（0.01%、0.04%、0.16%、0.64% 和 1.28% NT）后，亲代（F0）和子 1 代（F1）大鼠高剂量组 AST 活性以及 F1 代大鼠高剂量组 ALT 活性明显低于对照组[55, 56]。此外，本课题组的另一项长期喂养实验表明，0.04%、0.64%NTs 组 12 月龄雄性大鼠血清 AST 明显低于对照组[87]。以上结果可能提示，长期补充膳食核苷酸可以起到保护肝细胞功能的作用。

血清总蛋白（total protein，TP）、白蛋白（albumin，ALB）和球蛋白（globulin，GLB）含量反映肝的合成功能。北京大学李勇教授课题组长期喂养实验显示，3 月龄 0.04%、0.16% 和 0.64% 核苷酸组干预组雄性大鼠的总蛋白均高于对照组，0.16% 组雄性大鼠的白蛋白显著高于对照组，雌性 0.64% 组的总蛋白和白蛋白均显著高于对照组。12 月龄时，0.16%、0.64% NTs 组雄性大鼠总蛋白和白蛋白明显高于对照组；0.16%、0.64% NTs 组雌性大鼠总蛋白明显高于对照组；0.16%、0.64% 核苷酸组雌性大鼠白蛋白明显高于对照组。

肝是人体重要的代谢器官，直接参与多种物质的代谢。有研究发现，与饲料中添加核苷酸组的断乳小鼠相比，未添加核苷酸组小鼠肝的胆固醇、磷脂浓度升高而肝重量和糖原含量下降，因此认为 NTs 的补充可能调节肝脂质代谢[153]。北京大学李勇课题组研究显示，膳食添加 0.16% 和 0.64% 核苷酸组大鼠较对照组大鼠血清总胆固醇明显降低。在正常生理条件下，外源性膳食核苷酸的添加有助于维持肝结构、提高肝代谢及合成功能，并能够促进肝的抗氧化能力。有研究显示，将肝星形细胞 CFSC-2G 和原代肝细胞单独或混合置于含有外源性混合核苷的培养基中培养 24 h 后，单独培养的细胞中尿嘧啶核苷三磷酸（uridine triphosphate，UTP），尿嘧啶核苷二磷酸（uridine diphosphate，UDP）- 葡萄糖，胞苷二磷酸（cresyl diphenyl phosphate，CDP）- 胆碱和 NAD^+浓度增加，与星形细胞混合培养的肝细胞腺苷酸电荷、白蛋白含量及琥珀酸脱氢酶的活性增加，提示外源性的核苷可以被星形细胞和肝细胞摄取，调节细胞内核苷酸的浓度，从而改善肝细胞的功能，恢复共培养导致的肝细胞腺苷酸电荷受损[154]。

2. NTs 对肝损伤具有保护作用

NTs 对于正常肝的保护功能已经在人群及动物研究中被证实，其在肝损伤领域的研究也越来越受重视，但是仍处在动物实验阶段，主要涉及核苷酸、核酸等对化学性肝损伤，如酒精、硫代乙酰胺和四氯化碳诱导的急慢性肝损伤和肝硬化的影响，并未在临床上应用。

（1）NTs 对酒精性肝损伤的保护作用

北京大学李勇教授课题组首次研究了 NTs 对于酒精性肝损伤大鼠的保护作用，研究包括 5′- 核苷酸对急性和慢性酒精肝损伤的保护作用研究，研究动物涉及 SD 大鼠和 Wistar 大鼠，对核苷酸应用于肝损伤的营养治疗提供了实验依据。

A. 急性酒精性肝损伤

大鼠经酒精急性染毒 1h 后，5′-NTs 干预组［3 g/（kg·bw）］结果发现[155]，大鼠血液中乙醇浓度随着 5′- 核苷酸干预浓度的增加而降低，并且高剂量组与对照组差异具有显著性。由以上结果可以推测，在急性实验中，5′-NTs 作为食物影响酒精在胃排空速度和胃肠蠕动速度，并且浓度越高，这种作用越明显，从而造成了各组大鼠血液乙醇浓度的差异。

B. 慢性酒精性肝损伤

雄性 SPF 级 Wistar 大鼠 50 只，适应性喂养 2 周，随机分为正常对照组（normal control group）、酒精对照组（alcohol control group）、等热量对照组（dextrose control group）、0.04% 和 0.16% 核苷酸（NTs）干预组，每组 10 只，除正常对照组和等热量对照组外，其余 30 只大鼠使用 50% 酒精（v/v）灌胃，酒精初始灌胃量为每天 2 g/（kg·bw），后逐渐增加剂量，2 周后达到 8 g/（kg·bw），此为维持剂量，每天 1 ～ 2 次灌胃（每次 2 ～ 3 ml），继续干预 4 周，酒精初始灌胃记为第 1 周，初始灌胃第一天记为第 1 天，整体干预周期为 6 周。正常对照组每天灌胃等体积的蒸馏水，等热量对照组每天灌胃与酒精对照组热量相等的右旋糖溶液。正常对照组、酒精对照组和等热量对照组大鼠给予 AIN-93G 饲料喂养，0.04% 和 0.16% 核苷酸干预组是在美国营养学会（American Institute of Nutrition，AIN-93G）纯化饲料基础上每千克分别添加 0.4 g 和 1.6 g 核苷酸所制成。每周测量大鼠体重；末次酒精灌胃后 12 h，使用乙醚麻醉大鼠，股动脉采血，分别使用促凝管及肝素钠抗凝管收集血液样本，4℃，3500 rpm/min 离心 10 min 吸取上清，分别为血清及血浆用于血生化指标和炎症因子检测；收集肝组织检测氧化应激相关指标含量；使用超高效液相色谱串联四级杆飞行时间质谱（ultra-performance liquid chromatography quadrupole time-of-flight mass spectrometry，UPLC-Q-TOF-MS）法检测肝和血浆代谢谱，并利用多变量统计分析方法鉴定各组差异代谢物；通过苏木精-伊红染色观察大鼠肝病理学改变。

研究发现[120, 156]：

1）NTs 对各组大鼠体重的影响：与正常对照组相比，酒精对照组大鼠从酒精干预第 14 天起体重明显降低；从 NTs 干预第 7 天开始，与酒精对照组相比，0.16% NTs 组能够轻度增加大鼠体重，但没有统计学差异。

2）NTs 对各组大鼠肝病理学改变的影响：与正常对照组和等热量对照组相比，酒精灌胃导致大鼠肝肝索消失，肝细胞排列不规则，并可以观察到肝细胞脂肪变性；核苷酸干预组大鼠肝脂肪变性的肝细胞较酒精对照组减少，肝索规则，肝细胞界限清楚，排列规则。

3）NTs 对各组大鼠血清转氨酶、蛋白质、脂质、胆红素和乳酸脱氢酶水平的影响：与等热量对照组相比，酒精对照组大鼠血清 ALT、AST、总胆固醇（total cholesterol，TC）、TG 和乳酸脱氢酶（lactate dehydrogenase，LDH）水平明显升高；TP 和 GLB 水平明显降低；与酒精对照组相比，0.04% 核苷酸组和 0.16% 核苷酸组能够明显降低 ALT、AST、TC 和 LDH 水平，0.16% 核苷酸干预能够明显增加血清 TP、GLB 水平，并能够明显降低血清 TG 和 TBIL 水平。此外，酒精对照组大鼠血清白球比明显高于等热量对照组，与酒精对照组相比，0.16% 核苷酸组白球比明显降低。

综合以上研究结果，酒精对照组大鼠出现了体重减轻、多饮、少尿的症状，实验结束时，与等热量对照组相比，酒精对照组大鼠血清转氨酶、总胆固醇和三酰甘油明显升高，总蛋白和球蛋白明显降低，而升高的血清转氨酶水平被认为是酒精性肝损伤的标志之一[156]。这些结果均表明本试验酒精灌胃大鼠出现了肝脂肪变性，并引起了肝损伤。此外，北京大学李勇教授课题组研究进一步阐明了 NTs 添加对酒精性肝损伤大鼠的改善作用，即与酒精对照组相比，NTs 喂养的大鼠体重增长相对较稳定，多饮、少尿症状减轻，血清转氨酶、总胆红素、总胆固醇、三酰甘油和乳酸脱氢酶水平明显降低，总蛋白和球蛋白合成增多，肝脂肪变性、肝细胞损伤等病理改变明显减轻。

4）NTs 对各组大鼠血浆炎症因子和脂多糖水平的影响：与等热量对照组相比，酒精对照组大鼠血浆脂多糖（lipopolysaccharide，LPS）、肿瘤坏死因子 -α（tumor necrosis factor-α，TNF-α）、白介素（interleukin，IL）-6 和 IL-12 浓度明显升高；NTs 干预后，大鼠血浆 LPS、TNF-α、IL-6 和 IL-12 浓度较酒精对照组明显降低。炎症反应是酒精性肝炎的主要特征之一。TNF-α、IL-6 和 IL-12 是 ALD 发生发展过程中重要的促炎因子。本研究结果也证明了炎症反应参与了酒精性肝损伤的过程。此外，酒精对照组大鼠血浆 LPS 浓度明显升高。有研究显示高浓度的 LPS 能够诱导炎性因子，如 TNF-α 和 IL-6 的激活[157]，而腺苷酸类似物能够抑制 LPS 诱导的巨噬细胞 TNF-α 和 IL-6 的上调[158]，本研究中，与酒精对照组相比，NTs 混合物能够明显降低血浆中 LPS、TNF-α、IL-6 和 IL-12 的浓度，因此可以推断核苷酸可在一定程度上改善酒精引起的血清炎症反应。

5）NTs 对各组大鼠肝氧化应激相关指标的影响：与等热量对照组相比，酒精对照组大鼠肝组织中丙二醛（malondialdehyde，MDA）和氧化型谷胱甘肽（oxidized glutathione，GSSG）浓度明显升高，但是还原型谷胱甘肽（reduced glutathione，GSH）浓度和 SOD 活性明显降低；与酒精对照组相比，0.04% NTs 和 0.16% NTs 组大鼠肝组织中 SOD 活性和 GSH 浓度明显升高，而 GSSG 浓度明显降低，此外，0.16% NTs 干预能够明显抑制酒精引起的肝组织中 MDA 含量的升高。急性或慢性的乙醇干预能够诱导 ROS 的产生，使细胞的抗氧化功能耗竭，引起多种组织器官的氧化应激，尤其是肝[159]。酒精干预的动物中能够观察到异常表达的氧化应激标志物，如 MDA、SOD 和 GSH 等。MDA 是脂质过氧化反应中最多的产物。有研究表明酒精干预的大鼠血清 MDA 水平明显升高[144]；SOD 是一种重要的 ROS 清除剂，能够催化超氧阴离子基团（O_2^-）生成过氧化氢（H_2O_2），酒精干预能够抑制其活性[160]；GSH 是肝中存在的另一种 ROS 清除剂，研究表明酒精干预的大鼠肝谷胱甘肽水平明显降低[161, 162]。目前并没有其他研究报道 NTs 添加对酒精性肝损伤氧化应激标志物的影响，本研究显示与等热量对照组相比，酒精对照组大鼠肝 MDA 和 GSSG 含量明显升高，GSH 含量和 SOD 活性明显降低，然而，NTs 添加能够逆转以上氧化应激标志物的改变。基于以上结果，我们可以推断 NTs 添加能够部分逆转酒精性肝损伤大鼠的氧化应激反应，从而减轻肝损伤。

6）NTs 对各组大鼠肝 TLR4 和 CD14 表达的影响：与等热量对照组相比，酒精对照组大鼠肝 Toll 样受体 4（toll-like receptor 4，TLR4）和 LPS 受体分化抗原簇（cluster of differentiation 14，CD14）识别显著增高；NTs 的干预明显缓和了酒精引起的 TLR4 和 CD14 的升高，与酒精对照组相比，0.04% NTs 和 0.16% NTs 干预显著下调了肝 TLR4 的表达水平，亦明显降低了肝 CD14 的表达。

7）NTs 对各组大鼠肝 NF-κB p65 和 IκBα 活性的影响：正常情况下在细胞质内，核因子 κB（nuclear factor-κB，NF-κB）与核因子 κB 抑制因子 α（inhibitor κBα，IκBα）相结合处于未激活状态，当外界刺激激活 IκBα，使其磷酸化后，NF-κB p65 随即解离并磷酸化转移至细胞核中。与等热量对照组相比，酒精对照组大鼠肝总磷酸化的 NF-κB p65 （phosphorylated-NF-κB p65，Phospho-NF-κB p65）和细胞核 Phospho-NF-κB p65 都处于高表达状态，差异具有统计学意义；同时，酒精对照组大鼠肝总 NF-κB p65 表达水平较等热量对照组明显升高，而总 IκBα 表达水平较等热量对照组明显降低；与酒精对照组相比，NTs 的干预明显上调了 IκBα 表达水平，明显下调了 NF-κB p65、磷酸化的 IκBα（phosphorylated-IκBα，Phospho-IκBα）和细胞核 Phospho-NF-κB p65 表达水平，且具有浓度依赖关系。

肠道起源的 LPS 在 ALD 中扮演着重要的角色，它通过 TLR4 介导的炎症反应在很多研究中已经证实[64]。LPS/TLR4 通路在酒精引起的肝损伤中具有重要作用。但是，对于其下游通路的研究仍然存在争议，目前并不清楚 MyD88 依赖和 TRIF 依赖的通路在 ALD 发生发展过程中的确切地位[163]，但这两条通路均能够激活 NF-κB[164]。酒精干预的大鼠与正常对照大鼠相比，肝磷酸化的 NF-κB p65 和 IκB 表达明显增多。核苷酸或核酸具有抗炎的潜能，有研究表明，腺苷酸能够通过抑制 NF-κB 的激活来发挥其抗炎活性。本研究也发现与等热量对照组相比，酒精对照组大鼠肝 TLR4、CD14 以及磷酸化的 IκBα、NF-κB p65 表达明显增多，而 NTs 添加组的大鼠以上蛋白表达则明显降低，这也为 NTs 对于酒精性肝损伤的防治提供了可能的新靶点。

8）NTs 对酒精性肝损伤大鼠肝代谢组学的影响：各组间前 15 位差异代谢物，说明这些差异代谢物与各组间代谢差异相关性较大。差异代谢物名称、质荷比（mass to charge ratio，m/z）、保留时间（retention time，RT）、VIP（variable importance in partial least squares project）值、组间（酒精对照组 / 等热量对照组、0.04% 核苷酸组 / 酒精对照组和 0.16% 核苷酸组 / 酒精对照组）峰面积强度的倍数变化以及可能涉及的通路。15 种差异代谢物主要涉及胆汁酸代谢、脂肪酸代谢、氨基酸代谢、甘油磷脂代谢等通路。

与等热量对照组相比，甘氨胆酸（glycocholic acid）、鹅脱氧甘氨胆酸（chenodeoxyglycocholic acid，CDGCA）和牛磺脱氧胆酸（taurodeoxycholic acid，TDCA）等 3 种胆汁酸，硬脂酸（stearic acid）、棕榈酸（palmitic acid）和油酸（oleic acid）等 3 种脂肪酸，磷脂酰胆碱（phosphatidylcholine，PC，36∶4）以及 LysoPE（16∶0）和 LysoPE（18∶0）等 2 种溶血性磷脂酰乙醇胺（lysophosphatidylethanolamine，LysoPE）的含量在酒精对照组中明显升高；而缬氨酰-亮氨酸（Valyl-leucine）、L-亮氨酸（L-leucine）和丙氨酰-亮氨酸（Alanyl-leucine）等 3 种氨基酸在酒精对照组明显降低。但是，与酒精对照组相比，0.04% NTs 和 0.16% NTs 组肝鹅脱氧甘氨胆酸、硬脂酸、棕榈酸、油酸、PC（36∶4）、LysoPE（16∶0）和 LysoPE（18∶0）含量明显降低，0.04%NTs 组肝缬氨酰-亮氨酸、L-亮氨酸、丙氨酰-亮氨酸和 L-苯基丙氨酸（L-phenylalanine）含量明显升高，牛磺脱氧胆酸含量明显降低；此外，酒精对照组肝谷胱甘肽（glutathione）含量与等热量对照组相比明显降低，NTs 组肝谷胱甘肽较酒精对照组轻度升高，但是没有统计学差异。

9）NTs 对酒精性肝损伤大鼠血浆代谢组学的影响：各组间血浆前 17 位差异代谢物，差异代谢物名称、m/z、RT、VIP 值、组间（酒精对照组 / 等热量对照组、0.04% 核苷酸组 / 酒精对照组和 0.16% 核苷酸组 / 酒精对照组）峰面积强度的倍数变化以及可能涉及的通路。17 种差异代谢物主要涉及胆汁酸代谢、脂肪酸代谢、氨基酸代谢、脂质代谢等通路。

与等热量对照组相比，胆酸（cholic acid，CA）、鹅脱氧胆酸（chenodeoxycholic acid，CDCA）、CDGCA、磺酰基石胆甘氨酸（sulfolithocholylglycine）等 4 种胆汁酸在酒精对

照组明显升高；而花生四烯酸（arachidonic acid）、棕榈反油酸（palmitelaidic acid）和 linolenelaidic acid 等 3 种脂肪酸，LysoPC（14：0）、LysoPC（16：0）[M＋H]$^{+}$、LysoPC（16：1）、LysoPC（18：1）[M＋H]$^{+}$、LysoPC（18：1）[2M＋H]$^{+}$、LysoPC（20：1）、LysoPC（20：3）、LysoPC（20：4）等 8 种溶血性磷脂酰胆碱（lysophosphatidylcholines，LysoPC）以及 L- 色氨酸（L-tryptophan）在酒精对照组明显降低。但是，与酒精对照组相比，0.04% NTs 和 0.16% NTs 组血浆鹅脱氧胆酸、鹅脱氧甘氨胆酸、磺酰基石胆甘氨酸含量明显降低，只有 0.16% NTs 组血浆 LysoPC（20：3）含量明显升高。与酒精对照组相比，NTs 组其余的 LysoPC 轻度升高，但是没有统计学差异。

以上代谢组学研究结果显示，NTs 添加能够改善酒精诱导的大鼠肝及血浆代谢谱，从而缓解肝损伤。酒精对照组大鼠肝和血浆中有关胆汁酸代谢、脂质代谢和氨基酸代谢的代谢物与等热量对照组相比发生明显改变，而 NTs 添加则能部分逆转这些改变。

肝是胆汁酸代谢的主要器官之一，肝细胞以胆固醇为原料合成初级胆汁酸，经过肠肝循环后，盲肠和结肠中的胆汁酸在肠道细菌的作用下移除其 C-7 位点的核羟基，经过氧化或差向异构化最终形成次级胆汁酸，它们能够部分被吸收入血，经门静脉返回肝，在肝生成结合型胆汁酸[165]。胆汁酸对于多种生化途径，如脂质、胆固醇、葡萄糖代谢以及维生素吸收等，具有重要作用，但是过量的胆汁酸会导致肝损伤。过量酒精的摄入能够增加肝胆汁酸的合成，改变胆汁酸代谢相关基因的表达，促进肝损伤的发生和发展[166]，而且由于胆汁酸合成的终末产物缺乏有效的反馈机制，导致其合成的中间产物继续增多，最终可能会导致肝细胞坏死或凋亡[167]。Aranha 等[168]的研究显示酒精性脂肪性肝炎患者与对照组相比，肝细胞中总胆酸、鹅脱氧胆酸和脱氧胆酸水平明显升高；而且酒精能够诱导肝细胞经典的胆汁酸合成通路上调[169]。本研究结果显示，与等热量对照组相比，酒精对照组大鼠肝和血浆中初级胆汁酸胆酸、甘氨胆酸、鹅脱氧甘氨胆酸和鹅脱氧胆酸含量明显升高，次级胆汁酸牛磺脱氧胆酸和磺酰基石胆甘氨酸含量亦明显升高；之前研究证实酒精对照组血清胆固醇含量明显升高，因此，我们推测，酒精干预的大鼠胆汁酸水平的升高可能是由于肝脂质和胆固醇聚集，肝排泄功能障碍所致，升高的胆汁酸水平又能够加速肝损伤，导致恶性循环。NTs 的添加能够抑制肝和血浆中胆汁酸含量的升高，表明核苷酸在降低胆汁酸水平方面具有较大潜力。

基于北京大学李勇教授课题组的代谢组学结果亦显示酒精过量摄入引起机体脂肪酸、磷脂合成和代谢紊乱，添加核苷酸能够明显降低肝饱和脂肪酸和不饱和脂肪酸的含量，这可能是由于过量的酒精摄入抑制了脂肪酸的氧化，导致了脂肪酸的聚集[170]。有研究表明部分肝切除术后动物饱和脂肪酸含量升高，发生肝脂肪变性，最终会促进肝损伤的发展[171]；体外研究证实油酸和棕榈酸等游离脂肪酸亦能够加剧乙醇干预的 VL-17A 细胞的氧化损伤[172]。Fontana 等[173]的研究表明富含核苷酸的膳食能够纠正硫代乙酰胺诱导的血浆棕榈酸、油酸、亚油酸和花生四烯酸的升高，这与我们的研究结果基本一致。

磷脂酰胆碱、溶血性磷脂酰胆碱和溶血性磷脂酰乙醇胺是甘油磷脂的代谢产物，他们是细胞脂质双分子层的主要成分，参与许多代谢通路。研究表明酒精干预的小鼠或大鼠血液及组织中很多种类的 LysoPEs 明显升高[74]，而血清或肝中 PCs 和 LysoPCs 的改变目前并没有确切定论，根据其种类不同，酒精干预后其含量或升高或降低[174-176]。此研究结果显示，与等热量对照组相比，肝 PC（36：4）、LysoPE（16：0）和 LysoPE（18：0）含量明显升高，这可能是由于过量酒精摄入导致肝分泌的卵磷脂胆固醇酰基转移酶（lecithin cholesterol acyltransferase，LCAT）的活性明显降低，在血浆中 LCAT 能够催化 PC 的 sn-2 位点的脂肪酸转移至游离胆固醇中，从而形成胆固醇酯和 LysoPCs，当过量酒精摄入导致 LCAT 活性降低时，即引起 PCs 的过量聚集，而血浆中胆固醇增多，LysoPCs 形成减少[177]。此外，本研究的血浆代谢组学结果显示 LysoPCs 含量明显降低，但是并未观察到血浆 PCs 含量的增多，因此相关机制还需要进一步验证。NTs 添加被证明能够增加早产儿血清中高密度脂蛋白胆固醇含量[178]，降低低密度脂蛋白胆固醇含量，而且核苷酸能够增加早产儿血浆 LCAT 的活性[179]。本研究结果显示，与酒精对照组相比，核苷酸添加组肝 PC（36：4）、LysoPE（16：0）和 LysoPE（18：0）含量明显降低，且 0.16%NTs 组血浆 LysoPC（20：3）含量明显升高，结合之前的结果，核苷酸添加能够明显降低血清总胆固醇和三酰甘油水平，我们推测，NTs 能够部分恢复酒精引起的脂质代谢的异常。

北京大学李勇教授课题组研究结果发现，NTs 添加能够影响酒精干预大鼠的氨基酸合成和代谢，核苷酸能够明显增加肝亮氨酸和苯基丙氨酸的含量。亮氨酸是一种支链氨基酸（branched-chain amino acids，BCAAs），并且只能从食物中获取。BCAAs 也是 ALD 及其并发症的营养治疗推荐方法之一[180]，有研究表明 BCAAs 能够降低氧化应激[181]。苯基丙氨酸是一种芳香族氨基酸，在本研究中酒精对照组大鼠肝中苯基丙氨酸含量明显低于等热量对照组。但是，不同研究显示酒精性肝硬化或者酒精性肝病患者以及酗酒者和对照人群血清中芳香族氨基酸含量各不相同。这可能是由于干预方式、时间、样本以及检测方法不同所致。因此，还需要相关研究进一步确认酒精干预后引起的体内芳香族氨基酸含量的改变。过量酒精摄入后引起的肝氨基酸含量的减少，其机制可能是酒精能够导致肠道通透性的改变，损伤肠黏膜，进而引起小肠对于一些营养素，如氨基酸等的吸收障碍[182]。众所周知，核苷酸的从头合成是一个耗能过程，早期的研究表明外源性的核苷酸能够通过补救合成节省能量和中间代谢物，因此补救合成对于蛋白质的合成和流通、细胞的分化和增殖以及小肠功能的恢复具有重要作用[183，184]。已有研究表明核苷酸能够增加蛋白质的合成，提高总蛋白和白蛋白的浓度[154，173，185]。因此，氨基酸代谢可能是核苷酸作用于酒精性肝损伤的又一潜在靶点。

综上所述，以上研究从 50% 酒精灌胃诱导的酒精性肝损伤动物模型出发，初步阐明了炎症反应和氧化应激参与了酒精性肝损伤的发生和发展，同时，本研究还检测到酒精性肝损伤中 LPS-TLR4-NF-κB 通路的激活、胆汁酸代谢、脂质代谢和氨基酸代谢紊乱。而 NTs 能够缓解肝氧化应激、抑制炎症反应，并能够部分逆转过量酒精摄入引起的宿主代谢紊乱，改变一些潜在的与胆汁酸代谢、脂质代谢和氨基酸代谢相关的生物标志物的含量，从而减轻酒精诱导的代谢紊乱和肝损伤，部分抑制 LPS-TLR4-NF-κB 通路相关蛋白的表达可能是其中机制之一。

（2）其他化学性肝损伤

研究表明，NTs 能够缓解硫代乙酰胺或四氯化碳诱导的肝纤维化，其机制涉及：增加细胞外基质的降解；纠正微粒体脂肪酸的升高；增加细胞内核苷酸的生物利用率，恢复线粒体的功能；提供磷脂合成的原料 CDP- 胆碱；维持组织的抗氧化功能；促进总蛋白、白蛋白的合成；增加有丝分裂指数；促进细胞增殖等[145，173]。

（3）核苷酸对局部缺血性肝损伤和部分切除后恢复的影响

当肝受损或部分切除后，新生组织合成所需 RNA 和 DNA 增加，对核苷酸的需求增加。由于肝是核苷酸合成的主要器官，肝受损后内源核苷酸供给减少，对 NTs 的需求增加，补充核苷酸有助于肝功能的恢复。Palombo[186] 证实外源腺嘌呤的添加有助于防止局部缺血应激后肝 ATP 的耗竭并促使缺血损伤的肝功能的恢复。部分肝切除的小鼠饲喂 NF 日粮，增加了 dUMP/dTTP 比率，降低了有丝分裂指数，增加了增殖细胞指数比率，说明肝细胞的增殖更多地停留在细胞周期的 S 期[187]。

总之，动物研究证明 NTs 能够部分缓解各种外源性因素，如酒精、四氯化碳、硫代乙酰胺、局部缺血及肝部分切除等引起的肝损伤，但保护作用机制还需要进一步在体外实验中验证，另外也需要人群研究进一步证明其保护肝损伤的作用；此外，虽然有关酒精性肝损伤的代谢组学研究越来越多，但不同组织和体液中代谢谱的研究结果并不一致，因此还需要更多的动物和人群研究来验证潜在的生物标志物；还需要更多的研究探讨适宜肝损伤营养治疗的合适的核苷酸剂量。

（二）寡（脱氧）核苷酸

研究发现一些人工设计合成的寡核苷酸也可以发挥对肝的保护作用。张亚飞等[18] 以 TIMP-2 为靶基因应用反义寡核苷酸技术设计合成了硫代反义寡核苷酸，将其注射进免疫诱导型肝纤维化大鼠尾静脉内，结果表明硫代反义寡核苷酸可抑制细胞外基质在肝组织内的沉积，降低肝纤维化大鼠肝功能的损害。NF-κB 诱骗寡核苷酸可以抑制 NF-κB 的活性，减轻大鼠内毒素性肝损伤[188]。抑制性寡脱氧核苷酸对刀豆蛋白诱导的小鼠免疫性肝损伤有明显保护作用[189]。李根亮等[190] 研究发现逆转录相关基因中的异常寡核苷酸结合折叠域蛋白基因可能在肝细胞癌中通过自身的基因多态性突变引起微小染色体维持复合体及端粒复合体的改变，从而调控 DNA 复制起始及保护端粒的完整性，进而在肝癌细胞的增殖过程中发挥重要作用。

（三）烟酰胺单核苷酸

近年来一些单核苷酸及其组成的辅酶等活性物质的作用逐渐被揭示和重视，成为研究的热点。烟酰胺单核苷酸（nicotinamide mononucleotide，NMN）是 RNA 的一个基本结构单元，由烟酰胺基、核糖和磷酸盐基组成。近期研究发现，通过调节生物体内 NMN 的水平，对心脑血管疾病、神经退行性病及老化退行性疾病等有较好的治疗和修复作用；另外，NMN 还可通过参与和调节机体的内分泌，起到保护和修复胰岛功能，增加胰岛素的分泌，防治糖尿病和肥胖等代谢性疾病的作用。在哺乳动物体内，NMN 由烟酰胺（nicotinamide，NAM）在烟酰胺磷酸核糖转移酶（nicotinamide phosphoribosyltransferase，NAMPT）的催化下生成，随后 NMN 在烟酰胺单核苷酸腺苷转移酶的催化下生成烟酰胺腺嘌呤二核苷酸（nicotinamide adenine dinucleotide，NAD^+）。具体来说，细胞外 NMN 需要去磷酸转化为烟酰胺核苷（Nicotinamideriboside，NR）才能进入肝细胞内，进入肝细胞后，NR 在烟酰胺核苷激酶 I 的作用下磷酸化生成 NMN，随后 NMN 和 ATP 结合生成 NAD^+。NAD^+是生命和细胞功能所必需的辅酶，参与调节多种细胞过程，生物体内超过 500 种氧化还原酶均需要与 NAD^+相结合从而发挥作用。大量研究表明 NAD^+增多可显著改善多个器官功能，包括肝功能、肾功能、心功能和骨骼肌功能[191-194]。几十年来，人们发现在肝再生早期阶段 NAD^+

含量会有短暂下降。这种现象通常被笼统地归因于核酸合成的竞争，因为肝再生时肝细胞中核酸合成需要许多相同的前体和辅助因子，包括ATP和磷酸核糖焦磷酸。ATP生成的两种主要途径——糖酵解和线粒体呼吸，都需要 NAD^+ 作为辅助因子；而且有几种酶需要 NAD^+ 作为协同底物来执行信号传导功能。因此，受损肝中 NAD^+ 的缺乏可能会妨碍能量传递和细胞内信号传导，而其中任何一种变化都可能会减缓肝细胞再生。此外，健康的肝中 NAD^+ 的缺乏会降低脂肪酸的氧化，促进脂肪变性，这是肝再生的一个特征[195，196]。

NR和NMN是 NAD^+ 启动因子，这些都可能与肝再生相关联，相关研究也初步证明了这一点。Mukherjee等[197]在肝部分切除的试验组小鼠的饮用水中添加了 NAD^+ 前体NR，发现NR增加了小鼠再生肝中的DNA合成和有丝分裂指数，并显著增加了肝质量，这些结果表明我们可能通过调节 NAD^+ 代谢来促进肝损伤的恢复，NAD^+ 前体可能对需要肝再生的各种疾病具有一定的治疗作用。另外一项研究发现，对肝纤维化模型小鼠补充NMN可以防止肝纤维化，并减少肝细胞外基质的生成；另外NMN可以通过阻止15-羟基前列腺素脱氢酶的氧化降解，提高细胞中15-羟基前列腺素脱氢酶的水平，从而有效抑制肝星状细胞的激活，这些结果为通过补充NMN治疗肝纤维化提供了新的机会[198]。还有研究表明抑制NAMPT可通过抑制Sirt1介导的信号通路加重油酸诱导的小鼠肝脂肪变性。其可能原因一方面是抑制NAMPT可通过抑制 NAD^+ 补偿途径减少 NAD^+ 的产生，导致Sirt1活性下降，进而减弱固醇调节元件结合蛋白1（sterol regulatory element-binding protein 1，SREBP1）的去乙酰化作用，其中SREBP1活性的抑制促进了脂肪酸合酶和乙酰辅酶 α 羧化酶的表达。另一方面，Sirt1活性的降低减弱了活化蛋白激酶的激活，进一步增强了SREBP1的活性[199]。

（四）核苷和核苷酸类药物

核苷和核苷酸类药物作为抗病毒药物在临床上主要用于病毒性肝炎（主要为乙型肝炎）及其引起的肝衰竭、肝癌等。研究表明核苷药物是抗病毒治疗中最有效及最安全的抗病毒药物[200]。临床研究证实在乙型肝炎相关早中期患者中应用核苷（酸）类似物抗病毒治疗确实能改善患者病情、促进肝功能恢复，并提高生存率。应用核苷和核苷酸类药物治疗失代偿期乙型肝炎肝硬化患者，可改善患者临床症状，有助于保持患者病情稳定，治疗效果得到有效提高[201]。

目前核苷和核苷酸类药物有拉米夫定、阿德福韦酯、恩替卡韦、替比夫定、替诺福韦等。拉米夫定是最早应用于临床的核苷（酸）类似物，治疗肝衰竭的疗效得到了广泛的验证。阿德福韦属于单磷酸腺苷无环核苷类似物，其可以通过与天然底物脱氧腺苷三磷酸（deoxyadenosine triphosphate，dATP）竞争并整合到病毒DNA中，进而抑制乙型肝炎病毒的复制，适合长期抗病毒治疗。恩替卡韦是一种鸟嘌呤核苷类似物，它能有效抑制乙型肝炎病毒的聚合酶活性，具有起效快、抗乙型肝炎病毒能力强等特点。有研究对恩替卡韦和阿德福韦分别治疗HBeAg阳性的慢性乙型肝炎患者的疗效进行了比较，发现与阿德福韦相比，恩替卡韦治疗未接受过核苷治疗的HBeAg阳性的慢性乙型肝炎患者后患者HBV DNA水平降低更显著[202]。拉米夫定单药预防加上阿德福韦挽救治疗可以有效预防慢性乙型肝炎患者肝移植后的HBV复发，且疗效可长达7年[203]。此外，Koda等[204]评价了用核苷酸类似物对HBV感染相关的原发性肝细胞肝癌进行治疗的结局，共30例患者进行核苷酸类似物口服治疗，另有相匹配的20例患者不给予核苷酸类似物治疗作为对照组，结果发现核苷酸类似物干预组患者血清白蛋白、AST、ALT水平显著改善，Child-Pugh评分也显著降低，说明核苷酸类似物治疗能够改善HBV相关的原发性肝细胞肝癌患者的残余肝功能，从而提高患者的存活率。替比夫定和替诺福韦尚未有大规模人群应用的报告，其有效性和安全性还需进一步探讨。

虽然核苷（酸）类似物可以有效改善病毒性肝炎患者病情和预后，但是部分核苷酸类似物存在一定副作用，如肾损害、肌酸激酶升高及周围神经损害等，其安全性需要进一步评价。另外，长期使用核苷（酸）类似物可导致耐药的发生，各种药物均表现出不同程度的耐药，只是耐药屏障的高低不同，并且同类药物存在交叉耐药[205]。因此使用核苷（酸）类似物时应在综合考虑各种药物的有效性、安全性和局限性的基础上，再根据患者病情、病史及经济情况等多方面因素综合考虑使用。

（五）脱氧核苷酸钠

脱氧核苷酸钠是一种免疫增强剂，由自鱼精蛋白或小牛胸腺中提取的脱氧核糖核酸经酶解制成，其含有脱氧核糖胞嘧啶核苷酸钠、脱氧核糖腺嘌呤核苷酸钠、脱氧核糖胸腺嘧啶核苷酸钠和脱氧核糖鸟嘌呤核苷酸钠4种成分，有片剂和注射剂2种剂型，对肝、心脏、血液系统、免疫系统等多器官和系统具有广泛的药理作用，临床上主要用于肝炎、白细胞减少症、特发性血小板减少性紫癜和再生障碍性贫血等的辅助治疗。脱氧核苷酸钠对肝的主要作用有：①提高细胞酶和生物电活性，保持肝细胞膜稳定性，促进体内半胱氨酸、谷胱甘肽、辅酶A等重要物质的合成，提高肝的解毒功能，促进肝功能恢复。②促进肝细胞DNA的合成和分裂，抑制病毒复制，提高肝细胞的再生能力，促进肝功能恢复，增强肝的代谢功能，避免肝衰竭；③直接补充核苷酸，调动机体通过“补救合成途径”合成核苷酸，减轻受损肝负担，有利于肝功能恢复[206]。脱氧核苷酸钠对肝的这些药理作用使得其在肝炎的治疗中得到广泛应用。多项研究表明脱氧核苷酸钠可有效治疗创伤后肝损伤、药物性肝损害、化疗性肝损伤及肝移植预后等，同时联合α-干扰素、还原型谷胱甘肽、舒肝宁等治疗各种肝功能不全，具有较好的疗效[207-209]。另外，静脉滴注脱氧核苷酸钠50 mg用来治疗小儿支原体肺炎合并的肝功能异常也取得了良好疗效，且无明显不良反应[210]。

（六）NTs和mircoNRA与肝损伤诊断

NTs除了对肝损伤有一定的治疗作用，越来越多的证据支持核苷酸在肝损伤的诊断中也具有重要意义。慢性肝损伤是一个多因素多阶段的病变过程，早期多表现为肝细胞变性坏死、肝组织纤维化、脂肪肝、肝硬化等；如果肝损伤得不到有效控制多会发展为肝硬化和肝癌，引起患者死亡。因此，对慢性肝损伤病人的早期诊断尤为重要。

MicroRNAs（miRNAs）是内源性无编码功能的小分子单链RNA，长度为21～23核苷酸，在转录后调节基因表达，参与机体各种重要的生理和病理过程。外周血循环中的miRNAs主要来源于凋亡或坏死细胞的主动释放，如肝损伤，还可能来源于循环细胞的裂解或miRNAs被包裹在外核体中经细胞分泌后释放入外周血。肝和血浆中共同存在约93种miRNAs，其中有67种可见于血浆中，55种可见于肝组织中，进一步排除后其中有29种在所有人血浆中能检测到，8种在所有人的肝组织中能检测到，最后只有5种在所有人的肝组织和血浆中都能检测到[211]。国外研究发现，与肝病变相关的miRNAs有miR-126、miR-122、miR-21、miR-125b、miR-150、miR-181a、miR-199a、miR-222和miR-223等，其中有miR-150和miR-181与肝炎病毒复制有关，miR-122、miR-125b和miR-126在肝组织中有较高表达水平，而miR-21、miR-125b、miR-l99a、miR-222和miR-223在原发性肝癌组织中上调或下调具有统计学意义[212-215]。国内也有学者对此做了相关研究。Xu等[216]用实时荧光定量RT-PCR技术对48例慢性乙型肝炎患者及101例肝癌患者血清中miR-21、miR-122和miR-223进行了检测，结果发现与健康人相比，乙肝和肝癌患者血清中此3种miRNAs均显著升高，且乙肝患者升高趋势要高于肝癌患者，提示miR-21、miR-122和miR-223可作为判断慢性乙型肝炎肝损伤的新型分子生物学标志物。贾音等[217]对慢性乙型肝炎肝损伤患者血浆样本中miRNAs的表达情况进行检测，结果发现上述与肝病相关的血浆中miR-199a、miR-125b和miR-122的表达水平差异具有统计学意义，且miR-122的变化量最为显著。Zhang等[218]发现两种肝损伤小鼠模型（D-胺基半乳糖和酒精）腹腔注射半小时后血浆miR-122均显著增高。Wang等[219]发现对乙酰氨基酚直接损伤肝细胞的大鼠血浆中循环miRNAs的表达谱变化明显，包括miR-192、miR-122、miR-710和miR-711，提示循环miRNAs有可能成为一类监测酒精性肝炎及药物性肝炎的新型分子生物学标志物。循环miR-122、miR-192、miR-885-5p有可能成为一类监测肝硬化的新型分子生物学标志物[220]。

检测循环中的miRNAs作为诊断肝损伤的手段具有创伤小、快速、简便等优点，适合在临床上广泛应用，但目前对于肝损伤后循环中特异性的miRNA的研究并不多，因此开展相关研究并构建不同病生理状态下循环miRNAs表达谱对于肝损伤疾病的诊断、疗效判断及预后评估等均有重要意义。

综上所述，细胞外核苷和NTs现在被认为是肝稳态的重要调节因子，可以激活机体内普遍存在的P1和P2受体。P1受体是对细胞外腺苷产生反应的复杂受体，P2受体是由细胞外核苷三磷酸和（或）二磷酸（如ATP和ADP）选择性激活的跨膜受体。P1和P2受体被激活后，这些生理介质可以调节多种肝功能，如葡萄糖代谢、尿素代谢、胆固醇代谢、止血、离子转运、细胞增殖、炎症和免疫。此外，肝细胞通过表达不同的细胞表面酶和膜转运蛋白来调节细胞外核苷和核苷酸的代谢和丰度，以及同源的信号通路。随着分子和药理工具不断创新进步和发展，揭示和阐明细胞外核苷酸和核苷信号通路有望帮助人们更好地理解肝的病理和生理学[152]。

八、NTs具有辅助改善记忆的功能

人群及动物实验均已证实孕期饮酒可以导致一系列的人类出生缺陷，包括酒精相关神经发育障碍、酒精相关出生缺陷、胎儿酒精谱系障碍、胎儿酒精综合征等[221-223]，其中又以胎儿酒精综合征（fetal alcohol syndrome，FAS）最为严重。FAS的临床表现主要有：面部畸形、生长迟滞以及中枢神经系统功能障碍[224]。近些年随着女性社交活动的增加，妇女的饮酒率一直居高不下，已成为许多国家一个迫切的公共卫生问题[225-227]。与此同时，FAS的发生率也不容乐观——据估计，美国儿童FAS的患病率为0.5‰～2‰[228]，在南非有的地区甚至高达 65.2% ～ 74.2%[229]。因此，尽早探讨酒精发育毒性的干预措施显得尤为重要。北京大学李勇教授课题组通过酒精体内致畸动物模型对膳食补充 NTs 对 FAS 小鼠学习记忆能力的影响开展研究，为人类 FAS 的干预措施提供科学依据。

（一）核苷酸对孕期酒精暴露后子代认知能力具有改善作用

北京大学李勇教授课题组的研究中[230-232]，将 50 只健康成年的 C57BL/6J 雌鼠随机分为空白对照组、酒精对照组和低（0.01%NTs）、中（0.04%NTs）、高（0.16%NTs）3 个 NTs 干预组。孕期 2 个对照组动物喂饲普通小鼠饲料，干预组动物喂饲含有相应质量分数的核苷酸强化饲料。孕 6 ～ 15 天，酒精对照组和各干预组孕鼠用 5 g/（kg·bw）酒精灌胃，空白对照组则灌以相同剂量的双蒸水。动物自然分娩后，观察记录母鼠和仔鼠的相关指标。结果表明，与空白对照组相比，酒精对照组门齿萌出、睁眼、阴道开放和睾丸下降的达标时间显著延迟，平面翻正、悬崖回避和空中翻正的达标时间均显著延迟，各 NTs 组阴道开放和睾丸下降的达标时间也显著延迟；与酒精对照组相比，各 NTs 组门齿萌出、睁眼、平面翻正、悬崖回避和空中翻正的达标时间均有显著的提前和改善。说明 NTs 具有改善酒精暴露后的神经发育和神经反射功能。旷场研究显示，酒精对照组雌性和雄性小鼠在中央格停留的时间均显著长于空白对照组，而 0.16%NTs 组雌性和雄性小鼠在中央格的停留时间均较短、穿格数均多于酒精对照组。评价动物学习记忆的 Morris 水迷宫研究结果显示，与空白对照组相比，酒精对照组雌性动物第 4 天、第 5 天的逃避潜伏期显著延长、第 7 天的穿台次数也显著减少；与酒精对照组相比，0.04%NTs 组雌性动物第 4 天、第 5 天的潜伏期则显著缩短，但是各组雄性小鼠逃避潜伏期和穿台次数的差异无统计学意义。这说明，NTs 干预在改善空间学习记忆能力方面具有较好的效果，但在平台空间位置记忆能力方面未显示出显著效果。而在跳台实验中，第 1 天训练时，酒精对照组雌性和雄性仔鼠的跳台潜伏期显著短于空白对照组和 0.01%NTs 组、0.04%NTs 组，其错误次数也显著多于这 3 个组。这说明 NTs 干预具有显著改善动物被动回避反应能力的效果。穿梭箱第 5 天测试的主动回避测试说明，与空白对照组相比，酒精对照组雄性动物的主动回避时间显著较短、电击次数显著增多，0.01%NTs、0.04%NTs 组的电击次数也显著增多；雌性动物第 5 天测试时各指标差异无统计学意义。这说明 NTs 干预对雄性非陈述性记忆的影响效果更明显。

（二）核苷酸具有改善老年记忆的功能

Chen 等[233，234]及 Kunii 等[235]研究结果均显示增加 NTs 的摄入可减轻年龄所导致的大脑形态及某些记忆功能的退化。Chen 等[233，234]的研究还发现，NTs 摄入不足可能与衰老性记忆缺陷及遗传性记忆缺陷有关，且该类记忆缺陷可通过补充 NTs 得到改善。Scheltens 等[236]的研究结果显示，摄入含有核苷酸的功能性食品可改善轻度老年痴呆患者的记忆功能。分析其机制，可能与以下两个方面有关：

1. 核苷酸对脑体比及海马中 AChE 水平的影响

海马是大脑边缘系统的重要组成部分，参与外界信息向中枢传导的整合，在学习、记忆以及情欲活动的调节中起着重要作用。海马区的功能是主管人类近期主要记忆，有点像是计算机的内存，将几周内或几个月内的记忆鲜明暂留，以便快速存取，一直以来都是研究学习记忆的重要脑区。北京大学李勇教授课题组同时对小鼠的脑体比及海马中 AChE 水平进行了测定，结果表明，酒精对照组雌性和雄性仔鼠的脑体比显著低于空白对照组，0.04%NTs组的雌性和雄性仔鼠的脑体比显著高于酒精对照组。而酒精对照组雌性和雄性仔鼠海马中AChE的水平显著高于空白对照组，而各干预组动物海马中AChE的水平则显著低于酒精对照组。这说明NTs干预有显著改善酒精引起的学习能力下降的问题。

2. 核苷酸对海马中p-CREB和BDNF的表达的影响

转录因子CREB Ser133位点的磷酸化是长期记忆形成过程中的转录和翻译的关键步骤。PKA是CREB磷酸化过程中的主要上游蛋白激酶，能够激活CREB Ser133位点的磷酸化。BDNF和Bcl-2均为转录因子CREB的靶基因。BDNF能够促进神经突触的形成、突触可塑性和学习记忆的形成；Bcl-2为抗凋亡基因，对神经细胞的存活具有重要作用。北京大学李勇教授课题组对改善学习记忆的机制进行了进一步研究发现，与空白对照组相比，酒精对照组p-CREB与CREB的灰度比显著降低；与酒精对照组相比，0.04%NTs组p-CREB与CREB的灰度比显著增加。与空白对照组相比，酒精对照组BDNF的表达水平显著降低；与酒精对照组相比，0.16%NTs组BDNF的表达水平显著增加。其中涉及的机制可能是，核苷酸通过抗氧化或者直接调节细胞内蛋白激酶通路，增加衰老小鼠海马内CREB的活性，增加BDNF和Bcl-2等具有神经保护作用的靶基因的表达，反过来这些靶基因又能够促进CREB的活化，当这种良性循环长期存在，可能会使核苷酸干预小鼠的海马神经突触结构发生变化，突触传递效能增加，进而促进学习记忆。

九、NTs具有改善肾损伤的功能

目前，治疗肾损伤的NTs相关药物在临床上已经有了应用，如以脱氧核苷酸为活性组分的药物脱氧核苷酸钠，以及核苷和核苷酸类药物等，有多项人群研究对其疗效及安全性进行了评价。但NTs作为一种外源性的膳食补充剂与肾损伤的相关研究很少。下面将主要就具有改善肾损伤功能的核苷酸及其衍生物进行归纳阐述：

（一）NTs

北京大学李勇教授课题组采用Wistar大鼠针对NTs对酒精性肾损伤的保护作用及其机制进行了初步的探索与研究[237]，研究发现：

1. NTs能够改善酒精暴露后的肾功能

一方面，NTs干预降低酒精暴露后的饮水量增加和尿量的减少；另一方面，NTs干预可降低酒精暴露后的24 h尿蛋白、血尿素氮（blood urea nitrogen，BUN）、SCr及尿肌酐（urine creatinine，Ucr），内生肌酐清除率（creatinine clearance，CCr）升高。在饲料中添加NTs后，大鼠血清总蛋白得到恢复，24 h尿蛋白含量显著下降，表明NTs可能通过改善肾小球屏障功能，从而减轻蛋白尿，缓解或预防肾小球硬化及肾小管-间质纤维化。推测NTs对肾保护作用的机制可能与修复肾小球损伤、提高肾小球滤过率有关，即与酒精组相比，NTs干预可明显降低血尿素氮浓度同时内生肌酐清除率出现显著的提高，肾损伤程度明显减轻。

2. NTs可在组织层面改善酒精暴露大鼠的肾病理性损伤

（1）NTs对大鼠肾结构的影响

肉眼观察各组肾形态发现：空白对照组与等热量对照组肾大体色泽红润，质地结实而柔软；酒精组肾体积较小，但无明显差别。实验结束时大鼠肾 HE 染色切片中肾小球的病理学改变。空白对照组及等热量对照组大鼠 HE 染色标本可见正常的肾小球，未见系膜增生；酒精组大鼠肾小球出现轻度系膜增生，系膜区分界不清；核苷酸干预组系膜分界较清楚，肾小球未见明显系膜增生。肾小管–间质病理学改变。对照组及等热量组大鼠 HE 染色标本可见正常肾小管–间质结构正常，未见变性及炎性细胞浸润；酒精组大鼠的肾小管上皮细胞出现空泡变性，可见大量泡沫细胞，同时肾间质有炎细胞浸润；0.04%NTs 组大鼠肾间质也有少量泡沫细胞，但炎细胞浸润情况较酒精组有改善；0.16%NTs 组大鼠肾间质未见泡沫细胞及炎细胞浸润。与普通对照组相比，酒精对照组大鼠肾足细胞表面标志蛋白 -1（podocalyxin-1，PCX-1）和足细胞裂孔膜蛋白（nephrin）显著降低；NTs 干预明显提高了酒精引起的 PCX-1 和 nephrin 表达降低，差异具有统计学意义。

（2）NTs 对大鼠肾 PCX-1、TGF-β 和 FN 表达的影响

通过免疫组化染色观察到的肾 PCX-1、TGF-β 和 FN 表达情况，可见与普通对照组和等热量对照组相比，等热量对照组肾小球 PCX-1 的表达明显减少，而肾小管–间质处 TGF-β 与 FN 的表达有所增加，同时可观察到 NTs 干预可明显改善上述酒精肾损伤的表现。酒精过量摄入可能导致肾病理结构改变，其中肾小球通常仅表现为轻度的系膜细胞增殖，而肾小管–间质的改变通常较显著。实验发现，乙醇可使肾小管变性、肿胀、管腔闭塞，且能观察到大量炎性细胞在肾间质组织的聚集。光镜下可观察到酒精组大鼠肾组织出现了上述病理改变，同时还可见肾间质大量泡沫细胞。泡沫细胞的形成与蛋白尿的发生有重要关系，研究发现，肾间质出现泡沫细胞的患者其尿蛋白水平明显高于无泡沫细胞者。肾小球滤过功能和肾小管重吸收功能损伤是引起蛋白尿的主要原因，酒精组大鼠肾出现大量泡沫细胞，提示酒精可能同时引起肾小球和肾小管的损伤。NTs 干预后，肾炎性浸润情况明显缓解，同时泡沫样细胞大量减少，提示 NTs 可能通过减轻肾炎性反应，提高肾小球滤过功能，减轻蛋白尿症状，进而缓解酒精性肾损伤。

研究发现，酒精灌胃组大鼠肾组织中 nephrin 和 PCX-1 的表达明显低于正常组，提示酒精可能造成肾小球滤过屏障受损。其机制可能与酒精作为一种还原剂，其在肾组织中代谢引起了肾小球氧化损伤，导致肾小球足细胞表面蛋白表达下降，进而引起损伤肾小球滤过屏障从而引起了蛋白尿的发生。而 NTs 干预后肾组织 PCX-1 和 nephrin 的表达明显升高说明，NTs 可有效减轻酒精导致的肾小球足细胞损伤，同时其表达略高于正常对照组与等量对照组，提示 NTs 干预可以代偿性增加蛋白合成以维持肾小球滤过屏障结构。肾间质纤维化是酒精引起的另一重要的肾改变，TGF-β 是这一变化中最重要的细胞因子。研究表明，TGF-β 活化可以促进 EMC 合成增加，增加纤连蛋白（FN）表达，同时抑制多种 EMC 降解酶的生成，促进纤维化的发生与发展。研究发现 TGF-β 阳性表达情况随着酒精肾损伤的发生呈正相关。长期酒精摄入在引起肾纤维化的同时，还能够提高金属蛋白基质酶的表达，这可能是肾在纤维化过程中的代偿表现。研究发现，酒精组大鼠肾 TGF-β 和纤连蛋白表达明显增加，提示肾出现了纤维化趋势，而其在核苷酸干预组大鼠肾表达明显减少，提示 NTs 可能通过下调细胞因子 TGF-β 的表达，进而减少纤连蛋白等细胞外基质的生成，从而减轻甚至修复酒精引起的肾小管间质纤维化改变。

3. NTs 对大鼠血清免疫因子的影响

酒精组大鼠血清细胞间黏附分子 -1（intercellular cell adhesion molecule-1，ICAM-1）含量高于对照组和葡萄糖等热量组，而各剂量 NTs 喂养组低于酒精组但仍高于等热量对照组。酒精组大鼠血清 MCP-1 含量高于等热量组及核苷酸干预组，NTs 各剂量组与等热量对照组差异无统计学意义。研究发现肾组织单核细胞浸润是炎症发生的中心环节，外周血单核细胞向组织内的迁移有多重细胞因子参与，其中 ICAM-1 和 MCP-1 具有重要作用。ICAM-1 广泛存在于多种细胞如血管内皮细胞、白细胞等，可以促进白细胞与血管内皮细胞的粘附及渗出，参与细胞内信号转导，扩大炎症反应，参与肾病、炎症性肠病、关节炎等多种疾病的发病过程。在生理情况下，ICAM-1 呈低水平表达，受各种刺激因素影响后表达可上调，与其受体结合后介导单核细胞、淋巴细胞、中性粒细胞在肾小管、肾间质粘附聚集，导致肾小管损伤，并加重对肾小球内皮细胞和系膜细胞的损伤。同时炎性细胞浸润又可促进多种促纤维化因子释放，使胶原蛋白合成增加和细胞外基质聚积，导致肾纤维化。研究发现，病理情况下，ICAM-1 可在病变的肾小管上皮细胞强烈表达，为肾炎症活动的主要标志。MCP-1 属于趋化因子 CC 亚家族，其主要功能是趋化和激活单核细胞至炎症部位。研究发现 MCP-1 是肾病中表达最强最广泛的趋化因子，与肾疾病关系密切，能够发动炎症反应，促进肾小球系膜增生、促进增殖细胞核抗原（proliferating cell nuclear antigen，PNCA）表达增加和细胞外基质沉积，加速肾小球硬化，造成肾小管-间质细胞泡沫样变性。此外 MCP-1 还诱导单核细胞表达超氧化阴离子、细胞因子和黏附分子。

研究显示，灌胃 6 周后，酒精组大鼠血清 ICAM-1 和 MCP-1 含量升高，提示酒精可能参与刺激和诱导大鼠炎症因子的高表达，进而造成肾病理形态学异常。NTs 干预后大鼠血清中炎症因子 ICAM-1 和 MCP-1 均减少，表明 NTs 可能通过减轻酒精引起的炎症因子高表达，抑制炎症因子分泌，减轻肾炎性浸润情况，从而减轻酒精对肾造成的损害。NTs 对炎症因子的调节作用可能与其可以参与各种生物应答和炎症反应，影响参与炎症反应的转录因子的表达及活性有关。

（二）寡核苷酸

多项研究显示，人工合成的反义寡核苷酸对不同因素引起的肾损伤有一定的保护作用[238-240]。反义寡核苷酸可在 mRNA 的帽区与其结合从而阻止 mRNA 的翻译过程，但详细作用机制目前尚未完全阐明。赵谦等用阳离子脂质体作为转染剂，将阳离子脂质体与转化生长因子 -β1（TGF-β1）硫代磷酸修饰的反义寡核苷酸分子结合成脂质体 / 核苷酸复合物，然后将其从尾静脉注射至经环孢素 A 干预引起慢性肾毒性损伤的大鼠体内，发现阳离子脂质体介导的 TGF-β1 硫代磷酸反义寡核苷酸可以显著抑制 TGF-β1 的表达，减轻环孢素 A 所致慢性肾毒性的病理改变，并能改善大鼠肾功能。孔晓红等也发现 TGF-β1 反义寡核苷酸可以抑制单侧肾切除糖尿病大鼠的系膜细胞增生。细胞研究发现结缔组织生长因子反义寡核苷酸能够抑制 TGF-β1 引起的肾小管上皮细胞胶原 I 型分泌增多，提示其可能是延缓肾间质纤维化的有效方法。Bcl-2 反义寡核苷酸可抑制多种肾癌细胞的生长，且呈剂量依赖性[241]。人工合成的 Ki-67 基因翻译起始区反义寡核苷酸能有效遏制人肾癌 786-0 细胞系 Ki-67 抗原的表达，抑制肿瘤细胞的增殖和生长，并加快癌细胞凋亡[242]。

（三）烟酰胺单核苷酸

最新的研究发现单核苷酸在急性肾损伤（AKI）、慢性肾病（CKD）、糖尿病肾病（diabetic kidney disease，DKD）等疾病发展过程中起着重要作用。肾近端小管上皮细胞（proximal tubular epithelial cells，PTECs）是肾皮质小管间质中最突出的细胞类型，其对各种因素导致的损伤特别敏感。急性肾损伤的发病机制是多种因素综合作用的结果，但最近的研究表明 PTECs 中的 DNA 损伤在急性肾损伤向慢性肾病的转变中起着重要作用。因此，保护 PTECs 中的 DNA 免受损伤、维持其 DNA 的完整性可以避免其结构和功能在急性肾损伤后受到影响[243-245]。NAD^+在 DNA 修复和能量代谢等基本生物过程中起着关键作用。肾小管细胞具有高度的代谢活性，其对 NAD^+的消耗和 ATP 产生的损害非常敏感[246]。烟酰胺核苷（NR）、烟酰胺单核苷酸（NMN）和烟酰胺（NAM）是 NAD^+的前体物质，多项证据表明，通过补充 NR、NMN 及 NAM 来提高 NAD^+含量可能在保护 DNA 损伤和改善急性肾损伤后的长期促纤维化反应中发挥重要作用。Jia 等[247]发现 NMN 可以显著减少小鼠近端小管细胞的 DNA 损伤，抑制过氧化氢和缺氧导致的细胞衰老，并证实 NMN 在缺血性急性肾损伤模型小鼠中发挥着抗纤维化功能。这提示应用 NMN 可能是预防或治疗急性肾损伤后肾纤维化的有效方法[248]。也有研究发现 NMN 能够通过调节 Sirt1 与 AKT 蛋白表达提高抑制 DKD 大鼠肾纤维化[249-251]。

足细胞损伤在 DKD 的发生发展过程中发挥着的关键作用。微量白蛋白尿被认为是 DKD 的一个重要的早期诊断标志物，微量白蛋白的出现表明足细胞的功能或形态发生损伤。有研究发现 DKD 中近端小管的代谢变化先于足细胞的变化，将此过程称之为“近端小管-足细胞通信”。Hasegawa 等发现[246，252]，DKD 早期最初的代谢变化发生在近端小管，表现为近端小管 SIRT1 因为暴露于高葡萄糖浓度下而水平降低，引起 Nampt 和 NMN 的减少，足细胞中 SIRT1 因此减少，进一步导致足细胞中 claudin-1 异位表达，从而引起蛋白尿的发生[246，253]。这些研究成果表明 NMN 参与介导了 DKD 的小管-肾小球的相互作用过程[254]。

（四）核苷和核苷酸类药物

核苷和核苷酸类似物与肾损伤相关的研究主要是在其治疗病毒性肝炎过程中对肾功能的影响，以观察其疗效的同时评价其安全性。目前获批的核苷和核苷酸类药物中，核苷类药物包括拉米夫定、替比夫定和恩替卡韦，核苷酸类药物主要为阿德福韦酯和替诺福韦酯[255]。核苷类药物在临床试验和上市后人群研究中极少报告有肾损伤，相比而言，肾损伤在接受核苷酸类药物治疗的患者中更常见，这可能是由于其在肾小球滤过时，近曲小管的药物浓度高，而肾小管转运蛋白完成主动转运需大量线粒体提供能量，高浓度的核苷酸类药物对线粒体产生了毒性，导致转运蛋白功能异常，从而使核苷酸类药物聚集在肾近曲小管细胞周围。因此核苷酸类似物的毒性作用靶位为近曲小管，其主要引起近曲小管功能障碍，肾毒性所致病理改变主要为近曲小管上皮细胞广泛水肿、细胞坏死、空泡形成等。

HBsAg 阳性人群中肾损伤并不少见，且部分肾损伤可能在开始抗病毒治疗之前就存在。目前尚无针对 HBsAg 阳性人群肾损伤发生率的大规模流行病学调查，部分横断面研究结果表明乙肝初治患者肾损伤发生率波动在 6.2% ～ 9.7%，长期使用核苷酸类药物如阿德福韦酯或替诺福韦酯的患者，肾损伤的发生率波动于 9.6% ～ 15%。动物研究和人体研究均显示阿德福韦酯或替诺福韦酯均可导致剂量相关的肾损伤[256]。王桂爽[255]等研究发现替诺福韦肾毒性发生率明显低于阿德福韦酯，但多数患者的肾毒性反应程度较轻。徐勇[257]等研究发现在慢性乙肝患者治疗过程中，替比夫定治疗能提高患者肾小球滤过率，显著改善肾功能，而阿德福韦酯治疗会导致肾小球滤过率降低，有潜在的肾毒性[258]。

目前常用的核苷及核苷酸药物在安全性方面各有优缺点，临床实践中应依据患者情况选择最恰当的药物。在肾损伤风险较高或使用核苷酸类药物的患者中，应当尤其注意监测肾功能和肾小管损伤相关指标并及时调整治疗。

（五）脱氧核苷酸钠

脱氧核苷酸钠与肾损伤的研究很少。秦建华等研究了脱氧核苷酸钠注射液对急性肾损伤患者的肾功能恢复的治疗效果。研究共纳入急性肾损伤患者60例，随机分为对照组和治疗组。对照组进行常规治疗，包括病因、对症治疗以及血液透析，治疗组在上述治疗基础上加用脱氧核苷酸钠注射液200 mg静滴，每天一次，共15天。结果发现15天后治疗组血清肌酐水平显著低于对照组，提示脱氧核苷酸钠可能促进肾小管上皮细胞再生和修复，进而对肾细胞结构和功能起到一定的恢复作用[259]。但由于本研究纳入病例数不多，脱氧核苷酸钠对肾损伤的具体影响需要更多和规模更大的实验研究去验证。

十、NTs具有抗肿瘤的作用

外源的NTs具有调节机体功能、抑制癌症细胞等功能。北京大学李勇教授课题组通过给予SD大鼠全生命周期NTs干预，对肿瘤相关指标进行观察，发现NTs干预具有抗肿瘤作用：

（一）NTs长期干预可降低大鼠自发肿瘤性病变的发生率

研究发现[96]，随着年龄的增长，雄性和雌性对照组自发肿瘤发生率分别为80.1%和69.2%。在核苷酸干预下，雌雄大鼠自发肿瘤率有一定程度的下降。与对照组相比，雄性核苷酸干预组的肿瘤发生率显著下降，良性及恶性肿瘤的发生率与对照组相比也体现出明显的下降趋势。将两种性别进行合并分析的情况下，对照组恶性肿瘤的发生率分别为0.01%、0.04%、0.16%和0.64%核苷酸干预组的10、10、2.5和2倍。在肿瘤的多发性方面，将每只荷瘤动物的肿瘤数进行比较，在雄性大鼠中发现核苷酸干预组的荷瘤动物的肿瘤数有低于对照组的趋势，但是在雌性大鼠中这种趋势并不明显。

乳腺肿瘤是SD雌性大鼠最常见的自发肿瘤之一，雌性对照组乳腺肿瘤发生率为31%。0.01%、0.04%、0.16%和0.64%核苷酸干预组乳腺肿瘤发生率分别为30%、23%、35%和31%，未呈现显著性差异。在乳腺肿瘤发生时间方面，0.01%核苷酸干预组与对照组相比有显著性差异，并且0.01%和0.04%核苷酸干预组中的乳腺肿瘤大鼠在终末处置时乳腺肿瘤的体积显著低于对照组。0.01%核苷酸干预组的乳腺肿瘤平均产生时间与对照组相比有所延长。与乳腺肿瘤的结果类似，核苷酸干预组与对照组相比皮肤及皮下肿瘤具有较晚的发生时间。垂体肿瘤在对照组雌雄SD大鼠均有较高的自发肿瘤率。结果显示垂体瘤的发生率在雄雌对照组中为分别为31.3%和63.3%。与对照组大鼠相比，雄雌核苷酸干预大鼠的垂体瘤的发生率均呈降低趋势，但差异无统计学意义。同时，与对照组相比，雄雌核苷酸干预组垂体瘤的体积没有明显差异。

NTs 对全部肿瘤发生率和恶性肿瘤率的抑制使核苷酸组肿瘤引起的死因比例下降。类似的研究显示，在无核苷酸饲料的基础上添加核苷酸干预 252Cf 辐照后小鼠可预防非瘤性病变（如，淀粉样变性），同时不会加速肿瘤的生长[260]。同时，NTs 组荷瘤大鼠的平均生存时间长于对照组，提示肿瘤的生长时间是长于对照组的。

（二）核苷酸长期干预可延长荷瘤大鼠的生存时间

对于荷瘤动物而言，雄性动物平均生存时间为 746±16.3 天，雌性为 702±17.3 天。非荷瘤动物的生存时间要短于荷瘤动物，其中雄性为 694±17.5 天（$P = 0.029$），雌性为 627±16.5 天（$P = 0.003$）。根据荷瘤动物的生存曲线，核苷酸对雌雄荷瘤动物的生存时间均有影响。通过对数秩检验发现，核苷酸干预组荷瘤动物的平均生存时间的延长程度与核苷酸的剂量有一定的相关性（雄性：0.01% NTs *vs* 空白对照组，$\chi^2 = 4.740$，$P = 0.029$；0.04% NTs *vs* 空白对照组，$\chi^2 = 3.865$，$P = 0.049$；0.16% NTs *vs* 空白对照组，$\chi^2 = 3.363$，$P = 0.067$；0.64% NTs *vs* 空白对照组，$\chi^2 = 5.260$，$P = 0.022$；雌性：0.01% NTs *vs* 空白对照组，$\chi^2 = 5.290$，$P = 0.021$；0.04% NTs *vs* 空白对照组，$\chi^2 = 4.045$，$P = 0.044$；0.16% NTs *vs* 空白对照组，$\chi^2 = 0.923$，$P = 0.337$；0.64% NTs *vs* 空白对照组，$\chi^2 = 5.038$，$P = 0.025$）。

（三）NTs 的抗肿瘤作用机制可能与其抗氧化和免疫调节作用密切相关

肿瘤的氧化应激学说认为：MDA 可引起 DNA 损伤和突变，是大鼠的致癌因素之一。抗氧化酶 SOD 和谷胱甘肽过氧化物酶（glutathione peroxidase，GSH-Px）的活性则在衰老过程中呈下降的趋势。抗氧化系统的削弱和过氧化产物水平的增加可引起肿瘤在内的衰老相关疾病的发生率的增加[261]。而 SOD 活性的长期下降也可导致 DNA 损伤概率的增加与肿瘤发生率的增加[262]。抗氧化物质或自由基捕获物质可通过对减少细胞过氧化损伤而抑制肿瘤的发生和发展[263]。

同样的，肿瘤的免疫学说认为：许多抗肿瘤物质通过增强机体的特异性和非特异性免疫功能而发挥作用。通过增强机体的免疫力，在动物体内起着重要免疫调节作用，而且还能刺激机体淋巴细胞的增殖，增强免疫器官的免疫应答能力及巨噬细胞的吞噬能力，提高机体对外界病原物质的抵抗能力，降低肿瘤的发生率。转移因子能将特异性细胞性免疫能力转移给受者的 T 细胞，以提高免疫缺陷患者的皮肤迟发性超敏反应，增强其免疫力和抗肿瘤能力[264]。

1. 与 NTs 具有提高机体抗氧化能力有关

NTs 是合成多不饱和脂肪酸（PUFA）的重要调节物质，PUFA 可增加机体对抗自由基的能力，对保护脂质过氧化引起的各种 DNA 损伤和加重有意义。北京大学李勇教授课题组对大鼠衰老过程中血清抗氧化相关指标进行了动态观察。首先长期干预的结果显示，血清 MDA 的水平在衰老的过程中呈升高的趋势，核苷酸的长期干预可明显抑制衰老过程中 MDA 水平的升高和抗氧化酶活力的下降[96]。其次，给予 0.01%，0.04%，0.16% 和 0.64% 核苷酸干预 3 个月，结果显示核苷酸能显著提高 C57BL/6J 小鼠血清 SOD 和 GSH-PX 活性[71]。Perez 的研究也证实核苷酸及其代谢产物具有抗氧化作用，可作为内源性自由基清除剂和抗氧化剂[145]。Korb 证实补充核苷酸可以预防 DNA 损伤[265]。因此，核苷酸可能具有提高抗氧化酶的活性、抑制衰老过程中脂质过氧化物产生的作用。

2. 与 NTs 具有调节免疫的作用有关

研究者认为食物核酸成分是维持机体正常免疫的必需营养要素，并将核苷酸等物质定义为免疫营养素[96]。北京大学李勇教授课题组的研究中发现在无核苷酸基础上核苷酸对 Balb/C 小鼠进行四周的干预后，与对照组相比，小鼠体内和细胞免疫能力均有显著性提高，有效调整和改善了机体免疫功能的紊乱状态，提高人体的细胞免疫功能而防止肿瘤的发生[71]。对全生命周期的干预结果也显示，核苷酸能够减低由于免疫系统的衰老性功能失调引起的对感染性疾病的抵抗力下降而使肿瘤和自身免疫性疾病的发生率增加的危险。Field 研究表明食物核苷酸有益于全身免疫系统，它可以促进淋巴细胞的增生，活化自然杀伤细胞以及巨噬细胞的活力，促进生成一系列其他的免疫调节因子[266]。Naughton 等调查核苷酸补充对短期高强度锻炼的人的免疫和代谢反应的影响，结果补充核酸饮食组 SIgA 较对照组明显升高[267]。

基于此，补充 NTs，我们认为 NTs 对自发肿瘤的抑制作用，与 NTs 对过氧化状态的抑制作用、维持细胞和体液免疫应答、解除免疫抑制、提高人体的细胞免疫功能等作用有关。但具体机制仍需进一步深入探索。

第六节　外源核苷酸与特殊人群营养 Exogenous nucleotides and special population nutrition

生命的发生、发展到衰老是一个连续的过程，它分为婴儿、幼儿、学龄前、学龄期、青少年、成年及老年阶段。NTs 是生物体细胞中决定生物特性和蛋白质结构与功能的低分子量的生物分子，它是体内多种生物过程的调节因子，对生物体的生长发育、代谢、繁殖和遗传具有重要作用，并贯穿生命的整个过程。

The beginning，development，and aging is a continuous process of life，which can be divided into infant，preschool，school age，teenager，adult and old age stage. NTs is a low molecular weight biomolecule that determines biologicalcharacteristics，protein structure and function in biological cells. It is a regulator of various metabolitic processes，and plays an important role in the growth，development，metabolism，reproduction and inheritance of organisms through the whole process of life.

一、NTs 与生命早期

生命早期是决定人一生健康的关键时期，在生命早期 1000 天的良好营养是胚胎和婴幼儿生长发育的基础，有助于婴幼儿体格和智力发育，对成人时期乃至终生体能和神经心理潜能均发挥着重要作用。良好的生命早期营养更可降低成年后患肥胖、高血压、冠心病和糖尿病等发生风险。以下我们将从孕期和哺乳期的生理特点、营养需求以及核苷酸（包括 β-烟酰胺单核苷酸）在其中的生物功能进行详细阐述。

（一）NTs 与孕期

妊娠期和哺乳期妇女的营养，不仅要提供满足胎儿生长发育和乳汁分泌所必需的各种营养素，而且要满足自身的营养素需要，从而达到预防可能出现的母体和胎儿营养缺乏及某些并发症的目的。因此，保证妊娠期和哺乳期的合理营养对母体健康和下一代的正常身心发育有重大的意义。

有关 NTs 与孕产妇营养的相关研究目前很少，且主要是动物实验。目前北京大学李勇教授课题组已经观察 NTs 对正常孕鼠及子代小鼠孕期、分娩和哺乳期情况的影响，并进行了 NTs 拮抗乙醇致发育毒性的研究。研究结果显示，在本实验剂量下，多代母鼠在孕期、分娩期和哺乳期以及仔鼠在胎儿期、哺乳期以及断乳后均未出现异常情况，因此外源性补充四种 NTs 对于多代大鼠的生殖功能和胚胎期、胎儿期、哺乳期、断乳后的发育是安全的。另有研究显示，采用在孕晚期母猪每日口粮中添加酵母基 NTs 可降低死胎率和宫内生长受限率。同时，母亲补充酵母基 NTs 可增加仔猪血清总蛋白、白蛋白和总胆固醇。此外，酵母基 NTs 组仔猪血清氨基酸和核苷酸谱均有变化，其肝 SLC28A3、SLC29A1、SLC29A2、PC、PCK1、FBP1、SREBP1c、HSL 和 CYP7a1 的 mRNA 表达增加，EAAT2、EAAT3、LAT1 和 PAT1 的胎盘基因表达降低，过氧化物酶体增殖物激活受体（PPAR）γ、蛋白激酶、磷酸化和磷酸化哺乳动物西罗莫司靶蛋白（mTOR）表达降低。结果表明，孕猪补充酵母基 NTs 后，通过调节 PPAR-γ 介导 mTOR 信号通路来调节胎盘营养转运，促进新生仔猪肝核苷酸、氨基酸和脂肪酸的代谢，从而提高母猪的繁殖力[268]。

1. NTs 拮抗乙醇致发育毒性

孕期饮酒可致后代一系列发育缺陷，严重者称为胎儿酒精综合征（fetal alcohol syndrome，FAS），包括特征性颜面畸形、生长发育缺陷和中枢神经系统损伤，同时伴有认知和行为障碍。FAS 已成为世界上非遗传性出生缺陷的首要病因，同时也是造成发达国家人口智力障碍的首要原因，其发病呈逐年上升趋势。北京大学李勇教授课题组通过采用体外植全胚胎培养（whole embryo culture，WEC）模型，并结合体内致畸动物模型对 NTs 对于酒精致畸的干预效果进行探讨[230-232]。研究结果显示，4.0 g/L 乙醇染毒可抑制卵黄囊生长发育和血管分化，同时导致胚胎生长发育迟滞，多器官形态分化抑制，表现为体位翻转不全，中枢神经系统发育障碍［包括后神经管未闭，后脑、中脑、前脑闭合不全和（或）小头畸形］，心包腔扩大，听觉、视觉、嗅觉发育障碍等。符合胎儿酒精综合征的临床特征，一定程度上证实了乙醇的发育毒性。孕期饮酒可导致母体嘌呤和嘧啶碱基的降解，从尿中排出增加，导致母体核酸及其合成原料的相对不足，影响胚胎细胞核酸的合成。补充混合 NTs 可在一定程度上改善乙醇所致的器官发育障碍，尤其对乙醇所致的中枢神经系统发育障碍有明显的改善作用。结果显示，0.80 mg/L NTs 对酒精所致的发育毒性有明显的拮抗作用，且优于 0.032 mg/L 及 20.0 mg/L 剂量组的干预效果。孕期饮酒妇女适量补充 NTs 也许对胎儿的生长发育有积极作用，为胎儿酒精综合征的干预提供参考。提示外源性补充 NTs 具有改善孕产妇营养的潜力，但 NTs 改善孕产妇营养的最佳剂量尚需进一步的临床试验研究支持。

2. NMN 与孕期营养

母亲营养过剩会增加后代长期代谢功能障碍的风险。母代肥胖可导致子代肥胖和肝三酰甘油升高，糖耐量降低以及肝 NAD^+水平和柠檬酸合酶活性降低。Uddin[269] 等研究显示，给瘦或肥胖母代所产的 30 周龄断乳雄性子代分别喂食普通饲料或高脂饲料（HFD），从 31 周龄开始每天注射 NMN，持续 3 周。NMN 干预仅 8 天就显著改善了由于母代和断乳后 HFD 喂养所导致的糖耐量受损。此外，经 NMN 干预，在普通饲料和 HFD 喂养的母代肥胖的子代中，其肝脂质积累分别减少了 50% 和 23%。且干预后参与脂肪合成、运输和摄取的基因减少，而参与脂肪酸氧化的基因增多。随后，研究采用五周龄的瘦或肥胖 C57BL6/J 雌鼠与普通饲料喂养的雄性交配。雌性子代断乳后采用 HFD 喂养，分别接受 9 周的跑步机锻炼或每日 NMN 注射，为期 18 天。结果显示，两种干预均可减少子代肥胖，并可改善糖耐量和线粒体功能的标志物。NMN 对肝脂肪分解代谢（Hadh）和合成（Fasn）的影响可能比运动更强[270]。

除此之外，男性的生育能力和精子质量也受到肥胖的负面影响。此外，肥胖母代的雄性子代其精子质量和生育能力也有所降低。Youngson[271] 等采用经高脂饮食（HFD）喂养 6 周的雌鼠，至其体重高于对照组普通饲料喂养的雌鼠 18% 后，将 2 组小鼠分别与普通饲料喂养的雄性交配，雄性子代断乳后分别接受普通饲料或 HFD 喂养。在 30 周龄时，给予雄性子代 500 mg/kg 的 NMN 或 PBS 腹腔注射，为期 21 天。结果显示，母代肥胖和断乳后 HFD 饲养均可导致肥胖，但 NMN 干预后肥胖有所减轻。此外，断乳后 HFD 饲养导致子代雄鼠的精子数量和活力减少，而母代 HFD 喂养则导致了子代雄鼠精子 DNA 断裂和异常精子染色质水平的增加。但是，NMN 干预后，子代雄鼠精子数量、活力和精子氧化性 DNA 损伤增加有所减少，这与睾丸中 NAD^+增加相关。后续试验换用口服 400 mg/kg NMN 干预后，NMN 与精子活力降低、氧化应激、线粒体功能障碍和睾丸中 NAD^+增加均无关联，表明 NMN 对精子的负面影响可能取决于剂量或给药方式。

（二）NTs 与哺乳期

人类的生长发育周期是一个多环节的、精密调控的过程。而婴幼儿正处于生长发育的旺盛期及关键期，需要大量的营养素。但婴幼儿的各种生理功能尚未发育成熟，消化吸收功能、咀嚼功能均较差。因此婴幼儿的营养和膳食在种类、质与量方面都有一定的特殊需求，有别于成人。

1. 促进婴幼儿生长发育

NTs 被认为是婴儿期的条件必需营养素，具有促进初生体格发育的作用[54, 56]。母乳中含有大量的核苷酸，断乳后使得喂养膳食成为核苷酸的主要来源，而断乳应激与早期的快速生长使得 NTs 需求量较其他时期更多。北京大学李勇教授课题组通过设立对照组和 5 个 NTs 剂量组（NTs 含量分别为 0.01%、0.04%、0.16%、0.64% 和 1.28%），每组雌雄各 30 只 SPF 级大鼠探讨 NTs 对啮齿类大鼠子代生长发育的影响。研究发现：额外外源补充性 NTs 可以促进两代大鼠的生长发育。同时，NTs 剂量组的雄性大鼠食物利用率也显著提高，表明核酸可能促进了营养素的吸收，增加了营养素的利用。同时大量研究显示，补充 NTs 可显著增加婴幼儿体重增长率，但对体重、体重 Z 评分、身长和身长 Z 评分并无显著影响。7 ～ 8 周时枕额头围和枕额头围增加率在补充 NTs 后显著改善，而 16 ～ 20 周的枕额头围没有差异[81]。

2. 促进后代肠道发育与减轻断乳应激的能力[54, 56, 87]

哺乳动物断乳时由于营养、环境以及心理因素等方面的影响引起断乳应激，导致消化功能紊乱、生长发育受挫、免疫功能低下等症状，最终影响生长。且在动物的早期发育阶段小肠发育非常迅速，肠细胞的生长和增殖很快，对核苷酸比较敏感，而小肠上皮细胞合成嘌呤、嘧啶的能力有限，外源性 NTs 摄入是其重要的来源。因此断乳应激和早期的快速生长发育导致 NTs 的需求加大。

北京大学李勇教授课题组的研究结果显示：断乳后的 4 周内的体重增重与食物利用率均较对照组提高，表明 NTs 添加促进了断乳大鼠的小肠的生长发育及抗断乳应激的能力。另外，提示可能由于生殖作用的蓄积与哺乳期摄入 NTs 的含量不同的乳汁，导致仔鼠断乳时体内的核苷酸水平不同，而 NTs 具有促进肠道损伤后的恢复、增强免疫能力及抗应激等功能，因此仔鼠虽然在断乳后均摄食普通饲料，但体内原有核苷酸水平高的仔鼠抗断乳应激的能力强，因此亲代摄食较高剂量核苷酸组的仔鼠断乳的 1 ～ 2 周体重增重与食物利用率都比其他组显著提高。

3. 调节免疫[66, 272-277]

无核苷酸饮食致使动物 T 淋巴细胞发育障碍功能低下细胞免疫和 T 细胞依赖的体液免疫功能缺陷。而补充摄入 NTs 可恢复体内母源抗体的水平，促进 T 细胞的成熟。添加 NTs 喂养的婴儿组，其 NK 的活力与母乳喂养的婴儿相似，比食用不添加 NTs 组婴儿的 NK 细胞的活力高，且有力地促进了自身免疫系统的形成。食用添加 NTs 配方粉的婴儿当接种 Haemopillus 流感疫苗白喉类毒素或口服脊髓灰质炎疫苗后会产生较好的抗体反应，也会减少腹泻的发生，并且没有发现有上呼吸道感染的风险。表明婴儿配方奶粉中添加 NTs 具有免疫方面的益处[10, 57-59]。

4. 调节肠道菌群

良好菌群的尽快建立对于相对无菌的新生儿肠道来说至关重要。许多研究证明，NTs 能增强婴儿的营养吸收和上皮细胞作用，同时增加肠道的血流量，能够促进断乳动物小肠生长发育，使小肠绒毛高度、绒毛高度 / 腺窝深度、肠壁厚度增加，腺窝变浅，加速饥饿应激和感染后损伤肠道的恢复，因此对婴儿的肠胃健康起到有益作用。添加 NTs 的配方粉喂养婴儿，其粪便中双歧杆菌的含量比未加 NTs 的配方粉高，腹泻率明显降低，在婴幼儿饮食中添加 NTs 有助于改善肠道微生物菌群，使粪中双歧杆菌数量占优势。若 NTs 添加量不足，NTs 降低腹泻发病率的作用无法显现，因此 NTs 的添加量对有效保护婴儿肠道健康起着非常重要的作用，而 NTs 的添加量则需要达到人乳中潜在可利用总核苷酸的含量[78, 112, 132, 278, 279]。

（三）NTs 与婴幼儿配方食品

目前，我国现行有效的针对婴幼儿配方食品的标准主要是 GB10765-2010《食品安全国家标准婴儿配方食品》、GB88 标准科学 2013 年第 8 期 10767-2010《食品安全国家标准较大婴儿和幼儿配方食品》、GB14880-2012《食品营养强化剂使用标准》和欧盟指令 2006/141/EC《婴儿配方食品及较大婴幼儿配方食品》。标准分为婴儿（0 ～ 6 个月）、较大婴幼儿（6 ～ 36 个月）两类[280, 281]。

核苷是核酸的主要组分，在乳代品中添加 NTs，对婴儿特别是新生儿维持机体免疫系统功能、促进肠道成熟、肝的生长发育和代谢等方面都发挥重要作用。在欧盟 2006/141/EEC 中规定了 5′- 单磷酸胞苷、5′- 单磷酸尿苷、5′- 单磷酸腺苷、5′- 单磷酸鸟苷、5′- 单磷酸肌苷的添加上限，并规定 NTs 的总浓度不得超过 1.2 mg/100 kJ。GB14880-2012《食品营养强化剂使用标准》中规定含 5′- 单磷酸胞苷（5′-CMP）、5′- 单磷酸尿苷（5′-UMP）、5′- 单磷酸腺苷（5′-AMP）、5′- 肌苷酸二钠、5′- 鸟苷酸二钠、5′- 尿苷酸二钠、5′- 胞苷酸二钠在内的 NTs 在婴幼儿配方奶粉中的添加量为 0.12 g/kg ～ 0.58 g/kg（以 NTs 总量计）[62, 64, 282]。

二、NTs 与老龄营养

随着社会经济和医学保健事业的发展，人类寿命将逐渐延长，老年人口比例不断增大。世界人口老龄化趋势日渐明显，我国正处于人口老龄化规模大、速度快、持续时间长的快速发展期，数量庞大的老年人群患有慢性病。老年人合理营养有助于延缓衰老进程、促进健康和预防慢性退行性疾病，提高生命质量。关于膳食来源的 NTs 调节机体功能的研究，涉及抗氧化、促进细胞增殖分化、抑制癌症细胞等多个方面[2]。并且，膳食补充 NTs 具有延缓衰老的作用越来越受到世人的瞩目。北京大学李勇教授课题组通过给予 SD 大鼠全生命周期 NTs 干预，对其生存时间及进行观察，主要发现如下：

1. NTs 长期干预可显著延长大鼠生存时间

一般 SD 大鼠的平均生存时间为 623 ～ 735 天[97]。生存分析结果表明 NTs 长期干预下大鼠平均生存时间有不同程度的延长，即提示 NTs 的长期喂养可对 SD 大鼠的平均生存时间产生一定的影响，表明 NTs 具有一定的延缓衰老的作用。当雌雄混合时，NTs 干预组与对照组相比，均显示有统计学差异。但分性别进行比较时，由于样本量小的原因而使组间的显著性有所减弱。生存分布显示 NTs 对于生存时间较长的亚群比生存时间较短的亚群有着更明显的延长作用。雄性对照组动物最长生存时间为 871 天（约 29 月龄），而在相同的生存时间内 0.01%、0.04%、0.16% 和 0.64%NTs 雄性 NTs 干预组存活率分别为 23%、26%、12% 和 8%，最长生存时间分别比对照组延长了 131、40、82 和 118 天（即：4.37、1.33、2.73 和 3.93 个月）。对于雌性大鼠，对照组最长生存时间为 845 天（28.2 个月），而在相同生存时间下雌性 NTs 干预组均有 13.46% 动物存活。具体讲，在 0.01%、0.04%、0.16% 和 0.64%NTs 干预组最长生存时间分别为 295、50、195 和 40 天（9.83、1.67、6.50 和 2.80 个月）。对于荷瘤动物而言，雄性动物平均生存时间为 746±16.3 天，雌性为 702±17.3 天。非荷瘤动物的生存时间要短于荷瘤动物，其中雄性为 694±17.5 天（$P = 0.029$），雌性为 627±16.5 天（$P = 0.003$）。

2. NTs 长期干预可降低 SD 大鼠自发肿瘤性病变的发生率

随着年龄的增长，雄性和雌性对照组自发肿瘤发生率分别为 80.1% 和 69.2%。在 NTs 干预下，雌雄大鼠自发肿瘤率有一定程度的下降。与对照组相比，雄性 NTs 干预组的肿瘤发生率显著下降（$P < 0.01$）。良性及恶性肿瘤的发生率与对照组相比也体现出明显的下降趋势。将两种性别进行合并分析的情况下，对照组恶性肿瘤的发生率分别为 0.01%、0.04%、0.16% 和 0.64% 为 NTs 干预组的 10、10、2.5、2 倍（$P = 0.01$）。在肿瘤的多发性方面，将

每只荷瘤动物的肿瘤数进行比较，在雄性大鼠中发现 NTs 干预组的荷瘤动物的肿瘤数有低于对照组的趋势，但是在雌性大鼠中这种趋势并不明显。

乳腺肿瘤是 SD 雌性大鼠最常见的自发肿瘤之一，雌性对照组乳腺肿瘤发生率为 31%。0.01%、0.04%、0.16% 和 0.64% NTs 干预组乳腺肿瘤发生率分别为 30%、23%、35% 和 31%，未呈现显著性差异。在乳腺肿瘤发生时间方面，0.01%NTs 干预组与对照组相比有显著性差异。并且 0.01% 和 0.04%NTs 干预组中的乳腺肿瘤大鼠在终末处置时乳腺肿瘤的体积显著低于对照组。0.01%NTs 干预组的乳腺肿瘤平均产生时间与对照组相比有所延长。与乳腺肿瘤的结果类似，NTs 干预组与对照组相比皮肤及皮下肿瘤具有较晚的发生时间。

垂体肿瘤在对照组雌雄 SD 大鼠均有较高的自发肿瘤率。本实验结果显示垂体瘤的发生率在雄雌对照组中为分别为 31.3% 和 63.3%。与对照组大鼠相比，雌雄 NTs 干预大鼠的垂体瘤的发生率均呈降低趋势，但差异无统计学意义。同时，与对照组相比，雌雄 NTs 干预组垂体瘤的体积没有明显差异。

3. NTs 长期干预对荷瘤与非荷瘤动物的生存时间均具有延长作用

SD 大鼠主要死亡的原因可以大体分为肿瘤性与非肿瘤两类。在进行死因分析时，有一些动物的死亡可能由于一系列复杂的病理改变引起而无法判断其主要的死因则被定义为不确定死因的情况。在各组中不确定死亡原因的比例在各组中没有显著的差异，各组中可确定死亡原因的动物占各组样本数的 80% 左右。基于约 80% 的动物进行分析发现：在各组的主要死因为肿瘤性病变所引起的在雄性对照组与 NTs 各剂量干预组中分别占 61%、38%、30%、54%、和 62%；在雌性对照组与 NTs 干预组中分别为 69%、31%、20%、35% 和 46%。良性肿瘤死因占全部肿瘤死因的 81%，主要为垂体瘤、乳腺瘤和皮下腺瘤。雌雄对照大鼠中由垂体瘤作为死因的比例分别为 34.6% 和 65.4%。与对照组相比，NTs 干预组中由垂体瘤所引起的死亡比例的下降与 NTs 的剂量的减少有一定的相关性。对于雌性大鼠，乳腺肿瘤是第二位引起死亡的原因。此外，一些皮肤及皮下肿瘤在雌雄 SD 大鼠中也是可能的死亡原因。与对照组相比，乳腺及皮肤肿瘤作为死因的比例在 NTs 干预组有一定程度的下降。此外，恶性肿瘤及体液肿瘤（白血病和淋巴瘤）由于其转移性和对重要器官的侵袭性而具有致死性。与对照组相比，与恶性肿瘤和体液肿瘤有关的死因构成在 NTs 干预组中也呈下降趋势。

对于一些荷瘤动物，当其肿瘤的性质或其发展阶段为非致死性时，一些非肿瘤性病变也可能成为其主要的死因。因此，有非致死性肿瘤的荷瘤动物及非荷瘤动物，死因主要与非肿瘤性病变有关，如慢性肾病、肝硬化和肺气肿等。结果显示，NTs 干预组由非肿瘤性病变所引起的死因明显高于对照组。研究中 NTs 干预组中由非肿瘤性病变作为死因的比例要高于对照组，可能与 NTs 干预组大鼠的平均寿命要长于对照组且肿瘤发生率有所下降有关。因此，NTs 对全部肿瘤发生率和恶性肿瘤率的抑制使 NTs 组肿瘤引起的死因比例下降。而 NTs 对 SD 老年大鼠生存时间的延长可能与 NTs 对自发肿瘤的抑制作用有一定的关系[96]。

结果提示，NTs 对 SD 大鼠的延缓衰老作用对最长生存时间及老年亚群的延寿作用较平均寿命的延长更为明显，且同时对自发肿瘤率也有一定的抑制作用。Anisimov[283] 等人认为这种作用模式可能与延缓衰老的过程及与抑制与衰老相关病理改变有关。本研究中 NTs 对荷瘤与非荷瘤动物的生存时间均产生一定的延长作用，表明 NTs 对衰老相关的肿瘤与非肿瘤病变均可能产生了一定的抑制作用。

4. NTs 具有抗氧化、减少 DNA 损伤的作用

衰老及许多疾病的发生、发展与脂质过氧化程度高度相关，脂质过氧化同时可造成 DNA 损伤，而 DNA 损伤可进而引起基因及其遗传功能的异常。NTs 可以影响生物合成过程及调节已经表达、至少调节与 NTs 代谢相关的基因表达。

北京大学李勇教授课题组通过给予 SD 大鼠全生命周期 NTs 干预，对其 3、6、12、18 和 24 个月时分别对大鼠血清抗氧化酶 GSH-Px、SOD 的活性及 MDA 的水平进行检测，主要结果发现 NTs 可显著提高老龄大鼠血清中 SOD、GSH-Px 活力，降低脂质过氧化产物 MDA 的含量。同样的，Ames 和 Perez[145] 的研究也证实 NTs 及其代谢产物具有抗氧化作用，可作为内源性自由基清除剂和抗氧化剂。Korb 证实补充 NTs 可以预防 DNA 损伤，延缓衰老[266]。NTs 是合成 PUFA 的重要调节物质，PUFA 可增加机体对抗自由基的能力，对保护脂质过氧化引起的各种 DNA 损伤和加重有意义。

5. NTs 具有调节细胞代谢和细胞信号传导的作用

补充外源核酸，能为这些组织提供足够的原料，保证细胞更新代谢的正常进行，激发细胞潜在的活性，避免因老化细胞积累、免疫力和抵御力下降而引发疾病和衰老。比如，有研究表明，补充 NTs 可增加红细胞内 2,3- 二磷酸甘油酸的浓度，降低血红蛋白和氧的亲和力，使红细胞释放更多的氧给组织细胞，激发细胞潜在的活性，增强细胞活力[284]。而且，核苷酸及其降解物是体内多种代谢途径的重要辅酶的结构组分，如辅酶 A 控制着重要的代谢途径的变构效应。核酸的中间代谢产物 ATP、ADP 参与能量代谢，UTP 参与糖代谢，胞嘧啶核苷三磷酸（cytidine triphosphate，CTP）参与脂代谢，鸟嘌呤核苷三磷酸（guanosine triphosphate，GTP）参与蛋白质的生物合成等。核苷酸及其降解物有效调节三大营养要素的吸收和利用，这种调节的及时性和有效性有利于预防和缓解糖尿病、高血脂、动脉硬化等老年性疾病的产生与恶化[285]。

NTs 可以转化为环磷酸腺苷酸（cyclic adenosine monophosphate，cAMP）和环磷酸鸟苷酸（cyclic guanosine monophosphate，cGMP），是机体信息传递及代谢调节的关键物质。细胞内环境的应答配合，机体各器官之间的功能协调，机体与外环境应答反应，均有赖于信息传递及代谢调节体系。Di Virgilio、Schetinger MRC 最近分别证实细胞外核苷酸在调节各种免疫应答和分子信号中发挥了很重大的生物学作用。Thukral C 发现细胞外核酸在介导炎症应答和代谢内环境稳定中起了很重要的作用[286-288]。

6. NTs 对老年期免疫系统及功能的维持作用

早在 20 世纪 60 年代就有人提出过衰老的免疫学理论，认为免疫系统从根本上参与正常脊椎动物的老化，比较经典地反映了大多数哺乳动物（包括人类）的老化过程。膳食来源的 NTs 不但是维持机体正常免疫的必需营养素，而且 NTs 对老年期免疫系统及其功能有着重要的维持作用[96, 289]。添加 NTs 不但能够促进正常小鼠免疫功能的提高，使免疫抑制小鼠免疫功能得到改善，而且可延缓老龄小鼠胸腺形态学的退化萎缩，维持老龄机体的正常免疫功能。有关衰老与周围 T 淋巴细胞关系的研究表明细胞免疫功能低下是导致衰老及多种老年性疾病的重要原因之一，虽然老年与年轻个体 T 细胞总数相同，但老年人 T 淋巴细胞有功能的仅为青年人的 50% ～ 80%，且其增殖能力也有很大程度的丧失[290]。研究证实饮

食中增加核苷增强了鲶科鱼的生长和免疫反应[291]；膳食添加 UMP 可以影响新生牛免疫反应，增加 PMBC γ- 干扰素浓度和回肠黏膜中的 IgA 浓度[267]。因此，补充 NTs，不仅可以增强机体的免疫功能，有助于维持细胞和体液免疫应答，还能部分解除免疫抑制，恢复由蛋白质缺乏或其他原因引起的免疫功能丧失。

7. NTs 对老年脑功能的影响

脑不具备从头合成核酸的能力，只能通过补救途径合成功能核酸。增龄老化会导致核苷酸相对不足，补充 NTs 减弱脑组织的氧化损伤，活化脑细胞；补充 NTs 可以影响脑皮质的脂代谢，改善脑记忆及认知功能。补充核酸能增加红细胞的核糖核酸抑制因子（ribonuclease inhibitor，RI）水平，保护 RNA 特别是 mRNA，增加蛋白质的合成。RNA 的分解产物腺苷能扩展末梢血管，三磷酸腺苷（adenosine monophosphate，AMP）为脑代谢提供能量，补充核酸能够改善整个脑部的血液供应，促进全身代谢，恢复大脑功能。中枢神经系统通过神经递质对整体代谢进行综合调节、保持内环境的相对稳定和代谢过程的正常进行，补充 NTs 可以通过促进神经细胞的生长，修复神经系统的信息传递，对抗氧化损伤途径，减轻脑损伤。

膳食补充 NTs 可减轻与老化有关的脑病理变化与记忆的损伤。Rathbone[292] 等人提出在中枢神经系统受损后，细胞外嘌呤核苷酸与其他生长因子可协同作用刺激神经细胞胶质、毛细血管内皮细胞以及神经轴突的增生。哈佛大学研究表明，RNA 合成显著减少，因此发生记忆障碍；内源性核苷、核苷酸的不足可能与衰老性或遗传性记忆缺陷有关。这些缺陷可被膳食中添加的核苷和 NTs 所改善。Chen[234] 表明在中枢神经系统损伤时，内源给的核苷和核苷酸不足以维持中枢神经系统的最佳功能，而膳食核酸可以减轻与老化有关的脑内病理变化与记忆的损伤。并且有研究表明，磷酸软磷脂在细胞修复、生长特别是对神经细胞突出的影响功能是必须要重视的，补充尿嘧啶核苷酸（uridine monophosphate，UMP），可能会增加大脑中胆碱功能和多巴胺的水平，从而提高大脑磷脂水平[293，294]。磷酸是大脑神经系统极为重要的生物活性成分，补充 NTs 可以改善大脑的营养和功能，修复损伤、促进神经细胞的生长、修复神经细胞间的信息传递、延缓脑衰老。

8. NTs 具有调节老年肠道功能的作用

消化道是营养物质吸收的场所，同时又有免疫调节、抗炎等功能，其功能的正常性对于机体是十分重要的。核苷酸对小肠细胞的分化起着调节剂的重要作用，能起到保护肠道，维持肠壁的完整性，改善肠道的屏障作用，减少细胞的死亡率以及细菌、脂多糖引起的细菌易位，减少腹泻的发生，加速饥饿应激和感染后损伤的肠道恢复。

9. NTs 对老年肝功能的影响

肝作为人体的代谢中心，是最早最容易发生老化的器官之一。随着年龄增长，肝会发生许多结构和功能的变化[295，296]。包括，肝的体积减少、肝血流灌注量减少、肝细胞排列紊乱、肝血窦明显扩张、脂肪变性、炎症细胞浸润、纤维化改变、紧密连接的通透性和通过细胞转移的能力减少等。老化肝物质代谢明显紊乱，白蛋白合成能力、对药物代谢能力以及 Kupffer 细胞吞噬能力明显降低。一方面，肝实质细胞的总数量逐渐减少，增殖修复能力降低、代偿性肝细胞变大等。衰老时肝细胞内线粒体数目减少，并发生肿胀、变形、空洞等一系列退行性改变，肝细胞的能量代谢能力降低[297]。另一方面，衰老的肝细胞可激活肝星形细胞等其他类型的细胞，进而导致肝纤维化的加剧。免疫微环境的改变与肝纤维化的不断进展恶化，并且相互促进[298]；同时，肝细胞还有可能跨过衰老阶段发展为肝癌细胞。膳食来源的NTs能进入各种组织中并被吸收利用，将会节省机体从头或者补救合成的消耗，从而可以优化组织功能。研究显示，NTs不但可以调节肝内核苷酸浓度；促进多种类型肝损伤的修复再生；促进肝胶原蛋白的降解，减轻肝纤维化程度；还可以调节肝脂肪酸的代谢。

北京大学李勇教授课题组通过给予SD大鼠全生命周期NTs干预，对衰老肝的相关指标进行了观察，发现：① SD大鼠在自然衰老过程中非肿瘤性病变多为年龄增长相关的退行性病变，并且脂肪肝最为高发。各组老龄大鼠的肝湿重和脏体比值与中年对照组相比均显著降低。老龄NTs各剂量组与对照组相比，肝湿重和脏体比值在一定程度上均有所升高。同时，长期NTs干预，各老龄NTs干预组在病理性损害方面（主要以炎性细胞浸润和纤维增生为主）有不同程度的改善。② NTs干预能够降低衰老大鼠血清中TNF-α、TGF-β、IL-6、VEFG的水平。推测NTs能够通过降低体内炎症水平，来延缓衰老，降低肝的相关炎性。③ NTs可降低自由基，提高老年肝组织抗氧化能力，对细胞具有保护作用。④ NTs能够改善细胞的能量代谢，使细胞处于功能活跃状态，具有调节老年肝能量代谢的作用。⑤ NTs具有一定的缓解肝纤维化作用。⑥ NTs长期干预对由增龄引起的肝纤维化具有一定的保护作用。NTs长期干预可能通过干预肝中miR-182和miR-328a*的表达，并且通过调控miR-182和miR-328a*的靶基因Thbs-2和Pdgf-b，来起到调控肝纤维化增生的作用。

老年是生理衰退的特殊时期。动物研究表明膳食添加NTs在一定剂量下长期干预可以有效延长SD大鼠的平均生存时间；抑制SD大鼠自发肿瘤的发生率；降低血清中炎症因子水平；调控肝细胞增殖、纤维化增生，延缓因自然衰老所造成的肝老化；缓解增龄性记忆减退等。证明膳食添加NTs具有延缓衰老的作用。未来，还需要更多的动物实验和人群研究，来对NTs的延缓衰老的作用及其机制进行深入探讨。

小 结

在正常生理条件下，NTs有助于维持肝结构及代谢、合成功能。可促进婴幼儿的生长发育，改善个体的生存状况、免疫器官及学习记忆能力，调节机体免疫功能、血脂代谢及肠道菌群，具有缓解体力疲劳，抗氧化功能等多种生理功能。近年来，随着核苷酸营养作用方面的研究，已认识到在特定生理时期外源补充NTs的重要性。本章从特殊生理周期，如孕产妇、婴幼儿和老年阶段的生理特点以及营养需求出发，以理论与研究实例相结合的方式，对NTs在特殊人群营养中的应用进行了详细的介绍。由于NTs能够通过补救合成节省能量和中间代谢物，因此对于蛋白质的合成和流通、细胞的分化和增殖具有重要作用。同时，NTs亦被证实具有多种生物功能。因此，NTs在特殊人群营养中具有光明的应用前景。

Under normal conditions，exogenous nucleotides are beneficial for maintaining liver structure，metabolic and synthetic functions with various functions of enhancing development of infants and young children，improving individuals’ living conditions，immune organs，and learning and memory capacity，regulating immune function，lipids metabolism and intestinal flora, alleviating physical fatigue, protecting our body from oxidative stress damage and so on. In recent years, people have realized the importance of exogenous nucleotides in the special life cycle with the research of nucleotides' nutritional function. This chapter described the application of exogenous nucleotides from the physiological characteristics and nutritional needs of special physiological cycle. Exogenous nucleotides can save energy and intermediate metabolites through salvage synthesis pathway, so exogenous nucleotides plays an important role in the synthesis and circulation of protein, cell differentiation and proliferation. At the same time, exogenous nucleotides also have a variety of biological functions. Exogenous nucleotides have a bright prospect in the field of special populations nutrition.

参考文献

[1] 陈竺 . 医学遗传学 . 3 版 . 北京：人民卫生出版社，2015.
[2] 贾弘禔，冯作化 . 生物化学与分子生物学 . 2 版 . 北京：人民卫生出版社，2010.
[3] A Sánchez-Pozo AG. Nucleotides as semiessential nutritional components. British Journal of Nutrition，2002，87（S1）：S135-S137.
[4] 李勇，徐美虹，陈玉松 . 核苷酸营养学 . 北京：北京大学医学出版社，2021.
[5] Sulakhe D，Balasubramanian S，Xie B，et al. High-throught put translational medicine：Challenges and solutions. Adv Exp Med Biol，2014，799：37-65.
[6] Berg JM，Stryer L. Biochemistry. 6th ed. New York：W. H.：Freeman and Company，2007.
[7] 陈建华，赵志安 . 关于嘧啶碱和嘌呤碱的解离部位的论证 . 化学通报，1982，5：13.
[8] 任丽梅，王晓茹，祁永浩，等 . β - 烟酰胺单核苷酸功能与合成研究进展 . 生物资源，2021，43（2）：127-132.
[9] 赵娟，张健，余志坚，等 . 烟酰胺单核苷酸的研究及应用进展 . 食品科技，2018，43（4）：257-262.
[10] Yoshino J，Baur JA，Imai SI. NAD（＋）Intermediates：The biology and therapeutic potential of NMN and NR. Cell Metab，2018，27（3）：513-528. DOI：10.1016/j.cmet.2017.11.002.
[11] Gomez-Castro F，Zappettini S，Pressey JC，et al. Convergence of adenosine and GABA signaling for synapse stabilization during development. Science，2021，Nov 5；374（6568）：eabk2055.
[12] Lancet JE，Uy GL，Newell LF，et al. CPX-351 versus 7 ＋ 3 cytarabine and daunorubicin chemotherapy in older adults with newly diagnosed high-risk or secondary acute myeloid leukaemia：5-year results of a randomised，open-label，multicentre，phase 3 trial. Lancet Haematol，2021，8（7）：e481-e491.
[13] Liu Z，Li W，Geng L，et al.Cross-species metabolomic analysis identifies uridine as a potent regeneration promoting factor. Cell Discov，2022，8（1）：6.
[14] Chabosseau P，Buhagiar-Labarchède G，Onclercq-Delic R，et al. Pyrimidine pool imbalance induced by BLM helicase deficiency contributes to genetic instability in Bloom syndrome. Nat Commun，2011，28（2）：368.
[15] Larizza L，Magnani I，Roversi G. Rothmund-Thomson syndrome and RECQL4 defect：Splitting and lumping. Cancer Lett，2006，232（1）：107-120.
[16] Aird KM，Zhang G，Li H，et al. Suppression of nucleotide metabolism underlies the establishment and maintenance of oncogene-induced senescence. Cell Rep，2013，3（4）：1252-1265.
[17] Engeland K. Cell cycle regulation：p53-p21-RB signaling. Cell Death Differ. 2022 Mar 31. Epub ahead of print.
[18] Braig M，Lee S，Loddenkemper C，et al. Oncogene-induced senescence as an initial barrier in lymphoma

development. Nature，2005，436（7051）：660-665.（In eng）. DOI：10.1038/nature03841.

[19] Mooi WJ，Peeper DS. Oncogene-induced cell senescence-halting on the road to cancer. The New England Journal of Medicine，2006，355（10）：1037-1046.（In eng）.

[20] Bartkova J，Rezaei N，Liontos M，et al. Oncogene-induced senescence is part of the tumorigenesis barrier imposed by DNA damage checkpoints. Nature，2006，444（7119）：633-637.（In eng）. DOI：10.1038/nature05268.

[21] Seoane M，Costoya JA，Arce VM. Uncoupling oncogene-induced senescence（OIS）and DNA damage response（DDR）triggered by DNA hyper-replication：Lessons from primary mouse embryo astrocytes（MEA）. Scientific Reports，2017，7（1）：12991.（In eng）. DOI：10.1038/s41598-017-13408-x.

[22] Holmberg C，Fleck O，Hansen HA，et al. Ddb1 controls genome stability and meiosis in fission yeast. Genes & development，2005，19（7）：853-862.（In eng）. DOI：10.1101/gad.329905.

[23] Aird KM，Zhang G，Li H，et al. Suppression of nucleotide metabolism underlies the establishment and maintenance of oncogene-induced senescence. Cell Reports，2013，3（4）：1252-1265.（In eng）. DOI：10.1016/j.celrep.2013.03.004.

[24] Bester AC，Roniger M，Oren YS，et al. Nucleotide deficiency promotes genomic instability in early stages of cancer development. Cell，2011，145（3）：435-446.（In eng）. DOI：10.1016/j.cell.2011.03.044.

[25] Xu X，Page JL，Surtees JA，et al. Broad overexpression of ribonucleotide reductase genes in mice specifically induces lung neoplasms. Cancer Research，2008，68（8）：2652-2660.（In eng）. DOI：10.1158/0008-5472.Can-07-5873.

[26] Pitceathly RD，Smith C，Fratter C，et al. Adults with RRM2B-related mitochondrial disease have distinct clinical and molecular characteristics. Brain：A Journal of Neurology，2012，135（Pt 11）：3392-3403.（In eng）. DOI：10.1093/brain/aws231.

[27] Kimura T，Takeda S，Sagiya Y，et al. Impaired function of p53R2 in Rrm2b-null mice causes severe renal failure through attenuation of dNTP pools. Nature Genetics，2003，34（4）：440-5.（In eng）. DOI：10.1038/ng1212.

[28] Mannava S，Moparthy KC，Wheeler LJ，et al. Depletion of deoxyribonucleotide pools is an endogenous source of DNA damage in cells undergoing oncogene-induced senescence. The American Journal of Pathology，2013，182（1）：142-151.（In eng）. DOI：10.1016/j.ajpath.2012.09.011.

[29] Aird KM，Zhang R. Nucleotide metabolism，oncogene-induced senescence and cancer. Cancer Letters，2015，356（2 Pt A）：204-10.（In eng）. DOI：10.1016/j.canlet.2014.01.017.

[30] Liu X，ZhangH，Lai L，et al. Ribonucleotide reductase small subunit M2 serves as a prognostic biomarker and predicts poor survival of colorectal cancers. Clinical Science，2013，124（9）：567-78.（In eng）. DOI：10.1042/cs20120240.

[31] Fujita H，Ohuchida K，Mizumoto K，et al. Gene expression levels as predictive markers of outcome in pancreatic cancer after gemcitabine-based adjuvant chemotherapy. Neoplasia，2010，12（10）：807-817.（In eng）. DOI：10.1593/neo.10458.

[32] Jones DT，Lechertier T，Mitter R，et al. Gene expression analysis in human breast cancer associated blood vessels. PloS One，2012，7（10）：e44294.（In eng）. DOI：10.1371/journal.pone.0044294.

[33] Aird KM，Li H，Xin F，et al. Identification of ribonucleotide reductase M2 as a potential target for pro-senescence therapy in epithelial ovarian cancer. Cell Cycle，2014，13（2）：199-207.（In eng）. DOI：10.4161/cc.26953.

[34] Matsushita S，Ikeda R，Fukushige T，et al. p53R2 is a prognostic factor of melanoma and regulates proliferation and chemosensitivity of melanoma cells. Journal of Dermatological Science，2012，68（1）：19-24.（In eng）. DOI：10.1016/j.jdermsci.2012.07.005.

[35] Yanamoto S，Kawasaki G，Yoshitomi I，et al. Expression of p53R2，newly p53 target in oral normal epithelium，epithelial dysplasia and squamous cell carcinoma. Cancer Letters，2003，190（2）：233-43.（In

eng）. DOI：10.1016/s0304-3835（02）00588-8.

[36] Liu X，Lai L，Wang X，et al. Ribonucleotide reductase small subunit M2B prognoses better survival in colorectal cancer. Cancer Research，2011，71（9）：3202-3213.（In eng）. DOI：10.1158/0008-5472.Can-11-0054.

[37] Gautam A，Bepler G. Suppression of lung tumor formation by the regulatory subunit of ribonucleotide reductase. Cancer Research，2006，66（13）：6497-6502.（In eng）. DOI：10.1158/0008-5472.Can-05-4462.

[38] Bepler G，Sharma S，Cantor A，et al. RRM1 and PTEN as prognostic parameters for overall and disease-free survival in patients with non-small-cell lung cancer. Journal of clinical oncology：Official Journal of the American Society of Clinical Oncology，2004，22（10）：1878-1885.（In eng）. DOI：10.1200/jco.2004.12.002.

[39] Wang Q，Liu X，Zhou J，et al. Ribonucleotide reductase large subunit M1 predicts poor survival due to modulation of proliferative and invasive ability of gastric cancer. PloS One，2013，8（7）：e70191.（In eng）. DOI：10.1371/journal.pone.0070191.

[40] Xie H，Jiang W，Jiang J，et al. Predictive and prognostic roles of ribonucleotide reductase M1 in resectable pancreatic adenocarcinoma. Cancer，2013，119（1）：173-181.（In eng）. DOI：10.1002/cncr.27715.

[41] Pestalozzi BC，Peterson HF，Gelber RD，et al. Prognostic importance of thymidylate synthase expression in early breast cancer. Journal of Clinical Oncology：Official Journal of the American Society of Clinical Oncology，1997，15（5）：1923-1931.（In eng）. DOI：10.1200/jco.1997.15.5.1923.

[42] Allegra CJ，Paik S，Colangelo LH，et al. Prognostic value of thymidylate synthase，Ki-67，and p53 in patients with Dukes' B and C colon cancer：A National Cancer Institute-National Surgical Adjuvant Breast and Bowel Project collaborative study. Journal of Clinical Oncology：Official Journal of the American Society of Clinical Oncology，2003，21（2）：241-50.（In eng）. DOI：10.1200/jco.2003.05.044.

[43] 施用晖，乐国伟. 外源核苷酸营养研究进展. 中国畜牧兽医，2000，27（2）：2-7.

[44] 宋希滢. 哪些食物含有核酸. 长寿，2014，7：27.

[45] 方芳，李婷，安颖. 乳中核苷酸的分析及其对婴幼儿营养功能的研究，2015，8：135-139.

[46] Leach JL，Baxter JH，Molitor BE，et al. Total potentially available nucleosides of human milk by stage of lactation. Am J Clin Nutr，1995，61：1224.

[47] Tressler RL，Ramstack MB，White NR，Molitor BE，et al. Determination of total potentially available nucleosides in human milk from Asian women. Nutrition，2003，19：16-20.

[48] Janas LM，Picciano MF. The nucleotide profile of human milk. Pediatric Research，1982，16（8）：659-662.

[49] 潘洪志，荣胜忠，邹立娜，等. 中国常见动物性食品中嘌呤的含量，2012，34：74-78.

[50] 荣胜忠，邹立娜，王朝旭，等. 中国常见植物性食品中嘌呤的含量. 卫生研究，2012，（41）：92-95，101.

[51] 张萍，张红霞，杨海斌，等. 调味品中嘌呤类物质高效液相色谱法检测. 中国公共卫生，2013，29：602-603.

[52] 商曰玲，杜金华. 不同成品啤酒中嘌呤含量的测定. 食品与发酵工业，2009，35：146-150.

[53] 马奕，徐琳琳，许雅君，等. 外源核苷酸对多代大鼠血清尿酸水平及肾脏损伤的影响. 中国生育健康杂志，2009，20（4）：219-222.

[54] Xu M，Zhao YM，Xu L，et al. Multi-generations assessment of dietary nucleotides consumption in maternal rats. Journal of Food and Nutrition Research，2014，12（2）：800-805.

[55] Xu M，Liang R，Guo Q，et al. Lifetime assessment of dietary nucleotides consumption in Sprague-Dawley rats. Journal of Food and Nutrition Research，2014，12（2）：806-813.

[56] Xu M，Ma Y，Xu L，et al. Multi-generations assessment of dietary nucleotides consumption in weaned rats. Birth Defects Research Part B：Developmental and Reproductive Toxicology，2012，95（6）：460-

466.
[57] Yau KI, Huang CB, Chen W, et al. Effect of nucleotides on diarrhea and immune responses in healthy term infants in Taiwan. Journal of Pediatric Gastroenterology and Nutrition, 2003, 22（1）: 90-96.
[58] Brunser O, Espinoza J, Araya M, et al.Effect of dietary nucleotide supplementation on diarrheal disease in infants. Acta Paediatrica, 1994, 83（2）: 188-191.
[59] Martinez-Puig D, Manzanilla EG, Morales J, et al. Dietary nucleotide supplementation reduces occurrence of diarrhoea in early weaned pigs. Livestock Science, 2007, 108（1）: 37-43.
[60] Kulkarni AD, Fanslow WC, Rudolph FB, et al. Effect of dietary nucleotides on response to bacterial infections. Journal of Parenteral and Enteral Nutrition, 1986, 10（2）: 169-171.
[61] Carver JD, Walker WA. The role of nucleotides in human nutrition. Nutr Biochem, 1995, 6: 58-72.
[62] Carver JD. Advances in nutritional modifications of infant formulas. The American Journal of Clinical Nutrition, 2003, 77（6）: 1550s-1554s.
[63] Cosgrove M. Periantal and infant nutrition: Nucleotides. Nutrition, 1998, 14（10）: 748-751.
[64] Y VYH.Scientific rationale and benefits of nucleotide supplementation of infant formula. Paediatr Child Health, 2002, 38（6）: 543-549.
[65] Aggett P, Leach JL, Rueda R, et al. Innovation in infant formula development: A reassessment of ribonucleotidesin 2002. Nutrition, 2003, 19（4）: 375-384.
[66] Gutiérrez-CastrellónP, Mora-MagaaI, Diaz-Garcia L, et al. Immune response to nucleotide supplemented infant formulae: Systematic review and meta-analysis. British Journal of Nutrition, 2007, 98（supp 1）: S64-S67.
[67] 王兰芳，乐国伟，施用晖，等 . 外源核苷酸对小鼠免疫功能的影响 . 营养学报，2003，25（3）：298-301.
[68] Yamauchi K, Hales NW, Robinson SM, et al. Dietary nucleotides prevent decrease in cellular immunity in ground-based microgravity analog. Journal of Applied Physiology, 2002, 93（1）: 161-166.
[69] Yamauchi K, Adjei AA, Ameho CK, et al. A nucleoside-nucleotide mixture and its components increase lymphoproliferative and delayed hypersensitivity responses in mice. Journal of Nutrition, 1996, 126（6）: 1571-1577.
[70] Adjei AA, Jones JT, Enriquez FJ, et al. Dietary nucleosides and nucleotides reduce Cryptosporidium parvum infection in dexamethasone immunosuppressed adult mice. Experimental Parasitology, 1999, 92（3）: 199-208.
[71] Xu M, Zhao M, Yang RY, et al. Effect of dietary nucleotides on immune function in Balb/C mice. Int Immunopharmacol, 2013, 17（1）: 50-56.
[72] Nagafuchi S, Hachimura S, Totsuka M, et al. Dietary nucleotides can up-regulate antigen-specific Th1 immune responses and suppress antigen-specific IgE responses in mice. International Archives of Allergy and Immunology, 2000, 122（1）: 33-41.
[73] Syrjala H, Surcel HM, Ilonen J. Low CD4/CD8 T lymphocyte ratio in acute myocardial infarction. Clinical & Experimental Immunology, 1991, 83（2）: 326-328.
[74] Maldonado J, Navarro J, Narbona E, et al. The influence of dietary nucleotides on humoral and cell immunity in the neonate and lactating infant. Early Human Development, 2001, 65: S69-S74.
[75] Baquir B, Lin L, Ibrahim AS, et al. Immunological reactivity of blood from healthy humans to the rAls3p-N vaccine protein. Journal of Infectious Diseases, 2010, 201（3）: 473-477.
[76] Chin'Ombe N, Bourn WR, Williamson AL, et al. Oral vaccination with a recombinant Salmonella vaccine vector provokes systemic HIV-1 subtype C Gag-specific $CD4^+$ Th1 and Th2 cell immune responses in mice. Virology Journal, 2009, 6: 87.
[77] Barankiewicz J, Cohen A. Purine nucleotide metabolism in phytohemagglutinin- induced human T lymphocytes. Archives of Biochemistry and Biophysics, 1987, 258（1）: 167-175.

[78] Singhal A, Macfarlane G, Macfarlane S, et al. Dietary nucleotides and fecal microbiota in formula-fed infants: A randomized controlled trial. American Journal of Clinical Nutrition, 2008, 87(6): 1785-1792.

[79] Holen E, Jonsson R. Dietary nucleotides and intestinal cell lines: I. Modulation of growth. Nutrition Research, 2004, 24(3): 197-207.

[80] Rescigno M. Functional specialization of antigen presenting cells in the gastrointestinal tract. Current Opinion in Immunology, 2010, 22(1): 131-136.

[81] Wang LF, Gong X, Le GW, et al. Dietary nucleotides protect thymocyte DNA from damage induced by cyclophosphamide in mice. Journal of Animal Physiology and Animal Nutrition (Berl), 2008, 92(2): 211-218.

[82] Michaelidou AM. Factors influencing nutritional and health profile of milk and milk products. Small Ruminant Research, 2008, 40: 845-852.

[83] Thorell L, Sjoberg LB, Hernell O, et al.Nucleotides in human milk: Sources and metabolism by the newborn infant. Pediatric Research, 1996, 40: 845-852.

[84] Gil A, Sanchez MF. Acid-soluble nucleotides of human milk at different stages of lactation. Journal of Dairy Research, 1982, 49: 301-307.

[85] Sagawara M, Sato N, Nakano T, et al. Profile of nucleotides and nucleosides of human milk. Journal of Nutritional Science and Vitaminology, 1995, 41: 409-418.

[86] Singhal A, Kennedy K, Lanigan J, et al. Dietary nucleotides and early growth in formula -fed infants: A randomized controlled trial. Pediatrics, 2010, 126: 94.

[87] Xu M, Ma Y, Xu L, Xu Y, et al. Developmental effect of dietary nucleotides in two-generation weaned rats. J Med Food, 2013, 16(12): 1146-1152.

[88] Cosgrove M, Davies DP, Jenkins HR, et al. Nucleotide supplementation and the growth of term small for gestational age infants. Archives of Disease in Childhood Fetal & Neonatal Edition, 1996, 74(2): 122-125.

[89] Gale CR, O'Callaghan FJ, Godfrey KM, et al. Critical periods of brain growth and cognitive function in children. Brain, 2004, 127(pt 2): 321-329.

[90] Gale CR, Walton S, Martyn CN. Foetal and postnatal head growth and risk of cognitive decline in old age. 2003, 126(pt 10): 2273-2278.

[91] Gale CR, O'Callaghan FJ, Bredow M, et al. The influence of head growth in fetal life, in fancy and childhood on intelligence at the ages of 4 and 8 years. Pediatrics, 2006, 118(4): 1486-1492.

[92] Silva A, Metha Z, O'Callaghan FJ. The relative effect of size at birth, post natal growth and social factors on cognitive function in late childhood. Ann Epidemiol, 2006, 16(6): 469-476.

[93] Axelsson I, Flodmark CE, Raiha N. The influence of dietary nucleotides on erythrocyte membrane fatty acid sand plasma lipids in preterm infants. Acta Paediatrica, 1997, 86(5): 539-544.

[94] 马奕．外源核苷酸对婴幼儿的营养作用及安全性的探讨．中国生育健康杂志，2009，20(3)：189-191.

[95] Sanchez-Pozo A, Morillas J, Molt L, et al. Dietary nucleotides influence lipoprotein metabolism in newborn infants. Pediatric Research, 1994, 35(1): 112-116.

[96] Xu M, Liang Rui, Guo Q, et al. Dietary nucleotides extend the life span in sprague-dawley rats. The Journal of Nutrition, Health And Aging, 2013, 17(3): 223-229.

[97] Witte DP, Wiginton DA, Hutton JJ, et al. Coordinate development regulation of purine catabolic enzyme expression in gastrointestinal and post-implantation reproductive tracts. Cell Biology, 1991, 115(1): 179-190.

[98] Vásquez-Reyes S, Velázquez-Villegas LA, Vargas-Castillo A, et al. Dietary bioactive compounds as modulators of mitochondrial function. J Nutr Biochem, 2021, 96: 108768.

[99] Baky MH，Elshahed M，Wessjohann L，et al. Interactions between dietary flavonoids and the gut microbiome：A comprehensive review. Br J Nutr，2021，13：1-15.

[100] Huang P，Jiang A，Wang X，et al. NMN maintains intestinal homeostasis by regulating the gut microbiota. Front Nutr，2021，8：714604.

[101] Niu KM，Bao T，Gao L，et al. The impacts of short-term NMN supplementation on serum metabolism，fecal microbiota，and telomere length in pre-aging phase. Front Nutr，2021，8：756243.

[102] He Y，Chu SW，Walker WA. Nucleotide supplements alter proliferation and differentiation of cultured human（Caco-2）and Rat（IEC-6）intestinal epithelial cells. J Nutr，1993，123：1017-1027.

[103] Uauy R，Stringel G，Thomas R，et al. Effect of dietary nucleotides on growth and maturation of the developing gut in the rat. J Pediatr Gastroenterol Nutr，1990，10（4）：497-503.

[104] 邬小兵，乐国伟，施用晖．肉仔鸡日粮外源核苷酸营养作用初探．中国畜牧杂志，2001，37（5）：15-17.

[105] 王友明，许梓荣．酵母核苷酸对肉鸡生长、消化和肉质及其机理探讨．浙江大学，2001.

[106] 王兰芳，乐国伟，施用晖，等．日粮核苷酸对早期断奶小鼠生长发育的影响．无锡轻工大学学报，2003，22（4）：18-22.

[107] Tsujinaka T，Kishibuchi M，Iijima S，et al. Nucleotides and intestine. JPEN J Parenter Enteral Nutr，1999，23（5）：74-77.

[108] López-Navarro AT，Ortega MA，Peragón J，et al. Deprivation of dietary nucleotides decreases protein synthesis in the liver and small intestine in rats. Gastroenterology，1996，110（6）：1760-1769.

[109] Uauy R. Textbook of gastroenterology and nutrition in infancy. 2nd ed. New York：Raven Press Ltd.，1989.

[110] Barness LA. Dietary sources of nucleotides from breast milk to weaning. J Nutr，1994，124（1）：128-130.

[111] Tanaka R，Mutai M. Improved medium for selective isolation and enumeration of bifidobacterium. Appl Environ Microbiology，1980，40（5）：866-886.

[112] Vandenplas Y. Prebiotic supplementation of formula milk increases stool counts of bifidobacteria and lactobacilli compared with unsupplemented formula milk in full-term neonates. Evidence-Based Nursing，2010，13（1）：12-13.

[113] Gerner RR，Kkeosch V，Macheiner S，et al. NAD metabolism fuels human and mouse intestinal inflammation. Gut，2018，67（10）：1813-1823.

[114] Jeffery LE，Burke F，Mura M，et al. 1，25-Dihydroxyvitamin D3and IL-2 combine to inhibit T cell production of inflammatory cytokines and promote development of regulatory T cells expressing CTLA-4 and FoxP3. J Immunol，2009，183（9）：5458-5467.

[115] Roselli M，Britti MS，Le Huerou-Luron I，et al. Effect of different plant extracts and natural substances（PENS）against membrane damage induced by enterotoxigenic Escherichia coli K88 in pig intestinal cells. Toxicology in Vitro，2007，21（2）：224-229.

[116] Sauer N，Bauer E，Vahjen W，et al. Nucleotides modify growth of selected intestinal bacteria in vitro. Livestock Science，2010，133（1-3）：161-163.

[117] Van CM，Jansman AJ，Smidt H，et al. Effects of yeast culture on performance，gut integrity，and blood cell composition of weanling pigs. Journal of Animal Science，2007，85（11）：3099-3109.

[118] Majumdar S，Mishra V，Nandi S，et al. Absence of receptor guanylyl cyclase C enhances ileal damage and reduces cytokine and antimicrobial peptide production during oral salmonella enterica serovar typhimurium infection. Infect Immun，2018，86（5）：e00799-00817.

[119] Prasad H，Shenoy AR，Visweswariah SS. Cyclic nucleotides，gut physiology and inflammation. FEBS J，2020，287（10）：1970-1981.

[120] Cai X，Bao L，Wang N，et al. Dietary nucleotides protect against alcoholic liver injury by attenuating

inflammation and regulating gut microbiota in rats. Food Funct，2016，7（6）：2897-2908.

[121] 蔡夏夏，鲍雷，王楠，等. 膳食5′-核苷酸对酒精性肝损伤大鼠肠道菌群的影响. 食品科学，2015，36（15）：212-216.

[122] Purohit V，Bode JC，Bode C，et al. Alcohol，intestinal bacterial growth，intestinal permeability to endotoxin，and medical consequences：Summary of a symposium. Alcohol，2008，42（5）：349-361.

[123] Son G，Kremer M，Hines IN. Contribution of gut bacteria to liver pathobiology. Gastroenterol Res Pract.（2010）2010：453563. DOI：10.1155/2010/453563.

[124] Leclercq S，Matamoros S，Cani PD，et al. Intestinal permeability，gut-bacterial dysbiosis，and behavioral markers of alcohol-dependence severity. Proc Natl Acad Sci USA，2014，111（42）：E4485-4493.

[125] Yan AW，Fouts D，Brandl J，et al. Enteric dysbiosis associated with a mouse model of alcoholic liver disease. Hepatology，2011，53（1）：96-105.

[126] Nuñez MC，Ayudarte M，Morales D，et al. Effect of dietary nucleotides on intestinal repair in rats with experimental chronic diarrhea. JPEN J Parenter Enteral Nutr，1990，14（6）：598-604.

[127] Carver JD，Sosa R，Saste M，et al. Dietary nucleotides and intestinal blood flow velocity in term infants. J Pediatr Gastroenterol Nutr，2004，39（1）：38-42.

[128] Arnaud A，López-Pedrosa JM，Torres MI，et al. Dietary nucleotides modulate mitochondrial function ofintestinal mucosa in weanling rats with chronic diarrhea. J Peditr Gastroenterol Nutr，2003，37（2）：124-132.

[129] Dancey CP，Attree EA，Brown KF. Nucleotide supplementation：A randomised double-blind placebo controlled trial of IntestAidIB in people with Irritable Bowel Syndrome [ISRCTN67764449]. Nutr J，2006，5：16.

[130] Iijima S，Tsujinaka T，Kishibuchi M，et al. A total parenteral nutrition solution supplemented with a nucleoside and nucleotide mixture sustains intestinal integrity，but does not stimulate intestinal function after massive bowel resection in rats. J Nutr，1996，126（3）：587-595.

[131] Evans ME，Tian J，Gu LH，et al. Dietary supplementation with orotate and uracil increases adaptive growth of jejunal mucosa after massive small bowel resection in rats. JPEN J Parenter Enteral Nutr，2005，29（5）：315-321.

[132] Belo A. Gastroprotective effects of oral nucleotide administration. Gut，2006，55（2）：165-171.

[133] Sukumar P，Loo A，Adolphe R，et al. Dietary nucleotides augment dextran sulfate sodium-induced distal colitis in rats. J Nutr，1999，129（7）：1377-1381.

[134] Lauren MF. Gut microbiota development：Influence of diet from infancy to toddlerhood. Ann Nutr Metab，2021，30：1-14.

[135] Penna G，Adorini L. 1 Alpha，25-dihydroxyvitamin D3 inhibits differentiation，maturation，activation，and survival of dendritic cells leading to impaired alloreactive T cell activation. J Immunol，2000，164（5）：2405-2411.

[136] Rook GA，Steele J，Fraher L，et al. Vitamin D3，gamma interferon，and control of proliferation of Mycobacterium tuberculosis by human monocytes. Immunology，1986，57（1）：159-163.

[137] Daniel C，Sartory NA，Zahn N，et al. Immune modulatory treatment of trinitrobenzene sulfonic acid colitis with calcitriol is associated with a change of a T helper（Th）1/Th17 to a Th2and regulatory T cell profile. J Pharmacol Exp Ther，2008，324（1）：23-33.

[138] Lamichhane A，Kiyono H，Kunisawa J. Nutritional components regulate the gut immune system and its association with intestinal immune disease development. J Gastroenterol Hepatol，2013，28（suppl 4）：18-24.

[139] Amarachintha S，Harmel-Laws E，Steinbrecher KA. Guanylate cyclase C reduces invasion of intestinal epithelial cells by bacterial pathogens. Sci Rep，2018，8（1）：1521.

[140] 刘洁生，李校，姚成灿 . 外源性核酸对机体作用的研究进展 . 生命科学，2002，14（4）：226-228.

[141] Xu M，Liang R，Li Y，Wang JB. Anti-fatigue effects of dietary nucleotides in mice. Food & Nutrition Research，2017，61：1334485.

[142] 赵明，刘志刚，张佳丽，等 . 口服核苷酸降血脂作用的实验研究 . 中国预防医学杂志，2009，12：1124-1126.

[143] 刘永峰，昝林森，田万强 . 外源性环核苷酸调控哈白兔血脂、血糖及血蛋白的动态变化研究 . 中国农学通报，2012，14：84-88.

[144] Boza J，Jimenez J，Faus MJ，et al. Influences of postnatal age and dietary nucleotides on plasma fatty acids in the weanling rat. J Parenter Enteral Nutr，1992，16（4）：322-326.

[145] Pérez MJ，Suárez A，Gómez-Capilla JA，et al. Dietary nucleotide supplementation reduces thioacetamide-induced liver fibrosis in rats. J Nutr，2002，132（4）：652-627.

[146] 江清浩，林兵，李勇，等 . 外源性 5′- 核苷酸促进大鼠酒精性肝损伤的修复 . 营养学报,2011,33（4）：349-353.

[147] 李月梅，李向阳 . 混合核苷酸对刀豆蛋白 A 所致肝损伤的保护作用 . 中国热带医学，2005，5（4）：671-673.

[148] 刘煜，宋煜，颜天华，等 . 混合核苷酸对小鼠急性化学性肝损伤的保护作用 . 中国药科大学学报，2001，32（6）：444-447.

[149] López-Navarro AT，Bueno JD，Gil A，et al. Morphological changes in hepatocytes of rats deprived of dietary nucleotides. Br J Nutr，1996，76（4）：579-589.

[150] Ohyanagi H，Nishimatsu S，Kanbara Y，et al. Effects of nucleosides and a nucleotide on DNA and RNA syntheses by the salvage and denovo pathway in primary monolayer cultures of hepatocytes and hepatoma cells. JPEN J Parenter Enteral Nutr，1989，13（1）：51-58.

[151] Saez-Lara MJ，Manzano M，Angulo AJ，et al. Exogenous nucleosides stimulate proliferation of fetal rat hepatocytes. J Nutr，2004，134（6）：1309-1313.

[152] Fausther M，Sévigny J. Extracellular nucleosides and nucleotides regulate liver functions via a complex system of membrane proteins. C R Biol，2011，334（2）：100-117.

[153] Novak DA，Carver JD，Barness LA. Dietary nucleotides affect hepatic growth and composition in the weanling mouse. JPEN J Parenter Enteral Nutr，1994，18（1）：62-66.

[154] Arnaud A，Fontana L，Angulo AJ，et al. Exogenous nucleosides alter the intracellular nucleotide pool in hepatic cell cultures. Implications in cell proliferation and function. Clin Nutr，2003，22（4）：391-399.

[155] 江清浩，蔡夏夏，井路路，等 . 外源性 5′- 核苷酸对大鼠急性乙醇中毒的影响 . 北京大学学报（医学版），2011，43（3）：338-341.

[156] Cai X，Bao L，Wang N，et al. Dietary nucleotides supplementation and liver injury in alcohol-treated rats：A metabolomics investigation. Molecules，2016，21（4）：E435.

[157] Kirpich IA，Solovieva NV，Leikhter SN，et al. Probiotics restore bowel flora and improve liver enzymes in human alcohol-induced liver injury：A pilot study. Alcohol，2008，42（8）：675-682.

[158] Fleming S，Toratani S，Shea-Donohue T，et al. Pro- and anti-inflammatory gene expression in the murine small intestine and liver after chronic exposure to alcohol. Alcohol Clin Exp Res，2001，25（4）：579-589.

[159] Chang FM，Reyna SM，Granados JC，et al. Inhibition of neddylation represses lipopolysaccharide-induced proinflammatory cytokine production in macrophage cells. J Biol Chem，2012，287（42）：35756-35767.

[160] Cederbaum AI，Lu Y，Wu D. Role of oxidative stress in alcohol-induced liver injury. Arch Toxicol，2009，83（6）：519-548.

[161] Jurczuk M，Brzóska MM，Moniuszko-Jakoniuk J，et al. Antioxidant enzymes activity and lipid peroxidation in liver and kidney of rats exposed to cadmium and ethanol. Food Chem Toxicol,2004,42(3):

429-438.

[162] Cheng D, Kong H. The effect of Lycium barbarum polysaccharide on alcohol-induced oxidative stress in rats. Molecules, 2011, 16 (3): 2542-2550.

[163] Jung YS, Kim SJ, Kwon do Y, et al. Alleviation of alcoholic liver injury by betaine involves an enhancement of antioxidant defense via regulation of sulfur amino acid metabolism. Food Chem Toxicol, 2013, 63: 292-298.

[164] Hritz I, Mandrekar P, Velayudham A, et al. The critical role of toll-like receptor (TLR) 4 in alcoholic liver disease is independent of the common TLR adapter MyD88. Hepatology, 2008, 48 (4): 1224-1231.

[165] Ceccarelli S, Nobili V, Alisi A. Toll-like receptor-mediated signaling cascade as a regulator of the inflammation network during alcoholic liver disease. World J Gastroenterol, 2014, 20 (44): 16443-16451.

[166] Hofmann AF, Hagey LR. Bile Acids: Chemistry, pathochemistry, biology, pathobiology, and therapeutics. Cell Mol Life Sci, 2008, 65 (16): 2461-2483.

[167] Manley S, Ding W. Role of farnesoid X receptor and bile acids in alcoholic liver disease. Acta Pharm Sin B, 2015, 5 (2): 158-167.

[168] Aranha MM, Cortez-Pinto H, Costa A, et al. Bile acid levels are increased in the liver of patients with steatohepatitis. Eur J Gastroenterol Hepatol, 2008, 20 (6): 519-525.

[169] Nilsson LM, Sjövall J, Strom S, et al.Ethanol stimulates bile acid formation in primary human hepatocytes. Biochem Biophys Res Commun, 2007, 364 (4): 743-747.

[170] Li HH, Tyburski JB, Wang YW, et al. Modulation of fatty acid and bile acid metabolism by peroxisome proliferator-activated receptor α protects against alcoholic liver disease. Alcohol Clin Exp Res, 2014, 38 (6): 1520-1531.

[171] Wang D, Wei Y, Pagliassotti MJ. Saturated fatty acids promote endoplasmic reticulum stress and liver injury in rats with hepatic steatosis. Endocrinology, 2006, 147 (2): 943-951.

[172] Hernández I, Domínguez-Pérez M, Bucio L, et al. Free fatty acids enhance the oxidative damage induced by ethanol metabolism in an in vitro model. Food Chem Toxicol, 2015, 76: 109-115.

[173] Fontana L, Moreira E, Torres MI, et al. Dietary nucleotides correct plasma and liver microsomal fatty acid alterations in rats with liver cirrhosis induced by oral intake of thioacetamide. J Hepatol, 1998, 28 (4): 662-669.

[174] FernandoH, Kondraganti S, Bhopale KK, et al. ^{1}H and ^{31}P NMR lipidome of ethanol-induced fatty liver. Alcohol Clin Exp Res, 2010, 34 (11): 1937-1947.

[175] Li S, Liu H, Jin Y, et al. Metabolomics study of alcohol-induced liver injury and hepatocellular carcinoma xenografts in mice. J Chromatogr B Analyt Technol Biomed Life Sci, 2011, 255 (2): 127-137.

[176] Fernando H, Bhopale KK, Kondraganti S, et al. Lipidomic changes in rat liver after long-term exposure to ethanol. Toxicol Appl Pharmacol, 2011, 255 (2): 127-137.

[177] Chirkin AA, Konevalova NY, Grebennikov IN, et al. Effect of polyunsaturated phosphatidyl-choline on lipid transport system in alcoholic liver injury. Addict Biol, 1998, 3 (1): 65-70.

[178] Siahanidou T, Mandyla H, Papassotiriou I, et al. Serum lipids in preterm infants fed a formula supplemented with nucleotides. J Pediatr Gastroenterol Nutr, 2004, 38 (1): 56-60.

[179] Sánchez-Pozo A, Ramírez M, Gil A, et al. Dietary nucleotides enhance plasma lecithin cholesterol acyl transferase activity and apolipoprotein A-IV concentration in preterm newborn infants. Pediatr Res, 1995, 37 (3): 328-333.

[180] Charlton M. Branched-chain amino acid enriched supplements as therapy for liver disease. J Nutr, 2006, 136 (1 Suppl): 295S-298S.

[181] Iwasa M，Kobayashi Y，Mifuji-Moroka R，et al. Branched-chain amino acid supplementation reduces oxidative stress and prolongs survival in rats with advanced liver cirrhosis. PLoS One，2013，8（7）：e70309.
[182] Bode C，Bode JC. Effect of alcohol consumption on the gut. Best Pract Res Clin Gastroenterol，2003，17（4）：575-592.
[183] Ortega MA，Nunez MC，Gil A，et al. Dietary nucleotides accelerate intestinal recovery after food deprivation in old rats. J Nutr，1995，125（6）：1413-1418.
[184] María Vieites J，Torre Rde L，Ramírez Mdel C，et al. Exogenous nucleosides accelerate differentiation of rat intestinal epithelial cells. Br J Nutr，2008，99（4）：732-738.
[185] Pérez MJ，Sánchez-Medina F，Torres M，et al. Dietary nucleotides enhance the liver redox state and protein synthesis in cirrhotic rats. J Nutr，2004，134（10）：2504-2508.
[186] Palombo J，Bowers JL，Clouse ME，et al. Hepatic utilization of exogenous nucleotide precursors for restoration of ATP after cold ischemia in rats. Am J Clin Nutr，1993，57（3）：420-427.
[187] Jackson CD，Weis C，Miller BJ，et al. Dietary nucleotides：Effects on cell proliferation following partial hepatectomy in rats fed NIH-31，AIN-76A，or folate/methyl-deficient diets. J Nutr，1997，127（5）：834-837.
[188] 彭勇，李敬东，肖江卫，等 . NF-κB 诱骗寡核苷酸对内毒素性肝损伤的保护作用和机制 . 中国普通外科杂志，2010，19（1）：48-52.
[189] 刘悦晖，范学工，李宁，等 . 抑制性寡脱氧核苷酸对实验性肝损伤细胞因子的影响 . 生命科学研究，2008，12（3）：262-266.
[190] 李根亮，倪安妮，唐玉莲，等 . 异常寡核苷酸结合折叠域蛋白基因对肝细胞癌 DNA 复制起始的影响 . 医学研究生学报，2020，33（8）：808-813.
[191] Katsyuba E，Mottis A，Zietak M，et al. Denovo NAD（＋）synthesis enhances mitochondrial function and improves health. Nature，2018，563（7731）：354-359.
[192] Imai S，Guarente L. NAD（＋）and sirtuins in aging and disease. Trends Cell Biol，2014，24（8）：464-471.
[193] Cerutti R，Pirinen E，Lamperti C，et al. NAD（＋）-dependent activation of Sirt1 corrects the phenotype in a mouse model of mitochondrial disease. Cell Metab，2014，19（6）：1042-1049.
[194] Mitchell SJ，Bernier M，Aon MA，et al. Nicotinamide improves aspects of healthspan，but not life span，in mice. Cell Metab，2018，27（3）：667-676. e4.
[195] Frederick DW，Davis JG，Davila A Jr，et al. Increasing NAD synthesis in muscle via nicotinamide phosphoribosyl transferase is not sufficient to promote oxidative metabolism. J Biol Chem，2015，290：1546-1558.
[196] Yoon MJ，Yoshida M，Johnson S，et al. SIRT1-mediated eNAMPT secretion from adipose tissue regulates hypothalamic NAD1 and function in mice. Cell Metab，2015，21：706-717.
[197] Mukherjee S，Chellappa K，Moffitt A，et al. Nicotinamide adenine dinucleotide biosynthesis promotes liver regeneration. Hepatology，2017，65（2）：616-630.
[198] Zong Z，Liu J，Wang N，et al. Nicotinamide mononucleotide inhibits hepatic stellate cell activation to prevent liver fibrosis via promoting PGE2 degradation. Free Radic Biol Med，2021，162：571-581.
[199] Wang LF，Wang XN，Huang CC，et al. Inhibition of NAMPT aggravates high fat diet-induced hepatic steatosis in mice through regulating Sirt1/AMPK α /SREBP1 signaling pathway. Lipids Health Dis，2017，16（1）：82.
[200] 李渊博，刘芳婷 . 核苷和核苷酸类药物治疗乙型肝炎肝硬化失代偿期对患者肝功能影响分析 . 临床医药文献电子杂志，2019，6（52）：181-182.
[201] 郑丽青 . 核苷和核苷酸类药物治疗乙型肝炎肝硬化失代偿期患者的临床疗效观察 . 海峡药学，2019，31（6）：236-237.

[202] Leung N, Peng CY, Hann HW, et al. Early hepatitis B virus DNA reduction in hepatitis B e antigen-positive patients with chronic hepatitis B: A randomized international study of entecavir versus adefovir. Hepatology, 2009, 49 (1): 72-79.

[203] Limquiaco JL, Wong J, Wong VW, et al. Lamivudine monoprophylaxis and adefovir salvage for liver transplantation in chronic hepatitis B: A seven-year follow-up study. J Med Virol, 2009, 81 (2): 224-229.

[204] Koda M, Nagahara T, Matono T, et al. Nucleotide analogs for patients with HBV-related hepatocellular carcinoma increase the survival rate through improved liver function. Intern Med, 2009, 48 (1): 11-17.

[205] 王森，李用国. 核苷（酸）类似物治疗慢加急性肝衰竭研究进展. 临床肝胆病杂志，2012，28（5）：391-394.

[206] Yamaguchi T, Takada Y, Shimahara Y, et al. A mixture of nuclcosides and a nucleotide alters hepatic energy metabolism 24 hours after hepatectomy in rabbits. J Nutr, 1992, 122 (2): 340-344.

[207] 姜波，黄晶. α-干扰素联合脱氧核苷酸钠注射液治疗慢性乙型肝炎 20 例疗效观察. 实用肝脏病杂志，2004，7（4）：233-234.

[208] 任廷芳. 脱氧核苷酸钠联合舒肝宁注射液治疗肝损害的临床疗效观察. 中国医药科学，2012，2（18）：50-51.

[209] 高庆伟，袁德胜，王金荣，等. 脱氧核苷酸钠注射液治疗慢性丙型肝炎临床疗效分析. 中国肝脏病杂志（电子版），2010，2（1）：29-31.

[210] 董李. 脱氧核苷酸钠治疗小儿支原体肺炎合并肝损伤临床疗效观察. 首都医药，2013，20（24）：48-49.

[211] 江梅，万腊根. 血浆 microRNAs 在慢性肝损伤诊断中的应用研究. 实验与检验医学，2015，26（4）：63-65.

[212] Barad O, Meiri E, Avniel A, et al. MicroRNA expression detected by oligonucleotide microarrays: System establishment and expression profiling in human tissues. Genome Res, 2004, 14 (12): 2486-2494.

[213] Zhou B, Wang S, Mayr C, et al. MiR-150, a microRNA expressed in mature B and T cells, blocks early B cell development when expressed prematurely. Proc Natl Acad Sci USA, 2007, 104 (17): 7080-7085.

[214] Girard M, Jacquemin E, Munnich A, et al. MiR-122, a paradigm for the role of microRNAs in the liver. J Hepatol, 2008, 48 (4): 648-656.

[215] Wong QW, Lung RW, Law PT, et al. MicroRNA-223 is commonly repressed in hepatocellular carcinoma and potentiates expression of Stathmin1. Gastroenterology, 2008, 135 (1): 257-269.

[216] Xu J, Wu C, Che X, et al. Circulating microRNAs, miR-21, miR-122, and miR-223, in patients with hepatocellular carcinoma or chronic hepatitis. Mol Carcinog, 2011, 50 (2): 136-142.

[217] 贾音，张毅，费明钰，等. 慢性乙肝患者外周血 microRNAs 的表达变化. 第二军医大学学报，2010，31（12）：1381-1383.

[218] Zhang Y, Jia Y, Zheng R, et al. Plasma microRNA-122 as a biomarker for viral-, alcohol-, and chemical-related hepatic diseases. Clin Chem, 2010, 56 (12): 1830-1838.

[219] Wang K, Zhang S, Marzolf B, et al. Circulating microRNAs, potential biomarkers for drug-induced liver injury. Proc Natl Acad Sci USA, 2009, 106 (11): 4402-4407.

[220] Gui J, Tian Y, Wen X, et al. Serum microRNA characterization identifies miR-885-5p as a potential marker for detecting liver pathologies. Clin Sci, 2011, 120 (5): 183-193.

[221] Ouellette EM, Rosett HL, Rosman NP, et al. Adverse effects on offspring of maternal alcohol abuse during pregnancy. New England Journal of Medicine, 1977, 297 (10): 528-530.

[222] Detering N, Reed WD, Ozand PT, et al. The effects of maternal ethanol consumption in the rat on the development of their offspring. The Journal of Nutrition, 1979, 109 (6): 999-1009.

[223] Welch-Carre E. The neurodevelopmental consequences of prenatal alcohol exposure. Advances in Neonatal Care，2005，5（4）：217-229.

[224] Valborg LK，Leonardson GR，Neff-Smith M，et al. Characteristics of children who have full or incomplete fetal alcohol syndrome. Journal of Pediatrics，2004，145（5）：635-640.

[225] 季成叶 . 我国大学生过量饮酒行为流行现状 . 中国学校卫生，2010，31（10）：1157-1160.

[226] Centers for Disease Control and Prevention（CDC）. Alcohol use among pregnant and nonpregnant women of childbearing age - United States，1991-2005. Morb Mortal Wkly Rep，2009，58（19）：529-532.

[227] Walker MJ，Al-Sahab B，Islam F，et al. The epidemiology of alcohol utilization during pregnancy：An analysis of the Canadian Maternity Experiences Survey（MES）. BMC Pregnancy Childbirth，2011，11：52.

[228] May PA，Gossage JP. Estimating the prevalence of fetal alcohol syndrome. A summary. Alcohol Research & Health，2001，25（3）：159-167.

[229] Viljoen DL，Gossage JP，Brooke L，et al. Fetal alcohol syndromeepidemiology in a South African community：A second study of a very high prevalence area. Journal of Studies on Alcohol，2005，66（5）：593-604.

[230] 赵洁，赵佳夕，许雅君 . 外源性核苷酸对乙醇致发育毒性的体外干预作用 . 食品科学，2012，33（13）：263-266.

[231] 董文红，赵洁，赵佳夕，等 . 外源性核苷酸对酒精发育毒性的拮抗作用 . 北京大学学报（医学版），2012，44（3）：426-430.

[232] Dong WH，Wu ZH，Xu LL. Maternal supplementation of nucleotides improves the behavioral development of prenatal ethanol-exposed mice. Cogn Affect Behav Neurosci，2014，2：879-900.

[233] Chen TH，Huang HP，Matsumoto Y，et al. Effects of dietary nucleoside-nucleotide mixture on memory in aged and young memory deficient mice. Life Science，1996，59（21）：L325-L330.

[234] Chen TH，Wang MF，Liang YF，et al. Anucleoside-nucleotide mixture may reduce memory deterioration in old senescence-accelerated mice. Journal of Nutrition，2000，130（12）：3085-3089.

[235] Kunii D，Wang M，Chan Y，et al. Ameliorative effects of nucleosides on senescence acceleration and memory deterioration in senescence-accelerated mice. International Congress Series，2004，1260：143-149.

[236] Scheltens P，Kamphuis PJ，Verhey FR，et al. Efficacy of a medical food in mild Alzheimer's disease：A randomized，controlled trial. Alzheimers & Dementtia，2010，6（1）：1-10.

[237] 王楠，蔡夏夏，鲍雷，等 . 膳食 5′- 核苷酸对大鼠酒精性肾损伤保护作用的研究 . 科技导报，2017，35（10）：64-70.

[238] 孔晓红，陈家童，邱明才，等 . 转化生长因子 - β 1 反义寡核苷酸抑制单侧肾切除糖尿病大鼠系膜增生 . 中华内分泌代谢杂志，2002，18（4）：257-259.

[239] 张海燕，李幼姬，杜勇，等 . 结缔组织生长因子反义寡核苷酸对肾小管上皮细胞胶原分泌的影响 . 中华肾脏病杂志，2004，20（2）：122-126.

[240] 赵谦，张艮甫，黄赤兵，等 . 转化生长因子 - β 1 反义寡核苷酸减轻环孢素 A 对大鼠的慢性肾毒性 . 中华器官移植杂志，2005，26（4）：196-198.

[241] 高江平，朱捷，杨素霞，等 . Bc1-2 反义寡核苷酸对肾癌细胞株的生长抑制作用 . 军医进修学院学报，2004，（1）：63-65.

[242] 蔡维奇，郑骏年，孙晓青，等 . 反义寡核苷酸抑制人肾癌细胞系生长及 Ki-67 表达 . 徐州医学院学报，2003，25（1）：317-320.

[243] Hasegawa K. Novel tubular-glomerular interplay in diabetic kidney disease mediated by sirtuin 1，nicotinamide mononucleotide，and nicotinamide adenine dinucleotide Oshima Award Address 2017. Clin Exp Nephrol，2019，23（8）：987-994.

[244] Yang L，Besschetnova TY，Brooks CR，et al. Epithelial cell cycle arrest in G2/M mediates kidney

fibrosis after injury. Nat Med，2010，16（5）：535-543.

［245］Kishi S，Brooks CR，Taguchi K，et al. Proximal tubule ATR regulates DNA repair to prevent maladaptive renal injury responses. J Clin Invest，2019，129（11）：4797-4816.

［246］Hasegawa K，Wakino S，Simic P，et al. Renal tubular Sirt1 attenuates diabetic albuminuria by epigenetically suppressing Claudin-1 overexpression in podocytes. Nat Med，2013，19（11）：1496-1504.

［247］Jia YKX，Tan L，et al. Nicotinamide mononucleotide attenuates renal interstitial fibrosis after AKI by suppressing tubular DNA damage and senescence. Front Physiol，2021，12：649547.

［248］Logan RW，Parekh PK，Kaplan GN，et al. NAD^+ cellular redox and SIRT1 regulate the diurnal rhythms of tyrosine hydroxylase and conditioned cocaine reward. Mol Psychiatry，2019，24（11）：1668-1684.

［249］Zheng M，Cai J，Liu Z，et al. Nicotinamide reduces renal interstitial fibrosis by suppressing tubular injury and inflammation. J Cell Mol Med，2019，23（6）：3995-4004.

［250］Canaud G，Brooks CR，Kishi S，et al. Cyclin G1 and TASCC regulate kidney epithelial cell G2-M arrest and fibrotic maladaptive repair. Sci Transl Med，2019，476（11）：eaav4754.

［251］崔奇，王曼伊，农琳琳，等．NMN在糖尿病肾病大鼠肾纤维化中的作用及机制．吉林大学学报（医学版），2018，44（6）：1156-1162.

［252］Hasegawa K，Wakino S，Sakamaki Y，et al. Communication from tubular epithelial cells to podocytes through Sirt1 and nicotinic acid metabolism. Curr Hypertens Rev，2016，12（2）：94-104.

［253］Gong Y，Hou J. Claudins in barrier and transport function-the kidney. Pflugers Arch，2017，469（1）：105-113.

［254］Liu X，Luo D，Huang S，et al. Impaired nicotinamide adenine dinucleotide biosynthesis in the kidney of chronic kidney disease. Front Physiol，2021，12：723690.

［255］王桂爽，蔡皓东．阿德福韦酯和替诺福韦相关性肾小管病．药物不良反应杂志，2010，12（1）：31-36.

［256］宁玲，孙剑，陈楠，等．核苷和核苷酸类药物治疗慢性乙型肝炎过程中肾脏的安全性问题．临床肝胆病杂志，2018，32（5）：981-985.

［257］徐勇，冯继红．核苷和核苷酸类药物对慢性乙型肝炎患者肾小球滤过率和血肌酐水平的影响．临床肝胆病杂志，2016，36（2）：279-283.

［258］张莉，沈银忠．替诺福韦酯相关肾功能损害的研究进展．上海医药，2011，32（11）：539-541.

［259］秦建华，李莹．脱氧核苷酸钠注射液治疗急性肾损伤的疗效观察．西部医学，2010，22（8）：1482-1483.

［260］Yokoyama H，Fujiwara H，Watanabe H. Dietary nucleosides and nucleotides do not affect tumor incidence but reduce amyloidosis incidence in B6C3F1 mice irradiated with californium-252. Nutrition，2004，20（4）：383-389.

［261］Ames B，Shigenaga M，Hagen T. Oxidants，antioxidants，and the degenerative diseases of aging. Proceedings of the National Academy of Sciences，1993，90（17）：7915-7922.

［262］Van Remmen H，Ikeno Y，Hamilton M，et al.Life-long reduction in MnSOD activity results in increased DNA damage and higher incidence of cancer but does not accelerate aging. Physiological Genomics，2003，16（1）：29.

［263］Soerensen M，Christensen K，Stevnsner T，et al. The Mn-superoxide dismutase single nucleotide polymorphism rs4880 and the glutathione peroxidase 1 single nucleotide polymorphism rs1050450 are associated with aging and longevity in the oldest old. Mechanisms of Ageing and Development，2009，130（5）：308-314.

［264］中国抗癌协会肿瘤营养与支持治疗委员会．中国肿瘤营养治疗指南．北京：人民卫生出版社，2015.

［265］Korb V，Tep K，Escriou V，et al. Current data on ATP-containing liposomes and potential prospects to enhance cellular energy status for hepatic applications. Crit Rev Ther Drug Carrier Syst，2008，25（4）：

305-345.

[266] Field CJ. The immunological components of human milk and their effect on immune development in infants. J Nutr，2005，135（1）：1-4.

[267] Naughton L M，Bentley D，Koeppel P. The effects of a nucleotide supplement on the immune and metabolic response to short term，high intensity exercise performance in trained male subjects. J Sports Med Phys Fitness，2007，47（1）：112-118.

[268] Gao LM，Zhou TT，Chen ZP. Maternal yeast-based nucleotide supplementation decreased stillbirth by regulating nutrient metabolism. J Sci Food Agric，2021，101（10）：4018-4032.

[269] Uddin GA，Youngson NA，Chowdhury SS，et al. Administration of nicotinamide mononucleotide（NMN）reduces metabolic impairment in male mouse offspring from obese mothers. Cells，2020，9（4）：791.

[270] Uddin GM，Youngson NA，Doyle BM，et al. Nicotinamide mononucleotide（NMN）supplementation ameliorates the impact of maternal obesity in mice：Comparison with exercise. Sci Rep，2017，7（1）：15063.

[271] Youngson NA，Uddin GM，Das A，et al. Impacts of obesity，maternal obesity and nicotinamide mononucleotide supplementation on sperm quality in mice. Reproduction，2019，158（2）：169-179.

[272] Martinez-Augustin O，Boza JJ，Navarro J，et al. Dietary nucleotides may influence the humoral immunity in immunocompromised children. Nutrition，1997，13（5）：465-469.

[273] Jyonouchi H，Sun S，Abiru T，et al. Dietary nucleotides modulate antigen-specific type 1 and type 2 T-cell responses in young c57bl/6 mice. Nutrition，2000，16（6）：442-446.

[274] Schaller JP，Kuchan MJ，Thomas DL，et al. Effect of dietary ribonucleotides on infant immune status. Part 1：Humoral responses. Pediatric Research，2004，56（6）：883-890.

[275] Buck RH，Thomas DL，Winship TR，et al. Effect of dietary ribonucleotides on infant immune status. Part 2：Immune cell development. Pediatric Research，2004，56（6）：891-900.

[276] Pickering LK，Granoff DM，Erickson JR，et al. Modulation of the immune system by human milk and infant formula containing nucleotides. Pediatrics，1998，10（2）：242-249.

[277] Moore KL，Mullan BP，Pluske JR，et al. The use of nucleotides，vitamins and functional amino acids to enhance the structure of the small intestine and circulating measures of immune function in the post-weaned piglet. Animal Feed Science and Technology，2011，165（3-4）：184-190.

[278] Guo XZ，Ran C，Zhang Z，et al. The growth-promoting effect of dietary nucleotides in fish is associated with an intestinal microbiota-mediated reduction in energy expenditure. J Nutr，2017，147（5）：781-788.

[279] Jang KB and Kim SW. Supplemental effects of dietary nucleotides on intestinal health and growth performance of newly weaned pigs. J Anim Sci，2019，97（12）：4875-4882.

[280] 食品安全国家标准 . 婴儿配方食品，2010.

[281] 食品安全国家标准 . 较大婴儿和幼儿配方食品，2010.

[282] Martin D，Schlimme E，Tait D. Nucleosides and Nucleotides in milk A2 - Fuquay，John W. [A] . In：Encyclopedia of Dairy Sciences（Second Edition）. San Diego：Academic Press，2011.

[283] Anisimov V. Life span extension and cancer risk：Myths and reality. Experimental Gerontology，2001，36（7）：1101-1136.

[284] Scopesi F，Verkeste CM，Paola D，et al. Dietary nucleotide supplementation raises erythrocyte 2，3-diphosphoglycerate concentration in neonatal rats. J Nutr，1999，129（3）：662-665.

[285] 李勇 . 餐桌上的奇妙世界——核酸 . 基因与食品 . 北京：北京大学医学出版社，2007.

[286] Di Virgilio F，Ceruti S，Bramanti P，et al. Purinergic signalling in inflammation of the central nervous system. Trends Neurosci，2009，32（2）：79-87.

[287] Schetinger MR，Morsch VM，Bonan CD，et al. NTPDase and 5′-nucleotidase activities in physiological and disease conditions：New perspectives for human health. Biofactors，2007，31（2）：77-98.

[288] Enjyoji K, Kotani K, Thukral C, et al. Deletion of cd39/entpd1 results in hepatic insulin resistance. Diabetes, 2008, 57 (9): 2311-2320.

[289] Singh R, Gopalan S, Sibal A. Immunonutrition. Indian J Pediatr, 2002, 69 (5): 417-419.

[290] Miller RA. Age-related changes in T cell surface markers: A longitudinal analysis in genetically heterogeneous mice. Mech Ageing Dev, 1997, 96 (1-3): 181-196.

[291] Mashiko T, Nagafuchi S, Kanbe M, et al. Effects of dietary uridine 5′-monophosphate on immune responses in newborn calves. J Anim Sci, 2009, 87 (3): 1042-4047.

[292] Rathbone MP, Christjanson L, Deforge S, et al. Extracellular purine nucleosides stimulate cell division and morphogenesis: Pathological and physiological implications. Med Hypotheses, 1992, 37 (4): 323-240.

[293] Wang L, Pooler AM, Albrecht MA, et al. Dietary uridine-5′-monophosphate supplementation increases potassium-evoked dopamine release and promotes neurite outgrowth in aged rats. J Mol Neurosci, 2005, 27 (1): 137-145.

[294] Wang L, Albrecht MA, Wurtman RJ. Dietary supplementation with uridine-5′-monophosphate (UMP), a membrane phosphatide precursor, increases acetylcholine level and release in striatum of aged rat. Brain Res, 2007, 1133 (1): 42-48.

[295] McLean AJ, Cogger VC, Chong GC, et al. Age-related pseudocapillarization of the human liver. J Pathol, 2003, 200 (1): 112-117.

[296] Le Couteur DG, Cogger VC, McCuskey RS, et al. Age-related changes in the liver sinusoidal endothelium: A mechanism for dyslipidemia. Ann N Y Acad Sci, 2007, 1114: 79-87.

[297] Shigefuku R, Takahashi H, Kobayashi M, et al. Pathophysiological analysis of nonalcoholic fatty liver disease by evaluation of fatty liver changes and blood flow using xenon computed tomography: Can early-stage nonalcoholic steatohepatitis be distinguished from simple steatosis. J Gastroenterol, 2012, 47 (11): 1238-1247.

[298] Cho JY, Suh KS, Kwon CH, et al. Outcome of donors with a remnant liver volume of less than 35% after right hepatectomy. Liber Transpl, 2006, 12 (2): 201-206.

第二章 外源核苷酸与延缓衰老、延长寿命

Exogenous nucleotides and longevity and healthspan extention

健康与长寿是生命科学永恒的主题。随着当今社会人口老龄化程度的不断加剧，人们对延缓衰老、延长寿命的愿望也越来越强烈。世界人口学报告显示，全人类正在经历前所未有的迅速老龄化进程，所有国家都将面临人口老龄化所带来的经济、社会、政治等多种问题的挑战。世界卫生组织报道称在 2000 年至 2050 年期间，全球 60 岁以上人口的比例将增加近一倍，从 12% 升至 22%。并预测到 2050 年，65 岁以上的人口将是五岁以下儿童的两倍以上，同时超过 15 ～ 24 岁的青少年，而且 80% 的老年人将生活在低收入和中等收入国家[1]。中国人口老龄化进程要明显快于很多中低收入和高收入国家，到 2040 年，60 岁及以上人口的比例将从 2010 年的 12.4% 上升至 28%。2013 年中国 80 岁及以上老年人有 2260 万，到 2050 年，该数字有望提高到 4 倍，达 9040 万人，成为老龄化最严重的国家[2]。

随着人口的老龄化，中国的疾病谱正从以传染性疾病为主，转向以高血压、心脏病、脑卒中、癌症等慢性非传染性疾病为主。人口老龄化和慢性疾病快速增长是我国目前面临的重大国情和严峻挑战。此外，传染性疾病的高发和危重也呈现显著的高龄偏好。在此次新型冠状病毒感染肺炎疫情的暴发、蔓延与全球大流行中，老年人更易感染且有着较高的病死率。随着人口老龄化不断加剧，老龄人口的健康问题已成为当前医学领域面临的主要问题之一。膳食营养是保证老年人健康的基石，老年人合理营养有助于延缓衰老进程、促进健康和预防慢性退行性疾病，提高生命质量。核苷酸是生物体细胞的重要基础物质，也是体内多种营养物质的代谢调节因子，对生物体的生长发育、代谢、繁殖和遗传具有重要作用，是实现有效延缓衰老、延长寿命的良好候选物。

With the aging of the population，China's disease spectrum is shifting from mainly infectious diseases to chronic non-communicable diseases such as hypertension，heart disease，stroke，and cancer. Population aging and the rapid growth of chronic diseases are major national conditions and severe challenges that my country is currently facing. In addition，the high incidence and seriousness of infectious diseases also show a significant preference for advanced age. In the outbreak，spread and global pandemic of the novel coronavirus pneumonia，the elderly are more susceptible to infection and have a higher case fatality rate. With the increasing aging of the population，the health problem of the aging population has become one of the main problems facing the current medical field. Dietary nutrition is the cornerstone of ensuring the health of the elderly. Reasonable nutrition for the elderly can help delay the aging process，promote health，prevent chronic degenerative diseases，and improve the quality of life. Nucleotide is an important basic substance of living cells and a metabolic regulator of various nutrients in the body. It plays an important role in the growth and development，metabolism，reproduction and inheritance of organisms. It is a good candidate for effectively delaying aging and prolonging lifespan.

第一节　概　述 Introduction

衰老（ageing，senescence）又称老化，通常是指在正常情况下生物发育成熟后，随着年龄增加而出现的自身功能减退、内环境稳定能力与应激能力下降、结构和组分逐步退行性变，趋向死亡的不可逆现象。衰老过程受多种因素的影响，如遗传因素、环境改变、饮食习惯、疾病状态及社会发展等。

随着年龄的增加，机体产生很多潜在的生理变化，慢性疾病的患病风险增加。年老之后，失能及死亡在大多数情况下都是由老龄相关的听力、视力、行动能力的丧失，以及心脏病、卒中、慢性呼吸系统疾病、癌症、老年痴呆等非传染性疾病造成。尽管衰老是不可避免的，但是通过改变生存环境、生活习惯及饮食行为等可以延缓衰老、延长寿命。因此，从营养的角度探讨老年人生理改变、营养需求、面临的问题和疾病，对延缓衰老进程、防治老年相关疾病和促进健康老龄化具有重要意义。

一、人体衰老过程[3-5]

衰老是以循序渐进、终生积累的分子和细胞损伤为特点，引起的机体渐进性、全身性的生理和功能改变。老年以后，人体许多方面的功能有不同程度的降低。例如，65～75岁时，约有40%的老年人糖耐量降低，到80岁时，这个数字增加到50%。70岁时，肝肾功能只有30岁时的60%～50%。70～80岁老人的骨量，女性降低30%，男性降低15%。到80岁，神经的传导速度降低20%～30%，最大耗氧量降低40%。老年期机体的另一个突出变化是体成分的改变，肌肉萎缩、体积减小，体脂比例增加。老年以后，关节韧性也会有不同程度的降低。老年以后的代谢功能、体成分和器官功能的改变可以影响老年人的营养需要和平衡。具体的衰老过程主要体现在以下几个方面：

（一）代谢与内分泌功能降低

1. 基础代谢率下降

机体的基础能量代谢随年龄降低，与中年人比较，老年人的基础代谢大约降低15%～20%。造成老年人这种变化的有关原因一方面可能与机体单位重量组织的合成代谢降低、分解代谢增高有关，还与瘦体重绝对重量的降低有关。不同部位的瘦体重的代谢率不同，如脑、心、肾和肝等内脏的代谢率比肌肉高15～25倍。利用分层扫描技术分别比较躯干和肢体的瘦体重变化，可见内脏体积变化受衰老的影响小。因此，老年人瘦体重变化对基础代谢的影响主要来自肌肉和骨组织的丢失。此外，虽然脂肪组织的代谢率较低，但是由于脂肪组织占体重的比例较大，其代谢对整体的基础代谢也有明显的贡献。而脂肪组织代谢率也会随部位不同发生改变。因此，一些学者认为脂肪组织的比例和分布的变化可能也是老年人基础代谢降低的一个原因。

2. 代谢功能降低

老年期代谢功能随着年龄的增长而降低，而且合成代谢降低，分解代谢增高，合成与分解代谢失去平衡，容易发生负氮平衡，引起细胞功能下降。老年人体脂增加、自主身体活动强度和频率减少，导致基础代谢率降低和全日总能量消耗减少。脂质代谢能力降低，容易出现血三酰甘油、总胆固醇和低密度脂蛋白胆固醇升高，高密度脂蛋白胆固醇下降的现象。

另外，老年人由于脑垂体功能降低、甲状腺功能萎缩，机体基础代谢、物质代谢过程均受到影响，代谢性疾病的发病率明显增高，如糖尿病、肥胖症、骨质疏松症、痛风等。且老年人机体胰岛素的分泌功能减弱，机体组织对于胰岛素的敏感性降低，会导致糖耐量减低。

3. 肠道微生态失衡

随着增龄，作为机体的重要宿主的肠道菌群，老年人的肠道微生态也发生巨大改变，主要体现在肠道微生态多样性、稳定性下降和肠道菌落结构改变几个方面。肠道微生态失衡与机体的衰老进程和多器官衰退具有重要联系。

（二）体成分改变

体内脂肪组织随年龄增长而增加，而脂肪以外的组织（lean body mass）则随年龄的增长而减少，具体表现为以下几个方面：

1. 体内脂肪组织逐渐增加，瘦体重逐渐减少；同时，脂肪在体内的储存部位出现向心性分布的趋势，即由肢体逐渐转向躯干。

2. 水分减少，主要是细胞内液减少。

3. 骨矿物质减少，骨密度降低，尤其是女性在绝经期后因雌激素分泌不足，骨量减少更明显，表现为骨痛、身高缩短、驼背、骨质疏松症及易骨折等。40 ～ 50 岁骨质疏松症发病率为 15% ～ 30%，60 岁以上可达 60%。

4. 肌肉细胞数量下降和体积逐渐减小，表现为肌肉组织的重量减少而出现萎缩，出现肌力下降、肌萎缩。30 岁以后，每 10 年人体骨骼肌减少 6% ～ 8%；到了 60 岁，肌少症发病率约为 30%；80 岁时，有 50% 的老人患有肌少症。

（三）器官功能改变

在老年阶段，各器官均出现退行性变化，表现出衰弱及病态的特征。人体衰老究竟从哪一个器官开始，国际上并没有定论。虽然通过人体解剖，可以观察到有些器官开始出现较早的变化，但由于伦理的原因，正常人体不可能进行解剖研究。目前得到的器官衰老解剖结果，器官来源是一个问题，意外死亡如车祸或疾病死亡得到的解剖材料只是参考，且存在明显的个体差异。从整体角度看，衰老过程中也涉及多个系统的衰退性变化、激素的分泌异常，尤其是神经系统的变化起重要作用。老年人最大的衰老变化是睡眠，往往表现为入睡困难、深度睡眠时间短、醒得早，这与昼夜节律变化有关。

随着年龄增加，消化液、消化酶及胃酸分泌量减少，致使食物的消化和吸收受影响。

胃扩张能力减弱，肠蠕动及排空速度减慢，易发生便秘。胆汁分泌减少，对脂肪的消化能力下降。多数老人有牙齿脱落，影响食物的咀嚼和消化。此外，老年人的肝体积缩小，血容量减少，合成蛋白的能力下降，导致食欲减退、消化吸收功能进一步降低。老年人心肺功能降低，心率减慢，心搏输出量减少，血管弹性降低，肺通气量减少。脑、神经功能、肾功能及肝代谢能力均随年龄增高而有不同程度的下降。老年人的骨髓造血干细胞减少、外周血免疫细胞数减少、免疫细胞分化增殖及反应能力降低、免疫细胞间相互调节失去平衡，导致整个免疫功能紊乱与衰退，易患各种疾病。

二、人体衰老机制

衰老是自然界一切生命的生物学过程，这个过程包括出生、发育、成长直到死亡。人体衰老是机体功能退行性下降及紊乱的综合变化。衰老发生的作用机制复杂，其相关机制涉及遗传突变学说、端粒丢失学说、免疫紊乱学说、自由基损伤学说、体细胞突变学说、线粒体功能紊乱学说和自噬功能受损学说等。研究发现，人类长寿 / 衰老进程由基因、表观遗传、环境和生活方式等共同决定。因此，深入思考不同水平的衰老机制及其相关联系，对实现健康衰老，确定老年病的防治目标与策略具有重要意义。

（一）端粒学说

端粒是真核细胞染色体末端的特殊结构，端粒是由 6 个碱基串联重复序列（TTAGGG）和结合蛋白组成，其具有保护染色体结构完整性，调节细胞正常生长的功能。在细胞分裂过程中，随着 DNA 不断的复制，端粒为保护染色体末端而不断地被消耗，长度逐渐变短。衰老的端粒学说由 Olovmikov 提出，认为细胞分裂过程中端粒 DNA 不能被 DNA 聚合酶完全复制，每分裂一次，此序列缩短一次。当端粒缩短到一定的程度后，细胞停止分裂，逐渐衰老、死亡。端粒酶是一种反转录酶，由 RNA 和蛋白质组成，可以以自身 RNA 为模板，合成端粒重复序列，加到新合成 DNA 链末端[6, 7]。端粒 DNA 富含鸟嘌呤，易受氧化应激攻击引起 DNA 氧化性损伤和单链断裂致端粒缩短。研究报道，电离辐射、活性氧自由基、环境污染物均可诱发机体的炎性反应和氧化应激，端粒缩短加速，引发机体的衰老[8]。

（二）自由基与氧化损伤学说

人体衰老的机制也十分复杂，衰老不仅发生在个体层面，包括细胞水平及分子水平都会随着生物体的衰老发生变化。已经有临床研究证实氧自由基与人体的疾病密切相关，可引起糖尿病、老年痴呆等多种疾病的发生，甚至可能导致机体产生癌症和死亡[9]。机体的防御系统具有高度的活性，各种抗氧化酶及非酶抗氧化剂的存在能够有效清除体内多余的自由基从而使机体处于一种动态平衡，但是随着年龄增加或者外界攻击导致自身的防御系统不能完全清除自由基时，细胞内的核酸、蛋白质、脂质等被氧化，生物膜及 DNA 等也遭到破坏，机体出现不可逆性损伤[10]。

（三）线粒体衰老学说

线粒体衰老学说普遍认为线粒体是自由基浓度最高的细胞器，线粒体 DNA（mitochondrial DNA，mtDNA）裸露，易发生突变。而线粒体对生命是至关重要的，其参与 ATP 的产生、细胞凋亡、脂肪酸的 β 氧化等重要生理过程。哺乳动物线粒体基因组编码 13 种蛋白质，22 种 tRNAs 和 2 种 rRNAs。哺乳动物线粒体蛋白质组包括 1200 多种蛋白质，而几乎所有这些都是由细胞核 DNA 编码，释放至细胞质后再导入到线粒体。线粒体 DNA 仅编码线粒体蛋白质组的 1.1%，但这些蛋白质是氧化磷酸化（oxidative phosphorylation，OXPHOS）复合物的关键成分，对线粒体发挥正常功能是必不可少的。随着年龄的增长，线粒体的形态、丰度和 OXPHOS 活性发生变化。研究报道，衰老的细胞中线粒体体积增大、数量增加、mtDNA 突变、拷贝数增加 2 ～ 4 倍，减少线粒体或 mtDNA 含量可以拮抗衰老和衰老相关分泌表型（senescence associated secretory phenotype，SASP）[11]。研究认为 mtDNA 损伤的持续积累可能与衰老有关[12]，mtDNA 的突变会导致细胞能量转换的严重损害和组织功能障碍，这种损害包括线粒体脆性增加、膜电位紊乱、呼吸链能力逐渐下降、电子传递链复合物活性下降，氧化损伤升高。mtDNA 突变使呼吸链功能受损，进一步引起自由基堆积，导致衰老[13]。此外，mtDNA 突变也与年龄相关疾病的病理生理学和衰老过程本身有关[14]。

（四）表观遗传调控

生物遗传信息表达正确与否，既受控于 DNA 序列，又受制于表观遗传学信息。表观遗传改变是指在不影响碱基对水平的 DNA 序列的情况下实现的基因表达调控，包括 DNA 甲基化，染色质重塑（由组蛋白的翻译后修饰和 ATP 依赖的染色质重塑复合物引起）和非编码 RNA。这些表观遗传机制的改变可影响绝大多数分子进化过程，包括基因转录和沉默、DNA 复制和修复、细胞周期进展、端粒和着丝粒结构和功能等[15]。衰老是一个多元化的过程，其特征在于基因组中的遗传和表观遗传变化，而表观遗传机制现已成为衰老的基因组结构和功能改变的关键因素，也与早年衰老综合征、动脉粥样硬化等衰老相关疾病的发生密切相关[16]。研究发现，含有转座子和其他重复元件的染色质区域的表观遗传改变以及转座因子的转录激活似乎是真核生物中衰老细胞的保守特征，而 Sirtuins 对 DNA 损伤的重新定位则可能会导致衰老期间的表观遗传变化和基因组不稳定。关于表观遗传学与衰老之间关系的广泛证据确实表明，人类寿命主要取决于表观遗传调控，而不是基因预测，同时饮食和其他环境影响可以通过改变表观遗传来影响寿命[17]。

（五）其他衰老相关机制

衰老的机制非常复杂，除上述分子机制外，还有许多因素能够加速机体衰老。如 p53 和 Rb 等肿瘤抑制基因的激活、LMNA 基因点突变、内分泌功能减退、免疫系统和蛋白质稳态破坏、饮食控制和 mTOR 信号通路等均与衰老发生密切相关。此外，ZHU 等[18]研究发现 FasL/Fas 信号传导促进了卵母细胞的衰老。FU 等[19]证明在严重的退行性椎间盘中，其酸性环境可通过调节 p38 MAPK 途径促进髓核细胞衰老，该研究提供了一种在椎间盘退变过程中驱动髓核细胞衰老的新机制。SONG 等[20]报道 17β- 雌二醇能够通过 p53 信号通路调节自噬，从而抑制人脐带血管内皮细胞的衰老。另有研究发现，肠道菌群依赖性代谢物三甲胺 -N- 氧化物通过氧化应激加速内皮细胞衰老和血管老化[21]。

三、抗衰老物质的研究进展

许多研究表明衰老过程及衰老相关疾病的发生可以通过基因治疗或控制饮食的手段进

行延缓。但是基因疗法可能涉及许多伦理问题，而控制饮食的方法的可实践性不强，仅对少数自律性强的人群可能有效，同时节食过度还可能引起营养不良等问题。而研究表明一些药物或者膳食补充剂可以预防或延缓心血管疾病、神经退行性疾病及肿瘤的发生及发展从而具有延长寿命的作用[22]。

（一）抗氧化物质

抗氧化物的抗衰老作用是基于衰老的自由基学说。衰老的自由基学说认为，氧自由基是体内代谢的必然产物。体内的自由基具有广泛的作用，在正常情况下机体通过低分子化合物和酶的作用维持自由基的动态平衡。在衰老的过程中，自由基生成过多而清除过少时，过多的自由基极易侵害细胞脂质中的不饱和脂肪酸，形成脂质自由基，使细胞脂质过氧化，破坏细胞内外的膜性结构，抑制细胞分裂修复，引起蛋白的变性和交联，使酶失去活性。自由基还可以引起染色体变异、染色体断裂和交联[23]。在细胞内清除自由基的酶有超氧化物歧化酶（superoxide dismutase，SOD）、谷胱甘肽过氧化酶（glutathione peroxidase，GSH-Px）、过氧化氢酶（catalase，CAT）等[24]。Ames 等人的研究发现，黑腹果蝇长寿群体的抗氧化酶如 SOD、CAT、GSH-Px 等的表达水平显著高于短寿群体[25]。因此，清除过多的自由基及提高抗氧化酶的活性是延缓机体衰老的主要机制之一。研究发现血清中 β - 胡萝卜素、α - 生育酚、玻尿酸的水平及 SOD 酶的活性与生存时间呈正相关。饲料中添加高剂量的 α - 生育酚可以显著延长 50% 雄性大鼠的生存时间，并降低恶性自发肿瘤的发生率并延长肿瘤的潜伏期[26]。一些人工合成的抗氧化剂如半胱氨酸盐、巯基乙醇等也可以延长果蝇、小鼠等的生存时间[27]。

（二）蛋白交联的抑制剂

生物大分子的增龄性改变和修饰是一个普遍存在的老化现象。皮肤、眼、血管、肺叶、肾小球基底膜等组织的细胞间质组织的胶原交联硬化，可逐渐造成对器官功能的损害。一些实验证明与增龄相关的交联现象存在于胶原、弹性蛋白及核染色质。而能量限制对寿命的延长作用的机制也发现与减少增龄性胶原蛋白的交联作用有关。一些自由基捕获剂及山黧豆素的抗衰老作用被发现与抑制胶原蛋白交联的形成有关[28]。Anisimov 等人发现在生长激素分泌功能缺陷的小鼠的寿命延长现象与延缓免疫系统和胶原的交联有关[29]。

（三）免疫调节剂

免疫功能的增龄性失调可引起感染性疾病、肿瘤及自身免疫性疾病的发生率增加。根据衰老的免疫学理论，胸腺提取物及其他免疫调节剂可抑制免疫系统的衰老性改变，并显著延长果蝇、小鼠和大鼠的寿命[30]。

（四）激素调节剂

激素疗法被广泛用于老年功能衰退综合征，包括褪黑激素、生长激素、性激素、脱氢表雄甾酮等。

此外，研究发现与自由饮食相比，对常见物种进行限制能量饮食后，可以不同程度地延长物种的平均寿命和最大寿命，并且平均寿命和最大寿命的长短随着能量限制的时间延长而增加。研究发现，在保证微量营养素供给的条件下，减少能量供给，可使节食小鼠寿命延长 50%。通过限制能量摄入来抗衰老已在人群研究中得到证实，这可能与能量摄入减少而使产生的自由基减少有关[31]。

四、膳食营养因素与衰老[3，4，32，33]

营养素是体内代谢的物质基础，营养缺乏、过剩或不平衡都能导致衰老。

（一）蛋白质

由于老年人的蛋白质分解大于合成，机体较中青年时期更容易出现负氮平衡状态。老年人的胃肠道、肝、胰腺等器官的功能衰退，蛋白质的消化吸收功能减弱；老年人的内分泌功能有所下降，对于氨基酸和蛋白质的利用率降低。一方面，蛋白质摄入不足可使肌肉衰减加速和相关疾病发病率增高。蛋白质营养不良是老年常见疾病发生发展的重要危险因素，导致其疾病易感性增高及不良的临床结局。另一方面，过多的蛋白质摄入会造成肝及肾负担，所以蛋白质的摄入应当保质限量。一般认为，老年人每日蛋白质摄入量以 1.0 ～ 1.2 g/（kg·bw）为宜，老年人膳食蛋白质的推荐摄入量（recommended nutrient intakes，RNI）男女分别为 65 g/d 和 55 g/d，特别应强调对于优质蛋白质的摄入，动物类食物及豆类等提供的优质蛋白质应当占蛋白质总摄入量的 50% 以上。

（二）脂类

老年人的体脂比例增加、瘦体重减少，胆汁分泌降低，脂酶活性下降，对于脂肪的消化能力减弱，所以对于老年人来说要控制脂质的摄入。但由于进食能力降低，消化吸收减慢，老年人营养不良的风险也在增加。现推荐老年人膳食脂肪的宏量营养素可接受范围（acceptable macronutrient distribution ranges，AMDR）为 20% E ～ 30% E。随年龄增长，老年人体内总脂肪明显增加，主要是胆固醇、三酰甘油和游离脂肪酸增加，故应控制富含 SFA 食物（如猪油、牛油等）的摄入，以植物油等为主。老年人饱和脂肪酸（saturated fatty acid，SFA）的 U-AMDR 为＜ 10% E。研究发现，n-3 系列的多不饱和脂肪酸（polyunsaturated fatty acid，PUFA）对降低心脏病死亡率、预防慢性非传染性疾病有积极作用，老年人应适量增加 n-3 系列 PUFA 的 AI 为 0.60% E，AMDR 为 0.5% ～ 2.0% E。n-6 系列 PUFA 的 AMDR 为 2.5% ～ 9.0% E。在控制总脂肪和 SFA 供能，满足 n-6 PUFA、n-3 PUFA 适宜摄入量前提下，其余膳食脂肪由单不饱和脂肪酸（monounsaturated fatty acid，MUFA）提供。

（三）能量

老年人的基础代谢率下降，体力活动减少，体脂比例增加，对于能量的需求量较中青年时期有所减少，老年膳食能量的摄入主要通过体重变化来衡量。

（四）矿物质

钙：老年人的胃肠道功能减退、胃酸分泌量减少、活性维生素 D 的合成量减少，对钙的吸收率下降，骨吸收快于骨形成，使得老年人易患骨质疏松症。老年人需要适当增加钙的摄入，65 岁及以上居民 RNI 为 1000 mg/d，但补充钙也不宜过量，以免引起高钙血症、肾结石及内脏钙化的发生。

铁：老年人对铁的吸收利用能力也相应减弱，造血功能降低，由于老年人喜好清淡的食物，摄入的动物性食物减少，来源于动物性食物的铁摄入相应减少，使得老年人易患缺铁性贫血。65 岁及以上居民铁的 RNI 为 12 mg/d，应当适当多食用动物肝、血、家禽等富含铁且易吸收的食物。但过多的铁摄入可能会通过氧化自由基引起脂质过氧化而导致细胞膜损伤，还可能沉积在心肌细胞及间质细胞内部，引发心肌细胞坏死，还会使得低密度脂蛋白（low density lipoprotein，LDL）氧化从而促进动脉粥样硬化的发生；铁摄入过多还会影响机体对于锌、铜、锰、硒等元素的吸收，所以老年人在摄入铁时也要控制量，65 岁以上居民铁的可耐受最高摄入量（tolerable upper intake levels，UL）为 42 mg/d。

钠：老年人味觉减退，容易导致食盐摄入过量，人群流行病调查和试验研究均显示食盐摄入量与血压呈正相关。中国营养学会推荐 65 岁后钠的 AI 值为 1400 mg/d，80 岁以后钠的 AI 值为 1300 mg/d。为了预防高血压，中国营养学会制订了钠的预防非传染性慢性病的建议摄入量（proposed intakes for preventing non-communicable chronic diseases，PI-NCD），即 65 岁以后钠的 PI-NCD 值为 1800 mg/d，80 岁以后钠的 PI-NCD 值为 1700 mg/d。同时，考虑中国的饮食习惯和现况建议每人每天食盐摄入量不超过 6 g，高血压、冠心病患者的食盐摄入量不超过 5 g/d。

（五）维生素

维生素 A：β- 胡萝卜素是我国居民膳食维生素 A 的重要来源，老年人进食量少，再加上牙齿的咀嚼功能下降，摄入的蔬菜水果量有限，易出现维生素 A 缺乏。50 岁以上居民维生素 A 的 RNI 为男性 800 μgRAE/d，女性 700 μgRAE/d，应当多食用黄绿色和橙色的蔬菜与水果来补充维生素 A 的摄入。

维生素 D：老年人的户外活动减少，通过皮肤合成的维生素 D 数量降低；而且老年人肝肾功能下降，在肝肾活化为 $1,25\text{-}(OH)_2D_3$ 的能力下降，易出现维生素 D 缺乏，影响钙磷代谢及骨骼矿化，导致骨质疏松症的发生。近年研究发现，维生素 D 还参与多种老年相关疾病的发生与发展，例如老年认知障碍、肌少症等。然而维生素 D 过量也会引起中毒。因此老年人应注意维生素 D 的摄入，65 岁以上维生素 D 的 RNI 为 15 μg/d。但老年人维生素 D 代谢效率和受体敏感性降低，因此应注意维生素 D 的选择与补充。

B 族维生素：维生素 B_2 对维护老年人视力有积极作用。叶酸、维生素 B_6 和维生素 B_{12} 是同型半胱氨酸代谢的重要因子，参与血红蛋白及甲基化合物如肾上腺素、胆碱、肌酸等的合成，老年人缺乏可引起高同型半胱氨酸血症，对血管内皮细胞产生损害，并激活血小板黏附和聚集，造成动脉粥样硬化，故叶酸缺乏被认为是心血管疾病的危险因素。给萎缩性胃炎及胃癌癌前病变患者补充叶酸有防止胃癌癌前病变向胃癌转变的作用。叶酸和维生素 B_{12} 都是 DNA 合成的重要辅酶，同时还可影响脑内蛋氨酸、L- 酪氨酸和乙酰胆碱的代谢，对脑内重要神经递质的合成起到关键作用，与老年痴呆关系密切。

（六）水

老年人机体含水量减少，失水和脱水反应较其他年龄组迟钝，血液黏稠，对水分的需求高于其他年龄组，故适量饮水可保持正常的代谢功能，保持良好的肾排泄功能，预防血栓、老年认知障碍和心脑血管疾病的发生。老年人应保持良好的饮水习惯，做到主动规律饮水，最好选择白开水或者淡茶。老年人每日饮水量男性应为约 1700 ml，女性应为约 1500 ml，并且应该注意主动足量饮水。

（七）抗氧化营养素/植物化学物

衰老的自由基学说认为，由于自由基造成的损伤不断加重和积累，导致机体一系列的衰老表现。研究发现，食物中的抗氧化营养素（如β-胡萝卜素、维生素C、维生素E、锌、硒等）具有减少自由基产生、清除自由基或抑制自由基对大分子的氧化损伤等作用。除了上述营养素外，如类胡萝卜素、多酚、植物雌激素、蛋白酶抑制剂和硫化物等植物化学物也具有明显的抗氧化作用。鼓励增加深色蔬菜和水果以及豆类等富含抗氧化营养素食物的摄入，以减少体内氧化应激损伤。必要时可适当补充含多种抗氧化营养素和植物化学物的膳食补充剂。

五、外源核苷酸与衰老

核苷酸是生物体细胞决定生物特性和蛋白质结构与功能的物质，控制着生物体的生长、发育、繁殖和遗传，是体内多种营养物质的代谢调节因子，是各种营养因子的总协调者和指挥者。由于机体可以合成核苷酸，人们曾认为核苷酸不属于必需营养物质。但近几十年来，各项研究逐渐发现，核苷酸在特定生理条件下（如免疫应激、肝损伤、饥饿及快速生长时）能发挥重要作用，关于膳食来源的核苷酸调节机体功能的研究，涉及包括抗氧化、促进细胞增殖分化、抑制癌症细胞等多个方面，是实现有效延缓衰老、延长寿命的良好候选物[4]。

Nucleotide is a substance that determines biological characteristics and protein structure and function of organism cells，and controls the growth，development，reproduction and inheritance of organisms. Coordinator and conductor. Because the body can synthesize nucleotides，it was once thought that nucleotides were not considered essential nutrients. However，in recent decades，various studies have gradually found that nucleotides can play an important role under specific physiological conditions（such as immune stress，liver damage，starvation，and rapid growth），and dietary sources of nucleotides regulate body functions. It is a good candidate for effectively delaying aging and prolonging lifespan[4].

氧化应激引起的损伤积累是组织细胞功能障碍和许多疾病的病理生理基础，如糖尿病、动脉粥样硬化、神经退行性变、恶性肿瘤等。北京大学李勇教授课题组研究发现，外源核苷酸可显著增加6、12和24月龄大鼠血清抗氧化酶SOD和GSH-Px活性，降低脂质过氧化产物丙二醛（malondialdehyde，MDA）含量；减少自然衰老大鼠肝细胞中线粒体的变性坏死，提高SDH、ATP酶活性，减少LDH生成，促进细胞能量代谢，并抑制自然衰老大鼠肝中脂质过氧化产物MDA的生成[4]。可见外源核苷酸具有淬灭单线态氧、清除自由基和阻止脂质过氧化的发生，从而防止氧化应激对组织细胞的损伤的作用，具备预防和控制氧化应激损伤相关疾病的潜力。

免疫系统是人体健康的门户，承担机体抵抗外来病菌（免疫防御）、清除突变或癌变细胞（免疫监视）和维持机体自稳状态（免疫自稳）等核心作用。免疫衰老是老年人疾病发生发展的诱发或促进因素，是研究探索延长老年人健康寿命和疾病防治的重要靶点。北京大学李勇教授课题组前期对外源核苷酸的免疫调节功能进行系统性的研究，在分别给予各组小鼠无核苷酸、正常饲料及外源核苷酸饲料喂养4周后，在无核苷酸组小鼠刀豆蛋白A诱导的淋巴细胞增殖能力以及迟发性变态反应中足跖肿胀度明显降低，外源核苷酸组这两项功能均有所恢复，提示外源核苷酸具有明显改善细胞免疫功能的效果；在血清中溶血素水平测定试验和抗体生成细胞实验中，与无核苷酸对照组比较，0.04 g/（kg·bw）组的溶血空斑数以及样品半数溶血值显著提高；与正常对照组比较，0.04 g/（kg·bw）组的半数溶血值显著提高，表明外源核苷酸能提高小鼠的体液免疫功能，并缓解无核酸饲料喂养小鼠引起的体液免疫抑制作用；在小鼠腹腔巨噬细胞吞噬鸡红细胞试验（半体内法）和小鼠碳粒廓清实验中，与正常对照组比较，无核苷酸组巨噬细胞吞噬鸡红细胞能力有所降低，碳粒廓清能力显著降低，而0.01、0.04和0.16 g/（kg·bw）外源核苷酸组的碳粒廓清能力表现出回升的趋势；对小鼠脾淋巴细胞群百分比进行测定发现，与正常对照组比较，无核苷酸对照组的小鼠脾$CD4^+$/$CD8^+$的比值显著降低，$CD4^+CD25^+$细胞（T调节细胞）百分比显著提高。与无核苷酸组相比，0.04 g/（kg·bw）组的$CD4^+$T细胞亚群百分比、$CD4^+$/$CD8^+$的比值以及NK细胞百分比均显著提高，$CD4^+CD25^+$细胞百分比显著降低；0.0025 g/（kg·bw）和0.16 g/（kg·bw）组的$CD4^+$/$CD8^+$的比值，以及0.16 g/（kg·bw）组的NK细胞百分比也显著提高，提示外源核苷酸可以通过增强Th细胞比例，减少Tr比例而实现增强免疫功能的作用。此外，核苷酸还可能通过增加淋巴细胞的百分比，特别是$CD4^+$细胞亚群，产生增强细胞免疫功能的作用；对小鼠血清免疫球蛋白水平进行测定发现，与正常对照组和无核苷酸组比较，0.04 g/（kg·bw）外源核苷酸组的IgG、IgM水平显著提高，表明补充核苷酸可提高小鼠血清中免疫球蛋白水平，而体液免疫功能的改善正源于免疫球蛋白水平的提高[4]。以上研究提示，外源核苷酸是维持机体免疫功能的必要物质，可显著改善细胞免疫功能、体液免疫功能及单核-巨噬细胞吞噬功能，饲料核苷酸缺乏会导致小鼠多种免疫功能受损，在此基础上补充核苷酸对于维持正常的免疫功能具有重要意义，小鼠饲料核苷酸水平达到0.04%即可满足机体的生理需要。此外，在非正常生理状态下，外源性核苷酸能够显著改善生理状态改变带来的体液免疫功能降低。

肝作为人体的代谢中心，是最早最容易发生老化的器官之一。随着年龄增长，肝会发生许多结构和功能的变化。包括，肝体积减少、肝血流灌注量减少、肝细胞排列紊乱、肝血窦明显扩张、脂肪变性、炎症细胞浸润、纤维化改变、紧密连接的通透性和通过细胞转移的能力减少等。老化肝物质代谢明显紊乱，白蛋白合成能力、对药物代谢能力以及Kupffer细胞吞噬能力明显降低。一方面，肝实质细胞的总数量逐渐减少，增殖修复能力降低、代偿性肝细胞变大等。衰老时肝细胞内发生线粒体数目减少，肿胀、变形、空洞等一系列退行性改变，肝细胞的能量代谢能力降低。另一方面，衰老的肝细胞可激活肝星形细胞等其他类型的细胞，进而导致肝纤维化的加剧。由于免疫微环境的改变，肝纤维化不断进展恶化，并且两者相互促进；同时，肝细胞还有可能跨过衰老阶段发展为肝癌细胞。膳食来源的核苷酸能进入各种组织中并被吸收利用，将会节省机体从头或者补救合成的消耗从而可以优化组织功能。北京大学李勇教授课题组研究发现外源核苷酸不但可以调节肝内核苷酸浓度，促进多种类型肝损伤的修复再生，促进肝胶原蛋白的降解，减轻肝纤维化程度，还可以调节肝脂肪酸的代谢（详见第八章）[4]。此外，北京大学李勇教授课题组研究发现膳食添加核苷酸能够部分逆转酒精引起的大鼠肠道菌群紊乱，改善炎症反应。体外研究发现外源核苷酸对干酪乳杆菌的生长，生物被膜、胞外聚合物的产生，粗提物的抗群体感应及抗生物被膜活性均有明显促进作用[34]。

综上可知，外源核苷酸具有多种多样的生理活性，在特定的生理条件下是不可缺少的营养成分，如在代谢旺盛的组织器官或者当机体受到应激、免疫挑战、肝损伤、饥饿以及快速生长的情况下，核苷酸能被组织吸收利用，节省机体从头合成或者补救合成的消耗，从而可以优化组织功能。此外，在体外通过酶解方式将核酸降解成为核苷酸后可以省略体内的分解过程，更加容易被人体消化吸收。但目前对于酶解技术获得的外源性核苷酸在延缓衰老、延长寿命方面作用的研究较少，本章第二节会将重点针对外源核苷酸对延缓衰老、延长寿命相关的研究与应用进行阐述。

In summary，exogenous nucleotides have a variety of physiological activities，and are indispensable nutrients under specific physiological conditions，such as in tissues and organs with vigorous metabolism or when the body is under stress，immune challenge，liver damage，In the case of starvation and rapid growth，nucleotides can be absorbed and utilized by tissues，saving the body consumption of denovo synthesis or salvage synthesis，thereby optimizing tissue function. In addition，after the nucleic acid is degraded into nucleotides by enzymatic hydrolysis in vitro，the decomposition process in the body can be omitted，and it is easier for nucleotides to be digested and absorbed by the human body. However，there are few researches on the role of exogenous nucleotides obtained by enzymatic hydrolysis in delaying aging and prolonging lifespan. The second section of this chapter will focus on the research and development of exogenous nucleotides on delaying aging and prolonging lifespan. Application is explained.

第二节　外源核苷酸延缓衰老、延长寿命作用的研究进展
Advances in exogenous nucleotides extends longevity and health span

北京大学李勇教授课题组以不同剂量外源核苷酸为干预物，分别采用自然衰老的动物模型（SD 大鼠）和国际公认的快速衰老小鼠（SAMP8 小鼠）两种动物模型，开展长期的动物体内研究，通过重点观察外源核苷酸对模型动物的生存时间、老化进程、肿瘤发生发展的影响，来观察外源核苷酸对衰老的延缓作用。系统性地从动物、细胞器、基因分子、菌群等多个水平深入探究 NTs 的延缓衰老、延长寿命的作用及其可能机制，从而综合诠释外源核苷酸调节衰老的重新编程的具体作用机制。健康长寿是全人类永恒的主题，本研究的研究成果将为我国老年健康的促进，也将对进一步推动“健康中国”战略、“一带一路”倡议以及构建人类命运共同体具有重要意义。这也将对 NTs 作为延缓衰老的功能食品应用提供更为扎实的数据与科学证据，为我国乃至全球的积极主动健康老龄化提供重要的解决策略和科学背书。

Professor Li Yong's research group from Peking University used different doses of exogenous nucleotides as interventions，and adopted two animal models of natural aging（SD rats）and internationally recognized rapid aging mice（SAMP8 mice）to carry out research. Long-term in vivo studies in animals have focused on observing the effects of exogenous nucleotides on the survival time，aging process，and tumor occurrence and development of model animals to observe the delaying effect of exogenous nucleotides on aging. Systematically explore the effects of NTs on anti-aging and lifespan extension and their possible mechanisms from the levels of animals，organelles，gene molecules，and flora，so as to comprehensively interpret the specific mechanism of exogenous nucleotides regulating aging reprogramming. Health and longevity is the eternal theme of all mankind. The research results of this study will be of great significance for the promotion of the health of the elderly in my country，and for the further promotion of the "Healthy China" strategy，the "Belt and Road" initiative，and the building of a community with a shared future for mankind. This will also provide more solid data and scientific evidence for the application of NTs as a functional food for anti-aging，and provide important solutions and scientific endorsements for active and healthy aging in my country and the world.

一、NTs 终身干预对 SD 大鼠的影响研究

北京大学李勇教授课题组通过给予 SD 大鼠全生命周期外源性核苷酸干预，首次研究了外源核苷酸（nucleotide，NTs）对自然衰老的动物模型生存时间的影响。研究采用 500 只健康初断乳的 SD 大鼠（雌雄各半），将其随机分为对照组和饲料中添加 0.01%、0.04%、0.16% 和 0.64% 的 NTs 干预组。各组给予对应饲料进行终身喂养干预，一直观察到其自然衰老死亡。在实验过程中对动物的一般状况、皮下肿瘤的发展情况、肝肾功能、血脂、血糖等相关的血清生化指标及抗氧化相关指标——超氧化物歧化酶、谷胱甘肽过氧化物酶、丙二醛进行评估与测定。在实验结束后，汇总所有大鼠的死亡时间并进行生存分析。现将主要成果汇总如下：

（一）NTs 对 24 月龄 SD 大鼠血清生化指标的影响

24 月龄（由表 2-2-1 可见），核苷酸各剂量组在 TP、ALB、ALT、AST、BUN、Cr 和 UA 指标上，与对照组均没有显著性差异。雄性核苷酸各剂量组的 HDL-C 高于对照组，但未发现显著性差异，这可能与样本量不足有重要关联。核苷酸各剂量组在 TC 和空腹血糖（Glucose，Glu）指标上，与对照组均没有显著性差异。雌性 0.16% 核苷酸干预组的 TG 较对照组有显著性增高，但未发现剂量反应关系。

（二）NTs 长期干预对 SD 大鼠自发非肿瘤性病变的影响

SD 大鼠在自然衰老过程中非肿瘤性病变多为年龄增长相关的退行性病变，如纤维化、肺气肿、萎缩性改变和增生等。此外炎症性改变也较为多见。

在非肿瘤性病变中，脂肪肝最为高发。雄性大鼠对照组中发现 5 例（占 19.2%），0.01%、0.04%、0.16% 和 0.64% 核苷酸干预组中分别发现 3 例（占 11.5%）、4 例（占 15.4%）、4 例（占 15.4%）和 3 例（占 11.5%）。同时也发现一些炎性病变，由于发生率较低，均未发现显著组间差异。对于其他的非肿瘤性病变也未发现显著的组间差异。

表 2-2-1　核苷酸干预对 24 月龄 SD 大鼠血清生化指标的影响（$\bar{x}\pm s$）

性别	NTs（%）	只数（n）	ALT（U/L）	AST（U/L）	TP（g/L）	ALB（g/L）	UA（μmol/L）	TC（mmol/L）	TG（mmol/L）	HDL-C（mmol/L）	Glu（mmol/L）	BUN（mmol/L）	Cr（μmol/L）
雄性	0	5	23.77±18.01	89.00±41.58	51.33±21.08	27.33±11.50	67.67±25.48	1.93±0.06	0.73±0.58	0.87±0.06	6.47±1.78	16.67±14.01	88.67±56.92
	0.01	4	37.33±16.86	116.33±5.53	47.00±10.82	26.00±6.25	60.33±16.29	2.73±0.83	0.60±0.10	1.57±0.59	6.50±1.35	4.97±1.12	32.00±45.83
	0.04	5	32.80±15.70	110.00±42.97	49.60±8.65	28.20±4.38	79.60±23.00	1.86±0.55	0.80±0.45	1.10±0.42	6.54±3.18	6.36±1.85	53.00±33.26
	0.16	4	36.25±26.04	102.25±61.13	46.00±11.17	25.50±5.92	57.50±16.84	1.50±0.36	0.25±0.50	0.90±0.16	5.68±3.21	4.30±1.01	33.50±65.57
	0.64	7	30.00±19.24	108.14±4.72	54.29±7.72	27.29±8.99	70.14±17.35	1.53±0.93	1.00±0.82	0.91±0.43	5.23±2.96	15.03±11.18	82.00±58.39
雌性	0	5	37.20±16.77	148.80±58.17	59.40±7.70	32.20±7.09	48.40±13.22	2.16±1.10	0.40±0.55	1.38±066	6.24±0.99	9.48±5.02	31.00±9.22
	0.01	6	47.33±34.26	142.33±79.69	61.83±12.89	36.00±9.27	51.50±2.78	2.10±0.70	0.17±0.41	1.33±0.52	6.63±1.81	6.30±2.38	34.17±3.97
	0.04	8	36.25±12.03	124.87±64.15	60.63±11.71	35.63±9.29	54.75±13.61	2.26±0.77	0.25±0.46	1.46±0.45	6.92±2.30	6.18±3.18	40.38±19.80
	0.16	7	39.5711.09	125.57±53.77	55.71±8.12	35.71±8.47	53.86±20.10	2.07±0.64	0.57±1.71*	1.19±0.31	7.51±1.64	7.91±2.28	32.00±9.59
	0.64	6	26.3315.12	108.67±52.67	56.33±10.10	33.83±8.91	74.67±15.76*	1.90±0.67	0.17±0.41	1.33±0.38	6.75±2.49	5.02±1.59	40.50±1.56

注：与对照组相比：$^*P<0.05$，$^{**}P<0.01$。

（三）NTs 长期干预对 SD 大鼠自发肿瘤性病变的影响

各组雌雄 SD 大鼠自发肿瘤的情况。随着年龄的增长，雄性和雌性对照组自发肿瘤发生率分别为 80.1% 和 69.2%。在核苷酸干预下，雌雄大鼠自发肿瘤率有一定程度的下降。与对照组相比，雄性核苷酸干预组的肿瘤发生率显著下降（$P < 0.01$）。良性及恶性肿瘤的发生率与对照组相比也体现出明显的下降趋势。将两种性别进行合并分析的情况下，对照组恶性肿瘤的发生率分别为 0.01%、0.04%、0.16% 和 0.64% 为核苷酸干预组的 10、10、2.5、2 倍（$P = 0.01$）。在肿瘤的多发性方面，将每只荷瘤动物的肿瘤数进行比较，在雄性大鼠中发现核苷酸干预组的荷瘤动物的肿瘤数有低于对照组的趋势，但是在雌性大鼠中这种趋势并不明显。

乳腺肿瘤在 SD 雌性大鼠是最常见的自发肿瘤之一，雌性对照组乳腺肿瘤发生率为 31%。0.01%、0.04%、0.16% 和 0.64% 核苷酸干预组乳腺肿瘤发生率分别为 30%、23%、35% 和 31%，未呈现显著性差异。在乳腺肿瘤发生时间方面，0.01% 核苷酸干预组与对照组相比有显著性差异。并且 0.01% 和 0.04% 核苷酸干预组中的乳腺肿瘤大鼠在终末处置时乳腺肿瘤的体积显著低于对照组。0.01% 核苷酸干预组的乳腺肿瘤平均产生时间与对照组相比有所延长。与乳腺肿瘤的结果类似，核苷酸干预组与对照组相比皮肤及皮下肿瘤具有较晚的发生时间。

垂体肿瘤在对照组雌雄 SD 大鼠均有较高的自发肿瘤率。本实验结果显示垂体瘤的发生率在雄雌对照组中为分别为 31.3% 和 63.3%。与对照组大鼠相比，雌雄核苷酸干预大鼠的垂体瘤的发生率均呈降低趋势，但差异无统计学意义。同时，与对照组相比，雄雌核苷酸干预组垂体瘤的体积没有明显差异。

（四）NTs 长期干预对大鼠生存时间的影响

表 2-2-2 和彩图 2-2-1 显示经核苷酸的长期干预，雌雄大鼠的平均生存时间在一定程度上比对照组有所延长。当雌雄混合时，核苷酸干预组与对照组相比，均显示有统计学差异。但分性别进行比较时，由于样本量小的原因而使组间的显著性有所减弱。生存分布显示核苷酸对于生存时间较长的亚群比生存时间较短的亚群有着更明显的延长作用。

雄性对照组动物最长生存时间为 871 天（约 29 月龄），而在相同的生存时间内 0.01%、0.04%、0.16% 和 0.64% 核苷酸雄性核苷酸干预组存活率分别为 23%、26%、12% 和 8%，最长生存时间分别比对照组延长了 131、40、82 和 118 天（即：4.37、1.33、2.73 和 3.93 个月）。对于雌性大鼠，对照组最长生存时间为 845 天（28.2 个月），而在相同生存时间下雌性核苷酸干预组均有 13.46% 动物存活。具体讲，在 0.01%、0.04%、0.16% 和 0.64% 核苷酸干预组最长生存时间分别为 295、50、195 和 40 天（9.83、1.67、6.50 和 2.80 个月）。

对于荷瘤动物而言，雄性动物平均生存时间为 746±16.3 天，雌性为 702±17.3 天。非荷瘤动物的生存时间要短于荷瘤动物，其中雄性为 694±17.5 天（$P = 0.029$），雌性为 627±16.5 天（$P = 0.003$）。

一般 SD 大鼠的平均生存时间为 623 ～ 735 天[35, 36]。生存分析结果表明核苷酸长期干预下大鼠平均生存时间有了不同程度的延长，提示核苷酸长期喂养对 SD 大鼠的平均生存时间产生一定的影响，表明核苷酸具有一定的延缓衰老的作用。

表 2-2-2 核苷酸长期干预对各组 SD 大鼠的生存分析结果的影响

Sex	NT（%）	N	平均生存时间（d）（$\bar{x}\pm s$）	最短生存时间（d）	中位数（d）	最长生存时间（d）
雄性	0	26	666±121.6	544	644.5	871
	0.01	26	758±136.8	621	760.5	1002
	0.04	26	735±131.1	603	733.5	911
	0.16	26	698±144.3	553	690	953
	0.64	26	744±133.5	610	765	989
雌性	0	26	638±104.1	633	639	845
	0.01	26	693±177.9	515	653	1140
	0.04	26	687±133.6	553	664	895
	0.16	26	646±153.6	492	598	1040
	0.64	26	691±126.7	564	654	929

注：各核苷酸组与对照组间差异采用 Kaplan-Meier 生存分析和 log-rank 检验。

（五）NTs 长期干预对大鼠主要死因的影响

SD 大鼠主要死亡的原因可以大体分为肿瘤性与非肿瘤两类。在进行死因分析时，有一些动物的死亡可能由于一系列复杂的病理改变引起，而无法判断其主要的死因则被定义为不确定的死因的情况。在各组中不确定的死亡原因的比例在各组中没有显著的差异，各组中可确定死亡原因的动物占各组样本数的 80% 左右，本研究的死因分析即基于约 80% 的动物进行（表 2-2-3，表 2-2-4）。

在各组的主要死因为肿瘤性病变所引起的在雄性对照组与核苷酸各剂量干预组中分别占 61%、38%、30%、54%、和 62%；在雌性对照组与核苷酸干预组中分别为 69%、31%、20%、35% 和 46%。良性肿瘤死因占全部肿瘤死因的 81%，主要为垂体瘤、乳腺瘤和皮下腺瘤。雌雄对照大鼠中由垂体瘤作为死因的比例分别为 34.6% 和 65.4%。与对照组相比，核苷酸干预组中由垂体瘤所引起的死亡比例的下降与核苷酸的剂量的减少有一定的相关性。对于雌性大鼠，乳腺肿瘤是第二位引起死亡的原因。此外，一些皮肤及皮下肿瘤在雌雄 SD 大鼠中也是可能的死亡原因。与对照组相比，乳腺及皮肤肿瘤作为死因的比例在核苷酸干预组有一定程度的下降。

此外，恶性肿瘤及体液肿瘤（白血病和淋巴瘤）由于其转移性和对重要器官的侵袭性而具有致死性。与对照组相比，与恶性肿瘤和体液肿瘤有关的死因构成在核苷酸干预组中也呈下降趋势。

对于一些荷瘤动物，当其肿瘤的性质或其发展阶段为非致死性时，一些非肿瘤性病变也可能成为其主要的死因。因此，有非致死性肿瘤的荷瘤动物及非荷瘤动物，死因主要与非肿瘤性病变有关，如慢性肾病、肝硬化和肺气肿等。结果显示核苷酸干预组由非肿瘤性病变所引起的死因明显高于对照组。

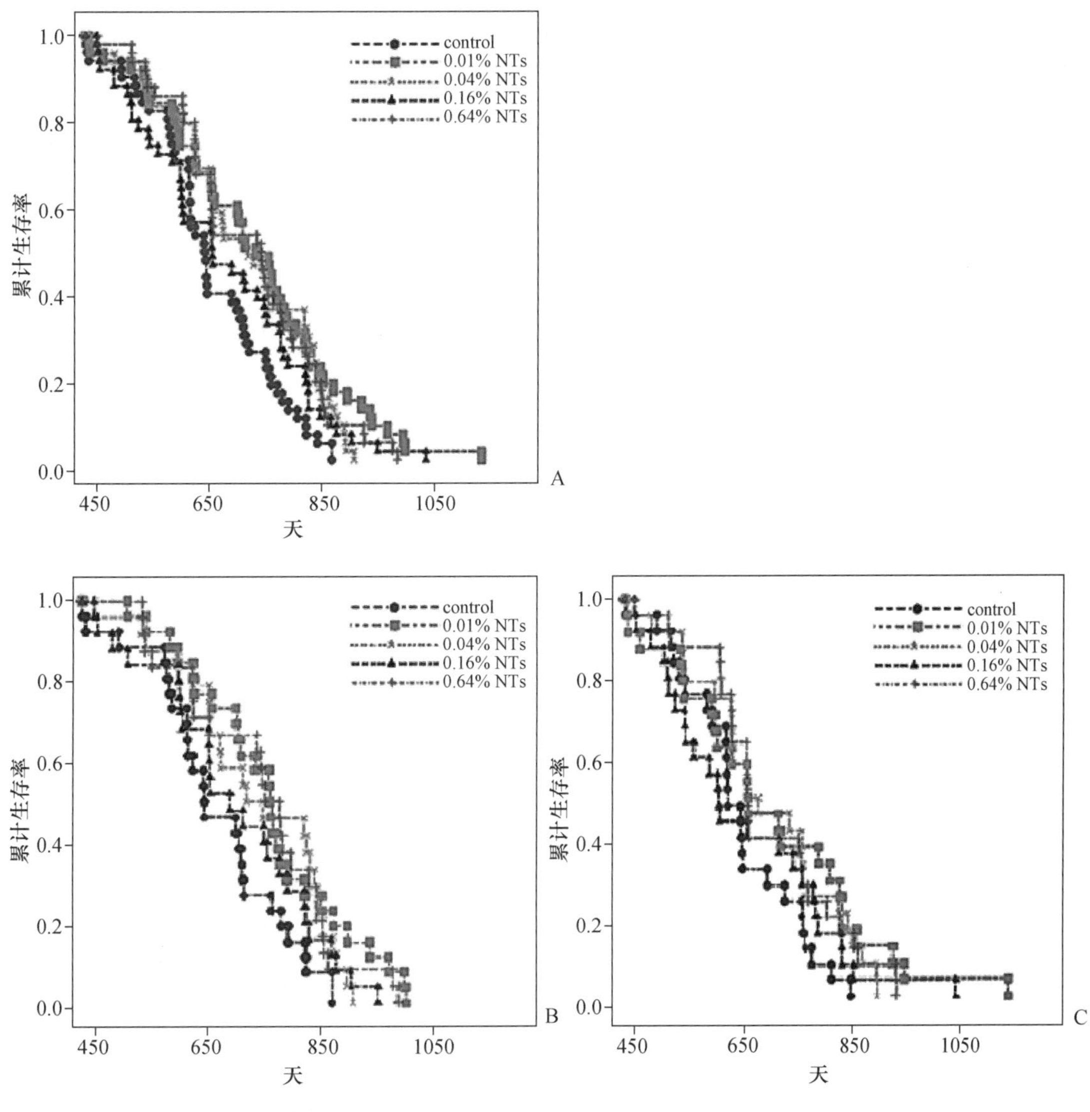

彩图 2-2-1　核苷酸长期干预对各组全部 SD 大鼠生存曲线的影响

（图 A，雌雄 SD 大鼠；图 B，雄性 SD 大鼠；图 C，雌性 SD 大鼠）

研究中核苷酸干预组中由非肿瘤性病变作为死因的比例要高于对照组，可能与核苷酸干预组大鼠的平均寿命要长于对照组且肿瘤发生率有所下降有关。

因此，核苷酸对全部肿瘤发生率和恶性肿瘤率的抑制使核苷酸组肿瘤引起的死因比例下降。而核苷酸对 SD 老年大鼠生存时间的延长可能与核苷酸对自发肿瘤的抑制作用有一定的关系。

（六）NTs 的抗衰老模式

根据抗衰老剂对大鼠生存时间及自发肿瘤的影响，Emanuel 等人将抗衰老剂分为三类[37]（图 2-2-2）：

表 2-2-3　核苷酸长期干预对雄性 SD 大鼠主要死因构成的影响

雄性死因	核苷酸（%）				
	0（$n=26$）	0.01（$n=26$）	0.04（$n=26$）	0.16（$n=26$）	0.64（$n=26$）
肿瘤					
良性肿瘤					
脑垂体瘤	6	3	2	3	3
皮肤 / 皮下肿瘤	7	5	3	4	6
合计例数	13	8	5	7	9
恶性肿瘤					
肺	1				
胰腺				1	2
肾上腺				1	
膀胱	1		1		
腹部转移	1				1
白血病	2				
合计例数	5		1	2	3
总计	18	8	5	9	12
非肿瘤疾病					
慢性肾病	2	3	3	3	1
肺气肿		1	1	2	2
肝硬化	1	2	2	2	3
脂肪肝	2	3	4	3	3
脾大		1	1	1	
肠梗阻		1	2		
糖尿病		2	2	1	1
总计	5	13	15	12	10
不确定死因	3	5	5	5	4

1. 抗衰老剂对群体中所有个体的生存均会产生影响，导致了生存曲线的平行右移，表现为平均生存时间及最大生存时间均有所延长。

2. 抗衰老剂可降低长寿群体的死亡率，而表现为最长生存时间的延长。

3. 抗衰老剂延长短寿群体的死亡率，而对最长生存时间不产生影响。

本研究结果显示，核苷酸对 SD 大鼠的延缓衰老作用与第二种模式相近，即对最长生存时间及老年亚群的延寿作用较平均寿命的延长更为明显，且同时对自发肿瘤率也有一定的抑

表 2-2-4　核苷酸长期干预对雌性 SD 大鼠主要死因构成的影响

雌性死因	核苷酸（%）				
	0（$n=26$）	0.01（$n=26$）	0.04（$n=26$）	0.16（$n=26$）	0.64（$n=26$）
肿瘤					
良性肿瘤					
脑垂体瘤	5	4	5	7	6
皮肤 / 皮下肿瘤	4	4	2	5	5
合计例数	2	1	1		1
恶性肿瘤	11	9	8	12	12
肺					
胰腺	2				1
肾上腺	1				1
膀胱	1			1	1
腹部转移					1
白血病	1	1		1	
合计例数	5	1		2	4
总计	16	10	8	14	16
非肿瘤疾病					
慢性肾病	1	1	2	1	1
肺气肿		2	2	1	
肝硬化	1	2	3	1	1
脂肪肝	2	3	4	3	3
脾大	2	1		1	1
肠梗阻		1	1		
糖尿病	1	1	2	1	
总计	7	11	14	8	6
不确定死因	3	5	5	4	4

制作用。Anisimov[38]等人认为这种作用模式可能与延缓衰老的过程及与抑制与衰老相关病理改变有关。本研究中核苷酸对荷瘤与非荷瘤动物的生存时间均产生一定的延长作用，表明核苷酸对衰老相关的肿瘤与非肿瘤病变均可能产生了一定的抑制作用。

（七）核苷酸的抗氧化、减少 DNA 损伤作用

衰老及许多疾病的发生、发展与脂质过氧化程度高度相关，脂质过氧化同时可造成 DNA 损伤，而 DNA 损伤可进而引起基因及其遗传功能的异常。外源性核苷酸可以影响生

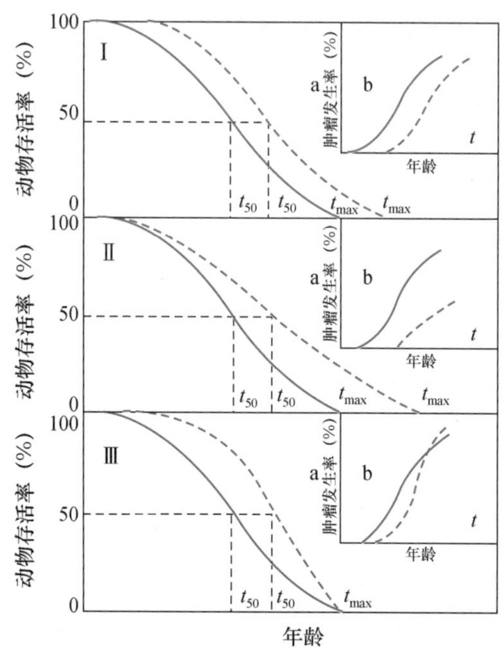

图 2-2-2 抗衰老剂对衰老延缓的类型及对肿瘤发生率的影响

注：图 a. 延缓衰老的类型；图 b. 抗衰老剂对肿瘤发生率的影响。实线代表对照组，虚线代表抗衰老剂干预组。

物合成过程及调节已经表达，至少调节与核苷酸代谢相关的基因表达。

北京大学李勇教授课题组通过给予 SD 大鼠全生命周期外源性核苷酸干预，对其 3、6、12、18 和 24 个月时分别对大鼠血清抗氧化酶 GSH-Px、SOD 的活性及 MDA 的水平进行检测，主要结果如下：

血清 GSH-Px 的活性水平在雌雄大鼠均可见到与衰老相关的降低性的改变。干预 3 个月时，对照组 GSH-Px 的活性与核苷酸干预组相比尚未发现显著性差异。但是在干预 6、12 和 24 月时，核苷酸干预组的大鼠血清 GSH-Px 的活性与对照组相比有明显的提高。其中雄性 6 月龄大鼠，0.04% 和 0.16% 核苷酸干预组与对照组相比有显著性提高；雄性 24 月龄大鼠，0.64% 核苷酸干预组与对照组相比有显著性提高。同时，雌性 12 月龄大鼠，0.16% 核苷酸干预组的血清 GSH-Px 的活性显著高于对照组。总的来说，核苷酸对 GSH-Px 活性的影响表现出一定的剂量依赖性。

与 GSH-Px 酶的活性变化趋势类似，在 SD 大鼠自然衰老的过程中 SOD 的酶活性在各组的活性水平也均表现出一定的下降趋势（表 2-2-5）。干预 3 个月时，SOD 酶的活性未发现有显著的组间差异。雄性大鼠，6 月龄时 0.01% 和 0.04% 核苷酸干预组与对照组相比有显著性提高；24 月龄时 0.01%、0.64% 核苷酸干预组与对照组相比有显著性提高；而在雌性 6 月、24 月龄大鼠未见显著性差异。雌性大鼠，12 月龄时 0.64% 核苷酸干预组与对照组相比有显著性提高。

与抗氧化酶活性的变化趋势相反，脂质过氧化产物 MDA 的水平则出现与年龄增长正相关的趋势。如表 2-2-5 的结果所示，核苷酸的长期干预在一定程度上抑制 MDA 水平的升高。与对照组相比，雄性大鼠干预 6 个月、12 个月与 24 个月时核苷酸干预组的 MDA 水平均显著降低。如，6 月龄雄性大鼠 0.01%、0.04% 和 0.16%，12 月龄雄性大鼠 0.01%、0.04% 和 0.64%，和 24 月龄雄性大鼠 0.01%、0.16% 和 0.64% 核苷酸干预组与对照组相比均有显著性降低；而在 3 月龄雄性大鼠 0.01%MDA 水平高于对照组，差异有统计学意义。在雌性大鼠 24 月龄时，核苷酸各剂量组较对照组 MDA 水平均有显著降低。其中 0.04% 干预组的 MDA 水平降低更为显著。

由以上结果可知，通过检测 24 月龄大鼠血清，发现外源性核苷酸可显著提高老龄大鼠血清中 SOD、GSH-Px 活力，降低脂质过氧化产物 MDA 的含量。

表 2-2-5 核苷酸长期干预对 SD 大鼠血清 SOD、GSH-Px 酶活性和 MDA 含量的影响（$\bar{x}\pm s$）

	性别，核苷酸（%）	*n*	3 个月	*n*	6 个月	*n*	12 个月	*n*	24 个月
GSH-Px activity（U/ml）	雄性								
	0	8	1545.05±151.10	8	1187.50±116.10	8	1110.94±92.30	6	1060.42±147.09
	0.01	8	1658.85±201.04	8	1265.18±177.58	8	1120.31±112.80	6	1165.97±229.25
	0.04	8	1686.31±132.76	8	1347.62±47.79*	8	1071.09±46.79	6	1338.33±171.84
	0.16	8	1572.02±213.02	8	1432.03±90.67**	8	1098.96±151.72	8	1122.40±55.00
	0.64	8	1516.67±159.29	8	1204.43±86.20	8	1116.37±127.87	6	1471.88±259.79**
	雌性								
	0	8	1238.69±161.69	8	1190.10±185.11	8	973.44±271.45	6	1065.28±183.40
	0.01	8	1368.75±308.56	7	1163.39±73.16	8	996.73±165.70	6	1146.53±73.64
	0.04	8	1215.18±281.06	8	1149.70±155.44	8	916.15±122.36	7	1244.58±100.84
	0.16	8	1304.51±196.06	8	1186.72±48.26	8	1212.50±179.69*	5	1223.96±80.82
	0.64	8	1211.72±154.75	8	1220.31±86.82	7	959.03±121.26	7	1224.40±240.19
SOD activity（U/ml）	雄性								
	0	8	117.80±7.35	8	93.86±10.98	8	95.97±8.90	6	98.36±0.86
	0.01	8	116.41±5.88	8	109.30±7.85*	8	88.19±17.36	6	115.40±9.51**
	0.04	8	117.36±6.47	8	114.98±5.52*	8	83.67±18.71	6	102.28±8.02
	0.16	8	113.43±8.64	8	101.08±8.48	8	92.32±10.51	8	101.93±7.03
	0.64	8	114.10±8.32	8	96.00±5.12	8	87.40±25.67	6	110.38±7.46*
	雌性								
	0	8	118.07±10.82	8	117.62±10.37	8	104.29±7.33	6	108.34±16.29
	0.01	8	121.90±3.52	7	113.06±13.22	8	104.38±10.66	6	106.98±1.11
	0.04	8	117.36±12.69	8	118.82±5.59	8	109.37±13.01	7	104.43±6.63
	0.16	8	124.07±6.28	8	124.95±4.50	8	105.43±17.28	5	111.0±3.39
	0.64	8	123.66±6.51	8	124.04±5.52	7	120.46±12.27*	7	104.25±3.38

续表

	性别，核苷酸（%）	*n*	3 个月	*n*	6 个月	*n*	12 个月	*n*	24 个月
MDA（nmol/ml）	雄性								
	0	8	7.03±1.16	8	18.35±2.81	8	25.34±2.77	6	33.95±4.05
	0.01	8	9.43±1.90*	8	11.37±1.73**	8	20.71±2.49**	6	26.98±5.17*
	0.04	8	5.20±2.57	8	10.94±1.54**	8	18.41±3.14**	6	45.31±5.29
	0.16	8	7.92±1.53	8	15.30±2.73*	8	22.61±1.44	8	30.58±5.21*
	0.64	7	7.52±2.13	8	15.96±3.71	8	19.54±2.64**	6	25.61±5.70**
	雌性								
	0	8	10.20±1.57	8	11.80±1.70	8	17.41±1.44	6	46.40±3.44
	0.01	8	9.17±1.37	7	13.06±2.17	8	15.82±2.55	6	41.09±2.09*
	0.04	8	11.14±1.91	8	14.95±2.52	8	15.86±1.19	7	38.79±2.31**
	0.16	8	10.93±1.83	8	13.61±2.31	8	15.24±1.62	5	40.87±3.00*
	0.64	8	11.60±1.63	8	13.76±2.16	7	16.94±2.02	7	40.83±2.45*

注：与对照组相比：$^{*}P < 0.05$，$^{**}P < 0.01$。

综上可知，核苷酸干预组的大鼠平均生存时间在一定程度上比对照组有所延长，且核苷酸干预组雌雄大鼠自发肿瘤率与对照组相比表现出明显的下降趋势。表明膳食添加核苷酸在一定剂量下长期干预可以有效延长 SD 大鼠的平均生存时间，抑制 SD 大鼠自发肿瘤的发生率，且还可以抑制大鼠衰老过程中血清 SOD 与 GSH-PX 的酶活性的下降与脂质过氧化产物 MDA 水平的升高。以上结果表明膳食添加核苷酸具有延缓衰老、延长寿命的作用。未来，还需要更多的动物实验和人群研究，来对外源性核苷酸的延缓衰老的作用及其机制方面进行深入探讨。

To sum up，the average survival time of the rats in the nucleotide intervention group was longer than that in the control group to a certain extent，and the spontaneous tumor rate of male and female rats in the nucleotide intervention group showed a significant downward trend compared with the control group. It shows that dietary supplementation of nucleotides at a certain dose for long-term intervention can effectively prolong the average survival time of SD rats，inhibit the incidence of spontaneous tumors in SD rats，and also inhibit the enzymes of serum SOD and GSH-PX during the aging process of rats. A decrease in activity was associated with an increase in the level of the lipid peroxidation product MDA. The above results indicate that dietary supplementation of nucleotides has the effect of delaying aging and prolonging lifespan. In the future，more animal experiments and population studies are needed to conduct in-depth discussions on the anti-aging effects of exogenous nucleotides and their mechanisms.

二、NTs 终身干预对 SAMP8 小鼠的影响研究

在上述 NTs 终身干预对自然衰老动物模型（SD 大鼠）全生命周期影响研究的基础上，北京大学李勇教授课题组继续采用了国际公认的快速衰老小鼠动物模型（SAMP8 小鼠），对 NTs 延缓衰老、延长寿命的作用行进一步的探讨研究。快速老化小鼠（senescence accelerate mouse，SAM）是日本京都大学 Takeda 教授经 20 多年精心培育而得到的一种近交系衰老模型鼠，包括 SAMP（senescence accelerated-prone mouse）和 SAMR（senescence accelerated resistant mouse）两种品系。SAMP 在渡过一段正常生长期（4～6 月龄）后迅速出现行动反应迟缓、被毛光泽减退、脱毛、皮肤溃疡等老化特征[39, 40]。SAMR 表现为正常衰老，一般作为 SAMP 的正常对照。SAMP8 是 SAMP 系中的一个亚系，主要以学习、记忆能力障碍为老化特征，是目前公认的比较理想的自然衰老痴呆模型，是研究衰老相关性疾病及分子机制的良好动物模型。

研究采用 3 月龄健康无特定病原体（specific pathogen free，SPF）级雄性 SAMP8 小鼠。适应性喂养一周后，按体重随机分为 6 组（$n = 50$）：纯化饲料喂养组（NTs-Free）、普通对照组（基础饲料，Normal control）、NTs 低、中、高剂量干预组（0.3 g/kg、0.6 g/kg、1.2 g/kg，分别对应 NTs-L、NTs-M、NTs-H）及烟酰胺单核苷酸喂养组（niacinamide mononucleotide，NMN），并设立 SAMR1 作为模型对照组（基础饲料，$n = 50$）。自小鼠 3 月龄起，各组给予对应饲料进行终身喂养干预、自由饮水与进食。实验期间密切观察并记录动物的一般表现，包括体重、进食、行为、肿瘤发生发展、死亡及病理组织学检查等情况。并在实验结束后，汇总整理每组小鼠的存活时间，进行 Kaplan-Meier 生存分析，并用 Log Rank（Mantel-Cox）进行组间比较，$P < 0.05$ 为统计检验界值。现将主要研究结果阐述如下：

（一）NTs 终身干预对 SAMP8 小鼠存活状况的影响

如表 2-2-6 所示，各组小鼠从 3 月龄开始干预，在 6 月龄后，陆续出现死亡情况，NMN 组于 7 月龄首先出现 2 只死亡，其余各组均在 8 月龄时出现死亡情况。12 月龄后，各组小鼠死亡速率明显加快，其中 NTs-L 和 NTs-M 组小鼠死亡率要低于其他各组。18 月龄时，NTs-L 和 NTs-M 组小鼠存活数最多，存活率分别为 26% 和 20%。20 月龄时，纯化饲料喂养组、普通对照组及 NTs-H 组已无存活小鼠。至 23 月龄时，只有 NTs-L 和 NTs-M 组尚有小鼠存活（各为 2 只），其中 NTs-L 组小鼠存活时间最长，为 24.93 月龄，接近 25 月龄；NTs-M 组次之，为 23.83 月龄。

表 2-2-6　各组小鼠在 3 至 25 月龄的存活情况

组别	月龄（月）												
	3	6	9	12	15	18	19	20	21	22	23	24	25
NTs-Free	50	50	45	39	14	3	3	0	0	0	0	0	0
Normal	50	50	47	40	22	7	1	0	0	0	0	0	0
NTs-L	50	50	49	38	24	13	6	4	3	3	2	1	0

续表

组别	月龄（月）												
	3	6	9	12	15	18	19	20	21	22	23	24	25
NTs-M	50	50	47	38	21	10	7	5	2	2	2	0	0
NTs-H	50	50	42	29	17	5	1	0	0	0	0	0	0
NMN	50	50	44	34	18	6	4	2	0	0	0	0	0
SAMR1	50	50	49	46	30	16	9	4	2	1	0	0	0

注：NTs-Free，纯化饲料喂养组；Normal，普通对照组；NTs-L、NTs-M、NTs-H，NTs低、中、高剂量干预组；NMN，烟酰胺单核苷酸喂养组；SAMR1，模型对照组。

（二）NTs终身干预对SAMP8小鼠生存时间的影响

汇总各组小鼠的存活时间，对小鼠生存状态进行Kaplan-Meier分析，并用Log Rank（Mantel-Cox）进行组间比较，$P < 0.05$为统计检验界值。

由表2-2-7可知，NTs-L组平均生存时间（14.98个月）、中位生存时间（14.30个月）均高于其他各组，NTs-M组次之（平均生存时间14.65个月、中位生存时间13.87个月）。对平均生存时间进行分析发现，NTs-L组平均生存时间（14.98个月）相较纯化饲料喂养组（13.48个月）、普通对照组（14.21个月）及NMN组（13.59个月），分别延长了11.12%、5.42%、10.23%。对中位生存时间进行分析，NTs-L组中位生存时间（14.30个月）相较纯化饲料喂养组（12.70个月）、普通对照组（13.50个月）及NMN组（13.57个月），分别延长了12.6%、5.93%、5.38%；NTs-M组中位生存时间（13.87个月）相较纯化饲料喂养组（12.70个月）、普通对照组（13.50个月）及NMN组（13.57个月），分别延长了9.21%、2.74%、2.21%。

表2-2-7 NTs终身干预对各组小鼠生存时间的影响

组别	只数	平均生存时间（月）	中位生存时间（月）	最短生存时间（月）	最长生存时间（月）
NTs-Free	50	13.48±0.40	12.70	7.67	19.40
Normal	50	14.21±0.43	13.50	7.23	19.20
NTs-L	50	14.98±0.55	14.30	7.70	24.93
NTs-M	50	14.65±0.56	13.87	7.70	23.83
NTs-H	50	13.04±0.48	12.77	7.00	19.10
NMN	50	13.59±0.52	13.57	6.37	20.43
SAMR1	50	15.92±0.47	16.73	7.47	22.63

注：NTs-Free，纯化饲料喂养组；Normal，普通对照组；NTs-L、NTs-M、NTs-H，NTs低、中、高剂量干预组；NMN，烟酰胺单核苷酸喂养组；SAMR1，模型对照组。

各组小鼠累积生存率分析如彩图2-2-3所示。NMN组小鼠首先出现了死亡（对应月龄 6.37 个月），且在 10 月龄前，累积生存率均要低于其他各组。在累积生存率为 50% 时，NMN 组对应小鼠月龄为 13.57 个月，高于纯化饲料喂养组（12.70 个月）、普通对照组（13.50 个月）和 NTs-H（12.77 个月）组；低于 NTs-L（14.30 个月）和 NTs-M（13.87 个月）组。在 14 月龄时，NTs-L 和 NTs-M 组的累积生存率分别为 52% 和 46%，高于其他各组。并在其后月龄时，NTs-L 和 NTs-M 组小鼠累积生存率要高于其他各组，且 NTs-L 组小鼠生存时间最长（24.93 个月），NTs-M 组（23.83 个月）次之。用 Log Rank（Mantel-Cox）进行组间比较发现，NTs-L 与纯化饲料喂养组相比：$\chi^2 = 5.26$，$P = 0.022$；NTs-M 与纯化饲料喂养组比：$\chi^2 = 5.40$，$P = 0.020$，均有统计学差异（$P < 0.05$）。NTs-L 与普通对照组、MNM 组相比，检验结果分别为 $\chi^2 = 5.40$，$P = 0.071$；$\chi^2 = 3.07$，$P = 0.08$。NTs-L、NTs-M 分别和 NTs-H 进行比较，也具有显著性差异：$\chi^2 = 8.02$，$P = 0.005$；$\chi^2 = 5.65$，$P = 0.017$。SAMR1 模型组除和 NTs-L 相比为 $\chi^2 = 3.07$，$P = 0.536$；NTs-M 组相比为 $\chi^2 = 2.62$，$P = 0.105$，无明显统计学差异（$P > 0.05$）外，和其他组相比均具有显著性（$P < 0.01$）。

综合以上研究结果，提示 NTs-L、NTs-M 剂量长期干预可在一定程度上有效延长小鼠生存时间，与文献报道的 SAMP8 小鼠中位生存时间（12.1 个月）相比，NTs-L、NTs-M 剂量长期干预分别延长了 18.18% 和 14.63%；其中 NTs-L 组中位生存时间相较纯化饲料喂养组、普通对照组及 NMN 组，分别延长了 12.6%、5.93%、5.38%；NTs-M 组中位生存时间相较纯化饲料喂养组、普通对照组及 NMN 组，分别延长了 9.21%、2.74%、2.21%。

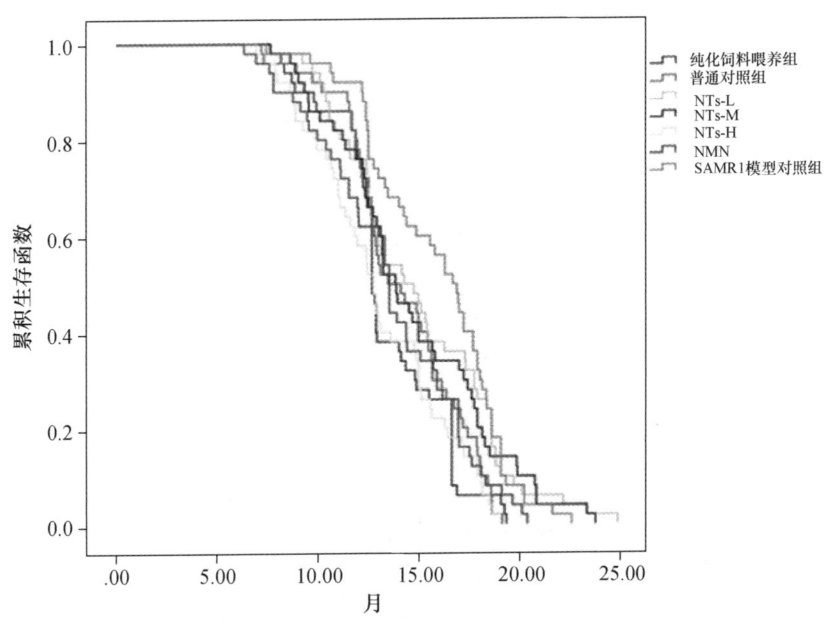

彩图 2-2-3　各组小鼠累积生存率分析

（三）NTs 终身干预对 SAMP8 小鼠体重变化的影响

如表 2-2-8、彩图 2-2-4 所示，各组小鼠体重在 3 月龄时均无差异，其后随着月龄的增加，体重整体呈现出先增加后降低的趋势。

从 3 月龄起，纯化饲料喂养组小鼠体重增加速度一直低于其他各组，在 9 月龄时达到第一个体重高点（32.22±3.17 g），随后开始下降，12 月龄时降到最低值（29.29±2.77 g）；后又呈增加趋势，在 14、15 月龄时体重要高于普通对照组，但在 16 月龄呈现降低趋势；随之在 17 月龄时体重升至该组小鼠整个生命周期内的最高点（34.05±3.59 g）。结合纯化饲料喂养组小鼠存活情况可知，在 12 月龄后该组过半小鼠死亡，体重平均值随之增加；15 至 17 月龄，该组小鼠存活数从 15 只减少到 3 只，体重呈现出先降低并随之升高的趋势，在 17 月龄达到高点 34.05±3.59 g，随后降低；到该组小鼠最长存活时间 19 月龄时，存活只数仍为 3 只，体重降到 32.02±0.93 g。

普通对照组、NTs-L、NTs-M、NTs-H 及 NMN 组小鼠体重均在 8 月龄时达到整个生命周期内体重最高值，随后整体呈下降趋势。

普通对照组小鼠体重一直低于除纯化饲料喂养组外的其他各组。8 月龄时体重为整个生命周期内最高值（33.93±3.95 g），随后开始下降，11 月龄降到低值（30.98±3.55 g）；12、13 月龄呈增加趋势，但在 14 月龄体重下降达到第二个低点（30.92±7.14 g）；随后呈增加趋势，18 月龄时体重达到第二个高点（32.74±4.62 g）；19 月龄为体重最低点 30.46 g。结合普通对照组小鼠存活情况可知，在 11 月龄时小鼠存活只数较多为 45 只，随后死亡速率加快，14 月龄时已有过半小鼠死亡；18 月龄时存活 7 只，但在 19 月龄仅余 1 只存活。

NTs-L 组小鼠体重增长速度整体一直高于纯化饲料喂养和普通对照组。在 8 月龄时达最高值（35.07±4.89 g），随后缓慢下降，11 月龄时出现低点（31.80±4.53 g）；11 到 13 月龄体重呈增加趋势，并在 13 月龄（33.60±4.65 g）至 18 月龄（33.08±5.06 g）体重波动一直处于一个相对比较平稳的状态；18 月龄后体重整体呈下降趋势，到 24 月龄时体重为 27.9 g。结合 NTs-L 组小鼠存活情况可知，NTs-L 组小鼠死亡速率整体要低于其他各组，并拥有最长存活时间，18 月龄时存活只数为 13 只，19 月龄时为 6 只，24 月龄仍有 1 只存活。

NTs-M 组小鼠体重整体一直要高于纯化饲料喂养、普通对照组及 NTs-H 组，NTs-L 组体重在 12 月龄后体重一直高于 NTs-M 组。NTs-M 组小鼠体重增长到 8 月龄最高点（35.85±5.82 g）后，整体呈缓慢下降趋势，到 19 月龄体重为 31.20±4.15 g；随后下降幅度增大，到 23 月龄时为 25.05±0.07 g。结合 NTs-M 组小鼠存活情况可知，NTs-M 组小鼠死亡速率及存活时间仅低于 NTs-L 组，8 月龄时存活小鼠 49 只，随后死亡速率逐渐加快，至 19 月龄有 7 只存活，23 月龄仍有 2 只存活。

NTs-H 组小鼠体重在 15 月龄前一直高于纯化饲料喂养和普通对照组，10 月龄后体重基本与 NTs-L 组持平并于 13 月龄后始终低于 NTs-L 组。与前三组类似，NTs-H 组小鼠体重增长到 8 月龄最高点（35.41±5.52 g）后，整体呈下降趋势，期间在 11 至 13 月龄有小幅度上升（31.74±3.95 g 到 33.61±4.06 g），至 19 月龄时体重下降到最低点 28.60 g。结合 NTs-H 组小鼠存活情况可知，NTs-H 组小鼠死亡速率明显要快于 NTs-L 和 NTs-M 组，在 13 月龄时已有过半小鼠死亡，到 19 月龄时仅余 1 只存活。

NMN 组小鼠各月龄体重一直要高于其他各组。与前四组类似，NMN 组小鼠体重增长到 8 月龄最高点（36.93±3.92 g）后，整体呈下降趋势；9 月龄（34.51±3.95 g）至 15 月龄（34.50±3.01 g）体重波动一直处于一个相对比较平稳的状态；16 月龄到 20 月龄呈先降再

表 2-2-8　小鼠生命周期每月龄体重（g）的变化（$\bar{x}\pm s$）

组别	月龄（月）							
	3	4	5	6	7	8	9	10
NTs-Free	30.11 ± 1.64	30.07 ± 2.21	31.28 ± 2.01	31.46 ± 2.06	31.68 ± 1.91	32.02 ± 2.42	32.22 ± 3.17	31.30 ± 3.04
Normal	30.11 ± 1.66	$31.51\pm2.02^{a*}$	32.15 ± 2.26	$32.89\pm2.73^{a\#}$	$33.43\pm3.24^{a*}$	$33.93\pm3.95^{a\#}$	32.17 ± 3.42	31.66 ± 3.63
NTs-L	30.11 ± 1.83	$32.02\pm2.63^{a\#}$	32.68 ± 3.05	$33.74\pm3.76^{a\#}$	$34.15\pm4.21^{a\#}$	$35.07\pm4.89^{a\#}$	33.48 ± 4.80	32.59 ± 4.45
NTs-M	30.55 ± 2.31	$32.66\pm3.46^{a\#}$	$33.46\pm3.75^{a*}$	$34.66\pm4.36^{a\#}$	$35.55\pm4.99^{a\#}$	$35.85\pm5.82^{a\#}$	34.42 ± 5.59	$34.15\pm4.68^{a\#b\#}$
NTs-H	30.21 ± 2.07	$32.43\pm3.54^{a\#}$	$33.69\pm3.97^{a\#}$	$34.45\pm4.39^{a\#}$	$35.08\pm4.83^{a\#}$	$35.41\pm5.52^{a\#}$	33.94 ± 4.79	32.75 ± 3.53
NMN	30.29 ± 1.30	$32.77\pm1.79^{a\#}$	$34.43\pm2.41^{a\#b\#c*}$	$36.41\pm3.20^{a\#b\#c\#}$	$36.81\pm3.75^{a\#b\#c*}$	$36.93\pm3.92^{a\#b\#}$	$34.51\pm3.95^{a*}$	$34.49\pm3.81^{a\#b\#c*e*}$
SAMR1	30.46 ± 1.39	$32.74\pm1.61^{a\#b*}$	$33.63\pm2.35^{a\#b*}$	$35.17\pm2.92^{a\#b\#}$	$36.69\pm3.90^{a\#b\#c*}$	$35.88\pm4.09^{a\#}$	$35.15\pm3.95^{a\#b\#}$	$34.26\pm3.37^{a\#b\#c*}$

表 2-2-8　小鼠生命周期每月龄体重（g）的变化（$\bar{x}\pm s$）（续表）

组别	月龄（月）						
	11	12	13	14	15	16	17
NTs-Free	29.92 ± 2.78	29.29 ± 2.77	30.64 ± 1.75	31.74 ± 2.79	31.59 ± 2.99	30.25 ± 3.03	34.05 ± 3.59
Normal	30.98 ± 3.55	$31.64\pm3.42^{a*}$	32.43 ± 3.83	30.92 ± 7.14	31.62 ± 3.06	32.02 ± 3.02	31.68 ± 3.08
NTs-L	$31.80\pm4.53^{a*}$	$32.22\pm4.09^{a\#}$	$33.60\pm4.65^{a*}$	33.18 ± 4.50	32.80 ± 3.88	32.63 ± 4.23	32.86 ± 4.54
NTs-M	$32.64\pm4.09^{a\#b*}$	$33.07\pm3.92^{a\#}$	32.74 ± 3.92	32.50 ± 3.83	32.39 ± 3.21	32.28 ± 3.11	32.54 ± 2.88
NTs-H	$31.74\pm3.95^{a*}$	$32.51\pm3.50^{a\#}$	$33.61\pm4.06^{a*}$	32.82 ± 3.70	32.00 ± 1.95	30.78 ± 2.91	30.42 ± 2.64
NMN	$34.33\pm3.41^{a\#b\#c*d*e\#}$	$34.49\pm4.17^{a\#b\#c*e*}$	$33.90\pm4.30^{a\#}$	$33.97\pm4.13^{b*}$	$34.50\pm3.01^{a*b\#d*e*}$	$35.43\pm3.58^{a\#b\#c*d*e\#}$	$34.71\pm3.07^{b*e\#}$
SAMR1	$33.00\pm2.93^{a\#b*}$	$33.38\pm3.32^{a\#b*}$	$34.04\pm3.78^{a\#}$	33.56 ± 3.55	32.63 ± 2.94	33.12 ± 3.54	$33.71\pm3.68e^{*}$

表 2-2-8 小鼠生命周期每月龄体重（g）的变化（$\bar{x} \pm s$）（续表）

组别	月龄（月）						
	18	19	20	21	22	23	24
NTs-Free	32.02 ± 0.93	32.02 ± 0.93	—	—	—	—	—
Normal	32.74 ± 4.62	30.46 ± 0.00	—	—	—	—	—
NTs-L	33.08 ± 5.06	31.42 ± 1.30	29.77 ± 1.08	28.37 ± 1.19	28.40 ± 1.28	29.10 ± 0.99	27.9 ± 0.00
NTs-M	31.70 ± 3.23	31.20 ± 4.15	26.60 ± 2.55	25.60 ± 2.12	24.80 ± 0.42	25.05 ± 0.07	—
NTs-H	31.11 ± 2.79	28.60 ± 0.00	—	—	—	—	—
NMN	$36.25 \pm 3.24^{d*e*}$	$36.03 \pm 3.64^{b*c*d*e\#}$	$34.12 \pm 3.73^{c*d\#}$	—	—	—	—
SAMR1	35.75 ± 4.38	$34.64 \pm 3.79^{e*}$	$32.33 \pm 6.36^{c*d\#}$	$35.00 \pm 2.69^{c*d\#}$	42.50 ± 0.00	—	—

注：NTs-Free，纯化饲料喂养组；Normal，普通对照组；NTs-L、NTs-M、NTs-H，NTs 低、中、高剂量干预组；NMN，烟酰胺单核苷酸喂养组；SAMR1，模型对照组。^{a}代表与 NTs-Free 组相比；^{b}代表与 Normal control 组相比；$^{c、d、e}$分别代表与 NTs-L、NTs-M、NTs-H 组相比。* 代表差异具有显著性：$P < 0.05$；$^{\#}$：$P < 0.01$。

升再降的波动。结合 NMN 组小鼠存活情况可知，NMN 组小鼠死亡速率一直要快于 NTs-L 和 NTs-M 组，9 月龄到 15 月龄时存活小鼠由 44 只减少到 18 只；16 月龄到 20 月龄存活小鼠由 14 只减少到仅剩 2 只，后期体重波动反复与存活小鼠数减少引起体重相关变化有关。

SAMR1 组小鼠体重始终高于除 NMN 组外的其他各组，且其体重变化与前六组整体类似。从 3 月龄起体重开始快速增加，7 月龄时达到高点（36.69±3.90 g），随后呈下降趋势；11 月龄（33.00±2.93 g）至 17 月龄（33.71±3.68 g）体重波动较为平缓；18 月龄至 22 月龄体重波动幅度较大，先由 18 月龄的 35.75±4.38 g 降至 20 月龄的 32.33±6.36 g，21 月龄又升至 35.00±2.69 g，22 月龄达到最高点 42.50 g。结合 SAMR1 组小鼠存活情况可知，18 至 22 月龄时小鼠存活数由 16 只变为仅余 1 只，且这一只在解剖时发现体内长有囊肿。可见与其他组类似，小鼠后期体重波动反复与存活小鼠数及小鼠状态有关。

综上所述，在整个生命周期内，SAMP8 与 SAMR1 小鼠体重增长整体均呈现出先增加后降低的趋势，且体重变化与小鼠存活数及生存状态密切相关。NTs-Free 组在 9 月龄体重增加到最高值，体重增加整体小于其他各组。SAMP8 小鼠除纯化饲料喂养组外其余 5 组均在 8 月龄出现体重增加达最高点，其中 NTs 干预组体重增加要大于普通对照及纯化饲料喂养组，NMN 组要高于 NTs 干预组，且 NTs-L、NTs-M 及 NMN 组中间月龄体重变化较其他各组相对平缓，波动幅度较小。

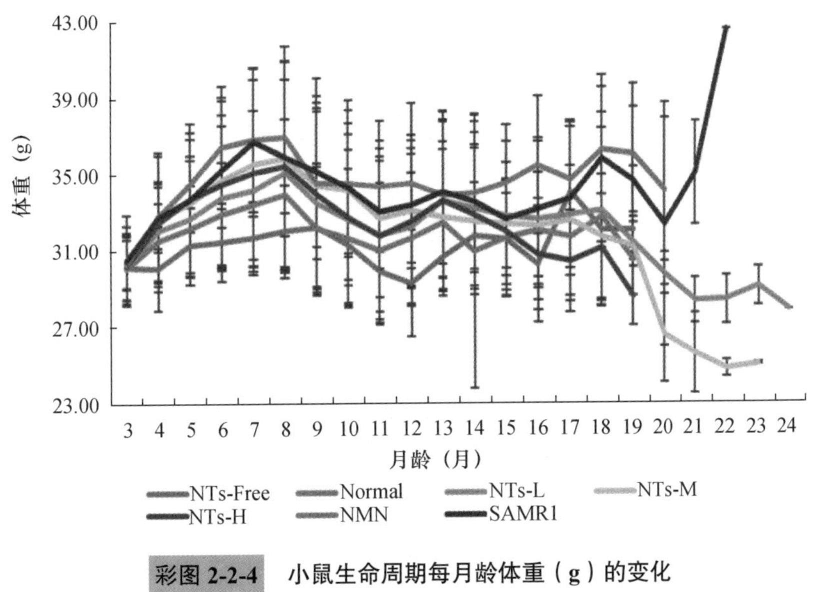

彩图 2-2-4　小鼠生命周期每月龄体重（g）的变化

（四）NTs 终身干预对 SAMP8 小鼠进食量和食物利用率的影响

如表 2-2-9 所示，各组小鼠每月龄平均总进食量随着月龄的增加，会有所波动，但通常在 100 ～ 150 g 范围内。食物利用率随着体重的变化会有所变化，当小鼠每月龄体重出现负增长，即小鼠体重开始下降时，食物利用率对应为表中负值。

表 2-2-9　NTs 长期干预对小鼠每月龄进食量（g）和食物利用率（%）的影响（$\bar{x}\pm s$）

组别	月龄（月）						
	3	4	5	6	7	8	9
进食量（g）							
NTs-Free	93.53±9.23	126.95±21.83	154.08±32.72$^{g\#}$	154.77±29.02$^{g\#}$	140.30±23.69	155.89±34.18	148.33±30.69
Normal	133.64±11.88$^{a\#}$	139.79±15.01$^{a*g\#}$	139.60±15.07^{g*}	126.47±30.90$^{a\#}$	131.37±17.05	117.32±12.74$^{a\#}$	114.53±12.53$^{a\#}$
NTs-L	136.72±15.57$^{a\#}$	149.14±26.30$^{a\#g\#}$	152.39±31.24$^{g\#}$	156.33±41.92$^{b\#g\#}$	145.20±26.70	134.39±24.43$^{a\#b\#}$	123.58±28.00$^{a\#}$
NTs-M	143.68±16.64$^{a\#b*}$	150.62±19.62$^{a\#b*g\#}$	148.79±15.70$^{g\#}$	151.26±24.83$^{b\#g*}$	137.41±25.32	128.11±26.04$^{a\#}$	124.14±16.69$^{a\#}$
NTs-H	138.91±15.45$^{a\#}$	144.35±23.34$^{a\#g\#}$	148.05±20.08$^{g\#}$	150.67±25.51$^{b\#g*}$	142.52±26.75	130.07±24.14$^{a\#}$	130.37±21.01$^{a*b\#}$
NMN	144.92±13.25$^{a\#b\#}$	140.51±24.56^{g*}	150.69±28.53$^{g\#}$	152.33±33.36$^{b\#g\#}$	144.02±39.59	141.83±27.85$^{b\#}$	130.61±27.55^{b*}
SAMR1	132.42±10.18$^{a\#d\#f\#}$	128.31±10.14	130.97±11.92	135.96±17.67	130.05±13.82^{c*}	123.42±13.04$^{a\#f\#}$	121.23±11.45$^{a\#}$
食物利用率（%）							
NTs-Free	0.03±1.49$^{f\#}$	0.63±1.89	0.53±1.97$^{f\#}$	0.04±1.69	−0.20±3.70	0.64±0.61$^{g\#}$	−0.10±2.59
Normal	1.00±0.91$^{a\#f\#}$	0.44±0.71	0.80±0.78^{f*}	0.45±1.27	−0.30±1.68	−1.71±1.10$^{a\#g\#}$	−0.21±1.28
NTs-L	1.13±0.84$^{a\#f\#}$	0.44±1.11	0.66±1.36^{f*}	0.16±0.68	−0.32±0.79	−1.23±1.07$^{a\#}$	−0.60±2.11
NTs-M	1.10±0.75$^{a\#f\#}$	0.60±0.67	0.76±0.77^{f*}	0.60±0.71	−0.53±2.02	−1.62±2.30$^{a\#}$	−0.12±1.23
NTs-H	1.30±1.21$^{a\#f\#}$	0.82±1.18	0.60±1.22$^{f\#}$	0.52±1.22	−1.12±4.47	−1.70±1.63$^{a\#g\#}$	−0.81±1.95
NMN	3.25±0.79	0.74±4.60	1.36±1.22	0.39±1.38	−0.05±1.62e*	−1.85±1.33$^{a\#g\#}$	−0.64±0.88
SAMR1	1.32±1.10$^{a\#f\#}$	0.34±1.55	0.99±1.72	0.61±3.20	−0.71±0.95	−0.58±1.05	−0.76±1.36

表 2-2-9　NTs 长期干预对小鼠每月龄进食量（g）和食物利用率（%）的影响（$\bar{x}\pm s$）（续表）

组别	月龄（月）						
	10	11	12	13	14	15	16
进食量（g）							
NTs-Free	146.63 ± 35.68	136.59 ± 28.68	$119.16\pm34.91^{f*}$	101.18 ± 10.21	89.96 ± 10.81	83.76 ± 11.34	103.90 ± 7.41
Normal	$111.29\pm16.06^{a\#}$	122.91 ± 13.81	$110.90\pm20.48^{f\#}$	$112.61\pm10.85^{a*}$	$124.56\pm9.90^{a\#}$	$115.73\pm10.85^{a\#}$	102.56 ± 30.43
NTs-L	$129.83\pm17.11^{b\#}$	$137.86\pm16.97^{b\#}$	$125.11\pm21.55^{b*}$	$125.66\pm15.60^{a\#b}$	$134.67\pm16.38^{a\#b*}$	$129.50\pm16.36^{a\#b*}$	$134.77\pm23.46^{a*b\#}$
NTs-M	$121.78\pm15.75^{a\#}$	132.73 ± 18.86	$119.94\pm17.71^{f*}$	$115.59\pm16.69^{a\#c*}$	$137.21\pm16.78^{a\#b\#}$	$129.70\pm16.66^{a\#b*}$	$125.21\pm13.78^{b\#}$
NTs-H	$123.30\pm23.65^{a*}$	134.14 ± 33.19	120.84 ± 17.80	$122.62\pm15.83^{a\#b*}$	$135.13\pm14.51^{a\#b*}$	$120.96\pm17.78^{a\#c*d*}$	$116.07\pm20.97^{b*c*}$
NMN	$135.83\pm20.98^{b\#d*}$	$119.88\pm21.09^{c*}$	132.26 ± 16.88	$128.67\pm16.42^{a\#b\#d\#}$	$133.40\pm7.83^{a\#b*}$	$126.79\pm19.57^{a\#}$	$131.96\pm7.06^{a*b\#}$
SAMR1	$117.64\pm19.53^{a\#f\#}$	129.06 ± 12.24	$117.62\pm11.65^{f*}$	$121.29\pm11.02^{a\#b*}$	$132.65\pm9.75^{a\#}$	$125.18\pm12.68^{a\#}$	$121.63\pm6.62^{b*}$
食物利用率（%）							
NTs-Free	0.10 ± 2.41	-0.67 ± 1.47	-0.28 ± 2.03	0.23 ± 1.09	0.44 ± 0.89	-0.68 ± 0.99	-1.47 ± 0.48
Normal	$-0.78\pm1.97^{a\#}$	-0.17 ± 0.78	$0.38\pm1.31^{f\#}$	$-0.56\pm1.47^{a*}$	$0.74\pm0.97^{a\#f\#}$	-0.03 ± 1.02	-0.07 ± 1.30
NTs-L	$-0.75\pm1.11^{a*}$	-0.37 ± 0.72	$0.48\pm1.18^{a*f\#}$	-0.46 ± 0.60	$-0.92\pm0.98^{a\#f\#}$	$0.00\pm0.66^{a*}$	$0.27\pm0.55^{f*}$
NTs-M	$-0.97\pm0.89^{a\#}$	-0.29 ± 0.71	$-0.07\pm0.92^{f*}$	-0.64 ± 1.48	$-0.66\pm0.61^{a\#f\#}$	-0.08 ± 0.58	$0.25\pm0.69^{f*}$
NTs-H	$-1.06\pm1.64^{a\#}$	$-0.03\pm1.15^{a*}$	$0.50\pm0.65^{a*f\#}$	$-0.64\pm0.90^{a*}$	$-0.75\pm0.94^{a\#f\#}$	$-0.60\pm1.03^{f\#}$	0.13 ± 0.98
NMN	$-0.20\pm0.74^{d*e*}$	$0.03\pm1.31^{a*}$	-0.66 ± 0.54	$-0.56\pm0.91^{a*}$	0.39 ± 0.57	$0.33\pm0.85^{a\#e\#}$	$-0.59\pm0.95^{c*d*}$
SAMR1	$-0.96\pm0.82^{a\#f*}$	$-0.12\pm1.17^{a*}$	$-0.30\pm0.63^{b*c*e*}$	$-0.79\pm1.08^{a\#}$	$-0.71\pm0.57^{a\#f\#}$	$0.13\pm0.63^{a\#e\#}$	$0.32\pm1.21^{f*}$

表 2-2-9　NTs 长期干预对小鼠每月龄进食量（g）和食物利用率（%）的影响（$\bar{x}\pm s$）（续表）

组别	月龄（月）							
	17	18	19	20	21	22	23	24
进食量（g）								
NTs-Free	110.70±14.07	114.23±13.46	100.33±1.40	—	—	—	—	—
Normal	118.67±17.50	142.64±5.75^{a*}	143.72±0.00	—	—	—	—	—
NTs-L	158.28±24.81$^{a\#b\#}$	157.83±25.83$^{a\#}$	181.74±47.14	142.47±17.86	148.35±3.61	126.85±10.68	122.55±4.60	108.76±0.00
NTs-M	142.31±17.20$^{a*b\#}$	138.84±14.18^{a*}	122.92±40.14	124.45±19.73	134.45±23.69	105.85±19.73	107.20±29.13	—
NTs-H	131.66±21.35^{c*}	134.75±21.15	149.7±0.00	—	—	—	—	—
NMN	147.72±12.30$^{a\#b*}$	150.30±4.19$^{a\#}$	144.77±4.77	138.92±13.04	—	—	—	—
SAMR1	146.26±11.44$^{a\#b*}$	154.92±10.04$^{a\#}$	153.25±19.60	136.50±1.41	167.3±2.54	167.30±0.00	—	—
食物利用率（%）								
NTs-Free	−0.42±0.06	−0.79±0.08$^{b\#c*}$	−0.53±0.31	—	—	—	—	—
Normal	−0.10±1.26	0.85±1.13$^{a\#f*}$	−1.04±0.00	—	—	—	—	—
NTs-L	−0.05±1.20	0.17±0.59$^{a\#}$	−0.68±0.14	−1.01±0.43	−0.16±0.35	−0.29±0.77	−0.31±0.80	−0.46±0.00
NTs-M	0.01±0.75	0.05±0.72	−0.78±0.17	−0.79±0.22	−0.68±1.97	−0.89±0.03	−0.89±0.04	—
NTs-H	−0.08±0.52	−2.60±0.38	−2.87±0.00	—	—	—	—	—
NMN	0.38±0.54	−0.26±0.51^{b*}	0.73±1.26	−1.89±0.38	—	—	—	—
SAMR1	0.30±0.33	0.33±0.35^{a*}	−1.56±1.99	−1.91±1.26	−1.20±1.35	3.59±0.00	—	—

注：NTs-Free，纯化饲料喂养组；Normal，普通对照组；NTs-L、NTs-M、NTs-H，NTs 低、中、高剂量干预组；NMN，烟酰胺单核苷酸喂养组；SAMR1，模型对照组。^{a}代表与 NTs-Free 组相比；^{b}代表与 Normal 组相比；$^{c、d、e}$分别代表与 NTs-L、NTs-M、NTs-H 组相比；$^{f、g}$分别代表与 NMN、SAMR1 组相比。* 代表差异具有显著性：$P < 0.05$；#：$P < 0.01$。

（五）NTs 终身干预对 SAMP8 小鼠脏器质量和脏体比的影响

NTs 终身干预对小鼠脏器质量的影响如表 2-2-10 所示。各组小鼠的终末体重 NMN 组要明显高于除 NTs-M 组外的其他各组（$P < 0.05$）。心脏质量 NTs-M 组明显高于普通对照组和 SAMR1 组（$P < 0.05$，$P < 0.01$）；肝质量 NMN 组要高于普通对照组组（$P < 0.05$）；肾质量纯化饲料喂养组要明显高于普通对照组及 NTs-L 组（$P < 0.01$，$P < 0.05$），SAMR1 组要高于普通对照组组（$P < 0.05$）；胸腺、脾、肠系膜淋巴结和睾丸质量在各组间未观察到明显差异（$P > 0.05$）；性腺中附睾质量 NTs-L 组要明显高于 SAMR1 组（$P < 0.05$）。

各组小鼠脏体比见表 2-2-11，心脏脏器指数 NTs-M 组要明显高于 SAMR1 组（$P < 0.05$）；肾脏器指数 NTs-Free 组显著高于普通对照组和 NTs-L 组（$P < 0.01$，$P < 0.05$）；其余脏器的脏 / 体比值在各组间均未观察到明显的统计学差异（$P > 0.05$）。

（六）小鼠生命周期体温监测

为了更好地评价老年小鼠生命周期的一般情况，在小鼠 36 周龄时，对所有老年小鼠生命周期体温变化进行了连续 6 周的监测，采用体温枪连续测量三次小鼠腹部体温值，取其平均值为该时点体温值。结果显示在当前饲养环境下，小鼠生命周期内体温稳定（表 2-2-12，彩图 2-2-5）。

（七）NTs 终身干预对 SAMP8 小鼠老化评分的影响

各组小鼠老化度评分结果如表 2-2-13 所示，随着老鼠生存月龄的增加，各组小鼠老化度评分总值随之增高。在 12 月龄时，NTs-L 组低于其他各组，并与 NTs-M、NTs-H 及 NMN 组相比具有显著性差异（$P < 0.05$）。在 15 月龄和 18 月龄时，普通对照组老化度评分总值高于其他各组，提示随着寿命的增加，NTs 干预组小鼠生存状态要优于普通对照组，拥有更好的健康寿命。

（八）NTs 终身干预对 SAMP8 小鼠病理解剖的影响

对各组小鼠进行系统解剖，观察其有无病理变化，统计其异常情况如表 2-2-14 所示。主要分为肿瘤性病变和非肿瘤性病变两大部分，并对非肿瘤性病变中的免疫器官异常、胃肠道异常、生殖器官异常、皮肤及眼睛等分别进行了汇总。

对各组出现的肿瘤性病变进行汇总，SAMR1 组出现了 4 例，纯化饲料喂养、普通对照、NTs-L 及 NTs-H 组各出现了 5 例，NTs-M 及 NMN 组出现了 6 例。其中，肌肉瘤在各组小鼠中均有发生，NTs-L 组 1 例，NTs-M 及 NMN 组 2 例，纯化饲料喂养、NTs-H 和 SAMR1 组 3 例；颈部肿瘤在除 SAMR1 组外的其他各组均有发生（1 ～ 2 例）；脾肿瘤在普通对照组和 NMN 组各出现了 1 例。此外，空肠肿瘤及皮下肿瘤在 NTs-L 组各出现了 1 例；肝肿瘤、胰腺癌及胃部肿瘤在 NTs-M 组各出现了 1 例；NMN 组出现了 2 例肾肿瘤和 1 例脾肿瘤；SAMR1 组出现了 1 例回肠肿瘤。

在非肿瘤性病变中，脑部血肿在纯化饲料喂养和 SAMR1 组各出现 1 例；皮下脓肿在 NTs-M（1 例）、NTs-H（1 例）及 NMN 组（2 例）均有发生；肝病变除纯化饲料喂养和 NTs-H 组外均有出现，其中脂肪肝在 SAMR1 组发生最多（4 例），其他组为 1 ～ 2 例；除 NTs-L 和 SAMR1 组无肾病变外，其他各组均有发生肾异常肿胀（纯化饲料喂养、NTs-M、

表 2-2-10　NTs 终身干预对小鼠脏器质量（g）的影响（$\bar{x}\pm s$）

组别	终末体重（g）	心脏（g）	肝（g）	肾（g）	胸腺（g）	脾（g）	肠系膜淋巴结（g）	睾丸（g）	附睾（g）
NTs-Free	30.10±3.44	0.21±0.05	1.87±0.64	0.65±0.21	0.05±0.09	0.38±0.36	0.14±0.18	0.16±0.04	0.09±0.03
Normal	29.22±2.62	0.20±0.05	1.69±0.65	0.54±0.09$^{a\#}$	0.04±0.07	0.37±0.54	0.27±0.47	0.15±0.03	0.08±0.01
NTs-L	29.95±3.76	0.21±0.04	1.78±0.57	0.57±0.10^{a*}	0.05±0.08	0.31±0.25	0.15±0.17	0.15±0.04	0.10±0.06
NTs-M	30.54±3.67	0.25±0.17^{b*}	1.84±0.55	0.60±0.14	0.06±0.09	0.36±0.29	0.18±0.17	0.15±0.05	0.09±0.06
NTs-H	29.77±3.64	0.21±0.06	1.88±0.68	0.61±0.19	0.06±0.10	0.41±0.26	0.15±0.25	0.16±0.04	0.09±0.03
NMN	31.93±3.71$^{a*b\#c*e\#}$	0.23±0.05	2.00±0.79^{b*}	0.63±0.17	0.05±0.07	0.43±0.34	0.16±0.35	0.16±0.07	0.09±0.02
SAMR1	29.98±3.62^{f*}	0.19±0.06d$^{\#}$	1.82±0.69	0.59±0.20^{b*}	0.07±0.10	0.42±0.43	0.29±0.61	0.16±0.08	0.08±0.02^{c*}

注：NTs-Free，纯化饲料喂养组；Normal，普通对照组；NTs-L、NTs-M、NTs-H，NTs 低、中、高剂量干预组；NMN，烟酰胺单核苷酸喂养组；SAMR1，模型对照组。^{a}代表与 NTs-Free 组相比；^{b}代表与 Normal 组相比；$^{c、d、e、f}$分别代表与 NTs-L、NTs-M、NTs-H、NMN 组相比。* 代表差异具有显著性：$P<0.05$；$^{\#}$：$P<0.01$。

表 2-2-11　NTs 终身干预对小鼠脏体比（%）的影响（$\bar{x}\pm s$）

组别	心 / 体比（%）	肝 / 体比（%）	肾 / 体比（%）	胸腺 / 体比（%）	脾 / 体比（%）	肠系膜淋巴结 / 体比（%）	睾丸 / 体比（%）	附睾 / 体比（%）
NTs-Free	0.70±0.20	6.24±2.14	2.19±0.73	0.16±0.29	1.28±1.28	0.46±0.56	0.52±0.14	0.28±0.12
Normal	0.68±0.15	5.75±2.13	1.85±0.28$^{a\#}$	0.14±0.22	1.26±1.84	0.93±1.70	0.52±0.10	0.28±0.04
NTs-L	0.69±0.13	5.98±2.02	1.91±0.32^{a*}	0.18±0.27	1.01±0.81	0.48±0.42	0.49±0.12	0.32±0.18
NTs-M	0.80±0.52	6.00±1.54	1.98±0.42	0.18±0.27	1.16±0.95	0.59±0.56	0.51±0.15	0.30±0.14
NTs-H	0.70±0.18	6.33±2.17	2.11±0.75	0.20±0.33	1.37±1.31	0.51±0.56	0.54±0.12	0.29±0.08
NMN	0.70±0.17	6.20±2.70	2.01±0.76	0.16±0.24	1.35±1.06	0.47±0.69	0.51±0.23	0.29±0.07
SAMR1	0.66±0.21^{d*}	6.07±2.14	1.99±0.63	0.23±0.33	1.40±1.38	0.96±1.88	0.54±0.26	0.26±0.06

注：NTs-Free，纯化饲料喂养组；Normal，普通对照组；NTs-L、NTs-M、NTs-H，NTs 低、中、高剂量干预组；NMN，烟酰胺单核苷酸喂养组；SAMR1，模型对照组。^{a}代表与 NTs-Free 组相比，^{d}代表与 NTs-M 组相比。* 代表差异具有显著性：$P<0.05$；$^{\#}$：$P<0.01$。

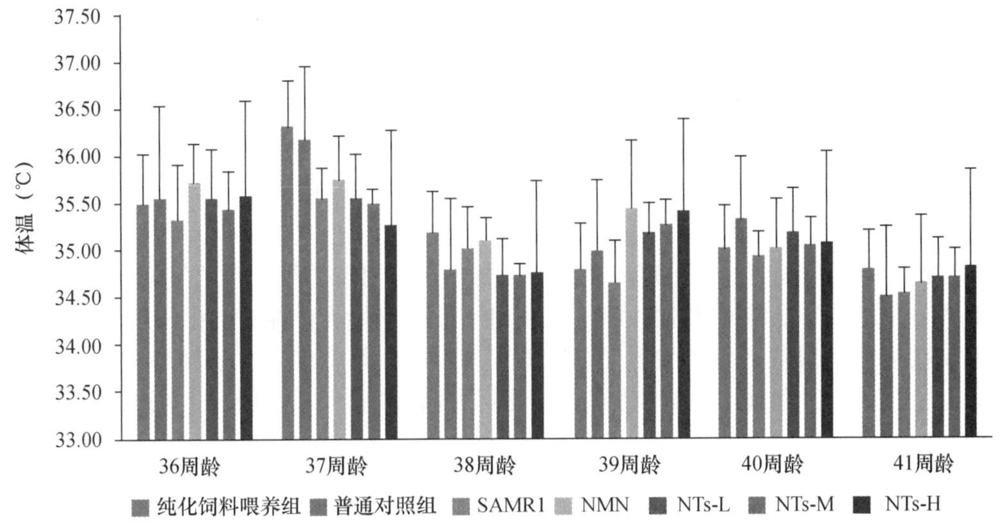

彩图 2-2-5　小鼠生命周期内体温监测

表 2-2-12　小鼠生命周期内体温监测情况（$\bar{x}\pm s$）

组别	周龄（周）					
	36	37	38	39	40	41
NTs-Free	35.52±0.49	36.30±0.99	35.17±0.58	34.78±0.38	35.02±0.49	34.77±0.42
Normal	35.54±0.48	36.16±1.28	34.78±0.32	34.97±0.46	35.31±0.47	34.49±0.15
NTs-L	35.55±0.45	35.55±0.68	34.73±0.22	35.16±0.51	35.18±0.48	34.69±0.31
NTs-M	35.44±0.42	35.49±0.74	34.73±0.25	35.27±0.69	35.03±0.41	34.70±0.31
NTs-H	35.58±0.43	35.28±0.66	34.75±0.32	35.40±0.71	35.05±0.43	34.83±0.45
NMN	35.72±0.49	35.75±0.77	35.09±0.43	35.43±0.72	35.02±0.35	34.66±0.25
SAMR1	35.32±0.43	35.54±0.78	35.03±0.43	34.66±0.24	34.95±0.38	34.53±0.12

表 2-2-13　NTs 终身干预对 SAMP8 小鼠老化评分的影响（$\bar{x}\pm s$）

组别	老化评分				
	6 个月	9 个月	12 个月	15 个月	18 个月
NTs-Free	0.12±0.02	0.44±0.26	4.47±0.74	5.35±0.85	13.75±4.63
Normal	0.18±0.09	0.41±0.21	4.55±0.88	6.00±1.18	12.44±4.54
NTs-L	0.14±0.12	0.43±0.10	4.40±1.14	5.83±1.27	10.07±4.15
NTs-M	0.17±0.15	0.41±0.09	4.95±1.43[c*]	5.36±1.27	9.38±4.63
NTs-H	0.15±0.16	0.47±0.15	5.00±1.58[c*]	5.42±0.97	8.40±1.29
NMN	0.15±0.11	0.40±0.21	4.97±1.06[c*]	5.87±1.00	11.12±2.81
SAMR1	0.17±0.13	0.49±0.24	4.89±0.68	5.88±1.20	11.73±3.40

注：NTs-Free，纯化饲料喂养组；Normal，普通对照组；NTs-L、NTs-M、NTs-H，NTs 低、中、高剂量干预组；NMN，烟酰胺单核苷酸喂养组；SAMR1，模型对照组。[c*] 表示与 NTs-L 组相比，有统计学差异，$P < 0.05$。

NTs-H、NMN 组各出现 1 例），普通对照组出现了 1 例肾脓肿。

对免疫器官（脾、胸腺、肠系膜淋巴结）出现的异常病理改变进行汇总发现，出现最多的症状主要为免疫器官的肿胀或异常萎缩。其中普通对照组（16 例）、NMN（11 例）及 SAMR1 组（15 例）出现的异常改变最多；纯化饲料喂养组（5 例）、NTs-L（94 例）及 NTs-H 组（8 例）出现的病理改变相对较少；而 NTs-M 组未发现免疫器官的异常改变（0 例）。

在胃肠道的病理改变中，出现最多的是胃肠出血（出现的组发生频率为 1 ～ 2 例）。与其他组不同的是，胃萎缩（胃异常小）、肠囊肿、肠道脆性大（在解剖中发现该肠道极容易断裂）仅在纯化饲料喂养组中发生（各出现了 1 例）；胃溃疡、皮革胃仅在 NMN 组出现（各 1 例）；NTs-L 组出现了 1 例胃肠胀气；纯化饲料喂养和 SAMR1 组各出现了严重的肛肠脱垂。

在生殖器官的异常改变中，发生频率最高的是阴茎的突出发紫，在各组中均有发生，该变化通常发生在小鼠濒死前，其中 NTs-H 和 SAMR1 发生例数最多（均为 10 例），其他组为 2 ～ 5 例。除阴茎突出发紫外，普通对照组出现了 3 种异常变化，分别为睾丸肿大、睾丸萎缩及附睾红肿（各 1 例）；NTs-L 组各出现了 1 例睾丸萎缩和附睾红肿；NTs-M 组出现了 1 例睾丸肿大和 2 例阴茎脓肿；NMN 组出现了 1 例附睾红肿；SAMR1 组出现了 1 例精囊附睾的粘连硬化。

除以上组织器官病变引起的胸腔积液、腹腔积液、脏器粘连及腹部肿胀外，解剖中还发现了不明原因引起的以上四种异常变化。出现频率最多的是不明原因引起的腹部肿胀，其中 NTs-Free（3 例）和普通对照组（4 例）组出现最多，NTs-L、NTs-M、及 SAMR1 组各 1 例，NTs-H 及 NMN 组未出现（0 例）。此外，SAMR1 组出现了 1 例不明原因引起的胸腔积液；纯化饲料喂养及普通对照组各出现了 1 例不明原因引起的腹腔积液；NTs-M 组出现了 1 例不明原因引起的脏器粘连。脊柱弯曲在各组均有发生，纯化饲料喂养和普通对照组均出现了 4 例，其他各组为 2 ～ 3 例。值得注意的是，在解剖过程中发现，NMN 组有一例脑皮质表面异常光滑，脑皮质沟回彻底消失。

除以上组织器官的异常病理改变外，还对皮肤和眼睛出现的异常情况进行了观察和记录。皮肤常见的病理改变主要为溃烂出血，好发生部位为头颈部、背部还有肛周。较为特殊的是，纯化饲料喂养和 NMN 组各出现 1 例小鼠的全身脱毛的现象（脱毛为小鼠老化过程中的常见变化，诸如全身毛发稀疏或身体侧部、背部及腹部长条状或片状脱毛等，但全身脱毛极为少见，仅在纯化饲料喂养和 NMN 组各出现 1 例）。对皮肤出现的异常情况进行汇总，NMN 组异常改变例数最多，达到 9 例（2 例头颈部溃烂、3 例背部溃烂、3 例肛周溃烂、1 例全身脱毛）；纯化饲料喂养总计出现了 5 例（头颈部溃烂、背部溃烂、四肢溃烂、肛周溃烂、全身脱毛各 1 例）；发生例数最少的为 NTs-L 组（1 例头颈部溃烂）和 NTs-H 组（1 例四肢溃烂）。

在眼睛的病理改变中，出现最多的是角膜混浊及炎症，在各组均有发生。在普通对照、NTs-H 及 SAMR1 组还出现了彻底失明的现象，分别为 2 例、1 例、3 例；在纯化饲料喂养、NTs-L 及 SAMR1 组出现了小眼症，即眼球越来越小，到最后逐渐呈针孔状直至看不见。眼球凸出多在濒死的小鼠身上出现，此外，在小鼠濒临死亡时常伴随着眼球颜色变浅或者发黑的情况。对眼睛出现病理改变进行汇总，NMN、SAMR1 组共出现了 10 例，纯化饲料喂养和 NTs-M 组次之（9 例），普通对照和 NTs-L 组 7 例，NTs-H 组 5 例。

对各组出现的以上所有病理改变进行汇总发现，发生例数由多到少分别为：SAMR1 组（56 例），普通对照组（54 例），NMN 组（54 例），纯化饲料喂养组（40 例），NTs-M 组（35 例），NTs-H 组（34 例），NTs-L 组（33 例）。其中纯化饲料喂养组死亡较早，未在病理改变发生前大多小鼠就因衰老而死亡。而 NTs 三个干预组病理改变例数相较最多的 SAMR1、普通对照组及 NMN 组，少了 20 例左右。可见，NTs 干预不仅可以延长小鼠的生存时间，还可以降低小鼠生命周期内病理改变的发生频率，减少疾病发生率，对生命质量的提高有着极为正向的促进作用。

表 2-2-14 各组小鼠系统解剖病理发现汇总

组别	纯化饲料喂养	普通对照	NTs-L	NTs-M	NTs-H	NMN	SAMR1
肿瘤性病变							
颈部肿瘤	2	1	2	1	2	1	
肝肿瘤				1			
肾肿瘤						2	
脾肿瘤		1				1	
胰腺癌				1			
胃肿瘤				1			
空肠肿瘤			1				
回肠肿瘤							1
肌肉瘤	3	3	1	2	3	2	3
皮下肿瘤			1				
小计	5	5	5	6	5	6	4
非肿瘤性病变							
脑部血肿	1						1
皮下脓肿				1	1	2	
脂肪肝		2	2	1		2	4
肝肿胀		1		1			
肾肿胀	1			1	1	1	
肾脓肿		1					
小计	2	4	2	4	2	5	5
免疫器官							
巨脾	1	4	1		4	3	4
胸腺肿胀	2	1			1	2	4

续表

组别	纯化饲料喂养	普通对照	NTs-L	NTs-M	NTs-H	NMN	SAMR1
淋巴结肿胀		2	1		1	4	1
脾萎缩		1			1		
胸腺萎缩		4	2		1	1	2
淋巴结萎缩		4					2
脾表面凸起							1
脾颜色发白							1
淋巴结颜色鲜红	2					1	
小计	5	16	4	0	8	11	15
胃肠道							
胃溃疡						1	
皮革胃						1	
胃出血		1	1	1		1	
胃萎缩	1						
胃肠胀气			2				
肠出血		1	1	2	1	2	1
肠道脆性大	1						
肠囊肿	1						
肛肠脱垂	1						1
小计	4	2	4	3	1	5	2
生殖器官							
睾丸大		1		1			
睾丸萎缩		1	1				
附睾红肿		1	1			1	
阴茎脓肿				2			
阴茎突出发紫	2	5	4	3	10	4	10
精囊附睾硬化							1
小计	2	8	6	6	10	5	11
不明原因引起							
胸腔积液							1
腹腔积液	1	1					
脏器粘连				1			
腹部肿胀	3	4	1	1			1

续表

组别	纯化饲料喂养	普通对照	NTs-L	NTs-M	NTs-H	NMN	SAMR1
小计	4	5	1	2			2
其他							
脑皮质沟回消失						1	
脊柱弯曲	4	4	3	2	2	2	3
小计	4	4	3	2	2	3	3
皮肤							
头颈部溃烂	1	1	1	3		2	
背部溃烂	1	1				3	2
四肢溃烂	1				1		
肛周溃烂	1	1				3	2
全身脱毛	1					1	
小计	5	3	1	3	1	9	4
眼睛							
角膜浑浊	3	2	1	4	3	4	5
失明		2			1		3
小眼症	1		2			1	
炎症	3	2	2	4	1	4	1
眼球凸出	2	1	2	1		1	1
小计	9	7	7	9	5	10	10
总计	40	54	33	35	34	54	56

以上研究结果表明，NTs 终身干预可有效延长 SAMP8 小鼠生存时间，降低小鼠死亡率，其中以 NTs-L 组效果最为明显，NTs-M 组次之。对平均生存时间进行分析发现，NTs-L 组平均生存时间（14.98 个月）相较纯化饲料喂养组（13.48 个月）、普通对照组（14.21 个月）及 NMN 组（13.59 个月），分别延长了 11.12.%、5.42%、10.23%。对中位生存时间进行分析，NTs-L 组中位生存时间（14.30 个月）相较纯化饲料喂养组（12.70 个月）、普通对照组（13.50 个月）及 NMN 组（13.57 个月），分别延长了 12.6%、5.93%、5.38%；NTs-M 组中位生存时间（13.87 个月）相较纯化饲料喂养组（12.70 个月）、普通对照组（13.50 个月）及 NMN 组（13.57 个月），分别延长了 9.21%、2.74%、2.21%。对各组小鼠累积生存率进行分析发现，在 14 月龄时，NTs-L 和 NTs-M 组的累积生存率分别为 52% 和 46%，高于其他各组。并在其后月龄时，NTs-L 和 NTs-M 组小鼠累积生存率始终要高于其他各组，且 NTs-L 组小鼠拥有最长生存时间（24.93 个月），NTs-M 组（23.83 个月）次之。用 Log Rank（Mantel-Cox）进行组间比较发现，NTs-L 与纯化饲料喂养组相比：$\chi^2 = 5.26$，$P = 0.022$；NTs-M 与 NTs-Free 组比：$\chi^2 = 5.40$，$P = 0.020$，均有统计学差异（$P < 0.05$）。

综上可知，NTs-L、NTs-M 剂量长期干预可在一定程度上有效延长小鼠生存时间，与文献报道的 SAMP8 小鼠中位生存时间（12.1 个月）相比，NTs-L、NTs-M 剂量长期干预分别延长了 18.18% 和 14.63%；与本研究的纯化饲料喂养、普通对照及 NMN 组相比，NTs-L 组中位生存时间则分别延长了 12.6%、5.93%、5.38%；NTs-M 组中位生存时间分别延长了 9.21%、2.74%、2.21%。

To sum up，the lifetime intervention of NTs-L and NTs-M effectively prolong the survival time of mice and reduce the death rate of mice. Compared with the reported median survival time of SAMP8 mice（12.1 m），NTs-L and NTs-M lifelong intervention prolonged the median survival time of mice by 18.18% and 14.63% respectively. Compared with NTs-free，normal control and NMN groups，the median survival time of NTs-L was prolonged by 12.6%，5.93% and 5.38% respectively. Compared with the above three groups，the median survival time of NTs-M was prolonged by 9.21%，2.74% and 2.21% respectively.

现有报道显示，SAMP8 中位生存时间为 12.1 个月（364 天），但尚无有关 SAMP8 小鼠平均寿命和最长生存时间的报道[41]。参考 C57BL/6 小鼠与人寿命的对应关系（见图 2-2-6），进行 SAMP8 小鼠与人寿命对应关系的推算：即中位生存时间（12.1 个月）对应人寿命 75.81 岁，

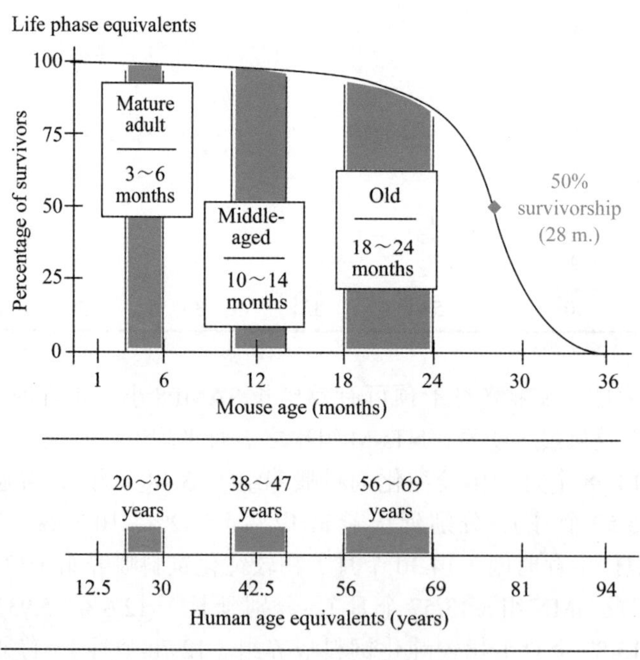

图 2-2-6　C57BL/6J 小鼠与人寿命对应关系

得出结果如下表 2-2-15 所示。

表 2-2-15 SAMP8 小鼠与人寿命对应推算

组别	中位生存时间（月）	对应人的年龄（岁）	与文献 12.1 m 相比延长（年）	延长百分比
文献报道	12.10	75.81	—	—
NTs-Free	12.70	80.32	4.51	5.95%
Normal	13.50	86.33	10.52	13.87%
SAMR1	12.53	模型不同	—	—
NTs-L	14.30	92.33	16.52	21.80%
NTs-M	13.87	89.08	13.27	17.50%
NTs-H	12.77	80.82	5.01	6.61%
NMN	13.57	86.83	11.02	14.53%

由上表可知，NTs-L 组中位生存时间（14.30 个月）对应到人的寿命为 92.33 岁，相比文献报道的 12.1 月推算得到的 75.81 岁，延长了 16.52 岁，延长百分比达到 21.79%。NTs-M 组中位生存时间（13.87 个月）对应到人寿命 89.08 岁，比文献报道的延长了 13.27 年，延长百分比达到 17.50%。NTs-L、NTs-M 与本研究的纯化饲料喂养、普通对照及 NMN 组相比，NTs-L 组寿命则分别延长了 12 年（14.95%）、6 年（6.57%）、5.5 年（6.33%）；NTs-M 组分别延长了 8.76（10.91%）、2.75（3.19%）、2.25（2.50%）。

在以上研究的基础上，采用本研究中纯化饲料喂养组的中位生存时间（12.70 个月）进行推算，即纯化饲料喂养组中位生存时间（12.70 m）对应到人寿命为 75.83 岁。可知，NTs-L 组（86.77 岁）相比纯化饲料喂养组，寿命延长了 10.94 年，延长了 14.65%；相比普通对照组（81.30 岁），延长了 5.47 年（6.73%）；相比 NMN 组（81.76 岁），延长了 5.01 年（6.13%）。NTs-M 组（83.81 岁）相比 NTs-Free 组，寿命延长了 7.98 年，延长了 9.19%；相比普通对照组，延长了 2.51 年（3.09%）；相比 NMN 组，延长了 2.05 年（2.51%）。

世界卫生组织发布了 2021 版《世界卫生统计报告》，该报告是对 194 个会员国健康相关指标最新现有数据的年度汇编。2019 年，全球出生时预期寿命为 73.3 岁，我国总体预期平均寿命为 77.4 岁（女性为 80.5 岁，男性为 74.7 岁）。这与上述根据中位生存时间推测得到的寿命（75.83 岁）大致相符。

此外，对小鼠生命周期内一般情况及老化评分进行分析发现，随着寿命的增加，NTs 干预组小鼠生存状态要优于普通对照组和 NTs-Free 组，拥有更好的健康寿命。对各组出现的病理改变进行汇总发现，发生例数由多到少分别为：SAMR1 组（56 例），普通对照组（54 例），NMN 组（54 例），纯化饲料喂养组（40 例），NTs-M 组（35 例），NTs-H 组（34 例），NTs-L 组（33 例）。其中 NTs 三个干预组例数最少，相较最多的 SAMR1、普通对照及 NMN 组，少了 20 例左右。可见，NTs 干预不仅可以延长小鼠的生存时间，还可以降低小鼠生命周期内病理改变的发生频率，减少疾病发生率，对生命质量的提高有着极为正向的促进作用。

三、NTs 中期干预对 SAMP8 小鼠的影响研究

在上述NTs终身干预对自然衰老动物模型（SD大鼠）和快速衰老小鼠动物模型（SAMP8小鼠）全生命周期影响研究的基础上，北京大学李勇教授课题组对NTs中期干预（即在人60岁时开始NTs干预）对衰老及寿命的影响进行了探讨研究。研究采用了三月龄SPF级雄性SAMP8小鼠和SAMR1小鼠。在适应性喂养一周后，SAMP8小鼠分为A、B两组：A组给予纯化饲料喂养，B组给予基础饲料喂养；并同时设立SAMR1模型对照组（C组，给予基础饲料）。当小鼠喂养到10月龄时（即相当于人60岁时），进行亚组分组以研究改变干预方式对小鼠的影响，即A、B、C三组均随机分为A1、B1、C1组和A2、B2、C2组。其中A1、B1、C1组喂养方式保持不变，A2、B2、C2组从10月龄起即给予0.6 g/kg NTs饲料干预。继续干预6个月，即设小鼠16月龄为干预终点。实验期间动物自由进食与饮水，密切观察各组小鼠的状态，包括一般状况观察、生存分析、系统解剖学观察等。现将主要研究结果阐述如下：

（一）NTs 中期干预对 SAMP8 小鼠存活状况的影响

由表2-2-16可知，各组小鼠自10月龄起开始干预，在11月龄各组小鼠陆续出现死亡情况，且NTs干预组（A2、B2、C2）小鼠存活情况要优于纯化饲料（A1）和基础饲料干预组（B1、C1）。在A1和A2组，A2组小鼠存活情况明显要优于A1组，14月龄时，A1组已死亡7只，而A2组尚无小鼠死亡；至干预终点16月龄时，A1尚存活小鼠为11只，死亡率为45%；A2组存活小鼠16只，死亡率仅为20%。B1、C1组小鼠存活率也低于B2、C2组，至16月龄时，B1组存活小鼠为3只，死亡率达到75%，B2组存活5只，死亡率为58.33%；C1组存活小鼠4只，死亡率44.44%，C2组存活5只，死亡率55.56%。

表 2-2-16 各组小鼠 10～16 月龄存活情况

组别	月龄（月）						
	10	11	12	13	14	15	16
A1（纯化-纯化饲料组）	20	20	19	13	13	12	11
A2（纯化-NTs组）	20	20	20	20	20	18	16
B1（基础-基础饲料组）	12	12	11	9	7	4	3
B2（基础-NTs组）	12	12	11	10	10	6	5
C1（基础-基础饲料组）	9	9	8	7	5	4	4
C2（基础-NTs组）	9	9	9	7	5	5	5

注：A和B组为SAMP8小鼠，C组为SAMR1小鼠。

（二）NTs 中期干预对 SAMP8 小鼠生存分析的影响

整理各组小鼠的存活时间，小鼠生存状态进行 Kaplan-Meier 分析，并用 Log Rank（Mantel-Cox）进行组间比较，$P < 0.05$ 为统计检验界值（因各组动物的初始只数不同，因此只在各亚组内进行比较分析）。

由表 2-2-17 可知，NTs 干预组（A2、B2、C2）小鼠平均生存时间、最短生存时间均长于纯化饲料（A1）和基础饲料干预组（B1、C1），且 B2、C2 组小鼠中位生存时间也长于 B1、C1 组。其中平均生存时间 A2 组（15.85 m）、B2（14.87 m）、C2（14.65 m）较 A1（14.68 m）、B1（14.06 m）、C1（14.30 m）分别延长了 7.97%、5.76%、2.45%。从各组累积生存率分析（彩图 2-2-7）也可以看出，同月龄 NTs 干预组（A2、B2、C2）小鼠累积生存率均明显高于纯化饲料（A1）和基础饲料干预组（B1、C1），且 A1、A2 组间统计检验结果为：$\chi^2 = 3.70$，$P = 0.054$，接近统计检验界值（$P < 0.05$）。可见在中期采取 NTs 喂养干预，可在一定程度上延缓实验动物死亡时间，降低死亡速率，延长健康寿命。

表 2-2-17　NTs 中期干预对各组小鼠 10 ～ 16 月龄生存时间的影响

组别	只数	平均生存时间（m）	中位生存时间（m）	最短生存时间（m）	最长生存时间（m）
A1（纯化–纯化饲料组）	20	14.68±0.39	16.07	11.90	16.07
A2（纯化 -NTs 组）	20	15.85±0.11	16.07	14.50	16.07
B1（基础–基础饲料组）	12	14.06±0.47	14.13	11.50	16.07
B2（基础 -NTs 组）	12	14.87±0.40	14.87	11.90	16.07
C1（基础–基础饲料组）	9	14.30±0.61	14.07	11.43	16.07
C2（基础 -NTs 组）	9	14.65±0.56	16.07	12.37	16.07

注：A 和 B 组为 SAMP8 小鼠，C 组为 SAMR1 小鼠。

（三）NTs 中期干预对 SAMP8 小鼠体重变化的影响各组小鼠 10 ～ 16 月龄的体重变化如下所示，在 10 月龄干预初期各组小鼠体重无明显统计学差异（$P > 0.05$）。其后随着月龄的增加，NTs 干预组（A2、B2、C2）小鼠体重整体均高于纯化饲料（A1）和基础饲料干预组（B1、C1）（表 2-2-18）。

A1 组小鼠体重从 10 月龄起，除 12 月龄到 13 月龄增加外，其余月龄均呈下降趋势。在 13 月龄体重达到最大值（32.70±2.35），至 16 月龄干预终点时小鼠体重（30.78±2.92 g）。A2 组小鼠体重从 11 月龄体重达到最高值（33.31±1.85 g）后，整体呈缓慢下降趋势，波动幅度较小，并除 15 月龄外均高于 A1 组。在 15 月龄时体重达到最低点（31.68±3.85 g），至 16 月龄干预终点时体重略有增加为 31.80±2.98 g。结合小鼠生存状况分析可知，A1 组小鼠 12 月龄到 13 月龄死亡 6 只，死亡只数较多，13 月龄存活只数为 13 只。A2 组小鼠至 15 月龄时才出现小鼠死亡，至 16 月龄时存活 16 只。

B1 组小鼠体重变化类似 A1 组，并一直低于 B2 组。从 10 月龄开始体重下降，12 月龄达到最低点（31.77±4.36 g）；随后上升，14 月龄增加至 34.26±4.06 g；到 16 月龄干预终

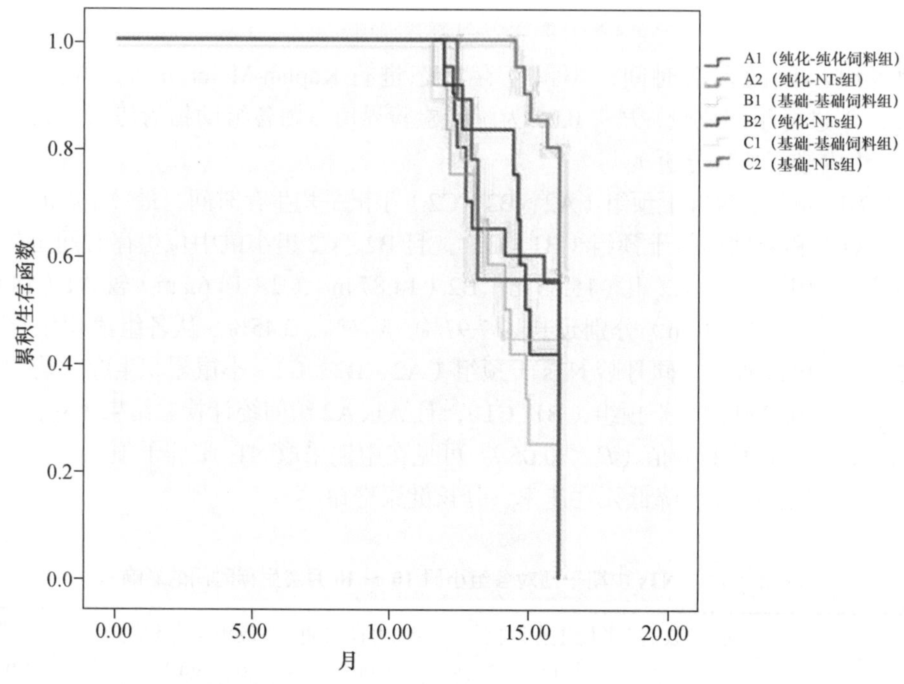

彩图 2-2-7　NTs 中期干预对各组小鼠累计生存率的影响

注：A 和 B 组为 SAMP8 小鼠，C 组为 SAMR1 小鼠

点时降至 32.50±5.81 g。B2 组体重变化类似 B1 组，但整体波动幅度较小，并始终高于其他各组，体重最高点为 14 月龄时（35.43±3.52 g），最低点为 16 月龄时（34.17±4.63 g）。结合小鼠生存状况分析可知，12 月龄时 B1、B2 组各出现了 1 只老鼠死亡；随后月龄 B1 组小鼠死亡速率要高于 B2 组，至 14 月龄时 B1 组存活 7 只，B2 组 10 只；至 16 月龄时 B1 组存活 3 只，B2 组 5 只。

C1 组小鼠体重从 10 月龄起整体呈下降趋势，其中在 12 月龄至 14 月龄波动幅度较小，到 16 月龄干预重点时体重达到最低值（28.95±4.23 g）。C2 组小鼠体重始终高于 C1 组，11 至 13 月龄体重呈下降趋势，在 13 月龄时达到最低值（33.00±2.76 g）；随后上升至 14 月龄达到最高值（34.46±3.09）；15 至 16 月龄体重下降，至 16 月龄干预终点体重为 33.65±2.67 g。结合小鼠生存状况分析可知，13 月龄时 C1、C2 组小鼠死亡数均为 2 只；至 16 月龄时 C1 组存活 4 只，C2 组存活 5 只。

综上所述，NTs 干预组（A2、B2、C2）小鼠体重从 10 月龄起至 11 月龄均先出现增加的趋势，随后开始下降；而纯化饲料（A1）和基础饲料干预组（B1、C1）则从 10 月龄起小鼠体重便开始下降。小鼠体重 A2、B2、C2 始终高于对应亚组 A1、B1、C1，相应体重波动幅度也较为缓慢，这与 NTs 干预引起小鼠死亡速率较慢、体重随月龄增加降低较为缓慢等有关。

（四）NTs 中期干预对 SAMP8 小鼠进食量和食物利用率的影响

如下表 2-2-19 所示，A2 亚组小鼠每月龄进食量在 13、14、15 月龄均显著高于 A1 亚组（$P < 0.01$）。B2 亚组小鼠每月龄进食量在 13 月龄时明显高于 B1 亚组（$P < 0.05$）。C2 亚

表 2-2-18　各组小鼠 10 ～ 16 月龄体重（g）的变化（$\bar{x}\pm s$）

组别	月龄（月）						
	10	11	12	13	14	15	16
A1（纯化-纯化饲料组）	32.10±1.43	31.64±1.62	31.14±1.48	32.70±2.35	32.56±2.60	32.12±2.88	30.78±2.92
A2（纯化 -NTs 组）	32.26±2.12	33.31±1.85	33.07±2.55	33.20±2.33	32.79±2.31	31.68±3.85	31.80±2.98
B1（基础-基础饲料组）	34.32±3.71	33.74±4.06	31.77±4.36	34.14±4.45	34.26±4.06	33.39±3.53	32.50±5.81
B2（基础 -NTs 组）	34.51±2.95	34.92±3.46	34.30±3.04	35.05±3.44	35.43±3.52^{a*b*}	34.95±4.22^{b*}	34.17±4.63
C1（基础-基础饲料组）	33.10±2.29	32.69±2.17	32.17±2.28	32.35±2.66	32.25±1.81^{d*}	31.40±1.56	28.95±4.23^{d*}
C2（基础 -NTs 组）	33.24±2.83	33.76±3.30	33.53±2.99	33.00±2.76	34.46±3.09	34.20±2.50	33.65±2.67^{c*}

注：A 和 B 组为 SAMP8 小鼠，C 组为 SAMR1 小鼠

$^{a、b、c、d}$分别代表与 A1、A2、B1、B2 组相比。* 代表具有显著性差异：$P < 0.05$。

表 2-2-19 NTs 中期干预对小鼠每月龄进食量（g）和食物利用率（%）的影响（$\bar{x}\pm s$）

组别	月龄（月）					
	10	11	12	13	14	15
进食量（g）						
A1（纯化-纯化饲料组）	134.87±20.94	131.25±14.70	117.35±18.06	103.07±9.23	89.28±10.90	87.39±10.56
A2（纯化 -NTs 组）	134.69±11.88	131.77±10.7	116.53±26.76	129.26±11.09$^{a\#}$	117.02±9.62$^{a\#}$	125.42±22.83$^{a\#}$
B1（基础-基础饲料组）	107.97±11.33$^{a\#b\#}$	120.88±14.72^{a*b*}	112.14±9.21	115.41±10.80$^{a*b\#}$	121.54±6.73$^{a\#}$	119.99±9.22$^{a\#}$
B2（基础 -NTs 组）	118.58±15.39$^{a\#b\#}$	123.14±5.36	132.13±16.08^{b*c*}	122.73±8.65$^{a\#}$	132.52±11.82$^{a\#b\#}$	129.50±3.82$^{a\#}$
C1（基础-基础饲料组）	114.27±6.47$^{a\#b\#}$	126.22±7.53	110.77±7.55^{d*}	117.37±9.50^{a*b*}	124.06±5.79$^{a\#}$	114.14±3.43$^{a\#}$
C2（基础 -NTs 组）	115.88±14.60$^{a\#b\#}$	118.94±12.91^{a*b*}	131.79±16.60	120.14±15.77$^{a\#}$	133.54±13.71$^{a\#b\#}$	127.43±3.64$^{a\#}$
食物利用率（%）						
A1（纯化-纯化饲料组）	－0.48±0.94	－0.58±0.57	1.45±1.15	－0.35±0.63	－0.34±1.12	－1.49±2.67
A2（纯化 -NTs 组）	0.28±1.45^{a*}	－0.67±1.35	0.23±0.83$^{a\#}$	－0.34±0.53	－0.57±1.41	－1.21±5.67
B1（基础-基础饲料组）	－0.22±0.75	－0.45±1.16	0.21±0.98$^{a\#}$	－0.91±0.52	－0.75±1.09	0.23±1.25
B2（基础 -NTs 组）	0.28±0.67^{a*}	－0.33±1.15	－0.09±0.64$^{a\#}$	0.31±0.67$^{a*b*c\#}$	－0.48±1.38	－0.86±0.90
C1（基础-基础饲料组）	－0.36±0.58	0.09±0.45	－0.35±0.78$^{a\#}$	－1.26±1.17$^{a*b\#d\#}$	－1.17±1.44	－4.37±0.74
C2（基础 -NTs 组）	0.42±0.78^{a*}	－0.77±0.46	－0.20±0.80$^{a\#}$	0.49±0.87$^{a*b*c\#e\#}$	－0.20±0.75	－0.67±0.52

注：A 和 B 组为 SAMP8 小鼠，C 组为 SAMR1 小鼠。^{a,b}分别代表与 A1、A2 相比；^{c,d}分别代表与 B1、B2 组相比；^{e}代表与 C1 组相比。*代表差异具有显著性：$P < 0.05$；$^{\#}$：$P < 0.01$。

组小鼠每月龄进食量在 12 月龄时明显高于 C1 亚组（$P < 0.05$）。小鼠每月龄食物利用率在亚组间整体未见明显的统计学差异（$P > 0.05$）。

（五）NTs 中期干预对 SAMP8 小鼠对脏器质量和脏体比的影响

NTs 中期干预对小鼠脏器质量的影响如表 2-2-20 所示。小鼠终末体重 NTs 干预组（A2、B2、C2）整体均要高于纯化饲料（A1）和基础饲料干预组（B1、C1），且 A2 组小鼠终末体重要明显高于 A1、B1 和 C1 组（$P < 0.05$）。心脏质量 A1 组明显高于 B1 组（$P < 0.05$）；肝质量 B1 组要高于 A2 和 C2 组（$P < 0.01$，$P < 0.05$），这可能与 B1 组有只小鼠解剖发现肝异常肿胀有关；肾质量 A1 组明显高于 B1 组（$P < 0.05$），这可能与 A1 组解剖发现有只小鼠肾异常肿胀有关；脾质量 B1 组要高于除 C1 组外的其他各组（$P < 0.05$），这可能与 B1、C1 组解剖发现各有只小鼠巨大脾有关；胸腺、肠系膜淋巴结、睾丸及附睾质量在各组间未观察到明显差异（$P > 0.05$）。各组小鼠脏体比见表 2-2-21，除 B1 组脾脏体比明显要高于除 C1 组外的其他各组外（$P < 0.01$ or $P < 0.05$），其余脏器的脏 / 体比值在各组间均未观察到明显的统计学差异（$P > 0.05$）。

（六）NTs 中期干预对 SAMP8 小鼠病理解剖的影响

对各组小鼠进行病理解剖发现的异常情况统计如表 2-2-22 所示。在肿瘤性病变中，B2 组发现了 3 例（2 例肌肉瘤和 1 例胃部肿瘤）；C1 组次之，肝肿瘤和肌肉瘤各 1 例；A1、B1 组各出现 1 例肌肉瘤；A2、C2 组未发生肿瘤性病变（0 例）。

在非肿瘤性病变中，头颈部血肿在 A1 组出现 1 例；皮下囊肿在 A2 组出现 1 例；脂肪肝在 B2、C2 组各出现 1 例，此外，B1 组发生了 1 例肝肿胀，C2 组出现了 1 例肝叶部分坏死；肾肿胀在 A1 和 B2 组各 1 例。免疫器官出现的异常病理改变中，B1 组发生例数最多（4 例），巨脾和胸腺肿胀各 1 例，胸腺萎缩 2 例；C1 和 C2 组次之（各 3 例），巨脾和胸腺肿胀各 1 例，C1 组淋巴结萎缩 1 例，C2 组淋巴结颜色异常 1 例；A1、A2 和 B2 组则各 1 例，分别为淋巴结肿胀、巨脾及胸腺肿胀。

胃肠道的病理改变仅出现在了 A1、B1、C1 组，A1 组为 1 例肠囊肿和 1 例肠道脆性变大（在解剖中发现该肠道极其容易断裂）；B1 组为 1 例胃出血和 1 例肠出血；C1 组为 1 例胃肠胀气。在 NTs 干预组（A2、B2、C2）未出现胃肠道的异常病理改变（0 例）。在生殖器官的异常改变中，发生频率最高的仍是阴茎的突出发紫，在各组中均有发生，该变化通常发生在小鼠濒死前，其中 C1 组出现了 4 例，A2 组 3 例，A1 组 2 例，B1、B2 及 C2 组各 1 例。除阴茎突出发紫外，B1 组还各出现了 1 例睾丸大和 1 例睾丸萎缩；C1 组出现了 1 例精囊附睾的粘连硬化和 1 例肛肠脱垂。

除以上组织器官病变引起的胸腔积液、腹部肿胀及体重的异常变化外，在实验过程中还发现了不明原因引起的以上三种异常变化。不明原因引起的体重快速下降在各组均有发生，但解剖未发现明显异常，其中 B1 组 6 例，A1 和 C1 组各 4 例，A2、B2、C2 组各 2 例。此外，C1、C2 组各有 1 例不明原因引起的胸腔积液；A2、B1、B2 出现了不明原因导致的腹部肿胀（1 ～ 2 例）。脊柱弯曲则仅出现在了 A1（3 例）、B1（3 例）、C1 组（2 例），在 NTs 干预组（A2、B2、C2）未观察到该变化（0 例）。

在皮肤有关的异常改变中，耳朵溃烂出血在各组均有发生，A1 组发生例数最多（5 例），

表 2-2-20　NTs 中期干预对小鼠脏器质量的影响（$\bar{x}\pm s$）

组别	只数	终末体重	心脏	肝	肾	胸腺	脾	肠系膜淋巴结	睾丸	附睾
A1（纯化-纯化饲料组）	18	29.82±3.51	0.23±0.05	1.63±0.44	0.68±0.25	0.02±0.02	0.26±0.21	0.09±0.19	0.15±0.03	0.09±0.03
A2（纯化-NTs 组）	20	32.07±3.72^{a*}	0.22±0.04	1.45±0.42	0.65±0.09	0.02±0.03	0.31±0.57	0.03±0.01	0.16±0.02	0.08±0.01
B1（基础-基础饲料组）	10	30.97±3.60^{b*}	0.17±0.07^{a*}	2.01±0.83$^{b\#}$	0.55±0.12^{a*}	0.12±0.19	0.83±0.94^{ab*}	0.23±0.17	0.17±0.01	0.08±0.01
B2（基础-NTs 组）	11	31.78±2.82	0.20±0.04	1.77±0.62	0.64±0.19	0.05±0.07	0.29±0.30^{c*}	0.18±0.22	0.15±0.02	0.09±0.04
C1（基础-基础饲料组）	9	29.03±2.95^{b*}	0.22±0.07	1.80±0.62	0.57±0.08	0.12±0.20	0.61±0.64	0.11±0.08	0.14±0.01	0.07±0.01
C2（基础-NTs 组）	9	31.18±4.27	0.20±0.04	1.49±0.39^{c*}	0.66±0.06	0.25±0.37	0.27±0.31^{c*}	0.09±0.08	0.15±0.02	0.07±0.01

注：A 和 B 组为 SAMP8 小鼠，C 组为 SAMR1 小鼠，$^{a、b、c}$分别代表与 A1、A2、B1 组相比。* 代表具有显著性差异：$P<0.05$，#：$P<0.01$。

表 2-2-21　NTs 中期干预对小鼠脏体比的影响（$\bar{x}\pm s$）

组别	只数	心/体比（%）	肝/体比（%）	肾/体比（%）	胸腺/体比（%）	脾/体比（%）	肠系膜淋巴结/体比（%）	睾丸/体比（%）	附睾/体比（%）
A1（纯化-纯化饲料组）	18	0.77±0.21	5.49±1.51	2.30±0.86	0.07±0.10	0.88±0.81	0.30±0.55	0.52±0.14	0.29±0.11
A2（纯化-NTs 组）	20	0.66±0.12	4.47±1.22	2.04±0.32	0.07±0.08	0.97±1.85	0.10±0.04	0.50±0.10	0.25±0.06
B1（基础-基础饲料组）	10	0.62±0.24	6.70±3.54	1.89±0.39	0.42±0.63	2.89±3.16$^{a\#b*}$	0.80±0.74	0.50±0.03	0.29±0.02
B2（基础-NTs 组）	11	0.64±0.15	5.58±2.13	2.02±0.68	0.17±0.22	0.91±0.98^{c*}	0.55±0.68	0.47±0.07	0.27±0.10
C1（基础-基础饲料组）	9	0.78±0.27	6.40±2.10	2.01±0.39	0.41±0.76	2.03±1.99	0.37±0.27	0.49±0.08	0.41±0.76
C2（基础-NTs 组）	9	0.64±0.09	4.79±1.09	2.13±0.13	0.81±1.36	0.87±0.94^{c*}	0.30±0.26	0.48±0.10	0.24±0.07

注：A 和 B 组为 SAMP8 小鼠，C 组为 SAMR1 小鼠

$^{a、b、c}$分别代表与 A1、A2、B1 组相比。* 代表具有显著性差异：$P<0.05$，#：$P<0.01$。

B1 组次之（3 例），A2 和 B2 组各 2 例，C2 组为 1 例。背部溃烂在 A2 组发生了 2 例，肛周溃烂在 A2、B1 组各出现 1 例。在眼睛相关病理改变中，A2 组未出现任何异常病理改变。其他组出现最多的仍是角膜混浊及炎症。A1 组眼部异常病理变化发生最多，为 7 例，包括 2 例角膜混浊、2 例彻底失明和 3 例眼部炎症；B1 组次之（4 例），角膜混浊和眼部炎症各 2 例。此外，C1 组出现了 1 例彻底失明，C2 组出现了 1 例小眼症（即眼球越来越小，到最后逐渐呈针孔状直至看不见）和 1 例眼球凸出。

对各组出现的以上所有病理改变进行汇总发现，发生例数由多到少分别为：B1 组（30 例），A1 组（27 例），C1 组（21 例），B2 组（16 例），C2 组（14 例），A2（13 例）。NTs 干预组（A2、B2、C2）病理改变的发生例数明显少于纯化饲料（A1）和基础饲料干预组（B1、C1），其中 A2 组比 A1 组少了 14 例；B2 比 B1 组少了 14 例；C2 比 C1 组少了 7 例。可见，在 10 月龄时开始采取 NTs 喂养干预，不仅可以延缓实验动物死亡时间，降低死亡速率，延长健康寿命，还可以降低小鼠疾病的发生，改善小鼠生命质量，对健康寿命有着正向的促进作用。

表 2-2-22　各组小鼠系统解剖病理发现汇总

组别	A1（纯化-纯化饲料）	A2（纯化 -NTs）	B1（基础-基础饲料）	B2（基础 -NTs）	C1（基础-基础饲料）	C2（基础 -NTs）
肿瘤性病变						
肝脏肿瘤					1	
胃肿瘤				1		
肌肉瘤	1		1	2	1	
小计	1	0	1	3	2	0
非肿瘤性病变						
头颈部血肿	1					
皮下囊肿		1				
脂肪肝				1		1
肝部分坏死						1
肝肿胀			1			
肾肿胀	1			1		
小计	2	1	1	2	0	2
免疫器官						
巨脾		1	1		1	1
胸腺肿胀			1	1	1	1
淋巴结肿胀	1					
胸腺萎缩			2			

续表

组别	A1（纯化-纯化饲料）	A2（纯化-NTs）	B1（基础-基础饲料）	B2（基础-NTs）	C1（基础-基础饲料）	C2（基础-NTs）
淋巴结萎缩					1	
淋巴结颜色鲜红						1
小计	1	1	4	1	3	3
胃肠道						
胃出血			1			
胃肠胀气						1
肠出血			1			
肠囊肿	1					
肠道脆性大	1					
小计	2	0	2	0	0	1
生殖器官						
睾丸肿大			1			
睾丸萎缩			1			
阴茎突出发紫	2	3	1	1	4	1
精囊附睾粘连					1	
肛肠脱垂					1	
小计	2	3	3	1	5	1
不明原因引起						
胸腔积液					1	1
腹部肿胀		1	2	2		
体重快速下降	4	2	6	2	4	2
小计	4	3	8	4	5	3
其他						
脊柱弯曲	3		3		2	
耳朵溃烂	5	2	3	2	2	1
背部溃烂		2				
肛周溃烂		1	1			
小计	8	5	7	2	4	1
眼睛						
角膜浑浊	2		2	2	1	1
失明	2				1	

续表

组别	A1（纯化-纯化饲料）	A2（纯化-NTs）	B1（基础-基础饲料）	B2（基础-NTs）	C1（基础-基础饲料）	C2（基础-NTs）
小眼症						1
炎症	3		2	1		
眼球凸出						1
小计	7	0	4	3	2	3
总计	27	13	30	16	21	14

注：A 和 B 组为 SAMP8 小鼠，C 组为 SAMR1 小鼠

综上，NTs 中期干预试验结果表明，NTs 干预组（A2、B2、C2）平均生存时间、最短生存时间、同月龄累积生存率均长于纯化饲料（A1）和基础饲料干预组（B1、C1）。其中平均生存时间 A2（15.85 m）、B2（14.87 m）、C2（14.65 m）较 A1（14.68 m）、B1（14.06 m）、C1（14.30 m）分别延长了 7.97%、5.76%、2.45%。

To sum up，in the medium-term intervention experiment，the average survival time，the shortest survival time and the cumulative survival rate of the same month in NTs intervention group（A2，B2 and C2）were longer than those in purified feed（A1）and basic feed intervention group（B1 and C1）. The average survival time of A2（15.85 m）, B2（14.87 m）and C2（14.65 m）was 7.97%, 5.76% and 2.45% longer than that of A1（14.68 m）, B1（14.06 m）and C1（14.30 m）, respectively.

此外，对 NTs 中期干预试验中各组出现的病理改变进行汇总发现，NTs 干预组（A2、B2、C2）病理改变的发生例数明显少于纯化饲料（A1）和基础饲料干预组（B1、C1），其中 A2 组比 A1 组少了 14 例；B2 比 B1 组少了 14 例；C2 比 C1 组少了 7 例。以上研究结果提示，在小鼠 10 月龄时，即对应到人类大致 60 岁时，采取 NTs 喂养干预，可在一定程度上延缓实验动物死亡时间，减少小鼠疾病的发生，改善小鼠生命质量，延长健康寿命。

四、NTs 延缓衰老、延长寿命作用的机制研究

衰老发生的作用机制复杂，其相关机制涉及遗传突变学说、端粒丢失学说、免疫紊乱学说、自由基损伤学说、体细胞突变学说、线粒体功能紊乱学说和自噬功能受损学说等。研究发现，人类长寿 / 衰老进程由基因、表观遗传、环境和生活方式等共同决定。因此，深入思考不同水平的衰老机制及其相关联系，对实现健康衰老，确定老年病的防治目标与策略具有重要意义。NTs 对自然衰老动物模型（SD 大鼠）和快速衰老小鼠动物模型（SAMP8 小鼠）的终身干预实验及中期干预结果均表明 NTs 具有延长小鼠生存时间，降低小鼠死亡速率，改善生命质量，延长健康寿命的作用。因此，北京大学李勇教授课题组在 NTs 终身干预和中期干预研究的基础上，对 NTs 延缓衰老、延长寿命作用的可能机制进行了探讨研究。

本部分研究材料主要来源于 NTs 终身干预及中期干预对 SAMP8 小鼠影响研究过程中

取的小鼠血清及肝样本。在组别设立在原有的：NTs-Free、Normal control、NTs-L、NTs-M、NTs-H、NMN 及 SAMR1 模型对照组的基础上，另设一组三月龄的 SPF 级雄性 SAMP8 小鼠作为青年对照组（基础饲料喂养，$n = 12$）。青年对照组小鼠在基础饲料喂养 3 个月后，在 6 月龄统一处死，留取样本。检测指标主要包括对血清生化指标（肝功能、血脂、肾功能）、氧化应激水平、机体炎症反应、免疫细胞及免疫球蛋白水平、NAD^+、NAD^+/NADH、自噬和长寿相关通路蛋白的表达及菌群水平的探索研究。现将主要研究结果阐述如下：

（一）NTs 对 SAMP8 小鼠血清生化指标的影响

NTs 干预对小鼠血清生化指标的影响如表 2-2-23 所示。

血清 ALT、AST 水平是评价肝功能的常用指标，在各种药物、酒精、有害化学物质或病毒性肝炎引起急性肝细胞损伤时，血清 ALT、AST 升高最为敏感。在本研究中，ALT 水平在 NTs-L 组明显低于普通对照组（$P < 0.05$），AST 水平在 NTs-L 组要低于其他各组，结果提示 NTs 干预对衰老引起的肝功能损伤具有一定的保护作用。

近年来血脂异常及相关慢性代谢性疾病的发病率在老年人群中持续高发。血脂异常是诱发心脑血管疾病的重要危险因素，胆固醇和低密度脂蛋白可大量沉积在动脉内膜，在动脉粥样硬化的发生发展中起重要作用。高密度脂蛋白胆固醇对冠心病的临床诊断是一个重要的参考指标，它的升高是临床冠心病保护因子之一，并能防治和延缓动脉粥样硬化的发展。北京大学李勇教授课题组研究发现，NTs 干预组 TC、TG 及 LDL-C 水平相较纯化饲料喂养及普通对照组均有不同程度的降低，HDL-C 水平在 NTs-L 组则要明显高于普通对照、NTs-H、NMN 及 SAMR1 组（$P < 0.05$ 或 $P < 0.01$）。以上研究结果提示 NTs 干预对血脂有着较好的调节作用，可降低老年血脂异常的发病率，对心血管疾病的发生具有良好的预防作用。

尿酸增高常见于痛风、肾功能减退等疾病，本研究对血清 UA 水平进行检测发现，各组间无差异（$P > 0.05$），表明 NTs 终身干预对机体尿酸水平无明显影响。BUN、CR 及 Cys C 是评估肾功能的常规检测项目。但因肾有强大的储备能力和代偿能力，在肾小球受损早期或轻度受损时，血中 BUN、CR 仍可维持在正常水平，只有在严重肾小球损害，一般肾小球滤过率降低 50% 以下时，BUN、CR 浓度才明显升高。胱抑素 C（Cys C），又名 γ2 痕迹碱性蛋白或后 γ 球蛋白，是半胱氨酸蛋白酶抑制剂蛋白质中的一种。其主要的临床意义是反映肾小球滤过率，属于评估肾功能的检查指标，通常比肌酐有更高的特异性和敏感性。在本研究中，BUN、CR 及 Cys C 水平在 NTs-L、NTs-M、NTs-H 三组中均要低于 NTs-Free 和 Normal control 组；Cys C 水平在 NTs-L、NTs-M、NTs-H 组要明显低于 NTs-Free 组（$P < 0.05$），在 NTs-M 组明显低于 NMN 组（$P < 0.05$）。以上结果表明 NTs 干预对衰老引起的肾功能变化具有一定的保护作用，可在一定程度上延缓衰老引起的肾功能衰退。

目前，糖尿病是 21 世纪全球最紧急的健康事件之一，在各个年龄段均高发。长期高血糖状态会使全身各组织器官发生病变，可能导致肾小球硬化、眼底视网膜微血管瘤、眼底出血、神经细胞变性及心、脑、下肢多处动脉硬化等现象，因此有效控制血糖，监测血糖水平是预防及治疗糖尿病及并发症的基础。本研究对各组血糖水平进行分析发现，Glu 浓度在 NTs-L、NTs-M、NTs-H 三组均低于其他各组，且 NTs-H 组 Glu 水平与 NTs-Free 及普通对照

表 2-2-23　NTs 干预对 SAMP8 小鼠血清生化指标的影响（$\bar{x}\pm s$，$n = 9$）

组别	ALT（U/L）	AST（U/L）	TC（mmol/L）	TG（mmol/L）	HDL-C（mmol/L）	LDL-C（mmol/L）	UA（μmol/L）	CR（μmol/L）	BUN（mmol/L）	Cys C（mg/L）	Glu（mmol/L）
NTs-Free	56.87±28.08	180.15±89.58	2.58±0.74	0.66±0.40	0.88±0.21	0.38±0.06	129.32±19.72	15.25±3.49	11.18±6.59	0.27±0.09	8.13±4.20
Normal	64.26±22.25	182.20±43.11	2.39±0.63	0.71±0.32	0.76±0.31	0.32±0.12	145.24±47.22	15.08±1.56	13.94±5.66	0.25±0.07	7.85±1.51
NTs-L	41.79±11.47^{b*}	138.53±33.77	2.07±0.31	0.47±0.36	1.20±0.37$^{b\#}$	0.28±0.06^{a*}	139.81±39.22	13.45±3.24	9.90±1.05	0.20±0.07^{a*}	6.73±2.05
NTs-M	48.29±6.02	187.92±49.71	1.94±0.47^{a*}	0.64±0.33	0.97±0.37	0.32±0.06	128.54±25.66	13.44±3.13	10.14±2.65	0.19±0.07^{a*}	6.75±2.50
NTs-H	46.33±21.61	152.93±16.00	1.69±0.51$^{a\#b*}$	0.49±0.31	0.87±0.21^{c*}	0.23±0.10$^{a\#b*}$	133.98±28.61	13.70±3.27	10.64±4.01	0.19±0.04^{a*}	5.23±1.24^{a*b*}
NMN	55.65±19.90	199.62±63.94	2.00±0.47^{a*}	0.70±0.20	0.86±0.40^{c*}	0.31±0.11	147.96±82.41	15.33±2.06	10.59±3.14	0.26±0.07^{d*}	6.93±2.72
SAMR1	29.40±16.77$^{a*b\#f*}$	147.36±71.67	1.67±0.69$^{a\#b*}$	0.41±0.16	0.67±0.33$^{c\#}$	0.23±0.04$^{a\#b*}$	139.81±50.27	15.25±3.01	12.35±3.84	0.25±0.09	7.09±1.93

注：NTs-Free，纯化饲料喂养组；Normal，普通对照组；NTs-L、NTs-M、NTs-H，NTs 低、中、高剂量干预组；NMN，烟酰胺单核苷酸喂养组；SAMR1，模型对照组。^{a}代表与 NTs-Free 组相比；^{b}代表与 Normal 组相比；$^{c、d、e、f}$分别代表与 NTs-L、NTs-M、NTs-H、NMN 组相比。* 代表差异具有显著性：$P < 0.05$；$^{\#}$：$P < 0.01$。

组相比，差异具有统计学意义（$P < 0.05$）。可见NTs长期干预可以在一定程度上维持血糖水平的稳定，提高机体糖耐量水平，有潜在的降低糖尿病发生的作用。

（二）NTs对SAMP8小鼠氧化应激水平的影响

氧化应激引起的损伤积累是加重年龄相关损伤的重要原因，持续的过度氧化应激导致细胞自噬受到抑制，不能降解错误折叠或未折叠的蛋白质聚集体，这是导致机体加速衰老的重要因素。抗氧化是延缓衰老的重要途径之一。SOD是生物体内清除氧自由基的首要防线，可降低自由基氧化胁迫对细胞膜脂的损害，修复受损细胞是机体清除自由基的首要物质，可抵制氧自由基对细胞造成的损害，并及时修复受损细胞；GSH-Px是体内广泛存在的一种催化过氧化物分解的酶，可使脂质过氧化物分解成相应的醇类，从而起到保护细胞膜结构和功能完整的作用。MDA是脂质氧化反应中产生的过氧化物，具有很强的细胞毒性，可以与细胞、组织蛋白或DNA反应导致生物分子损伤，其含量变化可间接反映组织受自由基损伤的程度。既往大量的体内外研究均显示NTs具有清除自由基、抑制脂质过氧化及增强抗氧化酶活性的作用[4]。本研究结果如表2-2-24所示，GSH-Px活力在纯化饲料喂养和普通对照组要明显低于NTs-L、NTs-M、NTs-H及NMN组（$P < 0.05$或$P < 0.01$）；NTs-L组GSH-PX活力要明显高于SAMR1组，差异具有统计学意义（$P < 0.01$）。MDA水平在NTs-L组最低，且与纯化饲料喂养组相比具有显著性差异（$P < 0.05$）。抗氧化是延缓衰老的重要途径之一，本研究结果表明NTs具有清除自由基、抑制脂质过氧化及增加抗氧化酶活性的作用，这可能是NTs延缓衰老、延长寿命的潜在机制之一。

表2-2-24　NTs干预对SAMP8小鼠氧化应激相关指标的影响（$\bar{x} \pm s$）

组别	n	SOD（U/ml）	GSH-Px活力	MDA（nmol/ml）
NTs-Free	9	36.14±13.87	64.60±62.22	3.97±1.08
Normal	9	36.82±13.73	90.14±59.13	3.40±0.88
NTs-L	9	39.66±9.81	$208.45 \pm 59.13^{a\#b\#}$	$2.99 \pm 0.91^{a*}$
NTs-M	9	34.28±10.85	$177.65 \pm 105.65^{a\#b\#}$	3.79±0.95
NTs-H	9	38.73±5.44	$156.24 \pm 45.60^{a\#b*}$	3.16±0.75
NMN	9	39.40±6.20	$152.49 \pm 63.02^{a\#b*}$	3.51±1.14
SAMR1	9	40.28±5.50	$122.44 \pm 42.78c^{\#}$	3.69±0.86

注：NTs-Free，纯化饲料喂养组；Normal，普通对照组；NTs-L、NTs-M、NTs-H，NTs低、中、高剂量干预组；NMN，烟酰胺单核苷酸喂养组；SAMR1，模型对照组。$^{a、b、c}$分别代表与NTs-Free、Normal及NTs-L组相比。*代表差异具有显著性：$P < 0.05$；$^{\#}$：$P < 0.01$。

（三）NTs对SAMP8小鼠体内炎症水平的影响

衰老相关分泌表型（senescence associated secretory phenotype，SASP）是细胞衰老的标志。随着年龄的增长，衰老细胞逐渐蓄积，SASP持续分泌，通过促进炎症过程、抑制分化和驱动免疫细胞浸润，诱发胰岛素抵抗及全身慢性炎症，引起全身代谢失调和功能衰退。炎症因子 TNF-α、IL-6 和 IL-1β 是 SASP 的重要组成部分。在正常情况下，SASP 增加可以在衰老细胞周围募集并激活免疫细胞，促进衰老细胞的清除。但随着年龄的增长，衰老细胞逐渐蓄积，SASP 持续分泌，通过促进炎症过程、抑制分化和驱动免疫细胞浸润，诱发胰岛素抵抗及全身慢性炎症，引起全身代谢失调和功能衰退[43]。CRP 是指在机体受到感染或组织损伤时血浆中一些急剧上升的蛋白质，是一种非特异的炎症标志物。此外，CRP 本身直接参与了炎症与动脉粥样硬化等心血管疾病，是心血管疾病的预示因子与危险因子。本研究结果如图 2-2-8 所示，IL-1β 水平在 NTs-L 和 NTs-M 组要明显高于 NTs-Free 组（$P < 0.01$，$P < 0.05$）。TNF-α 水平在在普通对照组要明显高于 NTs-M 和 NTs-H 组（$P < 0.05$，$P < 0.01$）。在 NTs 终身干预试验中，血清 CRP 水平在纯化饲料喂养、NTs-L、NTs-M 及 NTs-H 组 CRP 水平要低于普通对照、NMN、SAMR1 及青年对照组。在 NTs 中期干预试验中，B2 亚组 CRP 水平要明显低于 B1 亚组（$P < 0.05$），A1 和 B2 亚组 CRP 水平要明显低于 C1 亚组（$P < 0.01$，$P < 0.05$），C2 亚组 CRP 水平要明显低于 B1 和 C1 亚组，差异具有显著性（$P < 0.01$，$P < 0.05$）。结果表明 NTs 干预可在一定程度上抑制衰老引起的机体慢性炎症反应，对 SASP 通过旁分泌和可能的内分泌效应驱动年龄相关的病理改变具有一定的抑制作用（图 2-2-9）。

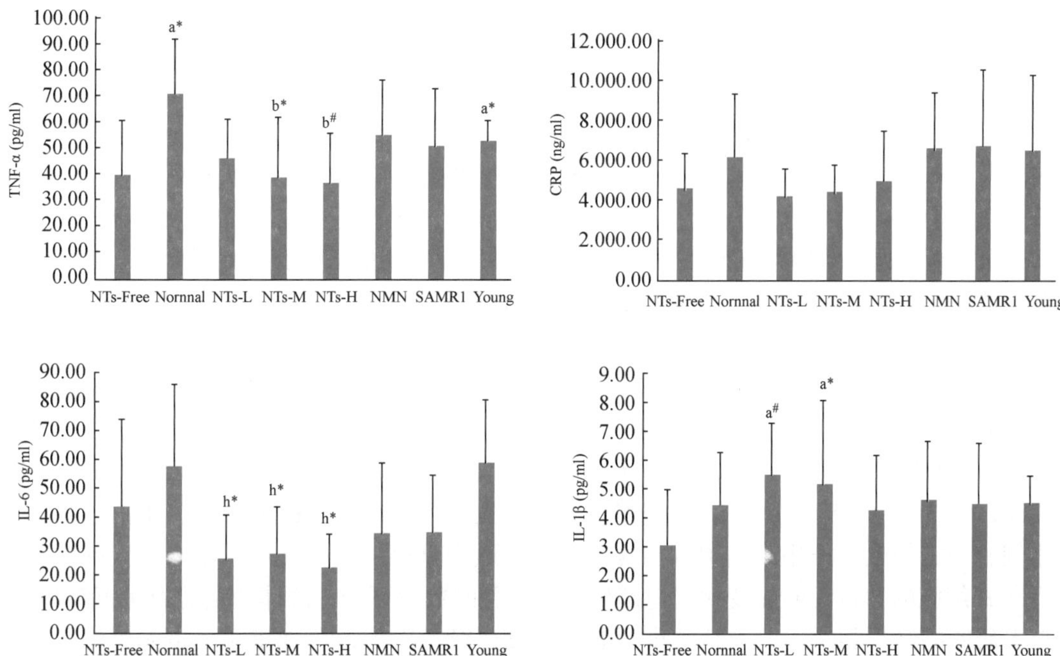

图 2-2-8 NTs 对 SAMP8 小鼠终身干预体内炎症水平的影响

注：NTs-Free，纯化饲料喂养组；Normal，普通对照组；NTs-L、NTs-M、NTs-H，NTs 低、中、高剂量干预组；NMN，烟酰胺单核苷酸喂养组；SAMR1，模型对照组；Yong，青年对照组。[a] 代表与 NTs-Free 组相比；[b] 代表与 Normal 组相比；[h] 代表与 Young 组相比。

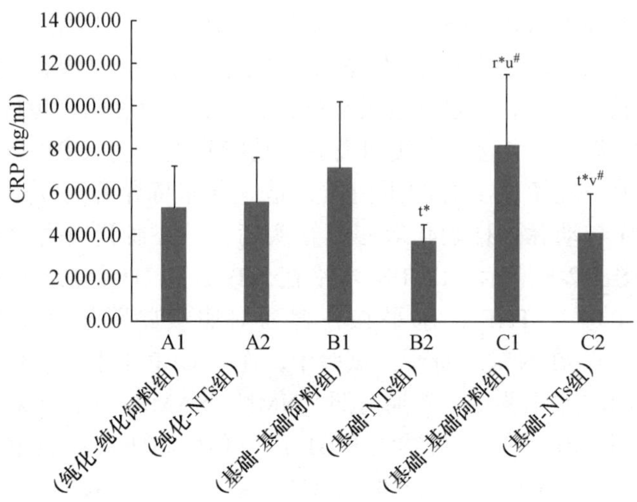

图 2-2-9 NTs 对 SAMP8 小鼠终身干预体内炎症水平的影响

注：A 和 B 组为 SAMP8 小鼠，C 组为 SAMR1 小鼠；r、t、u、v 分别代表与 A1、B1、B2、C1 组相比。* 代表差异具有显著性：$P < 0.05$；#：$P < 0.01$。

（四）NTs 对 SAMP8 小鼠淋巴细胞亚群的影响

免疫衰老是机体随着年龄的增高，免疫系统从器官、细胞、免疫因子和调控网络等方面的结构与功能的减退导致的先天免疫系统（包括巨噬细胞、NK 细胞、NKT 细胞以及相关细胞因子等）和获得性免疫系统（T 细胞和 B 细胞的数量和功能变化），是免疫学与老年医学的研究热点与难点。其发生机制与干细胞耗竭、多功能 T 细胞衰老（耗竭 / 失能）、氧化应激–基因突变–炎症等密切相关。随着年龄的增长，人体胸腺萎缩、淋巴细胞分化能力降低、造血功能减退、脾厚径逐渐减少、局部免疫系统免疫功能下降，从而导致了老年人免疫防御功能的下降。健康老年人脾生发中心所含 B 细胞的数量无明显变化，但产生 NK 细胞的数量下降，总体免疫能力呈下降趋势[44-46]。本研究通过分别用不同荧光素标记对应单克隆抗体后，采用流式细胞仪对表 2-2-25 中淋巴细胞亚群百分比进行测定。本研究结果如表 2-2-25 所示，NTs 干预组 $CD3^+$、$CD8^+$、$CD4^+$、$CD25^+$ T 细胞均高于 NTs-Free 组，其中 NTs-L 组与 NTs-Free 组相比，$CD8^+$、$CD25^+$ T 细胞百分比明显升高，NTs-L 组与 SAMR1 组相比，$CD3^+$、$CD8^+$、$CD25^+$ T 细胞百分比明显升高，提示 NTs 干预对脾 T 淋巴细胞亚群比例有一定的改善作用，其中以 NTs-L 组效果最为显著。研究发现健康老年人脾生发中心所含 B 细胞的数量无明显变化，但产生 NK 细胞的数量下降，总体免疫能力呈下降趋势，这与本研究的结果相符。以上结果表明 NTs 长期干预可有效改善老年小鼠 T 淋巴细胞亚群及 NK 细胞的比例，改善衰老引起的机体免疫能力的下降，从而起到延缓衰老、提高生命质量、延长寿命的作用。

（五）NTs 对 SAMP8 小鼠血清免疫球蛋白的影响（图 2-2-10）

作为适应性免疫的重要组成部分，体液免疫通过效应 B 细胞产生的抗体特异性结合和

表 2-2-25　NTs 干预对小鼠脾淋巴细胞亚群的影响（$\bar{x}\pm s$，$n=8$）

组别	$CD3^{+}$	$CD8^{+}$	$CD4^{+}$	$CD25^{+}$	$CD49^{+}CD3^{-}$	$CD38CD3^{-}$	$CD19CD3^{-}$
NTs-Free	25.12±10.19	16.96±3.92	39.26±20.32	13.67±4.79	1.21±0.54	39.65±10.10	44.73±12.26
Normal	32.14±9.77	46.80±22.13	43.09±13.89	10.11±7.38	0.60±0.19$^{a\#}$	47.65±14.06	47.20±15.02
NTs-L	37.78±11.61	53.99±6.29^{a*}	46.18±7.89	38.79±14.18$^{a\#b\#}$	0.60±0.14^{a*}	42.53±13.10	42.84±12.93
NTs-M	31.28±10.74^{f*}	43.72±8.80	42.69±18.75	12.35±6.51	0.83±0.35	46.47±15.77	45.98±17.58
NTs-H	35.06±24.62^{f*}	34.52±10.67	54.88±6.35	13.67±7.51	0.69±0.47	43.65±11.10	54.83±22.26
NMN	7.49±3.48^{b*}	55.61±14.69	37.17±13.19	7.02±0.66$^{c\#}$	0.30±0.18$^{a\#}$	37.96±2.26	46.16±5.95
SAMR1	18.79±6.50^{c*}	22.71±6.45^{c*}	61.31±10.34	10.68±5.32$^{c\#}$	0.33±0.21$^{a\#}$	66.86±0.12	65.90±5.08

注：NTs-Free，纯化饲料喂养组；Normal，普通对照组；NTs-L、NTs-M、NTs-H，NTs 低、中、高剂量干预组；NMN，烟酰胺单核苷酸喂养组；SAMR1，SAMR1 模型对照组。[a]代表与 NTs-Free 组相比；[b]代表与 Normal 组相比；[c、f]分别代表与 NTs-L、NMN 组相比。*代表差异具有显著性：$P<0.05$；#：$P<0.01$。

标记抗原（被标记抗原随后被巨噬细胞破坏），进而发挥作用。IgM是机体血清中体积最大的多价抗体，当宿主受到病原体攻击时，IgM会最早被合成，并作为低成本防御效应物分泌以抵抗病原体，并能激活其他抗体，在机体早期的免疫防御及协助清除凋亡细胞过程中发挥极其重要的作用；IgA主要生成于黏膜相关淋巴组织中的效应B细胞，通过跨上皮细胞转运，并在黏膜免疫中起着重要作用；如果这些反应不足，则作为血清中最持久和最丰富的抗体（占血清抗体总量的75%～80%），IgG会被诱导分泌，这对单核巨噬细胞吞噬作用的发挥以抵抗感染至关重要，并可促进持久性免疫的产生。北京大学李勇教授课题组研究结果如下所示，血清IgA水平在NTs-L、NTs-M、NTs-H组均显著高于纯化饲料饲养及普通对照组，在NTs-L组还明显高于NMN及SAMR1组（$P < 0.05$ 或 $P < 0.01$）。IgG、IgM水平在NTs-L、NTs-M组均显著高于纯化饲料饲养及普通对照组，IgM水平在NTs-M组明显高于NMN组，在NTs-H组明显高于NTs-Free组（$P < 0.05$ 或 $P < 0.01$）。以上研究结果提示，NTs干预对小鼠血清IgA、IgG、IgM的产生均有促进作用，除IgM、IgA和IgG本身功能之外的适应性免疫系统与先天免疫系统之间的相互作用，这三种免疫球蛋白血清水平的增加不仅可以改善体液免疫，还可以改善NK细胞活性和巨噬细胞的吞噬作用。

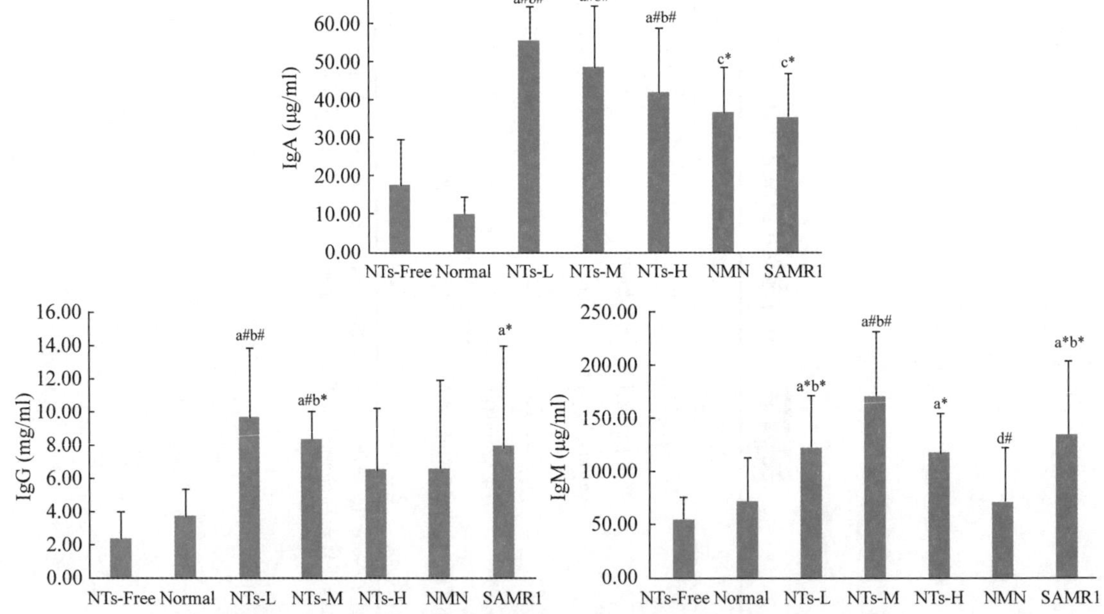

图 2-2-10 NTs干预对小鼠血清免疫球蛋白水平的影响（$n = 10$）

注：NTs-Free，纯化饲料喂养组；Normal，普通对照组；NTs-L、NTs-M、NTs-H，NTs低、中、高剂量干预组；NMN，烟酰胺单核苷酸喂养组；SAMR1，SAMR1模型对照组。[a]代表与NTs-Free组相比；[b]代表与Normal组相比；[c、d]分别代表与NTs-L、NTs-M组相比。*代表差异具有显著性：$P < 0.05$；[#]：$P < 0.01$。

（六）NTs对SAMP8小鼠血清ET-1水平的影响（图2-2-11）

内皮素（endothelin，ET）是目前已知最强的缩血管物质之一，参与多种疾病的病理生理过程。大量研究表明，衰老时内皮细胞结构和功能发生改变，内皮素系统产生相应变化，血管中内皮素含量增加，舒缩因子分泌平衡遭到破坏，可能是与年龄相关的心血管疾病的发病机制。已有研究表明，随着年龄增加，正常老年人和老龄动物的 ET-1 水平增加，并认为可能与内皮细胞结构和功能恶化有关。然而也有研究表明，老年病人中血浆 ET-1 的水平处于正常范围内，增龄时人体血浆 ET-1 含量没有明显的变化，但患有脑血管疾病的患者，其血浆 ET-1 浓度明显升高。AlAiev 等应用免疫电镜研究表明，老年大鼠胸主动脉 ET-1 的表达并没有变化。本研究结果显示在 NTs 长期干预实验中，血清 ET-1 水平在各组间并无显著性变化；在 NTs 中期干预实验中，血清 ET-1 水平在 NTs 干预组要明显低于基础饲料喂养组。考虑到检测 ET-1 水平的小鼠血清样本，长期干预血清样本小鼠月龄大多在 12 ～ 14 月龄之间，而中期干预小鼠血清样本为 16 月龄。可初步推测随着小鼠月龄的增加，ET-1 水平会逐渐下降，而 NTs 干预可能在一定程度上改善衰老引起的 ET-1 水平的变化，从而对年龄相关的心血管疾病的发病可能具有防护作用。

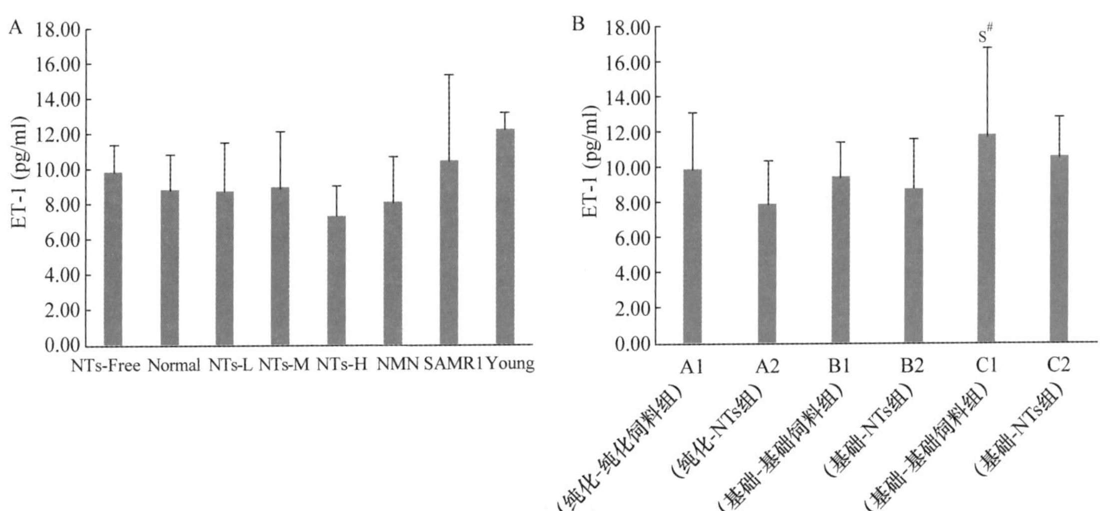

图 2-2-11　NTs 干预对小鼠血清 ET-1 水平的影响（n = 10）（图 A，NTs 终身干预；图 B，NTs 中期干预）

注：NTs-Free，纯化饲料喂养组；Normal，普通对照组；NTs-L、NTs-M、NTs-H，NTs 低、中、高剂量干预组；NMN，烟酰胺单核苷酸喂养组；SAMR1，SAMR1 模型对照组；Yong，年轻对照组。A 和 B 组为 SAMP8 小鼠，C 组为 SAMR1 小鼠。$^{\$}$代表与 A2 组相比。* 代表差异具有显著性：$P < 0.05$；$^{\#}$：$P < 0.01$。

（七）NTs 对 SAMP8 小鼠血清 DNMT-1 水平的影响（图 2-2-12）

DNA 甲基化是表观遗传调控的其中一种模式，是基于酶促转化作用将甲基部分转移到胞嘧啶碳原子的过程。表观遗传的改变会导致细胞衰老。基因组 DNA 的甲基化状态是表观遗传调控模式的重要方面。DNA 甲基化的升高和降低与衰老过程相联系，甲基化的改变经常以年龄相关的模式发生。DNMT-1 是主要的维持整个基因甲基化模式的主要酶类。机体老化后全基因组 DNA 甲基化水平下降，这可能是 DNA 甲基转移酶 DNMT1 表达水平逐渐下降引起的。本研究结果如下所示，血清 DNMT-1 水平在 NTs-L、NTs-M、NTs-H 及 SAMR1

组明显要高于纯化饲料喂养和普通对照组，且 NTs-L 组 DNMT-1 水平明显要高于 NMN 组（$P < 0.05$ or $P < 0.01$）。DNA 甲基化已经成为衰老和衰老相关老年性疾病的重要研究方向，是调控衰老的重要机制之一。研究结果表现 NTs 干预可通过促进 DNMT-1 的活性，从而调控基因的甲基化状态、缓解细胞衰老，从而起到延缓衰老、延长寿命的作用。

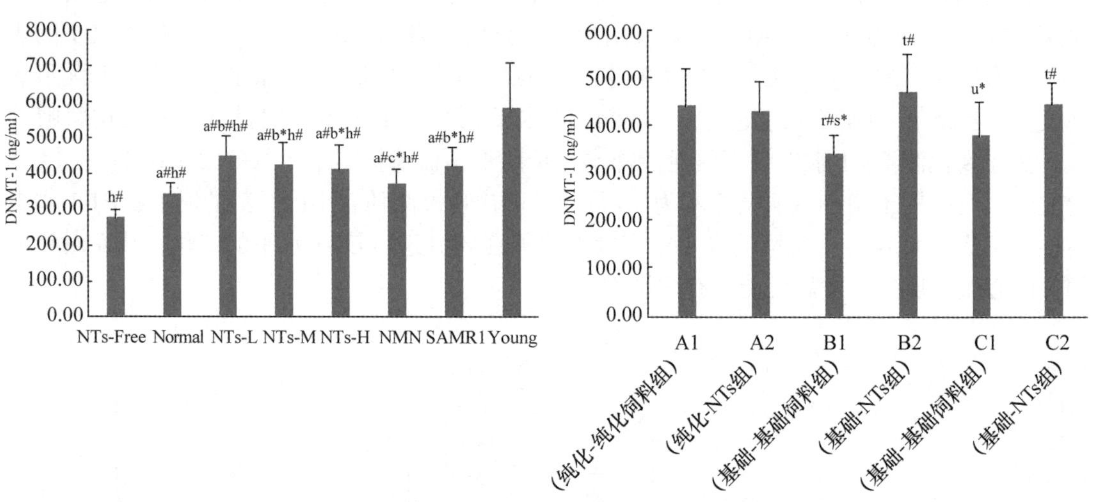

图 2-2-12　NTs 干预对小鼠血清 DNMT-1 水平的影响（$n = 10$）

注：图 A，NTs 终身干预；图 B，NTs 中期干预。NTs-Free，纯化饲料喂养组；Normal，普通对照组；NTs-L、NTs-M、NTs-H，NTs 低、中、高剂量干预组；NMN，烟酰胺单核苷酸喂养组；SAMR1，SAMR1 模型对照组；Yong，年轻对照组。A 和 B 组为 SAMP8 小鼠，C 组为 SAMR1 小鼠。[a、b] 分别代表与 NTs-Free、Normal 组相比；[c] 代表与 NTs-L 组相比；[h] 代表与 Young 组相比；[r、s、t、u] 分别代表与 A1、A2、B1、B2 组相比。* 代表差异具有显著性：$P < 0.05$；#：$P < 0.01$。

（八）NTs 对 SAMP8 小鼠血清 NAD$^+$和 NAD$^+$/NADH 的影响（图 2-2-13）

烟酰胺腺嘌呤二核苷酸（nicotinamide adenine dinucleotide，NAD）是所有细胞中都存在的一种辅酶，包括 NAD$^+$（氧化型）和 NADH（还原型）两种形式。NAD$^+$在细胞和体内发挥着重要的功能，其合成和降解及其产物参与细胞凋亡、代谢调控和基因表达的调控等，NAD$^+$的减少是细胞死亡的主要因素之一。NAD$^+$在调节细胞氧化还原状态方面的重要性以及调控信号通路及转录方面的功能，使得 NAD$^+$及其合成和消耗的酶成为多种疾病的潜在药物靶点。NMN 是 NAD$^+$的关键中间体，大量啮齿动物中进行的研究表明，补充 NMN 可有效增强各种外周组织中 NAD$^+$的生物合成。NMN 也是 NTs 的衍生物，具有相似的化学结构。本研究结果显示，血清 NAD$^+$水平在 NTs-L、NTs-H、NMN 组要明显高于纯化饲料喂养及普通对照组（$P < 0.05$ 或 $P < 0.01$）；SAMR1 组血清 NAD$^+$水平要明显低于 NTs-H 组（$P < 0.01$）。NAD$^+$/NADH 在 NTs-L 组最高，与纯化饲料喂养、普通对照组相比具有明显差异（$P < 0.05$ 或 $P < 0.01$）；NAD$^+$/NADH 在 NTs-H、NMN 组明显高于纯化饲料喂养组（$P < 0.05$）。以上研究结果表明 NTs 和 NMN 均可有效增强机体 NAD$^+$的生物合成，对年龄相关疾病具有广泛的应用和治疗潜力。

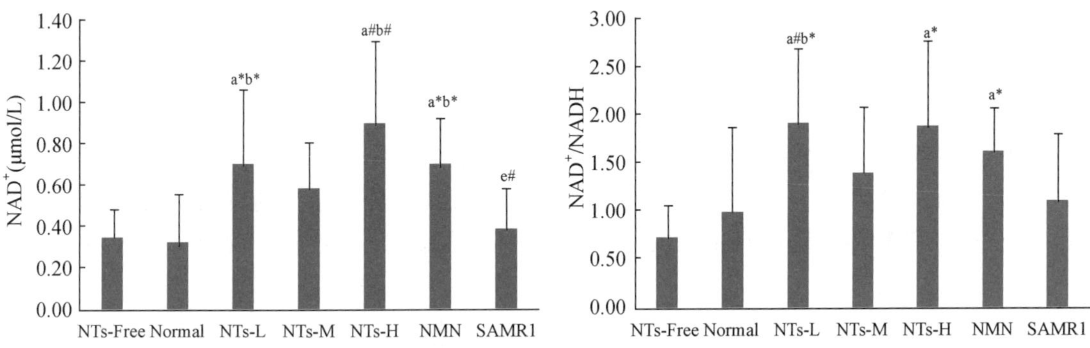

图 2-2-13 NTs 干预对小鼠血清 NAD$^+$和 NAD$^+$/NADH 的影响（$n = 10$）

注：NTs-Free，纯化饲料喂养组；Normal，普通对照组；NTs-L、NTs-M、NTs-H，NTs 低、中、高剂量干预组；NMN，烟酰胺单核苷酸喂养组；SAMR1，SAMR1 模型对照组。[a]代表与 NTs-Free 组相比；[b]代表与 Normal 组相比；[e]代表与 NTs-H 组相比。* 代表差异具有显著性：$P < 0.05$；[#]：$P < 0.01$。

（九）NTs 对 SAMP8 小鼠血清 IGF-1 水平的影响（图 2-2-14）

胰岛素 / 类胰岛素 -1（insulin-like growth factor-1，IGF-1）信号通路与衰老密切相关，是衰老研究中常见的分子通路。胰岛素 /IGF-1 通路激活后引起 PI3K-AKT 信号通路的激活，抑制叉头转录因子 FoxO3a 的活性，导致 DNA 的修复、细胞增殖和抗氧化应激等功能受影响。该机制主要增加了 DAF-16（FoxO3a 的同源物）的表达，FoxO3a 是启动多种抗氧化酶表达的关键转录因子，已发现其多个单核苷酸多态性位点的变化与百岁老人的长寿有关，在小鼠中也证实了抑制该信号通路可延长雌性小鼠的寿命[47]。本研究对血清 IGF-1 水平进行了测定，结果如图 2-2-14 所示，与 NTs-Free 组相比，血清 IGF-1 水平在 NTs-M、NTs-H、NMN 组血清明显降低（$P < 0.05$ 或 $P < 0.01$）；与普通对照组 1 组相比，NTs-H、NMN 组血清 IGF-1 水平明显降低（$P < 0.01$，$P < 0.5$）。研究结果提示抑制 IGF-1 信号通路可能是 NTs 及 NMN 延缓衰老、延长寿命的机制之一。

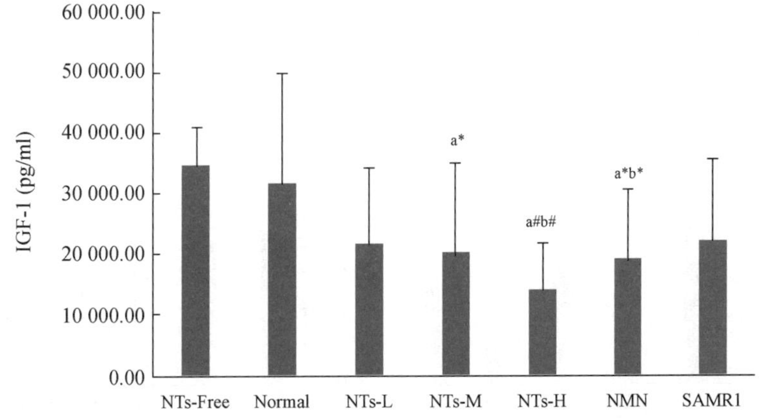

图 2-2-14 NTs 干预对 SAMP8 小鼠血清 IGF-1 水平的影响（$n = 10$）

注：NTs-Free，纯化饲料喂养组；Normal，普通对照组；NTs-L、NTs-M、NTs-H，NTs 低、中、高剂量干预组；NMN，烟酰胺单核苷酸喂养组；SAMR1，SAMR1 模型对照组。[a]代表与 NTs-Free 组相比；[b]代表与 Normal 组相比。* 代表差异具有显著性：$P < 0.05$；[#]：$P < 0.01$。

（十）NTs 对自噬通路相关蛋白表达的影响（图 2-2-15）

自噬是指细胞通过激活特定的信号通路，把大分子或损伤的细胞器经过溶酶体降解的过程。自噬参与细胞的多种生理过程，如糖类代谢、应激反应、物质运输等，并与多种疾病如肿瘤、神经退行性疾病的发生和发展相关。衰老过程中，自噬功能下降，引起突变或损伤蛋白、细胞器积累，进一步加重衰老的症状。若自噬功能强，则有助于快速清除毒性蛋白、受损的线粒体，降低自由基的产生，从而表现出抗衰老效应。自噬可受雷帕霉素受

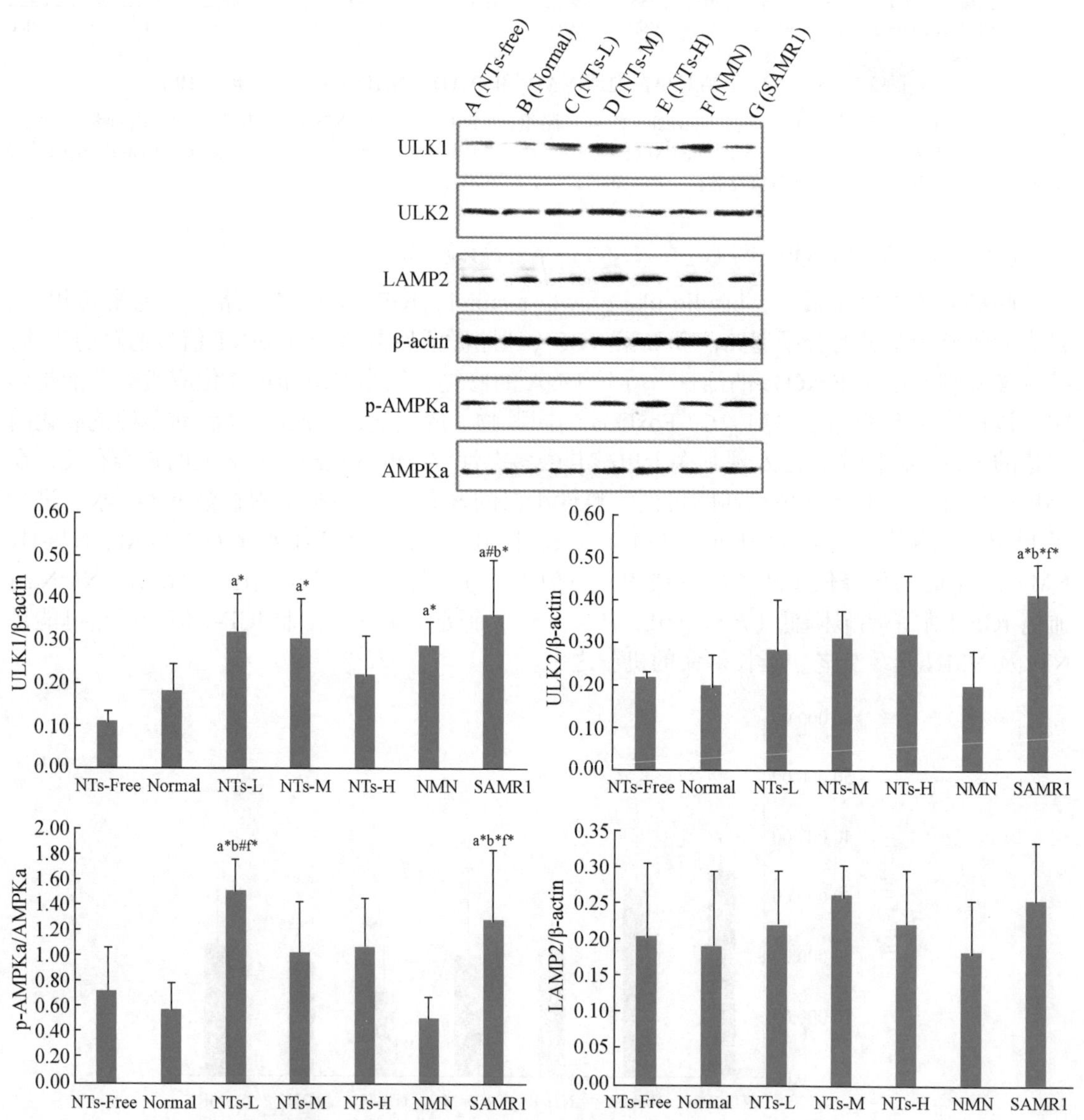

图 2-2-15 NTs 干预对 SAMP8 小鼠肝自噬水平的影响（$n = 3$）

注：NTs-Free，纯化饲料喂养组；Normal，普通对照组；NTs-L、NTs-M、NTs-H，NTs 低、中、高剂量干预组；NMN，烟酰胺单核苷酸喂养组；SAMR1，SAMR1 模型对照组。[a]代表与 NTs-Free 组相比；[b]代表与 Normal 组相比；[f]代表与 NMN 组相比。* 代表差异具有显著性：$P < 0.05$；#：$P < 0.01$。

体、胰岛素样生长因子 / 胰岛素样生长因子受体及腺苷单磷酸激酶 AMPK 的调控。AMPK 可以直接通过激活 ULK1 或抑制西罗莫司受体来诱导自噬。本研究根据前期细胞实验的结果，对自噬通路相关蛋白进行了检测，结果如图 2-2-16 所示，肝 ULK1 蛋白表达纯化饲料喂养组明显下调，并显著低于 NTs-L、NTs-M、NMN 及 SAMR1 组（$P < 0.05$ 或 $P < 0.01$）。ULK2 蛋白表达在纯化饲料饲养、普通对照组及 NMN 组明显下调，与 SAMR1 组相比差异具有显著性（$P < 0.05$）。p-AMPKa 蛋白表达在 NTs-L、SAMR1 组要高于其他各组，并与 NTs-Free、NMN 相比具有显著性差异（$P < 0.05$）；青年对照组与纯化饲料喂养、NTs-L 组及 NMN 组相比具有明显差异（$P < 0.05$ 或 $P < 0.01$）。LAMP2 蛋白表达在 NTs-M 组最高，NMN 组最低，但未见明显统计学差异（$P > 0.05$）。研究结果表明示 NTs 可通过增加自噬相关蛋白的表达来增强衰老机体自噬功能，诱导自噬，从而表现出抗衰老效应。

（十一）NTs 对肝 Sirt1 和 Sirt6 通路蛋白表达的影响（图 2-2-16）

研究表明，Sirtuins 家族蛋白成员在多种模式生物中都已经成为一类对衰老和长寿具有

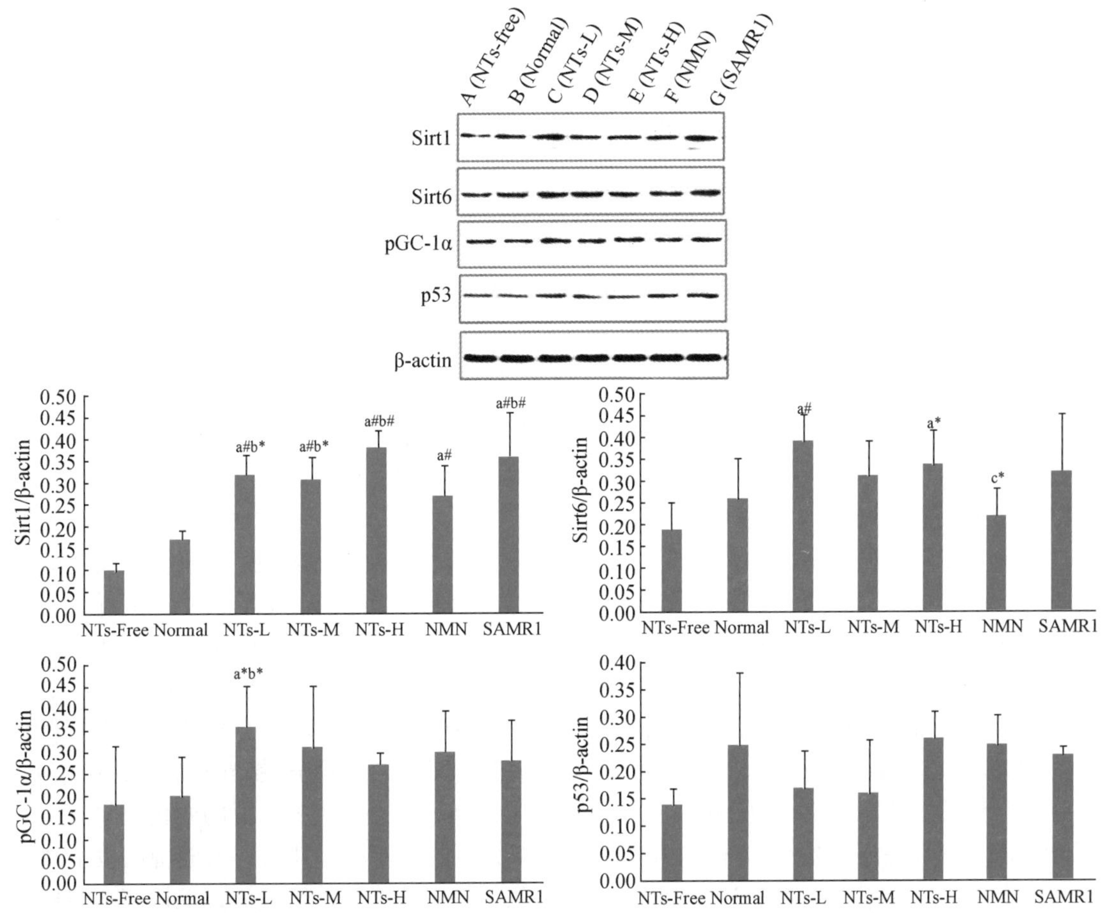

图 2-2-16 NTs 干预对肝 Sirt1 和 Sirt6 通路蛋白表达的影响影响（$n = 3$）

注：NTs-Free，纯化饲料喂养组；Normal，普通对照组；NTs-L、NTs-M、NTs-H，NTs 低、中、高剂量干预组；NMN，烟酰胺单核苷酸喂养组；SAMR1，SAMR1 模型对照组。[a] 代表与 NTs-Free 组相比；[b] 代表与 Normal 组相比；[c] 代表与 NTs-L 组相比。* 代表差异具有显著性：$P < 0.05$；[#]：$P < 0.01$。

关键作用的调控因子，它们在进化上高度保守，这为衰老研究领域提供了一种新的模式。SIRT1去乙酰化酶是热量限制（calorie restriction，CR）的关键分子，在酵母和线虫中，缺失自噬ATG基金的突变体使SIRT1影响CR作用消失。相反，细胞质中SIRT1通过对自噬关键基因ATG5、ATG7、ATG8去乙酰化而调节自噬。在人类中，与SIRT1相似功能的酶类还有六种，目前的研究表明：SIRT6、SIRT7均与抗衰老有关。SIRT1除了使组蛋白去乙酰化，参与染色质动态调节之外，SIRT1还可调节多种生理功能，如抑制细胞凋亡、调节糖类和脂类代谢等作用。SIRT1除了影响p53的功能外，还调节叉头转录因子FoxO3a的活性，还可以与NF-κB的Rel/p65亚基结合，使其去乙酰化而抑制NF-κB的转录活性，从而抑制炎症反应。研究发现，NAD^+/SIRT1/PGC-1α是调节线粒体生物发生的信号通路，该通路还受AMPK的正向调控。在白藜芦醇和sirtuin蛋白激活剂SRT1720相关研究中发现，这些物质可通过上调PGC-1α改善线粒体呼吸[48-50]。虽然目前未能证实白藜芦醇通过上调PGC-1α延长小鼠寿命，但果蝇相关研究中发现PGC-1α过表达可以延长果蝇的寿命。因此，NAD^+/SIRT1/PGC-1α也被认为是重要的长寿调节通路。本研究结果显示，肝Sirt1蛋白表达在纯化饲养喂养、普通对照组明显下调，显著低于NTs-L、NTs-M、NTs-H及SAMR1组（$P<0.05$或$P<0.01$）。Sirt6蛋白表达在NTs-L明显高于纯化饲养喂养及NMN组，在NTs-H组明显高于纯化饲养喂养组（$P<0.05$或$P<0.01$）。PGC-1α蛋白表达水平在NTs-L组要高于其他各组，并与纯化饲养喂养、普通对照组相比，差异具有统计学意义（$P<0.05$）。P53蛋白表达水平在各组间未见明显差异（$P>0.05$）。结果表明NTs干预可上调Sirtuins蛋白家族Sirt1和Sirt6的表达，结合图2-2-13的研究结果，即NTs可有效增强机体NAD^+的生物合成，可知NTs可通过调节NAD^+/SIRT1/PGC-1a信号通路的表达从而实现延缓衰老、延长寿命的作用。

（十二）NTs对SAMP8小鼠肠道菌群的影响（彩图2-2-17）

近年来研究发现，随着增龄，作为机体的重要宿主的肠道菌群，在菌群多样性、稳定性和菌群结构（尤其是有益菌/有害菌比）也发生巨大变化，与机体的衰老进程和多器官衰退具有重要联系。随着研究的不断深入，肠道菌群在衰老发展过程中的重要性越来越受到关注。衰老伴随着菌群多样性及丰度的降低，有益菌减少（如双歧杆菌），兼性厌氧菌增多（如肠杆菌科），并伴有产生短链脂肪酸的基因减少，糖分解能力降低等[51-54]。菌群失调可引起肠黏膜屏障功能减退和肠道渗透性增加，引起体内慢性炎性反应；而慢性低度炎症是衰老的主要特点之一，可进一步促进肠道通透性增加和菌群失调[55]。菌群代谢产物（如短链脂肪酸）还可作为信号分子调节宿主代谢及炎症，或影响肠-脑轴，介导菌群变化与衰老之间的关联，其中的因果关系尚不清楚[56]。目前研究报道仅揭示肠道菌群与衰老密切相关，并且通常伴随着认知及免疫功能的减退，但其作用机制、与衰老相关菌群的变化及与肠道功能衰退的关联性并不清楚[57]。极长寿老人有更高的菌群多样性，其菌群组成特征也不同于老年衰弱者。对成年人、老年人、百岁老人和超级百岁老人进行菌群分析，挖掘菌群与长寿之间关系，发现随着年龄增长，拟杆菌科、毛螺菌科、瘤胃菌科等核心肠道菌群的累积丰度逐渐降低，且年龄相关亚优势种菌类数量增加，在共生网络中重排，长寿和超级长寿者能够维持这种菌群特征；长寿者的菌群既能容纳条件致病菌和异源性细菌，同时能维持健康，形

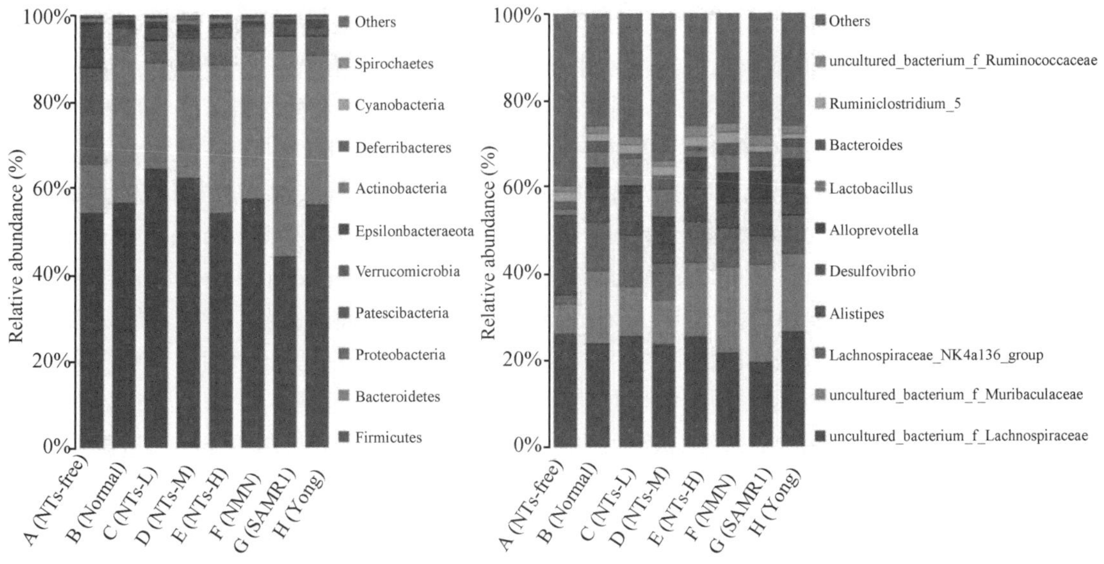

彩图 2-2-17　NTs 干预对 SAMP8 小鼠肠道菌群分布的影响（$n = 8$）

注：NTs-Free，纯化饲料喂养组；Normal，普通对照组；NTs-L、NTs-M、NTs-H，NTs 低、中、高剂量干预组；NMN，烟酰胺单核苷酸喂养组；SAMR1，模型对照组；Yong，青年对照组。

成“长寿适应”；“长寿适应”与健康相关的肠道细菌（Akk 菌，双歧杆菌，克里斯滕森菌）丰度升高相关[58]。肠道菌群是改善老年相关疾病的关键靶点，但对于菌群干预的影响（尤其在衰弱 / 患病的老年人中）仍需更多研究。饮食-菌群相互作用是健康衰老的决定因素之一，菌群变化影响了饮食的营养价值，健康饮食、益生元和益生菌，以及有益的微生物代谢物，或是能改善老年健康的干预方法。因此，以肠道菌群为靶点，针对老年菌群特征和菌群干预的影响进行深入研究，探讨肠道菌群与衰老发生发展的关系，采取合适的营养策略改善老年人的肠道菌群，具有重要的科学意义。

本研究针对 NTs 对小鼠肠道菌群的影响进行了研究，结果显示在门水平上，纯化饲料喂养组变形菌门、Patescibacteria 菌门和疣微菌门丰度高于其他各组，拟杆菌门丰度少于其他各组。NTs-L 组和 NTs-M 组厚壁菌门含量最高、拟杆菌门含量较少；NMN 组厚壁菌门、变形菌门、Patescibacteria 菌门含量最少，拟杆菌门含量最高。可见，与纯化饲料喂养组相比，NTs 干预可适度降低变形菌门、Patesciba 菌门和疣微菌门含量。与 NTs 组相比，NMN 组干预可降低厚壁菌门含量，增加拟杆菌门含量。为了更准确地了解各组间肠道菌群结构的差异，我们在属水平上进行分析，并结合 Alpha 多样性分析，结果发现纯化饲料喂养组 Ace 值和 Chao1 值均最小，表明纯化饲料喂养组小鼠粪便的细菌丰度较小。而 Simpson 指数与 Shannon 指数均为 NTs 最大，NTs-Free 最小。因此，NTs-Free 组的小鼠粪便物种多样性最高，而纯化饲料喂养则最低，由此表明 NTs 可以增加小鼠肠道菌群的多样性。ANOVA（方差分析）分析发现，在属水平上，对机体有负面影响的菌属，如梭菌目未培养菌（*uncultured_bacterium_o_Clostridiales*）、脱硫弧菌科未培养菌（*uncultured_bacterium_f_Desulfovibrionaceae*）、*Tyzzerella*、劳尔氏菌属（*Ralstonia*）、*Ruminiclostridium_5* 菌属、毛螺菌科（*Lachnospiraceae_UCG-006*）、毛螺菌科（*Lachnospiraceae_FCS020_group*）、*Anaerovorax*

以及拟杆菌属（*Bacteroides*）均在纯化饲料喂养中相对丰度最大，表明NTs能显著影响小鼠的肠道菌群，尤其增加了致病菌的丰度水平。以上结果表明，在无核苷酸组中，对机体有负面影响的菌群相对丰度显著性增加，因此有目的地补充外源核苷酸对调节肠道菌群，维护机体健康至关重要。通过KEGG代谢途径的组成及差异分析发现，NTs的添加能显著影响amino acid metabolism（氨基酸代谢）、carbohydrate metabolism（碳水化合物代谢）、energy metabolism（能量代谢）、membrane transport（膜转运）、metabolism of cofactors and vitamins（辅助因子和维生素代谢）、nucleotide metabolism（核苷酸代谢）、replication and repair（复制和修复）、signal transduction（信号转导）、translation（翻译）等代谢通路。NTs可能是影响了与以上代谢相关通路关系密切的菌群的相关丰度，从而达到调节小鼠肠道菌群，延缓衰老的作用。综上，我们可知NTs干预能够增加衰老引起的菌群丰度水平的下降，改善菌群结构（有益菌/有害菌比），减少对机体有负面影响的菌群相对丰度，其机制可能是通过影响与代谢相关通路关系密切的菌群的相关丰度，从而达到调节小鼠肠道菌群，延缓衰老的作用。

综上，本部分在NTs终身干预和中期干预研究的基础上，对NTs延缓衰老、延长寿命作用的可能机制进行了探讨研究。

研究发现NTs延缓衰老、延长寿命的作用机制主要与其调节机体代谢、改善衰老引起的肝肾功能衰退、抗炎、抗氧化、增加机体免疫、调节衰老引起的ET-1水平变化从而改善血管内皮细胞结构和功能恶化、促进DNMT-1的活性调控基因的甲基化状态及增强机体NAD^+的表达有关，其机制通路可能与抑制IGF-1信号通路、调节长寿相关NAD^+/SIRT1/PGC-1a信号通路的表达及诱导自噬及改善肠道菌群水平有关，从而发挥其延缓衰老、延长寿命的作用。整体研究结果显示，NTs-L（0.3 g/kg）剂量组的干预效果最佳，可有效延长小鼠生存时间，降低小鼠死亡率，减少老年病的发生率，提高小鼠生命质量，并延长小鼠健康生存寿命。

The main action mechanism of NTs in delaying aging and prolonging life span is related to regulating body metabolism，improving liver and kidney function decline caused by aging，anti-inflammatory，antioxidant，increasing body immunity，promoting autophagy induction and enhancing the expression of NAD^+，and its action pathway may be related to NAD^+/SIRT1/PGC-1α，inducing autophagy through ULK1 and improving the level of intestinal flora. The overall research results show that the intervention effect of NTs-L（0.3 g/kg）is the best，which can effectively prolong the survival time of mice，reduce the mortality and the incidence of senile diseases，improve the life quality and prolong the healthy survival life of mice.

五、NTs在延缓衰老、延长寿命方面的应用前景及展望

在人口老龄化问题日益严重的今天，老年人健康已成为全球健康治理的重大问题。老年人营养健康状况，严重影响其晚年生活质量，在全世界范围内造成严重的个人、家庭、社会负担。“健康中国2030”规划纲要提出，建立完善的健康产业体系，包括健康、医疗、养老等多个方面，坚持预防为主，推动实现全民健康。老年人作为特殊群体，其健康问题要求重点解决。营养是影响健康和衰老的最重要因素之一。然而传统的营养活性成分其活性的

单一性和效能瓶颈已经初步显现，迫切需要进行新型营养活性物质的筛选、开发与革新。纵观营养与健康领域，只有回归思考，从生命本源物质出发，才能够进一步突破瓶颈，获得安全、多效、可预防性干预的活性物质。

核苷酸（nucleotide，NTs）是机体重要的遗传、能量代谢、信号转导的物质基础。核苷酸可以来源于人体内源性合成以及通过生物酶解技术等外源性合成。外源核苷酸在特定的生理条件下是不可缺少的营养成分。在代谢旺盛的组织器官或者当机体受到应激、免疫挑战、肝损伤、饥饿以及快速生长的情况下，核苷酸能被组织吸收利用，节省机体从头合成或者补救合成的消耗，从而可以优化组织功能。此外，在体外通过酶解方式将核酸降解成为核苷酸后可以省略体内的分解过程，更加容易被人体消化吸收。近年来，外源核苷酸的多种生物功效被相继报道，如延长大鼠生存时间、降低肿瘤发病率、抗炎、抗氧化和菌群调节等，在不同细胞、组织器官、菌群等多个水平均发挥重要的生物学效应[4]。目前，外源核苷酸以其极高的安全性和高效性特点成为营养研究的热点，并已被广泛用于婴儿配方乳粉 / 食品，保健食品 / 特殊医学用途配方食品中，显示出其在营养干预中的重要作用和广阔前景。

北京大学李勇教授课题组选用外源核苷酸作为受试物，进行了一系列体内外实验，对外源核苷酸延缓衰老、延长寿命的作用及其机制进行了系统性的探讨研究。在本章节相关研究中，研究发现外源核苷酸干预可有效延长实验动物生存时间，降低实验动物死亡率，减少老年病的发生率，提高生命质量，并有效延长试验动物的健康生存寿命。其中 NTs-L（0.3 g/kg）剂量组的干预效果最为显著，该剂量组小鼠中位生存时间相较现有文献报道数据延长了 18.18%；对应到人寿命，延长了 16.52 岁，延长百分比达到 21.79%。若与本研究的纯化饲料喂养、普通对照组及 NMN 组相比，NTs-L 组中位生存时间分别延长了 12.6%、5.93%、5.38%；对应到人寿命，分别延长了 10.94 年（14.65%）、5.47 年（6.73%）、5.01 年（6.13%），表明外源核苷酸具有显著的延缓衰老、延长寿命的功效，这为通过营养干预手段提升老年人健康寿命及生活质量提供了新思路。此外，外源核苷酸由于具有多种生物学特性，加之良好的生物相容性、无毒性和高吸收率，显示出其在食品、保健品等行业抗衰老产品开发方向具有广阔的市场。下一步，我们将通过人群研究进一步探究营养干预对于老年人健康问题的正向影响。健康长寿是全人类永恒的主题，尽管目前对外源核苷酸营养的研究还处在实验室研究阶段，相应的结果还需要进一步的临床研究去证实。但是，随着外源核苷酸生物学作用的逐步阐明，外源核苷酸在医疗健康领域已受到越来越多的重视。相信随着研究的不断深入，研究手段及方法的不断提高，科学技术不断发展，外源核苷酸必将在医疗健康领域占有一席之地，为人类健康做出杰出贡献。

小 结

人口老龄化和老龄人口的健康问题是我国目前面临的重大国情和严峻挑战，探索科学有效、经济可行的老龄健康促进与疾病防控新策略，降低老年人患病风险及病死率、延长其健康生存时间是当下和未来全球健康治理的重中之重。核苷酸（nucleotide，NTs）是体内多种生物过程的调节因子，对生物体的生长发育、代谢、繁殖和遗传具有重要作用，是实现有效延缓衰老、延长寿命的良好候选物。北京大学李勇教授课题组研究发现，外源核苷酸可有效延长实验动物的生存时间，降低死亡率，减少老年病的发生率，提高生命质量，并延长其健康生存寿命。其延缓衰老、延长寿命的作用机制主要与与其调节机体代谢、改善衰老引起的机体功能衰退（肝肾功能）、抗炎、抗氧化、增加机体免疫、促进 DNMT-1 的活性调控基因的甲基化状态及增强机体 NAD^+的表达有关，其作用通路可能与 NAD^+/SIRT1/PGC-1α、通过 ULK1 诱导自噬及改善肠道菌群水平有关。本研究系统性地从多个水平深入探究了外源核苷酸延缓衰老和延长寿命的作用及其可能机制，为其作为延缓衰老的功能食品应用提供更为扎实的数据与科学证据，也为我国乃至全球的积极主动健康老龄化提供重要的解决策略和科学背书。

Population aging and the health problems of the elderly population are major national conditions and severe challenges facing China at present. Exploring scientific, effective and economically feasible strategies for aging health promotion and disease prevention, reducing the disease risk and mortality of the elderly, prolonging their healthy survival time are the top priority of global health governance at present and in the future. Nucleotides (NTs) are regulators of various biological processes in the body. NTs play an important role in the growth, development, metabolism, reproduction and inheritance of organisms and are of good candidates to effectively delay aging and prolong life. According to the research of professor Li Yong's group from Peking University, the intervention of NTs effectively prolong the survival time of experimental animal, reduce the mortality and the incidence of senile diseases, improve the life quality and prolong the healthy survival life of experimental animal. The main action mechanism of NTs in delaying aging and prolonging life span is related to regulating body metabolism, improving liver and kidney function decline caused by aging, anti-inflammatory, antioxidant, increasing body immunity, promoting autophagy induction and enhancing the expression of NAD^+, and its action pathway may be related to NAD^+/SIRT1/PGC-1α, inducing autophagy through ULK1 and improving the level of intestinal flora. This study systematically explore the anti-aging and life prolonging effects and possible mechanisms of NTs from multiple levels, so as to provide scientific experimental basis for its application as a functional food for delaying aging. It also provides important solutions and scientific endorsements for active and healthy aging in our country and even the global world.

参考文献

[1] WHO. World report on ageing and health 2016. Geneva: World Health Organization.（https://www.who.int/topics/ageing/zh/）

[2] WHO. China country assessment report on ageing and health 2016. Geneva: World Health Organization.（https://www.who.int/ageing/publications/china-country-assessment/zh/）

[3] 李勇．核桃肽营养学．北京：北京大学医学出版社，2021.

[4] 李勇，徐美虹，陈玉松．核苷酸营养学．北京：北京大学医学出版社，2021.

[5] 吴蔚然，韦军民．老年临床营养学．北京：人民卫生出版社，2011.

[6] Takubo K, Aida J, Izumiyama-Shimomura N, et al. Changes of telomere length with aging. Geriatr

Gerontol Int，2010，10 Suppl 1：S197-S206.
[7] Jaskelioff M，Muller FL，Paik JH，et al. Telomerase reactivation reverses tissue degeneration in aged telomerase-deficient mice. Nature，2011，469（7328）：102-106.
[8] Herbert KE，Mistry Y，Hastings R，et al. Angiotensin II-mediated oxidative DNA damage accelerates cellular senescence in cultured human vascular smooth muscle cells via telomere-dependent and independent pathways. Circ Res，2008，102（2）：201-208.
[9] 李玲孺，王济，李英帅，等 . 氧化应激机制在痰湿体质研究中的应用探索 . 南京中医药大学学报，2013，29（01）：5-8.
[10] 卢春雪，杨绍杰，陶荟竹，等 . 衰老机制研究进展 . 中国老年学杂志，2018，38（01）：248-250.
[11] Correia-Melo C，Marques FD，Anderson R，et al. Mitochondria are required for pro-ageing features of the senescent phenotype. EMBO J，2016，35（7）：724-742.
[12] Wang Y，Hekimi S. Mitochondrial dysfunction and longevity in animals：Untangling the knot. Science，2015，350（6265）：1204-1207.
[13] Sun N，Youle RJ，Finkel T. The Mitochondrial basis of Aging. Mol Cell，2016，61（5）：654-666.
[14] Kauppila T，Kauppila J，Larsson NG. Mammalian mitochondria and aging：An update. Cell Metab，2017，25（1）：57-71.
[15] Aunan JR，Watson MM，Hagland HR，et al. Molecular and biological hallmarks of ageing. Br J Surg，2016，103（2）：e29-e46.
[16] Xie K，Ryan DP，Pearson BL，et al. Epigenetic alterations in longevity regulators，reduced life span，and exacerbated aging-related pathology in old father offspring mice. Proc Natl Acad Sci USA，2018，115（10）：E2348-E2357.
[17] Cardelli M. The epigenetic alterations of endogenous retroelements in aging. Mech Ageing Dev，2018，174：30-46.
[18] Zhu J，Lin FH，Zhang J，et al. The signaling pathways by which the Fas/FasL system accelerates oocyte aging. Aging（Albany NY），2016，8（2）：291-303.
[19] Fu J，Yu W，Jiang D. Acidic pH promotes nucleus pulposus cell senescence through activating the p38 MAPK pathway. Biosci Rep，2018，38（6）. DOI：10.1042/BSR20181451.
[20] Song S，Wu S，Wang Y，et al. 17beta-estradiol inhibits human umbilical vascular endothelial cell senescence by regulating autophagy via p53. Exp Gerontol，2018，114：57-66.
[21] Ke Y，Li D，Zhao M，et al. Gut flora-dependent metabolite Trimethylamine-N-oxide accelerates endothelial cell senescence and vascular aging through oxidative stress. Free Radic Biol Med，2018，116：88-100.
[22] Villeponteau B，Cockrell R，Feng J. Nutraceutical interventions may delay aging and the age-related diseases. Exp Gerontol，2000，35（9-10）：1405-1417.
[23] Ashok BT，Ali R. The aging paradox：Free radical theory of aging. Exp Gerontol，1999，34（3）：293-303.
[24] Mates JM，Perez-Gomez C，Nunez DC. I. Antioxidant enzymes and human diseases. Clin Biochem，1999，32（8）：595-603.
[25] Ames BN，Shigenaga MK，Hagen TM. Oxidants，antioxidants，and the degenerative diseases of aging. Proc Natl Acad Sci USA，1993，90（17）：7915-7922.
[26] Porta EA，Nitta RT，Kia L，et al. Effects of the type of dietary fat at two levels of vitamin E in Wistar male rats during development and aging. II. Biochemical and morphometric parameters of the brain. Mech Ageing Dev，1980，13（4）：319-355.
[27] Harman D. Extending functional life span. Exp Gerontol，1998，33（1-2）：95-112.
[28] Anisimov VN. Life span extension and cancer risk：Myths and reality. Exp Gerontol，2001，36（7）：1101-1136.

［29］Flurkey K，Papaconstantinou J，Miller RA，et al. Lifespan extension and delayed immune and collagen aging in mutant mice with defects in growth hormone production. Proc Natl Acad Sci USA，2001，98（12）：6736-6741.
［30］Anisimov VN，Mylnikov SV，Khavinson VK. Pineal peptide preparation epithalamin increases the life span of fruit flies，mice and rats. Mech Ageing Dev，1998，103（2）：123-132.
［31］成蓓，曾尔亢 . 老年病学 . 北京：科学出版社，2004.
［32］李勇 . 营养与食品卫生学 . 北京：北京大学医学出版社，2005.
［33］孙长灏 . 营养与食品卫生学 . 北京：人民卫生出版社，2013.
［34］Cai X，Bao L，Wang N，et al. Dietary nucleotides protect against alcoholic liver injury by attenuating inflammation and regulating gut microbiota in rats. Food Funct，2016，7（6）：2898-908.
［35］Nakazawa M，Tawaratani T，Uchimoto H，et al. Spontaneous neoplastic lesions in aged Sprague-Dawley rats. Experimental Animals，2001，50（2）：99-103.
［36］Xu M，L Rui，Guo Q，et al. Dietary nucleotides extend the life span in Sprague-Dawleyrats. The Journal of Nutrition，Health & Aging，2013，17（3），223-229.
［37］Emanuel N，Obukhova L. Types of experimental delay in aging patterns. Experimental Gerontology，1978，13（1-2）：25-29.
［38］Anisimov V. Life span extension and cancer risk：Myths and reality. Experimental Gerontology，2001，36（7）：1101-1136.
［39］Takeda T，et al. A novel murine model of aging，Senescence-Accelerated Mouse（SAM）. Arch Gerontol Geriatr，1994，19（2）：185-192.
［40］Takeda T，et al. Senescence-accelerated mouse（SAM）：A novel murine model of senescence. Exp Gerontol，1997，32（1-2）：105-109.
［41］Takeda T，et al. Senescence-accelerated mouse（SAM）：A novel murine model of accelerated senescence. J Am Geriatr Soc，1991，39（9）：911-919.
［42］Flurkey K，Currer JM，Harrison DE. The mouse in aging research. In：Fox JG，et al. The Mouse in Biomedical Research. 2nd Edition. American College Laboratory Animal Medicine（Elsevier），Burlington，MA. 2007，637-672.
［43］Salazar N，Valdés-Varela L，González S，et al.Nutrition and the gut microbiome in the elderly.Gut Microbe，2017，8（2）：82-97.
［44］Maria TV，Marco C，Sebastiano G，et al. Immunosenescence in aging：Between immune cells depletion and cytokines up-regulation. Clin Mol Allergy，2017，15：21.
［45］Erica C，Chiara D'A，Marcella R. The role of immunosenescence in neurodegenerative diseases. Mediators Inflamm，2018，6039171. DOI：10.1155/2018/6039171.
［46］Soo-Jin O，Jae KL，Sarah S. Aging and the Immune System：The impact of immunosenescence on viral infection，immunity and vaccine immunogenicity. Immune Netw，2019，19（6）：e37.
［47］陈迪 . 秀丽线虫胰岛素类生长因子和雷帕霉素受体信号通路对衰老的调节作用 . 生物化学与生物物理进展，2014，41（3）：305-312.
［48］王文炎 . 电针通过 SIRT1 调控 NF-κB 炎症信号通路改善胰岛素抵抗肥胖大鼠胃肠动力的机制研究 . 湖北中医药大学，2020.
［49］徐将 . SIRT1/FOXO1 介导的自噬对糖尿病肾病的影响及二甲双胍作用机制研究 . 山东大学，2019.
［50］罗桂平 . Sirt1 调节自噬和凋亡参与心肌慢性缺氧适应的作用研究 . 中国人民解放军陆军军医大学，2019.
［51］An R，Wilms E，Masclee AAM，et al. Age-dependent changes in GI physiology and microbiota：Time to reconsider. Gut，2018，67（12）：2213-2222.
［52］O'toole PW，Jeffery IB. Gut microbiota and aging. Science，2015，350（6265）：1214-1215.
［53］Jackson MA，Jeffery IB，Beaumont M，et al. Signatures of early frailty in the gut microbiota. Genome

Med，2016，8（1）：8.

[54] Buford TW.（Dis）Trust your gut：The gut microbiome in age-related inflammation，health，and disease. Microbiome，2017，5（1）：80.

[55] Dejong EN，Surette MG，Bowdish DME. The gut microbiota and unhealthy aging：Disentangling cause from consequence. Cell Host Microb，2020，28（2）：180-189.

[56] O'toole PW，Jeffery IB. Microbiome-health interactions in older people. Cell Mol Life Sci，2018，75（1）：119-128.

[57] Salazar N，Valdés-Varela L，González S，et al. Nutrition and the gut microbiome in the elderly. Gut Microbes，2017，8（2）：82-97.

[58] Biagi E，Franceschi C，Rampelli S，et al. Gut microbiota and extreme longevity. Current Biology，2016，1480-1485.

第三章 外源核苷酸的细胞营养作用 Cytotrophic role of exogenous nucleotides

核苷酸（nucleotides，NTs）是核酸的基本构成单位，可作为能量载体、细胞内信号转导信使以及辅酶构成成分参与多种生命活动。NTs 可以来源于人体内源合成以及通过生物酶解技术等外源性合成。内源 NTs 已被证明具有抗氧化、抗癌和免疫调节活性[1]。近年来，外源核苷酸（exogenous nucleotides，NTs）的生物活性方面的大量基础性研究取得了许多有意义的进展。研究发现，NTs 是特定条件下机体不可缺少的条件必需营养成分，具有多种生物活性。细胞是生物体形态结构和生命活动的基本单位，细胞内同样存在核酸酶，使细胞内部的核酸逐步分解为 NTs，或进一步分解为碱基、戊糖和磷酸，以维持细胞内遗传物质的稳定。大量研究显示，NTs 具有促进细胞增殖、分化[2]，减轻细胞损伤[3]，减少细胞凋亡以及促进细胞功能[4]的作用。本章将以衰老细胞为例探讨 NTs 的细胞营养作用。

第一节　概　述 Introduction

细胞是构成有机体的基本单位，也是生命活动的基本单位。哺乳动物和人体由 200 多种细胞组成，细胞高度分化为不同的组织，如上皮组织、结缔组织、肌肉组织和神经组织等，这些组织进一步组成执行特定功能的器官，如心脏、肝、脾等，再由多个器官构成完成一系列关系密切的生理功能的系统，如消化系统、神经系统等。生物体的整个生命周期中细胞经历着分裂、增殖、分化、衰老和死亡过程，同时与周围环境发生着复杂的联系和相互作用，以调控细胞的多种功能活动，决定组织和器官的三维结构并保持生物体与周围环境及生物体本身的平衡与统一[5]。生物体在其整个生命周期中最终走向衰老和死亡，而生物体衰老的一个主要特征是衰老细胞的积累。组织中衰老细胞的异常积累会对再生能力产生负面影响，并产生有利于包括癌症在内的各种年龄相关疾病的发生和进展的促炎环境。NTs 作为生命本源物质，影响着细胞的多种重要生命活动及生理生化功能，参与各种物质代谢的调节，是能量代谢途径中的主要高能化合物，也是细胞信号转导过程中的重要信使。

In the whole life cycle of an organism，cells undergo the processes of division，proliferation，differentiation，aging and death，and at the same time，they have complex contact and interaction with the surrounding environment，so as to regulate various functional activities of cells，determine the three-dimensional structure of tissues and organs and keep the balance and unity between the organism and the surrounding environment and the organism itself. In its whole life cycle, organism will eventually aging and death, and one of the main characteristics of organism aging is the accumulation of senescent cells. Excessive and abnormal accumulation of senescent cells in tissues will have a negative impact on regenerative capacity, and produce a pro-inflammatory environment conductive to the onset and progress of various age-related diseases, including cancer. NTs, as the origin substance of life, influence many important life activities and physiological and biochemical functions of cells, participate in the regulation of various substance metabolism, are the main high-energy compounds in energy metabolic pathways, and are also important messengers in the process of cellular signal transduction.

一、细胞衰老及其特征

细胞衰老是指发生在二倍体细胞的稳定的细胞周期阻滞。20 世纪 60 年代，Hayflick 和 Moorhead 观察到培养中的人类二倍体成纤维细胞在停止生长之前可以达到最大数量的细胞分裂。这种生物钟被称为“Hayflick 极限”，是由每个细胞分裂时端粒的不断缩短引起的。细胞分裂过程中端粒缩短是一种生理反应，可以防止基因组不稳定及进而引起的 DNA 损伤的积累。这种现象目前被定义为复制性衰老[6]。然而，二倍体细胞也可以由电离辐射、活性氧自由基、营养不平衡等引起一种加速的衰老过程，独立于端粒缩短，称为过早衰老[7]。

衰老细胞脱离细胞周期、丧失增殖能力的同时细胞形态结构、生理生化也发生了复杂变化[5]。衰老细胞主要有以下典型的特征：

（一）形态结构改变

衰老细胞的典型特征是细胞体积增大且形状不规则。mTOR 途径的激活是衰老内皮细胞胞体增大所必需的。已知哺乳动物西罗莫司靶蛋白复合物 1（mammalian target of rapamycin complex 1，mTORC1）整合各种应激信号并相应地调节细胞生长，并且 mTORC1 的激活是由衰老刺激诱导而发生。在正常衰老过程中，生长因子水平如生长分化因子 11（growth differentiation factors 11，GDF11）的下降，也可能导致 mTORC1 的激活和细胞肥大，特别是在心脏细胞中。衰老相关的细胞形状改变的一个因素是细胞骨架的重排，主要是波形蛋白丝的重排。当衰老细胞的大小和形状的变化被分离时，发现活化转录因子 6a（activating transcription factor 6a，ATF6a）信号通路（未折叠蛋白反应的三个分支之一），可以控制内质网的大小和衰老过程中细胞形状的变化。虽然环氧化酶 2/ 前列腺素 -E2 途径是 ATF6a 的下游效应物，影响细胞大小，但 ATF6a 负责改变细胞形状的具体靶点尚不完全清楚。ATF6a 以及其他未折叠蛋白反应（unfolded protein response，UPR）分支能够激活核因子 κB（nuclear factor κB，NF-κB），并能直接与波形蛋白启动子结合。细胞大小和形态的变化很容易用普通或荧光显微镜来测量，但在体内或原位很难检测和定量[8]。

细胞衰老进程中细胞质膜组成发生改变。质膜在与邻近细胞和细胞外间隙的通讯中起重要作用。衰老细胞中质膜组成的最一致变化是微囊蛋白 -1 上调，它是一种称为微囊的富含胆固醇微结构域的重要组分。微囊蛋白 -1 促进衰老作用的机制可能与结合多种衰老诱导刺激的下游效应子丝裂原激活蛋白激酶（mitogen-activated protein kinase，MAPK）信号通路有关[9]。此外，微囊蛋白-1影响衰老细胞的形态和黏附，还通过下调沉默信息调节因子1（silent information regulator 1，SIRT1）、激活共济失调毛细血管扩张突变蛋白（ataxia-telangiectasia mutated proteins，ATM）和抑制小鼠双微体基因促进p53活性的增加。其他质膜蛋白也曾被报道在衰老过程中表达水平发生改变。例如，DEP1和B2MG蛋白可用于检测衰老细胞[8]。

细胞衰老进程中细胞器数量发生变化。细胞衰老的另一典型特征是许多溶酶体蛋白上调和溶酶体含量增加。溶酶体酶衰老相关β-半乳糖苷酶（senescence-associated beta-galactosidase，SA-β-gal）的活性被用作衰老细胞溶酶体含量增加的替代标志物，SA-β-gal是衰老最常见的标志物。细胞衰老过程中线粒体数量增加。然而，这些线粒体的膜电位降低，导致释放线粒体酶，如内切酶G，并促进活性氧类（reactive oxygen species，ROS）的产生。线粒体数量增加的主要原因是有丝分裂减少导致的旧的和功能障碍的线粒体的积累。在衰老过程中，线粒体生物合成不太可能在线粒体数量增加中发挥重要作用，因为衰老细胞仅表现出过氧化物酶体增殖物激活受体-γ共激活因子-1α（peroxisome proliferator-activated receptor-γ coactivator-1α，PGC-1α）和PGC-1β（线粒体生物合成的两个重要调节因子）的短暂上调，其次是下调[8]。细胞衰老进程中细胞核也发生相应变化。衰老细胞的一个共同标志是层粘连蛋白1的丢失，层粘连蛋白1是核纤层的一种结构蛋白。由层粘连蛋白B1减少引起的核不稳定性会导致其他核变化，如组成型异染色质凝聚障碍和富含与DNA损伤相关的表观遗传标记的细胞质染色质片段（cytoplasmic chromatin fragments，CCF）的出现。这些CCF也可以通过外泌体分泌到细胞外环境中，并在其他细胞中激活DNA损伤反应[8]。

（二）细胞周期阻滞

细胞周期阻滞是细胞衰老最典型的特征。细胞周期蛋白依赖性激酶（cyclin-dependent kinase，CDK）磷酸化并调节细胞周期进程的多种蛋白。衰老过程中细胞周期停滞的主要驱动因素是CDKN2A（$p16^{INK4A}$）、CDKN2B（$p15^{INK4b}$）和CDKN1A（$p21^{CIP}$）基因座中编码的细胞周期蛋白依赖性激酶抑制剂（cyclin-dependent kinase inhibitors，CDKis）。P16包含一个136kb的蛋白，直接相互作用并抑制CDK4/6。P16常被用作衰老的独特和特异性标记，其转录激活是体内衰老细胞存在的典型标志。实验证据表明，P16激活的主要诱导因素是表观遗传变化，但还受其他调节因素包括启动子的可及性到蛋白质的稳定性的影响。甲基转移酶DNMT3b负责p16启动子的从头甲基化，而DNMT1维持现有的甲基化。DNMT1抑制剂导致p16启动子去甲基化和衰老样表型。胞质分裂蛋白调控因子1（protein regulator of cytokinesis 1，PRC1）和PRC2也可以通过p16、INK位点反义非编码RNA的反义长非编码RNA募集到p16启动子。其他表观遗传标记，如抑制性组蛋白变体macroH2A1，在不活跃的p16位点富集，但在不活跃的p16位点缺失。转录因子，如Sp1、Ets、AP1和PPARg，与p16启动子结合并触发其转录，而ITSE、YB1、ID1和AP-1等抑制p16的激活。p15的功能和蛋白结构与p16相似，但在衰老过程中对p15的关注较少。p15位于Raf-Mek-Erk和PI3K/AKT/FOXO3通路的下游，主要由PRC复合物和组蛋白表观遗传调控和Sp1和Miz-1的转录修饰。p21是一种18 kDa蛋白，能够抑制一系列CDK，但矛盾的是，它也是细胞周期进程所必需的。尽管 p21 在不同的衰老诱导刺激反应中不断上调，但它的表达是一般 DNA 损伤反应的一部分，主要通过 p53 的直接反式激活来调节，这使得它很难用作独特的衰老标记。P21 也可以以不依赖于 p53 的方式被激活，可由 TNF-β 等通路引导，并使用 Sp1 作为主要转录因子[8]。

（三）衰老相关分泌表型

哺乳动物细胞具有适应细胞内外环境变化的特殊能力。慢性或严重不可修复的损伤将通过细胞衰老或细胞凋亡的方式终止受损细胞继续增殖和存活。在这种适应性应激反应中，细胞周期调节因子 p53 发挥关键作用，即在严重细胞损伤时 p53 激活促凋亡调节因子或在较温和但仍具有破坏性的损伤时调控 $p21^{Cip1}$ 转录诱导衰老。因此，当发生严重而不致命的损伤时，细胞就会转入永久的、不增殖的状态。这种状态的特征是一种称为衰老相关分泌表型（senescence-associated secretory phenotype，SASP）的炎症表型，细胞分泌激活的白细胞介素（IL-6、IL-8、IL-1α）、趋化因子（单核细胞趋化蛋白、生长调节致癌基因 α、巨噬细胞炎症蛋白）、生长因子（表皮生长因子、血小板衍生生长因子、血管内皮生长因子、粒细胞 / 巨噬细胞集落刺激因子、转化生长因子 - β）、细胞外基质成分、金属蛋白酶和其他信号分子。SASP 促炎信号激活先天免疫反应，清除衰老细胞。然而，持续的衰老诱导会导致大量衰老细胞的积累，从而引发慢性炎症状态，对邻近细胞和整个机体造成有害影响[10]。细胞增殖的不可逆停止和多组分衰老相关的分泌表型的发展是细胞衰老的两个特征[11]。

（四）DNA 损伤

在 DNA 损伤的情况下，细胞会激活一种强有力的反应，即 DNA 损伤反应。双链 DNA 断裂是 DNA 损伤反应的强有力激活剂，DNA 修复失败可导致细胞衰老。双链 DNA 断裂促进 ATM 激酶的募集并与 DNA 损伤位点结合。这种募集驱动组蛋白 H2AX 磷酸化，从而促进特异性 DNA 修复复合物的组装。组蛋白甲基化也有助于损伤反应成分的组装；κ-1、HP1 和 H3K9 甲基转移酶 suv39h1 的复合物直接装载到双链 DNA 断裂的染色质上，导致 H3K9 甲基化。H3K9me3 作为结合位点，激活乙酰转移酶 Tip60，随后乙酰化并激活 ATM。因此，在 DNA 损伤反应的早期阶段，ATM 介导的 DNA 损伤信号传导需要 H3K9 甲基化，但 H3K9 甲基化在后期必须被逆转以促进修复过程。DNA 损伤反应引发 G9a/GLP 甲基转移酶降解，导致 H3K9 二甲基化（包括衰老相关分泌表型的两个组成部分 IL-6 和 IL-8 启动子的二甲基化）整体减少。许多底物被 ATM 磷酸化，包括两种必需激酶 CHK1 和 CHK2，它们通过进一步磷酸化底物来传导信号。DNA 损伤反应的持续存在会诱导 p53 在多个丝氨酸残基上磷酸化，从而增强 p53 诱导许多基因转录的能力。γ-H2AX 核病灶或磷酸化 p53 的诱导通常被用作衰老的标记。然而，DNA 损伤反应被多种不会导致细胞衰老的 DNA 损伤性刺激激活。此外，并非所有衰老过程都是 DNA 损伤的结果[8]。

（五）凋亡抵抗

衰老细胞激活几种促生存因子并对凋亡产生抗性。使用凋亡诱导剂治疗后，由于转录因子 cAMP 应答元件结合蛋白（cAMP response element-binding protein，CREB）的慢性激活阻止了 BCL-2 的抑制，衰老细胞无法下调抗凋亡蛋白 BCL-2。此外，促凋亡基因 Bax 富含抑制性组蛋白标记H4K20me3。另外，还存在与细胞衰老相关的促生存因子网络。这些网络的关键节点包括ephrins、PI3 K、p21、BCL-XL和纤溶酶原激活抑制剂-2。BCL-2家族成员，特别是抗凋亡BCL-XL和BCL-W，对衰老细胞的存活至关重要。BCL-W在衰老过程中被转录上调，而BCL-XL在IRES基序介导下显示出更高的翻译速率。在衰老细胞中FOXO4的mRNA和蛋白表达水平均上调，并通过在细胞核中螯合p53来防止细胞死亡。p21通过限制持续DNA损伤下的JNK和caspase信号通路保护衰老细胞免于死亡。最后，热休克蛋白90（heat shock protein，HSP90）被证明是衰老细胞存活的关键蛋白，对下游的*P-AKT*具有稳定作用。诱导各种BCL-2家族成员表达是鉴定衰老细胞的一种有效的方法。然而，某些非凋亡细胞类型，特别是血细胞，也显示出这些抗凋亡调节因子的上调[8]。

（六）衰老细胞线粒体变化

线粒体稳态的扰动也是细胞衰老的一个重要特征。自自由基衰老学说和线粒体衰老学说提出以来，线粒体已成为衰老研究的焦点。自由基衰老学说认为代谢过程中不断产生的ROS引发DNA链式自由基反应，引起DNA、核酸、蛋白质和脂类，特别是多不饱和脂肪酸等大分子物质变性和交联，损伤DNA、生物膜、重要的结构蛋白和功能蛋白，使细胞不能发挥正常功能，从而引起衰老的发生[5, 12]。线粒体衰老学说认为线粒体是自由基浓度最高的细胞器，线粒体DNA裸露于基质，易发生突变。线粒体对生命至关重要，参与ATP的产生、细胞凋亡、脂肪酸的β氧化等重要生理过程。哺乳动物线粒体基因组编码13种蛋白质，22种tRNA和2种rRNA。哺乳动物线粒体蛋白质组包括1200多种蛋白质，而几乎所有这些都是由核DNA编码，释放至细胞质后再导入到线粒体。线粒体DNA仅编码线粒体蛋白质组的1.1%，但这些蛋白质是氧化磷酸化复合物的关键成分，对线粒体发挥正常功能必不可少。随着年龄的增长，线粒体的形态、丰度和氧化磷酸化活性发生变化。研究报道，衰老的细胞中线粒体体积增大、数量增加、线粒体DNA突变、拷贝数增加2～4倍，减少线粒体或线粒体DNA含量可以拮抗衰老和SASP[13]。研究认为线粒体DNA损伤的持续积累可能与衰老有关[14]，线粒体DNA的突变会导致细胞能量转换的严重损害和组织功能障碍，这种损害包括线粒体脆性增加、膜电位紊乱、呼吸链功能障碍、电子传递链复合物活性下降，氧化损伤升高。线粒体DNA突变使呼吸链功能受损，进一步引起自由基堆积，导致衰老[15]。此外，线粒体DNA突变也与年龄相关疾病的病理生理学有关[16]。

（七）内质网应激

氧化应激、突变、感染、缺乏分子伴侣等多种因素都可引起内质网应激，导致蛋白的聚集。为了应对这种应激，内质网启动了UPR，从而导致蛋白合成减少、内质网增大以及错误折叠蛋白的输出。事实上，衰老细胞的UPR增加，可能是对SASP中蛋白质合成增加的响应。值得注意的是，UPR可能会影响衰老的许多其他标志，尽管使用的效应子不尽相同。实际上，UPR包括分别由PERK、IRE1a和ATF6a调节的三种途径。BiP是一种内质网蛋白，已知可结合这三种主调节因子并抑制其功能。在内质网应激时，BiP反而与错误折叠和（或）未折叠蛋白质结合，释放其前配体并导致UPR激活。因此，BiP在UPR中起核心作用，可能在衰老过程中也起核心作用。BiP主要是在翻译水平受到严格调控，在UPR激活后，BiP的翻译效率大大提高。值得注意的是，PERK和IRE1a都是具有激酶活性的跨膜蛋白，受 HSP90 和 HSP72 蛋白稳定调控，并且它们的激活也受膜流动性的影响。ATF6a 是一种 cAMP 依赖的转录因子，当处于非活性状态时，作为一种跨膜蛋白定位于内质网。激活后，ATF6a 转运至细胞核，在细胞核中被裂解生成活性转录因子。因此，它也受其裂解酶 S1P 和 S2P 的调控。尽管已有一些研究通过对不同下游基因（ATF4、GRP78、GADD153 或剪接 XBP1）进行 qPCR 来监测衰老过程中的内质网应激，但这在衰老领域并不常见，因此，没有一致认可的标记[8]。

（八）衰老细胞端粒变化

端粒是真核细胞染色体末端的特殊结构，由 6 个碱基串联重复序列（TTAGGG）和结合蛋白组成，具有保护染色体结构完整性，调节细胞正常生长的功能。衰老的端粒学说由 Olovmikov 提出，认为细胞分裂过程中端粒 DNA 不能被 DNA 聚合酶完全复制，每分裂一次，此序列缩短一次。当端粒缩短到一定程度，细胞停止分裂，逐渐衰老、死亡。端粒酶是一种反转录酶，由 RNA 和蛋白质组成，可以以自身 RNA 为模板，合成端粒重复序列，加到新合成 DNA 链末端[17，18]。端粒 DNA 富含鸟嘌呤，易受氧化应激攻击引起 DNA 氧化性损伤和单链断裂致端粒缩短。研究报道，电离辐射、活性氧自由基、环境污染物均可诱发机体的炎性反应和氧化应激，使端粒缩短加速，端粒酶活性降低，进而引发机体衰老[19]。

（九）细胞代谢改变

衰老细胞代谢活跃，据报道，在衰老过程中 AMP/ATP 和 ADP/ATP 比值升高。AMP 保护 AMP 激活的蛋白激酶（AMP-activated protein kinase，AMPK）免于去磷酸化，并导致其变构激活。因此，AMPK 作为能量状态降低的传感器，进一步激活分解代谢途径，同时抑制生物合成途径，并调节 p53 和其他靶点。p53 可以通过导致葡萄糖摄取和糖酵解的抑制，并促进三羧酸（tricarboxylic acid，TCA）循环、氧化磷酸化和脂肪酸氧化，进一步调节细胞代谢。事实上，高 TCA 循环活性对于衰老细胞的肿瘤抑制作用至关重要。除 AMPK 外，许多其他蛋白质直接或间接调节 p53，例如通过翻译后修饰或直接相互作用，包括 MDM2 和 PTEN 丢失。线粒体功能障碍和 mTOR 激活也会产生代谢变化。线粒体功能障碍导致的衰老激活 AMPK 并导致 TCA 循环和烟酰胺腺嘌呤二核苷酸（nicotinamide adenine dinucleotide，NAD）（许多其他蛋白质的关键辅因子）减少。同时，mTOR 会减少自噬，从而影响蛋白质稳态。此外，Rb 是衰老过程中细胞周期停滞的重要参与者，也可以诱导代谢变化。特别是它可以通过 PDP2 介导的丙酮酸脱氢酶活化促进丙酮酸转化为乙酰辅酶 A，从而增加氧化磷酸化。Rb 还通过转录因子 E2F1 调节关键酶来抑制脱氧核糖核苷酸的生成。目前很难使用代谢变化作为衰老的标记。首先，这些变化可能是衰老细胞其他几个特征的原因或结果。其次，只有少数研究集中在衰老细胞的整个代谢组学上[8]。

二、细胞衰老与衰老相关疾病

衰老是机体一生中损伤累积的结果。随着时间的推移，不可修复的损伤 DNA 积累、氧化损伤、端粒缩短、修复机制和免疫系统功能受损会导致衰老细胞的慢性积累，机体遭受持续的炎症应激，从而导致组织稳态的丧失[11]。组织功能的丧失最终会导致许多与年龄相关的慢性疾病的产生。

Aging is the result of the accumulation of damage in the body's life. As time goes on, the accumulation of irreparably damaged DNA, oxidative damage, telomere shortening, damage of repair mechanism and immune system function will lead to the chronic accumulation of senescent cells, and the body will suffer from persistent inflammatory stress, which will lead to the loss of tissue homeostasis. The loss of tissue function will eventually lead to many age-related chronic diseases.

心血管疾病、神经退行性综合征、肌少症、糖尿病、慢性肾疾病以及代谢失衡在工业化国家的老龄化社会中日益普遍，造成了巨大的社会经济问题[20, 21]。将细胞衰老与这些不同的衰老相关病理学联系起来的证据通常包括以下几点：①细胞衰老标志物随着衰老在相关组织中积累。随着衰老，在与这些病理相关的细胞中 $p16^{INK4a}$、功能障碍的端粒、SASP 细胞因子等细胞衰老标志物的表达显著增加。例如，随着年龄的增长，神经或肌肉干细胞功能的丧失被认为分别导致神经发生减少和肌肉减少，并且这些细胞随着年龄的增长，$p16^{INK4a}$ 表达显著增加。②某些细胞衰老调节因子的表达导致一些组织的衰老。已有研究表明，随着年龄的增长，小鼠 T 细胞、造血祖细胞、神经干细胞、胰腺 β 细胞和肌肉干细胞中 $p16^{INK4a}$ 表达增加导致这些细胞功能下降。同样，在小鼠模型中，p53 的过度激活被认为与多种早衰有关。③调节衰老细胞丰度的策略会影响与年龄相关的表型。已有一些研究报道了在体内加速或延缓衰老细胞产生的方法。例如，烟草使用或细胞毒性化疗等“致衰老”暴露似乎会增加人类或小鼠衰老细胞的产生。同样，也有研究者发现，某些生长因子或信号分子可以延迟衰老标志物的表达，从而起到功能性抵抗随时间的老化过程[22]。

将细胞衰老与衰老相关病理学联系起来的一些最强有力的证据来自证明清除衰老细胞可以减少与年龄相关的表型的实验。在体内，细胞衰老和机体衰老之间的因果关系是在早衰 BubR1 小鼠模型中得到证实的。这些小鼠体内负责有丝分裂过程中染色体正确分离的 BubR1 基因表达水平极低，并有一些年龄相关疾病的早期表现，包括肌少症、白内障、恶病质、脊柱后凸、脑胶质细胞增生，以及动脉壁厚度和弹性降低等。当对 BubR1 小鼠进行基因工程设计，使表达 $p16^{INK4a}$ 的细胞选择性凋亡（INK/ATTAC 小鼠模型）时，小鼠中某些疾病的发生发展显著延缓，但总体寿命并未延长。在后续研究中为了探索衰老细胞的自然积累对衰老的作用，使用自然老化的 INK/ATTAC 小鼠，发现消除 $p16^{INK4a}$ 阳性细胞可以延缓年龄相关疾病在生命后期的发生，同时也会增加平均寿命和最大寿命，表明衰老细胞限制寿命[23, 24]。其他过早衰老模型中进行的衰老诱导研究发现，细胞线粒体功能障碍与衰老有着广泛的联系。在缺乏线粒体 DNA 的人成纤维细胞和 PolgD257A 纯合子小鼠的脂肪和皮肤衰老细胞中线粒体功能障碍被证实是一种促衰老刺激。PolgD257A 纯合子小鼠携带校对缺陷的线粒体 DNA 聚合酶催化亚基 PolG-α，因此容易积累线粒体 DNA 突变，并表现出过早衰老的表型[10]。

迄今为止，清除衰老细胞已被认为对治疗一些衰老相关组织病理有益。例如，老年小鼠的肾小球硬化和肾功能下降可通过清除 $p16^{INK4a}$ 阳性的衰老肾小管刷状缘上皮细胞而得到改善，而清除衰老心包内纤毛上皮细胞和成纤维细胞可减少与年龄相关的心肌肥大并改善心脏应激耐受性。同样地，清除衰老细胞缓解了造血干细胞和骨骼肌干细胞与衰老相关的功能衰退，清除衰老的内膜泡沫细胞减轻了动脉粥样硬化在发病过程中所有阶段的病理变化。衰老细胞的清除也延迟了多种癌症的发作，并延长了小鼠的寿命。据认为，机体可通过适应性和先天免疫清除衰老细胞，先天免疫可由衰老细胞上配体的表达增加所致，配体靶向衰老细胞致使自然杀伤淋巴细胞选择性杀死衰老细胞。因此，在某些情况下，增强细胞免疫或自然杀伤淋巴细胞功能的机制可能在治疗上有益[22]。

三、NTs 对细胞生命活动的影响

在体内，NTs 主要构成核酸大分子，还参与多种细胞活动。① NTs 是细胞内化学能载体：维持正常细胞活动所需要的能量主要来自三磷酸 NTs 的水解，其中 ATP 是被细胞最广泛使用的供能物质。② NTs 可以作为细胞内信号转导信使：cAMP 和 cGMP 是细胞信号转导过程中的第二信使。③ NTs 构成体内重要辅酶，如辅酶 Ⅰ（NAD^+）、辅酶 Ⅱ（$NADP^+$）、黄素腺嘌呤二核苷酸（flavin adenine dinucleotide，FAD）及辅酶 A（coenzyme A，CoA）等，从而调节体内多种营养物质的代谢。

In vivo，NTs mainly constitute nucleic acid macromolecules，and also participates in various cellular activities. ① NTs is the carrier of intracellular chemical energy：the energy needed to maintain normal cell activities mainly comes from the hydrolysis of NTs triphosphate，among which ATP is the most widely used energy-supplying substance in cells. ② NTs can be used as intracellular signal transduction messengers：cAMP and cGMP are the second messengers in the process of cell signal transduction. ③ NTs constitute important coenzymes in vivo，such as coenzyme NAD^+，coenzyme $NADP^+$，flavin adenine dinucleotide（FAD）and coenzyme A（CoA），etc.，thus regulating the metabolism of various nutrients in vivo.

近年，有大量研究显示，NTs 具有保护细胞 DNA，保护线粒体，促进细胞增殖、分化的作用，对细胞生命活动具有重要影响。NTs 促进胃肠上皮细胞的增殖，从而促进胃肠道生长和成熟[25]。同时，促进断乳小鼠肠道淋巴细胞的成熟和分化过程[26]。NTs 具有保护细胞线粒体作用。NTs 可使腹泻大鼠回肠线粒体中的 ATP 酶、柠檬酸合成酶、苹果酸脱氢酶活性恢复至正常，从而促进慢性腹泻患者回肠线粒体功能的早期恢复[27]。肝是合成 NTs 的主要场所，自身具有很强的从头合成 NTs 的能力。但是补充 NTs 可以节约肝从头合成 NTs 的能量消耗，同时可以影响肝生长、结构以及代谢[1]。研究表明，NTs 可以增强肝细胞的呼吸，刺激细胞分裂和形态形成，调节肝细胞的生长和再生，并在糖原的合成中发挥关键作用。在生理条件下，剥夺饲料中 NTs 会使大鼠肝细胞核固缩，减少粗面内质网和核糖体，并导致脂质聚集，使小鼠肝胆固醇和磷脂显著升高，而使肝指数和糖原降低[28, 29]。研究者认为，NTs 对肝结构和功能的影响与诱导 *c-myc* 和 *H-ras* 基因的表达，增加 S 期细胞的比例和 α - 甲胎蛋白表达以及诱导肝细胞表达多种特定膜转运受体从而调节生理信号和细胞外基质有关[30]。体外实验研究发现，外源嘌呤 NTs 可以拮抗吗啡引起的 PC-12 神经细胞增殖抑制作用，并降低嘌呤 NTs 分解代谢关键酶腺苷脱氨酶和黄嘌呤氧化酶 mRNA 水平，推测该效应与细胞受体间相互作用有关[31]。Frankic 等人观察 NTs 对 T-2 毒素导致雄性肉鸡脾细胞 DNA 损伤的干预作用，彗星实验结果显示 NTs 可以显著降低脾细胞 DNA 损伤[4]。另有研究显示，NTs 可以减少环磷酰胺所致小鼠胸腺细胞 DNA 损伤[32]。

第二节 外源核苷酸细胞营养作用的研究进展 Advances in cytotrophic role of exogenous nucleotides

近年，NTs 的生物活性方面的大量基础性研究取得了许多有意义的进展。研究发现，NTs 是特定条件下机体不可缺少的条件必需营养成分，具有多种生物活性。但目前 NTs 相关研究主要侧重功能评价方面，缺少对 NTs 预防和治疗疾病作用的具体分子机制的阐明，亟需结合分子和细胞技术探讨 NTs 的健康促进作用。

为了进一步明确 NTs 的细胞营养作用及其可能的机制，北京大学李勇教授课题组选择过氧化氢诱导的衰老细胞，对 NTs 的细胞营养作用进行了一系列研究，并探讨其可能的机制。

一、NTs 细胞营养作用的研究方法

鉴于细胞衰老进程中的分子细胞学特征，延缓细胞衰老作用的研究方法通常包括观察细胞形态结构、检测细胞活性、细胞周期、细胞周期依赖性激酶抑制剂（$p16^{INK4a}$、$p21^{Waf1/Cip1}$、$p15^{INK4b}$）、端粒酶活性、线粒体功能、线粒体生物发生、SASP 水平、SA-β-gal 活性、氧化应激水平［细胞内 ROS 含量、丙二醛（malondialdehyde，MDA）含量、谷胱甘肽过氧化物酶（glutathione peroxidase，GSH-Px）和超氧化物歧化酶（superoxide dismutase，SOD）活性］、DNA 损伤情况以及细胞自噬水平。

In view of the molecular cytological characteristics in the process of cell senescence，the research methods of delaying cell senescence usually include observing cell morphology and structure，detecting cell activity，cell cycle，cell cycle-dependent kinase inhibitors（$p16^{INK4a}$，$p21^{Waf1/Cip1}$，$p15^{INK4b}$），telomerase activity，mitochondrial function，mitochondrial biogenesis，SASP level，SA-β-gal activity，oxidative stress level（intracellular ROS，MDA，GSH-Px and SOD activity），DNA damage and autophagy level.

具体方法如下：

（一）细胞形态结构检测

将细胞培养于 6 孔细胞培养板，根据实验要求处理不同组（每组 3 个重复）后，胰酶消化细胞，以 1000 r/min 的转速离心 5 分钟，弃上清，PBS 洗涤细胞 2 次，戊二醛固定于 4℃下过夜，30%、70%、95%、100% 丙酮梯度脱水，每次 15 min，包埋，超薄切片，透射电镜观察细胞形态。

（二）细胞活性检测

将 100 μl/ 孔细胞（约 1×10^5）培养于 96 孔细胞培养板，根据实验要求处理不同组（每组 4 个重复）后，向各孔加入 10 μl 的 CCK-8 检测溶液，37℃下孵育 1 ～ 4 h，采用酶标仪在 450 nm 波长处检测每孔溶液的吸光度。

（三）细胞周期检测

将细胞培养于 6 孔细胞培养板，根据实验要求处理不同组（每组 3 个重复）后，用胰酶消化细胞，以 1000 r/min 的转速离心 5 分钟，弃上清，冰浴预冷 PBS 洗涤细胞 2 次，收集（1 ～ 5）×10^5 细胞；加入 1 ml 冰浴预冷 70% 乙醇将细胞吹打混匀，4℃下固定过夜；以 1000 r/min 的转速离心 5 min，弃上清，冰浴预冷 PBS 洗涤细胞 2 次，加入 500 μl 碘化丙啶染色液重悬细胞；37℃避光水浴 30 min，采用流式细胞仪在激发光 488 nm 波长处检测细胞周期。

（四）**CDKis** 检测

将细胞培养于 6 孔细胞培养板，根据实验要求处理不同组（每组 3 个重复）后，胰酶消化细胞，以 1000 r/min 的转速离心 5 分钟，弃上清，PBS 洗涤细胞 2 次，采用 Western blot 法检测 $p16^{INK4a}$、$p21^{Waf1/Cip1}$、$p15^{INK4b}$ 蛋白表达情况。

（五）氧化应激水平检测

将细胞培养于 6 孔细胞培养板，根据实验要求处理不同组（每组 3 个重复）后，吸除培养基，PBS 洗涤细胞 2 次；加入 1 ml 的 1∶1000 无血清培养基稀释的 DCFH-DA，覆盖整个生长表面，37℃培养箱孵育 20 min；无血清培养基洗涤 3 次，消化收集细胞，PBS 洗涤细胞 2 次，加入 500 μl 的 PBS 重悬细胞，流式细胞仪检测各组细胞内 ROS 水平。将细胞培养于 6 孔细胞培养板，根据实验要求处理不同组（每组 4 个重复）后，收集细胞上清，采用 ELISA 法检测各组细胞上清中 SOD、GSH-Px 及 MDA 含量。

（六）**SA-β-gal** 活性检测

将细胞培养于 24 孔细胞培养板，根据实验要求处理不同组（每组 3 个重复）后，吸除细胞培养基，用 0.25 ml 洗涤液洗涤一次，加入 0.25 ml 固定液，室温固定 5 min；吸除固定液，PBS 洗涤细胞 3 次 /3 min，加入 0.25 ml 预热的染色工作液，覆盖整个生长表面，在无 CO_2 培养箱内 37℃孵育 4 ～ 24 h。普通光学显微镜下观察和计数蓝绿色的 SA-β-gal 阳性细胞。

（七）端粒酶活性检测

将细胞培养于 6 孔细胞培养板，根据实验要求处理不同组（每组 4 个重复）后，收集细胞上清，采用 ELISA 法检测各组细胞上清中端粒酶活性。

（八）线粒体功能测试

预实验确定细胞接种浓度、寡霉素及 FCCP 浓度。正式实验：96 孔细胞培养板（Nunc，165306）除四个角的背景孔外其余孔每孔接种 2 万个 NIH/3T3 细胞，过夜细胞生长贴壁后 200 μmol/L 过氧化氢干预 4 h，后弃掉含有过氧化氢的培养基，加入正常及含有不同浓度 NTs 的完全培养基培养 24 h（每组 3 个重复）；提前一天水化液水化探针板（XFe96 FluxPak，Agilent，102353-100），放入 37℃无 CO_2 培养箱中孵育 12 h 以上；实验当天配制实验培养液，100 ml 基础培养基中各加入 1 ml 2.5 mmol/L 葡萄糖、2 mmol/L 谷氨酰胺和 1 mmol/L 丙酮酸钠，用 1 mol/L NaOH 将溶液 pH 调至 7.4±0.05；细胞培养板换液，弃掉 40 μl/well 原培养基，加入 160 μl/well 实验培养液稀释，然后吸除 160 μl/well，重复 2 ～ 3 次，最终每孔体积为 175 μl，37℃静置 1 h；探针板加药 25 μl/well，A 孔加入 2 μmol/L 寡霉素，B 孔加入 1 μmol/L FCCP，C 孔加入 1 μmol/L 的 Antimycin A/Rotenone；探针板上机校正；细胞培养板上细胞代谢分析仪，进行线粒体压力测试。检测结束后，去掉培养基，用 PBS 洗涤细胞 2 次，对每孔细胞进行 BCA 蛋白定量。

（九）线粒体生物发生的检测

结合试剂盒、RT-PCR 和 Western blot 检测线粒体生物发生信号通路 NAD^+/SIRT1/PGC-1α。将细胞培养于 6 孔细胞培养板，根据实验要求处理不同组（每组 4 个重复）后，吸除培养基加入 200 μl 的 NAD^+和 NADH 提取液，轻吹打促进细胞裂解；以 12 000 r/min 转速离心 10 分钟，取上清，采用 WST-8 法检测 NAD^+和 NADH 水平。采用 RT-PCR 和 Western blot 在基因和蛋白水平检测 SIRT1 和 PGC-1α 表达情况。

（十）SASP 水平检测

将细胞培养于 6 孔细胞培养板，根据实验要求处理不同组（每组 4 个重复）后，收集细胞上清，采用 ELISA 法检测各组细胞上清中 IL-1β、IL-6、基质金属蛋白酶 -3（matrix metalloproteinase-3，MMP-3）、细胞间黏附分子 1（intercellular adhesion molecule 1，ICAM1）和血管细胞黏附分子 1（vascular cell adhesion molecule 1，VCAM1）等细胞因子含量。

（十一）DNA 损伤情况检测

将细胞培养于 6 孔细胞培养板，根据实验要求处理不同组（每组 3 个重复）后，胰酶消化细胞，以 1000 r/min 的转速离心 5 分钟，弃上清，PBS 洗涤细胞 2 次，采用 Western blot 法检测 DNA 损伤标志物 γ-H2A.X 蛋白表达情况。

（十二）自噬水平检测

将细胞培养于 6 孔细胞培养板，根据实验要求处理不同组（每组 3 个重复）后，胰酶消化细胞，1000 r/5 分钟离心弃上清，PBS 洗涤细胞 2 次，透射电镜计数细胞内自噬溶酶体数量，采用 Western blot 法检测自噬诱导相关蛋白 AMPK 和 ULK2 表达情况。

二、NTs 细胞营养作用研究进展

北京大学李勇教授课题组通过建立氧化应激诱导的细胞衰老模型，在常用实验方法的基础上结合稳定同位素标记的代谢流、代谢组学、转录组学，并通过观察细胞形态结构、检测细胞活性、细胞周期、细胞周期依赖性激酶抑制剂（$p16^{INK4a}$、$p21^{Waf1/Cip1}$、$p15^{INK4b}$）、端粒酶活性、细胞内 ROS 含量、线粒体功能、线粒体生物发生、SASP 水平、SA-β-gal 活性、氧化应激水平（MDA 含量、GSH-Px 和 SOD 活性）、DNA 损伤情况以及细胞自噬水平验证了 NTs 的细胞内代谢及延缓细胞衰老作用并探讨了其可能的机制。

具体方法为：用含有 200 μmol/L 过氧化氢的完全培养基将生长贴壁后的小鼠胚胎成纤维细胞 NIH/3T3 培养 4 h。随后去掉培养基，按照不同组别分别加入完全培养基、含有 100 μmol/L NTs 混合物的完全培养基和含有 100 μmol/L ^{15}N 标记 NTs 混合物的完全培养基培养 24 h，结合 UHPLC-QE-MS 非靶标代谢流组学和非靶标代谢组学追踪 NTs 在衰老细胞内的代谢；NIH/3T3 生长贴壁后，除正常对照组外，其余组使用含有 200 μmol/L 过氧化氢的完全培养基培养 4 h。随后去掉所有组培养基，分别加入正常完全培养基、含有 100 μmol/L NTs 混合物的完全培养基、含有 0.5 mmol/L 烟酰胺单核苷酸（nicotinamide mononucleotide，

NMN）的完全培养基以及含有 50、100、200 μmol/L 外源 GMP、UMP、CMP 和 AMP 的完全培养基培养 24 h，通过透射电镜观察细胞形态并计数自噬溶酶体数量，检测细胞活力、细胞周期、CDKis、SA-β-gal 活性、SASP 水平、端粒酶活性、DNA 损伤标志物 γ-H2A.X 蛋白等衰老标志物；检测细胞氧化应激水平；seahorse 细胞代谢分析仪进行线粒体压力测试；高通量测序检测差异表达基因，进行富集分析，并对差异信号通路进行 RT-PCR 和 Western blot 验证。整合分析代谢组学、转录组学、细胞功能及生化检测数据，探讨 NTs 延缓细胞衰老作用可能的分子机制并进行 RT-PCR 和 Western blot 验证。

（一）NTs 混合物在衰老细胞内的代谢

过氧化氢诱导的衰老成纤维细胞分别补充 ^{15}N 标记的 NTs 混合物和非稳定同位素标记的 NTs 混合物，经非靶标代谢流组学技术检测到的细胞代谢物中有 83 种物质含有 ^{15}N 稳定同位素（正离子模式 44 种，负离子模式 39 种），表明 NTs 进入细胞，参与了一系列代谢过程。表 3-2-1 中展示了 26 种被定性的含有 ^{15}N 稳定同位素的物质。其中，检测到的尿苷单磷酸（UMP）、尿苷二磷酸（UDP）、尿苷二磷酸 -N- 乙酰 -α- 氨基葡萄糖（UDP-N-acetyl-alpha-D-glucosamine）、尿苷二磷酸葡萄糖（UDP-glucose）、尿苷二磷酸葡萄糖醛酸酯（UDP-glucuronate）、腺苷（adenosine）、肌苷（inosine）、鸟苷（guanosine）、胞苷单磷酸（CMP）、鸟嘌呤单磷酸（GMP）、5′- 甲基硫腺苷（5′-methylthioadenosine）、腺苷酸单磷酸（AMP）、胞苷二磷酸–胆碱（CDP-choline）、NAD^+、胞苷二磷酸–核糖醇（CDP-ribitol）、环腺苷二磷酸–核糖体（cyclic ADP-ribose）、6- 羟基 -1,6- 二氢嘌呤核糖核苷（6-hydroxyl-1,6-dihydropurine ribonucleoside）等代谢物中均含有较高水平的 ^{15}N 稳定同位素，提示 ^{15}N 标记的 NTs 混合物参与了体内嘌呤和嘧啶的代谢过程。

表 3-2-1　代谢物中含有 ^{15}N 同位素的化合物列表（相对定量值，$n = 6$）

化合物名称	同位素标记 NTs 组		非标记 NTs 组	
	不含同位素	含同位素	不含同位素	含同位素
尿苷单磷酸	0.71	0.29	1.00	0.00
尿苷二磷酸	0.57	0.43	1.00	0.00
尿苷二磷酸 -N- 乙酰 -α- 氨基葡萄糖	0.61	0.39	0.98	0.02
尿苷二磷酸–葡萄糖	0.54	0.46	0.98	0.02
尿苷二磷酸–葡萄糖醛酸酯	0.54	0.41	0.97	0.03
腺苷	0.58	0.42	1.00	0.00
肌苷	0.33	0.67	0.98	0.02
鸟苷	0.20	0.80	0.97	0.03
胞苷单磷酸	0.49	0.51	0.96	0.04
鸟苷单磷酸	0.16	0.84	1.00	0.00
5′- 甲基硫腺苷	0.55	0.45	1.00	0.00
腺苷单磷酸	0.58	0.42	1.00	0.00

续表

化合物名称	同位素标记 NTs 组		非标记 NTs 组	
	不含同位素	含同位素	不含同位素	含同位素
胞苷二磷酸–胆碱	0.16	0.84	1.00	0.00
烟酰胺腺嘌呤二核苷酸	0.29	0.71	0.99	0.01
13- 羟基二十二烷酸	0.79	0.21	0.94	0.06
胞苷二磷酸–核糖醇	0.21	0.79	1.00	0.00
谷胱甘肽二硫化物	0.32	0.68	1.00	0.00
花葵素 3-O- 芸香糖苷	0.12	0.88	1.00	0.00
邻苯二甲酸酯	0.91	0.09	0.92	0.08
花翠素 3-O-β-D- 葡萄糖苷	0.56	0.35	1.00	0.00
环腺苷二磷酸–核糖体	0.61	0.39	1.00	0.00
脱氧紫色杆菌素酸	0.58	0.42	1.00	0.00
L- 甲烯胱氨酸	0.60	0.40	0.93	0.07
6- 羟基 -1,6- 二氢嘌呤核糖核苷	0.91	0.09	0.95	0.05
Clitidine 5′- 磷酸盐	0.12	0.88	1.00	0.00
三丁基氯化锡	0.88	0.12	1.00	0.00

注：NTs 中存在微量的天然 ^{15}N 同位素。

NTs 作为生命本源物质，决定生物特性和蛋白质结构与功能，控制着生物体的生长、发育、繁殖和遗传，调节体内多种营养物质的代谢。传统观念认为，生物体可以内源合成 NTs，而膳食中摄取的 NTs 大部分被水解为尿酸由尿液排出，很少被机体利用[1]。因此，外源摄入 NTs 的生物利用及健康价值备受争议。本课题通过建立氧化应激诱导的细胞衰老模型探讨了外源摄入的 NTs 在衰老细胞中的吸收代谢及其延缓细胞衰老作用。成纤维细胞是衰老研究中常用的细胞，为了给后续进行的小鼠长寿相关研究提供更多的研究思路及依据，本课题选择了小鼠胚胎成纤维细胞。衰老的自由基学说认为，随着机体年龄的增长，氧化损伤大分子不断积累，最终导致衰老的发生[33]。尽管近年的研究显示，较低剂量的 ROS 可以激活代偿稳态，但高于一定浓度后 ROS 加重年龄相关的病理改变[34]。多项研究通过加重氧化应激成功建立了细胞衰老模型[35, 36]。基于此，本课题建立了过氧化氢诱导的小鼠胚胎成纤维细胞衰老模型。

本研究首次打破了传统观念，证明了 NTs 被细胞摄取并利用。稳定同位素标记的代谢流组学检测发现衰老细胞中 NTs 参与了 83 种物质的代谢，其中，NTs 及其衍生物中稳定同位素含量≥ 29%，肌苷、鸟苷、鸟苷单磷酸、胞苷单磷酸–胆碱、NAD^+、胞苷二磷酸–核糖醇、谷胱甘肽二硫化物等物质中同位素含量高达 60% 以上，表明外源摄入的 NTs 不仅被细胞吸收，还具有非常高的利用率。

（二）NTs 混合物对衰老细胞代谢的影响

过氧化氢诱导的衰老成纤维细胞补充 NTs 混合物，经非靶标代谢组学检测，对模型对照组和 NTs 混合组的代谢组数据进行比较，发现共有 35 种显著变化的代谢产物（VIP ＞ 1，P ＜ 0.1），见表 3-2-2。其中，补充 NTs 显著下调苯丙氨酰甘氨酸、精氨酸和甲硫氨酸，显著上调异丁酰肉碱、谷氨酸盐、谷氨酰胺、5- 氧脯氨酸、阿斯巴甜代糖、L- 谷氨酸盐、2- 焦柠檬酸、N- 甲基酪氨酸、对氯苯丙氨酸等氨基酸及其衍生物；显著上调甘油磷脂磷脂酰胆碱（phosphatidylcholine，PC）[18 : 3（9Z，12Z，15Z）/18 : 1（9Z）]、PC [O-16 : 1（11Z）/ 0 : 0]、PC [18 : 3（6Z，9Z，12Z）/0 : 0]、磷脂酰乙醇胺（phosphatidylethanolamine，PE）[18 : 1（9Z）/0 : 0]、溶血 PE（Lyso-PE，LPE）20 : 4、LPE 20 : 5、溶血 PC（Lyso-PC，LPC）16 : 0，植物鞘磷脂、C16 二氢鞘氨醇，饱和脂肪酸棕榈酸、月桂酸、戊酸盐、葵酸、十一烷酸、异己酸酯、丙戊酸、胆固醇硫酸盐、二氢苯莉酸以及 n-6 多不饱和脂肪酸亚油酸，显著下调单不饱和脂肪酸油酸；显著上调 NAD^+；显著下调次黄嘌呤。对差异代谢产物进行通路富集分析，富集途径包括精氨酸生物合成、甘油磷脂代谢、亚油酸代谢、氮代谢、D- 谷氨酰胺和 D- 谷氨酸代谢、氨基酰 tRNA 生物合成、不饱和脂肪酸生物合成、脂肪酸生物合成、谷胱甘肽代谢、丙氨酸、天冬氨酸和谷氨酸代谢、乙醛酸和二羧酸代谢、精氨酸和脯氨酸代谢、α - 亚麻酸代谢、烟酸盐和烟酰胺代谢、鞘脂类代谢、嘌呤代谢、半胱氨酸和蛋氨酸的代谢、脂肪酸延伸、脂肪酸降解、嘧啶代谢（表 3-2-3）。

表 3-2-2　NTs 混合物干预引起的差异代谢物列表（相对定量值，n = 6）

物质名称	NTs 混合物组	模型组	VIP	P 值	差异倍数
异丁酰肉碱	0.0005	0.0004	1.9779	0.0089	1.3619
谷氨酸盐	0.0125	0.0095	1.9673	0.0071	1.3142
谷氨酰胺	0.0046	0.0035	2.1094	0.0053	1.3200
苯丙氨酰甘氨酸	0.0005	0.0006	1.4689	0.0478	0.7478
5- 氧脯氨酸	0.0077	0.0059	2.3632	0.0004	1.3057
阿斯巴甜代糖	0.0004	0.0003	1.9695	0.0094	1.5565
精氨酸	0.0139	0.0190	1.8983	0.0066	0.7323
甲硫氨酸	0.0020	0.0024	1.8214	0.0213	0.8531
L- 谷氨酸盐	0.0300	0.0203	1.3799	0.0241	1.4783
N- 甲基酪氨酸	0.0018	0.0015	1.2630	0.0463	1.1722
2- 焦柠檬酸	0.0102	0.0079	1.7224	0.0058	1.2936
对氯苯丙氨酸	0.0083	0.0069	1.6440	0.0059	1.2023
PC [18 : 3（9Z,12Z,15Z）/18 : 1（9Z）]	0.0131	0.0073	2.0845	0.0096	1.7989
PC [O-16 : 1（11Z）/0 : 0]	0.0011	0.0008	1.6794	0.0232	1.3067
PC [18 : 3（6Z，9Z，12Z）/0 : 0]	0.0010	0.0007	1.9389	0.0113	1.3041

续表

物质名称	NTs 混合物组	模型组	VIP	*P* 值	差异倍数
PE［18：1（9Z）/0：0］	0.0011	0.0009	1.2450	0.0351	1.2193
LPE 20：4	0.0014	0.0010	1.2384	0.0488	1.3862
LPE 20：5	0.0006	0.0004	1.2831	0.0265	1.4277
LPC 16：0	0.0015	0.0010	1.6727	0.0014	1.5204
植物鞘磷脂	0.0021	0.0009	2.4369	0.0000	2.2942
C16 二氢鞘氨醇	0.0077	0.0045	2.4536	0.0000	1.7108
棕榈酸	0.0007	0.0005	1.8045	0.0256	1.5531
月桂酸	0.0070	0.0056	1.5723	0.0170	1.2495
戊酸盐	0.0031	0.0021	1.7780	0.0134	1.4765
葵酸	0.0029	0.0023	1.8396	0.0025	1.2843
十一烷酸	0.0037	0.0031	1.6162	0.0102	1.1671
异己酸酯	0.0040	0.0026	1.4620	0.0350	1.5065
丙戊酸	0.0037	0.0029	1.4118	0.0484	1.3022
胆固醇硫酸盐	0.0011	0.0009	1.3784	0.0219	1.2505
二氢茉莉酸	0.0082	0.0068	1.6906	0.0058	1.2155
油酸	0.2978	0.3424	1.4413	0.0308	0.8699
亚油酸	0.0019	0.0015	1.3905	0.0490	1.2845
NAD^+	0.0003	0.0002	1.5478	0.0389	1.4292
次黄嘌呤	0.0017	0.0079	1.5900	0.0001	0.2086

表 3-2-3 NTs 混合物干预引起的差异代谢物的 KEGG 通路注释

代谢通路	代谢物总数	命中的代谢物数	*P* 值
精氨酸生物合成	14	3	0.0013
甘油磷脂代谢	36	4	0.0024
亚油酸代谢	5	2	0.0026
氮代谢	6	2	0.0038
D- 谷氨酰胺和 D- 谷氨酸代谢	6	2	0.0038
氨基酰 tRNA 生物合成	48	4	0.0070
不饱和脂肪酸生物合成	36	3	0.0201
脂肪酸生物合成	47	3	0.0405
谷胱甘肽代谢	28	2	0.0769
丙氨酸、天冬氨酸和谷氨酸代谢	28	2	0.0769

续表

代谢通路	代谢物总数	命中的代谢物数	P 值
乙醛酸和二羧酸代谢	32	2	0.0969
精氨酸和脯氨酸代谢	38	2	0.1294
α - 亚麻酸代谢	13	1	0.1963
烟酸盐和烟酰胺代谢	15	1	0.2230
鞘脂类代谢	21	1	0.2981
嘌呤代谢	66	2	0.3003
半胱氨酸和蛋氨酸的代谢	33	1	0.4279
脂肪酸延伸	39	1	0.4838
脂肪酸降解	39	1	0.4838
嘧啶代谢	39	1	0.4838

NTs 在衰老细胞内影响其氨基酸水平。代谢组学检测结果显示，谷氨酰胺可能是 NTs 的一个作用靶点，NTs 通过增加谷氨酰胺的含量来发挥健康作用。既往多项研究也发现衰老进程中谷氨酰胺含量下降[37]。谷氨酰胺是一种非必需氨基酸，富含于高蛋白质食物中，如鱼、红肉、豆类和乳制品。谷氨酰胺在饮食中的主要用途是补充机体在运动或日常活动中使用的氨基酸储备[38, 39]。有随机对照试验研究结果显示，补充谷氨酰胺可以增强联合运动训练对老年人氧化还原平衡和炎症状态的改善作用[40, 41]。谷氨酰胺作为多种代谢反应的重要调节物质，参与氨基酸的生物合成、脂肪酸生物合成、蛋白质的消化吸收、氮代谢、嘌呤嘧啶代谢、三羧酸循环等。谷氨酰胺也是合成 NAD^+的底物，NAD^+是一种关键的代谢物，也是许多与健康寿命和长寿相关酶的关键辅酶[42, 43]。此外，补充外源 NT 显著下调了甲硫氨酸含量。甲硫氨酸与衰老密切相关，限制甲硫氨酸可以通过增加硫化氢含量及激活 AMPK 途径减缓动物衰老和肾衰老[44]。限制甲硫氨酸膳食还可以延长小鼠寿命，降低血清胰岛素样生长因子 1、胰岛素、葡萄糖和甲状腺激素水平[45]。

NTs 在衰老细胞内可以整体上调脂代谢水平。细胞衰老进程中，细胞体积增大以及 SASP 炎性状态对细胞膜的影响导致细胞膜的重塑，进而引起脂质代谢谱的整体变化[46]。细胞衰老过程中 β - 氧化反应增强，脂肪酸合成和氧化相关的几种酶的表达上调。在脂肪酸中，不饱和脂肪酸含量显著增加，促进 ROS 的产生及加重 SASP[47]，然而 *n*-6 系列的多不饱和脂肪酸与长寿有关[48]。衰老应激条件下细胞容易形成脂滴，其主要成分是三酰甘油，对细胞具有保护意义。在衰老过程中，通过将不饱和脂肪酸转移并储存在脂滴中，细胞能够隔离这些易于氧化并从膜中形成脂质过氧化物的高活性物质，并限制衰老过程中氧化应激引起的膜损伤[49, 50]。然而，脂滴的持续积累并不能带来健康效益。本研究结果显示，补充 NTs 可以同时改善衰老细胞的脂肪酸和磷脂代谢障碍。首先，NTs 可以显著增加脂肪酸含量，其中以饱和脂肪酸为主，并增加 *n*-6 多不饱和脂肪酸亚油酸。代谢组学和转录组学数据的联合分析发现，NTs 可以显著上调脂蛋白脂肪酶基因表达，显著抑制血管生成素样蛋白 3 基因表达。脂蛋白脂肪酶是降解三酰甘油的主要酶，而血管生成素样蛋白3对脂蛋白脂肪酶具有抑制作用。同时，NTs可以显著上调ATP结合转运蛋白A1（ABCA1）基因表达，ABCA1介导细胞内胆固醇及磷脂转运至胞外，在胆固醇的逆向转运中发挥重要作用。此外，NTs可以显著增加异丁酰肉碱含量，该物质是脂肪酸氧化生成乙酰辅酶A供能过程的产物[51]。以上结果提示，NTs在衰老细胞中可能通过降解三酰甘油和（或）促进脂肪酸合成途径增加脂肪酸含量，并以饱和脂肪酸和亚油酸为主，同时可能具有转运胞内胆固醇和促进脂肪酸氧化供能作用。推测NTs也可能促进不饱和脂肪酸向亚油酸的转变，后续如结合蛋白组学研究可能获得更多的提示。

磷脂是组成细胞膜的重要成分，同时参与多种代谢信号通路。磷脂分为甘油磷脂和鞘磷脂。细胞膜中的甘油磷脂以PC、PE和磷脂酰丝氨酸含量最高[52]。磷脂被磷脂酶水解后产生脂肪酸和溶血磷脂，溶血磷脂通过与溶血磷脂受体A1结合或促进细胞外信号调节激酶的磷酸化发挥促进细胞增殖分化及存活作用[53, 54]。然而，高浓度溶血磷脂也具有损害线粒体等多种有害作用[55]。甘油磷脂与衰老相关的研究尚有争议。可能存在哺乳动物自然衰老进程中循环甘油磷脂含量增加[56]，然而应激诱导的衰老过程中有甘油磷脂显著降低的现象[57]。本研究中，NTs显著增加了衰老细胞PC、PE、LPC、LPE含量，这可能也是NTs促进细胞增殖作用的一个机制。此外，PC可以在分泌型磷脂酶A2的作用下合成亚油酸，而PE也是自噬小体形成所必需的。而我们的研究中NTs显著增加了亚油酸含量并上调了自噬通路。

鞘磷脂是衰老过程中研究最多的脂质。鞘磷脂是构成细胞膜的结构，也可以作为信号分子[58]。尽管鞘磷脂共享一个鞘脂骨架并且在结构上是相关的，但这些鞘磷脂的生物学特性差别很大。神经酰胺是鞘磷脂生物合成中的中枢脂质，其水平受从头生物合成、复杂鞘磷脂的分解和补救合成途径的调节[59]。多项研究表明，神经酰胺和鞘氨醇与复制性衰老和应激诱导的衰老有关[47]。本课题的代谢组学检测结果显示，NTs干预显著增加了植物鞘氨醇和C16二氢鞘氨醇水平。在鞘磷脂代谢途径中，二氢鞘氨醇在不同酶的作用下生成植物鞘氨醇和二氢神经酰胺，二氢神经酰胺进一步生成神经酰胺和鞘氨醇。本研究中NTs干预导致植物鞘氨醇含量显著增加，可以有效分流神经酰胺和鞘氨醇的生成。本课题的代谢物中未检测到神经酰胺，而鞘氨醇含量在NTs干预组中有一定的下降趋势。植物鞘氨醇相关研究主要集中在护肤品领域，植物鞘氨醇在皮肤衰老进程中具有抗氧化、延缓衰老作用[60]。其次，鞘磷脂代谢通路中二氢鞘氨醇是以C18骨架为主，NTs干预显著增加了C16二氢鞘氨醇的含量，目前尚无C16二氢鞘氨醇相关的研究报道，这也可能是导致神经酰胺和鞘氨醇含量降低的原因。第三，对代谢组学和转录组学数据进行联合分析发现，NTs干预显著上调鞘磷脂代谢途径中的N-酰基鞘氨醇酰胺水解酶基因表达，该酶可以促进二氢神经酰胺逆向生成二氢鞘氨醇，从而抑制神经酰胺和鞘氨醇的生成。以上数据提示NTs在细胞衰老进程中可能具有下调神经酰胺和鞘氨醇的作用。

此外，代谢组学数据显示，NTs干预显著增加衰老细胞中NAD^+含量。然而，嘌呤NTs的从头合成原料次黄嘌呤含量显著降低，提示NTs可能抑制嘌呤NTs的从头合成或促进嘌呤NTs的消耗。此外，核糖连接的ATP、GTP和CTP通过核糖核苷酸还原酶（ribonucleotide reductase，RRM2）转化为dNTPs，而细胞衰老进程中RRM2发生下调[19]。本研究的转录组学数据显示，NTs干预显著增加RRM2基因表达量。

（三）NTs 对衰老细胞形态结构改变的影响

衰老成纤维细胞表现为细胞核增大，染色质固缩，核膜内陷，线粒体数量减少。补充 100 μmol/L NTs 混合物后，细胞有正常大小的核、染色质均一、核膜平坦，线粒体数量相对增加（图 3-2-1）。

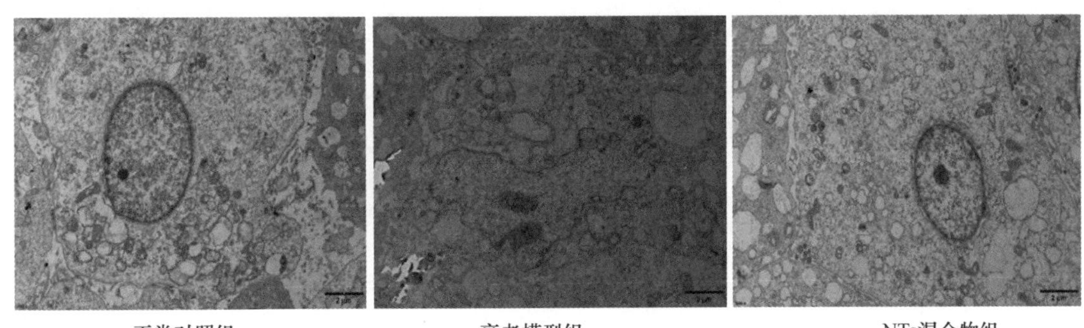

图 3-2-1　NTs 对衰老细胞形态结构改变的影响（3000×，$n = 3$）

（四）NTs 对衰老细胞活力的影响

与正常对照组比较，衰老成纤维细胞活力显著降低（$P < 0.05$），不同 NTs 干预组细胞活力均恢复至正常水平（$P > 0.05$）。与衰老模型组比较，除 GMP200 和 UMP200 外其他干预组细胞活力均显著增强（$P < 0.05$）（表 3-2-4）。

表 3-2-4　NTs 对衰老细胞活力的影响（$\bar{x}\pm s$，$n = 4$）

组别	细胞活力（%）	组别	细胞活力（%）
正常对照	100±0.11	CMP100	96.15±0.13*
衰老模型	84.69±0.18#	CMP200	97.32±0.10*
NTs 混合物	99.39±0.10*	GMP50	94.44±0.16*
NMN	95.72±0.29*	GMP100	93.07±0.15*
AMP50	102.54±0.13*	GMP200	92.27±0.17
AMP100	101.71±0.11*	UMP50	94.23±0.22*
AMP200	98.15±0.19*	UMP100	96.36±0.17*
CMP50	96.49±0.15*	UMP200	92.19±0.31

注：# 与正常对照组比较差异有统计学意义，* 与衰老模型组比较差异有统计学意义，$P < 0.05$。

（五）NTs 对衰老细胞 SA-β-gal 含量的影响（彩图 3-2-2）

与正常对照组比较，衰老模型组细胞 SA-β-gal 含量显著增加（$P < 0.05$）。与衰老模型组比较，NTs 混合物组、NMN 组、单个 NTs 各剂量组均显著降低 SA-β-gal 含量（$P < 0.05$）

（表 3-2-5，彩图 3-2-2）。

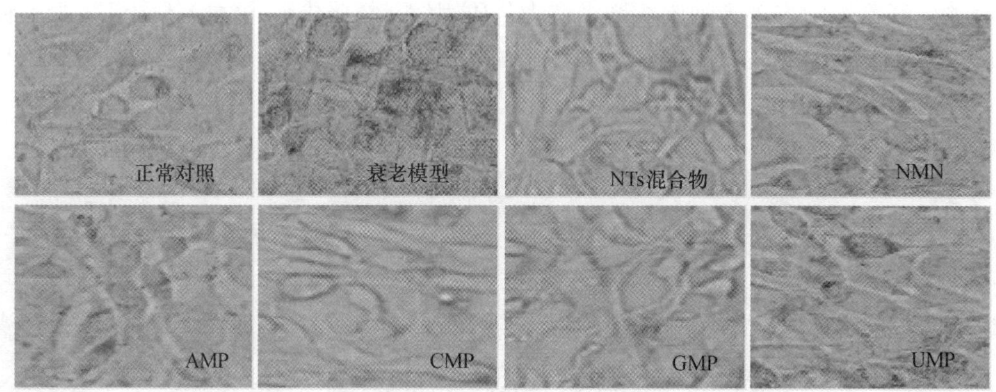

彩图 3-2-2　NTs 对衰老细胞 SA-β-gal 含量的影响（400×）

表 3-2-5　NTs 对衰老细胞 SA-β-gal 含量的影响（$\bar{x}\pm s$，$n=3$）

组别	SA-β-gal 阳性细胞（%）	组别	SA-β-gal 阳性细胞（%）
正常对照	11.00±1.15	CMP100	$26.00\pm2.08^{\#*}$
衰老模型	$48.33\pm1.20^{\#}$	CMP200	$25.00\pm3.79^{\#*}$
NTs 混合物	$20.00\pm2.08^{\#*}$	GMP50	$26.67\pm4.41^{\#*}$
NMN	$21.00\pm1.00^{\#*}$	GMP100	$26.67\pm6.94^{\#*}$
AMP50	$20.00\pm3.46^{\#*}$	GMP200	$35.33\pm3.38^{\#*}$
AMP100	$21.00\pm3.79^{\#*}$	UMP50	$24.00\pm1.53^{\#*}$
AMP200	$12.33\pm1.20^{*}$	UMP100	$20.67\pm0.67^{\#*}$
CMP50	$20.33\pm2.19^{\#*}$	UMP200	$18.67\pm3.67^{*}$

注：# 与正常对照组比较差异有统计学意义，* 与衰老模型组比较差异有统计学意义，$P<0.05$。

（六）NTs 对衰老细胞周期的影响

与正常对照组比较，衰老模型组细胞发生 G1 期阻滞，S 期细胞百分比显著降低（$P<0.05$）。与衰老模型组比较，NTs 混合物、单个 NTs 各剂量组 G1 期细胞百分比显著降低，S 期细胞百分比显著增加（$P<0.05$）；NMN 组 G1 期细胞百分比显著降低（$P<0.05$）（表 3-2-6，彩图 3-2-3）。

（七）NTs 对衰老细胞 CDKis 表达的影响

与正常对照组比较，衰老模型组细胞 $p16^{INK4a}$ 和 $p21^{Waf1/Cip1}$ 表达显著增加（$P<0.05$），$p15^{INK4b}$ 表达有升高趋势（$P>0.05$）。与衰老模型组比较，NMN、AMP100、CMP50、CMP200、GMP50、GMP100、GMP200 和 UMP50、UMP100/、UMP200 组细胞 $p16^{INK4a}$ 表达显著降低（$P<0.05$）；CMP100、CMP200、GMP100、GMP200 和 UMP50、UMP100、UMP200 组细胞 $p21^{Waf1/Cip}$ 表达显著降低（$P<0.05$）；各干预组对 $p15^{INK4b}$ 蛋白表达无显著

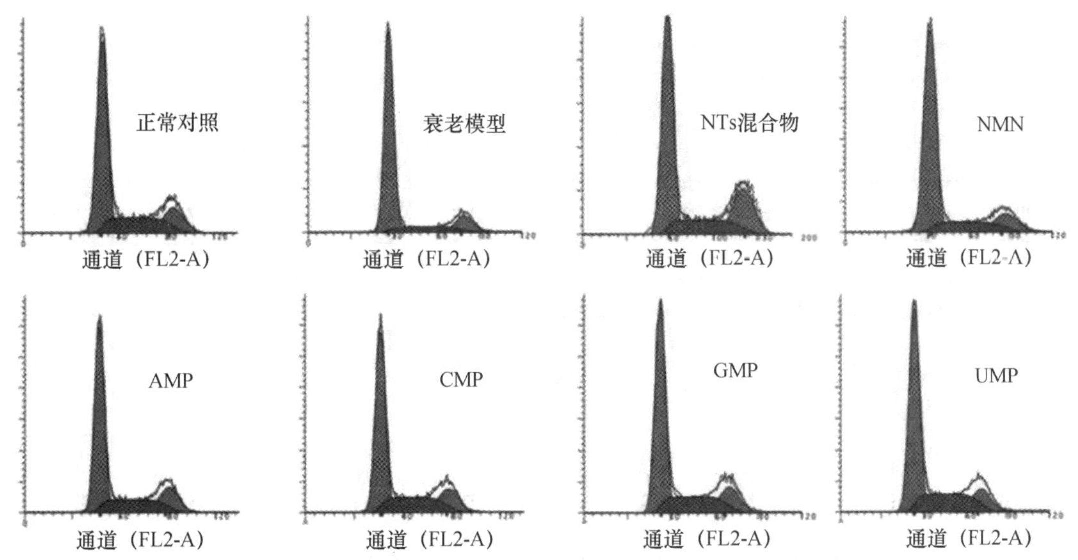

彩图 3-2-3 NTs 对衰老细胞周期的影响

表 3-2-6 NTs 对衰老细胞周期的影响（$\bar{x}\pm s$，$n=3$）

组别	G1 期细胞（%）	S 期细胞（%）
正常对照	55.32±4.22	26.55±6.03
衰老模型	74.69±2.53[#]	13.43±2.51[#]
NTs 混合物	54.86±4.44*	27.18±6.96*
NMN	60.30±10.56*	22.63±8.88
AMP50	56.08±5.15*	25.26±3.39*
AMP100	56.47±7.94*	28.57±7.33*
AMP200	54.87±5.43*	27.35±6.18*
CMP50	56.10±5.92*	26.34±5.11*
CMP100	57.74±5.35*	25.80±4.44*
CMP200	56.85±5.36*	26.15±4.44*
GMP50	55.47±5.90*	28.05±5.45*
GMP100	56.39±3.33*	28.91±2.16*
GMP200	56.78±6.62*	27.26±6.17*
UMP50	54.53±5.78*	28.02±7.37*
UMP100	55.94±4.68*	27.71±6.07*
UMP200	57.16±7.25*	25.37±8.46*

注：[#] 与正常对照组比较差异有统计学意义，* 与衰老模型组比较差异有统计学意义，$P<0.05$。

影响（$P>0.05$）（图 3-2-4，表 3-2-7）。

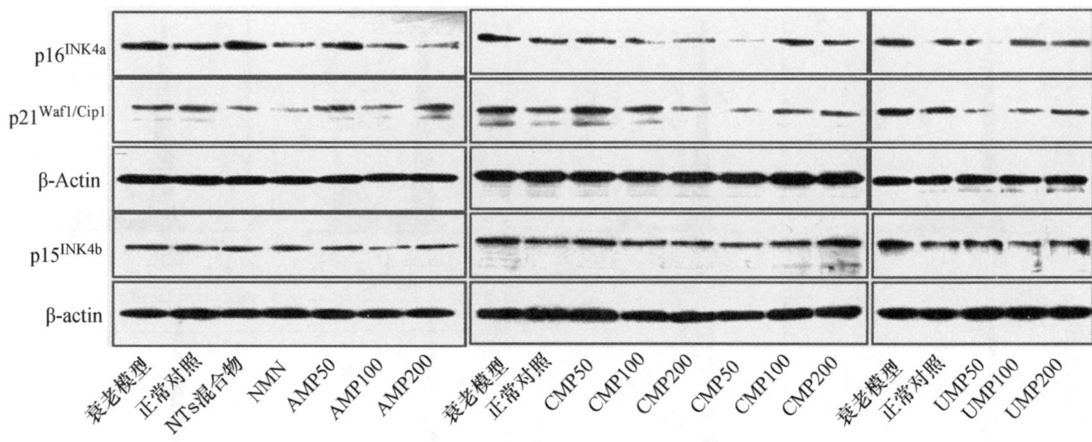

图 3-2-4 NTs 对衰老细胞 CDKis 表达的影响

表 3-2-7 NTs 对衰老细胞 CDKis 表达的影响（$\bar{x}\pm s$，$n=3$）

组别	$p16^{INK4a}$/actin	$p21^{Waf1/Cip1}$/actin	$p15^{INK4b}$/actin
正常对照	0.19±0.04	0.2±0.04	0.19±0.07
衰老模型	0.36±0.05	0.24±0.05	0.26±0.06
NTs 混合物	0.39±0.11#	0.22±0.06	0.28±0.06
NMN	0.14±0.01*	0.17±0.04	0.20±0.01
AMP50	0.41±0.08#	0.20±0.08	0.18±0.06
AMP100	0.17±0.01*	0.13±0.03	0.18±0.05
AMP200	0.19±0.06	0.22±0.06	0.17±0.08
正常对照	0.28±0.06	0.17±0.02	0.18±0.03
衰老模型	0.41±0.07	0.25±0.01	0.23±0.03
CMP50	0.22±0.02*	0.24±0.06	0.22±0.05
CMP100	0.25±0.07	0.16±0.03*	0.29±0.09#
CMP200	0.13±0.01*	0.13±0.02*	0.15±0.04
GMP50	0.14±0.06*	0.16±0.04	0.16±0.06
GMP100	0.15±0.02*	0.10±0.02*	0.16±0.02
GMP200	0.19±0.07*	0.12±0.02*	0.22±0.08
正常对照	0.25±0.03	0.20±0.06	0.18±0.05
衰老模型	0.41±0.07#	0.36±0.06#	0.24±0.04
UMP50	0.18±0.07*	0.18±0.04*	0.26±0.06
UMP100	0.23±0.01*	0.15±0.01*	0.15±0.06
UMP200	0.23±0.03*	0.16±0.03*	0.17±0.01

注：# 与正常对照组比较差异有统计学意义，* 与衰老模型组比较差异有统计学意义，$P<0.05$。

（八）NTs 对衰老细胞端粒酶活性的影响

与正常对照组比较，衰老成纤维细胞端粒酶活性显著降低（$P < 0.05$）。与衰老模型组比较，NTs 混合物和 AMP50 组细胞端粒酶活性显著升高（$P < 0.05$）（表 3-2-8）。

表 3-2-8　NTs 对衰老细胞端粒酶活性的影响（$\bar{x} \pm s$，$n = 4$）

组别	端粒酶活性（U/L）	组别	端粒酶活性（U/L）
正常对照	39.30±5.82	CMP100	29.94±4.41#
衰老模型	26.98±4.67#	CMP200	29.90±3.67#
NTs 混合物	36.12±5.96*	GMP50	27.46±1.67#
NMN	31.61±4.17#	GMP100	27.38±2.31#
AMP50	34.16±3.72#*	GMP200	29.78±2.41#
AMP100	26.89±2.00#	UMP50	28.17±1.45#
AMP200	29.76±1.72#	UMP100	28.34±2.21#
CMP50	31.37±2.61#	UMP200	27.34±1.19#

注：# 与正常对照组比较差异有统计学意义，* 与衰老模型组比较差异有统计学意义，$P < 0.05$。

（九）NTs 对衰老细胞 DNA 损伤的影响

与正常对照组比较，衰老模型组细胞 DNA 损伤标志物 γ-H2A.X 蛋白表达有升高趋势（$P > 0.05$）。与衰老模型组比较，NTs 混合物、NMN、AMP200、GMP100/200 和 UMP50/200 组 γ-H2A.X 蛋白表达显著降低（$P < 0.05$）（图 3-2-5，表 3-2-9）。

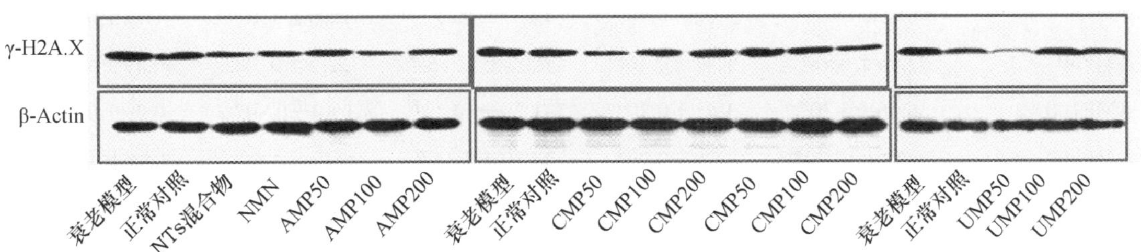

图 3-2-5　NTs 对衰老细胞 DNA 损伤的影响

表 3-2-9　NTs 对衰老细胞 DNA 损伤的影响（$\bar{x} \pm s$，$n = 3$）

组别	γ-H2A.X/actin	组别	γ-H2A.X/actin	组别	γ-H2A.X/actin
正常对照	0.25±0.02	正常对照	0.21±0.01	正常对照	0.26±0.01
衰老模型	0.34±0.03	衰老模型	0.29±0.02	衰老模型	0.33±0.05
NTs 混合物	0.21±0.04*	CMP50	0.20±0.05	UMP50	0.12±0.02#*
NMN	0.19±0.03*	CMP100	0.23±0.04	UMP100	0.29±0.04

续表

组别	γ-H2A.X/actin	组别	γ-H2A.X/actin	组别	γ-H2A.X/actin
AMP50	0.24±0.07	CMP200	0.23±0.03	UMP200	0.17±0.06*
AMP100	0.23±0.06	GMP50	0.28±0.03		
AMP200	0.21±0.02*	GMP100	0.18±0.03*		
		GMP200	0.14±0.03*		

注：# 与正常对照组比较差异有统计学意义，* 与衰老模型组比较差异有统计学意义，$P < 0.05$。

（十）**NTs 对衰老细胞 SASP 的影响**

与正常对照组比较，衰老成纤维细胞 IL-6、IL-1β、MMP-3、ICAM-1 及 VCAM-1 水平显著升高（$P < 0.05$）（表 3-2-10）。与衰老模型组比较，不同 NTs 干预组 IL-6、IL-1β 及 VCAM-1 水平显著降低（$P < 0.05$），NTs 混合物、NMN、AMP50/100、CMP50/100/200 及 GMP50/100 组 MMP-3 水平显著降低（$P < 0.05$），AMP100、CMP100/200、GMP50/100 及 UMP50/100/200 组细胞 ICAM-1 水平显著降低（$P < 0.05$）。

表 3-2-10 NTs 对衰老细胞 SASP 的影响（$\bar{x}$±s，$n = 4$）

组别	IL-6（pg/ml）	IL-1β（pg/ml）	MMP-3（pg/ml）	ICAM-1（pg/ml）	VCAM-1（ng/ml）
正常对照	20.64±5.79	2.55±0.88	3.63±4.38	1.29±0.57	0.52±0.36
衰老模型	78.31±17.89#	4.20±1.77#	39.27±14.09#	3.31±1.77#	2.37±0.86#
NTs 混合物	28.48±18.50*	1.41±0.63*	16.62±4.67*	2.69±0.75#	0.75±0.45*
NMN	33.12±18.26*	2.02±0.46*	22.35±5.27#*	2.09±1.10	1.12±0.85*
AMP50	33.46±6.78*	1.47±0.46*	24.08±12.56#*	2.15±0.79	0.89±0.38*
AMP100	36.16±5.20*	1.41±0.39*	31.29±14.14#	1.69±0.89*	0.79±0.75*
AMP200	36.29±12.70*	1.29±0.79*	24.19±4.42#*	2.26±1.60	1.31±0.57#*
CMP50	27.25±2.30*	1.74±0.46*	22.10±6.32#*	2.63±0.65#	0.89±0.43*
CMP100	24.39±4.62*	1.85±1.41*	21.68±10.15#*	1.46±0.65*	0.71±0.29*
CMP200	24.39±6.45*	2.23±0.75*	14.23±10.13*	1.92±0.20*	1.22±0.99*
GMP50	22.32±15.57*	1.18±1.02#*	22.44±7.94#*	1.69±0.51*	0.81±0.42*
GMP100	32.44±11.62*	1.23±0.78*	23.42±14.20#*	1.78±0.95*	0.84±0.55*
GMP200	40.66±3.63#*	2.24±1.26*	27.59±4.57#	2.01±0.60	0.77±0.38*
UMP50	24.05±5.26*	1.56±1.08*	39.86±12.06#	1.52±0.62*	0.51±0.24*
UMP100	26.30±7.82*	1.57±0.81*	30.17±12.35#	1.28±1.29*	0.79±0.34*
UMP200	29.25±11.31*	1.54±0.64*	35.77±2.61#	1.66±0.47*	0.58±0.20*

注：# 与正常对照组比较差异有统计学意义，* 与衰老模型组比较差异有统计学意义，$P < 0.05$。

本研究通过检测细胞形态结构及一系列衰老标志物，首次证实 NTs 具有延缓过氧化氢诱导的 NIH/3T3 细胞衰老作用。NTs 混合物可以改善衰老进程中的细胞形态结构改变，增加线粒体数量。SA-β-gal 活性是衰老状态下溶酶体含量增加的替代标志物[61]。不同的单个 NTs 及其混合物和 NMN 干预均能下调衰老进程中 SA-β-gal 活性。同时，NTs 干预还逆转了 G1 期的细胞周期阻滞，增加了 S 期的细胞数量，增强了细胞增殖活力。因此，本课题中进一步检测了细胞周期阻滞的主要驱动因子 CDKis，包括 CDKN2A（$p16^{INK4a}$）、CDKN2B（$p15^{INK4b}$）和 CDKN1A（$p21^{Waf1/Cip1}$）[62]。3 个 CDKis 在衰老 NIH/3T3 中均上调，CMP、GMP 和 UMP 显著抑制 $p21^{Waf1/Cip1}$ 的蛋白表达水平，不同单个 NTs 及 NMN 显著抑制 $p16^{INK4a}$ 蛋白表达水平，并有下调 $p15^{INK4b}$ 蛋白表达的趋势。基因损害也是衰老的一个共同特点，沃纳综合征等早衰疾病中均存在 DNA 损伤[8]。因此，本课题中检测了 DNA 损伤标志物 γ-H2A.X，发现 AMP、GMP、UMP、NTs 混合物和 NMN 可以抑制衰老进程中的 DNA 损伤反应。细胞周期阻滞和 SASP 是细胞衰老的两大典型特征[63]。我们发现，与衰老模型组相比，不同单个 NTs 及其混合物和 NMN 均显著降低了 IL-1β、IL-6、MMP-3、ICAM-1 和 VCAM-1 的分泌，表明 NTs 可以抑制 SASP 状态。此外，NTs 混合物和 AMP 具有增强端粒酶活性的作用。以上数据表明，NTs 具有延缓细胞衰老作用，可以抑制细胞衰老进程中的一系列细胞形态及功能的改变。进一步综合分析数据发现，在不同单个 NTs 中延缓细胞衰老作用最突出的是 GMP100 和 UMP50。NTs 混合物对 $p15^{INK4b}$、$p16^{INK4a}$ 和 $p21^{Waf1/Cip1}$ 蛋白均没有显著抑制作用，但可以特异性地增强端粒酶活性。NMN 具有特异性下调 $p16^{INK4a}$ 蛋白表达的作用，而对 S 期细胞比例没有显著影响。AMP 只能特异性下调 $p16^{INK4a}$ 蛋白表达，低剂量下具有增强端粒酶活性的作用。而 CMP 对 DNA 损伤反应没有显著抑制作用。NTs 及其混合物、NMN 均有显著的抑制 SASP 作用，其中 CMP100 和 GMP50 作用更突出。目前，尚未见其他有关 NTs 延缓细胞衰老作用的研究。细胞衰老是机体衰老的一个重要标志，靶向衰老细胞的治疗策略可能改善年龄相关的病理改变并延长寿命[64-66]。本实验室前期研究还发现，长期喂饲 NTs 可以延长 SD 大鼠的平均寿命和最大寿命，降低肿瘤所致死亡率[67]。因此，NTs 的延缓细胞衰老作用可能是其延缓寿命、改善老年健康的一个重要机制。

（十一）NTs 对衰老细胞氧化应激水平的影响

与正常对照组比较，衰老模型组细胞内 ROS 含量显著增加（$P < 0.05$）。与衰老模型组比较，CMP50、GMP50/200、UMP50/100 组细胞内 ROS 含量显著降低（$P < 0.05$）（图 3-2-6，表 3-2-11）。

与正常对照组相比，衰老模型组细胞 GSH-Px 活性显著降低（$P < 0.05$）。与衰老模型组相比，NTs 混合物组、NMN 组、AMP50/200、CMP200、GMP50/200 及 UMP50/200 组细胞 GSH-Px 活性显著增强（$P < 0.05$）（表 3-2-11）。

与正常对照组比较，衰老模型组细胞 SOD 活性显著降低（$P < 0.05$）。与衰老模型组比较，NTs 混合物、NMN 及不同单个 NTs 干预组 SOD 活性均显著增强（$P < 0.05$）（表 3-2-11）。

与正常对照组比较，衰老成纤维细胞 MDA 含量显著升高（$P < 0.05$）。与衰老模型组比较，NMN、AMP50 和 GMP200 组细胞 MDA 含量显著降低（$P < 0.05$）（表 3-2-11）。

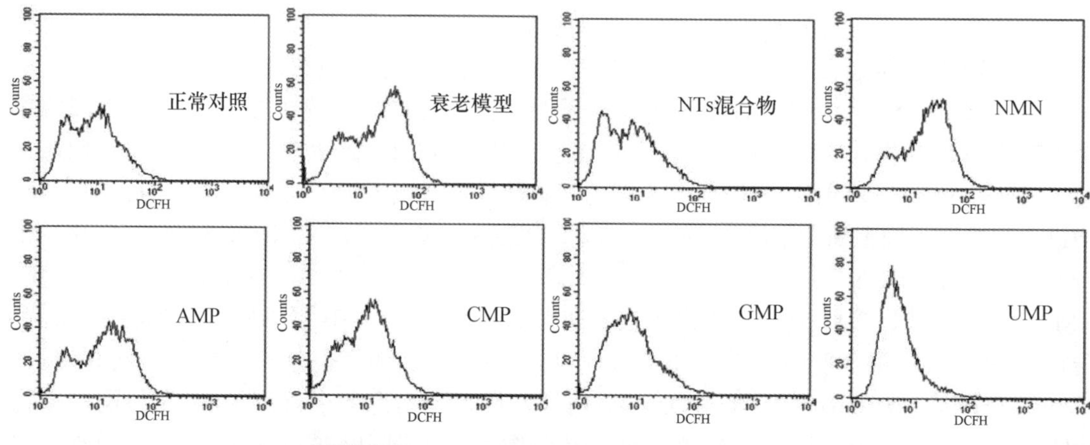

图 3-2-6 NTs 对衰老细胞内 ROS 含量的影响

表 3-2-11 NTs 对衰老细胞氧化应激的影响（$\bar{x}\pm s$，$n=4$）

组别	ROS（几何平均数，$n=3$）	GSH-Px（U/ml）	SOD（U/ml）	MDA（nmol/ml）
正常对照	11.15±3.69	43.02±9.98	8.32±0.34	1.97±0.70
衰老模型	22.75±8.65#	24.61±6.05#	5.28±1.86#	3.55±1.40#
NTs 混合物	13.91±6.77	39.53±12.24*	7.62±1.02*	3.29±0.72#
NMN	19.97±8.06	39.34±5.53*	8.33±1.00*	2.24±0.78*
AMP50	13.95±7.87	46.51±10.94*	7.58±0.96*	2.27±1.10*
AMP100	12.59±6.20	30.62±7.50	7.23±1.13*	2.89±0.91
AMP200	13.12±5.38	39.73±9.67*	9.08±1.29*	2.34±0.43
CMP50	11.69±4.81*	31.59±8.59	7.57±1.17*	3.45±0.67#
CMP100	14.60±7.46	37.79±8.31	7.64±2.38*	2.99±0.81
CMP200	13.99±7.09	42.83±12.60*	8.39±2.17*	2.5±0.72
GMP50	11.53±5.95*	41.86±9.15*	7.54±1.12*	3.13±0.67
GMP100	14.24±8.23	35.08±12.26	8.32±0.61*	2.60±1.11
GMP200	10.19±6.03*	43.60±8.55*	8.03±1.39*	1.94±1.04*
UMP50	11.36±5.59*	40.12±10.06*	8.77±0.57*	3.03±0.82
UMP100	11.00±7.60*	34.30±8.87	7.34±1.38*	2.53±1.18
UMP200	14.57±5.36	45.93±11.04*	7.57±1.56*	2.86±0.91

注：# 与正常对照组比较差异有统计学意义，* 与衰老模型组比较差异有统计学意义，$P<0.05$。

氧化应激引起的损伤积累是诱导细胞衰老的重要原因[68]。既往体内和体外研究均显示NTs具有清除自由基、抑制脂质过氧化及增强抗氧化酶活性的作用[1]。本研究进一步证实

NTs具有抗氧化活性。在不同单个NTs中GMP200的抗氧化活性最突出，与衰老模型组比较可显著降低ROS和MDA含量，同时显著增强GSH-Px和SOD活性。NTs混合物具有显著增强GSH-Px和SOD活性的作用，而清除ROS和MDA作用较弱。而NMN的清除ROS作用要远低于不同单个NTs及其混合物。AMP的清除ROS作用也较弱，而CMP和UMP的清除MDA作用较弱。研究认为，NTs是非酶抗氧化剂，在体外具有直接清除羟自由基的作用。同时，NTs是合成多不饱和脂肪酸的重要调节物质，多不饱和脂肪酸可增加机体对抗自由基的能力[1]。本研究代谢组学结果也进一步证实了这一观点，外源摄入的NTs具有促进不饱和脂肪酸合成的作用。此外，稳定同位素标记的代谢流组学研究结果提示，NTs参与了谷胱甘肽二硫化物的生物合成。而代谢组学研究结果也显示，NTs混合物干预组中谷胱甘肽含量有升高趋势，提示NTs可能影响抗氧化剂谷胱甘肽的代谢，这也可能是其抗氧化作用的一个重要机制。

（十二）NTs对衰老细胞线粒体功能的影响

通过seahorse仪器检测各组细胞线粒体呼吸功能，发现NTs可以显著改善衰老细胞线粒体呼吸功能，NTs混合物、AMP100及UMP200干预组对线粒体基础呼吸、最大呼吸值、ATP产生能力及呼吸储备均有不同程度的改善作用（彩图3-2-7）。与正常对照组比较，衰老模型组细胞基础呼吸水平显著降低（$P < 0.05$），NTs混合物、AMP100及UMP200组细胞基础呼吸恢复至正常水平，UMP200组基础呼吸水平显著高于衰老模型组（$P < 0.05$）。与正常对照组比较，过氧化氢诱导的衰老细胞线粒体最大呼吸值显著下降（$P < 0.05$）；与衰老模型组比较，NTs混合物、AMP100及UMP200组细胞线粒体最大呼吸值均显著升高（$P < 0.05$）。与正常对照组比较，衰老模型组细胞线粒体ATP产生能力显著下降（$P < 0.05$）；与衰老模型组比较，NTs混合物和AMP100组细胞线粒体ATP产生能力均显著升高（$P < 0.05$）。与正常对照组比较，衰老模型组细胞线粒体呼吸储备值显著下降（$P < 0.05$）；与衰老模型组比较，NTs混合物、AMP100及UMP200组细胞线粒体呼吸储备值均显著升高（$P < 0.05$）（表3-2-12）。

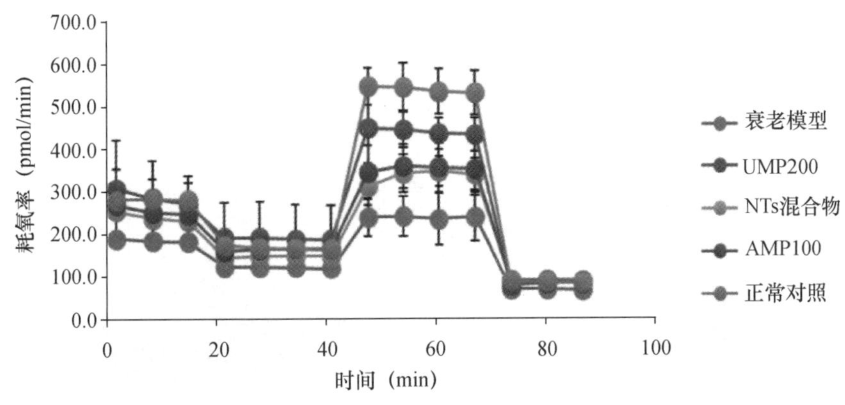

彩图3-2-7　NTs对衰老细胞线粒体功能的影响

表 3-2-12 NTs 对衰老细胞线粒体功能的影响（$\bar{x} \pm s$，$n=3$）

组别	最大呼吸值（pmol/μg prot/min）	基础呼吸（pmol/μg prot/min）	ATP 产生能力（pmol/μg prot/min）	剩余呼吸能力（%）
正常对照	57.55±10.71	25.26±10.06	14.71±2.23	29.62±3.29
衰老模型	13.15±7.17#	9.52±5.83#	4.96±1.89#	11.94±7.20#
NTs 混合物	32.36±7.52#*	18.02±4.64	11.07±1.34*	23.14±6.91*
AMP100	34.68±7.12#*	20.47±1.21	11.15±1.64*	21.67±3.47*
UMP200	41.30±5.73#*	21.37±5.00*	9.04±4.48	22.12±3.28*

注：# 与正常对照组比较差异有统计学意义，* 与衰老模型组比较差异有统计学意义，$P<0.05$。

（十三）NTs 对衰老细胞自噬通路的影响

对正常对照组、衰老模型组和 NTs 混合物组细胞样本进行转录组学分析结果显示，与正常对照组比较，衰老模型组细胞中有 140 个基因上调，159 个基因下调。与衰老模型组相比，NTs 混合物组上调了 1147 个基因，下调了 1405 个基因（彩图 3-2-8）。进一步的 KEGG 通路富集表明，补充 NTs 混合物在衰老成纤维细胞中显著上调了自噬过程（彩图 3-2-9）。参与自噬的基因热图（彩图 3-2-10）中，与增强自噬过程密切相关的关键基因有 AMPKα、ULK2、ATG4c、ATG12 以及 LAMP2（表 3-2-13）。上述 5 个基因中 AMPKα 和 ULK2 与自噬诱导密切相关，是自噬通路中核心富集基因，等级度量分数＞1。进一步检测 AMPKα 和 ULK2 的基因和蛋白质表达量，结果如下：与正常对照组比较，衰老模型组细胞 AMPKα 基因表达量有下降趋势，ULK2 基因表达量有上升趋势（$P>0.05$）。与衰老模型组比较，NMN、CMP100、GMP100 和 UMP100 组 AMPKα 基因表达量显著增加（$P<0.05$）；NTs 混合物和 UMP100 组 ULK2 基因表达量显著增加，NMN、AMP100 和 CMP100 组 ULK2 基因表达量显著降低（$P<0.05$）。与正常对照组比较，衰老模型组 AMPKα 和 ULK2 蛋白表达量有降低趋势（$P>0.05$）。与衰老模型组比较，NTs 混合物、NMN、AMP100、CMP100

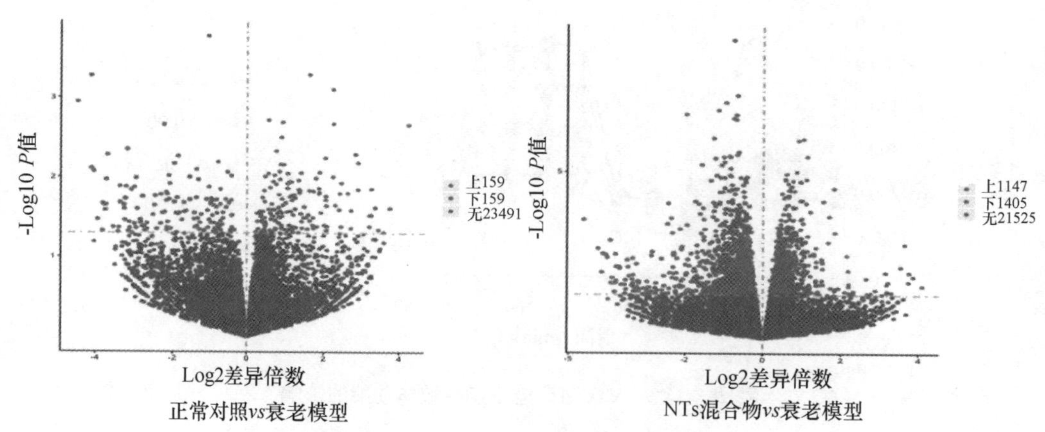

彩图 3-2-8 NTs 对衰老细胞基因表达的影响

和 GMP100 组 AMPKα 蛋白表达显著增加（$P < 0.05$）；CMP100、GMP100 和 UMP100 组 ULK2 蛋白表达显著增加（$P < 0.05$）（图 3-2-11，表 3-2-14）。与正常对照组比较，衰老模型组细胞自噬溶酶体数量显著减少（$P < 0.05$）；与衰老模型组比较，NTs 混合物干预显著增加自噬溶酶体数量（$P < 0.05$）（图 3-2-12）。

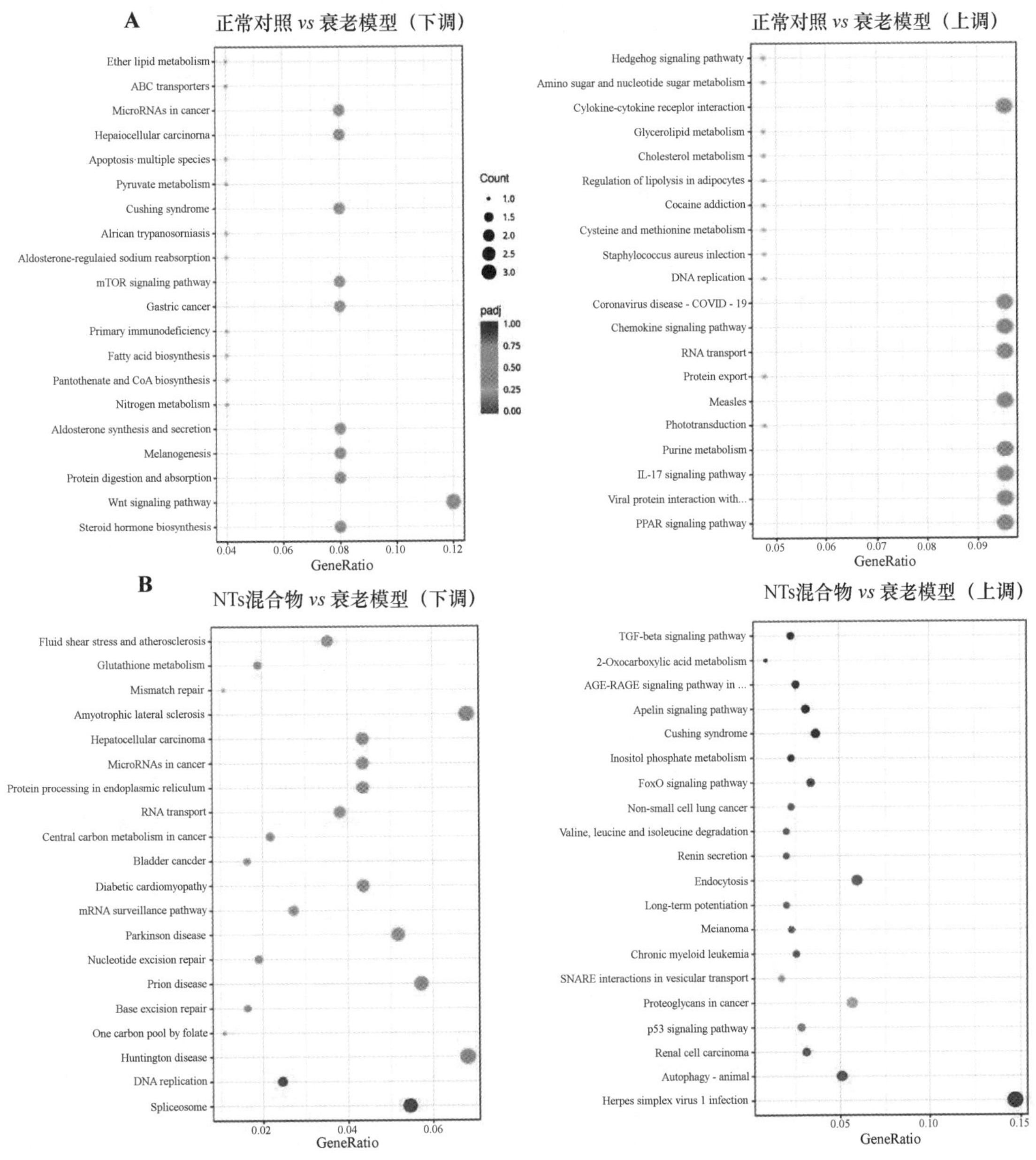

彩图 3-2-9　差异表达基因的 KEGG 通路富集分析汇总图

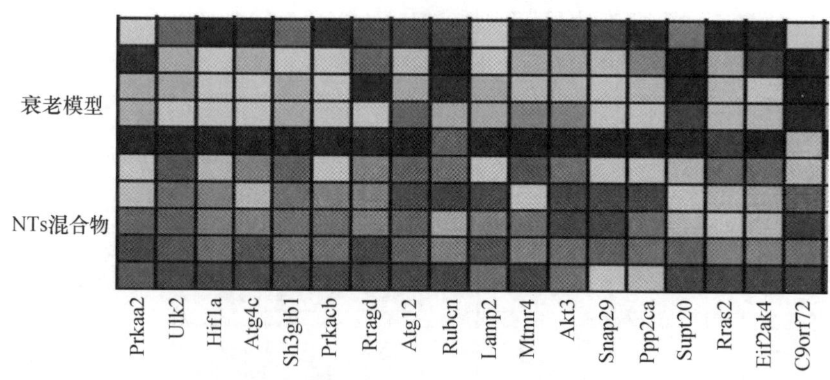

彩图 3-2-10 自噬通路基因热图

表 3-2-13 自噬通路中的关键基因

基因	正常对照 *vs* 衰老模型		NTs 混合物 *vs* 衰老模型	
	log2 差异倍数	*P*	log2 差异倍数	*P*
AMPK α	− 0.24[#]	0.61	1.05[#]	0.00*
ULK2	0.08[#]	0.73	0.62[#]	0.00*
ATG4c	0.06[#]	0.85	0.72[#]	0.01*
ATG12	0.10[#]	0.53	0.48[#]	0.01*
LAMP2	− 0.02[#]	0.91	0.40[#]	0.01*

注：[#] 表示 | log2 差异倍数 | > 0，* 表示 $P < 0.05$。

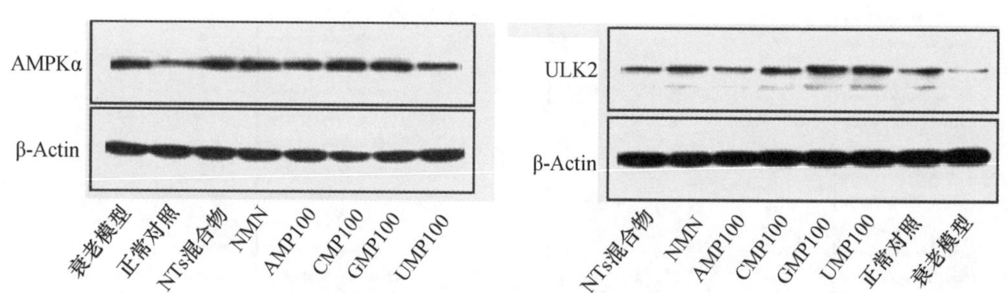

图 3-2-11 自噬诱导相关蛋白表达量条带

表 3-2-14 自噬诱导相关基因和蛋白表达量（$\bar{x} \pm s$，$n = 3$）

组别	AMPK α 基因相对表达量	AMPK α /actin	ULK2 基因相对表达量	ULK2/actin
正常对照	1.04±0.02	0.22±0.05	1.13±0.09	0.21±0.01
衰老模型	0.88±0.01	0.12±0.04	1.33±0.05	0.14±0.04
NTs 混合物	1.03±0.04	0.29±0.03*	1.63±0.15[#]*	0.20±0.02

续表

组别	AMPKα 基因相对表达量	AMPKα /actin	ULK2 基因相对表达量	ULK2/actin
NMN	1.09±0.09*	0.43±0.01#*	0.91±0.05*	0.16±0.03
AMP100	1.03±0.06	0.31±0.02*	0.71±0.05#*	0.20±0.04
CMP100	1.15±0.07*	0.43±0.07#*	0.65±0.08#*	0.26±0.04*
GMP100	1.08±0.08*	0.38±0.05#*	1.51±0.13#	0.35±0.01#*
UMP100	1.43±0.09*	0.21±0.04	1.62±0.04#*	0.28±0.03*

注：# 与正常对照组比较，差异有统计学意义，* 与衰老模型组比较，差异有统计学意义，$P < 0.05$。

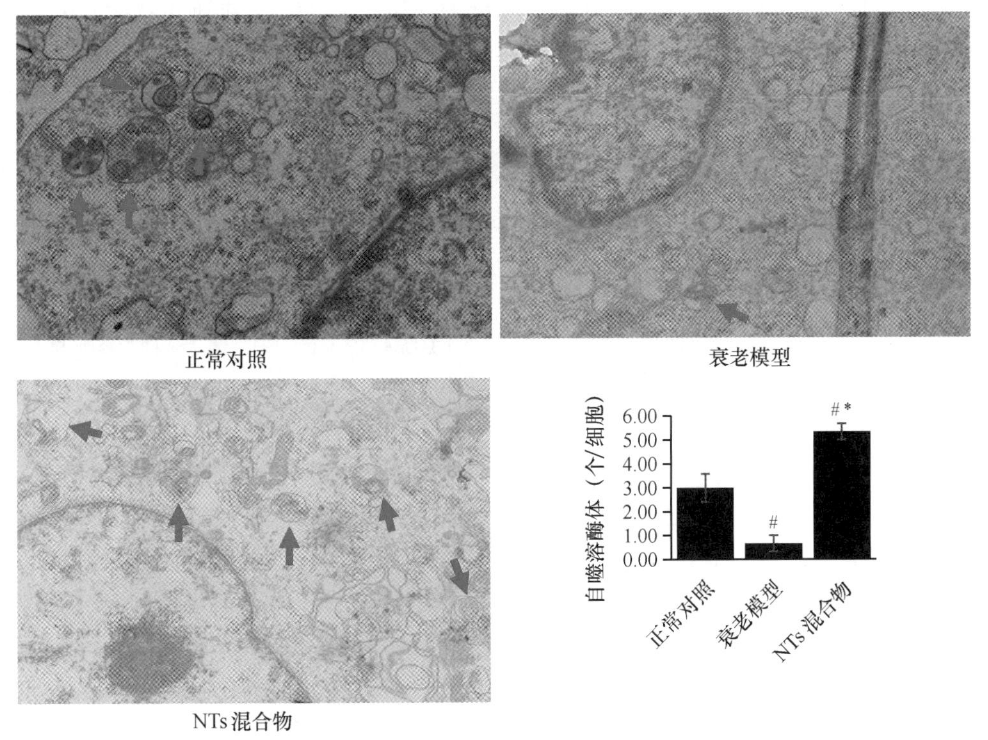

图 3-2-12 NTs 对衰老细胞自噬溶酶体数量的影响（3000×，$n = 3$）

为进一步探讨 NTs 延缓细胞衰老作用的潜在分子机制，本课题对细胞样本进行了转录组学测序。结果显示，NTs 混合物干预在细胞衰老进程中通过上调 AMPKα、ULK2、ATG4c、ATG12 以及 LAMP2 基因表达增强自噬通路。自噬是细胞将细胞质底物递送至溶酶体进行降解的途径，在营养缺乏期对存活至关重要，可使个体细胞或器官适应不断变化的条件，在决定许多模型生物的寿命方面也具有突出的作用。自噬减少与衰老加速有关，而刺激自噬可能具有强效抗衰老作用。自噬过程可分为诱导、延伸、自噬小体形成、与溶酶体融合和降解等多个阶段。自噬可受西罗莫司受体、胰岛素样生长因子 / 胰岛素样生长因子受体及腺苷单磷酸激酶（AMPK）的调控[69, 70]。其中，有研究报道，AMPK 可以直接通过激活 ULK1 或抑制西罗莫司受体来诱导自噬[71]。ULK2 也与自噬诱导密切相关[72]，ATG4c 和

ATG12 主要参与自噬延伸过程[73]，而 LAMP2 主要参与自噬溶酶体的形成[74]。ATG 蛋白对自噬活性的重要性与其翻译后修饰和（或）与自噬途径中的其他蛋白的结合有关，而与其表达水平无关。因此，ATG 基因或蛋白表达水平不是监测自噬活性的适宜指标[75]。LAMP2 是溶酶体相关膜蛋白，在肝衰老中具有重要意义[76]。鉴于此，本研究进一步在基因和蛋白水平验证了 AMPKα 和 ULK2 的表达量，结果显示，NTs 混合物可以不同程度上调 AMPKα 与 ULK2 基因和蛋白表达。而 NMN、AMP100、CMP100 和 GMP100 对 AMPKα 蛋白的上调作用更显著。NTs 混合物和 AMP100 上调 AMPKα 基因表达程度较弱而显著上调蛋白表达，而 UMP100 组 AMPKα 基因表达显著上调，蛋白表达上调程度较弱。研究中观察到的 mRNA 和蛋白表达相关性较差与多种因素有关。首先，不同生物的 mRNA 和蛋白表达相关系数不同，细菌为 0.2 ～ 0.47，酵母为 0.34 ～ 0.87，多细胞生物为 0.09 ～ 0.46。其次，存在弱核糖体结合位点、调节蛋白作用、密码子使用偏性、蛋白和 mRNA 半衰期差异、蛋白消耗增加、蛋白翻译后修饰以及高通量测序中固有的实验噪音等原因均可导致 mRNA 和蛋白表达弱相关[77]。转录组学和蛋白组学的整合分析等多组学联合分析策略可能对 mRNA- 蛋白质表达动力学变化有更为全面的解释。而对于 ULK2、CMP100、GMP100 和 UMP100 组 ULK2 蛋白表达相比衰老模型组显著增加，同时也存在 mRNA 和蛋白表达相关性差的现象。以上数据表明，NTs 混合物、NMN、AMP100、CMP100 和 GMP100 可能通过上调 AMPKα 来激活自噬，而 CMP100 和 GMP100 以及 UMP100 还可以通过直接上调 ULK2 来诱导自噬。自噬诱导最终导致自噬结构，包括自噬相关膜性结构、自噬体及自噬溶酶体的增加。本研究通过透射电镜监测自噬溶酶体数量，发现补充 NTs 混合物显著增加了衰老进程中自噬溶酶体的数量，进一步说明 NTs 促进自噬活性。自噬增强可以促进衰老细胞中受损线粒体、错误折叠蛋白以及氧化损伤大分子等的清除，并将其降解重新利用，以降低这些底物对细胞的有害作用。然而，自噬是动态复杂的过程，其监测过程存在许多挑战，例如，无法区分自噬体的增加是自噬活性增加所致还是自噬体降解障碍导致、无法确定自噬溶酶体底物以及动态监测过程受到环境和基础条件的干扰等。研究认为，在 GFP-LC3 转基因小鼠中监测 GFP-LC3 点状核是评估不同生理和病理生理刺激是否调节体内自噬活性的有力方法[75]。以 GFP-LC3 转基因小鼠为实验对象，探讨 NTs 对整个自噬流的影响将是一项有趣而有意义的工作。

（十四）NTs 对衰老细胞 NAD$^+$/SIRT1/PGC-1α 通路的影响

与正常对照组比较，衰老成纤维细胞 NAD$^+$含量显著降低（$P < 0.05$）。与衰老模型组比较，NTs 混合物、NMN 及除 AMP50 外的不同单个 NTs 干预组细胞 NAD$^+$水平均显著增加（$P < 0.05$）。与正常对照组比较，衰老成纤维细胞 NAD$^+$/NADH 比值显著降低（$P < 0.05$）。与衰老模型组比较，NTs 混合物、NMN、3 个剂量的 AMP 和 CMP50/100 组细胞 NAD$^+$/NADH 比值显著增加（$P < 0.05$）（表 3-2-15）。

表 3-2-15　NTs 对衰老细胞 NAD$^+$和 NAD$^+$/NADH 的影响（$\bar{x} \pm s$，$n = 4$）

组别	NAD$^+$（μmol/g）	NAD$^+$/NADH
正常对照	8.40±1.49	26.13±6.55
衰老模型	4.73±1.70$^{\#}$	14.05±5.97$^{\#}$

续表

组别	NAD$^+$（μmol/g）	NAD$^+$/NADH
NTs 混合物	11.52±3.36*	27.68±5.92*
NMN	14.07±4.66#*	28.64±7.13*
AMP50	6.90±2.21	21.25±5.75*
AMP100	9.70±3.14*	26.09±8.70*
AMP200	13.90±1.19#*	31.64±5.49*
CMP50	12.12±2.33#*	23.29±3.95*
CMP100	13.48±2.54#*	21.32±3.27*
CMP200	10.35±2.64*	17.86±3.80#
GMP50	8.54±2.54*	13.88±4.64#
GMP100	9.03±2.65*	12.09±4.41#
GMP200	9.94±2.43*	13.48±3.68#
UMP50	11.74±2.58*	12.67±2.41#
UMP100	9.94±1.84*	11.88±2.04#
UMP200	12.66±1.31#*	12.30±2.60#

注：# 与正常对照组比较差异有统计学意义，* 与衰老模型组比较差异有统计学意义，$P < 0.05$。

如图 3-2-13 及表 3-2-16，与正常对照组比较，衰老模型组 SIRT1 和 PGC-1α 基因表达显著降低（$P < 0.05$）。与衰老模型组比较，NTs 混合物、NMN、AMP100、CMP100、GMP100 和 UMP100 组 SIRT1 基因表达量显著增加（$P < 0.05$）；AMP100、CMP100、GMP100 和 UMP100 组 PGC-1α 基因表达量显著增加（$P < 0.05$）。与正常对照组比较，衰老模型组 SIRT1 蛋白表达有降低趋势（$P > 0.05$），PGC-1α 蛋白表达显著降低（$P < 0.05$）。与衰老模型组比较，NTs 混合物、NMN 和 AMP100、CMP100 和 GMP100 组 SIRT1 蛋白表达显著增加（$P < 0.05$）；NTs 混合物、NMN、CMP100、GMP100 和 UMP100 组 PGC-1α 蛋白表达显著增加（$P < 0.05$）。

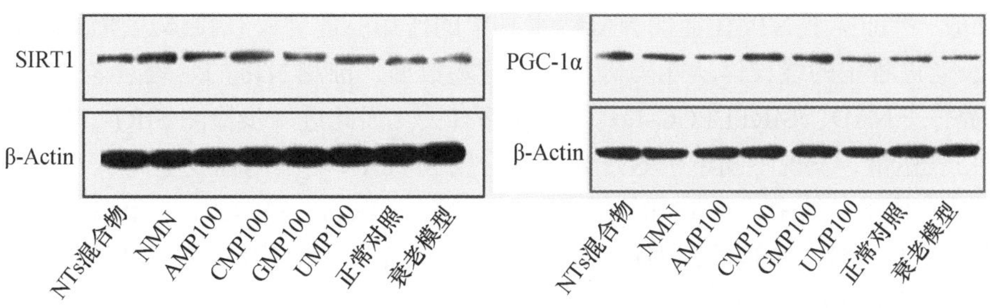

图 3-2-13　NTs 对衰老细胞 SIRT1 和 PGC-1α 蛋白表达的影响

表 3-2-16　NTs 对衰老细胞 SIRT1 和 PGC-1α 水平的影响（$\bar{x} \pm s$，$n = 3$）

组别	SIRT1 基因相对表达量	SIRT1/actin	PGC-1α 基因相对表达量	PGC-1α/actin
正常对照	1.03±0.02	0.14±0.01	1.01±0.01	0.16±0.01
衰老模型	0.40±0.01#	0.10±0.00	0.35±0.01#	0.11±0.01#
NTs 混合物	0.50±0.03#*	0.18±0.01#*	0.41±0.03#	0.22±0.01#*
NMN	0.50±0.04#*	0.30±0.02#*	0.41±0.03#	0.29±0.02#*
AMP100	0.56±0.02#*	0.16±0.02*	0.44±0.02#*	0.12±0.00
CMP100	0.71±0.04#*	0.26±0.01#*	0.57±0.04#*	0.28±0.00#*
GMP100	0.69±0.01#*	0.16±0.01*	0.56±0.01#*	0.33±0.03#*
UMP100	0.70±0.02#*	0.13±0.02	0.61±0.02#*	0.18±0.01*

注：# 与正常对照组比较差异有统计学意义，* 与衰老模型组比较差异有统计学意义，$P < 0.05$。

线粒体对 ATP 产生、细胞凋亡以及脂肪酸 β- 氧化等多种细胞过程至关重要。线粒体也一直是衰老研究的焦点。衰老的线粒体自由基学说认为，衰老进程中发生线粒体功能障碍导致 ROS 的产生增加，而 ROS 的增加导致线粒体功能的进一步退化[78]。本研究中通过检测线粒体耗氧率来评估其功能，发现衰老模型组细胞发生线粒体功能障碍，表现为最大呼吸值、基础呼吸、ATP 产生能力及剩余呼吸能力与正常对照组细胞相比显著降低。而 NTs 混合物、AMP100 及 UMP200 干预不同程度改善了衰老进程中的线粒体功能障碍。然而，衰老进程中的线粒体功能障碍可能是多种融合机制的结果，包括线粒体生物发生的减少[79]。研究者发现，在野生型小鼠的衰老过程中存在线粒体生物发生减少[80]。NAD^+/SIRT1/PGC-1α 是调节线粒体生物发生的信号通路，该通路还受 AMPK 的正向调控[81, 82]。在白藜芦醇和 sirtuin 蛋白激活剂 SRT1720 相关研究中发现，这些物质可通过上调 PGC-1α 改善线粒体呼吸[83, 84]。虽然目前未能证实白藜芦醇通过上调 PGC-1α 延长小鼠寿命，但果蝇相关研究中发现 PGC-1α 过表达可以延长果蝇的寿命[85]。因此，NAD^+/SIRT1/PGC-1α 也被认为是重要的长寿调节通路。我们对代谢组学、转录组学、生化检测及细胞功能检测数据进行整合分析（彩图 3-2-14）发现，转录组学数据显示，NTs 上调调节能量稳态的 AMPKα；代谢组学数据表明，NTs 参与 NAD^+生物合成并增加了代谢产物中 NAD^+浓度；随后，对 NAD^+的生化分析进一步证实了 NTs 在增加 NAD^+水平中的作用；此外，线粒体应激试验数据显示，NTs 改善衰老进程中的线粒体功能障碍。基于这些数据，推测 NTs 的延缓衰老作用可能与长寿调节通路——NAD^+/SIRT1/PGC-1α 信号通路有关。因此进一步检测 SIRT1 和 PGC-1α 的基因和蛋白表达量，发现不同单个 NTs 及其混合物和 NMN 均不同程度上调了 NAD^+/SIRT1/PGC-1α 信号通路。其中，AMP100 和 UMP100 组对 SIRT1 和 PGC-1α 蛋白的上调作用要远低于其余各干预组，而这两组对改善线粒体功能具有显著作用，表明可能存在 SIRT1 和 PGC-1α 蛋白消耗增加导致的测量结果偏低。

NAD^+是氧化还原反应过程中传递电子的辅酶。在过去几年，NAD^+的生物学研究势头强劲，为探讨年龄相关功能减退和疾病的发病机制提供了许多重要见解。NMN 是 NAD^+的

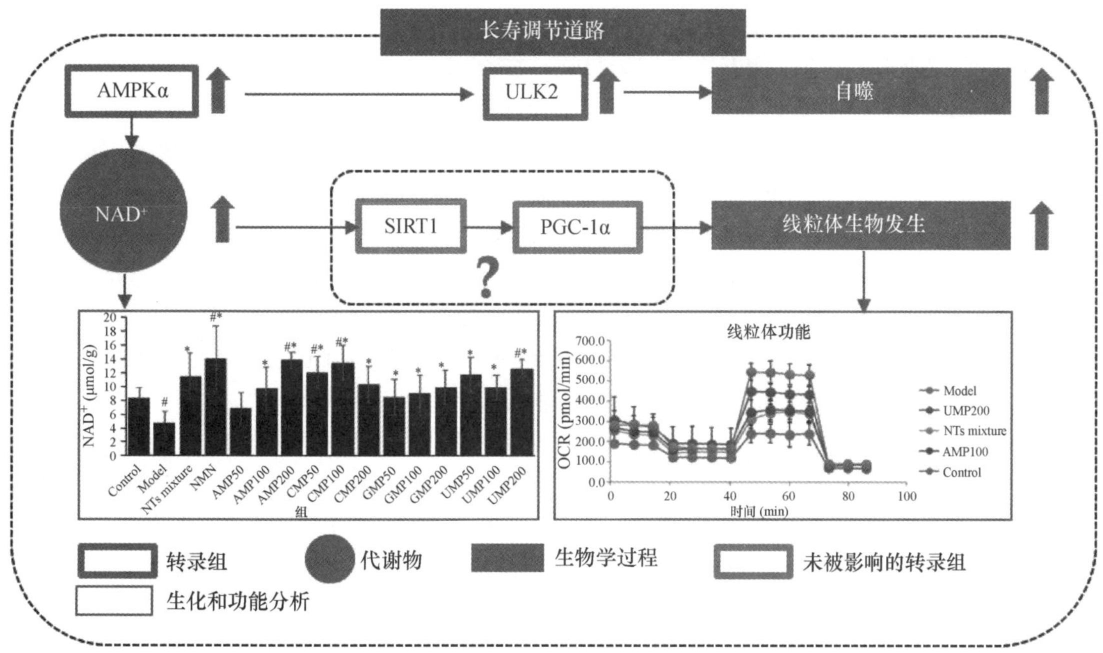

彩图 3-2-14　NTs 对衰老细胞长寿调节通路 AMPK/NAD$^+$/SIRT1/PGC-1α 的影响

关键中间体，大量啮齿类动物中进行的研究表明，补充 NMN 可有效增强各种外周组织中 NAD$^+$的生物合成，并对年龄相关疾病具有广泛的应用和治疗潜力[10]。NMN 也是 NTs 的衍生物，具有与 NTs 相似的化学结构，因此我们设置了 NMN 干预组作为本研究的阳性对照，并评估其延缓细胞衰老的作用。本研究结果显示，NMN 通过增强细胞活力、抑制 DNA 损伤及 SASP、抑制 G1 期细胞周期阻滞并特异性地下调 p16^{INK4a} 蛋白表达来发挥延缓细胞衰老作用。与 NTs 相比，NMN 的抑制细胞周期阻滞作用、清除 ROS 能力、改善线粒体功能作用、上调 ULK2 蛋白作用均不如 NTs。其次，NTs 在安全性方面更胜一筹。NTs 的急性毒性、亚慢性毒性、慢性毒性试验均未发现 NTs 有明显的毒性作用及不良影响，其未观察到有害作用剂量（no-observed-adverse-effect-level，NOAEL）为 1280 mg/kg，对体细胞和生殖细胞无致突变作用，对 SD 大鼠肿瘤的发生未观察到有促进作用，且具有一定的抑制作用[1]。NTs 被纳入到《食品安全国家标准　食品营养强化剂使用标准》（GB 14880-2012）以及《食品安全国家标准　特殊医学用途配方食品通则》（GB 29922-2013）中，并已被广泛应用于婴儿配方乳粉 / 食品以及特殊医学用途配方食品中。据研究报道，NMN 的 NOAEL 在雌性大鼠中为 1000 mg/kg，在雄性大鼠中为 500 mg/kg，且缺乏多代繁殖实验数据和对各系统肿瘤病变的影响[86-88]。此外，体内烟酰胺主要通过 N- 甲基转移酶的甲基化作用进行代谢，而长时间大剂量补充 NMN 是否会导致甲基供体的耗竭，是否引起体内烟酰胺蓄积尚不清楚。同时，烟酰胺是一种强效的 sirtuins 抑制剂，目前还不能排除补充 NMN 引起的烟酰胺蓄积对受试动物产生有害影响的可能性[10]。因此，需要进一步的临床前和临床研究来确定 NMN 作为人类治疗药物的长期安全性。

综上所述，本研究支持了衰老的自由基学说，证实了氧化应激会触发细胞衰老。首次证明外源摄入的 NTs 被细胞吸收利用，影响细胞氨基酸水平，整体改善脂代谢水平，并发挥延缓细胞衰老作用，其机制可能与抑制细胞周期阻滞、保护 DNA、抗炎、抗氧化、改善线粒体功能、促进线粒体生物发生及促进自噬活性有关。

In conclusion，present study supports the free radical theory of aging and confirms that oxidative stress can trigger cell senescence. It is firstly proved that NTs absorbed by cells and affects the amino acid level of cells，improves the whole lipid metabolism，and plays a role in delaying cell senescence. Its mechanism may be related to inhibiting cell cycle arrest，protecting DNA，anti-inflammatory，anti-oxidation，improving mitochondrial function，promoting mitochondrial biogenesis and promoting autophagy activity.

本研究不仅进一步证实 NTs 的多种生物学活性，而且填补了既往研究的空白，首次综合评估了四种单个 NTs 及其混合物的延缓细胞衰老作用及保护 DNA、抗炎、抗氧化、改善线粒体功能等生物活性。在不同单个 NTs 中延缓细胞衰老作用最突出的是 GMP100 和 UMP50，CMP100 和 GMP50 的抑制 SASP 作用最突出，GMP200 的抗氧化活性最突出；NTs 混合物、NMN、AMP100、CMP100 和 GMP100 可能通过上调 AMPKα 来激活自噬，而 CMP100 和 GMP100 以及 UMP100 还可以通过直接上调 ULK2 来诱导自噬；四种不同单个 NTs 及其混合物均可以不同程度上调长寿调节通路 -NAD^+/SIRT1/PGC-1α 信号通路。本研究中的 NTs 混合物是将四种单个 NTs 按照母乳中的比例混合而成，该比例可能不适合所有人群。而分别评价四种单个 NTs 的生物活性不仅可以扩展我们对外源嘌呤和嘧啶 NTs 功能特性和有效剂量的了解，还可以对不同情况下的最优配伍比例提供参考依据。

三、NTs 在细胞营养领域中的应用前景

NTs 由戊糖、碱基和磷酸构成，是核酸的基本构成单位。近年的研究显示，通过酶解技术获得的 NTs 在特定条件下具有多种生物学活性，对组织细胞具有显著的营养作用，可以保护 DNA、促进细胞增殖分化、保护细胞免受自由基损害等。本研究通过建立氧化应激诱导的小鼠胚胎成纤维细胞衰老模型，通过稳定同位素标记的代谢流技术探讨外源摄入的 NTs 在衰老细胞内的吸收代谢，并评价四种不同单个 NTs 及其混合物的延缓细胞衰老作用。研究结果显示，外源摄入的 NTs 被细胞吸收利用，主要影响细胞氨基酸水平，整体改善脂代谢水平。四种不同单个 NTs 及其混合物发挥延缓细胞衰老作用，其机制可能与抑制细胞周期阻滞、保护 DNA、抗炎、抗氧化、改善线粒体功能、促进线粒体生物发生及促进自噬活性有关。这些研究结果将进一步拓展人们对不同外源嘌呤和嘧啶 NTs 功能特性的认识，并对其在衰老相关疾病的预防和治疗应用中的有效干预剂量及最佳配伍比例提供参考依据。同时，显示出 NTs 在食品、保健品行业等产品开发方向上具有广阔的市场。未来 NTs 相关研究的发展尚需要基础营养、婴幼儿食品、保健食品、运动员功能食品、临床特殊膳食以及治疗药物等各领域的大量深入细致的研究。

小 结

细胞是生物体形态结构和生命活动的基本单位。大量研究显示，NTs 作为生命本源物质

具有保护细胞DNA，促进细胞增殖、分化，减轻细胞损伤，减少细胞凋亡以及促进细胞线粒体功能的作用。本研究进一步发现，外源摄入的NTs被细胞吸收利用，主要影响细胞氨基酸水平，整体改善脂代谢水平，并发挥延缓细胞衰老作用，其机制可能与抑制细胞周期阻滞、保护DNA、抗炎、抗氧化、改善线粒体功能、促进线粒体生物发生及促进自噬活性有关。

Cell is the basic unit of organism morphological structure and life activity. A large number of studies have shown that exogenous NTs，as the essential substance of life，has the effects of protecting cell DNA，promoting cell proliferation and differentiation，alleviating cell damage，reducing cell apoptosis and promoting cell mitochondrial function. Our study further revealed that the absorption and utilization of exogenous NTs by cells mainly affected the amino acid level of cells，improved the lipid metabolism overall and played a role in delaying cell senescence，which might be related to its efficacy in inhibiting cell cycle arrest，protecting DNA，anti-inflammation，anti-oxidation，improving mitochondrial function，promoting mitochondrial biogenesis and autophagy activity.

参考文献

[1] 李勇，徐美虹 . 核苷酸营养学 . 北京：北京大学医学出版社，2016.
[2] Cheng Z，Buentello A，Gatlin DM 3rd. Dietary nucleotides influence immune responses and intestinal morphology of red drum Sciaenops ocellatus. Fish & Shellfish Immunology，2011，30：143-147.
[3] Korb V，Tep K，Escriou V，et al. Current data on ATP-containing liposomes and potential prospects to enhance cellular energy status for hepatic applications. Critical Reviews in Therapeutic Drug Carrier Systems，2008，25：305-345.
[4] Frankic T，Pajk T，Rezar V，Levart A，et al. The role of dietary nucleotides in reduction of DNA damage induced by T-2 toxin and deoxynivalenol in chicken leukocytes. Food and Chemical Toxicology，2006，44：1838-1844.
[5] 左伋，刘艳平 . 细胞生物学 . 3 版 . 北京：人民卫生出版社，2015.
[6] Hayflick L，Moorhead PS. The serial cultivation of human diploid cell strains. Experimental Cell Research，1961，25：585-621.
[7] d'Adda di Fagagna F. Living on a break：Cellular senescence as a DNA-damage response. Nature Reviews Cancer，2008，8：512-522.
[8] Hernandez-Segura A，Nehme J，Demaria M. Hallmarks of cellular Senescence. Trends Cell Biol，2018，28：436-453.
[9] van Deursen JM. The role of senescent cells in ageing. Nature，2014，509：439-446.
[10] Saez-Atienzar S，Masliah E. Cellular senescence and Alzheimer disease：The egg and the chicken scenario. Nature Reviews Neuroscience，2020，21：433-444.
[11] Wiley CD，Campisi J. From ancient pathways to aging cells-connecting metabolism and cellular senescence. Cell Metabolism，2016，23：1013-1021.
[12] Liao CY，Kennedy BK. SIRT6，oxidative stress，and aging. Cell Research，2016，26：143-144.
[13] Correia-Melo C，Marques FD，Anderson R，et al. Mitochondria are required for pro-ageing features of the senescent phenotype. The EMBO Journal，2016，35：724-742.
[14] Wang Y，Hekimi S. Mitochondrial dysfunction and longevity in animals：Untangling the knot. Science（New York，NY），2015，350：1204-1207.

[15] Sun N，Youle RJ，Finkel T. The mitochondrial basis of aging. Molecular Cell，2016，61：654-666.
[16] Kauppila TES，Kauppila JHK，Larsson NG. Mammalian mitochondria and aging：An update. Cell Metabolism，2017，25：57-71.
[17] Takubo K，Aida J，Izumiyama-Shimomura N，et al. Changes of telomere length with aging. Geriatrics & Gerontology International，2010，10 Suppl 1：S197-206.
[18] Jaskelioff M，Muller FL，Paik JH，et al. Telomerase reactivation reverses tissue degeneration in aged telomerase-deficient mice. Nature，2011，469：102-106.
[19] Herbert KE，Mistry Y，Hastings R，et al. Angiotensin Ⅱ-mediated oxidative DNA damage accelerates cellular senescence in cultured human vascular smooth muscle cells via telomere-dependent and independent pathways. Circulation Research，2008，102：201-208.
[20] Hartl FU. Cellular homeostasis and aging. Annual Review of Biochemistry，2016，85：1-4.
[21] Martínez-Zamudio RI，Robinson L，Roux PF，et al. Snapshot：Cellular senescence in pathophysiology. Cell，2017，DOI：10.1016/j.cell.2017.08.025.
[22] He S，Sharpless NE. Senescence in Health and Disease. Cell，2017，169：1000-1011.
[23] Calcinotto A，Kohli J，Zagato E，et al. Cellular senescence：Aging，cancer，and injury. Physiological Reviews，2019，99：1047-1078.
[24] Gil J. Cellular senescence causes ageing. Nature Reviews Molecular Cell Biology，2019，20：388.
[25] Che L，Hu L，Liu Y，et al. Dietary nucleotides supplementation improves the intestinal development and immune function of neonates with intra-uterine growth restriction in a pig model. PloS one，2016，11：e0157314.
[26] Manzano M，Abadía-Molina AC，Olivares EG，et al. Dietary nucleotides accelerate changes in intestinal lymphocyte maturation in weanling mice. Journal of Pediatric Gastroenterology and Nutrition，2003，37：453-461.
[27] Arnaud A，López-Pedrosa JM，Torres MI，et al. Dietary nucleotides modulate mitochondrial function of intestinal mucosa in weanling rats with chronic diarrhea. Journal of Pediatric Gastroenterology and Nutrition，2003，37：124-131.
[28] Novak DA，Carver JD，Barness LA. Dietary nucleotides affect hepatic growth and composition in the weanling mouse. JPEN Journal of Parenteral and Enteral Nutrition，1994，18：62-66.
[29] López-Navarro AT，Bueno JD，Gil A，et al. Morphological changes in hepatocytes of rats deprived of dietary nucleotides. The British Journal of Nutrition，1996，76：579-589.
[30] Fausther M，Sévigny J. Extracellular nucleosides and nucleotides regulate liver functions via a complex system of membrane proteins. CR Biol，2011，334：100-117.
[31] 孙婷，何海涛，孙聪，等 . 外源性嘌呤核苷酸减弱吗啡促 PC12 细胞核苷酸分解代谢的作用 . 中国老年学杂志，2008（1）：19-21.
[32] Wang LF，Gong X，Le GW，et al. Dietary nucleotides protect thymocyte DNA from damage induced by cyclophosphamide in mice. Journal of Animal Physiology and Animal Nutrition，2008，92：211-218.
[33] Sohal RS，Weindruch R. Oxidative stress，caloric restriction，and aging. Science（New York，NY），1996，273：59-63.
[34] López-Otín C，Blasco MA，Partridge L，et al. The hallmarks of aging. Cell，2013，153：1194-1217.
[35] Cao L，Lee SG，Park SH，et al. Sargahydroquinoic acid（SHQA）suppresses cellular senescence through Akt/mTOR signaling pathway. Exp Gerontol，2021，151：111406.
[36] Yin Z，Park R，Choi BM. Isoparvifuran isolated from Dalbergia odorifera attenuates H（2）O（2）-induced senescence of BJ cells through SIRT1 activation and AKT/mTOR pathway inhibition. Biochemical and Biophysical Research Communications，2020，533：925-931.
[37] Dato S，Hoxha E，Crocco P，et al. Amino acids and amino acid sensing：Implication for aging and diseases. Biogerontology，2019，20：17-31.

[38] 史岩峰 . 谷氨酰胺对运动能力影响的研究进展 . 食品安全质量检测学报，2021，12：3159-3163.
[39] 杨梅，张伟国 . L- 谷氨酰胺的研究进展 . 江苏食品与发酵，2002（4）：24-26，32.
[40] Pires RS，Braga PGS，Santos JMB，et al. I-Glutamine supplementation enhances glutathione peroxidase and paraoxonase-1 activities in HDL of exercising older individuals. Exp Gerontol，2021，156：111584.
[41] Amirato GR，Borges JO，Marques DL，et al. L-glutamine supplementation enhances strength and power of knee muscles and improves glycemia control and plasma redox balance in exercising elderly women. Nutrients，2021，13（3）：1025.
[42] Cox SE，Hart E，Kirkham FJ，et al. L-Glutamine in sickle cell disease. Drugs Today（Barc），2020，56：257-268.
[43] Niihara Y，Matsui NM，Shen YM，et al. L-glutamine therapy reduces endothelial adhesion of sickle red blood cells to human umbilical vein endothelial cells. BMC Blood Disord，2005，5：4.
[44] Wang SY，Wang WJ，Liu JQ，et al. Methionine restriction delays senescence and suppresses the senescence-associated secretory phenotype in the kidney through endogenous hydrogen sulfide. Cell Cycle，2019，18：1573-1587.
[45] Miller RA，Buehner G，Chang Y，et al. Methionine-deficient diet extends mouse lifespan，slows immune and lens aging，alters glucose，T4，IGF-I and insulin levels，and increases hepatocyte MIF levels and stress resistance. Aging Cell，2005，4：119-125.
[46] Millner A，Atilla-Gokcumen GE. Lipid players of cellular senescence. Metabolites，2020，DOI：10.3390/metabo10090339.
[47] Wiley CD，Campisi J. The metabolic roots of senescence：Mechanisms and opportunities for intervention. Nat Metab，2021，3：1290-1301.
[48] Schroeder EA，Brunet A. Lipid profiles and signals for long life. Trends Endocrinol Metab，2015，26：589-592.
[49] Boren J，Brindle KM. Apoptosis-induced mitochondrial dysfunction causes cytoplasmic lipid droplet formation. Cell Death Differ，2012，19：1561-1570.
[50] Li N，Lizardo DY，Atilla-Gokcumen GE. Specific triacylglycerols accumulate via increased lipogenesis during 5-FU-induced apoptosis. ACS Chem Biol，2016，11：2583-2587.
[51] Kumar KK，Goodwin CR，Uhouse MA，et al. Untargeted metabolic profiling identifies interactions between Huntington's disease and neuronal manganese status. Metallomics，2015，7：363-370.
[52] 吕莹 . 营养与食品卫生学 . 开封：河南大学出版社，1999.
[53] Konno T，Kotani T，Setiawan J，et al. Role of lysophosphatidic acid in proliferation and differentiation of intestinal epithelial cells. PloS One，2019，14：e0215255.
[54] Weiner JA，Chun J. Schwann cell survival mediated by the signaling phospholipid lysophosphatidic acid. Proc Natl Acad Sci USA，1999，96：5233-5238.
[55] Zhi Y，Sun Y，Jiao Y，et al. HR-MS based untargeted lipidomics reveals characteristic lipid signatures of Wilson's disease. Front Pharmacol，2021，12：754185.
[56] Ma S，Yim SH，Lee SG，et al. Organization of the mammalian metabolome according to organ function，lineage specialization，and longevity. Cell Metabolism，2015，22：332-343.
[57] 王喆，李伟，刘颖，等 . 黑水缬草提取物对 Aβ25-35 致阿尔茨海默病模型小鼠生物标记物调控作用的研究 . 中华中医药杂志，2017，32：5147-5150.
[58] Hannun YA，Obeid LM. Sphingolipids and their metabolism in physiology and disease. Nature Reviews Molecular Cell Biology，2018，19：175-191.
[59] Hannun YA，Obeid LM. Author Correction：Sphingolipids and their metabolism in physiology and disease. Nature Reviews Molecular Cell Biology，2018，19：673.
[60] 王玙璇 . 神经酰胺纳米乳液的构建及性能研究 . 无锡：江南大学，2021.
[61] Aird KM，Zhang G，Li H，et al. Suppression of nucleotide metabolism underlies the establishment and

maintenance of oncogene-induced senescence. Cell Reports, 2013, 3: 1252-1565.

[62] Mohamad Kamal NS, Safuan S, Shamsuddin S, et al. Aging of the cells: Insight into cellular senescence and detection methods. Eur J Cell Biol, 2020, 99: 151108.

[63] Burd CE, Sorrentino JA, Clark KS, et al. Monitoring tumorigenesis and senescence in vivo with a p16 (INK4a) -luciferase model. Cell, 2013, 152: 340-351.

[64] Wang W, Cai G, Chen X. Dietary restriction delays the secretion of senescence associated secretory phenotype by reducing DNA damage response in the process of renal aging. Exp Gerontol, 2018, 107: 4-10.

[65] Robbins PD, Jurk D, Khosla S, et al. Senolytic drugs: Reducing senescent cell viability to extend health span. Annu Rev Pharmacol Toxicol, 2021, 61: 779-803.

[66] Pignolo RJ, Passos JF, Khosla S, et al. Reducing senescent cell burden in aging and disease. Trends Mol Med, 2020, 26: 630-638.

[67] Kucheryavenko O, Nelson G, von Zglinicki T, et al. The mTORC1-autophagy pathway is a target for senescent cell elimination. Biogerontology, 2019, 20: 331-335.

[68] Xu M, Liang R, Guo Q, et al. Dietary nucleotides extend the life span in Sprague-Dawley rats. The Journal of Nutrition, Health & Aging, 2013, 17: 223-229.

[69] Papaconstantinou J. The role of signaling pathways of inflammation and oxidative stress in development of senescence and aging phenotypes in cardiovascular disease. Cells, 2019, DOI: 10.3390/cell 8111383.

[70] Wong SQ, Kumar AV, Mills J, et al. Autophagy in aging and longevity. Hum Genet, 2020, 139: 277-290.

[71] Rubinsztein DC, Mariño G, Kroemer G. Autophagy and aging. Cell, 2011, 146: 682-695.

[72] Egan DF, Shackelford DB, Mihaylova MM, et al. Phosphorylation of ULK1 (hATG1) by AMP-activated protein kinase connects energy sensing to mitophagy. Science (New York, NY), 2011, 331: 456-461.

[73] Wang B, Iyengar R, Li-Harms X, et al. The autophagy-inducing kinases, ULK1 and ULK2, regulate axon guidance in the developing mouse forebrain via a noncanonical pathway. Autophagy, 2018, 14: 796-811.

[74] Okada T, Ogura T. Scanning electron-assisted dielectric microscopy reveals autophagosome formation by LC3 and ATG12 in cultured mammalian cells. International Journal of Molecular Sciences, 2021. DOI: 10.3390/ijms22041834.

[75] Cheng R, Xu H, Hong Y. miR221 regulates TGF-β 1-induced HSC activation through inhibiting autophagy by directly targeting LAMP2. Mol Med Rep, 2021, DOI: 10.3892/MMR.2021.12417.

[76] Mizushima N, Yoshimori T, Levine B. Methods in mammalian autophagy research. Cell, 2010, 140: 313-326.

[77] Zhang C, Cuervo AM. Restoration of chaperone-mediated autophagy in aging liver improves cellular maintenance and hepatic function. Nat Med, 2008, 14: 959-965.

[78] Kumar D, Bansal G, Narang A, et al. Integrating transcriptome and proteome profiling: Strategies and applications. Proteomics, 2016, 16: 2533-2544.

[79] Harman D. The free radical theory of ageing: Effect of age on serum copper levels. J Gerontol, 1965, 20: 151-153.

[80] Sahin E, DePinho RA. Axis of ageing: Telomeres, p53 and mitochondria. Nature Reviews Molecular Cell Biology, 2012, 13: 397-404.

[81] Bernardes de Jesus B, Vera E, Schneeberger K, et al. Telomerase gene therapy in adult and old mice delays aging and increases longevity without increasing cancer. EMBO Mol Med, 2012, 4: 691-704.

[82] Wang J, Li S, Wang J, et al. Spermidine alleviates cardiac aging by improving mitochondrial biogenesis and function. Aging, 2020, 12: 650-671.

[83] Lin JY, Kuo WW, Baskaran R, et al. Swimming exercise stimulates IGF1/ PI3K/Akt and AMPK/SIRT1/

PGC1 α survival signaling to suppress apoptosis and inflammation in aging hippocampus. Aging, 2020, 12: 6852-6864.

[84] Feige JN, Lagouge M, Canto C, et al. Specific SIRT1 activation mimics low energy levels and protects against diet-induced metabolic disorders by enhancing fat oxidation. Cell Metabolism, 2008, 8: 347-358.

[85] Baur JA, Pearson KJ, Price NL, et al. Resveratrol improves health and survival of mice on a high-calorie diet. Nature, 2006, 444: 337-342.

[86] Rera M, Bahadorani S, Cho J, et al. Modulation of longevity and tissue homeostasis by the Drosophila PGC-1 homolog. Cell Metabolism, 2011, 14: 623-634.

[87] Yoshino J, Baur JA, Imai SI. NAD（＋）intermediates: The biology and therapeutic potential of NMN and NR. Cell Metabolism, 2018, 27: 513-528.

[88] Turner J, Licollari A, Mihalcea E, et al. Safety evaluation for restorin® NMN, a NAD^+ precursor. Front Pharmacol, 2021, 12: 749727.

第四章 外源核苷酸与肌少症
Exogenous nucleotides and sarcopenia

当今社会，随着生育率的明显下降，人均预期寿命的增加正导致全球人口迅速老龄化。根据世界卫生组织定义：一个国家或地区 60 岁以上的人口比例达到 10%，65 岁及以上人口比例达到 7% 以上，即被称为老龄化社会。我国自 2000 年迈入老龄化社会之后，我国人口老龄化的程度持续加深。第七次全国人口普查结果显示，2020 年我国 60 岁及以上和 65 岁及以上人口分别为 2.64 亿和 1.91 亿，占总人口的 18.7% 和 13.5%[1]。人口老龄化给我国乃至全球公共卫生带来了重大挑战。衰老是许多疾病的显著危险因素，如心脏病、中风、糖尿病和癌症，影响医疗保健和社会成本。随着我国人口老龄化的不断发展，与老年人密切相关的综合征——肌少症得到了更多的关注。肌少症是衰老过程的重要标志之一。老年肌少症是与增龄密切相关的全球性疾病，也是近些年研究的热点老年医学之一。老年人肌少症可引起跌倒事件发生率升高，导致骨折、失能、活动障碍等，增加了残疾和丧失生活自理能力的风险。如何早发现、早诊断、早预防、早治疗老年人肌少症，对改善老年人生活质量、降低并发症具有重要意义。

At present，rising life expectancy is leading to rapid ageing of the global population，as fertility rates decline markedly. According to the definition of the World Health Organization：A country or region over 60 years old population proportion reaches 10%，65 years old and above population proportion reaches more than 7%，namely known as the aging society. Since China entered the aging society in 2000，the degree of aging population in China continues to deepen. The results of the seventh national population census show that in 2020，the population aged 60 and over and the population aged 65 and over in China are 264 million and 191 million respectively，accounting for 18.7% and 13.5% of the total population[1]. Population aging poses a major challenge to public health in China and even around the world. Aging is a significant risk factor for many diseases，such as heart disease，stroke，diabetes and cancer，affecting healthcare and social costs. With the development of aging population in China，sarcopenia，a syndrome closely related to the elderly，has received more attention. Sarcopenia is one of the important signs of aging. Sarcopenia geriatrics is a global disease closely related to aging and one of the hot topics in geriatrics research in recent years. Sarcopenia in the elderly can lead to an increased incidence of fall events，fracture，disability，and mobility disorders，increasing the risk of disability and loss of self-care. How to find，diagnose，prevent and treat sarcopenia early is of great significance to improve the quality of life and reduce complications.

第一节　概　述 Introduction

随着世界各国人口老龄化形势的持续加重，老年人口比例不断增大。老年人合理营养有助于延缓衰老进程、促进健康和预防慢性疾病，并提高生命质量。

一、肌少症的流行病学特点及发病机制

肌少症（sarcopenia）是一种与年龄相关的骨骼肌质量、力量降低和（或）伴有相关躯体功能丧失的临床综合征。肌少症由 Rosenberg 于 1989 年首次命名。2010 年欧洲老年人肌少症工作组（European Working Group on Sarcopenia in Older People，EWGSOP）发表了肌少症共识。此后，国际肌少症工作组及亚洲肌少症工作组也相继公布了共识。2018 年 EWGSOP 总结了近 10 年来临床实践和科研积累达成了新的共识，将肌少症定义更新为：当发现肌力低下时可能存在肌少症；当发现肌肉数量或质量低下时可诊断肌少症；当肌力低、肌肉数量或质量低下及身体功能低下均存在时，则有严重的肌少症。其中低肌力被认为是肌少症的主要特征[2]。2019 年亚洲肌少症工作组（AWGS2019）也更新了肌少症定义：当存在肌力低下或身体功能低下时可能存在肌少症；低肌肉质量加低肌力或低身体功能时为肌少症；当肌力低、肌肉数量或质量低下及身体功能低下均存在时，则有严重的肌少症[3]。2016 年，肌少症被正式纳入 ICD-10 疾病编码中，编码为 M62.84。肌少症也成为近些年研究的热点领域之一。

In 2019，the Asian Working Group on Sarcopenia（AWGS2019）also updated the definition of sarcopenia：Possible sarcopenia is defined by low muscle strength with or without reduced physical performance. Sarcopenia is diagnosed when low muscle mass plus low muscle strength or low physical performance are detected. When low muscle strength，low muscle mass and low physical performance are all detected，severe sarcopenia will be considered[3]。

肌少症已经变成了一个全球性的健康问题[4]。50 岁以上的人肌肉质量每年下降 1% ～ 2%，而肌肉力量在 50 岁到 60 岁之间以每年 1.5% 的速度下降，60 岁以上的老年人下降 3%[5]。随着年龄的增长，肌少症的发病率也逐渐增加，年龄＞ 65 岁的老年人中，肌少症的发生率是 5% ～ 13%，年龄＞ 80 岁的老年人中高达 50% ～ 60%[6]。有研究用 AWGS 2014 肌少症的诊断标准，发现亚洲国家肌少症的患病率为 5.5% ～ 25.7%[2]。一个包含 944 名中国老年人的肌少症调查研究显示，社区老年人肌少症患病率为 10.4%[7]。虽然世界范围内有很多肌少症的患病率研究，但到目前为止，还没有针对中国老年人群的大规模肌少症患病率及危险因素的研究。一些研究显示，衰老、营养不良、吸烟和低 BMI 是肌少症的危险因素[8, 9]。也有研究显示，慢性阻塞性肺病（COPD）、心力衰竭或慢性肝病患者肌少症的患病率升高[10, 11]。此外，肌少症还与其他危险因素相关，中国人群由于遗传背景、饮食、宗教和生活环境与其他国家不同，鉴于此，探究我国老年人群肌少症患病率及相关危险因素，

为制定科学的防控措施与策略提供证据支持，从而实现提高老年人生命质量和健康水平的目的，为经济社会发展创造良好的支撑环境。

肌少症导致老年人跌倒和骨折风险增加，日常生活能力下降，并与心脏疾病、呼吸系统疾病和认知障碍相关；可导致患者运动功能失调、生活质量下降，丧失独立生活能力，或长期需要别人照料，死亡风险增加。肌少症增加了住院风险，提高了住院期间的护理成本，增加了住院费用。有研究发现住院老年人肌少症者的住院费用比非肌少症者高 5 倍。肌少症成为了越来越重要的公共卫生问题。2000 年，肌少症在美国每年造成的直接医疗费用估计约为 185 亿美元，占直接医疗保健总费用的 1.5%[12]。有研究发现，如果肌少症的患病率降低 10%，每年将节省 11 亿美元的美国医疗开支。在我国，伴随着老龄化社会的到来，如果不加干预，肌少症将会给个人和社会带来很大的经济和社会负担。因此，迫切需要在更好地了解这种疾病的潜在机制的基础上，开发更有效的研究策略和治疗方法来预防肌少症的发生。该病的发生发展受年龄、身体活动量、营养状况、激素等多种因素影响，营养干预和体育锻炼是目前推荐的肌少症的预防和治疗策略[13, 14]。运动干预是一种行之有效的治疗策略，可以改善肌肉的质量和力量、提高肌肉的蛋白质合成率、增强线粒体功能及增加骨骼肌卫星细胞的含量等。然而，可能会出现抗阻训练的抵抗，从而减弱其对骨骼肌蛋白合成的促进效应[15]。而且对于身体功能低下的老年人，运动有时是很难实现的。研究显示，肌少症与营养缺失密切相关，营养干预是肌少症治疗的重要手段之一[16]。所以在深入理解肌少症发病机制的基础上，积极寻求有效的营养干预措施以减缓肌少症的发病具有重要的科学价值和社会意义。

二、肌少症的发病机制

肌肉是哺乳动物最大的组织，一方面负责人体的运动，另一方面对于能量代谢也发挥重要的调控作用。随着年龄的增长，肌肉质量不断减少，导致老年人运动障碍，即临床上的肌少症。肌少症是一种随着年龄增长而导致骨骼肌质量、力量以及功能衰退的老年退行性疾病，是一种生物体衰老过程中的自然现象。肌少症的主要表现为肌肉萎缩。肌肉萎缩主要是指肌纤维的直径变小、质量减少、功能减弱。肌细胞内蛋白质合成和降解的平衡反映了肌纤维所处的生理状态。由于肌肉在机体内所占的比例很高，特别是占机体蛋白的比例很高，因此肌肉的蛋白质平衡对于整个机体的蛋白质稳态有非常重要的作用。一旦肌细胞内蛋白质平衡被打破，就会发生肌肉萎缩。与青壮年比较，老年人骨骼肌蛋白质代谢失衡，蛋白质代谢合成速率小于分解速率。因此，老年人肌少症发病率较高。肌少症的发病机制尚不十分明确，目前关于肌少症发病机制的研究主要涉及骨骼肌蛋白合成分解失衡、氧化应激与线粒体功能障碍、炎症因子与胰岛素抵抗、激素水平的改变、细胞因子动态调节失衡、运动神经元退化、基因与遗传等方面，而这些因素、途径又相互影响，导致肌量和（或）肌力不同程度地下降，最终发展为肌少症。

Presently，sarcopenia pathogenesis research mainly involves the decomposition of skeletal muscle protein synthesis imbalances with mitochondrial dysfunction，oxidative stress，inflammation and insulin resistance，and changes in the level of hormones，cytokines and dynamic adjustment, motor neuron degeneration, genes and genetic and so on, and these factors, approach and influence each other, This can lead to varying degrees of decrease in muscle mass and/or strength, eventually developing sarcopenia.

肌萎缩相关的通路如图 4-1-1 所示。肌少症的发病机制复杂，相关研究主要包括以下几个方面。

（一）与肌肉蛋白合成与降解相关的通路

骨骼肌中的肌纤维主要是由蛋白质组成，正常情况下，机体蛋白质的合成与分解处于动态平衡之中，当机体代谢以蛋白质分解代谢为主时，可出现负氮平衡。

（二）蛋白质合成相关通路

胰岛素和胰岛素样生长因子 1（IGF1）是一种强有力的合成代谢因子，其在维持机体和肌肉的生长方面发挥重要作用。胰岛素和 IGF1 都能激活丝裂原活化蛋白激酶/细胞外信号调节 RAS-MAPK-ERK 激酶和 PI3K-AKT-mTOR 通路。研究表明，给予 C2C12 肌管细胞 IGF-1 处理，可引起肌管细胞体积增大，并伴随着蛋白质降解减少[17]，此外，小鼠骨骼肌特异性过表达 IGF-1，也可引起小鼠肌肉大小增加[18]，这表明 IGF-1 在骨骼肌肥大的发生中起重要作用。另外，Lai 等人的研究表明小鼠骨骼肌特异性过表达 Akt 也可诱导骨骼肌肥大[19]。对 IGF-1 作用机制研究发现，IGF-1 介导的 Akt 信号通路的转导首先由 IGF-1 配体与骨骼肌细胞表面的胰岛素样生长因子 -1 受体（insulin-like growth factor 1 receptor，IGF-1R）特异性结合，引起 IGF-1R 磷酸化，磷酸化的 IGF-1R 可将胰岛素受体底物 -1（insulin receptor substrate-1，IRS-1）募集到细胞膜上，并使其发生磷酸化，磷酸化的 IRS-1 可激活 PI3K，活化的 PI3K 又可引起细胞膜上二磷酸磷脂酰肌醇（phosphatidylinositol 4,5-bisphosphate，PIP2）磷酸化，从而形成三磷酸磷脂酰肌醇（phosphatidylinositol 3,4, 5-trisphosphate，PIP3），而 PIP3 参与 Akt 的募集和活化，从而参与调控蛋白质合成[20]。另外，哺乳动物雷帕霉素靶蛋白（mammalian target of rapamycin，mTOR）是 Akt 的靶分子之一，其由两种复合物 TORC1 和 TORC2 组成。TORC1 具有雷帕霉素敏感性，可磷酸化和活化 P70S6 激酶（P70S6K），活化的 P70S6K 可使核糖体 S6 蛋白处于高能磷酸化状态，增强 mRNA 翻译，促进蛋白质合成[21]；另外，活化的 TORC1 还可磷酸化真核生物翻译起始因子 4E 结合蛋白 -1（eukaryotic initiation factor-4E-binding protein-1，eIF4EBP1），从而抑制 eIF4E-BP1 的活性，促进 mRNA 翻译，增加蛋白质合成[22]。另一方面，TORC2 是非雷帕霉素敏感的，且是 Akt 的上游激活剂，可磷酸化 Akt 并反馈调节 Akt 活性，从而抑制 FoxO 的活性[23]，减少蛋白质降解，促进肌肉肥大。

（三）蛋白质降解相关通路

1. 泛素蛋白酶通路（ubiquitin proteasome pathway，UPP）

泛素-蛋白酶体系统（UPS）是调节蛋白质分解和维持蛋白质稳态的重要途径，随着年龄的增长，UPS 中的 Fbxo32（也称为 MAFbx 或 atrogin-1）和 Trim63（也称为 MuRFl）表达水平显著增加，进而促进肌蛋白降解[24]。研究表明，Fbxo32 和 Trim63 是骨骼肌特异性泛素连接酶，可调控蛋白质泛素化[25, 26]，在去神经支配、悬挂固定、高剂量地塞米松（Dex）或炎性细胞因子处理导致的肌肉萎缩模型中均可见Fbxo32和Trim63转录增加，抑制小鼠肌肉中Fbxo32和Trim63的表达，则可减少肌肉丢失[26, 27]，因此，Fbxo32和Trim63可作为肌肉萎缩的重要标志物。Trim63能泛素化几种肌肉结构蛋白，包括肌钙蛋白I，肌球蛋白重链，肌动蛋白，肌球蛋白结合蛋白C和肌球蛋白轻链1和2[28]。相比之下，Fbxo32亚型似乎参与了生长相关的过程[28]。Mikael Altun[29]等研究了泛素蛋白酶通路在肌少症大鼠中的活性，结果表明与4月龄的成年大鼠相比，30月龄衰老大鼠肌肉质量明显下降，26 S蛋白酶系高2～3倍；Fbxo32和Trim63表达升高，通过泛素蛋白酶系蛋白降解的活力升高。因此，UPP导致肌肉蛋白降解，在肌少症的发生中扮演重要的角色。

2. Akt/FoxO信号通路

Akt能通过负向调节FoxO转录因子来抑制泛素-蛋白酶体系统和溶酶体自噬系统的活性。有研究发现Akt转基因小鼠肌肉出现肥大现象，并减轻了去神经诱导的肌萎缩[30]，表明Akt促进肌肉生长的同时亦可抑制蛋白质降解。另外，Akt还可通过磷酸化FoxO转录因子调节UPS途径和自噬-溶酶体途径，FoxO家族成员包括：FoxO1、FoxO3和FoxO4，Akt可磷酸化所有的FoxOs，促进它们从细胞核向细胞质的转运。研究表明，在各种肌肉萎缩模型中，Akt活性及细胞质中FoxO的磷酸化水平降低，细胞核中FoxO的磷酸化水平显著升高[31]，这表明Akt可能通过介导FoxO的磷酸化及易位调控肌萎缩。对FoxOs调控骨骼肌萎缩的机制进一步研究发现，肌肉过表达FoxO3或肌肉特异性FoxO1转基因小鼠的肌肉质量显著减少，并出现肌纤维萎缩现象[32]。若抑制FoxO的转录活性则可抑制肌肉萎缩期间MAFbx（Fbxo32）和MuRF1（Trim63）表达的上调并且减少肌肉丢失[33]。另有研究用FoxO3突变体模拟乙酰化作用，结果发现其可导致编码MAFbx（Fbxo32）的基因转录能力降低，并出现肌肉萎缩症状[34]。以上研究表明，IGF-1-Akt-FoxO信号通路可能通过调控MuRF1（Trim63）、MAFbx（Fbxo32）的表达参与骨骼肌萎缩的发生。因此，当Akt激活时，FoxO活性被抑制，E3泛素连接酶Atrogin 1和MuRF 1介导的蛋白质降解被抑制，导致肌肉质量增加；当Akt失活时，FoxO被激活，促进E3泛素连接酶Atrogin 1和MuRF 1介导的蛋白质降解，导致肌肉萎缩。

FoxOs参与不同的翻译后修饰，最近的研究发现精氨酸188和249位精氨酸甲基转移酶PRMT6的甲基化能增强FoxO3的分解代谢作用[35]。最新的研究发现分泌型糖蛋白Dkk3能通过增强FoxO和β-catenin的相互作用，从而增强FoxO的活性。Dkk3在衰老过程中上调，其过表达会引起肌肉萎缩，而其下调能减轻年龄相关的肌肉萎缩，而不是癌症或禁食引起的肌肉萎缩。年龄相关的肌肉损失是由于β-catenin被招募到FoxO3结合位点以增强Fbxo32和Trim63表达的结果[36]。

（四）线粒体功能障碍

在许多分解代谢条件下，线粒体质量控制和线粒体融合及裂变蛋白是失调的。融合蛋白OPA1或裂变成分DRP1基因敲除小鼠的研究显示肌肉萎缩[37, 38]。急性抑制OPA1可引起氧化应激、炎症反应、肌肉萎缩和未成熟组织的衰老，这将导致动物的死亡。相反，DRP1敲除改变钙稳态和线粒体-内质网连接导致肌纤维变性[38]。因此线粒体网络的形状，不仅是线粒体功能，对肌肉质量调节很重要。

（五）炎症因子

越来越多证据表明，随着年龄的增长，机体的炎症水平明显升高。目前，对于炎症与肌少症相关性的研究有许多，炎性因子（如 CRP、TNF-α、IL-1、IL-6 等）对肌力肌量的下降也起到重要作用。机体内 TNF-α 的高水平表达可使 Akt/mTOR 途径受到抑制从而导致肌肉蛋白质分解代谢增加，同时还激活泛素－蛋白酶体通路，促进肌肉蛋白水解。IL-6 参与肌蛋白更新调控，被认为是分解代谢细胞因子[39]。Patel 等人的研究表明，TNF-α、IL-6 与握力呈明显负相关性。

（六）激素水平

随着年龄的增长，激素水平逐渐下降，而机体内许多激素都具有促进蛋白质合成的作用，这些激素水平的下降，导致骨骼肌蛋白合成减少，从而导致肌肉质量和数量的下降。生长激素可以与受体结合，促进局部组织产生胰岛素样生长因子 1（IGF-1），进而激活哺乳动物雷帕霉素靶蛋白（mTOR），激活蛋白激酶 B（Akt）共同促进蛋白质合成[40]。同时有研究表明，单一应用生长激素对于肌肉功能改善并没有明显效果，需要同时抑制叉头状转录因子 O，减少蛋白质分解代谢，进而促进肌量的增长[30]。性激素也是一种影响蛋白质合成分解的重要激素，尤其是雄激素作用更加明显。睾酮是合成代谢过程中最重要的类固醇激素，睾酮浓度随着年龄的增长而逐步降低，研究发现在 65 岁以上的男性中，超过 60% 的个体存在睾酮水平明显减少[41]。衰老个体中睾酮水平的降低也是导致肌肉中蛋白合成减少、肌肉质量减少、功能减弱的重要因素[42]。补充睾酮能够有效地增加蛋白质合成、增加肌肉力量和质量。此外，胰岛素对于肌量的维持也起到重要作用。胰岛素可作用在泛素-蛋白酶体途径从而影响到蛋白质的合成分解。当机体对胰岛素不敏感甚至胰岛素抵抗时，肌肉对糖的利用出现障碍，导致能量缺乏，长期可导致肌肉萎缩和肌力下降。维生素 D 缺乏亦可导致肌纤维萎缩，出现近端肌无力，是肌少症的主要病因之一。

（七）锌离子

金属硫蛋白是一种锌结合蛋白。抑制该蛋白可以释放锌离子，引起肌肉肥厚。其机制可能是金属硫蛋白通过 AKT-mTOR 信号通路促进小鼠肌肉的生长[43]。相反，研究显示金属离子转运体 ZRT- 和 IRT- 样蛋白 14（ZIP14），控制了锌离子摄取，已被证明能促进肌肉流失。ZIP14 是通过上调 TNF-α、TGF-β 细胞因子和 ZIP14- 依赖性锌积累诱导肌球蛋白重链损失，而肌肉特异性地敲除 ZIP14 可以防止荷瘤小鼠的肌肉丢失[44]。

三、SAMP8 肌少症动物模型

SAMP8 小鼠是一种快速衰老的小鼠模型，其优点是寿命短，能够加速衰老过程。Derave 等[46]研究发现相比于 SAMR1 抗衰老模型小鼠，加速衰老的 SAMP8 小鼠随着年龄增长出现肌肉力量、肌纤维尺寸以及肌肉磷酸肌酸水平的下降。有研究表明，SAMP8 小鼠 7 月龄时肌肉质量最大，SAMP8 小鼠肌肉减少的发生时间为第 8 个月，表现为肌肉质量显著减少（12.41%），肌肉力量下降（11.64%）和收缩性下降（25.96%）[47]。此外，线粒体功能障碍是 SAMP8 中高氧化应激状态的主要原因，因此诱导衰老加速。并且，SAMP8 衰老

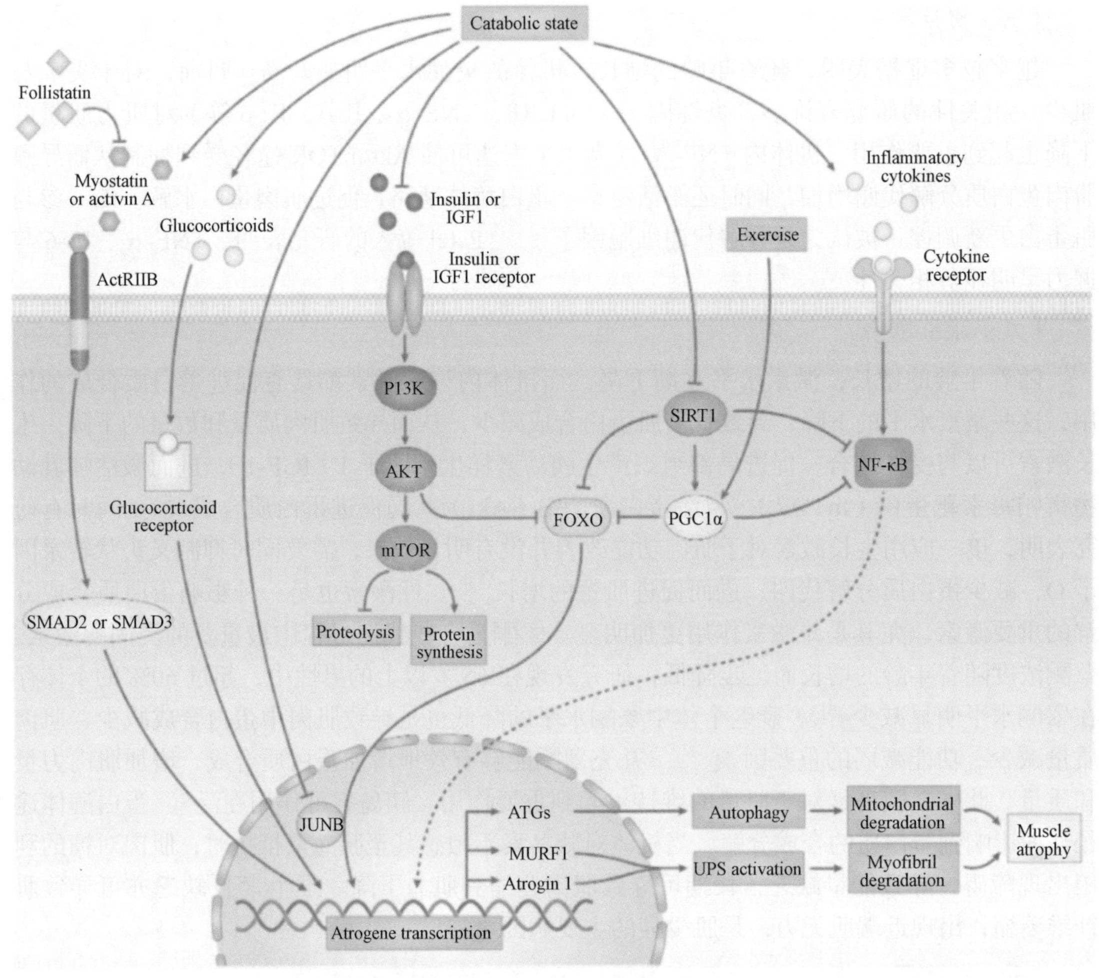

图 4-1-1　肌萎缩信号通路[45]

过程中与年龄相关的病理表型与人类老年病相似。因此，学者们认为 SAMP8 可以推荐作为肌肉减少症研究的低成本高效益动物模型。

四、营养干预与肌少症关系的研究现状

在老年肌少症患者中，营养补充可被视为一种减轻肌肉损失的有效措施。营养干预是指通过补充营养物质，从而达到防治肌少症的作用。目前对于肌少症营养干预措施的研究主要集中在蛋白质、支链氨基酸、Omega-3 多不饱和脂肪酸（PUFAs）、维生素及抗氧化剂等。研究发现，高蛋白的摄入可以提高老年患者的身体功能，相较于低蛋白摄入量，高蛋白摄入量可以明显改善老年患者的下肢功能[48]。氨基酸包括支链氨基酸是保持老年人骨骼肌健康的重要组成成分[49]。支链氨基酸可能通过增加骨骼肌线粒体生物发生和相关基因的表达来维持心力衰竭大鼠的体重和心功能，并延长生存时间。支链氨基酸尤其是亮氨酸通过激活 mTOR 信号通路，可以促进肌肉蛋白质合成[50-52]。最近有研究发现，n-3 PUFAs 能促进

骨骼肌的合成代谢[53]。n-3 PUFAs 的补充与老年人肌肉质量、肌肉功能和身体的表现成正相关。也有研究发现，n-3 PUFAs 的补充能提高肌肉活性，改善线粒体的功能状态、使肌纤维增粗[54]。维生素是人体微量营养素的重要组成部分，是维持人体正常生理功能所必需的一类有机化合物，在维持人体正常生长发育、调节新陈代谢、维持内环境稳态、防治疾病等方面发挥着重要的作用[55]。Kim 等调查了 493 例癌症患者的一般情况以及膳食结构，结果发现维生素 A 缺乏的癌症患者更容易患有肌少症[56]。维生素 D 是肌肉骨骼健康的关键营养素。在成年人中，维生素 D 缺乏与多种骨骼疾病有关，包括骨软化、骨质减少和骨质疏松，并增加骨折的风险。系统综述和 meta 分析发现，维生素 D 补充剂对社区老年人的身体功能、肌肉质量和力量都有益处[57]。氧化损伤的标记物已被证明可以预测老年人的身体功能损伤[58]。当细胞中存在过多的活性氧（ROS）时，可能会对 DNA、脂质和蛋白质等生物分子造成损害。ROS 的作用通常被抗氧化防御机制所抵消，其中包括超氧化物歧化酶和谷胱甘肽过氧化物酶，以及来自饮食的外源抗氧化剂，如硒、类胡萝卜素、生育酚、类黄酮和其他植物多酚[58]。由于 ROS 的积累可能导致氧化损伤，有可能导致老年人肌肉质量和力量的丧失[59]。许多观察性研究表明，较高的抗氧化状态与身体功能呈正相关[60]。

综上所述，目前肌少症的饮食干预措施，主要是具有补充蛋白质、抗炎、氧化等作用的营养物质，很少有针对肌少症的发病机制，从多个维度、多个层面的缓解肌少症发生的营养干预措施。

五、外源核苷酸及其生理功能的研究进展

（一）核苷酸

核苷酸是核酸的基本构成单位，由碱基、戊糖和磷酸 3 种成分连接而成。核苷酸是生物体细胞中决定生物特性和蛋白质结构与功能的重要物质，控制着生物体的生长、发育、繁殖和遗传，它是体内多种营养物质的代谢调节因子，是各种营养因子的总协调者和指挥者。由于机体可以合成核苷酸，人们曾认为核苷酸不属于必需营养物质。但近几十年来，各项研究逐渐发现在特定的生理条件下（如免疫应激、肝损伤、应激、饥饿、快速生长及衰退等）能发挥重要作用。目前，核苷酸的主要来源有 2 种：①存在于人体内的内源性核苷酸；②通过酶解法技术合成的外源性核苷酸（exogenous nucleotides，NTs）。近年的研究发现，长期缺乏核苷酸摄入会导致免疫系统的功能减退，骨髓造血功能的降低，消化吸收功能的降低，骨折、伤口难以愈合、组织的再生功能降低，性功能衰退，毛发、指甲、皮肤老化，神经系统功能衰退，基因自助修复功能衰退以及发育不良等。与此同时，外源性来源的核苷酸（包括 DNA、RNA、核苷酸和核苷）在特定生理条件下是不可缺少的营养成分，并且在机体受到免疫挑战、肝损伤、应激、饥饿、快速生长及衰退的情况下，外源性核苷酸能进入各种组织中并被吸收利用，节省机体从头或者补救合成的消耗，从而可以优化组织功能。

（二）NTs 的生理功能

目前人们已经发现并逐步应用的外源性核苷酸的生理功能主要有如下几项：①调节免疫力；②促进生长发育；③抗氧化功能；④优化肠道，调节肠道菌群的功能；⑤辅助降血脂；

⑥保护肝；⑦缓解体力疲劳；⑧改善记忆等方面的功能。

外源核苷酸具有清除自由基、提高机体抗氧化能力的作用。核苷酸的抗氧化作用可以抵抗代谢过程中的自由基损伤，减少损伤积累，更能保护 DNA，维持细胞核的稳定性。Perez 等的研究证实核苷酸及其代谢产物具有抗氧化作用，可作为内源性自由基清除剂和抗氧化剂[61]。本课题组先前的研究显示外源性核苷酸的长期干预可以不同程度地延长 SD 大鼠的平均存活时间，降低自发肿瘤发生率及肿瘤引起的死因比例。同时，外源性核苷酸可以增强老龄大鼠血清抗氧化酶 SOD、CSH-Px 活性，降低脂质过氧化产物 MDA 含量，改善肝组织增龄性病理改变，降低炎症水平[62]。张艳春等研究发现，核酸具有改善老龄大鼠生理功能和肝、脑组织形态学改变的作用，并可以增强老年大鼠体内过氧化酶 SOD 和 GSH-Px 的活性，降低脂质过氧化产物 MDA 的含量，增强老年状态下机体的抗氧化能力[63]。

各项研究逐渐发现，外源性补充核苷酸可以延缓衰老，改善老年健康状况。Korb 等人的研究证实补充核苷酸可以预防 DNA 损伤，延缓衰老[64]。任蓓麟等研究发现，核酸营养能够延长果蝇的平均寿命、半数致死天数和平均最高寿命[65]。此外，外源性核酸还可以减轻与老化有关的脑形态病理变化与记忆损伤[66]。

六、外源核苷酸与肌少症

目前国内外关于肌少症的营养干预措施中，尚未有关于外源核苷酸的研究。但有研究发现腺嘌呤核苷酸在人类骨骼肌中随着年龄增长其浓度是显著降低的[67, 68]。且在肌少症患者的循环系统中发现，腺嘌呤核苷酸的降解产物显著增加[69, 70]。这提示补充腺嘌呤核苷酸可能会缓解肌少症。此外，近期发表于 Nature 子刊的一篇文章显示，中国科学家发现了核苷酸通路中的尿苷是决定再生能力高低的核心代谢物质——尿苷处理的衰老人类干细胞“重获新生”，表现为再生能力得到恢复、基因组稳定性增强及线粒体活性明显改善。且在该研究中发现：补充尿苷可减少肌肉纤维化发生区域，降低促炎细胞因子，治疗后的小鼠表现出更强的握力与更长的跑步距离。尿苷上调了与肌肉发育相关的通路，可促进 14 种肌肉细胞的修复[71]。尿苷作为尿苷酸的组成成分之一，这提示补充尿苷酸很可能也会改善肌肉的功能及衰老状态。且与尿苷相比，尿苷酸是更安全的，目前其已被广泛应用于婴幼儿配方奶粉中。

此外，有研究发现核苷酸的组织利用似乎是有组织依赖性的，能量需求较高的细胞（例如骨骼肌、脑）和（或）DNA 复制旺盛的细胞（例如免疫细胞、肠细胞）需要更多的核苷酸[72]，此外剧烈运动可能会增加人体对核苷酸的需求。虽然核苷酸可以在体内从头合成或补救合成，但在应激条件下（如运动、炎症、营养不良），增加的需求需要通过膳食来补充，此时外源核苷酸的补充可能会提供额外的生理优势。几项研究报道了外源核苷酸对骨骼肌运动的有益作用。McNaughton 等的研究发现饮食核苷酸抵消了与高强度耐力运动相关的运动后皮质醇反应，这表明膳食核苷酸可能具有缓解压力的作用[73]。Ostojic 等人的研究发现补充膳食核苷酸的健康男性的力竭时间显著延长[74]。外源核苷酸可能会影响线粒体功能。在正常情况下，细胞器内核苷酸的循环很可能平衡于内源合成（来自氨基酸、葡萄糖或 DNA 和 RNA 残骸）和核苷酸分解成核苷和尿酸。然而，在耗能高的情况下（如剧烈运动）

或身体应激状态下（营养不良、衰老、炎症等）线粒体核苷酸池可能会耗尽，需要额外的核苷酸来补充不足。在这种情况下，外部提供的核苷酸通过线粒体生物膜运输，并输送到细胞器内的特定位置。外源核苷酸的几种线粒体相关效应已被确认，可能与运动成绩的改善有关。口服核苷酸降低乙酰乙酸酯/β-羟丁酸比率（线粒体氧化还原状态的指标），表明细胞损伤后氧化应激减轻，线粒体功能恢复[75]。此外，线粒体能量偶联过程中电子的载体ATP（与腺苷二磷酸和一磷酸腺苷一起）和腺嘌呤核苷酸的浓度也较高，因此，饮食核苷酸的利用可能会增强细胞内氧化磷酸化、电子传递以及氧化和还原形式的烟酰胺腺嘌呤二核苷酸之间的转换效率，从而刺激细胞内能量的生产和储存[75]。此外，饮食中的核苷酸在慢性应激后会使线粒体酶（如ATP酶、柠檬酸合成酶、苹果酸脱氢酶）的活性恢复正常，这表明摄入核苷酸后线粒体功能恢复得更早。也有研究表明外源核苷酸可能会促进因剧烈运动而出现的线粒体DNA损伤的修复[76]。线粒体可能是外源核苷酸的靶亚基，这些化合物可能对线粒体中的能量产生、氧化应激调节和DNA修复产生积极的影响[77]。肌肉是线粒体含量较多的器官之一。线粒体为细胞发挥正常功能提供能量，是骨骼肌的重要调节器，因此在衰老过程中发挥重要作用。线粒体也是肌组织中ROS的主要来源，肌少症中组织ROS生成增多可能与衰老过程中电子传递链的功能障碍相关。随着年龄增加，线粒体功能减低，导致肌肉的生物能量衰竭，静息与最大耗氧量下降，肌肉疲劳性增加；同时线粒体功能紊乱导致供能减少，机体负氮平衡和肌组织蛋白分解增加，进而导致肌少症发生。核苷酸作为非酶抗氧化剂之一，具有较好的抗氧化作用。且核苷酸是一种安全、无毒副作用的原料，广泛应用于婴幼儿配方奶粉中。鉴于此，我们推测外源核苷酸可能是一种有潜力的肌少症营养干预物质，值得进一步探索研究。

综上所述，我国尚缺乏大规模老年人群肌少症患病率及危险因素的队列研究，因此，评估整个国家老年人群肌少症患病率和相关影响因素对于预防和治疗我国老年人群肌少症是非常重要的。外源性核苷酸具有抗氧化、改善肌肉功能、延缓衰老的作用，对老年健康有积极影响。但是外源性核苷酸是否可以预防或减缓肌少症的发生，目前还没有相关研究。如果有效，其可能的机制是什么？目前，其机制尚不清楚，需要从动物、细胞、分子及细胞器等多个维度进行深入分析和探索。

第二节　我国老年人群肌少症患病率及影响因素分析
The prevalence and associated factors of sarcopenia in the elderly population of China

肌少症是一种与年龄相关的骨骼肌质量、力量降低和（或）伴有相关躯体功能丧失的临床综合征。随着人口老龄化的不断加剧，肌少症作为与老化密切相关的常见退行性疾病，其患病率也日益增加。肌少症最早是在1989年由Rosenberg首次提出。2010年欧洲老年人肌少症工作组（European Working Group on Sarcopenia in Old People，EWGSOP）简称为EWGSOP2010，将肌少症定义为：是一种与增龄有关的进行性全身肌量减少、肌肉强度降低或身体功能减退的一种综合征，其特征是骨骼肌质量和力量进行性和全面性丧失[2]。此后，2011年国际肌少症工作组也公布了新共识（International Working Group for Sarcopenia，IWGS）简称为IWGS2011，定义肌少症为：与年龄有关的骨骼肌质量和功能丧失的一种比较复杂的综合征，与单独肌肉质量的损失或与脂肪组织的增加有关[78]。2014年亚洲肌少症工作组（Asia Working Group for Sarcopenia，AWGS）[79]简称为AWGS2014，将肌少症定义为：与年龄相关的肌肉质量损失，加上低肌力和（或）低身体功能。在2018年欧洲老年人肌少症工作组（European Working Group on Sarcopenia in Old People，EWGSOP）简称为EWGSOP2018，总结了近几年肌少症在临床和科研的最新成果，提出了修正的肌少症诊断标准，在肌少症的定义中低肌力被当作诊断肌少症的主要参考指标。并提出了肌少症的诊断流程：发现—评估—确诊—严重程度分级（Find-Assess-Confirm-Severity）。2019年亚洲肌少症工作组（Asia Working Group for Sarcopenia，AWGS）简称为AWGS2019，该诊断标准将对我国肌少症临床研究起到积极的指导及推进作用。AWGS2019继续保留了先前对肌少症的定义：与年龄相关的肌肉质量减少，且还要存在低肌肉力量和（或）低身体功能。但修改了诊断方法、方案和一些标准：尽管骨骼肌强度和质量仍然被认为是最终临床诊断的基础，但AWGS2019还引入了"可能的肌少症"的概念，其定义为肌肉力量低或身体功能低下，特别是用于初级保健或社区健康促进，使早期生活方式干预成为可能，有助于提高对不同医疗环境下肌少症预防和干预的认识。AWGS2019诊断标准能够早期识别高危人群，以便及时采取干预措施。AWGS2019将肌少症定义为：当存在肌力低下或身体功能低下时可能存在肌少症；低肌肉质量加低肌力或低身体功能时为肌少症；当肌力低、肌肉数量或质量低下及身体功能低下均存在时，则有严重的肌少症[11]。

肌少症是一种老年综合征，严重危害老年人健康及功能，导致临床不良事件增加，如摔倒、骨折、身体残疾和死亡率增高。此外，肌少症增加了住院的风险和住院期间的护理费用。众所周知中国是世界上老龄化速度最快的国家之一。未来肌少症将对中国人群产生重大影响。因此，了解肌少症在全国的流行情况，并找出可能肌少症（肌少症前期）患者，进一步降低肌少症和重度重型肌少症的发生率，以改善老年人的健康状况和生活质量具有重要意义。有研究使用2014年亚洲肌少症工作组（AWGS 2014）标准，发现肌少症患病率为5.5%～25.7%，其中男性为5.1%～21.0%，女性为4.1%～16.3%，男性高于女性[3]。目前，虽然世界范围内有许多对肌少症患病率的研究。然而在中国，到目前为止还没有大规模的人群肌少症患病率和相关危险因素的研究。一些研究表明，衰老、营养不良、吸烟和低BMI为肌少症的危险因素[8, 80]。既往也有研究表明，慢性阻塞性肺疾病（COPD）、慢性心力衰竭及慢性肝病患者中肌少症患病率增高[10, 11]。除以上因素外，肌少症还可能与其他因素密切相关。由于遗传背景、种族和生活环境不同，中国人群肌少症的相关危险因素可能与其他国家有所不同，因此，评估中国人群肌少症的流行情况，并确定相关因素，对制定有针对性的防治策略至关重要。根据AWGS 2019，肌少症共分为3类，包括可能肌少症、肌少症和严重肌少症。AWGS2019还引入了"可能肌少症"的概念，定义为肌肉力量低或身体功能低下，该诊断标准支持早期识别高危人群，以便及时进行干预。且根据欧洲老年人肌少症工作组2（EWGSOP2），肌肉力量比肌肉质量更能预测不良结局。因此，我们的研究目的是获得中国老年人群肌少症患病率及可能肌少症的危险因素，以提高对肌少症的认识，以便尽早识别肌少症的高危人群，并采取治疗措施。

一、可能肌少症患者的患病率

总共有6172名受试者，年龄为68.13±6.46岁（60～94岁）。如表4-2-1所示，可能肌少症总体患病率为38.5%（95% CI 37.3，39.7）。肌少症的患病率为36.3%（95% CI 34.6，38.0）。男性为40.7%（95% CI 38.9，42.4）（P = 0.001）。从图4-2-1可以看出，随着年龄的增长，可能肌少症患病率逐渐增高：60～69岁、70～79岁和80岁年龄组患病率分别为29.1%、50.6%和78.1%。如表4-2-1和图4-2-2所示，城市地区的可能肌少症患病率为31.1%（95% CI 28.8，33.4），而农村地区占41.0%（95% CI 39.5，42.4）（P < 0.001）。受试者女性肌少症和非肌少症患者的平均握力为18.10±5.83 kg，24.73±4.47 kg，男性有肌少症和无肌少症的患者握力分别为26.46±7.02 kg和36.29±5.22 kg。5次坐立试验肌少症和非肌少症患者所用时间分别为13.01±4.69 s和8.50±1.88 s。与非肌少症人群相比，可能肌少症患者更有可能患有高血压、糖尿病或高血糖、慢性肺病、心脏病、中风、精神疾病、记忆相关疾病、关节炎、哮喘（P < 0.05）见表（表4-2-2）。可能肌少症患者更容易发生摔倒和骨折（P < 0.001）。且可能肌少症患者，ASM、ASM/Ht2、步态速度（GS）和血红蛋白与非肌少症人群相比，明显降低（P < 0.001）。相反，可能肌少症患者血浆CRP水平明显高于非肌少症人群（P < 0.001）（表4-2-2）。

表4-2-1　根据性别和居住地划分可能肌少症的患病率和95%CI

	全部，%	农村，%	城市，%
双性别	38.5（37.3，39.7）	41.0（39.5，42.4）	31.1（28.8，33.4）
男性	36.3（34.6，38.0）	38.4（36.4，40.4）	29.8（26.5，33.0）
女性	40.7（38.9，42.4）	43.5（41.5，45.5）	32.4（29.1，35.6）

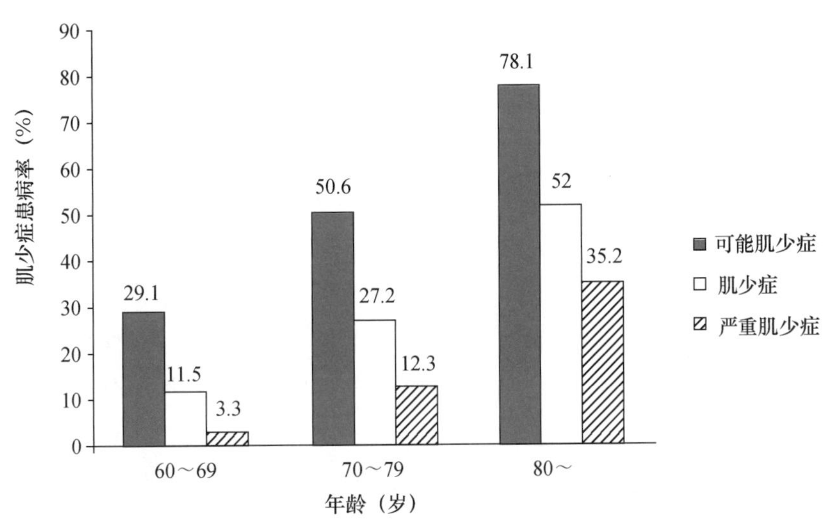

图4-2-1　不同年龄组三类肌少症的患病率

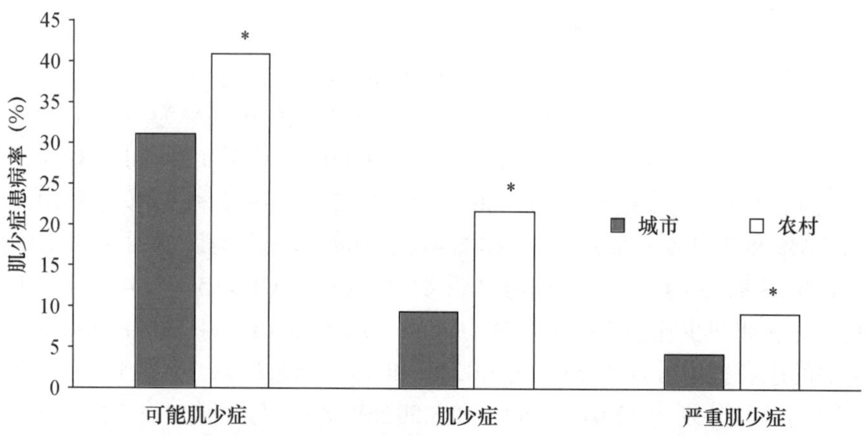

图 4-2-2 城市和农村地区三类肌少症的患病率

表 4-2-2 可能肌少症患者和非患者人群的流行病学基本特征

特征	非肌少症 $n = 3796$（61.5%）	可能肌少症 $n = 2376$（38.5%）	P
年龄（年）	66.49±5.35	70.74±7.17	＜0.001
年龄范围，n（%）			
60～69	2826（74.4）	1160（48.8）	
70～79	883（23.3）	905（38.1）	
≥80	87（2.3）	311（13.1）	
性别，n（%）			0.001
男性	1955（51.5）	1115（46.9）	
女性	1841（48.5）	1261（53.1）	
地区，n（%）			＜0.001
城市	1061（28.0）	479（20.2）	
农村	2735（72.0）	1897（79.8）	
BMI（kg/m^2）	24.36±16.22	24.05±23.20	0.537
BMI 范围，n（%）			
BMI＜18.5	210（5.5）	275（11.6）	
18.5≤BMI＜24	1920（50.6）	1203（50.6）	
BMI≥24	1666（43.9）	898（37.8）	
吸烟，n（%）	1811（47.7）	1109（46.7）	0.432
喝酒，n（%）	1382（36.4）	661（27.8）	＜0.001
并发症，n（%）			
高血压	1501（39.5）	1143（48.1）	＜0.001

续表

特征	非肌少症 $n = 3796$（61.5%）	可能肌少症 $n = 2376$（38.5%）	P
血脂异常	704（18.5）	464（19.5）	0.350
糖尿病 / 高血糖	431（11.4）	323（13.6）	0.009
癌症	74（1.9）	48（2.0）	0.851
慢性肺病	671（17.7）	584（24.6）	< 0.001
肝病	241（6.3）	148（6.2）	0.872
心脏病	769（20.3）	602（25.3）	< 0.001
中风	127（3.3）	138（5.8）	< 0.001
肾病	390（10.3）	258（10.9）	0.468
消化系统疾病	1153（30.4）	769（32.4）	0.10
精神疾病	117（3.1）	110（4.6）	0.002
记忆相关疾病	117（3.1）	124（5.2）	< 0.001
关节炎	1686（44.4）	1256（52.9）	< 0.001
哮喘	255（6.7）	261（11.0）	< 0.001
跌倒，n（%）	665（17.5）	567（23.9）	< 0.001
骨折，n（%）（$n = 6165$）	65（1.7）	75（3.2）	< 0.001
四肢骨骼肌质量	17.13±5.32	15.95±6.42	< 0.001
男性	20.35±3.31	19.29±6.68	< 0.001
女性	13.72±4.90	12.99±4.44	< 0.001
四肢骨骼肌质量 / 身高^2（kg/m^2）（mean±SD）	6.82±2.38	6.56±3.28	< 0.001
男性	7.60±1.21	7.40±2.25	0.001
女性	5.99±2.96	5.82±3.83	0.172
步态速度（m/s）	0.83±0.21	0.69±0.21	< 0.001
血液指标（mean±SD）			
血红蛋白，g/dl（$n = 6092$）	13.72±1.82	13.36±1.86	< 0.001
C- 反应蛋白，mg/L（$n = 6142$）	2.60±5.11	3.56±8.05	< 0.001

注：计数结果表示为平均值 ± 标准差，或者数量（百分比）。BMI，身体质量指数。$P < 0.05$ 表示差异显著。

二、肌少症患者的患病率

从表 4-2-3 中可以看出，肌少症的总患病率为 18.6%（95% CI 17.7，19.6）。其中男性肌少症的患病率为 18.4%（95% CI 17.0，19.7），而女性肌少症的患病率为 18.9%（95%CI 17.5，20.3）（$P = 0.578$）。从表 4-2-3，图 4-2-2 中可以看出，在城市地区，肌少症的患病率为 9.4%（95%CI 8.0，10.9），而在农村地区，肌少症患病率为 21.7%（95%CI 20.5，22.9）（$P < 0.001$）。农村地区肌少症的患病率明显高于城市地区。此外，肌少症患者的年龄显著高于非肌少症患者（平均年龄分别为 72.39 岁和 67.15 岁，$P < 0.001$）。如图 4-2-1 所示，肌少症患病率也随年龄的增长显著增加，60 ～ 69 岁、70 ～ 79 岁和 80 岁患病率分别为：11.5%，27.2%，52.0%。由于研究人群（如年龄、性别）和采用不同的诊断标准等差别，肌少症的患病率也不尽相同[81, 82]。根据一项系统综述研究，肌少症在 50 岁及以上社区居住的成年人中普遍存在[81]。此外，根据 AWGS2014 年的诊断标准，一项包含 944 人的中国社区居住的 60 岁以上老年人的研究发现肌少症患病率约为 10.4%[6]。然而，另一项包括 887 例居住在社区的中国老年人的研究发现肌少症的患病率为 9.8%[83]。据我们所知，到目前为止，很少有研究利用最新的 AWGS 2019 诊断标准去研究肌少症患病率。我们只发现了一项利用最新的 AWGS 2019 诊断标准，对韩国社区 70 岁以上老年人肌少症患病率进行研究。该研究显示肌少症在韩国 70 岁以上老年人群中的患病率为 22.8%[84]。然而，在我们的研究中，肌少症的患病率为 18.6%。患病率的差异可能与不同的研究人群和测量方法不同有关。此外，韩国人的年龄明显高于本研究老年人群的年龄（75.9±3.9 岁 *vs* 68.13±6.46 岁），这可能是造成韩国老年人肌少症患病率高于我国老年人群的原因之一。

表 4-2-3　根据年龄和居住地划分肌少症的患病率和 95%CI

	Overall，%	Rural area，%	Urban area，%
所有性别	18.6（17.7，19.6）	21.7（20.5，22.9）	9.4（8.0，10.9）
男	18.4（17.0，19.7）	21.4（19.8，23.1）	8.8（6.8，10.9）
女	18.9（17.5，20.3）	22.0（20.3，23.7）	9.9（7.9，12.0）

三、严重肌少症的患病率

如表 4-2-4 所示，严重肌少症总体患病率为 8.0%（95%CI 7.3，8.6）。从表 4-2-4 和彩图 4-2-3 可以看出，在农村地区严重肌少症的患病率明显高于城市地区（$P < 0.001$）。男性肌少症的患病率为 8.4%（95%CI 7.4，9.4），女性为 7.5%（95%CI 6.6，8.4）。患有严重肌少症的受试者年龄明显高于非肌少症患者（平均年龄分别为 75.01 岁和 67.53 岁，$P < 0.001$）。图 4-2-2 所示，严重肌少症的患病率随年龄增长而增加，60 ～ 69 岁、70 ～ 79 岁和≥ 80 岁年龄组的肌少症的患病率分别为 3.3%、12.3% 和 35.2%。

表 4-2-4　根据年龄和居住地划分严重肌少症的患病率和 95%CI

	Overall，%	Rural area，%	Urban area，%
所有性别	8.0（7.3，8.6）	9.2（8.4，10.1）	4.1（3.1，5.1）
男	8.4（7.4，9.4）	9.8（8.6，11.0）	4.0（2.6，5.4）
女	7.5（6.6，8.4）	8.7（7.5，9.8）	4.2（2.8，5.5）

四、肌肉质量与肌少症的关系

在男性和女性中肌肉质量（SAM）与握力的关系，如彩图 4-2-3 所示，在男性握力与 SAM 呈显著正相关（相关系数 0.444，$P < 0.001$）。对女性而言，握力也与 SAM 呈显著正相关（相关系数：0.356，$P < 0.001$）。握力随 SAM 的增加而增强（$P < 0.001$）。

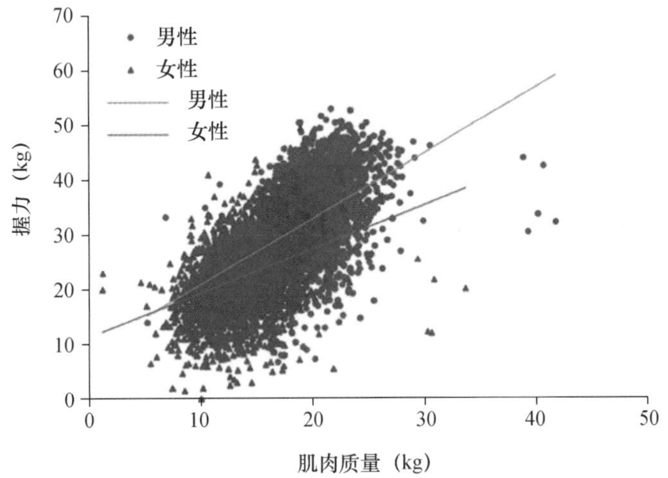

彩图 4-2-3　男性和女性 ASM 与握力之间的关系

注：直线表示拟合的回归曲线方程，绿色直线表示男性 ASM 与握力之间的回归方程，Y = 1.204×X + 8.823（其中，校正 $R^2 = 0.197$，$P < 0.001$）；红色直线表示女性 ASM 与握力之间的回归方程，Y = 0.820×X + 11.119（其中，校正 $R^2 = 0.127$，$P < 0.001$）。

五、可能肌少症的相关危险因素

从单因素分析中选择与可能肌少症相关的因素（表 4-2-2）所有 $P \leqslant 0.10$ 的变量进行多因素 logistic 回归模型。多元 logistic 回归 H-L 检验 $P = 0.664$。如表 4-2-5 所示，可能肌少症随着年龄的增加而增多（OR 1.09；95%CI 1.08，1.10）。肌少症在农村地区显著高于城市（OR 1.47；95%CI 1.29，1.69）。有高血压（OR 1.22；95%CI 1.09，1.38）、慢性肺病（OR 1.23；95%CI 1.07，1.42）、心脏病（OR 1.15；95%CI 1.00，1.33）、情绪或精神问题（OR 1.48；95%CI 1.10，1.99）、关节炎（OR 1.21；95%CI 1.07，1.35）有较高的可能肌少症的发病风险。摔倒的老年人更有可能出现肌少症（OR 1.24；95%CI 1.07，1.42）。C 反应蛋白（CRP）浓度高与可能肌少症的发生有关（OR 1.02；95%CI 1.01，1.03）。相反，饮酒（OR 0.85；95%CI 0.75，0.97），步态速度（OR 0.09；95%CI 0.07，0.12）和血红蛋白（OR 0.97；95%CI 0.94，1.00）与可能肌少症的风险呈负相关。然而，在 Bonferroni 校正后，可能肌少症与饮酒、心脏病、精神疾病和血红蛋白水平之间无显著性差异（表 4-2-5）。

表 4-2-5 可能肌少症相关危险因素的多因素 Logistic 回归

变量	OR（95%CI）	P 值
年龄	1.09（1.08 ~ 1.10）	**< 0.001**
地区		
城市	1（reference）	
农村	1.47（1.29 ~ 1.69）	**< 0.001**
饮酒	0.85（0.75 ~ 0.97）	0.013
步态速度	0.09（0.07 ~ 0.12）	**< 0.001**
高血压	1.22（1.09 ~ 1.38）	**0.001**
慢性肺病	1.23（1.07 ~ 1.42）	**0.004**
心脏病	1.15（1.00 ~ 1.33）	0.048
精神疾病	1.48（1.10 ~ 1.99）	0.010
关节炎	1.21（1.07 ~ 1.35）	**0.002**
跌倒	1.24（1.07 ~ 1.42）	**0.003**
血红蛋白	0.97（0.94 ~ 1.00）	0.034
C 反应蛋白	1.02（1.01 ~ 1.03）	**0.001**

注：OR：比值比；CI：置信区间；$N = 6061$。其中加粗 P 值，表示通过 Bonferroni 校正后，差异显著（$P < 0.0042$）

此外，我们还根据农村地区和城市地区进行了亚组分析。研究结果显示在不同地区肌少症的相关因素是不同的。我们发现无论在城市还是农村地区，年龄、步态速度、关节炎和跌倒是可能肌少症的常见相关因素（$P < 0.05$）。而在城市地区，患有慢性肺病（OR 1.42；95%CI 1.06，1.90）和精神疾病（OR 2.21；95%CI 1.23，3.96）的人群有较高的肌少症患病率（$P < 0.05$）。而在农村地区，饮酒（OR 0.71；95%CI 0.54，0.92）与肌少症呈负相关（$P < 0.05$）。在农村地区，患有高血压（OR 1.29；95%CI 1.13，1.48），心脏病（OR 1.24；95%CI 1.05，1.47）或血浆中较高 C 反应蛋白水平（OR 1.02；95%CI 1.01，1.03）的人群有更高的肌少症患病率，而血红蛋白（OR 0.96；95%CI 0.92，0.99）与肌少症呈负相关（$P < 0.05$）。经过多重校正后，无论城市还是农村人群，只有年龄和步态速度是可能肌少症的显著相关因素（$P < 0.001$）。在农村居民中，可能肌少症的发病风险在有高血压史和血浆 CRP 浓度高的患者显著增加（表 4-2-6）。

表 4-2-6 在农村和城市人群中可能肌少症的 Logistic 回归模型

变量	城市		Rural	
	OR（95%CI）	P	OR（95%CI）	P
年龄	1.09（1.07 ~ 1.11）	< 0.001	1.09（1.08 ~ 1.10）	**< 0.001**
饮酒	0.71（0.54 ~ 0.92）	0.011	0.90（0.78 ~ 1.04）	0.138

续表

变量	城市		Rural	
	OR（95%CI）	*P*	OR（95%CI）	*P*
步态速度	0.11（0.06 ～ 0.20）	＜ 0.001	0.08（0.06 ～ 0.12）	**＜ 0.001**
高血压	1.02（0.80 ～ 1.30）	0.895	1.29（1.13 ～ 1.48）	**＜ 0.001**
慢性肺病	1.42（1.06 ～ 1.90）	0.021	1.18（1.00 ～ 1.38）	0.051
心脏病	0.94（0.72 ～ 1.23）	0.667	1.24（1.05 ～ 1.47）	0.010
精神疾病	2.21（1.23 ～ 3.96）	0.008	1.27（0.90 ～ 1.78）	0.179
关节炎	1.29（1.01 ～ 1.64）	0.046	1.18（1.03 ～ 1.35）	0.014
跌倒	1.49（1.09 ～ 2.04）	0.012	1.18（1.00 ～ 1.38）	0.046
血红蛋白	1.01（0.94 ～ 1.09）	0.770	0.96（0.92 ～ 0.99）	0.012
C 反应蛋白	1.00（0.98 ～ 1.02）	0.909	1.02（1.01 ～ 1.03）	**＜ 0.001**

注：OR：比值比；CI：置信区间；其中加粗 *P* 值，表示通过 Bonferroni 校正后，差异显著（$P < 0.0042$）

众所周知，肌少症是一种与年龄有关的肌肉质量的损失，被描述为与衰老相关的肌肉质量和肌肉力量的下降。这与我们的研究结果是一致的。本研究发现肌少症的患病率随着年龄的增长而明显增加（OR1.09；95%CI 1.08，1.10）。本研究表明，饮酒是可能肌少症的一种保护因素（OR 0.85；95%CI 0.75，0.97）。然而，经过 Bonferroni 校正后，可能肌少症与饮酒之间的关联并不显著。之前的一项研究表明，生活习惯，如长期饮酒可能会导致肌肉质量和力量的减少[85]。但饮酒的好处也是公认的。与我们的研究一致，一项 meta 分析显示饮酒不是肌少症的危险因素，而且饮酒可能具有预防肌少症的作用[86]。因此，需要进一步的研究来确定饮酒与肌少症之间的联系。与以往的研究相同[83]，与城市地区相比，我们发现农村地区有较高的肌少症患病率（OR 1.47；95%CI 1.29，1.69）。这可能与城市经济水平较高，改善公众健康有关，然而许多农村老人可能患有营养不良或具有营养不良的风险，这可能会导致肌肉质量和肌肉力量下降。我们还分别根据农村和城市地区进行了亚组分析。结果显示不同地区肌少症的相关因素存在一定差异。因此，应有针对性地在城市和农村采取不同的预防肌少症的策略。

大量研究表明，与年龄相关的慢性炎症可能促进肌少症的发生。之前也有研究表明高水平的促炎细胞因子与老年人肌肉质量的减少和身体功能差有关[87, 88]。在我们研究中，也发现在中国老年人群中 CRP 水平在肌少症患者明显高于非肌少症患者。此前的研究发现肌少症在慢性阻塞性肺疾病、心血管疾病患者中患病率增加[89]。在我们的研究中，我们也发现慢性肺病（OR 1.23；95%CI 1.07，1.42）、高血压（OR 1.22；95%CI 1.09，1.38）、心脏病（OR 1.15；95%CI 1.00，1.33）、关节炎（OR 1.21；95%CI 1.07，1.35）与可能肌少症的发生风险增加相关。但经过 Bonferroni 校正后，可能肌少症与心脏病之间的关联不再具有显著性。全身性炎症可能是 COPD 人群肌肉减少的一个重要因素。慢性炎症和细胞因子的产生是与衰老相关的慢性疾病（如高血压、心血管等）的主要危险因素[90]。鉴于潜在的促炎状态和由于疼痛导致的肌肉使用减少，类风湿关节炎患者尤其容易发生肌少症，类风湿关节炎患者会损失 2 ～ 3 倍肌肉质量和功能[91]。有研究显示认知障碍（如痴呆）与肌少症相关。但是，在中国老年人群中我们没有发现记忆相关疾病（如痴呆）与肌少症之间的关联。有趣的是，我们发现精神疾病与可能肌少症的发病风险增加相关（OR 1.22；95%CI 1.10，1.99）。然而，Bonferroni 校正后，这种联系是不显著的。一项 meta 分析表明，一些促炎的炎性细胞因子，包括 TNF-α 和 IL-6，与抑郁症的发生是相互关联的[92]。炎症也被证明是肌少症的一个重要因素。因此，炎症可能是肌少症和精神疾病的共同发病机制之一。之前的一项研究报道了炎症因子与老年共病之间的关系[93]。研究人员证明 CRP 和 IL-6 水平的升高与患有共病的老年人身体功能较差是相关的。综上所述，从潜在的生物学机制来看，炎性细胞因子（如 CRP）引起的全身炎症可能是肌少症和相关共病（如 COPD、高血压、关节炎等）的原因之一。另一个机制可能与有慢性病病史的人更容易减少身体活动水平，从而进一步导致肌肉的废用性萎缩有关。

有研究表明，肌少症与老年人跌倒有显著的相关性[94]。我们在本研究中也得到了一致的结果，老年人跌倒与可能肌少症患病率增高相关。一项系统综述研究表明，摔倒和肌少症之间存在不同方向的因果关系。有研究发现肌少症是导致跌倒的原因，也有研究发现摔倒是导致肌少症的原因[95]。此外，我们发现患有肌少症的老年人步态速度较慢。肌少症可能导致老年人的不良后果（如摔倒、步速降低），本研究还发现高水平的血红蛋白（OR 0.97；95%CI 0.94，1.00）与较低的肌少症发生相关。然而，经过 Bonferroni 校正后，可能肌少症与血红蛋白之间的关联并不显著。

第三节　核苷酸对 SAMP8 小鼠肌少症作用的研究 Effect of exogenous nucleotides on sarcosis in SAMP8 mice

骨骼肌是我们身体的蛋白质库，是葡萄糖和脂质稳态的重要调节器，因此，肌肉质量的增长或减少会影响新陈代谢、运动、进食和呼吸等活动。骨骼肌是对人类健康起非常重要作用的组织器官[96]。肌少症是一种与年龄相关的骨骼肌质量、力量降低和（或）伴有相关躯体功能丧失的临床综合征。随着社会老龄化进程的加剧，肌少症已成为影响老年人健康的突出问题，且探讨肌少症发生机制及防治的研究也是目前研究热点。肌少症是多种疾病的不良预后指标，包括癌症、器官疾病、感染和不健康的衰老。阻力训练和饮食干预是目前推荐的肌少症治疗金标准[97]，阻力训练对于老年人尤其是体弱多病或长期卧床的人是很难实现的，因此在深入理解肌少症发病机制的基础上寻找有效的肌少症饮食干预策略具有重要的意义。

Skeletal muscle is our body's protein reservoir and an important regulator of glucose and lipid homeostasis. As a result，increased or decreased muscle mass affects activities such as metabolism，movement，eating and breathing. Skeletal muscle is an organ that plays an important role in human health[96]. Sarcopenia is an age-related clinical syndrome of reduced skeletal muscle mass，strength，and/or associated loss of physical function. With the aggravation of the aging process of society，sarcopenia has become a prominent problem affecting the health of the elderly, and the research on the mechanism of sarcopenia and its prevention and treatment is also a hot topic at present. Sarcopenia is a poor prognostic indicator for a variety of diseases，including cancer，organ diseases，infections，and unhealthy aging. Resistance training and dietary intervention are currently recommended as the gold standard for the treatment of sarcopenia[97]. Resistance training is difficult to achieve for the elderly，especially those who are sickly or bedridden for a long time. Therefore，it is of great significance to find effective dietary intervention strategies for sarcopenia based on in-depth understanding of the pathogenesis of sarcopenia.

泛素-蛋白酶体（ubiquitin proteasome system，UPS）是真核细胞主要的蛋白质降解途径之一，大量研究表明，该途径在骨骼肌萎缩的发生和发展中起重要作用[98]。Fbxo32（Atrogin1/MAFbx）和 Trim63（MuRF1）是骨骼肌特异性泛素连接酶，可调控蛋白质泛素化[99，100]。Trim63 和 Fbxo32 都是泛素-蛋白酶体蛋白水解的关键成分，是骨骼肌细胞中蛋白质降解的重要媒介[25]。在肌肉萎缩时，Trim63 和 Fbxo32 的表达水平显著升高，两种基因任意一种缺陷的小鼠，肌肉萎缩情况能得到部分改善[25]。因此，Trim63 和 Fbxo32 可作为肌肉萎缩的重要标志物。FoxO3，FoxO1 是叉头转录家族成员，能够激活 Fbxo32 和 Trim63，从而引起肌萎缩[101，102]。研究发现，肌肉过表达 FoxO3 或肌肉特异性 FoxO1 转基因小鼠的肌肉质量显著减少，并出现肌纤维萎缩现象[32]。若抑制 FoxO 的转录活性则可抑制肌肉萎缩期间 MAFbx 和 MuRF1 表达的上调并且减少肌肉丢失[33]。

核苷酸是生物体细胞中决定生物特性和蛋白质结构与功能的重要物质，控制着生物体的生长、发育、繁殖和遗传，它是体内多种营养物质的代谢调节因子，是各种营养因子的总协调者和指挥者。有研究发现腺嘌呤核苷酸在人类骨骼肌中随着年龄增长其浓度是显著降低的[67，68]。且在肌少症患者的循环系统中发现，腺嘌呤核苷酸的降解产物显著增加[69，70]。此外，中国科学家发现核苷酸通路中的尿苷是决定再生能力高低的核心代谢物质——尿苷处理的衰老人类干细胞“重获新生”，表现为再生能力得到恢复、基因组稳定性增强及线粒体活性明显改善。且在该研究中发现：补充尿苷可减少肌肉纤维化发生区域，降低促炎细胞因子，治疗后的小鼠表现出更强的握力与更长的跑步距离。尿苷上调了与肌肉发育相关的通路，可促进 14 种肌肉细胞的修复[71]。尿苷作为尿苷酸的组成成分之一，这提示补充尿苷酸很可能也会改善肌肉的功能及衰老状态。且与尿苷相比，尿苷酸是更安全的，其被广泛应用于婴幼儿配方奶粉中。此外，国内外已有研究报道外源核苷酸对运动及骨骼肌功能有积极作用。有研究发现核苷酸的组织利用似乎是有组织依赖性的，能量需求较高的细胞（例如骨骼肌、脑）和（或）DNA 复制旺盛的细胞（例如免疫细胞、肠细胞）需要更多的核苷酸。此外剧烈运动可能会增加人体对核苷酸的需求。几项研究报道了膳食核苷酸对骨骼肌的有益作用。Xu 等人的研究发现外源核苷酸具有抗疲劳作用，能显著改善大鼠骨骼肌的线粒体功能，降低其氧化应激水平[103]。McNaughton 等的研究发现饮食核苷酸抵消了与高强度耐力运动相关的运动后皮质醇反应，这表明膳食核苷酸可能具有缓解压力的作用[73]。Ostojic 等人的研究发现补充膳食核苷酸的健康男性的力竭时间显著延长[74]。外源核苷酸的几种线粒体相关效应已被确认，可能与运动成绩的改善有关。口服核苷酸降低乙酰乙酸酯/β-羟丁酸比率（线粒体氧化还原状态的指标），表明细胞损伤后氧化应激减轻，线粒体功能恢复[75]。饮食中的核苷酸在慢性应激后会使线粒体酶（如 ATP 酶、柠檬酸合成酶、苹果酸脱氢酶）

的活性恢复正常[104]。因此，外源核苷酸可能是一种有潜力的肌少症营养干预措施。

目前，用来研究肌少症的动物模型主要有：高脂饮食能促进老化相关疾病的发生，被认为是老化的加速器。鲁飞翔等[105]和汤婷婷[106]将高脂食物喂养小鼠，通过体成分分析仪、水迷宫、转棒式疲劳仪、组织染色、PCR 等方法检测相应指标，发现小鼠的脂肪组织明显增加而肌肉组织减少、肌力明显下降，可建立理想的肌少症动物模型。后肢卸载动物模型在微重力或失重条件模拟中得到了广泛的应用，并已经作为检查骨骼肌适应减少的方法[107]。在肌少症的研究中基因敲除小鼠的使用率逐步增加。Le Bacquer 等[108]通过测量 4E-BP1/4E-BP2 双敲除（DKO）小鼠的肌肉质量和功能发现，4E-BP 的缺失与骨骼肌能量代谢紊乱有关，并指出 4E-BP 是治疗肌少症的潜在靶点。由于肌少症是一种与增龄相关的骨骼肌疾病，因此自发性动物模型是最可靠的动物模型，既能够显示自然衰老的过程，也最有可能表现出肌少症的病理生理过程。虽然老年啮齿动物肌少症的发病率和发病机制与人类高度相似，但由于老年啮齿动物的高成本、耗时长和有限的可获得性，使得该模型的使用有些困难[109]。快速老化小鼠（senescence accelerated mouse /prone，SAMP8）是一种加速衰老动物模型。Guo 等[110]证实，SAMP8 小鼠衰老过程中与年龄相关的病理表现与人类衰老过程中出现的老年病相似。因此，SAMP8 小鼠是肌少症研究的低成本高效益动物模型。

为探究外源核苷酸对肌少症的作用及可能的机制，本课题以快速老化倾向的小鼠（SAMP8）为模型动物，以外源核苷酸为干预物质，进行长期的喂养来开展对肌少症作用的体内研究，从动物、组织、分子、细胞器等多个水平对其作用效果及机制进行深度解析，为老年肌少症的营养治疗提供新的方向和重要的理论依据。

一、NTs 对小鼠体重的影响

如彩图 4-3-1 示，小鼠 3 月龄时各组小鼠体重之间的差异无显著性。重复测量资料的方差分析结果显示，时间对小鼠的体重有一定的影响。随着时间的推移，除无核苷酸组小鼠体重无明显的趋势性变化外，其他各组鼠的体重随时间的变化，均呈现一定的变化趋势：在 3 ～ 7 月龄体重逐渐增高，在 7 月龄体重达到最大值，7 月龄后体重开始出现下降趋势。该结果也表明 SAMP8 小鼠 7 月龄时，其肌肉质量可能是最大的，该结果与 Guo 等人的研究结果一致[47]。从图中可以看出，核苷酸不同处理组间小鼠体重差别有统计学意义，在鼠 4 月龄时，与无核苷酸组和正常对照组小鼠体重相比，SAMR1 组和青年对照组小鼠体重明显增加（$P < 0.05$）；5 月龄时，与无核苷酸组和正常对照组小鼠体重相比，SAMR1 组和青年对照组小鼠体重明显增加（$P < 0.01$）；6 月龄时，与无核苷酸组小鼠体重相比，核苷酸低剂量组、中剂量组、SAMR1 组和青年对照组小鼠体重明显增加（$P < 0.01$），与正常对照组小鼠体重比较，SAMR1 组和青年对照组小鼠体重明显增加（$P < 0.05$）；7 月龄时，与无核苷酸组小鼠体重相比，核苷酸低剂量组、SAMR1 组和青年对照组小鼠体重明显增加（$P < 0.01$）；8 月龄时，与无核苷酸组小鼠体重相比，核苷酸低剂量组、中剂量组和 SAMR1 组小鼠体重明显增加（$P < 0.05$）；9 月龄时，与无核苷酸组和正常对照组小鼠体重相比，SAMR1 组小鼠体重明显增加（$P < 0.01$）；12 月龄时，与无核苷酸组和正常对照组小鼠体重相比，核苷酸中剂量组和 SAMR1 组小鼠体重明显增加（$P < 0.05$）。此外，统计

结果显示核苷酸不同处理组和时间之间不存在交互效应。以上结果表明，核苷酸干预能增加小鼠的体重。

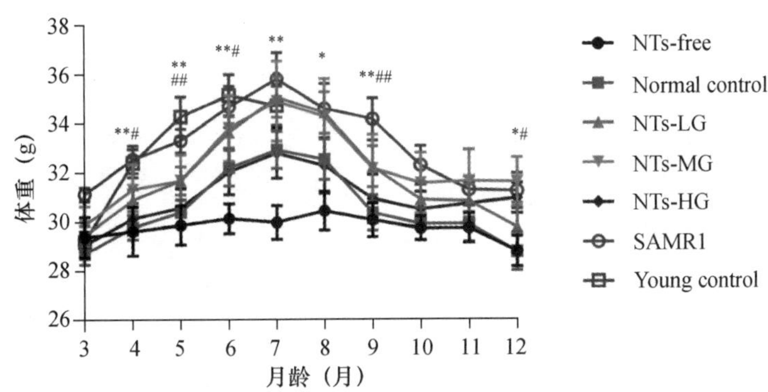

彩图 4-3-1 NTs 对 SAMP8 小鼠体重的影响

注：NTs-Free，纯化饲料喂养组；Normal，普通对照组；NTs-L、NTs-M、NTs-H，NTs 低、中、高剂量干预组；SAMR1，模型对照组；Yong，青年对照组。* 与无核苷酸组比较，# 与普通对照组比较。$^{*}P < 0.05$，$^{**}P < 0.01$；$^{\#}P < 0.05$，$^{\#\#}P < 0.01$.

二、NTs 对小鼠存活状态及老化指标的影响

如图 4-3-2 所示，SAMP8 小鼠在 7 月龄时，小鼠状态普遍较好，毛发光亮，眼睛有神，行动敏捷。而老年 SAMP8 小鼠则出现毛发发黄、战栗、脱毛、眼周病变如溃疡等症状，脊柱凸起，小鼠步态变慢等衰老症状。而核苷酸长期干预后，衰老小鼠的状态得到明显改善。

三、NTs 对小鼠肌肉力量的影响

根据 AWGS2019 的诊断标准，肌少症共分为三个阶段：可能肌少症、肌少症和严重肌少症。研究发现，SAMP8 小鼠在 7 个月龄时骨骼肌质量最大、8 月龄开始进入肌少症前期（可能肌少症）、10 月龄开始进入肌少症时期[47]。因为我们选择在 7 月龄、9 月龄、11 月龄分别对小鼠进行三次行为学实验。

如彩图 4-3-3 所示，小鼠 7 月龄时，与正常对照组比较，核苷酸高剂量组和 SAMR1 组小鼠握力明显增强（$P < 0.001$）。但钢丝悬挂试验和单杠试验，各组间均无显著性差异（$P > 0.05$）。由彩图 4-3-3（a）可见，小鼠 9 月龄时，与无核苷酸组比较，核苷酸低（$P < 0.05$）、中（$P < 0.0001$）、高剂量组和 SAMR1 组小鼠握力均明显增强（$P < 0.05$）。小鼠 9 月龄时与正常对照组比较，核苷酸低（$P < 0.05$）、中（$P < 0.001$）、高剂量组和 SAMR1 组小鼠握力均明显增强（$P < 0.01$）。但钢丝悬挂试验和单杠试验，各组间均无显著性差异（$P > 0.05$）。小鼠 11 月龄时，与无核苷酸比较，正常对照组（$P < 0.05$）、核苷酸低（$P < 0.01$）、中、高剂量组、SAMR1 组和青年对照组握力均明显增高（$P < 0.001$）；与正常对照组比较，核苷酸中、高剂量组、SAMR1 组和青年对照组握力均明显增高（$P < 0.001$）。

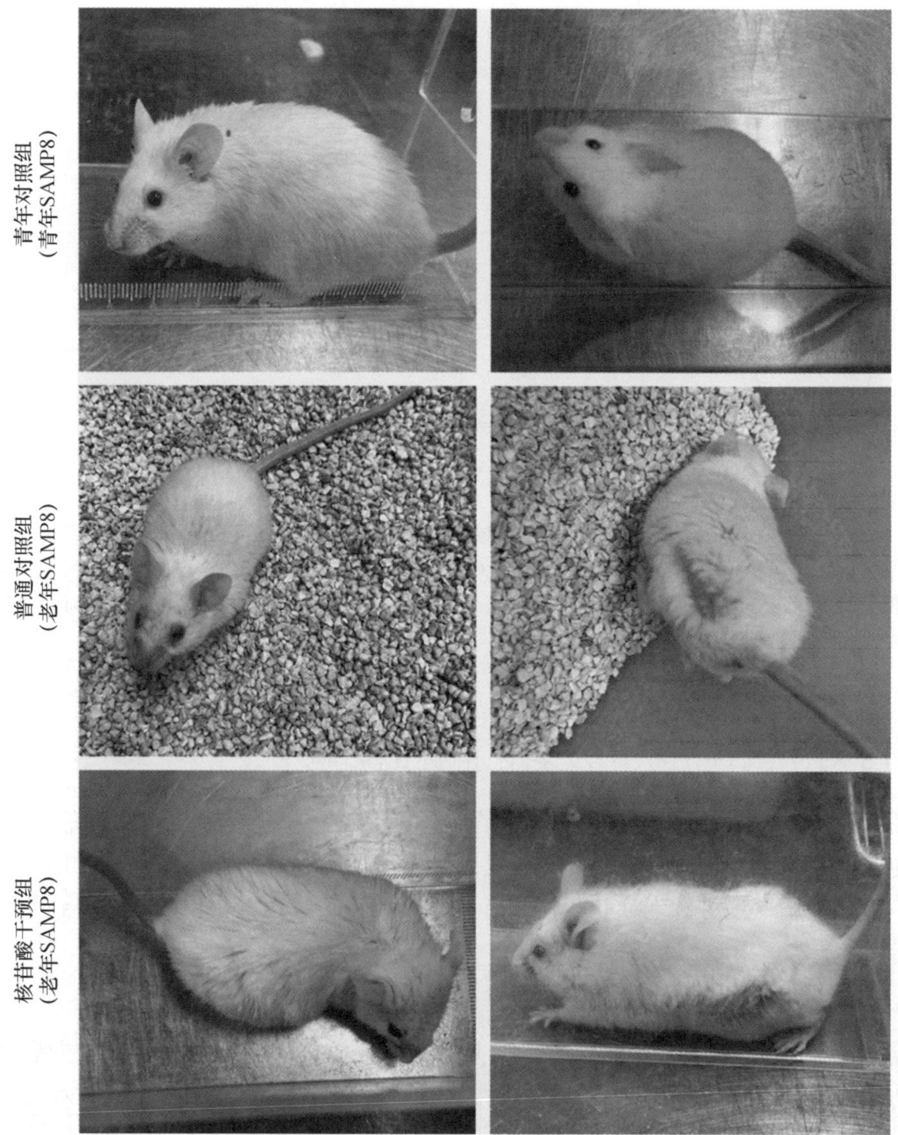

图 4-3-2 各组小鼠的外观状态对照

但钢丝悬挂试验和单杠试验，各组间均无显著性差异（$P > 0.05$）。

四、NTs 对小鼠步态的影响

在小鼠 11 月龄时，对其进行了步态测试，结果显示（如图 4-3-4 和图 4-3-5），与无核苷酸比较，正常对照组，核苷酸中、高剂量组和青年对照组小鼠的总运动距离和运动速度均明显增强（$P < 0.001$）；与正常对照组比较，核苷酸高剂量组和青年对照组小鼠的总运动距离和运动速度均明显增强（$P < 0.05$），而无核苷酸组小鼠的总运动距离和运动速度均明显降低（$P < 0.05$）。

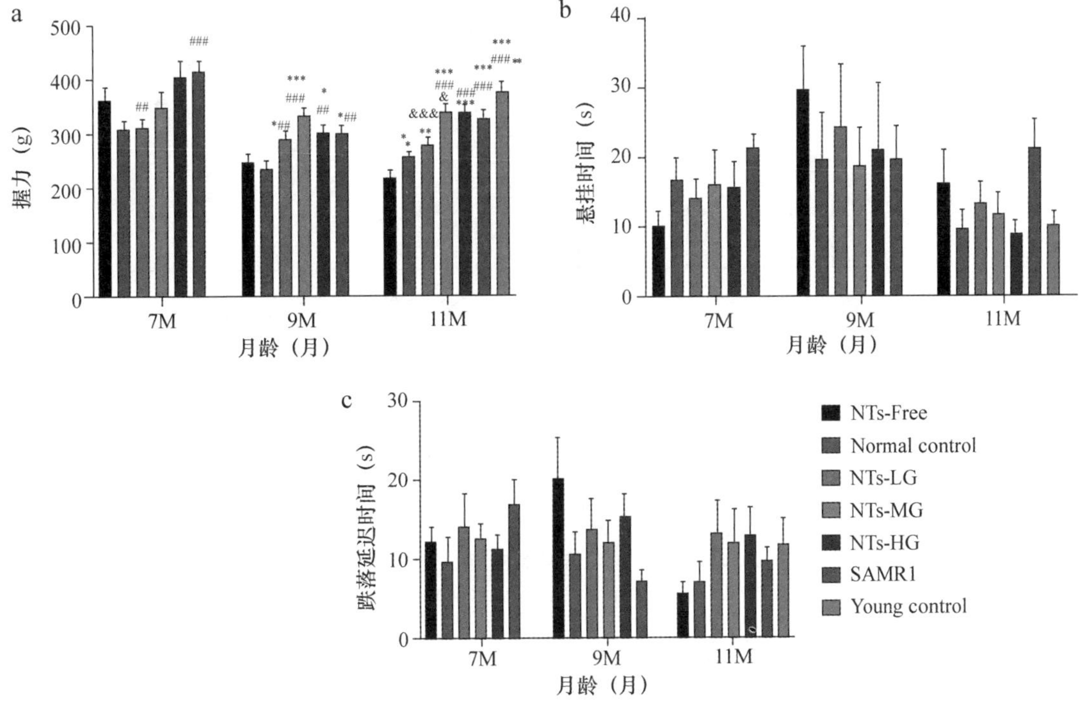

彩图 4-3-3 外源核苷酸对小鼠握力、钢丝悬挂时间、单杠时间的影响

注：图（a）、（b）、（c）分别对应7月龄、9月龄（$n=12$），11月龄小鼠（$n=10$）小鼠的握力、钢丝悬挂、单杠时间。NTs-Free，无核苷酸组；Normal control，普通对照组；NTs-L、NTs-M、NTs-H，NTs低、中、高剂量干预组；SAMR1，模型对照组；Yong control，青年对照组。*表示与无核苷酸比较，差异有统计学意义；$^{\#}$表示与正常对照组比较，差异有统计学意义；$^{\varphi}$表示与SAMR1组比较，差异有统计学意义；$^{\&}$表示与青年对照组比较，差异有统计学意义。$^{*}P<0.05$，$^{**}P<0.01$，$^{***}P<0.001$；$^{\#}P<0.05$，$^{\#\#}P<0.01$，$^{\#\#\#}P<0.001$；$^{\varphi}P<0.05$，$^{\varphi\varphi}P<0.01$，$^{\varphi\varphi\varphi}P<0.001$；$^{\&}P<0.05$，$^{\&\&}P<0.01$，$^{\&\&\&}P<0.001$

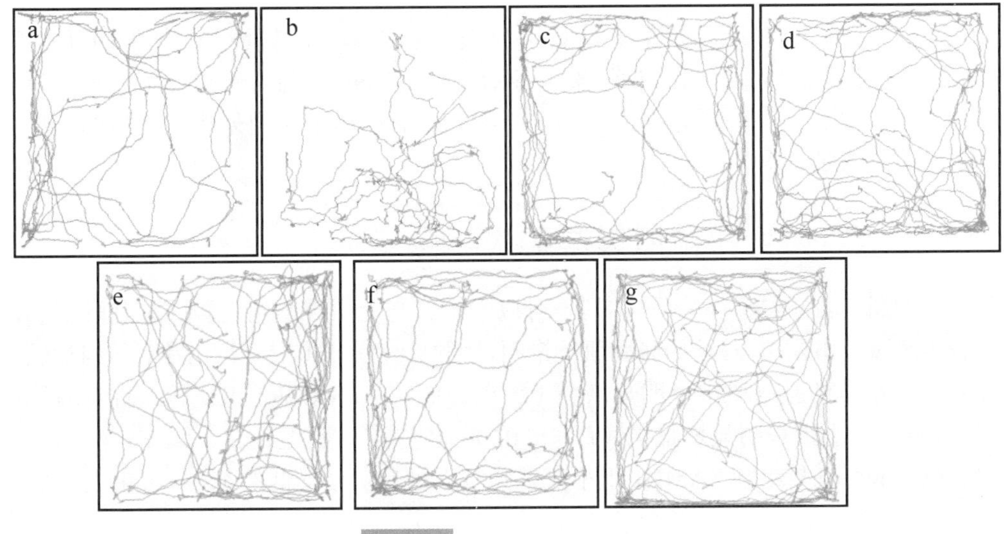

图 4-3-4 小鼠的运动轨迹图

a. 无核苷酸组，b. 正常对照组，c. 核苷酸低剂量组，d. 核苷酸中剂量组，e. 核苷酸高剂量组，f. SAMR1组，g. 青年对照组

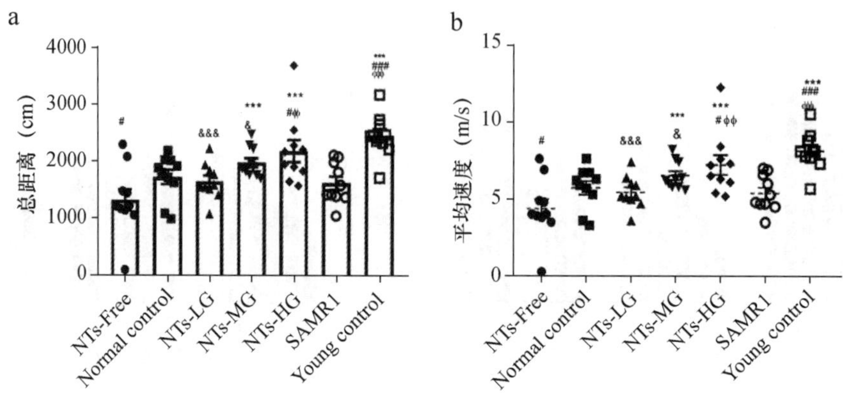

图 4-3-5 外源核苷酸对老年小鼠运动距离和速度的影响

注：图（a）小鼠的总运动距离；图（b）小鼠的平均步速（$n = 10$）。NTs-Free，无核苷酸组；Normal control，普通对照组；NTs-L、NTs-M、NTs-H，NTs 低、中、高剂量干预组；SAMR1，模型对照组；Yong control，青年对照组。* 表示与无核苷酸比较，差异有统计学意义（$^{*}P < 0.05$，$^{**}P < 0.01$，$^{***}P < 0.001$）；# 表示与正常对照组比较，差异有统计学意义（$^{\#}P < 0.05$，$^{\#\#}P < 0.01$，$^{\#\#\#}P < 0.001$）；φ 表示与 SAMR1 组比较，差异有统计学意义（$^{\varphi}P < 0.05$，$^{\varphi\varphi}P < 0.01$，$^{\varphi\varphi\varphi}P < 0.001$）；& 表示与青年对照组比较，差异有统计学意义（$^{\&}P < 0.05$，$^{\&\&}P < 0.01$，$^{\&\&\&}P < 0.001$）。

五、NTs 对小鼠体成分的影响

MRI 是 EWGSOP2018 推荐的评估肌肉质量的方法之一。本研究采用 Echo-MRI 体成分仪检测小鼠的体成分。从图 4-3-6 体成分结果中可以看出，与无核苷酸组和正常对照组相比，核苷酸中、高剂量组、SAMR1 组和青年对照组小鼠肌肉质量明显增加（$P < 0.05$）；与青年对照组比较，无核苷酸组、正常对照组和核苷酸低剂量组小鼠肌肉质量明显降低（$P < 0.05$）。肌肉百分比的结果显示（图 4-3-6c），与正常对照组比较，核苷酸高剂量组肌肉质量 / 体重明显增高（$P < 0.05$）。

如图 4-3-6（b）所示，与青年对照组比较，核苷酸高剂量组小鼠脂肪明显降低（$P < 0.05$），且脂肪 / 体重的百分比结果也显示（图 4-3-6d），与青年对照组比较，核苷酸高剂量组小鼠脂肪 / 体重是明显降低的（$P < 0.05$）。研究结果表明外源核苷酸的长期干预能增加老年小鼠的肌肉质量。

六、NTs 对 SAMP8 小鼠肌肉湿重的影响

从小鼠的肌肉湿重结果（彩图 4-3-7）可以看出，与无核苷酸组比较，核苷酸低、高剂量组和青年对照组小鼠 12 月龄的腓肠肌重量明显增高（$P < 0.05$）。与正常对照组比较，只有青年对照组小鼠的腓肠肌重量明显增高（$P < 0.05$）。与 SAMR1 组比较，青年对照组小鼠 12 月龄腓肠肌重量是明显增加的（$P < 0.01$）。与青年对照组比较，无核苷酸组、正常对照组、核苷酸中剂量组和 SAMR1 组小鼠腓肠肌重量是明显降低的（$P < 0.05$）。从 12 月龄小鼠的趾长伸肌的肌肉湿重结果（彩图 4-3-7）可以看出，与无核苷酸组比较，正常对照组，核苷酸低、中、高剂量组、SAMR1 组和青年对照组小鼠的趾长伸肌重量明显增加（$P < 0.05$）。与正常对照组比较，无核苷酸组小鼠趾长伸肌重量是明显降低的，而核苷酸

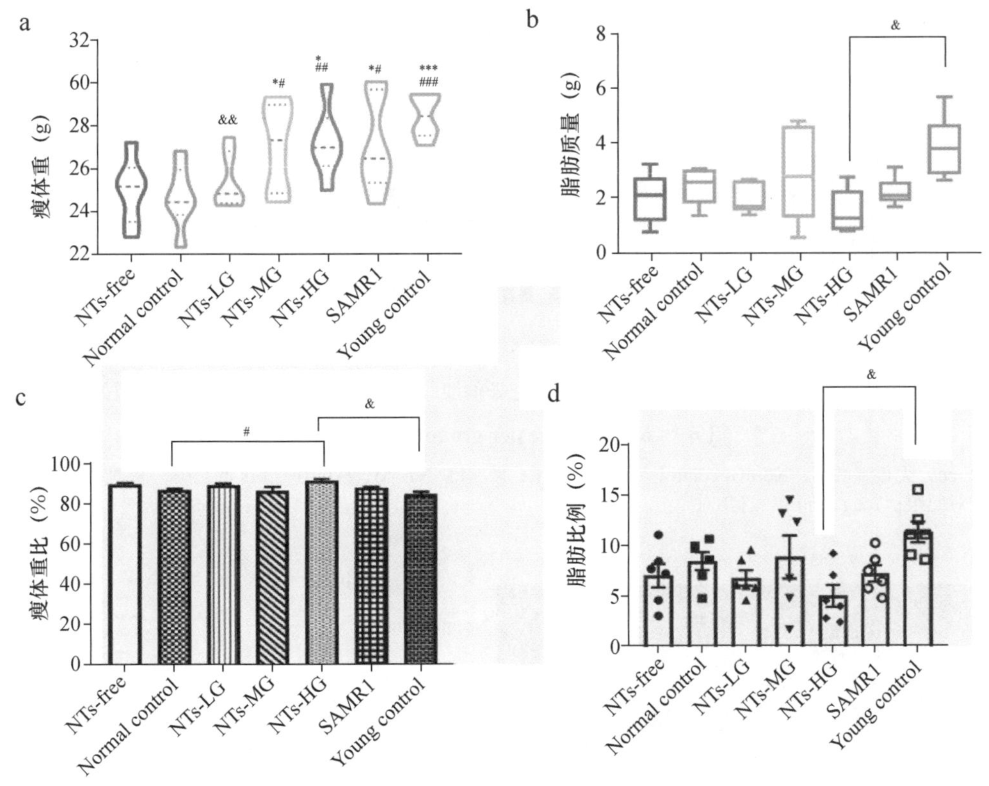

图 4-3-6　外源核苷酸对小鼠体成分的影响

注：NTs-Free，无核苷酸组；Normal control，普通对照组；NTs-L、NTs-M、NTs-H，NTs 低、中、高剂量干预组；SAMR1，模型对照组；Yong control，青年对照组。* 表示与无核苷酸比较，差异有统计学意义（$^{*}P < 0.05$，$^{**}P < 0.01$，$^{**}P < 0.001$）；# 表示与正常对照组比较，差异有统计学意义（$^{\#}P < 0.05$，$^{\#\#}P < 0.01$，$^{\#\#\#}P < 0.001$）；φ 表示与 SAMR1 组比较，差异有统计学意义（$^{\varphi}P < 0.05$，$^{\varphi\varphi}P < 0.01$，$^{\varphi\varphi\varphi}P < 0.001$）；& 表示与青年对照组比较，差异有统计学意义（$^{\&}P < 0.05$，$^{\&\&}P < 0.01$，$^{\&\&\&}P < 0.001$）。

低剂量组是明显增高的（$P < 0.05$）。与 SAMR1 组比较，无核苷酸组小鼠趾长伸肌重量是明显降低的，而核苷酸低剂量组是明显增高的（$P < 0.05$）。与青年对照组比较，无核苷酸组小鼠趾长伸肌重量是明显降低的（$P < 0.05$）。而比目鱼肌、胫骨前肌和股四头肌的肌肉重量在各组小鼠间均无明显的统计学差异。其他肌肉的湿重虽然在各组间未见明显的统计学差异，但从图中可以看出，核苷酸低剂量组的比目鱼肌重量高于正常对照组。

七、NTs 对小鼠肌纤维横截面积的影响

如彩图 4-3-8（a）所示，与无核苷酸组和正常对照组比较，核苷酸干预能增加老年小鼠肌纤维的横切面积（CSA），且从彩图 4-3-8（b）可以看出，与无核苷酸和正常对照组比较，核苷酸干预能明显增加粗大肌纤维的比例。说明外源核苷酸干预明显增加肌纤维的横截面积，从而增加肌肉质量。

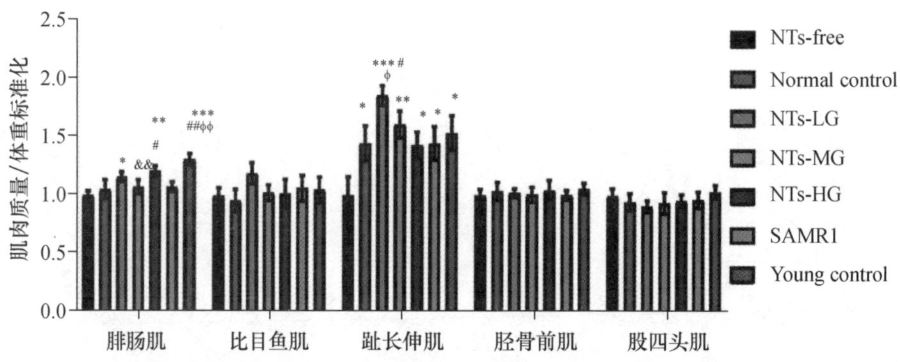

彩图 4-3-7 外源核苷酸对小鼠腓肠肌、比目鱼肌、趾长伸肌、胫骨前肌、股四头肌肌肉湿重的影响（$n = 6 \sim 10$ mice per group）.

注：NTs-Free，无核苷酸组；Normal control，普通对照组；NTs-L、NTs-M、NTs-H，NTs 低、中、高剂量干预组；SAMR1，模型对照组；Yong control，青年对照组。

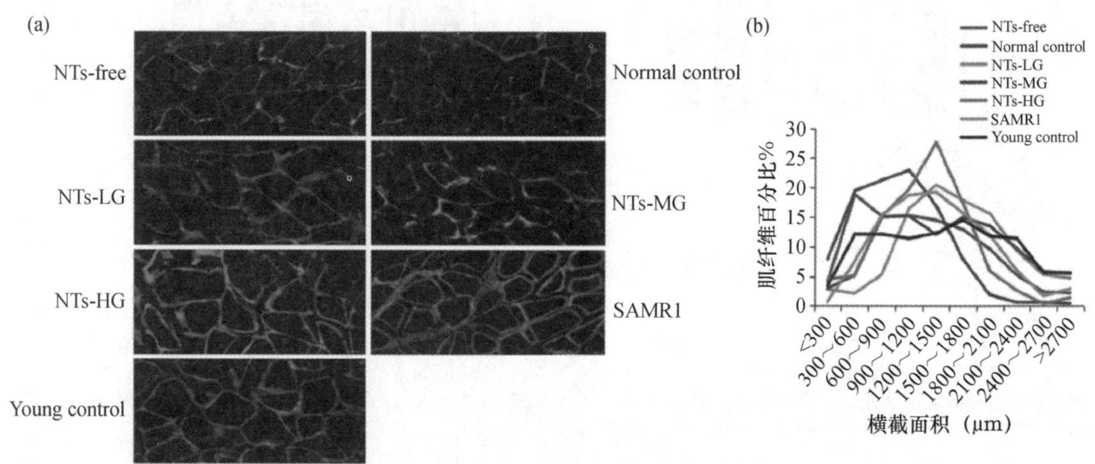

彩图 4-3-8 外源核苷酸对小鼠肌肉横截面积（CSA）的影响（$400 < n < 500$），

注：NTs-Free，无核苷酸组；Normal control，普通对照组；NTs-L、NTs-M、NTs-H，NTs 低、中、高剂量干预组；SAMR1，模型对照组；Yong control，青年对照组。

八、NTs 对小鼠比目鱼肌线粒体形态结构的影响

小鼠比目鱼肌的透射电镜图片（图 4-3-9）显示，无核苷酸组小鼠的线粒体膜结构破坏严重，线粒体嵴消失。正常对照组小鼠肌肉中的线粒体也出现不同程度的破坏，线粒体内出现空泡，且膜结构不完整。与无核苷酸组和正常对照组小鼠比较，核苷酸低、中、高剂量组小鼠肌肉线粒体损伤较小，线粒体膜结构相对完整，且可见线粒体嵴。说明核苷酸混合物干预能改善线粒体的功能障碍。

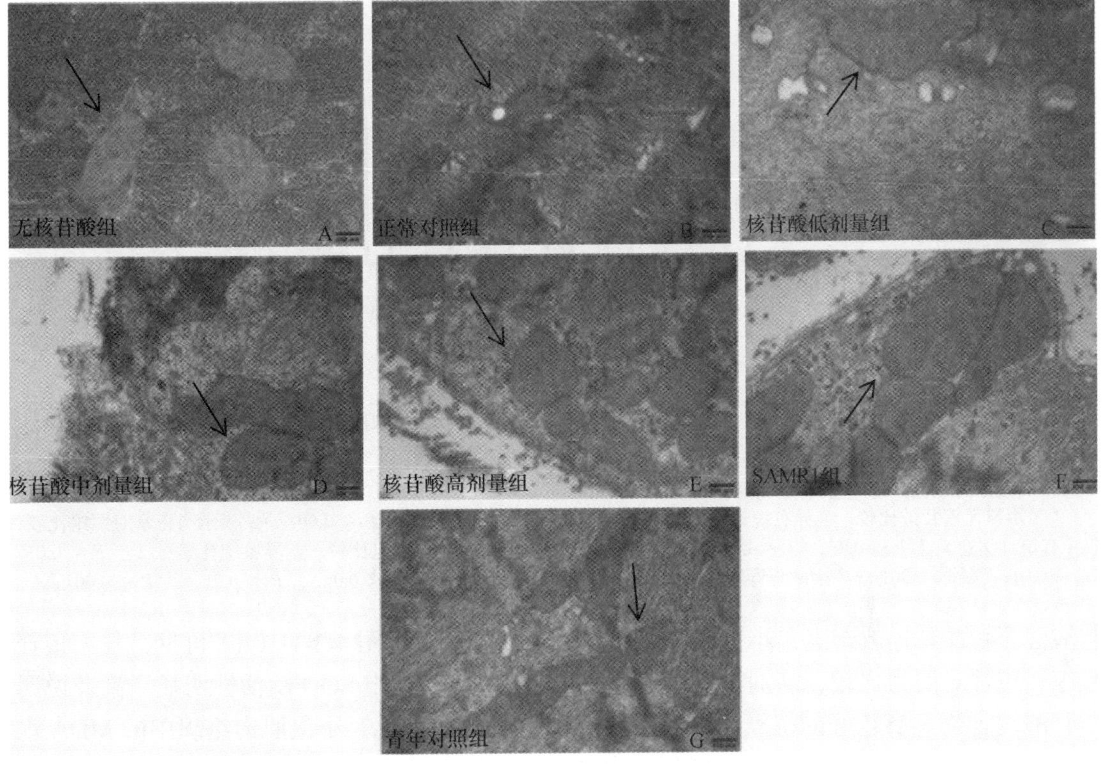

图 4-3-9　外源核苷酸对小鼠比目鱼肌线粒体形态结构的影响（20000×）

（a）～（f）为外源核苷酸长期干预后不同组的小鼠比目鱼肌透射电镜图片，Scale bars，200 nm。图中箭头标注的是线粒体。

九、NTs 对血清中 Dkk3 浓度的影响

小鼠血清中 Dkk3 的结果（图 4-3-10）可以看出，与无核苷酸组比较，正常对照组和核苷酸低、中、高剂量，SAMR1 组和青年对照组小鼠血清中 Dkk3 浓度明显降低（$P < 0.01$）。与正常对照组比较，核苷酸中、高剂量组小鼠血清中 Dkk3 浓度明显降低（$P < 0.05$）。说明外源核苷酸干预能显著降低外周血中的 Dkk3 水平。

十、骨骼肌中酶及 ATP 的检测结果

由图 4-3-11（a）可见，与正常对照组比较，核苷酸低剂量组、中剂量组小鼠肌肉中顺乌头酸的水平明显增高，但与无核苷酸组比较，正常对照组、SAMR1 和青年对照组小鼠肌肉中顺乌头酸的水平明显降低（$P < 0.05$）。如图 4-3-11（b）所示，与无核苷酸组比较，青年对照组小鼠肌肉中的柠檬酸酶活性明显降低（$P < 0.01$），与普通对照组比较，核苷酸高剂量组小鼠肌肉中的柠檬酸酶活性明显增高（$P < 0.05$）。如图 4-3-11（c）所示，与无核苷酸组、正常对照组比较，核苷酸中、高剂量组 SDH 酶活性明显增高，SDH 作为反映线粒体功能的标志酶之一，核苷酸混合物干预增强了老年小鼠肌肉中的 SDH 酶活性增加，说明核

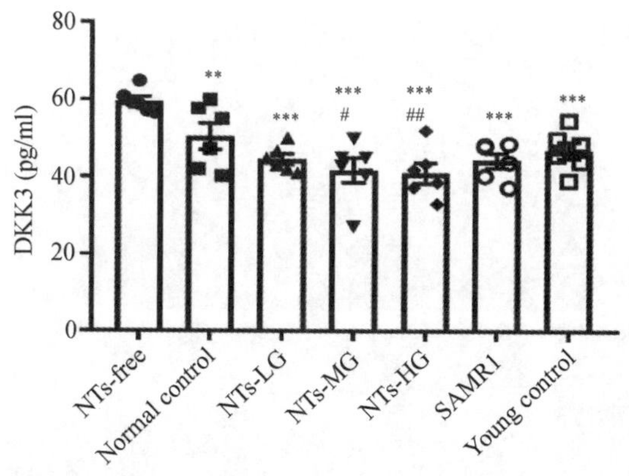

图 4-3-10 外源核苷酸对小鼠血清中 Dkk3 浓度的影响

注：NTs-Free，无核苷酸组；Normal control，普通对照组；NTs-L、NTs-M、NTs-H，NTs 低、中、高剂量干预组；SAMR1，模型对照组；Yong control，青年对照组。

* 表示与无核苷酸比较，差异有统计学意义（$^{*}P<0.05$，$^{**}P<0.01$，$^{***}P<0.001$）；# 表示与正常对照组比较，差异有统计学意义（$^{\#}P<0.05$，$^{\#\#}P<0.01$，$^{\#\#\#}P<0.001$）；φ 表示与 SAMR1 组比较，差异有统计学意义（$^{\varphi}P<0.05$，$^{\varphi\varphi}P<0.01$，$^{\varphi\varphi\varphi}P<0.001$）；& 表示与青年对照组比较，差异有统计学意义（$^{\&}P<0.05$，$^{\&\&}P<0.01$，$^{\&\&\&}P<0.001$）。

苷酸混合物能帮助改善老年小鼠肌肉的线粒体功能障碍。由图 4-3-11（d）可见，与无核苷酸组、正常对照组比较，高剂量组、青年对照组和 SAMR1 组 SOD 酶活性明显增高，说明核苷酸混合物具有较好的抗氧化功效。由图 4-3-11（e）可见，小鼠肌肉组织中的 MDA 水平在各组间未见明显差异（$P>0.05$）。由图 4-3-11（f）可见，与无核苷酸组相比，其他各组 ATP 含量均明显增高（$P<0.05$）。与正常对照组比较，核苷酸高剂量组 ATP 含量明显增高（$P<0.05$）。表明核苷酸干预对于增加小鼠肌肉中 ATP 含量有很显著的作用。

十一、转录测序结果

（一）韦恩图

各组 RNA 测序结果经分析取 $\log_2$foldchange >1 或 <-1，且 $P<0.05$ 的基因进行统计。将各组肌肉样品按照核苷酸低剂量组 *vs* 无核苷酸组、核苷酸中剂量组 *vs* 无核苷酸组、核苷酸高剂量组 *vs* 无核苷酸组、青年对照组 *vs* 无核苷酸组分别进行差异基因比较，差异基因数目体现在韦恩图［彩图 4-3-12（a）］中。从图中可以看出，核苷酸低剂量组 *vs* 无核苷酸组共有 767 个差异表达基因；核苷酸中剂量组 *vs* 无核苷酸组共有 667 个差异表达基因；核苷酸高剂量组 *vs* 无核苷酸组共有 1383 个差异表达基因；青年对照组 *vs* 无核苷酸组共有 1064 个差异表达基因。从图中可以看出，在核苷酸低剂量组 *vs* 无核苷酸组、核苷酸中剂量组 *vs* 无核苷酸组、核苷酸高剂量组 *vs* 无核苷酸组、青年对照组 *vs* 无核苷酸组中有 79 个共有差异表达基因，其中包括 Trim63、FoxO1 基因。研究结果表明，与无核苷酸组比较，核苷酸低、中、高剂量组和青年对照组小鼠肌肉 Trim63、FoxO1 基因转录水平明显下调。在核苷酸低剂量组 *vs* 无核苷酸组、核苷酸中剂量组 *vs* 无核苷酸组、青年对照组 *vs* 无核苷酸组中有 89 个共有差异表达基因，其中包括 Mt1、Mt2 基因。研究结果表明，与无核苷酸组比较，核苷酸低、中剂量组和青年对照组小鼠肌肉 Mt1、Mt2 基因转录水平明显下调。在核苷

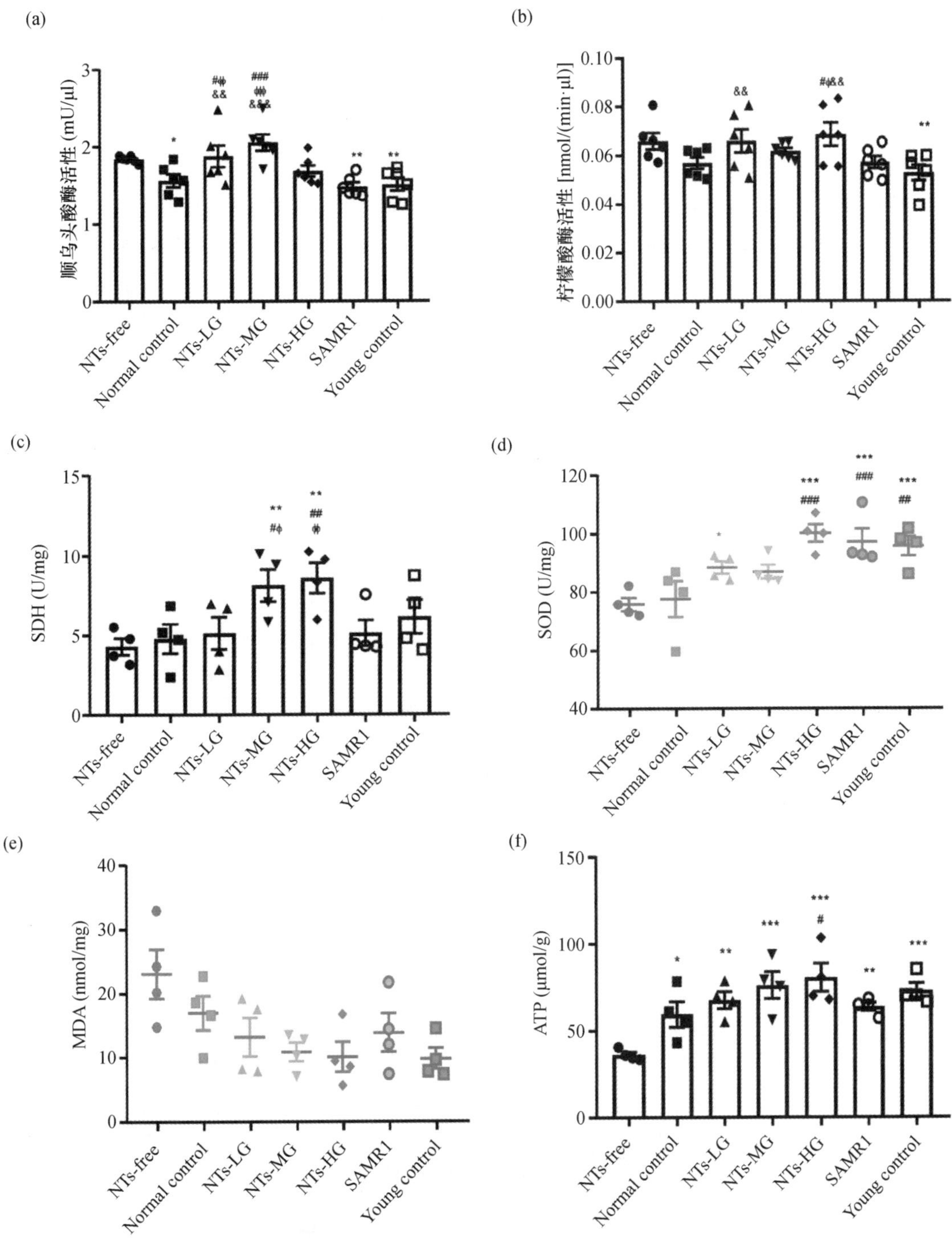

图 4-3-11　外源核苷酸对骨骼肌中酶及 ATP 的影响

注：NTs-Free，无核苷酸组；Normal control，普通对照组；NTs-L、NTs-M、NTs-H，NTs 低、中、高剂量干预组；SAMR1，模型对照组；Yong control，青年对照组。

* 表示与无核苷酸比较，差异有统计学意义（$^{*}P < 0.05$，$^{**}P < 0.01$，$^{***}P < 0.001$）；$^{\#}$ 表示与正常对照组比较，差异有统计学意义（$^{\#} < 0.05$，$^{\#\#}P < 0.01$，$^{\#\#\#}P < 0.001$）；$^{\varphi}$ 表示与 SAMR1 组比较，差异有统计学意义（$^{\varphi}P < 0.05$，$^{\varphi\varphi}P < 0.01$，$^{\varphi\varphi\varphi}P < 0.001$）；$^{\&}$ 表示与青年对照组比较，差异有统计学意义（$^{\&}P < 0.05$，$^{\&\&}P < 0.01$，$^{\&\&\&}P < 0.001$）。

酸低剂量组 *vs* 无核苷酸组、核苷酸中剂量组 *vs* 无核苷酸组、核苷酸高剂量组 *vs* 无核苷酸组中有 62 个共有差异表达基因，其中包括 Fbxo32 基因。研究结果表明，与无核苷酸组比较，核苷酸低、中、高剂量组小鼠肌肉 Fbxo32 基因转录水平明显下调。

如图 4-3-12（b）核苷酸低剂量组 *vs* 正常对照组、核苷酸中剂量组 *vs* 正常对照组、核苷酸高剂量组 *vs* 正常对照组、青年对照组 *vs* 正常对照组分别进行差异基因比较，差异基因数目体现在韦恩图中。从图中可以看出，核苷酸低剂量组 *vs* 正常对照组共有 768 个差异表达基因；核苷酸中剂量组 *vs* 正常对照组共有 143 个差异表达基因；核苷酸高剂量组 *vs* 正常对照组共有 1507 个差异表达基因；青年对照组 *vs* 无核苷酸组共有 666 个差异表达基因。在核苷酸低剂量组 *vs* 正常对照组、核苷酸高剂量组 *vs* 正常对照组的比较中，共有 246 个差异表达基因，其中包括 Dkk3。结果表明，与正常对照组比较，核苷酸低、高剂量组小鼠肌肉组织中 Dkk3 基因的转录水平明显降低。核苷酸低剂量组 *vs* 正常对照组、核苷酸中剂量组 *vs* 正常对照组中共有 26 个差异表达基因，其中包括 Mt1、Mt2。结果表明与正常对照组比较，核苷酸低、中剂量组小鼠肌肉组织中 Mt1、Mt2 基因的转录水平明显下降。核苷酸低剂

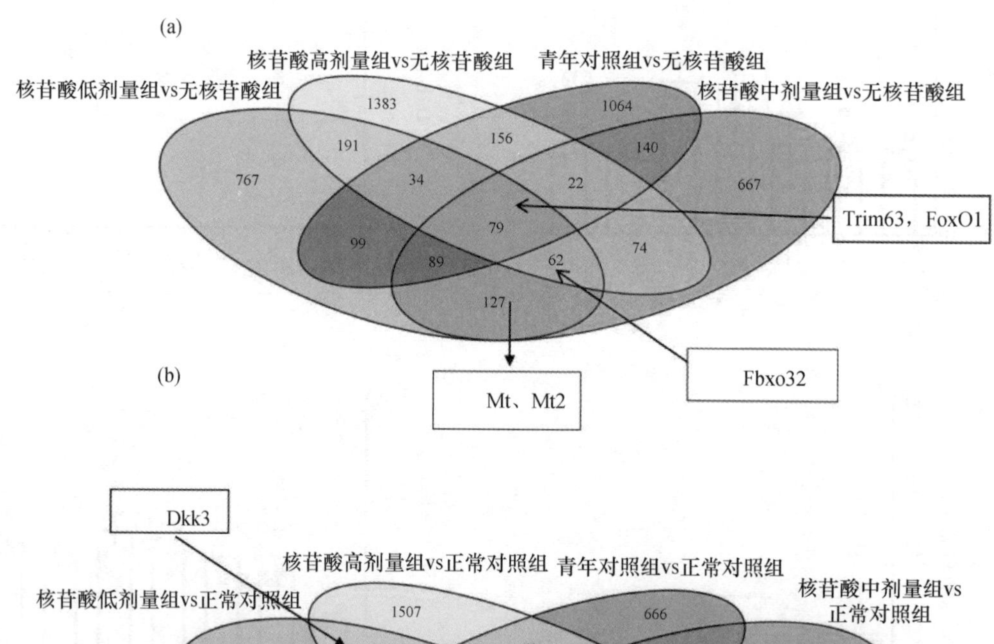

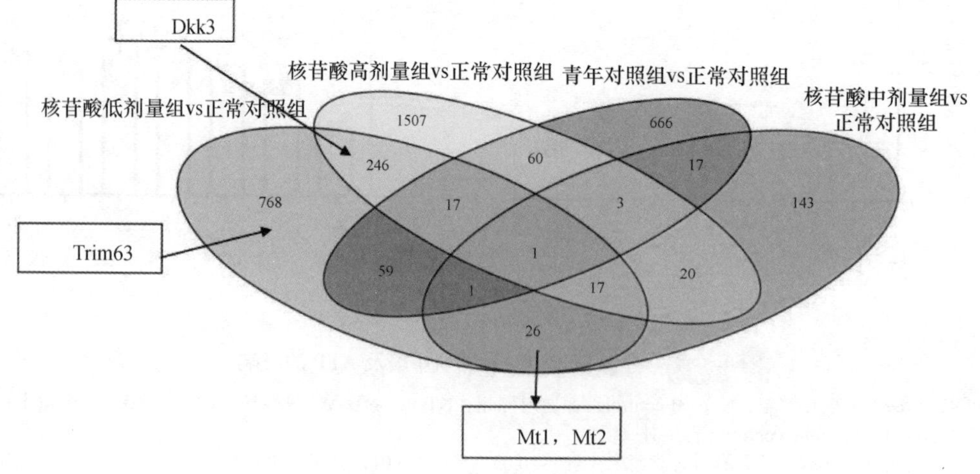

彩图 4-3-12 **RNA-seq 韦恩图**

量组 *vs* 正常对照组，Trim63 的基因转录水平也明显下降。

（二）热图

彩图 4-3-13（a）显示的是核苷酸低剂量组 *vs* 无核苷酸组、核苷酸低剂量组 *vs* 正常对照组比较得到的共同上调或下调的 TOP10 的基因。从图中可以看出，与无核苷酸组和正常对照组比较，核苷酸低剂量组能明显下调 Mt1、Mt2、Trim63 基因的转录水平。

彩图 4-3-13（b）显示的是核苷酸中剂量组 *vs* 无核苷酸组、核苷酸中剂量组 *vs* 正常对照组比较得到的共同上调或下调的 TOP10 的基因。从图中可以看出，与无核苷酸组和正常对照组比较，核苷酸中剂量组能明显下调 Mt1、Mt2 基因的转录水平。

彩图 4-3-13（c）显示的是核苷酸高剂量组 *vs* 无核苷酸组、核苷酸高剂量组 *vs* 正常对照组比较得到的共同上调或下调的 TOP10 的基因。从图中可以看出，与无核苷酸组和正常对照组比较，核苷酸高剂量组能明显下调 Dkk3 基因的转录水平。

（三）火山图

以下火山图（图 4-3-14）可以更直观地看到差异基因的差异大小分布，火山图是中心对称的图形，左侧显示的是下调的基因，右侧显示的是上调的基因。远离对称轴和 X 轴的

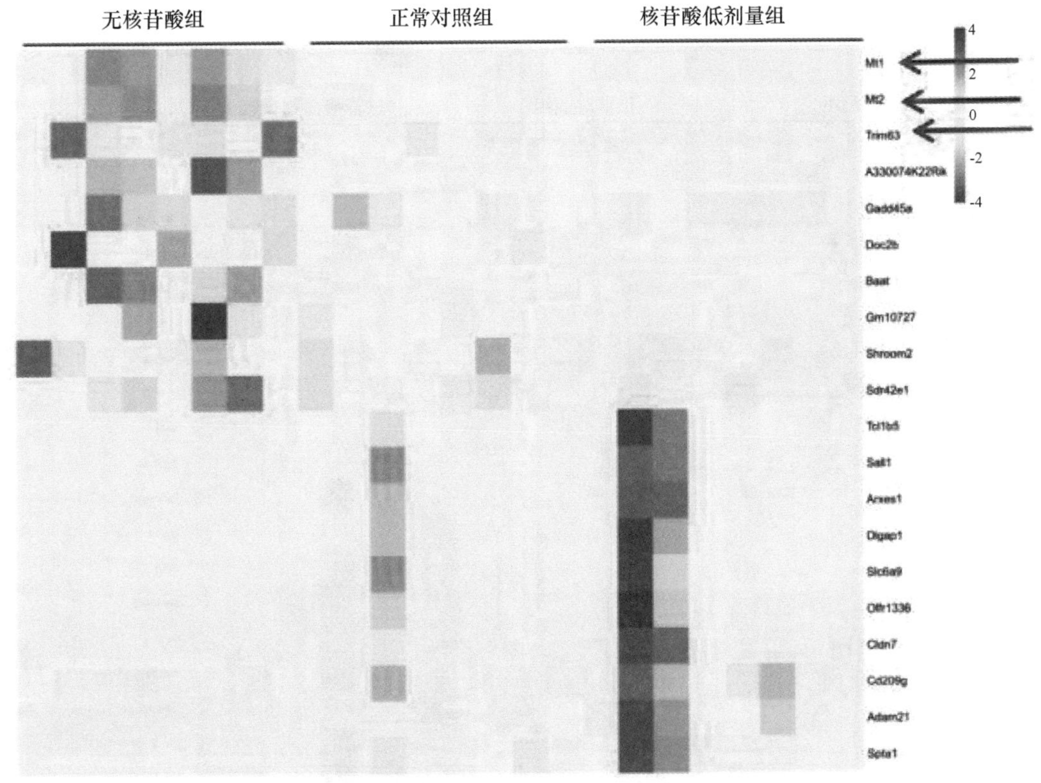

彩图 4-3-13　小鼠肌肉的 RNA-seq 热图

注：图（a）（核苷酸低剂量组 *vs* 无核苷酸）&（核苷酸低剂量组 *vs* 正常对照组）上调和下调 TOP10 基因；图（b）（核苷酸中剂量组 *vs* 无核苷酸）&（核苷酸中剂量组 *vs* 正常对照组）上调和下调 TOP10 基因；图（c）（核苷酸中剂量组 *vs* 无核苷酸）&（核苷酸中剂量组 *vs* 正常对照组）上调和下调 TOP10 基因

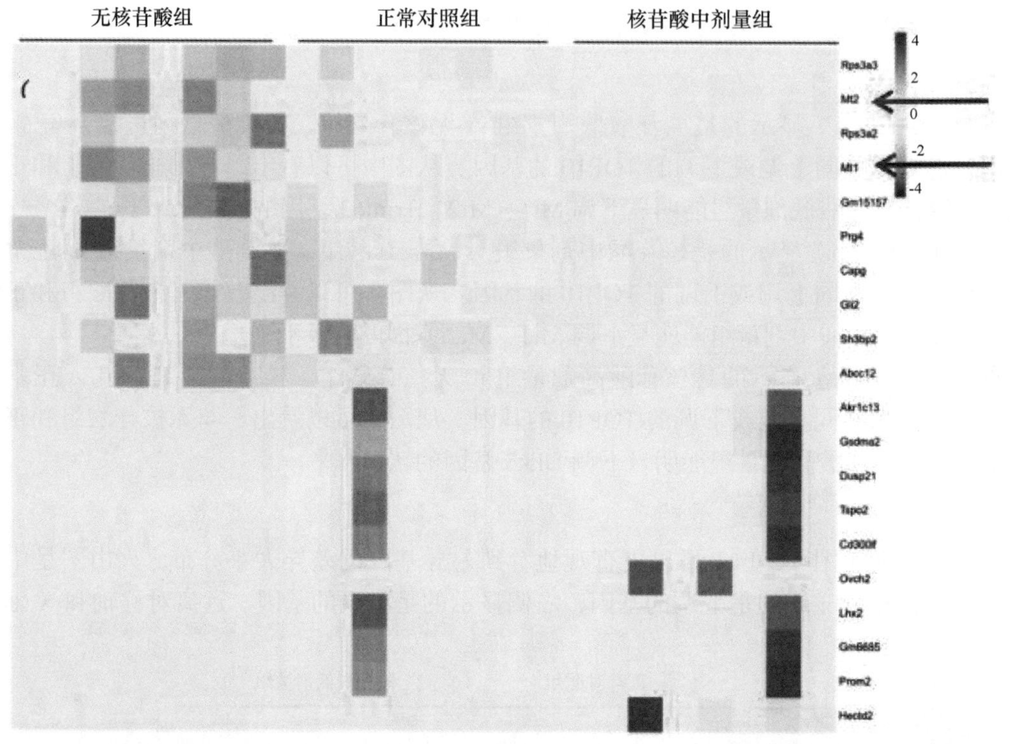

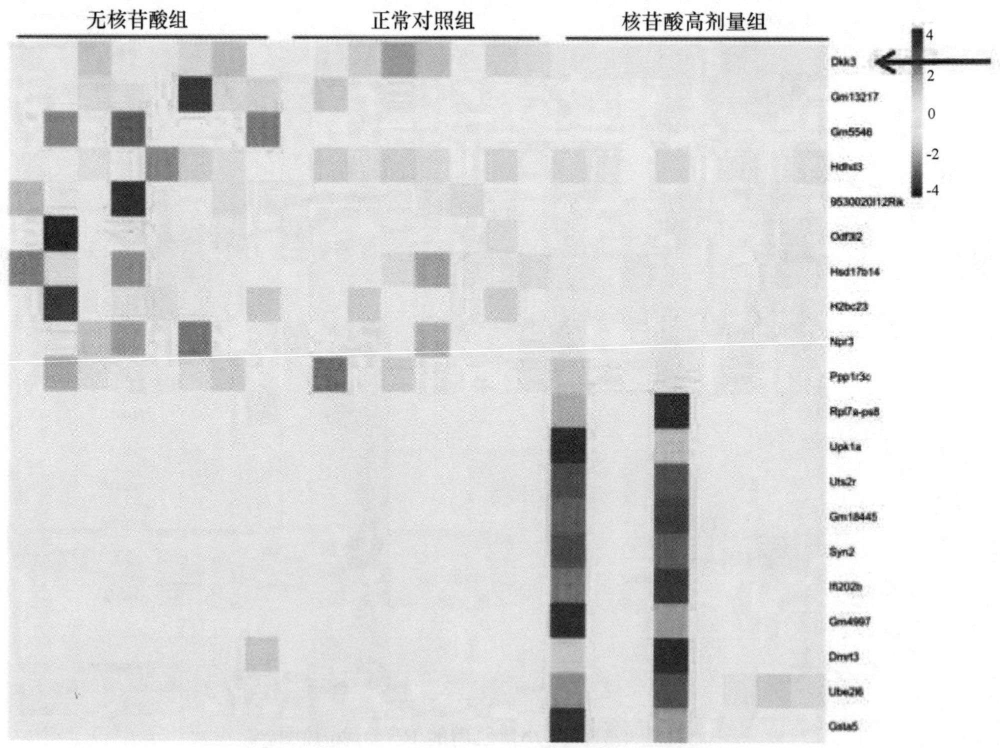

彩图 4-3-13 小鼠肌肉的 RNA-seq 热图（续图）

点为差异较大的点。正常对照组 *vs* 无核苷酸组的火山图（图 4-3-14a）可以看出，Mt1 和 Mt2 基因的转录水平明显下降。核苷酸低剂量组 *vs* 无核苷酸组（图 4-3-14b），Mt1、Mt2、Trim63 基因的转录水平明显下降。此外，Fbxo32 基因的转录水平也是下降的。

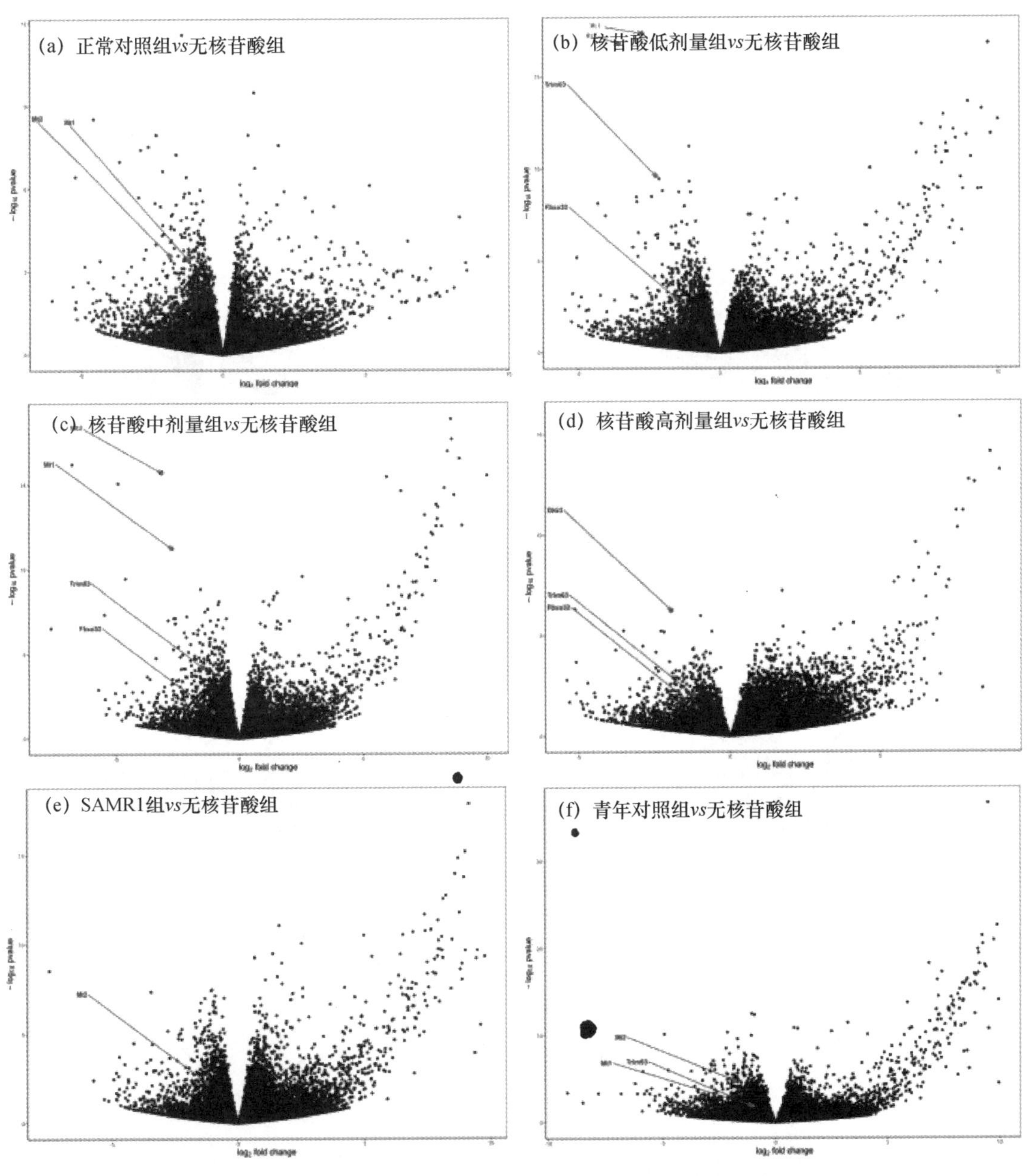

图 4-3-14 RNA-seq 火山图

注：图（a）～（f）分别为正常对照组 *vs* 无核苷酸，核苷酸低剂量组 *vs* 无核苷酸，核苷酸中剂量组 *vs* 无核苷酸，核苷酸高剂量组 *vs* 无核苷酸，SAMR1 组 *vs* 无核苷酸，青年对照组 *vs* 无核苷酸的火山图；图（g）～（k）核苷酸低剂量组 *vs* 正常对照组，核苷酸中剂量组 *vs* 正常对照组，核苷酸高剂量组 *vs* 正常对照组，SAMR1 组 *vs* 正常对照组。火山图中标注的基因为下调或上调的基因。其中基因距离对称轴和 X 轴越远，代表差异越大。

核苷酸中剂量组 *vs* 无核苷酸组（图 4-3-14c），Mt1、Mt2 基因的转录水平明显下降。由图可见，Trim63、Fbxo32 基因的转录水平也是下降的。核苷酸高剂量组 *vs* 无核苷酸组（图 4-3-14d），Dkk3 基因的转录水平明显下降。由图可见，Trim63、Fbxo32 基因的转录水平也是下降的。SAMR1 组和青年对照组（图 4-3-14e、f）*vs* 无核苷酸组 Mt1、Mt2 等基因的转录水平也是下降的。核苷酸低、中剂量组 *vs* 正常对照组（图 4-3-14g、h），Mt1、Mt2、

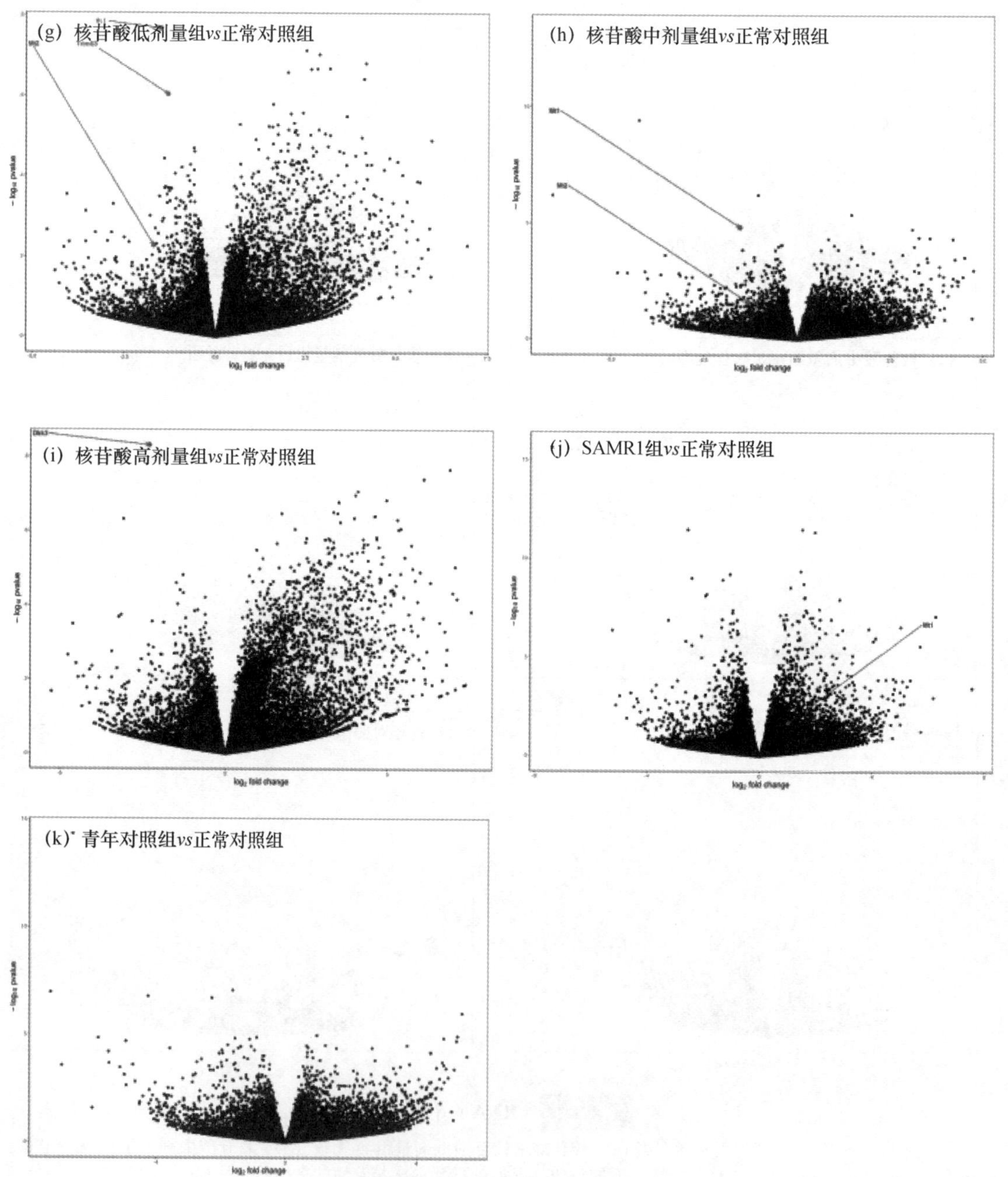

图 4-3-14 RNA-seq 火山图（续图）

Trim63 等基因的转录水平也是明显下降。核苷酸高剂量组 *vs* 正常对照组（图 4-3-14i），Dkk3 基因的转录水平明显下降。

（四）GO 富集分析

GO 功能基因富集结果可以归为三类：生物过程（BP）、细胞组成（CC）和分子功能（MF）。将各组差异基因进行归类然后按照基因改变数量的多少进行排序，橙色代表上调、绿色代表下调。

核苷酸低剂量组 *vs* 无核苷酸组，结果如彩图 4-3-15（a）所示，三类功能变化前三位的是：生物过程（BP）中脂肪酸代谢过程、有机酸分解代谢过程、羧酸分解代谢过程。细胞组成（CC）中质膜外侧、细胞外基质、胶原蛋白——包含细胞外基质。分子功能（MF）中氧化还原酶活性、单氧酶活性、血红素结合。

核苷酸中剂量组 *vs* 无核苷酸组，结果如彩图 4-3-15（b）所示，三类功能变化前三位的是：生物过程（BP）中脂肪酸代谢过程、有机酸分解过程、羧酸分解过程。细胞组成（CC）中细胞外基质、胶原、高密度脂蛋白颗粒。分子功能（MF）中氧化还原酶活性、单氧酶活性、血红素结合。

核苷酸高剂量组 *vs* 无核苷酸组，结果如彩图 4-3-15（c）所示，三类功能变化前三位的是：生物过程（BP）中适应性免疫反应、T 细胞激活、白细胞介导的免疫反应。细胞组成（CC）中质膜外侧、质膜信号受体、染色体着丝粒区域。分子功能（MF）中内肽酶调节活性、内肽酶抑制剂活性、细胞因子结合。

核苷酸低剂量组 *vs* 正常对照组，结果如彩图 4-3-15（d）所示，三类功能变化前三位的是：生物过程（BP）中 T 细胞激活、适应性免疫反应、淋巴细胞激活调节。细胞组成（CC）中质膜外侧、溶解液泡、溶酶体。分子功能（MF）中 G 蛋白偶联受体激活、免疫受体激活、细胞因子结合。

核苷酸中剂量组 *vs* 正常对照组，结果如彩图 4-3-15（e）所示，三类功能变化前三位的是：生物过程（BP）中脂质分解代谢过程、对病毒反应、脂肪细胞分化。细胞组成（CC）中质膜外侧、突触膜、突触后膜。分子功能（MF）中 G 蛋白偶联受体激活、有机酸结合、羧酸结合。

核苷酸高剂量组 *vs* 正常对照组，结果如彩图 4-3-15（f）所示，三类功能变化前三位的是：生物过程（BP）中 T 细胞激活、适应性免疫反应、淋巴细胞激活调节。细胞组成（CC）中质膜外侧、染色体区域、染色体、着丝粒区域、凝集染色体。分子功能（MF）中免疫受体激活、催化活性、细胞因子结合。

（五）KEGG 富集分析

KEGG 通路富集分析结果如图 4-3-16 显示，与无核苷酸组比较，核苷酸低剂量组、中剂量组、高剂量组共同明显下调的与肌少症相关的通路有 FoxO 信号通路、P53 信号通路、胰岛素抵抗信号通路。上调的通路有：类固醇信号通路。

十二、类固醇靶向代谢检测结果

转录组结果显示，类固醇信号通路明显上调，因此取小鼠的腓肠肌进行了类固醇靶向

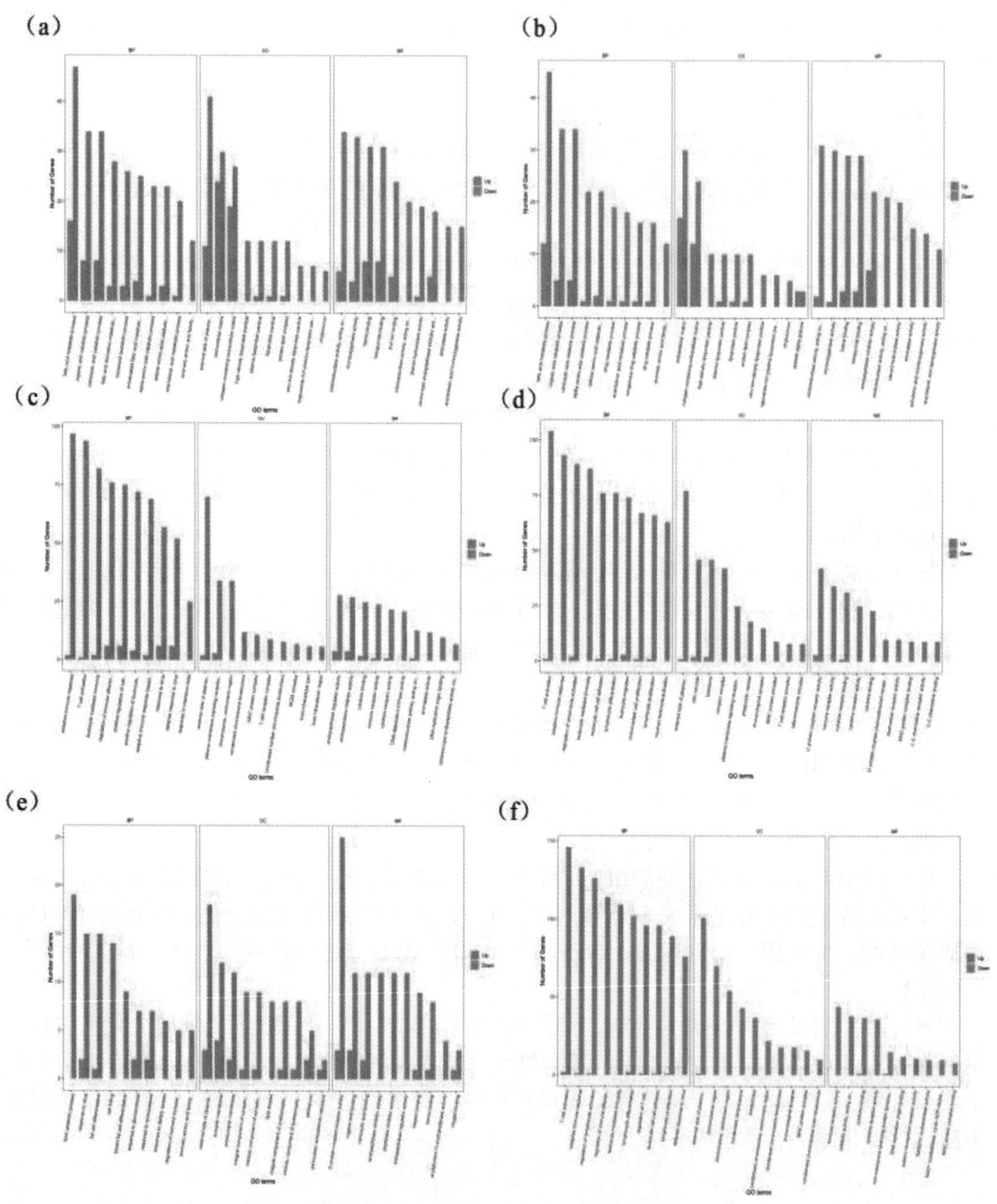

彩图 4-3-15 RNA-seq 的 GO 富集分析

注：图（a）～（f）分别为核苷酸低、中、高剂量组 *vs* 无核苷酸，核苷酸低、中、高剂量组 *vs* 正常对照组的 RNA-seq GO 富集分析图。橙色柱状图代表上调，绿色柱状图代表下调。

代谢组检测。

（一）类固醇靶向分析结果

本研究对 42 个小鼠腓肠肌的实验样本进行上机检测，共检测到了 8 种类固醇激素包括

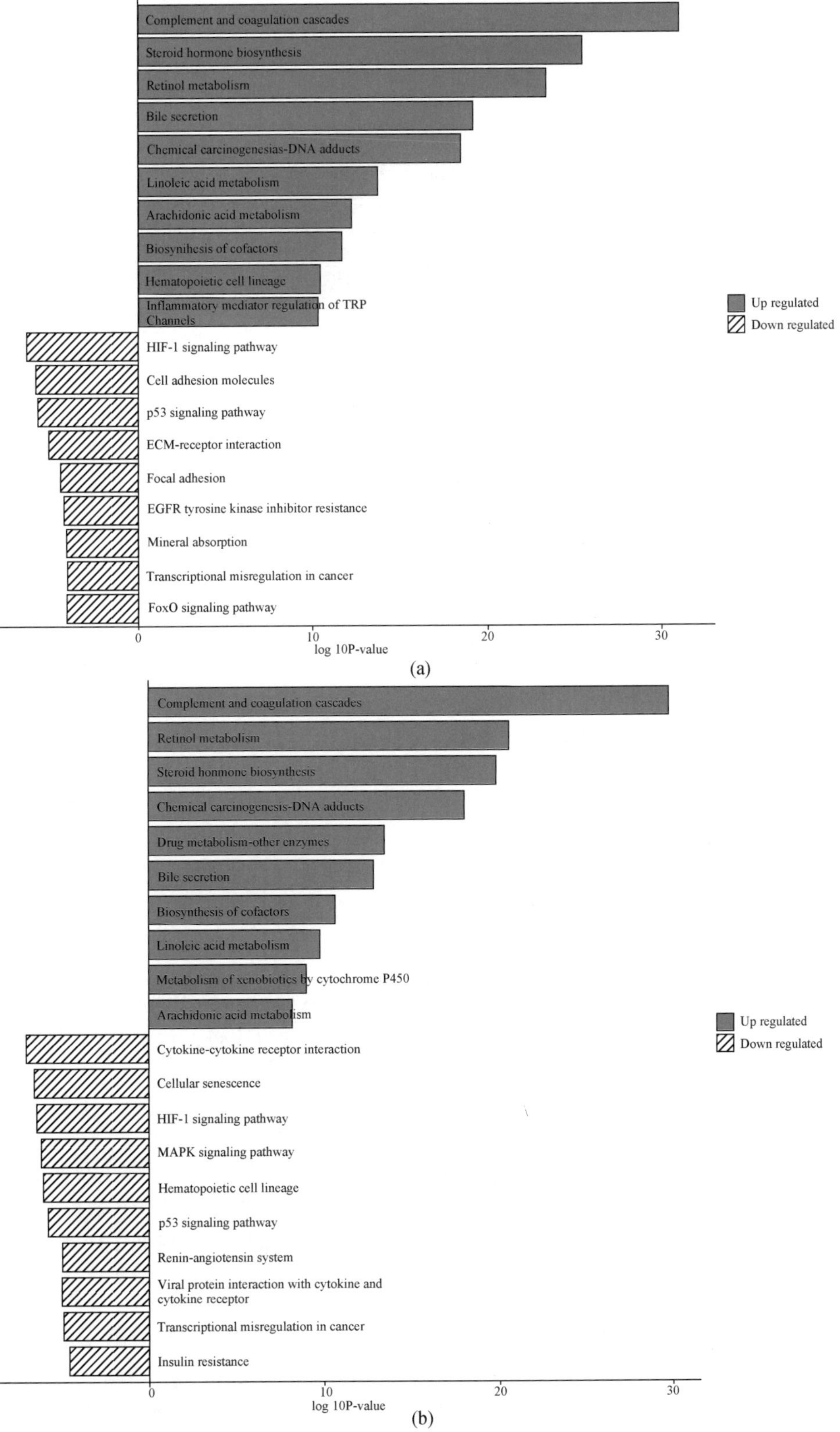
Complement and coagulation cascades
Steroid hormone biosynthesis
Retinol metabolism
Bile secretion
Chemical carcinogenesias-DNA adducts
Linoleic acid metabolism
Arachidonic acid metabolism
Biosynihesis of cofactors
Hematopoietic cell lineage
Inflammatory mediator regulation of TRP Channels
HIF-1 signaling pathway
Cell adhesion molecules
p53 signaling pathway
ECM-receptor interaction
Focal adhesion
EGFR tyrosine kinase inhibitor resistance
Mineral absorption
Transcriptional misregulation in cancer
FoxO signaling pathway
Up regulated
Down regulated
0
10
20
30
log 10P-value
(a)
Complement and coagulation cascades
Retinol metabolism
Steroid hormone biosynthesis
Chemical carcinogenesis-DNA adducts
Drug metabolism-other enzymes
Bile secretion
Biosynthesis of cofactors
Linoleic acid metabolism
Metabolism of xenobiotics by cytochrome P450
Arachidonic acid metabolism
Cytokine-cytokine receptor interaction
Cellular senescence
HIF-1 signaling pathway
MAPK signaling pathway
Hematopoietic cell lineage
p53 signaling pathway
Renin-angiotensin system
Viral protein interaction with cytokine and cytokine receptor
Transcriptional misregulation in cancer
Insulin resistance
Up regulated
Down regulated
0
10
20
30
log 10P-value
(b)

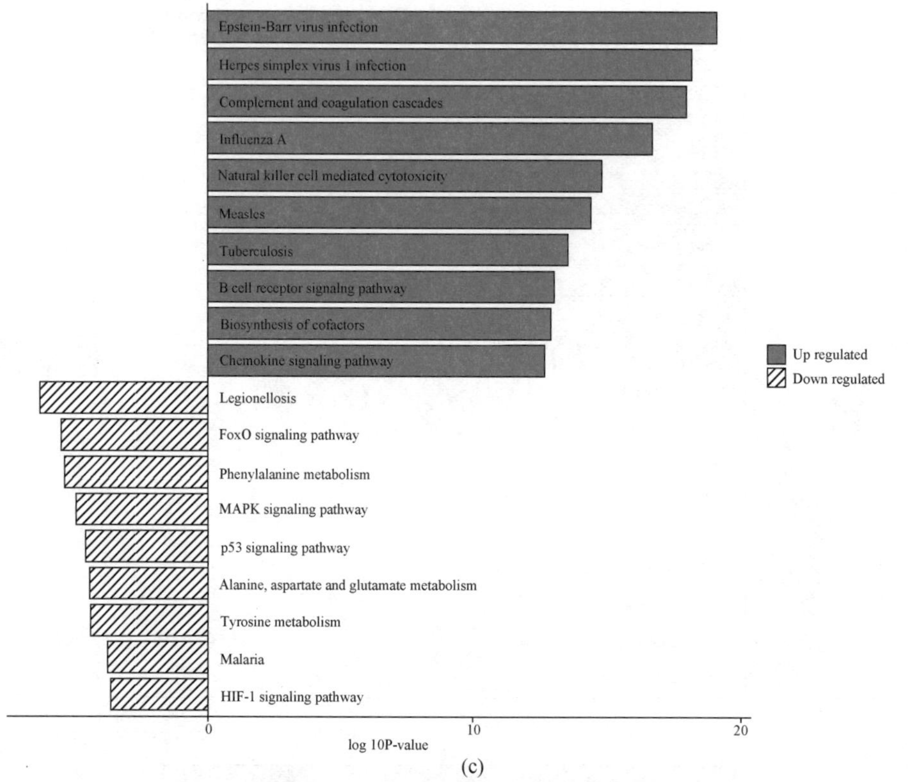

(c)

图 4-3-16 RNA-seq 的 KEGG 富集分析

注：图（a）代表核苷酸低剂量组 *vs* 无核苷酸组；图（b）代表核苷酸中剂量组 *vs* 无核苷酸组；图（c）代表核苷酸高剂量组 *vs* 无核苷酸组。红色代表上调通路，蓝色代表下调通路。

11- 脱氧皮质酮、11- 脱氧皮质醇、17 α - 羟孕酮、醛固酮、皮质酮、氢化可的松、孕酮、睾酮。其中差异代谢物：2 种：睾酮和醛固酮。

（二）偏最小二乘法偏–判别分析（PLS-DA）

采用有监督的偏最小二乘法偏–判别分析（PLS-DA）对差异代谢物浓度进行数据挖掘显示（彩图 4-3-17），核苷酸低、中、高剂量组与无核苷酸组比较，均具有较好的分离效果，区分度较好。

（三）差异代谢物各组间浓度分布

如彩图 4-3-18（a）所示，与无核苷酸组相比，核苷酸中剂量组、青年对照组小鼠肌肉中睾酮浓度明显增高（$P < 0.05$），而其他组间睾酮浓度差异没有明显的统计学意义。如彩图（b）所示，与无核苷酸组比较，核苷酸低剂量组醛固酮浓度明显降低（$P < 0.05$）。

（四）差异代谢物的富集分析

富集结果如彩图 4-3-19 所示，核苷酸低剂量组 *vs* 无核苷酸组和核苷酸中剂量组 *vs* 无核苷酸组，KEGG 富集分析的结果均显示，类固醇合成的信号通路明显增高，与 RNA-seq 的 KEGG 富集分析结果一致。表明与无核苷酸组比较，类固醇合成通路明显激活，主要是其

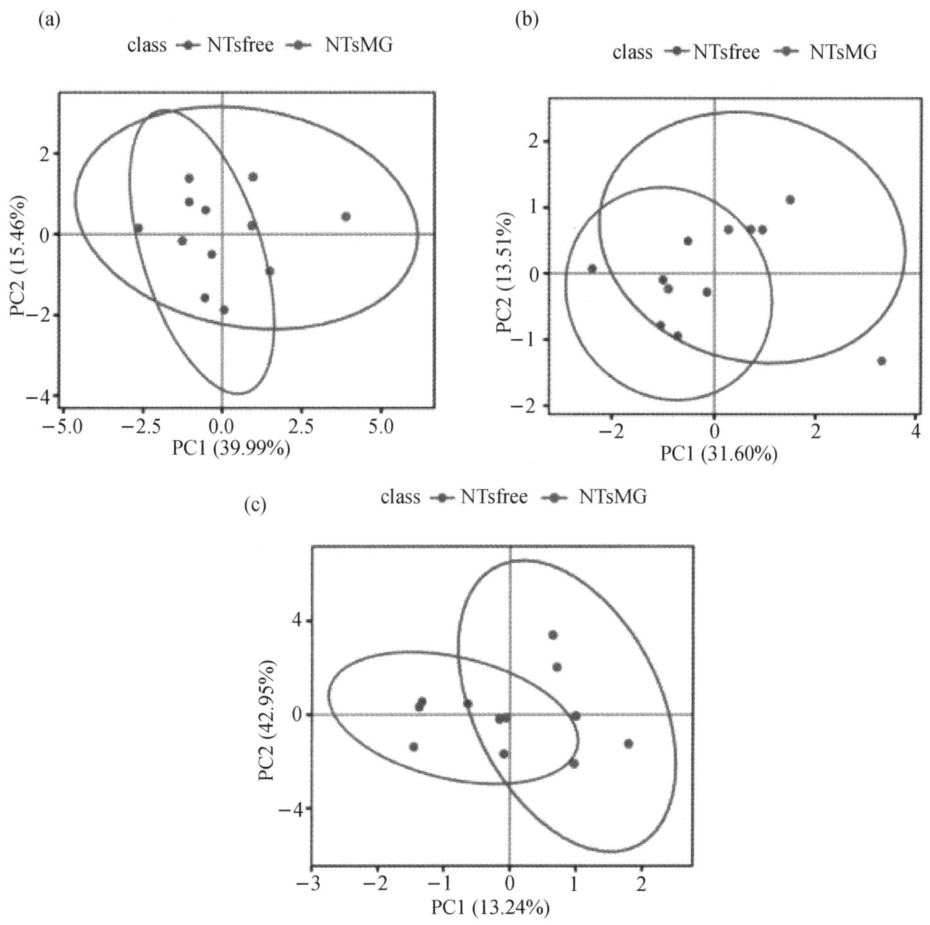

彩图 4-3-17　PLS-DA 判别分析两组分布的散点图

注：Class 是分组，NTs-Free，无核苷酸组；NTs-L、NTs-M、NTs-H，NTs 低、中、高剂量干预组。

（a）核苷酸低剂量组 *vs* 无核苷酸组；（b）核苷酸中剂量组 *vs* 无核苷酸组；（c）核苷酸高剂量组 *vs* 无核苷酸组。横轴为第一主成分，纵轴为第二主成分。括号中数字为该主成分的得分，表示该主成分对整个模型的解释能力。

中睾酮的生成明显增加。另外，如图 a 所示，核苷酸低剂量组与醛固酮合成与分泌相关的通路也明显富集。

十三、NTs 对小鼠胫骨前肌中 mRNA 相对表达量的影响

前面 RNA-seq 的结果表明，外源核苷酸能显著改变肌少症相关基因的表达，为进一步验证其结果，我们采用 qRT-PCR 实验进一步验证 RNA-seq 获得的肌少症相关的差异基因。如图 4-3-20 小鼠胫骨前肌的 qRT-PCR 结果显示，与无核苷酸组比较，Dkk3 mRNA 水平在核苷酸低剂量组（$P < 0.05$）、高剂量组（$P < 0.001$）、青年对照组明显降低（$P < 0.01$）；与正常对照组比较，Dkk3 mRNA 在核苷酸高剂量组明显降低（$P < 0.05$）。图 4-3-20（b）所示，与无核苷酸组比较，Trim63 mRNA 水平在核苷酸低剂量组（$P < 0.001$）、中剂量组（$P < 0.001$）、高剂量组（$P < 0.011$）、SAMR1 组（$P < 0.05$）、青年对照组明显降低（$P < 0.01$）；

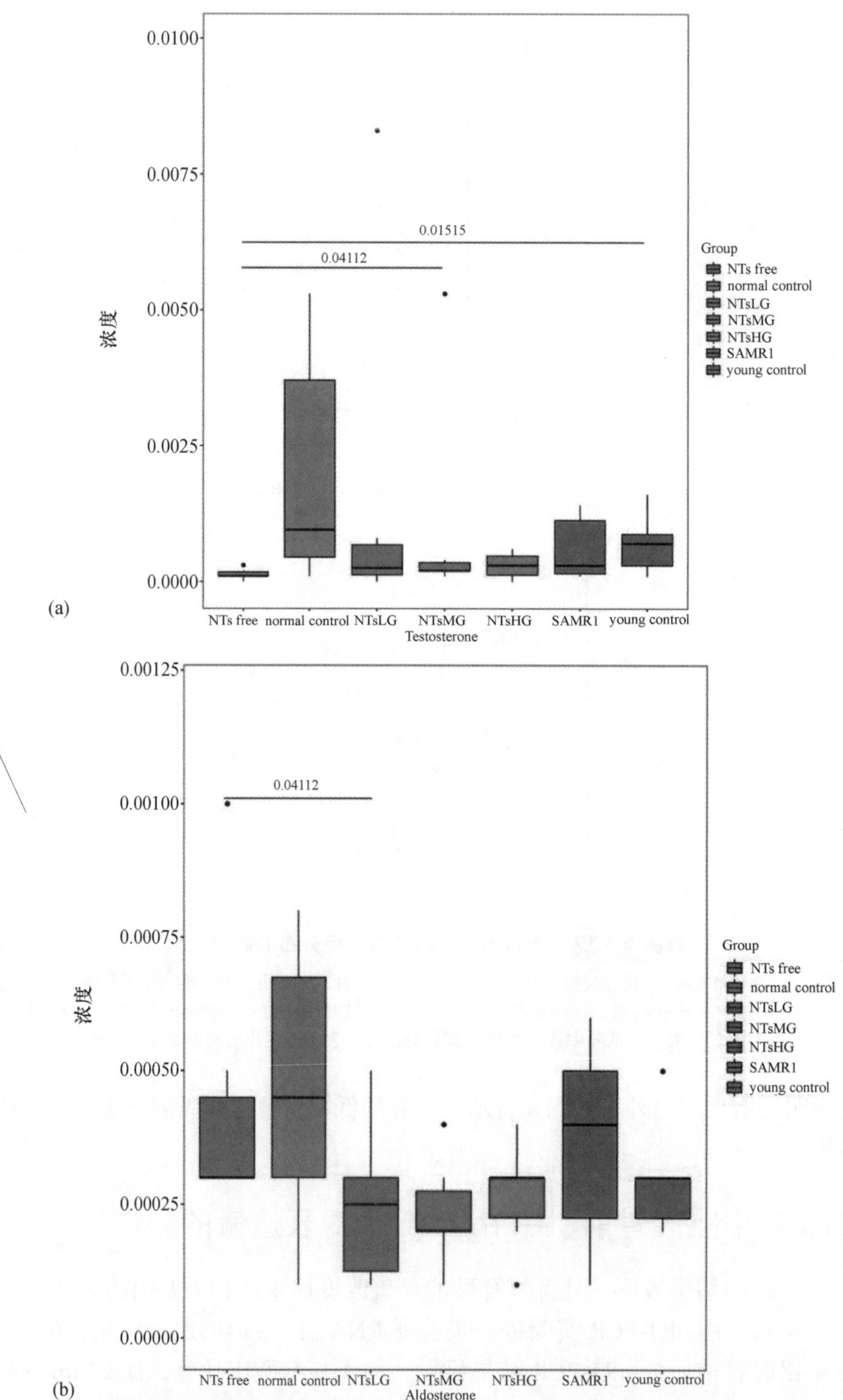

彩图 4-3-18　靶向代谢组学中差异代谢物在各组间的浓度分布

注：图（a）睾酮在各组间的浓度分布情况；（b）醛固酮在各组间的浓度分布情况。

NTs-Free，无核苷酸组；Normal control，普通对照组；NTs-L、NTs-M、NTs-H，NTs 低、中、高剂量干预组；SAMR1，模型对照组；Yong control，青年对照组。

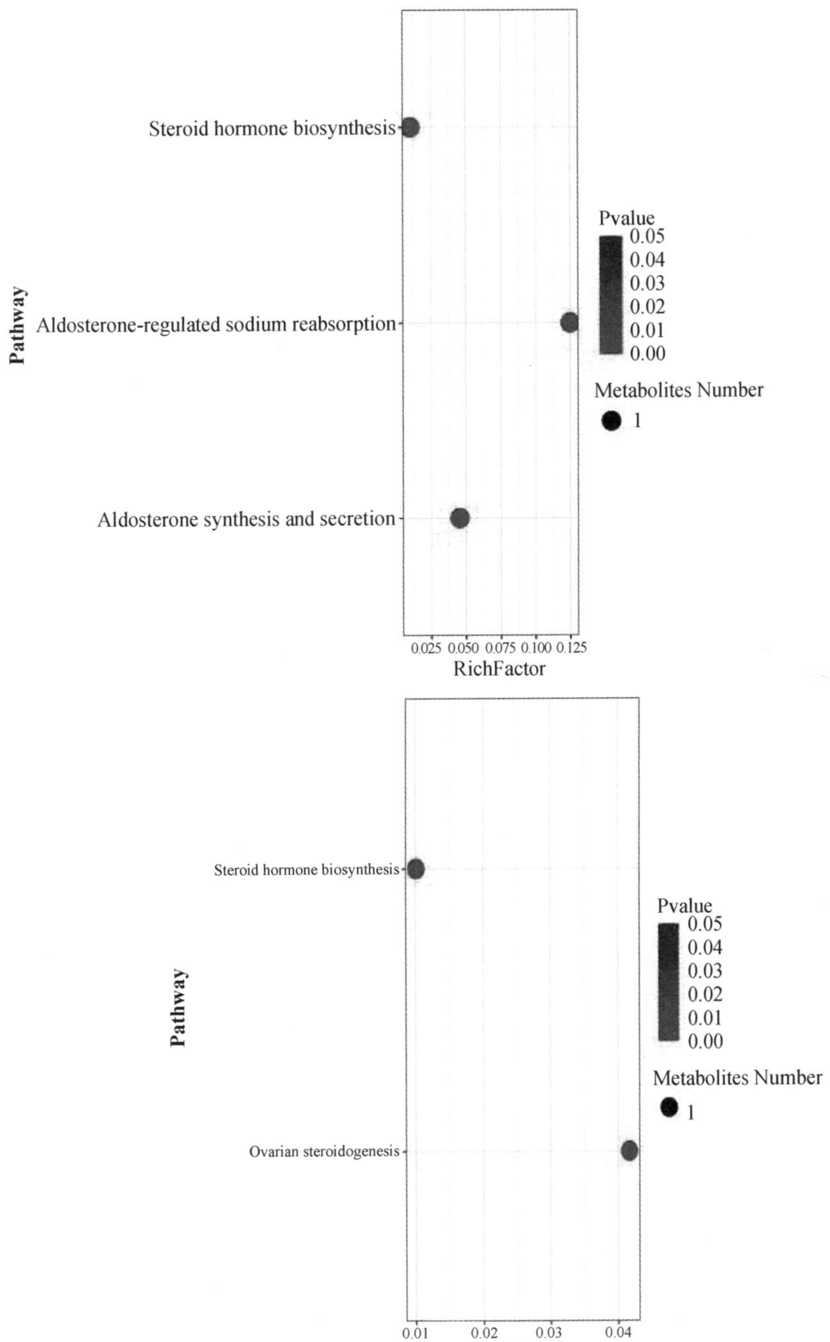

彩图 4-3-19　类固醇靶向代谢组学中 KEGG 通路富集分析

注：图（a）为核苷酸低剂量组 *vs* 无核苷酸组类固醇靶向代谢组 KEGG 通路分析；图（b）为核苷酸中剂量组 *vs* 无核苷酸组类固醇靶向代谢组 KEGG 通路分析。

与正常对照组比较，Trim63 mRNA 在核苷酸低剂量组明显降低（$P < 0.05$）。图 4-3-20（c）所示，与无核苷酸组比较，Fbxo32mRNA 水平在核苷酸高剂量组（$P < 0.01$）、SAMR1 组（$P < 0.01$）、青年对照组明显降低（$P < 0.01$）；与正常对照组比较，Fbxo32 mRNA 在核苷酸高剂量组明显降低（$P < 0.05$）；与 SAMR1 组比较，核苷酸中剂量组 Fbxo32mRNA 水平是显著升高的（$P < 0.05$）。图 4-3-20（d）所示，与无核苷酸组比较，Mt1 mRNA 水平在核苷酸低剂量组（$P < 0.001$）、中剂量组（$P < 0.01$）、SAMR1 组（$P < 0.01$）、青年对照组明显降低（$P < 0.01$）；与正常对照组比较，Mt1 mRNA 在核苷酸低剂量组明显降低（$P < 0.05$）。图 4-3-20（e）所示，与无核苷酸组比较，Mt2 mRNA 水平在正常对照组（$P < 0.05$）、核苷酸低剂量组（$P < 0.01$）、中剂量组（$P < 0.01$）、高剂量组（$P < 0.05$）、SAMR1 组（$P < 0.01$）、青年对照组明显降低（$P < 0.01$）。

十四、NTs 对小鼠腓肠肌中相关蛋白表达的影响

为进一步探究肌少症相关基因在蛋白水平的表达，我们采用 Western blot 试验进行验证。如图 4-3-21（b）所示，与无核苷酸组和正常对照组比较，核苷酸低剂量组和核苷酸高剂量组，Dkk3 蛋白表达明显降低。从图 4-3-21（c）图可以看出，与无核苷酸组比较，Mt 蛋白在核苷酸低剂量组和核苷酸高剂量组明显降低，与正常对照组比较，核苷酸低剂量组 Mt 蛋白表达明显降低。图 4-3-21（d）显示，与无核苷酸和正常对照组比较，核苷酸低剂量组 Foxo1 蛋白表达明显降低；图 4-3-21（e）显示，与无核苷酸组比较，核苷酸低、中、高剂量组 Foxo3a 蛋白表达均明显降低；而与正常对照组比较，只有核苷酸低剂量组 Foxo3a 蛋白表达降低具有统计学意义。由图 4-3-21（f）可知，与无核苷酸组和正常对照组比较，核苷酸低、高剂量组 Trim63 蛋白表达明显降低。图 4-3-21（g）显示，与无核苷酸组比较，正常对照组、核苷酸低、中、高剂量组、SAMR1、青年对照组 Fbxo32 蛋白表达均显著降低；与正常对照组比较，核苷酸低、中、高剂量组 Fbxo32 蛋白表达显著降低。以上结果表明，外源核苷酸可通过抑制 Foxo 信号通路，从而减少 Trim63 和 Fbxo32 的产生，从而降低蛋白质的降解。从而由图 4-3-21（h）可知，与无核苷酸组和正常对照组比较，核苷酸低、中、高剂量组、SAMR1、青年对照组 p-Akt/Akt 值均显著升高；由图 4-3-21（i）可知，与无核苷酸组和正常对照组比较，核苷酸高剂量组 P-S6K/S6K 明显增高。说明外源核苷酸可通过增强 Akt 和 S6K 的磷酸化，激活 mTOR 信号通路，从而促进蛋白质的合成。由图 4-3-21（j）可知，与无核苷酸组比较，核苷酸低、高剂量组和青年对照组 P53 蛋白表达均明显降低；与正常对照组比较，核苷酸低剂量组 P53 蛋白明显降低。说明，外源核苷酸能减低老年小鼠肌肉衰减。

十五、NTs 延缓 SAMP8 鼠肌少症的作用机制

通过对外源核苷酸对肌少症主要作用途径和机制进行探讨发现，外源核苷酸的肌少症缓解作用主要从以下几个方面进行。

（一）抑制 FoxO 信号通路，从而抑制蛋白质的降解

泛素-蛋白酶体系统（UPS）是调节蛋白质分解和维持蛋白质稳态的重要途径，随着年

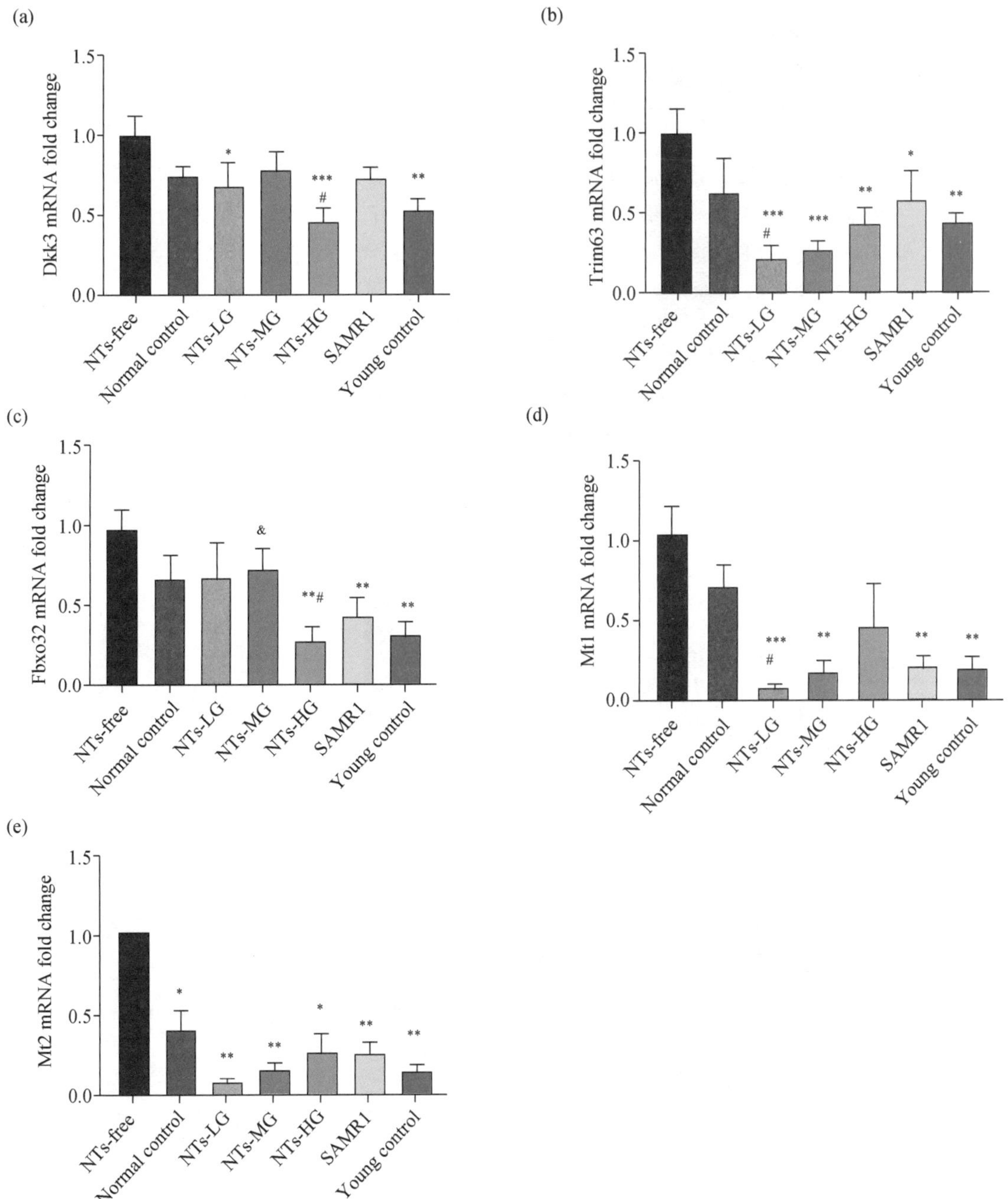

图 4-3-20 外源核苷酸对小鼠肌肉组织中 mRNA 表达水平的影响

注：图（a）～（e）分别代表小鼠胫骨前肌中 Dkk3、Trim63、Fbxo32、Mt1、Mt2 的 mRNA 相对表达量。NTs-Free，无核苷酸组；Normal control，普通对照组；NTs-L、NTs-M、NTs-H，NTs 低、中、高剂量干预组；SAMR1，模型对照组；Yong control，青年对照组。

* 表示与无核苷酸比较，差异有统计学意义（$^{*}P < 0.05$，$^{**}P < 0.01$，$^{***}P < 0.001$）；$^{\#}$ 表示与正常对照组比较，差异有统计学意义（$^{\#} < 0.05$，$^{\#\#}P < 0.01$，$^{\#\#\#}P < 0.001$）；$^{\varphi}$ 表示与 SAMR1 组比较，差异有统计学意义（$^{\varphi}P < 0.05$，$^{\varphi\varphi}P < 0.01$，$^{\varphi\varphi\varphi}P < 0.001$）；$^{\&}$ 表示与青年对照组比较，差异有统计学意义（$^{\&}P < 0.05$，$^{\&\&}P < 0.01$，$^{\&\&\&}P < 0.001$）。

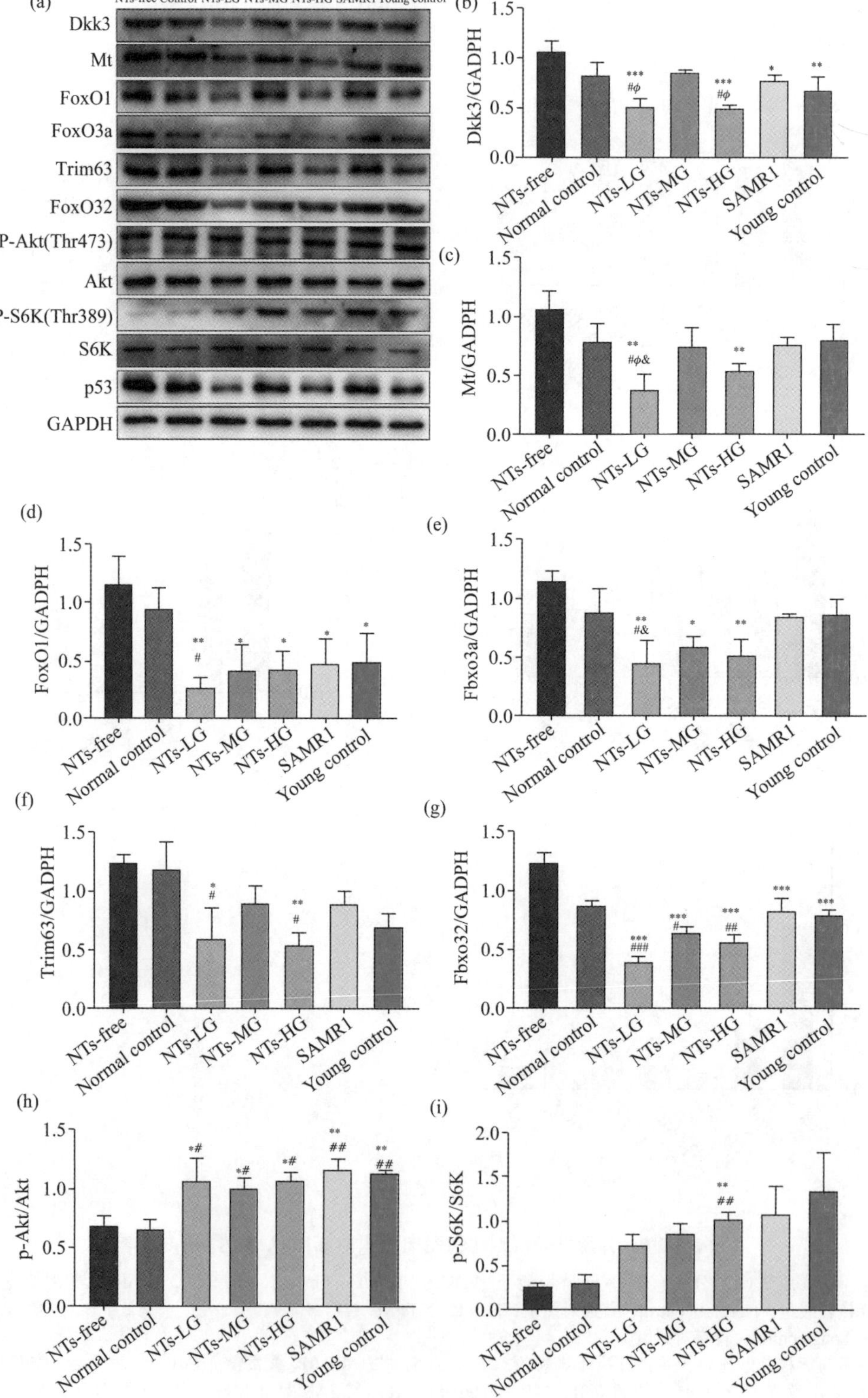
(a)
NTs-free Control NTs-LG NTs-MG NTs-HG SAMR1 Young control
Dkk3
Mt
FoxO1
FoxO3a
Trim63
FoxO32
P-Akt(Thr473)
Akt
P-S6K(Thr389)
S6K
p53
GAPDH
(b)
Dkk3/GADPH
(c)
Mt/GADPH
(d)
FoxO1/GADPH
(e)
Fbxo3a/GADPH
(f)
Trim63/GADPH
(g)
Fbxo32/GADPH
(h)
p-Akt/Akt
(i)
p-S6K/S6K
NTs-free
Normal control
NTs-LG
NTs-MG
NTs-HG
SAMR1
Young control

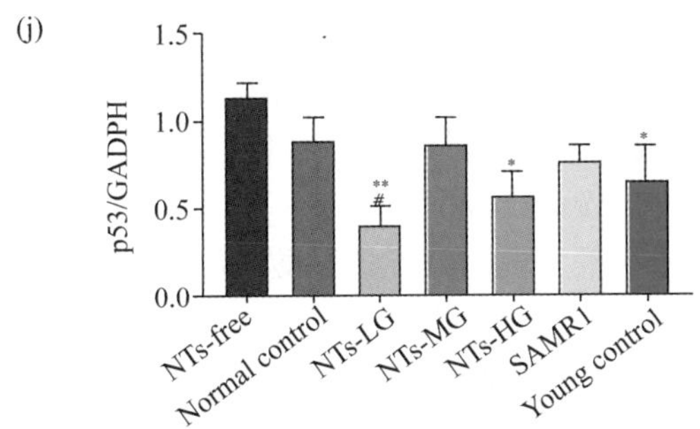

图 4-3-21　外源核苷酸对老年小鼠腓肠肌中相关蛋白的影响

（a）Dkk3，Mt，FoxO1，FoxO3a，Trim63，Fbxo32，P-Akt，Akt，P-S6K，S6K，P53，GADPH 的免疫印迹图片；（b）～（j）为 Dkk3/GADPH，Mt/GADPH，FoxO1/GADPH，FoxO3a/GADPH，Trim63/GADPH，Fbxo32/GADPH，p-Akt/Akt，p-S6K/S6K，P53/GADPH 的灰度值统计图。NTs-Free，无核苷酸组；Normal control，普通对照组；NTs-L、NTs-M、NTs-H，NTs 低、中、高剂量干预组；SAMR1，模型对照组；Yong control，青年对照组。* 表示与无核苷酸比较，差异有统计学意义（$^{*}P<0.05$，$^{**}P<0.01$，$^{***}P<0.001$）；# 表示与正常对照组比较，差异有统计学意义（$^{\#}<0.05$，$^{\#\#}P<0.01$，$^{\#\#\#}P<0.001$）；φ 表示与 SAMR1 组比较，差异有统计学意义（$^{\varphi}P<0.05$，$^{\varphi\varphi}P<0.01$，$^{\varphi\varphi\varphi}P<0.001$）；& 表示与青年对照组比较，差异有统计学意义（$^{\&}P<0.05$，$^{\&\&}P<0.01$，$^{\&\&\&}P<0.001$）。

龄的增长，UPS 中的 Fbxo32（Atrogin-1）和 Trim63（MuRF-1），表达水平显著增加，进而促进肌蛋白降解。

Dkk3（dickkopf-related protein3）是一种分泌型糖蛋白，隶属于 Dkk 蛋白家族，其在肿瘤中的功能研究较多，研究发现 Dkk3 在前列腺癌、乳腺癌、结肠癌等肿瘤细胞中表达量下降，可能是一种肿瘤抑制因子。此外，Yin[36] 等人研究显示 Dkk3 是年龄依赖的骨骼肌萎缩（肌少症）的标志，其在老年肌少症患者的骨骼肌中 Dkk3 的水平明显增高。同时，在肌少症患者的外周血中，Dkk3 的蛋白水平显著升高，提示 Dkk3 可以成为肌少症的血液诊断标志物。在年轻小鼠中过表达 Dkk3 能够引起肌肉萎缩和肌肉力量降低，在发生了肌肉萎缩的老年小鼠中敲低 Dkk3 的表达能够提高肌肉质量，更重要的是衰老肌肉的收缩能力也得到了恢复。提示 Dkk3 是引起肌少症的重要因素，可能成为新的肌少症的治疗靶点。其机制是通过 Dkk3 能够加强 FoxO3-β-catenin 之间的蛋白-蛋白相互作用，募集 FoxO3-β-catenin 结合在 E3- 泛素连接酶 Atrogin1/Fbxo32 和 MuRF1/Trim63 的启动子区域，激活 Atrogin1/Fbxo32 和 MuRF1/Trim63 的转录，加强泛素化介导的蛋白降解，导致肌肉萎缩发生。本研究发现外源核苷酸高剂量干预后的 RNA-seq 的热图及火山图结果显示，与无核苷酸组和正常对照组比较，核苷酸干预组能明显降低骨骼肌中 Dkk3 基因 mRNA 水平，且通过 qRT-PCR 的结果和 Western blot 试验进一步验证了外源核苷酸长期干预能降低衰老小鼠骨骼肌中 Dkk3 的水平。且 RNA-seq 的热图及火山图结果显示，与无核苷酸组和正常对照组比较，核苷酸干预组能明显降低骨骼肌中 Trim63 和 Fbxo32 基因 mRNA 水平，且通过 qRT-PCR 的结果和 Western blot 实验进一步验证了外源核苷酸长期干预能降低衰老小鼠骨骼肌中 Trim63 和 Fbxo32 的水平。说明外源核苷酸可能通过降低 Dkk3 水平来缓解肌少症。

金属硫蛋白（metallothionein，Mt）是组织细胞中含量最丰富的锌结合蛋白质，是组织储存锌的重要机制。Mt1 和 Mt2 基因在维持锌内稳态方面发挥重要作用。抑制该蛋白可以释放锌离子，引起肌肉肥厚。Summermatter[43] 等人的研究发现减少骨骼肌中的金属硫蛋白

Mt1、Mt2，能减轻肌萎缩，增加骨骼肌的质量和力量，Mt1、Mt2是肌少症治疗的一个潜在靶点。本研究发现外源核苷酸干预后的RNA-seq的热图及火山图结果均显示，与无核苷酸组和正常对照组比较，核苷酸低、中剂量组中骨骼肌中Mt1、Mt2基因mRNA水平明显降低，且通过qRT-PCR的结果和Western blot试验进一步验证了外源核苷酸长期干预能降低衰老小鼠骨骼肌中Mt1、Mt2的水平。说明外源核苷酸可能通过降低Mt1、Mt2水平来缓解肌少症。

FoxO是叉头盒转录因子，FoxO转录因子能调节UPS途径。FoxO家族成员包括：FoxO1、FoxO3和FoxO4，Akt可磷酸化所有的FoxOs，促进它们从细胞核向细胞质的转运。对FoxOs调控骨骼肌萎缩的机制进一步研究发现，肌肉过表达FoxO3或肌肉特异性FoxO1转基因小鼠的肌肉质量显著减少，并出现肌纤维萎缩现象[32]。若抑制FoxO的转录活性则可抑制肌肉萎缩期间Trim63和Fbxo32表达的上调并且减少肌肉丢失[33]。本研究的RNA-seq中的韦恩图结果显示，与无核苷酸相比，核苷酸低、中、高剂量组和青年对照组，共同降低的基因中包括FoxO1。且通过Western blot试验进一步验证了外源核苷酸干预能显著降低FoxO1、FoxO3a蛋白的表达。

Trim63（又称MuRF-1）与Fbxo32（又称Atrogin-1/MAFbx）是哺乳动物细胞内重要的肌萎缩因子。Tim63与Fbxo32基因的表达受上游FoxO转录因子（包括FoxO1和FoxO3a）的调控而显著上调。本研究RNA-seq热图及火山图结果表明，与无核苷酸组和正常对照组比较，核苷酸干预组能明显降低骨骼肌中Trim63、Fbxo32基因mRNA水平，且通过qRT-PCR的结果和Western blot实验进一步验证了外源核苷酸长期干预能降低衰老小鼠骨骼肌中Trim63、Fbxo32的水平，从而起到缓解肌萎缩的作用。

综上所述，通过本研究我们证明了添加外源核苷酸能明显减轻老年SAMP8小鼠的肌少症。具体的机制可能部分是通过降低Dkk3、Mt1、Mt2等水平，抑制FoxO信号通路，从而减少Trim63和Fbxo32骨骼肌特异性泛素连接酶的表达，进而减轻肌少症的症状。

（二）激活Akt/mTOR信号通路，促进蛋白质合成

Yin[36]等人的研究显示减少Dkk3的水平，亦能激活Akt/mTOR信号通路，从而促进蛋白质的合成，进而缓解肌少症的发生。Summermatter[43]等人的研究发现减少骨骼肌中的金属硫蛋白Mt1、Mt2，能减轻肌萎缩，增加骨骼肌的质量和力量，Mt1、Mt2是肌少症治疗的一个潜在靶点，其潜在机制可能是通过激活Akt/mTOR信号通路，促进蛋白质的合成。

睾酮是一种在肌肉组织中能促进肌肉蛋白合成和抗分解作用的类固醇激素。补充睾酮可以改善肌肉质量和减少脂肪质量。研究发现补充睾酮的老年男性，与对照组比较，在爬楼梯能力、肌肉质量和力量方面均有明显改善[41]。本研究类固醇靶向代谢组的结果发现，与无核苷酸组比较，核苷酸中剂量组和青年对照组睾酮含量明显增高。提示外源核苷酸可能会增加老年SAMP8鼠睾酮含量，从而进一步促进蛋白质的合成。因此，外源核苷酸长期干预可能通过增加睾酮等合成激素的水平，从而促进蛋白质的合成，降低肌肉分解，增加肌肉质量。

（三）改善线粒体的功能障碍、减轻氧化应激水平

研究发现，肌少症发病与氧化应激和线粒体功能紊乱有关。很多研究显示，线粒体功能障碍是肌少症过程中最主要的特征[25]。本研究发现外源核苷酸添加能显著降低老年

SAMP8 小鼠骨骼肌中的氧化应激水平，增加了线粒体相关抗氧化酶的水平。与正常对照组比较，核苷酸低剂量组、中剂量组小鼠肌肉中顺乌头酸的水平明显增高；与正常对照组比较，核苷酸高剂量组小鼠肌肉中的柠檬酸酶活性明显增高。SOD 是重要的抗氧化酶，可清除过量的 ROS，减少氧化损伤的发生。本研究发现外源核苷酸还增加了抗氧化酶 SOD、SDH 的水平，且增加了骨骼肌中 ATP 的产生。透射电镜的结果也显示，与无核苷酸及正常对照组比较，核苷酸的添加能显著改善线粒体膜的完整性，减轻肌肉线粒体损伤，改善线粒体功能障碍。因此本研究证明了添加外源核苷酸能明显减轻老年 SAMP8 小鼠骨骼肌的氧化应激水平，并改善了线粒体功能障碍。

（四）抑制 P53 信号通路，改善老年小鼠肌肉衰老

P53 是一种转录因子，是基因组完整性的守护者，也是广泛研究的抑癌基因。P53 基因具有诱导细胞周期阻滞、修复 DNA 损伤、促进细胞凋亡、调节细胞分化等功能。P53 的激活除了诱导细胞周期阻滞的作用外，还参与调节细胞衰老和组织衰老。研究表明衰老的启动和维持都依赖于 P53[111]。在细胞衰老的多种通路中，P53 通过控制下游效应因子 P21 来促进衰老。本研究的 RNA-seq 中 KEGG 富集分析结果显示，与无核苷酸组比较，核苷酸低剂量组、核苷酸中剂量组和核苷酸高剂量组均明显下调 P53 信号通路。我们通过 Western blot 实验也进一步验证了外源核苷酸干预能降低骨骼肌中 P53 蛋白的表达，从而减轻肌肉衰老。

我们研究发现 Akt 可能是外源核苷酸发挥肌少症保护作用的关键靶点，通过激活 Akt，从而激活 mTOR 信号通路，促进蛋白质的合成；同时 Akt 的激活能抑制 FoxO 信号通路，从而抑制 Fbxo32 和 Trim63 的转录，降低泛素化介导的蛋白降解；Akt 的激活亦能抑制 P53 信号通路，降低细胞衰老。

第四节　外源核苷酸对 H_2O_2 诱导的 C2C12 肌萎缩细胞作用的研究 Study on effect of exogenous nucleotides on H_2O_2-induced C2C12 muscular atrophy cells

肌少症是一种随着年龄增长而导致骨骼肌质量和力量下降的肌肉功能性障碍老年医学综合征。人在 25 ～ 30 岁时骨骼肌力量达到最大值，随后骨骼肌力量会随着年龄的增加而下降。肌少症在老年人群中发病率极高，本课题组前期的研究显示，我国 60 岁以上老年人群肌少症患病率为 18.6%，其中 80 岁以上人群肌少症患病率为 52%[112]。

骨骼肌是人体蛋白质库，机体约 60% 蛋白质以多种形态储存在骨骼肌肌肉组织内，老年人蛋白质摄入不足或吸收功能障碍，均会导致肌肉蛋白减少。在骨骼肌的发育、分化、成熟三个阶段中，主要依赖于成肌细胞的参与，成肌细胞的增殖和分化是胚胎期骨骼肌发育的原动力[113]。成肌细胞经增殖、分化及融合形成多核肌管，最终分化为肌纤维。成肌细胞增殖融合为肌管的过程制约着肌肉的整个发育过程，骨骼肌质量的变化是蛋白质合成和分解代谢平衡变化的结果。因此，促进成肌细胞增殖、分化和融合，能够维持骨骼肌蛋白质代谢平衡，促进肌纤维生成，进而增加肌肉质量。

C2C12 成肌细胞是小鼠的成肌细胞，其具有与人源成肌细胞相似的功能，多用于肌少症研究的细胞模型[114]。关于肌萎缩肌细胞模型目前主要有几个细胞培养模型[115]，例如采用 H_2O_2、地塞米松或肿瘤坏因子诱导 C2C12 为肌萎缩细胞等方式。

在前面的动物实验部分我们已经发现了外源性核苷酸对老年肌少症具有积极的作用，为了进一步探讨四种核苷酸单体及核苷酸混合物在细胞水平上是否具有减轻肌萎缩的作用及每种核苷酸的贡献程度，本研究拟采用 H_2O_2 诱导 C2C12 肌萎缩细胞的方式，利用 5′- 鸟苷酸二钠、5′- 尿苷酸二钠、5′- 单磷酸胞苷和 5′- 单磷酸腺苷及其混合物分别进行低、中、高三个剂量干预，深入探究外源核苷酸对 H_2O_2 诱导 C2C12 肌萎缩细胞的作用。

一、H_2O_2 对肌管细胞活性的影响

采用 cck8 实验检测 H_2O_2 对肌管细胞活性的影响。如图 4-4-1 所示，与正常对照组相比，H_2O_2 的浓度为 100 μmol/L 时，细胞活性明显降低。且该研究结果与 Nirmaljeet Kaur 等人的研究一致，Kaur 等人的研究显示，100 μmol/L 的 H_2O_2 处理肌管细胞可以造成肌萎缩[116]。在本研究中也得到了一致结论，结果显示 100 μmol/L 的 H_2O_2 处理肌管细胞可使肌细胞活力明显降低，肌细胞明显萎缩。故本研究选择 100 μmol/L 的 H_2O_2 处理肌管细胞造成肌萎缩模型。此外，在造模方式上，为使细胞试验与动物试验干预方式具有较好的一致性，因动物试验是从幼年小鼠开始核苷酸干预，一直干预到小鼠衰老。细胞试验也是在诱导肌萎缩之前先进行核苷酸干预，后诱导衰老且该过程一直对细胞进行干预。两种干预方式具有较好的一致性，其研究结果也更加严谨、可靠。

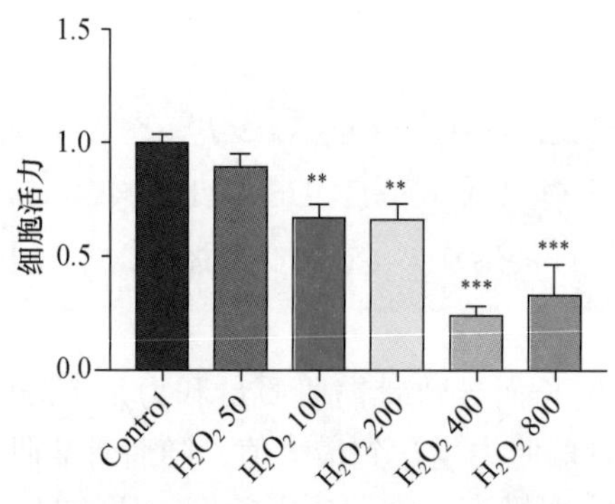

图 4-4-1　H_2O_2 对肌管细胞活性的影响

注：* 表示与对照组比较，差异有统计学意义（$^*P<0.05$，$^{**}P<0.01$，$^{***}P<0.001$）。

二、NTs 对肌管直径的影响

彩图 4-4-2（a）显示的肌管细胞的免疫荧光染色，从图中可以看出，模型组肌管比较细，而正常对照组和核苷酸干预组肌管明显变粗。肌管直径的统计分析彩图 4-4-2（b）可以看出，与模型组比较，正常对照组、核苷酸配伍组、AMP 中剂量组、CMP 中剂量组、GMP 中剂量组、UMP 中剂量组肌管直径明显变粗（$P<0.001$）。

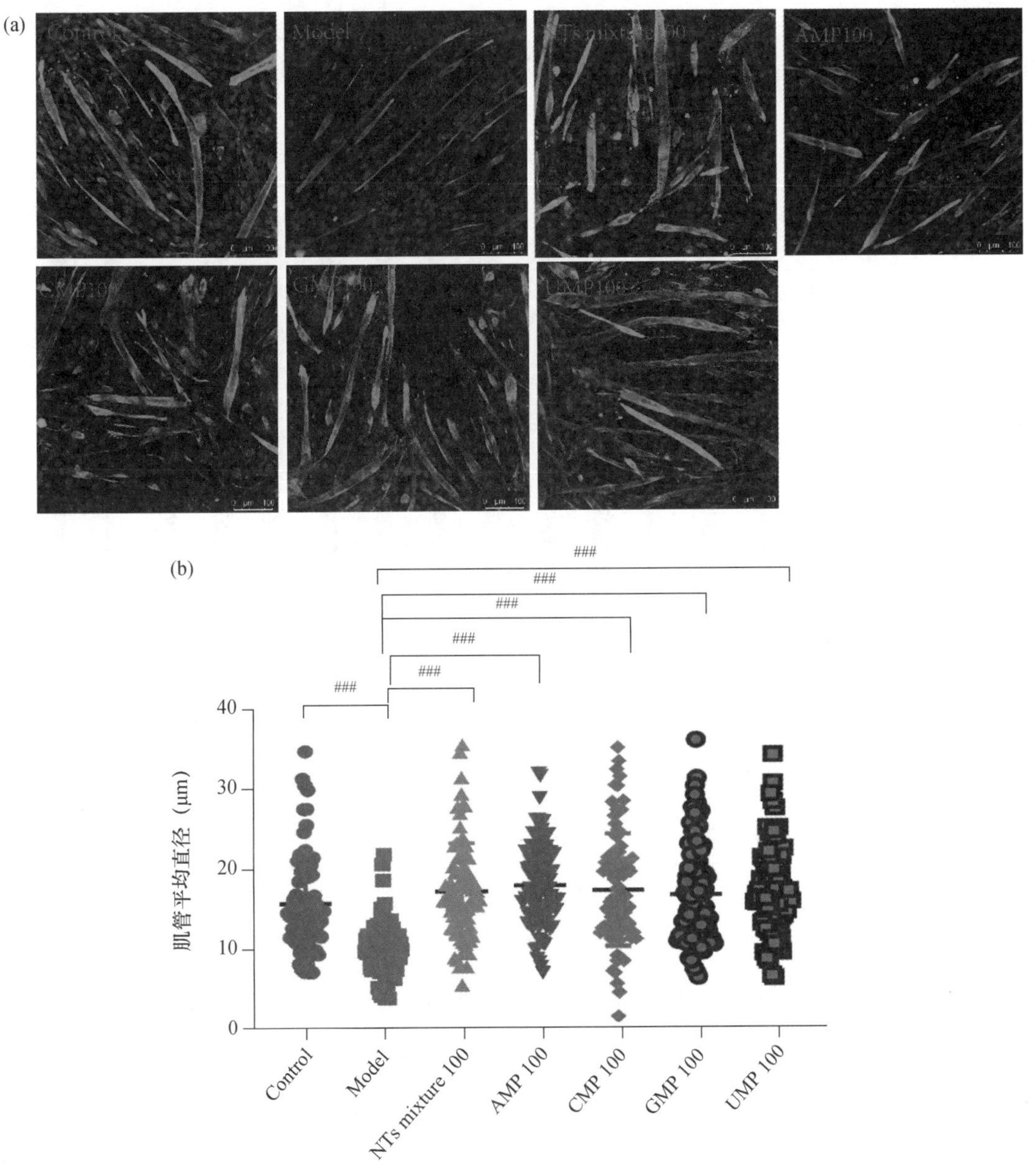

彩图 4-4-2　外源核苷酸对肌管的影响

注：图（a）外源核苷酸干预对肌管影响的代表性图像。绿色为 Desmin 免疫荧光染色，蓝色表示细胞核染色。比例尺 1∶100 μm。图（b）各组肌管平均直径。### 表示与模型对照组比较，$P < 0.001$。Control，正常对照组；Model，模型对照组；NTs mixture 100，核苷酸中剂量配伍组；AMP100，CMP100，GMP100，UMP100，AMP、CMP、GMP 和 UMP 中剂量组。

三、NTs 对 C2C12 肌管细胞活性的影响

从图 4-4-3 中可以看出，与正常对照组比较，模型组细胞活性明显降低（$P < 0.05$）。

与模型组比较，正常对照组、核苷酸配伍中剂量组、AMP 高剂量组、CMP 低剂量组、CMP 中剂量组、GMP 中剂量组、UMP 低、中、高剂量组细胞活性明显增强（$P < 0.05$）。

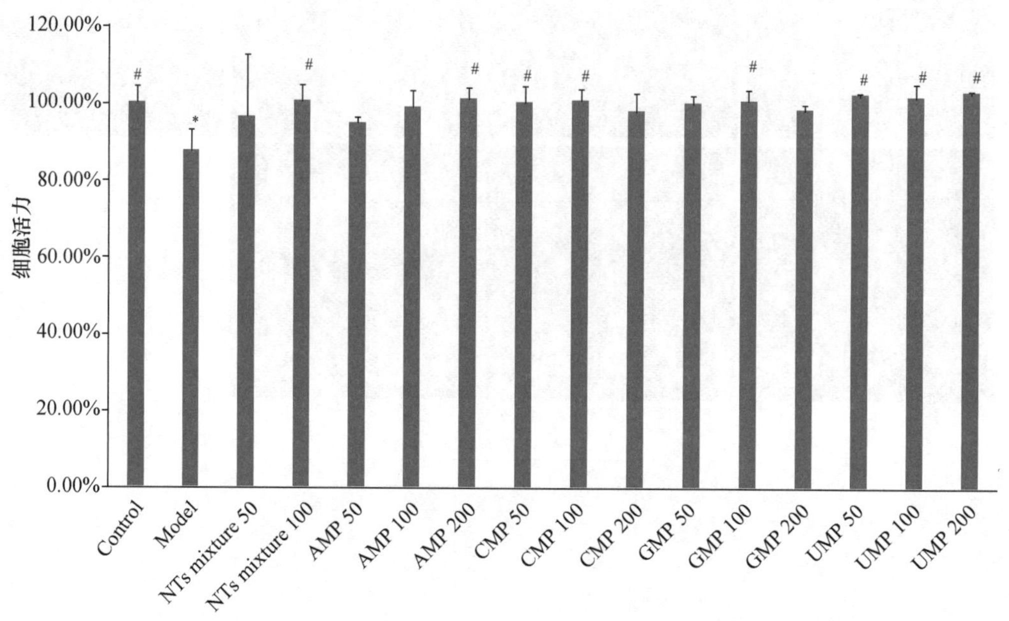

图 4-4-3　外源核苷酸对 C2C12 肌管细胞活性的影响

注：Control，正常对照组；Model，模型对照组；NTs mixture 50，100，核苷酸低、中剂量配伍组；AMP50，CMP50，GMP50，UMP50，AMP、CMP、GMP 和 UMP 低剂量组；AMP100，CMP100，GMP100，UMP100，AMP、CMP、GMP 和 UMP 中剂量组。* 表示与对照组比较，差异有统计学意义。$^{*}P < 0.05$，$^{**}P < 0.01$，$^{***}P < 0.001$。# 代表与模型组比较，差异有统计学意义；$^{\#}P < 0.05$，$^{\#\#}P < 0.01$，$^{\#\#\#}P < 0.001$。

四、NTs 对 C2C12 肌管细胞线粒体膜电位（JC-1）的影响

从图 4-4-4 中可以看出，与模型组比较，正常对照组、AMP 低、中剂量组、CMP 低剂量组、中、高剂量组、GMP 低剂量组、中、高剂量组、UMP 低、高剂量组线粒体膜电位明显增高（$P < 0.05$）。

五、NTs 对 C2C12 肌管细胞氧化应激相关指标的影响

从图 4-4-5（a）图中可以看出，外源核苷酸能减少 C2C12 肌管细胞 ROS 的产生。与模型组比较，正常对照组、核苷酸低、中配伍组、AMP 低、中、高剂量组、CMP 低、中、高剂量组、GMP 低、中、高剂量组、UMP 低、中、高剂量组 ROS 均明显降低（$P < 0.05$）。从图 4-4-5（b）图中可以看出，与模型组比较，核苷酸配伍低剂量组（$P < 0.05$）、中剂量组（$P < 0.001$）、AMP 低、中、高剂量组（$P < 0.001$）SOD 酶活性均明显增高。从图 4-4-5（c）图中可以看出，除 UMP 高剂量组外，其他各组与模型组比较，GSH-Px 酶活性均明显增高（$P < 0.05$）。

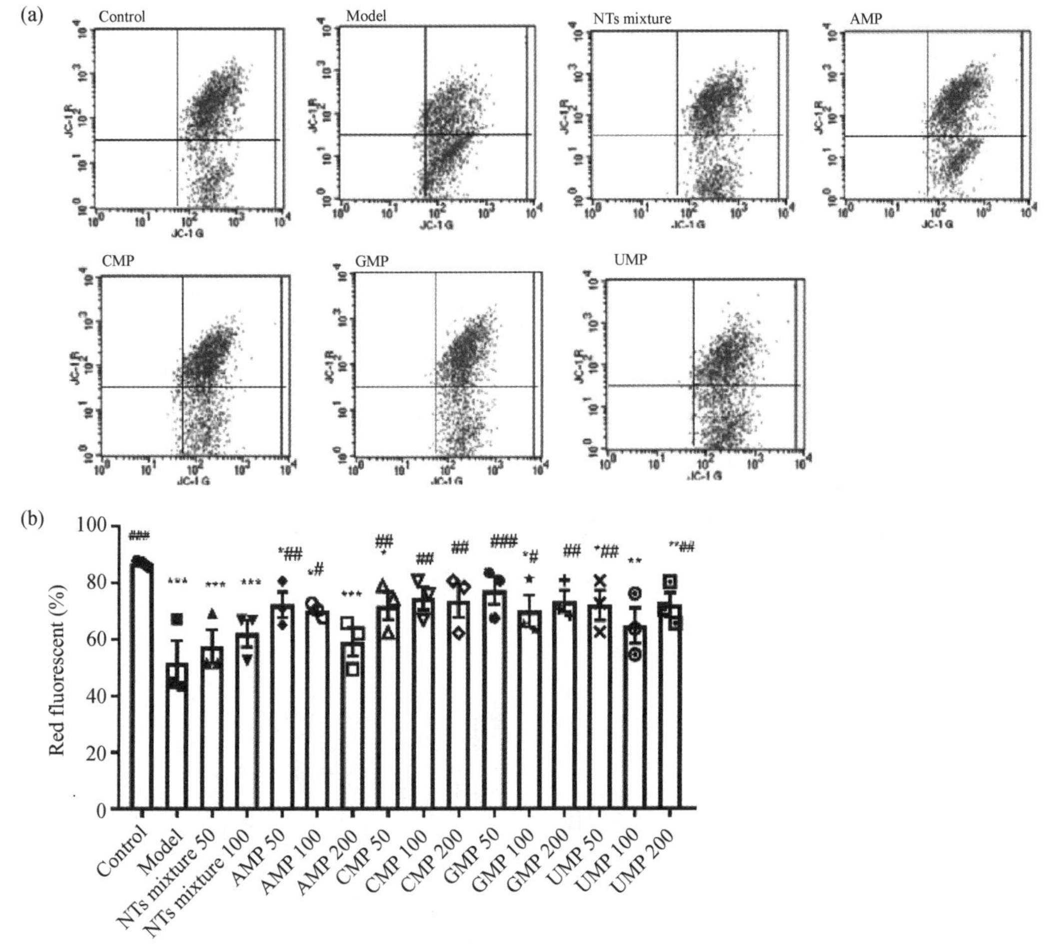

图 4-4-4　外源核苷酸对 C2C12 肌管细胞线粒体膜电位（JC-1）的影响

注：图（a）分别表示正常组、模型组、NTs 配伍中剂量组、AMP 中剂量组、CMP 中剂量组、GMP 中剂量组、UMP 中剂量组的线粒体膜电位图片；（b）红色荧光比例 Control，正常对照组；Model，模型对照组；NTs mixture 50，100，核苷酸低、中剂量配伍组；AMP50，CMP50，GMP50，UMP50，AMP、CMP、GMP 和 UMP 低剂量组；AMP100，CMP100，GMP100，UMP100，AMP、CMP、GMP 和 UMP 中剂量组；AMP200，CMP200，GMP200，UMP200，AMP、CMP、GMP 和 UMP 高剂量组。* 表示与对照组比较，差异有统计学意义（$*P < 0.05$，$**P < 0.01$，$***P < 0.001$）；# 代表与模型组比较，差异有统计学意义（$^{\#}P < 0.05$，$^{\#\#}P < 0.01$，$^{\#\#\#}P < 0.001$）。

从图 4-4-5（d）图中可以看出，与模型组比较，正常对照组（$P < 0.05$）、核苷酸低、中配伍组（$P < 0.05$）、AMP 低剂量组（$P < 0.01$）、GMP 低、中、高剂量组（$P < 0.001$）、UMP 低、中、高剂量组（$P < 0.05$）CAT 酶活性均明显增高。

六、NTs 对 C2C12 肌管细胞肌少症相关细胞因子的影响

从图 4-4-6（a）可以看出，与模型组比较，AMP 高剂量组，CMP 低、中剂量组，GMP 低、中、高剂量组，UMP 低、中剂量组 IL-6 水平明显降低（$P < 0.05$）。从图 4-4-6（b）可以看出，与模型组比较，核苷酸配伍低、中剂量组（$P < 0.001$），AMP 低剂量组（$P < 0.05$）、中

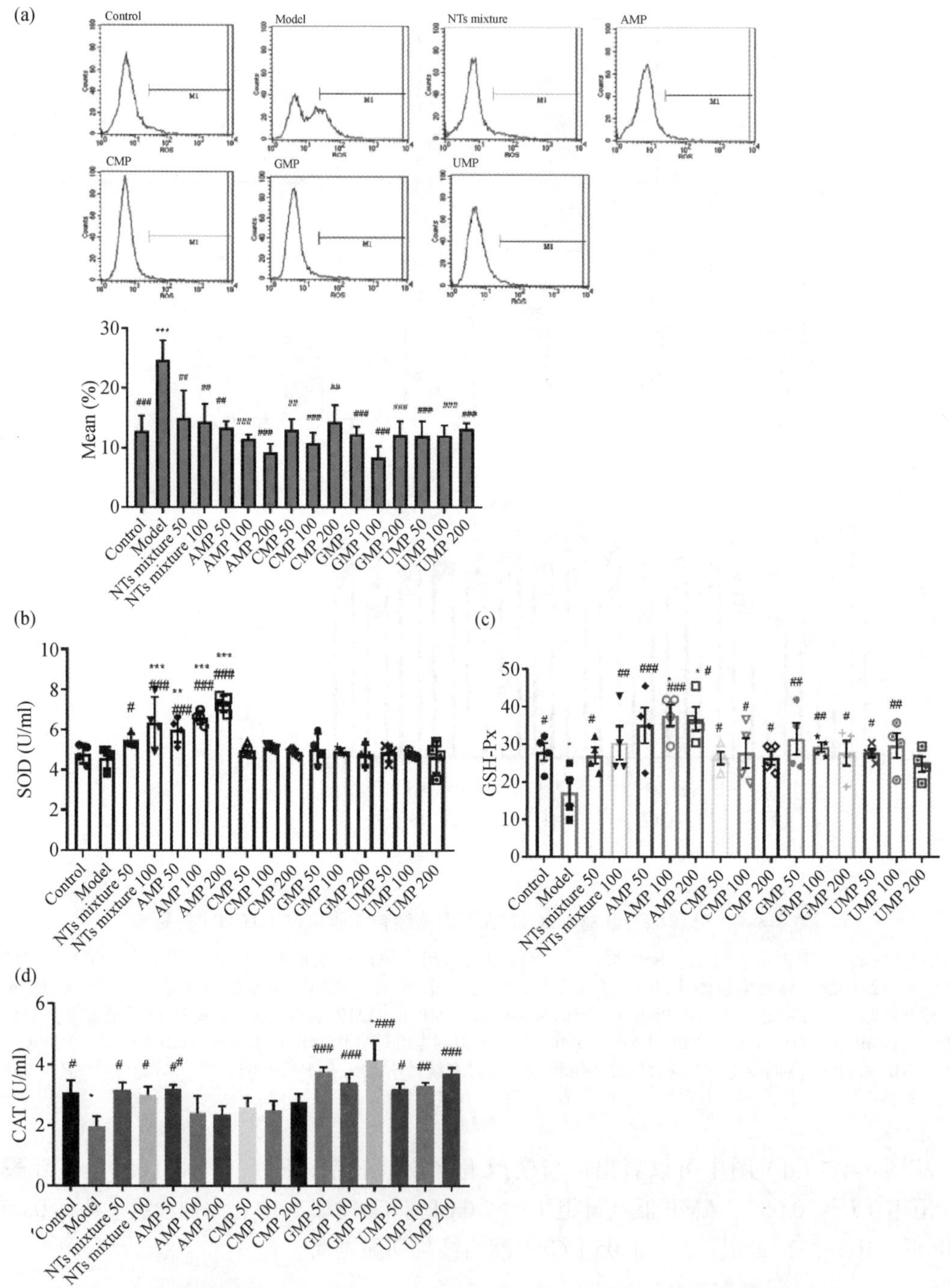

图 4-4-5 外源核苷酸对 C2C12 肌管细胞氧化应激相关指标的影响

注：图（a）左图分别表示 ROS 的流式图片；右图为统计结果。* 表示与对照组比较，差异有统计学意义（$^{*}P<0.05$，$^{**}P<0.01$，$^{***}P<0.001$）；# 代表与模型组比较，差异有统计学意义；$^{\#}P<0.05$，$^{\#\#}P<0.01$，$^{\#\#\#}P<0.001$。图（b）、（c）、（d）分别是 SOD、GSH-Px 和 CAT 的活性。Control，正常对照组；Model，模型对照组；NTs mixture 50，100，核苷酸低、中剂量配伍组；AMP50，CMP50，GMP50，UMP50，AMP、CMP、GMP 和 UMP 低剂量组；AMP100，CMP100，GMP100，UMP100，AMP、CMP、GMP 和 UMP 中剂量组；AMP200，CMP200，GMP200，UMP200，AMP、CMP、GMP 和 UMP 高剂量组。

剂量组（$P < 0.001$），CMP 低、中剂量组（$P < 0.01$），GMP 低、中、高剂量组（$P < 0.01$），UMP 低、中、高剂量组 TNF-α 水平明显降低（$P < 0.05$）。从图 4-4-6（c）可以看出，与模型组比较，除 UMP 高剂量组外，其他各组 CRP 水平均明显降低（$P < 0.05$）。

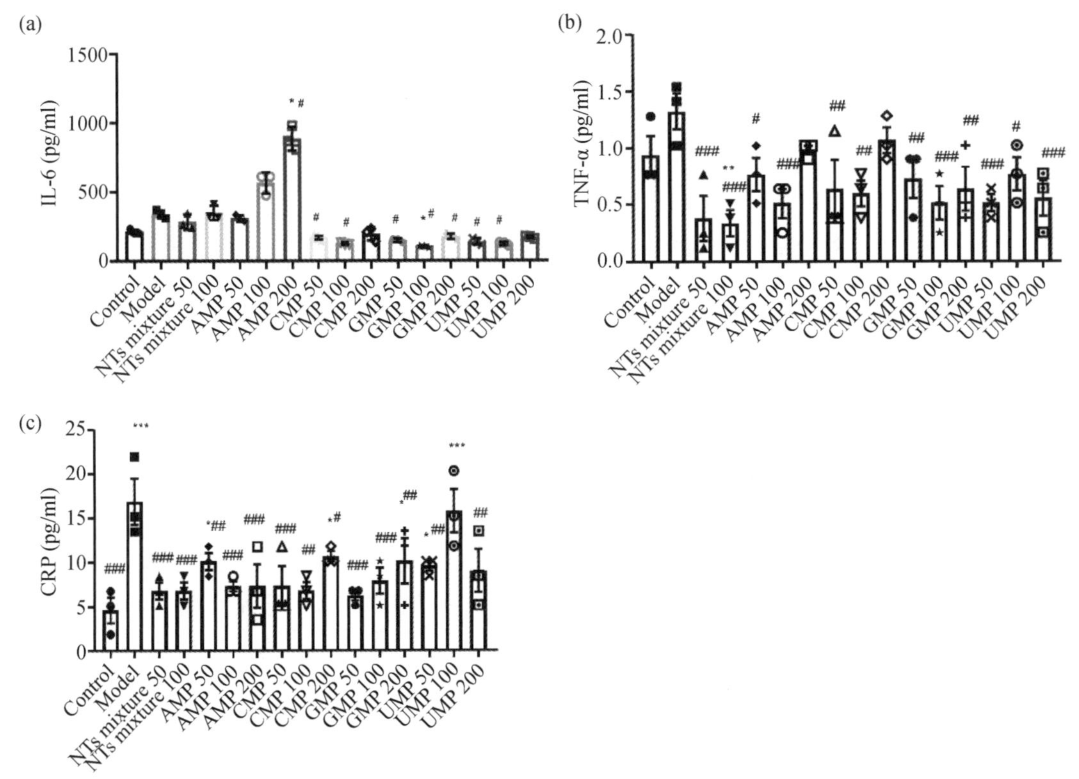

图 4-4-6　外源核苷酸对 C2C12 肌管细胞 IL-6、TNF-α、CRP 的影响

注：图（a）、（b）、（c）分别是 IL-6、TNF-α 和 CRP 的浓度。

Control，正常对照组；Model，模型对照组；NTs mixture 50，100，核苷酸低、中剂量配伍组；AMP50，CMP50，GMP50，UMP50，AMP、CMP、GMP 和 UMP 低剂量组；AMP100，CMP100，GMP100，UMP100，AMP、CMP、GMP 和 UMP 中剂量组；AMP200，CMP200，GMP200，UMP200，AMP、CMP、GMP 和 UMP 高剂量组。

* 表示与对照组比较，差异有统计学意义（$^{*}P < 0.05$，$^{**}P < 0.01$，$^{***}P < 0.001$）；# 表示与模型组比较，差异有统计学意义（$^{\#} < 0.05$，$^{\#\#}P < 0.01$，$^{\#\#\#}P < 0.001$）。

七、NTs 对 C2C12 肌管细胞 ATP 浓度的影响

从图 4-4-7 中可以看出，与模型组比较，核苷酸配伍低剂量组、GMP 高剂量组能明显增加 ATP 的产生（$P < 0.05$）。

八、NTs 对 C2C12 肌管细胞 qRT-PCR 的影响

动物试验的研究结果表明，外源核苷酸混合物能显著降低 Dkk3、Trim63、Fbxo32、Mt1、Mt2 等基因的 mRNA 水平和蛋白表达。为进一步在体外水平验证四种核苷酸单体及其

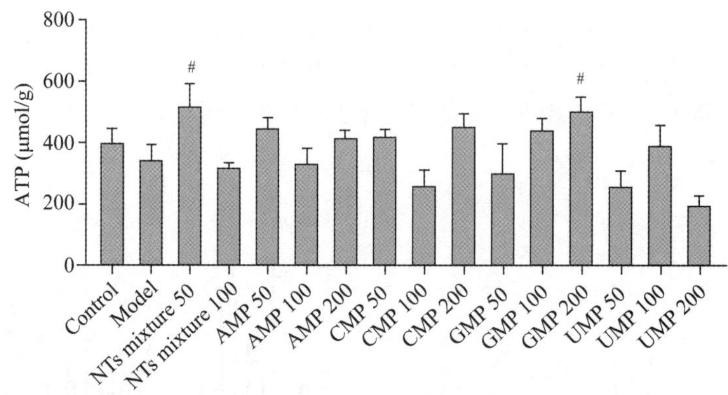

图 4-4-7 外源核苷酸对 C2C12 肌管细胞 ATP 浓度的影响

注：Control，正常对照组；Model，模型对照组；NTs mixture 50，100，核苷酸低、中剂量配伍组；AMP50，CMP50，GMP50，UMP50，AMP、CMP、GMP 和 UMP 低剂量组；AMP100，CMP100，GMP100，UMP100，AMP、CMP、GMP 和 UMP 中剂量组；AMP200，CMP200，GMP200，UMP200，AMP、CMP、GMP 和 UMP 高剂量组。

* 表示与对照组比较，差异有统计学意义（$^{*}P < 0.05$，$^{**}P < 0.01$，$^{***}P < 0.001$）；$^{\#}$ 表示与模型组比较，差异有统计学意义（$^{\#} < 0.05$，$^{\#\#}P < 0.01$，$^{\#\#\#}P < 0.001$）。

混合物对 C2C12 肌萎缩细胞相关基因的影响，且达到节约试验成本，剂量具有较好代表性的目的，细胞实验采用 NTs mixture100（中剂量组）、AMP100（中剂量组）、CMP100（中剂量组）、GMP100（中剂量组）、UMP100（中剂量组）分别探究其对 C2C12 肌萎缩细胞相关基因 mRNA 表达水平的影响。C2C12 肌管细胞的 qRT-PCR 结果显示（图 4-4-8a），与正常对照组比较，Dkk3 mRNA 水平在模型组明显增高（$P < 0.001$）。与模型组比较，Dkk3 的 mRNA 水平在正常对照组、核苷酸配伍中剂量组、AMP 中剂量组、CMP 中剂量组、GMP 中剂量组、UMP 中剂量组明显降低（$P < 0.001$）。图 4-4-8（b）所示，与正常对照组比较，Trim63 的 mRNA 水平在模型组（$P < 0.01$）、GMP 中剂量组明显增高（$P < 0.05$）。与模型组比较，Trim63 的 mRNA 水平在正常对照组、核苷酸配伍中剂量组、AMP 中剂量组、CMP 中剂量组和 UMP 中剂量组明显降低（$P < 0.05$）。图 4-4-8（c）所示，与正常对照组比较，Fbxo32 的 mRNA 水平在模型组（$P < 0.01$）明显增高（$P < 0.05$）。与模型组比较，Fbxo32 的 mRNA 水平在正常对照组（$P < 0.05$）、核苷酸配伍中剂量组（$P < 0.001$）、CMP 中剂量组和 UMP 中剂量组明显降低（$P < 0.05$）。图 4-4-8（d）所示，与正常对照组比较，Mt1 的 mRNA 水平在模型组（$P < 0.05$）、GMP 中剂量组明显增高（$P < 0.05$）。与模型组比较，Mt1 的 mRNA 水平在正常对照组（$P < 0.05$）、核苷酸配伍中剂量组（$P < 0.05$）、AMP 中剂量组明显降低（$P < 0.05$）。图 4-4-8（e）所示，与正常对照组比较，Mt2 的 mRNA 水平在模型组明显增高（$P < 0.01$）。与模型组比较，Mt1 的 mRNA 水平在正常对照组（$P < 0.01$）、核苷酸配伍中剂量组（$P < 0.01$）、CMP 中剂量组明显降低（$P < 0.05$）。

九、NTs 对 C2C12 肌管细胞中相关蛋白表达的影响

与 qRT-PCR 一致，为进一步在体外水平验证四种核苷酸单体及其混合物对 C2C12 肌萎缩细胞相关基因（Dkk3、Mt、FoxO1、FoxO3a、Trim63、Fbxo32 等）蛋白表达的影响，

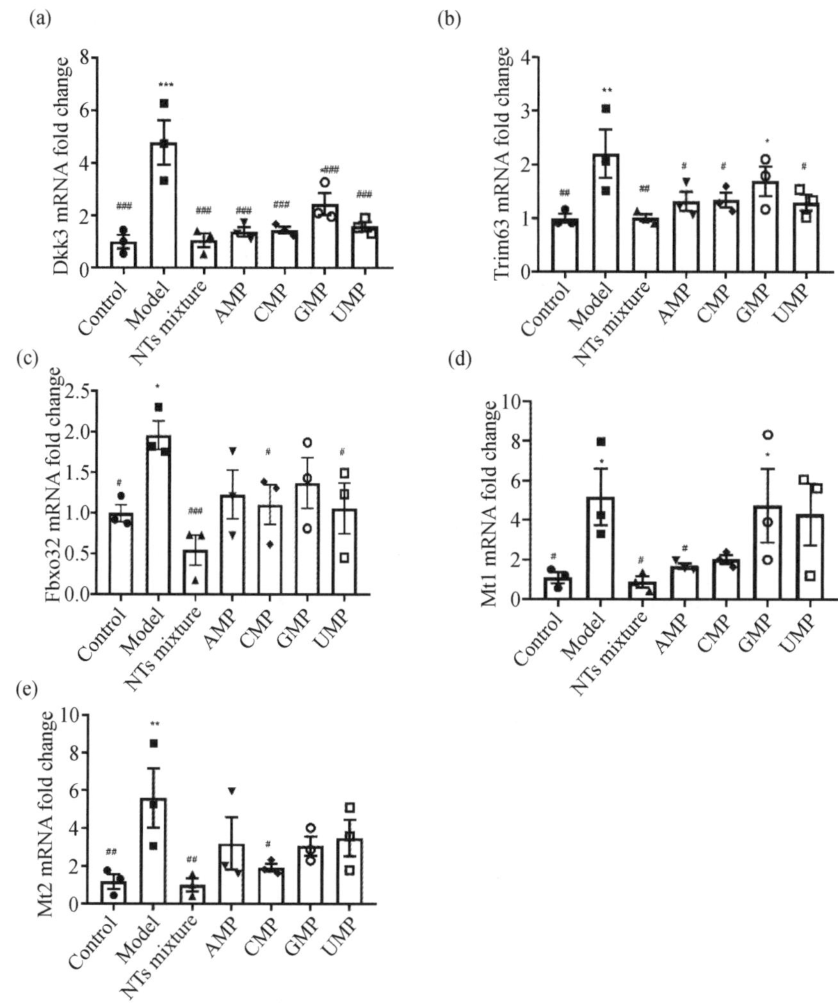

图 4-4-8　外源核苷酸对 C2C12 肌细胞中 mRNA 相对表达量的影响

注：Control，正常对照组；Model，模型对照组；NTs mixture 50，100，核苷酸低、中剂量配伍组；AMP50，CMP50，GMP50，UMP50，AMP、CMP、GMP 和 UMP 低剂量组；AMP100，CMP100，GMP100，UMP100，AMP、CMP、GMP 和 UMP 中剂量组；AMP200，CMP200，GMP200，UMP200，AMP、CMP、GMP 和 UMP 高剂量组。

* 表示与对照组比较，差异有统计学意义（$^{*}P < 0.05$，$^{**}P < 0.01$，$^{***}P < 0.001$）；# 表示与模型组比较，差异有统计学意义（$^{\#}P < 0.05$，$^{\#\#}P < 0.01$，$^{\#\#\#}P < 0.001$）。

细胞试验采用 NTs mixture100（中剂量组）、AMP100（中剂量组）、CMP100（中剂量组）、GMP100（中剂量组）、UMP100（中剂量组）分别探究其对 C2C12 肌萎缩细胞相关蛋白表达量的影响。Western blot 的结果如图 4-4-9 显示，与模型组比较，Dkk3 在正常对照组、核苷酸配伍组、AMP、CMP、GMP、UMP 组的蛋白表达水平明显降低。与模型组比较，Mt 在正常对照组、核苷酸配伍组的蛋白表达水平明显降低。与模型组比较，FoxO1 在正常对照组、核苷酸配伍组、AMP、CMP、UMP 组的蛋白表达水平明显降低。与模型组比较，FoxO3a 在正常对照组、核苷酸配伍组、AMP、CMP、GMP、UMP 组的蛋白表达水平明显降低。与模型组比较，Trim63 在核苷酸配伍组的蛋白表达水平明显降低。与模型组比较，

Fbxo32 在正常对照组、核苷酸配伍组，AMP、CMP、GMP、UMP 组的蛋白表达水平明显降低。与模型组比较，p-Akt/Akt 在正常对照组、CMP、GMP 组是明显升高的。与模型组比

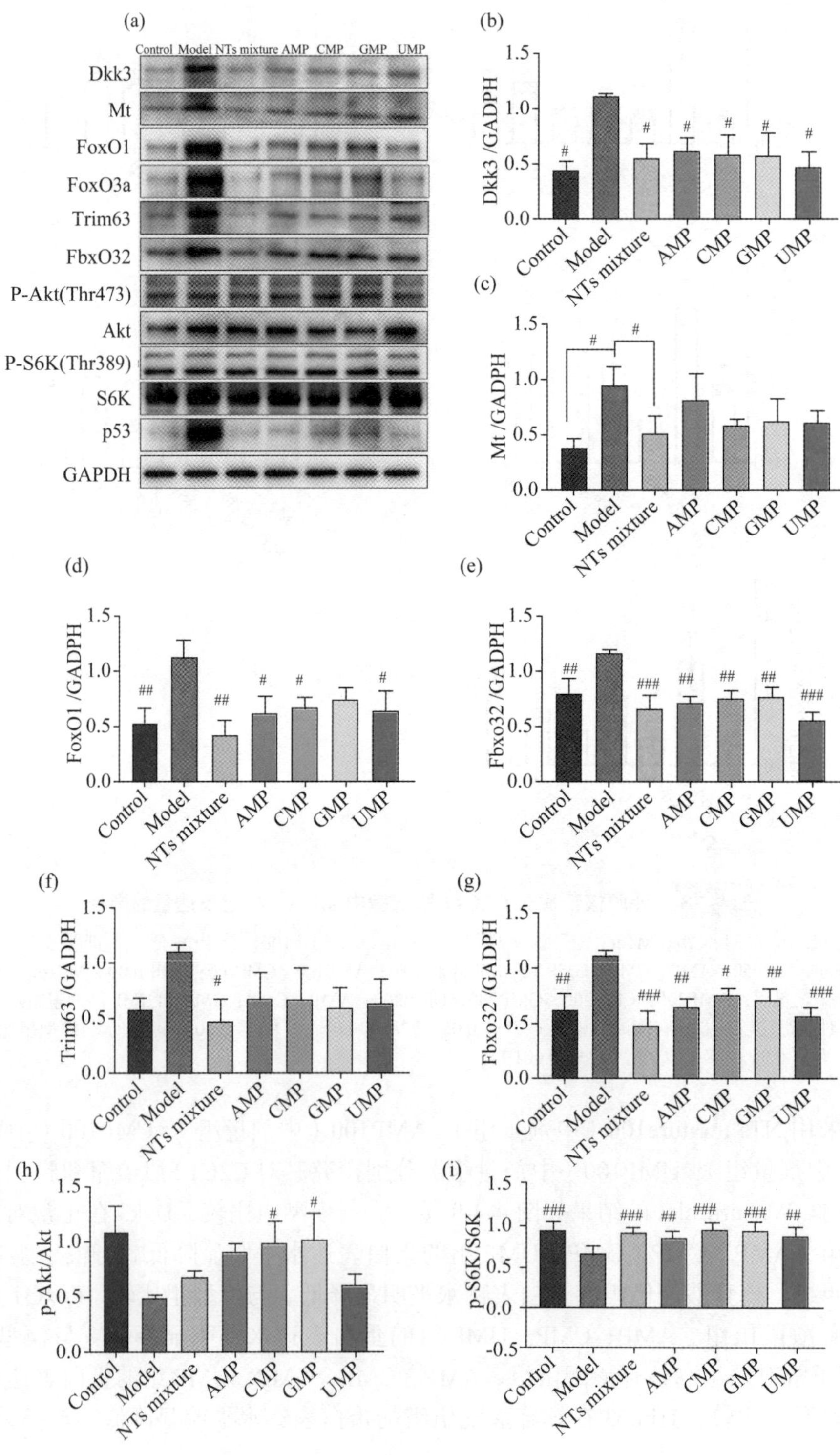

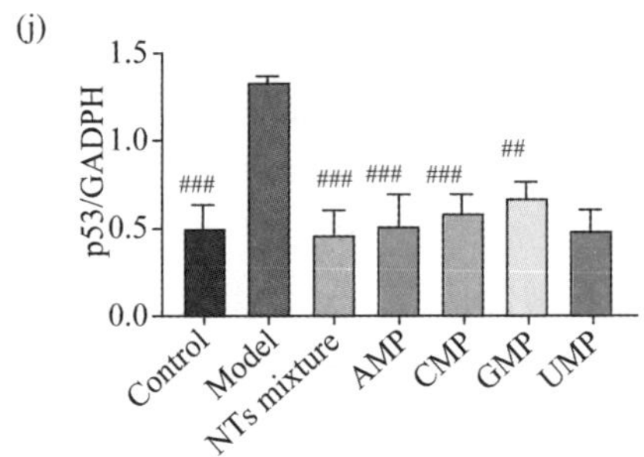

图 4-4-9　NTs 对老年小鼠腓肠肌中相关蛋白的影响

注：图（a）Dkk3，Mt，FoxO1，FoxO3a，Trim63，Fbxo32，p-Akt，Akt，p-S6K，S6K，P53 和 GADPH 的免疫印迹图片。图（b）～（j）为 Dkk3/GADPH，Mt/GADPH，FoxO1/GADPH，FoxO3a/GADPH，Trim63/GADPH，Fbxo32/GADPH，p-Akt/Akt，p-S6K/S6K，P53/GADPH 的灰度值统计图。Control，正常对照组；Model，模型对照组；NTs mixture，核苷酸配伍组。

* 表示与对照组比较，差异有统计学意义（$^*P < 0.05$，$^{**}P < 0.01$，$^{***}P < 0.001$）；# 表示与模型组比较，差异有统计学意义（$^{\#}P < 0.05$，$^{\#\#}P < 0.01$，$^{\#\#\#}P < 0.001$）。

较，P-S6K/S6K 在正常对照组、核苷酸配伍组，AMP、CMP、GMP、UMP 组也是明显升高的。该结果显示外源核苷酸能减少 Dkk3、Mt 的蛋白表达，抑制 FoxO1、FoxO3a、P53，减少 Trim63、Fbxo32 蛋白的表达。且核苷酸配伍组效果似乎更加明显。此外，外源核苷酸也可能增强 Akt 和 S6K 的磷酸化，激活 mTOR 信号通路，从而促进蛋白质的合成。

十、NTs 缓解 C2C12 肌萎缩的作用机制

通过对其主要作用途径和机制进行探讨发现，AMP、CMP、GMP、UMP 四种单核苷酸及其混合物的肌萎缩缓解作用跟动物实验结果较为一致。研究结果显示 AMP、CMP、GMP、UMP 四种核苷酸单体及其混合物均能增加肌萎缩细胞的直径，说明四种核苷酸单体及混合物具有较好的改善肌萎缩的作用。其发挥作用的主要机制可能通过：

（一）抑制 FoxO 信号通路、激活 Akt/mTOR 信号通路，维持蛋白质平衡

研究显示，肌肉过表达 FoxO3 或肌肉特异性 FoxO1 转基因小鼠的肌肉质量显著减少，并出现肌纤维萎缩现象[32]，抑制 FoxO 信号通路能减少蛋白质降解，促进肌肉肥大。哺乳动物雷帕霉素靶蛋白（mammalian target of rapamycin，mTOR）是 Akt 的靶分子之一，可磷酸化和活化 P70S6 激酶（P70S6K），活化的 P70S6K 可使核糖体 S6 蛋白处于高能磷酸化状态，增强 mRNA 翻译，促进蛋白质合成[21]。本研究 qRT-PCR 和 Western blot 的结果也显示，四种核苷酸单体及其混合物干预能降低 C2C12 肌细胞中 Dkk3、Mt1、Mt2、Trim63、Fbxo32 基因 mRNA 水平及其蛋白的表达水平，且 Western blot 的结果显示与模型组比较，核苷酸单体及混合物干预可使 FoxO1 和 FoxO3a 的蛋白表达量明显降低，且 p-Akt/Akt 及 p-S6K/S6K 明显增高，且核苷酸混合物的作用似乎更加显著。说明 AMP、CMP、GMP、UMP 四种单核苷酸及其混合物可通过抑制 FoxO 信号通路、激活 Akt/mTOR 信号通路，降低肌肉蛋白质的降解、促进其生物合成，来减缓肌少症的发生。且核苷酸混合物作用似乎更加明显。

（二）改善线粒体的功能障碍、降低氧化应激水平的作用

从研究结果可以看出，核苷酸干预后，肌萎缩细胞的氧化应激水平和线粒体损伤明显降低，主要表现为：AMP、CMP、GMP、UMP和混合物均能明显减少C2C12肌管细胞ROS的产生。此外，AMP、CMP、GMP、UMP处理后的肌萎缩细胞线粒体膜电位明显增高。研究结果显示与模型组比较，核苷酸配伍组、AMP组SOD酶活性均明显增高。除UMP外，其他各组GSH-Px酶活性均明显增高。AMP、GMP、UMP和核苷酸混合物处理后的肌萎缩细胞CAT酶活性均明显增高。以上结果表明AMP、CMP、GMP、UMP及其混合物均具有较好的改善线粒体的功能障碍、降低氧化应激水平的作用。

（三）降低炎症水平

大量研究表明，与年龄相关的慢性炎症可能促进肌少症的发生。之前也有研究表明高水平的促炎细胞因子与老年人肌肉质量的减少和身体功能差有关[99, 100]。本研究结果显示，AMP、GMP、UMP能显著降低肌萎缩细胞的IL-6水平。核苷酸配伍、AMP、CMP、GMP、UMP组的TNF-α水平也明显降低。有研究发现，机体内TNF-α的高水平表达可使Akt/mTOR途径受到抑制从而导致肌肉蛋白质分解代谢增加，同时还激活泛素-蛋白酶体通路，促进肌肉蛋白水解[99]。此外，除UMP高剂量组外，其他各组CRP水平均明显降低。说明AMP、CMP、GMP、UMP及其混合物具有降低炎症水平的作用，通过激活Akt/mTOR，抑制FoxO信号通路从而缓解肌少症的发生。

（四）抑制**P53**信号通路从而改善肌细胞的衰老状况

研究表明衰老的启动和维持都依赖于P53[105]。在细胞衰老的多种通路中，P53通过控制下游效应因子P21来促进衰老。本研究结果跟动物实验结果一致，Western blot实验显示AMP、CMP、GMP、UMP及其混合物能明显降低C2C12细胞中P53蛋白的表达，减轻细胞衰老，且与核苷酸单体比较，核苷酸混合物作用似乎更加明显。

总之，该研究从细胞水平证实是AMP、CMP、GMP、UMP及其混合物均具有较好的肌萎缩改善作用，且研究结果表明相比于核苷酸单体，核苷酸混合物的作用可能更强。该研究结果为外源核苷酸应用于人群肌少症研究提供了试验依据。

小　结

随着社会老龄化进程的加快，肌少症作为新的老年综合征，其发病率日益上升，受到越来越广泛的重视。这种随年龄增加而导致进行性、全面性的肌肉量减少和功能减弱对人体健康有严重危害。肌少症是衰老的重要标志之一，也是近些年研究的热点领域。本研究根据AWGS 2019的诊断标准，得到了我国老年人群肌少症患病率及相关因素，该研究结果将有助于提高对肌少症的认识，并有针对性地采取措施，以早期发现或预防肌少症的发生。以快速老化倾向的小鼠（SAMP8）为模型动物，以核苷酸（NTs）为干预物质，进行长期的喂养来开展对肌少症作用的体内研究；用H_2O_2诱导的C2C12肌萎缩细胞为模型细胞，以NTs为干预物质，开展体外研究，从动物、组织、细胞、分子、细胞器等多个水平对其作用效果及

机制进行了系统研究得到了如下结论：

外源核苷酸能显著增加肌肉质量、改善老年小鼠的体力、增加肌纤维横截面积（CSA）对老年 SAMP8 小鼠的肌少症具有较好的改善效果。体外细胞实验结果也显示四种核苷酸单体及混合物均能明显改善肌萎缩细胞的直径。综上所述，外源核苷酸是一种有效的肌少症营养干预物质，该研究结果为外源核苷酸应用于人群肌少症研究提供了实验依据。

With the rapid aging of society, sarcopenia, as a new senile syndrome, has been paid more and more attention. This progressive, universal loss of muscle mass and function with age is a serious health hazard. Sarcopenia is one of the important signs of aging and a hot research area in recent years. Based on the diagnostic criteria of AWGS 2019, this study obtained the prevalence and related factors of sarcopenia in the elderly population of China. The results of this study will help to improve the understanding of sarcopenia and take targeted measures to early detect or prevent the occurrence of sarcopenia. To study the effect of rapid aging tendency mice (SAMP8) on sarcosis in vivo by long-term feeding with nucleotide (NTs) as intervention substance. C2C12 muscular atrophy cells induced by H_2O_2 were used as model cells, and NTs was used as intervention substance to carry out in vitro studies. The effects and mechanisms of NTs were systematically studied from animal, tissue, cell, molecular and organelle levels, and the following conclusions were obtained:

Exogenous nucleotide can significantly increase muscle mass, improve physical strength and increase muscle fibercross-sectional area (CSA) in aged SAMP8 mice. In vitro cell test results also showed that the four nucleotide monomers and their mixtures could significantly improve the diameter of myatrophy cells. In conclusion, exogenous nucleotide is an effective nutritional intervention substance for sarcopenia, and the results of this study provide experimental basis for the application of exogenous nucleotide in the study of sarcopenia in population.

参考文献

[1] 第七次全国人口普查公报（第五号）——人口年龄构成情况 . 中国统计，2021：10-11.

[2] Cruz-Jentoft AJ, Bahat G, Bauer J, et al. Sarcopenia: Revised European consensus on definition and diagnosis. Age Ageing, 2019, 48: 16-31.

[3] Chen LK, Woo J, Assantachai P, et al. Asian Working Group for Sarcopenia: 2019 consensus update on sarcopenia diagnosis and treatment. J Am Med Dir Assoc, 2020, 21: 300-307.

[4] Dirks AJ, Hofer T, Marzetti E, et al. Mitochondrial DNA mutations, energy metabolism and apoptosis in aging muscle. Ageing Res Rev, 2006, 5: 179-195.

[5] von Haehling S, Morley JE, Anker SD. From muscle wasting to sarcopenia and myopenia: Update 2012. J Cachexia Sarcopenia Muscle, 2012, 3: 213-217.

[6] Morley JE, von Haehling S, Anker SD, et al. From sarcopenia to frailty: A road less traveled. J Cachexia Sarcopenia Muscle, 2014, 5: 5-8.

[7] Wang H, Hai S, Cao L, et al. Estimation of prevalence of sarcopenia by using a new bioelectrical impedance analysis in Chinese community-dwelling elderly people. BMC Geriatr, 2016, 16: 216.

[8] Shimokata H, Ando F. Sarcopenia and its risk factors in epidemiological study. Nihon Ronen Igakkai Zasshi,

2012，49：721-725.

[9] Dodds RM，Granic A，Davies K，et al. Prevalence and incidence of sarcopenia in the very old：Findings from the Newcastle 85 + Study. J Cachexia Sarcopenia Muscle，2017，8：229-237.

[10] Springer J，Springer JI，Anker SD. Muscle wasting and sarcopenia in heart failure and beyond：Update 2017. ESC Heart Fail，2017，4：492-498.

[11] Bhanji RA，Narayanan P，Allen AM，et al. Sarcopenia in hiding：The risk and consequence of underestimating muscle dysfunction in nonalcoholic steatohepatitis. Hepatilogy，2017，66：2055-2065.

[12] Janssen I，Shepard DS，Katzmarzyk PT，et al. The health care costs of sarcopenia in the United States. J Am Geriatr Soc，2004，52：80-85.

[13] Vasquez-Morales A，Wanden-Berghe C，Sanz-Valero J. Exercise and nutritional supplements；effects of combined use in people over 65 years；a systematic review. Nutr Hosp，2013，28：1077-1084.

[14] Beaudart C，Dawson A，Shaw SC，et al. Nutrition and physical activity in the prevention and treatment of sarcopenia：systematic review. Osteoporos Int，2017，28：1817-1833.

[15] 张文婧，王佳贺 . 老年肌少症与营养干预的研究进展 . 国际老年医学杂志，2020，41：125-128.

[16] Molnar A，Jonasne SI，Csontos AA，et al. Special nutrition intervention is required for muscle protective efficacy of physical exercise in elderly people at highest risk of sarcopenia. Physiol Int，2016，103：368-76.

[17] Peters EL，van der Linde SM，Vogel I，et al. IGF-1 attenuates hypoxia-induced atrophy but inhibits myoglobin expression in C2C12 skeletal muscle myotubes. Int J Mol Sci，2017：18：1889.

[18] Coleman ME，DeMayo F，Yin KC，et al. Myogenic vector expression of insulin-like growth factor I stimulates muscle cell differentiation and myofiber hypertrophy in transgenic mice. J Biol Chem，1995，270：12109-12116.

[19] Lai KM，Gonzalez M，Poueymirou WT，et al. Conditional activation of akt in adult skeletal muscle induces rapid hypertrophy. Mol Cell Biol，2004，24：9295-9304.

[20] Cao RY，Li J，Dai Q，et al. Muscle Atrophy：Present and Future. Adv Exp Med Biol，2018，1088：605-624.

[21] Adegoke OA，Abdullahi A，Tavajohi-Fini P. mTORC1 and the regulation of skeletal muscle anabolism and mass. Appl Physiol Nutr Metab，2012，37：395-406.

[22] Ma XM，Blenis J. Molecular mechanisms of mTOR-mediated translational control. Nat Rev Mol Cell Biol，2009，10：307-318.

[23] Lamming DW，Ye L，Katajisto P，et al. Rapamycin-induced insulin resistance is mediated by mTORC2 loss and uncoupled from longevity. Science，2012，335：1638-1643.

[24] Clavel S，Coldefy AS，Kurkdjian E，et al. Atrophy-related ubiquitin ligases，atrogin-1 and MuRF1 are up-regulated in aged rat Tibialis Anterior muscle. Mech Ageing Dev，2006，127：794-801.

[25] Bodine SC，Baehr LM. Skeletal muscle atrophy and the E3 ubiquitin ligases MuRF1 and MAFbx/atrogin-1. Am J Physiol Endocrinol Metab，2014，307：E469-484.

[26] Rom O，Reznick AZ. The role of E3 ubiquitin-ligases MuRF-1 and MAFbx in loss of skeletal muscle mass. Free Radic Biol Med，2016，98：218-230.

[27] Castillero E，Alamdari N，Lecker SH，et al. Suppression of atrogin-1 and MuRF1 prevents dexamethasone-induced atrophy of cultured myotubes. Metabolism，2013，62：1495-1502.

[28] Cohen S，Nathan JA，Goldberg AL. Muscle wasting in disease：Molecular mechanisms and promising therapies. Nat Rev Drug Discov，2015，14：58-74.

[29] Altun M，Besche HC，Overkleeft HS，et al. Muscle wasting in aged，sarcopenic rats is associated with enhanced activity of the ubiquitin proteasome pathway. J Biol Chem，2010，285：39597-39608.

[30] Schiaffino S，Dyar KA，Ciciliot S，et al. Mechanisms regulating skeletal muscle growth and atrophy. FEBS J，2013，280：4294-4314.

[31] Levine S, Biswas C, Dierov J, et al. Increased proteolysis, myosin depletion, and atrophic AKT-FOXO signaling in human diaphragm disuse. Am J Respir Crit Care Med, 2011, 183: 483-490.

[32] Kamei Y, Miura S, Suzuki M, et al. Skeletal muscle FOXO1 (FKHR) transgenic mice have less skeletal muscle mass, down-regulated Type I (slow twitch/red muscle) fiber genes, and impaired glycemic control. J Biol Chem, 2004, 279: 41114-41123.

[33] Reed SA, Sandesara PB, Senf SM, et al. Inhibition of FoxO transcriptional activity prevents muscle fiber atrophy during cachexia and induces hypertrophy. FASEB J, 2012, 26: 987-1000.

[34] Bertaggia E, Coletto L, Sandri M. Posttranslational modifications control FoxO3 activity during denervation. Am J Physiol Cell Physiol, 2012, 302: C587-596.

[35] Choi S, Jeong HJ, Kim H, et al. Skeletal muscle-specific Prmt1 deletion causes muscle atrophy via deregulation of the PRMT6-FoxO3 axis. Autophagy, 2019, 15: 1069-1081.

[36] Yin J, Yang L, Xie Y, et al. Dkk3 dependent transcriptional regulation controls age related skeletal muscle atrophy. Nat Commun, 2018, 9: 1752.

[37] Tezze C, Romanello V, Desbats MA, et al. Age-associated loss of OPA1 in muscle impacts muscle mass, metabolic homeostasis, systemic inflammation, and epithelial senescence. Cell Metab, 2017, 25: 1374-1389.

[38] Favaro G, Romanello V, Varanita T, et al. DRP1-mediated mitochondrial shape controls calcium homeostasis and muscle mass. Nat Commun, 2019, 10: 2576.

[39] Zoico E, Roubenoff R. The role of cytokines in regulating protein metabolism and muscle function. Nutr Rev, 2002, 60: 39-51.

[40] SonntagWE, Ramsey M, Carter CS. Growth hormone and insulin-like growth factor-1 (IGF-1) and their influence on cognitive aging. Ageing Res Rev, 2005, 4: 195-212.

[41] Lamberts SW, van den Beld AW, van der Lely AJ. The endocrinology of aging. Science, 1997, 278: 419-424.

[42] Urban RJ, Bodenburg YH, Gilkison C, et al. Testosterone administration to elderly men increases skeletal muscle strength and protein synthesis. Am J Physiol, 1995, 269: E820-826.

[43] Summermatter S, Bouzan A, Pierrel E, et al. Blockade of Metallothioneins 1 and 2 Increases Skeletal muscle mass and strength. Mol Cell Biol, 2016, DOI: 10.1128/MCB.00305-16.

[44] Wang G, Biswas AK, Ma W, et al. Metastatic cancers promote cachexia through ZIP14 up regulation in skeletal muscle. Nat Med, 2018, 24: 770-781.

[45] Cohen S, Nathan JA, Goldberg AL. Muscle wasting in disease: Molecular mechanisms and promising therapies. Nat Rev Drug Discov, 2015, 14: 58-74.

[46] Derave W, Eijnde BO, Ramaekers M, et al. Soleus muscles of SAMP8 mice provide an accelerated model of skeletal muscle senescence. Exp Gerontol, 2005, 40: 562-572.

[47] Guo AY, Leung KS, Siu PM, et al. Muscle mass, structural and functional investigations of senescence-accelerated mouse P8 (SAMP8). Exp Anim, 2015, 64: 425-433.

[48] Coelho-Junior HJ, Milano-Teixeira L, Rodrigues B, et al. Relative protein intake and physical function in older adults: A systematic review and meta-analysis of observational studies. Nutrients, 2018, 10 (09), DOI: 10.3390/nu10091330.

[49] Millward DJ. Sufficient protein for our elders? Am J Clin Nutr, 2008, 88: 1187-1188.

[50] Layman DK, Anthony TG, Rasmussen BB, et al. Defining meal requirements for protein to optimize metabolic roles of amino acids. Am J Clin Nutr, 2015, 101: 1330S-1338S.

[51] De Bandt JP. Leucine and mammalian target of rapamycin-dependent activation of muscle protein synthesis in aging. J Nutr, 2016, 146: 2616S-2624S.

[52] Drummond MJ, Reidy PT, Baird LM, et al. Leucine differentially regulates gene-specific translation in mouse skeletal muscle. J Nutr, 2017, 147: 1616-1623.

[53] Robinson SM，Reginster JY，Rizzoli R，et al. Does nutrition play a role in the prevention and management of sarcopenia? Clin Nutr，2018，37：1121-1132.

[54] Gray SR，Mittendorfer B. Fish oil-derived n-3 polyunsaturated fatty acids for the prevention and treatment of sarcopenia. Curr Opin Clin Nutr Metab Care，2018，21：104-109.

[55] 陈伟 . 2016《维生素制剂临床应用专家共识》解读及再喂养综合征的防治 . 中华老年医学杂志，2017，36：242-244.

[56] Kim EY，Kim K，Kim YS，et al. Prevalence of and factors associated with sarcopenia in Korean cancer survivors：Based on data obtained by the Korea National Health and Nutrition Examination Survey（KNHANES）2008-2011. Nutr Cancer，2017，69：394-401.

[57] Rosendahl-Riise H，Spielau U，Ranhoff AH，et al. Vitamin D supplementation and its influence on muscle strength and mobility in community-dwelling older persons：A systematic review and meta-analysis. J Hum Nutr Diet，2017，30：3-15.

[58] Semba RD，Ferrucci L，Sun K，et al. Oxidative stress and severe walking disability among older women. Am J Med，2007，120：1084-1089.

[59] Kim JS，Wilson JM，Lee SR. Dietary implications on mechanisms of sarcopenia：Roles of protein，amino acids and antioxidants. J Nutr Biochem，2010，21：1-13.

[60] Kaiser M，Bandinelli S，Lunenfeld B. Frailty and the role of nutrition in older people. A review of the current literature. Acta Biomed，2010，81 Suppl 1：37-45.

[61] Perez MJ，Suarez A，Gomez-Capilla JA，et al. Dietary nucleotide supplementation reduces thioacetamide-induced liver fibrosis in rats. J Nutr，2002，132：652-657.

[62] Xu M，Liang R，Guo Q，et al. Dietary nucleotides extend the life span in Sprague-Dawley rats. J Nutr Health Aging，2013，17：223-239.

[63] 张艳春，陈文华，潘洪志，等 . 核酸营养对铅染毒大鼠肝肾组织的保护作用 . 黑龙江医学，2006：188-189.

[64] Korb V，Tep K，Escriou V，et al. Current data on ATP-containing liposomes and potential prospects to enhance cellular energy status for hepatic applications. Crit Rev Ther Drug Carrier Syst，2008，25：305-345.

[65] 任蓓麟，胡明华，潘喜华，等 . 人体衰老与抗氧化营养素保健功能的研究 . 中国食品卫生杂志，2000：3-6.

[66] Chen TH，Wang MF，Liang YF，et al. A nucleoside-nucleotide mixture may reduce memory deterioration in old senescence-accelerated mice. J Nutr，2000，130：3085-3089.

[67] Conley KE，Amara CE，Jubrias SA，et al. Mitochondrial function，fibre types and ageing：New insights from human muscle in vivo. Exp Physiol，2007，92：333-339.

[68] Dalbo VJ，Roberts MD，Lockwood CM，et al. The effects of age on skeletal muscle and the phosphocreatine energy system：Can creatine supplementation help older adults. Dyn Med，2009，8：6.

[69] Durham WJ，Casperson SL，Dillon EL，et al. Age-related anabolic resistance after endurance-type exercise in healthy humans. Faseb J，2010，24：4117-4127.

[70] Beavers KM，Beavers DP，Serra MC，et al. Low relative skeletal muscle mass indicative of sarcopenia is associated with elevations in serum uric acid levels：Findings from NHANES III. J Nutr Health Aging，2009，13：177-182.

[71] Liu Z，Li W，Geng L，et al. Cross-species metabolomic analysis identifies uridine as a potent regeneration promoting factor. Cell Discov，2022，8：6.

[72] Van Buren CT，Kulkarni AD，Rudolph FB. The role of nucleotides in adult nutrition. J Nutr，1994，124：160S-164S.

[73] Naughton McL，Bentley D，Koeppel P. The effects of a nucleotide supplement on the immune and metabolic response to short term，high intensity exercise performance in trained male subjects. J Sports Med

Phys Fitness，2007，47：112-118.

[74] Ostojic SM，Obrenovic M. Sublingual nucleotides and immune response to exercise. J Int Soc Sports Nutr，2012，9：31.

[75] Perez MJ，Sanchez-Medina F，Torres M，et al. Dietary nucleotides enhance the liver redox state and protein synthesis in cirrhotic rats. J Nutr，2004，134：2504-2508.

[76] Jafari A，Hosseinpourfaizi MA，Houshmand M，et al. Effect of aerobic exercise training on mtDNA deletion in soleus muscle of trained and untrained Wistar rats. Br J Sports Med，2005，39：517-520.

[77] Ostojic SM. Performance-enhancing effects of dietary nucleotides：Do mitochondria play a role? Montenegrin Journal of Sports Science and Medicine，2015，4（1）：35-36.

[78] Cawthon PM，Lui LY，Taylor BC，et al. Clinical definitions of sarcopenia and risk of hospitalization in community-dwelling older men：The osteoporotic fractures in men study. J Gerontol A Biol Sci Med Sci，2017，72：1383-1389.

[79] Shimokata H，Ando F. Sarcopenia and its risk factors in epidemiological study. Nihon Ronen Igakkai Zasshi，2012，49：721-725.

[80] Dodds RM，Granic A，Davies K，et al. Prevalence and incidence of sarcopenia in the very old：Findings from the Newcastle 85 + Study. J Cachexia Sarcopenia Muscle，2017，8：229-237.

[81] Cruz-Jentoft AJ，Landi F，Schneider SM，et al. Prevalence of and interventions for sarcopenia in ageing adults：A systematic review. Report of the International Sarcopenia Initiative（EWGSOP and IWGS）. Age Ageing，2014，43：748-759.

[82] Yu R，Wong M，Leung J，et al. Incidence，reversibility，risk factors and the protective effect of high body mass index against sarcopenia in community-dwelling older Chinese adults. Geriatr Gerontol Int，2014，14 Suppl 1：15-28.

[83] Gao L，Jiang J，Yang M，et al. Prevalence of sarcopenia and associated factors in Chinese community-dwelling elderly：Comparison between rural and urban Areas. J Am Med Dir Assoc，2015，16：1001-1003.

[84] Kim M，Won CW. Sarcopenia in Korean community-dwelling adults aged 70 years and older：Application of screening and diagnostic tools from the asian working group for sarcopenia 2019 update. J Am Med Dir Assoc，2020，21：752-758.

[85] Lee JS，Auyeung TW，Kwok T，et al. Associated factors and health impact of sarcopenia in older chinese men and women：A cross-sectional study. Gerontology，2007，53：404-410.

[86] Steffl M，Bohannon RW，Petr M，et al. Alcohol consumption as a risk factor for sarcopenia - a meta-analysis. BMC Geriatr，2016，16：99.

[87] Aleman H，Esparza J，Ramirez FA，et al. Longitudinal evidence on the association between interleukin-6 and C-reactive protein with the loss of total appendicular skeletal muscle in free-living older men and women. Age Ageing，2011，40：469-475.

[88] Haren MT，Malmstrom TK，Miller DK，et al. Higher C-reactive protein and soluble tumor necrosis factor receptor levels are associated with poor physical function and disability：A cross-sectional analysis of a cohort of late middle-aged African Americans. J Gerontol A Biol Sci Med Sci，2010，65：274-281.

[89] Han P，Yu H，Ma Y，et al. The increased risk of sarcopenia in patients with cardiovascular risk factors in suburb-dwelling older Chinese using the AWGS definition. Sci Rep，2017，7：9592.

[90] Murakami Y，Okamura T，Nakamura K，et al. The clustering of cardiovascular disease risk factors and their impacts on annual medical expenditure in Japan：Community-based cost analysis using Gamma regression models. BMJ Open，2012，DOI：10.1136/bmjopen-2012-002234.

[91] Santos MJ，Vinagre F，Canas DSJ，et al. Body composition phenotypes in systemic lupus erythematosus and rheumatoid arthritis：A comparative study of Caucasian female patients. Clin Exp Rheumatol，2011，29：470-476.

［92］Dowlati Y，Herrmann N，Swardfager W，et al. A meta-analysis of cytokines in major depression. Biol Psychiatry，2010，67：446-457.

［93］Kavalipati N，Shah J，Ramakrishan A，et al. Pleiotropic effects of statins. Indian J Endocrinol Metab，2015，19：554-562.

［94］Morley JE，Anker SD，von Haehling S. Prevalence，incidence，and clinical impact of sarcopenia：Facts，numbers，and epidemiology-update 2014. J Cachexia Sarcopenia Muscle，2014，5：253-259.

［95］Yeung SSY，Reijnierse EM，Pham VK，et al. Sarcopenia and its association with falls and fractures in older adults：A systematic review and meta-analysis. Journal of Cachexia，Sarcopenia and Muscle，2019，10：485-500.

［96］Wolfe RR. The under appreciated role of muscle in health and disease. Am J Clin Nutr，2006，84：475-482.

［97］Candow DG. Sarcopenia：Current theories and the potential beneficial effect of creatine application strategies. Biogerontology，2011，12：273-281.

［98］Sha Z，Zhao J，Goldberg AL. Measuring the overall rate of protein breakdown in cells and the contributions of the ubiquitin-proteasomeand autophagy-lysosomal pathways. Methods Mol Biol，2018，1844：261-276.

［99］Gomes MD，Lecker SH，Jagoe RT，et al. Atrogin-1，a muscle-specific F-box protein highly expressed during muscle atrophy. Proc Natl Acad Sci USA，2001，98：14440-14445.

［100］Bodine SC，Latres E，Baumhueter S，et al. Identification of ubiquitin ligases required for skeletal muscle atrophy. Science，2001，294：1704-1708.

［101］Sandri M，Sandri C，Gilbert A，et al. Foxo transcription factors induce the atrophy-related ubiquitin ligase atrogin-1 and cause skeletal muscle atrophy. Cell，2004，117：399-412.

［102］Stitt TN，Drujan D，Clarke BA，et al. The IGF-1/PI3K/Akt pathway prevents expression of muscle atrophy-induced ubiquitin ligases by inhibiting FOXO transcription factors. Mol Cell，2004，14：395-403.

［103］Xu M，Liang R，Li Y，Wang J. Anti-fatigue effects of dietary nucleotides in mice. Food Nutr Res，2017，61：1334485.

［104］Arnaud A，Lopez-Pedrosa JM，Torres MI，et al. Dietary nucleotides modulate mitochondrial function of intestinal mucosa in weanling rats with chronic diarrhea. J Pediatr Gastroenterol Nutr，2003，37：124-131.

［105］鲁飞翔，李军，周仙杰，等 . 地塞米松诱导少肌性肥胖小鼠模型的建立与评价 . 中华灾害救援医学，2017，5：152-156.

［106］汤婷婷 . 高脂饮食引起肌少症的机制研究 . 南京医科大学，2017.

［107］Lawler JM，Song W，Demaree SR. Hindlimb unloading increases oxidative stress and disrupts antioxidant capacity in skeletal muscle. Free Radic Biol Med，2003，35：9-16.

［108］Le Bacquer O，Combe K，Patrac V，et al. 4E-BP1 and 4E-BP2 double knockout mice are protected from aging-associated sarcopenia. J Cachexia Sarcopenia Muscle，2019，10：696-709.

［109］Palus S，Springer JI，Doehner W，et al. Models of sarcopenia：Short review. Int J Cardiol，2017，238：19-21.

［110］Guo AY，Leung KS，Siu PM，et al. Muscle mass，structural and functional investigations of senescence-accelerated mouse P8（SAMP8）. Exp Anim，2015，64：425-433.

［111］Kumar M，Lu Z，Takwi AA，et al. Negative regulation of the tumor suppressor p53 gene by microRNAs. Oncogene，2011，30：843-853.

［112］Wu X，Li X，Xu M，et al. Sarcopenia prevalence and associated factors among older Chinese population：Findings from the China Health and Retirement Longitudinal Study. PLOS ONE，2021，16：e247617.

［113］Wang J，Leung KS，Chow SK，et al. Inflammation and age-associated skeletal muscle deterioration（sarcopaenia）. J Orthop Translat，2017，10：94-101.

[114] Garcia LA，King KK，Ferrini MG，et al. 1，25（OH）$_2$ vitamin D_3 stimulates myogenic differentiation by inhibiting cell proliferation and modulating the expression of promyogenic growth factors and myostatin in C2C12 skeletal muscle cells. Endocrinology，2011，152：2976-2986.
[115] Brioche T，Pagano AF，Py G，et al. Muscle wasting and aging：Experimental models，fatty infiltrations，and prevention. Mol Aspects Med，2016，50：56-87.
[116] Kaur N，Gupta P，Saini V，et al. Cinnamaldehyde regulates H_2O_2-induced skeletal muscle atrophy by ameliorating the proteolytic and antioxidant defense systems. J Cell Physiol，2019，234：6194-6208.

第五章 外源核苷酸与神经退行性疾病 Exogenous nucleotides and neurodegenerative diseases

核苷酸由戊糖、碱基和磷酸构成，是核酸的基本构成单位。核苷酸是决定生物体特性及蛋白质结构和功能的重要物质，影响着生物体许多重要的生理生化功能，参与各种物质代谢的调节，是能量代谢途径中的主要高能化合物，也是细胞信号转导过程中的重要信使。神经系统无法从头合成核苷酸，只能通过补救合成途径合成核苷酸。外源性补充核苷酸对神经退行性变过程中的神经元功能障碍和能量缺乏具有重要意义。多项体内实验结果显示，外源核苷酸（exogenous nucleotides，NTs）可以改善大脑营养状态和功能，并抑制年龄相关的大脑形态改变和学习记忆障碍。

Nucleotide（NTs）is composed of pentose，base and phosphoric acid，it is the basic building block of nucleic acid. NTs is an important substance that determines the characteristics of organisms and the structure and function of protein. It affects many important physiological and biochemical functions of organisms，participates in the regulation of various substances metabolism，is the main high-energy compound in the energy metabolism pathway，and is also an important messenger in the process of cell signal transduction. The nervous system can't synthesize NTs denove，can only synthesize NTs through remedial synthesis. Exogenous NTs supplementation is of great significance to neuronal dysfunction and energy deficiency in the process of neurodegeneration. Several in vivo experiments have shown that exogenous NTs can improve the nutritional status and function of the brain，and inhibit age-related changes in brain morphology and learning and memory impairment.

第一节 概 述 Introduction

年龄是神经退行性疾病发生发展的主要危险因素，预期寿命的增加极大地增加了老年帕金森病（Parkinson's disease，PD）、阿尔茨海默病（Alzheimer's disease，AD）、脑卒中、亨廷顿病以及肌萎缩性侧索硬化等神经退行性疾病患者的数量。目前，全球有超过 5500 万人患有神经退行性疾病。治疗和护理神经退行性疾病患者的医疗费用超过了治疗癌症和心血管疾病患者的费用总和，给社会带来了沉重的经济负担。因此，促进健康老龄化，预防神经退行性疾病的努力是值得的。

一、神经退行性变及其特征

神经退行性疾病的特征是脑中特定神经元群体在衰老过程中受到氧化和代谢应激反应，生理功能障碍和退化导致神经毒性蛋白沉积。与其他器官系统一样，大脑的功能活动在衰老过程中逐渐下降，表现为学习和记忆、注意力、决策速度、感觉知觉（视觉、听觉、触觉、嗅觉和味觉）以及运动协调能力障碍[1]。在衰老过程中，大脑的细胞环境表现出生物能量学受损、适应性神经可塑性和恢复力受损、神经元网络活性异常、神经元 Ca^{2+}稳态调节失衡、氧化损伤大分子和受损细胞器的累积以及炎症等明显的特征。这些变化使老年人的大脑易患阿尔茨海默病、帕金森病和中风的神经退行性疾病[2]。

（一）线粒体功能障碍

线粒体分布于神经元的树突和轴突，产生电化学神经传递以及维持细胞生命活动和修复所需的 ATP。线粒体生长维度包括大小和分裂（线粒体生物发生），并可通过在溶酶体中降解（线粒体自噬）而被去除。线粒体除了在细胞能量代谢中发挥基本作用外，还在细胞 Ca^{2+}稳态中发挥关键作用，是调节核基因转录的信号来源。此外，线粒体膜通透性转换孔（mitochondrial membrane permeability transition pores，mPTPs）的形成是细胞凋亡中的一个关键事件，细胞凋亡是一种程序性细胞死亡，通常发生于大脑发育期间，病理上见于一系列神经退行性疾病中。衰老过程影响脑细胞中的线粒体。对从动物脑组织中分离的线粒体进行比较，发现了许多与年龄相关的改变，包括线粒体肥大或断裂、电子传递链功能受损、线粒体膜电位去极化膜、Ca^{2+}稳态受损以及触发 mPTP 形成的阈值降低。脑老化期间线粒体功能下降涉及细胞烟酰胺腺嘌呤二核苷酸（nicotinamide adenine dinucleotide，NAD^{+}）水平和 NAD^{+}/NADH 比值下降，从而影响对神经元功能和活力至关重要的 NAD^{+}依赖性酶（包括 sirtuin 家族的蛋白脱乙酰酶）的活性。对青年和老年小鼠脑组织中的神经元和星形胶质细胞进行的研究发现，大脑中大多数类型的细胞可能在衰老过程中发生功能障碍线粒体的积累。对肌肉和肝细胞的研究表明，线粒体生物合成在衰老过程中下降，热量限制和运动均可刺激线粒体生物合成。新证据表明，由运动和热量限制激活的神经信号通路也可刺激大脑神经元中的线粒体生物合成[2]。

（二）氧化损伤分子的积累

在衰老过程中，由于活性氧（reactive oxygen species，ROS）生成增加和（或）抗氧化防御能力下降导致氧化应激加重，神经元中大量积累功能紊乱和聚集的蛋白质和线粒体。神经元产生的主要 ROS 是线粒体呼吸和各种氧化酶产生的超氧阴离子自由基、过氧化氢与 Fe^{2+}或 Cu^{+}反应产生的羟基自由基以及细胞内 Ca^{2+}水平升高时产生的一氧化氮（nitric oxide，NO）。嗅觉减退是衰老的常见特征，对小鼠的研究表明，在衰老过程中，神经元和星形胶质细胞中的羰基化蛋白以及血管中的硝化蛋白的水平在嗅球中增加。一氧化氮介导的异常氧化损伤也与衰老大脑皮质的血管功能障碍有关。过氧亚硝酸盐（超氧化物与 NO 相互作用形成）和羟基自由基具有高度反应性，可启动膜脂质过氧化的自催化过程。老年犬的大脑表现出脂质过氧化产物 4- 羟基壬烯醛（4-hydroxynonenal，HNE）的蓄积，与淀粉样沉积物和神经原纤维缠结有关。HNE 对蛋白质的半胱氨酸、赖氨酸和组氨酸残基上的修饰以及 NO 对蛋白质的酪氨酸残基上的修饰，会损害许多对细胞代谢和存活至关重要的膜蛋白的功能，包括葡萄糖转运蛋白、神经营养因子受体和离子动力 ATP 酶。有研究表明，小鼠和果蝇中超氧化物歧化酶 2（superoxide dismutase 2，SOD_2）水平的遗传性降低会导致与衰老相关的神经表型的加速发作，包括运动功能障碍、神经元 DNA 损伤和神经变性，因此有证据表明抗氧化防御减弱和清除氧化损伤分子的能力受损足以加速衰老。在秀丽隐杆线虫中，氧化损伤在生殖后阶段显著增加。氧化修饰蛋白常被泛素化为蛋白酶体降解的靶点，而氧化损伤的膜和线粒体在自噬过程中被定位于溶酶体。然而，过度的氧化应激可损害蛋白酶体和溶酶体的功能[2]。

（三）溶酶体和蛋白酶体功能受损

神经元是有丝分裂后的细胞，并且在生物体的整个生命周期中必须保持其复杂的结构和功能与神经元网络的整合。因此，去除受损和功能障碍的分子和细胞器的能力对于神经元尤为重要。这一清除程序是通过复杂的分子机制来完成的，这些机制可以识别受损的细胞成分，并将它们转移到溶酶体（自噬）或蛋白酶体中进行降解。在自噬过程中，底物被包裹在膜状自噬体内，然后与溶酶体融合并将其内容物释放到酸性溶酶体腔中进行降解。蛋白质通过泛素化作用被靶向蛋白酶体降解，这一过程涉及三种酶（E1 酶、E2 酶和 E3 酶），E3 酶是一种连接酶，可将泛素转移到目标蛋白质的赖氨酸残基上。然后，多个其他泛素相互缀合形成泛素链，该泛素链被蛋白酶体的 19S 调节亚基识别，被展开，然后进入 20S 亚基中被降解。E3 泛素连接酶 Parkin 的突变或 Parkin 底物 α- 突触核蛋白的过表达足以引起早发性 PD，这一事实强调了蛋白酶体降解在脑衰老中的重要性。衰老期间神经元中自噬和蛋白酶体降解受损，自噬小体与未降解的底物、功能障碍的线粒体和多泛素化蛋白在衰老细胞内累积。由于膜泡 ATP 酶氧化损伤导致神经元溶酶体在衰老过程中维持较低的腔内 pH。事实上，HNE 可损害大脑皮质神经元的溶酶体功能，导致未降解底物的积累和后续的细胞死亡。衰老过程中，脂质还会蓄积在神经元的自噬泡或载脂泡中。脑老化过程中也会出现蛋白酶体功能障碍和超载，表现为神经元中多泛素化蛋白的聚集。对衰老大鼠不同脑区蛋白酶体活性的测量显示，海马和大脑皮质区域活性显著降低，而小脑和脑干未显著降低，这表明神经元群体在衰老过程中对蛋白酶体功能障碍的脆弱性存在差异。在 AD 小鼠模型中，溶酶体水解酶抑制剂胱抑素 B 的遗传缺失可增强自噬并改善学习和记忆缺陷；转录因子 EB（一种自噬的关键调节因子）的过表达改善了 tau 病小鼠模型中的记忆缺陷；并且自噬的上调改善了斑马鱼模型中的神经变性。这些发现揭示了溶酶体和自噬在保护神经元抵抗衰老中的关键作用。

（四）适应性细胞应激反应受损

神经元持续受到代谢、离子和氧化应激的影响，这些应激来自其正常的电化学活动、外部因素导致的全身生物能挑战和生理及心理应激。许多信号通路已经进化以适应性地响应细胞应激，从而减轻直接威胁，提醒其他细胞注意应激情况，并加强对未来应激源的防御。适应性细胞应激反应的三个主要启动因子是 ATP 消耗、Ca^{2+}和 ROS。动作电位和突触活性由 Na^+和 Ca^{2+}通过质膜通道内流介导，随后由膜离子驱动的 ATP 酶（Na^+和 Ca^{2+}“泵”）排出；伴随的 ATP 消耗增加了 AMP/ATP 比率，激活 AMP 活化蛋白激酶（AMP-activated protein kinase，AMPK）。然后，AMPK 磷酸化并由此调节参与能量代谢（葡萄糖转运体和 mTOR 途径）、自噬和神经元兴奋性的蛋白质活性。钙是介导细胞应激适应的重要信号；Ca^{2+}与蛋白钙调素结合，导致激酶激活，从而促进包括腺苷反应元件结合蛋白（cyclic AMP response element-binding protein，CREB）和核因子 κB（nuclear factor κB，NF-κB）在内的转录因子的激活。Ca^{2+}激活的激酶之一 CamK Ⅱ也激活 NO 合酶。NO 随后激活可溶性鸟苷酸环化酶，生成环状 GMP，参与保护神经元免受兴奋性毒性和代谢应激的下游途径。Ca^{2+}也被转运到线粒体中参与增加氧化磷酸化和 ROS 产生的机制。这些 ROS（超氧化物和过氧化氢）作为信号分子，可以激活氧化还原状态响应转录因子，包括 NF-κB 和核调节因子 2（nuclear regulatory factor 2，NRF2）。CREB、NF-κB 和 NRF2 可诱导编码蛋白的基因表达，从而减轻细胞应激并消除或修复受损分子，如 CREB 诱导脑源性神经营养因子（brain-derived neurotrophic factor，BDNF）和 DNA 修复酶 APE1 的表达；NF-κB 上调抗氧化酶 SOD2、Ca^{2+}结合蛋白和抗凋亡蛋白 Bcl-2；NRF2 上调抗氧化酶——血红素氧合酶（HO-1）和 NAD（P）H 醌氧化还原酶 1［NAD（P）H quinone oxidoreductase 1，NQO1］。适应性应激反应信号通路可能在衰老过程中受损，从而使神经元容易受到损伤和神经退行性病变。例如，在脑老化过程中，由于神经营养因子的表达减少以及受体表达或下游信号传导的改变，BDNF、NGF 和 IGF-1 信号传导受到损害。神经营养因子缺陷可能导致衰老过程中神经元线粒体功能、Ca^{2+}处理和抗氧化防御受损。在衰老的大脑中，质膜 Ca^{2+} ATPase 活性在突触末梢也下降，这可能是由膜脂过氧化作用引起的。Ca^{2+}-CaMK Ⅱ信号调节异常会对神经元线粒体动力学产生不利影响，这可能会导致衰老过程中的神经元功能障碍。正常衰老过程中，海马区 NO 生成紊乱及下游信号通路受损，恢复 NO 代谢及信号通路可改善小鼠年龄相关性认知功能障碍。最后，慢性不受控制的应激（心理或生理）会损害神经元的可塑性，并可能通过下丘脑-垂体-肾上腺轴的过度活化和糖皮质激素水平的升高等机制使神经元易于退化。糖皮质激素水平的持续升高会抑制 BDNF 的表达，从而损害突触可塑性并增加神经元对变性的脆弱性[2]。

（五）神经元钙稳态失调

钙离子在数秒至数天甚至数年的时间尺度上调节神经元功能和神经元网络的结构适应性。从突触前轴突终末释放时，兴奋性神经递质谷氨酸激活突触后树突上的钠离子 AMPA 受体，导致膜去极化和 Ca^{2+}通过 NMDA 谷氨酸受体通道和电压依赖性 Ca^{2+}通道流入。这导致细胞质 Ca^{2+}浓度短暂升高，因为 K^{+}通道和 Na^{+}“泵”被激活以恢复膜电位，细胞内的 Ca^{2+}被位于质膜和内质网膜中的 Ca^{2+} ATP 酶清除。短暂的 Ca^{2+}升高会激活胞质激酶和磷酸酶，从而改变树突中各种蛋白的磷酸化，包括参与谷氨酸受体进出膜转运、细胞骨架重塑和局部蛋白合成。例如，突触活性依赖性 Ca^{2+}内流刺激 AMPA 谷氨酸受体快速插入突触后膜，同时还诱导编码蛋白 Arc 的 mRNA 翻译，从而介导 AMPA 受体的内吞。通过激酶的激活，突触 Ca^{2+}内流也激活转录因子，包括 CREB 和 PGC-1α，然后上调参与神经元可塑性和细胞应激耐受的各种蛋白的基因表达。内质网和线粒体中的 Ca^{2+}摄取和释放机制可对亚细胞 Ca^{2+}动力学进行额外的微调。在衰老过程中，神经元调控 Ca^{2+}稳态能力会受到损害。对海马锥体神经元的研究表明，衰老会损害 Ca^{2+}诱导的后超极化，从而增加通过 L 型电压依赖性 Ca^{2+}通道的 Ca^{2+}内流和从内质网（通过 ryanodine 受体通道）的 Ca^{2+}释放，导

致胞质 Ca^{2+}水平异常升高，从而导致蛋白磷酸化、细胞骨架动力学和基因表达失调。紊乱的 Ca^{2+}调节与年龄相关的认知缺陷有因果关系，恢复神经元 Ca^{2+}稳态的干预实验也能改善老年大鼠的认知缺陷。老年小鼠海马神经元对 Ca^{2+}介导的兴奋性毒性变性和死亡的易感性增加。在衰老过程中，可能导致这种神经元 Ca^{2+}失调的原因是 Ca^{2+}结合蛋白表达减少以及线粒体和内质网 Ca^{2+}处理受损导致的 Ca^{2+}缓冲受损。细胞内 Ca^{2+}水平持续升高可损伤和杀死神经元的机制包括 Ca^{2+}依赖性蛋白酶的激活以及 caspase 介导的凋亡和 PARP1 介导的细胞死亡的触发[2]。

（六）神经元网络活动异常

整个脑的神经元回路的一般结构基于兴奋性谷氨酸能神经元，它具有复杂的树突结构和长轴突，与其他谷氨酸能神经元和抑制性 GABA 能中间神经元形成突触。兴奋性神经元树突的突触输入如下：谷氨酸能突触位于远端树突上，GABA 能突触位于细胞体上或邻近细胞体，并且来自脑干 5- 羟色胺能和去甲肾上腺素能神经元、基底前脑胆碱能神经元和中脑多巴胺能神经元的调节性输入位于远端谷氨酸能输入的近端。正常的脑功能需要这些不同的神经递质系统的结构完整性和突触活动的适当整合。在脑老化进程中，大脑区域内和之间的神经元网络活动的保真度被干扰，在有些个体中是相对微妙的，而还有些个体中是病态的。由于 GABA 能信号传导受损，尤其是通过 GABA-A 受体的信号传导减少，衰老脑中出现兴奋性失衡。脑老化的几个特征可使神经元回路易受过度兴奋和兴奋性毒性损伤的影响，包括氧化应激、线粒体功能障碍、适应性应激反应受损和炎症。正常衰老过程中发生的 G 蛋白偶联 5- 羟色胺能、去甲肾上腺素能、多巴胺能和胆碱能神经元的变性和功能障碍，可能会导致一种或多种年龄相关的神经退行性疾病。后一类神经递质系统在学习记忆、决策和情绪调节中起关键作用。因此，它们的调节障碍会导致老年人认知障碍和抑郁。不同脑区之间的通讯主要通过谷氨酸能神经元的有髓轴突投射进行，轴突位于白质束中，用于半球间通讯（胼胝体）和半球内通讯（如上下纵束和钩束）。正常人脑老化过程中，白质完整性受损，认知障碍受试者中情况更为严重。这种脱髓鞘的机制涉及少突胶质细胞的氧化 DNA 损伤。对人类受试者脑神经元网络活动的功能性 MRI（functional MRI，fMRI）分析显示，这些改变与正常衰老和年龄相关的认知功能损害有关。当一个人闭上眼睛并停止与环境的相互作用时，包括楔前叶、后扣带回皮质、内侧前额叶皮质和角回在内的网络中的活动会增加。这种“默认模式网络”（default mode network，DMN）被认为在记忆过去、思考未来和“精神错乱”方面发挥了重要作用。在正常衰老进程中发生 DMN 的功能连接性降低，在认知功能受损的老年受试者中显著加重。在静息状态下，年轻人参与额顶和突显网络，而老年人则不参与；这些 fMRI 差异与灰质体积和白质完整性降低有关。在老年人的记忆任务中，DMN 和海马的功能连接性与记忆能力相关。啮齿动物中的 DMN 病与未受损的老年动物相比，认知受损的啮齿动物表现出功能连接中断[2]。

（七）DNA 修复受损

在正常的细胞功能和衰老过程中，线粒体和细胞核中的 DNA 会定期受到 ROS 的损伤，而在神经元中，这种 DNA 损伤会随着兴奋性突触活动而增加。在健康的年轻细胞中，DNA 修复途径包括同源重组、错配修复、核苷酸切除修复和碱基切除修复（base excision repair,

BER)，通过蛋白质的协同活性，受损的DNA碱基被快速移除并被未受损的碱基取代。在神经元中，BER对氧化DNA损伤的修复至关重要；BER过程涉及识别受损碱基的糖基化酶（OGG1、UDG和NEIL1）、切除受损碱基的内切酶（APE1）和将新的未受损碱基整合到DNA链中的聚合酶（Pol β）。对人和啮齿动物脑组织样本的分析发现衰老过程中受损核DNA和线粒体DNA的数量增加，以及一些DNA修复蛋白的表达和（或）酶活性降低。在人脑衰老过程中，核DNA的某些区域容易积累氧化损伤，其中参与突触可塑性和线粒体功能的基因启动子尤其容易受到影响。与青年小鼠相比，老年小鼠的海马、额叶皮质、脑干和小脑中线粒体OGG1和UDG活性降低。Pol β 的表达在衰老的大脑中降低，热量限制可以逆转这种降低。虽然BER通常被认为对有丝分裂后的神经元尤为重要，但也有证据表明，在脑老化过程中，核苷酸切除修复和转录偶联修复受损。这些变化可能主要发生在神经干细胞和神经胶质细胞中，但这仍有待确定。DNA修复受损足以导致加速衰老表型。Cockayne综合征、Werner综合征和共济失调毛细血管扩张症患者从年轻时开始表现出多种衰老表型的快速进展。所有三种早衰综合征均由参与DNA修复的蛋白质（CSB、Werner和ATM）突变引起，受影响个体表现出与加速脑衰老一致的神经功能缺损。Cockayne患者表现出小脑浦肯野细胞以及耳蜗和视网膜神经元变性，CSB缺陷小鼠表现出早期听力丧失以及海马和皮质神经元在早期出现线粒体功能障碍。Werner综合征以AD样神经病理学和认知缺陷为特征。ATM缺乏会导致小脑浦肯野和颗粒神经元的进行性死亡，从而导致身体运动控制受损。有趣的是，DER通过减少氧化性DNA损伤的发生，显著降低了神经变性和神经功能缺损，并延长了DNA切除修复缺失型小鼠（一种加速衰老的动物模型）的寿命。据推测，通过延缓大脑衰老的其他标志，DER可以补偿导致显著加速衰老表型的遗传缺陷[2]。

（八）神经炎症

与其他器官系统相似，局部炎症是脑衰老的共同特征。胶质细胞，尤其是小胶质细胞，在老年脑中常表现出活化状态，其特征为获得成釉样形态并产生促炎细胞因子，包括白细胞介素-1β（interleukin-1β，IL-1β）、IL-6和肿瘤坏死因子α（tumor necrosis factor α，TNFα）。补体级联反应也可能在衰老的大脑中被激活，并与AD和缺血性卒中的发病机制有关。补体级联的遗传或药理学抑制可改善正常衰老期间以及AD和卒中小鼠模型中发生的突触丢失和神经元死亡。此外，活化的小胶质细胞表达诱导型NO合酶，并产生大量NO，可对神经元造成氧化损伤。此外，Toll样受体（toll-like receptors，TLR）与年龄相关性脑疾病的神经炎症相关。在年龄相关的神经退行性疾病模型中，小胶质细胞TLR4受体的实验性激活会加重神经元变性，而对小胶质细胞激活的药理学抑制具有神经保护作用。先天性免疫反应的异常激活可能会导致大脑老化的其他特征。虽然免疫细胞的异常激活会导致脑老化和神经退行性疾病中的突触变性和功能损害，但如果得到适当调控，这些途径在神经可塑性和神经元应激耐受中发挥重要作用。如：① TNFα 在海马突触可塑性及学习记忆中起重要作用；②补体蛋白介导健康发育和成人脑的适应性突触重塑；③ TLRs在神经元中表达，在调节发育和成人神经可塑性中发挥作用；④在癫痫发作、TBI病和AD模型中，TNFα 受体缺陷小鼠的海马神经元对功能障碍和变性的易感性增加；和⑤ TLRs 2和4调节食物摄入、副交感神经系统和体重。星形胶质细胞也可能有助于对年龄相关神经元应激的适应性反应。它们产生神经营养因子，清除突触中的谷氨酸盐，支持神经元生物能学。在衰老过程中，星形胶质细胞的这些功能可能会受到损害，从而加重病理性神经炎性过程[2]。

（九）神经发生受损

成年哺乳动物脑中绝大多数神经元产生于胚胎或出生后早期，而成年脑中新的海马齿状回颗粒神经元和嗅球中间神经元则由神经元干细胞产生。齿状回颗粒神经元在一般学习和记忆中起关键作用，特别是空间模式分离（对环境中物体间空间关系的记忆）。正常衰老过程中发生海马和嗅觉神经发生的减少，可能导致认知和嗅觉缺陷。衰老的其他几个特征可能导致衰老过程中神经发生受损。衰老的神经祖细胞表现出线粒体氧化代谢减少，成年小鼠海马神经元祖细胞中线粒体电子传递链功能的遗传妥协以类似于正常衰老中所见的方式损害神经发生。氧化应激、DNA 修复受损和炎症也可能有助于年龄相关的神经发生减少[2]。

（十）能量代谢障碍

在衰老过程中，外周组织细胞和大脑中的葡萄糖和脂质代谢受损。在衰老过程中，由于细胞响应胰岛素增加葡萄糖转运的能力受损，循环葡萄糖浓度通常增加。胰岛素抵抗的特征是空腹血胰岛素和葡萄糖水平升高，是糖尿病、心血管疾病和中风的主要危险因素。外周胰岛素抵抗还与衰老过程中认知功能较差有关，可能是 AD 的一个危险因素。神经元在衰老过程中可能表现出胰岛素抵抗和葡萄糖转运受损，如放射性标记葡萄糖摄取的 PET 成像显示的葡萄糖利用率进行性降低。这种受损的葡萄糖代谢在颞叶、顶叶和额叶以及运动皮质中特别突出。与年龄匹配的神经系统正常受试者相比，轻度认知功能障碍和 AD 的老年受试者颞叶和顶叶葡萄糖利用的降低要严重得多。当胰岛素与其膜受体结合时，受体的胞质酪氨酸激酶结构域被激活，导致胰岛素受体相互作用蛋白 IRS-1 磷酸化。胰岛素抵抗的特征是 IRS-1 的酪氨酸磷酸化减少，IRS-1 的丝氨酸 312 磷酸化增加。对老年受试者死后脑组织的分析表明丝氨酸 312 IRS-1 磷酸化增加，提示神经元胰岛素抵抗。在认知功能受损的老年受试者中，从神经元释放的循环细胞外泌体也表现出胰岛素抵抗磷酸化特征。除胰岛素抵抗外，神经元葡萄糖转运体 GLUT3 易受氧化应激和 HNE 损伤的影响。然而，虽然神经元的葡萄糖代谢在衰老过程中受到损害，但神经元获得和利用酮体 β- 羟基丁酸酯和乙酰乙酸酯的能力得以维持，显然甚至在 AD 患者的神经元中也是如此。血脂异常（低密度脂蛋白和三酰甘油的血液浓度升高）是脑卒中和血管性痴呆的风险因素，也可能增加 AD 的风险。在大脑内，衰老期间多种脂质物种的代谢发生改变，表现为长链神经酰胺和载脂细胞的积累以及脑组织 ω-3 脂肪酸水平的下降。遗传证据也将脂质代谢与衰老过程中不良的脑结局联系起来。因此，迟发性散发性 AD 最强的遗传风险因素是载脂蛋白 E（一种转运胆固醇和脂蛋白的蛋白质）编码基因的 ε4 等位基因。然而，尽管进行了大量研究，ε4 载脂蛋白 E 亚型危害神经元的机制尚不清楚，可能不是胆固醇代谢改变的结果。两种可能性是，载脂蛋白 E ε4 缺乏载脂蛋白 E ε2 和 ε3 的抗氧化（HNE 清除）能力，以及载脂蛋白 E ε4 通过胞内途径改变蛋白质的转运[2]。

二、典型的神经退行性疾病

全球全因性痴呆（神经退行性疾病）的患病率预计将从2010年的5000万人增加到2050年的1.13亿人。尽管在过去50年里，由于预期寿命延长，高收入和中低收入国家的痴呆症患病率都有所上升，但在美国、英国和法国等一些高收入国家，痴呆症的发病率略有下降。例如，在Framingham Heart Study中，在20世纪70年代末和80年代初，年龄＞60岁的人发生痴呆的年龄调整和性别调整风险率为每100人3.6例，而在21世纪70年代末和21世纪10年代初则为每100人2.2例。但痴呆发病率的降低不能明确归因于AD。显性认知障碍的患病率随着年龄的增长呈指数级增长。65岁后痴呆的发病率急剧增加，并在此后继续增加。65～70岁人群中全因性痴呆的发病率约为每年1/100，80～90岁人群中增至每年4/100[3]。因此，很容易将神经退行性疾病视为加速衰老的表现。相反，衰老是神经退行性变的主要危险因素。最常见的神经退行性疾病是AD和PD，主要在老年人中观察到，这些疾病的风险随着年龄的增长而增加[4]。

（一）AD

AD可能的诊断涉及年龄相关的认知能力下降，最初表现为轻微的短期记忆损伤，后续发展为基本所有认知领域的严重缺陷。AD的最终诊断是在尸检时对大脑进行组织学检查，发现Aβ斑和Tau神经纤维缠结的水平超过诊断水平。Aβ前体蛋白（Aβ precursor protein，APP）一直是AD研究的主要焦点，因为APP或将APP裂解产生Aβ的早衰素-1酶（γ分泌酶）的突变导致罕见的遗传性早发AD。APP受三种酶活性的影响：β-和γ-分泌酶在Aβ的N端和C端裂解产生淀粉样原性Aβ，而α-分泌酶在Aβ序列的中间裂解从而阻止Aβ的产生。分泌酶的分裂释放出一种分泌形式的APP（sAPPα），激活神经元的信号通路，增强突触的可塑性和细胞的抗应激性。虽然AD是最常见的痴呆形式，但Tau突变可导致额颞叶痴呆，表现为大量神经原纤维缠结，而Aβ病理学可以忽略。此外，在大约25%的被诊断为可能AD的患者中，Aβ斑块和Tau缠结的水平没有达到AD的阈值；相反，这些患者往往表现出大量海马锥体神经元缺失，其中有中等数量的神经元携带Tau、α-synuclein和（或）TDP43聚集。此外，许多活到80岁和90岁的人在尸检时认知功能下降极小，但有大量的Aβ斑块积累，而神经损失极少[2]。尽管AD是导致痴呆的最常见原因，但痴呆可由多种神经退行性或脑血管病变引起，尤其是在老年患者中。实际上，在一项针对184名符合AD神经病理学研究标准的受试者的研究中，31%仅出现AD病理学，22%出现AD病理学＋α-突触核蛋白病理学（脑干外的Lewy小体），29.5%出现AD病理学＋TDP43病理学（海马中的TDP43内含物），17.5%出现AD病理学＋α-突触核蛋白和TDP43病理学。在这些病理学定义的组中，29%至52%的个体至少有一个梗死灶（微梗死、腔隙性梗死或大梗死）[5]。

年龄是阿尔茨海默病最重要的危险因素。AD的遗传因素仅占可归因风险的一小部分，包括APP、APOE、PSEN1和PSEN2显性遗传突变。中年时期的几种潜在可改变的风险因素，特别是代谢因素（糖尿病、高血压、肥胖和低HDL胆固醇）、听力损失、创伤性脑损伤和酒精滥用，与晚年AD风险增加相关，相对风险在1.5至1.8之间。吸烟、抑郁、体力活动能力低、社会孤立、糖尿病和空气污染是AD的危险因素，其程度相似。糖尿病和高血压可能是

AD最常见和最重要的风险因素，尤其是当这些风险因素出现在中年但也出现在老年时[3]。

导致AD的主要原因仍存在争论，但可能包括胆碱能功能障碍、Aβ 斑块、Tau聚集、炎症、DNA损伤和线粒体功能障碍。乙酰胆碱酯酶抑制剂（多奈哌齐、加兰他敏和酒石酸盐）经FDA批准可用于治疗AD，但仅能缓解部分症状，且预防疾病进展的能力有限。Aβ 假说认为Aβ 的蓄积和毒性是AD的触发因素。Aβ 形成寡聚体和原纤维，在脑中积聚形成Aβ 斑块，导致神经元丢失。许多潜在的抗Aβ 药物正在开发中，但许多都在临床试验中失败。P-Tau在AD的神经元中蓄积，导致神经元功能障碍，因此被认为是AD的另一个潜在原因。神经炎性反应是AD的关键驱动力，主要由释放促炎细胞因子的星形胶质细胞和小胶质细胞的异常活化产生。神经炎性反应是由内外应激、Aβ 斑块或P-Tau的过度氧化和积聚引起的脑免疫反应。氧化应激被认为是导致AD的重要原因。当Aβ 自聚集并在神经元膜上积累时，产生ROS，发生膜脂质过氧化，产生HNE。HNE通过增加APP的γ-分泌酶裂解而增加Aβ 的一种特别神经毒性形式。HNE通过损害膜离子运动、ATP酶和葡萄糖和谷氨酸转运蛋白的功能，导致神经元过度兴奋性和破坏神经元Ca^{2+}稳态，从而使神经元容易受到兴奋性毒性和代谢失调的影响，从而导致Aβ 的神经毒性。细胞内Ca^{2+}水平的持续升高会进一步加剧氧化应激和溶酶体功能障碍。线粒体功能障碍和DNA损伤也可能是AD的危险因素[4]。

（二）帕金森病

PD是一种可识别的临床综合征，有多种病因和临床表现。PD是一种快速发展的神经退行性疾病。在大多数人群中，3%～5%的帕金森病可由已知PD基因相关的遗传因素解释，因此代表单基因PD，而16%～36%的非单基因PD的遗传风险需要由90种遗传突变共同解释。其他因果关联包括有亲属患有PD或震颤、便秘，并且不吸烟，这些危险因素可使PD的风险至少增加一倍。目前的诊断标准将PD定义为运动迟缓合并静止性震颤、强直或两者兼有。然而，临床表现是多方面的，包括许多非运动症状。除了在基因检测外，只有在尸检后鉴定出大脑中的标志性神经病理学变化的基础上才能做出明确诊断。病理学上，PD的定义是Lewy小体和Lewy神经突中 α-突触核蛋白的积聚。左旋多巴是最常用的一线治疗药物。最佳管理应从诊断开始，需要多学科团队方法，包括越来越多的非药物干预。目前，没有任何疗法可以减缓或阻止PD的进展[6]。

帕金森病是一种与年龄相关的疾病，其发病率和患病率随着年龄的增长而稳步上升。PD除了中国新增病例增长过快和欧洲高收入国家增长过快之外在全球范围内发生没有显著的流行病学差异。过去20年，PD的全球负担（就死亡和残疾而言）增加了一倍多。尽管帕金森病对男性和女性都有影响，但女性发病率较低，发病年龄更高。而女性发生运动障碍以及运动和非运动反应波动的风险较高[6]。几种毒素可产生类似PD的临床表现，如暴露于神经毒素MPTP导致的PD。除了这些直接原因外，各种环境和生活方式因素影响PD风险。暴露于杀虫剂等环境毒素是PD的一种重要危险因素，第二次世界大战后引入杀虫剂可以部分解释PD目前的上升趋势。另一个公认的风险因素是头部损伤。推测新冠肺炎也可能是PD的一个危险因素。嗅觉减退是新冠肺炎病和PD的特征，新型冠状病毒可能会通过鼻进入大脑后引发一连串的神经退行性变。此外，吸烟、喝咖啡、使用抗炎药物、高血浆尿酸盐水平或体力活动与PD风险负相关。如果吸烟与PD风险之间的负相关确实是因果关系，那么全球减少吸烟的趋势可以部分解释 PD 发病率的快速上升。然而，这种关联也可能是错误的，因为吸烟者可能具有由奖励机制产生的较高水平的多巴胺，同时还可以防止吸烟者多巴胺水平降至产生明显 PD 所需的极低多巴胺阈值以下[2]。

令人信服的证据表明，在 PD 的发病机制中，线粒体功能障碍和神经元中 α-突触核蛋白的积累是关键事件。选择性抑制线粒体复合物 I 的化学物质（百草枯、6-羟多巴胺和鱼藤酮）可导致多巴胺能神经元变性，其临床症状与 PD 难以区分；PD 患者脑细胞线粒体复合物 I 活性降低，DNA 过度损伤；鉴定早期家族性 PD 的遗传异常集中于线粒体和自噬。这些突变包括 α-突触核蛋白中的常染色体显性突变，导致 α-突触核蛋白聚集体的异常积累——这可能使自噬途径超载并导致线粒体功能障碍——和 Parkin 和 PINK1 中的常染色体隐性突变，从而损害了神经元识别和去除（通过自噬）功能失调的线粒体的能力。编码 LRRK2 的基因突变导致早发 PD 会损害囊泡转运到溶酶体，从而可能促进 α-突触核蛋白和功能失调的线粒体的积累。LRRK2 突变也可能通过引起异常蛋白合成而促进神经元变性。PD 是一种以分子发病机制为基础的疾病，包括老化特征的加剧。氧化损伤、神经元 Ca^{2+} 稳态失调、DNA 修复受损、适应性细胞应激反应受损、神经元网络活性异常和神经炎症均发生在 PD 过程中的受影响脑区，这些年龄相关的改变都增加了神经元对 α-突触核蛋白病理以及线粒体和自噬功能障碍的脆弱性。相反，聚集 α-突触核蛋白和线粒体功能障碍加剧氧化应激和 DNA 损伤，破坏神经元 Ca^{2+} 稳态，促进神经炎症。例如，神经元接触诱导氧化应激、抑制线粒体复合物 I 或损害溶酶体功能的药物会触发 α-突触核蛋白聚集体的积累。在 PD 的鱼藤酮模型中，使用 RNAi 技术抑制 α-突触核蛋白的产生防止了多巴胺能神经元的变性。另一方面，突变型或野生型 α-突触核蛋白的过度表达足以触发幼鼠衰老特征的出现，包括氧化修饰蛋白的积累、DNA 损伤、线粒体功能障碍、小胶质细胞激活和自噬受损[2]。与朊病毒相似，α-突触核蛋白的聚集形式可以“播散”单体 α-突触核蛋白的聚集。例如，将致病的 α-突触核蛋白“毒株”注射到一个脑区，就会触发 α-突触核蛋白向其他脑区传播。然而，由于 α-突触核蛋白是一种细胞质蛋白，致病的 α-突触核蛋白聚集物在细胞内积累，朊病毒样机制并不能很好地解释 α-突触核蛋白病理学是如何从一个神经元转移到邻近神经元的。一种可能的机制涉及细胞外泌体。溶酶体功能障碍和氧化应激可触发含有聚集 α-突触核蛋白的外泌体的释放，这些外泌体内化后可触发毒性 α-突触核蛋白聚集物在原本健康的神经元中积累。另一项研究表明，错误折叠的预形成原纤维与 LAG3（淋巴细胞激活基因 3）结合，LAG3 启动 α-突触核蛋白预形成原纤维的内吞、传播和细胞毒性，这提示了 α-突触核蛋白病理扩散的另一个潜在机制[2]。

三、NTs 对神经系统的作用

神经系统无法从头合成 NTs，只能通过补救合成途径合成 NTs。早期研究显示，饲料中添加 NTs 可使大鼠大脑皮质磷脂酰胆碱含量和磷脂酰胆碱 / 磷脂酰乙醇胺比值显著增加，而且磷脂酰胆碱组分中二十二碳六烯酸和花生四烯酸含量较高。众所周知，多不饱和脂肪酸在大脑发育和功能中起着至关重要的作用。同时，进行的迷宫试验和被动回避试验结果显示 NTs 可以显著提高大鼠学习记忆能力[7]。Singhal 等人的研究显示，配方奶粉中添加 NTs 可显著增加婴儿枕额头围的发育。婴儿期头部大小的快速增长反映了在发育的关键时期大脑容量的增加，并与日后更高的认知水平有关。因此认为，婴儿配方奶粉中的添加NTs对长期认知发展有益[8]。NTs拮抗酒精性发育毒性相关研究显示，NTs可促进乙醇染毒体外培养小鼠胚胎发育，改善卵黄囊血管分化情况，拮抗乙醇对体位、心脏、后神经管、后脑、中脑、前脑、听觉、腮弓及前肢芽分化的抑制作用[9]。体内实验结果显示，NTs可以拮抗孕期宫内酒精暴露子代小鼠生长发育迟缓和神经发育迟缓。NTs干预组子代小鼠出生后门齿萌出、睁眼的时间和平面翻正、悬崖回避、空中翻正等神经反射达标的时间均显著早于无NTs组子代小鼠[10]。此外，NTs还可以拮抗孕期宫内酒精暴露子代小鼠的空间认知障碍，增强定位能力、空间探索能力、被动和主动回避危险的能力[11]。

NTs对镇痛类药物引起的神经系统副作用有改善作用。吗啡、海洛因等阿片类药物可增加嘌呤NTs分解代谢，降低合成代谢。体外实验研究发现，外源嘌呤NTs可以拮抗吗啡引起的PC-12神经细胞增殖抑制作用，并降低嘌呤NTs分解代谢关键酶腺苷脱氨酶和黄嘌呤氧化酶mRNA水平，推测该效应与细胞受体间相互作用有关[12]。体内实验研究发现，NTs可以显著降低海洛因干预大鼠脑皮质中腺苷脱氨酶和黄嘌呤氧化酶mRNA水平，增加次黄嘌呤-鸟嘌呤磷酸核糖转移酶、腺嘌呤磷酸核糖转移酶和腺苷激酶mRNA的表达水平，从而可以拮抗海洛因对嘌呤NTs的分解代谢[11]。

NTs可以减轻与增龄相关的脑形态病理变化与记忆损伤。研究者发现NTs摄入不足可能与增龄性记忆衰退和遗传性记忆缺陷有关，而补充NTs可以有效改善这种记忆损伤[13]。另一项研究也显示，轻度阿尔茨海默症患者服用含有NTs的食品可以显著改善其记忆损伤[14]。

本节中介绍了神经退行性变的特性、典型的神经退行性疾病及NTs对神经系统的影响。

This section describes the characteristics of neurodegenerative diseases, typical neurodegenerative diseases and the effects of exogenous NTs on the nervous system.

第二节　外源核苷酸改善神经退行性变作用研究进展 Advances in effect of exogenous nucleotides on neurodegenerative diseases

近年来国内外大量研究资料表明,NTs（包括核酸、NTs和核苷）具有免疫调节、抗氧化、保护线粒体、促生长发育、抗疲劳、降血脂等生理功能[15]。如上所述，NTs也具有多个方面的保护和促进神经系统健康的作用。但NTs对神经系统健康作用的分子机制尚未被阐明。为明确NTs改善神经退行性变作用及其机制，北京大学李勇教授课题组通过建立过氧化氢诱导的神经退行性变模型，进行了一系列分子和细胞生物学实验，对NTs改善神经退行性变作用及其机制进行了一系列研究。

一、NTs改善神经退行性变作用细胞水平研究进展

（一）NTs改善神经退行性变作用细胞水平研究方法

鉴于神经退行性变的分子细胞学特征，改善神经退行性变作用的细胞水平研究方法

通常包括观察细胞形态结构、检测细胞活性、细胞凋亡、氧化应激水平、细胞内 ROS 含量、丙二醛（malondialdehyde，MDA）含量、谷胱甘肽过氧化物酶（glutathione peroxidase，GSH-Px）和 SOD 活性、线粒体膜电位、线粒体生物发生、ATP 产生能力、炎症水平、DNA 损伤情况、神经营养因子表达情况以及细胞自噬水平。

具体方法如下：

1. 细胞形态结构检测

将细胞培养于 6 孔细胞培养板，根据实验要求处理不同组（每组 3 个重复）后，胰酶消化细胞，1000 r/5 分钟离心弃上清，PBS 洗涤细胞 2 次，戊二醛固定 4℃过夜，30%、70%、95%、100% 丙酮梯度脱水，每次 15 min，包埋，超薄切片，透射电镜观察细胞形态。

2. 细胞活性检测

将 100 μl/ 孔细胞（约 1×10^5）培养于 96 孔细胞培养板，根据实验要求处理不同组（每组 4 个重复）后，向各孔加入 10 μl 的 CCK-8 检测溶液，37℃下孵育 1 ～ 4 h，采用酶标仪在 450 nm 波长处检测每孔的吸光度。

3. 细胞凋亡检测

将细胞培养于 6 孔细胞培养板，根据实验要求处理不同组别后，用不含 EDTA 的胰酶消化细胞，1000 r/5 min 离心弃上清，PBS 洗涤细胞两次，收集（1 ～ 5）$\times10^5$ 细胞；加入 500 μl 的 Binding Buffer 悬浮细胞；加入 5 μl Annexin V-FIFC 混匀后，加入 5 μl Propidium Iodide，混匀；室温避光反应 5 ～ 15 min；1 h 内流式细胞仪检测细胞凋亡情况。

4. 氧化应激水平检测

将细胞培养于 6 孔细胞培养板，根据实验要求处理不同组（每组 3 个重复）后，吸除培养基，PBS 洗涤 2 次；加入 1 ml 的 1 : 1000 无血清培养基稀释的 DCFH-DA，覆盖整个生长表面，37℃培养箱孵育 20 分钟；无血清培养基洗涤 3 次，消化收集细胞，PBS 洗涤 2 次，加入 500 μl 的 PBS 重悬细胞，流式细胞仪检测各组细胞内 ROS 水平。将细胞培养于 6 孔细胞培养板，根据实验要求处理不同组（每组 4 个重复）后，收集细胞上清，采用 ELISA 法检测各组细胞上清中 SOD、GSH-Px 及 MDA 含量。

5. 线粒体膜电位检测

将细胞培养于 6 孔细胞培养板，根据实验要求处理不同组别后，吸除培养液 PBS 洗涤 2 次；加入 1 ml 培养基和 1 ml JC-1 染色工作液，覆盖整个生长表面，37℃孵育 20 min；吸除上清，JC-1 染色缓冲液（1×）洗涤 2 次；胰酶消化细胞，1000 r/5 分钟离心弃上清，PBS 洗涤 2 次细胞，再加入 500 μl PBS 重悬细胞，使用流式细胞仪检测线粒体膜电位。

6. 线粒体生物发生的检测

结合试剂盒、RT-PCR 和 Western blot 检测线粒体生物发生信号通路 NAD^+/ 沉默信息调节因子 I（silent information regulator 1，SIRT1）/ 过氧化物酶体增殖物激活受体共激活因子 -1α（peroxisome proliferator-activated receptor gamma coactivator-1α，PGC-1α）。将细胞培养于 6 孔细胞培养板，根据实验要求处理不同组（每组 4 个重复）后，吸除培养基加入 200 μl 的 NAD^+ 和 NADH 提取液，轻吹打促进细胞裂解；12000 r/10 分钟离心取上清，采用 WST-8 法检测 NAD^+ 和 NADH 水平。采用 RT-PCR 和 western blot 在基因和蛋白水平检测 SIRT1 和

PGC-1α 表达情况。

7. ATP 产生能力检测

将细胞培养于 6 孔细胞培养板，根据实验要求处理不同组（每组 4 个重复）后，消化收集细胞，PBS 洗涤 2 次，采用 ATP 含量测定试剂盒检测 ATP 水平。

8. 炎症水平检测

将细胞培养于 6 孔细胞培养板，根据实验要求处理不同组（每组 4 个重复）后，收集细胞上清，采用 ELISA 法检测各组细胞上清中 IL-1β、IL-6、基质金属蛋白酶 -3（matrix metalloproteinase-3，MMP-3）、细胞间黏附分子 1（intercellular adhesion molecule 1，ICAM1）和血管细胞黏附分 1（vascular cell adhesion molecule 1，VCAM1）等细胞因子含量。

9. DNA 损伤情况检测

将细胞培养于 6 孔细胞培养板，根据实验要求处理不同组（每组 3 个重复）后，胰酶消化细胞，1000 r/5 分钟离心弃上清，PBS 洗涤细胞 2 次，采用 Western blot 法检测 DNA 损伤标志物 γ-H2A.X 蛋白表达情况。

10. 细胞营养因子表达情况

将细胞培养于 6 孔细胞培养板，根据实验要求处理不同组（每组 3 个重复）后，胰酶消化细胞，1000 r/5 min 离心弃上清，PBS 洗涤细胞 2 次，采用 Western blot 法检测细胞营养因子 BDNF 蛋白表达情况。

11. 自噬水平检测

将细胞培养于 6 孔细胞培养板，根据实验要求处理不同组（每组 3 个重复）后，胰酶消化细胞，1000 r/5 min 离心弃上清，PBS 洗涤细胞 2 次，透射电镜计数细胞内自噬溶酶体数量，采用 Western blot 法检测自噬诱导相关蛋白 AMPK 和 ULK2 表达情况。

（二）NTs 改善神经退行性变作用研究进展

北京大学李勇教授课题组首次研究了 4 种单个 NTs 及其混合物对过氧化氢诱导的神经退行性变的改善作用。通过观察细胞形态结构、检测细胞活性、细胞凋亡、细胞内 ROS 含量、线粒体膜电位、线粒体生物发生、ATP 产生能力、炎症水平、DNA 损伤情况、神经营养因子表达情况以及细胞自噬水平验证了 NTs 的改善神经退行性变作用并探讨了其可能的机制。

具体实验方法为：PC-12 细胞生长贴壁后，除正常对照组外其余组使用含有 200 μmol/L 过氧化氢的完全培养基培养 4 h，全部 16 组去掉培养基后分别加入正常完全培养基、含有 100 μmol/L NTs 混合物的完全培养基、含有 0.5 mmol/L NMN 的完全培养基以及含有 50/100/200 μmol/L 外源 GMP、UMP、CMP、AMP 的完全培养基培养 24 h，透射电镜观察细胞形态并计数自噬溶酶体数量，检测细胞活力、细胞凋亡、SASP、γ-H2A.X 蛋白等脑老化标志物；检测细胞 BDNF 蛋白表达量；检测细胞氧化应激水平；检测细胞线粒体膜电位及 ATP 产生能力；RT-PCR 和 Western blot 检测自噬诱导相关蛋白 AMPKα 和 ULK2；NAD^+/NADH 检测试剂盒、RT-PCR 和 western blot 检测 NAD^+/SIRT1/PGC-1α 信号通路。

1. NTs 对 PC-12 细胞形态结构改变的影响

过氧化氢诱导的神经退行性变改变了 PC-12 细胞的形态结构，表现为细胞核增大、染色质固缩、核膜不规则、线粒体数量减少和线粒体尺寸增大。与模型组相比，补充 100 μmol/L NTs 混合物的 PC-12 细胞显示出正常的细胞核大小、均一的染色质、平坦的核膜以及相对较多的正常大小的线粒体（图 5-2-1）。

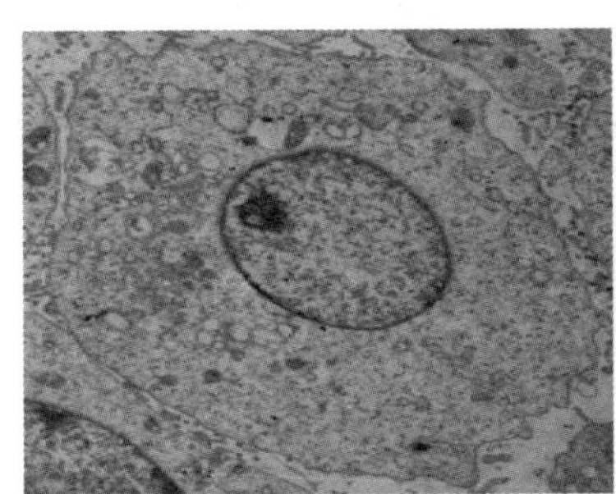
正常对照

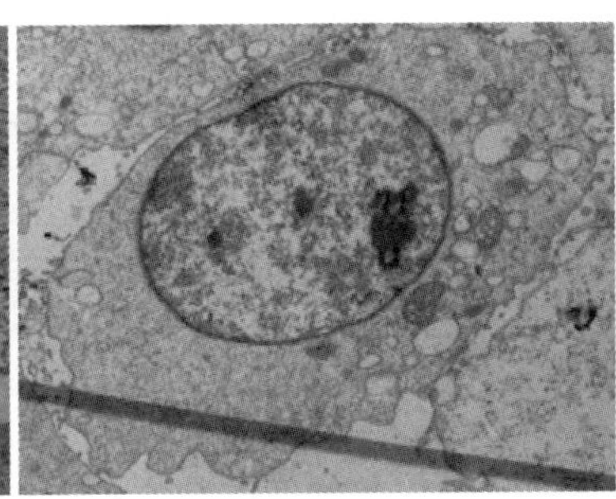
模型对照

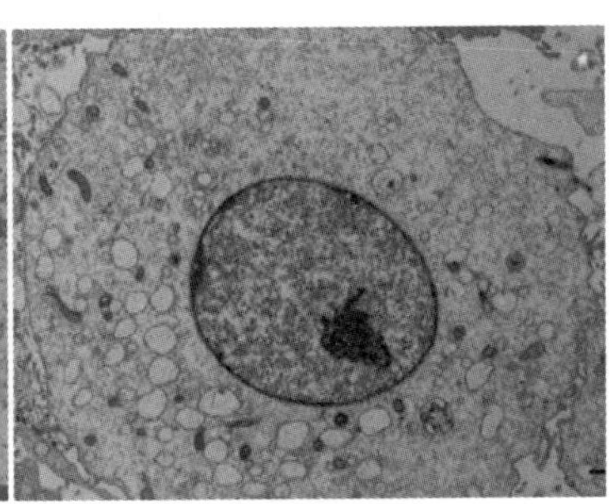
NTs 混合物

图 5-2-1　NTs 对 PC-12 细胞形态变化的影响（3000×，n = 3）

2. NTs 对 PC-12 细胞活力的影响

与正常对照组比较，模型对照组细胞活力显著降低（$P < 0.05$）。与模型对照组比较，NTs 混合物、NMN、AMP50/100/200、CMP50/100/200 和 GMP50 组细胞活力显著升高（$P < 0.05$）（表 5-2-1）。

表 5-2-1　NTs 对 PC-12 细胞活力的影响（$\bar{x}\pm s$，n = 4）

组别	细胞活力（%）	组别	细胞活力（%）
正常对照	100.00±0.19	CMP100	72.22±0.13#*
模型对照	50.00±0.16#	CMP200	81.11±0.19#*
NTs 混合物	82.22±0.16#*	GMP50	67.78±0.12#*
NMN	75.56±0.16#*	GMP100	64.44±0.15#
AMP50	70.00±0.11#*	GMP200	62.22±0.12#
AMP100	75.56±0.14#*	UMP50	60.00±0.18#
AMP200	77.78±0.17#*	UMP100	62.22±0.17#
CMP50	70.00±0.13#*	UMP200	62.22±0.15#

注：# 与正常对照组比较，差异有统计学意义，* 与模型对照比较，差异有统计学意义，$P < 0.05$。

3. NTs 对 PC-12 细胞凋亡水平的影响（图 5-2-2）

与正常对照组比较，模型对照组细胞凋亡水平显著升高（$P < 0.05$）。与模型对照组比较，NTs 混合物、AMP100/200 和 UMP50 组细胞凋亡显著降低（$P < 0.05$）（图 5-2-2，表 5-2-2）。

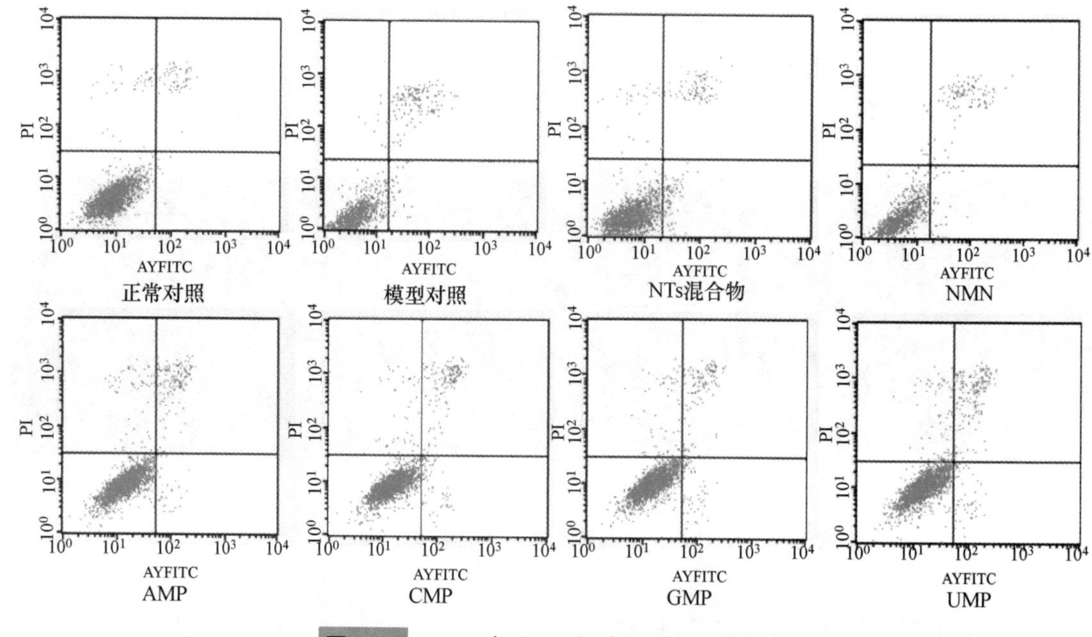

图 5-2-2 NTs 对 PC-12 细胞凋亡水平的影响

表 5-2-2 NTs 对 PC-12 细胞凋亡水平的影响（$\bar{x}\pm s$，$n=3$）

组别	凋亡率（%）	组别	凋亡率（%）
正常对照	7.42±2.93	CMP100	11.95±2.66
模型对照	16.25±1.54#	CMP200	12.48±2.61
NTs 混合物	9.87±1.51*	GMP50	12.03±3.09
NMN	11.70±2.64	GMP100	10.44±2.40
AMP50	10.44±1.74	GMP200	12.02±2.25
AMP100	9.54±1.13*	UMP50	9.23±0.94*
AMP200	9.85±1.63*	UMP100	10.71±1.29
CMP50	10.74±1.86	UMP200	10.56±0.86

注：# 与正常对照组比较差异有统计学意义，* 与模型对照比较差异有统计学意义，$P<0.05$。

4. NTs 对 PC-12 细胞 DNA 损伤的影响

与正常对照组比较，模型对照组细胞 DNA 损伤标志物 γ-H2A.X 蛋白表达显著增加（$P<0.05$）。与模型对照组比较，4 种不同单个 NTs 及其混合物和 NMN 干预均显著降低了 γ-H2A.X 蛋白表达水平（$P<0.05$）（图 5-2-3，表 5-2-3）。

5. NTs 对 PC-12 细胞 BDNF 表达的影响

与空白对照组比较，模型对照组细胞 BDNF 蛋白表达水平没有显著差异（$P>0.05$）。与模型对照组比较，NTs 混合物、AMP50/100/200、CMP50/100、GMP50、UMP50/200 组细胞 BDNF 蛋白表达水平有上调趋势，差异没有统计学意义（$P>0.05$）（图 5-2-4，表 5-2-4）。

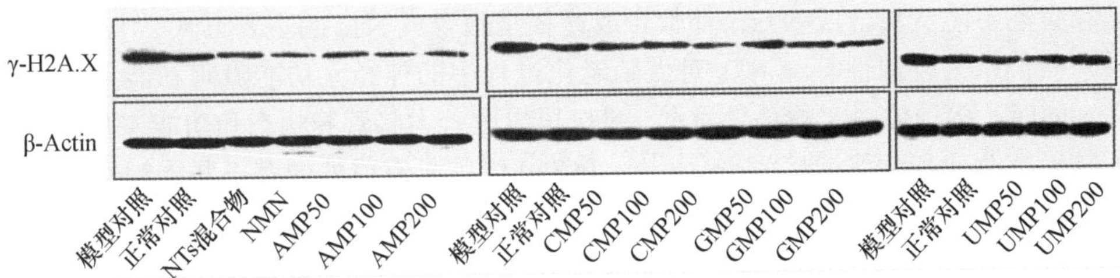

图 5-2-3　NTs 对 PC-12 细胞 DNA 损伤的影响

表 5-2-3　NTs 对 PC-12 细胞 DNA 损伤的影响（$\bar{x}\pm s$，$n=3$）

组别	γ-H2A.X/actin	组别	γ-H2A.X/actin	组别	γ-H2A.X/actin
正常对照	0.29±0.06	正常对照	0.30±0.03	正常对照	0.36±0.04
模型对照	0.35±0.09	模型对照	0.39±0.03$^{\#}$	模型对照	0.41±0.03
NTs 混合物	0.19±0.03*	CMP50	0.16±0.02$^{\#*}$	UMP50	0.27±0.01*
NMN	0.19±0.05*	CMP100	0.17±0.03$^{\#*}$	UMP100	0.28±0.05*
AMP50	0.20±0.02*	CMP200	0.11±0.00$^{\#*}$	UMP200	0.22±0.04$^{\#*}$
AMP100	0.18±0.02*	GMP50	0.25±0.03*		
AMP200	0.20±0.02	GMP100	0.14±0.01$^{\#*}$		
		GMP200	0.16±0.01$^{\#*}$		

注：$^{\#}$ 与正常对照组比较差异有统计学意义，* 与模型对照比较差异有统计学意义，$P<0.05$。

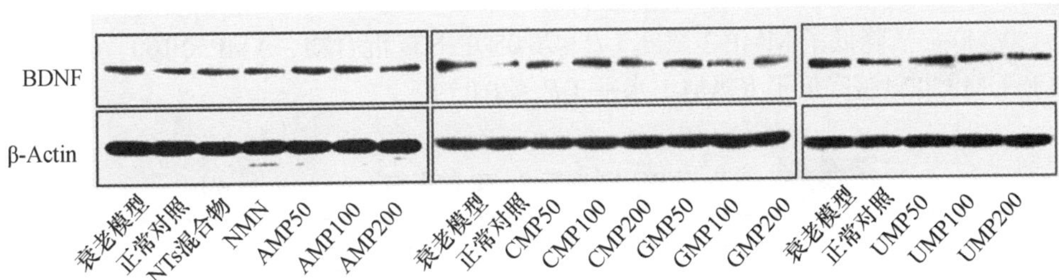

图 5-2-4　NTs 对 PC-12 细胞 BDNF 表达的影响

表 5-2-4　NTs 对 PC-12 细胞 BDNF 表达的影响（$\bar{x}\pm s$，$n=3$）

组别	BDNF/actin	组别	BNDF/actin	组别	BDNF/actin
正常对照	0.17±0.01	正常对照	0.19±0.05	正常对照	0.22±0.01
模型对照	0.16±0.03	模型对照	0.21±0.03	模型对照	0.20±0.04
NTs 混合物	0.19±0.03	CMP50	0.23±0.06	UMP50	0.27±0.03
NMN	0.15±0.01	CMP100	0.26±0.04	UMP100	0.15±0.03
AMP50	0.18±0.05	CMP200	0.19±0.01	UMP200	0.23±0.03
AMP100	0.20±0.03	GMP50	0.29±0.02		
AMP200	0.21±0.01	GMP100	0.19±0.03		
		GMP200	0.21±0.06		

脑和骨髓不能从头合成NTs，补救合成途径是脑合成NTs的主要方式[16]。结合前期实验结果，我们认为外源性补充NTs对大脑老化过程中的神经元功能障碍和能量缺乏具有重要意义。同时，多项体内实验结果显示，NTs可以改善大脑营养状态和功能，并抑制年龄相关的大脑形态改变和学习记忆障碍[12, 17]。PC-12细胞具有成熟的多巴胺能神经元的一些特性，尽管起源于大鼠肾上腺髓质的嗜铬细胞瘤，它们具有广泛的神经分泌（儿茶酚胺、多巴胺和去甲肾上腺素）特性并存在离子通道和神经递质受体，被广泛应用于神经退行性疾病的模型中[18]。与其他文献报道一致[19, 20]，本研究结果显示，较高浓度的过氧化氢造成细胞功能障碍及能量缺陷，在神经元中可以很好地模拟神经退行性变进程中的神经元功能障碍及能量缺陷。因此，本研究旨在探讨外源性补充NTs改善过氧化氢诱导的PC-12细胞神经退行性变作用及其潜在机制。本研究结果表明，NTs干预可以改善过氧化氢诱导PC-12细胞的神经退行性变，表现为细胞活力提高、细胞凋亡率降低、炎症因子分泌减少、DNA损伤降低、神经元形态改变得到改善。同时，NTs可能具有一定的促进神经营养因子BDNF蛋白表达的作用。在不同NTs中AMP100的改善神经退行性变作用最突出，其次为NTs混合物、NMN和CMP。本研究结果与Lam等人的体外实验结果相一致，他们发现鲑鱼精子和酵母来源的核酸增强了神经元活力并抑制了Aβ诱导的神经元凋亡[21]。此外，本研究结果进一步支持了NTs可以减轻DNA损伤，减少细胞凋亡水平[22]，促进细胞增殖[23]，抑制炎症的观点[16]。

6. NTs对PC-12细胞SASP的影响

与正常对照组比较，模型对照组细胞IL-6、IL-1β、MMP-3、ICAM-1和VCAM-1水平显著升高（$P < 0.05$）（表5-2-5）。与模型对照组比较，不同NTs和NMN干预显著降低了IL-6、IL-1β和VCAM-1水平（$P < 0.05$）；NTs混合物、AMP100、CMP100、GMP50/100和UMP50/100/200显著降低了MMP-3浓度（$P < 0.05$）；NTs混合物、AMP50/100、CMP100/200、GMP50和UMP50显著降低了ICAM-1水平（$P < 0.05$）。

表5-2-5　NTs对PC-12细胞SASP的影响（$\bar{x} \pm s$，$n = 4$）

组别	IL-6（pg/ml）	IL-1β（pg/ml）	MMP-3（pg/ml）	ICAM-1（pg/ml）	VCAM-1（ng/ml）
正常对照	2.26±0.40	4.97±1.83	19.97±10.66	3.32±3.25	2.03±0.90
模型对照	7.09±2.59#	8.23±2.81#	31.94±9.21#	11.32±4.65#	4.02±1.48#
NTs混合物	2.14±1.09*	4.27±0.92*	18.78±8.37*	3.60±4.30*	1.78±0.50*
NMN	1.65±1.08*	4.08±2.86*	21.91±4.7	6.81±5.40	2.16±1.08*
AMP50	1.52±0.63*	4.55±1.49*	26.45±2.78	3.32±3.10*	2.19±0.71*
AMP100	1.41±0.82*	3.35±1.18*	16.38±5.94*	4.63±5.71*	1.63±1.09*
AMP200	2.14±1.09*	2.90±2.40*	22.25±4.92	7.76±4.98	2.27±0.70*
CMP50	3.01±0.96*	4.17±2.03*	23.19±13.78	6.12±1.82	1.48±0.58*
CMP100	2.76±0.91*	1.84±1.11*	20.31±6.17*	2.37±2.67*	1.60±0.46*
CMP200	1.65±0.84*	3.83±3.22*	25.37±8.3	5.24±4.12*	1.94±1.08*
GMP50	3.39±1.25*	2.97±1.48*	17.68±5.41*	3.63±3.19*	0.96±0.80*

续表

组别	IL-6（pg/ml）	IL-1β（pg/ml）	MMP-3（pg/ml）	ICAM-1（pg/ml）	VCAM-1（ng/ml）
GMP100	1.65±0.84*	2.82±4.25*	15.00±3.13*	5.82±3.66	1.51±0.78*
GMP200	0.85±1.00*	2.47±1.38*	21.93±4.33	5.82±3.81	1.54±0.42*
UMP50	0.92±0.46*	0.68±1.17*#	16.42±5.64*	4.65±7.12*	1.33±0.72*
UMP100	2.03±1.52*	2.25±1.84*	18.05±9.82*	7.44±4.84	1.71±0.46*
UMP200	1.77±0.89*	3.49±1.38*	16.47±5.40*	6.44±2.19	1.68±0.62*

注：# 与正常对照组比较差异有统计学意义，* 与模型对照比较差异有统计学意义，$P<0.05$。

众所周知，神经炎症会导致神经损伤，从而导致神经退行性疾病[24]。此外，神经炎症与血脑屏障破坏密切相关，从而破坏神经元能量稳态。我们发现给予外源性 NTs 能显著抑制 H_2O_2 处理的 PC-12 细胞的神经炎症，表明外源性 NTs 的神经保护作用是由抗炎机制驱动的。与目前的研究结果相一致的是，前期的大量研究表明外源性 NTs 具有较强的免疫和炎症调节作用。研究人员发现，配方奶中 NTs 的含量低于母乳，导致婴儿免疫力低下。在配方奶中添加外源性 NTs 后，婴儿急性腹泻的发生率显著降低[25]。另一项研究是用含 NTs 饲料喂养炎性反应模型小鼠，发现 NTs 可降低 IL-1、IFN-γ 的水平，升高 IL-10 的水平，从而调节小鼠炎性 / 抗炎性细胞因子的平衡[26]。但未见关于外源性 NTs 的抗神经炎症作用相关研究。本研究首次证实了 NTs 的抗神经炎症作用，揭示了 UMP 在抑制神经系统炎性细胞因子的分泌方面最为出色。

7. NTs 对 PC-12 细胞氧化应激水平的影响

与正常对照组比较，模型对照组细胞内 ROS 水平显著升高（$P<0.05$）；与模型对照组比较，NTs 混合物、AMP100、CMP50 和 GMP50 组细胞内 ROS 水平显著降低（$P<0.05$）（图 5-2-5，表 5-2-6）。与正常对照组比较，模型对照组 GSH-Px、SOD 活性显著降低，MDA 含量显著增加（$P<0.05$）。与模型对照组比较，AMP100 和 CMP100 组 GSH-Px 活性显著增

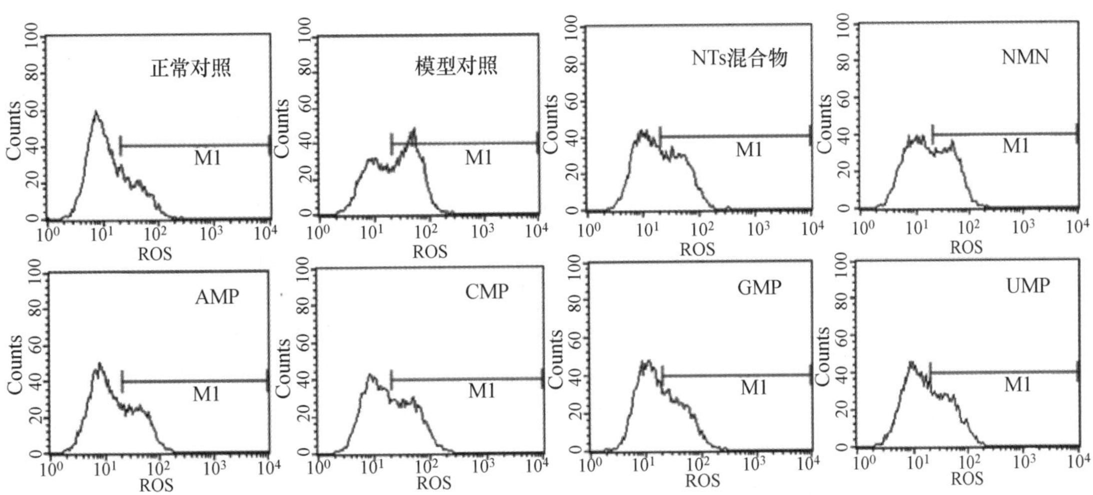

图 5-2-5　NTs 对 PC-12 细胞内 ROS 含量的影响

高（$P < 0.05$）；NTs 混合物、NMN、AMP50/100、CMP50/100、GMP50、UMP50 组 SOD 活性显著增高 $P < 0.05$）；NMN 及不同剂量 NTs 组 MDA 含量显著降低（$P < 0.05$）（表 5-2-6）。

表 5-2-6 NTs 对 PC-12 细胞氧化应激水平的影响（$\bar{x} \pm s$，$n = 4$）

组别	ROS（geometry mean，$n = 3$）	GSH-Px（U/ml）	SOD（U/ml）	MDA（nmol/ml）
正常对照	9.7±5.23	31.05±7.97	15.62±1.82	1.12±0.35
衰老模型	23.99±1.64#	21.17±3.04#	11.44±1.11#	2.86±0.44#
NTs 混合物	12.79±8.09*	27.02±7.83	14.99±1.29*	0.92±0.26*
NMN	13.14±6.90	22.78±4.13#	14.86±0.99*	1.12±0.35*
AMP50	15.54±9.04	27.62±5.72	14.62±2.36*	1.22±0.17*
AMP100	12.78±8.33*	31.25±6.63*	14.84±1.24*	1.12±0.39*
AMP200	16.43±8.61	27.22±3.11	13.64±1.67	1.58±0.31*
CMP50	11.52±5.84*	27.02±4.68	14.84±2.29*	1.63±0.33*
CMP100	13.83±7.45	29.84±6.68*	14.53±1.19*	1.63±0.37*
CMP200	17.12±6.46	25.81±3.90	14.05±2.12	1.94±0.42#*
GMP50	12.52±5.83*	22.58±3.78#	14.59±2.30*	1.79±0.35#*
GMP100	16.02±4.12	22.18±1.68#	14.01±1.48	1.73±0.26*
GMP200	16.77±5.75	22.18±4.39#	12.23±2.74#	2.04±0.60#*
UMP50	16.67±5.43	20.56±1.92#	14.51±2.04*	1.07±0.51*
UMP100	13.41±6.82	21.77±3.02#	13.61±2.07	2.14±0.61#*
UMP200	16.09±5.23	21.57±2.58#	13.63±2.34	2.81±0.77#*

注：# 与正常对照组比较差异有统计学意义，* 与模型对照比较差异有统计学意义，$P < 0.05$。

NTs 的抗氧化活性可能是其改善神经退行性变作用的潜在机制。本研究发现，在过氧化氢诱导的神经退行性变模型中，NTs 可以减少 ROS 和 MDA 的产生，增强 GSH-Px 和 SOD 的活性。其中，AMP100 的抗氧化活性最强，其次是 NTs 混合物和 CMP50/100。本实验进一步证实了 NTs 的抗氧化活性，同时证明在神经系统中 NTs 也具有很强的抗氧化活性。与本研究结果相一致，Lam 等人的研究结果也表明 NTs 对 SH-SY5Y 神经元具有很强的抗氧化能力[21]。NTs 是一种非酶抗氧化剂，作为合成核酸的原料，NTs 参与氨基酸代谢，进而可能影响谷胱甘肽等抗氧化酶的表达、活性或代谢。NTs 是合成脂肪酸的重要调节元件，而脂肪酸可以中和 ROS 或增强神经元抗氧化基因的表达[27, 28]。Sato 等发现，膳食中补充 NTs 可增加大鼠脑内 n-3、n-6 脂肪酸含量，发挥抗氧化、保护脑组织的作用，从而增强学习记忆能力[7]。因此，NTs 通过直接或间接作用减轻神经元的氧化应激，从而减少氧化损伤大分子的积累，下调应激激活的信号通路，实现神经元的稳态。

8. NTs 对 PC-12 细胞线粒体功能的影响

与正常对照组比较，模型对照组线粒体膜电位显著降低（$P < 0.05$）。与模型对照组比较，AMP200、CMP50 不同剂量 GMP50/100/200 和 UMP50/100/200 组细胞线粒体膜电位显著增高（$P < 0.05$）（图 5-2-6，表 5-2-7）。

与正常对照组比较，模型对照组细胞 ATP 产生能力显著降低（$P < 0.05$）。与模型对照组相比，NTs 混合物、NMN 组、AMP50 组、CMP50 组及 UMP100 组细胞 ATP 产生能力显著增强（$P < 0.05$）（表 5-2-7）。

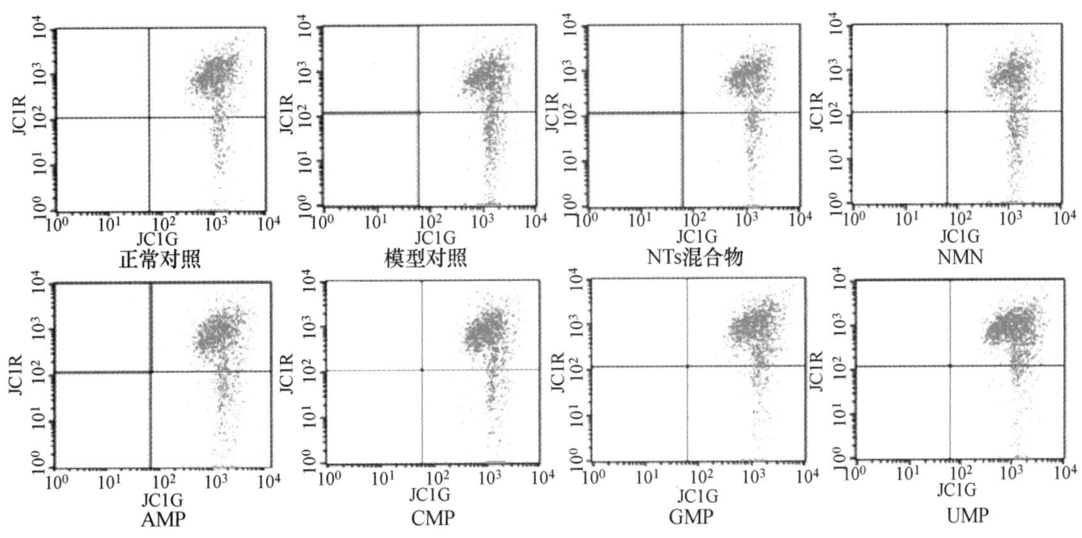

图 5-2-6 NTs 对 PC-12 细胞线粒体膜电位的影响

表 5-2-7 NTs 对 PC-12 细胞线粒体功能的影响（$\bar{x} \pm s$）

组别	红色荧光（%，JC-1，$n = 3$）	ATP 浓度（μmol/gprot，$n = 4$）
正常对照	82.60±4.20	279.35±31.51
模型对照	67.34±2.09#	167.83±26.35#
NTs 混合物	72.10±2.28#	282.89±52.46*
NMN	70.92±2.48#	242.08±39.99*
AMP50	74.60±3.13	301.41±16.80*
AMP100	75.15±1.70	189.43±39.67#
AMP200	76.87±2.80*	181.13±23.70#
CMP50	76.67±3.15*	235.36±49.36*
CMP100	72.84±3.86#	219.59±19.16#
CMP200	75.48±3.03	151.23±14.66#
GMP50	89.66±3.05*	135.30±45.64#

续表

组别	红色荧光（%，JC-1，$n = 3$）	ATP 浓度（μmol/gprot，$n = 4$）
GMP100	88.23±3.43*	144.95±40.53#
GMP200	87.51±1.04*	178.76±26.71#
UMP50	88.25±0.81*	132.13±49.66#
UMP100	85.42±0.99*	223.47±41.78#*
UMP200	81.32±5.08*	128.42±39.51#

注：# 与正常对照组比较差异有统计学意义，* 与模型对照比较差异有统计学意义，$P < 0.05$。

线粒体分布于神经元内，产生 ATP 支持神经元正常的生理活动。大量研究发现，年龄相关的脑老化过程中线粒体形态功能发生改变，包括线粒体肥大、膜电位去极化及 ATP 生成减少等[29, 30]。与此一致，在本研究中过氧化氢诱导的神经退行性变 PC-12 细胞中观察到了上述与年龄相关的神经元线粒体改变。而 NTs 干预显著改善线粒体形态改变，稳定线粒体膜电位并增加 ATP 产量。不同 NTs 中 CMP50 和 UMP100 的改善线粒体功能综合作用较突出。其他研究结果也证实，NTs 能够刺激细胞内能量的产生和储存，促进线粒体 DNA 修复，增强线粒体酶活性[16, 17]。

9. NTs 对 PC-12 细胞自噬诱导的影响

与正常对照组比较，模型对照组 AMPKα 基因表达量显著增加（$P < 0.05$），蛋白表达量没有显著变化（$P > 0.05$）。与模型对照组比较，NTs 混合物、NMN、AMP100、CMP100、GMP100 和 UMP100 组细胞 AMPKα 基因表达量显著增加（$P < 0.05$），GMP100 组细胞 AMPKα 蛋白表达量显著增加（$P < 0.05$）。与正常对照组比较，模型对照组 ULK 基因和蛋白表达量没有显著变化（$P > 0.05$）。与模型对照组比较，NMN 和 AMP100 组细胞 ULK2 基因表达量显著增加（$P < 0.05$），蛋白表达量没有显著变化（$P > 0.05$）（图 5-2-7，表 5-2-8）。与空白对照组比较，模型对照组细胞自噬溶酶体数量有下降趋势（$P > 0.05$），与模型对照组比较，NTs 混合物干预显著增加了自噬溶酶体数量（$P < 0.05$）（图 5-2-8）。

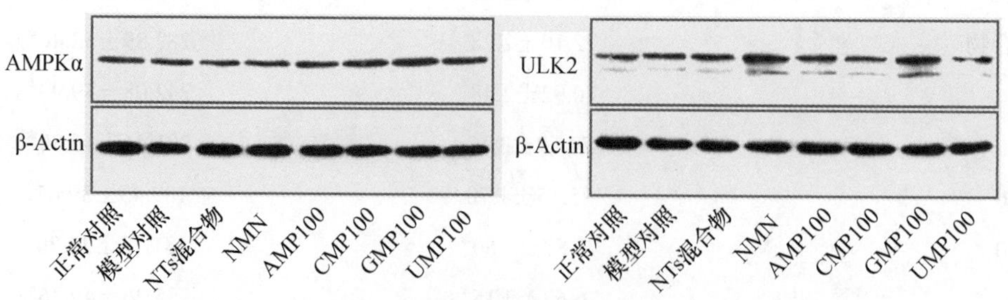

图 5-2-7　NTs 对 PC-12 细胞自噬诱导相关蛋白表达量的影响

表 5-2-8　NTs 对 PC-12 细胞自噬诱导相关基因和蛋白表达量的影响（$\bar{x}\pm s$，$n=3$）

组别	AMPK α 基因相对表达量	AMPK α /actin	ULK2 基因相对表达量	ULK2/actin
正常对照	1.03±0.08	0.23±0.05	1.03±0.04	0.31±0.05
模型对照	1.22±0.03#	0.26±0.02	0.94±0.02	0.32±0.05
NTs 混合物	1.97±0.03#*	0.25±0.05	1.01±0.01	0.27±0.00
NMN	1.88±0.10#*	0.22±0.02	1.10±0.02*	0.45±0.04
AMP100	2.14±0.03#*	0.31±0.02	1.09±0.01*	0.19±0.02
CMP100	1.88±0.03#*	0.27±0.07	1.03±0.05	0.21±0.03
GMP100	1.66±0.05#*	0.39±0.04#*	1.03±0.05	0.21±0.06
UMP100	1.48±0.03#*	0.30±0.05	0.92±0.04#	0.16±0.03

注：# 与正常对照组比较差异有统计学意义，* 与模型对照比较差异有统计学意义，$P<0.05$。

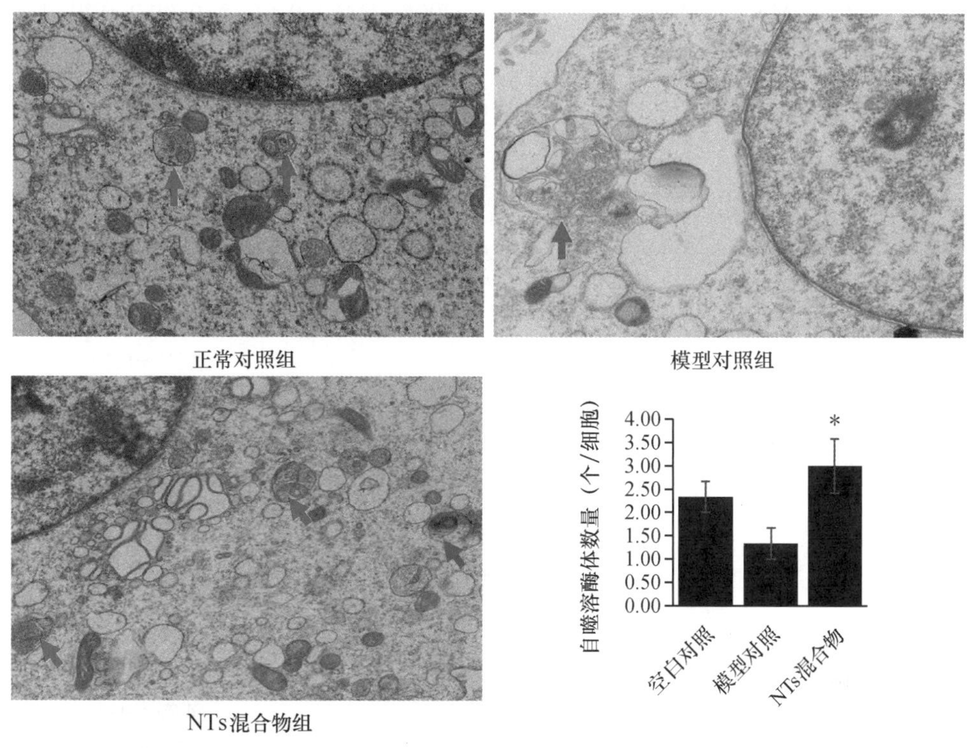

图 5-2-8　NTs 对 PC-12 细胞自噬溶酶体含量的影响（3000×，$n=3$）

自噬的本质是一种降解途径，神经退行性疾病相关的聚集性毒性蛋白及功能失调的线粒体是其重要的底物[31]。大量研究表明，在许多神经退行性疾病的脑组织样本中自噬标记物下调。事实上，有研究证实通过药物诱导自噬，从而促进神经毒性蛋白的清除是治疗神经退行性疾病的有效机制[32]。本研究中 GMP 可以同时显著增加 AMPK α 基因和蛋白表达，AMP 和 UMP 组 AMPK α 基因和蛋白表达也较高。有研究证实 AMPK α 可以直接激活 ULK1，从而诱导自噬过程，NTs 也可能通过这一通路诱导自噬过程。就 ULK2 而言，NTs 干预组中基因表达有不同程度的上调，而蛋白表达均低于模型对照组。同时，透射电镜下可以观察到，NTs 混合物干预可以显著增加自噬溶酶体数量。因此，推测补充 NTs 显著增加自噬活性，ULK2 诱导大量自噬相关膜性结构，致使 ULK2 的消耗增加。本研究初步提示 NTs 在过氧化氢诱导的神经退行性变 PC-12 细胞中可能通过上调 AMPK 和 ULK2 基因表达促进诱导活性。到目前为止，尚未有其他实验室的研究报道 NTs 与自噬之间关系。然而，透射电镜下观察自噬溶酶体时不能准确区分被降解底物的类型，本研究也不能确定 NTs 是否能有效清除在神经退行性变进程中积累的毒性蛋白。因此，需要采用神经毒性蛋白诱导的神经退行性变细胞模型或动物模型进一步证实 NTs 是否能通过增强自噬的方式有效清除神经毒性蛋白的积累。

10. NTs 对 PC-12 细胞 NAD^+/SIRT1/PGC-1 α 通路的影响

与正常对照组比较，模型组细胞 NAD^+水平显著降低（$P < 0.05$）。与模型对照组相比，NTs 混合物、NMN、AMP100/200、CMP50/200、GMP200 和 UMP100/200 组 NAD^+ 水平显著增加（$P < 0.05$）。与正常对照组比较，神经退行性模型中 NAD^+/NADH 未发生显著变化（$P > 0.05$），而 AMP200 组 NAD^+/NADH 比值显著增加（$P < 0.05$）。与模型对照组比较，AMP100/200 及 GMP200 组细胞 NAD^+/NADH 水平显著增加（$P < 0.05$）（表 5-2-9）。

表 5-2-9 NTs 对 PC-12 细胞 NAD^+和 NAD^+/NADH 的影响（$\bar{x} \pm s$，$n = 4$）

组别	NAD^+（μmol/g）	NAD^+/NADH
正常对照	3.70±0.85	3.04±2.22
模型对照	0.98±0.30#	2.52±0.29
NTs 混合物	2.12±0.33#*	4.29±0.69
NMN	2.23±0.76#*	4.13±1.36
AMP50	1.25±0.20#	2.56±1.32
AMP100	2.08±0.69#*	4.74±1.49*
AMP200	3.04±0.63*	5.16±1.68#*
CMP50	2.03±0.35#*	4.22±1.16
CMP100	1.61±0.36#	3.34±0.56
CMP200	1.97±0.21#*	4.09±0.60
GMP50	1.08±0.43#	2.62±1.79
GMP100	1.57±0.82#	3.53±1.34
GMP200	2.45±0.29#*	4.67±1.24*
UMP50	1.47±0.78#	2.53±1.33
UMP100	2.07±0.41#*	3.58±0.59
UMP200	2.01±0.22#*	4.44±0.87

注：# 与正常对照组比较差异有统计学意义，* 与模型对照比较差异有统计学意义，$P < 0.05$。

与正常对照组比较，模型对照组 SIRT1 基因表达量显著降低（$P < 0.05$）。与模型对照组比较，NTs 混合物、NMN、AMP100、CMP100 和 GMP100 组 SIRT1 基因表达量显著增加（$P < 0.05$）。各组间蛋白表达量无显著变化（$P > 0.05$）；与正常对照组比较，模型对照组 PGC-1α 基因表达量显著增加（$P < 0.05$），蛋白表达量有下降趋势（$P > 0.05$）。与模型对照组比较，NTs 混合物、AMP100 和 CMP100 组细胞 PGC-1α 基因表达量显著增加（$P < 0.05$），不同 NTs 及 NMN 干预组 PGC-1α 蛋白表达量均有升高趋势。（图 5-2-9，表 5-2-10）。

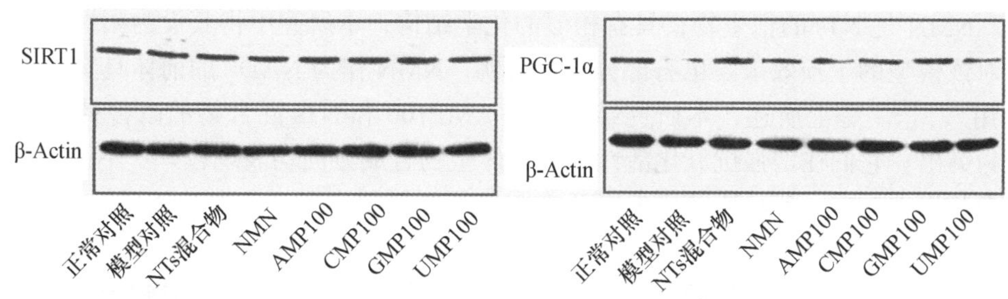

图 5-2-9　NTs 对 PC-12 细胞 SIRT1 和 PGC-1α 蛋白表达量的影响

表 5-2-10　NTs 对 PC-12 细胞 SIRT1 和 PGC-1α 水平的影响（$\bar{x}\pm s$，$n = 3$）

组别	SIRT1 基因相对表达量	SIRT1/actin	PGC-1α 基因相对表达量	PGC-1α/actin
正常对照	1.03±0.05	0.25±0.05	1.09±0.05	0.19±0.01
模型对照	0.67±0.02#	0.28±0.05	2.01±0.03#	0.10±0.02
NTs 混合物	1.40±0.02#*	0.30±0.03	3.34±0.11#*	0.20±0.02
NMN	1.04±0.04*	0.23±0.05	2.43±0.14#	0.12±0.01
AMP100	1.23±0.03#*	0.25±0.05	4.72±0.15#*	0.19±0.04
CMP100	1.06±0.01*	0.23±0.05	2.83±0.21#*	0.24±0.05
GMP100	0.85±0.06#*	0.28±0.08	2.30±0.10#	0.20±0.03
UMP100	0.59±0.01#*	0.22±0.03	2.28±0.21#	0.13±0.02

注：# 与正常对照组比较差异有统计学意义，* 与模型对照比较差异有统计学意义，$P < 0.05$。

脑老化进程中的线粒体功能障碍也与细胞 NAD^+ 水平和 NAD^+/NADH 减少有关[43]。本研究结果进一步支持了这种关联，并且证明补充 NTs 可以逆转这一趋势，其中 AMP200 对升高 NAD^+ 水平的作用优于 NMN。另一方面，本课题组的前期研究表明，NTs 通过上调 NAD^+/SIRT1/PGC-1α 信号通路促进线粒体的生物发生和电子传递链的功能。同样，本研究结果显示 NTs 干预在 PC-12 细胞中与 SIRT1 和 PGC-1α 基因表达上调之间存在正相关。SIRT1 和 PGC-1α 蛋白表达各组间没有显著差异，但可以看到在 NTs 干预组中 PGC-1α 蛋白表达有较为明显的上调趋势。SIRT1 具有 NAD^+ 依赖性，NTs 增加 NAD^+ 活性，从而促进 SIRT1 对 NAD^+ 的感知，有利于其作用于下游的靶点发挥健康作用[33]。然而，模型组细胞

NAD^+活性显著降低，从而影响 SIRT1 蛋白的激活和正常功能，导致 SIRT1 蛋白消耗减少，最终表现为模型组和 NTs 干预组 SIRT1 蛋白表达水平没有显著差异。研究者发现 SIRT1 在阿尔茨海默病模型中通过调节 Aβ 代谢发挥保护神经元的作用，其缺失会导致 tau 乙酰化、磷酸化增加以及认知功能障碍[34]。上述结果表明，NTs 通过上调 NAD^+/SIRT1/PGC-1α 信号通路促进过氧化氢诱导神经退行性变 PC-12 细胞的线粒体生物发生，以恢复正常的线粒体功能及能量代谢。

本研究首次深入探讨了 4 种单个 NTs 及其混合物对过氧化氢诱导的神经退行性变的改善作用。NMN 是 NTs 的衍生物，具有相似的化学结构，本研究中将其设为阳性对照的同时评价其对该模型的干预效果。也有部分研究表明，NMN 作为 NAD^+的前体具有一定的神经保护作用[35, 36]。综上所述，本研究结果发现 AMP100 和 NTs 混合物的改善神经退行性变作用最为突出。它们在增强抗氧化活性和线粒体生物合成方面均表现较好。不同的单个 NTs 及其混合物以及 NMN 都对神经元炎性反应有显著的抑制作用，其中 UMP 的抗炎作用最显著。UMP 在改善线粒体功能方面也有优势，只有 UMP100 能够同时稳定 ATP 水平和线粒体膜电位。而 GMP 在稳定线粒体膜电位方面具有主要优势。然而，只有 AMP 和 NMN 可能具有更为显著的诱导自噬作用。这些结果表明，优化 NTs 混合物的配比和浓度可能会获得更好的干预效果。整体上，NTs 的表现可能略优于 NMN，尤其是在上调 NAD^+/SIRT1/PGC-1α 信号通路的线粒体生物发生方面。且作为生命活动所需物质的原料，NTs 的安全性远高于 NMN。此外，大量研究表明，在各种神经退行性疾病中血脑屏障均遭到严重破坏[37]，血脑屏障的两大主要作用是供应营养和阻断炎症反应[38]。而本课题组前期研究发现，NTs 具有延缓血管内皮细胞衰老的作用[39]，提示其可能对血脑屏障具有一定的保护作用。因此，推测 NTs 可能通过维持血脑屏障的完整性来维持神经系统的稳态，但其具体的作用途径尚需进一步证实，可在后续的动物实验中对此进行深入研究。

二、NTs 改善神经退行性变作用的体内研究进展

在上述细胞水平研究的基础上，北京大学李勇教授课题组首次针对 NTs 对神经退行性变及其典型疾病 AD 的作用开展了体内研究。该研究以 SAMP8 小鼠作为模型动物，在其快速老化发生之前进行 NTs 干预，通过真实的模拟增龄进程中老年记忆减退及神经退行性疾病 AD 的发生、发展过程，重现其病理、生化、行为等全方面特征，动态观察模型小鼠行为学改变和特征性病理变化，系统性地探讨 NTs 对神经退行性疾病的作用及其可能机制，以为早期预防或延缓老年痴呆的发生发展提供干预策略，这为改善患者的生活质量，减轻家庭、社会及国家的负担及实现积极健康老龄化具有重要的意义。

（一）NTs 改善神经退行性变作用的研究方法

SAMP8 小鼠是研究衰老相关的学习记忆衰退、AD 引起的学习记忆功能障碍发生机制以及评价益智药物的良好动物模型，模型较为稳定，被广泛应用到探索衰老和 AD 相关的学习记忆减退的研究中。因此，本研究选取了三月龄的雄性 SAMP8 小鼠作为 AD 小鼠模型，在其快速老化发生之前进行 NTs 干预，探索其对老年记忆减退的作用及其可能机制。具体方法如下：

1. 动物分组及干预

SAMP8 小鼠适应性喂养一周后，按体重随机分为 5 组（$n = 20$）：无核苷酸组（纯化饲料，NTs-Free）、普通对照组（基础饲料，normal control）、NTs 低、中、高剂量干预组（0.3 g/kg、0.6 g/kg、1.2 g/kg，分别对应 NTs-L、NTs-M、NTs-H），并设立 SAMR1 模型对照组（基础饲料，$n = 20$）。核苷酸混合物按照不同剂量掺入基础饲料中进行干预。自小鼠三月龄起，各组给予对应饲料进行喂养干预，实验期间动物自由饮水与进食。干预至小鼠 12 月龄时，进行学习记忆相关行为学实验；并留取小鼠海马组织，于液氮中急速冷冻后储存在－ 80℃冰箱内待用。

2. 学习记忆相关行为学实验

在小鼠 12 月龄时（即 NTs 干预 9 个月后），每组随机选 12 只进行行为学实验，包括开阔场实验（判断小鼠的自主活动能力和情绪反应）、嗅觉记忆实验（判断动物对气味的记忆能力）、新物体识别实验（反映动物的物体识别记忆能力）和筑巢实验（反映小鼠脑损伤情况）。为减小系统误差、保证实验前后观察的一致性，各行为学实验均由固定人员负责、实验全程减少人员走动、保持安静。每两个行为学实验之间至少间隔 3 天，以消除干扰。

（1）新物体识别实验

新物体识别实验在一个旷场实验装置（40 cm×40 cm×40 cm）中进行。实验中使用 A、B、C 三个物体，其中 A 及 B 物体完全一样，C 物体与 A 及 B 物体完全不同，所有物体均足够重以防止小鼠推动。实验分为三个步骤：适应期、训练期及检测期：第 1 天为适应期：将鼠放入测试盒的中间，盒内未放任何物体，自行适应性活动 5 min。第 2 天为训练期及检测期，训练期：在实验装置内放入 2 个相同的玩具（A 及 B），距离两侧壁 10 cm，将小鼠背朝物体，从盒中距物体等距离处放入，熟悉 5 min，记录小鼠与这 2 个物体的探索情况。检测期：小鼠取出休息 5 h 后，用玩具 C 替换其中一个物体 B 放入盒内（A 及 C），位置不变，将小鼠背朝物体，从盒中距物体等距离处放入，观察 5 min。记录小鼠与这 2 个物体的探索情况。以小鼠鼻子或嘴巴触及物体的次数和距离物体 2 cm 范围内探究的时间为探索情况，前爪搭在物体上、嗅、舔、咬等均属于探究物体，但爬上物体或攀越物体均不算对物体的探索。使用以下公式计算新物体识别指数（new object index，NOI）：新物体识别指数＝探索新物体的时间 /（探索新物体时间＋探索旧物体时间）×100%。

（2）开阔场实验

将各组小鼠分别轻轻放入木制箱（长 × 宽 × 高为：45 cm×45 cm×45 cm，内衬黑色垫纸，底部为白色，并画有 5×5 正方格）底部的中央格中，观察并记录 5 min 内小鼠的跨格次数、站立次数、进入中央格的次数、中央格停留时间和粪粒粒数。

3. 脑胆碱能系统相关酶活力的检测

取小鼠海马组织，采用紫外比色法，根据试剂盒说明书测定各组小鼠海马乙酰胆碱转移酶（choline-acetyltransferase, ChAT）及乙酰胆碱酯酶（acetyl cholinesterase, AChE）活力。

4. 氧化应激相关指标检测

取小鼠海马组织本，采用试剂盒检测血清超氧化物歧化酶（superoxide dismutase，SOD）、谷胱甘肽过氧化酶（glutathione peroxidase，GSH-Px）、丙二醛（malondialdehyde，MDA）的水平。

5. 炎症因子水平的测定

根据ELISA试剂盒说明书检测小鼠海马组织肿瘤坏死因子（tumor necrosis factor-α，TNF-α）、白细胞介素-1β（interleukin-1β，IL-1β）及白细胞介素-6（interleukin-6，IL-6）的表达水平。

6. Western Blot检测小鼠海马相关蛋白表达水平

取小鼠海马组织，采用Western Blot对小鼠海马组织中：淀粉样前体蛋白（amyloid precursor protein，APP）、β淀粉样蛋白（β-amyloid protein，Aβ1-42）、环磷腺苷效应元件结合蛋白（camp-response element binding protein，CREB）、蛋白激酶ACβ亚基（p-PKACβ）、脑源性神经营养因子（brain-derived neurotrophic factor，BDNF）、突触后致密蛋白95（postsynaptic density protein 95，PSD95）、Ca^{2+}/钙调蛋白依赖性蛋白激酶Ⅱ（calcium/calmodulin-dependent protein kinase Ⅱ，CaMK Ⅱ）、蛋白激酶Cγ亚单位（protein kinase Cγ subunit，PKCγ）、磷酸化N-甲基-D-天冬氨酸受体1（N-methyl-D-aspartate receptor 1，NMDAR1）的表达水平进行测定。

（二）NTs改善神经退行性变作用的体内研究进展

1. NTs对SAMP8小鼠非空间学习记忆能力的影响

新物体识别实验是利用动物先天对新物体有探索倾向的原理而建立的学习记忆测试方法，用于检测小鼠的非空间学习记忆能力，它是建立在小鼠对新异物体的自发探索行为的基础上的，对记忆保持能力的测试。该方法具有让老鼠在自由活动状态下进行学习记忆测试的特点，能更近似地模拟人类的学习记忆行为。同时，通过新物体（形状、大小等）的灵活变换，该实验还允许测试动物长期或短期记忆机制的形成以及在特定阶段的记忆形成的影响评判。该实验不会对小鼠造成外在的应激，能反映小鼠自发的记忆能力，是目前一种新型的评价脑部功能的重要行为学方法。本研究结果如图5-2-10所示，各组训练期辨别指数NOI′均无显著性差异（$P > 0.05$）。无核苷酸组、普通对照组小鼠检测期辨别指数NOI显著低于NTs-L、NTs-H组（$P < 0.05$）。结果表明NTs干预对提高小鼠的非空间学习记忆能力有明显的促进作用。

2. NTs对SAMP8小鼠自主活动能力和情绪反应的影响

开阔场行为分析主要反映动物自主活动能力和对新环境的探索、习惯以及伴随的情绪变化，是用于评价小鼠自发活动和焦虑状态的常用行为学试验。它的原理是小鼠有畏惧空旷明亮场地的天性，同时面对新鲜事物又会产生好奇心去探索，小鼠焦虑时，会减少探索中央区域，倾向于待在边缘区域。跨格次数及站立次数是动物探索行为及兴奋性的反映，中央格时间反映动物对环境的认知能力，正常动物会避开空旷环境，迅速离开中央格，沿周边活动。本研究结果如表5-2-11所示，无核苷酸组小鼠站立次数明显低于NTs-L和SAMR1组（$P < 0.01$），普通对照组小鼠站立次数明显低于NTs-L、NTs-H及SAMR1组（$P < 0.05$或$P < 0.01$）。跨格次数在无核苷酸和普通对照组均明显低于NTs-L、NTs-M及NTs-H组（$P < 0.05$或$P < 0.01$）。进入中央格次数、中央格停留时间及粪便个数在各组间无明显统计学差异（$P > 0.05$）。结果表明NTs干预对SAMP8小鼠的自主活动能力有一定的促进作用，且对情绪反应无明显影响。

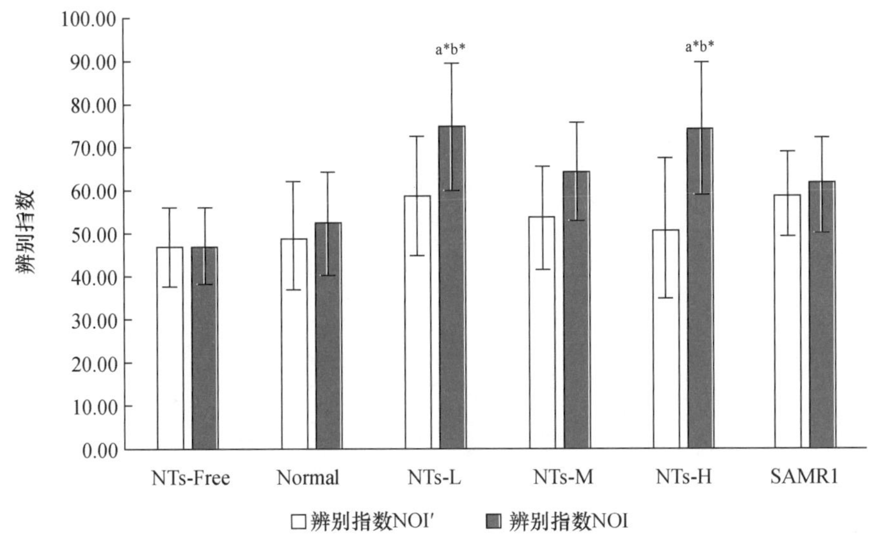

图 5-2-10　NTs 干预对 SAMP8 小鼠新物体探索时间识别指数的影响（$n = 12$）

注：NTs-free，无核苷酸组；Normal，普通对照组。[a、b] 分别代表与 NTs-Free、Normal control 组相比。* 代表差异具有显著性：$P < 0.05$；[#]：$P < 0.01$。辨别指数 NOI′ = TB/（TA + TB）×100%；NOI = TC/（TA + TC）×100%

表 5-2-11　NTs 干预对 SAMP8 小鼠开阔场试验结果的影响（$\bar{x} \pm s$，$n = 12$）

组别	站立次数	跨格次数	进入中央格次数	中央格停留时间（s）	粪便个数
无核苷酸组	8.08±6.69	76.82±39.41	3.67±1.64	15.58±12.69	1.00±1.60
普通对照组	7.60±8.55	66.42±46.98	4.58±2.34	11.67±7.08	1.75±1.48
NTs-L	18.83±12.46[a#b#]	117.90±48.22[a*b*]	2.30±1.16	15.20±12.03	2.20±2.78
NTs-M	10.67±2.35	150.50±59.38[a#b#]	2.25±1.38	29.92±18.17	2.08±1.62
NTs-H	12.92±13.37[b*]	139.58±61.29[a*b*]	3.82±2.18	16.33±15.07	1.92±1.24
SAMR1	14.36±4.06[a#b#]	95.08±30.87	3.50±2.28	17.55±14.81	2.18±1.44

注：[a] 代表与 NTs-Free 组相比；[b] 代表与 Normal control 组相比。* 代表差异具有显著性：$P < 0.05$；[#]：$P < 0.01$。

3. NTs 对 SAMP8 小鼠胆碱能系统酶活力的影响

AD 患者认知功能衰退程度与海马组织及皮质中胆碱能系统异常有关。研究发现，AD 患者脑内多表现出 ChAT 及 AChE 水平的异常，其诱导了胆碱能神经元缺失及胆碱能神经纤维的退行性改变的发生发展[40, 41]。乙酰胆碱（acetylcholine，ACh）是大脑学习记忆与认知能力的重要神经传导介质，老年个体内胆碱能神经递质的减少可直接导致学习记忆障碍，甚至直接增加罹患老年痴呆症的风险[42]。ChAT 是胆碱能发挥作用的重要启动酶，其能促进细胞乙酰辅酶 A 与胆碱合成 ACh。AChE 可作用于突触间隙中的 ACh 使其迅速水解形成乙酸盐及胆碱，是导致机体内 ACh 失活的关键酶[43]。研究表明，海马胆碱能系统功能的正常维持可促进记忆相关活动的正常进行，各种行为学实验的训练过程可引起海马 ACh 水平的升高，并诱发 ChAT 的长期水平提升。本研究结果如图 5-2-11 所示，AChE 水平在 NTs-L 组要明显低于无核苷酸和普通对照组（$P < 0.05$，$P < 0.01$），在 NTs-H 组明显低于 normal control 组（$P < 0.05$）。ChAT 水平在 NTs-L 组要明显高于无核苷酸和普通对照组（$P < 0.05$），在 NTs-H 组明显高于 NTs-Free 组（$P < 0.05$）。表明 NTs 干预可以通过降低脑组织内 AChE 活性及增加 ChAT 的活性，对年龄依赖性乙酰胆碱合成及利用障碍具有防治作用，从而起到保护正常脑组织胆碱能系统正常运作，预防衰老相关学习记忆障碍的作用。

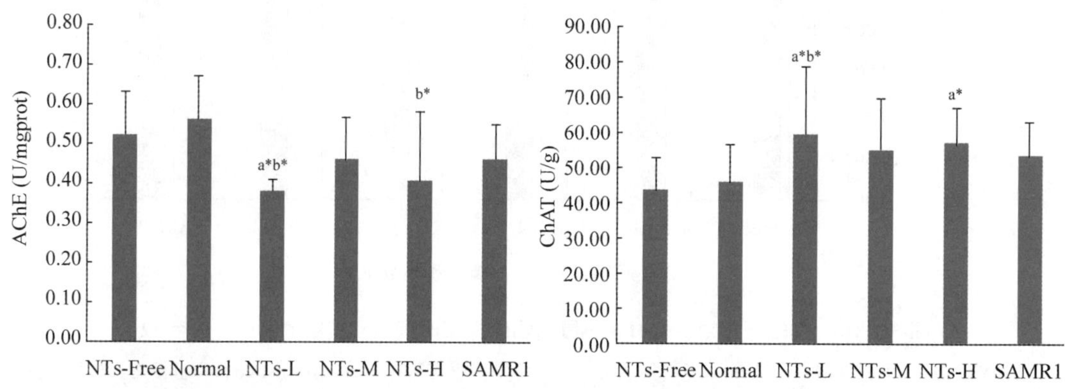

图 5-2-11 NTs 干预对 SAMP8 小鼠海马 AChE、ChAT 活力的影响（$n = 10$）

注：NTs-free，无核苷酸组；Normal，普通对照组。[a] 代表与 NTs-Free 组相比；[b] 代表与 Normal control 组相比。
* 代表差异具有显著性：$P < 0.05$；[#]：$P < 0.01$。

4. NTs 对 SAMP8 小鼠脑氧化应激水平的影响

中枢神经系统极易受到氧化损伤，由于衰老过程中抗氧化防御机制的不断衰退及氧化还原平衡的紊乱，氧化损伤更易在大脑中累积，进而影响多种生理功能，并加速衰老进程[44]。通过修复衰老个体氧化防御机制，减少脂质过氧化及蛋白质过氧化的累积，提高机体抗氧化活性，来减缓脑衰老、维持健康的脑功能逐渐成为了发展健康老龄化和降低神经退行性疾病发生风险的重要手段。大脑神经细胞膜脂质内富含多不饱和脂肪酸，在衰老过程中活性氧的攻击会使得脑脂质氧化，产生对神经具有潜在毒性的过氧化产物，脂质过氧化产物会干扰脑组织细胞信号传导、破坏膜结合蛋白、导致异常的基因表达及能量代谢异常，产生不可逆性损害[45, 46]。MDA 是超氧阴离子介导的脂质过氧化级联反应的稳定代谢产物，是衡量机体脂质过氧化水平的重要指标，也是评价机体衰老程度的常用指标。研究显示，出现轻度认知障碍的老年人群存在着 MDA 的提升，提示氧化应激水平可能与衰老相关的学习记忆障碍有密切联系[47, 48]。SOD 与 GSH-Px 是催化体内清除自由基过程重要的抗氧化酶，保护细胞膜正常功能进行。本研究结果如表 5-2-12 所示，SOD 水平在无核苷酸组最低，与 NTs-L、NTs-M 及 SAMR1 组相比具有显著性差异（$P < 0.05$ or $P < 0.01$）；在 NTs-L、NTs-M 组则要高于其他各组，并与无核苷酸、普通对照、NTs-H 组相比，差异具有显著性（$P < 0.05$ or $P < 0.01$）。GSH-Px 活力在无核苷酸组最低，与除普通对照组以外的其他各组相比均具有统计学差异（$P < 0.05$ or $P < 0.01$）；在普通对照组为次低，与 NTs-L、NTs-M、NTs-H 组相比差异具有显著性（$P < 0.01$）；在 NTs-L、NTs-M、NTs-H 组则要明显高于无核苷

酸、normal control 及 SAMR1 组（$P < 0.05$ or $P < 0.01$）。MDA 水平在无核苷酸、普通对照组要明显高于 NTs-L、NTs-M、NTs-H 组（$P < 0.05$ or $P < 0.01$）；在 NMN 组明显高于 NTs-L、NTs-M 组，差异具有显著性（$P < 0.01$，$P < 0.05$）。研究结果显示无核苷酸及普通对照组小鼠海马组织显示出了较高的 MDA 累积水平和较低的抗氧化酶 SOD、GSH-Px 水平，而 NTs-L、NTs-M、NTs-H 组小鼠则表现出了较低的海马脑组织 MDA 的累积和较高的抗氧化酶水平，说明了 NTs 干预具有改善小鼠血脑组织氧化应激水平的作用，提示 NTs 可通过修复年龄依赖性抗氧化防御机制衰退，干预具有神经毒性的过氧化物积累，从而起到改善衰老相关学习记忆功能，延缓脑衰老进程，防治 AD 的作用。

表 5-2-12　NTs 干预对 SAMP8 小鼠海马抗氧化指标的影响（$\bar{x} \pm s$）

组别	n	SOD（U/mgprot）	GSH-Px 活力	MDA（nmol/mgprot）
无核苷酸组	10	585.57 ± 74.98	68.57 ± 41.68	5.70 ± 1.62
普通对照组	10	602.01 ± 75.56	83.01 ± 35.64	5.65 ± 1.68
NTs-L	10	$742.55 \pm 173.32^{a\#b\#}$	$187.00 \pm 72.72^{a\#b\#}$	$3.40 \pm 1.11^{a\#b\#}$
NTs-M	10	$758.99 \pm 78.42^{a\#b\#}$	$206.49 \pm 65.48^{a\#b\#}$	$3.58 \pm 0.82^{a\#b\#}$
NTs-H	10	$643.31 \pm 80.05^{c*d\#}$	$170.30 \pm 37.43^{a\#b\#}$	$4.26 \pm 1.41^{a*b*}$
SAMR1	10	$674.83 \pm 87.90^{a*}$	$122.39 \pm 37.74^{a*c\#d\#e*}$	$4.29 \pm 1.06^{a*b*}$

注：^{a} 代表与无核苷酸组相比；^{b} 代表与普通对照组相比；$^{c、d、e}$ 分别代表与 NTs-L、NTs-M、NTs-H 组相比。
* 代表差异具有显著性：$P < 0.05$；$^{\#}$：$P < 0.01$。

5. NTs 对 SAMP8 小鼠脑炎性因子水平的影响

衰老个体的慢性炎症状态是各种年龄依赖性慢性疾病患病率居高不下的危险因素之一，同样地，中枢神经系统的神经炎性损害成为了诱发衰老相关学习记忆障碍的重要原因。慢性炎症状态可损伤老年人器官的正常功能并干扰其再生，是机体衰老的重要标志。衰老脑组织内存在着低级免疫的激活，特征是 IL-1β、IL-6、TNF-α 等炎性因子表达水平的长期提升[49, 50]。TNF-α 是重要的促炎细胞因子，脑组织中其水平的增强可降低新生海马神经元的存活率，导致神经发生受损并促进细胞发生凋亡。海马是大脑中 IL-1β 及其受体表达的重要部位，研究发现，过量的失调的 IL-1β 信号传导会导致动物海马 CA1 区 LTP 过程的抑制，对突触可塑性过程产生影响，干扰 BDNF 对神经系统的保护作用损害神经元的存活，进而导致海马依赖性记忆缺陷的产生[51]。在老年群体中，高水平的炎性因子表达可与认知障碍等老年性疾病的发病率及死亡率产生直接的关联，持续高表达的促炎介质与神经变性相关，其会影响突触可塑性、抑制长时程增强进程，损害老年个体的学习记忆能力，并加重罹患年龄相关性神经退行性疾病的风险[52-54]。本研究结果如表 5-2-13 所示，TNF-α、IL-1β、IL-6 水平在无核苷酸和普通对照组均要高于其他各组。与无核苷酸组相比，除普通对照组以外的其他各组 TNF-a、IL-1β、IL-6 水平均明显降低（$P < 0.01$）。与普通对照组相比，NTs-M、NTs-H、SAMR1 组 TNF-α、IL-1β、IL-6 水平明显降低（$P < 0.05$ or $P < 0.01$）；NTs-L 组 TNF-a、IL-6 水平明显降低（$P < 0.05$ or $P < 0.05$）。研究结果表明，无核苷酸和普通对

照组存在着海马炎性因子 TNF-α、IL-1β、IL-6 的高度表达，而 NTs-L、NTs-M、NTs-H 及 SAMR1 组小鼠海马炎性因子水平明显降低。说明 NTs 可通过减少增龄相关炎性因子过度表达，缓解衰老个体的脑组织慢性炎症状态，进而减少相关炎症依赖性海马功能异常的发生，具有通过改善脑组织过度炎性反应干预衰老相关学习记忆障碍的潜能。

表 5-2-13　NTs 干预对 SAMP8 小鼠海马炎性因子水平的影响（$\bar{x}\pm s$）

组别	n	TNF-α（pg/mg）	IL-1β（pg/mg）	IL-6（pg/mg）
无核苷酸组	10	81.99±24.49	98.83±23.53	35.83±8.84
普通对照组	10	73.83±18.00	86.34±13.86	29.76±7.62
NTs-L	10	53.83±16.36[a#b*]	70.65±21.25[a#]	21.39±10.04[a#b*]
NTs-M	10	42.62±12.34[a#b#]	58.38±12.40[a#b#]	14.46±8.45[a#b#]
NTs-H	10	44.39±20.07[a#b#]	60.22±28.96[a#b#]	17.02±7.76[a#b#]
SAMR1	10	48.82±17.55[a#b#]	63.92±16.65[a#b*]	19.26±8.33[a#b#]

注：[a] 代表与无核苷酸组相比；[b] 代表与普通对照组相比。
* 代表差异具有显著性：$P<0.05$；[#]：$P<0.01$。

6. NTs 对 SAMP8 小鼠海马 Aβ 生成的影响

β 淀粉样蛋白（β-amyloid protein，Aβ）被公认为是阿尔兹海默症的生物标志物，老年斑中 β 淀粉样蛋白沉积为淀粉样蛋白原纤维或非原纤维的无定形聚集体，由此形成阿尔茨海默病的典型脑特征[55]。Aβ 在体内由淀粉样前体蛋白 APP 经水解产生，主要有 $A\beta_{1-42}$、$A\beta_{1-40}$ 和 $A\beta_{1-43}$。其中 $A\beta_{1-42}$ 是 Aβ 的主要类型，也是构成 AD 病人脑内老年斑的主要成分[56，57]。

Aβ 的神经毒性是多种因素导致 AD 发病的共同通路，能引起一系列的细胞内生理和生化改变[58-61]。Aβ 可诱导氧自由基产生，同时氧自由基也可促进 APP 裂解成 Aβ 增加，二者具有相互促进效应；Aβ 可通过对钾通道的抑制而延长细胞去极化，引起电压依赖性钙通道开放，导致细胞内钙超载；同时 Aβ 引起线粒体膜电位降低，并且有 PTP（permeability transition pore）的形成，线粒体受损。近年来，对 Aβ 研究的重心从不溶性的淀粉样斑块逐渐转移到可溶性的寡聚体上。研究发现，Aβ 寡聚体是发挥神经毒性，造成 AD 患者学习记忆下降的主要原因。在 AD 的早期阶段，大量的 Aβ 寡聚体诱导一系列的生化改变，导致神经细胞突触可塑性的降低，学习记忆能力的下降。SAMP8 小鼠在度过生长期后，伴随着学习记忆的快速减退，海马内自发生成过量的可溶性 Aβ。研究表明，和 AD 类似，正是这些可溶性 Aβ 引起 SAMP8 小鼠的学习记忆的减退。本研究结果如图 5-2-12 所示，APP 蛋白表达含量在 NTs-L 组要明显低于无核苷酸及普通对照组（$P<0.05$）；$A\beta_{1-42}$ 蛋白表达含量在 NTs-L 及 NTs-M 组要明显低于无核苷酸及普通对照组，差异具有显著性（$P<0.05$）。表明 NTs 可通过减少脑组织内淀粉样蛋白的沉积，来干预其潜在的对海马神经元及突触可塑性的侵害作用，具有减缓年龄依赖性学习记忆障碍的发展、降低神经退行性疾病发生风险的潜力。

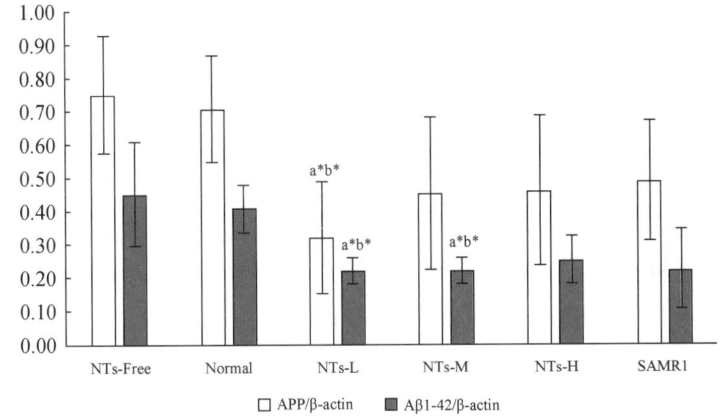

图 5-2-12　NTs 干预对 SAMP8 小鼠海马 APP 和 Aβ$_{1-42}$ 表达的影响（$n = 3$）

注：[a] 代表与无核苷酸组相比；[b] 代表与普通对照组相比。

* 代表差异具有显著性：$P < 0.05$；[#]：$P < 0.01$。

7. NTs 对 SAMP8 小鼠海马 CREB 通路的影响

衰老伴随着海马及周围皮质中转录和表观遗传学的改变，最终会导致相关蛋白的表达异常，进而抑制长时程增强（long-term potentiation，LTP）进程，造成突触可塑性的下降，对机体的学习及记忆能力造成影响。环磷腺苷效应元件结合蛋白（CREB）是长期突触可塑性维持的重要转录因子，其在磷酸化后可被各种酶激活。CREB 的持续磷酸化（p-CREB）被认为是增强 LTP 所必需的，在控制神经元功能中起到重要作用，如参与调控神经元分化及学习与记忆有关基因的转录，辅助细胞增殖与生存等。PKA 是 CREB 上游主要的蛋白激酶之一。活化的 PKA 能够直接诱导 CREB 的磷酸化，或者通过激活细胞外调节蛋白激酶从而间接地诱导 CREB 的活化。在衰老的过程中，氧化应激或一些其他的原因（比如 L 型钙离子通道增加，NMDA 受体降低等）会造成突触部位钙离子超载，进而使蛋白激酶和磷酸酶平衡失调，PKA 等活性下降，PKA/CREB 通路磷酸化水平降低。脑源性神经营养因子（BDNF）是 CREB 调控的重要下游靶因子，是神经生长因子（nerve growth factors，NGFs）大家族中非常重要的一员。广泛存在于神经系统，其中以海马中含量最为丰富。BDNF 对学习记忆的影响可能通过以下方式：① BDNF 在 NMDAR-CaMKII 介导下依赖性释放，作用于突触前膜和突触后膜，激活特异性受体酪氨酸激酶受体 B（tyrosine kinase receptor B，TrkB），引发结构和功能 LTP，调节突触可塑性，影响学习与记忆。② BDNF 能够通过诱导轴突生长锥结构和功能的变化，促进多种神经元的存活和生长发育，从而促进生长期的脑部发育，增强学习记忆能力。BDNF 的水平会随着年龄的增长而降低，老年机体普遍存在的持续性炎症反应可降低 BDNF 的表达，这使其成为了调控增龄相关神经功能异常的关键机制。在本研究中，如图 5-2-13 所示，小鼠海马组织 p-CREB 表达水平在 NTs-L、NTs-M、NTs-H 组明显高于无核苷酸组，且在 NTs-M 组还要高于普通对照组及 SAMR1 组，差异具有显著性（$P < 0.05$ or $P < 0.01$）。p-PKAβ 表达水平在 NTs-L、NTs-M 组明显高于无核苷酸、普通对照及 SAMR1 组（$P < 0.05$）。BDNF 表达水平在 NTs-L、NTs-M、NTs-H 组要显著高于

无核苷酸及普通对照组（$P < 0.05$ or $P < 0.01$）。结果表明 NTs 能够预防 SAMP8 小鼠海马内磷酸化的 PKA、CREB 及 BDNF 水平的降低。其机制可能为 NTs 的抗氧化活性使海马内氧化应激水平降低，进而 PKA 等蛋白激酶活性增高，转录因子 CREB 的 Ser133 位点磷酸化水平增高；此外，还可能能直接调节海马神经细胞内 CREB 信号途径，发挥其神经保护作用。可见，NTs 通过抗氧化或者直接调节细胞内蛋白激酶通路，增加衰老小鼠海马内 CREB 的活性，增加 BDNF 等具有神经保护作用的靶基因的表达，反过来这些靶基因又能够促进 CREB 的活化，当这种良性循环长期存在，可能会使 NTs 长期干预小鼠的海马神经突触结构发生变化，突触传递效能增加，进而促进学习记忆。

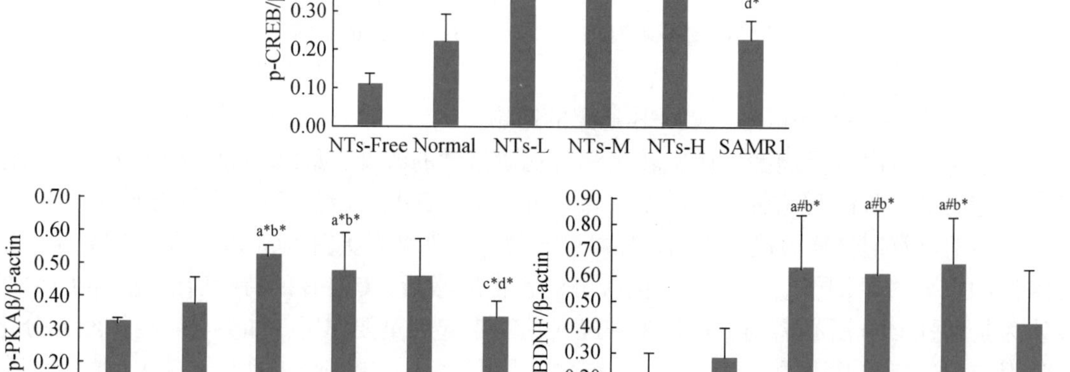

图 5-2-13 NTs 干预对 SAMP8 小鼠海马 CREB 通路蛋白表达的影响（$n = 3$）

注：NTs-Free，无核苷酸组；Normal，普通对照组。[a] 代表与 NTs-Free 组相比；[b] 代表与 Normal 组相比；[c、d] 分别代表与 NTs-L、NTs-M 组相比。

* 代表差异具有显著性：$P < 0.05$；#：$P < 0.01$。

8. NTs 对 SAMP8 小鼠海马突触结构蛋白表达的影响

为进一步探索衰老和 NTs 对突触形态结构的影响，本研究对一些突触相关结构蛋白表达进行测定。采用 Western blot 方法检测了突触结构相关蛋白 PSD95、CAMKII、NMDAR1 和 PKCγ 的表达情况。

在学习与记忆过程中，神经元细胞处于兴奋状态，其中 NMDAR 的激活会导致细胞内 Ca^{2+}浓度的增加，进而触发一系列依赖钙的信号级联反应激活。其中，Ca^{2+}/ 钙调蛋白依赖性蛋白激酶Ⅱ（CaMK Ⅱ）被认为是诱导 LTP 形成及相关神经树突棘结构可塑性的必要条件，其在神经元之间的信号传递、神经电路的发育及认知功能当中起到了关键作用。研究表明，衰老过程中持续的氧化应激状态会导致 CaMKII 活性的抑制，进而导致依赖性 NMDAR 受体功能的下降，破坏突触可塑性并造成神经退行性疾病相关的认知障碍的出现。NMDAR

是一种谷氨酸的配基和电压双门控离子通道，在突触 LTP 的产生过程中，起着非常重要的作用。NMDAR1 亚单位是组成 NMDAR 离子通道的必需配件，是其功能性亚基。有研究者将大鼠 CA1 区 NMDAR1 亚基敲除后，该区由 NMDAR 介导的 LTP 明显消弱，大鼠空间学习记忆的精确性受到损害。近年来研究证明，PKC 与突触可塑性及 LTP 的形成密切相关，PKC 的激活是 LTP 产生的重要条件。突触后致密物（postsynaptic density protein，PSD）是位于中枢神经系统突触后膜下由多种蛋白构成的特化区，在电子显微镜下呈密度增高影，在介导和整合突触信号传递以及学习记忆中发挥重要的作用。PSD95 是 PSD 中的一种特殊的胞质内蛋白质，也是 PSD 结构中的主要框架成分。本研究结果如图 5-2-14 所示，小鼠海马组织 p-CAMKII 表达水平在 NTs-L 组明显要高于无核苷酸、普通对照及 SAMR1 组（$P < 0.05$ or $P < 0.01$）。PKCγ 表达水平在 NTs-L、NTs-H 组要明显高于无核苷酸、普通对照组（$P < 0.05$）。p-NMDAR1 表达水平在 NTs-L、NTs-M 组要明显高于无核苷酸、普通对照及 SAMR1 组，在 NTs-H 组要明显高于无核苷酸组（$P < 0.05$ or $P < 0.01$）。PSD95 表达水平在无核苷酸、普通对照组要低于其他各组，但无明显统计学差异（$P > 0.05$）。以上研究结果表明，NTs 干预可以改善 SAMP8 小鼠的脑组织 Ca^{2+} 调节相关酶的表达，且 NTs-L 组整体改善效果要优于其他各组，从而缓解年龄依赖性钙调节异常，调控突触可塑性相关蛋白表达，进而改善衰老相关学习记忆功能障碍。

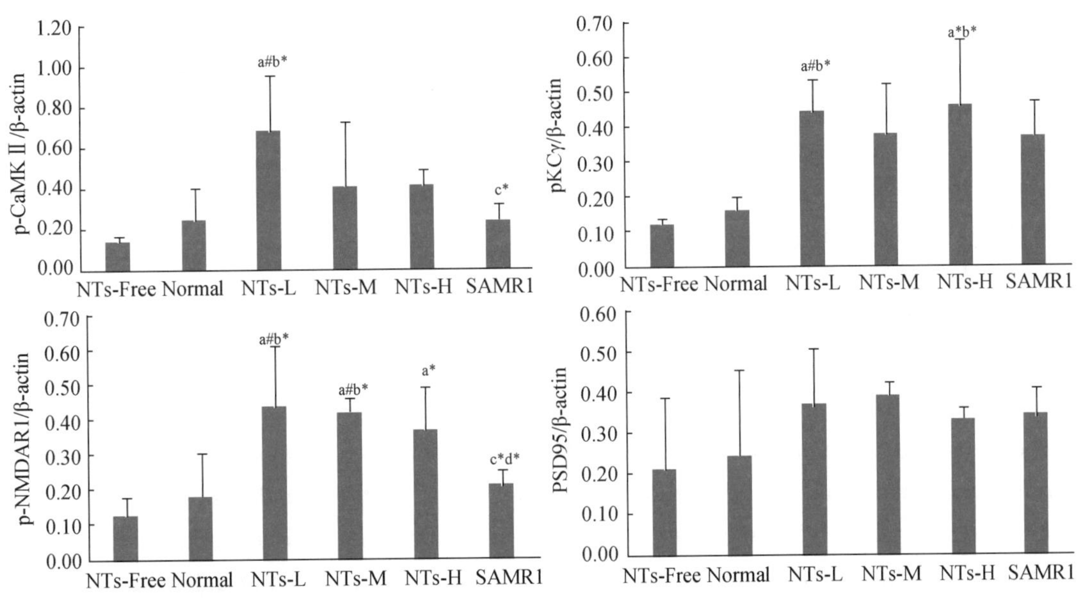

图 5-2-14　NTs 干预对 SAMP8 小鼠海马突触结构蛋白表达的影响（$n = 3$）

注：NTs-Free，无核苷酸组；Normal，普通对照组。[a] 代表与 NTs-Free 组相比；[b] 代表与 Normal 组相比；[c、d] 分别代表与 NTs-L、NTs-M 组相比。

* 代表差异具有显著性：$P < 0.05$；#：$P < 0.01$。

9. NTs 对 SAMP8 小鼠菌群-肠-脑轴的影响

近年来研究发现，随着增龄，作为机体的重要宿主的肠道菌群，在菌群多样性、稳定性和菌群结构（尤其是有益菌 / 有害菌）也发生巨大变化，与机体的衰老进程和多器官衰退具有重要联系。而肠道菌群代谢产物及其对宿主神经化学的影响以及病原体感染可能增加阿尔兹海默症的发病风险[62]。研究人员对比了年老和年轻小鼠在肠道菌群、脑代谢、脑血管功能、认知行为方面的差异，发现老年小鼠肠道菌群构成发生改变：α 多样性增加、厚壁菌门 / 拟杆菌门的比例上升；脑代谢产物中与炎症和 AD 相关的多种氨基酸和脂肪酸含量增加，血脑屏障功能受损，学习记忆能力下降，焦虑现象增加[63]。在健康人中，肠道革兰阴性杆菌产生的脂多糖的免疫组化信号在脑实质中聚集成块，而在 AD 患者中，75% 的 LPS 信号聚集在 DAPI 染色的细胞核的周围；提示在 AD 患者的脑中大量存在着来源于胃肠道菌群的促炎症信号，随着衰老、血管缺陷及退行性疾病，这些毒素分子可能从胃肠道中“漏”进全身循环，最终进入脑[64]。对阿尔兹海默症患者、轻度认知障碍患者及健康人的粪便菌群多样性及组成进行比较发现，在轻度认知障碍阶段（阿尔兹海默症的前期），肠道菌群已发生与疾病阶段相似的变化[65]。已有小规模临床研究表明，补充乳杆菌和双歧杆菌等益生菌或可改善 AD 患者的认知、感知和情绪功能[66]。北京大学李勇教授课题组在研究 NTs 对小鼠肠道菌群影响的研究中发现（见第二章及第九章），NTs 可能通过影响了代谢相关通路关系密切的菌群的相关丰度，从而达到调节小鼠肠道菌群的作用，进而可能通过菌群–肠–脑轴来调节宿主的脑功能及行为，包括认知行为的改变。研究结果表明 NTs 有作为益生元进行早期防治 AD 的潜力，可通过菌群–肠–脑轴来调节宿主的脑功能及行为，包括认知行为的改变。

综上，本研究采用快速老化 SAMP8 小鼠模型，研究了 NTs 预防衰老性记忆减退和阿尔茨海默病相关的记忆减退的作用及其可能机制。研究发现 NTs 干预对小鼠的学习记忆能力、自主活动能力等均具有一定的保护作用，可以有效预防衰老相关的学习记忆功能衰退及阿尔茨海默病相关的学习记忆功能障碍。NTs 发挥作用的机制可能与改善年龄依赖性乙酰胆碱合成及利用障碍、抑制脑组织炎症因子过度表达、减少氧化应激损伤、降低海马组织中 Aβ1-42 的表达、调节海马内 CREB 通路和海马突触结构相关蛋白表达，及通过菌群–肠–脑轴来调节宿主的脑功能及行为有关，从而实现对阿尔茨海默症起到早期防治的作用。

In conclusion，this study used the rapidly aging SAMP8 mouse model to investigate the effect and possible mechanisms of NTs in preventing aging-related memory loss and Alzheimer's disease-related memory loss. Studies have found that NTs intervention has a certain protective effect on the learning and memory ability and autonomous activity ability of mice，and can effectively prevent aging-related learning and memory function decline and Alzheimer's disease-related learning and memory dysfunction. Its mechanism is related to reducing the expression of inflammatory factors in brain tissue，reducing oxidative stress injury，reducing hippocampal Aβ1-42，the regulation of hippocampal CREB pathway protein expression，change of hippocampal synaptic structure and the regulation of host brain function and behavior through flora gut brain axis.

三、NTs 在预防和治疗神经退行性疾病领域中的应用前景

衰老是大多数神经退行性疾病的主要危险因素，且其患病率随着年龄的增长而持续升

高。脑老化生物学标志，包括基因组不稳定、线粒体功能障碍、钙稳态失调、能量代谢障碍、神经元网络障碍、氧化损伤大分子的积累以及溶酶体和蛋白酶体功能障碍等均导致 AD 和 PD 等神经退行性疾病的易感性。据世界卫生组织统计至 2050 年，全球受老年痴呆症影响的人数将从 5000 万人上升至 1.5 亿[67]。我国 AD 的患病率（60 岁以上）约为 4.9%，患病人数占全世界病例的 1/4[68]。遗忘性的轻度认知障碍（mild cognitive impairment，MCI）是 AD 的第一临床阶段，患者通常出现记忆缺失与减退，随着病情进展，患者逐渐出现进行性脑退化，到 AD 晚期患者则表现为严重的记忆力减退、痴呆、行为改变，其日常生活及生命质量严重受到侵害[69]。AD 发病率及死亡率仅次于肿瘤、心脏病及脑卒中，位居第四位，已成为了降低老年患者生命质量最常见的病症之一。现阶段尚缺乏针对神经退行性疾病的有效防治手段，现有治疗药物并不能阻止疾病的发展或者逆转神经功能的衰退，且多数存在副作用。鉴于此，神经退行性疾病的早期预防、探索发现治疗靶点、筛选有效治疗物质显得尤为重要。国内外学者致力于研究新的靶向药物、基因免疫疗法等，对于高级分化的神经系统损伤的治疗，仍是非常重大的挑战。鉴于营养活性成分具有安全、多效、可预防性干预的优势特点，积极寻找筛选安全、有效能够早期防治神经退行性疾病的候选物，开发辅助改善老年记忆的活性物质，对提高老年人生活质量，减轻社会负担，具有重大的科学意义、经济和社会效益。

NTs 的多种生物活性作用提示其在预防和治疗神经退行性疾病中的应用潜力。北京大学李勇教授课题组首次以 NTs 作为受试物，针对其对神经退行性疾病的作用开展了体内外研究。体外研究发现 NTs 通过减少神经元凋亡和 DNA 损伤、改善炎症和线粒体功能障碍、促进细胞存活、增强抗氧化活性和上调线粒体生物发生来发挥显著的改善神经退行性变作用。体内研究结果显示 NTs 能够改善增龄性及 AD 相关的学习记忆能力衰退，调节年龄依赖性乙酰胆碱合成及利用障碍，降低脑组织炎症因子表达，减少脑组织氧化应激损伤，降低海马组织中 Aβ 1-42 的表达，上调海马内 CREB 通路和海马突触结构相关蛋白表达，并通过菌群-肠-脑轴来调节宿主的脑功能及行为，从而对老年记忆减退及神经退行性疾病 AD 起到较好的防治作用。该研究为通过营养干预的手段预防老年神经退行性疾病，提升老年人生活质量提供了新思路。后续研究可以在人群研究中，以更准确的结局指标，更广泛的研究手段，结合基础营养、保健食品、功能食品、临床特殊膳食以及治疗药物等各领域的大量深入细致的研究，进一步证实 NTs 的特性及改善神经退行性变作用的靶点，并将其转化到实际应用中。

小　结

神经退行性疾病是一种极具危害性的衰老相关疾病，缺乏有效的预防和治疗手段，严重影响患者的生存质量，带来了巨大的经济社会负担。NTs 具有促进神经系统健康的作用，本研究发现 NTs 可以通过减少神经元凋亡和 DNA 损伤、改善炎症和线粒体功能障碍、促进细胞存活、增强抗氧化活性和上调线粒体生物发生发挥其改善神经退行性变作用。同时，NTs 可能促进 PC-12 细胞的自噬活性。体内实验研究发现 NTs 对衰老相关的学习记忆功能衰退及阿尔茨海默病相关的学习记忆功能障碍有较好的预防作用，其作用机制与降低脑组织炎性因子表达、减少氧化应激损伤、降低海马 Aβ1-42 的表达、调节海马 CREB 通路蛋白表达和改变海马突触结构及可能通过菌群-肠-脑轴来调节宿主的脑功能及行为有关。

Neurodegenerative disease is a devastating aging-related disease, and the lack of effective prevention and treatment has seriously affected the quality of life of patients, bringing a huge economic and social burden. Exogenous NTs can promote the health of nervous system. In this study, we also found that exogenous NTs significantly improved neurodegeneration by reducing neuronal apoptosis and DNA damage, improving inflammation and mitochondrial dysfunction, promoting cell survival, enhancing antioxidant activity and up-regulating mitochondrial biogenesis. At the same time, exogenous NTs might promote autophagy activity of PC-12 cells. Morever, In vivo experimental studies have found that exogenous NTs has a good preventive effect on aging related learning and memory decline and Alzheimer's disease related learning and memory dysfunction. Its mechanism is related to reducing the expression of inflammatory factors in brain tissue, reducing oxidative stress injury, reducing hippocampal Aβ1-42, the regulation of hippocampal CREB pathway protein expression, change of hippocampal synaptic structure and the regulation of host brain function and behavior through flora gut brain axis.

参考文献

[1] Levin O, Fujiyama H, Boisgontier MP, et al. Aging and motor inhibition: A converging perspective provided by brain stimulation and imaging approaches. Neurosci Biobehav Rev, 2014, 43: 100-117.

[2] Mattson MP, Arumugam TV. Hallmarks of brain aging: Adaptive and pathological modification by metabolic states. Cell Metabolism, 2018, 27: 1176-1199.

[3] Knopman DS, Amieva H, Petersen RC, et al. Alzheimer disease. Nature reviews Disease Primers, 2021, 7: 33.

[4] Hou Y, Dan X, Babbar M, et al. Ageing as a risk factor for neurodegenerative disease. Nat Rev Neurol, 2019, 15: 565-581.

[5] Karanth S, NelsonPT, Katsumata Y, et al. Prevalence and clinical phenotype of quadruple misfolded proteins in older adults. JAMA Neurol, 2020, 77: 1299-1307.

[6] Bloem BR, Okun MS, Klein C. Parkinson's disease. Lancet, 2021, 397: 2284-2303.

[7] Sato N, Murakami Y, Nakano T, et al. Effects of dietary nucleotides on lipid metabolism and learning ability of rats. Bioscience, Biotechnology, and Biochemistry, 1995, 59: 1267-1271.

[8] Singhal A, Kennedy K, Lanigan J, et al. Dietary nucleotides and early growth in formula-fed infants: A randomizedcontrolled trial. Pediatrics, 2010, 126: e946-953.

[9] 赵洁，赵佳夕，许雅君. 外源性核苷酸拮抗乙醇发育毒性的体外研究. 现代预防医学，2012，DOI: CNKI: SUN: XDYF.0.2012-11-012.

[10] 董文红，徐琳琳，于永超，等. 外源性核苷酸对孕期饮酒小鼠子代生长发育的影响. 现代预防医学，2013，40：818-821.

[11] 李昆，何海涛，李鸿梅，等. 嘌呤核苷酸补偿对海洛因依赖大鼠嘌呤核苷酸代谢相关酶基因表达的影响. 中国实验诊断学，2010，14：162-164.

[12] 孙婷，何海涛，孙聪，等. 外源性嘌呤核苷酸减弱吗啡促 PC12 细胞核苷酸分解代谢的作用. 中国老

年学杂志，2008，DOI：10.3969/j.issn.1005-9202.2008.01.010.
[13] Kunii D，Wang MF，Chan YC，et al. Ameliorative effects of nucleosides on senescence acceleration and memory deterioration in senescence-accelerated mice. International Congress Series，2004，1260：143-149.
[14] Scheltens P，Kamphuis PJGH，Verhey FRJ，et al. Efficacy of a medical food in mild Alzheimer's disease：A randomized，controlled trial. Alzheimers & Dementia，2010：6：1-10.
[15] Ding T，Song G，Xu M，et al. Nucleotides as optimal candidates for essential nutrients in living organisms：A review. Journal of Functional Foods，2021，82：104498.
[16] 李勇，徐美虹，陈玉松 . 核苷酸营养学 . 北京：北京大学医学出版社，2021.
[17] 张艳春，陈文华，潘洪志，等 . 核酸营养对铅染毒大鼠肝肾组织的保护作用 . 黑龙江医学,2006，(2)：188-189.
[18] Wiatrak B，Kubis-Kubiak A，Piwowar A，et al. PC12 cell line：Cell types，coating of culture vessels，differentiation and other culture conditions. Cells，2020，9（958）：958.
[19] Gao H，Yuan X，Wang Z，et al. Profiles and neuroprotective effects of Lycium ruthenicum polyphenols against oxidative stress-induced cytotoxicity in PC12 cells. J Food Biochem，2020，44：e13112.
[20] Wu C，Zhao W，Yu J，et al. Induction of ferroptosis and mitochondrial dysfunction by oxidative stress in PC12 cells. Sci Rep，2018，8：574.
[21] Lam PY，Chen N，Chiu PY，et al. Neuroprotection against oxidative injury by a nucleic acid-based health product（Squina DNA）through enhancing mitochondrial antioxidant status and functional capacity. Journal of Medicinal Food，2012，15：629-638.
[22] Puchałowicz K，Tarnowski M，et al，Dziedziejko V. Extracellular adenine nucleotides and adenosine modulate the growth and survival of THP-1 leukemia cells. International Journal of Molecular Sciences，2020，DOI：10.3390/ijms21124425.
[23] Jang KB，Kim SW. Supplemental effects of dietary nucleotides on intestinal health and growth performance of newly weaned pigs. Journal of Animal Science，2019，97：4875-4882.
[24] Wang LY，Huang CS，Chen YH，et al. Anti-inflammatory effect of erinacine C on NO production through down-regulation of NF-κB and activation of Nrf2-Mediated HO-1 in BV2 microglial cells treated with LPS. Molecules（Basel，Switzerland），2019，DOI：10.3390/molecules 24183317.
[25] Yau KI，Huang CB，Chen W，et al. Effect of nucleotides on diarrhea and immune responses in healthy term infants in Taiwan. Journal of Pediatric Gastroenterology and Nutrition，2003，36：37-43.
[26] Xu M，Zhao M，Yang R，et al，Wang J. Effect of dietary nucleotides on immune function in Balb/C mice. International Immunopharmacology，2013，17：50-56.
[27] Wang L，Liu J，Lv H，et al. Effects of nucleotides supplementation of infant formulas on plasma and erythrocyte fatty acid composition：A meta-analysis. PloS One，2015，10：e0127758.
[28] Gil A，Lozano E，De-Lucchi C，et al. Changes in the fatty acid profiles of plasma lipid fractions induced by dietary nucleotides in infants born at term. European Journal of Clinical Nutrition，1988，42：473-481.
[29] Morozov YM，Datta D，Paspalas CD，et al. Ultrastructural evidence for impaired mitochondrial fission in the aged rhesus monkey dorsolateral prefrontal cortex. Neurobiol Aging，2017，51：9-18.
[30] Pollard AK，Craig EL，Chakrabarti L. Mitochondrial complex 1 activity measured by spectrophotometry is reduced across all brain regions in ageing and more specifically in neurodegeneration. PloS One，2016，11：e0157405.
[31] Menzies FM，Fleming A，Rubinsztein DC. Compromised autophagy and neurodegenerative diseases. Nature Reviews Neuroscience，2015，16：345-357.
[32] Harris H，Rubinsztein DC. Control of autophagy as a therapy for neurodegenerative disease. Nat Rev Neurol，2011，8：108-117.
[33] López-Otín C，Blasco MA，Partridge L，et al. The hallmarks of aging. Cell，2013，153：1194-217.

[34] Herskovits AZ，Guarente L. Sirtuin deacetylases in neurodegenerative diseases of aging. Cell Research，2013，23：746-758.

[35] Klimova N，Kristian T. Multi-targeted effect of nicotinamide mononucleotide on brain bioenergetic metabolism. Neurochem Res，2019，44：2280-2287.

[36] Chen X，Amorim JA，Moustafa GA，et al. Neuroprotective effects and mechanisms of action of nicotinamide mononucleotide（NMN）in a photoreceptor degenerative model of retinal detachment. Aging，2020，12：24504-24521.

[37] Montagne A，Barnes SR，Sweeney MD，et al. Blood-brain barrier break down in the aging human hippocampus. Neuron，2015，85：296-302.

[38] Pluvinage JV，Wyss-Coray T. Systemic factors as mediators of brain homeostasis，ageing and neurodegeneration. Nature Reviews Neuroscience，2020，21：93-102.

[39] Zhu N，Liu X，Xu M，et al. Dietary nucleotides retard oxidative stress-induced senescence of human umbilical vein endothelial cells. Nutrients，2021：13.

[40] Xiao F，Li XG，Zhang XY，et al. Combined administration of D-galactose and aluminium induces Alzheimer-like lesions in brain. Neuroscience Bulletin，2011，27（3）：143-155.

[41] Yang WN，Han H，Hu XD，et al. The effects of perindopril on cognitive impairment induced by d-galactose and aluminum trichloride via inhibition of acetylcholinesterase activity and oxidative stress.Pharmacology Biochemistry and Behavior，2013，114：31-36.

[42] Toricelli M，Pereira AAR，Abrao GS，et al. Mechanisms of neuroplasticity and brain degeneration：Strategies for protection during the aging process. Neural Regeneration Research，2021，16（1）：58-67.

[43] Ferreira-Vieira TH，Guimaraes IM，Silva FR，et al. Alzheimer's disease：Targeting the cholinergic system. Current Neuropharmacology，2016，14（1）：101-115.

[44] Lu T，Pan Y，Kao SY，et al. Gene regulation and DNA damage in the ageing human brain. Nature，2004，429（6994）：883-891.

[45] Bokov A，Chaudhuri A，Richardson A. The role of oxidative damage and stress in aging. Mechanisms of Ageing & Development，2004，125（10-11）：811-826.

[46] Perluigi M，Swomley AM，Butterfield DA. Redox proteomics and the dynamic molecular landscape of the aging brain. Ageing Res Rev，2014，13：75-89.

[47] Chen Z，Zhong C. Oxidative stress in Alzheimer's disease. Neurosci Bull，2014，30（2）：271-281.

[48] Aluise CD，Robinson RA，Cai J，et al. Redox proteomics analysis of brains from subjects with amnestic mild cognitive impairment compared to brains from subjects with preclinical Alzheimer's disease：Insights into memory loss in MCI. J Alzheimers Dis，2011，23（2）：257-269.

[49] Fidaleo M，Cavallucci V，Pani G. Nutrients，neurogenesis and brain ageing：From disease mechanisms to therapeutic opportunities. Biochem Pharmacol，2017，141：63-76.

[50] Garaschuk O，Semchyshyn HM，Lushchak VI. Healthy brain aging：Interplay between reactive species，inflammation and energy supply. Ageing Res Rev，2018，43：26-45.

[51] Chen Z，Zhong C. Oxidative stress in Alzheimer's disease. Neurosci Bull，2014，30（2）：271-281.

[52] Patterson，Susan L. Immune dysregulation and cognitive vulnerability in the aging brain：Interactions of microglia，IL-1β，BDNF and synaptic plasticity. Neuropharmacology，2015，96：11-18.

[53] Petralla S，et al. Dietary protein source influences brain inflammation and memory in a male senescence-accelerated mouse model of dementia. Mol Neurobiol，2021，58（4）：1312-1329.

[54] Patterson，Susan L. Immune dysregulation and cognitive vulnerability in the aging brain：Interactions of microglia，IL-1β，BDNF and synaptic plasticity. Neuropharmacology，2015，96：11-18.

[55] Louneva N，Cohen JW，Han LY，et al. Caspase-3 is enriched in postsynaptic densities and increased in Alzheimer's disease. Am J Pathol，2008，173（5）：1488-1495.

[56] Schmitt K，Grimm A，Kazmierczak A，et al. Insights into mitochondrial dysfunction：Aging，

amyloid-β，and tau-A deleterious trio. Antioxid Redox Signal，2012，16（12）：1456-1466.

[57] Takata K，Takada T，Ito A，et al. Microglial amyloid-β 1-40 phagocytosis dysfunction is caused by high-mobility group box protein-1：Implications for the pathological progression of Alzheimer's disease. Int J Alzheimers Dis，2012，DOI：10.1155/2012/685739.

[58] Isaev NK，Stelmashook EV，Genrikhs EE. Neurogenesis and brain aging. Rev Neurosci，2019，30（6）：573-580.

[59] Garaschuk O，Semchyshyn HM，Lushchak VI. Healthy brain aging：Interplay between reactive species，inflammation and energy supply. Ageing Res Rev，2018，43：26-45.

[60] Ilaria L，Gennaro R，Francesco C，et al. Oxidative stress，aging，and diseases. Clinical Interventions in Aging，2018，13：757-772.

[61] Gabelle A，Schraen S，Gutierrez LA，et al. Plasma β-amyloid 40 levels are positively associated with mortality risks in the elderly. Alzheimer's Dement，2015，11（6）：672-680.

[62] Hu X，Wang T，Jin F. Alzheimer's disease and gut microbiota. Sci China Life Sci，2016，59（10）：1006-1023.

[63] Hoffman JD，Parikh I，Green SJ，et al. Age drives distortion of brain metabolic，vascular and cognitive functions，and the gut microbiome. Front Aging Neurosci，2017，25（9）：298.

[64] Zhao Y，Cong L，Jaber V，et al. Microbiome-derived lipopolysaccharide enriched in the perinuclear region of Alzheimer's disease brain. Front Immunol，2017，4（8）：1064.

[65] Li B，He Y，Ma J，et al. Mild cognitive impairment has similar alterations as Alzheimer's disease in gut microbiota. Alzheimers Dement，2019，15（10）：1357-1366.

[66] Mancuso C，Santangelo R. Alzheimer's disease and gut microbiota modifications：The long way between preclinical studies and clinical evidence. Pharmacol Res，2018，129：329-336.

[67] Alzheimer's Disease International. World Alzheimer Report 2019，The state of the art of dementia research：New frontiers. https：//www.alz.co.uk/research/world-report-2019.

[68] 张宏博，徐勇，陈彬，等. 阿尔茨海默病患病率的 Meta 分析. 中国老年病学，2018，38（9）：2157-2162.

[69] Fjell AM，McEvoy L，Holland D，et al. Alzheimer's disease neuroimaging initiative. What is normal in normal aging? Effects of aging，amyloid and Alzheimer's disease on the cerebral cortex and the hippocampus. Prog Neurobiol，2014，117：20-40.

第六章 外源核苷酸与心血管疾病 Exogenous nucleotides and cardiovascular disease

心血管疾病（cardiovascular diseases，CVDs）是全球的头号死因，每年死于CVDs的人数多于任何其他死因。据世界卫生组织（World Health Organization，WHO）数据，2016年约有1790万人死于CVDs，占全球死亡总数的31%。其中，85%死于心脏病和中风。四分之三以上的CVDs死亡发生在低收入和中等收入国家。非传染性疾病导致的1700万70岁以下死亡中，有82%发生在低收入和中等收入国家，37%由CVDs造成。大多数CVDs可以通过健康的生活方式，包括戒烟、控制体重、规律和健康饮食、参与体育锻炼和戒酒等而得到预防。而对于CVDs患者或者高危人员（因存在一种或多种危险因素，如高血压、糖尿病、高脂血症或原有疾病）应当早期发现并进行有效管理。

第一节　概　述 Introduction

CVDs位居慢性非传染性疾病以及衰老相关疾病之首，是全球头号死因。然而，调查数据显示，高危CVDs患者的风险因素一直得不到有效控制。在31个国家进行的分析使用了28项研究的数据，发现50%的高血压未得到控制，高达90%的患者血脂异常未得到控制。超过五分之一的高危CVDs患者吸烟，超过三分之一的患者体指数超过30 kg/m^2，59%的患者不符合体育活动的最低建议[1]。因此，正确认识CVDs及其危害、危险因素具有重要意义。

一、CVDs及其危险因素

（一）定义及症状

CVDs是一组心脏和血管疾患，包括：冠心病（心肌供血血管的疾病）、脑血管疾病（大脑供血血管的疾病）、周围末梢动脉血管疾病（手臂和腿部供血血管的疾病）、风湿性心脏病（由链球菌造成的风湿热对心肌和心脏瓣膜的损害）、先天性心脏病（出生时存在的心脏结构畸形）以及深静脉血栓和肺栓塞（腿部静脉出现血块，它可脱落并移动至心脏和肺部）。心脏病和中风通常属于急症发作，主要是由于堵塞导致血液不能流入心脏或大脑。这种情况发生的最常见原因是在心脏或脑部供血血管内壁上堆积有脂肪层。中风也可能是因脑血管或血栓出血造成。心脏病发作和中风的病因通常是同时存在多个危险因素，比如烟草使用、不健康饮食和肥胖、缺乏身体活动及有害使用酒精、高血压、糖尿病和高脂血症[2]。

潜在的血管病通常没有症状。心脏病发作或中风可能是潜在疾病的最初警告。心脏病发作的症状包括：胸中部疼痛或不舒服；手臂、左肩、肘部、颌部或背部疼痛或不舒服。此外，病人可能感到呼吸困难或气短、恶心或呕吐、头晕或昏厥、出冷汗以及面色苍白。妇女更易发生气短、恶心、呕吐，以及背部或颌部疼痛。中风的最常见症状为脸部、手臂或腿部突然感到无力，通常是身体一侧。其他症状包括，突然出现脸部、手臂或腿出现麻木，尤其会发生在身体的一侧，神志迷乱、说话或理解困难，单眼或双眼识物困难，走路困难、眩晕、失去平衡或协调能力，无原因的严重头痛，昏厥或失去知觉[2]。

（二）危险因素

1. 生活方式

心脏病和中风的最重要行为危险因素是不健康的饮食、缺乏身体活动、使用烟草和过度饮用酒精。行为危险因素造成的影响在个体中可能表现为血压、血糖和血脂的升高，以及超重和肥胖。吸烟是心血管和非心血管病死亡和发病的主要风险因素。据估计，到 2025 年，世界上将有 16 亿吸烟者，每年将有 1000 万人死于吸烟。吸烟者发生致命心血管事件的十年风险增加一倍，被动吸烟也会增加 CVDs 的风险。缺乏运动是 CVDs 发病的危险因素，也是许多其他慢性病的发病原因。世界上 60% 的人口达不到建议的每天至少 30 min 的适度体育活动。久坐不动的人患 CVDs 的风险增加 1.5 倍。不运动每年导致 200 万人死亡，占所有缺血性心脏病的 22%。由于年轻人缺乏运动的比例增加，预计 CVDs 的发病率会更高。饮食习惯与 CVDs 风险相关。不良饮食习惯（富含饱和脂肪的食物）与缺血性心脏病的发作有相关性。饮食习惯影响脂肪、血糖、血压、体重的水平，因此，健康的饮食习惯是预防 CVDs 的基础[3]。

2. 肥胖

肥胖在世界范围内的患病率正在上升，特别是在工业化国家。肥胖导致 CVDs 发病率显著增加。久坐不动的生活方式和不良的营养习惯是肥胖的主要原因。肥胖与 CVDs 死亡率相关。体质指数、肥胖（尤其是腹型肥胖）与总死亡率呈线性相关。肥胖可引起胰岛素抵抗增加、全身炎症和血栓前效应增加、血脂异常、蛋白尿以及心血管系统不良影响（内皮功能障碍、冠心病、心力衰竭、房颤、中风、左心收缩和舒张功能衰竭、交感神经活动增强）。体质指数在 20 ～ 25 kg/m^2 之间的死亡率最低。如果体质指数＞ 40 kg/m^2 或体质指数＞ 35 kg/m^2 伴有合并症则属于 CVDs 的高风险人群，应采取药物治疗或减肥手术，同时改变不良的生活习惯[3]。

3. 衰老

在 65 岁及以上这一年龄组中，CVDs 仍将是主要的死亡原因。衰老是生活中不可避免的一部分，不幸的是，它是 CVDs 的最大风险因素。到 2030 年，大约 20% 的人口将年满 65 岁或以上。在这一年龄组中，CVDs 将导致 40% 的死亡，并成为主要原因[4]。根据欧洲心脏病学会（European Society of Cardiology）的评分，年龄的权重超过了任何已知的 CVDs 的风险因素。在三名成年人中，至少有一人患有心血管或脑血管疾病，其中超过一半的人年龄超过 60 岁。同时，大量研究显示，心脑血管疾病患者病理组织中有衰老细胞存在[5]。人动脉粥样硬化斑块组织中的内皮细胞中衰老相关 β- 半乳糖苷酶（senescence associated-β-galactosidase，SA-β-gal）、p16^{INK4A} 和 p21$^{Waf1/Cip1}$ 等许多衰老标志物上调。也有报道称，细胞衰老在动脉粥样硬化的早期和晚期发挥有害作用。喂饲缺少低密度脂蛋白受体的（Ldlr$^{-/-}$）小鼠动脉粥样硬化膳食 9 天后观察到血管壁上形成脂质条纹，这些条纹包含 SA-β-gal 阳性的泡沫巨噬细胞和内皮细胞。细胞衰老引起的 SASP 招募单核细胞，从而刺激更多的细胞转化为泡沫巨噬细胞。Ldlr$^{-/-}$ 小鼠进食动脉粥样硬化膳食 88 天后进行检测，发现主动脉斑块中聚集大量衰老内皮细胞、心肌细胞和泡沫巨噬细胞。这些衰老细胞上调 SASP 蛋白水解因子基质金属蛋白酶 -12（matrix metalloproteinase-12，MMP-12）和 MMP13，促进斑块不稳定。因此，在动脉粥样硬化过程中，衰老细胞可能扮演了双重角色：一方面，单核细胞和巨噬细胞的增殖阻滞限制了斑块的生长，但另一方面，这些细胞分泌的 SASP 炎症因子也会导致疾病进展。然而，消除衰老细胞可以预防和治疗 CVDs，如在 Ldlr$^{-/-}$ 小鼠中选择性清除 p16^{INK4A} 阳性衰老细胞可以在疾病早期减少脂肪条纹，在疾病晚期减少斑块面积[6]。

4. 高脂血症

Framingham Heart Study 的研究人员首先表明，CVDs 的风险随着致动脉粥样硬化脂蛋白亚组分（如低密度脂蛋白）所携带的胆固醇量而增加，并且与抗致动脉粥样硬化脂蛋白亚组分（如高密度脂蛋白）所转运的胆固醇浓度呈负相关。这一发现在不同性别、不同年龄组和不同人种之间相似。临床实践中的大多数风险评分算法使用总胆固醇或低密度脂蛋白胆固醇和高密度脂蛋白胆固醇的水平作为脂质参数。然而，仅根据低密度脂蛋白胆固醇和高密度脂蛋白胆固醇水平计算心血管风险过于简单，因为在循环中转运胆固醇酯的其他脂蛋白亚组分，如极低密度脂蛋白、中间密度脂蛋白和乳糜微粒残留物，也是促动脉粥样硬化的。由于认识到除高密度脂蛋白胆固醇外，所有由脂蛋白转运的胆固醇酯都是致动脉粥样硬化的，因此提出了一个概念，即非高密度脂蛋白胆固醇水平（总胆固醇减去高密度脂蛋白胆固醇）与 CVDs 风险的相关性可能比单独的低密度脂蛋白胆固醇水平更强。即使在低密度脂蛋白胆固醇水平低（$<$ 100 mg/dl）的个体中，与非高密度脂蛋白胆固醇水平 $<$ 130 g/dl 的个体相比，非高密度脂蛋白胆固醇水平 $\geqslant$ 130 mg/dl 的个体未来冠心病的相对风险为 1.84（95%CI 1.12 ～ 3.04）。除了携带胆固醇酯，脂蛋白还转运其他疏水分子，如三酰甘油。鉴于胆固醇水平的预测值取决于其所携带的脂蛋白亚组分，三酰甘油的总浓度是与 CVDs 发病率呈正相关的测量值。随机分配法探索潜在因果关系的研究对这一假设提出了挑战。载脂蛋白 A5（apolipoprotein A5，APOA5）基因启动子区的多态性与三酰甘油的血浆水平密切相关，也与冠心病事件相关。发生心血管事件的可能性可能不仅由致动脉粥样硬化脂蛋白决定，而且是由致动脉粥样硬化和保护动脉粥样硬化的脂蛋白之间的平衡决定。这些颗粒之间的比率比单独的脂蛋白亚组分更能预测 CVDs 风险[7]。

5. 糖尿病

糖尿病与血管病理学密切相关。糖尿病与血脂异常、高血压和肥胖有关，所以在临床上，更好的血糖控制的益处可能会被 CVDs 风险因素的持续有害影响所掩盖。糖尿病患者的动脉粥样硬化性 CVDs 与无糖尿病患者有所不同。糖尿病患者中动脉介质钙化较多，冠状动脉钙化与胰岛素抵抗相关。然而，糖尿病的主要影响可能是加速动脉粥样硬化形成的几个阶段。与无糖尿病受试者的斑块相比，糖尿病受试者的死后冠状动脉斑块往往具有更多的巨噬细胞和更大的坏死核心区域，伴随着斑块负荷增加。这些研究还表明，糖尿病患者的斑块更容易破裂和修复。总体而言，这些数据表明糖尿病患者的病变进展可能更快。糖尿病动物模型常显示动脉粥样硬化加速。其他情况下，异常水平的循环胆固醇似乎会"淹没"高血糖症或胰岛素作用缺陷的影响。胰岛素缺陷型低密度脂蛋白受体缺陷小鼠（无明显高脂血症的1型糖尿病模型）在早期病变中有更多的巨噬细胞积聚。在同一模型中，糖尿病促进了晚期病变中出血和坏死核心扩张的发生率。作为斑块进展的标志，坏死核心形成增加也发生在巨噬细胞中胰岛素受体缺失的小鼠中。在2型糖尿病模型ob/ob小鼠中，吞噬细胞清除死亡细胞增多可能导致更大的坏死核。尽管啮齿动物病变通常缺乏钙化，但据报告，胰岛素抵抗、膳食胆固醇和饱和脂肪的组合会在动脉壁中产生钙化。因此，动物病理学表明，糖尿病会导致更容易发生早期病变和更快进展至更晚期的病变[8]。

6. 高血压

高血压是最常见疾病之一。血压由多种因素维持或调节，包括血管内容积、心输出量、外周血管阻力和血管弹性。还有一个适当的自动调节机制，即涉及肾的肾素-血管紧张素系统。尽管通常无症状，但高血压是一个重要的可改变的CVDs风险因素，在美国和全球范围内，CVDs仍然是导致死亡的主要原因。众所周知，高血压与CVDs、动脉硬化性疾病和其他疾病（如充血性心力衰竭和脑血管疾病）的风险之间存在具有临床意义的关联。预防高血压是降低CVDs总体负担的重要一步。临床试验表明，随着血压的降低，死亡率也降低。心肌梗死、充血性心力衰竭、脑血管疾病的发生率显著降低。高血压通过加速动脉粥样硬化的形成，引起血管壁的退行性改变，如血管平滑肌细胞增厚和增殖导致CVDs。最终会导致脑血管出血和主动脉夹层等严重并发症。由于内皮调节血管平滑肌的生长，内皮功能障碍，如高血压或动脉粥样硬化性CVDs，可导致动脉或小动脉壁增厚和管腔直径减小。这些变化会改变血管的弹性和适应血压变化的能力[9]。

7. 甲状腺功能障碍

甲状腺功能障碍被认为是CVDs患者的一个危险因素，但人们对这一危险因素缺乏关注和认识。高达10%的老年人患有此类疾病，通常未引起注意。然而，亚临床甲状腺功能减退症与冠状动脉死亡率增加以及中风和心力衰竭风险增加有关。亚临床甲状腺功能减退症还会影响颈动脉内膜中层厚度、舒张功能、外周血管阻力、内皮功能和脂质谱，并与心房颤动风险增加相关。应建议检查60岁以上和（或）患有冠状动脉疾病或心力衰竭的患者的甲状腺功能[10]。

此外，抑郁症和焦虑症等精神障碍、感染性心内膜炎、文化程度、收入水平、城市化、环境污染等因素均会不同程度地影响CVDs的发生发展。

二、血管衰老与CVDs

血管老化在年龄相关疾病发病率和死亡率中起着核心作用，是年龄相关疾病发病率和死亡率的独立风险因素。血管老化的特征是血管硬化、内膜和中层增厚、管腔直径增大、细胞外基质重组和内皮功能障碍。血管衰老机制的理论包括炎症、线粒体功能障碍、氧化应激、端粒磨损、表观遗传学和自噬[11]。内皮功能障碍是大多数CVDs的共同特征，也是血管老化的早期步骤，其特点是由于一氧化氮可用性降低以及氧化应激和炎症的增加，其血管舒张和抗血栓特性降低[12]。血管老化严重影响内皮细胞和平滑肌细胞的特性，最终导致血管功能受损和血管疾病的进一步进展，最终导致CVDs以及其他衰老相关疾病。

（一）炎症

有强有力的实验和临床证据表明，慢性、无菌、低度炎症是衰老过程的标志。与年龄相关的炎性过程激活在广泛的宏观和微血管病理学中起关键作用，从动脉粥样硬化形成和动脉瘤形成到微血管功能障碍、血脑屏障破坏和阿尔茨海默病。先前的研究表明，在老年实验室啮齿动物和灵长类动物中，血管内皮和平滑肌细胞的基因表达谱存在促炎性转变，包括诱导炎性细胞因子（如IL-6、IL-1β、TNFα）、趋化因子、黏附分子、诱导型一氧化氮合酶（inducible nitric oxide synthase，iNOS）和其他促炎介质。由此在血管壁中形成的促炎微环境会促进血管功能障碍，损害细胞代谢，增加细胞凋亡，并有助于血管疾病的发病机制。

导致衰老中血管炎症的机制可能是多方面的。老年血管壁中氧化应激增加与炎性过程激活之间存在重要的相互作用。首先，活性氧（reactive oxygen species，ROS）作为信号分子激活促炎信号通路，包括核因子κB（nuclear factor-kappa B，NF-κB），调节内皮激活与促炎旁分泌介质的表达，促进动脉粥样硬化形成。重要的是，衰老的内皮细胞和平滑肌细胞表现出显著的NF-κB活性，并且在血管系统中对NF-κB的选择性抑制被证明可改善血流调节、减少全身炎症、发挥有益的代谢作用并延长健康寿命。其次，炎性介质是细胞氧化应激的有效诱导剂[例如，TNFα激活NAD(P)H氧化酶]。沉默信息调节因子I（silent information regulator 1，SIRT1）发挥有效的抗炎作用，SIRT1活性降低可能导致血管炎症。重要的是，SIRT1的药理学激活剂已显示可减轻老年小鼠的血管炎症。内皮细胞衰老与大量炎性细胞因子和趋化因子的产生/释放显著增加有关，称为“衰老相关分泌表型”（senescence-associated secretory phenotype，SASP）。SASP的诱导可能由NF-κB、p38丝裂原活化蛋白激酶（p38 mitogen activated protein kinase，p38MAPK）、DNA损伤反应途径和GATA4的激活介导[13]。

（二）氧化应激

自1950年Denham Harman首次提出自由基衰老理论以来，已有大量数据表明氧化应激与血管衰老过程有关。特别是，强有力的证据表明，在实验室动物和人类中，NAD（P）H氧化酶和线粒体产生的ROS增加会导致内皮功能障碍和大弹性动脉硬化，且随年龄增长而增加。虽然随着年龄的增长，氧化应激可能通过氧化关键蛋白或诱导氧化还原敏感的转录因子来影响血管功能的许多方面，但其最强有力的作用之一是内皮源性一氧化氮（nitric oxide，NO）的失活。NO的生物利用度受损是年龄相关的内皮依赖性舒张功能降低、血管收缩增强和组织灌注失调的原因。强有力的证据表明，氧化应激增加引起的内皮功能障碍对冠状动脉扩张受损、促进心肌缺血和神经血管解偶联均有显著贡献，削弱了脑血流对神经元激活时出现的氧和营养需求增加的调整。除了通过ROS灭活NO外，eNOS激活状态、底物（L-精氨酸）和辅因子四氢生物蝶呤（BH4）可用性、内皮素-1增加和（或）内皮型一氧化氮合酶（endothelial Nitric oxide synthase，eNOS）表达减少的变化也可能导致年龄相关的 NO 生物利用度降低。NO 具有强效抗炎、抗血栓形成和抗白细胞黏附作用，因此，NO 减少可能会促进衰老过程中促动脉粥样硬化血管表型的形成。

血管氧化应激的许多结果是通过产生高反应性氧化剂过氧亚硝酸盐（ONOO-）介导的，过氧亚硝酸盐是 NO 和过氧化物的反应产物，存在于衰老的内皮细胞和动脉中。过氧亚硝酸盐导致血管衰老的机制是多方面的，包括直接细胞毒性作用、对线粒体功能的不良作用以及炎性途径的激活。氧化应激和氧化还原敏感细胞信号通路（包括 NF-κB）的激活被认为与老年血管系统的炎症过程有关。这种炎性过程的特征是内皮活性增加和老年血管细胞的细胞因子表达谱的促炎性变化。血管氧化应激的增加也与 MMPs 的激活以及随之而来的老年动脉结构完整性的破坏有关，可能导致大动脉硬化和主动脉动脉瘤的发病机制。此外，在脑循环中，ROS-MMP 轴的衰老和高血压依赖性激活促进了脑微出血的发展，导致认知下降、老年精神病综合征和步态紊乱。重要的是，在临床前模型中，报告了类似的抗氧化治疗来预防大动脉硬化、脑微出血和主动脉动脉瘤，为共同的病理机制提供了进一步的证据[13]。

（三）线粒体功能障碍

线粒体在调节衰老过程中起核心作用，包括调节寿命。随着哺乳动物年龄的增长，呼吸链的功效减弱，促进电子泄漏和 ROS 生成增加，并减少细胞 ATP 生成。最近的研究表明线粒体 ROS（mitochondrial ROS,mtROS）产生在年龄相关的血管功能障碍中具有重要作用。在老年血管系统中，mtROS 增加被归因于功能失调的电子运输链，并且可能由于过氧亚硝酸盐介导的硝化和 SOD 的抑制、细胞谷胱甘肽含量的下降、p66Shc55 的下调和（或）Nrf2 介导的抗氧化防御反应受损而加剧。还有证据表明，衰老与导管动脉和毛细血管的内皮和平滑肌细胞中线粒体生物合成受损有关，这可能会对细胞能量学产生负面影响，还可能通过增加通过缺陷电子传递链的电子流来增加线粒体 ROS 的产生。有证据表明，线粒体衍生的 H_2O_2 通过诱导 NF-κB、内皮细胞和平滑肌细胞的活化来促进衰老中的低水平血管炎症。最近的研究还将老年血管平滑肌细胞中高血压诱导的 mtROS 产生的增加与血管壁中 MMP 活化的增加以及随之而来的脑微出血的加重联系起来。mtROS 产生与血管老化之间的另一个潜在重要联系是通过 Bcl-2 依赖性途径诱导细胞凋亡。

人们越来越认识到，血管系统的功能完整性，包括膜转运和屏障功能的调节，取决于正常的细胞能量代谢。因此，除了线粒体释放 ROS 增加外，线粒体功能障碍和线粒体能量代谢受损也可能导致血管老化。由于 mtDNA 邻近线粒体中 ROS 产生位点，线粒体 DNA（mitochondrial，mtDNA）缺乏保护性组蛋白覆盖，以及线粒体 DNA 修复机制的效率有限，mtDNA 具有非常高的突变率。越来越多的证据表明，衰老会增加 mtDNA 的突变和缺失，侵蚀线粒体能量生产，并促进衰老过程。在人动脉粥样硬化病变中检测到 mtDNA 缺失，这可能导致血管壁中细胞代谢受损。携带校对活性缺陷型 mtDNA 聚合酶（polG）的转基因小鼠载脂蛋白 E（Apolipoprotein E，ApoE）在其 mtDNA 中积累突变，并表现出加速的动脉粥样硬化，与血管平滑肌细胞的增殖和凋亡受损相关。

烟酰胺腺嘌呤二核苷酸（nicotinamide adenine dinucleotide，NAD^+）依赖性促存活酶 SIRT1 调节血管系统中的线粒体功能，控制线粒体生物发生、mtROS 产生和细胞能量代谢以及通过自噬去除受损的线粒体。线粒体 SIRT3 还调控许多参与线粒体能量代谢的关键酶。NAD⁺是去乙酰化酶 sirtuin 酶的限速共底物。有强有力的证据表明，在老年小鼠中，增强 NAD⁺生物合成可挽救主动脉和脑脉管系统中与年龄相关的功能改变，可能是通过激活 sirtuin 介导的途径和逆转与年龄相关的线粒体功能下降。导致衰老细胞生物能学受损的其他潜在机制包括线粒体蛋白质的氧化（硝化）、电子运输链复合物大分子组织的不稳定和有丝分裂受损。由于生物发生受损和有丝分裂缺陷，线粒体损伤增加和线粒体更新减少相结合，可能导致血管细胞中功能障碍的线粒体积聚，加剧血管衰老过程[13]。

（四）蛋白稳态失衡

维持蛋白质稳态机制受损被认为与器官衰老有关。有证据表明，蛋白质稳态网络的活性和蛋白质组的稳定性决定健康心脏的衰老。蛋白质合成、维持和降解之间的不平衡也会损害血管健康。事实上，错误折叠的蛋白质聚集体的存在增加与 CVDs 有关。衰老会影响心脏和血管系统中蛋白沉积系统的多个组成部分，包括分子伴侣、泛素-蛋白酶体和溶酶体-自噬系统。分子伴侣协助其他蛋白质的折叠、组装、拆卸和运输，并在防止蛋白质错误折叠和聚集方面发挥主要作用。许多与年龄相关的分子改变会影响分子伴侣活性。例如，衰老会导致血管组织中 HSP70 的下调。此外，线粒体功能障碍和由此导致的细胞 ATP 含量下降也可能损害 ATP 依赖的分子伴侣的功能。自噬过程（巨噬细胞、微噬细胞和分子伴侣介导的自噬细胞）允许细胞成分降解和再循环。最近有人提出假设，认为包括有丝分裂在内的自噬过程调节异常可能是促进血管衰老和年龄相关性血管疾病发展的共同途径。显示自噬缺陷内皮细胞中氧化应激增加、NO 生物利用度受损和炎性介质上调的实验发现支持了这一观点。此外，据报告，刺激自噬的药理学干预（如海藻糖或亚精胺治疗）可逆转动脉衰老的某些方面。蛋白酶体通过蛋白水解降解不需要或受损的蛋白质。有证据表明，蛋白酶体活性在衰老晚期下降，在老年患者的动脉粥样硬化斑块和老年大鼠的心脏中减弱[13]。

（五）基因组不稳定性

自最初提出衰老的体细胞突变理论以来，已发表了大量数据支持和反对在衰老中 DNA 损伤和突变累积的因果作用。有证据表明，不同的遗传病变可能在衰老细胞中积累，包括体细胞突变、染色体非整倍体、拷贝数变异和端粒缩短。内皮细胞似乎比许多其他细胞类型具有更低效的 DNA 修复途径。在这方面，有趣的是，引起广泛 DNA 损伤的已知干预（如全脑照射）导致内皮细胞显著的表型和功能改变，表现为微血管稀疏、血管舒张受损和促炎变化，模拟了衰老表型的几个方面。在血管内皮细胞中，DNA 损伤容易引发复制衰老，以防止损伤 DNA 的繁殖。根据最近的进展，衰老诱导似乎可能是 DNA 损伤导致血管衰老的主要机制。具有由缺陷核苷酸切除修复基因（*ERCC1*，*XPD*）引起的基因组不稳定性的小鼠模型表现出衰老样血管表型，包括内皮功能障碍、血管僵硬度增加、衰老细胞增多和高血压。然而，这些小鼠模型还表现出严重的肝、肾、骨髓、神经和（或）骨表型，这些表型与生存期缩短相关，尚不清楚这些表型实际上在多大程度上模拟了衰老。纺锤体装配检查点蛋白 BubR1 存在遗传缺陷的小鼠也显示出衰老样血管表型，包括内皮功能障碍、血管僵硬度增加、中膜萎缩和纤维化。然而，该小鼠模型还表现出与多器官严重功能缺陷相关的短寿命，包括恶病质性侏儒症和脊柱前凸畸形。因此，该模型与正常衰老的相关性仍未解决。还有人提出，人 DNA 修复基因的单核苷酸多态性与血管硬度之间存在关联，但 DNA 修复途径在人类年龄相关性血管疾病发生中的机制作用仍有待确定。有研究报告，动脉粥样硬化斑块中存在氧化 DNA 损伤增加和 DNA 双链断裂的多种生物标志物表达增加。虽然在转基因小鼠模型中加速或延缓双链断裂的修复对动脉粥样硬化形成的影响较小，但它们会显著改变斑块的稳定性[13]。

（六）细胞衰老

细胞衰老是一个基本的衰老过程，其中细胞，包括血管内皮细胞和平滑肌细胞，响应一系列内源性和外源性应激物（如 ROS、功能失调的端粒、DNA 损伤、旁分泌信号）而永久退出细胞周期，并经历独特的表型改变，包括高炎症水平等。最近的研究表明，在小鼠中消除表达 p16^{INK4A} 的衰老细胞可延长寿命和健康寿命，这表明细胞衰老在与衰老相关的生理衰退中起着重要作用。现有证据表明，在衰老和与血管衰老加速相关的病理生理条件下，内皮衰老也会导致内皮功能障碍。内皮细胞衰老也与心力衰竭的发病机制有关。复制性衰老对于血管内皮的再生和血管生成能力的损害也可能具有潜在的重要性。使用辐射诱导、DNA 损伤介导衰老的小鼠模型进行的研究表明，在神经血管单元中诱导细胞衰老与显著的脑血管功能障碍和微血管稀疏有关，类似于衰老表型。晚期动脉粥样硬化病变含有衰老细胞，最近在低密度脂蛋白受体小鼠中采用遗传和药理学方法消除衰老细胞的研究表明，衰老细胞促进动脉粥样硬化形成，通过上调基质金属蛋白酶和（或）加剧血管炎症导致斑块不稳定。有人提出假设，清除衰老细胞的药物治疗可能发挥动脉粥样硬化保护作用。重要的是，在衰老小鼠模型中，长期延缓衰老治疗也显示出改善内皮功能[13]。

（七）肾素-血管紧张素系统

在模型生物（秀丽隐杆线虫）中，降低血管紧张素转换酶（angiotensin converting enzyme，ACE）的同系物 acn-Ⅰ 活性会导致寿命显著延长，这表明这些酶产生的肽激素可调节基本衰老过程。有初步证据表明，药理学 ACE 抑制剂的抗衰老作用是由与寿命调节中涉及的其他进化保守机制部分重叠的途径介导的（例如，FoxO 信号通路）。对实验室啮齿动物的研究扩展了这些发现，表明通过药理学或遗传学手段抑制肾素-血管紧张素系统（renin-angiotensin system，RAS）可产生显著的抗衰老作用，延长寿命并逆转老年血管中与年龄相关的表型和功能变化。越来越多的证据表明，组织 RAS 的上调在血管老化中起作用，促进老年动物和老年人类受试者的大导管动脉中的内膜增厚和重塑。向青年大鼠输注血管紧张素Ⅱ可促进血管表型的衰老样变化，从而促进颈动脉中膜增厚和血管平滑肌细胞的内膜浸润。此外，对 RAS 活性的药理学抑制可降低老年动物和老年人的动脉僵硬度，与血压变化无关。血管壁中 RAS 的上调可能还会促进慢性低度血管炎症和氧化应激，增强血管对损伤的反应，使衰老的血管壁易患动脉粥样硬化。在衰老过程中 RAS 的激活 / 血管紧张素 II 水平的升高也与血管中线粒体氧化应激的诱导、脑微出血的发生和血脑屏障的破坏有关。

最近有观点认为，扩展的肾素-血管紧张素-醛固酮系统，包括血管系统中盐皮质激素及其受体的局部表达，在衰老过程的调节中发挥组织特异性作用。已有充分证据表明，循环醛固酮可调节水和电解质的稳态，从而控制血压。此外，醛固酮还促进血管系统的结构和功能改变，包括炎症和病理重塑。最近的研究表明，血管平滑肌细胞中存在与年龄相关的醛固酮和盐皮质激素受体信号失调变化，这可能有助于与年龄相关的动脉重塑。

三、CVDs与营养/膳食

热量限制和改善饮食结构可以预防许多原发性和继发性CVDs。目前的膳食指南建议摄入富含水果、蔬菜、全谷物、坚果和豆类；适量食用低脂乳制品和海鲜；减少加工肉类、含糖饮料、精制谷物和钠摄入。补充剂对一些人可能有用，但不能代替良好的饮食[14]。

（一）食物种类与CVDs

研究显示，水果和蔬菜的总摄入量与CVDs风险呈负相关。水果和蔬菜中发现的各种植物化学物质和微量营养素（如叶酸、钾、纤维和类黄酮）被认为是其产生有益效应的原因。土豆因其高淀粉含量而受到质疑；较高的马铃薯摄入量，尤其是薯条中的马铃薯摄入量，与较高的高血压、2型糖尿病和冠心病（coronary heart disease，CHD）风险相关[14]。

全谷物摄入与CVDs风险显著降低相关，而精制谷物摄入提示相关性增加但不显著。麸和胚芽层存在于全谷物中，富含纤维、木脂素、微量营养素、脂肪酸和其他植物营养素。碾磨过程中这些营养素的耗竭部分解释了为什么与精制谷物相比，全谷物消耗通常与更高的饱腹感和更低的血糖反应相关[14]。

海鱼富含长链ω-3脂肪酸，被认为可减少心律失常、血栓形成、炎症、血压，并有利于改善血脂状况。鱼类摄入量增加15 g/d与CHD死亡率的HR（危险比）= 0.96（95%CI 0.90，0.98）相关[14]。

坚果和豆类因其高不饱和脂肪、膳食纤维、微量营养素和植物化学成分而有益于改善CVDs。如果摄入量每增加4份/周，致命性CHD的HR = 0.76（95% CI 0.69，0.84），非致命性CHD的HR = 0.78（95% CI 0.67, 0.92）。根据小规模干预研究报告，与对照组相比，被随机分配食用坚果的受试者中的总胆固醇、LDL-C、ApoB和三酰甘油水平较低[14]。

乳制品已显示与CVDs无或弱负相关。例如，发酵乳制品（即酸奶制品、奶酪、酸奶）的HR/（20 g·d）= 0.98（95% CI 0.97，0.99），在不同乳制品中观察到的关联相似。还观察到全脂牛奶和2型糖尿病［HR/（20 g·d）= 0.97, 95% CI 0.95, 1.00］与酸奶［HR/（80 g·d）= 0.86，95% CI 0.83，0.90］之间存在类似关联。发酵乳制品的潜在益处可能源于其益生菌含量[14]。

酒精与CVDs风险呈U型关系，与中度饮酒者相比，戒酒者和重度饮酒者的风险均增加。风险的确切最低点因年龄、性别、种族和基线疾病而异，但一致的观察结果是，每天喝1～2杯酒的人风险最低。研究显示，适度饮酒会增加HDL-C、载脂蛋白A1、脂联素，并降低纤维蛋白原水平[14]。含糖饮料的高消费量与CVDs风险呈剂量依赖性正相关。这种联系部分是由体重增加介导的。与体重变化无关，含糖饮料的摄入通过高血糖负荷增加餐后血糖和胰岛素浓度，并对脂肪沉积、脂质代谢、血压、胰岛素敏感性和脂肪生成产生不利影响[14]。经常饮用咖啡一直与较低的CVDs风险相关，每天3～5杯风险降低最大，风险降低11%。适度饮用咖啡的心脏保护作用的生物学机制包括高浓度的绿原酸、微量营养素、木脂素和植物化学物质。咖啡的短期试验报告了较高的胰岛素敏感性和有利的炎性标志物特征，但过量摄入（＞8杯/天）可能导致血压急性升高。据报告，茶同样与CVDs发病率呈负相关。茶黄酮，特别是黄酮醇，已受到相当大的关注，它们本身与降低 CVDs 风险独立相关[14]。

（二）CVDs 膳食模式

合理的膳食模式与机体健康密切相关。CVDs 患者友好的膳食模式一般推荐 DASH（dietary approach to stop hypertension）膳食模式。DASH 膳食由美国国立卫生研究院，美国心脏、肺和血液研究所所制订的高血压治疗膳食模式。该膳食是一种促进水果、蔬菜和低脂肪乳制品消费的饮食模式；包括全谷物、家禽、鱼和坚果；并且试图减少红肉、糖果、含糖饮料、总脂肪、饱和脂肪和胆固醇的摄入。因此，DASH 饮食模式促进了 K、Ca、Mg、纤维和植物蛋白等保护性营养素的摄入，同时也降低了精制糖和饱和脂肪的摄入。此外，限制盐的摄入量对 DASH 膳食模式降低血压的效果是相加效应。与典型的美国膳食模式相比，DASH 膳食模式可显著降低高血压患者的收缩压和舒张压。重要的是，DASH 饮食的有益作用不限于降血压，还可以改善胰岛素敏感性、炎症、氧化应激和公认的心血管风险因素（包括空腹血糖浓度和总胆固醇浓度）[15]。

四、外源核苷酸与 CVDs

核苷酸（nucleotides，NTs）是核酸大分子的基本单位，包括胞嘧啶、腺嘌呤、鸟嘌呤、胸腺嘧啶和尿嘧啶。NTs 是一组对生物体的生理生化功能具有重要作用的生物活性物质。NTs 在生物体内主要通过从头合成和补救合成途径内源合成。而在肠道损伤、免疫挑战、饥饿、快速生长等某些生理条件下，内源 NTs 不能满足机体需要，需要从膳食中吸收和利用 NTs[16, 17]。研究人员已经报道了越来越多的外源性 NTs 的生物学功能。大量文献将 NTs 与细胞增殖联系起来，论证了 NTs 可以促进人脂肪源性干细胞[18]、肝细胞[19, 20]、肠细胞[21]和淋巴细胞[22]的增殖。已有多项研究评估了 NTs 的抗氧化作用，研究结果均表明 NTs 具有强的抗氧化活性[23, 24]。研究表明，NTs 可调节免疫反应，对免疫、组织生长、发育和修复产生积极影响[25, 26]。此外，早期研究表明，NTs 对慢性应激后的线粒体功能的恢复和线粒体 ATP 酶、柠檬酸合酶和苹果酸脱氢酶活性的增加有关[19, 27]。综上所述，结合 CVDs 病理特点，推测 NTs 可能具有改善 CVDs 的潜力。

第二节　核苷酸预防和治疗 CVDs 研究进展 Advances in effect of exogenous nucleotides on cardiovascular disease

衰老引起的一系列退行性改变及生理功能的下降是老年人 CVDs 重要病因之一。衰老相关疾病中 CVDs 高发，占比约达 39.6%，居衰老相关疾病之首[28]。同时，以血管为中心的衰老学说认为 CVDs 引起的全身供血不足可能进一步加快衰老进程。研究发现，动脉粥样硬化等多种 CVDs 患者的病理组织中存在大量衰老细胞，靶向清除衰老细胞具有一定的改善 CVDs 的作用[29, 30]。内皮功能障碍是诊断 CVDs 的独立预测因素。研究发现在无临床疾病的男性和女性中，衰老与内皮功能障碍有关，微循环和大动脉的年龄相关的内皮功能障碍均导致了一系列的血流动力学改变[31]。细胞衰老引起的内皮功能障碍是年龄相关 CVDs 发生发展的重要机制，改善内皮功能，如抗炎、抗氧化治疗可以减少细胞衰老标志物，预防 CVDs，同时起到延长寿命的作用[32]。

NTs 的多种生物学活性提示其可能具有改善 CVDs 的潜力。但目前尚无 NTs 与 CVDs 相关研究。为了进一步明确 NTs 对 CVDs 的影响及其可能的机制，北京大学李勇教授课题组选择过氧化氢诱导的血管内皮细胞衰老模型，对 NTs 的作用进行了一系列研究，并探讨其可能的机制。

一、NTs 预防和治疗 CVDs 的研究方法

鉴于血管衰老进程中的分子细胞学特征，改善血管内皮细胞功能障碍作用的研究方法通常包括观察细胞形态结构、检测细胞活性、细胞周期、细胞周期蛋白依赖性激酶抑制剂（cyclin-dependent kinase inhibitors，CDKis）（$p16^{INK4A}$、$p21^{Waf1/Cip1}$、$p15^{INK4b}$）、ACE-2 蛋白、NO、端粒酶活性、线粒体功能、线粒体生物发生、SASP 水平、SA-β-gal 活性、氧化应激水平、细胞内 ROS 含量、丙二醛（malondialdehyde，MDA）含量、谷胱甘肽过氧化物酶（glutathione peroxidase，GSH-Px）和超氧化物歧化酶（superoxide dismutase，SOD）活性、DNA 损伤情况以及细胞自噬水平。

具体方法如下：

（一）细胞形态结构检测

将细胞培养于 6 孔细胞培养板，根据实验要求处理不同组（每组 3 个重复）后，胰酶消化细胞，1000 转 /5 min 离心弃上清，PBS 洗涤细胞 2 次，戊二醛固定 4℃过夜，30%、70%、95%、100% 丙酮梯度脱水，每次 15 min，包埋，超薄切片，透射电镜观察细胞形态。

（二）细胞活性检测

将 100 μl/ 孔细胞（约 1×10^5）培养于 96 孔细胞培养板，根据实验要求处理不同组（每组 4 个重复）后，向各孔加入 10 μl 的 CCK-8 检测溶液，37℃下孵育 1 ～ 4 h，采用酶标仪在 450 nm 波长处检测每孔的吸光度。

（三）细胞周期检测

将细胞培养于 6 孔细胞培养板，根据实验要求处理不同组（每组 3 个重复）别后，用胰酶消化细胞，1000 r/5 min 离心弃上清，冰浴预冷 PBS 洗涤细胞 2 次，收集（1 ～ 5）$\times10^5$ 细胞；加入 1 ml 冰浴预冷 70% 乙醇将细胞吹打混匀，4℃固定过夜；1000 r/5 min 离心弃上清，冰浴预冷 PBS 洗涤细胞两次，加入 500 μl 碘化丙啶染色液重悬细胞；37℃避光水浴 30 min，采用流式细胞仪在激发光 488 nm 波长处检测细胞周期。

（四）CDKis 检测

将细胞培养于 6 孔细胞培养板，根据实验要求处理不同组（每组 3 个重复）后，胰酶消化细胞，1000 r/5 min 离心弃上清，PBS 洗涤细胞 2 次，采用 Western blot 法检测 $p16^{INK4A}$、$p21^{Waf1/Cip1}$、$p15^{INK4b}$ 蛋白表达情况。

（五）ACE-2 蛋白表达检测

将细胞培养于 6 孔细胞培养板，根据实验要求处理不同组（每组 3 个重复）后，胰酶

消化细胞，1000 r/5 min 离心弃上清，PBS 洗涤细胞 2 次，采用 Western blot 法检测 ACE-2 蛋白表达情况。

（六）NO 水平检测

将细胞培养于 6 孔细胞培养板，根据实验要求处理不同组别后，吸除培养液 PBS 洗涤 2 次；加入 1 ml 的 1∶1000 DAF-FM DA 稀释液稀释的 DAF-FM DA，覆盖整个生长表面，37℃培养箱孵育 20 min；PBS 洗涤 3 次，胰酶消化细胞，1000 r/5 min 离心弃上清，再加入 500 μl PBS 重悬细胞，使用流式细胞仪检测细胞 NO 水平。

（七）氧化应激水平检测

将细胞培养于 6 孔细胞培养板，根据实验要求处理不同组（每组 3 个重复）后，吸除培养基，PBS 洗涤 2 次；加入 1 ml 的 1∶1000 无血清培养基稀释的 DCFH-DA，覆盖整个生长表面，37℃培养箱孵育 20 min；无血清培养基洗涤 3 次，消化收集细胞，PBS 洗涤 2 次，加入 500 μl 的 PBS 重悬细胞，流式细胞仪检测各组细胞内 ROS 水平。将细胞培养于 6 孔细胞培养板，根据实验要求处理不同组（每组 4 个重复）后，收集细胞上清，采用 ELISA 法检测各组细胞上清中 SOD、GSH-Px 及 MDA 含量。

（八）SA-β-gal 检测

将细胞培养于 24 孔细胞培养板，根据实验要求处理不同组（每组 3 个重复）后，吸出细胞培养基，用 0.25 ml 洗涤液 E 洗涤一次，加入 0.25 ml 固定液 A，室温固定 5 min；吸除固定液 A，PBS 洗涤细胞 3 次 /3 分钟，加入 0.25 ml 预热的染色工作液，覆盖整个生长表面，在无 CO_2 培养箱内 37℃孵育 4 ～ 24 h；普通光学显微镜下观察和计数蓝绿色的 SA-β-gal 阳性细胞。

（九）端粒酶活性检测

将细胞培养于 6 孔细胞培养板，根据实验要求处理不同组（每组 4 个重复）后，收集细胞上清，采用 ELISA 法检测各组细胞上清中端粒酶活性。

（十）线粒体功能测试

将细胞培养于 6 孔细胞培养板，根据实验要求处理不同组别后，吸除培养液 PBS 洗涤 2 次；加入 1 ml 培养基和 1 ml JC-1 染色工作液，覆盖整个生长表面，37℃孵育 20 min；吸除上清，JC-1 染色缓冲液（1×）洗涤 2 次；胰酶消化细胞，1000 r/5 min 离心弃上清，PBS 洗涤 2 次细胞，再加入 500 μl PBS 重悬细胞，使用流式细胞仪检测线粒体膜电位。将细胞培养于 6 孔细胞培养板，根据实验要求处理不同组（每组 4 个重复）后，消化收集细胞，PBS 洗涤 2 次，采用 ATP 含量测定试剂盒检测 ATP 水平。

（十一）线粒体生物发生的检测

结合试剂盒、RT-PCR 和 Western blot 检测线粒体生物发生信号通路 NAD^+/SIRT1/ 过氧化物酶体增殖物激活受体共激活因子 -1α（peroxisome proliferator-activated receptor gamma coactivator-1α，PGC-1α）。将细胞培养于 6 孔细胞培养板，根据实验要求处理不同组（每组 4 个重复）后，吸除培养基加入 200 μl 的 NAD^+和 NADH 提取液，轻吹打促进细胞裂解；12 000 r/10 min 离心取上清，采用 WST-8 法检测 NAD^+和 NADH 水平。采用 RT-PCR 和 Western blot 在基因和蛋白水平检测 SIRT1 和 PGC-1α 表达情况。

（十二）SASP 检测

将细胞培养于 6 孔细胞培养板，根据实验要求处理不同组（每组 4 个重复）后，收集细胞上清，采用 ELISA 法检测各组细胞上清中 IL-1β、IL-6、IL-17、MMP-3、细胞间黏附分子 1（intercellular adhesion molecule 1，ICAM1）和血管细胞黏附分 1（vascular cell adhesion molecule 1，VCAM1）等细胞因子含量。

（十三）DNA 损伤情况监测

将细胞培养于 6 孔细胞培养板，根据实验要求处理不同组（每组 3 个重复）后，胰酶消化细胞，1000 r/5 min 离心弃上清，PBS 洗涤细胞 2 次，采用 Western blot 法检测 DNA 损伤标志物 γ-H2A.X 蛋白表达情况。

（十四）自噬水平检测

将细胞培养于 6 孔细胞培养板，根据实验要求处理不同组（每组 3 个重复）后，胰酶消化细胞，1000 r/5 min 离心弃上清，PBS 洗涤细胞 2 次，透射电镜计数细胞内自噬溶酶体数量，采用 Western blot 法检测自噬诱导相关蛋白单磷酸腺苷活化蛋白激酶 α（adenosine monophosphate-activated protein kinase α，AMPKα）和 ULK2 表达情况。

二、NTs 预防和治疗 CVDs 的研究进展

北京大学李勇教授课题组通过建立氧化应激诱导的血管内皮细胞衰老模型，通过观察细胞形态结构、检测细胞活性、细胞周期、细胞周期依赖性激酶抑制剂（$p16^{INK4A}$、$p21^{Waf1/Cip1}$、$p15^{INK4b}$）、ACE-2 蛋白、NO、端粒酶活性、线粒体功能、线粒体生物发生、SASP 水平、SA-β-gal 活性、氧化应激水平（MDA 含量、GSH-Px 和 SOD 活性）、DNA 损伤情况以及细胞自噬水平验证了 NTs 的改善血管内皮细胞功能障碍作用并探讨了其可能的机制。

具体方法为：人脐静脉内皮细胞（human umbilical vein endothelial cells，HUVECs）生长贴壁后，除正常对照组外，其余组使用含有 200 μmol/L 过氧化氢的完全培养基培养 4 h。去掉所有组培养基后分别加入正常完全培养基、含有 100 μmol/L NTs 混合物的完全培养基、含有 0.5 mmol/L NMN 的完全培养基以及含有 50/100/200 μmol/L 外源 GMP、UMP、CMP、AMP 的完全培养基培养 24 h，透射电镜观察细胞形态并计数自噬溶酶体数量，检测细胞活力、细胞周期、CDKis、ACE-2 蛋白，SA-β-gal 活性、SASP、TE 活性、γ-H2A.X 蛋白等衰老标志物；检测细胞 NO 水平；检测细胞氧化应激水平；检测细胞线粒体膜电位及 ATP 产生能力；RT-PCR 和 Western blot 检测自噬诱导相关 AMPKα 和 ULK2；NAD^+/NADH 检测试剂盒、RT-PCR 和 Western blot 检测 NAD^+/SIRT1/PGC-1α 信号通路。

（一）NTs 对血管内皮细胞形态结构改变的影响

衰老血管内皮细胞表现为细胞核增大，染色质固缩，核膜内陷，线粒体数量减少。补充 100 μmol/L NTs 混合物后，细胞有正常大小的核、染色质均一、核膜平坦，线粒体数量相对增加（图 6-2-1）。

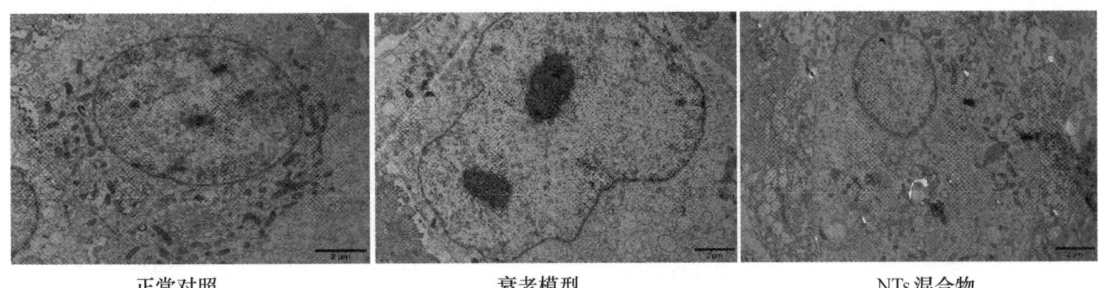

正常对照　　衰老模型　　NTs混合物

图 6-2-1　NTs 对血管内皮细胞形态结构的影响（3000×，$n=3$）

（二）NTs 对血管内皮细胞活力的影响

与正常对照组比较，衰老模型组细胞活力显著降低（$P<0.05$）。与衰老模型组比较，NTs 混合物、NMN、AMP50/100/200、CMP50、GMP50/100 和 UMP50/200 组细胞活力显著升高（$P<0.05$）（表 6-2-1）。

表 6-2-1　NTs 对血管内皮细胞活力的影响（$\bar{x}\pm s$，$n=4$）

组别	细胞活力（%）	组别	细胞活力（%）
正常对照	100.00±0.22	CMP100	76.06±0.14
衰老模型	67.61±0.11#	CMP200	89.44±0.37
NTs 混合物	102.11±0.35*	GMP50	96.48±0.35*
NMN	107.75±0.29*	GMP100	116.20±0.43*
AMP50	100.00±0.36*	GMP200	76.06±0.17
AMP100	110.56±0.30*	UMP50	96.48±0.17*
AMP200	92.96±0.22*	UMP100	87.32±0.23
CMP50	95.07±0.39*	UMP200	96.48±0.25*

注：AMP50、100、200，CMP50、100、200，GMP50、100、200，UMP50、100、200 分别为 AMP、CMP、GMP、UMP 的低、中、高剂量干预组。# 与正常对照组比较差异有统计学意义，* 与模型对照比较差异有统计学意义，$P<0.05$。

（三）NTs 对血管内皮细胞 SA-β-gal 含量的影响

与正常对照组比较，衰老模型组细胞内 SA-β-gal 含量显著升高（$P<0.05$）。与衰老模型组比较，NTs 混合物组、NMN 组和不同剂量 AMP、CMP、GMP 和 UMP 组细胞内 SA-β-gal 含量显著降低（$P<0.05$）（彩图 6-2-2，表 6-2-2）。

（四）NTs 对血管内皮细胞周期的影响

与正常对照组比较，衰老模型组细胞发生了 G1 期阻滞（$P<0.05$），S 期细胞比例也有下降趋势（$P>0.05$），UMP100/200 组 G1 期细胞比例恢复至正常水平（$P>0.05$）。与衰老模型组比较，NTs 干预不同程度抑制了细胞 G1 阻滞，增加了 S 期细胞比例，其中 NTs 混合物显著抑制 G1 期细胞阻滞（$P<0.05$）（彩图 6-2-3，表 6-2-3）。

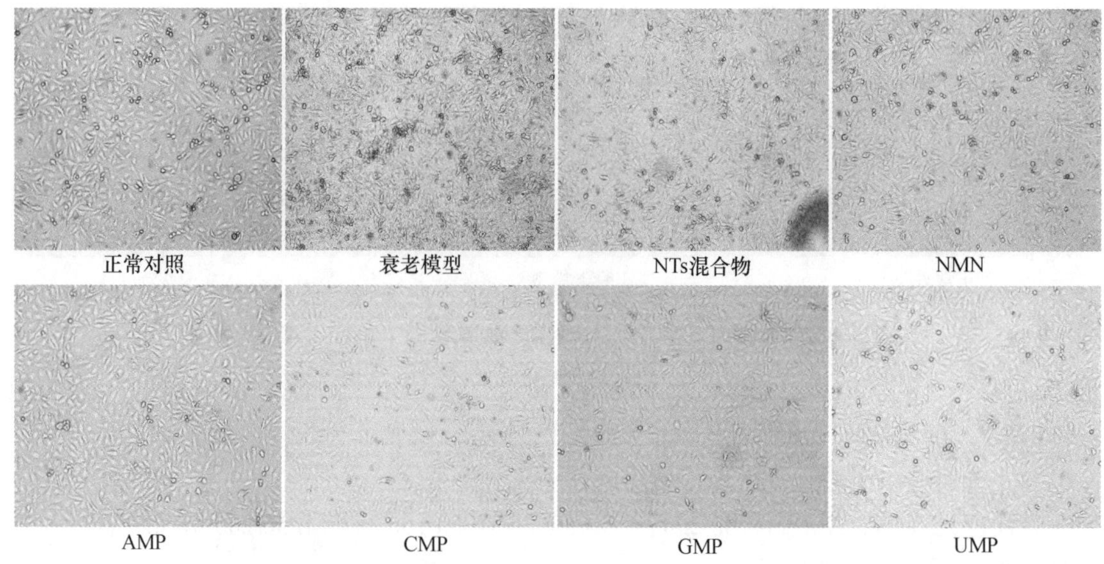

彩图 6-2-2 NTs 对血管内皮细胞 SA-β-gal 含量的影响（100×）

表 6-2-2 NTs 对血管内皮细胞 SA-β-gal 含量的影响（$\bar{x} \pm s$，$n = 3$）

组别	SA-β-gal 阳性细胞（%）	组别	SA-β-gal 阳性细胞（%）
正常对照	12.33±1.53	CMP100	$28.33 \pm 3.21^{\#*}$
衰老模型	$87.33 \pm 0.58^{\#}$	CMP200	$29.67 \pm 2.51^{\#*}$
NTs 混合物	$42.33 \pm 3.51^{\#*}$	GMP50	$12.33 \pm 2.31^{*}$
NMN	$19 \pm 3.61^{\#*}$	GMP100	$23.67 \pm 2.08^{\#*}$
AMP50	$14.33 \pm 1.53^{*}$	GMP200	$22.67 \pm 2.08^{\#*}$
AMP100	$19.33 \pm 1.15^{\#*}$	UMP50	$20.33 \pm 4.04^{\#*}$
AMP200	$21 \pm 1.73^{\#*}$	UMP100	$20.66 \pm 1.53^{\#*}$
CMP50	$16.33 \pm 3.06^{*}$	UMP200	$14.33 \pm 1.53^{*}$

注：AMP50、100、200，CMP50、100、200，GMP50、100、200，UMP50、100、200 分别为 AMP、CMP、GMP、UMP 的低、中、高剂量干预组。# 与正常对照组比较差异有统计学意义，* 与模型对照比较差异有统计学意义，$P < 0.05$。

（五）NTs 对血管内皮细胞衰老标志物表达的影响

如图 6-2-4 和表 6-2-4 与正常对照组比较，衰老模型组 $p16^{INK4A}$ 表达显著增加（$P < 0.05$）。与衰老模型组比较，NTs 混合物、NMN、CMP50、GMP50/100/200 和 UMP50/200 组细胞 $p16^{INK4A}$ 表达显著降低（$P < 0.05$）。与正常对照组比较，衰老模型组 $p21^{Waf1/Cip1}$ 表达显著增加（$P < 0.05$）。与衰老模型组比较，NTs 混合物、CMP50/CMP200、GMP100/200 和 UMP50/100/200 组细胞 $p21^{Waf1/Cip1}$ 表达显著降低（$P < 0.05$）。与正常对照组比较，衰老模型组 $p15^{INK4b}$ 表达有升高趋势（$P > 0.05$）。与衰老模型组比较，AMP50 组 $p15^{INK4b}$ 表达显著降低（$P < 0.05$）。各组间 ACE-2 蛋白表达量无显著变化（$P > 0.05$）。

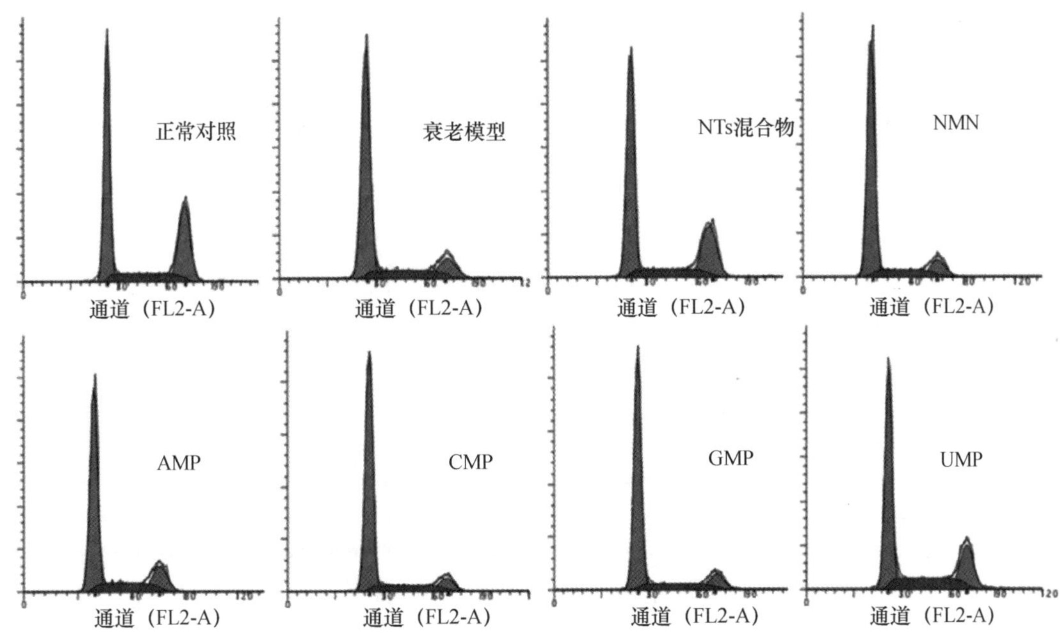

彩图 6-2-3 NTs 对血管内皮细胞周期的影响

表 6-2-3 NTs 对血管内皮细胞周期的影响（$\bar{x}\pm s$，$n=3$）

组别	G1 期细胞（%）	S 期细胞（%）
正常对照	58.22±5.06	22.06±5.04
衰老模型	82.28±5.83#	10.38±3.49
NTs 混合物	61.53±3.92*	21.41±4.05
NMN	79.31±3.65#	11.17±1.29
AMP50	76.46±5.78#	13.45±2.67
AMP100	74.74±7.23#	14.83±2.98
AMP200	79.28±3.64#	12.60±2.80
CMP50	81.74±3.33#	11.91±2.78
CMP100	81.40±2.04#	11.78±1.55
CMP200	80.67±1.67#	12.12±0.91
GMP50	80.41±2.45#	12.90±0.99
GMP100	82.40±1.05#	10.57±0.90
GMP200	80.96±4.43#	12.27±3.87
UMP50	75.63±8.00#	16.01±6.09
UMP100	69.25±4.64	19.12±1.91
UMP200	69.86±8.35	17.31±3.57

注：AMP50、100、200，CMP50、100、200，GMP50、100、200，UMP50、100、200 分别为 AMP、CMP、GMP、UMP 的低、中、高剂量干预组；NMN，NMN 干预组。# 与正常对照组比较差异有统计学意义，* 与模型对照比较差异有统计学意义，$P<0.05$。

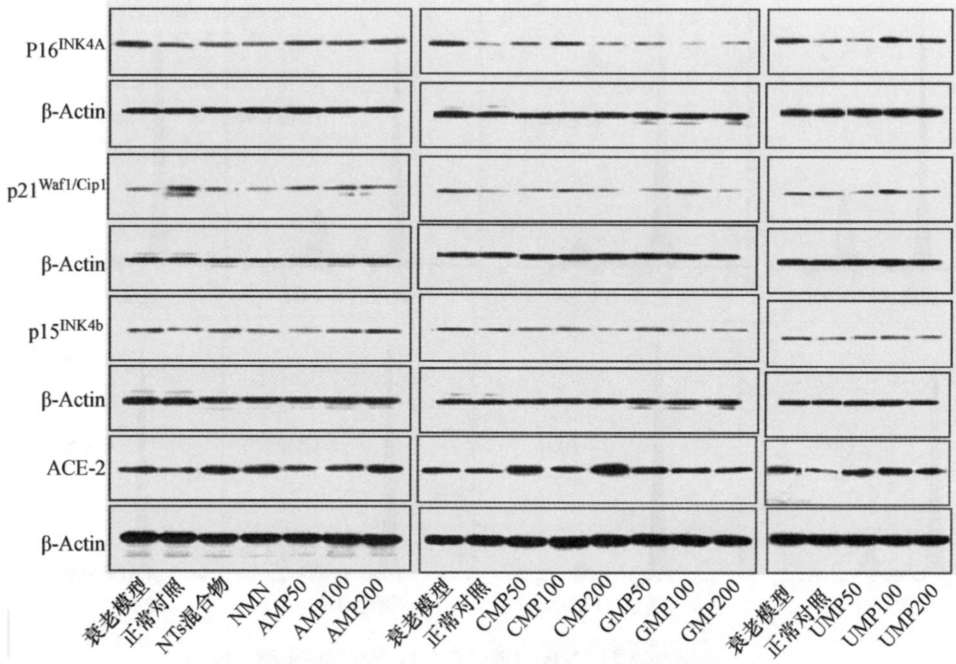

图 6-2-4 NTs 对血管内皮细胞衰老标志物表达的影响

注：AMP50、100、200，CMP50、100、200，GMP50、100、200，UMP50、100、200 分别为 AMP、CMP、GMP、UMP 的低、中、高剂量干预组；NMN，NMN 干预组。

表 6-2-4 NTs 对血管内皮细胞衰老标志物表达的影响（$\bar{x}\pm s$，$n=3$）

组别	$p16^{INK4A}$/actin	$p21^{Waf1/Cip1}$/actin	$p15^{INK4b}$/actin	ACE-2/actin
正常对照	0.19±0.03	0.15±0.08	0.18±0.04	0.21±0.15
衰老模型	0.35±0.10$^{\#}$	0.32±0.05$^{\#}$	0.28±0.08	0.25±0.15
NTs 混合物	0.14±0.05*	0.13±0.02	0.23±0.02	0.32±0.07
NMN	0.14±0.02*	0.26±0.15	0.19±0.06	0.24±0.07
AMP50	0.22±0.10	0.30±0.12	0.12±0.05*	0.24±0.09
AMP100	0.23±0.06	0.21±0.02	0.16±0.05	0.24±0.09
AMP200	0.23±0.11	0.21±0.13	0.25±0.15	0.36±0.11
正常对照	0.16±0.09	0.17±0.13	0.17±0.05	0.15±0.02
衰老模型	0.31±0.07$^{\#}$	0.42±0.06$^{\#}$	0.26±0.09	0.21±0.09
CMP50	0.16±0.04*	0.17±0.02*	0.19±0.07	0.26±0.13
CMP100	0.21±0.14	0.32±0.11	0.21±0.09	0.20±0.07
CMP200	0.18±0.09	0.19±0.12*	0.14±0.05	0.21±0.11
GMP50	0.11±0.07*	0.25±0.11	0.28±0.05	0.26±0.09
GMP100	0.06±0.03*	0.18±0.10*	0.17±0.08	0.16±0.04

续表

组别	p16^{INK4A}/actin	p21$^{Waf1/Cip1}$/actin	p15^{INK4b}/actin	ACE-2/actin
GMP200	0.10±0.01*	0.17±0.06*	0.24±0.08	0.19±0.10
正常对照	0.14±0.08	0.16±0.04	0.15±0.06	0.16±0.06
衰老模型	0.35±0.06#	0.32±0.05#	0.22±0.05	0.22±0.12
UMP50	0.14±0.04*	0.11±0.01*	0.19±0.01	0.31±0.09
UMP100	0.30±0.02	0.21±0.04*	0.19±0.06	0.26±0.10
UMP200	0.15±0.12*	0.12±0.05*	0.14±0.08	0.17±0.02

注：AMP50、100、200，CMP50、100、200 分别为 AMP、CMP 的低、中、高剂量干预组；NMN，NMN 干预组。# 与正常对照组比较差异有统计学意义，* 与模型对照比较差异有统计学意义，$P < 0.05$。

注：GMP50、100、200，UMP50、100、200 分别为 GMP、UMP 的低、中、高剂量干预组。# 与正常对照组比较差异有统计学意义，* 与模型对照比较差异有统计学意义，$P < 0.05$。

（六）NTs 对血管内皮细胞端粒酶活性的影响

与正常对照组比较，衰老血管内皮细胞端粒酶活性有下降趋势，不同剂量 NTs 干预对衰老血管内皮细胞端粒酶活性无显著影响（$P > 0.05$）（表 6-2-5）。

表 6-2-5　NTs 对血管内皮细胞端粒酶活性的影响（$\bar{x}\pm s$，$n = 4$）

组别	端粒酶活性（U/L）	组别	端粒酶活性（U/L）
正常对照	35.13±3.41	CMP100	29.46±0.86
衰老模型	33.89±2.64	CMP200	33.72±3.22
NTs 混合物	31.54±2.00	GMP50	33.88±9.24
NMN	31.55±5.78	GMP100	30.41±3.35
AMP50	31.28±4.49	GMP200	31.59±4.14
AMP100	28.69±3.49	UMP50	29.16±2.32
AMP200	30.45±2.03	UMP100	33.49±6.81
CMP50	30.23±4.06	UMP200	33.68±3.93

注：AMP50、100、200，CMP50、100、200 分别为 AMP、CMP 的低、中、高剂量干预组；NMN，NMN 干预组。# 与正常对照组比较差异有统计学意义，* 与模型对照比较差异有统计学意义，$P < 0.05$。

（七）NTs 对血管内皮细胞 DNA 损伤的影响

与正常对照组比较，衰老模型组细胞 DNA 损伤标志物 γ-H2A.X 蛋白表达有升高趋势（$P > 0.05$）。与衰老模型组比较，NTs 混合物、NMN、AMP100、CMP50/100/200 和 GMP100/200 组 γ-H2A.X 蛋白表达显著降低（$P < 0.05$）（图 6-2-5，表 6-2-6）。

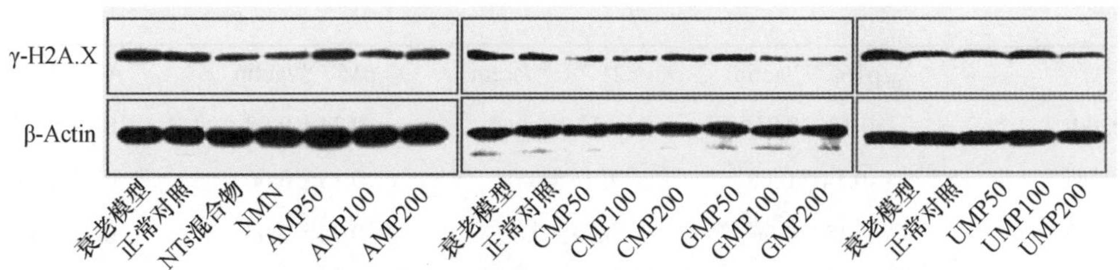

图 6-2-5　NTs 对血管内皮细胞 DNA 损伤的影响

注：AMP50、100、200，CMP50、100、200，GMP50、100、200，UMP50、100、200，分别为 AMP、CMP、GMP、UMP 的低、中、高剂量干预组；NMN，NMN 干预组。

表 6-2-6　NTs 对血管内皮细胞 DNA 损伤的影响（$\bar{x}\pm s$，$n=3$）

组别	γ-H2A.X/actin	组别	γ-H2A.X/actin	组别	γ-H2A.X/actin
正常对照	0.25±0.02	正常对照	0.24±0.04	正常对照	0.25±0.05
衰老模型	0.31±0.06	衰老模型	0.28±0.01	衰老模型	0.30±0.01
NTs 混合物	0.20±0.03*	CMP50	0.13±0.04#*	UMP50	0.19±0.02
NMN	0.15±0.01#*	CMP100	0.18±0.03*	UMP100	0.30±0.02
AMP50	0.23±0.01	CMP200	0.17±0.03*	UMP200	0.19±0.02
AMP100	0.17±0.01*	GMP50	0.22±0.02		
AMP200	0.22±0.05	GMP100	0.15±0.03#*		
		GMP200	0.14±0.03#*		

注：AMP50、100、200，CMP50、100、200，GMP50、100、200，UMP50、100、200，分别为 AMP、CMP、GMP、UMP 的低、中、高剂量干预组；NMN，NMN 干预组。# 与正常对照组比较差异有统计学意义，* 与模型对照比较差异有统计学意义，$P<0.05$。

本研究针对 NTs 在延缓血管系统衰老中的作用及其可能的机制进行了探讨研究。血管系统衰老相关研究中常用氧化应激诱导的人脐静脉内皮细胞衰老模型[33, 34]。通过对衰老标志物进行检测，结果发现 4 h 的 200 μmol/L 过氧化氢暴露显著上调了血管内皮细胞的 $p16^{INK4A}$、$p21^{Waf1/Cip1}$ 和 SA-β-gal 表达并导致细胞 G1 期阻滞，表明成功建立了血管内皮细胞衰老模型。本课题中，由于细胞周期阻滞导致衰老模型组细胞增殖活力也显著降低，而同样介导细胞周期阻滞的 $p15^{INK4b}$[35] 以及内皮细胞特异性衰老标志物 ACE-2[36] 表达在衰老模型组中没有发生显著变化。

本研究表明，NTs 具有延缓氧化应激诱导血管内皮细胞衰老作用，NTs 干预使 $p16^{INK4A}$、$p21^{Waf1/Cip1}$ 和 SA-β-gal 的表达显著降低。相应地，细胞周期和细胞增殖活力恢复到正常水平。对数据进行综合分析发现 NTs 混合物、CMP50 和 GMP100 和具有良好的延缓内皮细胞衰老方面的综合作用，其中 GMP100 干预效果最突出，而只有 NTs 混合物具有抑制细胞周期阻滞作用。NMN 特异性地下调了 $p16^{INK4A}$ 的表达，对 $p21^{Waf1/Cip1}$ 没有显著影响。在低、中剂量下，AMP 显著增强了血管内皮细胞的增殖活力，并抑制了 SA-β-gal 活性，但对 16^{INK4A} 和 $p21^{Waf1/Cip1}$ 的表达无显著影响。有趣的是，与衰老模型组相比，AMP50 显著下调了 p15^{INK4b} 的表达。研究认为，年龄相关基因组不稳定或 DNA 损伤的积累是血管衰老和内皮功能障碍的一个重要机制[37]。本研究中衰老内皮细胞 DNA 损伤标志物有升高趋势，而 NTs 混合物、AMP、CMP、GMP 干预均显著降低了 DNA 损伤的积累。以上结果表明，NTs 具有保护血管内皮细胞 DNA，延缓血管内皮细胞衰老的作用。与我们的研究结果一致，Xu 等人也发现升高细胞内腺苷酸浓度可以有效促进内皮细胞的增殖[38]。

（八）NTs 对血管内皮细胞 NO 水平的影响

与正常对照组比较，衰老模型组细胞 NO 水平有降低趋势，差异无显著性（$P > 0.05$）。与衰老模型组比较，各干预组 NO 水平有升高趋势，差异无显著性（$P > 0.05$）（表 6-2-7）。

表 6-2-7 NTs 对血管内皮细胞 NO 水平的影响（$\bar{x} \pm s$，$n = 3$）

组别	NO（%）	组别	NO（%）
正常对照	100.00±5.08	CMP100	85.94±3.76
衰老模型	73.21±2.86	CMP200	86.91±3.78
NTs 混合物	92.73±4.38	GMP50	76.97±2.88
NMN	88.61±4.02	GMP100	82.55±3.24
AMP50	87.15±3.97	GMP200	96.36±3.52
AMP100	87.52±3.78	UMP50	85.94±3.38
AMP200	90.30±4.11	UMP100	75.64±2.63
CMP50	83.64±3.68	UMP200	81.21±2.93

注：AMP50、100、200，CMP50、100、200 分别为 AMP、CMP 的低、中、高剂量干预组；NMN，NMN 干预组。

（九）NTs 对血管内皮细胞 SASP 的影响

与正常对照组比较，衰老模型组细胞 IL-1β、IL-6、IL-17、ICAM-1、VCAM-1 及 MMP-3 水平显著升高（$P < 0.05$），表明过氧化氢所致的衰老内皮细胞处于炎症状态。与衰老模型组比较，NTs 混合物、NMN、AMP100/200、CMP100、GMP50/100 和 UMP100 组细胞 IL-1β 水平显著降低（$P < 0.05$）；与衰老模型组比较，NTs 混合物、NMN 及不同剂量 AMP、CMP、GMP、UMP 组细胞 IL-6 和 VCAM-1 水平显著降低（$P < 0.05$）；与衰老模型组比较，除 UMP200 组外，其余干预组 MMP-3 水平显著降低（$P < 0.05$）；与衰老模型组比较，NTs 混合物、NMN、不同剂量 CMP 组、GMP50/100 和 UMP50 组细胞 ICAM-1 水平显著降低（$P < 0.05$）；与正常对照组比较，NTs 混合物、NMN、AMP50/200、CMP50、GMP50/100/200、UMP50/100 组细胞 IL-17 水平恢复至正常水平（$P > 0.05$）（表 6-2-8）。

（十）NTs 对血管内皮细胞氧化应激水平的影响

与正常对照组比较，衰老模型组细胞内 ROS 含量显著增加（$P < 0.05$）。与衰老模型组比较，NTs 混合物、AMP200、GMP100/200 和 UMP100 组细胞内 ROS 含量显著降低（$P < 0.05$）。与正常对照组比较，衰老模型组 SOD 含量显著降低，MDA 含量显著增高（$P < 0.05$）。与衰老模型组比较，AMP50/200、GMP50/200 和 UMP100/200 组 GSH-Px 活性显著增强（$P < 0.05$）；

表 6-2-8 NTs 对血管内皮细胞 SASP 的影响（$\bar{x}\pm s$，$n=4$）

组别	IL-1β（pg/ml）	IL-6（pg/ml）	MMP-3（pg/ml）	ICAM-1（pg/ml）	VCAM-1（ng/ml）	IL-17（pg/ml）
正常对照	0.30±0.34	41.04±5.51	11.06±4.68	0.91±0.55	3.96±0.61	1.88±0.40
衰老模型	1.99±0.12#	59.73±11.03#	56.56±13.30#	2.10±0.19#	10.46±0.82#	2.90±0.21#
NTs 混合物	0.85±0.218*	47.26±3.03*	10.96±10.19*	0.70±0.57*	7.45±1.26#*	2.65±0.54
NMN	0.60±0.18*	43.78±4.92*	11.04±6.16*	0.56±0.53*	1.72±1.64#*	1.97±0.52
AMP50	1.41±1.19	50.55±3.47#*	22.74±21.83*	1.38±0.78	3.02±1.17*	2.38±0.80
AMP100	0.53±0.16*	43.12±5.49*	13.58±14.44*	1.62±0.26	6.00±1.40*	2.89±0.70#
AMP200	0.71±0.09*	47.06±2.84*	16.34±11.44*	1.45±0.36	7.04±1.31#*	2.37±0.82
CMP50	1.84±0.81	44.64±5.40*	30.77±16.20#*	1.21±0.85*	7.60±1.01#*	2.36±0.78
CMP100	0.47±0.36*	43.17±5.24*	15.09±2.30*	1.18±0.76*	6.28±1.64#*	3.30±1.23#
CMP200	1.40±0.34	40.81±3.09*	25.62±6.82*	1.14±0.70*	5.06±0.93*	2.95±0.89#
GMP50	0.81±0.20*	50.37±5.55#*	24.31±6.01*	1.04±0.59*	6.98±1.89#*	2.55±0.37
GMP100	0.50±0.33*	43.78±4.65*	17.62±14.30*	0.60±0.29*	2.27±0.94*	2.16±0.29
GMP200	0.92±1.09	48.49±4.02*	16.41±4.59*	1.35±0.08	6.27±2.65#*	2.25±0.38
UMP50	0.69±0.62	41.22±7.23*	13.71±6.99*	1.28±0.43*	3.32±0.68*	2.40±0.83
UMP100	0.55±0.21*	38.46±10.01*	28.24±4.51*	1.45±0.48	6.34±0.91#*	2.69±0.70
UMP200	1.16±0.82	44.93±9.23*	57.84±12.29#	2.00±0.39#	5.43±0.29*	2.93±0.16#

注：AMP50、100、200，CMP50、100、200，GMP50、100、200，UMP50、100、200，分别为 AMP、CMP、GMP、UMP 的低、中、高剂量干预组；NMN，NMN 干预组。# 与正常对照组比较差异有统计学意义，* 与模型对照比较差异有统计学意义，$P<0.05$。

NTs 混合物、NMN 及除 CMP50 外的不同剂量单个 NTs 组 SOD 活性均显著增强，其中，NTs 混合物组的活性显著高于正常对照组（$P<0.05$）；NTs 混合物、AMP100/200、CMP100/200、GMP50/100 和 UMP50 组 MDA 含量显著降低（$P<0.05$）（图 6-2-6，表 6-2-9）。

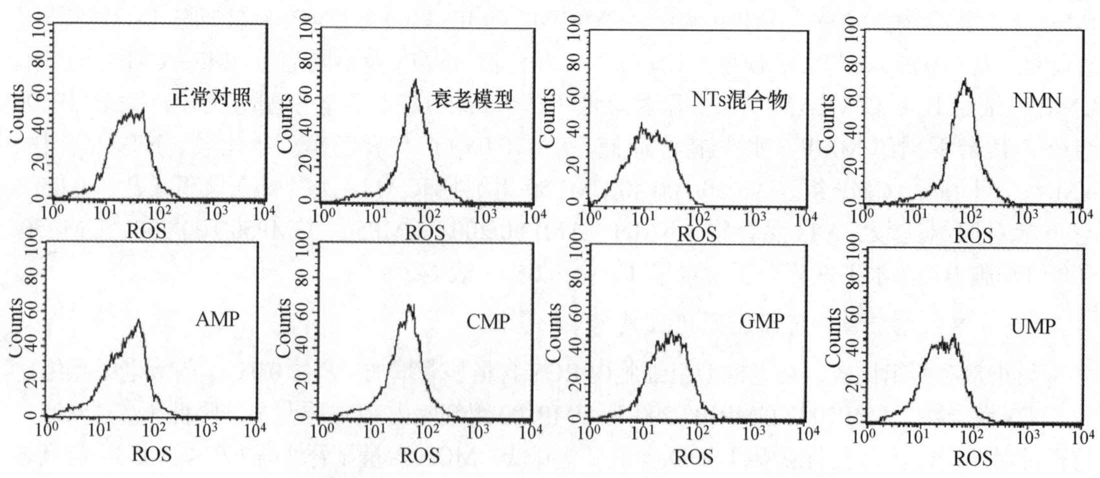

图 6-2-6 NTs 对血管内皮细胞内 ROS 含量的影响

表 6-2-9 NTs 对血管内皮细胞氧化应激的影响（$\bar{x}\pm s$，$n=4$）

组别	ROS（geometry mean，$n=3$）	GSH-Px（U/ml）	SOD（U/ml）	MDA（nmol/ml）
正常对照	41.97±9.73	14.49±6.72	5.32±0.73	0.54±0.25
衰老模型	71.17±8.19#	6.54±4.25	3.18±0.71#	1.52±0.38#
NTs 混合物	36.89±12.50*	7.48±4.38	8.59±2.19#*	0.65±0.25*
NMN	53.76±3.68	8.64±6.88	5.64±1.51*	1.09±0.28
AMP50	50.91±13.19	21.96±5.31*	7.23±0.85*	1.01±0.20
AMP100	43.62±7.92	13.79±1.60	5.46±1.36*	0.62±0.46*
AMP200	41.03±7.62*	16.82±5.00*	6.04±2.15*	0.80±0.34*
CMP50	49.22±9.58	7.94±2.80	4.86±1.39	1.05±0.30
CMP100	47.08±6.53	12.85±1.18	6.26±0.47*	0.72±0.20*
CMP200	43.01±3.16	11.45±3.18	6.04±1.59*	0.51±0.45*
GMP50	46.13±3.10	15.19±8.68*	5.50±0.89*	0.80±0.54*
GMP100	38.333±18.71*	11.45±8.09	5.33±1.19*	0.47±0.38*
GMP200	41.67±8.83*	15.42±7.26*	5.81±1.04*	1.16±0.43
UMP50	49.06±12.41	12.62±7.95	5.83±1.46*	0.87±0.46*
UMP100	37.29±7.90*	22.20±2.99*	6.43±0.92*	1.27±0.64#
UMP200	44.51±12.15	18.46±8.20*	5.63±2.10*	1.16±0.89

注：AMP50、100、200，CMP50、100、200，GMP50、100、200，UMP50、100、200，分别为 AMP、CMP、GMP、UMP 的低、中、高剂量干预组；NMN，NMN 干预组。# 与正常对照组比较差异有统计学意义，* 与模型对照比较差异有统计学意义，$P < 0.05$。

（十一）NTs 对血管内皮细胞线粒体功能的影响

与正常对照组比较，衰老模型组线粒体膜电位红色荧光强度显著降低（$P < 0.05$）。与衰老模型组比较，NTs 混合物、AMP200、CMP200、GMP200 和 UMP100/200 组线粒体膜电位红色荧光强度显著增强（$P < 0.05$）（图 6-2-7，表 6-2-10）。与正常对照组比较，衰老模型组细胞 ATP 水平显著下降（$P < 0.05$）。与衰老模型组比较，NTs 混合物、NMN、AMP50/100/200、CMP50/100 和 GMP100 组细胞 ATP 水平显著升高（$P < 0.05$）（表 6-2-10）。

（十二）NTs 对血管内皮细胞自噬活性的影响（图 6-2-8）

与正常对照组比较，衰老模型组细胞 AMPKα 基因表达量显著升高，NTs 混合物、AMP50、CMP50 组 AMPKα 基因表达量显著降低（$P < 0.05$），AMPKα 和 ULK2 蛋白表达量没有显著变化（$P > 0.05$）。与衰老模型组比较，NTs 混合物、NMN、AMP50、CMP50 和 GMP50 组 AMPKα 基因表达量显著降低（$P < 0.05$），AMPKα 蛋白表达量没有显著变化（$P > 0.05$），CMP50 和 UMP50 组 ULK2 蛋白表达量显著升高（$P < 0.05$）（图 6-2-8，表 6-2-11）。与正常对照组比较，衰老模型组和 NTs 混合物组细胞自噬溶酶体数量显著降低

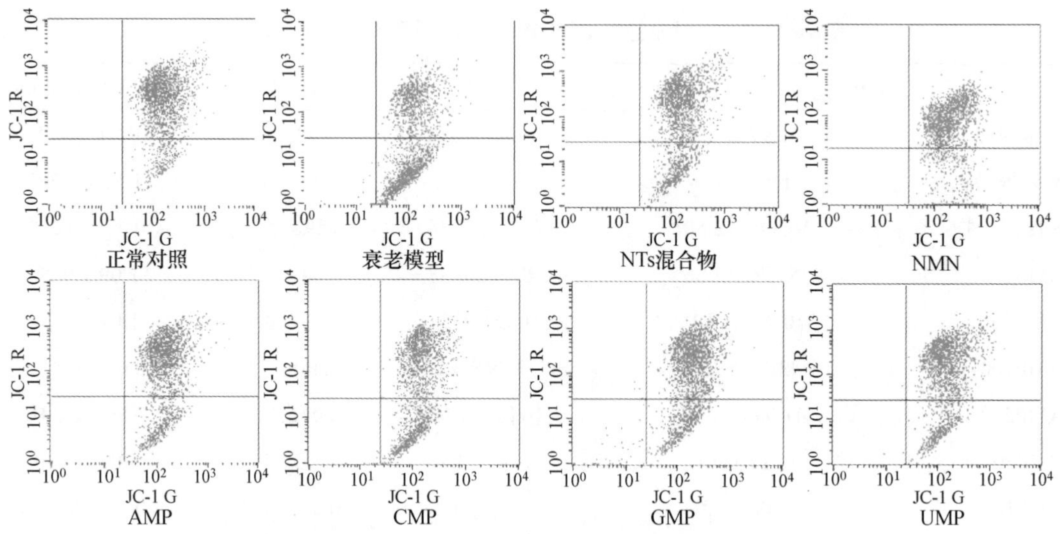

图 6-2-7 NTs 对血管内皮细胞线粒体膜电位的影响

表 6-2-10 NTs 对血管内皮细胞线粒体功能的影响（$\bar{x}\pm s$）

组别	红色荧光（%，$n=3$）	ATP 浓度（μmol/gprot，$n=4$）
正常对照	89.39±7.51	296.93±89.67
衰老模型	64.54±13.85#	146.54±23.77#
NTs 混合物	82.18±9.29*	307.04±38.89*
NMN	81.26±6.14	426.15±29.29#*
AMP50	79.06±12.40	241.73±56.80*
AMP100	79.96±6.82	273.29±55.86*
AMP200	83.19±9.32*	290.59±57.84*
CMP50	75.29±15.90	343.99±83.12*
CMP100	77.23±13.37	230.09±45.55*
CMP200	84.49±6.72*	207.20±40.34#
GMP50	76.44±12.37	205.03±39.12#
GMP100	81.49±6.55#*	226.89±46.36*
GMP200	84.15±3.49*	172.07±54.33#
UMP50	79.23±15.61	123.66±36.67#
UMP100	85.99±9.15*	169.34±37.04#
UMP200	85.47±7.19*	173.13±22.00#

注：AMP50、100、200，CMP50、100、200，GMP50、100、200，UMP50、100、200，分别为 AMP、CMP、GMP、UMP 的低、中、高剂量干预组；NMN，NMN 干预组。# 与正常对照组比较差异有统计学意义，* 与模型对照比较差异有统计学意义，$P<0.05$。

（$P < 0.05$），与衰老模型组比较，NTs 混合物干预没有显著增加自噬溶酶体数量（$P > 0.05$）（图 6-2-9）。

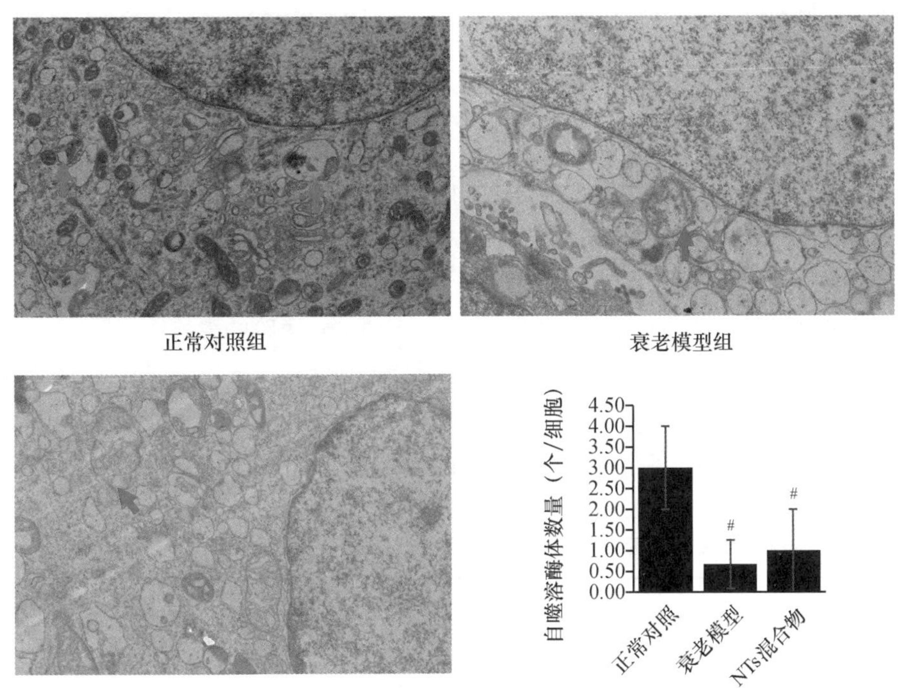

图 6-2-8　NTs 对血管内皮细胞自噬溶酶体数量的影响（3000×，$n = 3$）

表 6-2-11　NTs 对血管内皮细胞自噬诱导相关基因和蛋白表达的影响（$\bar{x} \pm s$，$n = 3$）

组别	AMPKα 基因相对表达量	AMPKα/actin	ULK2/actin
正常对照	1.04±0.05	0.25±0.00	0.19±0.03
衰老模型	1.23±0.07#	0.26±0.03	0.18±0.03
NTs 混合物	0.62±0.03#*	0.20±0.02	0.08±0.03
NMN	1.03±0.09*	0.26±0.05	0.08±0.02
AMP50	0.72±0.02#*	0.29±0.01	0.27±0.06
CMP50	0.66±0.05#*	0.23±0.02	0.42±0.05#*
GMP50	0.95±0.01*	0.19±0.03	0.27±0.03
UMP50	1.19±0.03	0.17±0.02	0.34±0.05#*

注：AMP50，CMP50，GMP50，UMP50，分别为 AMP、CMP、GMP、UMP 的低剂量干预组；NMN，NMN 干预组。# 与正常对照组比较差异有统计学意义，* 与模型对照比较差异有统计学意义，$P < 0.05$。

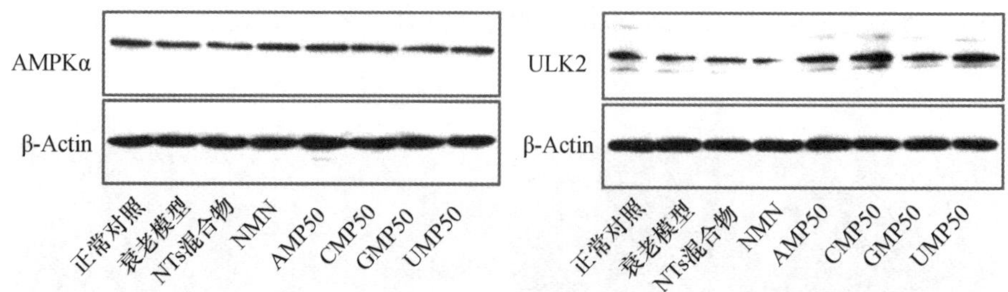

图 6-2-9 NTs 对血管内皮细胞中自噬诱导相关蛋白表达量的影响

注：AMP50，CMP50，GMP50，UMP50，分别为 AMP、CMP、GMP、UMP 的低剂量干预组；NMN，NMN 干预组。

（十三）NTs 对血管内皮细胞 NAD^+/SIRT1/PGC-1α 通路的影响

与正常对照组比较，衰老模型组细胞 NAD^+水平显著下降（$P < 0.05$），NAD^+/NADH 无显著变化（$P > 0.05$）。与衰老模型组比较，NTs 混合物、AMP50 和 CMP50/100 组细胞 NAD^+水平显著升高（$P < 0.05$），各干预组均未显著改变 NAD^+/NADH（$P > 0.05$）（表 6-2-12）。

表 6-2-12 NTs 对血管内皮细胞 NAD^+和 NAD^+/NADH 的影响（$\bar{x}\pm s$，$n = 4$）

组别	NAD^+（μmol/g）	NAD^+/NADH
正常对照	2.37±0.31	3.82±2.37
衰老模型	1.55±0.16#	2.22±0.43
NTs 混合物	2.36±0.32*	2.61±1.90
NMN	2.18±0.15	4.26±3.06
AMP50	2.81±0.69*	3.53±1.01
AMP100	2.08±0.40	1.51±0.40
AMP200	1.86±0.21	1.80±0.28
CMP50	3.39±0.31#*	3.78±0.84
CMP100	2.63±0.65*	2.69±0.65
CMP200	1.61±0.31#	2.23±0.88
GMP50	2.06±0.27	2.06±0.54
GMP100	2.00±0.69	1.92±0.47
GMP200	1.83±0.62	1.93±0.32
UMP50	2.04±0.17	1.17±0.17
UMP100	1.70±0.47	2.76±2.45
UMP200	1.56±0.67#	1.78±0.70

注：AMP50、100、200，CMP50、100、200，GMP50、100、200，UMP50、100、200，分别为 AMP、CMP、GMP、UMP 的低、中、高剂量干预组；NMN，NMN 干预组。# 与正常对照组比较差异有统计学意义，* 与模型对照比较差异有统计学意义，$P < 0.05$。

与正常对照组比较，NTs 混合物组细胞 SIRT1 基因表达量显著增加（$P < 0.05$）。与衰老模型组比较，CMP50 组细胞 SIRT1 基因表达量显著降低（$P < 0.05$），NMN 组 SIRT1 蛋白表达量显著增加（$P < 0.05$）（图 6-2-10，表 6-2-13）。

与正常对照组比较，衰老模型组 PGC-1α 基因和蛋白表达量无显著变化（$P > 0.05$）。与衰老模型组比较，AMP50 和 CMP50 组 PGC-1α 基因表达量显著降低（$P < 0.05$）。PGC-1α 蛋白表达量各组间没有显著变化（$P > 0.05$）（图 6-2-10，表 6-2-13）。

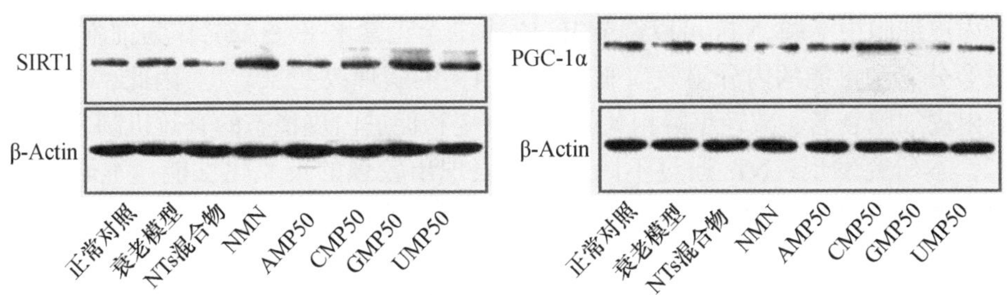

图 6-2-10　NTs 对血管内皮细胞 SIRT1 和 PGC-1α 蛋白表达的影响

注：AMP50，CMP50，GMP50，UMP50，分别为 AMP、CMP、GMP、UMP 的低剂量干预组；NMN，NMN 干预组。

表 6-2-13　NTs 对血管内皮细胞 SIRT1 和 PGC-1α 水平的影响（$\bar{x}\pm s$，$n = 3$）

组别	SIRT1 基因相对表达量	SIRT1/actin	PGC-1α 基因相对表达量	PGC-1α/actin
正常对照	1.01±0.02	0.22±0.03	1.00±0.00	0.17±0.03
衰老模型	1.15±0.02	0.21±0.03	1.05±0.01	0.16±0.05
NTs 混合物	1.27±0.02#	0.16±0.03	0.95±0.02	0.17±0.07
NMN	1.52±0.06	0.35±0.04*	0.85±0.05	0.14±0.04
AMP50	1.13±0.03	0.23±0.06	0.77±0.02*	0.12±0.01
CMP50	0.87±0.01*	0.30±0.07	0.53±0.02#*	0.18±0.05
GMP50	0.98±0.01	0.29±0.02	0.85±0.04	0.13±0.03
UMP50	1.06±0.04	0.24±0.05	0.97±0.01	0.11±0.01

注：AMP50，CMP50，GMP50，UMP50，分别为 AMP、CMP、GMP、UMP 的低剂量干预组；NMN，NMN 干预组。# 与正常对照组比较差异有统计学意义，* 与模型对照比较差异有统计学意义，$P < 0.05$。

血管内皮可通过释放生物活性分子，以自分泌和旁分泌方式调节血管网络的功能和健康，包括维持血液的液体状态、血液与周围组织的物质交换、创建新的血管网络、参与免疫反应，以及通过调节血管张力响应血流变化等。健康的血管内皮可以持续保持氧化和抗氧化、血管扩张和收缩、促炎和抗炎以及促血栓和抗血栓形成信号之间的动态平衡。而功能失调的内皮则表现出氧化应激、血管收缩、炎症和血栓形成增强的特性，无法维持各项功能的动态平衡[39]。本研究通过一系列试验发现，NTs 可以一定程度上改善血管稳态，具体阐述如下：

首先，包括本课题组的多项研究均证实了NTs具有免疫调节及抗炎作用。本实验结果显示，NTs在衰老内皮细胞中具有较强的抗炎特性，且各干预组反应强度相对一致，尤其是对IL-6和IL-1β。NTs混合物、NMN、CMP50/100/200、GMP50/100和UMP50具有良好的综合抗炎作用，而NMN和GMP100组抗炎作用最佳。AMP对ICAM-1的分泌没有抑制作用，但具有很强的抑制IL-6、IL-1β、VCAM-1和MMP-3分泌的活性，低剂量干预效果更显著。对于UMP也是低剂量更有效，而GMP和CMP中剂量表现更好。此外，研究显示IL-17在衰老的肺、心脏和血管中特异性升高[36]，与此一致，我们的数据显示IL-17分泌在衰老血管内皮细胞中上调，NTs可以调节IL-17水平至正常水平。SASP作为细胞衰老的标志，可以通过旁分泌和可能的内分泌效应驱动年龄相关的病理改变[40, 41]。因此，抑制SASP是延缓血管内皮细胞衰老、减轻年龄相关的病理改变和促进内皮稳态的有效机制之一。

第二，本研究发现，NTs通过不同的机制表现出较强的抗氧化性能。本研究中，只有AMP200可显著清除ROS和MDA的同时增强抗氧化酶活性，表明AMP200具有很强的抑制氧化损伤的综合能力。GMP100和CMP200消除ROS和MDA的作用更突出，而AMP50和UMP100增加GSH-Px和SOD活性的作用更突出。NTs混合物可以显著降低ROS和MDA含量的同时增强SOD活性。本研究中，模型组GHS-Px活性有降低趋势，但差异无统计学意义。因此，如果忽略NTs对GSH-Px的影响，则NTs混合物的抗氧化活性最突出且全面，其次是AMP200和GMP100。此外，本课题组前期研究表明，NTs能抑制老年动物模型中抗氧化酶活性的降低和脂质过氧化产物的增加[24, 42]。氧化应激是加重年龄相关损伤的重要原因，通过减轻氧化损伤或增强抗氧化能力是NTs延缓血管内皮细胞衰老、改善内皮功能的又一潜在机制。

第三，越来越多的证据表明，线粒体作为能量稳态的关键调节器，在血管稳态以及年龄相关的CVDs的发生发展中起着核心作用。通过促进线粒体再生和降低线粒体氧化应激的新治疗方法的发展将为降低老年人群的心血管死亡率带来了希望[43]。本研究通过线粒体膜电位和ATP生成能力来评价了线粒体功能。本研究数据表明，NTs混合物和高剂量的单个NTs具有稳定线粒体膜电位的作用，而对于ATP的产生，AMP和CMP的作用一般优于GMP和UMP。NTs混合物和AMP200可以同时稳定线粒体膜电位和显著增加ATP产量。以上结果表明，NTs对内皮细胞也具有改善线粒体功能的作用。本课题的第一部分研究证实NTs延缓细胞衰老作用的分子机制可能与通过NAD^+/SIRT1/PGC-1α信号通路促进线粒体生物发生有关。因此，本课题血管内皮细胞衰老模型中也检测了该信号通路，发现NTs混合物、AMP和CMP的提高NAD^+的作用突出。而对SIRT1和PGC-1α的基因和蛋白表达水平的检测结果显示，只有NTs混合物组中SIRT1基因表达量高于正常水平，而蛋白表达有下降趋势，表明可能存在转录后调控或由于NAD^+水平升高导致SIRT1蛋白消耗增加。SIRT1蛋白还通过作用于下游的NF-κB蛋白调节炎症反应[44, 45]，这也可能是本研究中NTs混合物抑制炎症因子分泌的一个潜在的分子机制。不同单个NTs对SIRT1和PGC-1α没有显著上调作用，AMP50和CMP50表现出一定的抑制SIRT1和PGC-1α基因表达作用，推测可能与选择的干预剂量有关，更低浓度的剂量可能有积极作用。其次，提示不同单个NTs之间存在协同作用以及NTs具有组织细胞特异性，因此需要进一步的试验来摸索更适合的配伍比例及浓度。

第四，自噬与血管生成、内皮旁分泌反应、血管壁钙化以及动脉粥样硬化密切相关，是一种维持体内稳态的有效细胞管理机制[46]。自噬功能障碍的血管内皮细胞中，内皮型一氧化氮合酶和NO产生降低，并加重炎症和氧化应激[47]。因此，本课题中进一步探讨了NTs在衰老内皮细胞中是否具有增强自噬活性的作用。研究结果显示，NTs干预对血管内皮细胞AMPKα基因和蛋白没有上调作用，反而下调AMPKα基因表达。这种下调作用可能与NTs显著增加ATP水平有关。AMPKα是细胞内能量传感器，具有维持能量稳态的作用，能量缺乏时被激活并充当代谢检查点，通过调节代谢酶和抑制促生长合成代谢途径恢复ATP水平[48]。NTs干预显著增加血管内皮细胞中的ATP含量，NTs混合物和CMP50组ATP水平甚至略高于正常对照组。而衰老血管内皮细胞处于严重的能量缺乏状态，从而介导AMPKα的激活，导致AMPKα基因表达高于正常对照组及NTs干预组。本次实验中未能检测到ULK2的基因表达量，推测可能与基因表达量未能达到检测阈值有关。CMP50和UMP50显著升高ULK2蛋白表达，AMP50和GMP50组ULK蛋白表达也相对升高，而NTs混合物组没有显著变化。同时，NTs混合物干预没有显著增加衰老血管内皮细胞中降低的自噬溶酶体含量。据此推测，在促进自噬活性方面不同单个NTs之间协同作用可能较弱，更高比例的CMP和UMP的混合可能具有理想的效应。

本研究还发现NTs具有改善血管舒张功能的潜力。NO是内皮产生的最重要的血管舒张和抗动脉粥样硬化分子之一[49]。本研究中衰老内皮细胞中NO产生有降低趋势，而不同单个NTs及其混合物干预可以不同程度增加NO的产生。此外，本课题组的前期研究也显示NTs干预可以降低高脂模型大鼠血清总胆固醇和三酰甘油水平[50, 51]，从而降低CVDs的重要危险因素，提示NTs在CVDs的预防和治疗中具有广泛的应用前景。

NMN是NAD^+的关键中间体，大量研究表明，补充NMN可以改善年龄相关的病理改变和疾病状况，包括CVDs[52]。NMN也是NTs的衍生物，具有相似的化学结构，因此本课题中设置了NMN干预组作为本研究的阳性对照，并评估其对衰老血管内皮细胞的作用。研究结果显示，NMN通过下调$p16^{INK4A}$和SASP，促进细胞活力、ATP生成和上调SIRT1来发挥延缓过氧化氢诱导的血管内皮细胞衰老作用。但与其他研究相比[53, 54]，本研究中NMN对NAD^+的影响较弱。本研究发现，NTs的抗氧化和保护线粒体功能均优于NMN。

三、NTs在预防和治疗CVDs领域中的应用前景

CVDs是老年高发疾病，而老化进程在心血管系统表现出一系列解剖组织学退行性改变及生理功能的下降，这些变化是老年人CVDs重要病因之一，在CVDs的发生发展中起重要作用。内皮功能障碍是大多数CVDs的共同特征，也是血管老化的早期步骤。本研究通过建立氧化应激诱导的人脐静脉内皮细胞衰老模型，探讨了不同单个NTs及其混合物的延缓内皮细胞衰老作用。研究结果进一步证实了氧化损伤会触发人脐静脉内皮细胞衰老，并发现NTs可以保护内皮细胞DNA、促进细胞活力、抑制细胞周期阻滞、降低SA-β-gal含量，从而延缓氧化应激诱导的人脐静脉内皮细胞衰老，并通过其抗炎、抗氧化活性和改善线粒体功能作用促进血管内皮稳态，同时具有一定的促进血管舒张和自噬活性的潜力。这些研究结果将进一步拓展人们对不同外源嘌呤和嘧啶NTs功能特性的认识，并对其在年龄相关

CVDs 的预防和治疗应用中的有效干预剂量及最佳配伍比例提供参考依据，为 NTs 在预防衰老相关 CVDs 方面的应用提供科研数据支持。未来，NTs 更多的生物活性作用及预防和治疗 CVDs 相关的作用靶点将被揭示。作为食源性无毒无害的生命本源物质，NTs 在预防和治疗 CVDs 领域中具有广泛的应用前景。

小 结

CVDs 位居慢性非传染性疾病以及衰老相关疾病之首，是全球头号死因。大量研究显示，NTs 具有多种生物学活性，这些特性赋予了 NTs 预防和治疗 CVDs 的潜力。本研究发现，NTs 可以保护血管内皮细胞 DNA、促进细胞活力、抑制细胞周期阻滞、降低 SA-β-gal 活性，从而延缓氧化应激诱导的血管内皮细胞衰老，并通过其抗炎、抗氧化活性和改善线粒体功能作用促进血管内皮稳态，同时具有一定的促进血管舒张和自噬活性的潜力。

CVDs is the leading cause of chronic non-communicable diseases and aging-related diseases worldwide. A large number of studies have shown that exogenous NTs have a variety of biological activities，which endow exogenous NTs with the potential to prevent and treat CVDs. In this study，exogenous NTs protected vascular endothelial cell DNA，promoted cell viability，inhibited cell cycle arrest and reduced SA-β-gal activity，thereby delaying senescence of vascular endothelial cells induced by oxidative stress，and promoted vascular endothelial homeostasis through its anti-inflammatory and anti-oxidant activities and improving mitochondrial function. At the same time，it had a certain potential to promote vascular relaxation and autophagy activity.

参考文献

[1] Dendale P. Report on cardiovascular disease prevention summit. European Heart Journal，2020，41：1381-1382.

[2] WHO，https：//www.who.int/en/news-room/fact-sheets/detail/cardiovascular-diseases-（cvds）.

[3] Francula-Zaninovic S，Nola IA. Management of measurable variable cardiovascular disease' risk factors. Curr Cardiol Rev，2018，14：153-163.

[4] North BJ，Sinclair DA. The intersection between aging and cardiovascular disease. Circulation Research，2012，110：1097-1108.

[5] Camici GG，Savarese G，Akhmedov A，et al. Molecular mechanism of endothelial and vascular aging：Implications for cardiovascular disease. European Heart Journal，2015，36：3392-3403.

[6] Calcinotto A，Kohli J，Zagato E，et al. Cellular senescence：Aging，cancer，and injury. Physiological Reviews，2019，99：1047-1078.

[7] Arsenault BJ，Boekholdt SM，Kastelein JJ. Lipid parameters for measuring risk of cardiovascular disease. Nature Reviews Cardiology，2011，8：197-206.

[8] Eckel RH，Bornfeldt KE，Goldberg IJ. Cardiovascular disease in diabetes，beyond glucose. Cell Metabolism，2021，33：1519-1545.

[9] Perumareddi P. Prevention of hypertension related to cardiovascular disease. Prim Care，2019，46：27-39.

[10] Lüscher TF. Epidemiology of cardiovascular disease：The new ESC atlas and beyond. European Heart

Journal，2018，39：489-492.

[11] Wang S，Hu S，Mao Y. The mechanisms of vascular aging. Aging Med（Milton），2021，4：153-158.

[12] Mistriotis P，Andreadis ST. Vascular aging：Molecular mechanisms and potential treatments for vascular rejuvenation. Ageing Research Reviews，2017，37：94-116.

[13] Ungvari Z，Tarantini S，Donato AJ，et al. Mechanisms of vascular aging. Circulation Research，2018，123：849-867.

[14] Yu E，Malik VS，Hu FB. Cardiovascular disease prevention by diet modification：JACC health promotion series. Journal of the American College of Cardiology，2018，72：914-926.

[15] Lim GB. Hypertension：Low sodium and DASH diet to lower blood pressure. Nature Reviews Cardiology，2018，15：68.

[16] Che L，Hu L，Liu Y，et al. Dietary nucleotides supplementation improves the intestinal development and immune function of neonates with intra-uterine growth restriction in a pig model. PloS One，2016，11：e0157314.

[17] Ding T，Song G，Xu M. Nucleotides as optimal candidates for essential nutrients in living organisms：A review. Journal of Functional Foods，2021，82：104498.

[18] Carver JD. Dietary nucleotides：Cellular immune，intestinal and hepatic system effects. J Nutr，1994，124：144s-148s.

[19] Pérez MJ，Sánchez-Medina F，Torres M，et al. Dietary nucleotides enhance the liver redox state and protein synthesis in cirrhotic rats. The Journal of Nutrition，2004，134：2504-2508.

[20] Sáez-Lara MJ，Manzano M，Angulo AJ，et al. Exogenous nucleosides stimulate proliferation of fetal rat hepatocytes. J Nutr，2004，134：1309-1313.

[21] Cheng Z，Buentello A，Gatlin DM 3rd. Dietary nucleotides influence immune responses and intestinal morphology of red drum Sciaenops ocellatus. Fish & Shellfish Immunology，2011，30：143-147.

[22] Holen E，Bjørge OA，Jonsson R. Dietary nucleotides and human immune cells. II. Modulation of PBMC growth and cytokine secretion. Nutrition（Burbank，Los Angeles County，Calif），2006，22：90-96.

[23] Xu M，Liang R，Li Y，Wang J. Anti-fatigue effects of dietary nucleotides in mice. Food & Nutrition Research，2017，61：1334485.

[24] Xu M，Liang R，Guo Q，et al. Dietary nucleotides extend the life span in Sprague-Dawley rats. The Journal of Nutrition，Health & Aging，2013，17：223-229.

[25] Xu M，Zhao M，Yang R，et al. Effect of dietary nucleotides on immune function in Balb/C mice. International Immunopharmacology，2013，17：50-56.

[26] Guo X，Li J，Ran C，et al. Dietary nucleotides can directly stimulate the immunity of zebrafish independent of the intestinal microbiota. Fish & Shellfish Immunology，2019，86：1064-1071.

[27] Arnaud A，López-Pedrosa JM，Torres MI，et al. Dietary nucleotides modulate mitochondrial function of intestinal mucosa in weanling rats with chronic diarrhea. Journal of Pediatric Gastroenterology and Nutrition，2003，37：124-131.

[28] Fajemiroye JO，da Cunha LC，Saavedra-Rodríguez R，et al. Aging-induced biological changes and cardiovascular diseases. BioMed Research International，2018；2018：7156435.

[29] Childs BG，Baker DJ，Wijshake T，et al. Senescent intimal foam cells are deleterious at all stages of atherosclerosis. Science（New York，NY），2016，354：472-477.

[30] Song P，Zhao Q，Zou MH. Targeting senescent cells to attenuate cardiovascular disease progression. Ageing Research Reviews，2020，60：101072.

[31] Lakatta EG，Levy D. Arterial and cardiac aging：Major shareholders in cardiovascular disease enterprises：Part I：aging arteries：a "set up" for vascular disease. Circulation，2003，107：139-146.

[32] Hasegawa Y，Saito T，Ogihara T，et al. Blockade of the nuclear factor-κB pathway in the endothelium prevents insulin resistance and prolongs life spans. Circulation，2012，125：1122-1133.

[33] Lin XL, Liu Y, Liu M, et al. Inhibition of hydrogen peroxide-induced human umbilical vein endothelial cells aging by allicin depends on sirtuin1 activation. Med Sci Monit, 2017, 23: 563-570.
[34] Sun Y, Hu X, Hu G, et al. Curcumin attenuates hydrogen peroxide-induced premature senescence via the activation of SIRT1 in human umbilical vein endothelial cells. Biol Pharm Bull, 2015, 38: 1134-1141.
[35] Wang W, Zheng Y, Sun S, et al. A genome-wide CRISPR-based screen identifies KAT7 as a driver of cellular senescence. Sci Transl Med, 2021, DOI: 10.1126/scitranslmed.abd 2655.
[36] Ma S, Sun S, Li J, et al. Single-cell transcriptomic atlas of primate cardiopulmonary aging. Cell Research, 2021, 31: 415-432.
[37] Morgan RG, Ives SJ, Lesniewski LA, et al. Age-related telomere uncapping is associated with cellular senescence and inflammation independent of telomere shortening in human arteries. Am J Physiol Heart Circ Physiol, 2013, 305: H251-H258.
[38] Xu Y, Wang Y, Yan S, et al. Intracellular adenosine regulates epigenetic programming in endothelial cells to promote angiogenesis. EMBO Mol Med, 2017, 9: 1263-1278.
[39] Pober JS, Min W, Bradley JR. Mechanisms of endothelial dysfunction, injury, and death. Annu Rev Pathol, 2009, 4: 71-95.
[40] Hernandez-Segura A, Nehme J, Demaria M. Hallmarks of cellular senescence. Trends Cell Biol, 2018, 28: 436-453.
[41] Wiley CD, Liu S, Limbad C, et al. SILAC analysis reveals increased secretion of hemostasis-related factors by senescent cells. Cell Reports, 2019, 28: 3329-3337.e5.
[42] 李勇，徐美虹 . 核苷酸营养学 . 北京：北京大学医学出版社，2016.
[43] Dai DF, Rabinovitch PS, Ungvari Z. Mitochondria and cardiovascular aging. Circulation Research, 2012, 110: 1109-1124.
[44] Li F, Chen Y, Li Y, Huang M, Zhao W. Geniposide alleviates diabetic nephropathy of mice through AMPK/SIRT1/NF-κB pathway. Eur J Pharmacol, 2020, 886: 173449.
[45] Zhang W, Huang Q, Zeng Z, et al. Sirt1 inhibits oxidative stress in vascular endothelial cells. Oxidative Medicine and Cellular Longevity, 2017; 2017: 7543973.
[46] Nussenzweig SC, Verma S, Finkel T. The role of autophagy in vascular biology. Circulation Research, 2015, 116: 480-488.
[47] Bharath LP, Cho JM, Park SK, et al. Endothelial cell autophagy maintains shear stress-induced nitric oxide generation via glycolysis-dependent purinergic signaling to endothelial nitric oxide synthase. Arterioscler Thromb Vasc Biol, 2017, 37: 1646-1656.
[48] Podhorecka M, Ibanez B, Dmoszyńska A. Metformin - its potential anti-cancer and anti-aging effects. Postepy Hig Med Dosw (Online), 2017, 71: 170-175.
[49] Theofilis P, Sagris M, Oikonomou E, et al. Inflammatory mechanisms contributing to endothelial dysfunction. Biomedicines, 2021: 9. DOI: 10.3390/biomedicines 9070781.
[50] 蔡夏夏，鲍雷，王楠，等 . 膳食 5′- 核苷酸对酒精性肝损伤大鼠肠道菌群的影响 . 食品科学，2015，36：212-216.
[51] 赵明，刘志刚，张佳丽，等 . 口服核苷酸降血脂作用的实验研究 . 中国预防医学杂志，2009，10：1124-1126.
[52] Yoshino J, Baur JA, Imai SI. NAD (+) Intermediates: The biology and therapeutic potential of NMN and NR. Cell Metabolism, 2018, 27: 513-528.
[53] de Picciotto NE, Gano LB, Johnson LC, et al. Nicotinamide mononucleotide supplementation reverses vascular dysfunction and oxidative stress with aging in mice. Aging Cell, 2016, 15: 522-530.
[54] Widlansky ME, Hill RB. Mitochondrial regulation of diabetic vascular disease: An emerging opportunity. Transl Res, 2018, 202: 83-98.

第七章 核苷酸与脂肪增龄性改变

Exogenous nucleotides and aged-related adipose tissue function

衰老是机体功能随着时间推移逐渐退化的过程。正常的机体衰老过程与许多复杂的生理进程密切相关。其中，脂肪组织（adipose tissue）在年龄相关的机体代谢功能障碍和退行性疾病的发生发展和中起着十分关键的作用[1]。脂肪组织可分为白色脂肪、棕色脂肪和米色脂肪。脂肪组织内的脂肪细胞通过储存及释放能量、分泌脂肪因子来参与调节机体的能量平衡、糖脂稳态和免疫功能。脂肪组织衰老过程伴随着棕色脂肪白色化、白色脂肪重新分布和异位沉积，造成年龄相关的炎症因子表达量增加，引发包括糖尿病、高脂血症在内的多种代谢综合征，而代谢综合征又与认知功能衰退、心血管病和死亡等不良事件有关。通过日常膳食摄入的模式给予老年动物合适的营养干预物质，来改善衰老脂肪组织的功能，对减轻年龄相关的代谢功能障碍、老年病，实现健康老龄化，具有极其深远的意义。核苷酸（nucleotides，NTs）是一类含氮物质，具有重要的生理功能。本章主要介绍了 NTs 对年龄相关脂肪组织功能衰退的影响，为 NTs 在改善脂肪组织功能上的应用拓宽了新视野。

Aging is a process of gradual degradation of body function over time. The normal aging process is closely related to many complex physiological processes. Adipose tissue plays a key role in the occurrence and development of age-related metabolic dysfunction and degenerative diseases. Adipose tissue are divided into white adipose tissue，brown adipose tissue and beige adipose tissue. Adipocytes in adipose tissue participate in the regulation of energy balance，glucose and lipid homeostasis and immune function by storing and releasing energy and secreting adipokines. The aging process of adipose tissue is accompanied by whitening of brown adipose tissue，redistribution of white adipose tissue and ectopic deposition，resulting in increased expression of age-related inflammatory factors，leading to a variety of metabolic syndrome including diabetes and hyperlipidemia，which is related to adverse events such as cognitive decline，cardiovascular disease and death. Giving appropriate nutritional intervention substances through the mode of daily dietary intake to improve the function of aging adipose tissue is of great significance to reduce age-related metabolic dysfunction and senile diseases and realize healthy aging. Nucleotides（NTs）are a kind of nitrogen-containing substances with important physiological functions. This chapter mainly introduces the effect of exogenous NTs on age-related adipose tissue function decline，which broadens a new vision for the application of exogenous NTs in improving adipose tissue function.

第一节 概 述 Introduction

一、增龄性白色脂肪组织功能变化

白色脂肪组织（white adipose tissue，WAT）主要分布在皮下、网膜及内脏周围，由大量的脂肪细胞、其他非脂肪细胞、结缔组织基质、血管和神经组织组成。非脂肪细胞细胞成分包括免疫细胞、前体细胞和成纤维细胞[2]。WAT将营养物质以三酰甘油的形式储存起来，防止多余营养物质在非脂肪组织中毒性累积，在缓冲营养物质供求方面发挥着重要作用[1,3]。除了作为能量储存器官，WAT同时也是机体内最大的内分泌器官，可以通过分泌多种脂肪因子，如瘦素、脂联素等，与其他代谢相关的器官进行交流，参与调节营养物质代谢[3]。

衰老与脂肪组织间存在着十分密切而复杂的关联。过去，人们常认为高BMI（body mass index）是老年人群代谢类疾病的一项危险因素。但许多大型流行病学研究发现，BMI与死亡率实际呈U型曲线[4]。一定范围内的高BMI是许多代谢性疾病的保护因素，这一现象也被称为“肥胖悖论”（obesity paradox）。轻度或重度肥胖人群冠心病、心力衰竭治疗预后更佳[5-7]，老年高BMI人口的骨密度更高[8]，患肝癌、结直肠癌等癌症后的累计生存率更高[9]。对此，有学者认为，某些高BMI患者具有更高的肌肉含量，是去脂体质量（fat-free mass，FFM）在发挥保护作用，而不是脂肪质量[5,10]；但也有人认为BMI并不能反映患者全身脂肪的具体分布情况[6]。当使用其他可以反映内脏脂肪分布的指标，例如使用腰围、腰臀比、腰高比等进行关联分析时，并不会观察到肥胖悖论[11]。因此，在讨论由肥胖引起年龄相关代谢性疾病时，应该将内脏脂肪和皮下脂肪分开来讨论。内脏脂肪的蓄积是年龄相关代谢疾病的一项危险因素，而功能健全的皮下脂肪在某种程度上起着保护作用。胰岛素抵抗、葡萄糖代谢紊乱与区域脂肪组织分布的关系比与总脂肪质量的关系更密切[12]。

脂肪组织的总量在中年时增加，老年时减少，并伴随着脂肪组织在不同脂肪储存库间重新分布的过程，即从皮下转移至腹腔内脏库[1,13]。皮下脂肪（subcutaneous adipose tissue，SAT）是人体最大的脂肪组织库，也是储存过量脂肪的首选场所。SAT对营养缺乏、冷暴露或感染所导致的机体内部环境变化具有高度适应性[14]，以扩张脂肪细胞、增加脂肪前体细胞的形式来容纳过多的脂质[15]。然而，在衰老、肥胖等不良条件下，皮下脂肪库储存的脂肪量超过其扩张能力，脂质就会被储存在其他与代谢上有害的异位脂肪库，包括内脏周围、肝、胰腺、心肌及骨骼肌[15]。这种脂质在异位脂肪库中的毒性积聚，会引发胰岛素抵抗、血脂异常等不良状态，诱发代谢类疾病[3,16]。动物实验证实，SAT的适应性受损会引发小鼠胰岛素抵抗，而适应性良好的SAT可以有效预防包括胰岛素抵抗、甲状腺轴功能受损在内的小鼠年龄相关代谢功能性障碍[17]。

人体内的内脏脂肪（visceral adipose tissue，VAT）随着年龄的增长不断增加[2]。VAT约占男性全身总脂肪含量的10%～20%，女性的5%～8%。老年男性和围绝经期女性均会出现显著的腿部脂肪百分比减少、中心脂肪增加[18,19]。VAT的增加对身体骨骼肌肉质量具有负面影响[20]。与SAT相比，VAT中的脂肪细胞直径更大、对胰岛素敏感性更低[21]。目前，普遍认为 VAT 是胰岛素抵抗、2 型糖尿病、心血管疾病、中风、代谢综合征和死亡的主要危险因素[22-24]。近年来，还有研究发现，VAT 蓄积与老年人轻度认知功能障碍存在关联[25, 26]，高 VAT 对大脑灰质体积、海马体积和记忆力都具有负面影响[27]。VAT 过高与成人大脑老化有关，与总脑体积呈明显负相关[28]。另外，VAT 是衰老小鼠体内骨桥蛋白最主要的来源，可以诱导心肌成纤维细胞衰老，引起心脏结构功能改变[29]。VAT 还对老年人呼吸系统功能存在显著的负面影响[30]。

脂肪组织是全身炎症因子最主要的来源，尤其是在 VAT 中[31]。全身慢性炎症反应是衰老最主要特征之一[32]。衰老会引发脂肪组织功能障碍，包括脂肪前体细胞功能降低，免疫细胞浸润，衰老细胞负荷增加，导致衰老相关分泌表型（senescence associated secretory phenotype，SASP）增加。衰老细胞 SASP 相关的细胞因子包括趋化因子、炎症因子、生长因子以及基质金属蛋白酶等多种衰老信息传递分泌物。炎症因子 TNF-α、IL-6 和 IL-1β 是 WAT 中 SASP 的重要组成部分。在正常情况下，SASP 增加可以在衰老细胞周围募集并激活免疫细胞，促进衰老细胞的清除。但随着年龄的增长，衰老的脂肪细胞逐渐蓄积，SASP 持续分泌，通过促进脂肪前体细胞的炎症过程、抑制分化和驱动免疫细胞浸润，会诱发脂肪重分布、胰岛素抵抗及全身慢性炎症，引起全身代谢失调和功能衰退，最终导致糖尿病和虚弱[14, 33]。

二、增龄性棕色脂肪组织功能变化

棕色脂肪组织（brown adipose tissue，BAT）由多泡脂肪细胞聚集而成。BAT 中含有丰富的毛细血管，细胞内散在许多小脂滴，线粒体丰富，并因线粒体多而呈现棕色。啮齿类动物的 BAT 细胞分布在固定的 BAT 储存库中。肩胛间 BAT 库是小鼠全身最大的 BAT 库，另有一些小型 BAT 库分布在肾周、主动脉周围等部位[34]。与小鼠类似，新生儿肩胛间 BAT 库和肾周 BAT 库存在大量活跃的 BAT 细胞，用于维持核心体温。过去人们常认为，成人体内不含具有代谢活性的 BAT。近年来，随着影像技术的发展，使用 PET-CT 扫描发现，成人体内也存在有活性的 BAT，主要分布在颈部、锁骨上、脊柱旁、纵隔区、主动脉周围、肾周围等区域[35]。由于激活 BAT 可以消耗体内多余的营养物质，BAT 已逐渐成为治疗肥胖及肥胖相关代谢障碍的全新靶点器官。

BAT 细胞可以独特地表达解偶联蛋白 1（uncoupling protein 1，UCP-1）。UCP-1 位于线粒体内膜，在寒冷、去甲肾上腺素刺激作用下可以完成非震颤性产热[36]。与 WAT 类似，BAT 也具有分泌功能，可以通过分泌 Nrg 4、IGF-1、FGF-21、NAMPT 等活性物质与其他器官协同调节机体营养物质代谢[37]。研究证实，增加 BAT 体积对成年人脂质代谢具有积极意义。被激活的 BAT 在全身能量消耗、葡萄糖平衡和人胰岛素敏感性方面具有重要作用，在人体中可能作为抗糖尿病组织发挥作用[38]。

BAT 的老化伴随着组织总量下降、体积萎缩、线粒体功能下降及 UCP-1 活化减少[36]，镜下可见 BAT 细胞的胞内脂滴数量减少，直径变大，细胞扩大[39]。在衰老过程中，巨噬细胞浸润和过量三酰甘油积累促进 BAT 内 WAT 细胞样表型增加，并逐渐取代棕色脂肪细胞，即棕色细胞的“白色化”（whitening）[40, 41]。老年小鼠存在 BAT 前体细胞分化障碍[42]。老化的 BAT 细胞在冷刺激后增殖能力下降，UCP-1 表达减少，而改善老年小鼠 BAT 白色化，维持 BAT 形态功能可以预防年龄和肥胖相关的代谢疾病[41]。BAT 也可以作为靶点改善年龄相关的脂肪质量增加[42]。

腺苷酸活化蛋白激酶（AMP-activated protein kinase，AMPK）是细胞代谢和能量平衡的关键调节剂，沉默信息调节因子 -1（Sirt-1）可以参与调节机体糖脂代谢、氧化应激等，具有重要的生理功能。如图 7-1-1，AMPK/Sirt-1/PGC-1α 通路可以辅助维持细胞线粒体功能，是目前热门的研究通路，在抗炎、抗氧化、维持线粒体功能、调节细胞凋亡等方面具有广阔的应用前景。AMPK/Sirt-1/PGC-1α 通路在维持 BAT 正常生理功能中也发挥着重要作用。核苷酸类衍生物对 Sirt-1 具有潜在的调节作用。烟酰胺单核苷酸（nicotinamide mononucleotide，NMN）是关键的 NAD^+ 合成中间体，已被证实可以通过激活 Sirt-1 保护线粒体功能，诱导参与老年小鼠神经血管的线粒体再生、抗炎和抗凋亡通路基因，保护神经血管功能[43]。目前，暂无研究表明 NTs 对 AMPK/Sirt-1/PGC-1α 通路存在影响。

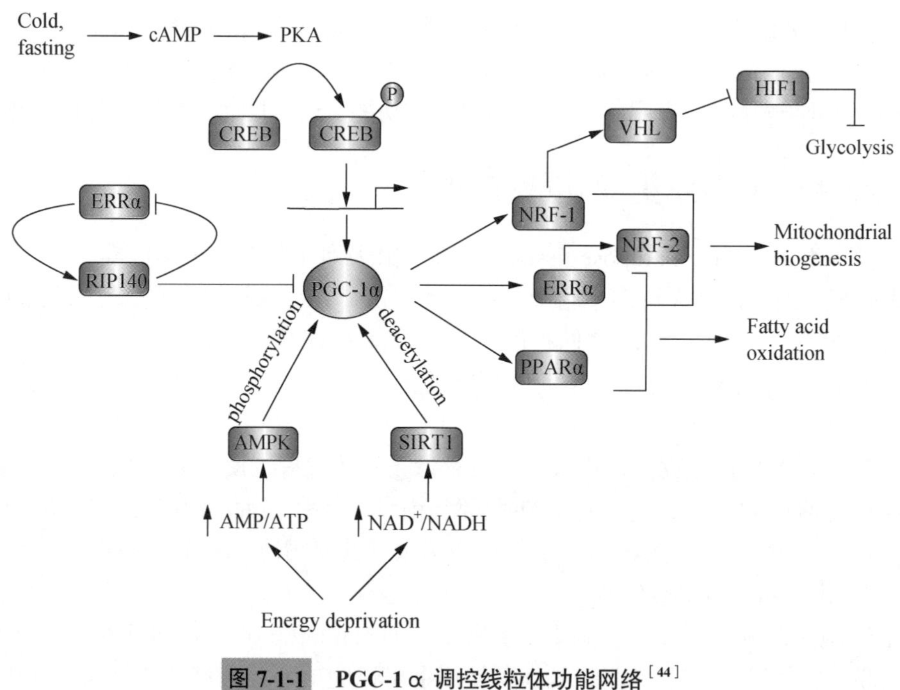

图 7-1-1 PGC-1α 调控线粒体功能网络[44]

三、营养干预对脂肪组织功能的影响

（一）热量限制

热量限制（caloric restriction，CR）是目前已被证实的，可以延长寿命、改善与年龄相关的代谢综合征的主要营养措施。而对 WAT 代谢的改善在 CR 的有益效果中起着重要作用。Karl 的研究将 CR 组的摄入量保持在每周 73 千卡（对照组限制为 16%），发现 CR 组虽然总体重、总肌肉量和脂肪质量低于对照组，但具有较高的肌肉率。CR 组的下游脂联素信号分子 AMPK、PGC1α 和 SIRT-1 增加[45]。长期 CR 与肝、eWAT 中的 FGF21、FGF21 受体葡萄糖转运体 1、PGC1α 和 Glut1 的高表达有关[46]。CR 已被证明可以减少老年大鼠的 VAT 增加和脂肪细胞增大[47, 48]，增加 SAT 中的激素敏感性脂肪酶磷酸化和胰岛素敏感性。

除了影响 WAT 的总量与分布，CR 还可以延缓中年小鼠 sWAT 可塑性减少，降低 WAT 中的 MCP-1 和 TNF-α 水平，改善 BAT 的年龄相关交感神经反应，促进 WAT 棕色化[17]。WAT 棕色化是 CR 降低小鼠总脂肪量的主要机制之一，这可能与 CR 动物 WAT 中的嗜酸性粒细胞和 M2 型巨噬细胞浸润增加、2 型细胞因子信号传导增强有关[49]。Fabbiano 等人发现，CR 同时也会引起肠道微生物种群的变化。将 CR 小鼠肠道微生物移植到无菌小鼠体内，可以减少无菌小鼠脂肪组织的体积和重量，并增加 SAT 中 BAT 标记物的表达，表明肠道微生物在介导脂肪组织棕色化中的作用。这可能与 CR 降低 LPS 与 TLR4 的结合有关[50]。CR 和人体 WAT 棕色化之间的关系仍需要进一步探讨。在一项涉及 289 名超重或肥胖者的随机对照试验中，并未观察到 CR 对皮下腹部脂肪组织褐变的影响[51]。

（二）抗氧化类物质

目前已被证实的，能通过膳食摄入发挥抗氧化作用，改善脂肪组织功能的物质包括维生素类物质和多酚类物质等[52]。维生素类物质包括具有抗氧化效果的维生素 C、维生素 D、维生素 E 等。给予 Vitamin D 可以增加脂肪组织中抗氧化酶 SOD、GSH-Px 的活性，降低 TNF-α 浓度，改善肥胖大鼠的脂肪组织氧化应激和炎症参数[53]，也可以通过 SIRT1/AMPK/IRS1/GLUT 四级联合预防肥胖小鼠脂肪组织氧化应激，提高葡萄糖吸收[54]。但由于蔬菜水果中同样具有丰富的维生素，在实际进行人群试验时，很难精确量化每日实际维生素摄入量[55]。且某些研究中，还发现了维生素 C 补充剂效果不足[56]、甚至会抵消运动产生的有利影响等问题[57]。

多酚类物质多从植物中提取，品种多样，包括原花青素、儿茶酚胺、白藜芦醇[58, 59]和其他多种物质。白藜芦醇可以降低高脂饮食喂养的小鼠脂肪组织内 ROS 水平，改善小鼠代谢紊乱和胰岛素抵抗[60]。研究多酚类物质对脂肪组织的作用，多立足于使用高脂饮食喂养建造肥胖模型的动物实验，或是针对肥胖、糖尿病等特殊人群患者的小规模人群实验，大规模的人群实验以及主要针对衰老中的脂肪组织的动物实验相对较少，仍需要进一步的研究来证明其对老年人改善脂肪组织功能的效果。

另外，其他具有抗氧化活性的物质也可以改善脂肪组织功能，如核桃提取物可以缓解大鼠肝外脂质生成，提高还原型谷胱甘肽水平，增加 GSH-Px、SOD 活性，减轻异位脂肪堆积及其相关氧化应激状态[61]。葡萄提取物可以通过调节脂肪酶活性、增加抗氧化能力、减少过渡金属以及 O_2^- 和 OH^- 等自由基来预防血脂异常[62]。通过运动训练改善氧化应激对减少全身脂肪、改善代谢综合征也具有显著作用[63]。

四、外源核苷酸具有调节预防衰老的潜力

NTs 是核酸的亚单位，由胞嘧啶、腺嘌呤、鸟嘌呤、胸腺嘧啶和尿嘧啶组成的碱基附着在核糖或带有磷酸基团的脱氧核糖部分上。NTs 可以参与构建 DNA 和 RNA，还参与各种细胞过程，包括能量代谢、细胞信号转导，参与酶促反应，调节细胞周期。

基于NTs对机体的重要性，机体不仅可以通过从头合成途径，利用简单前体分子氨基酸、一碳单位和磷酸核糖等自行生产NTs，还可以通过摄入食物中的NTs进行补救合成，以满足正常身体需求。尽管从头合成是内源NTs合成的主要方式，但此过程需要耗费更多的能量。从胃肠道中吸收NTs可以直接参与核酸合成的补救途径，并反馈抑制从头合成途径，发挥节能作用。对体内某些不能自行合成嘌呤核苷酸的组织，如脑、骨髓等，补救合成途径至关重要。

NTs在体内的分解过程主要包括嘌呤环和嘧啶环的分解。嘌呤的分解代谢主要在肝、小肠及肾中进行。不同种类的生物分解嘌呤碱的代谢产物不同。人、猿类等一些排尿酸的动物可以在黄嘌呤氧化酶的催化作用下，将嘌呤分解为终产物尿酸，随尿液排出体外。而包括小鼠在内的多种生物，可以进一步将尿酸分解形成不同的代谢产物，最后分解成CO_2和氨。嘧啶环的分解代谢主要在肝中进行，嘧啶环最终被分解为氨、二氧化碳和β-丙氨酸。

当机体处于某些特殊状态，如肠道损伤、快速生长和蛋白质摄入减少等状态时，身体对NTs的需求增加，需要额外从饮食中获取NTs以满足机体的特殊需要，故而饮食中的NTs也被视为条件性必需营养素。NTs在生命体的特定时期，例如快速生长期、孕期和老年期，具有重要的作用。

作为生物体维持生命广泛使用的合成原料，NTs具有作为免疫调节剂的潜力。实验证实，NTs缺乏会降低小鼠的细胞免疫功能，在应对白念珠菌或金黄色葡萄球菌感染过程中免疫反应下降，脾细胞产生的IL-2减少，巨噬细胞活化减少。限制NTs还会导致肝中的脂质积聚[64]。给小鼠喂食缺乏NTs的食物会引起T淋巴细胞和B淋巴细胞、NK细胞和$CD4^+$/$CD8^+$的活性降低。补充NTs可以提高血清中IL-2和IL-4、颗粒细胞巨噬细胞集落刺激因子和Th1/Th2比值[65]。除了免疫调节，NTs还具有促进婴幼儿生长发育[66]、维持胃肠道健康[67]、保护肝功能[68]、提高记忆力[69]等许多方面的功能。NTs同时具有良好的抗氧化性，长期在饲料中添加NTs喂养可以抑制大鼠血清内年龄相关抗氧化酶减少及过氧化物增加，显著增加大鼠平均寿命及最大寿命[70]。另外，NTs可以通过改善小鼠骨骼肌内的氧化应激，增加SOD、SDH、GPx活性，减少MDA水平，改善线粒体活动，具有明显抗疲劳效果[71]。NTs对脂质代谢也具有重要作用，实验证实，在出生时补充了NTs的早产儿体内HDL-C和LDL-C水平明显高于未补充的早产儿[72]。

查阅文献发现，目前尚无研究证实膳食摄入NTs有助于改善年龄相关WAT、BAT功能障碍。北京大学李勇教授课题组基于膳食摄入的NTs具有良好的抗氧化性、抗炎和作为免疫调节剂的能力，通过给予SAMP8小鼠含有不同剂量NTs的饲料，分别评价老年SAMP8小鼠WAT、BAT的功能及氧化应激相关指标、AMPK/Sirt-1/PGC-1α在BAT内的表达情况，为膳食摄入NTs可以改善脂肪组织的功能提供实验依据。

There is no study to confirm that dietary intake of NTs is helpful to improve age-related WAT and BAT dysfunction according to the literature review. Based on the good antioxidant, anti-inflammatory and immune regulator capacity of NTs, the research group evaluated the functions of BAT and WAT, oxidative stress and the expression of AMPK/Sirt-1/PGC-1α in elderly SAMP8 mice by giving SAMP8 mice a diet containing different doses of NTs. The research provided experimental evidence that dietary intake of NTs can improve the function of adipose tissue.

第二节 核苷酸对脂肪组织作用的研究进展 Advances in effects of exogenous NTs on adipose tissue

一、NTs 对脂肪组织作用的研究方法

目前，对脂肪组织的研究更多建立在代谢类疾病动物模型上，例如通过建立肥胖动物模型、糖尿病动物模型，研究不同干预措施对脂肪组织功能的影响。例如 Johansson 等通过二氢睾酮诱导建立多囊卵巢综合征大鼠模型，研究针灸刺激对脂肪组织内的胰岛素信号转导的影响[73]。Wei 等给予通过小鼠标准实验室饮食、高脂饮食和热量限制饮食，发现长期能量不足或能量过剩可以通过 NAD/SIRTs 系统调节棕色、白色脂肪组织功能[74]。目前常用的半纯化高脂肪饮食一般添加占总能量 40% 的动物油脂、少量 n-3 脂肪酸和少量富含 n-6、n-9 脂肪酸的植物油脂[75]。

本研究旨在探讨 NTs 对衰老小鼠脂肪组织功能的影响，选择 SAM 系小鼠作为衰老动物模型。SAM 系小鼠是 AKR/J 小鼠在维持兄妹交配近亲繁殖的条件下繁衍获得的具有符合标准近交系标准的衰老动物模型，其遗传图谱具有稳定纯合性，病理表型稳定表达。目前已培育成功的 SAM 系小鼠包括加速衰老易感小鼠（senescence-prone inbred strains，SAMP）和抗加速衰老小鼠（senescence-resistant inbred strains，SAMR）[76]。使用生存曲线、Gompertz 函数、衰老评分以及体重增长模式等数据分析了 P、R 系列小鼠衰老特征，发现 P 系小鼠特征为“加速衰老”。主要表现为衰老开始早、不可逆。在正常发育进入成熟期（约 4 ～ 6 月龄）后迅速出现行为异常、皮肤及眼部病变、脊柱弯曲等老化特征，寿命缩短。P 系小鼠中位生存时间约为 11.9 个月，而 SAMP8 中位生存时间为 12.1 个月[77]。北京大学李勇教授课题组选用 SAMP8 小鼠作为实验组，SAMR1 小鼠作为对照组，使用 NTs 对其进行长期喂养干预实验，以探讨 NTs 对衰老小鼠脂肪组织功能的影响。

NTs 混合物为白色粉末状固体，源于酶解法生产分离的蔗糖糖蜜提取物，混合物纯度在 99% 以上。本研究中使用的 NTs 是由大连双迪科技股份有限公司提供的核苷酸混合物。于北京大学实验动物中心购入 3 月龄的无特定病原体级（specefic pathogen free，SPF）雄性 SAMP8、SAMR1 小鼠，对其进行单笼饲养，不限制小鼠采食和饮水。饲料及鼠笼垫料每周更换，饮水每日更换，保证环境干净卫生。饲养环境温度 22±2℃，相对湿度 50% ～ 60%，以 12h/12h（8：00 ～ 20：00）光照模式模拟正常昼夜变化节律。

为模拟一般条件下人群 NTs 摄入情况（在日常膳食中直接获取），本研究于北京科奥协力有限公司订制了含有不同剂量 NTs 的饲料，对小鼠进行为期 9 个月的长期饲养。在既往研究的基础上制订了 NTs 的干预剂量，低剂量干预组（NTs-L）、中剂量干预组（NTs-M）、高剂量干预组（NTs-H）小鼠饲料中分别含有 0.3 g/kg、0.6 g/kg、1.2 g/kg 的 NTs[78]。小鼠适应喂养一周后，将 3 月龄的 SAMP8 小鼠按照体重随机分为 1 个一般对照组和 3 个 NTs 剂量组，SAMR1 小鼠为模型对照组（$n = 15$）。另于 SAMP8 小鼠 9 月龄时，设置一个 3 月龄的青年对照组（$n = 15$）。使用动物维持饲料对一般对照组、模型对照组和青年对照组小

鼠进行喂养；使用额外添加了低、中、高剂量 NTs 的饲料对 NTs 干预组进行喂养。每周称量并记录小鼠摄食量、体重。设立 12 月龄为一般对照组、模型对照组和 NTs 剂量组的干预终点，6 月龄为青年对照组的干预终点。干预结束后，先进行小鼠体成分的测定，随后快速分离小鼠血清、附睾周围白色脂肪（epididymal WAT，eWAT）、腹股沟白色脂肪（inguinal WAT，iWAT）和肩胛间棕色脂肪，称重，于液氮中急速冷冻后储存在－80℃冰箱中，进行后续相关指标的检测（图 7-2-1）。

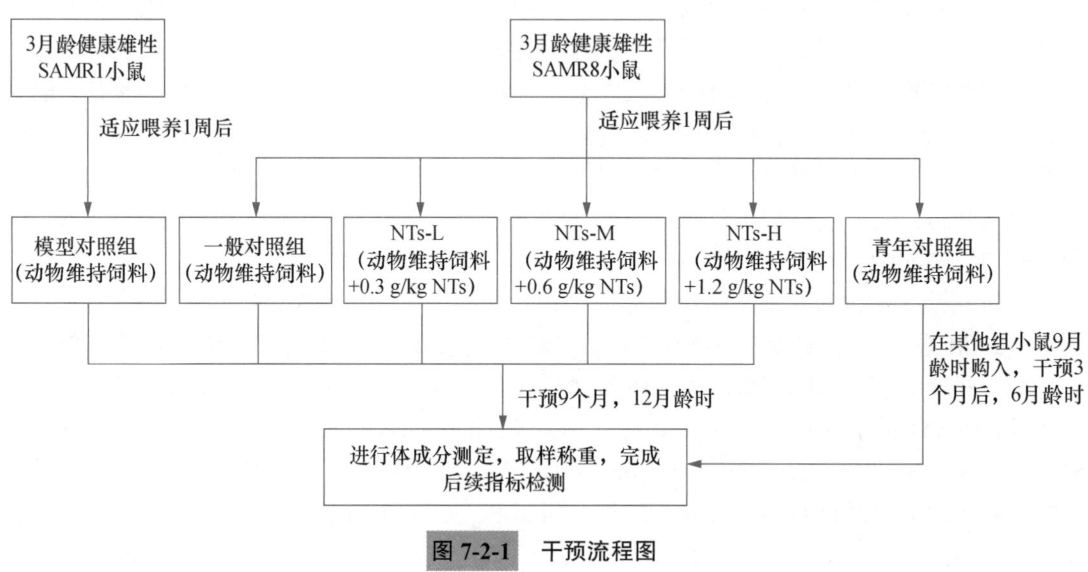

图 7-2-1　干预流程图

二、NTs 对衰老 SAMP8 小鼠白色脂肪组织功能作用的研究进展

小鼠衰老过程中伴随着脂肪组织总量的减少和白色脂肪组织重分布、脂肪因子和炎症因子分泌量的改变。本研究通过体成分测量小鼠脂肪组织总量，使用 ELISA 试剂盒检测了 WAT 和血清中的氧化应激水平、脂肪因子和炎症因子表达量，并使用 Western blot 评价 WAT 中的 NF-κB 的表达量，以全面评价 NTs 在小鼠衰老过程中对 WAT 的作用。

The aging process of mice is accompanied by the decrease of the total fat mass, the redistribution of white adipose tissue and the changes of the secretion of adipokines and inflammatory factors. In this study, the total fat mass in mice was measured by body composition, the level of oxidative stress, the expression of adipokines and inflammatory factors in WAT and serum were detected by ELISA kit, and the NF-κB in WAT was evaluated by western blot to comprehensively evaluate the effect of exogenous NTs on WAT in the aging process of mice.

（一）NTs 对小鼠死亡率、体重、周摄食量的影响

如表 7-2-1，在干预全程，初始 15 只小鼠各有 2～3 只死亡，死亡时间、死亡率无显著差异（$P > 0.05$）。由于小鼠的脂肪组织质量较少，从每组存活的 12 只小鼠中随机选择了 3 只进行 Western blot 检测，剩余小鼠用作其他检测。

如表 7-2-1、表 7-2-2，在衰老过程中，各组小鼠周摄食量和体重逐渐下降。在干预起点处，各组小鼠体重和摄食量无统计学差异（$P>0.05$）。6 月龄时，3 个 NTs 干预组的小鼠摄食量均较高，相比一般对照组和模型对照组具有统计学意义（$P<0.05$）。9 月龄时，一般对照组小鼠摄食量显著低于模型对照组和低剂量、中剂量的 NTs 干预组（$P<0.05$）。12 月龄时，各组小鼠摄食量无明显差异（$P>0.05$）。

6 月龄、9 月龄时，中剂量和高剂量 NTs 干预组小鼠的体重较高，相对一般对照组具有统计学意义（$P<0.05$）。12 月龄时,NTs 中剂量组小鼠体重显著高于一般对照组（$P<0.05$），其余各组间小鼠体重无显著差异（$P>0.05$）。虽然 6 月龄和 9 月龄时，低剂量 NTs 干预组小鼠摄食量较高，但干预全程体重对比一般对照组无明显差异（$P>0.05$）。

表 7-2-1　NTs 对 SAMP8 小鼠周摄食量的影响（$\bar{x}\pm s$）

组别	n	3 月龄（干预起点）	6 月龄（干预第 3 月）	9 月龄（干预第 6 月）	12 月龄（干预第 9 月）
一般对照	12	35.34±1.53	33.14±4.30	28.71±3.06	25.04±2.69
模型对照	13	35.63±5.73	33.04±2.18	32.83±2.91#	26.87±3.42
青年对照	15	36.69±1.65	33.73±4.18		
NTs-L	13	36.68±2.49	37.63±4.12#*	32.89±4.57#	28.41±2.43
NTs-M	13	37.75±2.89	37.04±4.98#*	32.28±4.03#	25.77±5.64
NTs-H	12	37.74±2.08	37.49±4.60#*	30.26±2.89	27.77±3.76

注：# 与一般对照比较有统计学差异，* 与模型对照比较有统计学差异（$P<0.05$）。

表 7-2-2　NTs 对 SAMP8 小鼠体重的影响（$\bar{x}\pm s$）

组别	n	3 月龄（干预起点）	6 月龄（干预第 3 月）	9 月龄（干预第 6 月）	12 月龄（干预第 9 月）
一般对照	12	29.84±1.84	33.27±2.36	31.66±2.59	29.78±3.86
模型对照	13	30.96±1.48	35.77±2.73	35.78±3.32#	32.01±3.63
青年对照	15	30.63±2.07	35.01±2.02		
NTs-L	13	30.32±2.60	34.35±3.46	33.51±4.71	32.16±4.42
NTs-M	13	30.80±2.59	37.55±3.65#	35.28±4.78#	33.28±3.88#
NTs-H	12	29.93±1.70	37.20±4.83#	36.23±4.84#	32.50±3.12

注：# 与一般对照比较有统计学差异，* 与模型对照比较有统计学差异（$P<0.05$）。

（二）NTs 对 WAT 脏器指数的影响

在干预终点时，使用小动物体成分测量仪测量各组小鼠脂肪组织总量（FAT/g）。计算 FAT 占小鼠总质量的比值，得到脂肪组织质量指数（FAT%）。

如表 7-2-3，青年对照组小鼠的 FAT 总量显著高于 12 月龄的一般对照、模型对照和

NTs 低剂量、高剂量对照组，差异具有统计学意义（$P < 0.05$）。NTs 中剂量组 FAT 总量与青年对照组无显著差异（$P > 0.05$），显著高于 12 月龄一般对照、模型对照组，差异具有统计学意义（$P < 0.05$）。青年对照组小鼠 FAT% 显著高于模型对照组、NTs 低剂量和高剂量组（$P < 0.05$）。FAT 和 FAT% 的结果显示，在小鼠衰老过程中出现了脂肪组织总量和脂肪指数的减少，而使用中剂量的 NTs 干预可以延缓 FAT 总量流失。

称取小鼠腹股沟白色脂肪（iWAT）、睾周白色脂肪（eWAT）脂肪组织重量，分别计算小鼠腹股沟白色脂肪占全身脂肪重量的质量比（iWAT%）、睾周白色脂肪组织占全身脂肪组织重量比（eWAT%）。

如表 7-2-3，青年对照组、中剂量组 NTs 干预组小鼠的 iWAT 质量显著高于模型对照组（$P < 0.05$），其余各组 iWAT 质量无明显差异。低剂量 NTs 干预组小鼠的 iWAT% 显著高于一般对照、模型对照和青年对照组（$P < 0.05$）。中剂量和高剂量的 NTs 干预组小鼠 iWAT% 显著高于模型对照组（$P < 0.05$）。青年对照组小鼠的 eWAT 质量显著高于 12 月龄小鼠。各组间 eWAT% 差异无统计学意义，青年对照组和 NTs 低剂量组小鼠 eWAT% 略高于其他对照组，但差异无显著性（$P > 0.05$）。

结果表明，使用 NTs 干预的 3 组小鼠 iWAT% 相对较高，证实了 NTs 干预可以延缓老年小鼠 iWAT 流失。

表 7-2-3 NTs 对 WAT 脏器指数的影响（$n = 12$，$\bar{x} \pm s$）

组别	总脂肪（g）	脂肪质量指数（%）	腹股沟白色脂肪（g）	腹股沟白色脂肪/总脂肪（%）	睾周白色脂肪（g）	睾周白色脂肪/总脂肪（%）
一般对照	$2.48 \pm 0.71^{\triangle}$	8.42 ± 2.34	0.16 ± 0.07	5.24 ± 1.05	$0.22 \pm 0.07^{\triangle}$	8.93 ± 3.21
模型对照	$2.26 \pm 0.51^{\triangle}$	$7.46 \pm 1.99^{\triangle}$	$0.10 \pm 0.04^{\triangle}$	4.08 ± 1.93	$0.16 \pm 0.12^{\triangle}$	7.51 ± 3.70
青年对照	$3.91 \pm 1.10^{\#*}$	$11.66 \pm 2.70^{*}$	$0.22 \pm 0.10^{*}$	5.44 ± 1.88	$0.41 \pm 0.16^{\#*}$	10.76 ± 3.74
NTs-L	$2.00 \pm 0.57^{\triangle}$	$7.03 \pm 1.89^{\triangle}$	0.17 ± 0.06	$7.86 \pm 2.28^{\#*\triangle}$	$0.25 \pm 0.12^{\triangle}$	10.93 ± 4.21
NTs-M	$3.79 \pm 1.32^{\#*}$	10.56 ± 4.29	$0.22 \pm 0.07^{*}$	$7.75 \pm 2.19^{*}$	$0.17 \pm 0.12^{\triangle}$	8.74 ± 2.08
NTs-H	$1.54 \pm 0.78^{\triangle}$	$5.29 \pm 2.70^{\triangle}$	0.16 ± 0.10	$7.40 \pm 1.92^{*}$	$0.18 \pm 0.14^{\triangle}$	8.67 ± 3.94

注：$^{\#}$ 与一般对照比较有统计学差异，* 与模型对照比较有统计学差异，$^{\triangle}$与青年对照比较有统计学差异（$P < 0.05$）。

脂肪组织（adipose tissue）是机体最大、最活跃的内分泌器官，参与调节机体的能量平衡、糖脂稳态和免疫功能[79]，在寿命、年龄相关疾病和代谢功能障碍的机制和途径中起着十分关键的作用[1]。在完整的生命进程中，随着年龄的增长，脂肪组织的总量先增加，后减少。在老年动物中，适量的脂肪组织可以提供营养支持，以应对衰老过程中的损伤、营养不足等不良事件[80]。本研究通过对小鼠进行长期干预，发现在饲料中添加了 NTs 的小鼠 6 月龄、9 月龄时每周摄食量较高，体重增长更快。12 月龄时，各组小鼠体重相比 9 月龄时有所下降。中剂量的 NTs 干预组小鼠体重减轻较慢，具有更高的全身体脂含量。实验证实，在 SAMP8 小鼠衰老过程中出现了脂肪组织总量和脂肪质量指数的减少，而使用中剂量（0.6 g/kg）的 NTs 干预可以延缓 FAT 总量流失。

年龄增长伴随着 SAT 衰退，VAT 增长[1, 13]，导致机体炎症水平增加，诱发年龄相关的代谢类疾病。适应性良好、功能完备的 SAT 对健康老龄化具有重要意义。本研究以 iWAT 和 eWAT 为代表，评价了 NTs 在 SAMP8 小鼠衰老过程中对两种 WAT 质量变化的影响。比较 iWAT 和 eWAT 的质量和质量指数发现，在 SAMP8 小鼠自 6 月龄到 12 月龄的衰老过程中，iWAT 和 eWAT 都出现了不同程度的损失。低剂量 NTs 干预组小鼠 iWAT% 显著高于一般对照组和模型对照组，中剂量、高剂量的 iWAT% 显著高于模型对照组（$P < 0.05$）。虽然中剂量组小鼠的 FAT 总量对比 12 月龄组小鼠相对较高，但 eWAT% 对比其余组小鼠无显著差异，证明中剂量 NTs 干预并未造成小鼠 VAT 蓄积。结果提示，在膳食中添加 NTs 对延缓年龄相关的 iWAT 降低和 eWAT 增加具有潜在的应用价值（图 7-2-2）。

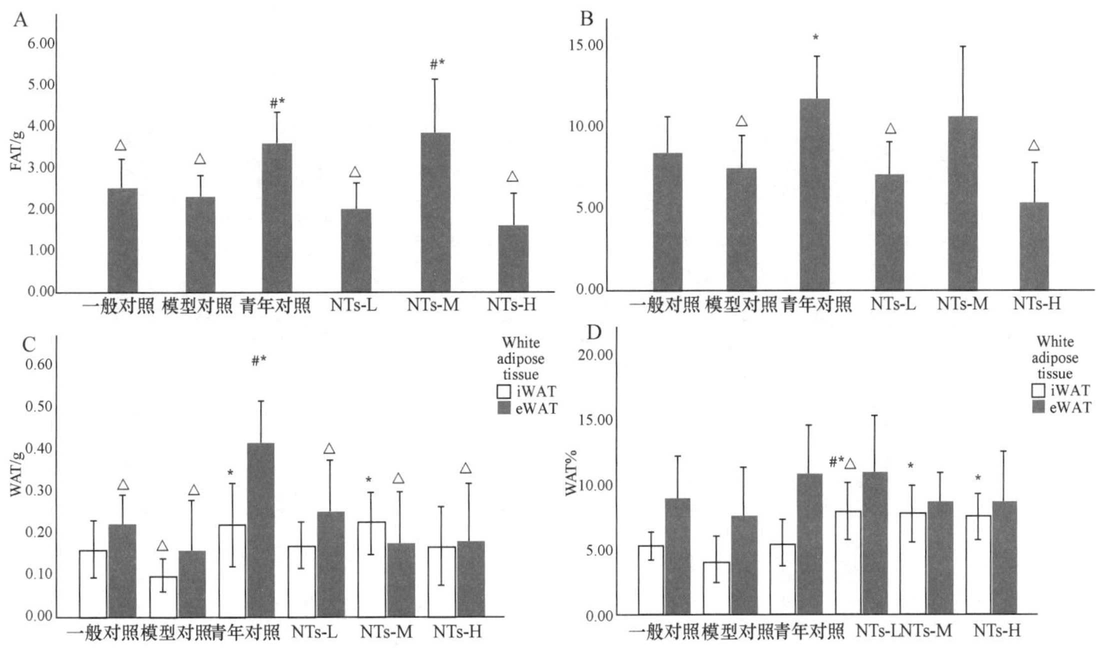

图 7-2-2　NTs 对 WAT 脏器指数的影响（$n = 12$，$\bar{x} \pm s$）

注：图 A，总脂肪；图 B，总脂肪 / 体重，图 C，白色脂肪质量；图 D，白色脂肪 / 体重。iWAT，腹股沟白色脂肪，eWAT，睾周白色脂肪。# 与一般对照比较有统计学差异，* 与模型对照比较有统计学差异，△与青年对照比较有统计学差异（$P < 0.05$）。

（三）NTs 对 WAT 细胞形态结构的影响

WAT 的细胞中央有一大脂滴，约占细胞体积的 90%。除了 WAT 细胞，iWAT 内还散在分布着含有多房性脂滴的米色脂肪细胞。如彩图 7-2-3，对比模型对照组（图 7-2-3C）和 NTs 剂量组（图 7-2-3E），12 月龄一般对照组小鼠（图 7-2-3A）的 iWAT 细胞镜下可见大量白色脂肪细胞，米色脂肪占比较少。对比各组 iWAT 和 eWAT，可见 iWAT 细胞较 eWAT 细胞小。eWAT 中不含米色脂肪细胞。

除了作为能量储存器官，SAT 内还散在分布着一些米色脂肪细胞（beige/brite adipocyte）。这些细胞平时表现为白色脂肪细胞，在受到外界刺激，如寒冷、肾上腺素受体激活等条件

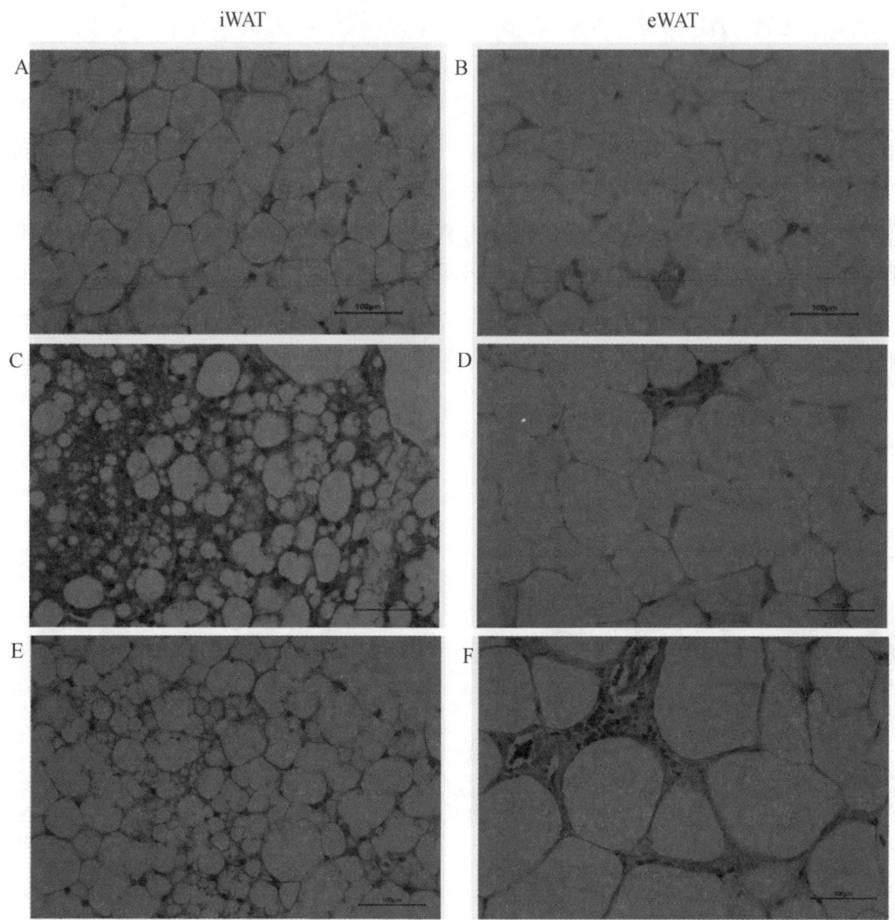

彩图 7-2-3 NTs 对 SAMP8 小鼠 WAT 细胞形态的影响（40×）

注：A、B 为一般对照组，C、D 为模型对照组，E、F 为 NTs 低剂量组。iWAT，腹股沟白色脂肪；eWAT，睾周白色脂肪。放大倍数：400 倍。

下，会从白色样表型（单个空泡样脂滴）转化为棕色样表型（多房脂滴），并且能够表达棕色脂肪特异性产热蛋白 UCP-1，消耗 WAT 中储存的能量代谢而产生热量，消耗能量[81]。本研究中，相比一般对照组，膳食中补充了 NTs 的小鼠 iWAT 内镜下可见更多米色脂肪细胞。提示 NTs 可能对小鼠的白色脂肪米色化存在促进作用。

（四）NTs 对 WAT 中 MDA 和抗氧化酶活性的影响

MDA 是脂质过氧化分解产物。本研究通过测量 WAT 内的 MDA 含量，评价老年小鼠脂肪组织内脂质过氧化程度，间接反映细胞损伤程度。

如表 7-2-4，图 7-2-4 所示，与一般对照组小鼠相比，模型对照、青年对照组和 NTs 低剂量和高剂量组小鼠 iWAT 内 MDA 含量均显著降低（$P < 0.05$），NTs 中剂量组 MDA 含量与一般对照组相比无显著差异。在 eWAT 中，青年对照组的 MDA 含量对比一般对照组、模型对照组及 NTs 低、中、高剂量组小鼠显著升高（$P < 0.05$）。研究结果显示，低剂量和高剂量的 NTs 干预显著降低了 iWAT 中的 MDA 水平。研究未观察到 NTs 干预对 eWAT 中

MDA 含量的作用。

比较各组 WAT 中的抗氧化酶活性，可见青年对照组小鼠 iWAT 内的 SOD 和 CAT 活性显著高于所有 12 月龄小鼠（$P < 0.05$），其余各组 SOD 和 CAT 活性无明显差异（$P > 0.05$）。在 eWAT 中，青年对照小鼠 SOD 和 CAT 活性显著高于所有 12 月龄小鼠（$P < 0.05$）。低剂量、高剂量的 NTs 干预组小鼠 CAT 活性显著高于模型对照组（$P < 0.05$）。在 iWAT 和 eWAT 中，GSH-Px 活力都呈现出 NTs 低剂量组最高，随着剂量增加逐渐减少的趋势，但无显著的统计学差异（$P > 0.05$）。综合抗氧化酶活性的结果可见，在 SAMP8 小鼠衰老过程中出现了 SOD 和 CAT 活性降低，而补充低剂量和高剂量的 NTs 可以增加 eWAT 中的 CAT 活性。

表 7-2-4　NTs 对 WAT 中 MDA 和抗氧化酶活性的影响（$n = 9$，$\bar{x} \pm s$）

脂肪	组别	MDA（nmol/mgprot）	SOD（U/mgprot）	GSH-Px（U/mgprot）	CAT（U/mgprot）
腹股沟白色脂肪（iWAT）	一般对照	$4.97 \pm 2.04^{*\triangle}$	$133.91 \pm 32.49^{\triangle}$	98.49 ± 25.52	$7.41 \pm 4.20^{\triangle}$
	模型对照	$2.77 \pm 1.00^{\#}$	$159.88 \pm 50.23^{\triangle}$	98.33 ± 43.48	$6.62 \pm 3.26^{\triangle}$
	青年对照	$1.64 \pm 0.57^{\#}$	$227.33 \pm 42.96^{\#*}$	137.28 ± 48.53	$14.86 \pm 5.84^{\#*}$
	NTs-L	$2.11 \pm 1.19^{\#}$	$133.07 \pm 36.28^{\triangle}$	144.64 ± 70.55	$4.72 \pm 2.10^{\triangle}$
	NTs-M	3.90 ± 1.88	$150.62 \pm 35.71^{\triangle}$	110.70 ± 26.78	$6.77 \pm 3.90^{\triangle}$
	NTs-H	$2.51 \pm 1.73^{\#}$	$134.32 \pm 41.68^{\triangle}$	99.45 ± 34.01	$5.46 \pm 2.20^{\triangle}$
睾周白色脂肪（eWAT）	一般对照	$2.00 \pm 1.20^{\triangle}$	$185.67 \pm 84.02^{\triangle}$	176.38 ± 68.33	$7.57 \pm 3.09^{\triangle}$
	模型对照	$2.43 \pm 2.28^{\triangle}$	$220.40 \pm 72.22^{\triangle}$	161.67 ± 59.34	$5.53 \pm 1.33^{\triangle}$
	青年对照	$5.23 \pm 1.58^{\#*}$	$895.61 \pm 261.66^{\#*}$	124.09 ± 27.54	$17.82 \pm 3.31^{\#*}$
	NTs-L	$2.24 \pm 1.09^{\triangle}$	$164.66 \pm 45.01^{\triangle}$	192.12 ± 88.71	$9.16 \pm 4.42^{\triangle *}$
	NTs-M	$2.33 \pm 2.25^{\triangle}$	$150.83 \pm 33.92^{\triangle}$	165.88 ± 45.24	$6.76 \pm 2.27^{\triangle}$
	NTs-H	$2.63 \pm 1.63^{\triangle}$	$158.94 \pm 63.65^{\triangle}$	162.82 ± 46.73	$10.99 \pm 3.24^{\triangle *}$

注：# 与一般对照比较有统计学差异，* 与模型对照比较有统计学差异，△与青年对照比较有统计学差异（$P < 0.05$）。

氧化应激（oxidative stress），在肥胖及脂肪组织炎症浸润中扮演着重要的角色。氧化应激可以通过刺激 WAT 的沉积和改变食物摄入量来引发肥胖，抑制脂肪前体细胞增殖、脂肪细胞分化，增加成熟脂肪细胞的大小[82]。在小鼠衰老过程中，脂肪组织质量减少，氧化应激水平增加，引起谷胱甘肽消耗增加，抑制脂肪前体细胞分化[83]。

脂质过氧化物的终产物 MDA 可以用来反映组织内脂质氧化损伤水平，间接反映细胞损伤程度。SOD、CAT 和 GSH-Px 是机体内源性抗氧化防御的重要抗氧化酶，他们可以为组织提供保护，使其免遭正常机体代谢活动或病理活动下产生的 ROS 的影响。SOD 是机体抗氧化酶系统的主要承担者。线粒体呼吸作用产生的超氧阴离子自由基 O^{-}_2 经 SOD 的歧化作用还原成相对稳定的 H_2O_2 和 O_2，而 H_2O_2 可以进一步被 CAT 和 GSH-Px 系统分解生成 H_2O。既往实验证实，给予动物具有抗氧化效果的受试物可以辅助改善脂肪组织功能障碍。例如在

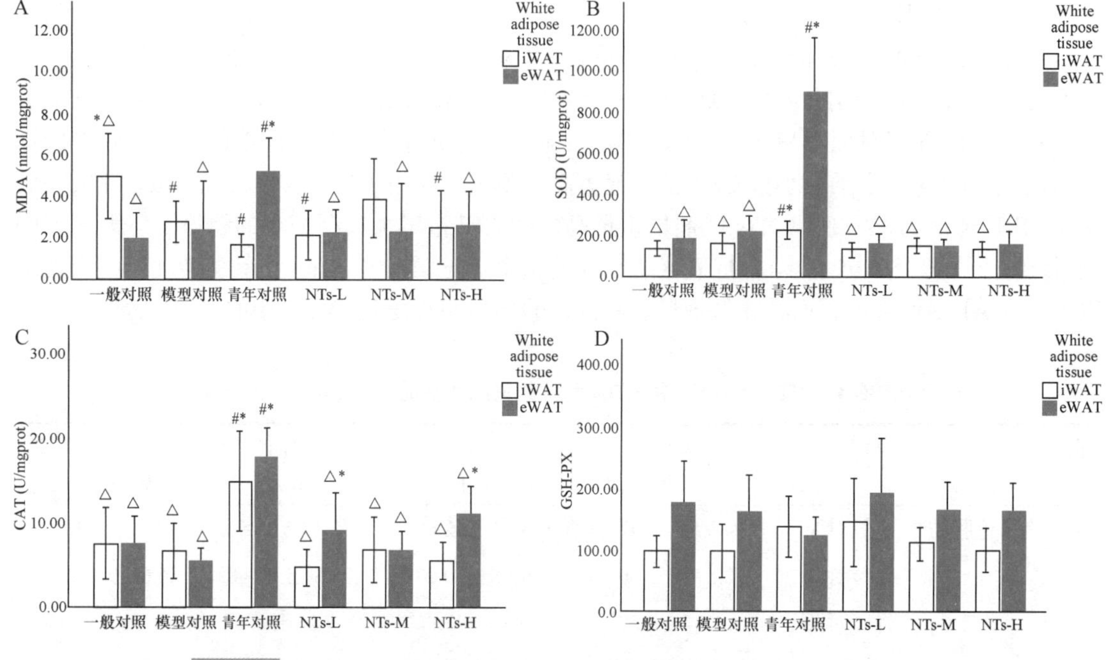

图 7-2-4 NTs 对 WAT 中 MDA 和抗氧化酶活性的影响（$n = 9$，$\bar{x} \pm s$）

注：iWAT，腹股沟白色脂肪，eWAT，睾周白色脂肪。# 与一般对照比较有统计学差异，* 与模型对照比较有统计学差异，△与青年对照比较有统计学差异（$P < 0.05$）。

肥胖小鼠中，用 NADPH 氧化酶抑制剂治疗可减少脂肪组织中 ROS 的产生，减轻脂肪细胞因子的失调，改善糖尿病、高脂血症和肝脂肪变性[84]；给予 Vitamin D 可以增加脂肪组织中抗氧化酶 SOD、GSH-Px 的活性，降低 TNF-α 浓度，改善肥胖大鼠的脂肪组织氧化应激和炎症参数[53]。NTs 已经被证实是一种良好的抗氧化剂，可以在血清[70]、骨骼肌[71]中显著增加 SOD、SDH、GSH-Px 活性，减少 MDA 水平。

本研究对比了 SAMP8 小鼠 iWAT 中的 MDA 含量和抗氧化酶活性，发现在小鼠衰老过程中，iWAT 中的 MDA 水平随着年龄增长而升高，抗氧化酶 SOD、CAT 活性随年龄增长逐渐下降。使用低剂量和高剂量的 NTs 干预可以降低 iWAT 中的 MDA 水平，但 12 月龄各组小鼠 iWAT 中的 SOD 和 CAT 活性无明显差异。

比较各组小鼠 eWAT 中的 MDA 含量和抗氧化酶活性，发现青年对照组 MDA 含量显著高于一般对照组，而抗氧化酶活性 SOD 和 CAT 的活性亦显著高于 12 月龄老年小鼠。这可能是由于青年对照组 eWAT 内代谢旺盛，抗氧化酶活性更强，以便于清除代谢过程中产生的自由基，防止过量自由基对细胞造成损害。在 12 月龄小鼠中，低剂量和高剂量的 NTs 干预组小鼠 CAT 活性显著高于模型对照组小鼠，证明膳食中添加 NTs 可能有助于通过增加 eWAT 中的 CAT 活性，改善 WAT 中的氧化应激水平。各组小鼠 iWAT 和 eWAT 中 GSH-Px 均无显著统计学差异。

（五）NTs 对 WAT 和血清中脂肪因子表达情况的影响

选取脂联素（adiponectin，Adi）和瘦素（Leptin，Lep）作为 WAT 分泌的脂肪因子的代表，检测血清和 WAT 中 Adi 和 Lep 的表达量。

如表 7-2-5，青年对照组小鼠 iWAT 中的 Adi 表达量显著高于其他 12 月龄小鼠（$P < 0.05$）。模型对照组和低剂量 NTs 干预组的 Adi 表达量较高，但与其他各组小鼠间无明显统计学差异（$P > 0.05$）。相比 iWAT，eWAT 中的 Adi 表达量显著增加。青年对照组 Adi 表达量显著高于 12 月龄小鼠（$P < 0.05$）。12 月龄小鼠中，中剂量 NTs 干预组 Adi 表达量最高，显著高于一般对照组小鼠（$P < 0.05$）。各组血清 Adi 浓度无明显差异。低剂量、中剂量的 NTs 干预组 eWAT 中的 Adi 表达量较高，对应 Adi 浓度略高于一般对照组，但无显著统计学差异（$P > 0.05$）。

在 iWAT 内，各组间 Lep 表达量无明显差异，青年对照组小鼠 Lep 表达量略高于其他 12 月龄小鼠。在 eWAT 中，青年对照组 Lep 表达量显著高于模型对照组和高剂量 NTs 干预组（$P < 0.05$）。各组血清 Lep 表达量无明显差异。高剂量的 NTs 干预组血清的 Lep 含量略低于各对照组，但无显著统计学差异（$P > 0.05$）。实验证明，在 SAMP8 小鼠衰老过程中出现了脂肪组织中 Adi 和 Lep 表达量降低，而中剂量的 NTs 有助于增加 eWAT 中的 Adi 表达。

表 7-2-5 NTs 对 WAT 和血清中脂肪因子表达情况的影响（$\bar{x} \pm s$）

组织	N	组别	Adi（μg/mg）	Lep（pg/mg）
腹股沟白色脂肪（eWAT）	9	一般对照	$0.30 \pm 0.09^{\triangle}$	2.80 ± 0.82
	9	模型对照	$0.36 \pm 0.20^{\triangle}$	2.79 ± 0.87
	9	青年对照	$0.61 \pm 0.05^{\#*}$	3.22 ± 0.17
	9	NTs-L	$0.33 \pm 0.20^{\triangle}$	2.50 ± 0.73
	9	NTs-M	$0.27 \pm 0.14^{\triangle}$	2.85 ± 0.54
	9	NTs-H	$0.23 \pm 0.18^{\triangle}$	2.32 ± 0.68
睾周白色脂肪（iWAT）	9	一般对照	$0.59 \pm 0.29^{\triangle}$	2.82 ± 0.54
	9	模型对照	$0.64 \pm 0.32^{\triangle}$	$2.68 \pm 0.53^{\triangle}$
	9	青年对照	$3.39 \pm 0.30^{\#*}$	$3.42 \pm 0.22^{*}$
	9	NTs-L	$0.82 \pm 0.44^{\triangle}$	2.97 ± 0.45
	9	NTs-M	$1.07 \pm 0.59^{\#\triangle}$	2.93 ± 0.36
	9	NTs-H	$0.55 \pm 0.31^{\triangle}$	$2.69 \pm 0.46^{\triangle}$
血清	12	一般对照	1.43 ± 0.62	2.40 ± 0.22
	13	模型对照	1.40 ± 0.73	2.58 ± 0.27
	13	NTs-L	1.70 ± 0.48	2.63 ± 0.32
	13	NTs-M	1.57 ± 0.48	2.73 ± 0.49
	12	NTs-H	1.33 ± 0.66	2.30 ± 0.50

注：表格所示的 Lep 为对数转换后数据，底数＝10。# 与一般对照比较有统计学差异，* 与模型对照比较有统计学差异，△与青年对照比较有统计学差异（$P < 0.05$）。

除了作为能量储存器官，WAT同时也是机体最大的内分泌器官，可以通过分泌多种脂肪因子与代谢相关的器官进行交流，参与调节营养物质代谢[3]。Adi和Lep主要由脂肪组织分泌，在衰老过程中，脂肪细胞的功能、大小和数量发生改变，从而导致脂肪因子分泌合成量改变。两者表达量与年龄的关系目前仍然存在争议。

Adi可以抗炎和抗致病脂肪因子，增加胰岛素敏感性。百岁老人体内Adi含量较高，提示循环内较高的Adi水平与长寿有关。但也有研究显示，65岁以上老年人体内的高Adi表达量与较高的死亡率相关。高血清Adi与老年人既往体重减轻、骨骼肌质量低、肌肉密度低和躯体功能差有关[85]。本研究探讨了不同年龄、不同脂肪组织及外周循环血清中的Adi含量。实验发现，Adi主要在eWAT中表达。青年对照组小鼠iWAT、eWAT中的Adi表达量均显著高于12月龄组小鼠，提示在SAMP8小鼠衰老过程中出现了年龄相关的WAT内Adi表达量下降。中剂量NTs干预eWAT中的Adi表达量显著高于一般对照组，提示膳食补充中剂量的NTs可能可以提高eWAT内Adi的表达。研究发现，12月龄各组小鼠循环血清Adi浓度无明显差异，但NTs低剂量、中剂量干预组的小鼠血清Adi相对较高，提示了低剂量和中剂量的NTs干预对提高外周循环中的Adi含量具有潜在的应用价值。

衰老过程中Lep分泌量的变化，以及Lep对年龄相关疾病的影响目前尚无明确定论[86]。Lep抵抗和Lep受体减少与年龄增长显著相关[87, 88]。一项针对健康老年男性的研究表明，男性的衰老伴随着血清Lep水平的升高[89]。100～104岁老人体内循环Lep水平显著高于70～80岁老人[90]。目前普遍认为，Lep在某些神经病理学疾病的神经保护和认知改善中起重要作用[91]，但也有长期队列研究表明，Lep水平与认知能力间不存在关联[92]。本研究中，青年对照组小鼠WAT中的Lep表达量略高于模型对照组。高剂量的NTs干预组eWAT中的Lep表达量显著低于青年对照组。虽然12月龄各组小鼠循环血清Lep无统计学差异，但可观察到低剂量、中剂量NTs干预组血清中的Lep含量相对较高，提示膳食补充低剂量和中剂量的NTs可能有助于增加老年人血清中Lep的表达，而高剂量的NTs干预可能会降低WAT和血清中的Lep表达量。

（六）NTs对WAT中SASP表达情况的影响

1. NTs对WAT中TNF-α、IL-6、IL-1β表达情况的影响

选取TNF-α、IL-1β和IL-6为代表，评价WAT中的炎症因子水平。如表7-2-6，在iWAT中，高剂量NTs干预组中的TNF-α、IL-6、IL-1β表达量都最低，相比一般对照组具有统计学意义（$P < 0.05$）。NTs高剂量组中的TNF-α、IL-6表达量相较模型对照组有统计学意义（$P < 0.05$）。

在eWAT中，青年对照组均有最高的TNF-α、IL-6、IL-1β表达量。提示了年轻小鼠代谢旺盛，VAT中具有更高的炎症因子水平。低剂量和高剂量NTs干预组TNF-α表达量较低，对比青年对照组存在统计学差异（$P < 0.05$）。青年对照组的IL-6表达量较高，对比12月龄的各组均存在显著统计学差异（$P < 0.05$）。NTs低剂量组的IL-1β表达量最低，相比青年对照组存在统计学差异（$P < 0.05$）。

试验结果证明，对比iWAT，eWAT中具有相对更高的炎症因子表达量。高剂量的NTs干预可以降低iWAT中的炎症因子表达水平。

表 7-2-6　NTs 对 WAT 中炎症因子表达情况的影响（$\bar{x} \pm s$）

脂肪	组别	TNF-α（pg/mg）	IL-6（pg/mg）	IL-1β（pg/ml）
腹股沟白色脂肪	一般对照	2.65±0.55	2.25±0.42	2.58±0.70
	模型对照	2.69±0.54	2.07±0.62	2.30±0.74
	青年对照	2.57±0.26	1.82±0.22	2.60±0.29
	NTs-L	2.18±0.61	1.77±0.27	2.28±0.59
	NTs-M	2.44±0.64	1.74±0.64	2.51±0.68
	NTs-H	1.79±0.60$^{\#*}$	1.23±0.61$^{\#*}$	1.74±0.60$^{\#}$
睾周白色脂肪	一般对照	2.46±0.43	1.72±0.38$^{\triangle}$	2.42±0.45
	模型对照	2.56±0.53	1.65±0.53$^{\triangle}$	2.46±0.57
	青年对照	2.95±0.13	2.34±0.09$^{\#*}$	2.78±0.13
	NTs-L	2.22±0.43$^{\triangle}$	1.52±0.45$^{\triangle}$	2.07±0.47$^{\triangle}$
	NTs-M	2.44±0.36	1.67±0.33$^{\triangle}$	2.36±0.34
	NTs-H	2.22±0.49$^{\triangle}$	1.64±0.33$^{\triangle}$	2.46±0.25

注：表格所示的 TNF-α、IL-6、IL-1β 为对数转换后数据，底数＝10。$^{\#}$与一般对照比较有统计学差异，*与模型对照比较有统计学差异，$^{\triangle}$与青年对照比较有统计学差异（$P < 0.05$）。

衰老细胞 SASP 相关的细胞因子包括趋化因子、炎症因子、生长因子以及基质金属蛋白酶等多种衰老信息传递分泌物。脂肪组织中的慢性炎症状态与许多代谢类疾病相关，肥胖小鼠脂肪组织内高度表达的 TNF-α 会诱导机体产生胰岛素抵抗，破坏代谢稳态[93]。试验证实，通过药物靶向清除小鼠脂肪组织内的衰老细胞，可以显著改善脂肪组织功能障碍[31, 94]，而使用 JAK/STAT 抑制剂、左旋肉碱等药物抑制 SASP 的产生可以缓解老年小鼠体内慢性炎症及虚弱[95, 96]。本研究检测了两种 WAT 中 TNF-α、IL-6、IL-1β、MCP-1 和 IGF-1 的表达量，以全面评价衰老 WAT 内 SASP 的表达情况。实验发现，与 12 月龄小鼠相比，6 月龄小鼠的炎症因子表达量较高。这可能是由于青年小鼠处于脂肪代谢旺盛阶段。在肥胖早期，脂肪细胞中表达适当的促炎信号有助于脂肪细胞扩张，容纳更多脂质，对新陈代谢具有积极影响[97]。在 12 月龄的小鼠中，与 iWAT 相比，eWAT 中 TNF-α、IL-6、IL-1β 和 MCP-1 表达量相对较高，证实了过高的 VAT 会增加炎症因子的表达水平。高剂量的 NTs 干预组 iWAT 中的 TNF-α、IL-6、IL-1β 表达量、iWAT 和 eWAT 中的 MCP-1 表达量均显著低于一般对照组，证实高剂量的 NTs 干预降低了 iWAT 中的炎症因子表达水平。

2. NTs 对 WAT 中 MCP-1 和 IGF-1 表达情况的影响

如表 7-2-7，在 iWAT 中，高剂量 NTs 干预组 iWAT 中的 MCP-1 表达量最低，对比一般对照、模型对照组和青年对照组存在统计学差异（$P < 0.05$）。高剂量 NTs 干预组的 IGF-1 表达量最低，相比一般对照、模型对照组具有统计学意义（$P < 0.05$）。

在 eWAT 中，模型对照组和高剂量的 NTs 干预组 MCP-1 表达量较低，相比一般对照组存在统计学差异（$P < 0.05$）。中剂量 NTs 干预组 MCP-1 表达量较高，对比模型对照

组具有统计学意义（$P < 0.05$）。青年对照组 IGF-1 表达量最高，显著高于 12 月龄小鼠（$P < 0.05$）。一般对照组和低剂量 NTs 干预组的 IGF-1 表达量较低，相比模型对照组具有统计学意义（$P < 0.05$）。

结果提示，高剂量的 NTs 干预可以减少 WAT 中 MCP-1 的表达。在衰老过程中，eWAT 中的 IGF-1 表达量逐渐降低。高剂量的 NTs 干预会降低 iWAT 中的 IGF-1 表达。

表 7-2-7　NTs 对 WAT 中 MCP-1 和 IGF-1 表达情况的影响（$n = 9$，$\bar{x} \pm s$）

脂肪	组别	MCP-1（pg/ml）	IGF-1（pg/mg）
腹股沟白色脂肪	一般对照	3.05±0.35	2.47±0.40
	模型对照	3.11±0.45	2.49±0.45
	青年对照	3.09±0.09	2.37±0.48
	NTs-L	2.77±0.33	2.41±0.32
	NTs-M	2.99±0.25	2.51±0.30
	NTs-H	2.59±0.39#*△	2.15±0.33#*
睾周白色脂肪	一般对照	3.09±0.25*	2.43±0.22*△
	模型对照	2.49±0.34#	2.77±0.44#△
	青年对照	2.89±0.09	3.32±0.06#*
	NTs-L	2.80±0.35	2.37±0.27*△
	NTs-M	2.91±0.23*	2.52±0.30△
	NTs-H	2.73±0.32#	2.56±0.43△

注：表格所示的 MCP-1、IGF-1 为对数转换后数据，底数＝10。# 与一般对照比较有统计学差异，* 与模型对照比较有统计学差异，△与青年对照比较有统计学差异（$P < 0.05$）。

IGF-1 主要通过 IGF-1 受体发挥作用，在脂肪细胞分化、葡萄糖耐量和胰岛素敏感性调节中具有重要作用。胰岛素 /IGF-1 信号通路已被证实与长寿存在显著关联，信号通路转导减少可以对寿命和脂肪储存产生积极影响[98]。胰岛素受体和 IGF-1 受体高度同源，敲除了胰岛素和 IGF-1 受体的小鼠 BAT 和 WAT 量显著减少，证实了胰岛素 /IGF-1 信号传导在控制棕色和白色脂肪发育中起着至关重要的作用[99]。大多数长寿模型小鼠都表现出循环 IGF-1 和胰岛素水平降低及胰岛素敏感度升高[98]。IGF-1 系统对长寿人群的影响目前尚且存在争议。某些研究发现，健康的百岁老人循环血浆 IGF-1/IGFBP-3 高于对照组[100]，但也有研究表明长寿老人群体血清 IGF-1 含量相对较低[98，101]。本研究中，补充高剂量的 NTs 显著降低了 iWAT 中 IGF-1 表达量。

（七）NTs 对 WAT 中 NF-κB 通路蛋白表达情况的影响

NF-κB 信号通路与炎症因子 TNF-α、IL-6、IL-1β 的表达量显著相关。如表 7-2-8，在 iWAT 中，模型对照组小鼠的 pNF-κB 表达量显著低于其他组小鼠，差异具有统计学意义（$P < 0.05$）。NTs 高剂量组小鼠 iWAT 中的 pIκB-α 表达量最高，与一般对照、青年对照相

比具有统计学意义（$P < 0.05$）。

在 eWAT 中，低剂量、中剂量的 NTs 干预组具有相对较高的 pNF-κB 表达量，相比模型对照组具有统计学意义（$P < 0.05$）。低剂量 NTs 干预组小鼠的 pNF-κB 对比一般对照组显著升高（$P < 0.05$）。NTs 高剂量组小鼠 pIκB-α 表达量最高，与青年对照组比较，差异具有统计学意义（$P < 0.05$）。

表 7-2-8　NTs 对 WAT 中 pNF-κB 和 pIκB-α 表达情况的影响（$n = 3$，$\bar{x} \pm s$）

脂肪	组别	pNF-κBp65/β-actin	pIκB-α/β-actin
腹股沟白色脂肪	一般对照	0.26±0.07	0.12±0.04
	模型对照	0.09±0.02△	0.17±0.07
	青年对照	0.27±0.13*	0.12±0.07
	NTs-L	0.27±0.09*	0.13±0.06
	NTs-M	0.34±0.11*	0.21±0.01
	NTs-H	0.29±0.14*	0.22±0.04#△
睾周白色脂肪	一般对照	0.17±0.01	0.19±0.12
	模型对照	0.13±0.04	0.20±0.05
	青年对照	0.22±0.09	0.11±0.01
	NTs-L	0.29±0.06#*	0.23±0.10
	NTs-M	0.24±0.03*	0.16±0.06
	NTs-H	0.16±0.05	0.31±0.09△

注：# 与一般对照比较有统计学差异，* 与模型对照比较有统计学差异，△与青年对照比较有统计学差异（$P < 0.05$）。

NF-κB 通路是一个转录因子家族，在炎症和免疫反应中具有核心地位。一般情况下，NF-κB 以稳定的异源三聚体形式存在，由 p50、p65 和 IκB-α 亚单位构成。IκB-α 是 NF-κB 通路中的重要蛋白，对 NF-κB 具有抑制作用。在外界因素刺激下，IκB-α 在蛋白酶作用下发生磷酸化、泛素化而降解。活化的 p65 亚单位转移到细胞核中，刺激靶基因 IL-6、TNF-α 的转录，引起炎症反应[102]。本研究中，SAMP8 小鼠 iWAT 中的 pNF-κB 表达量无明显差异，低剂量 NTs 干预组 eWAT 中的 pNF-κB 表达量相对一般对照组高（$P < 0.05$）；高剂量 NTs 干预组小鼠的两种 WAT 中 pIκB-α 显著高于青年对照组。但本研究中并未发现低剂量组和高剂量组的 WAT 中出现相对更高的炎症因子水平。结果提示，低剂量和高剂量的 NTs 干预可能激活了 NF-κB 通路，但下游炎性蛋白表达量并未增加。NTs 在 WAT 中发挥的抗炎作用可能与其他炎症因子产生通路有关。

三、NTs 对衰老 SAMP8 小鼠棕色脂肪组织功能作用的研究进展

棕色脂肪（BAT）是啮齿类动物体内的产热器官，对于维持啮齿类动物的核心体温具有重要意义。BAT 可以在非颤抖性产热过程中消耗体内多余的营养物质。衰老过程伴随着

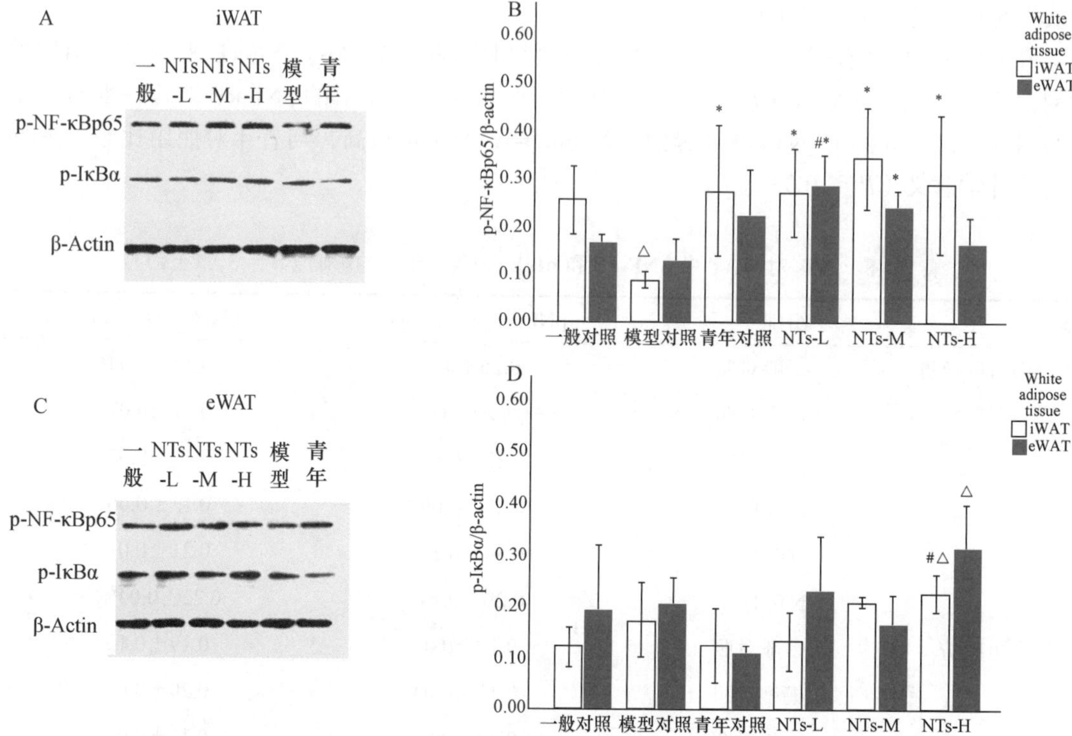

图 7-2-5 NTs 对 WAT 中 NF-κB 和 IκB-α 表达情况的影响（$n=3$，$\bar{x}\pm s$）

注：iWAT，腹股沟白色脂肪，eWAT，睾周白色脂肪。# 与一般对照比较有统计学差异，* 与模型对照比较有统计学差异，△与青年对照比较有统计学差异（$P<0.05$）。

BAT 体积萎缩、产热相关蛋白功能下降。AMPK/Sirt-1/PGC-1α 通路在 BAT 产热功能中发挥着重要作用。本研究通过测定 BAT 中的氧化应激水平和产热相关蛋白来评价 BAT 功能，并通过检测 AMPK、Sirt-1、PGC-1α 蛋白表达量，探讨 NTs 影响 SAMP8 小鼠 BAT 功能的机制（图 7-2-5）。

BAT is a thermogenic organ in rodents，which is of great significance for maintaining the core body temperature of rodents. BAT consume excess nutrients during non-shivering thermogenesis. The aging process is accompanied by the shrinkage of BAT volume and the decline of thermogenic protein. AMPK/Sirt-1/PGC-1 α pathway plays an important role in the thermogenic function of BAT. In this study，the function of BAT was evaluated by measuring the level of oxidative stress and thermogeneic proteins and AMPK，Sirt-1 and PGC-1α were detected to explore the mechanism of exogenous NTs affecting BAT function on SAMP8 mice.

（一）NTs 对 BAT 脏器指数的影响（表 7-2-9，图 7-2-6）

使用 NTs 干预 9 个月后，中剂量 NTs 干预组的 BAT 质量显著高于模型对照组（$P<0.05$），其余各剂量的干预组和对照组肩胛间 BAT 质量未观察到显著统计学差异。

实验发现，NTs 低剂量、中剂量组小鼠 BAT 质量指数较高。其中，NTs 低剂量组 BAT 质量指数最高，占全身总脂肪质量的 5.15±1.00%，对比一般对照、模型对照、青年对照组差异具有统计学意义；NTs 中剂量组 BAT% 次之，差异较一般对照、青年对照组具有统计学意义（$P < 0.05$）。其余各组间的 BAT% 差异无显著统计学意义（$P > 0.05$）。低剂量和中剂量 NTs 干预组 BAT% 显著高于对照组，这可能是由于本研究中的小鼠衰老过程中 BAT 质量损失不多，但 FAT 总量随着年龄增长逐渐降低。

表 7-2-9　NTs 对 BAT 脏器指数的影响（$n = 12$，$\bar{x} \pm s$）

组别	棕色脂肪 /g	总脂肪 /g	棕色脂肪质量指数 %
一般对照	0.09±0.03	2.48±0.71 △	3.51±1.57
模型对照	0.08±0.03	2.26±0.51 △	3.25±1.70
青年对照	0.11±0.02	3.91±1.10#*	2.85±0.60
NTs-L	0.11±0.03	2.00±0.57 △	5.18±1.00#*△
NTs-M	0.12±0.02*	3.79±1.32#*	5.01±2.12 △
NTs-H	0.08±0.05	1.54±0.78 △	3.68±1.05

注：# 与一般对照比较有统计学差异，* 与模型对照比较有统计学差异，△与青年对照比较有统计学差异（$P < 0.05$）。

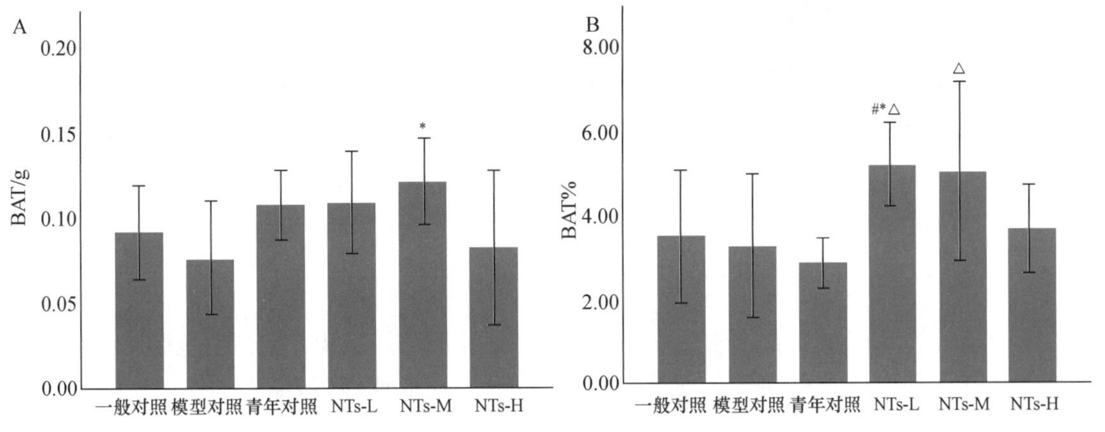

图 7-2-6　NTs 对 BAT 脏器指数的影响（$n = 12$，$\bar{x} \pm s$）

注：图 A，脂肪质量，图 B，脂肪 / 体重。# 与一般对照比较有统计学差异，* 与模型对照比较有统计学差异，△与青年对照比较有统计学差异（$P < 0.05$）。

棕色脂肪组织（brown adipose tissue，BAT）对于维持啮齿类动物的核心体温具有重要意义，在人体中可能作为抗糖尿病组织发挥作用[38]。研究发现，BAT 可以消耗体内多余的营养物质，是治疗肥胖及肥胖相关代谢障碍疾病的新靶点。使用冷刺激等手段增加 BAT 体积，对改善成年人脂质代谢具有积极意义，维持 BAT 功能与全身脂肪分解、游离 FFA 循环、FFA 氧化和脂肪组织胰岛素敏感性增加显著相关[103]。随着年龄的增长，啮齿类动物 BAT 表现出体积萎缩、线粒体功能下降。本研究中，6 月龄青年对照组小鼠的 BAT 质量略高于 12 月龄的一般对照组小鼠，差异无统计学意义（$P > 0.05$）。NTs 低剂量、中剂量组小鼠 BAT 质量与青年对照组相当，但 BAT% 显著高于青年对照组（$P < 0.05$），这可能与青

年对照组小鼠 FAT 总量较高，而老年小鼠脂肪组织的总量随着年龄的增长逐渐下降有关。

（二）NTs 对 BAT 细胞形态的影响

如彩图 7-2-7，显微镜下可见 BAT 细胞内部含有丰富的多房脂滴，胞间毛细血管丰富。不同组小鼠棕色脂肪细胞大小、形态、胞内脂滴大小、炎细胞浸润程度均无明显差异。

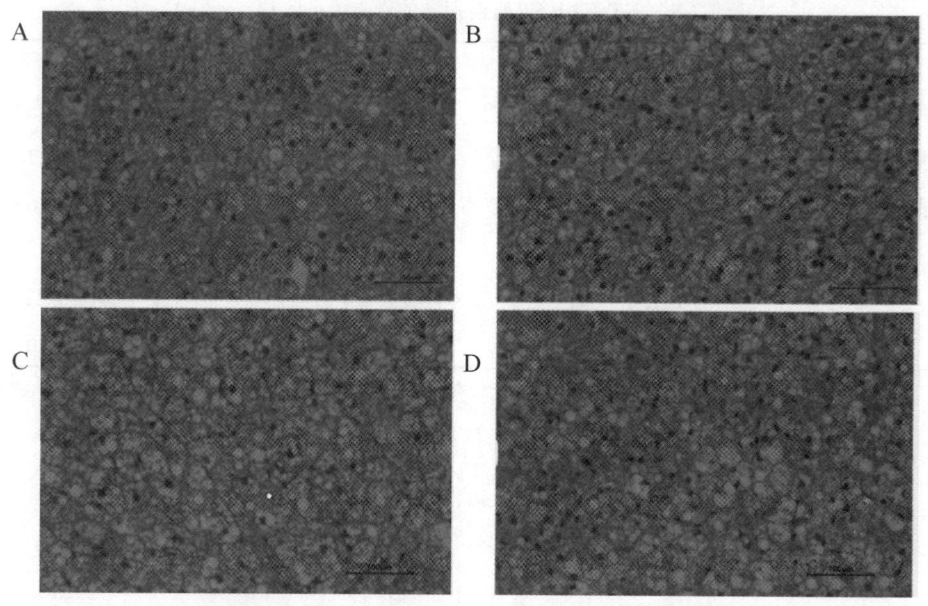

彩图 7-2-7　NTs 对 BAT 细胞形态的影响（40×）

注：如图所示为放大 400 倍后镜下 BAT 细胞形态。A 为一般对照组，B 为模型对照组，C 为低剂量 NTs 干预组，D 为青年对照组。

衰老小鼠的 BAT 细胞常由于免疫细胞浸润和过量脂肪酸沉积，出现白色脂肪细胞样表型增加，并逐渐取代 BAT 细胞的进程[40, 41]，这一进程也被称作 BAT 白色化。本研究中，各年龄组、对照组小鼠均未观察到 BAT 细胞的白色样改变。

（三）NTs 对 BAT 中 MDA、抗氧化酶活性的影响

如表 7-2-10、图 7-2-8A 所示，与青年对照组小鼠相比，12 月龄一般对照组和模型对照组小鼠 BAT 中的 MDA 含量显著下降（$P < 0.05$）。NTs 低、中、高剂量组 MDA 含量均低于青年对照组，差异具有统计学意义（$P < 0.05$）。NTs 低剂量组呈现最低 MDA 含量，与一般对照组相比，存在显著差异（$P < 0.05$）。

如表 7-2-10、图 7-2-8B，相比一般对照组小鼠，模型对照组、NTs 剂量组的 BAT 中均表现出更高的 SOD 活力（$P < 0.05$）。其中，NTs 低剂量组 SOD 活力最高，显著高于模型对照组（$P < 0.05$）。NTs 低剂量组、中剂量的 BAT 内 GSH-Px 活力相比模型对照组显著升高（$P < 0.05$）。其余各组间 GSH-Px 含量无明显差异。各组间 CAT 活力均无显著差异（$P > 0.05$）。青年对照组 CAT 含量较低，但与其他组比较无显著统计学意义。

实验证实，低剂量的 NTs 干预显著降低了老年小鼠 BAT 中的 MDA 水平。低剂量、中剂

量和高剂量的 NTs 干预显著增加了 SOD 活性，对 SAMP8 小鼠氧化应激功能具有改善作用。

表 7-2-10　NTs 对 BAT 中 MDA、抗氧化酶活性的影响（$n=9$，$\bar{x}\pm s$）

组别	MDA（nmol/mg prot）	SOD（U/mg prot）	GSH-Px（U/mg prot）	CAT（U/mg prot）
一般对照	7.01±2.38$^{\triangle}$	150.87±42.71$^{\triangle *}$	48.07±14.52	4.76±1.86
模型对照	5.03±1.88$^{\triangle}$	199.47±22.65$^{\#}$	34.87±17.18	4.50±2.01
青年对照	11.29±2.31$^{\# *}$	242.67±13.07$^{\#}$	50.62±12.92	2.75±2.15
NTs-L	4.38±1.57$^{\# \triangle}$	247.16±55.37$^{\# *}$	55.06±16.09*	4.92±1.47
NTs-M	5.92±1.34$^{\triangle}$	215.05±40.82$^{\#}$	54.86±13.15*	4.77±1.39
NTs-H	5.48±3.14$^{\triangle}$	213.67±39.20$^{\#}$	41.25±16.07	3.69±0.94

注：$^{\#}$ 与一般对照比较有统计学差异，* 与模型对照比较有统计学差异，$^{\triangle}$与青年对照比较有统计学差异（$P<0.05$）。

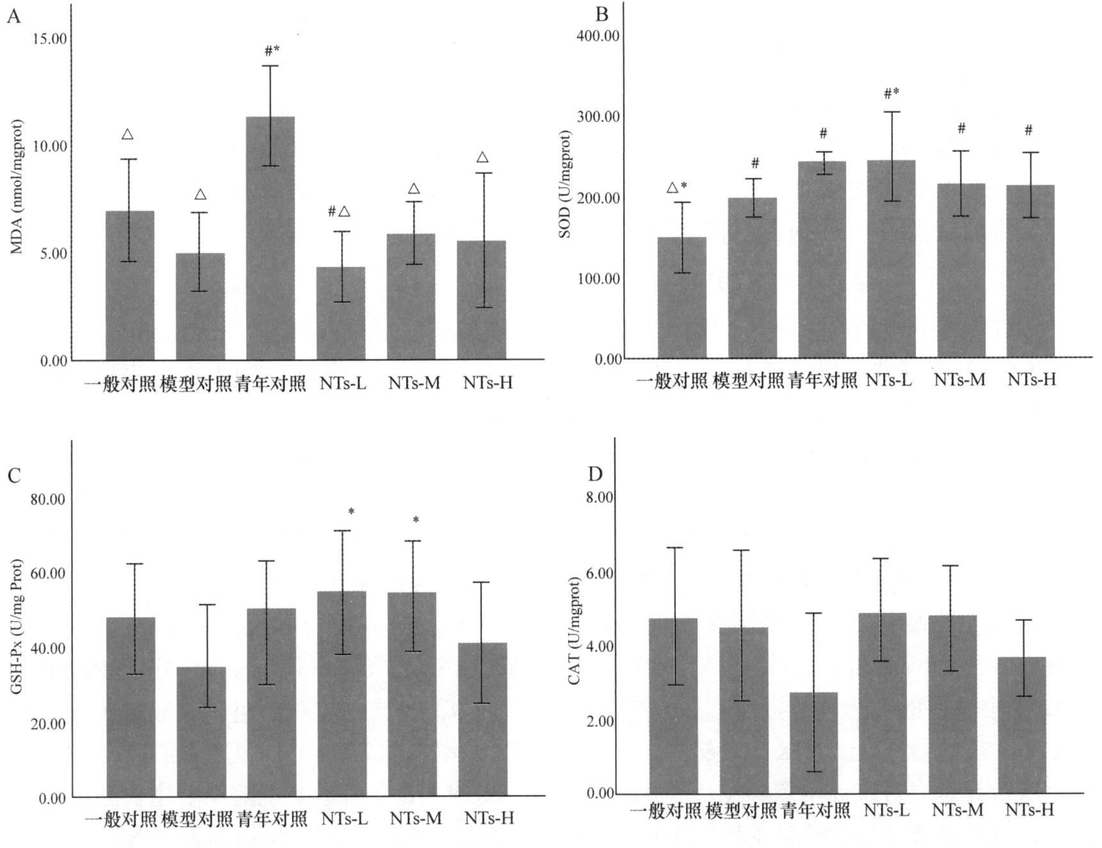

图 7-2-8　NTs 对 BAT 中 MDA、抗氧化酶活性的影响（$n=9$，$\bar{x}\pm s$）

注：$^{\#}$ 与一般对照比较有统计学差异，* 与模型对照比较有统计学差异，$^{\triangle}$与青年对照比较有统计学差异（$P<0.05$）。

氧化应激在维持BAT生理功能中发挥着重要作用。正常生理水平下，ROS是BAT中重要的信号分子，可以通过增强cAMP/p38丝裂原活化蛋白激酶（MAPK）信号，诱导UCP-1的产生。维持一定量水平的ROS有利于维持BAT正常的生理代谢和功能[106]。然而，过高的ROS水平会损伤BAT细胞的生成，影响产热相关基因的表达[107]。体外实验发现，H_2O_2诱导产生的氧化应激会通过增强细胞自噬导致BAT功能障碍，而使用抗氧化剂可以改善BAT氧化应激表型及其诱导的BAT活性改变，减少SOD损失和MDA产生[108]。改善ROS蓄积引起的线粒体功能障碍，可以增强小鼠BAT功能[109]。BAT是天然的抗氧化器官。在BAT中，UCP-1可以通过解偶联作用控制ROS的产生，对抗氧化产生作用。既往动物实验发现，BAT内的UCP-1活性与组织内ROS水平负相关。UCP-1表达量越高，MDA含量越低[110, 111]。

既往的动物实验发现，在ROS水平较高的情况下，脂质过氧化物总量LPO上升，抗氧化酶SOD、CAT和GSH-Px活性增加[112]。本研究中，BAT中青年对照组小鼠MDA含量、UCP-1、抗氧化酶SOD、GSH-Px活性显著高于高龄对照组小鼠（$P < 0.05$）。这可能是由于青年对照组小鼠相比12月龄的一般对照组小鼠BAT代谢更加旺盛，生理性ROS水平较高，因而抗氧化酶活性较高，以消除过高的ROS对细胞造成的不利影响。12月龄的小鼠中，不同剂量的NTs干预组小鼠SOD活性均显著高于一般对照组，差异具有统计学意义（$P < 0.05$）。低剂量、中剂量NTs干预组小鼠GSH-Px活性显著高于模型对照组（$P < 0.05$）。低剂量NTs干预组小鼠的MDA含量最低，显著低于一般对照组（$P < 0.05$）。提示了在膳食中补充NTs可以通过增加BAT内的抗氧化酶SOD、GSH-Px的活性减少MDA产生，防止代谢产生的过量的ROS损害细胞结构，维持正常生理功能。

（四）NTs对BAT中产热相关蛋白的影响

BAT具有产热功能，通过胞内线粒体内膜上特异表达的解偶联蛋白（uncoupling protein 1，UCP-1）实现非颤抖性产热。本研究使用Western blot测量胞内UCP-1蛋白表达量，可以评价BAT产热功能。

如表7-2-11，相比青年小鼠，12月龄的一般对照组、模型对照组、NTs中剂量、高剂量组小鼠UCP-1蛋白表达量均有明显下降，存在显著统计学差异（$P < 0.05$）。12月龄各组BAT的UCP-1蛋白表达量无明显差异（$P > 0.05$），但以NTs低剂量组为最高，NTs中剂量组次之。各干预组间UCP-1的表达量随着NTs剂量增加逐渐降低。

过氧化物酶体增殖物激活受体-γ共激活因子-1α（peroxlsome proliferator-activated receptor-γ coactlvator-1α，PGC-1α）和PR结构域蛋白16（PR domain-containing 16，PRDM16）是BAT中重要的产热调节蛋白。如表7-2-11，图7-2-9，对比青年对照组，一般对照组小鼠PGC-1α表达量较低。NTs剂量组中，中剂量NTs干预组的PGC-1α表达量最高，对比一般对照组具有显著统计学差异（$P < 0.05$）。各组PRDM16表达量呈现随年龄增长逐渐下降趋势，但无显著统计学差异（$P > 0.05$）。青年对照组PRDM16表达量最高。在NTs剂量组中，中剂量组具有较高的PRDM16表达量。

烟酰胺磷酸核糖转移酶（nicotinamide phosphoribosyltransferase，NAMPT）是重要的NMN/NAD^+生物合成限速酶，优先在BAT中表达。本研究中，各对照组小鼠NAMPT含量相近，NTs 各剂量组 NAMPT 含量较低，但无显著统计学差异（$P > 0.05$）。

过氧化物酶体增殖物激活受体 -α（peroxisome proliferators-activated receptors-α，PPAR-α）可以诱导 BAT 产热，减轻老年 BAT 组织的白色化。本研究中，青年小鼠 BAT 内的 PPAR-α 含量显著高于 12 月龄小鼠（$P < 0.05$）。模型对照、NTs 低剂量、中剂量组小鼠 PPAR-α 含量相当，略高于一般对照组和 NTs 高剂量组小鼠，但无显著统计学差异（$P > 0.05$）。

试验证实，在小鼠衰老过程中出现了年龄相关的 UCP-1 表达量降低，低剂量的 NTs 干预延缓了 UCP-1 表达量下降。中剂量的 NTs 干预显著增加了老年小鼠 PGC-1α 表达量。小鼠衰老伴随着年龄相关的 PPAR-α 活性降低，而 NTs 干预可以缓解 PPAR-α 活性减少。

表 7-2-11　NTs 对 BAT 中产热相关蛋白的影响（$n = 3$，$\bar{x} \pm s$）

组别	UCP-1/β-actin	PGC-1α/β-actin	PRDM16/β-actin	NAMPT/β-actin	PPAR-α/β-actin
一般对照	$0.17 \pm 0.09^{\triangle}$	0.14 ± 0.11	0.18 ± 0.02	0.27 ± 0.10	$0.13 \pm 0.01^{\triangle}$
模型对照	$0.18 \pm 0.06^{\triangle}$	0.23 ± 0.05	0.20 ± 0.10	0.29 ± 0.07	$0.21 \pm 0.03^{\triangle}$
青年对照	$0.36 \pm 0.05^{\#*}$	0.27 ± 0.14	0.30 ± 0.11	0.28 ± 0.06	$0.32 \pm 0.03^{\#*}$
NTs-L	0.27 ± 0.07	0.24 ± 0.09	0.24 ± 0.04	0.18 ± 0.06	$0.22 \pm 0.10^{\triangle}$
NTs-M	$0.19 \pm 0.07^{\triangle}$	$0.39 \pm 0.12^{\#}$	0.30 ± 0.07	0.21 ± 0.07	$0.21 \pm 0.06^{\triangle}$
NTs-H	$0.11 \pm 0.01^{\triangle}$	0.29 ± 0.01	0.23 ± 0.07	0.19 ± 0.04	$0.16 \pm 0.06^{\triangle}$

注：$^{\#}$ 与一般对照比较有统计学差异，* 与模型对照比较有统计学差异，$^{\triangle}$与青年对照比较有统计学差异（$P < 0.05$）。

UCP-1 位于线粒体内膜，是 BAT 内独特表达的特异性蛋白。在寒冷或是交感神经释放的去甲肾上腺素的刺激下，胞内 cAMP 水平上升，激活 PKA，上调 UCP-1 表达量。UCP-1 可以为 H^+提供低阻通路，使 H^+直接回流至线粒体内膜，从而消除氧化磷酸化过程中产生的线粒体质子梯度，与 ADP 解偶联。在此过程中，BAT 细胞产生热量，完成非震颤性产热[36]。UCP-1 是用来反映 BAT 细胞产热功能的标志蛋白。在本研究中，青年对照组小鼠 UCP-1 表达量显著高于一般对照组小鼠，证明 BAT 产热功能随着年龄增长逐渐衰退。低剂量的 NTs 干预组 UCP-1 表达量较其余同年龄对照组小鼠高，且与青年对照组小鼠不存在统计学差异（$P > 0.05$），提示低剂量 NTs 干预有助于提高小鼠 BAT 的产热功能。

PGC-1α 是调控线粒体功能网络的关键蛋白因子。在 BAT 中，PGC-1α 可以诱导 UCP-1 和其他产热成分的表达，对产热基因激活表达具有重要作用，是产热脂肪细胞肾上腺素能激活的中心转录效应物[104]。PGC-1α 可以充当 PPAR-γ/RXR-α 共激活剂，参与调节与 BAT 适应性产热相关的线粒体过程，刺激 UCP-1 的产生[105]。除了 PPAR-γ，PGC-1α 还与大量转录因子和核激素受体结合。因其可以直接或间接地控制组织中几种重要的代谢途径，PGC-1α 被认为是抗肥胖和糖尿病治疗的治疗靶点。本研究中，12 月龄一般对照组小鼠相比青年对照组表现出更低的 PGC-1α 表达量，与一般对照组小鼠较低的 UCP-1 表达量对应。NTs 干预组小鼠 PGC-1α 表达量均高于一般对照组，尤其是中剂量 NTs 干预的小鼠 PGC-1α 表达量最高，显著高于一般对照组（$P < 0.05$），提示在饲料中补充 NTs 可以促进 PGC-1α 的表达，对 UCP-1 的表达量也具有促进作用。

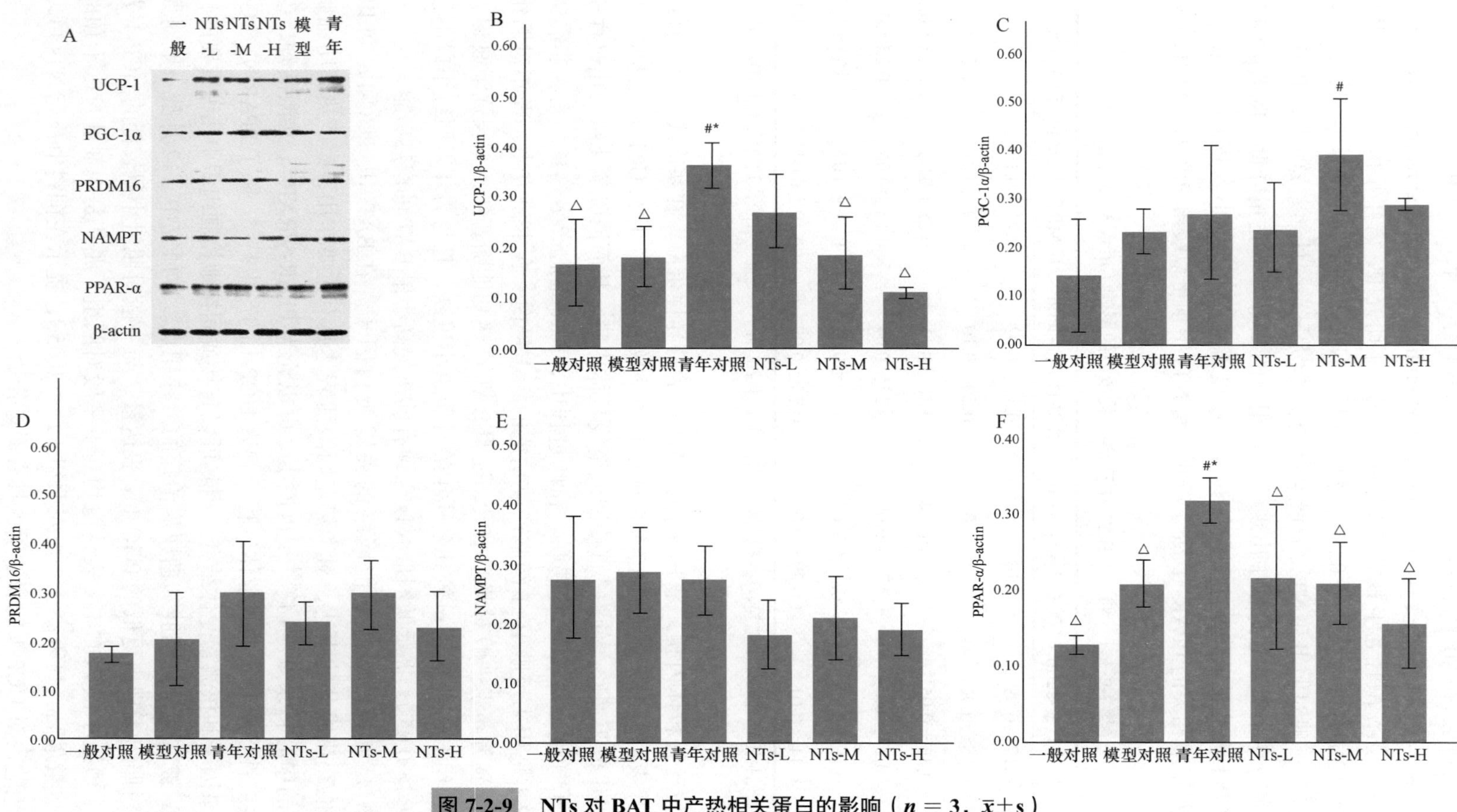

图 7-2-9 NTs 对 BAT 中产热相关蛋白的影响（$n = 3$，$\bar{x} \pm s$）

注：# 与一般对照比较有统计学差异，* 与模型对照比较有统计学差异，△ 与青年对照比较有统计学差异（$P < 0.05$）。

PRDM16 也是重要的 BAT 产热活性调节因子。相比 WAT，PRDM16 在 BAT 中具有更高的表达量，在 BAT 细胞的分化和蛋白转录过程中起重要作用。PRDM16 主要通过与其他转录因子如 c/EBPβ、PPARγ、PPARα 及 PGC-1α 结合并调节其活性来诱导 PGC-1α、UCP-1 和 *Dio2* 的表达，从而激活棕色细胞表型，将成肌细胞和白色脂肪前体细胞转化为可以产热的、含 UCP-1 的棕色脂肪细胞[113]。缺少 PRDM16 会引起老年小鼠肩胛间 BAT 产热能力显著下降，引起 BAT 功能障碍[114]。实验证实，敲除 PRDM16 会破坏 BAT 细胞的产热特性，导致白色脂肪特异性基因表达增加[115]。本研究中，各组小鼠 BAT 中的 PRDM16 表达量无显著统计学差异（$P > 0.05$），但青年对照组小鼠的 PRDM16 对比 12 月龄一般对照组小鼠具有更高的 PRDM16 表达量，证明 PRDM16 会随着年龄的增长活性逐渐降低。对比一般对照组小鼠，使用 NTs 干预的三组小鼠均表现出更高的 PRDM16 表达量，尤其是中剂量 NTs 干预组。结果提示，饲料中添加 NTs 可以促进 PRDM16 的表达。

综上所述，在饲料中添加 NTs 可以通过增加产热相关蛋白质 UCP-1、PGC-1α 和 PRDM16 的表达，改善老年小鼠 BAT 组织的产热功能。

NAMPT 是脂肪组织分泌的脂肪因子，在小鼠的 WAT 和 BAT 中都有表达，尤其是在 BAT 中[109]。NAMPT 是 NAD^+ 生物合成必需的限速酶，其介导的 NAD^+ 生物合成对调节 BAT 适应性产热、脂肪分解及全身能量代谢至关重要[116]。NAMPT 的细胞外形式（eNAMPT）也可称为内脂素（visfatin），在调节胰腺 β 细胞中葡萄糖刺激的胰岛素分泌具有重要作用。NAMPT 对 BAT 产热功能的影响尚无明确定论。对 T37i 细胞的研究发现，适宜浓度的 NAMPT 可以增加细胞内 UCP-1、PGC-1α 和 PRDM16 的表达，而过高浓度的 NAMPT 会通过降低 UCP-1 来降低 BAT 活性[117]。动物实验证实，肩胛间 BAT 温度与 UCP-1、NAMPT 表达量正相关[118]。但也有研究认为 NAMPT 对 BAT 产热功能无显著影响[119]。本研究中，各组间 NAMPT 的表达量无显著的统计学差异（$P > 0.05$）。

PPAR-α 是 PGC-1α 的下游信号分子，可以参与脂质代谢的整体调节。在脂肪组织中，PPAR-α 可以通过诱导产热途径、减小 BAT 脂滴大小，促进 BAT 内脂肪分解来抵抗肥胖引起的棕色脂肪白色化[120]。激活 PPAR-α 可以减少肝脂肪积累，诱导 BAT 中产热相关蛋白 UCP-1、PGC-1α，PRDM16 的表达[121]。本研究中，青年对照组小鼠 BAT 内表达的 PPAR-α 含量显著高于 12 月龄小鼠，证明 BAT 内的 PPAR-α 出现了生理性的下降。低剂量、中剂量的 NTs 干预组 PPAR-α 表达量较高，提示了膳食补充 NTs 对提高 BAT 内的 PPAR-α 具有潜在的积极意义。

（五）**NTs 对 AMPK 和 Sirt-1 表达情况的影响**（图 **7-2-10**，表 **7-2-12**）

磷酸化的 AMPK（pAMPK）和胞内总 AMPK（tAMPK）的比值可以用来反映 AMPK 活化程度。研究发现，青年对照组、NTs 低剂量组小鼠 AMPK 活化程度显著高于模型对照组（$P < 0.05$）。NTs 中剂量组小鼠 Sirt-1 表达量最高，与一般对照、模型对照和青年对照组相比具有显著统计学差异（$P < 0.05$）。

实验证实，低剂量的 NTs 干预可以增加 AMPK 活化程度，而中剂量的 NTs 干预可以显著增加 Sirt-1 表达量。研究提示了 NTs 对 AMPK/Sirt-1 具有潜在的激活作用。

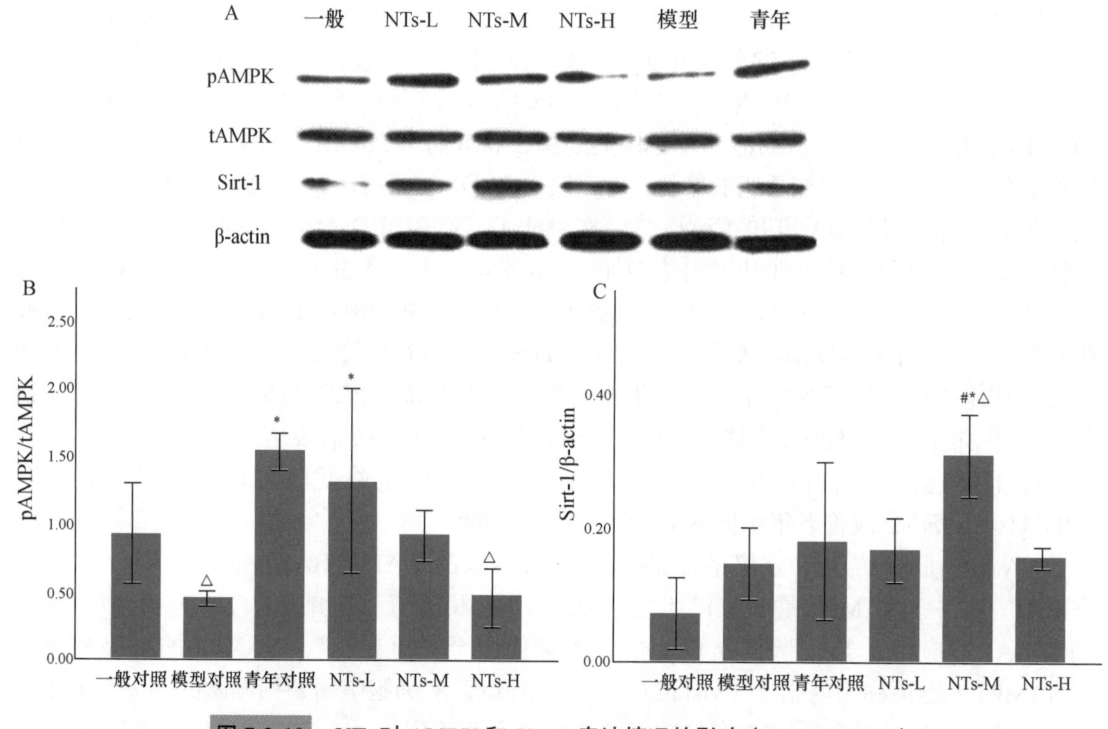

图 7-2-10　NTs 对 AMPK 和 Sirt-1 表达情况的影响（$n=3$，$\bar{x}\pm s$）

表 7-2-12　NTs 对 AMPK 和 Sirt-1 表达情况的影响（$n=3$，$\bar{x}\pm s$）

组别	pAMPK/tAMPK	Sirt-1/β-actin
一般对照	0.93±0.37	0.07±0.05
模型对照	0.45±0.05$^{\triangle}$	0.15±0.06
青年对照	1.55±0.13*	0.18±0.12
NTs-L	1.31±0.69*	0.17±0.05
NTs-M	0.92±0.18	0.31±0.06$^{\#*\triangle}$
NTs-H	0.48±0.20$^{\triangle}$	0.16±0.02

注：$^{\#}$ 与一般对照比较有统计学差异，* 与模型对照比较有统计学差异，$^{\triangle}$与青年对照比较有统计学差异（$P<0.05$）。

AMPK 在机体正常能量物质代谢、维持胞内线粒体稳态过程中发挥着重要的作用。AMPK 蛋白是一种异三聚体复合物，由催化亚基 α 和两个调节亚基 β、γ 构成。α 亚单位包含激酶结构域和一个关键残基 Thr172，可以被上游的蛋白激酶磷酸化，尤其是肿瘤抑制因子 LKB1。LKB1 在大部分的哺乳动物组织内负责介导激活 AMPK，调节细胞能量代谢。AMPK 的 β 亚基包含一个糖结合模块，允许 AMPK 与糖原结合。而 γ 亚基包含四个串联的胱硫醚 - β - 合酶（CBS）结构域，允许 AMPK 对 ATP/AMP 的变化做出响应。AMP 也可以直接与 γ 亚基结合来刺激 AMPK 活性。AMPK 对机体新陈代谢的调节大致可分为两类：抑制合成代谢以减少 ATP 消耗；刺激分解代谢以刺激 ATP 产生。在能量不足的情况下，

AMPK 可以通过抑制脂质从头合成、糖原合成和糖异生限制了 ATP 的消耗。同时，AMPK 积极刺激大分子分解，包括增加葡萄糖的利用率、动员细胞脂质储存和细胞自噬[123]。

Sirtuins 是 NAD^+ 依赖性脱乙酰酶家族，在进化过程中高度保守。Sirtuins 家族蛋白广泛地参与调节多种细胞进程，包括能量代谢、线粒体稳态、自噬、DNA 修复、凋亡、氧化应激及衰老等。其中，Sirt-1 与各种生物衰老进程密切相关。Sirt-1 可以被多种小分子激活，通过增加 Sirt-1 的表达可以显著调节肝脂肪酸分解代谢[124]。Sirt-1 还可以与 NF-κB 系统协同调节肝炎症[125]，控制肝氧化应激。因此，Sirt-1 激活剂在治疗脂肪肝、非酒精性肝病等疾病上应用前景广阔[126]。在 BAT 中，Sirt-1 可以通过调节 BAT 细胞分化和维持正常产热功能，影响 BAT 的功能。Sirt-1 和 AMPK 在能量代谢及衰老之间存在密切的相互作用。AMPK 活化可以增加胞内 NAD 的水平，刺激 Sirt-1 的活性，并导致下游蛋白 PGC-1α 去乙酰化，而 Sirt-1 的去乙酰化作用可以激活 LKB1，促进 AMPK 的活化功能[127]。Sirt-1 是线粒体生物发生和脂肪组织产热的主要调节器，可以通过增加 PGC-1α 表达量驱动 UCP-1 转录[128]。抑制 Sirt-1 的功能，同时也会抑制脂肪细胞的脂解作用[129]。

研究发现，激活 AMPK/Sirt-1/PGC-1α 信号可以促进脂肪细胞线粒体的生物发生，维持线粒体功能[130]，抑制大脑缺血[131]、心肌缺血[132]过程中的氧化应激、细胞凋亡和线粒体受损。增强 AMPK/Sirt-1 功能，可以减少高脂饮食诱导的肥胖小鼠脂肪生成、炎症，增强抗氧化功能，具有潜在的抗肥胖作用[133]。在 BAT 中，激活 AMPK 信号传导可以显著改善棕色脂肪产热特征，增加 PGC-1α、PRDM16、PPAR-α 等产热、脂肪分解相关蛋白的表达，增强脂肪组织能量消耗能力[134]。在能量代谢上，AMPK/Sirt-1/PGC-1α 信号通路激活可以促进 BAT 能量消耗，对肥胖诱导的肌肉萎缩、肌蛋白降解具有积极意义[135]。

本研究中，青年对照组 pAMPK/tAMPK 高于一般对照组，显著高于模型对照组，差异具有统计学意义（$P < 0.05$），证明在 BAT 衰老过程中出现了 AMPK 蛋白活性下降。NTs 低剂量组 pAMPK/tAMPK 显著高于模型对照组（$P < 0.05$）。值得注意的是，高剂量 NTs 干预组的 pAMPK/tAMPK 较低，略低于一般对照组，显著低于青年对照组（$P < 0.05$），提示膳食摄入低剂量、中剂量的 NTs 有助于激活 AMPK，但高剂量的 NTs 可能对 AMPK 有抑制作用。中剂量 NTs 干预组的 Sirt-1 表达量显著高于一般对照、模型对照和青年对照组（$P < 0.05$），PGC-1α 表达显著高于一般对照组（$P < 0.05$），证明膳食摄入中剂量的 NTs 有助于提高 Sirt-1 和 PGC-1α 蛋白表达。

综合上述结果，膳食补充低剂量和中剂量的 NTs 可以通过 AMPK/Sirt-1/PGC-1α 通路刺激 UCP-1 蛋白表达，从而维持老年小鼠棕色脂肪的产热功能。但摄入高剂量的 NTs 可能会抑制 AMPK 蛋白的表达。

四、NTs 对脂肪组织作用的应用前景和未来展望

NTs 是一类能够在生命体活动过程中广泛地发挥生理学效应的物质。饮食中的 NTs 可能被视为条件性必需营养素。目前，NTs 及其衍生物在医药、食品、农业生产、化妆品等领域得到了广泛应用。然而，对于 NTs 的研究大多集中在 NTs 的酶解技术的开发和分离纯化、NTs 的营养学转换、婴幼儿食品和临床特殊膳食开发上，市面上国产 NTs 药品和保健品开

发较少。本研究提示了一定剂量的 NTs 可以辅助改善脂肪组织功能，为进一步开发 NTs 这一极具潜力的营养物质开拓了新视野。

本研究主要评价了 NTs 对老年 SAMP8 小鼠 WAT 和 BAT 基本代谢功能的影响，创新性地发现 NTs 可以改善老年 SAMP8 小鼠 BAT 中的产热功能相关蛋白表达。人体内的 BAT 随着年龄的增长逐渐减退，而激活 BAT 可以消耗体内多余的营养物质，治疗肥胖及肥胖相关代谢障碍。研究结果提示了 NTs 具有改善人体内的 BAT 功能的潜力，可以在后续的人群试验中进行探索。由于衰老小鼠的脂肪组织总量较少，受样本量所限，只能选择较为典型的指标进行检测。在后续的研究中，可以尝试选用大鼠作为实验模型，使用脂质代谢组学、转录组学、蛋白组学等新兴的研究手段，进一步地探索衰老过程中脂肪组织内脂质代谢水平的变化，探究 NTs 改善脂肪组织功能的内在分子机制，以全面评价 NTs 对衰老动物脂肪组织的作用。此外，还可以将 NTs 对脂肪组织功能的改善作用与年龄相关代谢类疾病联系起来，为 NTs 在临床上的应用价值提供实验依据。

小　结

脂肪组织作为机体最大的储能器官和内分泌器官，在年龄相关退行性疾病的发生发展和机体代谢功能障碍中起着十分关键的作用。改善衰老脂肪组织的功能，对减轻代谢功能障碍及老年病的发生发展，实现健康老龄化具有极其深远的意义。NTs 作为生物体维持生命广泛使用的合成原料，具有许多重要的生理功能。本研究通过于饲料中添加 NTs 对小鼠进行长期喂养，探讨其对 SAMP8 小鼠 WAT 和 BAT 功能的影响，并对其可能的机制进行探索研究。研究发现，NTs 可以通过抗氧化、抗炎、激活 AMPK/Sirt-1/PGC-1α 通路来改善老年小鼠脂肪组织年龄相关的代谢功能、产热功能障碍，为探索 NTs 在改善脂肪组织功能上的应用价值提供新视野。

Improving the function of aging adipose tissue is of great significance to reduce age-related metabolic dysfunction and senile diseases, which is meaningful to realize healthy aging. Exogenous NTs, which have been proved to have many important physiological functions, are widely used as synthetic raw materials for organisms to maintain life. At present, no study has shown that exogenous NTs have an effect on the function of adipose tissue. The purpose of this study was to investigate the effects of exogenous NTs on WAT and BAT by long-term feeding in SAMP8 mice, and to explore its possible regulatory mechanism. Our research proved that exogenous NTs help remain the adipose tissue function by through anti-oxidation, anti-inflammatory and activate AMPK/Sirt-1/PGC-1α pathway in elderly mice. So as to provide a new vision for the application value of exogenous NTs in improving adipose tissue function.

参考文献

[1] Tchkonia T, Morbeck DE, Von Zglinicki T, et al. Fat tissue, aging, and cellular senescence. Aging Cell,

2010，9（5）：667-684.

[2] Ibrahim MM. Subcutaneous and visceral adipose tissue：Structural and functional differences. Obes Rev，2010，11（1）：11-18.

[3] Peirce V，Carobbio S，Vidal-Puig A. The different shades of fat. Nature，2014，510（7503）：76-83.

[4] Shil Hong E，Khang AR，Roh E，et al. Counterintuitive relationship between visceral fat and all-cause mortality in an elderly Asian population. Obesity（Silver Spring），2015，23（1）：220-227.

[5] Carbone S，Canada JM，Billingsley HE，et al. Obesity paradox in cardiovascular disease：Where do we stand? Vasc Health Risk Manag，2019，15：89-100.

[6] Horwich TB，Fonarow GC，Clark AL. Obesity and the obesity paradox in heart failure. Prog Cardiovasc Dis，2018，61（2）：151-156.

[7] Lavie CJ，Milani RV，Ventura HO. Obesity and cardiovascular disease：Risk factor，paradox，and impact of weight loss. J Am Coll Cardiol，2009，53（21）：1925-1932.

[8] Fassio A，Idolazzi L，Rossini M，et al. The obesity paradox and osteoporosis. Eat Weight Disord，2018，23（3）：293-302.

[9] Strulov Shachar S，Williams GR. The obesity paradox in cancer-moving beyond BMI. Cancer Epidemiol Biomarkers Prev，2017，26（1）：13-16.

[10] de Santana FM，Domiciano DS，Gonçalves MA，et al. Association of appendicular lean mass，and subcutaneous and visceral adipose tissue with mortality in older brazilians：The são paulo ageing & health study. J Bone Miner Res，2019，34（7）：1264-1274.

[11] Antonopoulos AS，Tousoulis D. The molecular mechanisms of obesity paradox. Cardiovasc Res，2017，113（9）：1074-1086.

[12] Park SE，Park CY，Choi JM，et al. Depot-specific changes in fat metabolism with aging in a type 2 diabetic animal model. PLoS One，2016，11（2）：e0148141.

[13] Corrales P，Martín-Taboada M，Medina-Gomez G. The risk of jiggly fat in aging. Aging（Albany NY），2019，11（15）：5298-5299.

[14] Stout MB，Justice JN，Nicklas BJ，et al. Physiological aging：Links among adipose tissue dysfunction，diabetes，and frailty. Physiology（Bethesda），2017，32（1）：9-19.

[15] Gustafson B，Hedjazifar S，Gogg S，et al. Insulin resistance and impaired adipogenesis. Trends Endocrinol Metab，2015，26（4）：193-200.

[16] Virtue S，Vidal-Puig A. Adipose tissue expandability，lipotoxicity and the metabolic syndrome-an allostatic perspective. Biochim Biophys Acta，2010，1801（3）：338-349.

[17] Corrales P，Vivas Y，Izquierdo-Lahuerta A，et al. Long-term caloric restriction ameliorates deleterious effects of aging on white and brown adipose tissue plasticity. Aging Cell，2019，18（3）：e12948.

[18] Ambikairajah A，Walsh E，Tabatabaei-Jafari H，et al. Fat mass changes during menopause：A meta analysis. Am J Obstet Gynecol，2019，221（5）：393-409.e350.

[19] Hirose H，Takayama M，Iwao Y，et al. Effects of aging on visceral and subcutaneous fat areas and on homeostasis model assessment of insulin resistance and insulin secretion capacity in a comprehensive health check up. J Atheroscler Thromb，2016，23（2）：207-215.

[20] Yamada M，Moriguch Y，Mitani T，et al. Age-dependent changes in skeletal muscle mass and visceral fat area in Japanese adults from 40 to 79 years-of-age. Geriatr Gerontol Int，2014，14 Suppl 1：8-14.

[21] Hammarstedt A，Gogg S，Hedjazifar S，et al. Impaired adipogenesis and dysfunctional adipose tissue in human hypertrophic obesity. Physiol Rev，2018，98（4）：1911-1941.

[22] Frasca D，Blomberg BB. Adipose tissue，immune aging，and cellular senescence. Semin Immunopathol，2020，42（5）：573-587.

[23] Finelli C，Sommella L，Gioia S，et al. Should visceral fat be reduced to increase longevity? Ageing Res Rev，2013，12（4）：996-1004.

[24] Koster A，Murphy RA，Eiriksdottir G，et al. Fat distribution and mortality：The AGES-Reykjavik Study. Obesity（Silver Spring），2015，23（4）：893-897.

[25] Chiba I，Lee S，Bae S，et al. Visceral fat accumulation is associated with mild cognitive impairment in community-dwelling older Japanese women. J Nutr Health Aging，2020，24（3）：352-357.

[26] Spauwen PJ，Murphy RA，Jónsson PV，et al. Associations of fat and muscle tissue with cognitive status in older adults：The AGES-Reykjavik Study. Age Ageing，2017，46（2）：250-257.

[27] Nyberg CK，Fjell AM，Walhovd KB. Level of body fat relates to memory decline and interacts with age in its association with hippocampal and subcortical atrophy. Neurobiol Aging，2020，91：112-124.

[28] Debette S，Beiser A，Hoffmann U，et al. Visceral fat is associated with lower brain volume in healthy middle-aged adults. Ann Neurol，2010，68（2）：136-144.

[29] Sawaki D，Czibik G，Pini M，et al. Visceral adipose tissue drives cardiac aging through modulation of fibroblast senescence by osteopontin production. Circulation，2018，138（8）：809-822.

[30] Rossi AP，Watson NL，Newman AB，et al. Effects of body composition and adipose tissue distribution on respiratory function in elderly men and women：The health，aging，and body composition study. J Gerontol A Biol Sci Med Sci，2011，66（7）：801-808.

[31] Zhu Y，Tchkonia T，Pirtskhalava T，et al. The Achilles' heel of senescent cells：From transcriptome to senolytic drugs. Aging Cell，2015，14（4）：644-658.

[32] López-Otín C，Blasco MA，Partridge L，et al. The hallmarks of aging. Cell，2013，153（6）：1194-1217.

[33] Smith U，Li Q，Rydén M，et al. Cellular senescence and its role in white adipose tissue. Int J Obes（Lond），2021，45（5）：934-943.

[34] Jung SM，Sanchez-Gurmaches J，Guertin DA. Brown adipose tissue development and metabolism. Handb Exp Pharmacol，2019，251：3-36.

[35] Cohade C，Osman M，Pannu HK，et al. Uptake in supraclavicular area fat（"USA-Fat"）：Description on 18F-FDG PET/CT. J Nucl Med，2003，44（2）：170-176.

[36] Graja A，Gohlke S，Schulz TJ. Aging of brown and beige/brite adipose tissue. Handb Exp Pharmacol，2019，251：55-72.

[37] Wang GX，Zhao XY，Lin JD. The brown fat secretome：Metabolic functions beyond thermogenesis. Trends Endocrinol Metab，2015，26（5）：231-237.

[38] Chondronikola M，Volpi E，Børsheim E，et al. Brown adipose tissue improves whole-body glucose homeostasis and insulin sensitivity in humans. Diabetes，2014，63（12）：4089-4099.

[39] Gonçalves LF，Machado TQ，Castro-Pinheiro C，et al. Ageing is associated with brown adipose tissue remodelling and loss of white fat browning in female C57BL/6 mice. Int J Exp Pathol，2017，98（2）：100-108.

[40] Bargut TC，Silva-e-Silva AC，Souza-Mello V，et al. Mice fed fish oil diet and upregulation of brown adipose tissue thermogenic markers. Eur J Nutr，2016，55（1）：159-169.

[41] Gao P，Jiang Y，Wu H，et al. Inhibition of mitochondrial calcium overload by SIRT3 prevents obesity- or age-related whitening of brown adipose tissue. Diabetes，2020，69（2）：165-180.

[42] Sellayah D，Sikder D. Orexin restores aging-related brown adipose tissue dysfunction in male mice. Endocrinology，2014，155（2）：485-501.

[43] Kiss T，Nyúl-Tóth Á，Balasubramanian P，et al. Nicotinamide mononucleotide（NMN）supplementation promotes neurovascular rejuvenation in aged mice：Transcriptional footprint of SIRT1 activation，mitochondrial protection，anti-inflammatory，and anti-apoptotic effects. Geroscience，2020，42（2）：527-546.

[44] Scarpulla RC. Metabolic control of mitochondrial biogenesis through the PGC-1 family regulatory network. Biochim Biophys Acta，2011，1813（7）：1269-1278.

[45] Miller KN, Burhans MS, Clark JP, et al. Aging and caloric restriction impact adipose tissue, adiponectin, and circulating lipids. Aging Cell, 2017, 16 (3): 497-507.

[46] Fujii N, Uta S, Kobayashi M, et al. Impact of aging and caloric restriction on fibroblast growth factor 21 signaling in rat white adipose tissue. Exp Gerontol, 2019, 118: 55-64.

[47] Speakman JR, Mitchell SE. Caloric restriction. Mol Aspects Med, 2011, 32 (3): 159-221.

[48] Narita T, Kobayashi M, Itakura K, et al. Differential response to caloric restriction of retroperitoneal, epididymal, and subcutaneous adipose tissue depots in rats. Exp Gerontol, 2018, 104: 127-137.

[49] Fabbiano S, Suárez-Zamorano N, Rigo D, et al. Caloric restriction leads to browning of white adipose tissue through type 2 immune signaling. Cell Metab, 2016, 24 (3): 434-446.

[50] Fabbiano S, Suárez-Zamorano N, Chevalier C, et al. Functional gut microbiota remodeling contributes to the caloric restriction-induced metabolic improvements. Cell Metab, 2018, 28 (6): 907-921.e907.

[51] Barquissau V, Léger B, Beuzelin D, et al. Caloric restriction and diet-induced weight loss do not induce browning of human subcutaneous white adipose tissue in women and men with obesity. Cell Rep, 2018, 22 (4): 1079-1089.

[52] Abdali D, Samson SE, Grover AK. How effective are antioxidant supplements in obesity and diabetes? Med Princ Pract, 2015, 24 (3): 201-215.

[53] Farhangi MA, Mesgari-Abbasi M, Hajiluian G, et al. Adipose tissue inflammation and oxidative stress: The ameliorative effects of vitamin D. Inflammation, 2017, 40 (5): 1688-1697.

[54] Manna P, Achari AE, Jain SK. Vitamin D supplementation inhibits oxidative stress and upregulate SIRT1/AMPK/GLUT4 cascade in high glucose-treated 3T3L1 adipocytes and in adipose tissue of high fat diet-fed diabetic mice. Arch Biochem Biophys, 2017, 615: 22-34.

[55] Harding AH, Wareham NJ, Bingham SA, et al. Plasma vitamin C level, fruit and vegetable consumption, and the risk of new-onset type 2 diabetes mellitus: The European prospective investigation of cancer-Norfolk prospective study. Arch Intern Med, 2008, 168 (14): 1493-1499.

[56] Kataja-Tuomola MK, Kontto JP, Männistö S, et al. Intake of antioxidants and risk of type 2 diabetes in a cohort of male smokers. Eur J Clin Nutr, 2011, 65 (5): 590-597.

[57] Ristow M, Zarse K, Oberbach A, et al. Antioxidants prevent health-promoting effects of physical exercise in humans. Proc Natl Acad Sci USA, 2009, 106 (21): 8665-8670.

[58] Trepiana J, Gómez-Zorita S, Fernández-Quintela A, et al. Effects of resveratrol and its analogue pterostilbene, on NOV/CCN3 adipokine in adipose tissue from rats fed a high-fat high-sucrose diet. J Physiol Biochem, 2019, 75 (3): 275-283.

[59] Kim OY, Chung JY, Song J. Effect of resveratrol on adipokines and myokines involved in fat browning: Perspectives in healthy weight against obesity. Pharmacol Res, 2019, 148: 104411.

[60] Gong L, Guo S, Zou Z. Resveratrol ameliorates metabolic disorders and insulin resistance in high-fat diet-fed mice. Life Sci, 2020, 242: 117212.

[61] Uti DE, Atangwho IJ, Eyong EU, et al. African walnuts attenuate ectopic fat accumulation and associated peroxidation and oxidative stress in monosodium glutamate-obese Wistar rats. Biomed Pharmacother, 2020, 124: 109879.

[62] Charradi K, Elkahoui S, Limam F, et al. High-fat diet induced an oxidative stress in white adipose tissue and disturbed plasma transition metals in rat: Prevention by grape seed and skin extract. J Physiol Sci, 2013, 63 (6): 445-455.

[63] Nono Nankam PA, Mendham AE, De Smidt MF, et al. Changes in systemic and subcutaneous adipose tissue inflammation and oxidative stress in response to exercise training in obese black African women. J Physiol, 2020, 598 (3): 503-515.

[64] Carver JD. Dietary nucleotides: Cellular immune, intestinal and hepatic system effects. J Nutr, 1994, 124 (1 Suppl): 144s-148s.

[65] Xu M, Zhao M, Yang R, et al. Effect of dietary nucleotides on immune function in Balb/C mice. Int Immunopharmacol, 2013, 17 (1): 50-56.

[66] Wei Z, Yi L, Xu W, et al. Effects of dietary nucleotides on growth, non-specific immune response and disease resistance of sea cucumber Apostichopus japonicas. Fish Shellfish Immunol, 2015, 47 (1): 1-6.

[67] Xie CY, Wang Q, Li G, et al. Dietary supplement with nucleotides in the form of uridine monophosphate or uridine stimulate intestinal development and promote nucleotide transport in weaned piglets. J Sci Food Agric, 2019, 99 (13): 6108-6113.

[68] Cai X, Bao L, Wang N, et al. Dietary nucleotides supplementation and liver injury in alcohol-treated rats: A metabolomics investigation. Molecules, 2016, 21 (4): 435.

[69] Dong W, Wu Z, Xu L, et al. Maternal supplementation of nucleotides improves the behavioral development of prenatal ethanol-exposed mice. Cogn Affect Behav Neurosci, 2014, 14 (2): 879-890.

[70] Xu M, Liang R, Guo Q, et al. Dietary nucleotides extend the life span in Sprague-Dawley rats. J Nutr Health Aging, 2013, 17 (3): 223-229.

[71] Xu M, Liang R, Li Y, et al. Anti-fatigue effects of dietary nucleotides in mice. Food Nutr Res, 2017, 61 (1): 1334485.

[72] Siahanidou T, Mandyla H, Papassotiriou I, et al. Serum lipids in preterm infants fed a formula supplemented with nucleotides. J Pediatr Gastroenterol Nutr, 2004, 38 (1): 56-60.

[73] Johansson J, Mannerås-Holm L, Shao R, et al. Electrical vs manual acupuncture stimulation in a rat model of polycystic ovary syndrome: Different effects on muscle and fat tissue insulin signaling. PLoS One, 2013, 8 (1): e54357.

[74] Wei X, Jia R, Wang G, et al. Depot-specific regulation of NAD (+) /SIRTs metabolism identified in adipose tissue of mice in response to high-fat diet feeding or calorie restriction. J Nutr Biochem, 2020, 80: 108377.

[75] Hariri N, Thibault L. High-fat diet-induced obesity in animal models. Nutr Res Rev, 2010, 23 (2): 270-299.

[76] Butterfield DA, Poon HF. The senescence-accelerated prone mouse (SAMP8): A model of age-related cognitive decline with relevance to alterations of the gene expression and protein abnormalities in Alzheimer's disease. Exp Gerontol, 2005, 40 (10): 774-783.

[77] Uejima Y, Fukuchi Y, Nagase T, et al. A new murine model of aging lung: The senescence accelerated mouse (SAM) -P. Mech Ageing Dev, 1991, 61 (3): 223-236.

[78] 李勇，徐美虹. 核苷酸营养学. 北京：北京大学医学部出版社，2016：18-29.

[79] Liu Z, Wu KKL, Jiang X, et al. The role of adipose tissue senescence in obesity- and ageing-related metabolic disorders. Clin Sci (Lond), 2020, 134 (2): 315-330.

[80] Bosello O, Vanzo A. Obesity paradox and aging. Eat Weight Disord, 2021, 26 (1): 27-35.

[81] Giralt M, Villarroya F. White, brown, beige/brite: Different adipose cells for different functions? Endocrinology, 2013, 154 (9): 2992-3000.

[82] Higuchi M, Dusting GJ, Peshavariya H, et al. Differentiation of human adipose-derived stem cells into fat involves reactive oxygen species and Forkhead box O1 mediated upregulation of antioxidant enzymes. Stem Cells Dev, 2013, 22 (6): 878-888.

[83] Findeisen HM, Pearson KJ, Gizard F, et al. Oxidative stress accumulates in adipose tissue during aging and inhibits adipogenesis. PLoS One, 2011, 6 (4): e18532.

[84] Furukawa S, Fujita T, Shimabukuro M, et al. Increased oxidative stress in obesity and its impact on metabolic syndrome. J Clin Invest, 2004, 114 (12): 1752-1761.

[85] Baker JF, Newman AB, Kanaya A, et al. The adiponectin paradox in the elderly: Associations with body composition, physical functioning, and mortality. J Gerontol A Biol Sci Med Sci, 2019, 74 (2): 247-253.

[86] Schautz B，Later W，Heller M，et al. Impact of age on leptin and adiponectin independent of adiposity. Br J Nutr，2012，108（2）：363-370.

[87] Gulcelik NE，Halil M，Ariogul S，et al. Adipocytokines and aging：Adiponectin and leptin. Minerva Endocrinol，2013，38（2）：203-210.

[88] Roszkowska-Gancarz M，Jonas M，Owczarz M，et al. Age-related changes of leptin and leptin receptor variants in healthy elderly and long-lived adults. Geriatr Gerontol Int，2015，15（3）：365-371.

[89] Van Den Saffele JK，Goemaere S，De Bacquer D，et al. Serum leptin levels in healthy ageing men：Are decreased serum testosterone and increased adiposity in elderly men the consequence of leptin deficiency? Clin Endocrinol（Oxf），1999，51（1）：81-88.

[90] Pareja-Galeano H，Santos-Lozano A，Sanchis-Gomar F，et al. Circulating leptin and adiponectin concentrations in healthy exceptional longevity. Mech Ageing Dev，2017，162：129-132.

[91] Folch J，Pedrós I，Patraca I，et al. Neuroprotective and anti-ageing role of leptin. J Mol Endocrinol，2012，49（3）：R149-156.

[92] Littlejohns TJ，Kos K，Henley WE，et al. Serum leptin and risk of cognitive decline in elderly italians. J Alzheimers Dis，2015，44（4）：1231-1239.

[93] Unamuno X，Gómez-Ambrosi J，Rodríguez A，et al. Adipokine dysregulation and adipose tissue inflammation in human obesity. Eur J Clin Invest，2018，48（9）：e12997.

[94] Xu M，Palmer AK，Ding H，et al. Targeting senescent cells enhances adipogenesis and metabolic function in old age. Elife，2015，4：e12997.

[95] Xu M，Tchkonia T，Ding H，et al. JAK inhibition alleviates the cellular senescence-associated secretory phenotype and frailty in old age. Proc Natl Acad Sci USA，2015，112（46）：E6301-6310.

[96] Yang LW，Song M，Li YL，et al. L-Carnitine inhibits the senescence-associated secretory phenotype of aging adipose tissue by JNK/p53 pathway. Biogerontology，2019，20（2）：203-211.

[97] Wernstedt Asterholm I，Tao C，Morley TS，et al. Adipocyte inflammation is essential for healthy adipose tissue expansion and remodeling. Cell Metab，2014，20（1）：103-118.

[98] Vitale G，Pellegrino G，Vollery M，et al. Role of IGF-1 system in the modulation of longevity：Controversies and new insights from a centenarians' perspective. Front Endocrinol（Lausanne），2019，10：27.

[99] Boucher J，Mori MA，Lee KY，et al. Impaired thermogenesis and adipose tissue development in mice with fat-specific disruption of insulin and IGF-1 signalling. Nat Commun，2012，3：902.

[100] Bonafè M，Barbieri M，Marchegiani F，et al. Polymorphic variants of insulin-like growth factor I（IGF-I）receptor and phosphoinositide 3-kinase genes affect IGF-I plasma levels and human longevity：Cues for an evolutionarily conserved mechanism of life span control. J Clin Endocrinol Metab，2003，88（7）：3299-3304.

[101] Arai Y，Hirose N，Yamamura K，et al. Serum insulin-like growth factor-1 in centenarians：Implications of IGF-1 as a rapid turnover protein. J Gerontol A Biol Sci Med Sci，2001，56（2）：M79-82.

[102] Tak PP，Firestein GS. NF-kappaB：A key role in inflammatory diseases. J Clin Invest，2001，107（1）：7-11.

[103] Chondronikola M，Volpi E，Børsheim E，et al. Brown adipose tissue activation is linked to distinct systemic effects on lipid metabolism in humans. Cell Metab，2016，23（6）：1200-1206.

[104] Uldry M，Yang W，St-Pierre J，et al. Complementary action of the PGC-1 coactivators in mitochondrial biogenesis and brown fat differentiation. Cell Metab，2006，3（5）：333-341.

[105] Puigserver P，Wu Z，Park CW，et al. A cold-inducible coactivator of nuclear receptors linked to adaptive thermogenesis. Cell，1998，92（6）：829-839.

[106] Pan R，Chen Y. Management of oxidative stress：Crosstalk between brown/beige adipose tissues and skeletal muscles. Front Physiol，2021，12：712372.

[107] Graja A，Schulz TJ. Mechanisms of aging-related impairment of brown adipocyte development and

function. Gerontology，2015，61（3）：211-217.

[108] Cui X，Xiao W，You L，et al. Age-induced oxidative stress impairs adipogenesis and thermogenesis in brown fat. Febs J，2019，286（14）：2753-2768.

[109] Lee JH，Go Y，Kim DY，et al. Isocitrate dehydrogenase 2 protects mice from high-fat diet-induced metabolic stress by limiting oxidative damage to the mitochondria from brown adipose tissue. Exp Mol Med，2020，52（2）：238-252.

[110] Zhang JY，Zhao XY，Wang GY，et al. Food restriction attenuates oxidative stress in brown adipose tissue of striped hamsters acclimated to a warm temperature. J Therm Biol，2016，58：72-79.

[111] Zhou SS，Cao LL，Xu WD，et al. Effect of temperature on oxidative stress，antioxidant levels and uncoupling protein expression in striped hamsters. Comp Biochem Physiol A Mol Integr Physiol，2015，189：84-90.

[112] Harms M，Seale P. Brown and beige fat：Development，function and therapeutic potential. Nat Med，2013，19（10）：1252-1263.

[113] Harms MJ，Ishibashi J，Wang W，et al. Prdm16 is required for the maintenance of brown adipocyte identity and function in adult mice. Cell Metab，2014，19（4）：593-604.

[114] Seale P，Bjork B，Yang W，et al. PRDM16 controls a brown fat/skeletal muscle switch. Nature，2008，454（7207）：961-967.

[115] Revollo JR，Körner A，Mills KF，et al. Nampt/PBEF/Visfatin regulates insulin secretion in beta cells as a systemic NAD biosynthetic enzyme. Cell Metab，2007，6（5）：363-375.

[116] Yamaguchi S，Franczyk MP，Chondronikola M，et al. Adipose tissue NAD（＋）biosynthesis is required for regulating adaptive thermogenesis and whole-body energy homeostasis in mice. Proc Natl Acad Sci USA，2019，116（47）：23822-23828.

[117] Dimitriadis GK，Adya R，Tan BK，et al. Effects of visfatin on brown adipose tissue energy regulation using T37i cells. Cytokine，2019，113：248-255.

[118] Crisol BM，Veiga CB，Lenhare L，et al. Nicotinamide riboside induces a thermogenic response in lean mice. Life Sci，2018，211：1-7.

[119] Pisani DF，Dumortier O，Beranger GE，et al. Visfatin expression analysis in association with recruitment and activation of human and rodent brown and brite adipocytes. Adipocyte，2016，5（2）：186-195.

[120] Miranda CS，Silva-Veiga F，Martins FF，et al. PPAR-α activation counters brown adipose tissue whitening：A comparative study between high-fat- and high-fructose-fed mice. Nutrition，2020，78：110791.

[121] An JY，Jheng HF，Nagai H，et al. A phytol-enriched diet activates PPAR-α in the liver and brown adipose tissue to ameliorate obesity-induced metabolic abnormalities. Mol Nutr Food Res，2018，62（6）：e1700688.

[122] Alcalá M，Calderon-Dominguez M，Bustos E，et al. Increased inflammation，oxidative stress and mitochondrial respiration in brown adipose tissue from obese mice. Sci Rep，2017，7（1）：16082.

[123] Herzig S，Shaw RJ. AMPK：Guardian of metabolism and mitochondrial homeostasis. Nat Rev Mol Cell Biol，2018，19（2）：121-135.

[124] Sathyanarayan A，Mashek MT，Mashek DG. ATGL promotes autophagy/lipophagy via SIRT1 to control hepatic lipid droplet catabolism. Cell Rep，2017，19（1）：1-9.

[125] de Gregorio E，Colell A，Morales A，et al. Relevance of SIRT1-NF-κB Axis as therapeutic target to ameliorate inflammation in liver disease. Int J Mol Sci，2020，21（11）：3858.

[126] de Ligt M，Timmers S，Schrauwen P. Resveratrol and obesity：Can resveratrol relieve metabolic disturbances? Biochim Biophys Acta，2015，1852（6）：1137-1144.

[127] Chen C，Zhou M，Ge Y，et al. SIRT1 and aging related signaling pathways. Mech Ageing Dev，2020，187：111215.

[128] Qiang L, Wang L, Kon N, et al. Brown remodeling of white adipose tissue by SirT1-dependent deacetylation of Pparγ. Cell, 2012, 150 (3): 620-632.

[129] Chen CC, Kuo CH, Leu YL, et al. Corylin reduces obesity and insulin resistance and promotes adipose tissue browning through SIRT-1 and β3-AR activation. Pharmacol Res, 2021, 164: 105291.

[130] Yang X, Liu Q, Li Y, et al. The diabetes medication canagliflozin promotes mitochondrial remodelling of adipocyte via the AMPK-Sirt1-Pgc-1α signalling pathway. Adipocyte, 2020, 9 (1): 484-494.

[131] Xu W, Yan J, Ocak U, et al. Melanocortin 1 receptor attenuates early brain injury following subarachnoid hemorrhage by controlling mitochondrial metabolism via AMPK/SIRT1/PGC-1α pathway in rats. Theranostics, 2021, 11 (2): 522-539.

[132] Tian L, Cao W, Yue R, et al. Pretreatment with Tilianin improves mitochondrial energy metabolism and oxidative stress in rats with myocardial ischemia/reperfusion injury via AMPK/SIRT1/PGC-1 alpha signaling pathway. J Pharmacol Sci, 2019, 139 (4): 352-360.

[133] Eo H, Jeon YJ, Lee M, et al. Brown alga ecklonia cava polyphenol extract ameliorates hepatic lipogenesis, oxidative stress, and inflammation by activation of AMPK and SIRT1 in high-fat diet-induced obese mice. J Agric Food Chem, 2015, 63 (1): 349-359.

[134] Rao Y, Yu H, Gao L, et al. Natural alkaloid bouchardatine ameliorates metabolic disorders in high-fat diet-fed mice by stimulating the sirtuin 1/liver kinase B-1/AMPK axis. Br J Pharmacol, 2017, 174 (15): 2457-2470.

[135] Guo A, Li K, Tian HC, et al. FGF19 protects skeletal muscle against obesity-induced muscle atrophy, metabolic derangement and abnormal irisin levels via the AMPK/SIRT-1/PGC-α pathway. J Cell Mol Med, 2021, 25 (7): 3585-3600.

第八章 核苷酸与肝衰老
Nucleotides and liver senescence

肝是机体重要的功能器官，具有调控代谢、解毒、分泌胆汁等多种生理功能。衰老导致肝出现慢性炎症浸润、脂质沉积、纤维化等改变，影响肝功能和机体的健康。核苷酸在关键的生化过程中发挥着重要的作用，还具有多种生理活性，在延缓肝衰老方面具有巨大的潜力。本章就核苷酸在延缓肝衰老的作用、机制及可能的应用前景进行介绍。

Liver is an important functional organ of the body，which has many physiological functions such as regulating metabolism，detoxification and biliation. Senescense results in chronic inflammation，lipid deposition，fibrosis in the liver，which has a negative effect on the function of liver and body health. Nucleotides plays an important role in key biochemical processes and has a variety of physiological activities，which has great potential in delaying the senescense of liver. In this chapter，we will introduce the research progress and application prospect of nucleotides in the senescense of liver.

第一节 概 述 Introduction

一、肝衰老

预计到2050年，全球65岁以上的人口数量将从2010年的5.24亿增加至15亿。全球人口老龄化逐步进展，未来将会成为全世界面临的重大的社会和科学问题。衰老导致机体逐渐出现退行性变化，机体衰老细胞的逐渐积累，更会加剧机体发生与衰老相关的疾病。肝作为机体重要的器官之一，在衰老的进程中，也会逐渐出现一系列的变化。

随着年龄增长，肝的体积和血流量逐渐减少。当人衰老时，肝的体积会减少20%～40%，肝体积的减少与肝血流量的减少有关。年龄大于65岁以上的人的肝血容量比年龄小于40岁的人少约35%。肝体积的减少不是整体体积变小，而是肝功能细胞的减少。衰老机体的肝也会发生结构和功能上的变化。肝出现肝细胞排列紊乱、肝血窦明显扩张、炎症细胞浸润、脂肪变性、纤维化改变、紧密连接的通透性和通过细胞转移的能力减少等。进而导致肝的物质代谢明显紊乱，白蛋白合成能力、对药物代谢能力以及Kupffer细胞吞噬能力明显降低，增殖修复能力也会降低等。

肝结构由于衰老的作用发生变化，进而影响肝的生理功能，最终影响机体健康。衰老会对肝功能造成一定的影响，当肝功能发生障碍时，整个机体也会受到影响；衰老导致肝对不同的损伤或药物毒性的防御能力下降；衰老使得肝对急性肝损伤和肝疾病更为易感；衰老加重肝原有的疾病，在治疗时预后效果也会相对较差；衰老会造成肝的适应力、储备力下降，在应激状态下也更容易发生肝衰竭；同时，衰老的肝作为供体在肝移植后出现缺血再灌注的损伤较重，从而导致移植后存活率的缩短。肝衰老导致严重影响机体健康，故延缓肝的衰老对健康具有重要意义。

二、肝衰老的营养干预方法

热量限制是指饮食能量摄入的持续限制。啮齿类动物的临床前研究表明，热量限制对健康是有益的。研究发现 40% 的热量限制可以改善衰老小鼠的肝蛋白质合成的负担[1]、减少由于合成蛋白质过程中错误折叠蛋白引起的氧化应激和改善增龄性肝脂质代谢[2]。同时，研究还发现热量限制可以提高衰老小鼠肝线粒体功能[3]、减少炎症[4]。但目前发现，热量限制会产生严重的不良反应[5]，例如身体上的长期虚弱，有氧运动能力的下降，对心理上也产生了不良影响，会造成情绪困扰、冷漠、沮丧、出现自杀念头等；因为热量限制有导致肌肉质量和功能下降的风险，所以在不肥胖的老年人和不能进行运动的患者中热量限制的干预也较难实现；此外，对于人群而言，热量限制的长期依从性也较差。

烟酰胺核苷（NR）和烟酰胺单核苷酸（NMN）在过去几年中得到广泛的关注，研究发现，NR 和 NMN 通过增加体内 NAD^+ 从而减缓衰老的进程[6]。NMN 可以改善各种代谢器官的线粒体功能，例如骨骼肌[7]、肝[8]、心脏[9]等，NMN 还通过促进 PGE2 降解从而抑制肝星形细胞活化以防止肝纤维化[10]。

Sirtuin 激活化合物可以增强 Sirtuin 活性，延长小鼠和非灵长类动物的寿命[11]。白藜芦醇是一种天然的 Sirtuin 激活化合物，可以增强 Sirtuin 活性。研究发现，200 mg/kg 的白藜芦醇可以通过 SIRT1 介导的自噬改善肝氧化应激[12-14]；白藜芦醇还可以改善小鼠肝线粒体功能[15]。白藜芦醇虽然在临床前试验中表现了良好的效果，但由于其低生物利用度、靶点特异性有限导致其在临床实验中失败[16]。此外，芦笋、蓝莓、核桃等残渣提取物也可以改善由于 D- 半乳糖诱导的衰老肝的氧化应激，但并没有综合和直接体现对延缓肝衰老的作用。

三、核苷酸与肝

核苷酸是核酸的基本组成单位，是生物体细胞决定生物特性和蛋白质结构与功能的重要物质，控制着生物体的生长、发育、繁殖和遗传，是体内多种营养物质的代谢调节因子。核苷酸存在于母乳及日常膳食中，多代繁殖和终身喂养实验证明核苷酸是安全且可终身预防性服用的，目前也已作为婴幼儿配方奶粉的重要复配添加物使用。目前研究发现，外源核苷酸（exogenous nucleotides，NTs）有调节免疫力、抗感染、促进生长发育、调节肠道菌群功能、改善记忆等生理功能。免疫系统是机体执行免疫应答及免疫功能的重要系统，Maldonado[17]发现，核苷酸可以增强免疫球蛋白的产生和对疫苗的反应，以及对膳食抗原的耐受性。此外，核苷酸还能降低新生儿和哺乳期婴儿的发病率，核苷酸的免疫调节作用也在多种动物模型中得到证实。研究表明，杂交条纹鲈鱼幼鱼被海豚链球菌感染后，在饲粮中添加核苷酸能够显著提高其成活率，膳食核苷酸影响杂交条纹鲈鱼幼鱼特异性和非特异性免疫反应；饲粮中添加核苷酸能够改善断奶仔猪的生长性能、养分消化率、粪便评分和微生物平衡。母乳中核苷酸含量很高，可以促进人和动物的生长。在一项大规模随机试验中发现婴儿配方奶粉中添加核苷酸会增加婴儿体重，促进婴儿头部发育，研究者认为，在大脑发育的关键阶段，在婴儿配方奶粉中添加核苷酸可能会对婴儿产生积极的长期影响[18]。饲喂核苷酸饲粮的动物肠道黏膜蛋白质和DNA含量较高，绒毛高度和二糖酶活性较好，肠损伤恢复较快；核苷酸能增强肠道分化，利于肠道菌群和肠道免疫功能。研究发现，在婴儿的配方奶中添加核苷酸，发现核苷酸有利于婴儿胃肠道和免疫系统的发育[19]，Dancey发现补充核苷酸能改善肠易激综合征[20]。

NTs不仅具有多种生理活性，还具有良好的保肝作用，对肝损伤、肝衰老有一定的保护作用。研究发现，核苷酸可以改善酒精性肝损伤，具有很好的保肝作用。补充核苷酸可以预防酒精性肝损伤大鼠肝细胞脂肪变性[21]，在酒精性肝损伤大鼠中，补充核苷酸后球蛋白、天冬氨酸转氨酶、丙氨酸转氨酶和氧化应激标志物均得到改善。其次，核苷酸还可以改善肝细胞功能、肝合成功能和肝代谢功能[22]。有研究发现，与饲料中添加核苷酸组的断乳小鼠相比，未添加核苷酸组的小鼠的胆固醇、磷脂浓度升高，因此，认为外源性核苷酸可以调节肝脂质代谢[23]。

第二节　核苷酸延缓肝衰老的作用 Effect of nucleotides on the delaying of liver senescence

一、NTs 延缓肝衰老的研究方法

目前，研究衰老相关的实验动物模型主要有自然衰老模型、D-半乳糖模型、快速老化模型（senescence accelerated mouse prone，SAMP）、去胸腺衰老模型等。每种模型的衰老机制不同，适用不同的研究。

自然衰老模型，即将动物自然饲养至衰老后得到衰老试验动物。考虑到饲养时间的影响，在常使用的试验动物中，小鼠和大鼠相对寿命较短，故目前常使用的自然衰老模型的试验动物有大鼠和小鼠。自然衰老模型更接近正常的衰老，但缺点是饲养所花的时间较长。

当摄入过量的D-半乳糖时，半乳糖氧化酶会在体内将其催化为醛糖及过氧化氢，促使活性氧的产生并诱发氧化应激损伤、炎症、线粒体功能障碍及细胞凋亡的发生，最终引起衰老。D-半乳糖模型造模时间较自然衰老模型短，某些指标接近自然衰老小鼠，但免疫、行为等方面与自然衰老小鼠相比尚存在较大差异，因此，D-半乳糖模型鼠可能不宜应用于免疫、行为等方面的衰老研究。

快速老化模型，是一种近交系衰老模型鼠，最初由日本京都大学在对AKR/J系小鼠进行常规近交系培育时意外发现。其中表现正常衰老的小鼠为R系，表现为明显衰老的为P系。P系小鼠4～6月龄时是正常生长期，度过正常生长期后，P系小鼠迅速出现反应迟缓、被毛光泽减退、脱毛、皮肤溃疡等老化特征。SAMP8是SAMP系的一个亚系，主要以

学习、记忆能力障碍为老化特征，是研究衰老相关性疾病及分子机制的良好动物模型。有研究报道，SAMP8 小鼠表现出快速衰老并伴有显著的学习记忆功能障碍，且随月龄的增加其学习记忆功能障碍加重，同时存在胆碱能功能缺失、Aβ 异常沉积、Tau 蛋白磷酸化、神经递质改变、突触结构和功能障碍，广泛的肝脂肪变性、以肿胀细胞为特征的肝细胞气球样变、局灶性坏死、炎症和纤维化等[24, 25]。SAMR 系中的 SAMR1 表现为正常衰老，一般作为 SAMP 系的正常对照。SAMP8 小鼠是目前认为较理想的老化模型。

胸腺是免疫细胞生成的场所，胸腺诱导 T 淋巴细胞的分化成熟、增强细胞免疫反应，调节机体免疫平衡，是免疫系统的中枢器官。去胸腺衰老模型通过摘除胸腺，从而导致机体细胞免疫反应能力降低，加速机体的衰老。但去胸腺衰老模型耗费时间长，且试验技术要求高。此外，由于小鼠没有了胸腺，在研究衰老相关免疫时某些免疫指标没有方法进行定性或定量的测定，从而影响试验的可信度。

二、NTs 延缓肝衰老的研究进展

NTs 是核酸的组成部分，在许多生化过程中发挥关键作用。膳食中的 NTs 在肠道中水解为核苷和碱基，经肠黏膜吸收至体内；NTs 同时也可以内源性合成，因此被认为不是必需营养素。但大量研究表明，在饲料中额外添加 NTs 可改善养殖动物的生长性能、肠道健康和免疫反应[26-28]，同时，NTs 还具有一定保护肝的生物学作用，故 NTs 对延缓肝衰老具有巨大的影响潜力。北京大学李勇课题组采用自然衰老的 SD 大鼠和 SAMP8 小鼠作为肝衰老的模型，以 NTs 对 SAMP8 小鼠进行干预，探讨了 NTs 对肝衰老的延缓作用及其机制。

（一）NTs 延缓 SD 大鼠的衰老

健康初断乳 SPF 级 SD 雄性大鼠，经 1 周适应性喂养后，动物随机分为 3 组：老年对照组，给予普通标准大鼠饲料；0.01%NTs 干预组和 0.64%NTs 干预组，2 组的饲料在普通标准饲料的基础上分别添加质量分数 0.01% 和 0.64% 的 NTs。从各组选取生存时间为 24 ～ 26 月龄雄性大鼠作为本实验的研究对象。在实验过程中，取只给予对照组饲料的 12 月龄雄性大鼠作为中年对照组。

1. NTs 对 SD 大鼠老年肝形态及功能的作用（彩图 8-2-1，表 8-2-1）

研究发现，老年大鼠的肝湿重和脏体比值与中年对照组相比均显著降低。老年 NTs 各剂量组与对照组相比，肝湿重和脏体比值均有所升高，但由于方差较大，差异无显著性。

表 8-2-1 各组大鼠肝湿重和肝 / 体比值情况（$\bar{x}\pm s$）

Group	N	湿重（g）	脏体比（%）
中年对照组	8	22.68±4.39	2.64±0.33
老年对照组	6	12.22±2.25##	1.53±0.08##
0.01%NTs 老年组	6	17.79±6.26	1.98±0.40#
0.64%NTs 老年组	6	12.58±2.49##	1.77±0.58##

注：与中年对照组相比：#$P<0.05$，##$P<0.01$。

由彩图 8-2-1 可见，中年对照组标本肝细胞以中央静脉为中心呈放射状排列，细胞饱满、形态规则；各衰老大鼠组肝出现轻微病理改变，肝汇管区血管及中央静脉扩张，肝细胞形态较不规则，部分可见空泡样改变，纤维样增生。长期 NTs 干预，各老年 NTs 干预组有不同程度的优于对照组，空泡变性和纤维样增生得到一定程度的改善。

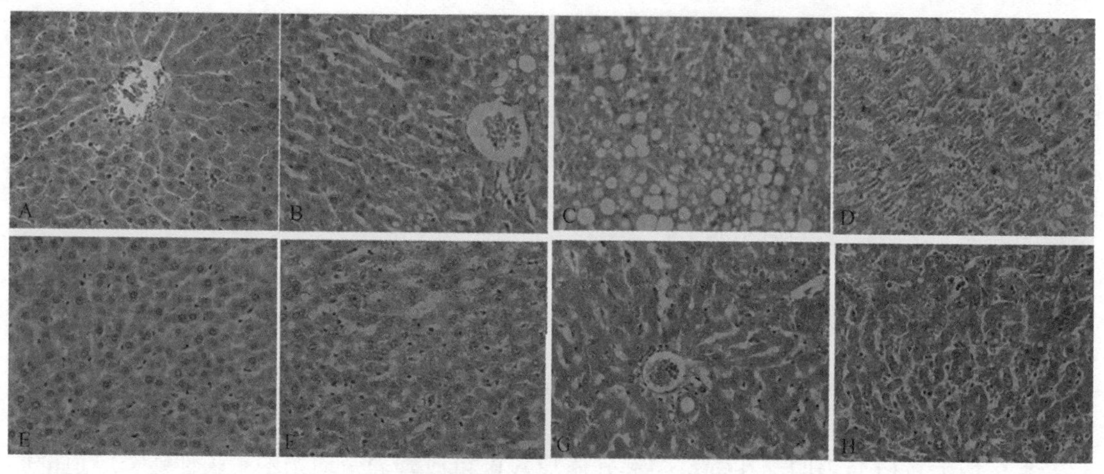

彩图 8-2-1　肝病理（×200）

注：A 为中年对照组；B、C、D 为老年对照组；E、F 为 0.01%NTs 老年组；G、H 为 0.64%NTs 老年组。

如表 8-2-2 所示，通过对与肝相关的病变汇总发现，SD 大鼠在自然衰老过程中非肿瘤性病变多为年龄增长相关的退行性病变，并且以脂肪肝最为高发。

表 8-2-2　NTs 长期干预对 SD 雄性大鼠肝病变发生情况的影响

	老年对照组（$n=26$）	0.01%NTs 老年组（$n=26$）	0.64%NTs 老年组（$n=26$）
非肿瘤病变			
肝硬化	3	2	3
脂肪肝	5	3	3
肿瘤			
腺瘤	1	1	1
肿瘤体积（cm^3）	1.21	1.05	0.87
总计	9	6	7

对于体现肝功能的血清 ALT 和 AST 的检测发现，雄性大鼠各剂量组仅在 12 月龄时，0.01%NTs 组雄性大鼠 ALT 明显高于对照组；0.04%、0.64%NTs 组雄性大鼠 AST 明显低于对照组。其他各时点并未发现显著性差异。

以上说明，SD 大鼠在自然衰老过程中多为年龄增长相关的退行性病变、非肿瘤性病变，并且以脂肪肝最为高发。各组老龄大鼠的肝湿重和脏体比值与中年对照组相比均显著降低。老龄 NTs 各剂量组与对照组相比，肝湿重和脏体比值在一定程度上均有所升高。同时，长期 NTs 干预，各老龄 NTs 干预组在病理性损害方面（主要以炎性细胞浸润和纤维增生为主）有不同程度的改善。

2. NTs 对 SD 大鼠老年肝炎症水平的作用

各种炎性介质（如 IL-1β、IL-6、TNF-α 以及组织因子、黏附分子等）基因的转录、翻译，将导致炎性因子大量释放，并参与组织、器官的损伤[29]。TNF-α 一方面具有直接的细胞毒作用，另一方面又可引起微循环障碍导致肝细胞坏死，其还与其他炎性因子如 IL-1β、IL-6 相互激发，引起级联放大反应，进一步加重肝损伤[30]。

大鼠血清中炎症因子 TNF-α、TGF-β、IL-6、血管内皮生长因子（vascular endothelial growth factor，VEGF）水平如表 8-2-3 所示。与中年对照组相比，老年对照组的 TNF-α 水平显著增高，老年对照组和 NTs 各剂量组在 TGF-β、IL-6、VEFG 水平上均无显著性差异。与老年对照组相比，0.01%NTs 组在 TNF-α、VEFG 和 IL-6 水平上有显著性差异。说明，NTs 干预能够降低衰老大鼠血清中 TNF-α、TGF-β、IL-6、VEFG 的水平。推测 NTs 能够通过降低体内炎症水平，来延缓衰老，降低肝的相关炎性改变。

表 8-2-3　大鼠血清中部分炎症因子水平（$\bar{x}\pm s$）

组别	N	TNF-α（pg/ml）	IL-6（pg/ml）	TGF-β（pg/ml）	VEFG（pg/ml）
中年对照组	8	0.785±0.602	0.149±0.002	0.928±0.130	0.854±0.124
老年对照组	6	1.070±0.128##	0.155±0.004	0.989±0.063	0.956±0.063
0.01%NTs 老年组	5	0.851±0.079**	0.146±0.013*	0.818±0.074	0.764±0.091**
0.64%NTs 老年组	6	0.859±0.100	0.155±0.004	0.915±0.115	0.795±0.099

注：与老年对照组相比：*$P<0.05$，**$P<0.01$；与中年对照组相比：#$P<0.05$，##$P<0.01$。

3. NTs 对老年肝过氧化状态水平的作用

如表 8-2-4 所示，与中年对照组相比，老年对照组肝匀浆中 SOD 活性显著下降，而 MDA 的水平则有明显升高。在 NTs 干预组中自然衰老肝 MDA 水平表现出明显上升趋势，其上升的程度与剂量呈现一定的依赖性，其中在 0.01% 与对照组的差异具有显著性。同样，NTs 的长期干预使自然衰老的肝的 SOD 酶的活性也有一定程度的提高，但差异不具有显著统计学意义（$P>0.05$）。NTs 可显著地抑制自然衰老肝中脂质过氧化产物 MDA 的水平。对于肝组织中 SOD 酶的活性，NTs 的干预也有一定的提高作用，但是提高的效果没有显著性差异，提示 NTs 在肝组织中可能更主要是通过对脂质过氧化产物的抑制作用而发挥其抗氧化的活性作用。说明 NTs 降低自由基、提高肝组织抗氧化的能力对细胞具有保护作用。

4. NTs 对老年肝能量代谢的作用

衰老时，机体能量代谢会发生紊乱。肝是人体重要的代谢器官，直接参与多种物质的代谢。线粒体是细胞的能量代谢中心。衰老时，线粒体会发生肿胀、变性、空洞化、数量

表 8-2-4 NTs 长期喂养对雄性 SD 自然衰老大鼠肝 SOD 活性和 MDA 水平的影响（$\bar{x}\pm s$）

组别	N	SOD activity（U/ml）	MDA（ng/ml）
中年对照组	8	120.83±10.0	1.66±1.17
老年对照组	6	96.10±23.73##	3.72±1.47##
0.01%NTs 老年组	6	108.77±21.50#	2.24±1.01*
0.64%NTs 老年组	6	103.10±17.58#	2.80±1.15

注：与老年对照组相比：*$P<0.05$，**$P<0.01$；与中年对照组相比：#$P<0.05$，##$P<0.01$。

减少等一系列退行性改变，因而线粒体被认为在细胞衰老中具有重要作用[31]。琥珀酸脱氢酶（succinodehydrogenase，SDH）与线粒体内膜紧密结合，是受氢体中最重要的且唯一不需要辅酶的酶，肝 SDH 活性很强并可反映肝三羧酸循环的状况，是肝线粒体的标志酶之一。LDH 是体内能量代谢过程中的重要酶，几乎存在于所有组织中，当少量肝组织坏死时，LDH 被释放入血，导致血液中 LDH 水平升高。ATP 酶是存在于组织细胞及细胞器生物膜上的一种蛋白酶，其在物质运送、能量转换、信息传递以及维持细胞膜的完整、组织代谢等方面具有重要意义，可作为代谢紊乱及损伤组织恢复能力的可靠指标，其中主要的为 Na^+-K^+-ATP 酶和 Ca^{2+}-Mg^{2+}-ATP 酶[32-34]。研究结果显示（表 8-2-5，表 8-2-6），老年对照组肝匀浆中 SDH 活性显著下降，而 LDH 的活性则有明显升高，Na^+-K^+-ATP 酶和 Ca^{2+}-Mg^{2+}-ATP 酶水平均有下降，NTs 能使 SDH 活性增强，下调 LDH 水平，ATP 酶活力显著增加。说明 NTs 能够改善细胞的能量代谢，使细胞处于功能活跃状态[35]。

表 8-2-5 NTs 长期干预对雄性 SD 大鼠自然衰老肝 SDH 和 LDH 水平的影响（$\bar{x}\pm s$）

组别	N	SDH（U/mg 蛋白质）	LDH（U/mg 蛋白质）
中年对照组	8	0.955±0.058	1.947±0.070
老年对照组	6	0.805±0.077##	2.708±0.180##
0.01%NTs 老年组	5	0.902±0.055*	2.447±0.067##
0.64%NTs 老年组	6	0.835±0.052#	2.512±0.198##

注：与老年对照组相比：*$P<0.05$，**$P<0.01$；与中年对照组相比：#$P<0.05$，##$P<0.01$。

表 8-2-6 NTs 长期干预对雄性 SD 大鼠自然衰老肝中 Na^+-K^+-ATP 酶和 Ca^{2+}-Mg^{2+}-ATP 酶水平的影响（$\bar{x}\pm s$）

组别	N	Na^+-K^+-ATP 酶（U/mg 蛋白质）	Ca^{2+}-Mg^{2+}-ATP 酶（U/mg 蛋白质）
中年对照组	8	1.27±0.15	0.70±0.11
老年对照组	6	1.02±0.12##	0.53±0.10##
0.01%NTs 老年组	5	1.16±0.09*	0.67±0.09*
0.64%NTs 老年组	6	1.14±0.13*	0.66±0.03*

注：与老年对照组相比：*$P<0.05$，**$P<0.01$；与中年对照组相比：#$P<0.05$，##$P<0.01$。

5. NTs 对老年肝纤维化程度的作用

（1）NTs 对老年肝纤维含量的作用

羟脯氨酸在胶原蛋白中占 13.4%，在弹性蛋白中占少量，其他蛋白中均不存在。肝细胞变性坏死时，纤维增加，分割肝小叶，导致肝硬化。肝硬化时，肝内主要增加的成分为胶原纤维，由于羟脯氨酸为胶原纤维所特有，所以测定肝羟脯氨酸的含量，可换算成肝胶原蛋白的含量，可明确胶原总体水平，以反映肝纤维化程度。研究结果显示（表 8-2-7）：羟脯氨酸水平与年龄呈正相关趋势，尽管各剂量组较老龄对照组均有所降低，但未发现显著性差异。说明 NTs 具有一定的缓解肝纤维化作用。

表 8-2-7　NTs 长期干预对雄性 SD 大鼠自然衰老肝中羟脯氨酸含量的影响（$\bar{x}\pm s$）

组别	n	羟脯氨酸含量（μg/mg）
中年对照组	8	0.333±0.026
老年对照组	6	0.459±0.028$^{\#\#}$
0.01%NTs 老年组	5	0.437±0.031$^{\#\#}$
0.64%NTs 老年组	6	0.455±0.023$^{\#\#}$

注：与老年对照组相比：$^{*}P<0.05$，$^{**}P<0.01$；与中年对照组相比：$^{\#}P<0.05$，$^{\#\#}P<0.01$。

（2）NTs 对老年肝 miRNA 及其靶基因的表达的作用

miRNA 在组织器官的分化和衰老中起到重要作用，研究通过应用基因芯片技术发现了 NTs 干预引起 miRNAs 在衰老肝中的差异表达，有 7 个显著上调的 miRNAs 和 4 个显著下调（表 8-2-8 ～表 8-2-13，图 8-2-2，彩图 8-2-3，彩图 8-2-4，图 8-2-5 ～图 8-2-6）。与老龄对照组相比，NTs 干预组 miR-182 显著性上调表达达 15 倍以上，同时 miR-328a* 显著性下调表达达 0.15 倍。

以前的研究显示，miR-182 在特定的感觉器官发育中高表达[36，37]，而且 miR-182 被认为是一个潜在的毛发细胞再生的治疗剂[38]。与此同时，miR-182 一般在癌细胞和组织细胞中呈现低表达。尽管目前关于 miR-182 在恶性肿瘤中的表达及其发挥作用的机制尚不明了，甚至有矛盾之处。有研究发现，高度恶性乳腺癌细胞 MDA-MB-231 的 miR-182 表达显著低于低恶度细胞 MCF-7[39]。且 miR-182 与淋巴结转移呈负相关[40]。在其他肿瘤中，miR-182 可通过靶向癌基因 RGS17，抑制肺癌细胞增殖[41]，且 miR-182 在原发性肺癌中的表达高于转移癌，提示 miR-182 可能是肺癌转移的抑制因子[42]。但也有研究显示 miR-182 在一些肿瘤如结肠癌、前列腺癌、卵巢癌、透明细胞癌、子宫内膜癌组织中的表达显著上调[43-46]。这些可能由于 miR-182 在不同的肿瘤中靶基因并不完全相同和下游靶基因的生物学效应不同和 miRNA 的表达具有时序性和组织特异性，这些共同决定了 miR-182 的作用。

研究发现，较中年对照组，老年对照和 NTs 干预组的 miR-182 表达量均有所下降；较老年对照组，NTs 干预组的 miR-182 表达量均有所提高。通过生物学信息软件分析，预测了在本实验衰老性肝组织中受到 miR-182 调节的主要靶基因，即 Thbs2。Thbs-2 是一种细胞基质蛋白，是细胞外肝窦内皮损伤因子基质金属蛋白酶 -2 的重要调节者。主要参与组织损伤修复过程中血管发生和基质重构。Thbs-2 缺失小鼠可发生 MMP-2 的活性增强和纤维原细胞的胶黏缺陷[47, 48]。有文献报道，在 CCl_4 诱导的大鼠肝硬化形成过程中，Thbs-2 的基因表达趋势与 MMP-2 活性变化趋势一致，参与了基底膜胶原的降解和促进了肝组织重建的过程；Thbs-2 表达增强时，加速了肝纤维化向肝硬化的发展[49]。本研究结果显示，较中年对照组，老年对照组和 NTs 干预组 Thbs-2 的基因表达均有所提高；同时，NTs 干预组 Thbs-2 的基因表达较老年对照组显著降低。结果提示，NTs 长期干预可通过增加 miR-182 来降低 Thbs-2 的表达，减轻肝窦内皮的损伤，进而起到了延缓肝硬化的发展进程。

同时，研究也发现，较中年对照组，老年对照和 NTs 干预组的 miR-328a* 表达量均有所提高；较老年对照组，NTs 干预组的 miR-328a* 表达量均有所下降。miR-328a* 与年龄相关性疾病（如阿尔茨海默病）和癌症存在密切的联系[50, 51]。这些可能由于 miR-328a* 在不同的组织中靶基因并不完全相同和下游靶基因的生物学效应不同和 miRNA 的表达具有时序性，这些共同决定了 miR-328a* 的作用。通过生物学信息软件分析，预测了在本实验衰老性肝组织中受 miR-328a* 调节的主要靶基因 Pdgf-b。血小板衍生生长因子（platelet-derived growth factor，PDGF）主要由巨核细胞产生，储存于血小板，有 A 链、B 链、C 链和 D 链。Pdgf-b 作为一种有丝分裂的促进剂，可刺激成纤维细胞和平滑肌细胞的分裂和趋化功能，促进巨噬细胞产生和分泌生长因子，在胚胎发生、伤口愈合以及恶性肿瘤等多个病理和生理过中均发生重要作用[52]。Pdgf-b 是 HSC 有丝分裂的主要促进因子。最近有报道，Pdgf-b 在高脂饲料喂养的大鼠体内高表达[53]，而且 Pdgf-b 可协同 TGF-β 一起通过 Smad 通路增强胶原蛋白的合成[54]。本研究结果显示，较中年对照组，老年对照组和 NTs 干预组 Pdgf-b 的基因表达均有所提高；同时，NTs 干预组 Pdgf-b 的基因表达较老年对照组显著降低。结果提示，NTs 长期干预可通过降低 miR-328a* 来降低 Pdgf-b 的表达，降低与肝纤维化形成有关的重要细胞因子的分泌，减轻肝星形细胞的增殖，进而起到了延缓肝硬化的发展进程。

说明，NTs 长期干预对由增龄引起的肝纤维化具有一定的保护作用。NTs 长期干预可能通过干预肝中 miR-182 和 miR-328a* 的表达，并且通过调控 miR-182 和 miR-328a* 的靶基因 Thbs-2 和 Pdgf-b，来起到调控肝纤维化增生的作用。

表 8-2-8　24 月龄 SD 雄性大鼠肝中差异表达的 miRNA 情况

miRNAs	P-value（%）	FDR（%）	GMI			倍数变化	
			对照组	0.01%核苷酸组	0.64%NTs组	0.01%NTs/对照组	0.64%NTs/对照组
上调							
rno-miR-182	0.61135	3.67	21.58	328.99	231.25	15.24513	10.71594
rno-miR-451	0.20795	1.71	14.17	65.23	58.92	4.603387	4.15808
rno-miR-22*	1.16541	4.62	20.66	61.78	55.08	2.990319	2.666021
rno-miR-350	1.03944	4.62	14.93	38.63	35.08	2.587408	2.349632
rno-miR-128	1.28302	4.62	10.00	23.77	26.52	2.377	2.652

续表

miRNAs	P-value（%）	FDR（%）	GMI			倍数变化	
			对照组	0.01%核苷酸组	0.64%NTs组	0.01%NTs/对照组	0.64%NTs/对照组
rno-miR-148b-3p	1.54288	4.86	10.00	22.55	22.45	2.255	2.245
rno-miR-322*	0.94905	4.62	10.00	20.93	23.02	2.093	2.302
下调							
rno-miR-150*	0.23698	1.71	25.33	10.12	11.66	0.399526	0.460324
rno-miR-92b*	0.20643	1.71	395.74	94.21	139.78	0.23806	0.353212
rno-miR-370	1.62073	4.86	57.37	11.00	13.68	0.191738	0.238452
rno-miR-328a*	0.14855	1.71	1269.15	190.85	331.14	0.150376	0.260915

注：GMI，geometric mean of intensities，强度的几何均数；FDR，false discovery rate，错误发现率。

表 8-2-9　24 月龄 SD 雄性大鼠肝中差异表达的 miRNA 靶基因的显著性功能分布情况

Go_id	Go 富集基因 ID	Go 富集节点	Go 富集差异基因	Go 基因数目	P 值	FDR 值
Go：0051246	regulation of protein metabolic process	7	7	1.81E-09	4.76E-07	19.550026
Go：0006333	chromatin assembly or disassembly	4	4	1.37E-05	0.0014337	19.550026
Go：0006813	potassium ion transport	24	48	1.75E-18	8.50E-16	9.7750131
Go：0055085	transmembrane transport	63	136	3.65E-44	5.75E-41	9.0562621
Go：0016568	chromatin modification	14	39	7.21E-09	1.42E-06	7.0179581
Go：0006464	protein modification process	12	35	1.72E-07	2.74E-05	6.7028661
Go：0006814	sodium ion transport	19	72	4.69E-09	1.05E-06	5.1590347
Go：0007275	multicellular organismal development	49	219	2.80E-18	1.10E-15	4.3742068
Go：0006511	ubiquitin-dependent protein catabolic process	23	127	2.34E-07	3.47E-05	3.5405559
Go：0005975	carbohydrate metabolic process	16	97	6.41E-05	0.0061125	3.2247466
Go：0006810	transport	26	158	2.68E-07	3.84E-05	3.2170929
Go：0009612	response to mechanical stimulus	13	80	0.0004016	0.0311554	3.1768793
Go：0007399	nervous system development	26	161	3.93E-07	5.17E-05	3.1571471
Go：0007067	mitosis	15	93	0.0001462	0.0121234	3.15323
Go：0016192	vesicle-mediated transport	17	113	0.0001237	0.0106385	2.9411544
Go：0007049	cell cycle	23	154	7.73E-06	0.0008648	2.9198091

续表

Go_id	Go 富集基因 ID	Go 富集节点	Go 富集差异基因	Go 基因数目	P 值	FDR 值
Go：0006355	regulation of transcription，DNA-dependent	84	719	3.68E-12	1.16E-09	2.2840086
Go：0007165	signal transduction	48	427	6.39E-07	7.74E-05	2.197661
Go：0015031	protein transport	30	270	0.0001205	0.010418	2.1722251
Go：0008150	biological process	1	1392	6.83E-31	5.38E-28	0.0140446

注：FDR，false discovery rate，错误发现率。

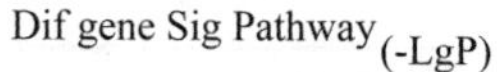

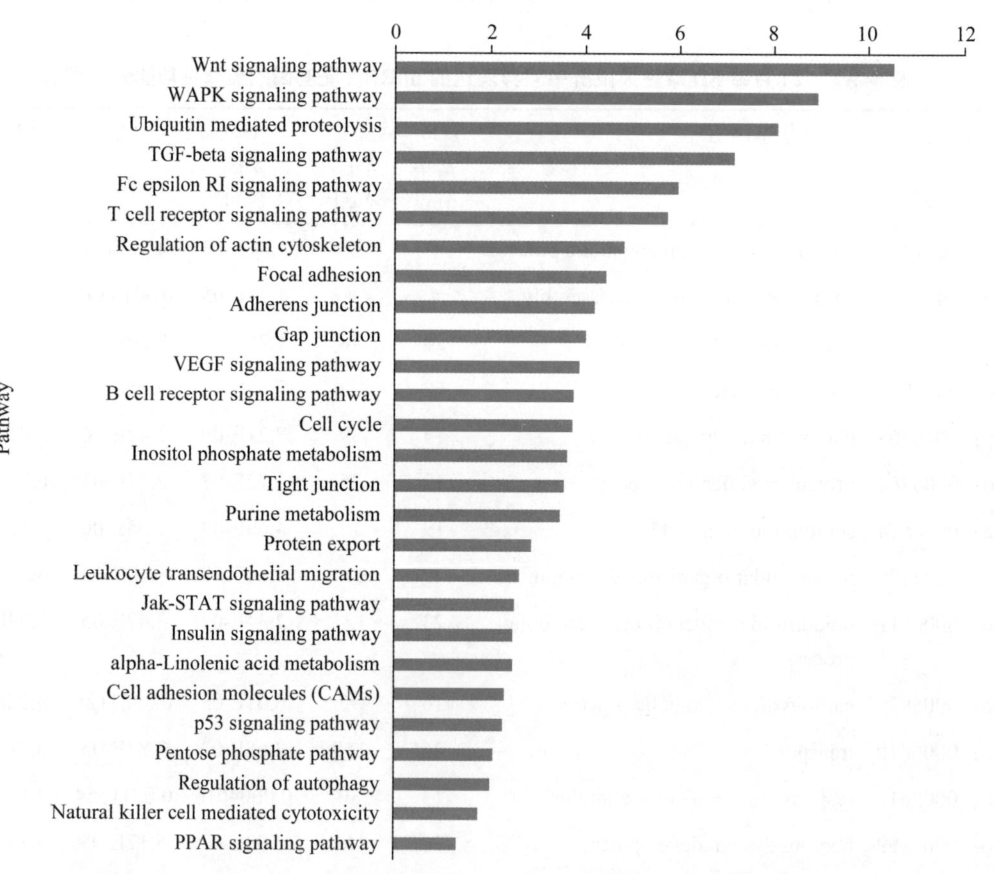

图 8-2-2　24 月龄 SD 雄性大鼠肝中差异表达的 miRNA 靶基因参与通路的分布情况

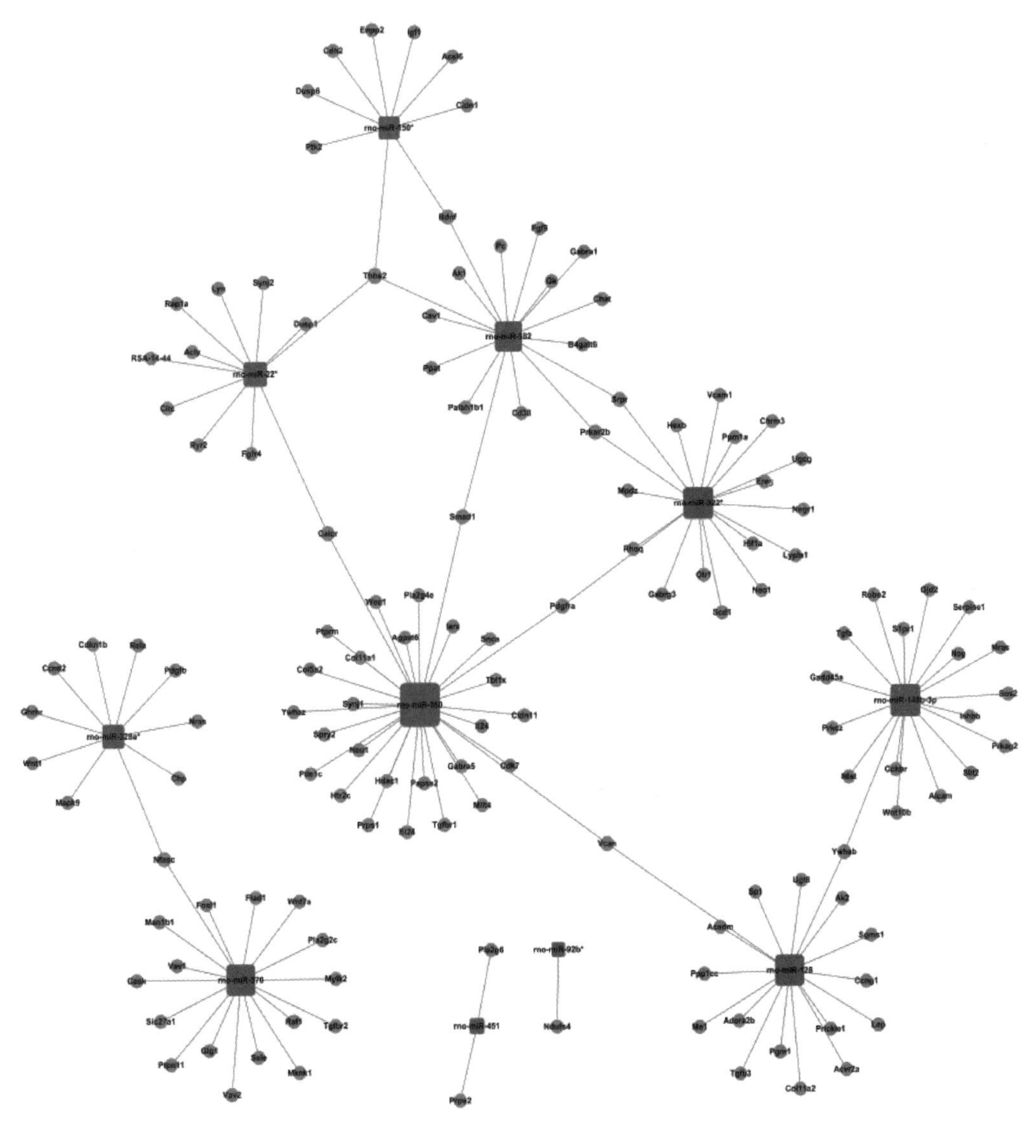

彩图 8-2-3　**miRNA** 与靶基因之间的调控网络

表 8-2-10　网络中被调控的基因分布

基因名称	基因功能	Go 富集节点	程度
Pdgfra	Rattus norvegicus platelet derived growth factor receptor, alpha polypeptide（Pdgfra），mRNA	positive regulation of cell proliferation	3
Thbs2	Rattus norvegicus thrombospondin 2（Thbs2），mRNA	cell adhesion	3
Calcr	Rattus norvegicus calcitonin receptor（Calcr），transcript variant 1a，mRNA	response to glucocorticoid stimulus	2
Cckbr	Rattus norvegicus cholecystokinin B receptor（Cckbr），mRNA	response to insulin stimulus	2

续表

基因名称	基因功能	Go 富集节点	程度
Enpp2	Rattus norvegicus ectonucleotide pyrophosphatase/phosphodiesterase 2（Enpp2），mRNA	lipid catabolic process	2
Fgf9	Rattus norvegicus fibroblast growth factor 9（Fgf 9），mRNA	protein import into nucleus	2
Gadd45a	Rattus norvegicus growth arrest and DNA-damage-inducible，alpha（Gadd45a），mRNA	centrosome cycle	2
Gk	Rattus norvegicus glycerol kinase（Gk），mRNA	response to organic substance	2
Mllt4	Rattus norvegicus myeloid/lymphoid or mixed-lineage leukemia（trithorax homolog，Drosophila）；translocated to，4（Mllt4），mRNA	signal transduction	2
Prkar2b	Rattus norvegicus protein kinase，cAMP dependent regulatory，type II beta（Prkar2b），mRNA	signal transduction	2
Ptprm	Rattus norvegicus protein tyrosine phosphatase，receptor type，M（Ptprm），mRNA	signal transduction	2
Smad1	Rattus norvegicus SMAD family member 1（Smad1），mRNA	regulation of transcription，DNA-dependent	2
Srpr	Rattus norvegicus signal recognition particle receptor（‘docking protein’）（Srpr），mRNA	transport	2
Tgfbr1	Rattus norvegicus transforming growth factor，beta receptor 1（Tgfbr1），mRNA	signal transduction	2
Vcan	Rattus norvegicus versican（Vcan），transcript variant 1，mRNA	cell adhesion	2
Ywhab	Rattus norvegicus tyrosine 3-monooxygenase/tryptophan 5-monooxygenase activation protein，beta polypeptide（Ywhab），mRNA	positive regulation of catalytic activity	2

表 8-2-11 调控网络中的关键 miRNA

miRNA	degree
rno-miR-182	37
rno-miR-128	32
rno-miR-370	31
rno-miR-350	31
rno-miR-148b-3p	26
rno-miR-322*	25
rno-miR-328a*	22
rno-miR-150*	18
rno-miR-22*	18
rno-miR-451	5
rno-miR-92b*	1

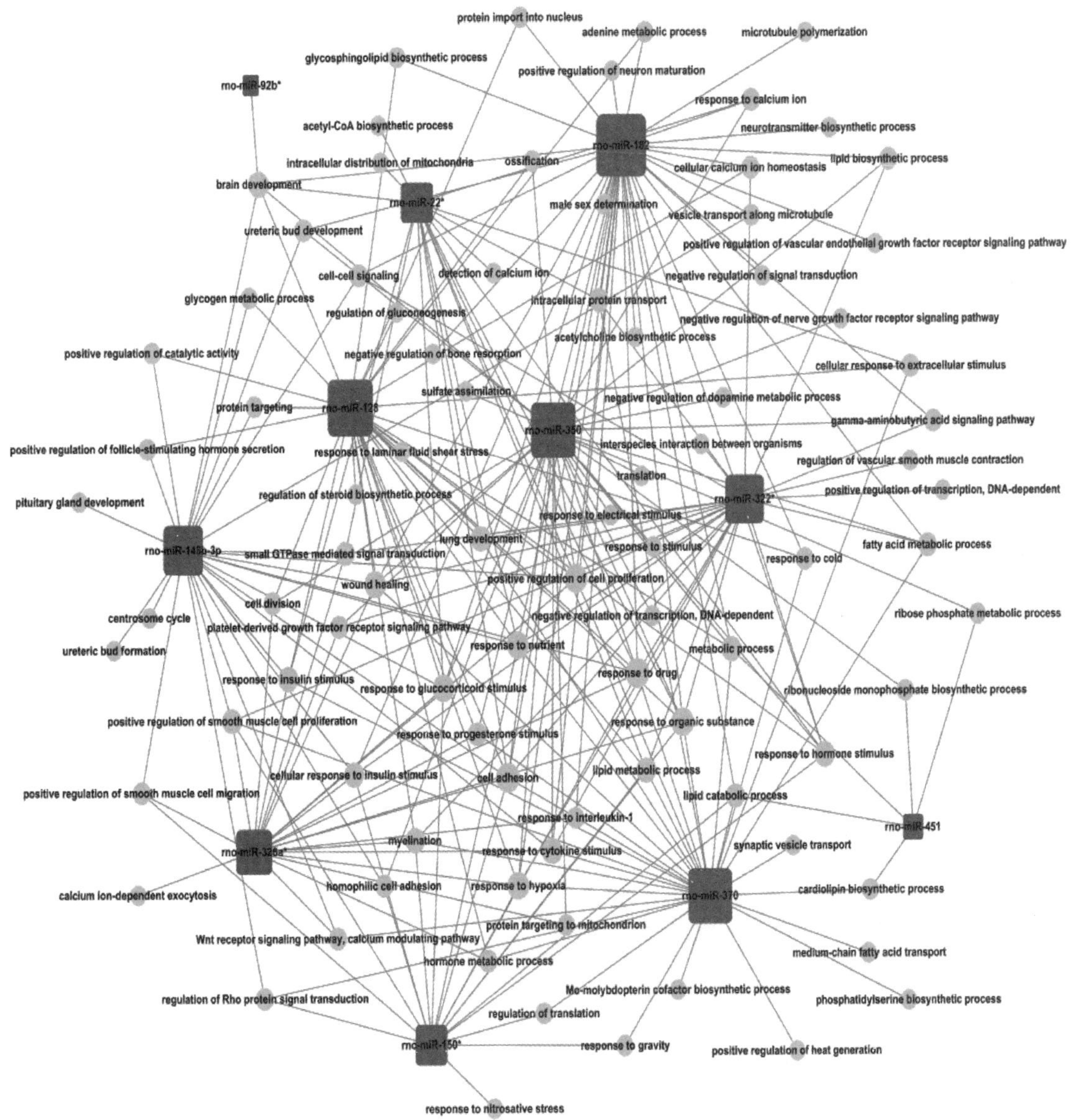

彩图 8-2-4　miRNA 与调控功能之间的调控网络

表 8-2-12　被调控网络中的关键功能

go_name	Degree
response to drug	12
cell adhesion	10
positive regulation of cell proliferation	10
response to organic substance	10
response to glucocorticoid stimulus	9

续表

go_name	Degree
response to hormone stimulus	8
response to hypoxia	8
response to nutrient	8
wound healing	8
cellular response to insulin stimulus	7
metabolic process	7
response to cytokine stimulus	7
response to insulin stimulus	7
homophilic cell adhesion	5
lipid catabolic process	5
lipid metabolic process	5
cell-cell signaling	4
cell division	3
cellular calcium ion homeostasis	3
glycogen metabolic process	3
hormone metabolic process	3
lipid biosynthetic process	3
positive regulation of catalytic activity	3
Wnt receptor signaling pathway/calcium modulating pathway	3
adenine metabolic process	2
phosphatidylserine biosynthetic process	2
positive regulation of vascular endothelial growth factor receptor signaling pathway	2
response to interleukin-1	2

表 8-2-13 预测得到 miR-182 和 miR-328a* 的相关靶基因和通路

miRNA	基因符号	通路
miR-182		
	Thbs2	Focal adhesion；TGF-beta signaling pathway
	Fgf9	MAPK signaling pathway；Regulation of actin cytoskeleton
	Pafah1b1	Ether lipid metabolism
	Srpr	Protein export
	Cd38	Calcium signaling pathway

续表

miRNA	基因符号	通路
	Gk	PPAR signaling pathway
	Gabra1	Neuroactive ligand-receptor interaction
	Chat	Glycerophospholipid metabolism
	Smad1	TGF-beta signaling pathway
	Pc	Citrate cycle（TCA cycle）
	Ppat	Purine metabolism
	B4galt6	Sphingolipid metabolism
	Ak1	Purine metabolism
	Bdnf	Huntington's disease；MAPK signaling pathway
	Cav1	Focal adhesion
	Prkar2b	Insulin signaling pathway
miR-328a*		
	Nfasc	T cell receptor signaling pathway

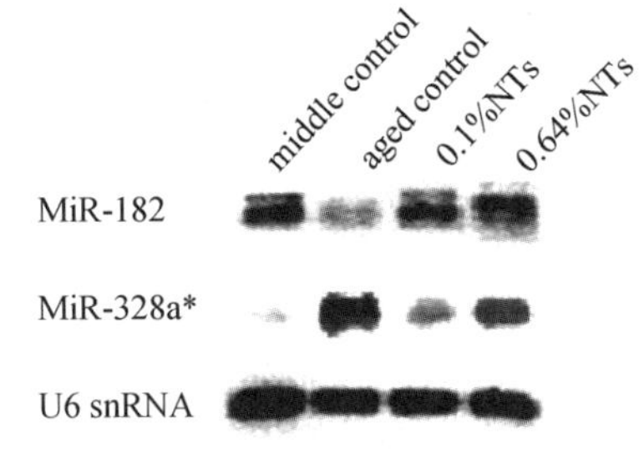

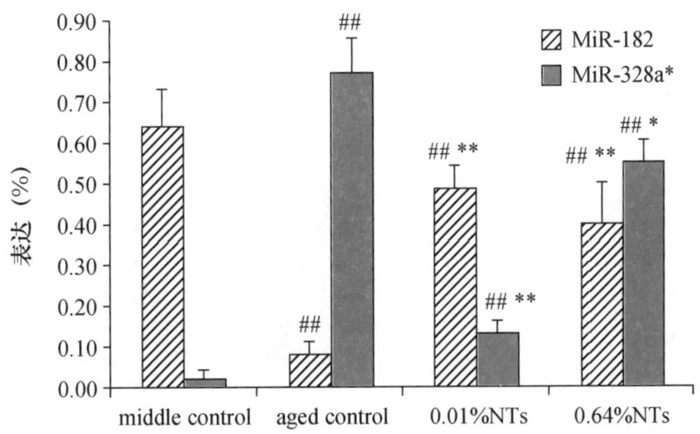

图 8-2-5　NTs 长期干预对雄性 SD 大鼠自然衰老肝中 miR-182 和 miR-328a* 表达的影响

注：与老年对照组相比：$^{*}P < 0.05$，$^{**}P < 0.01$；与中年对照组相比：$^{\#}P < 0.05$，$^{\#\#}P < 0.01$；middle control：中年对照组；aged control：老年对照组；0.01%NTs：0.01%NTs 组；0.64%NTs：0.64%NTs 组。

续表

miRNA	基因符号	通路
	Pdgfb	Regulation of actin cytoskeleton，MAPK signaling pathway，Focal adhesion
	Ccnd2	Wnt signaling pathway，p53 signaling pathway，Jak-STAT signaling pathway，Focal adhesion
	Ghrhr	Neuroactive ligand-receptor interaction
	Wnt1	Wnt signaling pathway，Hedgehog signaling pathway
	Cdkn1b	ErbB signaling pathway，Cell cycle
	Mapk9	Wnt signaling pathway，T cell receptor signaling pathway，MAPK signaling pathway，Insulin signaling pathway，GnRH signaling pathway，Focal adhesion，Adipocytokine signaling pathway
	Nras	VEGF signaling pathway，Tight junction，T cell receptor signaling pathway，Natural killer cell mediated cytotoxicity，MAPK signaling pathway，Long-term potentiation，Insulin signaling pathway，GnRH signaling pathway，Gap junction，Fc epsilon RI signaling pathway，B cell receptor signaling pathway，Axon guidance，Acute myeloid leukemia
	Chp	Wnt signaling pathway，Alzheimer's disease，MAPK signaling pathway，T cell receptor signaling pathway，VEGF signaling pathway，B cell receptor signaling pathway，Axon guidance，Long-term potentiation，Calcium signaling pathway，Natural killer cell mediated cytotoxicity
	Rela	T cell receptor signaling pathway，MAPK signaling pathway，B cell receptor signaling pathway，Adipocytokine signaling pathway，Acute myeloid leukemia

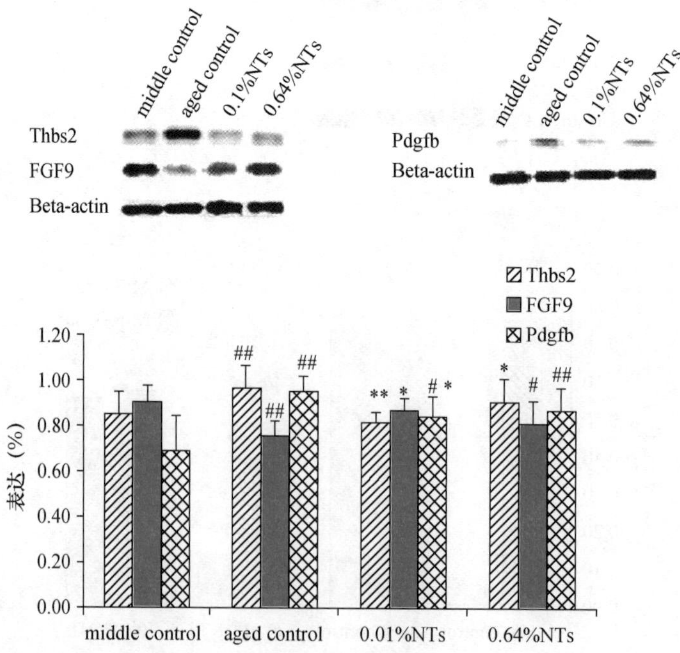

图 8-2-6 NTs 长期干预对雄性 SD 大鼠自然衰老肝中靶基因 Thbs2、Fgf9、Pdgfb 表达的影响

注：与老年对照组相比：$^{*}P<0.05$，$^{**}P<0.01$；与中年对照组相比：$^{\#}P<0.05$，$^{\#\#}P<0.01$；middle control：中年对照组；aged control：老年对照组；0.01%NTs：0.01%NTs 组；0.64%NTs：0.64%NTs 组。

老年是生理衰退的特殊时期。动物研究表明膳食添加 NTs 在一定剂量下长期干预可以有效延长 SD 大鼠的平均生存时间；抑制 SD 大鼠自发肿瘤的发生率；降低血清中炎症因子水平；调控肝细胞增殖、纤维化增生，延缓因自然衰老所造成的肝老化；缓解增龄性记忆减退等。证明膳食添加 NTs 具有延缓衰老的作用。

（二）NTs 改善 SAMP8 小鼠衰老肝脂质沉积

脂质代谢的紊乱与衰老相关。肝是机体脂质代谢的重要器官，在机体脂质代谢中发挥着核心作用。衰老导致肝脂质代谢的紊乱，进而造成肝脂质沉积。增龄性肝脂质沉积会对肝及机体造成影响，例如脂肪性肝炎、肝纤维化和代谢综合征等，这些影响进而会促进年龄相关性疾病的发生。减少增龄性肝脂质沉积，有利于保持肝功能，延缓肝的衰老，促进整体健康。本实验以 SAMP8 小鼠为研究对象，研究 NTs 干预对衰老小鼠肝脂质沉积的影响及相关调控机制。

采用 3 月龄 SAMP8 小鼠和 SAMR1 小鼠，分为正常对照组（normal control group，control）、NTs 低剂量组（nucleotides low dose group，NTs-L）、NTs 中剂量组（nucleotides medium dose group，NTs-M）、NTs 高剂量组（nucleotides high dose group，NTs-H）和烟酰胺单核苷酸组（niacinamide mononucleotide group，NMN），SAMR1 小鼠作为模型对照组（model control group，SAMR1）。于实验终点另取 6 月龄 SAMP8 小鼠作为青年对照组（young control group，Young）。正常对照组、模型对照组和青年对照组采用普通饲料进行喂养，3 个 NTs 组采用以 0.3 g/kg、0.6 g/kg 和 1.2 g/kg 的比例额外添加 NTs 的基础饲料进行喂养，烟酰胺单 NTs 组采用以 0.3 g/kg 的比例添加烟酰胺单 NTs 的基础饲料进行喂养。除青年对照组外所有组均自 3 月龄开始干预，干预 9 个月；青年对照组自 3 月龄干预至 6 月龄。

1. NTs 对 SAMP8 小鼠血清生化指标的影响（表 8-2-14）

各组血清 AST 含量无显著差异；NTs 低剂量组和 NTs 高剂量组血清 AST 含量稍低于正常对照组，但差异无显著性。NTs 低剂量组、NTs 中剂量组、NTs 高剂量组及 NMN 组血清 ALT 含量低于正常对照组，但差异无显著性。血清 AST、ALT 是体现肝功能的直接指标，实验结果表明，NTs 干预降低了血清 ALT 含量，这表明 NTs 干预在一定程度上改善了肝的功能，NTs 具有改善衰老肝肝功能的作用。

NTs 低剂量组血清 HDL-C 显著高于正常对照组，NTs 中剂量组 LDL-C 含量显著高于正常对照组。HDL-C 可反映高密度脂蛋白的多少，血中高密度脂蛋白含量的高低与患心血管疾病的风险呈负相关。实验结果显示，NTs 低剂量组 HDL-C 显著高于正常对照组，这表明低剂量 NTs 干预促进肝合成高密度脂蛋白。LDL-C 的主要功能是将胆固醇转运到肝外组织细胞，NTs 中剂量组 LDL-C 含量显著高于正常对照组，这表明 NTs 中剂量干预促进合成低密度脂蛋白，从而增加肝胆固醇转运至血清中；此外，NTs 低剂量组、NTs 高剂量组以及 NMN 组 LDL-C 含量均高于正常对照组，也说明 NTs 干预和 NMN 干预促进胆固醇转运至血清。总地来说，NTs 干预促进了相应胆固醇转运蛋白的生成，从而增加了胆固醇在肝外组织与肝的转运频率。

NTs 低剂量组、NTs 中剂量组、NTs 高剂量组和 NMN 组血清 TC 含量均低于正常对照组，但差异无显著性。各组血清 TG 含量均低于正常对照组，但差异无显著性。肝是体内合成与代谢胆固醇和三酰甘油的重要器官，同时与血清胆固醇和三酰甘油含量密切有关。NTs 各干预组血清胆固醇含量均稍低于正常对照组，说明 NTs 干预同时促进了胆固醇相应转运蛋白的生成，但对于 HDL 的促生成作用更强，最终导致了血清胆固醇的降低。虽然血清胆固醇含量的降低未有显著性，但这一定程度上体现了 NTs 干预降低血清胆固醇作用。此外，NTs 各干预组血清三酰甘油含量也低于正常对照组，这也在一定程度上体现了 NTs 干预降血清三酰甘油作用。总的来说，NTs 干预具有降低患心血管疾病风险的作用。

表 8-2-14　NTs 对小鼠血清生化的影响（$\bar{x}\pm s$）

组别	AST（U/L）	ALT（U/L）	HDL-C（mmol/L）	LDL-C（mmol/L）	TC（mmol/L）	TG（mmol/L）
正常对照组	175.06±43.65	60.44±23.26$^{\#}$	0.72±0.31	0.25±0.07	2.20±0.85$^{\#}$	0.80±0.40
NTs-L	159.36±63.13	49.40±16.40	1.04±0.26$^{*\#}$	0.32±0.13	2.07±0.31	0.58±0.47
NTs-M	187.92±49.71	50.94±11.34	0.77±0.23	0.37±0.11$^{*\#}$	1.94±0.47	0.76±0.44
NTs-H	161.24±26.40	46.33±21.61	0.75±0.30	0.28±0.18	1.93±0.38	0.68±0.46
NMN	199.62±63.94	55.65±19.90$^{\#}$	0.86±0.40	0.31±0.11	1.94±0.47	0.70±0.20
SAMR1	147.36±71.67	29.40±16.77*	0.67±0.33	0.23±0.04	1.54±0.62*	0.47±0.23

注：* 与正常对照组比较差异有显著性（$P < 0.05$），$^{\#}$ 与模型对照组比较差异有显著性（$P < 0.05$）

2. NTs 对 SAMP8 小鼠肝重量和脏器系数的影响（表 8-2-15）

小鼠肝组织质量差异无显著性。NMN 组肝脏器系数显著低于 SAMR1 组。

表 8-2-15　NTs 对小鼠肝质量和脏器系数的影响（$\bar{x}\pm s$）

组别	肝质量（g）	肝重 / 体重（mg/g）
正常对照组	1.735±0.697	58.25±22.85
NTs-L	1.904±0.301	61.63±9.95
NTs-M	1.791±0.366	55.48±9.71
NTs-H	1.897±0.187	59.84±7.27
NMN	1.495±0.415	47.58±13.31$^{\#}$
SAMR1	1.698±0.513	55.27±16.54
青年对照组	1.939±0.364	55.19±8.28

注：* 与正常对照组比较差异有显著性（$P < 0.05$），$^{\#}$ 与模型对照组比较差异有显著性（$P < 0.05$）。

3. NTs 对 SAMP8 小鼠肝组织病理学的影响（彩图 8-2-7）

与青年对照组相比，正常对照组肝索结构紊乱，肝细胞排列不整齐，肝细胞水肿，同时有少量炎症细胞浸润。NTs 低剂量组、NTs 中剂量组、NTs 高剂量组以及烟酰胺单 NTs 组肝索结构排列整齐，肝细胞饱满，肝细胞核正常。由此可见，NTs 干预可以改善肝由于衰老导致的相关组织病理学变化。

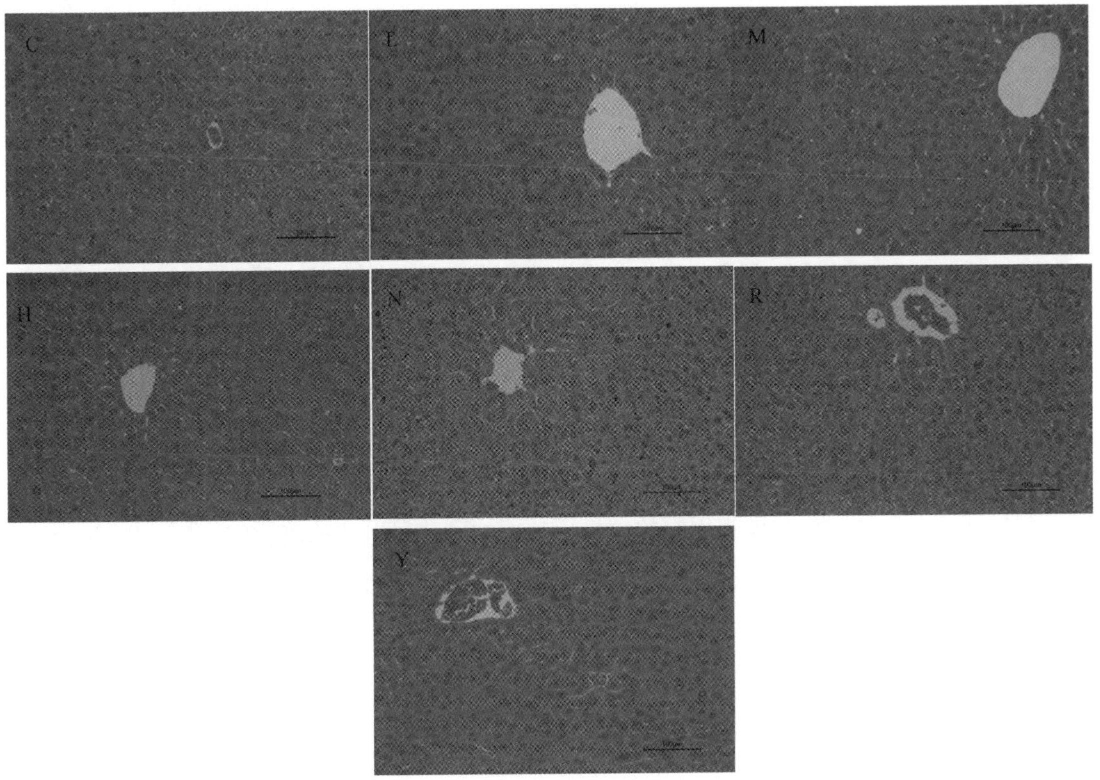

彩图 8-2-7　NTs 对小鼠肝组织病理学的影响（20×）

注：C：正常对照组；L：NTs 低剂量组；M：NTs 中剂量组；H：NTs 高剂量组；N：烟酰胺单核苷酸组；R：SAMR1 组；Y：青年对照组。

4. NTs 对 SAMP8 小鼠肝脂质沉积的影响（表 8-2-16）

肝三酰甘油和胆固醇的含量体现了肝脂质沉积的程度。NTs 低剂量组和 NTs 中剂量组肝组织胆固醇含量显著低于正常对照组。NTs 低剂量组和 NTs 中剂量组肝组织三酰甘油含量显著低于正常对照组。实验结果显示，低剂量和中剂量 NTs 干预具有显著改善衰老肝脂质沉积的功效。

表 8-2-16　NTs 对小鼠肝脂质沉积的影响（$\bar{x}\pm s$）

组别	胆固醇（mmol/gprot）	三酰甘油（mmol/gprot）
正常对照组	0.0258±0.0095	0.1805±0.0329
NTs-L	0.0184±0.0064*	0.1207±0.0312*
NTs-M	0.0186±0.0059*	0.1220±0.0498*
NTs-H	0.0202±0.0052	0.1558±0.0589
NMN	0.0226±0.0043	0.1771±0.0374
SAMR1	0.0207±0.0036	0.1404±0.0558
青年对照组	0.0211±0.0073	0.2002±0.0519#

注：* 与正常对照组比较差异有显著性（$P < 0.05$），# 与模型对照组比较差异有显著性（$P < 0.05$）。

5. NTs 对 SAMP8 小鼠肝胆固醇代谢相关指标的影响

肝在维持胆固醇稳态方面起着关键作用，肝负责胆固醇的生物合成、摄取、转化、运输和酯化[55]。在肝胆固醇的从头合成中，SREBP-2 负责调控参与胆固醇合成的关键基因 HMGCR 的表达[56]，从而调控肝胆固醇的从头合成。SREBP-2 表达降低从而降低了肝胆固醇的生成。实验结果显示，NTs 低、中、高剂量组肝组织 SREBP-2 mRNA 的表达显著低于正常对照组，这表明 NTs 可能是通过调控 SREBP-2 的表达干预肝胆固醇的生成。

HMGCR 是胆固醇从头合成的限速酶，在调节生物体胆固醇动态平衡中起关键作用[57]，实验结果显示 NTs 低剂量和 NTs 高剂量肝组织 HMGCR mRNA 的表达显著低于正常对照组，这表明 NTs 通过降低胆固醇关键限速酶 HMGCR 的表达降低胆固醇的生成。

肝中胆固醇转化为胆汁酸分为经典途径和替代途径，经典途径是胆固醇转化的主要途径[58]，Cyp7a1 是经典途径的关键限速酶。研究结果显示，NTs 中剂量组和 NTs 高剂量组肝组织 Cyp7a1 mRNA 的表达显著高于正常对照组，说明 NTs 中剂量干预和 NTs 高剂量干预通过增加肝胆固醇的转化减少胆固醇的含量，从而达到改善肝脂质沉积的作用（图 8-2-8）。

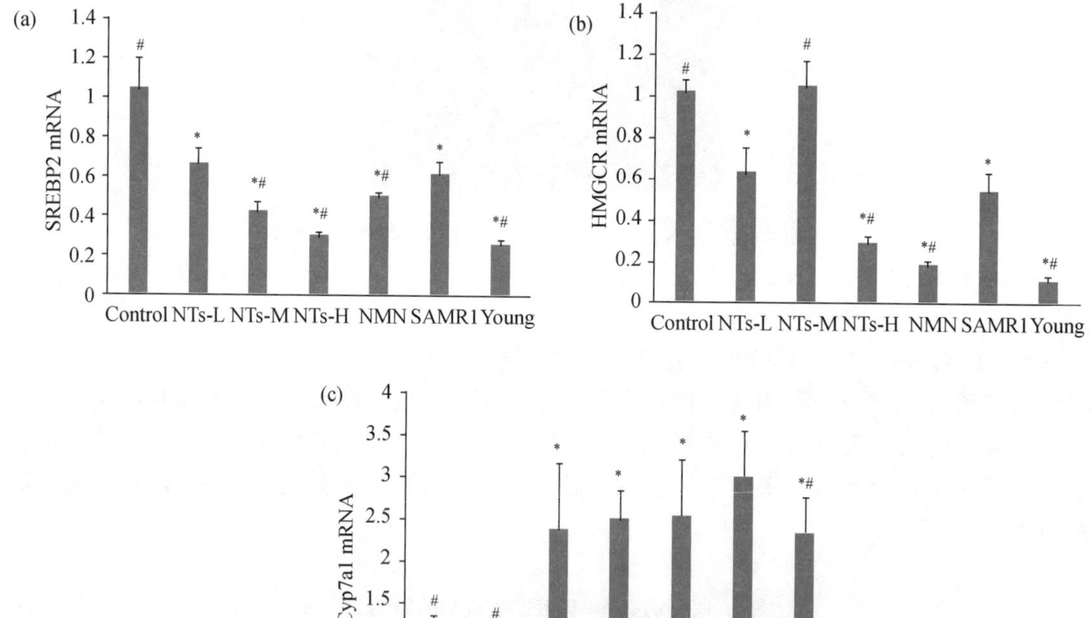

图 8-2-8 NTs 对小鼠肝 SREBP2 mRNA（a）、HMGCR mRNA（b）、Cyp7a1mRNA（c）的影响（$\bar{x}\pm s$）

注：Control，正常对照组；NMN，NMN 干预组；Young，青年对照组。* 与正常对照组比较差异有显著性（$P<0.05$），# 与模型对照组比较差异有显著性（$P<0.05$）。

6. NTs 对 SAMP8 小鼠肝脂肪酸代谢相关指标的影响

SREBP-1c 通过调控脂肪酸合成相关基因 ACC1、FAS、SCD1 的表达调控肝三酰甘油生成[59, 60]。NTs 中剂量组和 NMN 组肝组织 SREBP-1c mRNA 的表达显著高于正常对照组；NTs 低剂量组和青年对照组 SREBP-1c mRNA 的表达显著低于正常对照组。NTs 中剂量组和 NMN 组 SREBP-1c mRNA 的表达显著高于 SAMR1 组；青年对照组肝 SREBP-1c mRNA 的表达显著低于 SAMR1 组。研究结果发现，各剂量组 SREBP-1c 的表达与 ACC1、FAS、SCD1 的表达没有呈现一致性，NTs 干预可能不仅通过调控 SREBP-1c 的表达来调控脂肪酸的生成，还可能影响其他调控通路调控脂肪酸的生成。

ACC1、FAS 和 SCD1 都是肝脂肪酸合成过程中的关键酶。ACC1 是负责细胞脂肪酸合成反应的变构羧化酶[61]。NTs 高剂量组肝 ACC1 mRNA 的表达显著低于正常对照组。FAS 是一种调控脂质代谢的多功能同型二聚体蛋白酶，提高 FAS 的活性及其表达量增加能促进机体三酰甘油的沉积，从而引起肥胖症及其他并发症[62]。NTs 中剂量组肝 FAS mRNA 的表达显著低于正常对照组。SCD1 基因敲除小鼠均表现出肝三酰甘油积累减少、能量消耗增加和胰岛素敏感性增加，并且这些小鼠对高脂肪饮食产生抵抗力[63-65]，SCD1 表达增加会促进肝脂质沉积。NTs 低剂量组肝 SCD1 mRNA 的表达显著低于正常对照组。综合上述实验结果，发现不同剂量的 NTs 干预通过降低脂肪酸生成环节的不同酶的表达从而降低肝脂肪酸的生成（图 8-2-9）。

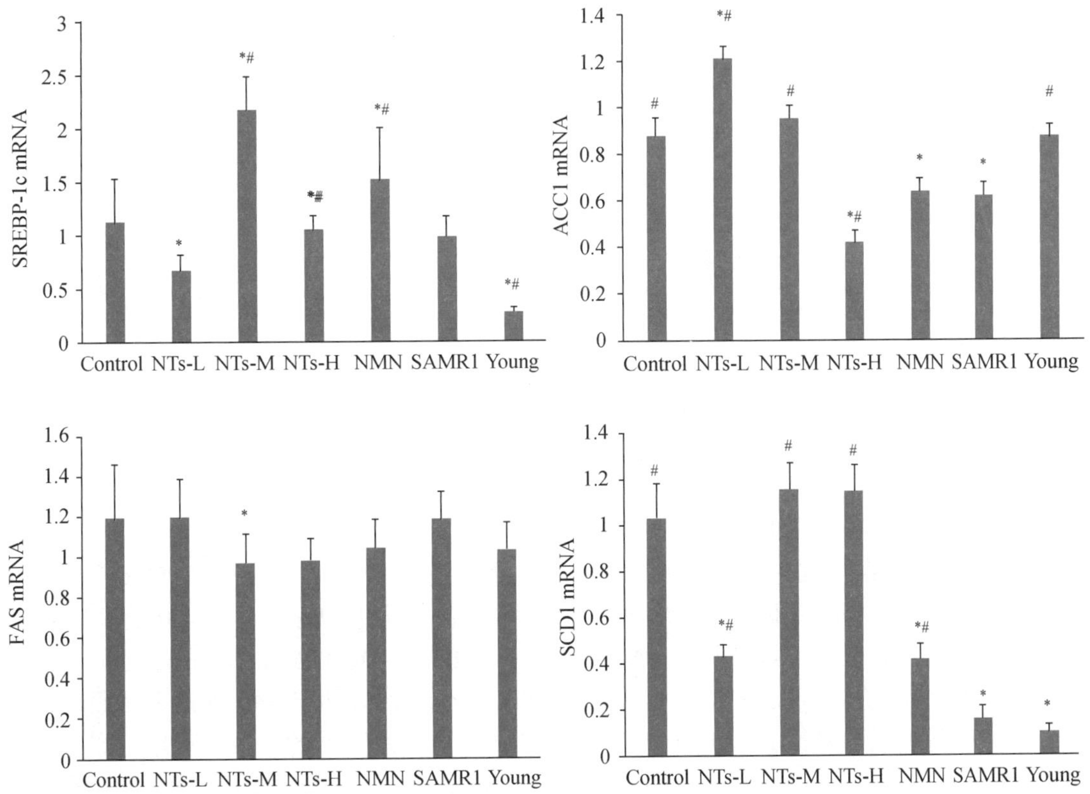

图 8-2-9　NTs 对小鼠肝 SREBP-1c（a）、ACC1（b）、FAS（c）、SCD1（d）mRNA 表达的影响（$\bar{x}\pm s$）

注：Control，正常对照组；NMN，NMN 干预组；Young，青年对照组。* 与正常对照组比较差异有显著性（$P<0.05$），# 与模型对照组比较差异有显著性（$P<0.05$）。

PPARα 是调控肝脂肪酸氧化的基因[66]，PPARα 通过影响 CPT-1 的活性影响肝脂肪酸的氧化[67]。PPARα 激活可改善非酒精性脂肪肝疾病临床前模型中的脂肪变性、炎症和纤维化[68]。CPT-1 是存在于线粒体内膜上的一种酰基转移酶，通过调控脂肪酸转运进入线粒体基质的过程影响肝脂肪酸氧化的速度，是脂肪酸线粒体氧化体系的关键限速步骤。NTs 低、中、高剂量组肝 PPARα 蛋白和 CPT-1 蛋白的表达呈现一致性，其中 NTs 低、高剂量组肝 PPARα 蛋白显著低于正常对照组，但 NTs 各干预组肝 CPT-1 蛋白的表达差异无显著性，说明 NTs 对于脂肪酸的氧化无干预效果（图 8-8-10）。

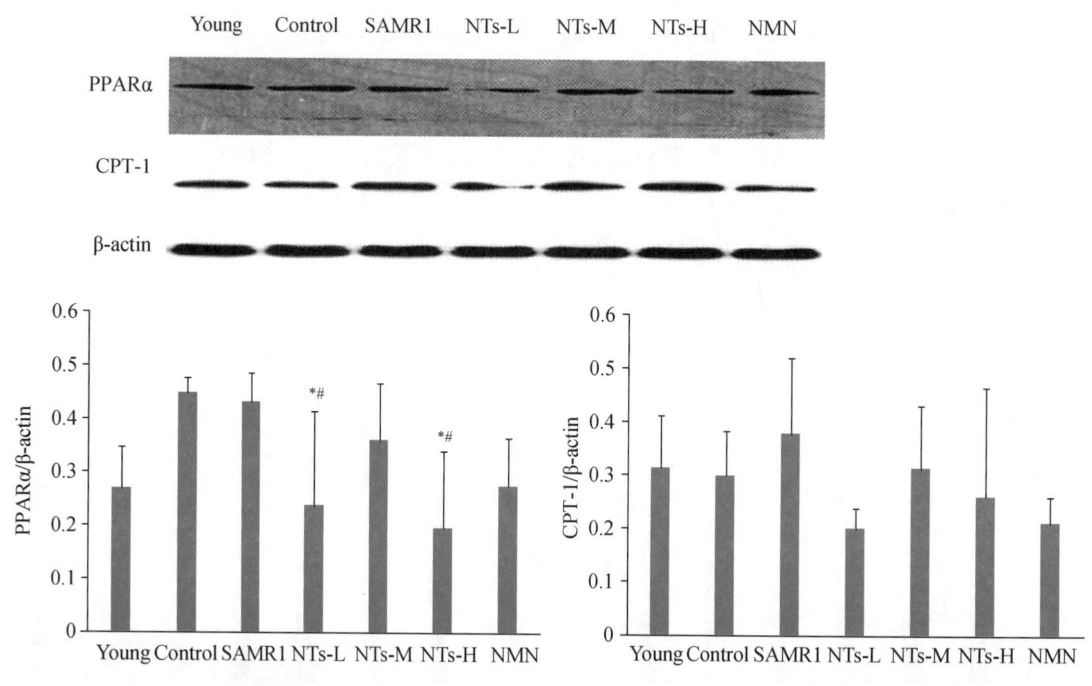

图 8-2-10　小鼠肝 PPARα 蛋白和 CPT-1 蛋白条带图和表达量

注：Control，正常对照组；NMN，NMN 干预组；Young，青年对照组。* 与正常对照组比较差异有显著性（$P < 0.05$），# 与模型对照组比较差异有显著性（$P < 0.05$）。

7. NTs 对 SAMP8 小鼠肝三酰甘油合成的影响（图 8-2-11）

DGAT1 和 DGAT2 是肝将脂肪酸合成三酰甘油的关键限速酶[69]，其表达降低会降低肝三酰甘油的合成，从而降低肝三酰甘油的含量。NTs 高剂量组和青年对照组肝组织 DGAT1 mRNA 的表达显著低于正常对照组；NMN 组和 SAMR1 组 DGAT1 mRNA 的表达低于正常对照组，但差异无显著性。NTs 高剂量组 DGAT1 mRNA 的表达显著低于正常对照组，说明 NTs 高剂量组通过降低 DGAT1 mRNA 的表达调控肝三酰甘油的生成。青年对照组肝组织 DGAT2 mRNA 的表达显著高于正常对照组和 SAMR1 组，这就解释了为什么青年对照组肝三酰甘油的含量高于正常对照组。NTs 低剂量组、NTs 高剂量组以及 SAMR1 组 DGAT2 mRNA 的表达低于正常对照组，但差异无显著性，这说明 NTs 干预没有通过调控 DGAT2 的表达调控三酰甘油的合成。

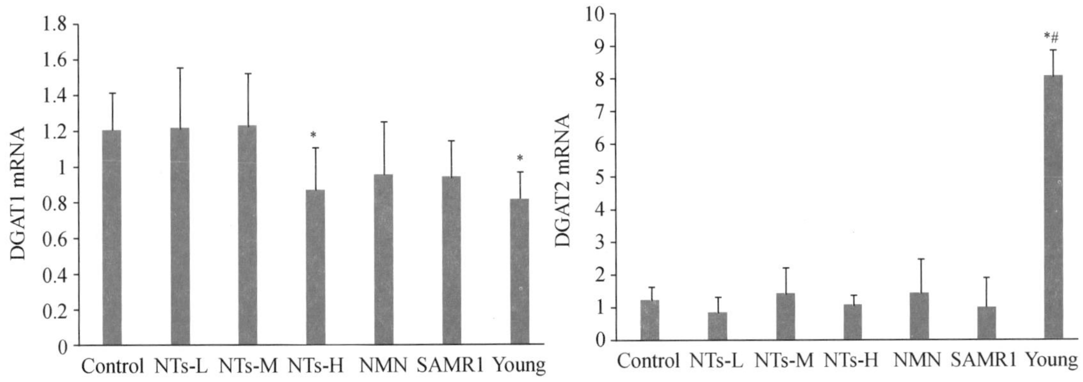

图 8-2-11　NTs 对小鼠肝 DGAT1、DGAT2 的 mRNA 表达的影响（$\bar{x}\pm s$）

注：Control，正常对照组；NMN，NMN 干预组；Young，青年对照组。* 与正常对照组比较差异有显著性（$P<0.05$），# 与模型对照组比较差异有显著性（$P<0.05$）。

（三）NTs 改善 SAMP8 小鼠衰老肝纤维化

慢性肝损伤导致持续伤口愈合反应，当细胞外基质的产生超过细胞外基质降解时，肝纤维化就会发生。衰老与肝纤维化相关。随着年龄的增长，实质细胞的再生能力下降，间质细胞增殖，氧化应激和慢性损伤的存在，导致肝组织分泌更多的细胞外基质，加重纤维化的产生。越来越多的证据表明，肝纤维化和肝炎症的易感性随着年龄的增长而显著增加[70]。肝纤维化的发生通常是肝结构和功能障碍的重要步骤，如果不进行相关治疗，肝纤维化可能会进一步进展至肝硬化和肝癌[71]。因此，研究预防和减缓肝纤维化的策略对于促进肝健康、延缓肝衰老具有重要意义。

采用 3 月龄 SAMP8 小鼠和 SAMR1 小鼠，分为正常对照组（normal control group，Control）、NTs 低剂量组（nucleotides low dose group，NTs-L）、NTs 中剂量组（nucleotides medium dose group，NTs-M）、NTs 高剂量组（nucleotides high dose group，NTs-H）和烟酰胺单核苷酸组（niacinamide mononucleotide group，NMN），SAMR1 小鼠作为模型对照组（model control group，SAMR1）。于实验终点另取 6 月龄 SAMP8 小鼠作为青年对照组（young control group，Young）。正常对照组、模型对照组和青年对照组采用普通饲料进行喂养，3 个 NTs 组采用以 0.3 g/kg、0.6 g/kg 和 1.2 g/kg 的比例额外添加 NTs 的基础饲料进行喂养，烟酰胺单 NTs 组采用以 0.3 g/kg 的比例添加烟酰胺单 NTs 的基础饲料进行喂养。除青年对照组外所有组均自 3 月龄开始干预，干预 9 个月；青年对照组自 3 月龄干预至 6 月龄。

1. NTs 对 SAMP8 小鼠肝炎症的影响（图 8-2-12，表 8-2-17）

在年龄增长的过程中，肝会出现相关炎症，炎症也跟衰老密切相关[72]。IL-1β 和 TNF-α 可以体现体内炎症程度。实验结果发现，NTs 各干预组肝组织 IL-1β 和 TNF-α 含量逐渐降低，且低于正常对照组，这说明 NTs 干预具有缓解肝由于衰老导致的相关炎症的潜力。

表 8-2-17　NTs 对小鼠肝炎症指标的影响（$\bar{x}\pm s$）

组别	IL-1β（pg/mg）	TNF-α（mmol/gprot）
正常对照组	96.76±11.10#	104.85±25.35#
NTs-L	94.09±18.74#	100.22±24.89#
NTs-M	89.66±17.05	97.60±25.84
NTs-H	84.55±15.79	87.12±16.80
NMN	79.69±16.63	78.35±19.19*
SAMR1	75.19±30.40*	76.97±22.02*
青年对照组	73.68±14.01*	63.24±19.18*

注：* 与正常对照组比较差异有显著性（$P < 0.05$），# 与模型对照组比较差异有显著性（$P < 0.05$）。

实验结果显示，NTs 低剂量组、NTs 高剂量组和 NMN 组肝组织磷酸化核因子激活的 B 细胞的 κ- 轻链增强（phosphonated nuclear factor kappa-B，p-NF-κB p65）蛋白表达与正常对照组相当。各组肝组织 p-NF-κB p65 蛋白差异无显著性。NF-κB 是炎症通路的重要调控因子，NF-κB 磷酸化增加也会促进炎症因子生成。但研究并未发现 NTs 各干预组磷酸化 NF-κB p65 蛋白含量有显著差异，故 NTs 不是通过调控 NF-κB 的活性改善与衰老相关的肝炎症。影响炎症因子的生成还包括 IκBα，NTs 可能是通过干预 IκBα 的磷酸化干预炎症程度。

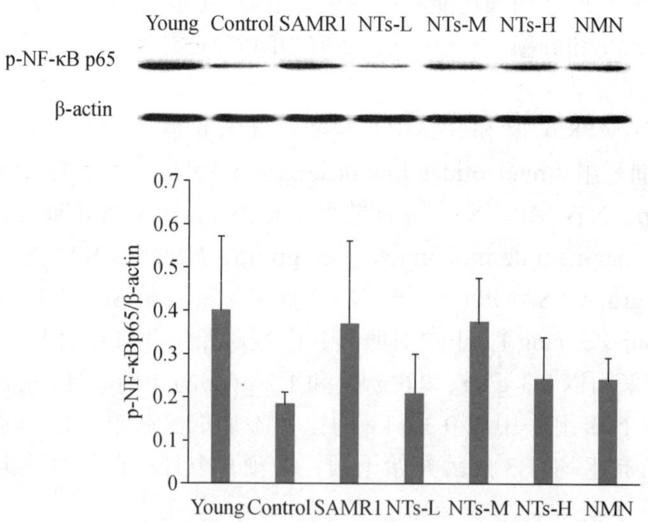

图 8-2-12　NTs 对小鼠肝 p-NF-κB p65 蛋白表达的影响（$\bar{x}\pm s$）

注：Control，正常对照组；NMN，NMN 干预组；Young，青年对照组。

2. NTs 对 SAMP8 小鼠肝纤维化的影响

羟脯氨酸（hydroxyproline，HYP）含量是直接反映纤维化程度的指标。实验结果显示，NTs 低剂量组、NTs 中剂量组、NTs 高剂量组和 NMN 组肝组织羟脯氨酸含量显著低于正常对照组；SAMR1 组以及青年对照组肝羟脯氨酸含量低于正常对照组，但差异无显著性。实验结果显示，NTs 具有显著改善衰老肝纤维化的作用。

表 8-2-18 NTs 对小鼠肝纤维化的影响（$\bar{x}\pm s$）

组别	羟脯氨酸（μg/g）
正常对照组	230.34±38.77
NTs-L	180.46±63.60*
NTs-M	184.46±63.60*
NTs-H	171.57±42.47*
NMN	173.22±32.61*
SAMR1	197.83±39.09
青年对照组	191.92±65.48

注：* 与正常对照组比较差异有显著性（$P<0.05$），# 与模型对照组比较差异有显著性（$P<0.05$）。

3. NTs 对 SAMP8 小鼠肝纤维化相关因子的影响（图 8-2-13）

α-SMA 是肝星形细胞激活的标志物，α-SMA 含量增加意味着肝星形细胞活化程度增加[73，74]，肝星形细胞活化与肝纤维化密切相关。如图 8-2-13 所示，各组肝 α-SMA 蛋白表达含量差异无显著性；NTs 低剂量组肝组织 α-SMA 蛋白表达低于正常对照组，说明 NTs 低剂量干预可以在一定程度上通过降低肝星形细胞的活化减少肝纤维化的程度。

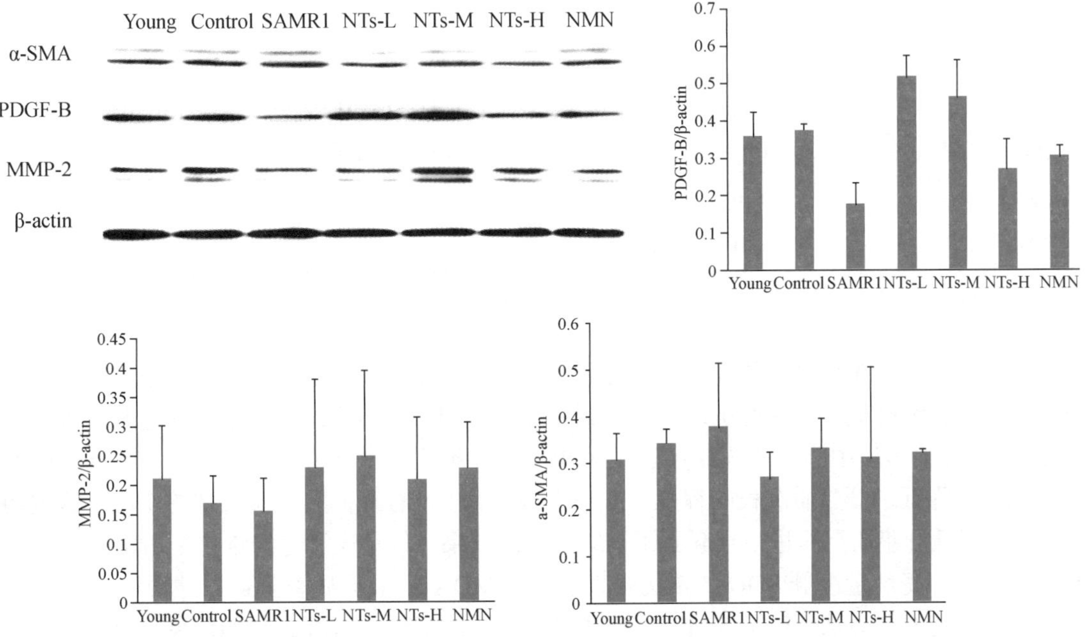

图 8-2-13 NTs 对小鼠肝 α-SMA、PDGF-B、MMP-2 蛋白表达的影响（$\bar{x}\pm s$）

注：Control，正常对照组；NMN，NMN 干预组；Young，青年对照组。

PDGF 能够刺激 HSC 的增殖、迁移，促使胶原的产生和沉积[75]，在肝纤维化发生发展中起着非常重要的作用。研究结果发现，各组肝组织 PDGF-B 蛋白表达含量差异无显著性；NTs 高剂量组肝组织 PDGF-B 蛋白的表达低于正常对照组，说明高剂量 NTs 干预可以在一定程度上通过降低 PDGF-B 的表达来减少肝纤维化。

基质金属蛋白酶是负责 ECM 降解的酶，其中基质金属蛋白酶 -2（matrix metalloproteinase-2，MMP-2）是负责降解 ECM 的重要酶之一[76]。各组肝组织 MMP-2 蛋白表达含量差异无显著性；NTs 低剂量组、NTs 中剂量组、NTs 高剂量组、NMN 组和青年对照组肝组织 MMP-2 蛋白表达含量高于正常对照组，但差异无显著性。NTs 各干预组肝组织 MMP-2 蛋白的表达均高于正常对照组，这说明，NTs 通过提高 MMP-2 的表达从而降解 ECM，达到抗纤维化的效果。

4. NTs 对 SAMP8 小鼠肝氧化应激的影响（表 8-2-19）

氧化应激指标反映了机体的抗氧化能力及氧化应激的损伤程度。SOD 和 GSH-Px 参与了正常状态下自由基的清除功能，起到抗氧化作用，减少 MDA 的产生。实验结果发现，NTs 各干预组 SOD 的活性均显著高于正常对照组，NTs 中剂量组 GSH-Px 的活性显著高于正常对照组；NTs 各剂量干预组的脂质过氧化物 MDA 也显著低于正常对照组，这表明 NTs 干预可以增强小鼠肝抗氧化能力，清除肝过量自由基的生成。

表 8-2-19　NTs 对小鼠肝氧化应激的影响（$\bar{x}\pm s$）

组别	SOD（U/mgprot）	GSH-Px（U/mg）	MDA（nmol/mgprot）
正常对照组	104.42±18.93#	329.46±98.58	1.81±0.58
NTs-L	126.78±19.88*	398.20±128.29	1.26±0.40*
NTs-M	124.33±15.46*	487.27±155.88*#	0.87±0.46*#
NTs-H	130.59±12.79*	369.47±104.39	1.10±0.44*#
NMN	127.57±11.56*	381.66±94.60	1.23±0.40*#
SAMR1	119.24±8.01*	306.62±172.69	1.76±0.58
青年对照组	101.60±9.48#	218.36±77.41	2.31±0.46#

注：* 与正常对照组比较差异有显著性（$P<0.05$），# 与模型对照组比较差异有显著性（$P<0.05$）。

肝炎症与肝纤维化密切相关，肝炎症可以促进肝纤维化的产生。NTs 低、中、高剂量组肝炎症因子逐渐降低，这对肝抗纤维化起到一定的作用。肝脂质的积累也会促进肝纤维化的产生[77]，肝细胞质中脂质的积累会进展为相关的纤维化。由前文结果可知，NTs 低、中剂量干预显著降低了肝脂质沉积的程度，NTs 高剂量干预也有降低肝脂质沉积的作用，这说明 NTs 通过降低肝脂质沉积进一步起到了抗纤维化的效果。氧化应激与纤维化密切相关[72, 78]，NTs 低、中、高剂量组肝 SOD 的活力显著提高、MDA 的水平显著降低，这说明 NTs 通过提高肝抗氧化的能力从而清除肝过量的自由基，进一步起到肝抗纤维化的效果。

综上所述，NTs 通过减轻肝炎症和脂质沉积、调控相关调控炎症因子 PDGF-B、MMP-2 蛋白的表达以及提高肝抗氧化能力达到肝抗纤维化的作用。

（四）转录组测序探索 NTs 对肝纤维化和脂质沉积影响的机制

转录组是特定样本针对特定生理条件下所有可检测到的转录产物的集合。同一样本在不同的生长时期及生长环境下，其基因表达情况是不完全相同的，具有特定的空间性和时间性。转录组分析可以探索干预对样本造成的影响。通过对小鼠肝组织进行转录组测序，对差异基因进行 GO 富集和 KEGG 富集，进一步探索 NTs 改善 SAMP8 小鼠肝脂质沉积和纤维化的其他可能机制。本研究选取 NTs 低剂量组（NTs）、正常对照组（Control）和青年对照组（Young）肝组织进行转录组测序。

1. NTs 对 SAMP8 小鼠肝差异基因数量的影响

差异基因筛选结果如图 8-2-14 所示，与正常对照组相比，NTs 干预组有 691 个基因上调，293 个基因下调；与正常对照组相比，青年对照组有 162 个基因上调，470 个基因下调。

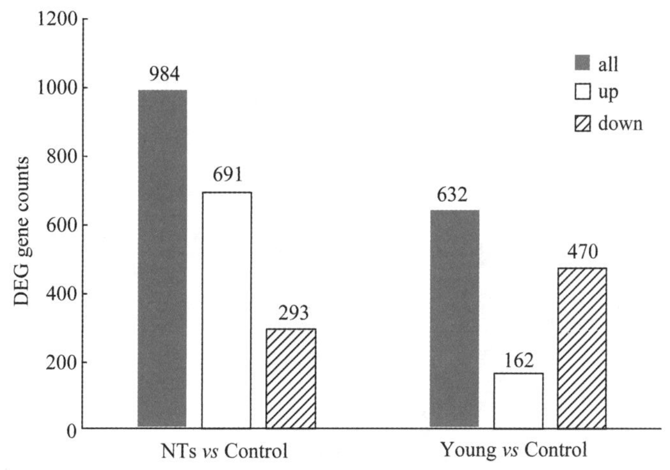

图 8-2-14　各组间差异表达基因柱状图

注：纵轴为比较组间差异表达基因的数量，横轴为各个比较组；其中 Up 代表两组间上调基因数量，Down 代表两组间下调基因数量。Control：正常对照组；NTs：NTs 干预组；Young：青年对照组。

过火山图可以直观了解各组差异表达基因的整体分布情况，如彩图 8-2-15，彩图 8-2-16 所示。

2. NTs 对 SAMP8 小鼠肝差异基因 GO 功能富集分析的影响（图 8-2-17，图 8-2-18）

NTs 干预组与正常对照组相比，其 GO 富集结果如下：生物过程的前 10 条 GO 注释为，白细胞细胞间黏附（leukocyte cell-cell adhesion），T 细胞活化（T cell activation），细胞间黏附的正调节（positive regulation of cell-cell adhesion），T 细胞活化的正调节（positive regulation of T cell activation），白细胞细胞间黏附的正调节（positive regulation of leukocyte cell-cell adhesion），吞噬作用（phagocytosis），T 细胞活化调节（regulation of T cell activation），白细胞分化（leukocyte differentiation），白细胞活化调节（regulation of leukocyte activation），淋巴细胞分化（lymphocyte differentiation）。细胞组分的前 10 条 GO 注释为，肌动蛋白细胞骨架（actin cytoskeleton），肌动蛋白丝（actin filament），细胞基质功能连接（cell-substrate

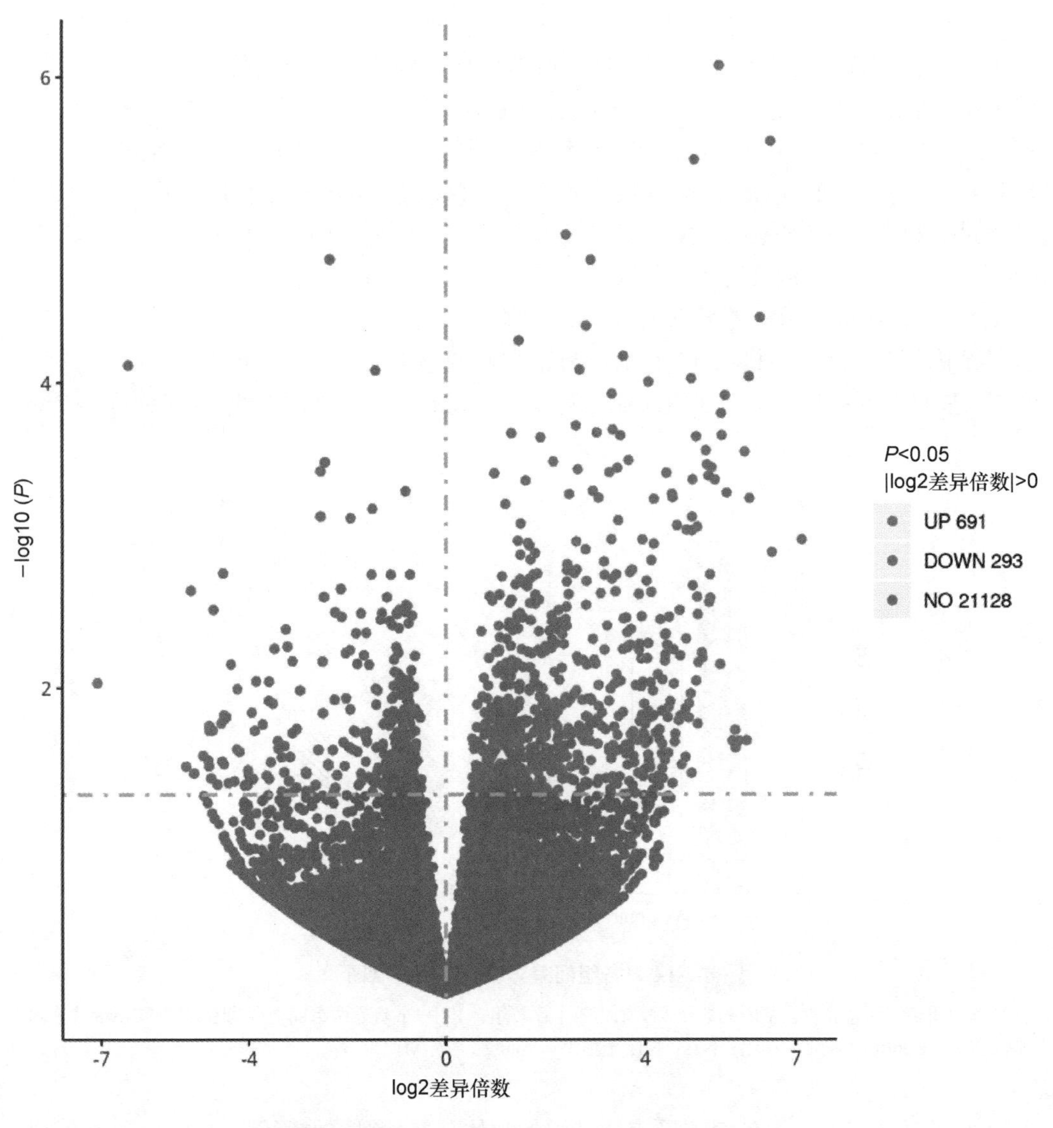

彩图 8-2-15　NTs 干预组和正常对照组差异基因火山图

junction），血小板 α 颗粒（platelet alpha granule），质膜胞质侧（cytoplasmic side of plasma membrane），皱褶（ruffle），粘着斑（focal adhesion），细胞基质粘着连接（cell-substrate adherens junction），中间体（midbody），染色体凝集（condensed chromosome）。分子功能的前 10 条 GO 注释为，细胞骨架的结构组成（structural constituent of cytoskeleton），酶激活物活性（enzyme activator activity），核小体 DNA 结合（nucleosomal DNA binding），GTP 酶调节物活性（GTPase regulator activity），核苷-三磷酸酶调节物活性（nucleoside-triphosphatase regulator activity），磷酸化酪氨酸残基结合（phosphotyrosine residue binding），非膜跨越蛋白酪氨酸激酶活性（non-membrane spanning protein tyrosine kinase activity），肌动蛋白结合（actin binding），GTP 酶激活物活性（GTPase activator activity），蛋白磷酸化氨基酸结合

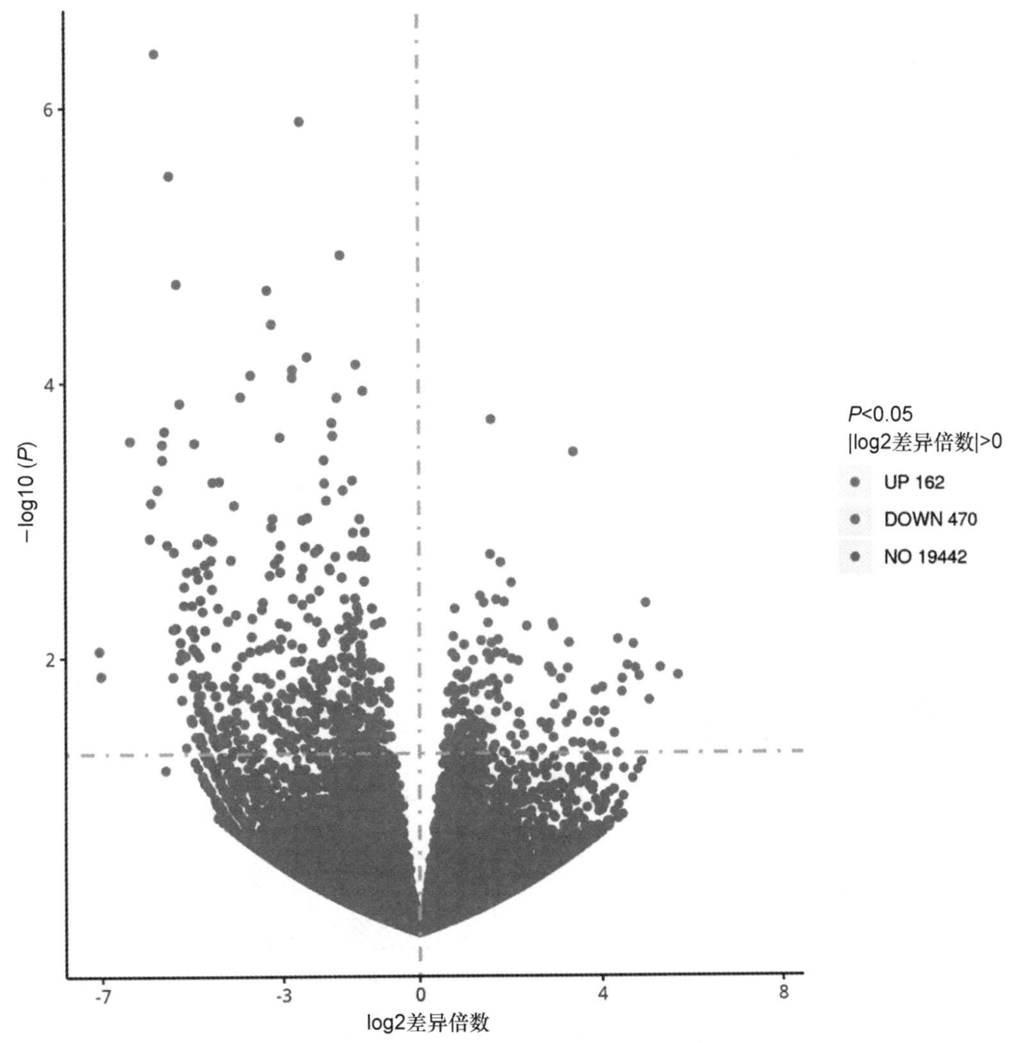

彩图 8-2-16　青年对照组和正常对照组差异基因火山图

注：火山图展示两组比较差异表达基因，红色表示上调趋势的显著性差异表达基因，绿色表示下调趋势的显著性差异表达基因；蓝色表示两组间比较得到的非显著性差异表达基因；Y 轴为－log10（Pvalue）；X 轴 log2 差异倍数为处理组与对照组基因表达水平的比值，再以 2 为底取对数。

（protein phosphorylated amino acid binding）。

青年对照组与正常对照组相比，其 GO 富集结果如下：生物过程的前 10 条 GO 注释为：淋巴细胞分化（lymphocyte differentiation），细胞外基质组织（extracellular matrix organization），胶原活化酪氨酸激酶受体信号通路（collagen-activated tyrosine kinase receptor signaling pathway），细胞外结构组织（extracellular structure organization），白细胞分化（leukocyte differentiation），细胞粘附的正向调节（positive regulation of cell adhesion），对细菌来源分子的反应（response to molecule of bacterial origin），对脂多糖的应答（response to lipopolysaccharide），细胞发育的负调控（negative regulation of cell development），胶原活化信号通路（collagen-activated signaling pathway）。校正 *P* 值均小于 0.05 的细胞组分 GO 注

释有三条，包括细胞外基质（extracellular matrix），含有胶原蛋白的细胞外基质（collagen-containing extracellular matrix），基膜（basement membrane）。校正 P 值小于 0.05 的分子功能 GO 注释有四条，细胞外基质结构成分（extracellular matrix structural constituent），具有延展强度的细胞外基质结构成分（extracellular matrix structural constituent conferring tensile strength），肌动蛋白单体结合（actin monomer binding），黏多糖结合（glycosaminoglycan binding）。

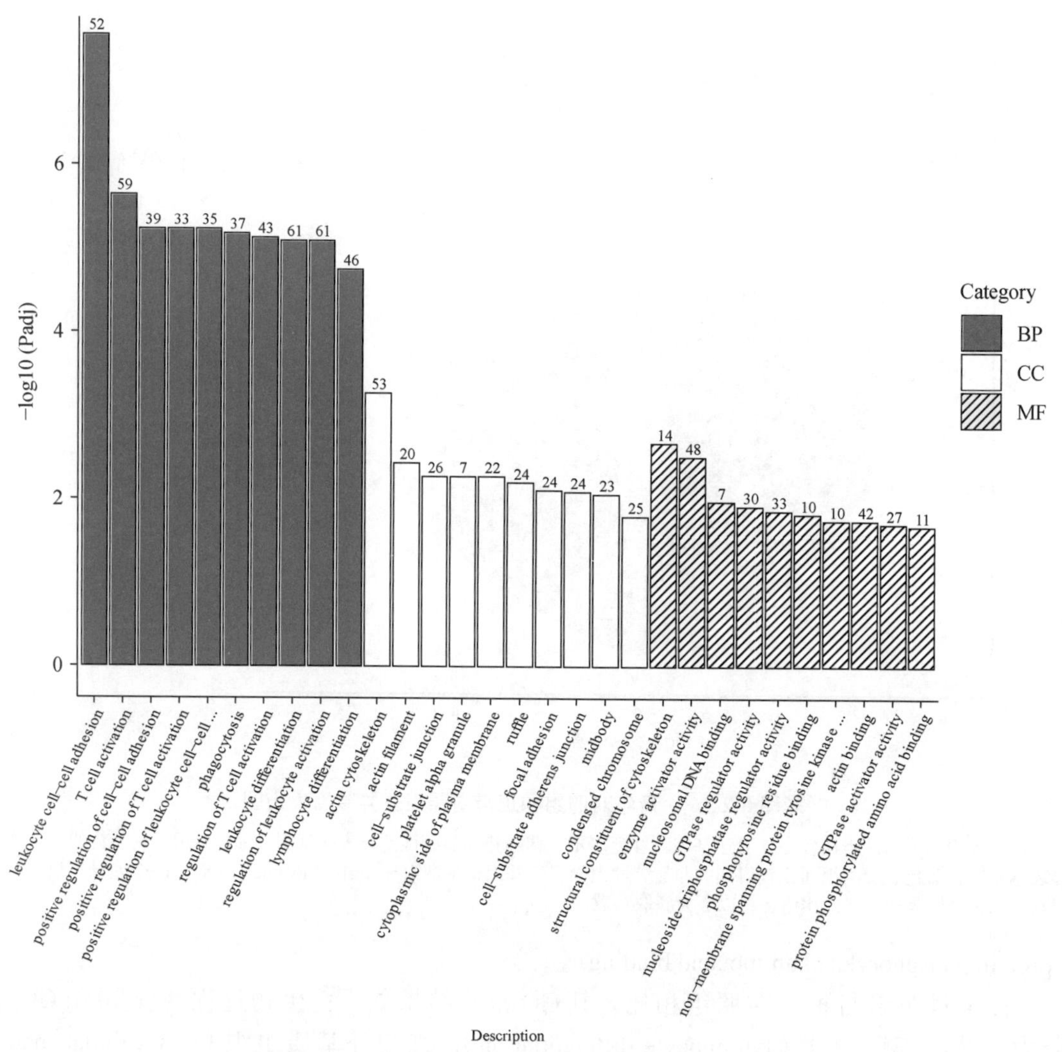

图 8-2-17 NTs 干预组和正常对照组差异基因 GO 富集图

DAG 图是 GO 富集结果最显著性前 5 位的 GO 条目作为有向无环图的主节点，并通过包含关系，将相关联的 GO Term 一起展示。分别绘制生物过程、分子功能和细胞组分的 DAG 图。每个节点代表一个 GO 术语，方框代表的是富集程度为 TOP5 的 GO，颜色的深浅

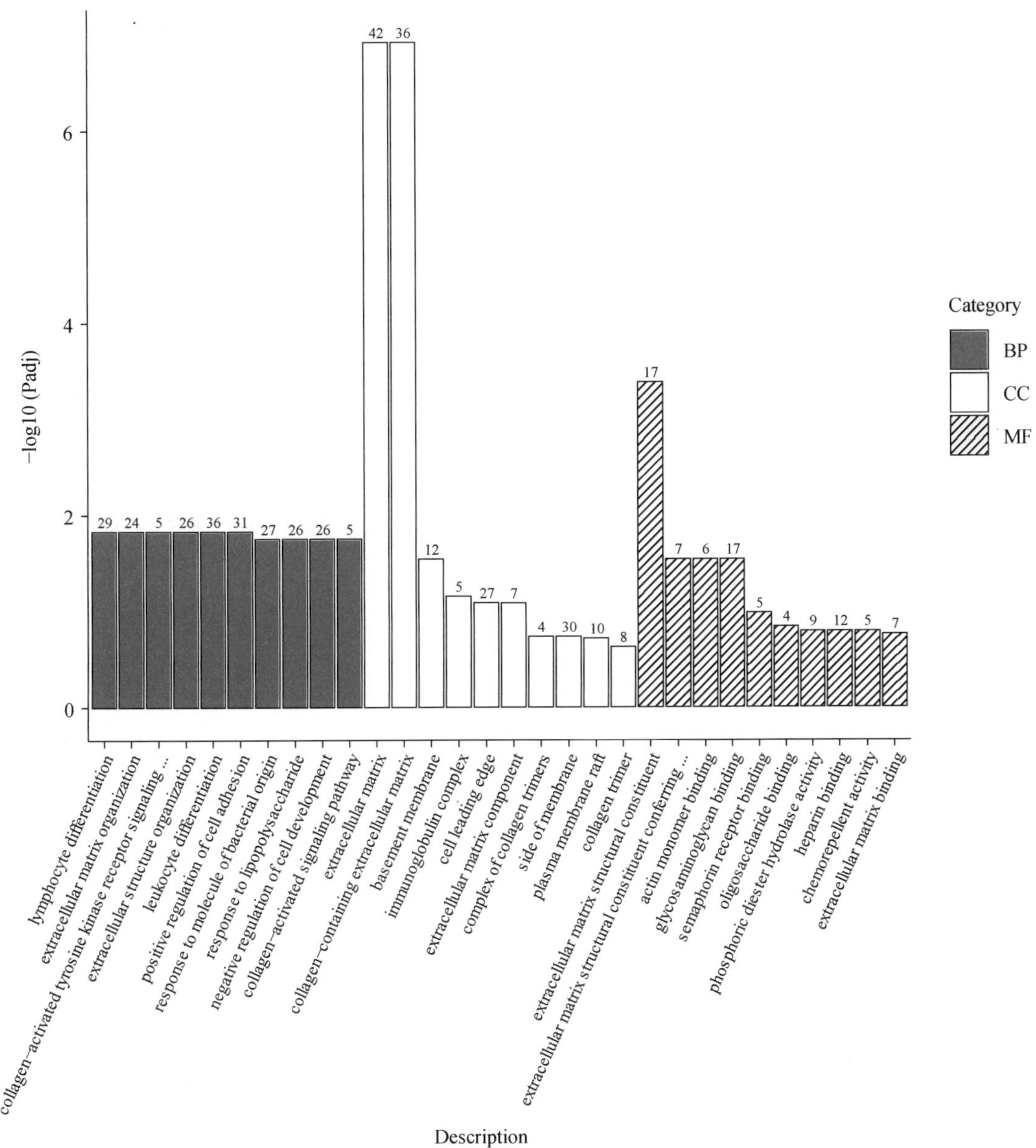

图 8-2-18　青年对照组和正常对照组差异基因 GO 富集图

代表富集程度，颜色越深就表示富集程度越高，每个节点上展示了该条目的名称及富集分析调整的 *P* 值。

NTs 干预组和正常对照组生物过程的 DAG 图如图 8-2-19 所示，NTs 干预最终影响生物过程的 T 细胞活化的正向调节（positive regulation of T cell activation）。

NTs 干预组和正常对照组细胞组分的 DAG 图如图 8-2-20 所示，NTs 干预最终影响细胞组分的肌动蛋白丝（actin filament）、血小板 α 颗粒（platelet alpha granule）、质膜胞质侧（cytoplasmic side of plasma membrane）、细胞基质功能连接（cell-substrate junction）。

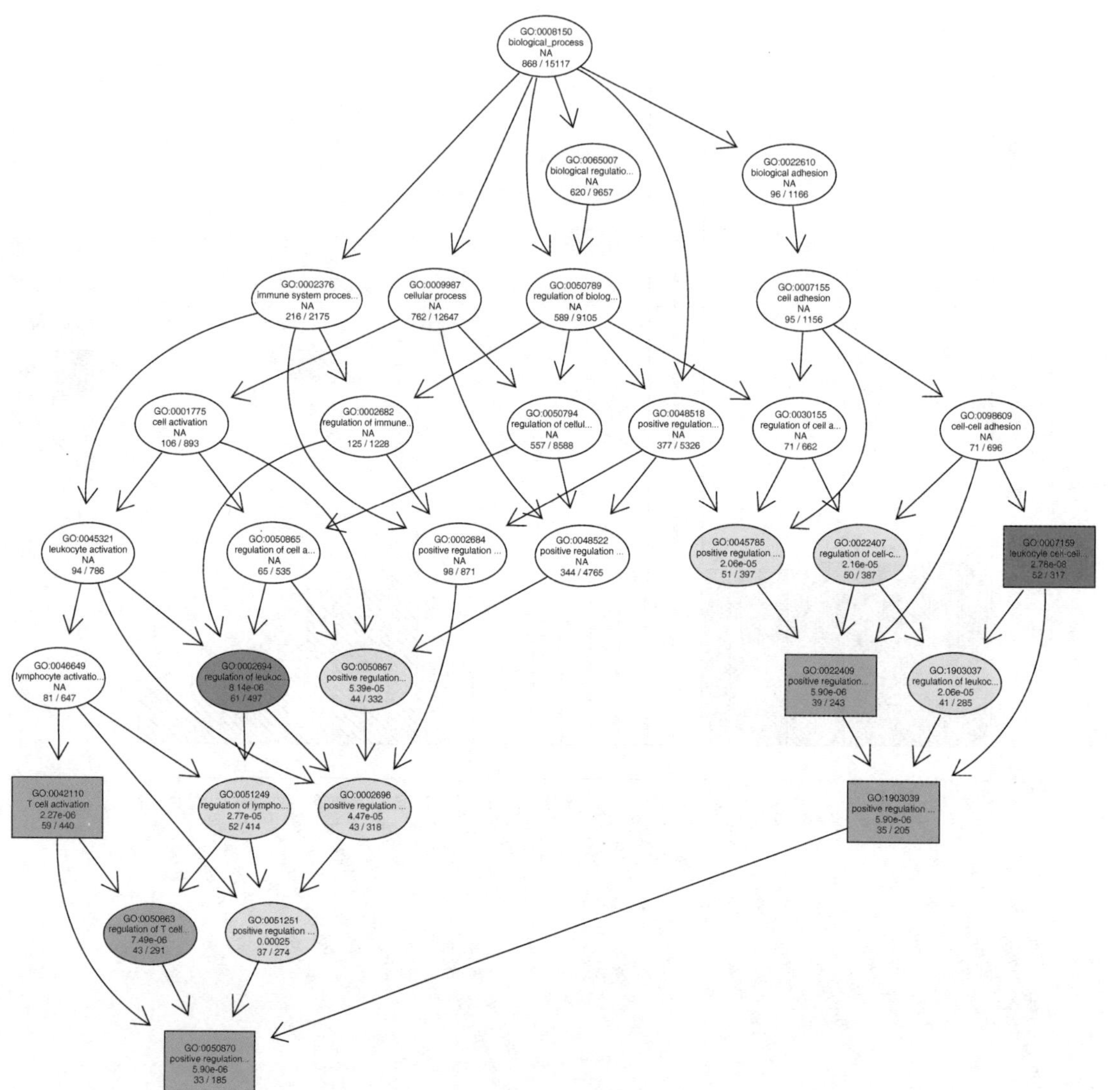

图 8-2-19　NTs 干预组和正常对照组生物过程 DAG 图

NTs 干预组和正常对照组分子功能的 DAG 图如图 8-2-21 所示，NTs 干预最终影响分子功能的细胞骨架的结构组成（structural constituent of cytoskeleton）、核小体 DNA 结合（nucleosomal DNA binding）、GTP 酶调节物活性（GTPase regulator activity）、酶激活物活性（enzyme activator activity）

青年对照组和正常对照组生物过程的 DAG 图如图 8-2-22 所示，最终影响生物过程的淋巴细胞分化（lymphocyte differentiation），细胞外基质组织（extracellular matrix organization），胶原活化酪氨酸激酶受体信号通路（collagen-activated tyrosine kinase receptor signaling pathway），白细胞分化（leukocyte differentiation）。

青年对照组和正常对照组分子功能的 DAG 图如图 8-2-23 所示，最终影响分子功能的具

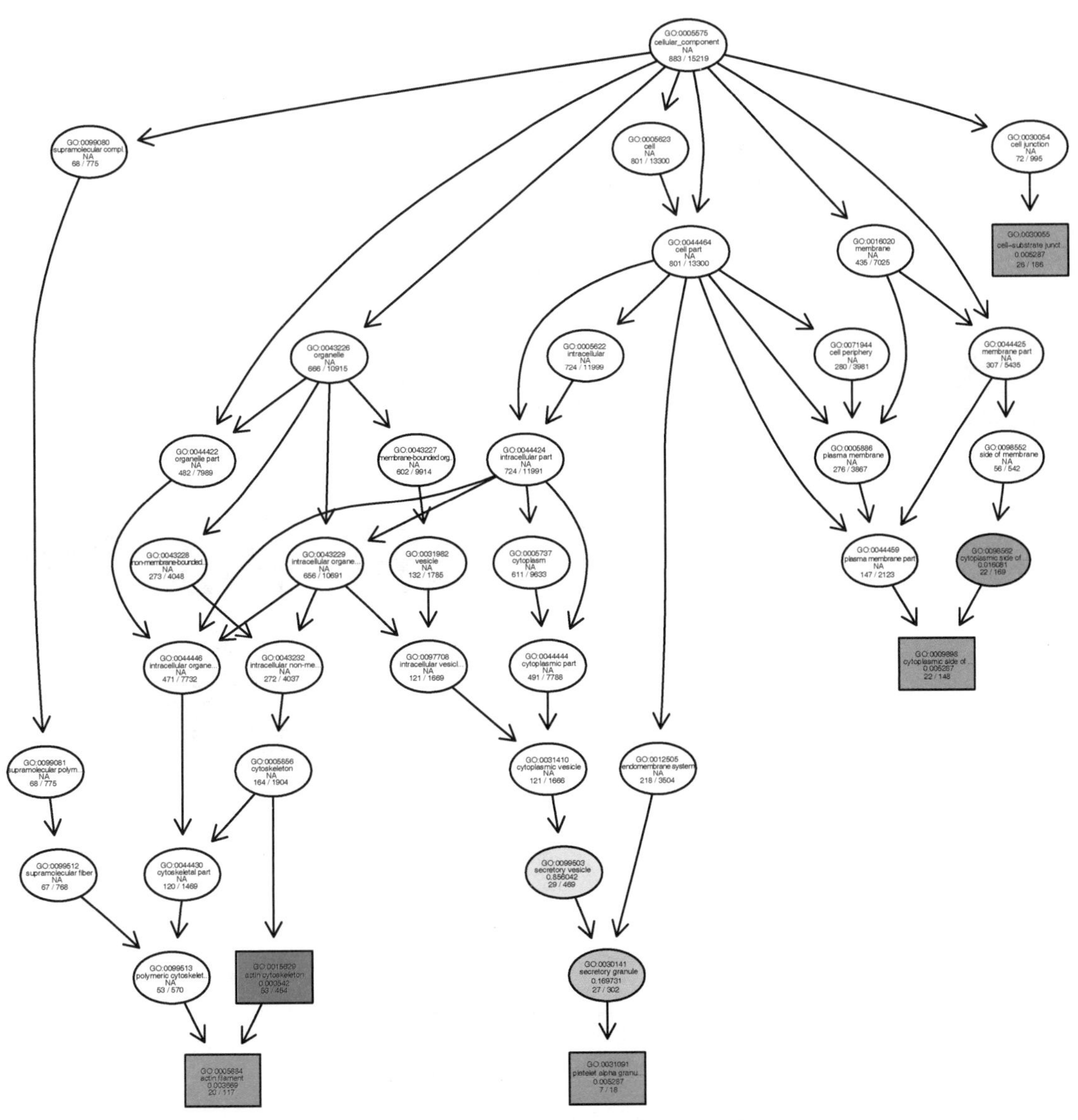

图 8-2-20 NTs 干预组和正常对照组细胞组分 DAG 图

有延展强度的细胞外基质结构成分（extracellular matrix structural constituent conferring tensile strength），semaphorin 受体结合（semaphorin receptor binding），肌动蛋白单体结合（actin monomer binding），黏多糖结合（glycosaminoglycan binding）。

转录组测序以基因功能及结构研究的基础为出发点，通过新一代高通量测序，全面快速获得 RNA 的总和，从整体水平研究基因功能和基因结构，揭示特定的生物学过程。GO 功能富集显示，NTs 干预组 T 细胞活化的正向调节（positive regulation of T cell activation）、肌动蛋白丝（actin filament）、血小板 α 颗粒（platelet alpha granule）、质膜胞质侧（cytoplasmic side of plasma membrane）、细胞基质功能连接（cell-substrate junction）、细胞骨架的结构组成（structural constituent of cytoskeleton）、核小体 DNA 结合（nucleosomal DNA binding）、

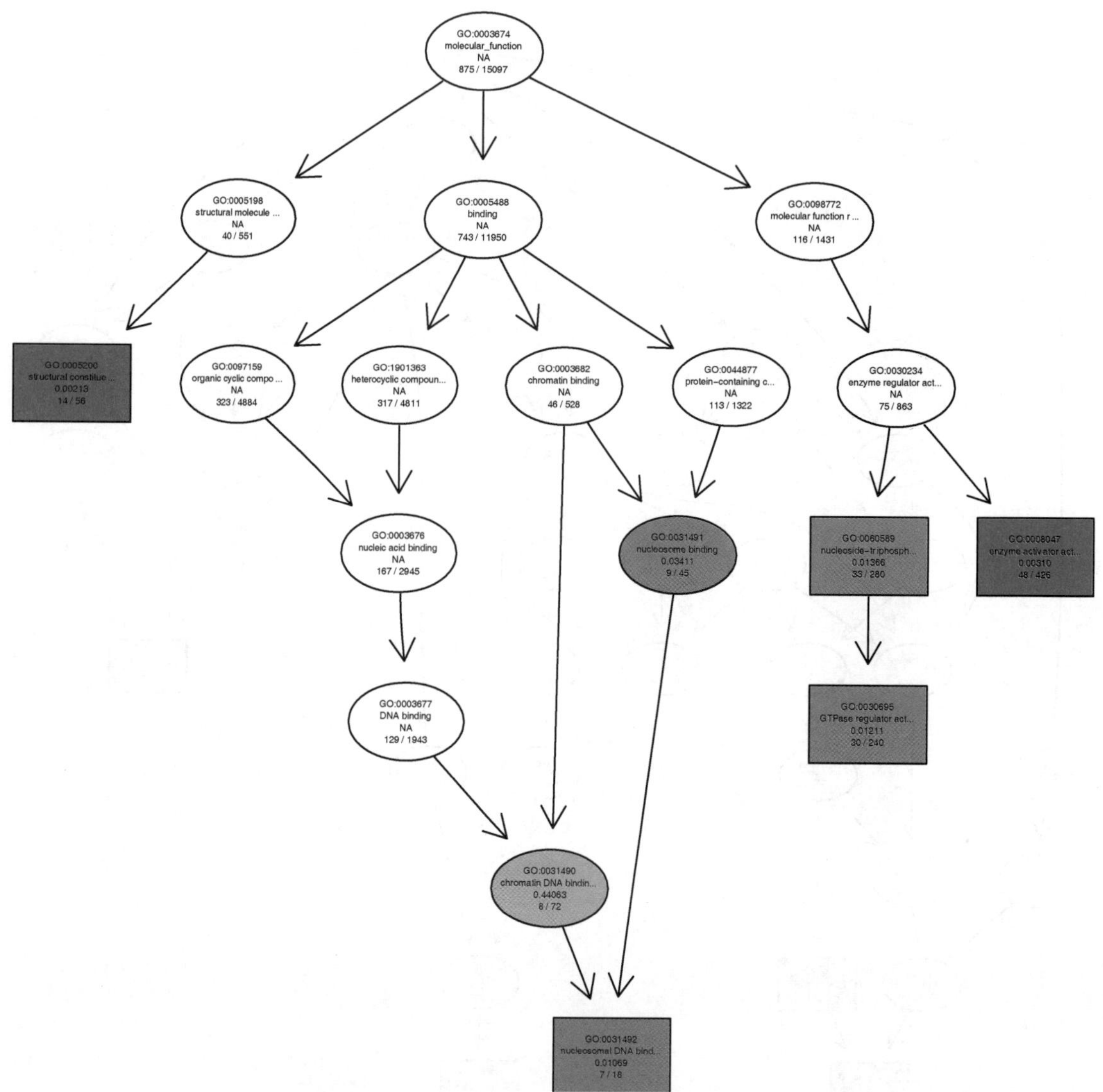

图 8-2-21　NTs 干预组和正常对照组分子功能 DAG 图

GTP 酶调节物活性（GTPase regulator activity）、酶激活物活性（enzyme activator activity）与正常对照组有所不同。肌动蛋白丝与肝纤维化有关；血小板可以通过使肝星形细胞失活以减少胶原蛋白的产生来改善啮齿动物模型中的肝纤维化，可见 NTs 干预可以通过影响肌动蛋白丝和血小板 α 颗粒影响肝纤维化的进展。此外，NTs 还对肝免疫系统、细胞基质、细胞骨架构成、核小体 DNA 结合等通路产生影响。

3. NTs 对 SAMP8 小鼠肝差异基因 KEGG 富集分析的影响（彩图 8-2-24，彩图 8-2-25）

与正常对照组相比，NTs 干预得到 Padj 显著的 KEGG 通路有三条，包括细胞周期（cell cycle），氨基酸的生物合成（biosynthesis of amino acids），糖酵解 / 糖异生（glycolysis / gluconeogenesis）。

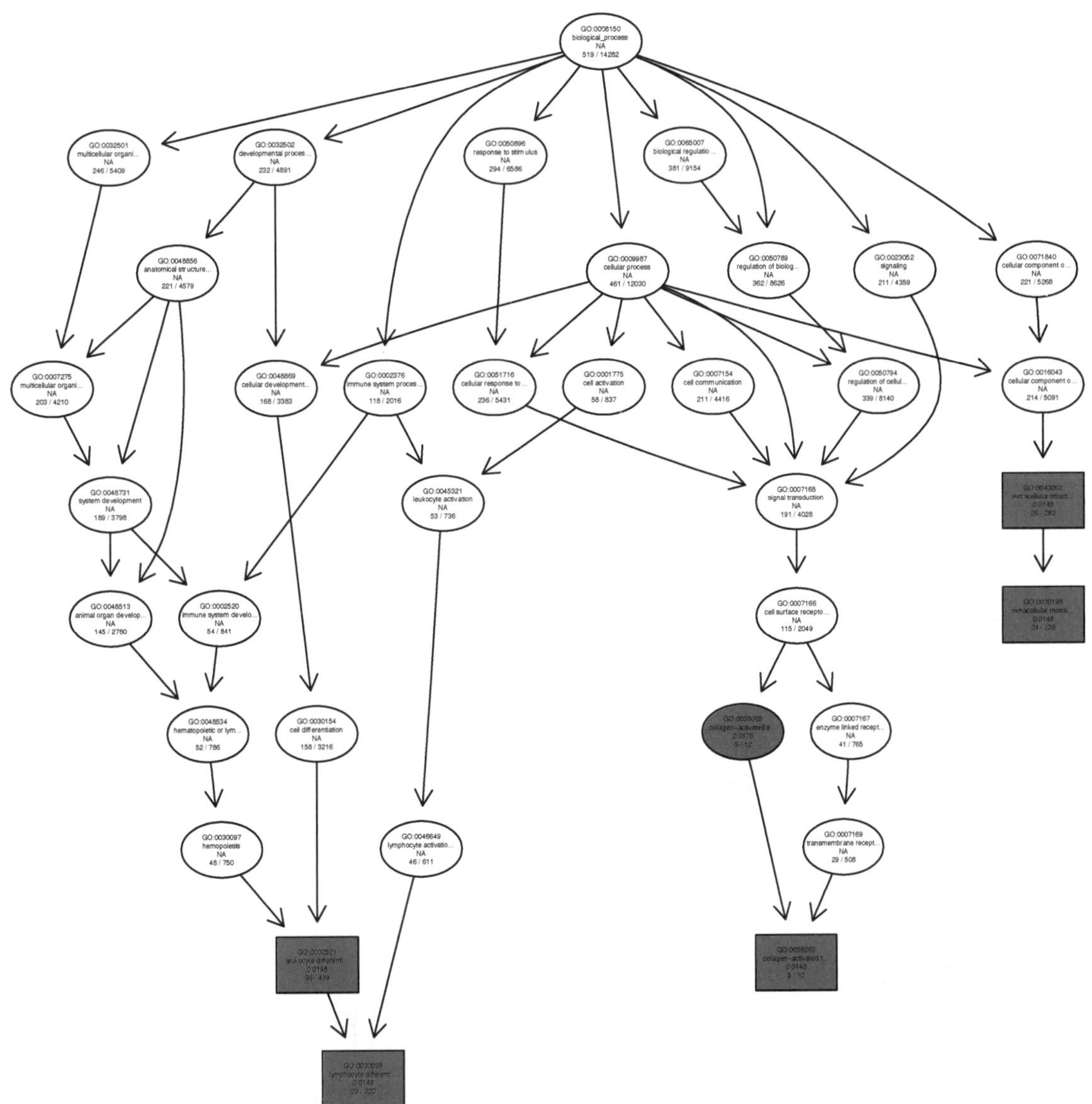

图 8-2-22　青年对照组和正常对照组生物过程 DAG 图

与正常对照组相比，青年对照组得到 Padj 显著的 KEGG 通路有三条，ECM 受体相互作用（ECM-receptor interaction），血小板活化（platelet activation），松弛素信号通路（relaxin signaling pathway），糖尿病并发症中的 AGE-RAGE 信号通路（AGE-RAGE signaling pathway in diabetic complications），癌症中的信号通路（pathways in cancer）。

KEGG 富集通路显示，NTs 干预组细胞周期（cell cycle）、氨基酸的生物合成（biosynthesis of amino acids）、糖酵解 / 糖异生（glycolysis / gluconeogenesis）与正常对照组不同。细胞周期有序进行，促进遗传物质复制、细胞增殖，纤维化进展中，肝细胞在上游调控机制作用下，产生增殖、更新功能异常，NTs 影响肝组织细胞周期，提示 NTs 可能通过调节肝细胞周期衰老相关因子，起到改善肝纤维化作用。NTs 干预影响肝组织氨基酸的生物合成，这与之

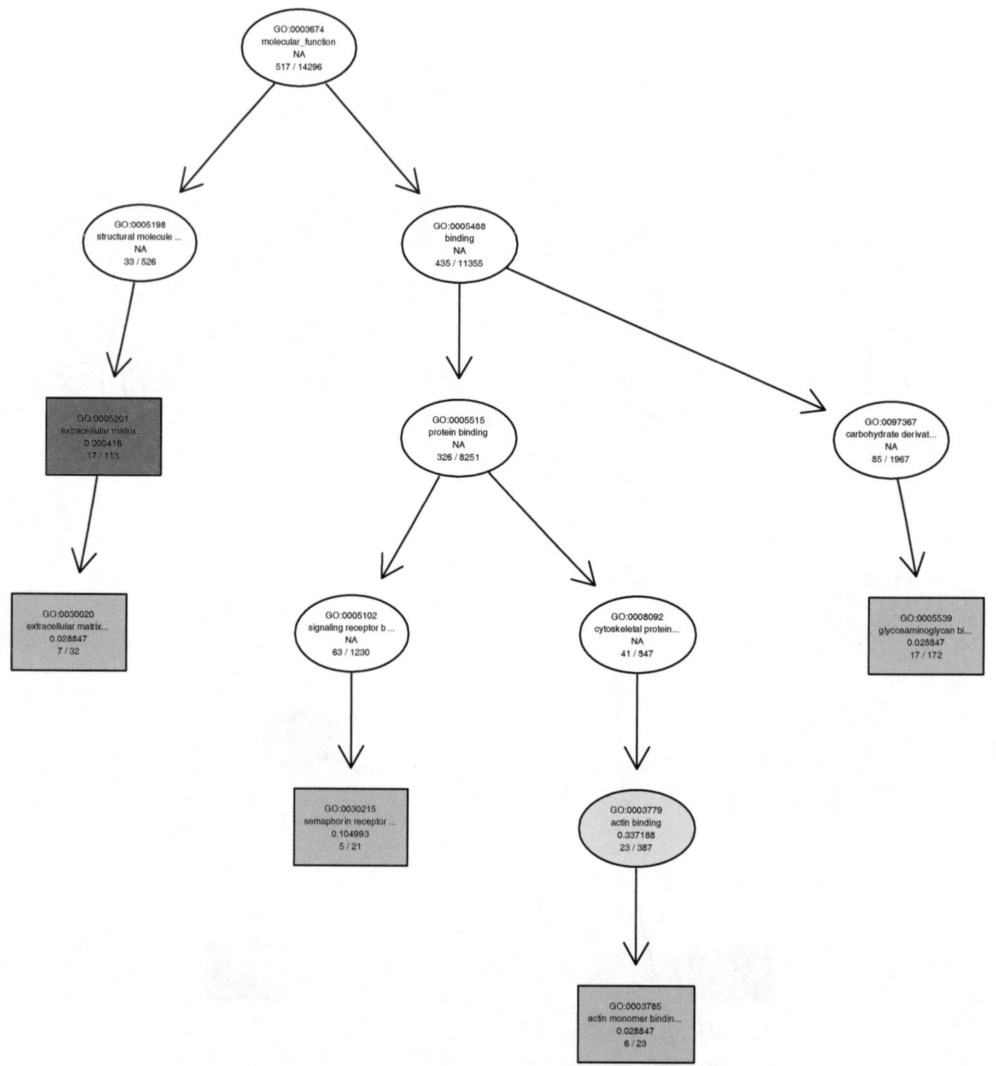

图 8-2-23 青年对照组和正常对照组分子功能 DAG 图

前的 NTs 干预酒精性肝损伤的研究结果一致。肝作为机体重要的代谢器官，影响其糖酵解/糖异生功能可能改善了其整体功能，影响糖酵解/糖异生通路可能也是 NTs 改善肝脂质沉积及纤维化的机制。

三、NTs 延缓肝衰老的应用前景和未来展望

采用 NTs 对自然衰老模型和快速老化模型进行干预，证实了 NTs 延缓肝衰老的作用，为 NTs 的功能开发和延缓肝衰老提供策略和理论基础。NTs 作为具有多种生理活性的营养物质，具有广泛的应用前景。转化营养学是营养科学理论与实践的结合，推动着营养物质的应用转化向更深层迈进。NTs 作为生命重要的营养物质，具有延缓肝衰老、改善衰老肝脂质

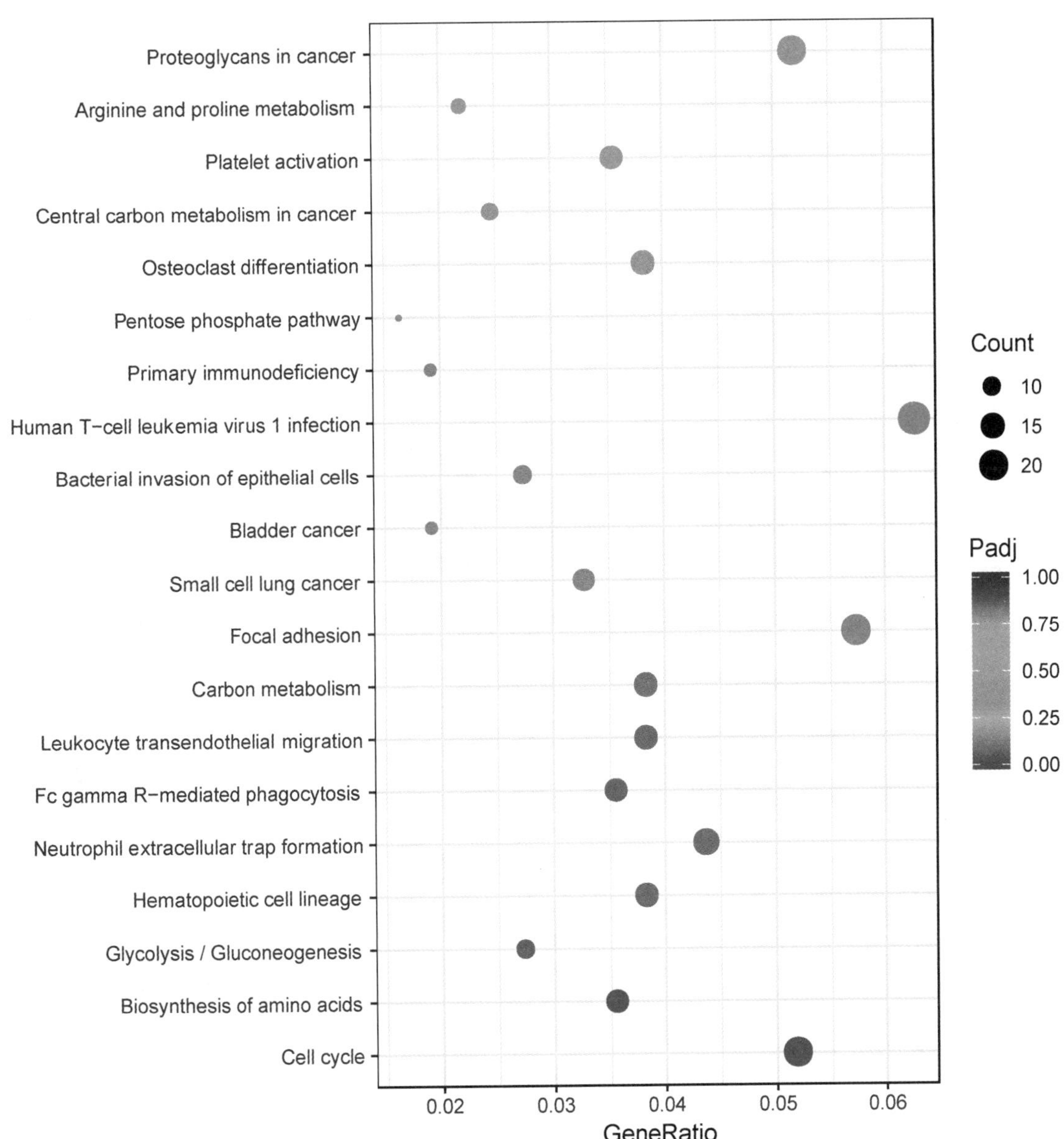

彩图 8-2-24　KEGG 通路富集散点图（NTs 干预组和正常对照组）

注：纵轴为 KEGG 通路编号对应的功能描述，横轴注释到 KEGG 通路编号上的差异基因数与差异基因总数的比值，Padj 为多重假设检验校正后的 *P* 值。

沉积和纤维化的重要功能，在减缓肝衰老、预防和改善非酒精性脂肪肝、肝纤维化乃至肝硬化具有巨大的潜力。基于转化营养学的思想，NTs 作为延缓肝衰老、改善肝脂质沉积和纤维化的保健品、临床特膳乃至治疗药物都具有巨大的潜力，但仍有很多工作要完成，仍需进一步研究。随着对 NTs 研究的深入、研究方法和手段的提高，NTs 必将为人类健康做出巨大的贡献。

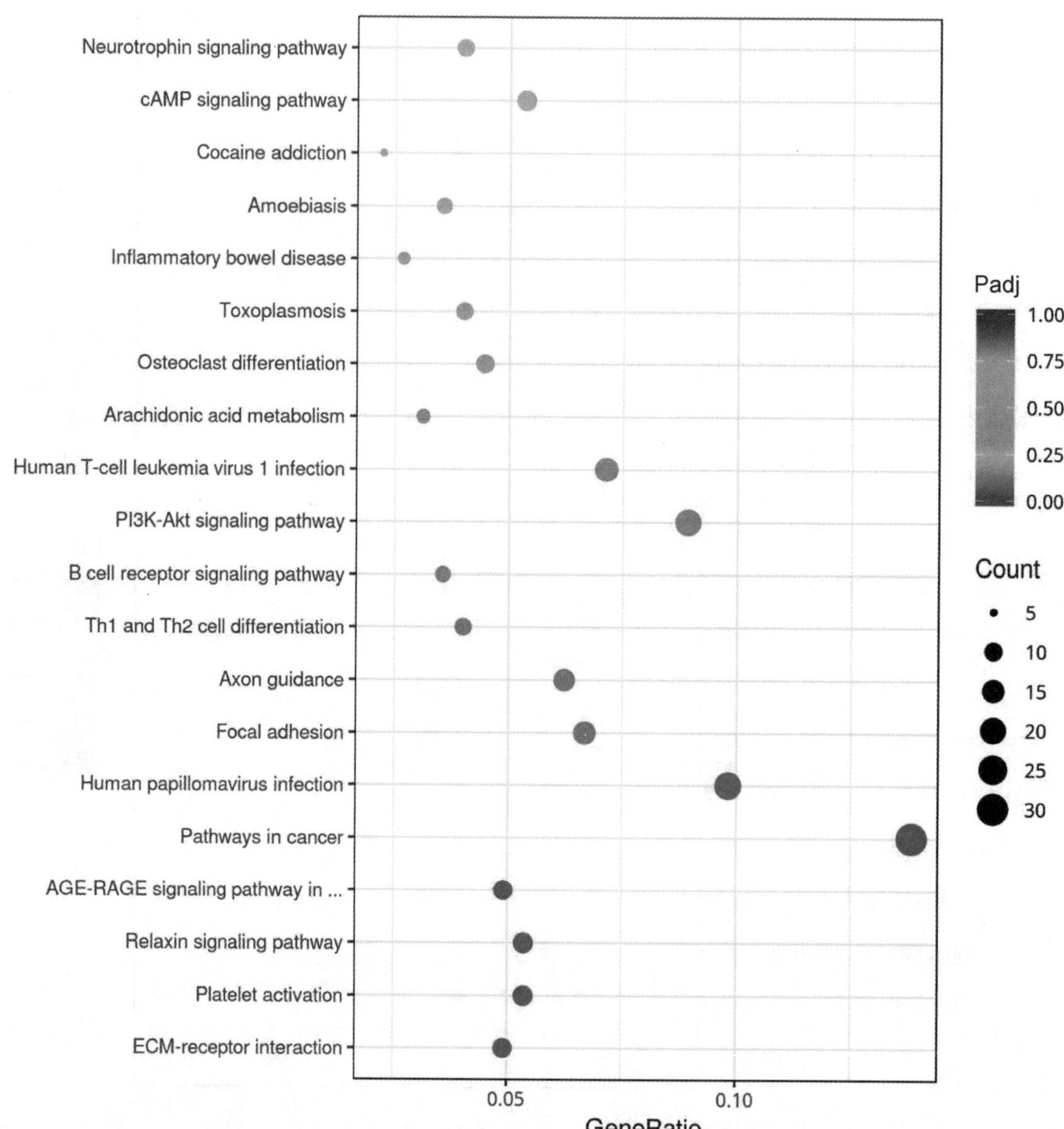

彩图 8-2-25 KEGG 通路富集散点图（青年对照组和正常对照组）

注：纵轴为 KEGG 通路编号对应的功能描述，横轴注释到 KEGG 通路编号上的差异基因数与差异基因总数的比值，Padj 为多重假设检验校正后的 *P* 值。

小 结

人口老龄化问题在世界范围内已经越来越突出，衰老导致机体的结构和功能发生变化，相关疾病高发。而肝作为机体重要的器官，受到衰老的影响，会出现脂质沉积以及纤维化的表现等，影响肝的功能和机体的健康。近些年来，研究发现 NTs 不仅具有多种生理活性，还具有延缓衰老的作用，在缓解肝衰老相关的表现如脂质沉积和纤维化具有很大的潜力。根据本章节的结果可知，NTs 可延缓肝衰老。NTs 干预可显著延缓肝与年龄相关的组织学变化，同时改善了肝功能。NTs 干预具有改善衰老小鼠肝脂质沉积的作用。降低胆固醇的生成、增加胆固醇的转化、降低脂肪酸的生成和降低三酰甘油的生成可能是 NTs 发挥其作用的主要路径。NTs 通过降低肝炎症和脂质沉积的程度、调控纤维化相关因子和提高肝的抗氧化能力、改善衰老肝纤维化。

当前 NTs 延缓肝衰老的作用在多种衰老模型中得到了一定的验证，但仍需大量的动物实验和人群实验对配方的剂量组成和有效性进行探索。

The problem of aging population has become more and more prominent in the world. Senescence leads to changes in the structure and function of the body and high incidence of related diseases. As an important metabolic organ of the body, the liver will also be affected by aging and undergo a series of changes, including lipid deposition and fibrosis, which affect the function of the liver and the health of the body. In recent years, it has been found that nucleotides not only have a variety of physiological activities, but also has the effect of anti-aging, which has great potential in alleviating liver aging-related manifestations such as lipid deposition and fibrosis. According to the results of this chapter, nucleotides can delay liver senescence. The intervention of nucleotides can significantly ameliorate the histopathological manifestation of liver related aging, and ameliorate the liver function. These results suggest that nucleotides can ameliorate the lipid deposition in the liver of aging mice, possibly through decreasing the production of cholesterol, increasing the conversion of cholesterol, decreasing the production of fatty acids and decreasing the production of triglycerides. Nucleotides can ameliorate liver fibrosis in aging mice, possibly by decreasing the degree of liver inflammation and lipid deposition, regulating fibrosis related factors and improving the antioxidant capacity of liver.

The effect of nucleotides on delaying the aging of liver has been verified in a variety of aging models. However, it is still necessary to explore the efficacy and long-term safety of the formulation through animal experiment and crowd trials.

参考文献

[1] Karunadharma PP, Basisty N, Dai DF, et al. Subacute calorie restriction and rapamycin discordantly alter mouse liver proteome homeostasis and reverse aging effects. Aging Cell, 2015, 14: 547-557.

[2] Jové M, Naudí A, Ramírez-Núñez O, et al. Caloric restriction reveals a metabolomic and lipidomic signature in liver of male mice. Aging Cell, 2014, 13: 828-837.

[3] Picca A, Lezza AM. Regulation of mitochondrial biogenesis through TFAM-mitochondrial DNA interactions: Useful insights from aging and calorie restriction studies. Mitochondrion, 2015, 25: 67-75.

[4] Cao SX, Dhahbi JM, Mote PL, et al. Genomic profiling of short- and long-term caloric restriction effects in the liver of aging mice. Proc Natl Acad Sci USA, 2001, 98: 10630-10635.

[5] Flanagan EW, Most J, Mey JT, et al. Calorie restriction and aging in humans. Annu Rev Nutr, 2020, 40: 105-133.

[6] Yoshino J, Baur JA, Imai SI. NAD（+）intermediates: The biology and therapeutic potential of NMN and NR. Cell Metab, 2018, 27: 513-528.

[7] Mills KF, Yoshida S, Stein LR, et al. Long-term administration of nicotinamide mononucleotide mitigates age-associated physiological decline in mice. Cell Metab, 2016, 24: 795-806.

[8] Uddin GM, Youngson NA, Sinclair DA, et al. Head to head comparison of short-term treatment with the NAD（+）precursor nicotinamide mononucleotide（NMN）and 6 weeks of exercise in obese female mice. Front Pharmacol, 2016, 7: 258.

[9] Lee CF, Chavez JD, Garcia-Menendez L, et al. Normalization of NAD^+ redox balance as a therapy for Heart Failure. Circulation, 2016, 134: 883-894.

[10] Zong Z, Liu J, Wang N, et al. Nicotinamide mononucleotide inhibits hepatic stellate cell activation to prevent liver fibrosis via promoting PGE（2）degradation. Free Radic Biol Med, 2021, 162: 571-581.

[11] Bonkowski MS, Sinclair DA. Slowing ageing by design: The rise of NAD（+）and sirtuin-activating compounds. Nat Rev Mol Cell Biol, 2016, 17: 679-690.

[12] Ding S, Jiang J, Zhang G, et al. Resveratrol and caloric restriction prevent hepatic steatosis by regulating SIRT1-autophagy pathway and alleviating endoplasmic reticulum stress in high-fat diet-fed rats. PLoS One, 2017, 12: e0183541.

[13] Tsuchida T, Friedman SL. Mechanisms of hepatic stellate cell activation. Nat Rev Gastroenterol Hepatol, 2017, 14: 397-411.

[14] Madrigal-Matute J, Cuervo AM. Regulation of liver metabolism by autophagy. Gastroenterology, 2016, 150: 328-339.

[15] de Oliveira MR, Nabavi SF, Manayi A, et al. Resveratrol and the mitochondria: From triggering the intrinsic apoptotic pathway to inducing mitochondrial biogenesis, a mechanistic view. Biochim Biophys Acta, 2016, 1860: 727-745.

[16] Dai H, Sinclair DA, Ellis JL, et al. Sirtuin activators and inhibitors: Promises, achievements, and challenges. Pharmacol Ther, 2018, 188: 140-154.

[17] Maldonado J, Navarro J, Narbona E, et al. The influence of dietary nucleotides on humoral and cell immunity in the neonate and lactating infant. Early Hum Dev, 2001, 65 Suppl: S69-74.

[18] Singhal A, Kennedy K, Lanigan J, et al. Dietary nucleotides and early growth in formula-fed infants: A randomized controlled trial. Pediatrics, 2010, 126: e946-953.

[19] Carver JD, Sosa R, Saste M, et al. Dietary nucleotides and intestinal blood flow velocity in term infants. J Pediatr Gastroenterol Nutr, 2004, 39: 38-42.

[20] Dancey CP, Attree EA, Brown KF. Nucleotide supplementation: A randomised double-blind placebo controlled trial of IntestAidIB in people with irritable bowel syndrome [ISRCTN67764449]. Nutr J, 2006, 5: 16.

[21] Cai X, Bao L, Wang N, et al. Dietary nucleotides supplementation and liver injury in alcohol-treated rats: A metabolomics investigation. Molecules, 2016, 21: 435.

[22] Xu M, Ma Y, Xu L, et al. Developmental effects of dietary nucleotides in second-generation weaned rats. J Med Food, 2013, 16: 1146-1152.

[23] Novak DA, Carver JD, Barness LA. Dietary nucleotides affect hepatic growth and composition in the weanling mouse. JPEN J Parenter Enteral Nutr, 1994, 18: 62-66.

[24] Maroni L, Pinto C, Giordano DM, et al. Aging-related expression of twinfilin-1 regulates cholangiocyte biological response to injury. Hepatology, 2019, 70: 883-898.

[25] Ye X, Meeker HC, Kozlowski PB, et al. Pathological changes in the liver of a senescence accelerated mouse strain（SAMP8）: A mouse model for the study of liver diseases. Histol histopathol, 2004, 19: 1141-1151.

[26] Stein HH, Kil DY. Reduced use of antibiotic growth promoters in diets fed to weanling pigs: Dietary tools,

part 2. Anim Biotechnol，2006，17：217-231.
[27] Sauer N，Mosenthin R，Bauer E. The role of dietary nucleotides in single-stomached animals. Nutr Res Rev，2011，24：46-59.
[28] Huang JB，Wu YC，Chi SC. Dietary supplementation of pediococcus pentosaceus enhances innate immunity，physiological health and resistance to Vibrio anguillarum in orange-spotted grouper（Epinephelus coioides）. Fish Shellfish Immunol，2014，39：196-205.
[29] Takeda K，Akira S. TLR signaling pathways. Semin Immunol，2004，16：3-9.
[30] Egan LJ，Eckmann L，Greten FR，et al. IkappaB-kinasebeta-dependent NF-kappaB activation provides radioprotection to the intestinal epithelium. Proc Natl Acad Sci USA，2004，101：2452-2457.
[31] Aliyev A，Chen SG，Seyidova D，et al. Mitochondria DNA deletions in atherosclerotic hypoperfused brain microvessels as a primary target for the development of Alzheimer's disease. J Neurol Sci，2005，229-230：285-292.
[32] 黄河，肖颖彬，杨天德，等. 线粒体 K_{ATP} 通道开放剂对培养大鼠心肌细胞缺血/再灌注损伤心肌线粒体的保护作用. 重庆医学，2008，（05）：479-480，483.
[33] 文玉杰，李晓玫. 钠钾 ATP 酶的信号转导功能新进展. 生理科学进展，2005，36（02）：159-162.
[34] Sopjani M，Alesutan I，Wilmes J，et al. Stimulation of Na^+/K^+ ATPase activity and Na^+ coupled glucose transport by β-catenin.Biochem Biophys Res Commun，2010，402：467-470.
[35] Barber D，Hunt J，Ehrich M. Inhibition of calcium-stimulated ATPase in the hen brain P2 synaptosomal fraction by organophosphorus esters：Relevance to delayed neuropathy. J Toxicol Environ Health A，2001，63：101-113.
[36] Ettlin RA，Stirnimann P，Prentice DE. Causes of death in rodent toxicity and carcinogenicity studies. Toxicol Pathol，1994，22：165-178.
[37] Keenan KP，Soper KA，Smith PF，et al. Diet，overfeeding，and moderate dietary restriction in control Sprague-Dawley rats：I. Effects on spontaneous neoplasms. Toxicol Pathol，1995，23：269-286.
[38] Davis RK，Stevenson GT，Busch KA. Tumor incidence in normal Sprague-Dawley female rats. Cancer Res，1956，16：194-197.
[39] Emanuel NM，Obukhova LK. Types of experimental delay in aging patterns. Exp Gerontol，1978，13：25-29.
[40] 海春旭. 抗氧化剂、抗衰老与疾病控制的研究进展. 疾病控制杂志，2002，（04）：289-293.
[41] Dirx MJ，Zeegers MP，Dagnelie PC，et al. Energy restriction and the risk of spontaneous mammary tumors in mice：A meta-analysis. Int J Cancer，2003，106：766-770.
[42] López-Torres M，Gredilla R，Sanz A，et al. Influence of aging and long-term caloric restriction on oxygen radical generation and oxidative DNA damage in rat liver mitochondria. Free Radic Biol Med，2002，32：882-889.
[43] Sohal RS，Weindruch R. Oxidative stress，caloric restriction，and aging. Science，1996，273：59-63.
[44] Rebrin I，Kamzalov S，Sohal RS. Effects of age and caloric restriction on glutathione redox state in mice. Free Radic Biol Med，2003，35：626-635.
[45] Niedernhofer LJ，Daniels JS，Rouzer CA，et al. Malondialdehyde，a product of lipid peroxidation，is mutagenic in human cells. J Biol Chem，2003，278：31426-31433.
[46] Ames BN，Shigenaga MK，Hagen TM. Oxidants，antioxidants，and the degenerative diseases of aging. Proc Natl Acad Sci USA，1993，90：7915-7922.
[47] Maclauchlan S，Skokos EA，Agah A，et al. Enhanced angiogenesis and reduced contraction in thrombospondin-2-null wounds is associated with increased levels of matrix metalloproteinases-2 and -9，and soluble VEGF. J Histochem Cytochem，2009，57：301-313.
[48] Anilkumar N，Annis DS，Mosher DF，et al. Trimeric assembly of the C-terminal region of thrombospondin-1 or thrombospondin-2 is necessary for cell spreading and fascin spike organisation. J Cell

Sci，2002，115：2357-2366.

[49] 慕永平，刘平，王磊，等. 一贯煎影响 CCl-4 大鼠肝硬化形成期肝组织基因表达谱的效应机制研究. 世界科学技术——中医药现代化，2007，9（03）：43-54.

[50] Provost P. Interpretation and applicability of microRNA data to the context of Alzheimer's and age-related diseases. Aging（Albany NY），2010，2：166-169.

[51] Li WQ，Li YM，Tao BB，et al. Down regulation of ABCG2 expression in glioblastoma cancer stem cells with miRNA-328 may decrease their chemoresistance. Med Sci Monit，2010，16：Hy27-30.

[52] Heldin CH，Westermark B. Mechanism of action and in vivo role of platelet-derived growth factor. Physiol Rev，1999，79：1283-1316.

[53] Sundaresan S，Vijayagopal P，Mills N，et al. A mouse model for nonalcoholic steatohepatitis. J Nutr Biochem，2011，22：979-984.

[54] Magro F，Costa C. Long-standing remission of Crohn's disease under imatinib therapy in a patient with Crohn's disease. Inflamm Bowel Dis，2006，12：1087-1089.

[55] Min HK，Kapoor A，Fuchs M，et al. Increased hepatic synthesis and dysregulation of cholesterol metabolism is associated with the severity of nonalcoholic fatty liver disease. Cell Metab，2012，15：665-674.

[56] Tian L，Song Y，Xing M，et al. A novel role for thyroid-stimulating hormone：Up-regulation of hepatic 3-hydroxy-3-methyl-glutaryl-coenzyme A reductase expression through the cyclic adenosine monophosphate/protein kinase A/cyclic adenosine monophosphate-responsive element binding protein pathway. Hepatology，2010，52：1401-1409.

[57] Goldstein JL，Brown MS. Regulation of the mevalonate pathway. Nature，1990，343：425-430.

[58] Schwarz M，Russell DW，Dietschy JM，et al. Marked reduction in bile acid synthesis in cholesterol 7alpha-hydroxylase-deficient mice does not lead to diminished tissue cholesterol turn over or to hypercholesterolemia. J Lipid Res，1998，39：1833-1843.

[59] Ferré P，Foufelle F. SREBP-1c transcription factor and lipid homeostasis：Clinical perspective. Horm Res，2007，68：72-82.

[60] Dentin R，Girard J，Postic C. Carbohydrate responsive element binding protein（ChREBP）and sterol regulatory element binding protein-1c（SREBP-1c）：Two key regulators of glucose metabolism and lipid synthesis in liver. Biochimie，2005，87：81-86.

[61] Thampy KG，Wakil SJ. Regulation of acetyl-coenzymeA carboxylase. I. Purification and properties of two forms of acetyl-coenzyme A carboxylase from rat liver. J Biol Chem，1988，263：6447-6453.

[62] Coupe C，Perdereau D，Ferre P，et al. Lipogenic enzyme activities and mRNA in rat adipose tissue at weaning. Am J Physiol，1990，258：E126-133.

[63] Ntambi JM，Miyazaki M，Stoehr JP，et al. Loss of stearoyl-CoA desaturase-1 function protects mice against adiposity. Proc Natl Acad Sci USA，2002，99：11482-11486.

[64] Sampath H，Ntambi JM. The role of stearoyl-CoA desaturase in obesity，insulin resistance，and inflammation. Ann N Y Acad Sci，2011，1243：47-53.

[65] Miyazaki M，Flowers MT，Sampath H，et al. Hepatic stearoyl-CoA desaturase-1 deficiency protects mice from carbohydrate-induced adiposity and hepatic steatosis. Cell Metab，2007，6：484-496.

[66] Rakhshandehroo M，Hooiveld G，Müller M，et al. Comparative analysis of gene regulation by the transcription factor PPAR alpha between mouse and human. PLoS One，2009，4：e6796.

[67] Piccinin E，Moschetta A. Hepatic-specific PPARα-FGF21 action in NAFLD. Gut，2016，65：1075-1076.

[68] Pawlak M，Lefebvre P，Staels B. Molecular mechanism of PPARα action and its impact on lipid metabolism，inflammation and fibrosis in non-alcoholic fatty liver disease. J Hepatol，2015，62：720-733.

[69] Chitraju C，Walther TC，Farese RV，Jr. The triglyceride synthesis enzymes DGAT1 and DGAT2 have distinct and overlapping functions in adipocytes. J Lipid Res，2019，60：1112-1120.

[70] Kim IH，Xu J，Liu X，et al. Aging increases the susceptibility of hepatic inflammation，liver fibrosis and aging in response to high-fat diet in mice. Age（Dordr），2016，38：291-302.
[71] Aydn MM，Akçal KC. Liver fibrosis. Turk J Gastroenterol，2018，29：14-21.
[72] Freund A，Orjalo AV，Desprez PY，et al. Inflammatory networks during cellular senescence：Causes and consequences. Trends Mol Med，2010，16：238-246.
[73] Schmitt-Gräff A，Chakroun G，Gabbiani G. Modulation of perisinusoidal cell cytoskeletal features during experimental hepatic fibrosis. Virchows Arch A Pathol Anat Histopathol，1993，422：99-107.
[74] Hernandez-Gea V，Friedman SL. Pathogenesis of liver fibrosis. Annu Rev Pathol，2011，6：425-456.
[75] Borkham-Kamphorst E，Weiskirchen R. The PDGF system and its antagonists in liver fibrosis. Cytokine Growth Factor Rev，2016，28：53-61.
[76] Vandooren J，Geurts N，Martens E，et al. Zymography methods for visualizing hydrolytic enzymes. Nat Methods，2013，10：211-220.
[77] Ali ES，Rychkov GY，Barritt GJ. Deranged hepatocyte intracellular Ca^{2+} homeostasis and the progression of non-alcoholic fatty liver disease to hepatocellular carcinoma. Cell Calcium，2019，82：102057.
[78] Parola M，Robino G. Oxidative stress-related molecules and liver fibrosis. J Hepatol，2001，35：297-306.

第九章 核苷酸与肠道菌群
Exogenous nucleotides and gut microbiota

人体的肠道内有数以亿计的微生物，主要由细菌、真菌和真核生物等构成，这些微生物统称为肠道菌群。肠道为人体内最大的贮菌库，数目可达人体自身细胞数目的10倍，所携带的基因数是人体自身基因的100倍。肠道菌群在人体的能量代谢、生长发育、营养物质吸收、肠道免疫等方面发挥着重要的作用。有研究发现，无菌小鼠需要多摄取30%的糖，才能和正常有菌小鼠的体重相当，表明肠道菌群对帮助消化食物和吸收营养起到重要作用。肠道菌群中的拟杆菌等细菌可分泌一系列多糖消化酶分解多糖植物中的纤维素和半纤维素类多糖，为机体提供能量。此外，肠道菌群通过发酵可以产生短链脂肪酸和维生素K供人体吸收，同时一些钙、镁、铁等金属离子也可通过肠道菌群被重新吸收。研究发现，肠道菌群还具有调节免疫、降低动脉粥样硬化和中风、降低过敏反应等功效。因此，有目的地增加肠道中有益菌的数量十分必要。但是益生菌在加工、销售以及通过消化道时很容易受到外界环境的影响而失活，难以到达肠道定植发挥其生理活性，因此需要选择合适的益生元来促进其生长繁殖。

核苷酸是生物体内极重要的低分子化合物，是DNA和RNA的基本组成单位，作为细胞的主要成分，在细胞代谢、能量和功能调节等方面起到重要作用。研究发现，核苷酸具有多种生理功能，如免疫调节、肠道菌群调节、肠道修复、抗感染、促进生长发育、延长寿命等。已有研究发现，外源核苷酸（exogenous nucleotides，NTs）是肠道菌群的重要益生元。本章重点介绍外源核苷酸对机体肠道菌群的调节作用，并探究其作用机制，为提高益生菌的生理活性及存活率提供借鉴。

Nucleotide（NT）is a very important low molecular compound in organisms. It is the basic unit of DNA and RNA. As the main component of cells，it plays an important role in cell metabolism，energy and function regulation. It is found that nucleotides have a variety of physiological functions，such as immune regulation，gut microbiota regulation，intestinal repair，anti infection，promoting growth and development，prolonging life span，etc. It has been found that exogenous nucleotides are important prebiotics of gut microbiota. This chapter focuses on the regulatory effect of exogenous nucleotides on gut microbiota，and explores its mechanism，so as to provide reference for improving the physiological activity and survival rate of probiotics.

第一节　概　述 Introduction

肠道菌群是寄居在人体肠道内微生物群落的总称。人体的肠道有 100 ～ 1500 种近 100 万亿个细菌，这些细菌与人体相互作用，对人体的健康有非常巨大的影响。肠道菌群也是近年来微生物学、医学、基因学等领域最引人关注的研究焦点之一。正常情况下肠道内菌群间维持着共生或拮抗的关系，这是宿主肠道菌群能够处于微生态均衡的主要原因。但是由于人体某些生理条件的改变，食物、病原菌感染、抗生素类药物的使用等都会引起肠道菌群紊乱，肠道菌群失衡可能导致一系列症状的发生，如腹泻、便秘、肠胃炎等，此时则需补充益生菌，修复肠道的微生态平衡。由于益生菌容易失活，而益生元在帮助益生菌躲过胃酸破坏、确保所有益生菌能直达肠道发挥其活性效应的过程中起到关键作用。

Intestinal microflora is the general term of microbial community in human intestinal tract. There are 100 ～ 1500 kinds of bacteria in human intestinal tract，nearly 100 trillion bacteria. These bacteria interact with human body and have a great impact on human health. Gut microbiota is also one of the most attractive research focuses in microbiology，medicine，genetics and other fields in recent years. Under normal circumstances，there is a symbiotic or antagonistic relationship between intestinal microflora，which is the main reason why the host intestinal microflora can be in the balance of microecology. However，due to the changes of some physiological conditions of human body，food，pathogen infection，the use of antibiotics and other drugs will cause gut microbiota disorder. Gut microbiota imbalance may lead to a series of symptoms，such as diarrhea，constipation，gastroenteritis，etc. at this time，it is necessary to supplement probiotics to repair the intestinal microecological balance. Because probiotics are easy to inactivate，prebiotics play a key role in helping probiotics to avoid gastric acid damage and ensure that all probiotics can reach the intestinal tract to play their active effect.

一、肠道菌群

20 世纪 90 年代，俄罗斯的科学家 Elie Metchnikoff（1845—1916）在巴黎巴斯德研究院发现保加利亚农民的长寿与他们食用发酵牛奶制品相关，他推测，这些人通过发酵奶制品摄入了乳酸菌，而这些乳酸菌具有抗衰老的效果，促使他们的寿命长于富裕的欧洲人。随后，他把这种微生物称为保加利亚乳酸杆菌（*Lactobacillus bulgaricus*）。他是第一个提出使用有益菌代替有害菌能够调节肠道菌群的科学家，也因其在免疫学方面的贡献获得了 1908 年的诺贝尔生理学或医学奖[1]。

在 21 世纪初，Joshua Lederberg 提出人体是由真核细胞与体内共生的微生物共同组成的“超级生物体（superorganism）”[2，3]，如此数目庞大的共生微生物主要寄居在胃肠道内，为宿主提供其本身不具备的酶和生化代谢通路，与宿主自身基因组一起在外界环境的作用下影响着机体的生理代谢[4，5]，对维持人类健康发挥着重大作用，很可能就是第三方因素。肠道菌群是一个复杂的生态系统，人体肠道中定居着 100 万亿的微生物[6]，是真核细胞数的10倍，超过1000个物种，接近7000个菌株，这些共生微生物的全部基因信息，被称为“人体肠道元基因组（human gut metagenome）”，其编码的基因数量超过人类基因组的150倍[1]。

在过去的10～15年，微生物组学及代谢组学等新技术的使用，推动了人类对于微生物群落的有关基因谱和代谢谱的大型分析，同时对人类肠道菌群（gut microbiota）的组成和功能有了越来越多的研究与发现。

人类微生物组计划（HMP），又被称为“第二个人类基因组计划”，即通过随机鸟枪测序、针对大片段的克隆测序、使用高通量微阵列芯片评估个体内部及个体间的差异性，来完成微生物的特征图谱。该计划始于2008年，是由美国国家卫生研究院（National Institutes of Health）主导的，旨在评估内源性的肠道菌群对人体健康和疾病的影响（the NIH Human Microbiome Project）。

人体肠道菌群复杂多样，不同部位菌群数量及种类各不相同（图9-1-1），胃和十二指肠中含有10^1～10^2 cfu/ml，空肠和回肠中含有10^4～10^8 cfu/ml，而结肠中含有10^{10}～10^{12} cfu/ml；不同个体的肠道菌群组成差异很大，但通常以厚壁菌门（Firmicutes）和拟杆菌门（Bacteroidetes）为主，其细菌数目约占总数的90%，而变形菌门、梭杆菌门、放线菌门和疣微菌门细菌相对较少[7]。拟杆菌门属于革兰阴性、厌氧、无芽孢细菌，它们富含能够分解糖的酶类；而厚壁菌门属于革兰阳性细菌，厌氧、无芽孢细菌，它们能够发酵单糖产生各种短链脂肪酸[8]。而且在肠道中，革兰阴性细菌及厌氧菌占主要地位，它们是需氧菌的100～1000倍，其中，拟杆菌属、卟啉单胞菌属、双歧杆菌属、乳杆菌属、梭菌属和大肠埃希菌所占比例相对较高[9]。同一段肠道内细菌的空间分布也有所不同。

总地来说，人体肠道菌群在肠腔内形成3个生物层[10]：①深层的膜菌群，紧贴黏膜表面并与黏膜上皮细胞粘连形成细菌生物膜，主要由双歧杆菌和乳酸杆菌组成，这两类菌是肠共生菌，是肠道菌中最具生理意义的两种细菌，对机体有益；②中层为粪杆菌、消化链球菌、韦荣球菌和优杆菌等厌氧菌；③表层的腔菌群，细菌可游动，主要是大肠埃希菌、肠球菌等需氧和兼性厌氧菌。

正常情况下，肠道菌群的结构在一定时间内是比较稳定的，并在肠道中保持着动态平衡[11]。在肠道菌群与宿主共进化的过程中，婴儿的分娩及哺乳方式、年龄、膳食、药物、地理因素及宿主自身的压力等环境因素共同影响着肠道菌群的形成及多样性组成（图9-1-2）[12]。

分娩方式是影响肠道菌群组成的第一个因素，通过阴道分娩的婴儿可以得到母体阴道和粪便中的细菌，而剖腹产婴儿则主要是得到临床环境中的细菌[13]。与阴道分娩婴儿相比，剖腹产婴儿微生物种类更少，双歧杆菌，脆弱拟杆菌数量相对较低，而梭状芽孢杆菌数量相对较多[14]。研究表明这些将会带来长远的健康效应，同时会增加过敏性疾病或肥胖的发病风险[15]。

哺乳方式是影响肠道菌群组成的第二个因素。母乳中含有蛋白质、脂肪、糖以及免疫球蛋白等，满足婴儿所有的营养和生理需求，是婴儿的最佳食品[12]。母乳并不是无菌的，其中含有多达600种不同种类的细菌包括有益的短双歧杆菌、青春双歧杆菌、长双歧杆菌、两歧双歧杆菌和齿双歧杆菌[16]。母乳中的寡糖是由少数不同单糖形成的难消化的聚合物，它可以发挥益生元的功能，选择性地刺激双歧杆菌属细菌的生长[17]。双歧杆菌具有保护肠

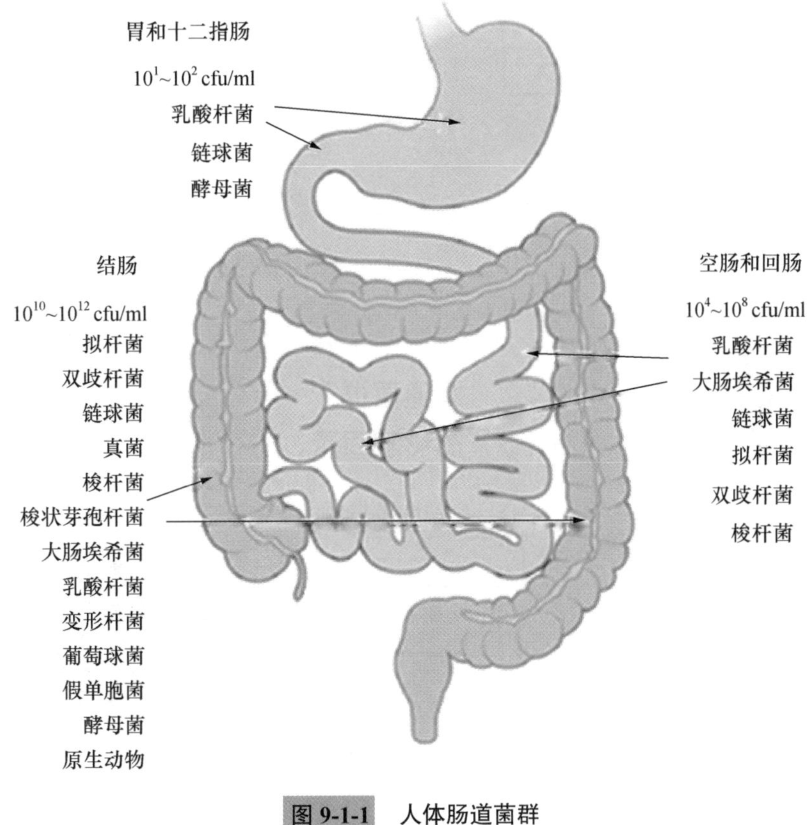

图 9-1-1　人体肠道菌群

道黏膜[18]、促进免疫球蛋白 A 分泌的作用[19]，因此与肠道免疫系统的调节有关。此外，母乳喂养婴儿粪便中需氧微生物更常见，而配方奶喂养的婴儿粪便中厌氧和兼性厌氧的微生物相对更多[12]。

肠道菌群的组成随着年龄的增长而发生变化[20]。婴幼儿肠道优势菌群是双歧杆菌属细菌，而随着年龄的增长，成人的肠道优势菌群则演变为拟杆菌门和厚壁菌门的细菌[21]。在正常情况下，成人的肠道菌群分布则会相对稳定地保持下去。但是随着年龄的增长，牙齿功能、唾液分泌能力、消化以及肠道转运时间的下降均会影响肠道菌群的组成[22]。

饮食可能是决定肠道菌群结构的最重要的因素之一。Finegold[23]等利用培养方法比较食用传统日式饮食和西方饮食的日裔美国人肠道菌群的组成时发现，尽管他们具有相似的遗传背景，但其肠道菌群却存在显著差异，故改变肠道菌群的养料供给是改变其微生物组成的有效方法。

药物是影响肠道菌群组成的另一个重要因素。药物进入肠道后，肠道菌群能够协助药物的代谢过程，促使其转变为活性形式从而发挥作用[24]。研究表明，肠道菌群能够通过竞争性抑制致病菌的结合位点或者直接抑制其释放来保护宿主免受外来病原体的损害[25]。但是当这种保护机制被打破后就会发生肠道菌群紊乱。例如，抗生素治疗不仅能够有效抑制致病微生物，同时也可能抑制肠道中的有益微生物，此外也可能会导致耐药菌株的产生，因此会对肠道菌群产生一系列持久的负面影响[26]。此外，地理、种族因素以及各种外源性的刺

图 9-1-2 肠道菌群的影响因素

激均会对肠道菌群的组成产生影响。

二、肠道菌群功能

肠道菌群在人体中相当于一个器官，像一个免疫系统，它是能够与宿主一同工作的细胞的合集，能促进健康但同时也会引起疾病。肠道菌群的主要功能包括代谢活性，营养效应，免疫功能和保护宿主免受外来微生物入侵[27]。

（一）肠道菌群生物轴

肠道菌群对健康的影响远远超出胃肠道，影响宿主生理功能的同时，与远端器官，如肝和脑，相互作用，形成肠-肝轴和肠-脑轴，调节远端器官的功能[28]。

肝 70% 的血液供应来自肠道，是防御肠道病原的第一道防线，肠道和肝之间紧密联系称为肠-肝轴（gut-liver axis）。肠道菌群对肝影响巨大，维持肠肝轴的稳定依赖于肠道菌群的稳定。肠道菌群种类和数量的改变，导致肠道通透性增加和内毒素的移位从而诱导了肝大量促炎性因子和基因的激活。为了抵消细菌移位的影响，肝固有免疫和适应性免疫系统中大量的免疫细胞被激活，参与炎症反应。研究表明 gut-liver 轴的改变所引起的炎症反应对于肥胖和非酒精性脂肪肝的发病机制有一定贡献[29]。

肠道和脑通过肠-脑轴进行双向交流。肠-脑轴可以整合神经通路、免疫和内分泌系统之间复杂的关系，对于维持机体稳态是必需的。内源性的肠道细菌可以作为这些系统的信号成分，肠道微生物产生代谢物或细胞因子释放到血液中，通过交感神经发送信号。反过来，大脑可以间接通过肠道蠕动、分泌、肠道通透性的改变，或者直接通过释放到肠腔中的信号分子影响肠道微生物群的组成和功能[30]。

（二）调节代谢及营养作用

肠道微生物群所编码的基因远多于人类宿主，因此，他们具有很多人类所不具备的代谢功能。肠道细菌能够产生多种维生素、合成所有必需的和非必需的氨基酸，参与胆汁酸的生物转化过程[31]。此外，肠道菌群能够酵解不易消化的糖，包括大分子量的多糖（抗性淀粉、纤维素、半纤维素、果胶和树胶）、一些低聚糖（如寡果糖、菊粉等）、膳食中未被吸收的糖和酒精等[32]和来源于宿主的黏蛋白[33]。因此可以帮助宿主贮存能量和营养物质，并为细菌生长和繁殖供应能量和营养[34]。例如，肠道菌群代谢糖是结肠能量的主要来源。

近年来，DNA 测序技术的发展使人类更多地了解肠道菌群的基因谱和复杂的功能。代谢组学研究结果表明肠道菌群可以调节血清（血浆）中的代谢物的浓度，而且与人体的健康和疾病状态息息相关。例如，利用表型分析鉴定出了一种新的肠道微生物活性成分——tilivalline，它来自致病的产酸克雷伯菌的非核糖体环肽，动物实验证明，其能够引发结肠炎[35]。再如，肠道菌群还能参与并调节宿主脂质代谢。肠道菌群在胆碱（卵磷脂）代谢中具有重要作用，其能够使膳食中的胆碱转变为三甲基胺，进而经过肝黄素单加氧酶作用而形成氧化三甲胺，血浆中氧化三甲胺的浓度与心血管疾病的发病风险呈正相关。利用宏基因组学和代谢组学研究发现，肠道菌群中广泛分布的与胆碱代谢相关的基因 Cut 基因簇与心血管疾病密切相关[36]。

（三）保护宿主和免疫调节功能

肠道黏膜是人体最大的免疫系统，正常情况下，机体中肠道菌群可作用于固有层免疫细胞，激活肠道黏膜免疫，维持肠道正常的免疫水平。肠道菌群是机体抵御病原体入侵的生物屏障。许多肠道细菌能够产生抗菌化合物，并争夺肠黏膜上的营养素和附着位置，从而防止病原体的入侵，这一作用也被称为屏障效应或竞争性抑制效应。非致病的细菌可以竞争性地与肠道上皮细胞的边缘的位点相结合，防止致病的和肠侵袭性的细菌附着并进入上皮细胞。此外，肠道细菌可以通过合成抗菌物质抑制竞争细菌的生长，这些抗菌物质被称为细菌素[37]。

肠道上皮细胞是免疫系统和外部环境之间联系的主要方式。肠道菌群对于肠道黏膜免疫系统的早期发育是不可或缺的。研究发现，无菌动物的肠道相关淋巴组织不能正常发育，免疫水平低下，证明肠道菌群在肠道黏膜免疫发育过程中起着不可或缺的作用[38]。肠上皮细胞通过特异的受体向固有免疫系统发出信号来避免病原体的威胁[31]，这些受体可以识别并与细菌表面特定的分子相结合，导致宿主的免疫反应，并释放保护性的肽、细胞因子和白细胞。保护有益菌，并对致病菌产生炎症反应，或者对受损的宿主细胞启动死亡反应。

肠道细菌对预防过敏反应亦具有重要作用。生命早期肠道菌群组成的改变可以导致免疫系统发育不完善，可以经常导致抗原反应过度。与不易过敏的婴幼儿相比，过敏的婴幼儿肠道菌群组成不同，并可以刺激免疫系统和使其对所有的抗原都做出相应的反应[39]。

三、核苷酸与肠道菌群研究进展

核苷酸（nucleotides，NTs）由一个含氮碱基、戊糖、一分子或多分子的磷酸基团组成，是生物体细胞中决定生物特性和蛋白质结构与功能的低分子量的生物分子，它是体内多种生物过程的调节因子，对生物体的生长发育、代谢、繁殖和遗传具有重要作用。核苷酸类物质，包括嘧啶、嘌呤、核苷、核苷酸以及多聚核苷酸如 RNA 和 DNA，是膳食的正常成分。NMN（nicotinamide mononucleotide，β-烟酰胺单核苷酸）也是一种存在于母乳及食物中、广泛参与人体多项生化反应的生物活性核苷酸。在人体中 NMN 是辅酶Ⅰ NAD^+最直接的前体，其功能是通过 NAD^+体现。人体核苷酸的主要来源是从头合成、补救合成和膳食摄入三条途径。90% 的核苷酸以核酸、核苷酸、核苷、嘌呤和嘧啶碱基的形式被肠道上皮细胞吸收，其中核苷是主要的吸收形式。正常细胞内总的核苷酸的浓度比较稳定，大部分口服摄入的核酸、核苷酸、核苷和碱基在肠上皮细胞中被迅速降解，分解代谢的产物经过尿液和粪便排出体外，只有约 2% ～ 5% 的外源核苷酸会进入生长旺盛的组织如小肠、肝和骨骼肌的核苷酸池中，它们在体内可能具有相似的代谢途径。由于机体从头合成核苷酸的能力有限，在一些特殊情况下内源合成的核苷酸不能满足机体的需要，因此补充核苷酸是挽救合成的重要步骤。例如，在某些情况下，如肠道损伤、生长迅速、蛋白质摄入减少，人体对核苷酸的需求增加，人体可能无法产生足够的核苷酸。此时，饮食中的核苷酸可为肠道、肝和免疫系统提供一些益处。核苷酸也由“非必需营养素”转变为“半必需营养素”和“条件营养素”。而这在生命历程的某一特定阶段、生命早期、生育前后及老年人中具有重要意义。各种功能性食品，如寡糖、益生元、益生菌、蛋白质等能够影响婴幼儿肠道菌群的组成和活性[40]。欧盟也批准婴幼儿配方食品中添加核苷酸[41]。体内及体外研究显示，外源添加核苷酸有助于调节肠道菌群的生长[42]。此外还能够对结肠细菌提供另外的营养来源[43]。体外研究显示，单独添加单磷酸腺苷、CMP、单磷酸鸟苷、单磷酸尿苷、次黄苷酸能够刺激体外双歧杆菌的生长，而以上几种核苷酸联合作用效果更好[44]。双歧杆菌通过对各种糖类的水解作用可以降低肠道内容物的 pH。pH 的降低则可以阻碍致病菌如拟杆菌属和梭菌属细菌的生长和繁殖[45]。Roselli[46]等用猪小肠上皮细胞评估一些天然物质（例如酵母提取物等）在抵抗产肠毒素大肠埃希菌（ETEC）K88 诱导的黏膜损伤中的潜能，发现 NTs 饲料可以避免细胞因 ETEC 而导致胞膜通透性增加。此外，有研究表明母乳和添加 10.5 mg/L 核苷酸的配方奶粉喂养的婴幼儿粪便中双歧杆菌的比例高于肠杆菌，而未添加核苷酸的配方奶粉喂养的婴幼儿则相反[47]。添加 31 mg/L 外源性核苷酸能够改善配方食品组婴幼儿肠道菌群的组成，促进双歧杆菌的生长，直接抑制拟杆菌属-卟啉单胞菌属-普氏菌属的生长[48]，因此，核苷酸补充具有直接或间接的益生菌效应[49]。

但是，核苷酸对肠道菌群的影响目前并未完全阐明。Sauer[50]等却发现，在基本培养基中加入单核苷酸（AMP、CMP、GMP、IMP、UMP）后，*Lactobacillus reuteri*、*L. amylovorus*、*Enterococcus faecium*、*E.faecalis* 等菌株的生长反应并没有差异。但是，研究者发现不同菌株的大肠埃希菌的生长反应却有所不同，并和菌株种类以及核苷酸浓度有关。这些结果提示细菌可能利用核苷酸和（或）核苷来进行繁殖，但这还需要通过体外实验进一步扩大菌株范围来加以验证。同时有研究采用酵母培养物喂养刚断乳的小猪，并对肠内容物菌群进行 PCR-变性梯度凝胶电泳指纹图谱分析也没有发现饲喂酵母培养物（含核苷酸）对菌群结构等有任何改变[51]。动物研究表明短期添加酵母核苷酸不会影响刚断乳的小猪回肠食糜中的细菌数量[52]；而且添加外源性核苷酸对刚断乳的小猪小肠和大肠菌群组成没有明显影响[53]。

综上，以上有关外源性核苷酸能够改善肠道菌群的研究多集中于人群研究和体外试验，且多集中于外源性核苷酸能够增加粪便双歧杆菌的数量，有关其他种类细菌的研究并不多见；而阴性结果的研究多集中于动物研究，尤其是采用刚断乳的小猪为研究对象。因此，还需要更多的动物模型来验证外源性核苷酸对肠道菌群的影响，同时也需要在体外及人群试验中应用更多的研究方法进一步证实外源性核苷酸对肠道菌群的改善作用。

第二节 外源核苷酸对肠道菌群调节作用研究进展 Advances in effect of exogenous nucleotide peptides on gut microbiota

益生菌具有多种生理功能，尤其在维护人体肠道健康等方面具有重要作用。然而其也存在易受外界环境和胃环境的影响而死亡的局限性。因此，寻找能促进益生菌增殖和耐受性且对人体无害的新物质成为研究的热点。鉴于此，李勇教授课题组以干酪乳杆菌为研究对象，探究外源核苷酸对肠道菌群的调节作用，为探究外源核苷酸的活性及提高市售益生菌产品的存活率提供借鉴。

一、肠道菌群研究方法

（一）体内研究方法

聚合酶链式反应技术（polymerase chain reaction，PCR）是一种用于放大扩增特定 DNA 片段的分子生物学技术，包括针对 16S rRNA/DNA 的 PCR 技术和实时荧光定量 PCR（real-time quantitative polymerase chain reaction，qRT-PCR）技术以及基于 PCR 基础上的 16S rDNA 指纹技术等。荧光原位杂交（fluorescence in situ hybridization，FISH）是在放射性原位杂交基础上，以荧光标记取代同位素标记而形成的一种杂交方法。此方法不需要通过纯化或扩增步骤，即可在自然或人工的微生物环境中监测和鉴定不同的微生物个体，同时对群落组成进行分析。基因芯片又称 DNA 微阵列，是在分子杂交技术基础上发展起来的一种新型分子生物技术。具有高通量、高信息量、快速、样品用量少、造价低、用途广泛等优点。宏基因组（metagenome）技术是直接提取环境样品中的宏基因组进行高通量测序和生物信息学分析，寻找和发现新的功能基因及活性代谢产物的一种方法。这一方法使得大量的新微生物物种和新基因得以发现[54]。

（二）体外研究方法

传统培养法是微生物鉴定的基本方法，但存在耗时长、培养要求高、影响因素多等问题。更重要的是，有些微生物生长条件苛刻，有些是绝对的严格厌氧菌，还有些在自然环境中与其他微生物形成共生关系，实验室很难模拟自然环境的条件，因而无法得到其纯培养物等原因，致使培养法得出菌群失调的理论不够精确。研究人员利用体外模拟发酵，在体外使用合适的培养基，控制温度、pH 等条件，模拟肠道细菌在肠道内的生长环境来研究体内的肠道细菌，包括批量发酵（静止发酵）、单级连续发酵、多级连续发酵和全肠道模型等方法。

批量发酵或静止发酵是在体外准备好肠道细菌生长所需的培养基，将肠道内容物或粪便制成悬液，接种于培养瓶内，放入恒温、厌氧的培养箱内培养。这种培养的优势在于可同时进行不同底物的培养，通过检测代谢产物的水平，发现细菌生长所需的最适培养基。但由于培养基的消耗，代谢产物的累积，细菌不能长期生长。单级连续发酵是通过不断补充培养基和控制培养基的流速来模拟肠道内的食糜蠕动，同时流出道的存在保证代谢产物的排除。这种模型克服了静止发酵的缺陷，更加符合肠道细菌生长的自然过程。该模型可用于分析研究或生产微生态制剂。多级连续发酵是将模拟不同肠段的发酵罐，如模拟升结肠、横结肠、降结肠环境的发酵罐连接起来，细菌在依次通过不同的生长环境，如同食糜在肠道中不断蠕动前进，很好地模拟了结肠的生态过程，便于分段研究。全肠道模型则是加上人体的胃及小肠的环境，形成了一套从胃至降结肠的整个消化过程的模拟模型，满足了胃内的酸性条件、小肠内不同消化酶的存在，从而更加接近人体正常生理过程，达到全方位模拟[55-56]。

二、NTs 对干酪乳杆菌生长的促进作用与体内肠道菌群调节作用研究进展

北京大学李勇教授课题组对 SAMP-8 小鼠体内肠道菌群的调节作用进行了研究，具体实验方法为：实验动物为 SPF 级雄性快速老化倾向小鼠（SAMP-8）小鼠和 SAMR-1 小鼠为模型动物，由北京维通利华实验动物技术有限公司提供。以美国营养学会（American Institute of Nutrition, AIN-93G）动物饲料作为基础饲料。NTs（5′-NTs : 5′-AMP : 5′-CMP : 5′-GMPNa$_2$: 5′-UMPNa$_2$ ＝ 41 : 24 : 19 : 16）由海南双迪珍奥生命科学研究中心提供。所有小鼠适应性喂养 1 周后，SAMP-8 小鼠随机分为 3 组：无核苷酸组（A 组）、普通饲料组（B 组）以及 NTs 干预组（C 组，1200 mg/kg），每组 50 只；50 只 SAMR-1 小鼠作为模型对照组（D 组）。NTs 掺入基础饲料中进行干预。采用日本京都大学竹田俊男和细川昌则教授制订的老化度评分标准，分别将小鼠外在形体及行为的改变进行老化度评分。到第 10 个月观察到小鼠有老化倾向时，对小鼠粪便进行取样。无菌收集小鼠粪便，取样当天更换无菌垫料，减少外界微生物对样品的污染。用 16S rDNA 及代谢组学方法对小鼠粪便进行测定分析，探究 NTs 对小鼠肠道菌群和代谢物的影响。

同时，采用体外实验的方法，将 NTs 添加到干酪乳杆菌的液体培养基中，定期测定活菌数的变化，并用细菌生长动力学模型描述细菌的生长情况。探究 NTs 对干酪乳杆菌生物被膜、胞外聚合物、嗜铁素等的影响。将干酪乳杆菌与致病菌肠沙门菌进行共培养，探究 NTs 的添加对干酪乳杆菌对肠沙门菌拮抗作用的影响。通过构建干酪乳杆菌 LuxS 蛋白模型，通过分子对接的方法探究了 NTs 可能的作用机制。具体实验方法为：

将干酪乳杆菌 *Lactobacillus casei* 按照 1% 的比例接种于灭菌的 MRS 肉汤培养基中摇床

培养 24 h（37℃，160 rpm），经 3 次传代，使菌种恢复活力。以 MRS 培养基为空白对照，分别加入 1%、2%、3%、4%（g/100 ml）的 NTs，接种 1% 的干酪乳杆菌，37℃摇床培养 24 h，每隔 4 h 取一次样，采用二倍稀释法对干酪乳杆菌进行活菌计数，绘制生长曲线。用修正的 Gompetz 模型、修正的 Logistics 模型非线性拟合不同培养基中的干酪乳杆菌随时间的变化情况，并描述微生物的变化规律。用扫描电镜、激光共聚焦显微镜观察 NTs 对生物被膜的影响，拉曼光谱对 EPS 的化学成分进行测试，探究 NTs 对干酪乳杆菌 EPS 的影响。为探究干酪乳杆菌粗提物抗生物被膜活性，将志贺菌按 1% 的比例接种于 LB 肉汤培养基中摇床培养 24 h（28℃，160 r/min），按 1∶100 比例稀释后取 100 μl 菌液加入 96 孔板中，用酶标仪测定其对志贺菌生物被膜的抑制作用。将干酪乳杆菌粗提物中分别加入最适 pH 下的胃蛋白酶、木瓜蛋白酶、胰蛋白酶和碱性蛋白酶。为测定温度对于干酪乳杆菌粗提物的群体感应抑制活性的影响，将干酪乳杆菌粗提物置于 80℃和 100℃水浴锅中 30 min，未处理的粗提物作为对照，测定酶对于干酪乳杆菌粗提物的群体感应抑制活性的影响。

将干酪乳杆菌菌株和肠沙门菌菌株振荡培养至相同浓度，将干酪乳杆菌制成重悬液。将肠沙门菌与新鲜的 LB 肉汤按 1∶100（v/v）体积混匀后，加入 0.5 ml 干酪乳杆菌菌株重悬液，制成两种菌株的共培养体系，加入 4.0%NTs 混合物（1∶1∶1∶1），不加混合物的培养体系作为对照。探究共培养过程中 AI-2 信号分子、生长曲线、生物被膜、菌株群集性和泳动性、嗜铁素分泌及群体感应相关基因的变化，探究 NTs 对增强干酪乳杆菌拮抗肠沙门菌的作用。并通过同源建模、分子对接技术探究可能的作用机制。

（一）NTs 对 SAMP-8 小鼠肠道菌群的影响

对收集到的小鼠粪便进行菌群结构分析，24 个样品测序共获得 1 868 237 对 Reads，双端 Reads 质控、拼接后共产生 1 847 859 条 Clean Reads，每个样品至少产生 57 590 条 Clean Reads，平均产生 76 994 条 Clean Reads，所有序列根据参考序列聚类，按照 97% 序列相似性划分 OTU，得到样品的 OTU 范围为 276 ～ 392 个。

OTU 即分类操作单元，是在系统发生学研究或群体遗传学研究中，为了便于进行分析，人为给某一个分类单元（品系，种，属，分组等）设置的同一标志。可以根据不同的相似度水平，对所有序列进行 OTU 划分，每个 OTU 对应于一种代表序列。使用 Usearch 软件对 Reads 在 97.0% 的相似度水平下进行聚类、获得 OTU。图 9-2-1 显示了通过聚类得到各样品 OTU 的个数，柱子上的数字即为相应样品的 OTU 数目。从图中可以看出，各个分组的 OTU 特征的数目有所不同。无核苷酸组 OTU 平均数目为 290 个，普通饲料组为 350 个，核苷酸添加组为 353 个，而 SAMR-1 组为 354 个。

彩图 9-2-2 是在门水平上的物种分布柱状图。一种颜色代表一个物种，色块长度表示物种所占相对丰度比例；只显示丰度水平前十的物种，并将其他物种合并为 Others 在图中显示，Unclassified 代表未得到分类学注释的物种。从图中可以看出，四个分组中物种相对丰度排名前十的细菌分别为拟杆菌门（Bacteroidetes）、Patescibacteria 菌门、蓝藻门（Cyanobacteria）、放线菌门（Antinobacteria）、厚壁菌门（Firmicutes）、疣微菌门（Verrucomicrobia）、脱铁杆菌门（Deferribacteres）、软壁菌门（Tenericutes）、Epsilonbacteraeota 菌门和变形菌门（Proteobacteria）。其中，拟杆菌门、厚壁菌门在四个分组中所占丰度较大。无核苷酸组（A

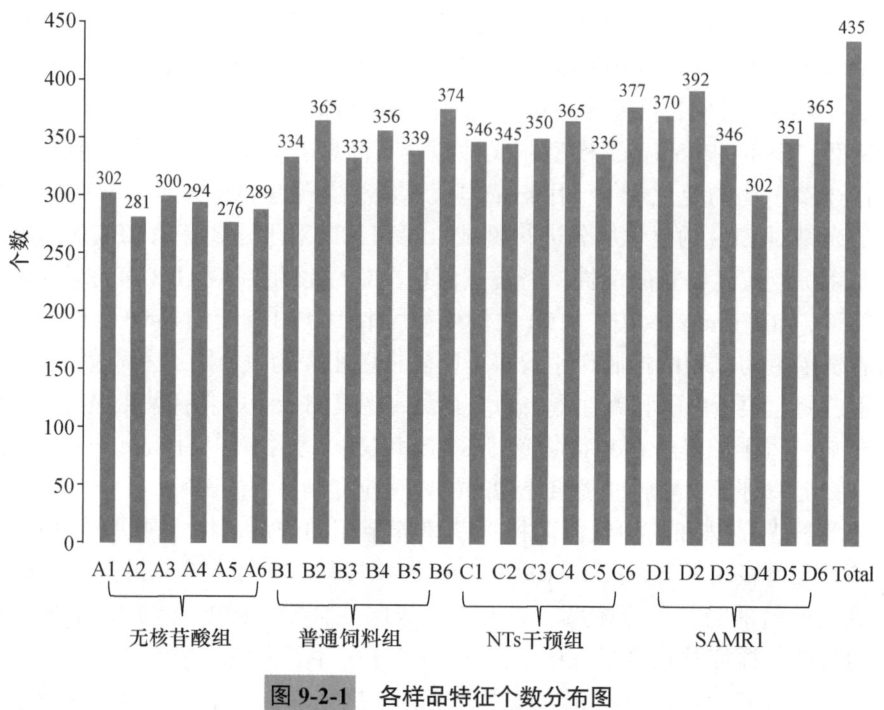

图 9-2-1 各样品特征个数分布图

组）中厚壁菌门所占丰度最大，为（35.73±7.44）%，其次为拟杆菌门（35.18±14.86）%；普通饲料组（B组）和核苷酸添加组（C组）中都是拟杆菌门相对丰度最大，分别为（55.53±9.04）%和（47.78±16.67）%；SAMR-1组（D组）中厚壁菌门相对丰度最大，为（53.37±15.64）%，其次为拟杆菌门（39.94±14.90）%。正常情况下厚壁菌门、变形菌门、拟杆菌门和放线菌门是小鼠肠道的主要菌群。其中厚壁菌门占比最多，其次是拟杆菌门和变形菌门等，而肠道中总丰度90%以上的细菌都由这几种菌门构成。厚壁菌门和拟杆菌门是小鼠肠道中绝对的优势菌群，肠道中绝大部分的有益菌都隶属于这两大菌门[57-58]。从图中还可以看出，无核苷酸组中拟杆菌门较其他三组明显减少。拟杆菌门属于革兰阴性的严格厌氧菌，生活在人或动物的肠道中，在粪便中，拟杆菌门是主要的微生物种类。可分为三大类：拟杆菌、普雷沃菌和卟啉单胞菌。拟杆菌具有糖发酵、参与多糖代谢、胆汁酸和类固醇代谢、维持肠道正常生理等诸多功能，对机体健康具有重要影响。因此，核苷酸缺少可能引起拟杆菌门的丰度减少。厚壁菌门在SAMR-1组中丰度最大。厚壁菌门是人体及高等哺乳动物肠道内最为优势的一大类细菌，比例占总菌群的50%～60%，属于低G＋C含量的革兰阳性厌氧菌。以球形梭菌亚群和柔嫩梭菌亚群最为常见。这两个亚群中大多数细菌是产丁酸盐细菌。丁酸是肠道细菌发酵食物中不能被宿主吸收的多糖的最终代谢产物，对于宿主的能量供应及肠上皮细胞的发育有重要作用。Bacilli纲（杆菌纲）也是肠道厚壁菌门里较为常见的一类。其中乳酸杆菌是纲内研究最多的细菌，可以发酵糖产生乳酸，帮助消化吸收；酸化肠内环境，阻止有害菌在肠上皮的黏附；刺激免疫球蛋白的产生，增强宿主免疫力。Parthasarathy等[59]发现厚壁菌门的部分菌属（如粪杆菌*Faecalibacterium*、乳球菌*Lactococcus*和罗斯伯里氏菌属*Roseburia*）对结肠蠕动具有促进作用。其中，罗斯伯里菌属能发酵多种糖，增加肠道中有益物质丁酸的含量，具有预防和治疗肥胖相关疾病的作用。由此可见，与 SAMR-1 组小鼠相比，加速衰老小鼠肠道菌群厚壁菌门丰度较低，表明衰老也会影响小鼠肠道菌群，致使厚壁菌门的丰度减少。疣微菌门主要被发现于水生和土壤环境，或者人类粪便中。Patescibacteria 菌门以及 Deferribacteres 脱铁杆菌门在添加核苷酸组中丰度最大。疣微菌门、Cyanobacteria 蓝藻门在无核苷酸组中丰度最大。值得注意的是无核苷酸组中变形菌门丰度也最大。变形菌门（Proteobacteria）是细菌中最大的一门，包括很多病原菌，如大肠埃希菌、沙门菌、霍乱弧菌、幽门螺杆菌等著名的种类。变形菌门这类细菌是易引起动物腹泻的主要菌，也是肠道菌群失调的微生物标志，可以通过变形菌门的丰度来表征不稳定的肠道微生物群落和代谢紊乱[60]。以上结果表明，核苷酸缺乏会增加小鼠肠道病原菌的相对丰度。

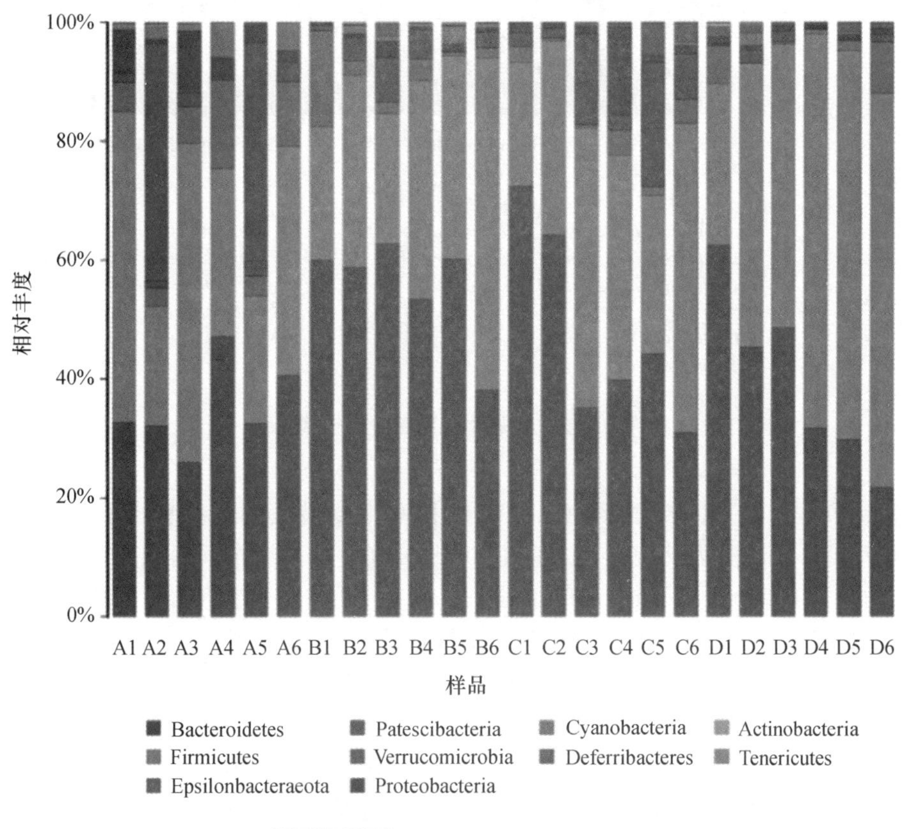

彩图 9-2-2 门水平物种分布柱状图

从彩图 9-2-3 中可以看出，在属水平上，四个分组中，相对丰度排名前十的菌为鼠杆菌科未培养菌（*Uncultured bacterium Muribaculaceae*）、毛螺菌科未培养菌（*Uncultured bacterium Lachnospiraceae*）、毛螺菌科 NK4A136 组（*Lachnospiraceae_NK4A136_group*）、另枝菌属（*Alistipes*）、拟杆菌属（*Bacteroides*）、拟普雷沃菌属（*Alloprevotella*）、螺杆菌属（*Helicobacter*）、*Candidatus Saccharimonas* 属、艾克曼菌属（*Akkermansia*）以及乳杆菌

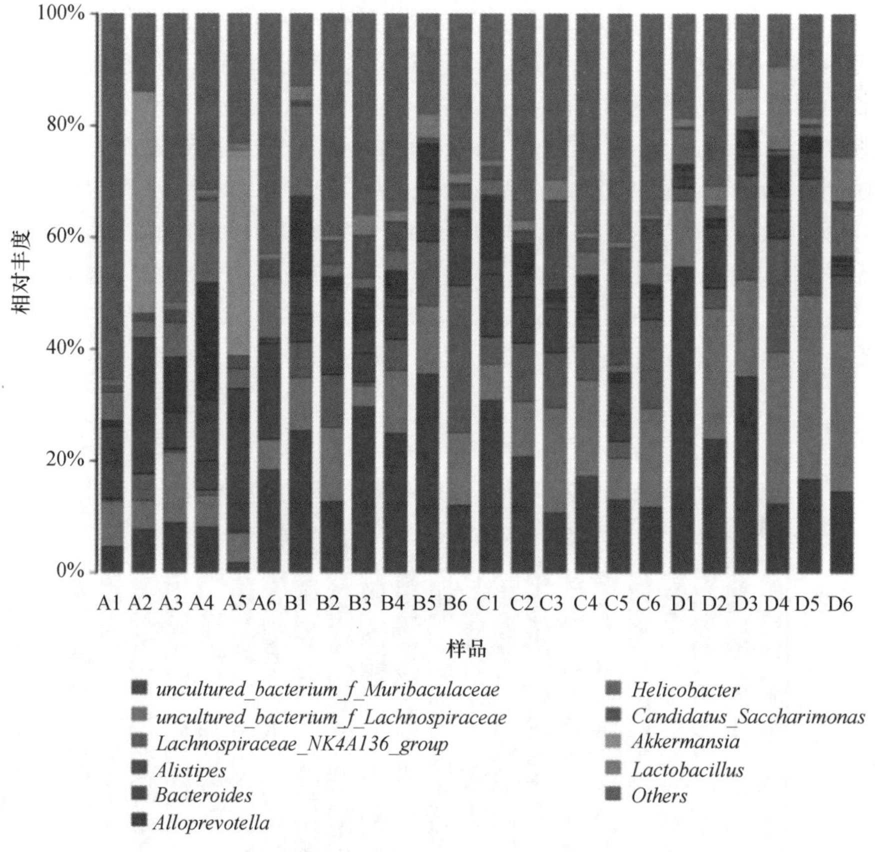

彩图 9-2-3 属水平物种分布柱状图

属（*Lactobacillus*）。在无核苷酸组（A组）中相对丰度最大的是拟杆菌属，相对丰度为（13.36±9.71）%，其次为艾克曼菌属（13.00±19.60）%。普通饲料组（B组）中，相对丰度最大的是 uncultured_bacterium_f_Muribaculaceae（23.41±9.34）%，其次为 uncultured_bacterium_f_Lachnospiraceae（10.51±3.58）%；核苷酸添加组（C组）中，丰度最大的是 uncultured_bacterium_f_Muribaculaceae（17.45±7.60）%，其次是 uncultured_bacterium_f_Lachnospiraceae（12.90±5.63）%；SAMR-1组（D组）中，相对丰度较大的是 uncultured_bacterium_f_Muribaculaceae（26.32±16.19）% 和 uncultured_bacterium_f_Lachnospiraceae（23.69±7.81）%。由此看出，无核苷酸组与其他三组细菌丰度变化较大，而其他三组相对丰度较大的菌则相同，表明核苷酸的有无的确对小鼠肠道菌群产生较大影响。值得注意的是，uncultured_bacterium_f_Muribaculaceae 和 uncultured_bacterium_f_Lachnospiraceae 以及 Lachnospiraceae_NK4A136_group 在无核苷酸组中相对丰度最低，而 SAMR-1 组中最高。盲鼹鼠（*Spalax leucodon*）是一种地下哺乳动物，由于其长寿性、耐缺氧和高碳酸血症以及癌症抵抗性等特点，已经成为一种特殊的模式生物。Sibai 等人研究发现，鼠杆菌科（Muribaculaceae）、毛螺菌科（Lachnospiraceae）和瘤胃科（Ruminococcaceae）是盲鼹鼠代谢活性有关的最显著的分类群。毛螺菌科（Lachnospiraceae）和瘤胃科（Ruminococcaceae）

在丁酸盐生产中发挥作用；而鼠杆菌科家族则参与丙酸生产。丁酸、丙酸等短链脂肪酸（SCFA）在维持宿主体内平衡和疾病恢复中发挥了重要作用，因此盲鼹鼠中核心微生物群的组成可能解释了这种动物健康和长寿的原因[61]，因此，无核苷酸组小鼠粪便中Muribaculaceae 和 Lachnospiraceae 丰度降低，也表明核苷酸影响小鼠的衰老进程。*Alistipes* 属在无核苷酸组中丰度也最低。*Alistipes* 是一个相对较新的细菌属，主要从医学临床样本中分离出来。在致病性方面，*Alistipes* 可能对一些疾病有保护作用，包括肝纤维化、结肠炎、癌症免疫治疗和心血管疾病。肠道失调似乎在决定粪便中 *Alistipes* 的成分丰度方面起着作用（如在非酒精性脂肪性肝炎、肝性脑病和肝纤维化中）[62]。*Bacteroides* 拟杆菌属，又称类杆菌属，存在于反刍动物的瘤胃以及人和其他动物的口腔和肠道中，在肠道中数量极大，是其中的正常菌群的重要成员，为身体提供必需的营养，某些种类是条件致病菌。当它们进入到胃肠道以外身体的其他部位，会导致脓肿加剧和其他感染。*Bacteroides* 在无核苷酸组中丰度最大，SAMR-1 中丰度最小。普雷沃菌属（*Alloprevotella*）是从拟杆菌属分出的新菌属，呈革兰阴性短球杆菌，至今已有 50 多个种，包括洛氏普雷沃、产黑普雷沃、中间普雷沃和双路普雷沃等，均属于厌氧菌。洛氏普雷沃属于条件致病菌，常定植在人的口腔、直肠或生殖道黏膜处，当机体抵抗力下降，尤其在接受侵袭性操作后或长期处于免疫抑制状态下，该菌的内源性感染概率显著增加。Alloprevotella 在普通饲料组丰度最高，SAMR-1 组丰度最低；*Candidatus Saccharimonas* 在核苷酸添加组丰度最高。*Soleaferrea* 念珠菌属通过分泌代谢物和肠道内稳态保护特性而具有抗炎作用。由此表明，核苷酸添加能够增加此属细菌的丰度。螺杆菌属（*Helicobacter*）是从弯曲菌属中划分出来的新菌属，是革兰阴性螺杆菌，主要引起消化道病变。代表菌种是幽门螺杆菌。它与胃窦炎、十二指肠溃疡和胃溃疡关系密切，可能与胃癌的发生也有关。*Helicobacter* 在无核苷酸组中最多，而添加核苷酸组中最少。由此表明，NTs 的添加能改变螺杆菌属的丰度。*Lactobacillus* 乳杆菌属属于厚壁菌门，是有益于宿主健康的微生物，能发酵糖类产生乳酸，维护人体健康和调节免疫功能，还能促进蛋白质、单糖及钙、镁等营养物质的吸收，产生维生素 B 族等大量有益物质。*Lactobacillus* 在无核苷酸组中丰度最低，SAMR-1 中最高，由此表明核苷酸对乳杆菌属等有益菌的定殖具有重要作用。

Alpha 多样性（alpha diversity）是指一个特定区域或者生态系统内的多样性，反映的是单个样品物种丰度及物种多样性，有多种衡量指标：Chao1 丰富度估计量（Chao1 richness estimator）、Ace 丰富度估计量（Ace richness estimator）、香农-威纳多样性指数（Shannon-Wiener diversity index）、辛普森多样性指数（Simpson diversity index）、Coverage、PD_whole_tree 等。Chao1 和 Ace 指数衡量物种丰度即物种数量的多少。Shannon 和 Simpson 指数用于衡量物种多样性，受样品群落中物种丰度和物种均匀度的影响。相同物种丰度的情况下，群落中各物种具有越大的均匀度，则认为群落具有越大的多样性，Shannon 指数和 Simpson 指数值越大，说明样品的物种多样性越高。覆盖率（coverage）数值越高，则样本中物种被测出的概率越高，反映测序结果是否代表了样本中微生物的真实情况。使用 QIIME2 软件，对样品 Alpha 多样性指数进行评估（图 9-2-4）。

使用 t 检验对不同组间的 Alpha 多样性指数进行差异评估。Alpha 多样性主要从 Ace 指数、Chao1 指数，香农指数、Simpson 指数等几个方面反映。Chao1 指数和 Ace 指数反映物种丰富度，指数越高，丰富度越大。而 Shannon 指数和 Simpson 指数反映物种分配的均匀

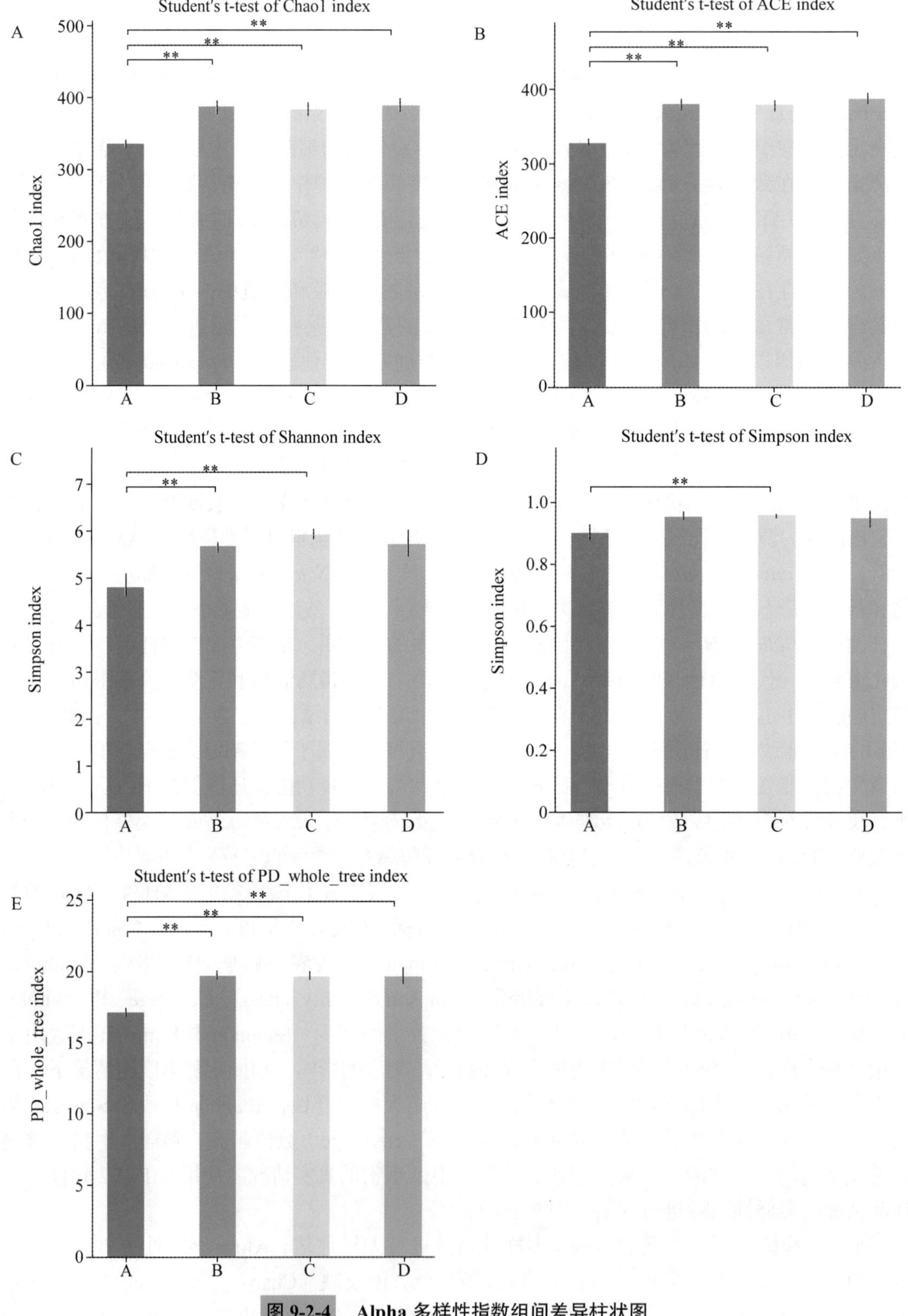

图 9-2-4 **Alpha** 多样性指数组间差异柱状图

性。香农指数越高，物种多样性越大，Simpson 指数越高，多样性越高。彩图 9-2-5 中，横坐标为分组名称，纵坐标为 Alpha 多样性指数值。从图中可以看出，Ace 指数、Chao1 指数、PD_whole_tree 指数，A 组分别与 B、C、D 组呈极显著差异，表明无核苷酸对小鼠粪便微生物丰度影响较大。香农指数显示，A 组与 B 组呈现显著差异，与 C 组呈现极显著差异。Simpson 指数显示，A 组与 C 组呈现极显著差异。由此表明核苷酸的有无对粪便物种多样性具有重要影响。

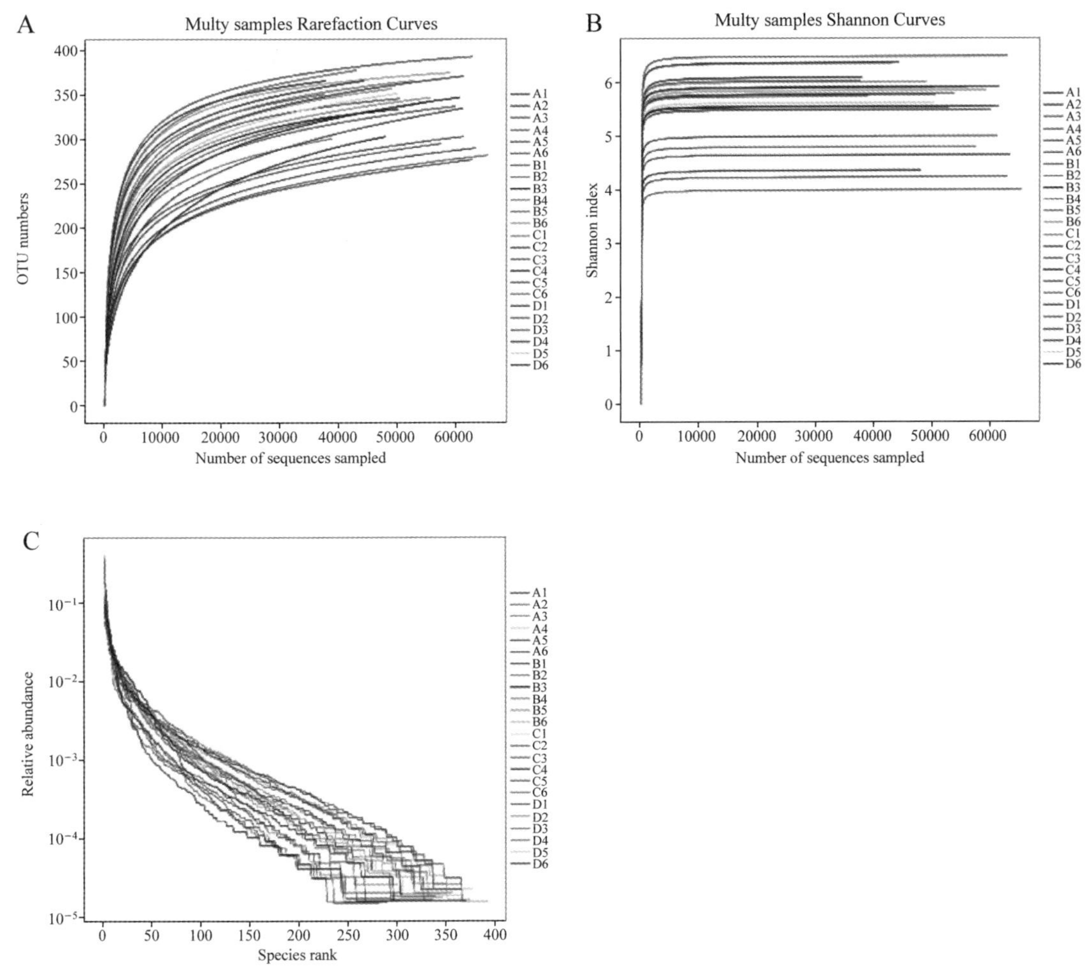

彩图 9-2-5　样品稀释曲线（A）、香农指数曲线（B）以及等级丰度曲线（C）

稀释曲线是用来评价测序量是否足以覆盖所有类群，并间接反映样品中物种的丰富程度。当曲线趋于平缓或者达到平台期时可以认为测序深度已经基本覆盖样品中所有的物种；反之，则表示样品中物种多样性较高，还存在较多未被测序检测到的物种。从彩图 9-2-5（A）可以看出，曲线趋向平缓，表明测序深度基本可以覆盖样品的所有物种。Shannon 多样性指数稀释曲线可以反映各样本在不同测序数量时的微生物多样性。Shannon 指数越大则物种种类越多，物种越丰富，表明样品中已涵盖绝大多数的微生物物种信息。当曲线趋向平坦时，说明测序数据量足够大，特征种类不会再随测序量增加而增长；如果曲线没有趋于平坦，则表明不饱和，增加数据量可以发现更多特征。如彩图 9-2-5（B）所示，曲线均趋于平坦，表明样品中已涵盖绝大多数的微生物物种信息。等级丰度曲线主要用于解释样品所含物种的丰富度和均匀度，物种的丰富度由曲线在横轴上的长度来反映，曲线越宽，表示物种的组成越丰富；物种组成的均匀度由曲线的形状来反映，曲线越平坦，表示物种组成的均匀程度越高。从彩图 9-2-5（C）可以看出，A 组较 B、C、D 组在横轴上长度小，表明 A 组组成没有其他三组丰富，均匀程度也最低。由此表明，核苷酸明显影响了物种的丰富度和均匀度。

使用 QIIME 软件进行 Beta 多样性（Beta diversity）分析，比较不同样品在物种多样性方面存在的相似程度。Beta 多样性一般用主坐标分析（PCoA）图和 NMDS 图表示。样品的 PCoA 分析和 NMDS 分析如彩图 9-2-6 所示。由 PCoA 图可知，坐标图上距离越近的样品，相似性越大。图中无核苷酸组的样品聚集在一起，相似性较高，无核苷酸组的所有数据都处于数据得分图的右侧，而其他三组则处在图的左侧；NMDS 图则与之相反。这就表明 PCoA 图和 NMDS 图可以很好地区分各组样品，且 NTs 可以明显改变小鼠的肠道菌群。

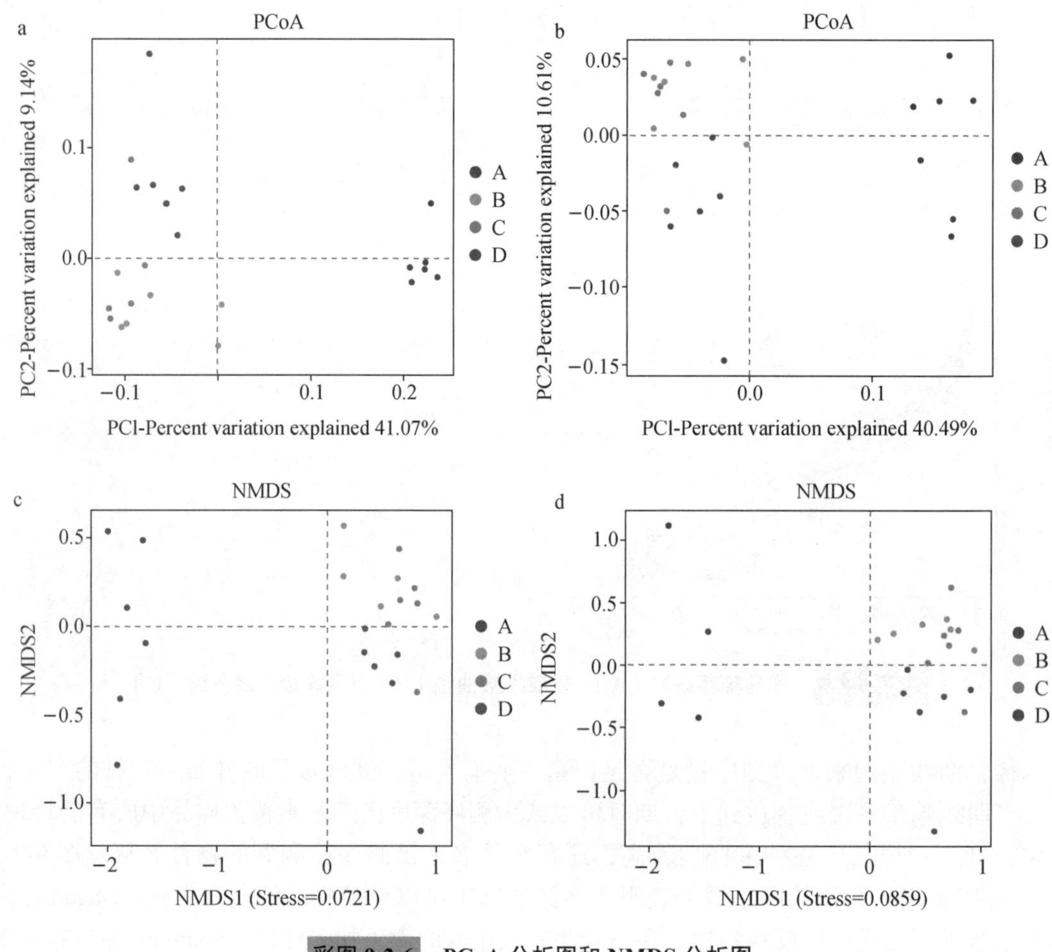

彩图 9-2-6 PCoA 分析图和 NMDS 分析图

通过 KEGG 代谢途径的组成及差异分析，可以观测不同分组的样品之间微生物群落的功能基因在代谢途径上的差异和变化，是研究群落样本为适应环境变化发生的代谢功能改变的有效手段。彩图 9-2-7 为 PICRUSt 分析对生物标志群落进行功能预测。图中横坐标为物种，纵坐标为代谢通路相对丰度百分比。分析发现，NTs 能显著影响的代谢功能有 Amino acid metabolism（氨基酸代谢）、carbohydrate metabolism（糖代谢）、enery metabolism（能量代谢）、membrane transport（膜转运）、metabolism of cofactors and vitamins（辅助因子和维生素代谢）、nucleotide metabolism（核苷酸代谢）、replication and repair（复制和修复）、signal transduction（信号转导）、translation（翻译）等，因此，NTs 可能是影响了与以上代谢通路关系密切的菌群的相对丰度，从而达到调节小鼠肠道菌群，延缓衰老的作用。

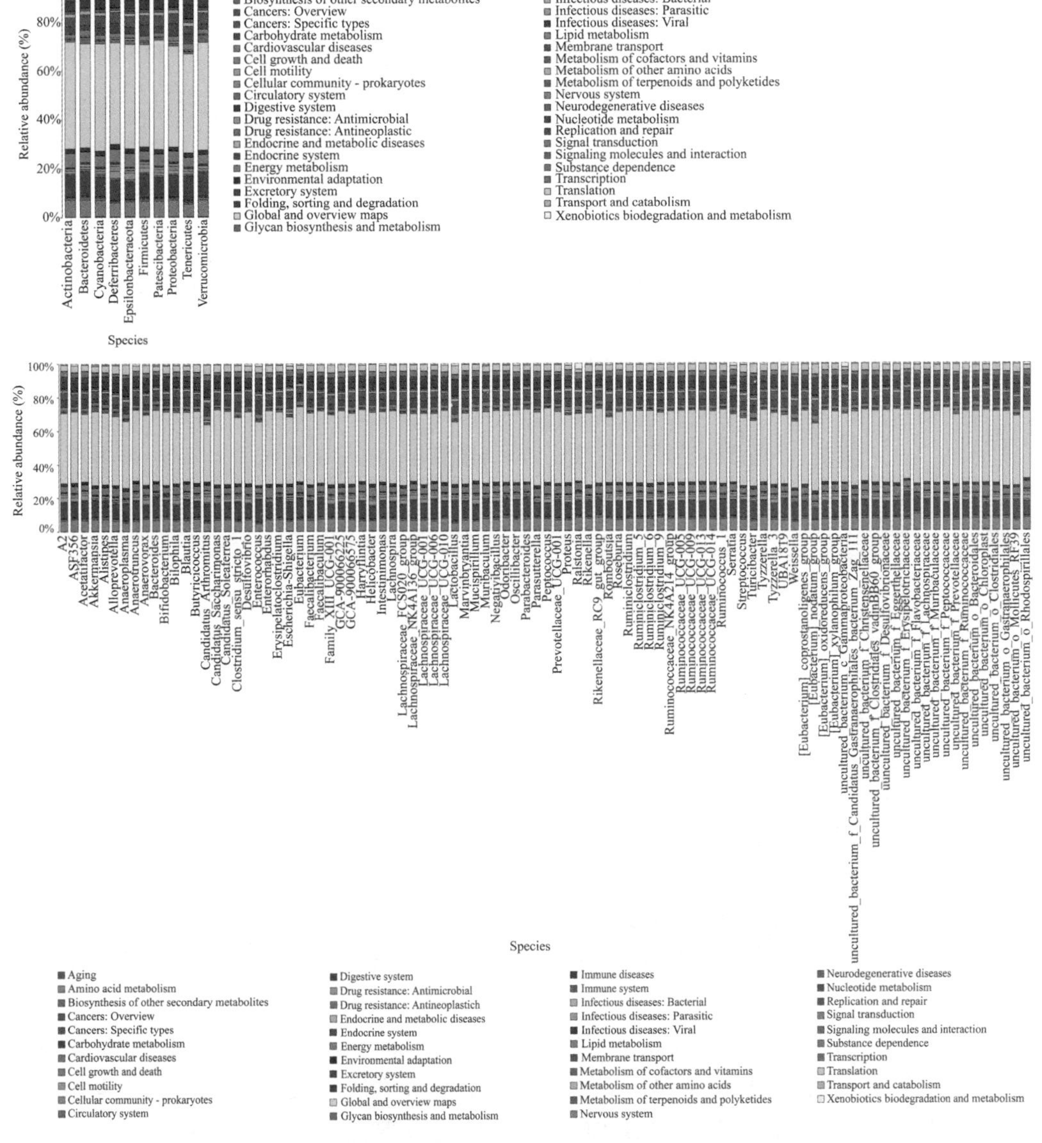

彩图 9-2-7　KEGG 代谢通路柱状图

代谢组结果：正离子模式的原始数据包含3个质控（quality control，QC）样本和24个实验样本，从中提取17 480个Peak。为了更好地分析数据，对原始数据进行准备和整理。经过预处理后13 459个Peak被保留。从图中可以看出不同分组小鼠粪样的代谢物谱图存在明显的差异（图9-2-8）。

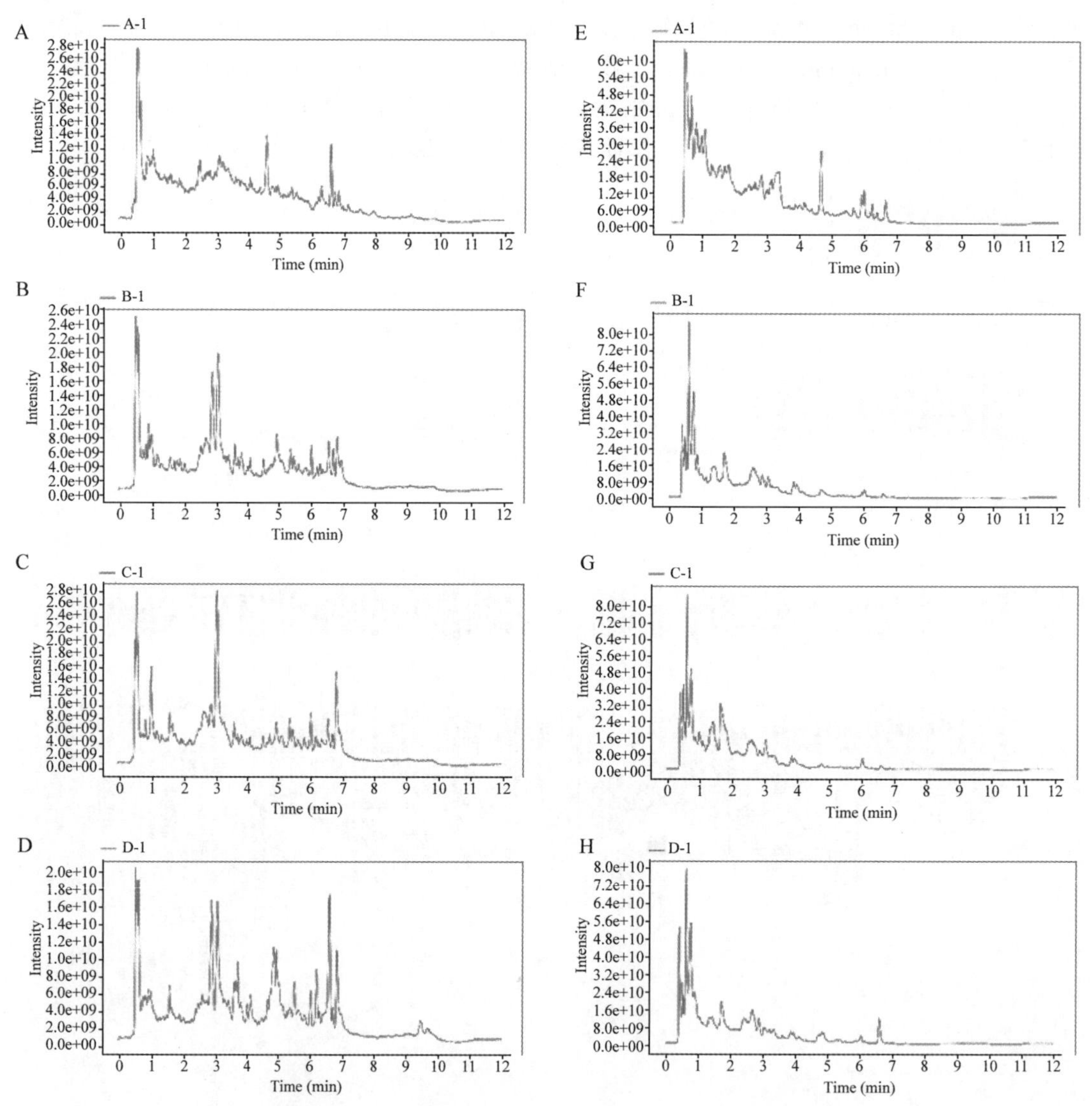

图9-2-8　小鼠粪便样品UHPLC-QE-MS检测TIC图

注：图A-D：正离子模式；图E-H：负离子模式

主成分分析（principal component analysis，PCA）是将一组观测的可能相关变量，通过正交变换转换为线性不相关变量（即主成分）的统计方法。PCA可以揭示数据的内部结构，从而更好地解释数据变量。使用SIMCA软件对数据进行对数（LOG）转换加中心化

（CTR）格式化处理后进行自动建模分析。全部样本（包括 QC 样本）的 PCA 得分散点图（score scatter plot）如彩图 9-2-9 所示：

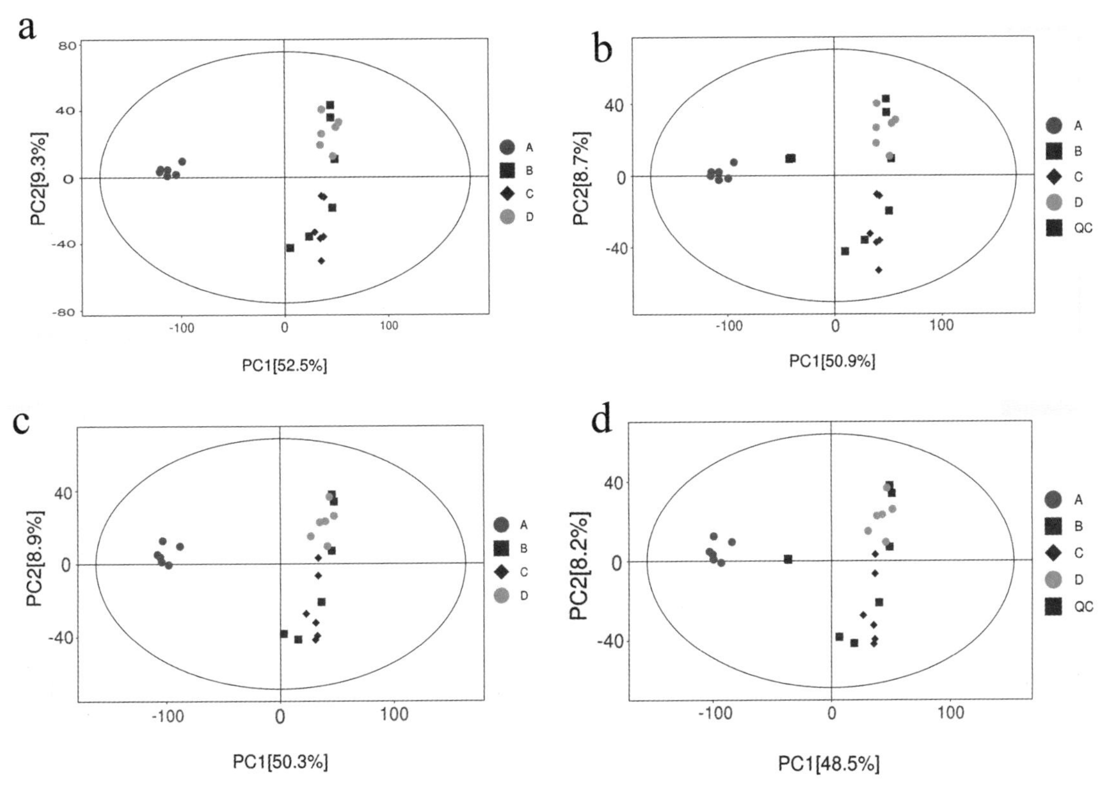

彩图 9-2-9　全部样本（包括 QC 样本）的 PCA 得分散点图

注：图 A，B：正离子模式；图 C，D：负离子模式

图中横坐标 PC 和纵坐标 P 分别表示排名第一和第二的主成分的得分，每个散点代表一个样本，散点的颜色和形状表示不同的分组。将各组小鼠粪便数据进行 PCA 分析可以看出，样本全部处于 95% 置信区间（Hotelling's T-squared ellipse）内。A 组与其他组明显分离，表明 A 组小鼠粪便中代谢物与其他组差异明显。D 组 SAMR-1 组小鼠样品数据点均分布在图的右上角，而 B 组加速衰老小鼠在右上角和右下角数据点均有分布，表明衰老会影响小鼠机体代谢物的分泌。而核苷酸添加组（C 组）数据点则离 D 组较近，表明核苷酸添加后，代谢物更趋向于正常的小鼠。

采用正交偏最小二乘法-判别分析（orthogonal projections to latent structures- discriminant analysis，OPLS-DA）的统计方法对结果进行分析。通过 OPLS-DA 分析，可以过滤掉代谢物中与分类变量不相关的正交变量，并对非正交变量和正交变量分别分析，从而获取更加可靠的代谢物的组间差异与实验组的相关程度信息。使用 SIMCA 软件对数据进行对数（LOG）转换加 UV 格式化处理，首先对第一主成分进行 OPLS-DA 建模分析，模型的质量用 7 折交叉验证（7-fold cross validation）进行检验；然后用交叉验证后得到的 R^2Y（模型对分类变量 Y 的可解释性）和 Q^2（模型的可预测性）对模型有效性进行评判；最后通过置换检验（permutation test），随机多次改变分类变量 Y 的排列顺序得到不同的随机 Q^2 值，对模型有效性做进一步的检验。

置换检验通过随机改变分类变量 Y 的排列顺序，多次（次数 $n = 200$）建立对应的 OPLS-DA 模型以获取随机模型的 R^2 和 Q^2 值，在避免检验模型过拟合以及评估模型的统计显著性上有重要作用。OPLS-DA 得分散点图和 OPLS-DA 模型的置换检验结果如彩图 9-2-10 所示：

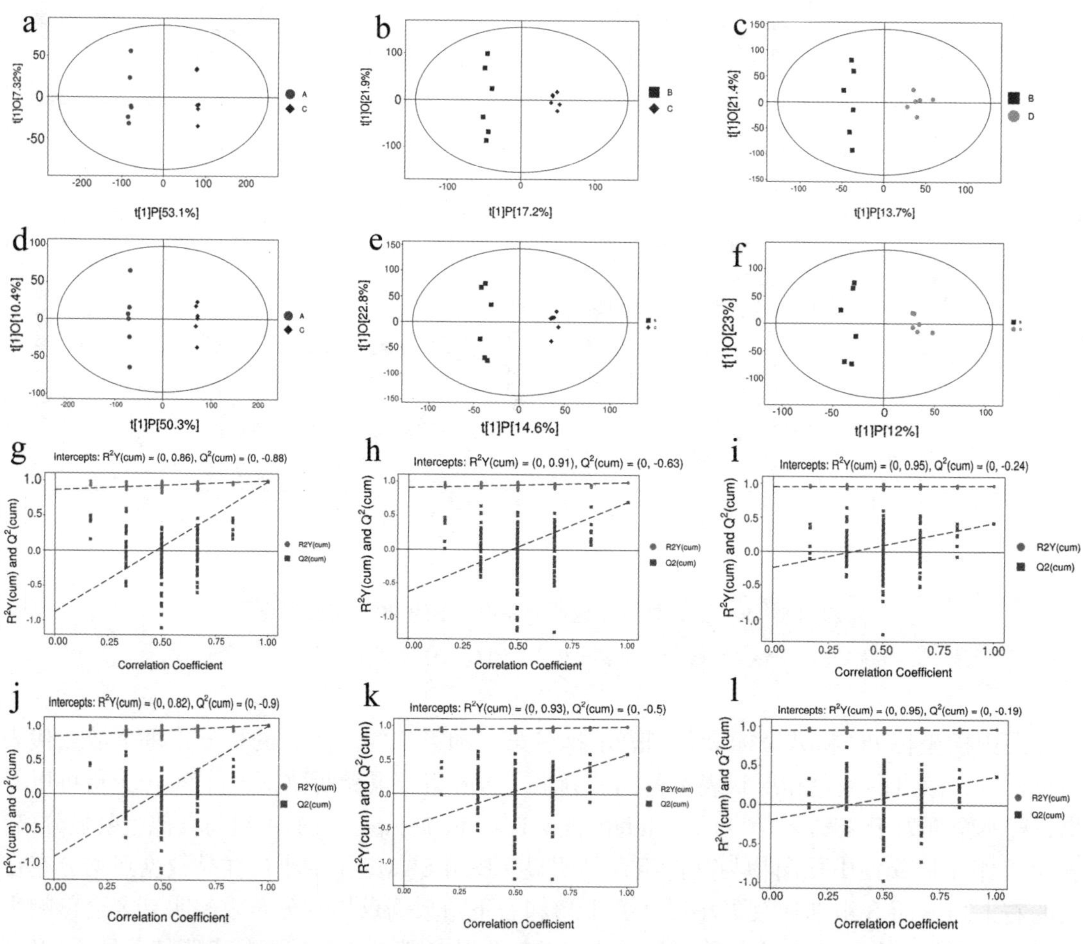

彩图 9-2-10 OPLS-DA 模型得分散点图（A-F）和置换检验结果（G-L）

注：A-C，G-I：正离子模式；D-F，J-L：负离子模式

A，D，G，J：A 组对 C 组；B，E，H，K：B 组对 C 组；C，F，I，L：B 组对 D 组

模型得分散点图中，横坐标 t［1］P 表示第一主成分的预测主成分得分，展示样本组间差异，纵坐标 t［1］O 表示正交主成分得分，展示样本组内差异，每个散点代表一个样本，散点形状和颜色表示不同的实验分组。从 OPLS-DA 得分图的结果可以看出，两组样本区分非常显著，样本全部处于 95% 置信区间（Hotelling's T-squared ellipse）内。

置换检验结果图中，横坐标表示置换检验的置换保留度（与原模型 Y 变量顺序一致的比例，置换保留度等于 1 处的点即为原模型的 R^2Y 和 Q^2 值），纵坐标表示 R^2Y 或 Q^2 的取值，绿色圆点表示置换检验得到的 R^2Y 值，蓝色方点表示置换检验得到的 Q^2 值，两条虚线分别表示 R^2Y 和 Q^2 的回归线。A 组比 C 组、B 组比 C 组、B 组比 D 组的 R^2Y 分别为 0.999、0.992 和 0.968，R^2Y 非常接近 1，说明建立的模型符合样本数据的真实情况；Q^2 表示模型的累积预测程度，即表示预测结果的可靠程度。Q^2 非常接近 1，说明如果有新样本加入模型，会得到近似的分布情况，原模型可以很好地解释两组样本之间的差异，也说明模型的拟合程度和预测能力越好。置换检验随机模型的 Q^2 值均小于原模型的 Q^2 值；Q^2 的回归线与纵轴的截距小于零；同时随着置换保留度逐渐降低，置换的 Y 变量比例增大，随机模型的 Q^2 逐渐下降，说明原模型具有良好的稳健性，不存在过拟合现象，模型具有良好的有效性。

基于 QE 的代谢组数据的固有特性要求，使用多元变量统计分析方法对数据进行分析。多元变量统计分析更加注重代谢物之间的关系以及它们在生物过程中的促进 / 拮抗关系。同时考量两类统计分析方法的结果，有助于从不同角度观察数据，得出结论，也可以避免只使用一类统计分析方法带来的假阳性错误或模型过拟合。卡值标准为学生 *t* 检验（Student's *t*-test）的 *P* 值（*P*-value）小于 0.05，同时 OPLS-DA 模型第一主成分的变量投影重要度（variable importance in the projection，VIP）大于 1。

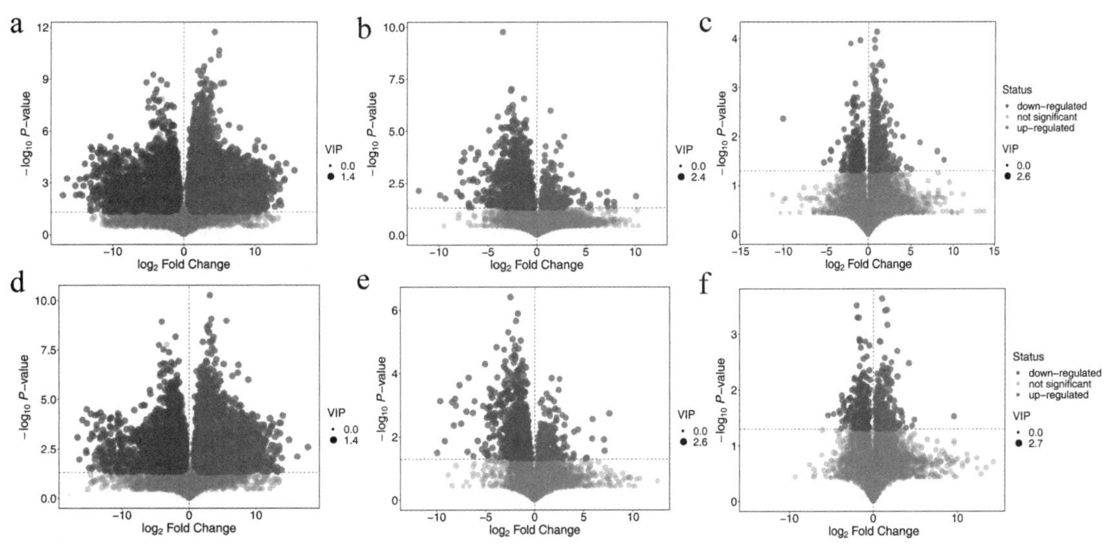

彩图 9-2-11　差异代谢物筛选火山图

注：图 A-C：正离子模式；图 D-F：负离子模式

彩图 9-2-11 为差异代谢物火山图。火山图中每个点代表一个代谢物，横坐标代表该组对比各物质的倍数变化（取以 2 为底的对数），纵坐标表示学生 *t* 检验的 *P*-value（取以 10 为底对数的负数），散点大小代表 OPLS-DA 模型的 VIP 值，散点越大 VIP 值越大。散点颜色代表最终的筛选结果，显著上调的代谢物以红色表示，显著下调的代谢物以蓝色表示，非显著差异的代谢物为灰色。A 组与 C 组相比，上调和下调的物质都很多，表明添加核苷酸组和无核苷酸组代谢物差异较大；B 组和 C 组相比，下调物质明显多于 C 组物质，表明加入核苷酸后某些代谢产物显著减少；B 组跟 D 组相比，上调高于下调，表明正常小鼠较衰老小鼠某些代谢产物增多（表 9-2-1 ～表 9-2-3）。

表 9-2-1　正离子模式下无核苷酸组比核苷酸干预组粪样中有差异的代谢物

英文名称	中文名称	MS2 score	VIP	P-value	Fold Change	变化趋势
Choline	胆碱	1.000	1.219	0.000	0.389	↓ **
Ornithine	鸟氨酸	0.999	1.213	0.019	10.019	↑ *
D-Proline	D- 脯氨酸	0.998	1.161	0.016	4.114	↑ *
L-Lysine	L- 赖氨酸	0.998	1.111	0.020	2.898	↑ *
Deoxyadenosine	脱氧腺苷	0.993	1.038	0.000	0.156	↓ **
L-Methionine	L- 蛋氨酸	0.989	1.036	0.002	1.804	↑ **
Urocanic acid	尿刊酸	0.987	1.130	0.019	0.248	↓ *
Riboflavin	核黄素	0.983	1.070	0.004	0.348	↓ **
3-Methylhistidine	3- 甲基组氨酸	0.964	1.022	0.034	0.224	↓ *
Anserine	鹅肌肽	0.963	1.237	0.003	0.138	↓ **
Pyridoxine	吡哆醇	0.960	1.364	0.000	0.022	↓ **
Hexanoylglycine	己酰甘氨酸	0.958	1.192	0.012	0.137	↓ *
Pyridoxal	吡哆醛	0.950	1.304	0.000	0.327	↓ **
L-Arginine	L- 精氨酸	0.948	1.212	0.001	3.846	↑ **
5-Hydroxyindoleacetic acid	5- 羟基吲哚乙酸	0.940	1.330	0.002	0.044	↓ **
Adenosine	腺苷	0.939	1.095	0.000	0.055	↓ **
Trigonelline	葫芦巴碱	0.937	1.307	0.000	0.274	↓ **
4-Pyridoxic acid	4- 吡哆酸	0.910	1.177	0.000	0.132	↓ **
Methyldopa	甲基多巴	0.891	1.330	0.000	0.204	↓ **
5,6-Dihydroxyindole	5,6- 二羟基吲哚	0.818	1.286	0.000	0.071	↓ **
N-Acetylleucine	氨基酸	0.817	1.138	0.001	0.434	↓ **
Lutein	黄体酮	0.807	1.322	0.000	0.109	↓ **
Indole	吲哚	0.803	1.352	0.000	5.709	↑ **
Methylimidazole acetaldehyde	甲基咪唑乙醛	0.749	1.210	0.000	3.342	↑ **
Imidazole-4-acetaldehyde	咪唑 -4- 乙醛	0.744	1.163	0.000	0.353	↓ **
Linoleic acid	亚油酸	0.638	1.248	0.000	4.456	↑ **
Formiminoglutamic acid	甲酸氨基谷氨酸	0.510	1.334	0.001	0.177	↓ **
13S-hydroxyoctadecadienoic acid	13S- 羟基十八碳二烯酸	0.409	1.256	0.005	9.038	↑ **

表 9-2-2　正离子模式下普通饲料组比核苷酸干预组粪样中有差异的代谢物

英文名称	中文名称	MS2 score	VIP	P-value	Fold Change	变化趋势
2-Fucosyllactose	2′- 岩藻糖基乳糖	0.995	1.637	0.035	0.485	↓ *
1-Methylhistamine	1- 甲基组胺	0.978	1.504	0.030	0.540	↓ *
L-Proline	L- 脯氨酸	0.977	1.818	0.009	0.622	↓ **
Pyridoxal	吡哆醛	0.950	1.886	0.002	0.639	↓ **
Thymine	二氢胸腺嘧啶	0.928	1.391	0.041	0.684	↓ *
Methyldopa	甲基多巴	0.891	2.225	0.000	2.854	↑ **
6,7-Dihydro-5-methyl-5H-cyclopenta［b］pyrazine	5- 甲基 -6,7- 二氢 -5H- 环戊并吡嗪	0.870	1.364	0.050	0.576	↓ *
4-Hydroxy-2-butenoic acid gamma-lactone	2（5H）- 呋喃酮	0.836	1.241	0.011	0.380	↓ **
Pyridoxal 5′-phosphate	5- 磷酸吡哆醛	0.822	2.160	0.000	0.191	↓ **
Formiminoglutamic acid	甲酸氨基谷氨酸	0.510	1.456	0.027	0.622	↓ *

表 9-2-3　正离子模式下 SAMP8 小鼠比 SAMR1 小鼠粪样中有差异的代谢物

英文名称	中文名称	MS2 score	VIP	P-value	Fold Change	变化趋势
Deoxyguanosine	脱氧鸟苷	0.997	1.542	0.044	1.801	↑ *
Kynurenic acid	酪氨酸	0.984	1.142	0.050	1.678	↑ *
Riboflavin	核黄素	0.983	1.824	0.026	0.537	↓ *
L-Cyclo（alanylglycyl）	环（甘氨酰 -L- 丙氨酰）	0.952	1.946	0.039	1.805	↑ *
Diethanolamine	二乙醇胺	0.945	1.848	0.037	3.572	↑ *
Cholesterol	胆固醇	0.915	1.315	0.041	0.593	↓ *
L-Threo-3-Phenylserine	L- 苏 -3- 苯基丝氨酸	0.836	1.554	0.036	1.590	↑ *
4-Hydroxy-2-butenoic acid gamma-lactone	4- 羟基 -2- 丁烯酸 γ 内酯	0.836	1.958	0.030	467.029	↑ *
4-Aminohippuric acid	对氨基马尿酸	0.822	1.758	0.027	1.738	↑ *
Serotonin	血清素	0.822	1.940	0.017	1.988	↑ *
Dihydrotestosterone	二氢睾酮	0.527	1.983	0.040	2.843	↑ *

注：MS2 name：二级质谱定性匹配分析得到的物质名称；MS2 score：二级匹配的打分；VIP：该物质在该组对比的 OPLS-DA 模型得到的变量投影重要度；P-VALUE：该物质在该组对比的 t 检验得到的 P 值。* 显著差异；** 极显著差异。

生物体中的复杂代谢反应及其调控并不单独进行，往往由不同基因和蛋白质形成复杂的通路和网络，它们相互影响和相互调控最终导致代谢组发生系统性的改变。对这些代谢和调控通路进行分析可以更全面更系统地了解条件改变导致的生物学过程的改变，性状或疾病的发生机制和药物作用机制等生物学问题。京都基因与基因组百科全书（Kyoto Encyclopedia of Genes and Genomes，KEGG）Pathway 数据库（http：//www.kegg.jp/kegg/pathway.html）以基因和基因组的功能信息为基础，以代谢反应为线索，串联可能的代谢途径及对应的调控蛋白，以图解的方式展示细胞生理生化过程。这些过程包括能量代谢、物质运输、信号传递、细胞周期调控等。

对富集分析和拓扑分析综合分析后重要性的通路进行标注发现，A 组与 C 组相比，NTs 主要影响了 27 条代谢通路，其中，维生素 B_6 代谢（vitamin B_6 metabolism）、组氨酸代谢（histidine metabolism）、亚油酸代谢（linoleic acid metabolism）影响较大；B 组与 C 组相比较，发现 NTs 影响了 11 条代谢通路，对维生素 B_6 代谢和组氨酸代谢影响较大；B 组与 D 组相比较发现，快速衰老小鼠与正常小鼠相比主要影响了 9 条代谢通路，其中，类固醇激素生物合成（steroid hormone biosynthesis）、类固醇生物合成（steroid biosynthesis）、色氨酸代谢（tryptophan metabolism）影响较大（表 9-2-4）。

表 9-2-4　影响较大的代谢通路分析表

组别	Pathway	Total	Hits	Raw *P*	-ln（*P*）	Holm adjust	FDR	Impact
无核苷酸组 *vs* 普通饲料组	Linoleic acid metabolism	6	2	0.08766	2.4343	1	1	1
	Vitamin B_6 metabolism	9	4	0.0046905	5.3622	0.38462	0.38462	0.64706
	Histidine metabolism	15	4	0.03384	3.3861	1	1	0.32258
普通饲料组 *vs* 核苷酸干预组	Vitamin B_6 metabolism	9	2	0.025861	3.655	1	1	0.7451
	Histidine metabolism	15	2	0.06762	2.6938	1	1	0.16667
SAMP8 小鼠 *vs* SAMR1 小鼠	Tryptophan metabolism	40	1	0.36912	0.99664	1	1	0.08384
	Steroid biosynthesis	35	1	0.33124	1.1049	1	1	0.05394
	Steroid hormone biosynthesis	72	2	0.1935	1.6425	1	1	0.01689

注：表中，Pathway：代谢通路名称；Total：该通路中的代谢物个数；Hits：差异代谢物命中该通路的个数；Raw *P*：代谢通路富集分析的 *P* 值；-ln（*P*）：*P* 值取以 e 为底的负对数（负自然底对数）；Holm adjust：经 Holm-Bonferroni 方法进行多重假设检验校正后的 *P* 值；FDR：经错误发现率（false discovery rate，FDR）方法进行多重假设检验校正后的 *P* 值；Impact：代谢通路拓扑分析的 Impact 值。

通过 KEGG 数据库检索相关代谢通路，对小鼠粪便中具有显著差异的代谢物涉及的代谢通路进行整合分析，可以更直观地观察到各条代谢通路之间的联系以及具体的变化情况，NTs 添加对小鼠体内代谢通路可能发生的改变为：

（1）无核苷酸组与核苷酸干预组相较，主要影响了亚油酸代谢（linoleic acid metabolism）。卵磷脂（lecithin）增多，在分泌型磷脂酶 A2 的催化作用下，亚油酸（linoleate）含量随之增加，13（S）-HPODE 显著增加，13（S）-HODE 也显著增加，核苷酸的缺乏促进了此条通路的代谢。

（2）无核苷酸与核苷酸干预组相比较，影响了维生素 B_6 代谢（vitamin B_6 metabolism）。乙醇醛（glycolaldehyde）生成吡多醇（pyridoxine），即维生素 B_6，吡多醇在 5′- 磷酸吡哆胺氧化酶的作用下生成吡哆醛（pyridoxal），吡哆醛在 5′- 磷酸吡哆胺氧化酶作用下与吡哆胺（pyridoxamine）相互转化，或在醛氧化酶的作用下生成 4- 吡哆酸钠（4-pyridoxate），最后通过排泄物排出。无核苷酸组吡多素、吡哆醛、吡哆胺、4- 吡哆酸钠显著减少，表明 NTs 缺乏显著影响了维生素 B_6 代谢。

（3）无核苷酸与核苷酸干预组相比较，影响了组氨酸代谢（histidine metabolism）。组氨酸（L-histidine）在组氨酸解氨酶作用下生成尿氨酸（urocanate），在尿氨酸水合酶、咪唑酮丙酸酶作用下生成甲氨基谷氨酸（N-formimino-L-glutamate）。尿氨酸、甲氨基谷氨酸显著减少，表明此条通路受到抑制。另一条通路为组氨酸（L-histidine）在组氨酸脱羧酶作用下生成组胺（histamine），在二胺氧化酶作用下生成咪唑 -4- 乙醛（imidazole acetaldehyde），或在组胺 N- 甲基转移酶催化下生成 N- 甲基组胺（N-methylhistamine），在单胺氧化酶催化下生成甲基咪唑乙醛（methylimidazole acetaldehyde）。咪唑乙醛显著减少，表明此通路受到抑制，而甲基咪唑乙醛显著增加，可能其他两条通路受到抑制，反而促进此通路所导致。B 与 C 组相比较，同样影响了维生素 B_6 代谢和组氨酸代谢。维生素 B_6 代谢中主要影响了吡多醇在 5′- 磷酸吡哆胺氧化酶作用下生成吡哆醛，然后在吡哆醇激酶的催化作用下生成磷酸吡哆醛（pyridoxal 5′-phosphate）这条通路。组氨酸代谢中影响了相同的通路。

（4）加速衰老小鼠与 SARMR1 组小鼠相比，主要影响了色氨酸代谢、类固醇生物合成以及类固醇激素生物合成三个通路。色氨酸代谢中，血清素（serotonin）显著升高；类固醇生物合成中，胆固醇（cholesterol）显著降低，类固醇激素生物合成中，二氢睾酮（dihydrotestosterone）显著升高。胆固醇是人体不可缺少的营养物质，也是人体细胞膜、性激素、皮质醇等的物质基础，对白细胞活动起着重要的作用。低胆固醇易致脑出血性中风，还会增加抑郁症的发病率。研究显示，低胆固醇还会增加老年人患抑郁症的概率。低胆固醇可使脑内血清素再摄取速度加快，由于老年人对脑内血清素摄取非常敏感，血清素有明显的抑制中枢神经系统功能的作用，因此老年人极易受其影响而产生抑郁症状[63]。这可能是血清素显著增加的原因。而二氢睾酮显著升高的原因可能与周围组织中二氢睾酮合成或释放入血有关[64]。

为了探索粪便样本的差异菌群与差异代谢物功能上的相关性，进行相关性分析并绘制热力图展示相关性分析结果。关联分析结果如彩图 9-2-12 所示，图中，红色（Corr ＝ 1），蓝色（Corr ＝－ 1），白色（Corr ＝ 0）；相关性 P 值小于 0.05 的数据在图形中用“*”标记。纵坐标为 16S rDNA 差异菌群，横坐标为代谢组差异代谢物。颜色越深表示相关性越强。从图中可以看出，部分差异菌群和差异代谢产物之间存在明显相互作用，如亚油酸（linoleic acid）与 prevotellaceae_UCG-001 菌显著负相关（Corr ＝－ 0.89，P ＜ 0.01），而与 Weissella 显著正相关（Corr ＝ 0.83，P ＜ 0.01）；13S-hydroxyoctadecadienoic acid 与 Ralstonia 和 Weissella 显著正相关（Corr ＝ 0.95、0.90，P ＜ 0.01）；Pyridoxal 与 Ruminococcaceae_UCG-005 显著正相关（Corr ＝ 0.84，P ＜ 0.01）；4-Pyridoxic acid 与 Anaerovorax、Ralstonia 显著负相关（Corr ＝－ 0.89，P ＜ 0.01），与 Weissella 菌也是显著负相关（Corr ＝－ 0.93，P ＜ 0.01），而与 Candidatus_Arthromitus 显著正相关（Corr ＝ 0.84，P ＜ 0.01）；Imidazole-4-acetaldehyde 与 uncultured_ bacterium_f_Prevotellaceae 显著正相关（Corr = 0.90，$P < 0.01$）；Formiminoglutamic acid 与 Muribaculum 也呈显著正相关（Corr = 0.84，$P < 0.01$）。由图可以得出结论，NTs 添加可以引起小鼠肠道微生物发生显著变化，这些差异的菌群与肠道微生物相关的代谢产物具有显著的相关性，由此表明 NTs 添加不仅会干扰肠道微生物的丰度水平，也会改变肠道微生物组的代谢表达谱。这些发现为探究菌群和代谢产物的对应关系，理解机体衰老的原因和 NTs 抗衰老的机制以及寻找延缓衰老的方法提供一定的理论依据。

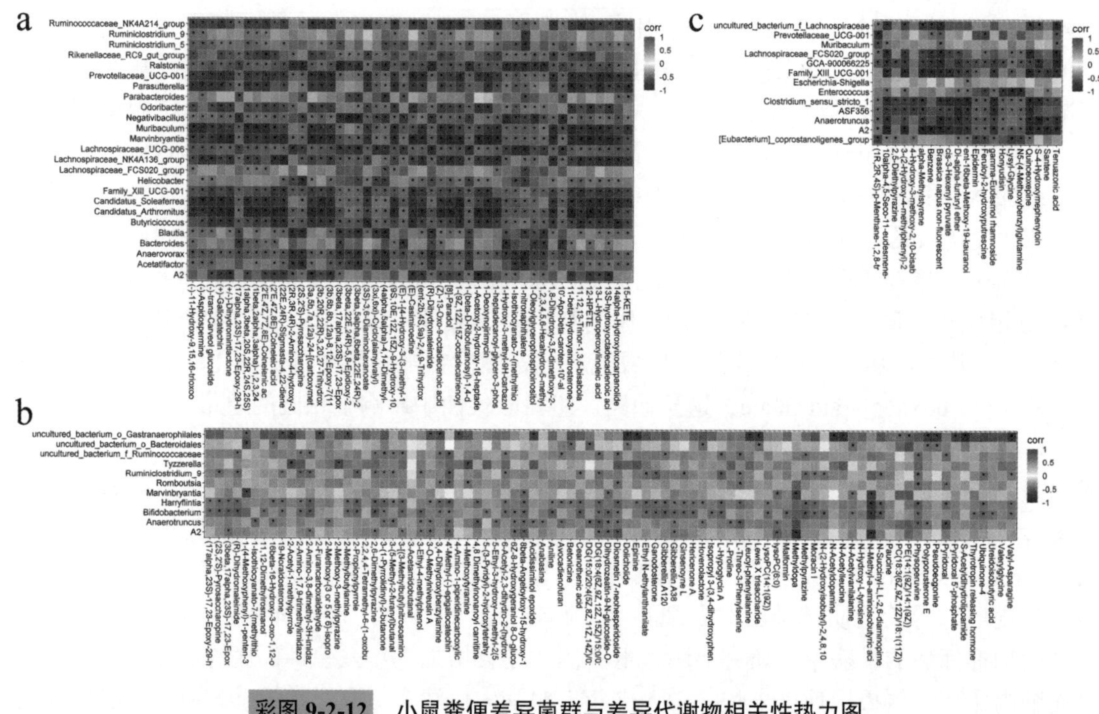

彩图 9-2-12　小鼠粪便差异菌群与差异代谢物相关性热力图

注：图 A：无核苷酸与核苷酸干预组相关性分析结果部分截图；图 B：普通饲料组与核苷酸干预组相关性分析结果；图 C：SAMP8 与 SAMR1 相关性分析结果。

衰老是生命过程中无法避免的现象，在衰老过程中通常伴随着器官功能的衰退或丧失。作为机体最重要的防御器官，肠道在吸收营养物质的同时，肠道内的微生物还为机体内环境的稳定及健康起到调节作用。肠道正常菌落对于维持人体的消化、营养吸收、能量供应、脂肪代谢、免疫调节、抗病等诸多方面具有重要意义。机体衰老伴随肠道菌群的变化，而其中宿主和肠道微生物群之间的关系受到年龄等众多因素的影响，包括随着年龄变化相关嗜好和生活方式的改变。研究表明，老年人肠道微生物群的多样性降低，有益菌减少或消失，而产生硫化氢的菌和靛基质产生菌增加，导致老年人肠道内腐败过程较快，有害物质产生较多。这些物质被吸收后反过来又加速了老化过程。据报道，肠道微生物失衡可导致小鼠体内产生相关炎症或过早死亡。衰老小鼠肠道微生物的失调可能导致肠道渗漏，释放出引起机体炎症的细菌产物，从而损害免疫系统功能而缩短寿命。事实上，在对人类的研究中也发现了类似的情况。通常，体内炎症因子水平高的老年人更容易出现虚弱。同时，他们也更容易患痴呆和心血管疾病。如果能使对机体有益的细菌增加，有害菌减少，这对延缓机体的衰老具有一定的作用。

目前，16S rDNA 微生物多样性研究主要是于编码核糖体 RNA 的核酸序列保守区进行的。16S rDNA 技术的应用，使得 DNA 测序更加准确地分析肠道菌群种类及其结构组成。本章探究 NTs 对小鼠肠道菌群多样性是基于 Illumina HiSeq 测序平台，利用双末端测序（Paired-End）的方法，构建小片段文库进行测序。通过对 Reads 拼接过滤，聚类或去噪，并进行物种注释及丰度分析，可以揭示样品的物种构成；进一步进行 Alpha 多样性分析、β 多样性分析、显著物种差异分析、相关性分析、功能预测分析等，挖掘样品之间的差异。检测结果显示，无核苷酸组较其他组的肠道菌群多样性显著降低，而 NTs 的添加能促进快速衰老小鼠的微生物多样性恢复到正常水平。此外，对机体有负面影响的菌属如螺杆菌属（*Helicobacter*）、脱硫弧菌属（*Desulfovibrionaceae*）等均在无核苷酸组中富集，而对机体有益的菌属如乳杆菌属（*Lactobacillus*）在无核苷酸组丰度最低。核苷酸添加组则与之相反。Lactobacillus 菌群结构的改变与衰老过程中的认知障碍改善存在一定的联系。特异性菌种丰度改变与神经递质的含量变化存在一定的相关性。研究表明，乳酸菌能够通过代谢谷氨酸产生 γ- 氨基丁酸（γ-aminobutyric acid，GABA）；GABA 在中枢神经系统中是一种重要的抑制型神经递质，具有保护认知的功能。当肠道微生物菌群中乳酸菌发生变化时与 GABA 水平变化具有一定相关性，可能对学习认知功能产生调节作用，从而抵抗衰老过程中产生的认知障碍[65-68]。除此之外，毛螺菌科（Lachnospiraceae）和瘤胃科（Ruminococcaceae）等被证明与短链脂肪酸产生相关的菌属相对丰度得到增加，特别是丁酸能够刺激黏膜免疫反应，一定程度上能够缓解衰老过程中的肠道炎症，同时短链脂肪酸能够通过调节肠道 pH 值，抑制有害菌生长，稳定肠道内环境，进一步改善衰老过程中肠道微生物菌群的失衡状态，从而起到延缓衰老的作用。因此有目的地补充 NTs，调整因机体衰老而导致的肠道菌群紊乱，将会对延缓机体衰老有积极的意义。此外，NTs 不单具有调整菌群失调的能力，还有对机体全身调节的作用。用 NTs 作为肠道菌群调整剂是大有发展前途的。

对肠道微生物体系进行代谢组分析，有助于阐明微生物生态系统的代谢网络，为发现和阐明微生物代谢特点、微生物间的相互协同作用关系提供宝贵的证据，有效地促进微生物代谢网络基础理论的发展。目前，关于肠道菌群与宿主代谢的研究很多，但大多数是将二者分开独立研究，关于变化的菌群与宿主代谢物之间的关系，我们知之甚少。因此，本研究采用 16S rDNA 与代谢组学结合研究的方法。代谢组学是继基因组学、转录组学以及蛋白质组学之后兴起的新兴学科，主要研究生物标本的小分子代谢物（分子量在 1000 Da 以下）的变化，这些代谢物的变化涉及复杂的生物化学过程。代谢物并不仅指静态的终产物，还包括细胞或组织的代谢物，反映酶的表达及活性，以及 DNA、RNA、蛋白质和细胞膜成分的组件和下游产物，它们形成一个相互作用的生物化合物的动态网络，调控细胞信号释放、能量传递、细胞间通信等细胞活动，是直接反映生理病理状态的窗口。机体发生的任何变化都会导致组织器官或体液中的代谢物相对含量发生改变，对这些变化进行数据采集、分析，可以判断机体发生代谢变化的基本机制。因此，利用非靶标代谢组学分析方法，并利用多元统计学方法对获得的代谢组学数据进行处理，探讨宿主代谢物的整体变化趋势和特定代谢物的变化情况，并筛选出差异代谢物以及影响的代谢通路，旨在从代谢组学的角度阐明 NTs 对肠道菌群及代谢产物的影响。

粪便是肠道菌群和宿主的共代谢产物，在一定程度上可以反映肠道菌群状态。主成分分析和正交偏最小二乘法判别分析结果表明，无核苷酸组与核苷酸添加组、快速衰老小鼠与正常小鼠粪便的代谢物都存在显著差异。关联分析表明，影响显著的通路中差异代谢物与肠道菌群具有显著相关性。肠道菌群对物质代谢的影响是由肠道菌群对饮食进行代谢的复杂过程，由肠道菌群通过发酵饮食产生单糖和短链脂肪酸等代谢产物，这些代谢产物可被机体吸收作为供能物。因此，NTs 的添加影响了肠道菌群的变化，从而导致肠道菌群代谢物的改变，肠道代谢物改变又反作用于机体，从而改善了快速衰老小鼠的肠道菌群，达到延缓衰老的作用。这一发现为揭示肠道菌群与机体衰老之间的关系提供重要依据。

（二）NTs 对干酪乳杆菌生长增殖的影响

1. NTs 对干酪乳杆菌生长曲线的影响

图 9-2-13（a-d）分别为用修正的 Gompertz 方程和修正的 Logistic 方程非线性拟合添加 NTs 的干酪乳杆菌的生长曲线。图中显示，干酪乳杆菌在添加 NTs 的 MRS 培养基中较空白对照生长快，菌体迅速繁殖，很快进入对数生长期，活菌数较不添加核苷酸的空白组明显提高，NTs 浓度越高促进效果越显著。其中，5′-AMP 和 5′-CMP 对细菌生长的促进作用

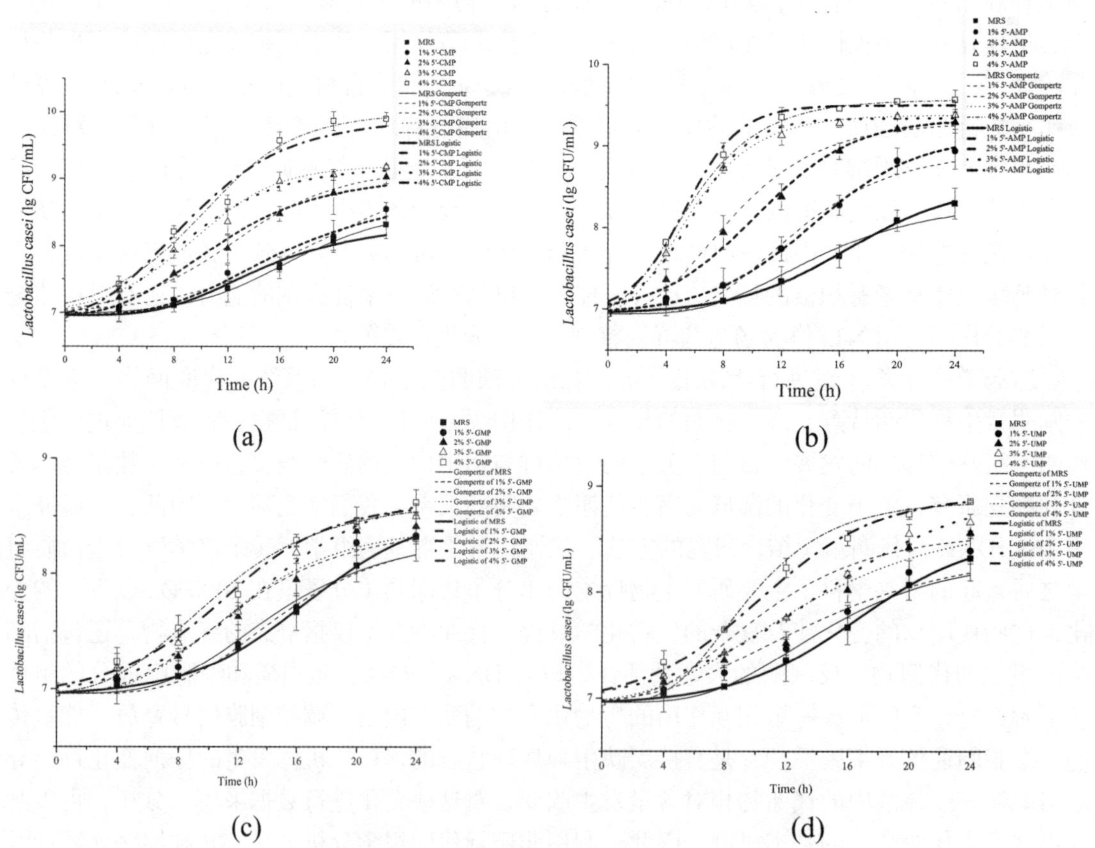

图 9-2-13　干酪乳杆菌生长曲线用修正的 Gompertz 及修正的 Logistic 方程拟合结果

注：图（a）添加 5′-CMP；图（b）添加 5′-AMP；图（c）添加 5′-GMPNa$_2$；图（d）添加 5′-UMPNa$_2$；

更明显，表明 NTs 可以加速细菌的增殖。用微生物生长动力学模型对细菌的生长曲线进行非线性拟合，结果显示，修正的 Gompertz 方程和修正的 Logistic 方程可以较好地描述微生物的生长动态（$R^2>0.91978$）。修正的 Gompertz 方程和修正的 Logistic 方程拟合后所得相关参数如表 9-2-5 所示。表中显示，添加 NTs 后，细菌的最大比生长速率（μ_{max}）较空白对照明显增加，而延滞期（λ）则明显缩短。上述结果表明 NTs 对细菌的生长有明显的促进作用。

表 9-2-5　干酪乳杆菌用修正的 Gompertz 和修正的 Logistic 方程非线性拟合相关参数

培养基	修正的 Gompertz 方程			修正的 Logistic 方程			
	μ_{max}（h^{-1}）	λ（h）	R^2	A	μ_{max}（h^{-1}）	λ（h）	R^2
MRS	0.09047	6.84726	0.98329	1.54757	0.10172	8.88033	0.99828
5′-CMP（1%）	0.08917	6.74498	0.91978	2.19258	0.11961	7.77916	0.978
5′-CMP（2%）	0.1409	3.72084	0.98927	2.16845	0.13547	4.37309	0.99166
5′-CMP（3%）	0.19268	2.71731	0.99393	2.2363	0.17275	2.8792	0.99356
5′-CMP（4%）	0.21553	2.45227	0.98142	3.00934	0.20956	2.85966	0.97685
5′-AMP（1%）	0.15697	6.53712	0.9807	2.18113	0.15019	6.83812	0.99461
5′-AMP（2%）	0.209	2.90927	0.99192	2.39424	0.1772	3.46437	0.99473
5′-AMP（3%）	0.29069	1.41773	0.99869	2.40113	0.29979	1.83778	0.99317
5′-AMP（4%）	0.29439	0.91903	0.99875	2.55801	0.33416	1.46332	0.99417
5′-$GMPNa_2$（1%）	0.0969	7.70922	0.93499	1.72785	0.10317	7.6688	0.98149
5′-$GMPNa_2$（2%）	0.1	4.919	0.96762	1.62175	0.10444	5.18287	0.9937
5′-$GMPNa_2$（3%）	0.10604	4.58761	0.9084	1.75846	0.11725	5.0273	0.9657
5′-$GMPNa_2$（4%）	0.11815	3.29033	0.98757	1.66689	0.12136	3.47322	0.99087
5′-$UMPNa_2$（1%）	0.09314	4.32895	0.97811	1.72929	0.10842	6.0875	0.99851
5′-$UMPNa_2$（2%）	0.11562	3.4076	0.98403	1.77535	0.10892	4.27205	0.99749
5′-$UMPNa_2$（3%）	0.12187	3.1489	0.97507	2.01416	0.11812	3.61412	0.99632
5′-$UMPNa_2$（4%）	0.18806	3.03156	0.99708	1.97432	0.1271	2.47112	0.99934

2. NTs 对干酪乳杆菌生物被膜的影响

彩图 9-2-14（a-e）显示，干酪乳杆菌添加 NTs 后，细菌生物被膜分泌增多，细菌由较为分散的状态变得聚集，5′-AMP 和 5′-CMP 对细菌生物被膜的刺激作用更加明显。（f-j）显示，对照生物被膜厚度为 30 μm，添加 5′-CMP 后生物被膜增加到 55 μm，添加 5′-AMP 后生物被膜则增加到 70 μm，添加 5′-$GMPNa_2$ 和 5′-$UMPNa_2$ 后生物被膜增加到 35 μm 和 40 μm。结果表明 NTs 促进了干酪乳杆菌生物被膜的分泌。

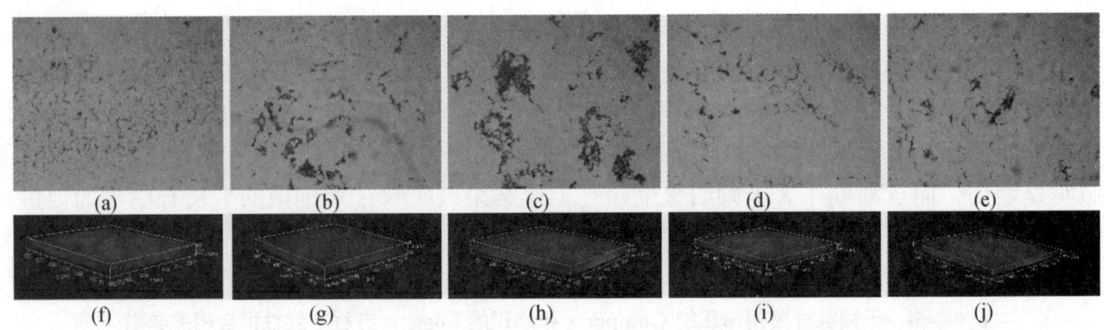

彩图 9-2-14 光学显微镜（a-e）及 CLSM（f-j）观测 NTs 对干酪乳杆菌生物被膜的影响

注：图（a，f）对照；图（b，g）添加 4.0% 5′-CMP；图（c，h）添加 4.0% 5′-AMP；图（d，i）添加 4.0% 5′-GMPNa$_2$；图（e，j）添加 4.0% 5′-UMPNa$_2$

（三）NTs 对干酪乳杆菌 EPS 的含量及化学成分的影响

1. NTs 对干酪乳杆菌 EPS 的含量（图 9-2-15）

通过拉曼光谱探究 NTs 对干酪乳杆菌 EPS 的含量及化学成分的影响。图 9-2-15 可以看出，添加 NTs 后，EPS 的拉曼光谱峰强度增加。

通过比对拉曼光谱特征峰[69]可以看出，干酪乳杆菌所产胞外聚合物的主要成分为蛋白质、糖、核酸以及脂质。添加 NTs 后，在细菌的 EPS 拉曼光谱图可以看出，在 544 ～ 553 cm^{-1} 处对应的糖分泌量增加；720 ～ 730 cm^{-1} 处对应的物质为腺嘌呤、色氨酸，添加 NTs 后细菌产生的这些物质含量也有所增加。在 1001 ～ 1005 cm^{-1} 处的拉曼光谱条带主要是苯丙氨酸；在 1200 ～ 1290 cm^{-1}、1300 cm^{-1} 的拉曼光谱峰显示胞外聚合物中含有 Amide Ⅲ物质，添加 NTs 后此处的拉曼光谱峰强度增加，表明 NTs 对胞外聚合物中 Amide Ⅲ的产生具有刺激作用。1605 ～ 1620 cm^{-1} 和 2920 ～ 1855 cm^{-1} 的拉曼光谱特征峰显示，细菌所产生的胞外聚合物中含有酪氨酸、色氨酸、苯丙氨酸、Amide I、不饱和脂质以及孢粉素等物质，这些物质的变形振动主要是由 C ＝ C、CH_2、CH_3 基团引起的。添加 NTs 后拉曼光谱显示对应的物质分泌量明显增加。因此，NTs 可以明显增加干酪乳杆菌分泌 EPS 的含量。

2. NTs 对干酪乳杆菌粗提物的群体感应抑制活性的影响（图 9-2-16）

紫色杆菌 *C. violaceum* CV026 是一种群体感应报告菌株，此菌自身不能产生信号分子，但是遇到外源的短链信号分子时，能产生紫色杆菌素使平板变紫色[70]。干酪乳杆菌粗提物的最小抑菌浓度为 2 mg/ml。图为 NTs 的添加对干酪乳杆菌粗提物的群体感应抑制活性的影响。从图中可以看出，添加 C6-HSL 的平板呈现紫色，当孔中注入亚抑菌浓度下的干酪乳杆菌粗提物时，孔周围出现不透明的黄色晕圈，表明干酪乳杆菌粗提物具有群体感应抑制活性。干酪乳杆菌的培养基添加 NTs 后，不透明的黄色晕圈增大，表明细菌分泌的具有群体感应抑制活性的物质增多，尤其是 5′-AMP 的促进作用更明显，上述结果表明 NTs 具有刺激干酪乳杆菌产生群体感应抑制剂的作用。

（四）NTs 对干酪乳杆菌粗提物抗生物被膜能力的影响

1. NTs 对干酪乳杆菌粗物提对生物被膜的影响

图 9-2-17 为干酪乳杆菌粗提物对志贺菌生物被膜的影响。从图中可以看出，添加亚抑

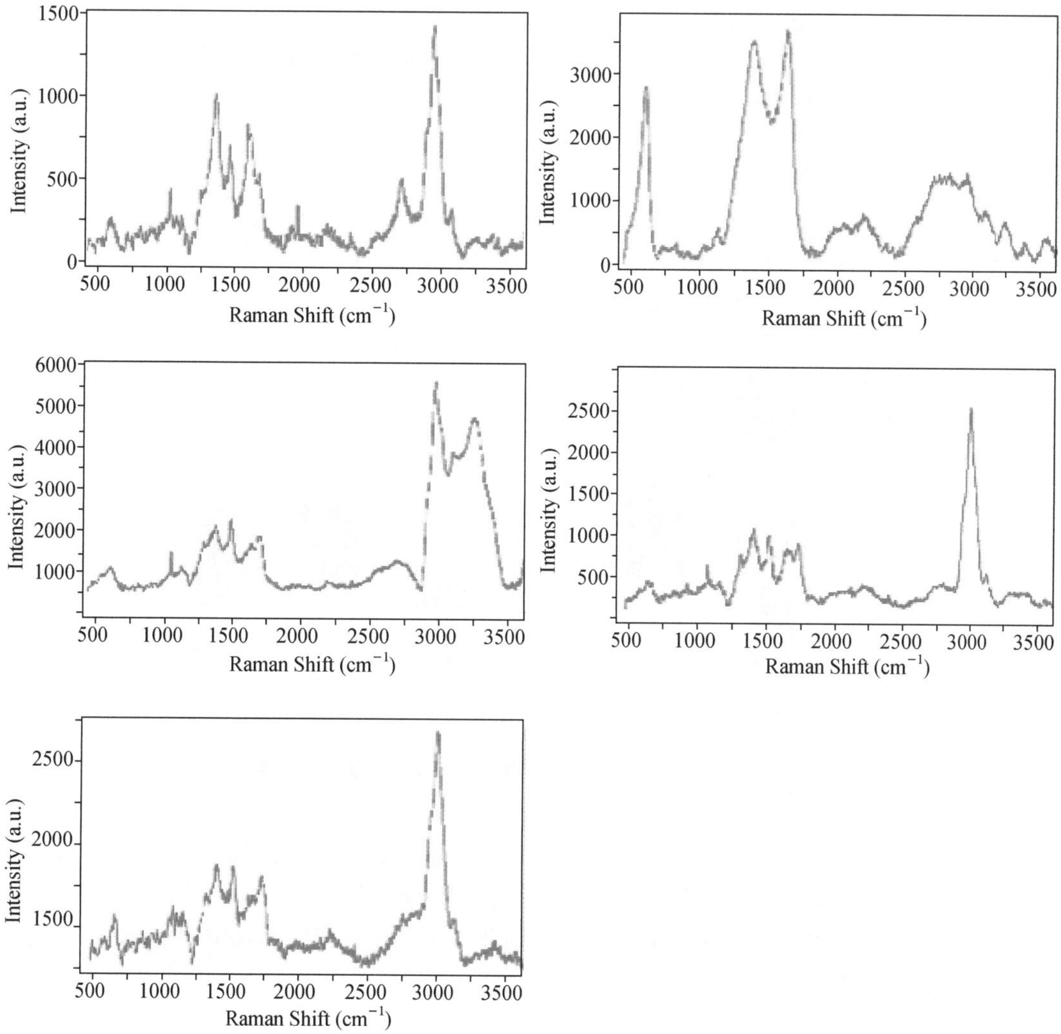

图 9-2-15　NTs 对干酪乳杆菌 EPS 的含量及化学成分的影响

注：图（a）对照；图（b）添加 5′-CMP；图（c）添加 5′-AMP；图（d）添加 5′-GMPNa$_2$；图（e）添加 5′-UMPNa$_2$

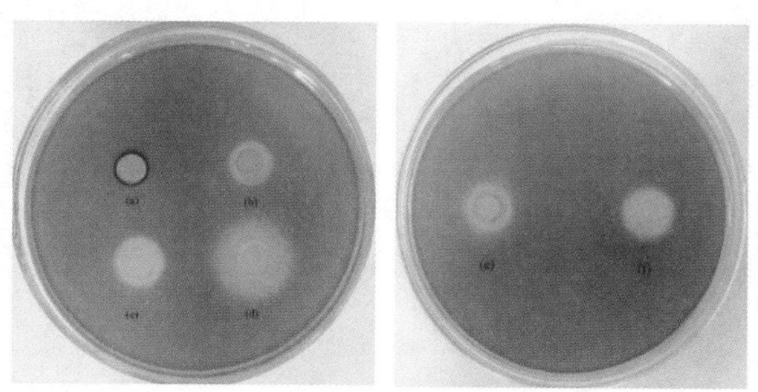

图 9-2-16　NTs 对干酪乳杆菌粗提物的群体感应抑制活性影响

注：(a) 空白对照；(b) 干酪乳杆菌粗提物；(c) 添加 5′-CMP 的粗提物；(d) 添加 5′-AMP 的粗提物；(e) 添加 5′-GMPNa$_2$ 的粗提物；(f) 添加 5′-UMPNa$_2$ 的粗提物。

菌浓度下的干酪乳杆菌粗提物后，志贺菌分泌的生物被膜含量减少。NTs 加入干酪乳杆菌培养基后，其粗提物对志贺菌生物被膜的抑制作用明显增加，5′-AMP 的添加对粗提物的抗生物被膜活性促进作用更显著。以上结果表明 NTs 的添加增加了干酪乳杆菌抗生物被膜物质的产生。

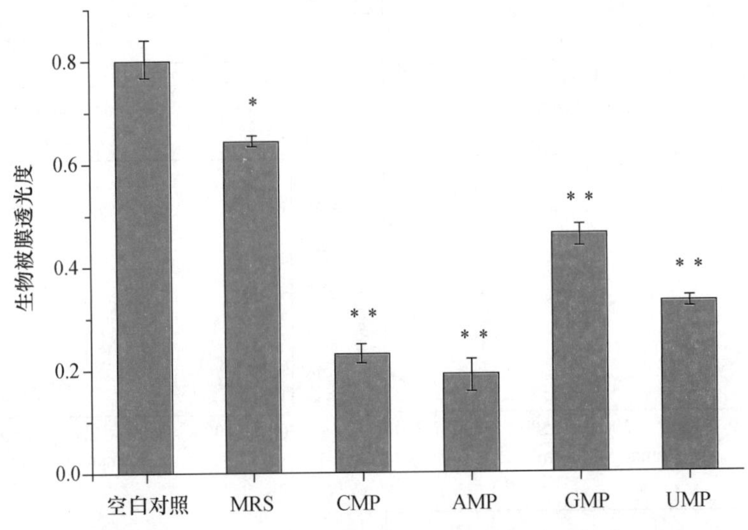

图 9-2-17 NTs 对干酪乳杆菌粗提物抗生物被膜活性的影响

从图 9-2-18 可以看出，干酪乳杆菌粗提物经四种酶处理后，群体感应抑制活性消失，表明粗提物对蛋白酶敏感，因此粗提物中的群体感应抑制活性物质推测为蛋白质类物质。用高温处理干酪乳杆菌粗提物后，其群体感应抑制活性不变，表明粗提物中的群体感应抑制活性物质具有良好的热稳定性。

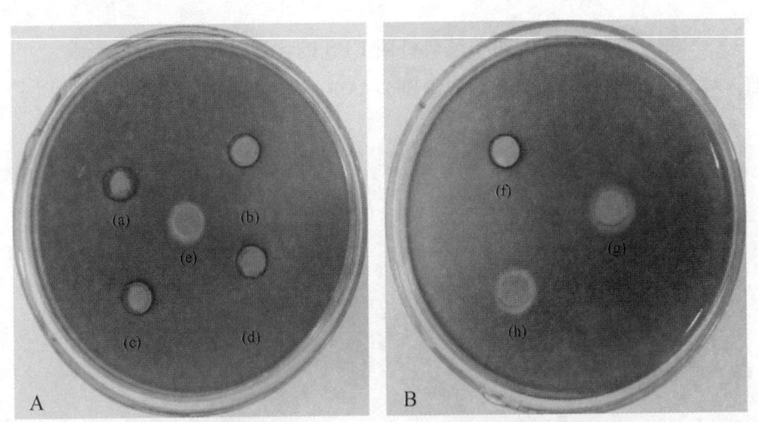

图 9-2-18 蛋白酶（A）和温度（B）对干酪乳杆菌粗提物群体感应抑制活性的影响

注：(a) 胃蛋白酶；(b) 胰蛋白酶；(c) 木瓜蛋白酶；(d) 碱性蛋白酶；(e) 对照；(f) 空白对照；(g) 80℃；(h) 100℃。

干酪乳杆菌具有的多种对人体有益的功效已被证实。但是由于易失活的特点也限制了其应用。因此，NTs 这种安全性好且能促进益生菌生长的物质受到越来越多的关注。本研究将 NTs 添加到干酪乳杆菌的培养基后，细菌的最大生长速率提高，延滞期缩短，表明 NTs 对细菌的增殖及生长代谢具有促进作用。

细菌产生的生物被膜是细菌为了适应环境，粘附于固体或有机腔道表面，形成微菌落，并分泌胞外聚合物将自身包裹其中而形成的膜状物[71]。生物被膜和胞外聚合物（EPS）均受到细菌群体感应（quorum sensing，QS）系统的调控。群体感应是一种细菌之间通过分泌信号分子而进行通讯的机制。信号分子具有多种类型，大多数革兰阴性菌由高丝氨酸内酯类（N-acyl-L-homoserine lactones，AHLs）作为信号分子；革兰阳性菌由寡肽（autoinducing peptides，AIP）作为信号分子。此外，细菌种间（内）信息交流则由呋喃硼酸二酯类（autoinducer-2，AI-2）所介导。添加 NTs 后，干酪乳杆菌所分泌的生物被膜和胞外聚合物含量都明显增加，表明 NTs 很可能促进了干酪乳杆菌的 QS 系统，从而导致生物被膜和胞外聚合物含量增加，使得细菌对外界不利环境的抵抗能力增加。对干酪乳杆菌粗提物的群体感应抑制活性测定也表明，NTs 的添加刺激了干酪乳杆菌分泌具有群体感应抑制活性物质的产生。干酪乳杆菌的粗提物对蛋白酶敏感，因此粗提物中的群体感应抑制活性物质推测为蛋白质类物质。用高温处理干酪乳杆菌粗提物后，其群体感应抑制活性不变，表明粗提物中的群体感应抑制活性物质具有良好的热稳定性，初步推断此物质为细菌素类物质。Chahad 等发现，从海水鱼中分离的乳酸菌对多种致病菌具有拮抗性，其粗提物热处理后仍具有抑菌性，经鉴定此物质为Ⅱ型乳酸菌素[72]。Campos 等人也发现分离于大菱鲆的乳酸菌可以产生细菌素抑制多种病原微生物[73]。

志贺菌属即通称的痢疾杆菌，细菌性痢疾是最常见的肠道传染病，夏秋两季患者最多。传染源主要为病人和带菌者通过污染了痢疾杆菌的食物、饮水等经口感染。志贺菌侵入肠黏膜组织并释放内毒素引起症状，症状为剧烈腹痛、腹泻、发热，严重者出现痉挛和休克。由于抗生素的滥用，造成志贺菌产生了耐药性，因此，寻找新的抗菌靶点或开发新型抗菌药物显得十分重要和迫切。而以上实验结果表明，NTs 可以刺激干酪乳杆菌分泌对抗志贺菌等食源致病菌的物质，这一发现也表明 NTs 可作为优质益生元使用，对提高益生菌活力、减少肠道致病菌感染、调节肠道菌群具有巨大的潜力。

综上，本研究发现 NTs 对干酪乳杆菌的生长、生物被膜、胞外聚合物的产生、粗提物的群体感应抑制活性、抗生物被膜活性均有明显的促进作用。NTs 很可能促进了干酪乳杆菌的 QS 系统，从而增强了细菌对环境的抵抗力所致，因此 NTs 可作为优质益生元使用，对增强市售益生菌产品的存活率、调节肠道菌群、维护肠道健康具有重要意义。

2. NTs 对细菌生长曲线的影响

通过图 9-2-19NTs 对干酪乳杆菌及肠沙门菌共培养过程生长曲线的影响可以看出，干酪乳杆菌和肠沙门菌的生长曲线都是典型的“S”型曲线。共培养后，干酪乳杆菌的细胞数目增多，表明共培养后细菌的生长没有受到抑制，而肠沙门菌的数量则与之相反，呈现下降趋势。推测原因可能是共培养时干酪乳杆菌分泌了对肠沙门菌生长不利的抑制因子，也可能是由于对培养体系中底物的利用能力不同，产生的生长差异所导致。

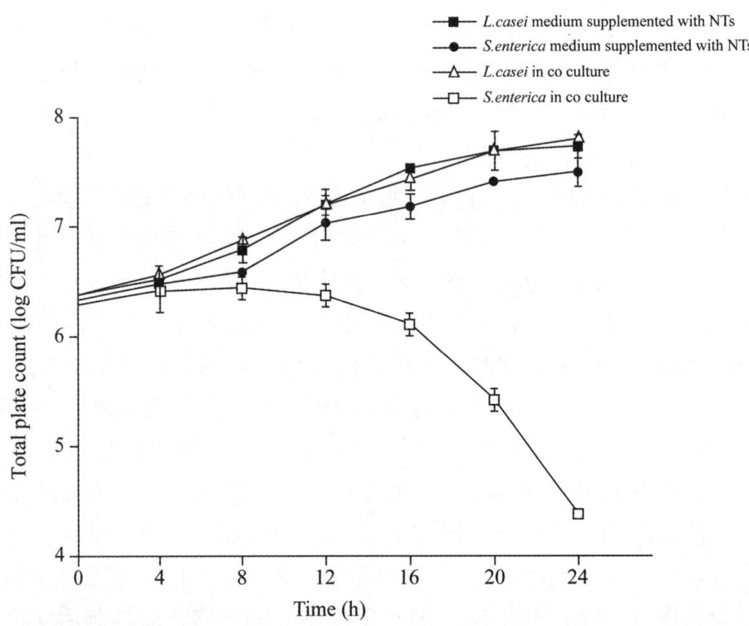

图 9-2-19 NTs 对干酪乳杆菌及肠沙门菌共培养过程生长曲线的影响

（五）**NTs 对菌株产 AI-2 型信号分子的影响**

大部分革兰阳性菌株拥有种内和种间两种 QS 系统，且种间 QS 系统的信号分子 AI-2 是细菌种间交流的通用语言。目前，检测信号分子 AI-2 的方法有很多种，如 *V. harveyi* BB170 生物学发光法、群体感应工程蛋白检测法、气质联用（GC-MS）检测法和液相色谱-串联质谱（HPLC-MS/MS）检测法等，虽然每种方法各有利弊，但是由于 *V. harveyi* BB170 生物学发光法操作简单，应用范围广，检测灵敏度较高，依然是检测信号分子 AI-2 活性最常用的一种方法。AI-2 分子用报告菌株 *V. harveyi* BB170 检测发现，共培养的两个菌株都能够诱导 *V. harveyi* BB170 发光，表明两个菌株均可以产生 AI-2 信号分子。干酪乳杆菌的 AI-2 信号分子随培养时间的延长开始增加，在指数中后期达到最大后又缓慢降低。这可能是因为干酪乳杆菌培养过程中产酸，使 pH 降低，*luxS* 基因由抑制状态开始响应，基因转录水平在一段时间处于增加状态，达到最大量后开始下降。因此，AI-2/*luxS* 介导的 QS 系统可能参与调控乳杆菌的酸适应过程。与肠沙门菌共培养后，在 NTs 的存在作用下，干酪乳杆菌产 AI-2 含量增加，表明 NTs 可以刺激干酪乳杆菌的 QS 系统，从而促进信号分子的分泌。而肠沙门菌的信号分子产量反而减少，表明共培养后干酪乳杆菌或干酪乳杆菌分泌的代谢产物抑制了肠沙门菌的生长，从而导致 AI-2 的产量减少（图 9-2-20）。

（六）**NTs 对菌株群集性和泳动性的影响（彩图 9-2-21）**

彩图 9-2-21 为 NTs 添加后干酪乳杆菌的粗提物对肠沙门菌群集性和泳动性的影响。从图中可以看出，干酪乳杆菌的粗提物对肠沙门菌的群集性和泳动性有抑制作用，群集和泳动性平板上形成的菌落大小在加入粗提物后明显减小，说明干酪乳杆菌分泌的代谢产物中具有抑制肠沙门菌运动能力的物质。当干酪乳杆菌的培养基中加入 NTs 后，其粗提物对肠沙门

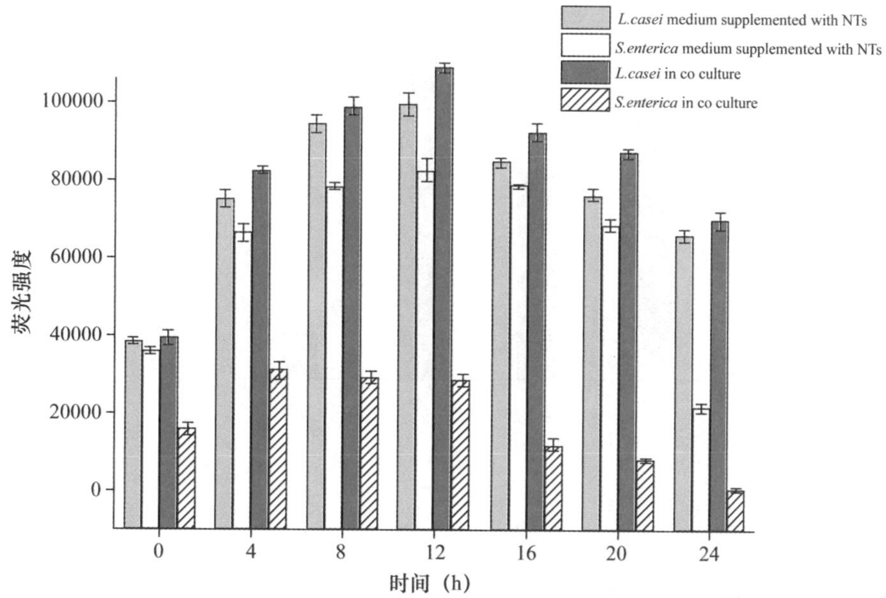

图 9-2-20　NTs 对干酪乳杆菌及肠沙门菌共培养过程中 AI-2 信号分子的影响

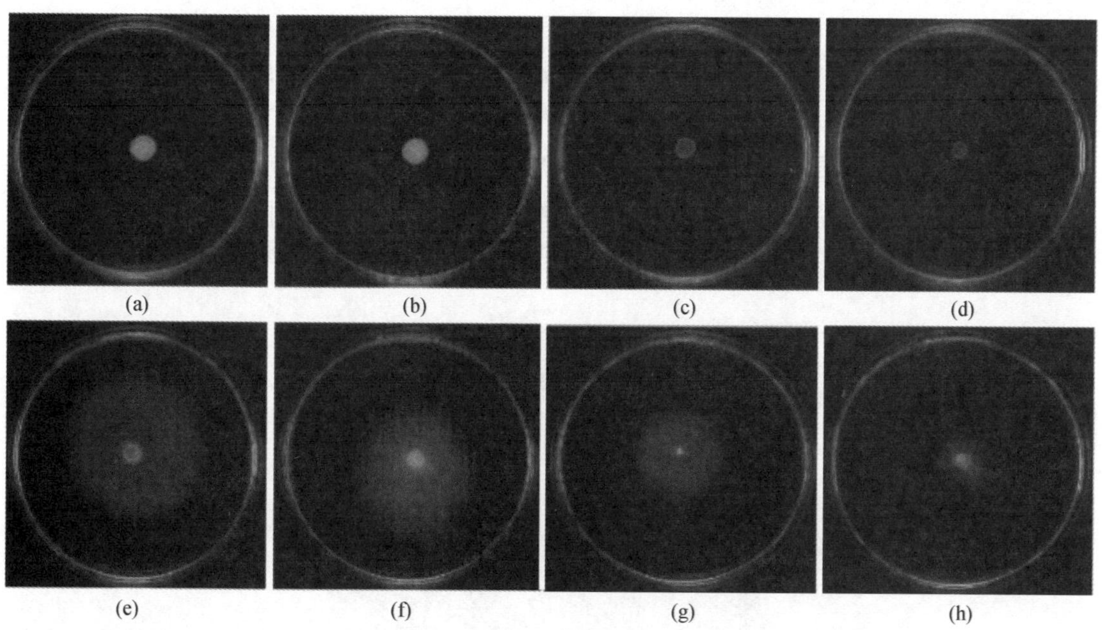

彩图 9-2-21　NTs 对干酪乳杆菌粗提物拮抗肠沙门菌群集性（a ～ d）和泳动性（e ～ h）的影响

注：图（a，e）肠沙门菌；图（b，f）添加 NTs；图（c，g）肠沙门菌添加干酪乳杆菌粗提物；图（d，h）添加 NTs 的干酪乳杆菌粗提物

菌的抑制能力增加，表明 NTs 促进了干酪乳杆菌拮抗肠沙门菌运动性物质的产生。

图 9-2-22 为 NTs 对干酪乳杆菌及肠沙门菌共培养过程中生物被膜产量的影响。图中显示，共培养后干酪乳杆菌较对照组干酪乳杆菌生物被膜产量增加，而肠沙门菌生物被膜产量

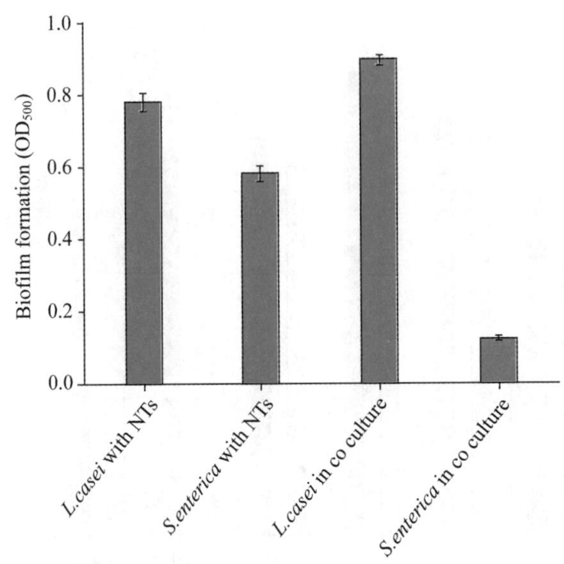

图 9-2-22　NTs 对干酪乳杆菌及肠沙门菌共培养过程生物被膜产量的影响

却显著减少。由此表明共培养过程中干酪乳杆菌对肠沙门菌的生物被膜产生具有抑制作用。细菌共培养后生物被膜的变化结果与细菌的运动性相吻合。已有研究表明，细菌的群集运动与生物被膜的形成具有密切的关系，如产气单胞菌、铜绿假单胞菌、副溶血性弧菌等菌属的群集运动可在一定程度上促进物体表面细菌生物被膜的形成[74]。

（七）NTs 对菌株嗜铁素分泌的影响（图 9-2-23）

从图 9-2-23 可以看出，由于 HDTMA、CAS 以及 Fe^{3+} 三元复合物的存在，嗜铁素检测平板呈现蓝色。当细菌产生嗜铁素时，在蓝色平板中会出现淡黄色区域，这是由于嗜铁素对

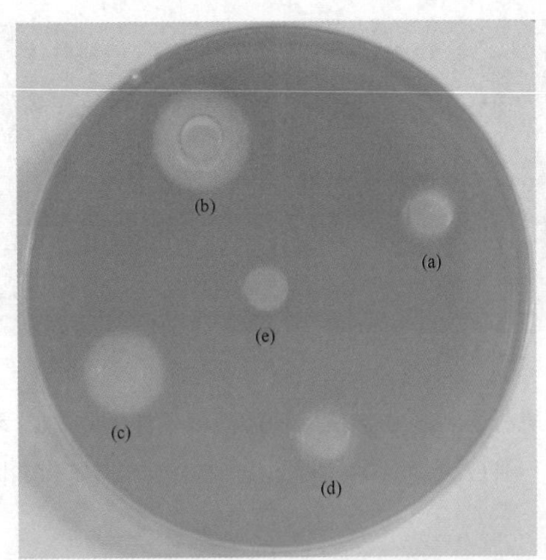

图 9-2-23　NTs 对干酪乳杆菌和肠沙门菌共培养过程嗜铁素分泌的影响

注：图（a）干酪乳杆菌上清液；图（b）肠沙门菌上清液；图（c）肠沙门菌加入干酪乳杆菌粗提物；图（d）添加了 NTs 的干酪乳杆菌粗提物；图（e）空白对照

Fe^{3+}有高度亲和性的缘故。嗜铁素平板中注入肠沙门菌的细菌培养物上清液后，出现了淡黄色区域，表明细菌能够分泌嗜铁素。而干酪乳杆菌没有分泌嗜铁素。当肠沙门菌加入干酪乳杆菌的粗提物时，淡黄色区域减小，表明干酪乳杆菌粗提物抑制了肠沙门菌分泌嗜铁素的能力。当干酪乳杆菌的培养基中加入 NTs 后，其上清液使肠沙门菌产生的嗜铁素含量减少，表明 NTs 可以促进干酪乳杆菌产生抑制肠沙门菌分泌嗜铁素的物质。

（八）NTs 对菌株基因表达的影响

以 16s rRNA 为内参基因，运用实时荧光定量 PCR（RT-qPCR）技术，对目的基因进行检测。通过对各基因溶解曲线（图 9-2-24）分析可以看出，菌株目的基因的荧光定量 PCR 溶解曲线均为单一的信号峰，表明在 PCR 扩增过程中，没有产生引物二聚体和非特异性条带，也表明引物的特异性良好。

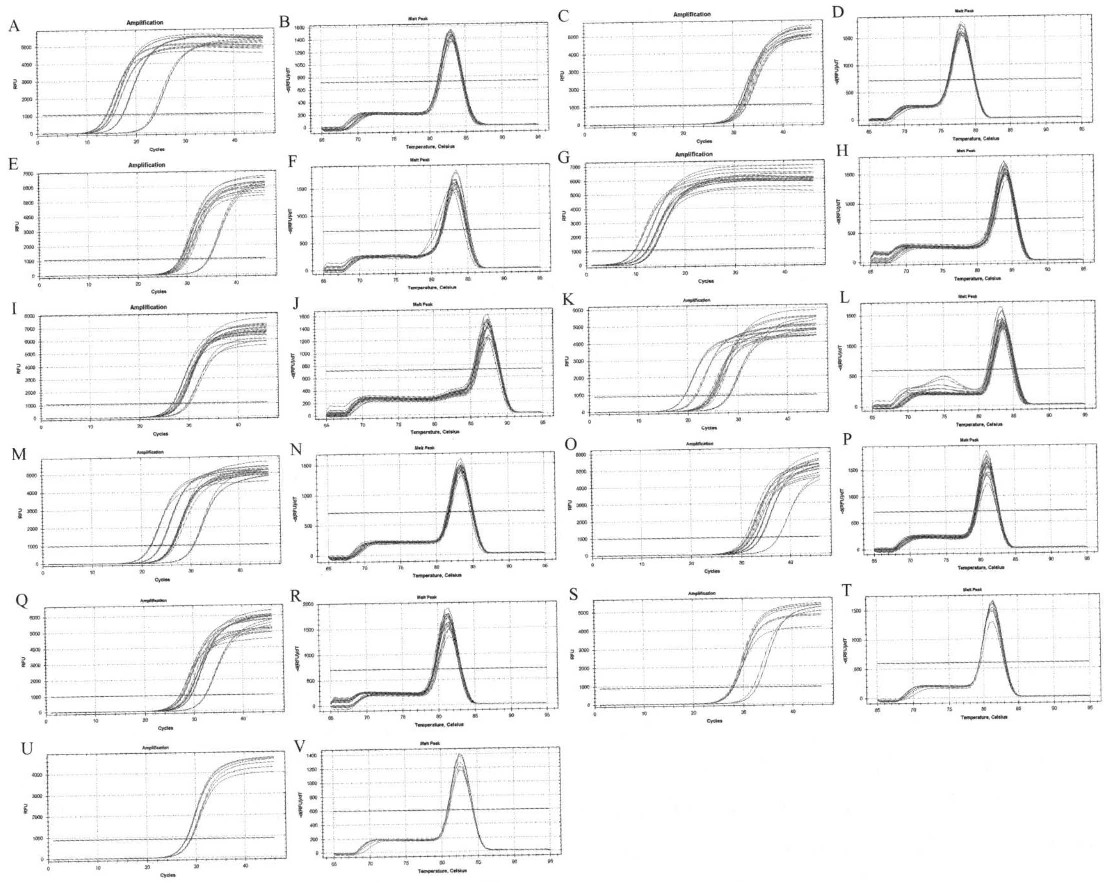

图 9-2-24　干酪乳杆菌及肠沙门菌基因荧光定量 PCR 扩增及熔解曲线

注：（A-B）干酪乳杆菌 16S rRNA；（C-D）干酪乳杆菌 *lacA* 基因；（E-F）干酪乳杆菌 *luxS* 基因；（G-H）肠沙门菌 16S rRNA；（I-J）肠沙门菌 *luxS* 基因；（K-L）肠沙门菌 *fliC* 基因；（M-N）肠沙门菌 *fliD* 基因；（O-P）肠沙门菌 *invF* 基因；（Q-R）肠沙门菌 *sicA* 基因；（S-T）肠沙门菌 *sopE2* 基因；（U-V）肠沙门菌 *sopB* 基因

检测 NTs 添加对目的基因表达情况的影响，并计算相关基因的表达差异。从图 9-2-25

中可以看出，添加NTs后，干酪乳杆菌的*luxS*基因、细菌素合成基因相对表达量上调，与对照相比显著上升，而肠沙门菌*luxS*基因、鞭毛基因以及毒力因子表达基因表达量则变化不显著。添加肠沙门菌培养上清液后，酪乳杆菌的*luxS*基因、细菌素合成基因与对照相比显著上升，而肠沙门菌添加干酪乳杆菌培养上清液后其*luxS*基因、鞭毛基因以及毒力因子表达基因表达量则下调。

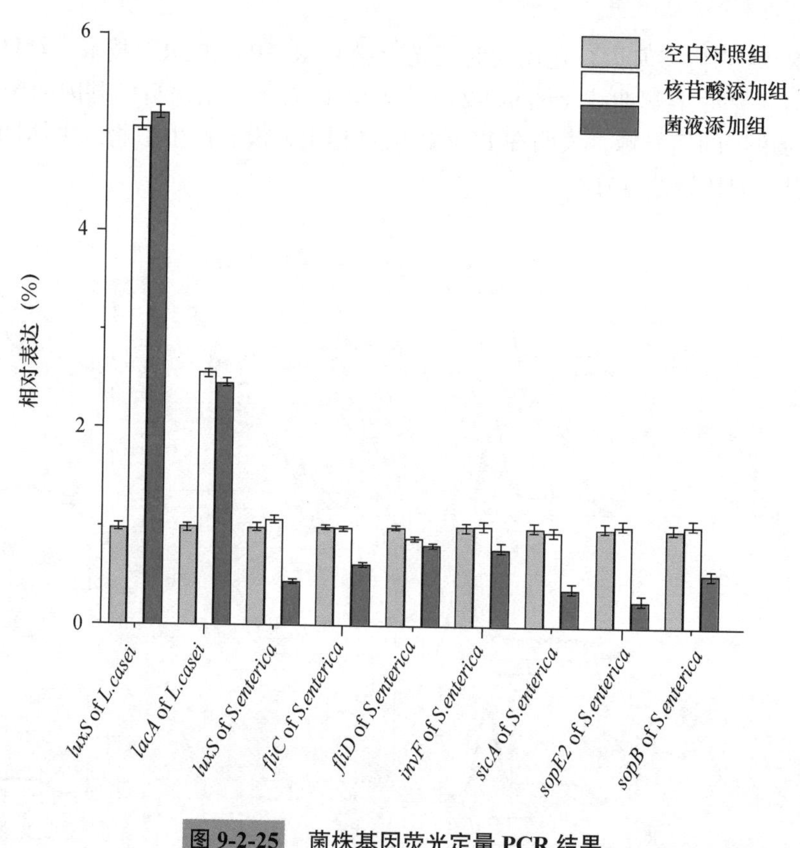

图 9-2-25 菌株基因荧光定量 PCR 结果

肠道微生物分为有益菌和有害菌两大类，两类细菌协调并存又相互制约，形成复杂而稳定的微生态环境。但是由于人体某些生理条件的改变，食物、病原菌感染、抗生素类药物的使用等都会引起肠道微生态环境发生变化，导致一系列症状的发生，如腹泻、便秘、肠胃炎等，影响人体健康，此时则需补充益生菌。而NTs则是对益生菌生长具有重要益生作用的物质。益生菌是否能抑制病原菌的生长是衡量其益生特性的另一个重要指标。*luxS*基因对益生菌可以定植在宿主胃肠道内并抵御病原菌的入侵具有极其重要的作用。共培养微生物之间有着较为复杂的生态学关系，其中涉及协同代谢、互利共生、相互拮抗、细菌素、信号分子之间的相互作用等，这些作用在一定程度上都影响着共培养体系中物质的产量以及新物质的产生。尤其是对于那些具有竞争关系或拮抗关系的微生物，利用共培养方式可以更深入地研究微生物的种间群体感应现象，明确种间信号分子的化学结构及其与基因表达之间的关系，来诱导或激发微生物合成新的代谢产物或提高产量的潜力。可以说，一方面，信号分子决定了共培养微生物之间的生态行为模式，另一方面共培养技术可以促使人们发现更多新的种间信号分子，从而推进微生物生态学的发展。食源性肠道致病菌不仅引起食物的变质和破坏，还能直接或间接导致人类患病。沙门菌是食品中常见的肠道致病菌，其产生的肠毒素也是引起细菌性食物中毒的致病因素。近年来，食品生产销售的全球化、人们饮食习惯的改变、人口流动性增大，增加了肠道致病菌的感染概率。干酪乳杆菌是一种重要的益生菌，被广泛应用于功能性食品，特别是乳制品的开发中，并逐渐为人们所关注。因此，本实验选取两株代表性菌株，通过共培养技术探究 NTs 增强益生菌对致病菌的拮抗作用及机制。

通过探究共培养过程中细菌的生长曲线可以发现，添加的 NTs 可以促进干酪乳杆菌生长，而对肠沙门菌有负面作用。这可能是因为许多乳酸菌都能够产生抗菌活性肽——细菌素。细菌素具有抗微生物活性，有助于杀灭胃肠道中存在的致病菌。它们具有不同的结构、作用方式、抑菌谱和效价。通常认为乳酸菌和其所产的细菌素都是安全的，乳酸菌所产细菌素作为天然食品防腐剂已显示了巨大的潜能。此外，细菌素在医药等领域也具有巨大的应用潜力。如 *Lactobacillus salivarius* UCC118 产生的细菌素可以显著抑制感染小鼠中单增李斯特菌的生长。目前研究已证实在许多益生菌中，如 *Carnobacterium maltaromaticum*、*Lactobacillus plantarum*、*Streptococcus thermophilus*、*L. acidophilus* 等多数Ⅱ类和部分 I 类细菌素的生物合成受群体感应系统的调控。乳酸菌产生的细菌素大多属于Ⅱ类，由天然氨基酸组成，这类细菌素转录后不修饰，分子量往往小于 10 kD，是热稳定的疏水肽。目前研究已证实多数 II 型细菌素生物合成由 QS 系统调控。

细菌的 QS 系统具有高度的特异性与精确性，在复杂的微生物群落中存在多种菌形成的混合生物被膜，每种菌又可产生多种类型的信号分子并拥有多种系统，不同的信号分子在不同的信号通路中又存在相互影响、相互联通的关系，由此便构成了纷杂的多层次立体网络大系统。AI-2 型信号分子在菌株种间交流过程中起主要作用。因此 NTs 能促进干酪乳杆菌 AI-2 型信号分子的分泌，而肠沙门菌的信号分子分泌量减少很可能是由于干酪乳杆菌产生的细菌素抑制了肠沙门菌的生长导致 AI-2 产量减少的缘故。

细菌可以分泌大量的多糖、蛋白质和核酸等胞外基质，将自身包裹在其中形成具有复杂三维结构的生物被膜。相比于单个的浮游细菌，生物被膜的形成会大大增强细菌对抗生素和宿主免疫系统的抵抗能力。生物被膜的形成也由细菌的 QS 系统调控。如洋葱伯克霍尔德菌（*Burkholderia cepacia*）H111 的 cepI/R QS 系统对细菌生物被膜的成熟阶段具有明显的调控作用；霍乱弧菌的 QS 系统调控由 *vps* 操纵子编码的胞外多糖的产生，进而调控细菌的聚集和表面附着能力。生物被膜生成与群体感应 AI-2/Luxs 系统也有密切的关系。共培养时细菌生物被膜的形成过程相较于单菌生物被膜更复杂且周期更长。混合物种生物被膜的形成是高度动态、实时改变，且取决于被膜群体中微生物的相互作用，接触面的生态位以及外部和内部的环境信号等因素。群集和泳动是细菌的两种运动方式，细菌的运动行为也是病原菌具有致病性的关键因素之一。群集属于细菌的群体性行为，由菌体在培养基表面的鞭毛策动而产生。泳动则属于细菌的个体行为，是细菌在培养基表面依靠鞭毛进行的运动。生物被膜通常包括以下几个步骤形成，即（1）初期可逆粘附；（2）通过群体感应和胞外多聚物分泌的不可逆粘附；（3）微菌落形成；（4）成熟；（5）播撒。因此细菌的运动性对于生物被膜的形成至关重要。嗜铁素是微生物和部分作物在低铁的应激条件下产生的特异性的低分子量有机化合物，并能高效地结合 Fe^{3+}。该类物质也是一种重要的生物活性物质，在生物的生命代谢过程中起着非常重要的调节作用。细菌嗜铁素的产生也受到其 QS 系统的调控。通过实验发现，NTs 增加了干酪乳杆菌拮抗肠沙门菌生物被膜的生成、泳动性、群集性以及嗜铁素的分泌等作用，也可能是由于其干扰了肠沙门菌的 QS 系统调控的表型所致。干酪乳杆菌种内使用特异性寡肽类物质作为信号分子，而在共培养过程中，使用 AI-2 作为种间信号分子。基于 LuxS 的 QS 系统对干酪乳杆菌的生长和发挥益生功能有着显著影响。因此通过实时荧光定量 PCR 对 *luxS* 基因的表达量进行分析，可以了解细菌的生长状态。添加 NTs 后，干酪乳杆菌的 *luxS* 基因相对表达量与对照相比显著上升，而肠沙门菌 *luxS* 基因表达量则变化不显著。表明 NTs 的添加促进了干酪乳杆菌的 *luxS* 表达，而不会促进肠沙门菌 *luxS* 的表达。因此，NTs 在增强益生菌拮抗肠道致病菌方面具有广阔的应用潜力。

（九）LuxS 蛋白同源建模

从 NCBI 网站下载的干酪乳杆菌 *Lactobacillus casei* 的 QS 系统的 LuxS 蛋白 S- 核糖基同型半胱氨酸裂解酶（S-ribosylhomocysteine lyase）的氨基酸序列如下：

LuxS 蛋白：

S-ribosylhomocysteine lyase/autoinducer-2 production protein LuxS

＞EKQ01127.1 S-ribosylhomocysteine lyase / autoinducer-2 production protein LuxS [Lactobacillus casei 12A]

MAKVESFTLDHTAVKAPYVRLITTEHGAKGDVISNYDLRLVQPNTAAIDTAGLHTIEHLLASLLRDRMDG

VIDCSPFGCRTGFHLITWGEHSTTEVAKALKSSLEAIANDITWDDVPGVDIKSCGNYKDHSLFSAKEWAK

LILSRGISNDPYTRQVV

将 LuxS 的氨基酸序列提交到 SWISS-MODEL 网站进行同源建模，建模后的结果如彩图 9-2-2-26，彩表 9-2-6 所示。

如表所示，对于 LuxS 蛋白，4xch.1 的 A 链（S-ribosylhomocysteine lyase S-ribosylhomocysteinase from *Streptococcus suis*）的序列相似性最高，为 68.83%。GMQE 评分可以评估结果模型的三级结构的准确性。此模板 GMQE 得分较高，为 0.93，因此选择 4xch.1 的 A 链这个序列作为 LuxS 蛋白的模板序列进行同源建模。

模型质量评价：所建的干酪乳杆菌的 LuxS 蛋白模型的质量用 SAVES 及拉式构象图来评价。SAVES 质量评价显示，VERIFY 评价：91.95% 的氨基酸残基平均 3D-1D 得分≥ 0.2；ERRAT 显示整体质量系数平均值为 98.26；PROVE 显示隐藏的异常蛋白质原子总数为 0.0%。

从彩图 9-2-27 中 VERIFY 图可以看出，LuxS 蛋白的氨基酸残基平均 3D-1D 得分大部分都超过 0.2；（b）图 ERRAT 评分中，在误差轴上，两条线表示置信度，用以拒绝超过该误差值的区域。超过限制区域的氨基酸残基较少，因此，结果表明此蛋白具有较好的结构质量。由拉氏构象图（c）可以看出，对于 LuxS 蛋白模型，氨基酸处于有利区域、额外允许区域、一般允许区域以及不允许区域分别为 92.0%、7.0%、0.4% 和 0.6%。氨基酸处于有利区域的

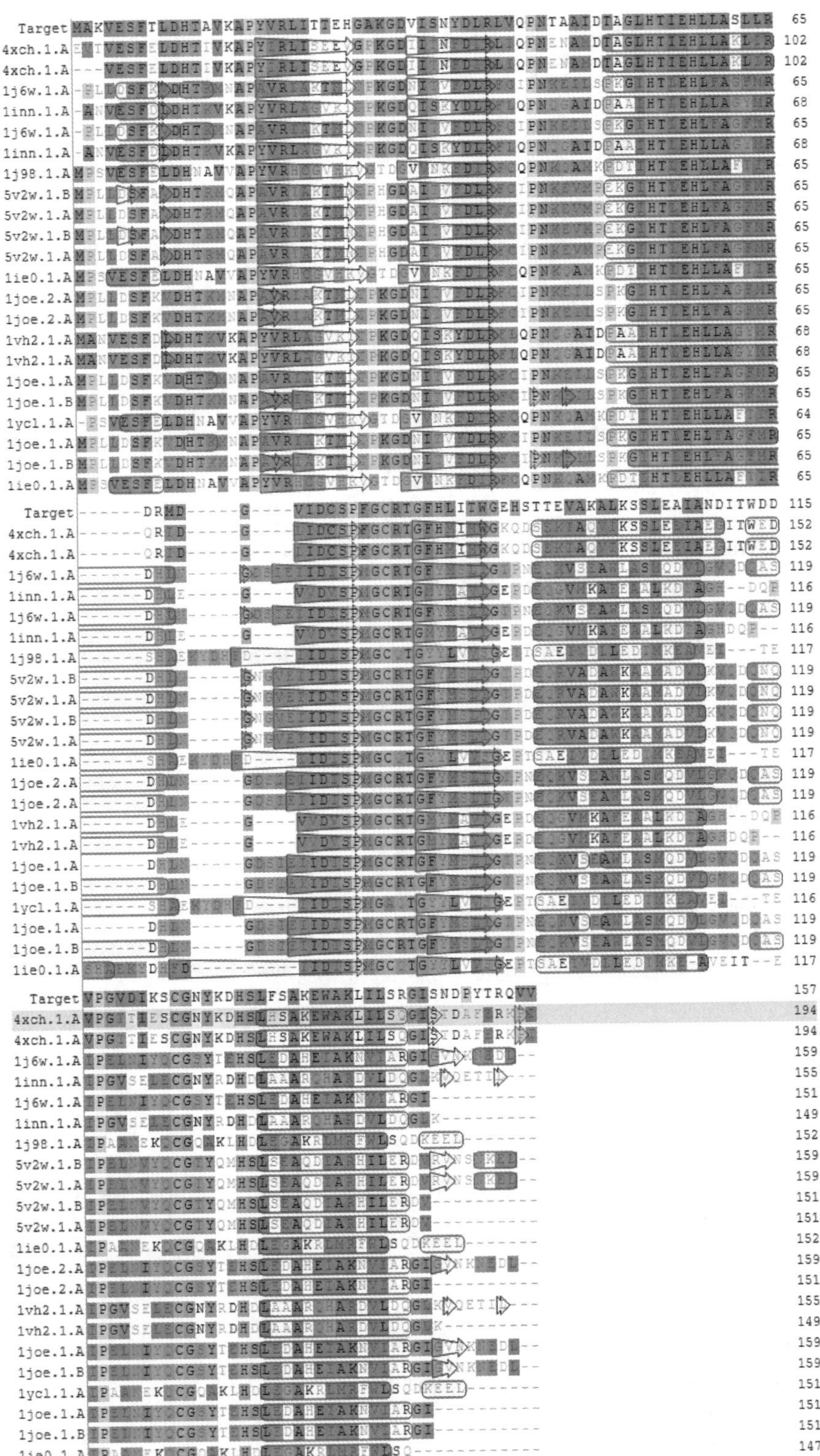

彩图 9-2-26 干酪乳杆菌的 LuxS 蛋白序列比对结果

彩表 9-2-6 干酪乳杆菌的 LuxS 蛋白的三维结构及描述

模板	描述	GMQE	QSQE	Identity（%）	模型
4xch.1.A	S-ribosylhomocysteine lyase S-ribosylhomocysteinase from *Streptococcus suis*	0.93	0.59	68.83	
1inn.1.A	Autoinducer-2 production protein（LuxS） Crystal structure of D. radiodurans LuxS，p21	0.83	0.75	48.34	
1vh2.1.A	S-ribosylhomocysteinase Crystal structure of a autoinducer-2 synthesis protein	0.81	—	48.68	
5v2w.1.B	S-ribosylhomocysteine lyase Crystal structure of a LuxS from *Salmonella typhi*	0.79	0.75	36.13	
5v2w.1.A	S-ribosylhomocysteine lyase Crystal structure of a LuxS from *Salmonella typhi*	0.78	0.75	36.13	
1j6w.1.A	Autoinducer-2 production protein（LuxS） Crystal structure of haemophilus influenzae LuxS	0.78	0.81	37.66	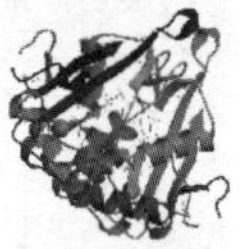
1joe.2.A	Autoinducer-2 production protein Crystal structure of autoinducer-2 production protein（LuxS）from *Haemophilus influenzae*	0.75	0.72	38.06	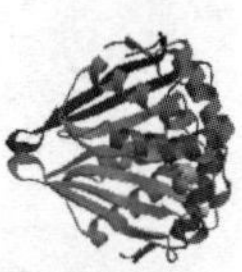
1j98.1.A	Autoinducer-2 production protein（LuxS） The 1.2 angstrom structure of *Bacillus subtilis* LuxS	0.74	0.81	36.73	
1ie0.1.A	Autoinducer-2 production protein（LuxS） Crystal structure of Luxs	0.74	0.74	36.73	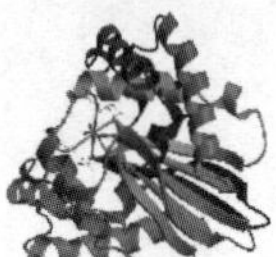
1joe.2.A	Autoinducer-2 production protein Crystal structure of autoinducer-2 production protein（LuxS）from *Haemophilus influenzae*	0.74	0.70	40.14	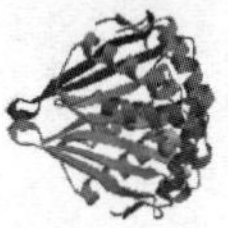

续表

模板	描述	GMQE	QSQE	Identity（%）	模型
1joe.1.A	Autoinducer-2 production protein Crystal structure of autoinducer-2 production protein（LuxS）from *Haemophilus influenzae*	0.73	0.78	38.06	
1ie0.1.A	Autoinducer-2 production protein（LuxS） Crystal structure of Luxs	0.73	0.73	41.84	
1ycl.1.A	S-ribosylhomocysteinase Crystal structure of *B. subtilis* luxS in complex with a catalytic 2-ketone intermediate	0.73	0.76	35.62	
1joe.1.A	Autoinducer-2 production protein Crystal structure of autoinducer-2 production protein（LuxS）from *Haemophilus influenzae*	0.72	0.76	40.14	
1joe.1.B	Autoinducer-2 production protein Crystal structure of autoinducer-2 production protein（LuxS）from *Haemophilus influenzae*	0.72	0.78	38.06	

比例超过 90%，表明此蛋白具有较高的质量，可以作为对接靶点进行下一步分子对接。

分子对接结果显示，4 种 NTs 以及 AI-2 信号分子分别与干酪乳杆菌的 LuxS 蛋白进行分子对接，对接后得分如表 9-2-7 所示。

可以看出，NTs5′-AMP 和 5′-CMP 与干酪乳杆菌 LuxS 蛋白的对接得分都较高，其中，5′-AMP 最高，为 9.33，表明其与 LuxS 的亲和力最强。5′-UMPNa$_2$ 对接得分最低，为 6.40。而 AI-2 型信号分子与干酪乳杆菌的 LuxS 蛋白的分子对接得分最低，仅为 6.11。4 种 NTs 与 LuxS 蛋白的相互作用如彩图 9-2-28 所示。从图（a，c，e，g，i）中可以看出，4 种 NTs 及 AI-2 的三维结构分别对接到了 LuxS 蛋白的活性口袋中，与其关键氨基酸形成了重要的相互作用。二维相互作用图（图 b，d，f，h，j）清楚地显示，5′-AMP 与 LuxS 蛋白的关键氨基酸 ASP 73、GLU 57、CYS 79、ARG 30、ARG 39、ALA 61 形成了传统氢键、pi- 阴离子键、pi- 烷基键等相互作用；5′-CMP 与 LuxS 蛋白的关键氨基酸 CYS 79、GLU 57、ASP 73、ARG 20、ARG 39 以及 ALA 61 形成了传统氢键、pi- 阴离子键、pi- 烷基键等相互作用；5′-GMPNa$_2$ 与 LuxS 蛋白的关键氨基酸 CYS 74、ASP73 以及 SER 123 形成传统氢键等相互作用；5′-UMPNa$_2$ 与 LuxS 蛋白的关键氨基酸 ARG 65、GLU 57、GLY 125、CYS 79、AGR39 以及 ALA 61 形成传统氢键等相互作用，而 AI-2 与 LuxS 的关键氨基酸 CYS 79、

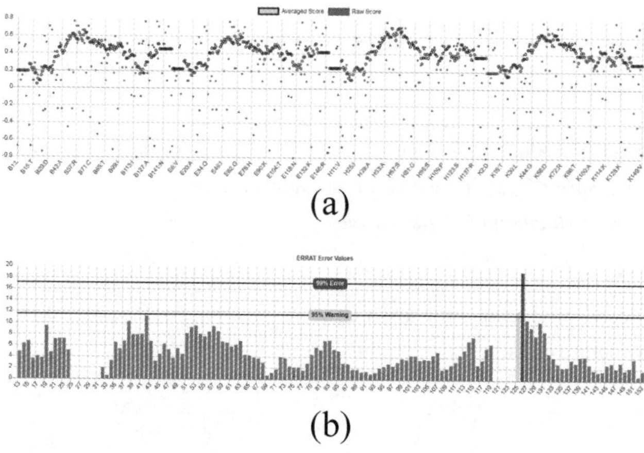

(a)

(b)

PROCHECK

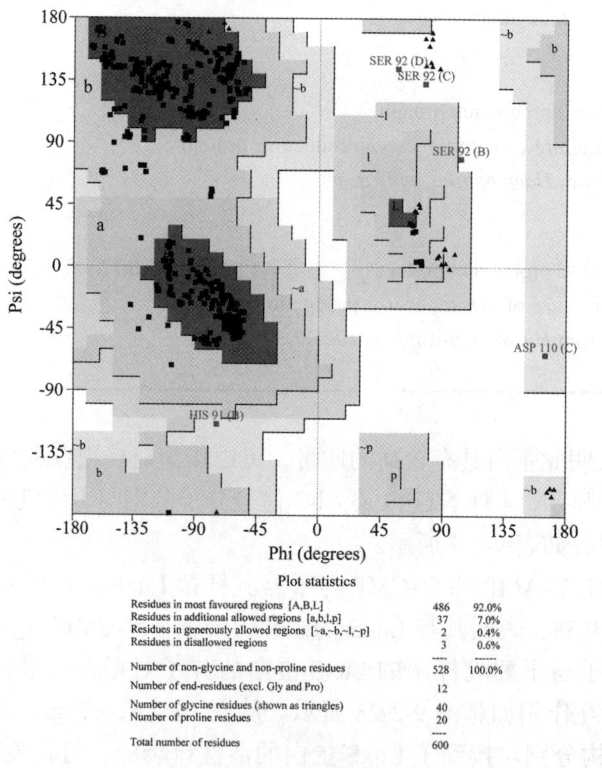

(c)

彩图 9-2-27 干酪乳杆菌的 LuxS 蛋白模型质量评价结果

注：（a）verify 3d 结果；（b）ERRAT 结果；（c）拉氏构象图

表 9-2-7　NTs 以及 AI-2 分子与干酪乳杆菌 LuxS 蛋白分子对接结果

受体	配体名称	配体结构	Total score	Crash	Ploar	CSCORE
LuxS 蛋白	5′-AMP	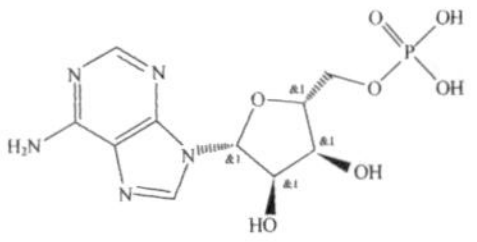	9.33	− 1.00	7.88	5
	5′-CMP	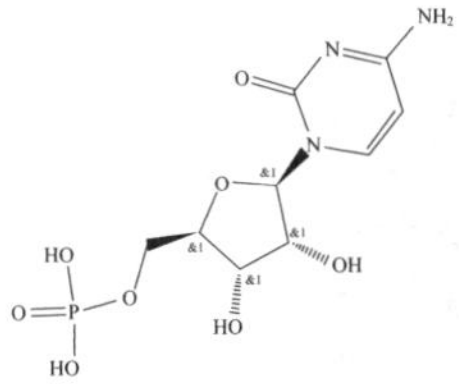	9.19	− 0.84	6.85	4
	5′-GMPNa$_2$	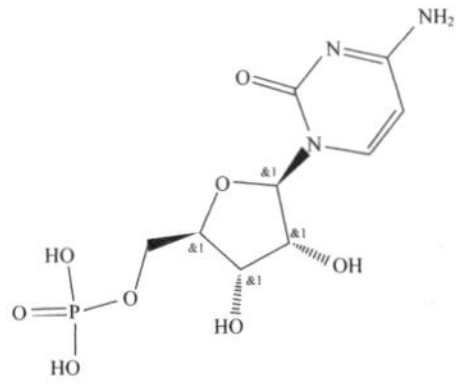	8.42	− 0.84	6.48	4
	5′-UMPNa$_2$	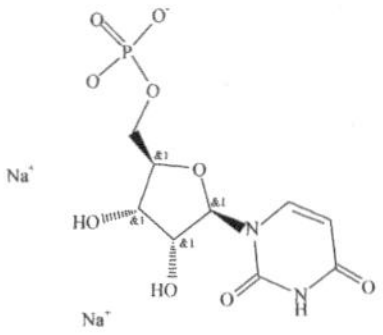	6.40	− 1.99	6.36	4
	AI-2	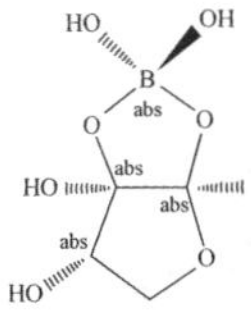	6.11	− 0.66	6.71	4

HIS 11、CYS 124、SER 123 形成传统氢键，其他的相互作用主要是范德华力。

从 PDB 库中下载肠沙门菌的 LuxS 蛋白的三维结构，用分子对接软件进行结构优化后，将 NTs 及 AI-2 小分子结构优化后与其进行分子对接，结果如表 9-2-8 所示。由此表可以看出，四种核苷酸与肠沙门菌 LuxS 蛋白的对接得分低于与干酪乳杆菌 LuxS 蛋白的对接得分，表明其与干酪乳杆菌的 LuxS 蛋白具有较强的相互作用，亲和力较强（彩图 9-2-29）。

由于干酪乳杆菌的 LuxS 蛋白的晶体结构没有得到解析，且 PDB（protein data bank）网站中没有这个蛋白的三维结构，鉴于此，我们采用同源建模的方法来构建这个蛋白的三维结构。将干酪乳杆菌的 LuxS 蛋白的氨基酸序列提交到 SWISS-MODEL 中，通过序列比对可以发现，模板蛋白与目标蛋白的氨基酸序列非常保守。通过序列比对，还可以得到序列的 GMQE（全球模型质量评价）以及序列相似性得分。GMQE 得分用来评价所建模型的质量。得分越高，表明模型的质量越好。而序列相似性可以反映两条序列的相似程度。通过比较模板序列的 GMQE 及序列相似性，最终选取 4xch.1 的 A 链作为模板序列来构建 LuxS 蛋白的

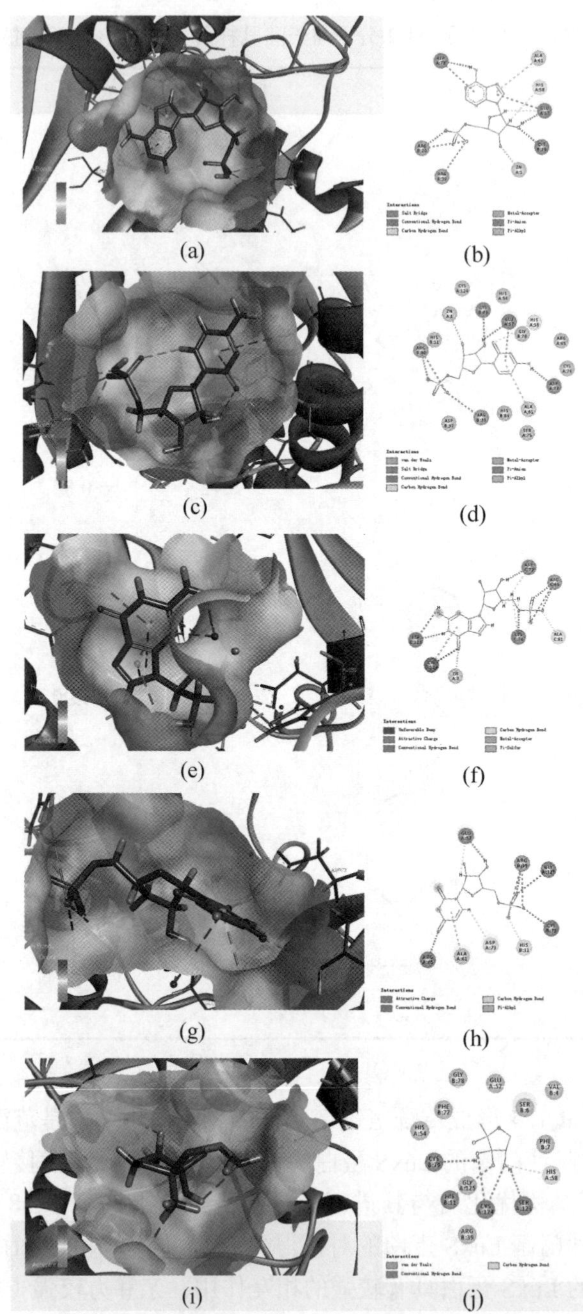

彩图 9-2-28　配体–受体蛋白相互作用图

注：(a, c, e, g, i)：5′-AMP、5′-CMP、5′-GMPNa$_2$、5′-UMPNa$_2$ 以及 AI-2 与干酪乳杆菌 LuxS 受体蛋白活性部位的氨基酸的相互作用；(b, d, f, h, j)：5′-AMP、5′-CMP、5′-GMPNa$_2$、5′-UMPNa$_2$ 以及 AI-2 与 LuxS 受体蛋白相互作用二维图

三维结构。

对所建模型的质量进行评价也至关重要。SAVES 方法以及拉式构象图可以很好地评估

表 9-2-8 NTs 以及 AI-2 分子与肠沙门菌 LuxS 蛋白分子对接结果

受体	配体名称	Total score	Crash	Ploar	CSCORE
LuxS 蛋白	5′-AMP	7.62	− 0.96	8.53	3
	5′-CMP	6.22	− 1.22	6.25	3
	5′-$GMPNa_2$	6.89	− 1.49	7.23	5
	5′-$UMPNa_2$	6.37	− 1.21	6.81	4
	AI-2	6.41	− 0.50	7.23	4

所建模型的质量。SAVES 中 VERIFY 和 ERRAT 评分都表明所建的模型结构是合理的。此外，通过拉式构象图进行质量评价可以看出，蛋白模型的氨基酸处于有利区域的数量超过 90%，表明这个模型具有很好的质量，可以很好地预测 LuxS 蛋白的三维结构。

通过分子对接发现，LuxS 蛋白的 ASP 73、GLU57、CYS 79、ARG 39 以及 SER 123 氨基酸在 LuxS 蛋白的活性位点至关重要。这些氨基酸与多个配体形成相互作用时发挥了重要功能。通过对接得分也可看出，4 种 NTs，尤其是 5′-AMP、5′-CMP 与 LuxS 蛋白形成了紧密的相互作用。AI-2 型信号分子作为细菌种间交流的通用信号分子，可以同时被不同种间（内）的微生物的受体所识别。在 AI-2 型 QS 系统中，*luxS* 基因是关键的调控基因并参与 AI-2 型信号分子的合成。很多菌种已经确定含有该基因。AI-2 型信号分子的合成途径通常如下：S- 腺苷高半胱氨酸（SAH）作为 S- 腺苷甲硫氨酸（SAM）的中间体，由 S 腺苷高半胱氨酸核苷酸酶（Pfs）催化产生了 S- 核糖高同型半胱氨酸（SRH）。随后 LuxS 酶将 SRH 转化为 AI-2 的前体物 4,5- 二羟基 2,3- 戊二酮（DPD）和高半胱氨酸。最终，由于 DPD 不稳定，其自发环化形成 AI-2 型信号分子。AI-2 型信号分子与 LuxS 分子对接的得分低于 4 种 NTs，因此，4 种 NTs 对干酪乳杆菌生长的促进作用机制可能为 4 种核苷酸作为 LuxS 蛋白的激动剂起作用，干酪乳杆菌的 LuxS 蛋白与核苷酸紧密结合，促进了 AI-2 型信号分子的分泌，从而触发 QS 系统相关基因的表达，使干酪乳杆菌产生特定的生理活动，如生物被膜、胞外聚合物分泌增多、细菌素产量增加等。而其与肠沙门菌 LuxS 蛋白对接得分低于干酪乳杆菌，这也解释了 NTs 促进了干酪乳杆菌生长而没有促进食源致病菌肠沙门菌生长的原因。

三、NTs 对酒精性肝损伤大鼠肠道菌群的影响

北京大学李勇教授课题组对雄性 Wistar 大鼠体内肠道菌群的调节作用进行了研究，具体实验方法为：SPF 级雄性 Wistar 大鼠，9 周龄，300 ～ 350 g，由北京大学医学部实验动物中心提供。动物饲养在北京大学医学部实验动物科学部，动物实验环境设施（屏障环境）合格。饲养环境为屏障环境，温度 21 ～ 25℃，相对湿度 40% ～ 50%，12 h 昼 / 夜周期（照明 07：30 — 09：30）。动物分笼饲养，每 3 只一笼，自由饮水进食。雄 SPF 级 Wistar 大鼠 50 只，适应性喂养 2 周，随机分为正常对照组（normal control group）、酒精对照组（alcohol control group）、等热量对照组（dextrose control group）、0.04% 和 0.16% 核苷酸（NTs）干

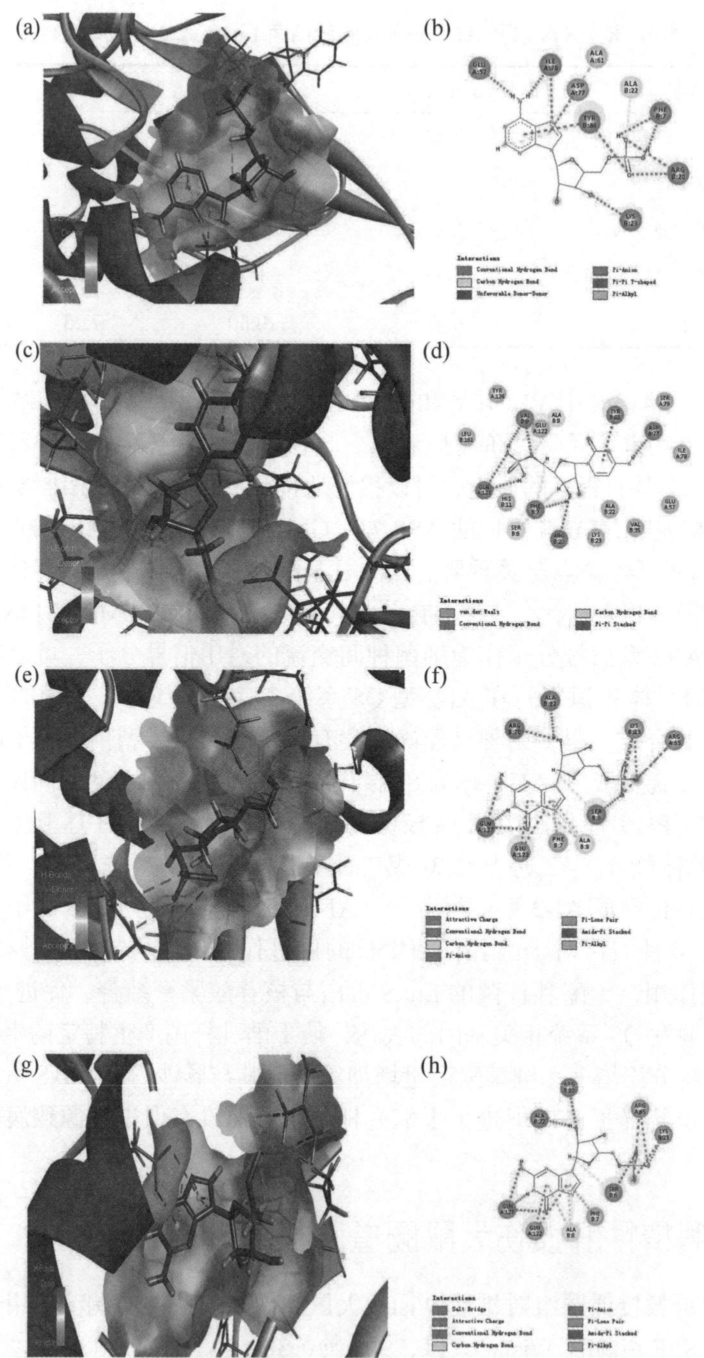

彩图 9-2-29 配体–受体蛋白相互作用图

注：(a,c,e,g)：5′-AMP、5′-CMP、5′-GMPNa$_2$、5′-UMPNa$_2$ 与肠沙门菌 LuxS 受体蛋白活性部位的氨基酸的相互作用；(b，d，f，h)：5′-AMP、5′-CMP、5′-GMPNa$_2$、5′-UMPNa$_2$ 与 LuxS 受体蛋白相互作用二维图

预组，每组 10 只，除正常对照组和等热量对照组外，其余 30 只大鼠使用 50% 酒精（v/v）灌胃，酒精初始灌胃量为每天 2 g/kg，后逐渐增加剂量，2 周后达到 8 g/kg，此为维持剂量，每天 1 ～ 2 次灌胃（每次 2 ～ 3 ml），继续干预 4 周，酒精初始灌胃记为第 1 周，初始灌胃第一天记为第 1 天，干预周期为 6 周。正常对照组每天灌胃等体积的蒸馏水，等热量对照组每天灌胃与酒精对照组热量相等的右旋糖溶液。正常对照组、酒精对照组和等热量对照组大鼠给予 AIN-93G 饲料喂养，0.04% 和 0.16% 核苷酸干预组是在 AIN-93G 饲料基础上每千克分别添加 0.4 g 和 1.6 g 核苷酸所制成。该剂量的设定是根据大连珍奥生物工程股份有限公司的核肽胶囊的推荐摄入量来计算的，核肽胶囊含核苷酸 58.02%，每日推荐摄入量是 0.35 g×6，相当于 60 kg 的成人每日摄入核苷酸 0.020 37 g/kg bw，0.04 和 0.16 g/kg 的核苷酸补充量即相当于此剂量的 2 倍和 8 倍，而大鼠每 100 g 体重每天摄入 10 g 饲料，按照此剂量添加进饲料中，各组饲料中的核苷酸浓度分别为 0.04% 和 0.16%。在灌胃酒精后取大鼠尾尖血进行血乙醇浓度检测。于干预第 6 周末和处死大鼠后，分别取大鼠新鲜粪便和盲肠内容物进行细菌培养及菌群测序。

（一）NTs 对各组大鼠粪便特定菌群的影响

与等热量对照组相比，酒精灌胃后，大鼠粪便乳酸杆菌（*Lactobacilli*）数量明显减少（$P < 0.01$），肠球菌（*Enterococci*）、大肠埃希菌（*Escherichia Coli*）和拟杆菌（*Bacteroides*）数量明显增多（$P < 0.01$）；添加不同剂量核苷酸后，大鼠粪便乳酸杆菌数量较酒精对照组明显增多（0.04% NTs：$P < 0.05$；0.16% NTs：$P < 0.01$），同时两个 NTs 干预组肠球菌（0.04% NTs：$P < 0.05$；0.16% NTs：$P < 0.01$）和拟杆菌（0.04% NTs：$P < 0.01$；0.16% NTs：$P < 0.05$）数量较酒精对照组明显减少，0.16% NTs 组肠杆菌数量较酒精对照组亦明显减少（$P < 0.01$）；双歧杆菌（Bifidobacteria）数量在各组间没有统计学差异（图 9-2-30）。

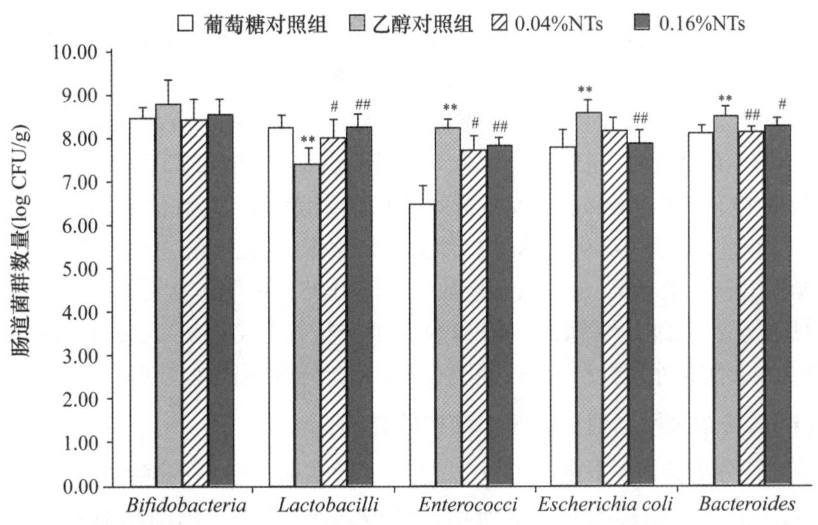

图 9-2-30 NTs 对大鼠粪便特定肠道菌群数量的影响（$n = 6$）

注：与葡萄糖对照组相比，差异显著，$^{*}P < 0.05$，$^{**}P < 0.01$；与乙醇对照组相比，差异显著，$^{\#}P < 0.05$，$^{\#\#}P < 0.01$。

（二）NTs对各组大鼠盲肠内容物中肠道菌群的影响

选择酒精对照组、等热量对照组，0.04%NTs组和0.16% NTs组各6只大鼠的盲肠内容物进行微生物组学的检测。

将同一样本的PCR产物混合后用2%琼脂糖凝胶电泳检测，结果如图9-2-31所示，可见PCR产物目的条带大小正确，浓度合适，可进行后续实验。

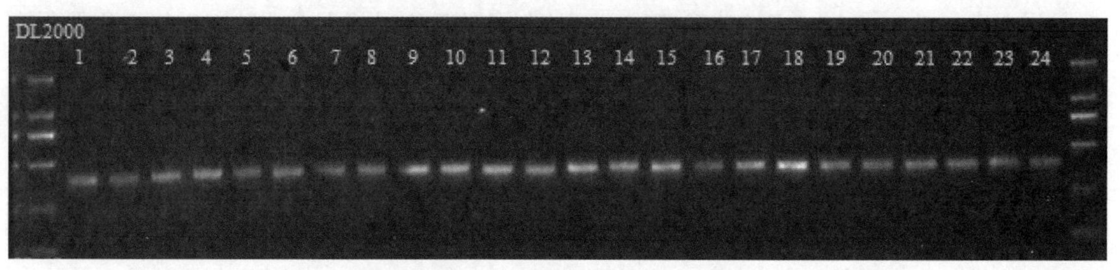

图9-2-31 PCR扩增结果鉴定凝胶图

将Miseq测序得到的数据进行优化及过滤后，共得到846 027条序列，其中长度为301～400 bp的序列为845 630条，占总序列的99.95%。为了解一个样本测序结果中的菌种、菌属等数目信息，就需要对序列进行归类操作（cluster）。通过归类操作，将序列按照彼此的相似性分归为许多小组，一个小组就是一个OTU。可根据不同的相似度水平，对所有序列进行OTU划分，通常在97%的相似水平下对OTU进行生物信息统计分析。如图9-2-32所示，被分入OTU的总优化序列数为639 184，平均每个盲肠内容物样本有（26 565±2543）reads被用来统计分析；本次实验中样本优化序列划分得到的OTU数目共10 819个，每组样本OUT均数如表9-2-9所示。

通过单样本的多样性分析（Alpha多样性）计算得到的分析指数可以估计环境群落的物种丰度和多样性。Chao在生态学中常用来估计物种总数；Ace常用来估计群落中OTU数目的指数，亦是生态学中估计物种总数的常用指数之一；Shannon和Simpson是用来估计样本中微生物多样性的指数，Shannon值越大，说明群落多样性越高，Simpson指数值越大，说明群落多样性越低；Coverage代表各样本文库的覆盖率，其数值越高，说明样本中序列被测出的概率越高。如表9-2-9所示，总体来看，各样本文库的总体覆盖率均高于99.6%，Shannon指数各组趋近于4.0，Simpson指数多小于0.05，说明本次测序结果能够代表样本中微生物的真实情况；此外，酒精对照组和NTs组分析指数Chao、Ace和Shannon明显高于等热量对照组，即酒精对照组和NTs组物种丰度和多样性更高（图9-2-32）。

（三）NTs对各组大鼠肠道菌群整体结构的影响

PCoA分析是分析菌群结构差异的方法之一，旨在通过数据的降维来寻找引起菌群结构差异的可能的主成分。如彩图9-2-33所示，PCoA分析结果显示酒精对照组与其他三组明显分离。韦恩图（Venn diagram）显示酒精对照组中的OTU有8.26%在其他组中没有出现，而等热量对照组、0.04% NTs组和0.16% NTs组中这一数值分别是1.40%、2.43%和3.17%，可见不同组间大鼠肠道菌群种类多样性不同。

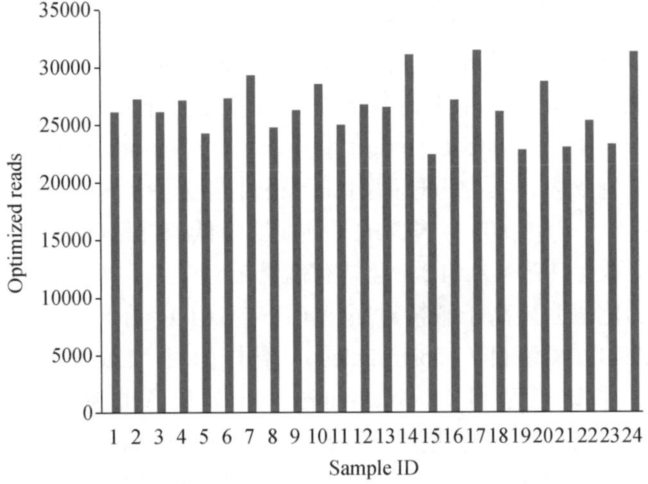

图 9-2-32　每个样本被分入 OTU 的优化序列数

表 9-2-9　Illumina Miseq 测序分析指数（$n = 6$）

组别	OTUs	Chao	Ace	Shannon	Simpson	Coverage
葡萄糖对照组	387±76	456.12±82.10	453.96±84.85	3.756±0.610	0.066±0.047	0.997
乙醇对照组	488±36	578.07±54.26*	569.26±52.40*	4.278±0.136*	0.036±0.010	0.996
0.04%NTs	459±17	531.88±20.20*	526.55±20.31*	4.102±0.189	0.038±0.012	0.997
0.16%NTs	470±32	529.98±40.55*	527.44±37.83*	4.190±0.307*	0.046±0.024	0.997

注：与葡萄糖对照组相比，差异显著，$^*P < 0.05$。

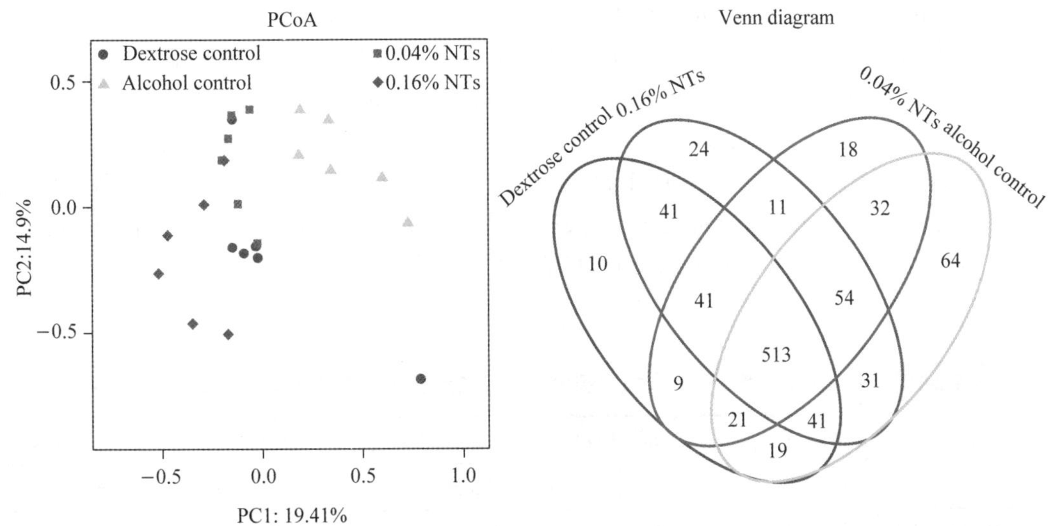

彩图 9-2-33　NTs 对各组大鼠肠道菌群整体结构的影响（$n = 6$）

注：左图是主成分分析图，横坐标，主成分 1 解释 19.41% 变异，纵坐标，主成分 2，解释 14.9% 变异。右图，韦恩图，其中，红色表示葡萄糖对照组；绿色表示 0.16%NTs 干预组；蓝色表示 0.04%NTs 干预组；黄色表示乙醇对照组。

（四）NTs在不同水平上对各组大鼠肠道菌群组成的影响（图9-2-34）

表9-2-10显示了在门（Phylum）、目（Order）和属（Genus）分类水平上各组大鼠盲肠内容物肠道菌群的组成。在门水平上，各组主要菌门是拟杆菌门（Bacteroidetes）、厚壁菌门（Firmicutes）、变形菌门（Proteobacteria）和蓝藻门（Cyanobacteria）。与等热量对照组相比，酒精对照组大鼠盲肠内容物中拟杆菌门细菌相对丰度百分比明显升高（$P < 0.05$），而厚壁菌门细菌明显减少（$P < 0.05$），NTs的干预能够降低拟杆菌门细菌的数量（$P < 0.01$），增加厚壁菌门细菌的数量（$P < 0.01$），且具有剂量依赖关系；而且，核苷酸干预组厚壁菌门与拟杆菌门数量的比值明显高于酒精对照组（$P < 0.01$）。在目水平，各组主要菌目是拟杆菌目（Bacteroidales）、梭菌目（Clostridiales）、乳杆菌目（Lactobacillales）、丹毒丝菌目（Erysipelotrichales）、脱硫弧菌目（Desulfovibrionales）和弯曲菌目（Campylobacterales），其中，拟杆菌目、脱硫弧菌目和弯曲菌目为革兰阴性菌，梭菌目、乳杆菌目和丹毒丝菌目为革兰阳性菌。与等热量对照组相比，酒精对照组大鼠盲肠内容物中拟杆菌目细菌相对丰度百分比明显升高（$P < 0.05$），而梭菌目（$P < 0.05$）、乳杆菌目（$P < 0.01$）和丹毒丝菌目（$P < 0.05$）相对丰度百分比明显降低；与酒精对照组相比，0.04% NTs和0.16% NTs的干预能够明显降低拟杆菌目的相对丰度（$P < 0.01$），升高梭菌目的相对丰度（$P < 0.01$），而且与酒精对照组大鼠相比，0.16% NTs组大鼠盲肠内容物中乳杆菌目的相对丰度明显升高（$P < 0.05$）。在属水平，各组主要菌属是拟杆菌门的拟杆菌属（*Bacteroides*）、变形菌门的*Helicobacteraceae_norank*，以及*Blautia*、*Lachnospiraceae_incertae_sedis*、*Lachnospiraceae_unclassified*、*Lachnospiraceae_uncultured*、乳杆菌属（*Lactobacillus*）、*Oscillibacter*、*Ruminococcaceae_incertae_sedis*、*Ruminococcaceae_unclassified*、*Ruminococcaceae_uncultured*和*S24-7_norank*，它们均属于厚壁菌门。与等热量对照组相比，酒精对照组大鼠盲肠内容物中*Blautia*菌属细菌相对丰度明显升高（$P < 0.05$），乳杆菌属细菌相对丰度明显降低（$P < 0.01$），而*Ruminococcaceae_unclassified*菌属细菌相对丰度明显降低（$P < 0.05$）；核苷酸干预后，与酒精对照组相比，0.04% NTs组大鼠盲肠内容物中*Blautia*菌属细菌相对丰度明显降低，而*Lachnospiraceae_incertae_sedis*（$P < 0.01$）、*Lachnospiraceae_unclassified*（$P < 0.01$）和*Ruminococcaceae_unclassified*（$P < 0.05$）三个菌属细菌相对丰度明显升高，0.16% NTs组大鼠盲肠内容物中拟杆菌属和*Helicobacteraceae_norank*菌属细菌数量明显降低（$P < 0.01$），*Lachnospiraceae_unclassified*菌属细菌数量明显升高（$P < 0.01$），此外，0.16% NTs的干预与酒精对照组相比能够轻度增加盲肠内容物中乳杆菌属的细菌数量，但没有统计学差异。

表9-2-10 NTs在各分类水平对大鼠盲肠内容物肠道菌群相对丰度百分比的影响（$n = 6$）

水平	名称	葡萄糖对照组		乙醇对照组		0.04%NTs		0.16%NTs	
		Mean	SD	Mean	SD	Mean	SD	Mean	SD
门	Bacteroidetes	42.4%	7.9%	50.6%*	5.5%	37.0%##	3.0%	36.7%##	7.0%
	Firmicutes	53.6%	9.2%	44.8%*	4.6%	57.5%##	3.7%	59.6%##	8.6%
	Proteobacteria	3.7%	2.0%	4.0%	1.9%	5.2%	3.5%	3.2%	1.8%

续表

水平	名称	葡萄糖对照组		乙醇对照组		0.04%NTs		0.16%NTs	
		Mean	SD	Mean	SD	Mean	SD	Mean	SD
	Cyanobacteria	0.2%	0.3%	0.3%	0.2%	0.3%	0.1%	0.2%	0.1%
目	Bacteroidales	42.3%	8.0%	50.0%*	4.8%	36.9%##	3.0%	36.7%##	7.0%
	Clostridiales	47.7%	11.6%	44.2%*	4.3%	56.9%##	3.7%	56.3%##	10.9%
	Lactobacillales	3.5%	4.3%	0.1%**	0.1%	0.2%	0.1%	0.3%##	0.1%
	Erysipelotrichales	2.9%	3.8%	0.9%*	1.0%	0.4%	0.4%	3.0%	3.7%
	Desulfovibrionales	1.0%	1.2%	0.5%	0.3%	0.4%	0.2%	1.0%	0.6%
	Campylobacterales	2.3%	1.4%	3.1%	1.6%	4.6%	3.5%	2.0%	0.5%
属	*Bacteroides*	10.8%	5.4%	11.6%	5.4%	7.5%	3.2%	2.0%##	1.4%
	Blautia	9.3%	6.7%	17.6%*	3.8%	7.0%##	6.6%	12.0%	6.8%
	Helicobacteraceae_norank	2.3%	1.4%	3.1%	1.6%	4.6%	3.5%	0.2%##	0.4%
	Lachnospiraceae_incertae_sedis	6.0%	13.7%	0.4%	0.1%	6.7%##	4.3%	0.5%	0.2%
	Lachnospiraceae_unclassified	3.2%	3.4%	2.5%	1.4%	8.8%##	5.8%	6.0%#	4.1%
	Lachnospiraceae_uncultured	1.6%	1.7%	1.5%	0.8%	1.5%	0.8%	1.7%	0.6%
	Lactobacillus	2.9%	4.1%	0.1%**	0.1%	0.1%	0.1%	0.3%	0.2%
	Oscillibacter	4.6%	3.9%	5.8%	2.4%	9.1%	1.2%	4.8%	2.3%
	Ruminococcaceae_incertae_sedis	1.6%	0.9%	1.6%	0.5%	1.4%	0.4%	3.3%	2.2%
	Ruminococcaceae_unclassified	5.3%	3.1%	3.1%*	0.8%	5.3%#	1.9%	4.7%	1.6%
	Ruminococcaceae_uncultured	9.3%	4.0%	5.2%	2.7%	9.6%	2.6%	9.5%	5.3%
	S24-7_norank	29.9%	6.4%	35.5%	7.0%	28.4%	2.9%	29.9%	9.1%

注：与葡萄糖对照组相比，差异显著，$^{*}P < 0.05$，$^{**}P < 0.01$；与乙醇对照组相比，差异显著，$^{\#}P < 0.05$，$^{\#\#}P < 0.01$。

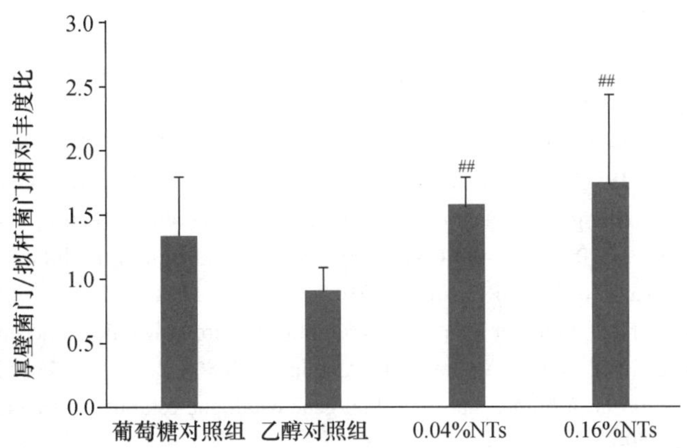

图 9-2-34　NTs 在门水平上对大鼠盲肠内容物中厚壁菌门 / 拟杆菌门相对丰度比值的影响（$n = 6$）

注：与乙醇对照组相比，差异显著，$^{\#\#}P < 0.01$。

四、NTs在肠道菌群调节作用研究进展领域中的应用前景

肠道菌群在人类和动物健康中起着至关重要的作用，肠道生态的变化会影响代谢特性，进而影响宿主生理，并且宿主饮食对肠道菌群的组成具有至关重要的影响。通过体内和体外实验发现NTs对提高益生菌的活性、调节肠道菌群具有重要作用。由于NTs具有非常可靠的安全性，正常人群和特殊人群亦能合理使用。同时NTs的一些优良的生理功能特性，在日常饮食中有目的地提高NTs的摄入量，或与微生态制剂联用，可以稳定地增殖肠道内有益菌的含量，使肠道菌群保持一个良好的微生态平衡。达到“未病防病，无病保健”的效果。此外，NTs可应用在食品领域，如早餐谷物食品、婴幼儿食品、各种保健食品及饮料、糖果、糕点、面包中等，进一步强化其营养价值和保健功能。综上所述，NTs对于人类的营养与健康具有十分重要的意义。

小 结

通过体内和体外试验发现，NTs明显增多机体肠道菌群OTU数量、增加肠道菌群多样性。还促进了干酪乳杆菌的生长繁殖，增加了细菌生物被膜和EPS的分泌量。综上，NTs具有作为新型益生元和优质氮源的潜力，在促进益生菌生长和调节肠道菌群方面将会发挥巨大的作用。

Results of experiments in vivo and in vitro showed that NTs significantly increased the number of intestinal flora OTU and the diversity of intestinal flora. It also promoted the growth and reproduction of *Lactobacillus casei* and increased the secretion of bacterial biofilm and EPS. In conclusion，NTs has the potential as a new prebiotics and high quality nitrogen source，which will play a great role in promoting the growth of probiotics and regulating the intestinal flora.

参考文献

[1] Castanys-Muñoz E，Martin MJ，Vazquez E. Building a beneficial microbiome from birth. Advances in Nutrition，2016，7（2）：323-330.

[2] Metchnikoff E，Williams HS. Why not live forever? Cosmopolitan，1912，53：436-446.

[3] Guarner F，Malagelada JR. Gut flora in health and disease. Lancet，2003，361（9356）：512-519.

[4] Zhao L. The tale of our other genome. Nature News&Views，2010，465（7300）：879-880.

[5] Velagapudi VR，Hezaveh R，Reigstad CS，et al. The gut microbiota modulates host energy and lipid metabolism in mice. Journal of Lipid Research，2010，51（5）：1101-1112.

[6] Kirpich IA，Solovieva NV，Leikhter SN，et al. Probiotics restore bowel flora and improve liver enzymes in human alcohol-induced liver injury：A pilot study. Alcohol，2008，42（8）：675-682.

[7] Qin J，Li R，Raes J，et al. A human gut microbial gene catalogue established by metagenomic sequencing. Nature，2010，464：59-65.

[8] Fischbach MA，Sonnenburg JL. Eating for two：How metabolism establishes interspecies interactions in the gut. Cell Host & Microbe，2011，10：336-347.

[9] Neish AS. Microbes in gastrointestinal health and disease. Gastroenterology，2009，136（1）：65-80.

[10] Cani P, Amar J, Iglesias M, et al. Metabolic endotoxemia initiates obesity and insulin resistance. Diabetes, 2007, 56 (7): 1761-1772.

[11] Ding T, Schloss PD. Dynamics and associations of microbial community types across the human body. Nature, 2014, 509 (7500): 357-360.

[12] Cresci GA, Bawden E. Gut Microbiome: What we do and don't know. Nutr Clin Pract, 2015, 30 (6): 734-746.

[13] Scholtens PA, Oozeer R, Martin R, et al. The early settlers: Intestinal microbiology in early life. Annual Review of Food Science and Technology, 2012, 3: 425-447.

[14] Penders J, Thijs C, Vink C, et al. Factors influencing the composition of the intestinal microbiota in early infancy. Pediatrics, 2006, 118: 511-521.

[15] Dominguez-Bello MG, Costello EK, Contreras M, et al. Delivery mode shapes the acquisition and structure of the initial microbiota across multiple body habitats in newborns. Proc Natl Acad Sci USA, 2010, 107 (26): 11971-11975.

[16] Martín R, Jiménez E, Heilig H, et al. Isolation of Bifidobacteria from breast milk and assessment of the bifidobacterial population by PCR-denaturing gradient gel electrophoresis and quantitative real-time PCR. Applied & Environmental Microbiology, 2009, 75 (4): 965-969.

[17] German JB, Freeman SL, Lebrilla CB, et al. Human milk oligosaccharides: Evolution, structures and bioselectivity as substrates for intestinal bacteria. Nestle Nutr Workshop, 2008, 62: 205-222.

[18] Fukuda S, Toh H, Hase K, et al. Bifidobacteria can protect from enteropathogenic infection through production of acetate. Nature, 2011, 469: 543-547.

[19] Ouwehand A, Isolauri E, Salminen S. The role of the intestinal microflora for the development of the immune system in early childhood. European Journal of Nutrition, 2002, 41 (suppl 1): i32-i37.

[20] Koenig JE, Spor A, Scalfone N, et al. Succession of microbial consortia in the developing infant gut microbiome. Proceedings of the National Academy of Sciences, 2011, 108 (suppl 1): 4578-4585.

[21] Ottman N, Smidt H, de Vos WM, et al. The function of our microbiota: Who is out there and what do they do? Frontiers in Cellular & Infection Microbiology, 2012, 2 (5): 608-616.

[22] Lovat LG. Age related changes in gut physiology and nutritional status. Gut, 1996, 38: 306-309.

[23] Finegold SM, Attebery HR, Sutter VL. Effect of diet on human fecal flora: Comparison of Japanese and American diets. American Journal of Clinical Nutrition, 1974, 27 (12): 1456-1469.

[24] Carmody RN, Turnbaugh PJ. Host-microbial interactions in the metabolism of therapeutic and diet-derived xenobiotics. Journal of Clinical Investigation, 2014, 124 (10): 4173-4181.

[25] Stecher B, Hardt WD. Mechanisms controlling pathogen colonization of the gut. Current Opinion in Microbiology, 2011, 14 (14): 82-91.

[26] Jernberg C, Lofmark S, Edlund C, et al. Long-term ecological impacts of antibiotic administration on the human intestinal microbiota. Isme Journal, 2013, 7 (2): 56-66.

[27] Wells JM, Rossi O, Meijerink M, et al. Epithelial crosstalk at the microbiota-mucosal interface. Proceedings of the National Academy of Sciences of the United States of America, 2011, 108 (suppl 1): 4607-4614.

[28] Compare D, Coccoli P, Rocco A, et al. Gut-liver axis: The impact of gut microbiota on non alcoholic fatty liver disease. Nutrition Metabolism & Cardiovascular Diseases, 2012, 22 (6): 471-476.

[29] Chassaing B, Etienne-Mesmin L, Gewirtz AT. Microbiota-liver axis in hepatic disease. Hepatology, 2014, 59: 328-339.

[30] Cryan JF, Dinan TG. Mind-altering microorganisms: The impact of the gut microbiota on brain and behaviour. Nature Reviews Neuroscience, 2012, 13 (10): 701-712.

[31] Vyas U, Ranganathan N. Probiotics, prebiotics, and synbiotics: Gut and beyond. Gastroenterology Research & Practice, 2012, 2012: 872716.

[32] Cummings JH, Pomare EW, Branch WJ, et al. Short chain fatty acids in human large intestine, portal, hepatic and venous blood. Gut, 1987, 28 (10): 1221-1227.
[33] Koropatkin NM, Cameron EA, Martens EC. How glycan metabolism shapes the human gut microbiota. Nature Reviews Microbiology, 2012, 10 (5): 323-335.
[34] Guarner F, Malagelada JR. Gut flora in health and disease. Lancet, 2003, 361 (9356): 512-519.
[35] Schneditz G, Rentner J, Roier S, et al. Enterotoxicity of a nonribosomal peptide causes antibiotic-associated colitis. Proceedings of the National Academy of Sciences of the United States of America, 2014, 111 (36): 13181-13186.
[36] Martínez-del Campo A, Bodea S, Hamer HA, et al. Characterization and detection of a widely distributed gene cluster that predicts anaerobic choline utilization by human gut bacteria. MBio, 2015, 6 (2): 497-501.
[37] Guarner F, Malagelada JR. Gut flora in health and disease. Lancet, 2003, 361 (9356): 512-519.
[38] Hooper LV, Gordon JI. Commensal host-bacterial relationships in the gut. Science, 2001, 292 (5519): 1115-1118.
[39] Björkstén B, Sepp E, Julge K, et al. Allergy development and the intestinal microflora during the first year of life. Journal of Allergy & Clinical Immunology, 2001, 108 (4): 516-520.
[40] Mountzouris KC, McCartney AL, Gibson GR. Intestinal microflora of human infants and current trends for its nutritional modulation. British Journal of Nutrition, 2002, 87 (5): 405-420.
[41] Schlimme E, Martin D, Meisel H. Nucleosides and nucleotides: Natural bioactive substances in milk and colostrum. British Journal of Nutrition, 2000, 84 (suppl 1): S59-68.
[42] Hess JR, Greenberg NA. The role of nucleotides in the immune and gastrointestinal systems: Potential clinical applications. Nutrition in Clinical Practice, 2012, 27 (2): 281-294.
[43] Bourlioux P, Koletzko B, Guarner F, et al. The intestine and its microflora are partners for the protection of the host: Report on the Danone Symposium "The Intelligent Intestine," held in Paris, June 14, 2002. American Journal of Clinical Nutrition, 2003, 78 (4): 675-683.
[44] Uauy R. Dietary nucleotides and requirements in early life. In: Lebenthal E, ed. Textbook of gastroenterology and nutrition in infancy. 2nd ed. New York: Raven Press Ltd, 1989: 265-280.
[45] Carver JD, Walker WA. The role of nucleotides in human nutrition. Journal of Nutritional Biochemistry, 1995, 6 (6): 58-72.
[46] Roselli M, Britti MS, Le Huerou-Luron I, et al. Effect of different plant extracts and natural substances (PENS) against membrane damage induced by enterotoxigenic Escherichia coli K88 in pig intestinal cells. Toxicology in Vitro, 2007, 21 (2): 224-229.
[47] Gil A. Effects of the addition of nucleotides to an adapted milk formula on the microbial patterns of faces in at term newborn infants. Journal of Clinical Nutrition Gastroenterol, 1986, 1: 127-132.
[48] Singhal A, Macfarlane G, Macfarlane S, et al. Dietary nucleotides and fecal microbiota in formula-fed infants: A randomized controlled trial. American Journal of Clinical Nutrition, 2008, 87 (6): 1785-1792.
[49] Gil A. Modulation of the immune response mediated by dietary nucleotides. European Journal of Clinical Nutrition, 2002, 56 (suppl.3): S1-S4.
[50] Sauer N, Bauer E, Vahjen W, et al. Nucleotides modify growth of selected intestinal bacteria in vitro. Livestock Science, 2010, 133 (1-3): 161-163.
[51] Van CM, Jansman AJ, Smidt H, et al. Effects of yeast culture on performance, gut integrity, and blood cell composition of weanling pigs. Journal of Animal Science, 2007, 85 (11): 3099-3109.
[52] Sauer N, Eklund M, Roth S, et al. Short-term effect of dietary yeast nucleotide supplementation on small intestinal enzyme activities, bacterial populations and metabolites and ileal nutrient digestibilities in newly weaned pigs. Journal of Animal Physiology and Animal Nutrition, 2012, 96 (4): 700-708.

[53] Sauer N，Eklund M，Bauer E，et al. The effects of pure nucleotides on performance，humoral immunity，gut structure and numbers of intestinal bacteria of newly weaned pigs. Journal of Animal Science，2012，90（9）：3126-3134.

[54] 刘玉婷，郝微微，温红珠，等. 肠道菌群的检测方法及研究进展. 世界华人消化杂志，2016，24（20）：3142-3148.

[55] Swidsinski A，Ladhoff A，Pernthaler A，et al. Mucosal flora inflammatory bowel disease. Gastroenterology，2002，122（1）：44-54.

[56] Ott S J，Plamondon S，Hart A，et a1. Dynamics of the mucosa-associated flora in ulcerative colitis patients during remission and clinical relapse. Joumal of Clinical Microbiology，2008，46（10）：3510-3513.

[57] 陈书巧，郭佳汶，程如越，等. 泡菜直投菌对抗生素诱导的小鼠肠道菌群紊乱的改善效果研究. 食品与发酵科技，2019，3：29-34.

[58] 徐鹏程，栾英桥，张丹，等. 甘草水提物对小鼠肠道菌群的影响. 广东药科大学学报，2018，34（2）：228-232.

[59] Parthasarathy G，Chen J，Chen X，et al. Colonic mucosa vs feces and symptoms，colonic transit，and methane production in female patients with chronic constipation. Gastroenterology，2016，150（2）：367-379.

[60] 李晓敏，杨丽杰，霍贵成. Ilumina 技术研究不同喂养方式婴儿肠道菌群差异. 食品科技，2012，37（9）：319-324.

[61] Sibai Mustafa，Altuntaş Ebru，BernaYildirim，et al. Microbiome and longevity：High abundance of longevity-linked Muribaculaceae in the gut of the long-living rodent spalax leucodon. Journal of Integrative Biology，2020，24：1-10.

[62] Parker B J，Wearsch PA，Veloo ACM，et al. The genus Alistipes：Gut bacteria with emerging implications to inflammation，cancer，and mental health. Frontiers in Immunology，2020，11：906.

[63] Lehto SM，Niskanen L，Tolmunen T，et al. Low serum HDL-cholesterol levels are associated with long symptom duration in patients with major depressive disorder. Psychiatry and Clinical Neurosciences，2010，64：279-283.

[64] 张元芳，叶烈夫，丁强，等. 不同前列腺组织中睾酮及双氢睾酮含量测定的研究. 中华外科杂志，2000，38（7）：567-579.

[65] Lanctôt K L，Herrmann N，Paolo M，et al. GABAergic function in Alzheimer's disease：Evidence for dysfunction and potential as a therapeutic target for the treatment of behavioural and psychological symptoms of dementia. Can J Psychiatry，2004，49（7）：439-453.

[66] Ruth MM，Paul JW. Which GABAA-receptor subtypes really occur in the brain? Trends in Neurosciences，1996，19（4）：139-143.

[67] Ohsawa K，Uchida N，Ohki K，et al. Lactobacillus helveticus fermented milk improves learning and memory in mice. Nutritional Neuroscience，2015，18（5）：232-240.

[68] Messaoudi M，Lalonde R，Violle N，et al. Assessment of psychotropic-like properties of a probiotic formulation（Lactobacillus helveticus R0052 and Bifidobacterium longum R0175）in rats and human subjects. British Journal of Nutrition，2011，105（5）：755-764.

[69] Ding T，Li T，Li J. Identification of natural product compounds as quorum sensing inhibitors in Pseudomonas fluorescens P07 through virtual screening. Bioorganic & Medicinal Chemistry，2018，26（14）：4088-4099.

[70] Mcclean KH，Winson MK，Fish L，et al. Quorum sensing and Chromobacterium violaceum：Exploitation of violacein production and inhibition for the detection of N-acylhomoserine lactones. Microbiology，1997，143（12）：3703-3711.

[71] Srey S，Jahid IK，Ha S -D. Biofilm formation in food industries：A food safety concern. Food Control，2013，31（2）：572-585.

[72] Chahad OB，Bour ME，Calo-Mata P，et al. Discovery of novel biopreservation agents with inhibitory effects on growth of food-borne pathogens and their application to seafood products. Research in Microbiology，2012，163（1）：44-54.

[73] Campos CA，Rodriguez O，Calo-Mata P，et al. Preliminary characterization of bacteriocins from Lactococcus lactis，Enterococcus faecium and Enterococcus mundtii strains isolated from turbot（Psetta maxima）. Food Research International，2006，39（3）：356-364.

[74] 赵龙华，杨维青 . 细菌群集运动与生物被膜和耐药性的关系 . 国际检验医学杂志，2011，32（17）：7999-8004.

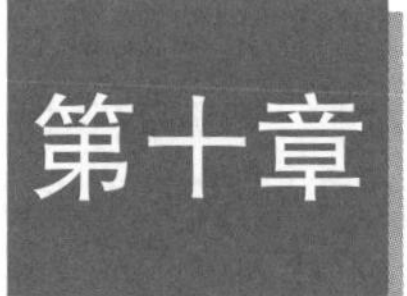

外源核苷酸与免疫功能
Exogenous nucleotides and immune function

免疫系统（immune system）是机体执行免疫应答及免疫功能的重要系统，通过抵御病原菌侵害，保持机体健康、避免发生各种疾病。研究发现当免疫稳态被破坏，机体受到免疫挑战时，外源核苷酸能进入各种组织中并被利用，有助于维持免疫系统的正常功能。本章就近期的一些研究结果从免疫系统的概述以及核苷酸干预在各种免疫系统失衡状态下的作用效果等方面进行介绍。

Immune system is an important system for the body to perform immune response and immune function. It can keep the body healthy and avoid various diseases by resisting the invasion of pathogens. It is found that when the immune homeostasis is destroyed and the immunity is challenged, exogenous nucleotides can enter various tissues and be used, which is helpful to maintain the function of the immune system. This chapter introduces some recent research results from the overview of the immune system and the effect of nucleotide intervention in various immune system imbalances.

第一节　概　述 Introduction

人体免疫系统是由免疫器官、免疫细胞和免疫分子组成的。免疫系统防御失调分为三大类：免疫缺陷、自身免疫和过敏[1]。

一、免疫缺陷

当免疫系统的一个或多个组件处于非活动状态时，就会发生免疫缺陷。免疫系统对病原体的反应能力在年轻人和老年人中都有所减弱，免疫反应在 50 岁左右开始下降，原因是免疫衰老[2]。衰老是分子、细胞、组织和机体功能水平的逐渐下降，是维持机体健康、组织平衡和抗应力的复杂网络功能失调的结果。随着生物体的老化，机体对疾病的易感性逐渐增加，死亡的可能性也随之增加。

在过去的几十年里，虽然衰老的机制尚未完全清楚，但基因调控已被证明是这些问题的核心。衰老引起的生理和细胞功能的逐渐下降与对组织特异性和物种特异性基因表达水平的复杂影响有关。有研究通过高分辨率单细胞测序技术发现免疫衰老除了与转录失调和染色质不稳定有关之外，细胞间转录变异性增加也是衰老的主要标志[3, 4]。其后果可导致肿瘤易感性增加，自身免疫疾病发病率增加，传染病易感性增加，伤病恢复缓慢等。

免疫系统在人体衰老的进程中关系最为密切。机体老化过程中，免疫器官及功能都会发生变化：胸腺萎缩导致T细胞数量及活性减弱；B淋巴细胞在全血中及淋巴结中的数量降低，分泌的免疫球蛋白水平下降，同时还伴有抗体类别的转变；NK细胞数量虽减少不多，但攻击力大大减弱。这些变化不仅严重影响了免疫系统的正常功能，也加速了机体衰老。近年来，免疫系统作为研究衰老的细胞和分子变化的基础已受到越来越多学者的重视。

在发达国家，肥胖、酗酒和吸毒是免疫功能不良的常见原因，而营养不良是发展中国家免疫缺陷的最常见原因[5]。此外，通过基因突变或手术切除在幼年时失去胸腺会导致严重的免疫缺陷和易感染。免疫缺陷还可以继承或“获得”。严重的联合免疫缺陷是一种罕见的遗传性疾病，其特征是多种基因突变导致功能T细胞和B细胞发育紊乱。获得性免疫缺陷综合征和某些癌症会导致获得免疫缺陷。

二、自身免疫

过度活跃的免疫反应形成免疫功能障碍的另一端，特别是自身免疫性疾病。在这里，免疫系统不能正确区分自我和非自我，并攻击身体的一部分。在正常情况下，许多T细胞和抗体与“自我”肽发生反应。一类特别细胞（位于胸腺和骨髓中）的功能之一是向初始的淋巴细胞展示全身产生的自我抗原，并消除那些识别自我抗原的细胞，防止自身免疫。常见的自身免疫性疾病包括桥本甲状腺炎，类风湿性关节炎，1型糖尿病和系统性红斑狼疮[6]。

三、过敏

过敏是一种会损害身体自身组织的免疫反应。它根据所涉及的机制和超敏感反应的时间过程分为四类（Ⅰ-Ⅳ型）。Ⅰ型过敏症是一种迅速的反应，症状范围从轻微不适到死亡。Ⅰ型超敏由IgE介导，当被抗原交叉连接时，它触发肥大细胞和嗜碱性粒细胞的脱颗粒。Ⅱ型超敏发生时，抗体结合到自身抗原细胞，标记他们的破坏。这也称为抗体依赖（或细胞毒性）过敏，由IgG和IgM抗体调节。沉积在各种组织中的免疫复合物（抗原、补体蛋白和IgG和IgM抗体的聚合物）触发Ⅲ型过敏反应。Ⅳ型超敏（也称为细胞介导或迟发型超敏）通常需要两到三天的时间才能发展。Ⅳ型反应涉及许多自身免疫性疾病和传染病，也可能涉及接触性皮炎。这些反应由T细胞、单核细胞和巨噬细胞进行介导。

个体在免疫功能的活力上存在相当大的异质性，这主要是由于遗传学、环境、生活方式、营养和这些因素的相互作用等影响的。营养作为影响免疫功能的可改变因素已有几十年的研究。与其他身体系统一样，免疫系统依赖于足够的营养物质来正常运作。有充分证据表明，营养状况与免疫力和宿主对感染的抵抗力密切相关[7]。有少量证据表明宏量营养素和微量营养素的缺乏会导致免疫功能损伤，而营养补充可以扭转这种损伤。营养缺乏问题在欠发达地区是传染病发病率和死亡率高发的主要原因。而即使在发达国家，特定的营养素缺乏、不健康的饮食成分以及过量的能量摄入，仍然是一个具有挑战性的现实。这种情况在老年人群体中尤为显著，因为老年人还常被各种疾病、药物、厌食等因素所累。此外，老年人对某些饮食成分的要求可能更高，以弥补细胞功能的不足和与衰老相关的压力增加。虽然人们一致认为需要纠正营养缺乏或不足，以确保免疫系统正常运作，但越来越多的证据表明，对于某些营养物质，补充摄入可能有助于优化免疫功能，包括改善防御功能，从而抵抗感染，同时保持耐受性。许多植物化学物质和功能性食物也已被证明对免疫功能有有益的影响。

既往研究显示，当免疫稳态被破坏，机体受到免疫挑战时，外源核苷酸能进入各种组织中并被利用，有助于维持免疫系统的正常功能。限制小鼠摄入膳食核苷酸会降低其细胞免疫的能力以及其对金黄色葡萄球菌或白念珠菌的抵抗力。与喂食补充核苷酸饮食的小鼠相比，无核苷酸膳食的小鼠的脾细胞产生较少的白细胞介素 2（IL-2），并且具有较低的自然杀伤细胞细胞毒性和巨噬细胞活性。在喂食无核苷酸膳食的动物中，体内淋巴组织增殖反应、巨噬细胞吞噬活性以及 IL-2 受体和 lyt1 表面标志物的表达也较低[8]。同时，添加核苷酸的饮食也与移植物抗宿主病死亡率、异体移植的免疫排斥、皮肤超敏反应、营养不良或饥饿导致的免疫抑制、自然杀伤细胞活性等有密切的关系[9]。

澳大利亚一项人群随机对照试验研究评估了核苷酸补充对于健康婴儿免疫功能的影响[10]。治疗组（NT）中的婴儿接受相同的奶粉以提供每百毫升 67 kcal 的能量，并添加 17.3 mg/L（2.58 mg/100 kcal）胞苷单磷酸（CMP）、6.6 mg/L（0.99 mg/100 kcal）尿苷单磷酸（UMP）、4.4 mg/L（0.66 mg/100 kcal）腺苷单磷酸（AMP）、3.1 mg/L（0.46 mg/100 kcal）肌苷单磷酸（IMP）和 2.2 mg/L（0.33 mg/100 kcal）的鸟苷酸（GMP）。结果表明添加 33.5 mg/L 的 5′-核苷酸配方奶粉可适度改善抗体反应，与使用更高水平的核苷酸补充剂（72 mg/L）的随机对照试验结果一致[11]。在 2 个月大时，与喂养未添加配方奶粉的婴儿相比，母乳喂养或添加核苷酸婴儿配方奶粉喂养的婴儿表现出更高的自然杀伤细胞活性。核苷酸的从头合成和回收是一个代谢成本较高的过程。来自膳食的外源核苷酸来源可以优化快速分裂组织的功能，特别是当生长迅速且饮食中核苷酸含量低时。

有研究者给小鼠饲喂 2% 卵清蛋白 OVA 溶液，观察有无核苷酸补充的小鼠免疫球蛋白水平差异。核苷酸组合物包含与哺乳期 12 周时母乳中相似的核苷酸比例。核苷酸 5′- 二磷酸被核苷酸 5′- 单磷酸取代，5′- 腺苷单磷酸被 5′- 肌苷单磷酸取代。核苷酸添加物中含有胞苷单磷酸盐 1.62 g/kg；单磷酸鸟苷 0.57 g/kg；肌苷单磷酸盐 1.1 g/kg；尿苷单磷酸 0.71 g/kg。结果发现，与无核苷酸饮食组小鼠相比，喂核苷酸补充饮食的小鼠中粪便 OVA 特异性免疫球蛋白 A（IgA）水平显著提高[12]。在核苷酸饮食喂养的小鼠中，肠道上皮细胞（IECs）中转化生长因子 β（TGF-β）的分泌显著增加，这是 IgA 的异型特异性开关因子。研究者还曾进行相似的实验发现膳食核苷酸可通过增强 IL-12 生产并抑制抗原特异性 IgE 反应，对抗原特异性 Th1 免疫反应进行调节[13]。

在鱼类的研究中发现，在石斑鱼饲料中添加 1.5 g 混合核苷酸饲料可以促进生长和免疫反应。与其他核苷酸相比，含有 1.5 g/kgAMP 的饮食似乎对鱼的免疫反应更有益[14]。还有学者以虹鳟鱼幼鱼为研究对象，研究核苷酸对其免疫反应及对链球菌耐受性的影响。结果发现在添加 1.5 g/kg 核苷酸时，鱼的血清中 ACH50 水平和溶菌酶活性显著高于对照组；添加 2 g/kg 核苷酸时，IgM 水平较高[15]。

烟酰胺单核苷酸（nicotinamide mononucleotide，NMN）是一种自然存在的生物活性核苷酸，广泛参与人体多项生化反应，与免疫、代谢息息相关。NMN 是由烟酰胺（一种水溶

性维生素 B_3）和5-磷酸核糖-1-焦磷酸（5′-phosphoribosyl-1-pyrophosphate，PRPP）通过哺乳动物中限速NAD生物合成酶NAMPT合成的[16]。NMN存在于各种类型的天然食品中，如蔬菜、水果和肉类。毛豆和西兰花分别含有0.47～1.88和0.25～1.12 mg/100克的NMN，而鳄梨和番茄分别含有0.36～1.60和0.26-0.30 mg/100克的NMN。然而，生牛肉仅含有0.06～0.42 mg/100克[17]。

在人体中，NMN是 NAD^+ 的前体，NAD可以直接和间接地影响许多关键的细胞功能，包括代谢通路、DNA修复、染色质重塑、细胞衰老和免疫细胞功能[18, 19]。这些细胞过程和功能对于维持组织和代谢平衡以及健康老化至关重要。NAD水平在包括啮齿动物和人类在内的各种生物体中会随着年龄的增长而下降，加速了许多与年龄相关的病理生理变化的发展。因此，补充NMN提高了体内 NAD^+ 含量，从而产生延缓衰老、调节免疫等作用。

综上所述，各种形式的外源核苷酸能参与维持免疫系统的正常功能，对于免疫细胞的生长发育也有帮助，可促进抗体产生，强化细胞免疫的功能等[20, 21]。其机制可能与减少了上游刺激因子1（USF1）、糖皮质激素受体（NR3C1）、NFKB和抑癌基因p53的表达和活性从而影响细胞分化和凋亡有关[22]。

第二节　外源核苷酸与免疫调节的研究进展 Advances in effect of exogenous nucleotides on immune function

由于机体可以通过从头合成和补救合成途径合成核苷酸，所以以往人们曾一直把核苷酸作为非必需营养物质，但随着近几十年来国内外对核苷酸的大量研究日趋表明，核苷酸在特定生理条件下是不可或缺的营养成分。哺乳动物代谢旺盛的组织和细胞，如胃肠道、骨髓细胞和淋巴细胞合成核苷酸的能力缺乏或有限，内源途径合成的核苷酸并不能满足机体需要。外源核苷酸（exogenous nucleotides，NTs）在特定生理条件下，如免疫应激、肝损伤、饥饿及快速生长时，能发挥重要作用。研究表明，NTs具有多种生理调节功能，而免疫调节作用是其重要的生理功能之一。

一、NTs的免疫调节作用

（一）NTs对生存状况的改善

对于免疫细胞，因为自身合成核苷酸的能力有限，所以额外补充具有重要意义。最早的相关研究发现，较之母乳喂养的婴儿，配方奶粉喂养的婴儿的免疫力较低。由于配方奶中的核苷酸含量很低，而母乳中的核苷酸含量在35～70 mg/L，所以提示核苷酸摄入不足应为导致婴儿免疫力下降的原因。现有临床研究表明，母乳中含有的核苷酸可以促进婴儿的免疫反应，提高抗病毒能力。Brunser等研究发现添加核苷酸的配方奶能够显著减少婴儿的急性腹泻发生率[23]。Martinez等对21天断乳的幼猪饲料添加核苷酸混合物，发现肠上皮绒毛高度显著高于无核苷酸组，与继续母乳喂养组相近；感染性腹泻发病率显著下降[24]。Tsou Yau等按照母乳中的成分，在足月新生儿配方奶中添加72 mg/L核苷酸，发现腹泻发病率显著下降，但对 HBV-Ab 的影响无显著性，且上呼吸道感染率增加。Kulkarni 等则通过给动物静脉注射白念珠菌和金黄色葡萄球菌建立疾病模型，再用 RNA、腺嘌呤或尿嘧啶饮食进行干预后发现，RNA、腺嘌呤或尿嘧啶饮食组动物生存率显著高于无核苷酸饮食组。这说明膳食补充核苷酸在特定生理条件下具有重要意义，对生存状况具有明显的改善作用。

（二）NTs 对体重和免疫器官相对重量的影响

北京大学营养与食品卫生学系李勇教授课题组通过脏器体重比值的测定，表明经口给予小鼠不同剂量的 5′- 核苷酸 4 周后，各剂量组小鼠的体重与正常组比较差异均无显著性，与无核酸饲料（NF）对照组比较差异也无显著性，即核苷酸对小鼠体重无影响；各剂量组脾 / 体重及胸腺 / 体重的比值与正常对照组以及无核苷酸对照组比较，差异也均无显著性，即核苷酸对小鼠免疫器官相对重量无影响（表 10-2-1）。但王兰芳等研究表明日粮中添加核苷酸能够显著提高正常小鼠的增重和胸腺指数。研究结果有可能是由于所用试验动物的年龄阶段不同引起，可能核苷酸对免疫器官的改善作用在老年动物效果更明显[25]。

表 10-2-1　核苷酸对小鼠体重及免疫器官相对重量的影响（$\bar{x}\pm s$）

组别	动物数（只）	初始体重（g）	终期体重（g）	脾 / 体重（mg/g）	胸腺 / 体重（mg/g）
正常对照组	10	18.34±0.92	20.77±1.34	4.33±0.60	1.71±0.43
无核苷酸对照组	10	18.44±0.92	20.71±1.40	4.92±1.15	1.59±0.49
0.0025 g/（kg·bw）NTs	10	18.45±0.89	20.26±1.29	3.83±0.76	1.63±0.59
0.01 g/（kg·bw）NTs	10	18.34±0.92	20.65±1.17	4.33±0.33	1.30±0.41
0.04 g/（kg·bw）NTs	10	18.43±0.99	20.74±1.22	4.66±0.62	1.49±0.49
0.16 g/（kg·bw）NTs	10	18.19±0.93	20.65±1.24	4.44±0.35	1.77±0.42

（三）NTs 对细胞免疫的影响

T 淋巴细胞是机体产生特异性免疫应答的重要细胞，主要参与细胞免疫。在体外 T 淋巴细胞受到有丝分裂原的刺激，可转化为淋巴母细胞，并进行有丝分裂。转化后的淋巴细胞呈现不成熟的母细胞形态，细胞体积增大，细胞器增多，蛋白质与核酸合成增加，同时还合成和释放淋巴因子。迟发型变态反应（DTH）也是检测细胞免疫功能的常用方法之一。其组织损伤机制是迟发超敏反应 T 细胞与抗原结合而活化，释放出多种淋巴因子，导致反应局部组织发生以单核细胞浸润为主的炎症反应。DTH 是由特异性致敏效应 T 细胞介导的细胞免疫反应，其中的 T 细胞在移植物排斥、移植物抗宿主病、自身免疫和肿瘤免疫等方面起着关键作用。一般通过刀豆蛋白 A（Con A）诱导的小鼠脾淋巴细胞转化实验、迟发型变态反应（DTH）实验来评价小鼠细胞免疫反应能力。在 Yamauchi 等的研究中，给予 3 周龄小鼠鸟嘌呤核苷酸（GMP）与 I、T、C、U 的混合物，约 6.5 g/kg，4 周后发现经异体抗原刺激后，腘窝淋巴结增殖显著增加；绵羊红细胞（SRBC）引起的 DTH 能力显著加强[26]。初文峰等的研究也发现饮食核酸使老龄大鼠脾淋巴细胞增殖能力显著增强[27]。王兰芳等在正常小鼠日粮中添加混合核苷酸的研究也发现添加核苷酸能够提高正常小鼠淋巴细胞转化率[25]。北京大学营养与食品卫生学系李勇教授课题组通过给予小鼠无核酸饲料 4 周后发现，与正常对照组比较，Con A 诱导的淋巴细胞增殖能力以及足趾肿胀度明显降低，而给予小鼠不同剂量的 5′- 核苷酸后，这两项功能均有所恢复。与无核苷酸对照组比较，0.01 g/（kg·bw）NTs 组的足趾肿胀度显著提高，0.04 g/（kg·bw）NTs 组的淋巴细胞增殖能力和足趾肿胀度均显著提高（表 10-2-2）。这说明补充核苷酸能缓解无核酸饲料喂养小鼠引起的细胞免疫抑制作用。

表 10-2-2　核苷酸对小鼠细胞免疫功能的影响（$\bar{x}\pm s$）

组别	动物数（只）	Con A 诱导的淋巴细胞增殖能力（OD 差值）	足趾肿胀度（mm）
正常对照组	10	0.19±0.11#	0.27±0.18#
无核苷酸对照组	10	0.06±0.03*	0.12±0.06*
0.0025 g/（kg·bw）NTs	10	0.07±0.02*	0.14±0.04*
0.01 g/（kg·bw）NTs	10	0.16±0.13	0.23±0.11#
0.04 g/（kg·bw）NTs	10	0.17±0.133#	0.31±0.12#
0.16 g/（kg·bw）NTs	10	0.08±0.05*	0.22±0.06

注：*：与正常对照组比较有显著性差异，$P < 0.05$；#：与无核酸饲料（NF）对照组比较有显著性差异，$P < 0.05$

以往也对特殊的生理条件下核苷酸对细胞免疫反应的能力进行了研究，Yamauchi 等给予悬尾模型的小鼠饲料中添加核苷酸，发现补充核苷酸可以调整失重状态下的免疫紊乱，增加淋巴结重量和淋转率[26]。

以上研究均表明，NTs 具有明显改善细胞免疫功能的效果。

（四）NTs 对体液免疫的影响

体液免疫是特异性免疫的另一重要组成部分，在抗感染免疫中与细胞免疫相辅相成，共同发挥免疫作用。血清中溶血素水平测定实验和抗体生成细胞实验的原理都是源于经过 SRBC 免疫的小鼠脾细胞能够分泌针对 SRBC 的抗体。将这种脾细胞与一定量的 SRBC 混合，在补体参与下，释放的抗体可以将周围的 SRBC 溶解。血清中溶血素测定是通过测量的溶血程度反映出抗体水平，而抗体生成细胞实验是计数脾细胞周围的 SRBC 溶解后形成肉眼可见的空斑数量。此两项指标均是检测体液免疫功能的常用指标，不仅能够反映抗体形成细胞的数量，也提示合成抗体的能力。王兰芳等对环磷酰胺造模的免疫抑制小鼠日粮中添加混合核苷酸，发现日粮中添加核苷酸能够极显著提高免疫抑制小鼠抗体水平，使免疫抑制小鼠的各项指标接近正常，但抗 SRBC 抗体形成细胞数量没有显著变化[25]。北京大学营养与食品卫生学系李勇教授课题组给予小鼠无核酸饲料 4 周后发现，与正常对照组比较，溶血空斑数以及样品半数溶血值均无显著变化。给予小鼠不同剂量的 5′- 核苷酸后，与无核苷酸对照组比较，0.04 g/（kg·bw）NTs 组的溶血空斑数以及样品半数溶血值显著提高；与正常对照组比较，0.04 g/（kg·bw）NTs 组的半数溶血值也有显著提高（表 10-2-3）。即补充核苷酸能提高小鼠的体液免疫功能，并缓解无核酸饲料喂养小鼠引起的体液免疫抑制作用。

表 10-2-3　核苷酸对小鼠体液免疫的影响（$\bar{x}\pm s$）

组别	动物数（只）	溶血空斑数（/5×10^6 个细胞）的对数转换值（logPFC）	样品半数溶血值（HC_{50}）
正常对照组	10	1.52±0.24	141.37±11.60
无核苷酸对照组	10	1.48±0.21	141.75±10.80
0.0025 g/（kg·bw）NTs	10	1.60±0.16	145.87±8.82
0.01 g/（kg·bw）NTs	10	1.59±0.22	153.05±11.77
0.04 g/（kg·bw）NTs	10	1.73±0.25$^{\#}$	165.47±19.05$^{*\#}$
0.16 g/（kg·bw）NTs	10	1.61±0.17	139.25±14.19

注：*：与正常对照组比较有显著性差异，$P<0.05$；#：与无核酸饲料（NF）对照组比较有显著性差异，$P<0.05$

（五）NTs 对小鼠单核–巨噬细胞吞噬功能的影响

巨噬细胞是一类重要的免疫细胞，在体内发挥着抗感染、抗肿瘤以及免疫调节等生理功能。单核–巨噬细胞的吞噬能力是衡量机体非特异性免疫功能的标志之一。当颗粒状异物注入血液循环后，迅速被单核–巨噬细胞——主要为存在于肝和脾中的巨噬细胞所吞噬。我们通常采用小鼠腹腔巨噬细胞吞噬鸡红细胞实验（半体内法）、小鼠碳粒廓清实验来评估单核–巨噬细胞吞噬功能。Nagaguchi 等给予 3 周龄 OVA 特异性 T 细胞转基因小鼠 IMP、UMP、GMP、CMP 的混合物 4 g/kg，4 周后发现小鼠腹膜巨噬细胞数显著增加。北京大学李勇教授课题组给予小鼠无核酸饲料 4 周后研究发现与正常对照组比较，巨噬细胞吞噬鸡红细胞能力有所降低但差异无显著性，碳粒廓清能力显著降低，而在给予 5′- 核苷酸 4 周后，0.01、0.04 和 0.16 g/（kg·bw）NTs 组的碳粒廓清能力表现出回升的趋势，但与正常对照组和无核苷酸对照组比较均无显著性差异，见表 10-2-4。

表 10-2-4　核苷酸对小鼠单核–巨噬细胞吞噬功能的影响（$\bar{x}\pm s$）

组别	动物数（只）	巨噬细胞吞噬鸡红细胞的能力		碳廓清指数（α）
		吞噬指数	吞噬率（%）	
正常对照组	10	0.477±0.022	29.6±1.7	5.88±1.36$^{\#}$
无核苷酸对照组	10	0.463±0.014	27.8±2.8	4.93±0.68*
0.0025 g/（kg·bw）NTs	10	0.464±0.016	28.1±2.6	4.83±0.70*
0.01 g/（kg·bw）NTs	10	0.462±0.018	28.2±1.5	5.24±0.86
0.04 g/（kg·bw）NTs	10	0.471±0.021	28.4±2.5	5.25±0.32
0.16 g/（kg·bw）NTs	10	0.468±0.022	28.2±2.9	5.58±1.28

注：*：与正常对照组比较有显著性差异，$P<0.05$；#：与无核酸饲料（NF）对照组比较有显著性差异，$P<0.05$

以上研究提示，核苷酸是维持机体免疫功能的必要物质，饲料核苷酸缺乏会导致小鼠多种免疫功能受损，在此基础上补充核苷酸对于维持正常的免疫功能具有重要意义，小鼠饲料核苷酸水平达到 0.04% 即可满足机体的生理需要。此外，在非正常生理状态下，NTs 能够显著改善生理状态改变带来的体液免疫功能降低。

（六）NTs 对小鼠脾淋巴细胞群百分比的影响

目前研究证实，T 淋巴细胞亚群的数目和比值测定是估计体内免疫调节平衡状态的最有意义的参数，也是疾病严重程度和预后的重要标志之一，尤其是 $CD4^+$ T 细胞亚群、$CD4^+/CD8^+$ 是决定机体免疫状态和免疫水平的中心环节，是反映机体免疫系统内环境稳定状况的重要指标。初文峰等系统研究了鲑鱼 DNA 对老龄小鼠胸腺的影响，发现添加 DNA 组显著增高胸腺 $CD3^+$ 细胞比例，而 $CD3^+CD4^+$：$CD3^+CD8^+$ 百分比无差异，说明膳食 DNA 添加使胸腺有效淋巴细胞数增加；同时发现 IL-7mRNA 含量和 CD127 细胞数量显著增加，并促进了增殖基因的表达，抑制了凋亡基因的表达，从而延缓了胸腺的退化萎缩[27]。北京大学营养与食品卫生学系李勇教授课题组给予小鼠无核酸饲料 4 周后发现，与正常对照组比较，无核苷酸对照组的小鼠脾 $CD4^+/CD8^+$ 的比值显著降低，$CD4^+CD25^+$ 细胞（T 调节细胞）百分比显著提高；$CD3^+$ T 细胞百分比、$CD4^+$ T 细胞亚群百分比以及 NK 细胞百分比均有所降低，但差异无显著性。与无核苷酸对照组（NF）相比，给予 5′- 核苷酸的各组免疫细胞的比例有所恢复。与 NF 组相比，0.04 g/（kg·bw）NTs 组的 $CD4^+$ T 细胞亚群百分比、$CD4^+/CD8^+$ 的比值以及 NK 细胞百分比均显著提高，$CD4^+CD25^+$ 细胞（T 调节细胞）百分比显著降低；0.0025 g/（kg·bw）NTs 和 0.16 g/（kg·bw）NTs 组的 $CD4^+/CD8^+$ 的比值，以及 0.16 g/（kg·bw）NTs 组的 NK 细胞百分比也显著提高（表 10-2-5）。这提示核苷酸可以通过增强 Th 细胞比例，减少 Tr 比例而实现增强免疫功能的作用。此外，核苷酸还可能通过增加淋巴细胞的百分比，特别是 $CD4^+$ 细胞亚群，从而提高 DTH 的效应，产生增强细胞免疫功能的作用。

表 10-2-5　核苷酸对小鼠脾淋巴细胞群百分比的影响（$\bar{x}\pm s$）

组别	$CD3^+$（%）	$CD4^+$（%）	$CD8^+$（%）	$CD4^+/CD8^+$	NK^+（%）	$CD4^+CD25^+$（%）
正常对照组	42.66±3.87	29.46±2.54	13.20±1.33	2.23±0.03#	7.30±0.97	5.14±0.28#
无核苷酸对照组	35.50±0.86	23.23±0.04	12.28±0.83	1.90±0.12*	6.57±1.61	5.56±0.11*
0.0025 g/（kg·bw）NTs	38.87±0.63	26.64±0.39	12.23±0.24	2.20±0.01#	5.14±0.17*	5.41±0.10
0.01 g/（kg·bw）NTs	41.70±0.22	28.40±0.90	13.30±0.68	2.14±0.18	6.30±0.53	5.35±0.17
0.04 g/（kg·bw）NTs	43.81±4.67	30.63±2.69#	13.18±1.99	2.33±0.15#	8.84±0.10#	4.74±0.15#
0.16 g/（kg·bw）NTs	42.82±7.57	29.88±5.61	12.94±1.97	2.30±0.08#	7.83±0.89#	5.34±0.12

注：*：与正常对照组比较有显著性差异，$P<0.05$；#：与无核酸饲料（NF）对照组比较有显著性差异，$P<0.05$

（七）NTs 对小鼠血清免疫球蛋白水平的影响

Maldonado 等认为，添加核苷酸的配方奶可以使 TD-Ag 反应增加，总抗体增加，对疫苗反应增加，发病率下降[28]。Navarro 等在早产儿配方奶中添加与母乳中含量相近的核苷酸，发现与不添加核苷酸组相比，血清 IgM、IgA 含量显著增加，IgG 及淋巴细胞亚群未见变化[29]。而王兰芳等对环磷酰胺造模的免疫抑制小鼠日粮中添加混合核苷酸，发现日粮中添加核苷酸能够显著提高正常小鼠血清和免疫抑制小鼠血清抗体水平[25]。与之相似，北京大学营养与食品卫生学系李勇教授课题组在研究中也发现，给予小鼠无核酸饲料 4 周后，与正常对照组比较，无核苷酸对照组的小鼠血清免疫球蛋白 IgG、IgM 水平均有所下降，但差异无显著性；0.04 g/（kg·bw）NTs 组的 IgG、IgM 水平显著提高。与无核苷酸对照组比较，各剂量组的免疫球蛋白水平均有所提高，其中 0.04 g/（kg·bw）NTs 组的 IgG、IgM 水平的增加具有显著性（图 10-2-1 和图 10-2-2）。这说明补充核苷酸可提高小鼠血清中免疫球蛋白水平，而体液免疫功能的改善正源于免疫球蛋白水平的提高。

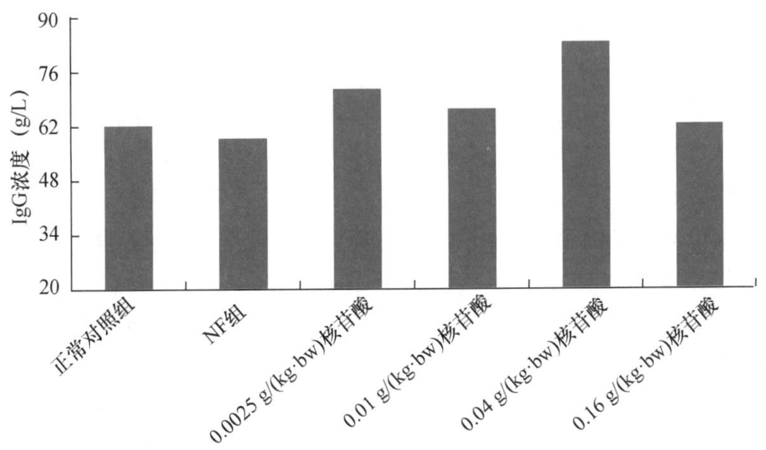

图 10-2-1　核苷酸对小鼠血清免疫球蛋白 IgG 的影响

注：*：与正常对照组比较有显著性差异，$P < 0.05$；#：与无核酸饲料（NF）对照组比较有显著性差异，$P < 0.05$。

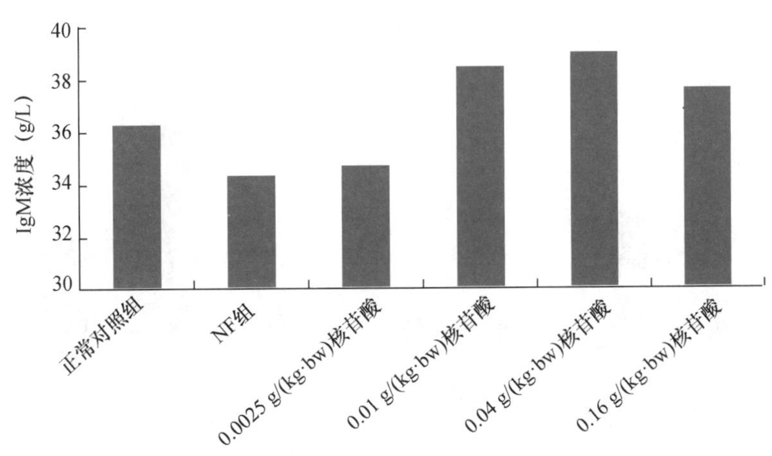

图 10-2-2　核苷酸对小鼠血清免疫球蛋白 IgM 的影响

注：*：与正常对照组比较有显著性差异，$P < 0.05$；#：与无核酸饲料（NF）对照组比较有显著性差异，$P < 0.05$。

（八）NTs 对小鼠血清细胞因子分泌的影响

免疫细胞之间存在错综复杂的调节关系，细胞因子是传递这种调节信号的必不可少的信息分子。静息状态下炎性细胞因子（proinflammatory cytokines）的含量极低，而当遇到免疫刺激时，这些细胞因子的含量会成数十倍的增加，将机体的各种免疫反应联系成一个整体，发挥作用。Yamauchi 等给予 3 周龄小鼠约 6.5 g/kg GMP 与 I、T、C、U 的混合物，4 周后发现异体抗原刺激后，IL-2 显著增加；IFN-γ 分泌显著增加[26]。而李蓉等对老龄大鼠进行饮食核酸干预的研究也发现，饮食核酸干预组老龄大鼠的脾淋巴细胞增殖能力、IL-2、TNF 均显著升高。北京大学营养与食品卫生学系李勇教授课题组则采用具有更高的灵敏度、更好的重复性和更宽的测量范围的新型微球技术的多参数检测技术（CBA）对小鼠血清多种细胞因子进行了测定，采用 K-W 秩和检验进行统计学分析，结果表明显示与对照组相比，NF 组血清 IL-2 浓度表现出降低趋势。而补充 5′- 核苷酸后，IL-2 浓度有所回升（$P = 0.079$）（图 10-2-3）。相似的，NF 组血清 GM-CSF 浓度表现出降低趋势，而补充 5′- 核苷酸后，GM-CSF 浓度有所回升，组间差异有显著性（$P = 0.018$）（图 10-2-4）。虽然各组间 IL-4、IL-10 均差异不显著，但与 NF 组相比，0.04 g/（kg · bw）NTs 组均有增强的趋势。

有研究者同样对特殊状态下的 NTs 干预进行了研究，Andrew 等对地塞米松造模的免疫抑制小鼠饲喂添加含 0.5% 的 GMP、I、C、U、T 的饲料，发现隐孢子菌感染小鼠的粪便排菌量显著下降，Con A 诱导的淋转率增加，脾细胞 IFN-γ、IL-2 分泌显著增加，小鼠生存率增加。Yamauchi 等给予悬尾模型的小鼠饲料中添加核苷酸，发现补充核苷酸可以调整失重状态下的免疫紊乱，增加淋巴结重量、淋转率、IL-2 和 IFN-γ 的含量[26]。

其中涉及的机制有可能在于，Th1 分泌的 IL-2 是 Th 细胞帮助 CTL 细胞活化的主要细胞因子。IL-2 可以与 NK 细胞表面 IL-2R 结合，促进 NK 细胞分泌 IFN 并使之继续分裂；IL-4 主要由 Th2 产生，参与 B 细胞对抗原刺激的应答，包括增殖和分泌抗体；参与 Ig 类别转换，IgE 产生。IgE 介导 I 型超敏反应，故 IL-4 的产生在超敏反应发生中有重要作用。IL-10 由活化 T 细胞、巨噬细胞分泌，抑制巨噬细胞。GM-CSF 能够刺激骨髓中粒细胞系和单核吞噬细胞系干细胞的生长与分化。这些细胞因子的变化与前面实验中观察到的 T、B 细胞、巨噬细胞和 NK 细胞免疫水平的变化相似。既证实了前面实验的结果，也提示了核苷酸

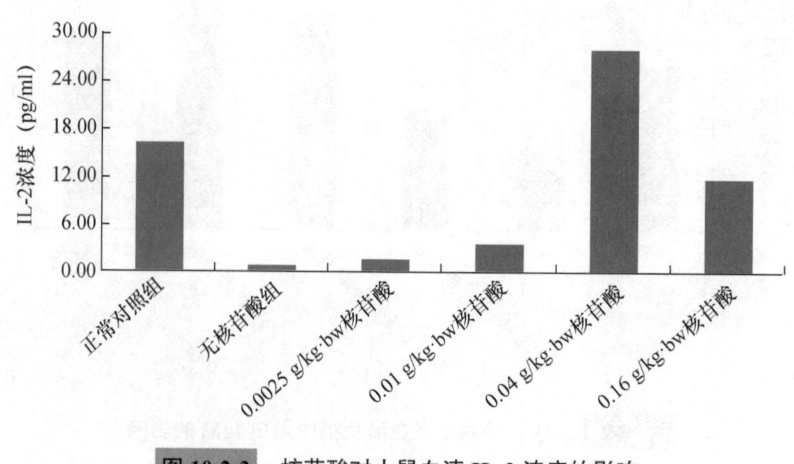

图 10-2-3　核苷酸对小鼠血清 IL-2 浓度的影响

对机体的免疫功能有全面的调节作用的机制。

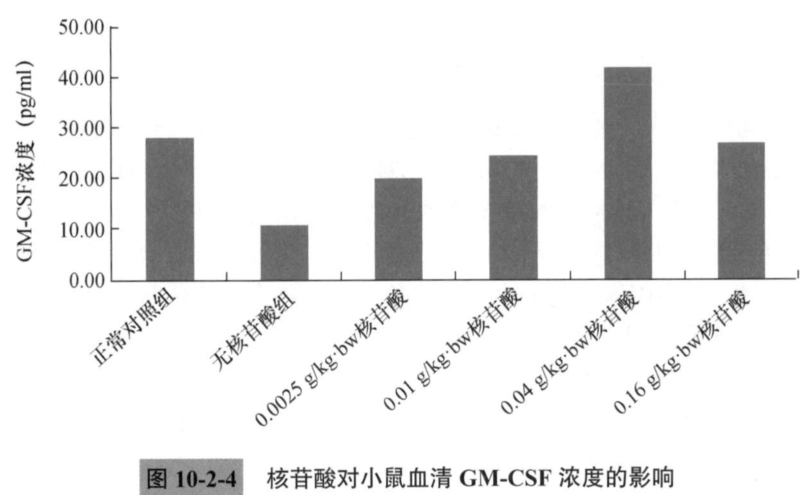

图 10-2-4　核苷酸对小鼠血清 GM-CSF 浓度的影响

二、NTs 免疫调节作用机制及可能的位点

由以上研究结果可知，NTs 可显著改善细胞免疫功能、体液免疫功能及单核–巨噬细胞吞噬功能，通过进一步对其免疫调节作用机制的研究发现，其作用途径及可能的位点有以下几个方面。

（一）淋巴细胞分化中的营养作用

Barankiewicz 等研究表明，在静止期的外周血 T 细胞可以从从头合成和补救合成两个途径合成核苷酸，然而在给予植物血凝素（phytohaemagglutinin，PHA）刺激几分钟后，嘌呤的补救合成速度大幅增加，从头合成的速度也有明显增加[30]。在进行补救合成时，如果反应的底物充分，将有利于反应的持续进行。因此 NTs 在体内可能是作为反应底物发挥作用。

（二）核酸序列的佐剂作用

与核苷酸不同，核酸可能有额外的调节免疫的机制。一些与病原体基因序列相近的核酸序列可能以佐剂的作用增强机体免疫反应。含未甲基化的 CpG 序列的寡脱氧核苷酸能够作用于 Toll 样受体，活化 B 细胞和巨噬细胞，诱导其分泌 IL-6、IL-12 和 TNF-α 等细胞因子，其中 IL-6 进一步诱导 IgM 的分泌，IL-2 和 TNF-α 活化 NK 和 $CD4^+$细胞，诱导它们产生 IFN-γ 和巨噬细胞活化因子，而 IFN-γ 又进一步促进了 B 细胞和巨噬细胞的活化。口服 CpG DNA 的佐剂作用已经得到了证实。

（三）对肠道菌群和肠黏膜的作用

以往对婴儿配方奶的研究发现，核苷酸增加肠道中双歧杆菌的含量，促进有益菌的繁殖而抑制有害菌的繁殖。Singhal 等对婴儿的 RCT 试验表明，配方奶粉中添加核苷酸后，改善了肠道菌群比例，并可能因此促进肠道的发育、获得正常的免疫力[31]。Holen 等对正常大鼠肠细胞 IEC-6 培养后发现，核苷酸能促进缺乏谷氨酰胺，甚至是缺乏血清条件下的细胞生长[32]。这些作用可以促进肠上皮黏膜的修复，防止病原菌的迁移。并有文献报道 GALT 可以看作胸腺的类似物，能够活化和调节 T 细胞。

（四）抑制 DNA 损伤

Wang 等发现，口服核苷酸可以抑制环磷酰胺诱导的小鼠胸腺细胞 DNA 损伤，减少彗星细胞百分比和彗尾长度[33]。老龄造成的 T 细胞免疫水平下降有可能是 DNA 损伤所造成的功能下降。因此核苷酸抑制 DNA 损伤的功能，可能也是其改善老年人免疫力下降的原因之一。

综上所述，多项研究表明 NMN 具有提高免疫力的作用，可以全面改善细胞免疫和体液免疫功能。在免疫系统的研究中，除了免疫力的增强，免疫调节能力的提高也是非常重要的一点。免疫调节是一种多因素参与的生物学现象，任何一个调节环节失误或不到位，都可导致局部免疫应答甚至全身性应答异常，从而引起自身免疫性疾病、过敏、持续感染和肿瘤等。当机体免疫系统失衡，发生免疫系统疾病的时候，通过外源性营养物质的补充发挥调节免疫的作用就显得尤为重要，这对于免疫系统相关疾病的防治具有重要意义。

第三节　核苷酸与过敏的研究进展 Study on allergy of nucleotides

过敏性疾病在全球的患病率逐年递增，严重影响人们的日常生活和学习工作。其中过敏性鼻炎是较为常见的过敏性疾病，全球范围内儿童群体发病约为 40%，成人患者约占 30%，我国大中城市过敏性鼻炎患病率也在逐年攀升[34, 35]。

过敏性鼻炎和哮喘的发病机制与 Th2 型细胞因子的过度产生和 Th1 细胞因子产生的减少有关。因此，近年来研究人员对于通过调节免疫反应转向 Th1 细胞主导形式的治疗策略特别感兴趣。有研究发现用非甲基化胞嘧啶鸟嘌呤寡核苷酸（CPG oligodeoxynucleotide，CPG-ODN）治疗的小鼠除了减少嗜酸性粒细胞性上气道炎症外，还表现出显著减少的鼻抓挠和打喷嚏行为[36]。随后还发现鼻内给予 CPG-ODNs 可显著缓解过敏性鼻炎和哮喘综合征联合小鼠模型的下气道炎症和气道高反应性[37]。

既往研究发现 CPG-ODNs 对食物过敏小鼠也有一定的改善作用，可改善 Th1/Th2 失衡状态，抑制幼鼠食物过敏反应；并且可以提高食物过敏幼鼠体内 $CD4^+CD25^+$ Treg 水平，同时降低 OVA-IgE 的表达水平，但具体作用机制仍需要进一步探究[38, 39]。这些研究提示了 NTs 对于过敏性疾病的治疗具有较好的作用，需要进一步的研究来探索。

一、NTs 治疗过敏性鼻炎的研究方法

北京大学李勇教授课题组建立了过敏性鼻炎小鼠实验模型，探究 NTs 干预对于缓解、治疗过敏性疾病的作用。NTs 干预物是由五种 5′单核苷酸或者其钠盐的形式的 NTs 混合物，各种 NTs 折合成 CMP、AMP、UMP、GMP、IMP 分子计总量为 100%。各种 NTs 有效百分含量以 CMP、AMP、UMP、GMP、IMP 分子计分别为：CMP43%、AMP17%、UMP21%、GMP18%、IMP1%。采用北京大学医学部实验动物中心提供的 6 ～ 8 周龄 BALB/c 健康雌性小鼠（SPF 级，实验动物使用许可证号：SYXK（京）2011-0039；实验动物生产许可证号：

SCXK（京）2011-0012，重 18 ～ 22 g，共 60 只，分笼饲养于北京大学医学部实验动物部，每笼 5 只，自由进食和饮水。动物室温度范围 25℃ ±1℃，相对湿度 50% ～ 60%，室内照明控制在 12 h/12 h 光暗周期节律。

过敏性鼻炎动物模型建立具体流程分为两部分

（1）初始致敏：在第 0 天、第 7 天、第 14 天和第 21 天，向小鼠腹腔内注射含 25 μg 卵白蛋白及 2 mg 氢氧化铝凝胶的 200 μl 生理盐水中致敏。

（2）再次激发：在初始致敏后的第 23、25 和 27 天，向小鼠双侧鼻腔滴注含 500 μg 卵白蛋白的生理盐水 20 μl，两侧鼻腔轮流滴注，每侧 10 μl，对照组用生理盐水代替。每次鼻腔激发时的 20 min 内，观察记录小鼠打喷嚏及鼻瘙痒动作次数，模型组打喷嚏和鼻瘙痒次数显著高于对照组即视为模型建立成功。

模型建立成功后按体重将小鼠随机分为 6 个组，每组 10 只，分别为空白对照组、模型对照组、NTs 低剂量组、NTs 中剂量组、NTs 高剂量组。空白对照组小鼠不经历造模过程，而其他组小鼠在模型建成后每日以固定时间灌胃给予各组相应受试物。NTs 低剂量组给予 0.3 g/（kg · bw）NTs，NTs 中剂量组给予 0.6 g/（kg · bw）NTs，NTs 高剂量组给予 1.2 g/（kg · bw）NTs。模型对照组和空白对照组均给予等量无菌蒸馏水。干预周期为 14 天，期间自由进食和饮水。

干预期结束后进行各项指标的检测：

1. 体重及脏器系数测定：灌胃 14 天后，称小鼠体重，麻醉取血后立即颈椎脱臼处死，取肝、肾、脾和胸腺，去尽筋膜，用滤纸吸干脏器表面血污并称重，计算各脏器系数。公式为脏器系数＝（脏器重量 / 体重）×100。

2. 血清及鼻腔灌洗液中组胺含量测定：灌胃 14 天后，小鼠麻醉后取血至 1.5 ml 离心管中，静置离心并分离血清。用 Elisa 试剂盒检测血清中 HIS 含量。小鼠处死后断其头部，用 1 ml 注射器吸取预冷的生理盐水从小鼠气管处小心插入至鼻咽部，将生理盐水缓慢推出，用离心管在小鼠鼻孔处承接鼻腔灌洗液，离心并分离灌洗液上清。用 Elisa 试剂盒检测鼻腔灌洗液中 HIS 含量。

3. 血清中免疫蛋白测定：灌胃 14 天后，小鼠麻醉后取血至离心管中，静置离心并分离血清。用 Elisa 试剂盒检测血清中 IgG 和 IgE 的含量。

4. 血清中炎症因子测定：灌胃 14 天后，小鼠麻醉后取血至离心管中，静置离心并分离血清。用 Elisa 试剂盒检测血清中 IL-4、IL-10 和 IL-12 的含量。

二、NTs 治疗过敏性鼻炎的研究结果

北京大学李勇教授课题组通过系统全面的实验研究得到 NTs 混合物对于过敏性鼻炎小鼠的干预结果。为明确 NTs 对过敏性鼻炎小鼠的营养治疗作用并确定其剂量效应关系提供了证据资料。

（一）NTs 对小鼠体重及脏器系数的影响

由表 10-3-1 可见，各组小鼠的体重、肾系数、胸腺系数差异均无统计学意义（$P > 0.05$）。过敏模型对照组肝系数较空白对照组有显著升高，而 NTs 干预后的三个组小鼠肝系

数均较模型对照组显著降低，接近空白对照组水平。说明 NTs 干预可改善过敏小鼠可能发生的一些肝损伤症状。

表 10-3-1　NTs 对小鼠体重及重要脏器系数的影响（$\bar{x}\pm s$，$n=10$）

组别	体重（g）	肝（g/100 g）	肾（g/100 g）	脾（g/100 g）	胸腺（g/100 g）
空白对照组	20.97±0.75	4.51±0.43[b]	1.21±0.14	0.41±0.04[b]	0.19±0.05
模型对照组	20.64±0.97	5.24±0.43[a]	1.26±0.16	0.56±0.09[a]	0.23±0.07
NTs 低剂量组	20.33±0.72	4.60±0.52[b]	1.15±0.09	0.49±0.07[ab]	0.19±0.04
NTs 中剂量组	20.25±0.68	4.65±0.27[b]	1.13±0.18	0.56±0.08[a]	0.20±0.03
NTs 高剂量组	20.36±0.63	4.79±0.24[b]	1.22±0.07	0.55±0.05[a]	0.21±0.07

注：[a] 与空白对照组有相比有统计学差异，$P<0.05$，[b] 与模型对照组相比有统计学差异，$P<0.05$。

过敏模型小鼠脾系数均显著高于空白对照组，但 NTs 低剂量组干预后小鼠脾系数较模型对照组有显著降低，说明 NTs 干预可减轻由过敏引起的脾大情况，对于过敏的治疗有一定的意义。

（二）NTs 可降低过敏性鼻炎小鼠血液及组织液中组胺浓度

由图 10-3-1 可见，模型对照组血清及鼻腔灌洗液中的 HIS 含量均显著高于空白对照组，说明模型建立非常成功，小鼠局部和全身的过敏反应明显。而 NTs 干预的高剂量组小鼠表现为血清 HIS 含量的显著降低；另一方面，在鼻腔灌洗液 HIS 含量中，NTs 中剂量组和 NTs 高剂量组的 HIS 含量也显著降低。表明 NTs 的摄入具有一定治疗过敏的作用。

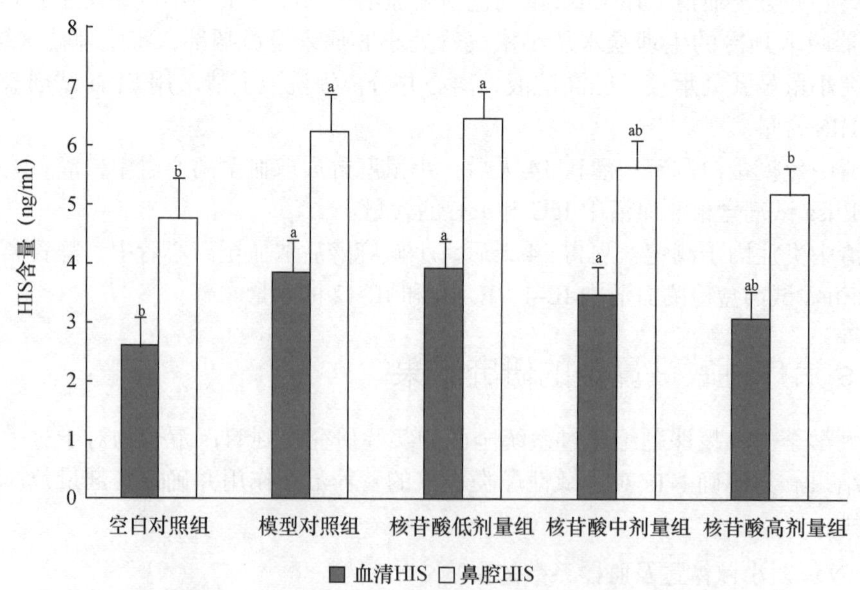

图 10-3-1　NTs 对小鼠血清及鼻腔灌洗液中 HIS 含量的影响

注：[a] 与空白对照组有相比有统计学差异，$P<0.05$；[b] 与模型对照组相比有统计学差异，$P<0.05$。

（三）NTs 可降低过敏性鼻炎小鼠血清免疫球蛋白水平

由图 10-3-2 可见，与模型对照组比较，NTs 高剂量组可显著降低血清 IgE 含量，对于治疗过敏有显著的效果。

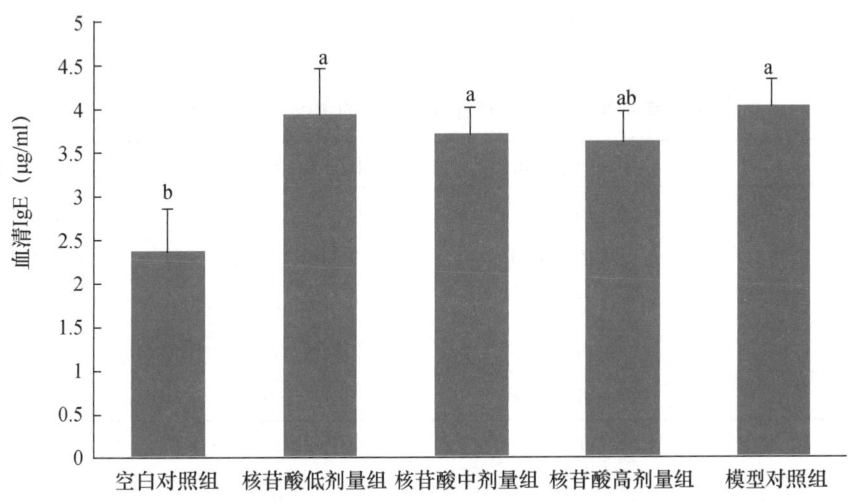

图 10-3-2　NTs 对小鼠血清 IgE 含量的影响

注：[a] 与空白对照组有相比有统计学差异，$P < 0.05$；[b] 与模型对照组相比有统计学差异，$P < 0.05$。

由图 10-3-3 可见，与模型对照组比较，NTs 高剂量组可显著降低血清 IgG 含量，对于治疗过敏有显著的效果。

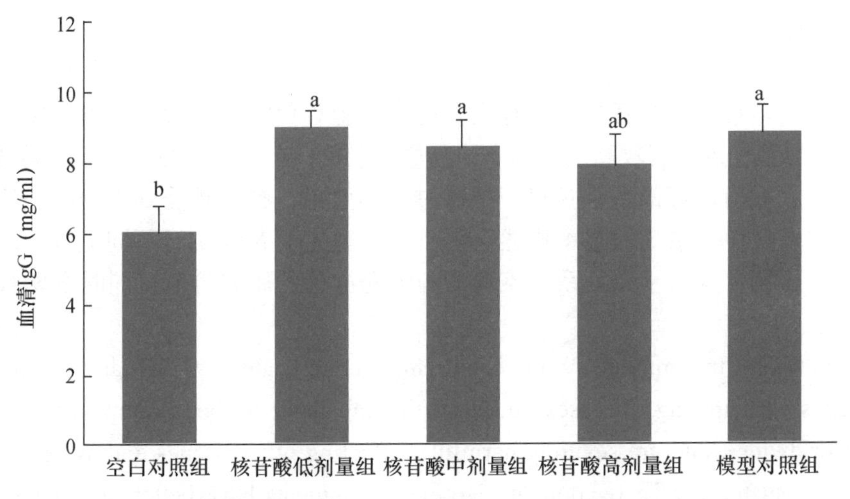

图 10-3-3　NTs 对小鼠血清 IgG 含量的影响

注：[a] 与空白对照组有相比有统计学差异，$P < 0.05$；[b] 与模型对照组相比有统计学差异，$P < 0.05$。

（四）NTs 可调节过敏性小鼠血清炎症因子水平

由表 10-3-2 可见，NTs 高剂量组可显著降低过敏模型小鼠血清 IL-4 和 IL-12 的水平。与空白对照组相比，模型对照组小鼠血清 IL-10 显著降低，而 NTs 高剂量组干预后小鼠血清 IL-10 水平显著高于模型对照组，其含量接近空白对照组健康小鼠。表明 NTs 干预对于纠正过敏小鼠血清炎症因子紊乱有很显著的作用。

表 10-3-2 NTs 对小鼠血清炎症因子的影响（$\bar{x} \pm s$，$n = 10$）

组别	IL-4（pg/ml）	IL-10（pg/ml）	IL-12（pg/ml）
空白对照组	69.44 ± 6.42^{b}	133.96 ± 15.33^{b}	35.13 ± 2.92^{b}
模型对照组	89.19 ± 6.90^{a}	95.74 ± 18.12^{a}	46.24 ± 4.66^{a}
NTs 低剂量组	90.81 ± 5.95^{a}	98.02 ± 12.66^{a}	45.68 ± 3.14^{a}
NTs 中剂量组	84.29 ± 4.76^{a}	98.39 ± 8.74^{a}	42.92 ± 4.46^{a}
NTs 高剂量组	79.66 ± 7.59^{ab}	120.06 ± 16.77^{b}	38.03 ± 4.05^{b}

注：^{a} 与空白对照组有相比有统计学差异，$P < 0.05$；^{b} 与模型对照组相比有统计学差异，$P < 0.05$。

综上，该研究通过设立空白对照组、模型对照组作为对照组，探讨 NTs 的治疗过敏性疾病的作用。动物实验结果表明，NTs 可以通过缓解由过敏引起的脾大、显著降低血清和鼻腔灌洗液中组胺水平、有效调节炎症因子，从而起到治疗过敏性疾病的作用。表明其具有显著的治疗过敏性疾病的功效，具备作为一种新型治疗过敏性疾病的潜力，其适宜浓度范围为每天摄入 0.6 ～ 1.2 g/（kg · bw）。

小 结

免疫系统的运行方式极其复杂，有众多免疫细胞和免疫因子参与。由免疫系统失衡引发的疾病在世界范围内有着较高的发病率，且危害严重，会影响全身各个组织系统。不同形式的 NTs 补充，具有较好的增强免疫、抵御过敏等效果，越来越受到人们的关注，并成为研究热点。本章从免疫系统的基本概述入手，详细阐述了 NTs 对于不同免疫失调疾病的干预效果及可能机制。这对于免疫系统疾病的防治有深远的研究价值，同时发现 NTs 的广阔临床应用前景。

The operation of the immune system is extremely complicated，with many immune cells and immune factors participating. Diseases caused by the imbalance of the immune system have a high morbidity worldwide，and are severely harmful，affecting other tissues and systems throughout the body. Different forms of exogenous nucleotide supplements have better immune enhancement and anti-allergic effects，which have attracted more and more attention and become a research hotspot. This chapter starts with a basic overview of the immune system and elaborates on the intervention effects and possible mechanisms of nucleotides for different immune disorders. This has far-reaching research value for the prevention and treatment of immune system diseases, and at the same time discovers the broad clinical application prospects of nucleotides.

参考文献

[1] Sompayrac L. How the immune system works. Wiley Blackwell, 2019.

[2] Aw D, Silva AB, Palmer DB. Immunosenescence: Emerging challenges for an ageing population. Immunology, 2007, 120 (4): 435-446.

[3] Martinez-Jimenez CP, Eling N, Chen HC, et al. Aging increases cell-to-cell transcriptional variability upon immune stimulation. Science, 2017, 355 (6332): 1433-1436.

[4] Booth LN, Brunet A. The aging epigenome. Molecular Cell, 2016, 62 (5): 728-744.

[5] Chandra RK. Nutrition and the immune system: An introduction. The American Journal of Clinical Nutrition, 1997, 66 (2): 460S-463S.

[6] Farhy LS, McCall AL. Glucagon - the new 'insulin' in the pathophysiology of diabetes. Curr Opin Clin Nutr Metab Care, 2015, 18 (4): 407-414.

[7] Wu D, Lewis ED, Pae M, et al. Nutritional modulation of immune function: Analysis of evidence, mechanisms, and clinical relevance. Frontiers in Immunology, 2019, 9: 3160.

[8] Carver JD. Dietary Nucleotides: Cellular immune, intestinal and hepatic system effects. The Journal of Nutrition, 1994, 124 (1): 144S-148S.

[9] Carver JD. Dietary nucleotides: Effects on the immune and gastrointestinal systems. Acta Paediatr Suppl, 1999, 88 (430): 83-88.

[10] Hawkes JS, Gibson RA, Roberton D, et al. Effect of dietary nucleotide supplementation on growth and immune function in term infants: A randomized controlled trial. European Journal of Clinical Nutrition, 2006, 60 (2): 254-264.

[11] Buck RH, Thomas DL, Winship TR, et al. Effect of dietary ribonucleotides on infant immune status. part 2: Immune cell development. Pediatric Research, 2004, 56 (6): 891-900.

[12] Nagafuchi S, Totsuka M, Hachimura S, et al. Dietary nucleotides increase the mucosal IgA response and the secretion of transforming growth factor beta from intestinal epithelial cells in mice. Cytotechnology, 2002, 40 (1-3): 49-58.

[13] Nagafuchi S, Hachimura S, Totsuka M, et al. Dietary nucleotides can up-regulate antigen-specific Th1 immune responses and suppress antigen-specific IgE responses in mice. Int Arch Allergy Immunol, 2000, 122 (1): 33-41.

[14] Lin YH, Wang H, Shiau SY. Dietary nucleotidesupplementation enhances growth and immune responses of grouper, epinephelus malabaricus. Aquaculture Nutrition, 2009, 15 (2): 117-122.

[15] Tahmasebi-Kohyani A, Keyvanshokooh S, Nematollahi A, et al. Dietary administration of nucleotides toenhance growth, humoral immune responses, and disease resistance of the rainbow trout (Oncorhynchus mykiss) fingerlings. Fish & Shellfish Immunology, 2011, 30 (1): 189-193.

[16] Imai S, Yoshino J. The importance of NAMPT/NAD/SIRT1 in the systemic regulation of metabolism and ageing. Diabetes Obes Metab, 2013, 15 (3): 26-33.

[17] Mills KF, Yoshida S, Stein LR, et al. Long-term administration of nicotinamide mononucleotide mitigates age-associated physiological decline in mice. Cell Metab, 2016, 24 (6): 795-806.

[18] Braidy N, Berg J, Clement J, et al. Role of nicotinamide adenine dinucleotide and related precursors as therapeutic targets for age-related degenerative diseases: Rationale, biochemistry, pharmacokinetics, and outcomes. Antioxid Redox Signal, 2019, 30 (2): 251-294.

[19] Covarrubias AJ，Perrone R，Grozio A，et al. NAD（＋）metabolism and its roles in cellular processes during ageing. Nat Rev Mol Cell Biol，2021，22（2）：119-141.

[20] Gil A. Modulation of the immune response mediated by dietary nucleotides. Eur J Clin Nutr，2002，56 Suppl 3：S1-4.

[21] Xu M，Zhao M，Yang R，et al. Effect of dietary nucleotides on immune function in Balb/C mice. Int Immunopharmacol，2013，17（1）：50-56.

[22] Ortega Á，Gil Á，Sánchez-Pozo A. Exogenous nucleosides modulate expression and activity of transcription factors in Caco-2 cells. J Nutr Biochem，2011，22（6）：595-604.

[23] Brunser O，Espinoza J，Araya M，et al. Effect of dietary nucleotide supplementation on diarrhoeal disease in infants. Acta Paediatr，1994，83（2）：188-191.

[24] Martinez D，GarciaManzanilla E，Morales J，et al. Dietary nucleotide supplementation reduces occurrence of diarrhea in early weaned pigs. Livestock Science - LIVEST SCI，2007，108：276-279.

[25] 王兰芳，乐国伟，施用晖，等. 外源核苷酸对小鼠免疫功能的影响. 营养学报，2003（03）：298-301.

[26] Yamauchi K，Adjei AA，Ameho CK，et al. A nucleoside-nucleotide mixture and its components increase lymphoproliferative and delayed hypersensitivity responses in mice. J Nutr，1996，126（6）：1571-1577.

[27] 初文峰，杜伯雨，李蓉，等. 鲑鱼鱼白DNA对老龄小鼠胸腺淋巴细胞构成的影响. 免疫学杂志，2003，（02）：89-92.

[28] Maldonado J，Navarro J，Narbona E，et al. The influence of dietary nucleotides on humoral and cell immunity in the neonate and lactating infant. Early Hum Dev，2001，65 Suppl：S69-74.

[29] Navarro J，Maldonado J，Narbona E，et al. Influence of dietary nucleotides on plasma immunoglobulin levels and lymphocyte subsets of preterm infants. Biofactors，1999，10（1）：67-76.

[30] Barankiewicz J，Cohen A. Purine nucleotide metabolism in phytohemagglutinin-induced human T lymphocytes. Arch Biochem Biophys，1987，258（1）：167-175.

[31] Singhal A，Macfarlane G，Macfarlane S，et al. Dietary nucleotides and fecal microbiota in formula-fed infants：A randomized controlled trial. Am J Clin Nutr，2008，87（6）：1785-1792.

[32] Holen E，Jonsson R. Dietary nucleotides and intestinal cell lines：I. modulation of growth. Nutrition Research，2004，24（3）：197-207.

[33] Wang LF，Gong X，Le GW，et al. Dietary nucleotides protect thymocyte DNA from damage induced by cyclophosphamide in mice. J Anim Physiol Anim Nutr（Berl），2008，92（2）：211-218.

[34] 严琦，李鹏，汪常伟. 变应性鼻炎的治疗研究进展. 新疆中医药，2020，38（04）：72-74.

[35] 张志宗. 过敏性鼻炎与肠道菌群的关系概述及治疗药物现状研究. 中国疗养医学，2021，30（11）：1161-1164.

[36] Hussain I，Jain VV，Kitagaki K，et al. Modulation of murine allergic rhinosinusitis by CpG oligodeoxynucleotides. Laryngoscope，2002，112（10）：1819-1826.

[37] Li HT，Zhang TT，Chen ZG，et al. Intranasal administration of CpG oligodeoxynucleotides reduces lower airway inflammation in a murine model of combined allergic rhinitis and asthma syndrome. Int Immunopharmacol，2015，28（1）：390-398.

[38] 王本贞，郑成中. CPG寡核苷酸对卵清蛋白致敏幼鼠血清中Th1/Th2细胞因子及肥大细胞趋化蛋白1的影响. 解放军医学院学报，2015，36（05）：505-509.

[39] 陈旭琳，郑成中. 脂肪间充质干细胞及非甲基化胞嘧啶鸟嘌呤核苷酸对食物过敏幼鼠外周血中$CD4^+CD25^+$ Treg的影响. 中国当代儿科杂志，2017，19（05）：590-595.

第十一章 外源核苷酸的制备与产业发展 Preparation and industrial development of exogenous nucleotides

核苷酸是生物体内一类重要含氮化合物，是各种核酸的基本组成单位，是生物体细胞中决定生物特性和蛋白质结构与功能的物质。核苷酸几乎在所有的细胞结构、代谢、能量和调节功能等方面起着重要作用，被认为是人体最重要的营养素之一。核苷酸在生物体内不断地进行着合成和降解的过程。当机体在特殊情况下，组织从头合成核苷酸不足和从普通日常膳食中摄入的核苷酸有限，不能满足各种代谢旺盛的组织和细胞的需要。因此，直接补充外源的核苷酸单体或者核苷酸混合物即外源核苷酸（exogenous nucleotides，NTs）利用第二条途径合成体内需要的核苷酸是一种更简单高效的方式。目前，NTs 的补充在多方面体现出广阔的应用前景，因此，推动了外源核苷酸制备方法的精进及核苷酸产业获得更长足的发展。本章将就核苷酸的制备和产业发展进行介绍。

Nucleotide，a kind of important nitrogen-containing compounds in organisms，is the basic unit of various nucleic acids，which determines the biological characteristics and the structure and function of proteins in cells. Nucleotide plays an important role in almost all cellular structures，metabolism，energy and regulatory functions，and is considered as one of the most important nutrients in human body. Nucleotides are continuously synthesized and degraded in living organisms. When the body is under special circumstances，the tissue denovo synthesis of nucleotides is insufficient and the nucleotide intake from the ordinary daily diet is limited，which cannot meet the needs of various tissues and cells with vigorous metabolism. Therefore，it is a simpler and more efficient way to directly supplement exogenous nucleotide monomers or nucleotide mixtures exogenous nucleotides（NTs）via the second pathway to synthesize the nucleotides needed in vivo. At present，the supplementation of NTs shows a broad application prospects in many aspects. Therefore，it has promoted the improvement of the preparation method of exogenous nucleotides and the further development of the nucleotide industry. This chapter will introduce the preparation and industrial development of nucleotides.

第一节 外源核苷酸的制备 Preparation of exogenous nucleotides

5′- 核苷酸在农业、食品和医药行业有着广泛的用途。尤其是在婴儿食品和医药领域的应用中，有着不可替代的功能。工业上和实验室已经有多种方法生产各种天然和非天然 5′- 核苷酸。

一、核苷酸制备原理

核酸是由许多核苷酸聚合成的生物大分子化合物，根据化学组成不同，核酸可分为RNA和DNA，核苷酸的结构由碱基、戊糖和磷酸3种成分以共价键依次连接而成。因此，根据核苷酸的结构，一般生产核苷酸可以从核酸出发经过水解酶，水解生成核苷酸，其方法较为温和，产量高，或者通过化学法进行水解（酸、碱水解），但化学方法较为繁琐、并且生产周期长，过程不易控制，污染大。此方法的底物——核酸一般是从微生物、动植物体内提取，常用的微生物为酵母菌。核苷酸的生产还可以从核苷出发，经过磷酸化生成核苷酸，此法多为化学合成法，产量较低，成本高，操作多，路线长。一般仅限于实验室制备。还有一种常用方法是从核苷酸合成的前体物质5′-磷酸核糖出发，此方法是通过微生物的菌体生长所代谢生成，在经过一系列的菌体代谢酶的作用下，最终生成单体核苷酸。此方法常用的微生物为枯草杆菌、产氨棒状杆菌等。

二、核苷酸制备方法

60年代初，日本人国中明率先发现了利用桔青霉提取的5′-磷酸二酯酶可以降解RNA生成5′-核苷酸，随后日本利用该方法首先开始了核苷酸的工业化生产。从六十年代日本最先开始进行核苷酸工业化生产以来，经过几十年的研究，已经有多种方法生产核苷酸及其衍生物。常用的制备方法归纳起来，主要有以下三种：化学法、微生物法及酶法。

（一）化学法

化学法分为化学合成和化学水解法。化学合成法生产核苷酸，主要是利用核苷进行磷酸酯化反应。化学水解法主要用到的是酸水解和碱水解法。其中化学合成法应用较广泛。

1. 化学合成法

化学合成法一般常用的核苷磷酸化试剂主要是磷酸或者焦磷酸的活性衍生物，工业上广泛采用的是三氯氧化磷（$POCl_3$）。要在核苷的5′位上导入磷酸基而得到5′-核苷酸，必须在进行磷酸化反应之前预先保护核苷上核糖的2′和3′位的羟基。一般可以采用乙酰基、卞基或苯亚甲基的功能化学基团保护，然后等磷酸化完成后再脱去保护剂[1]。

对于化学合成法生产核苷酸，按照反应条件不同，化学合成法的具体工艺不同，目前最为简便的方法是将$POCl_3$加到磷酸三甲酯和核苷悬浮液中反应，反应混合物中加入焦磷酸，搅拌后上树脂柱分离纯化，用碳酸盐溶液梯度洗脱得到三磷酸核苷酸盐。

2. 化学水解法

化学水解法包括：酸水解和碱水解法。在酸性条件下，RNA不稳定，嘌呤、碱基易水解下来。

碱性条件下，RNA不稳定，嘌呤碱易水解生成2′-核苷酸和3′-核苷酸。反应温度对反应进程影响显著[2]。

（二）微生物法

微生物法制备核苷酸主要分为微生物发酵法和微生物自溶法。其中微生物发酵法的应用广泛。

1. 微生物发酵法

发酵法生产核苷酸，主要是利用微生物菌株的生物合成途径来生产核苷酸。发酵法又分一步法和二步法。一步法生产核苷酸主要用于5′-肌苷酸和5′-黄苷酸的生产。二步法即直接由碳源发酵生产或先发酵生成核苷，再经化学磷酸化法。5′-鸟苷酸和5′-腺苷酸的生产普遍采用此法[3]。利用微生物发酵法生产核苷酸，需要考虑生物合成途径及调节机制来选育菌株，所使用的菌种多为枯草芽孢杆菌（*Bacillus subtilis*）和产氨棒状杆菌（*Corynebacterium ammoniagenes*），这些微生物能够在培养基中积累大量的肌苷酸和鸟苷酸，从而避免复杂和昂贵的回收提取[4]。

早在1963年，Momose等发现枯草芽孢杆菌通过分解代谢利用碳源提供满足菌体生长和产物合成所需要的能量，同时也提供合成嘌呤、嘧啶和芳香族氨基酸的基本前体物5-磷酸核糖。图11-1-1描述了利用枯草芽孢杆菌发酵生产各种核苷酸[5]。PRPP酰胺基转移酶、IMP脱氢酶和腺苷基琥珀酸合成酶是嘌呤核苷酸全合成途径的关键酶。其中，PRPP酰胺基转移酶受GMP和AMP的强烈的产物抑制作用，GMP与AMP能阻遏PRPP酰胺基转移酶的形成。GTP、ADP和IMP对该酶的抑制作用较差，三磷酸腺苷酸和腺嘌呤对该酶不产生

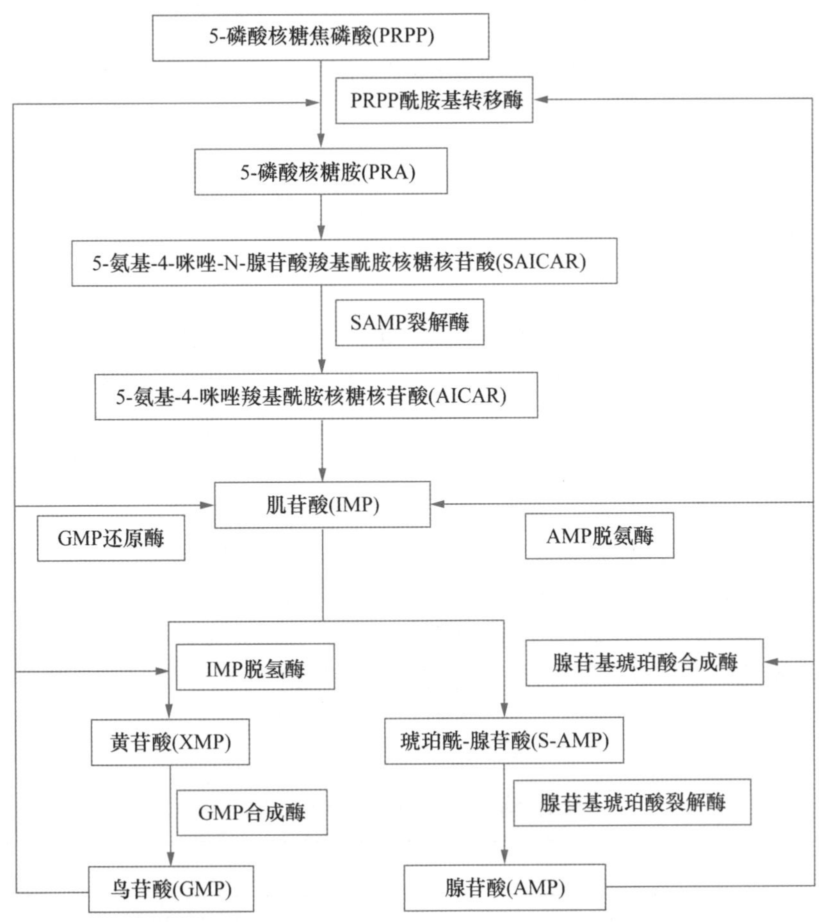

图11-1-1　在Bacillus subtilis中嘌呤类核苷酸的生物合成途径

抑制作用。IMP 脱氢酶的合成不为腺嘌呤、次黄嘌呤及黄嘌呤衍生物所阻遏，仅受 GMP 的阻遏。腺苷基琥珀酸合成酶只转移性地受 AMP 的阻遏[6]。另外，利用产氨短杆菌突变株 KY13105 直接发酵生产肌苷酸。在适宜的 Mn^{2+}水平下，发酵时可以产生异常形态的细胞，从而菌体中积累肌苷酸。在培养基中，最佳的 Mn^{2+}浓度为 0.01 ～ 0.02 mg/L[7]。

2. 自溶法

菌体细胞内的 5′- 磷酸二酯酶可转移作用于菌体本身的核酸，使之水解产生单核苷酸，再从胞内渗透出来。如可溶的酵母，在酸性条件下生成 3′- 核苷酸，在碱性条件下生成 5′- 核苷酸。2% 湿谷氨酸产生菌菌体在 pH10 和 60 ～ 65℃条件下处理 20 min，即可发生菌体自溶[8]。国内一般利用味精厂的废菌体自溶制备 5′- 核苷酸，具体步骤见图 11-1-2。

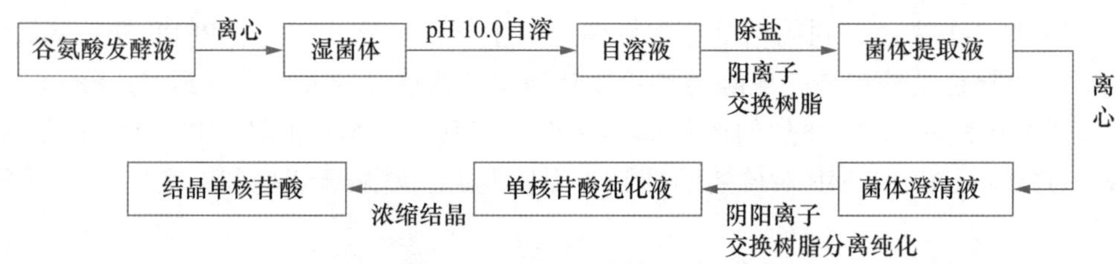

图 11-1-2　自溶法制备核苷酸的工艺流程

（三）酶法

酶法生产核苷酸主要包括酶水解和酶催化两种方法。其中酶水解法是目前应用最广泛也是发展最成熟的技术。

1. 酶水解

工业上最实际和有效的是以微生物为原料生产核苷酸，一些菌体中含有丰富的核酸资源，如啤酒酵母、石油酵母、豆制品废水培养的白地霉、抗生素菌丝体等[9]，各种微生物体内核酸的含量不同（见表 11-1-1）。从微生物中提取核酸最理想的是酵母。酶解法生产核苷酸是利用属于磷酸二酯酶类的核酸水解酶水解微生物核酸 RNA 生产出单体核苷酸。目前酶解法是核苷酸生产的主要方法，酶解法生产 5′- 核苷酸是历史最长、技术最成熟的生产方法。利用桔青霉发酵生产出的核酸酶 P_1 与从酵母中提取的 RNA 反应即可得到四种 5′- 核苷酸的混合物，将该混合物经离子交换树脂分离纯化可以得到四种核苷酸的纯品。常用的核酸水解酶来自麦芽根中提取的磷酸二酯酶、桔青霉发酵的核酸酶 P_1。该生产工艺简单、原料来源丰富、成本低廉，所以长期以来，我国都以此方法进行核苷酸的工业生产[10]。酶解方法见图 11-1-3。

表 11-1-1　不同微生物的核酸含量

微生物	细菌	酵母	霉菌	面包酵母
核酸含量 %	5 ～ 25	2.7 ～ 15	0.7 ～ 28	4.1 ～ 7.2

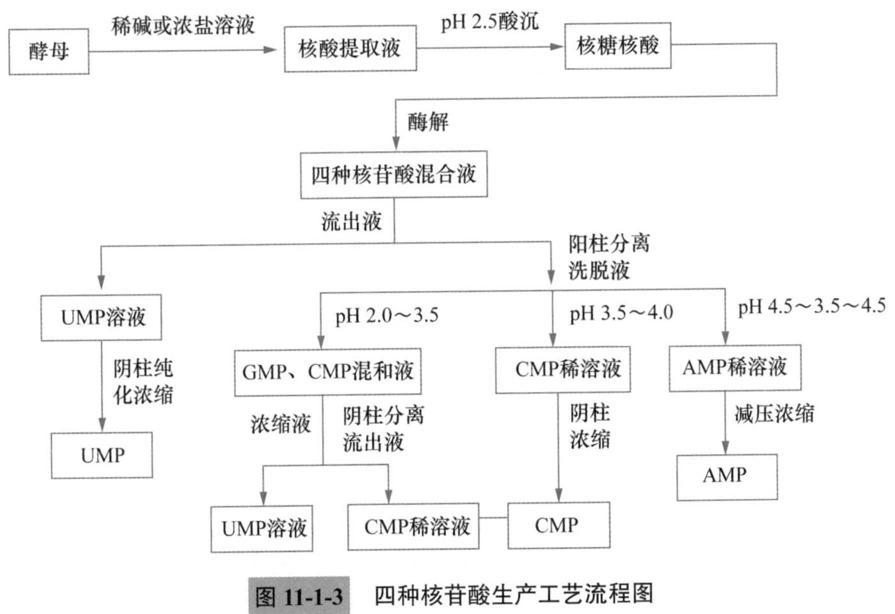

图 11-1-3 四种核苷酸生产工艺流程图

2. 酶催化法

酶催化核苷磷酸化法可用于制备 5′- 核苷酸，特别是一些具有高效药性而非自然存在的特殊的核苷酸，具有其他方法无可比拟的优越性。目前常用的酶主要是激酶，同时核糖磷酸转移酶、5′- 核酸酶、酸性磷酸酶也可用于核苷的 5′位的单磷酸化。激酶是一类可将来自 ATP 的磷酸基转移到别处的磷酸转移酶，不同的激酶可以利用不同的核苷为底物合成 5′- 核苷酸，反应通式为：ATP ＋核苷＝ ADP ＋ 5′- 核苷酸。腺苷磷酸核糖转移酶一般反应式为：AMP ＋焦磷酸$\rightleftharpoons$腺苷＋ PRPP（5 磷酸核糖 -1- 焦磷酸），此反应的逆反应可以用于 AMP 的合成。5′- 核酸酶的一般反应式为：5′- 核苷酸＋ H_2O $\rightleftharpoons$核苷＋磷酸，此反应的逆反应可以用于多种单核苷酸的合成。酸性磷酸酶一般反应式为：磷酸单脂＋ H_2O $\rightleftharpoons$醇＋磷酸，可用于多种底物的水解，同时逆反应可用于催化磷酸转移反应[1]。

（四）制备方法的特征

以上介绍了三种核苷酸主要的制备方法，每种方法都有其优势和劣势，见表 11-1-2，化学法生产核苷酸优点在于对底物结构限制不大，直接磷酸化合成产率较高，具有广泛的作用范围，且适用于许多非天然核苷酸的合成；缺点在于所涉及的试剂较昂贵，工艺要求高，生产成本偏高。因此化学合成法一般用于生产一些有特殊用途的核苷酸的衍生物，且仅限于实验室规模，工业化大规模生产有一定的难度[1]。产品一般仅应用于医药原料领域。

微生物发酵法生产核苷酸优点在于副产物少，生产的效率较高；缺点在于需要考虑生物合成途径及调节机制来选育菌株，同时又对反馈控制调节等技术要求较高，且对培养基的组成以及添加物质等均有特定的要求，再加上建厂投资大，生产产品单一，故仅限于生产极个别产品，目前仅用于肌苷酸和鸟苷酸的生产。产品在 GB 2760《食品安全国家标准　食品添加剂使用标准》和 GB 14880《食品安全国家标准　食品营养强化剂使用标准》中归类为食品添加剂和营养强化剂。

利用酶解法生产核苷酸，优点在于原料来源丰富、成本低廉，核酸酶P1降解RNA可以一次得到四种核苷酸的混合物，且酶反应收率较高；提取过程中的分离纯化技术目前已得到改进和提高，产品纯度可达到98%～102%。该方法很适合工业化大规模生产核酸。缺点在于受RNA底物的限制，核苷酸的比例无法改变。利用该方法生产的核苷酸被广泛应用到婴幼儿配方奶粉等食品以及特殊食品、保健食品等领域中。在GB 2760《食品安全国家标准 食品添加剂使用标准》及GB 14880《食品安全国家标准 食品营养强化剂使用标准》中分别归类为食品添加剂及营养强化剂。而且酶解法生产核苷酸可以一次得到全部五种不同的核苷酸单体，其优点是其他两种方法所不具有的。该方法很适合工业化大规模生产核苷酸。酶催化法生产核苷酸，优点在于反应条件温和，容易控制，不需要保护基，步骤简单，反应专一性强，副反应少，后处理容易；缺点在于所用酶较为昂贵，且反应需在酶的最适合反应条件下进行[11]。

表11-1-2 不同核苷酸制备方法的特征

制备方法	优势	劣势	适用	应用领域
化学法	产率高，非天然核苷酸的合成	试剂贵，工艺要求高，成本高，难以工业化	实验室规模生产	医药原料
微生物法	副产物少，生产效率高	菌株选育难，反馈调节控制技术要求高，培养基组成要求高，建厂投资高，产品单一	肌苷酸和鸟苷酸	食品添加剂、营养强化剂
酶法	原料来源丰富，成本低，酶反应收率较高，反应条件温和，容易控制，反应专一性强，副反应少	受RNA底物限制，核苷酸的比例无法改变，反应需在酶的最适合反应条件下进行	适合工业化大规模生产	食品、保健食品

三、生产工艺流程

目前，食品工业中，核苷酸的生产多采用酶解法。酶解法生产核苷酸主要由核糖核酸（RNA）的生产和核苷酸的生产两部分组成以及后续单核苷酸的分离纯化组成。

（一）核糖核酸的生产

核糖核酸的生产过程是以食品用酵母为原料，利用糖蜜、无机盐等物质作为培养基进行发酵培养得到富含酵母的酵母浆，再利用食盐对酵母浆中的酵母进行处理提取其中的核糖核酸，之后经过分离、过滤、结晶、干燥、包装等主要工艺制成。核糖核酸生产工艺流程图见图11-1-4。

（二）核苷酸的生产

核苷酸的生产过程由核糖核酸（RNA）为原料，经过核酸酶降解（或脱氨酶对腺苷酸脱氨得到肌苷酸）、过滤、层析、纳滤、浓缩、结晶、干燥等工序，制得五种高纯度的5′-

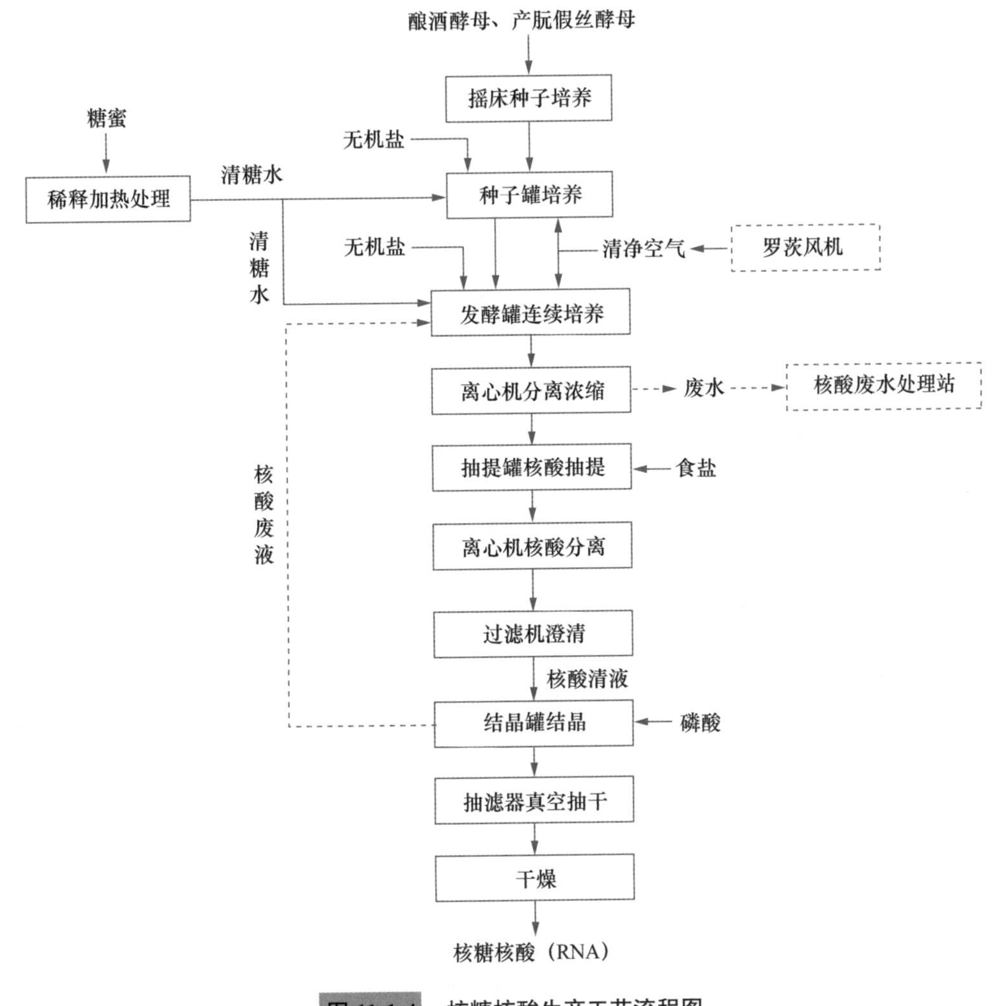

图 11-1-4　核糖核酸生产工艺流程图

核苷酸[12]。核苷酸的生产工艺流程见图 11-1-5。该生产工艺产出物为腺苷酸、胞苷酸、鸟苷酸、尿苷酸等四种不同的单体核苷酸，并可以利用脱氨酶产出肌苷酸，此工艺采用可作为食品原料的酵母核糖核酸为起始原料，生产过程无化学合成工艺，故产品纯度稳定、安全性极高，无化学物质残留疑虑，此工艺被美国食品药品法典采纳为标准工艺，广泛被婴幼儿配方奶粉厂商认可，主要代表生产厂家为日本 YAMASA CORPORATIONY 以及大连珍奥生物技术股份有限公司。

四、工业化核苷酸制备技术发展

比较不同的制备方法，酶法生产核苷酸具有更广泛的工业化生产前景。利用酶解法生产核苷酸是一种历史最悠久且更加全面与成熟的方法，更适合工业化大规模生产。该方法工艺简单，原料来源丰富，酶反应收率较高。目前，世界范围内已有中国的生产企业，可以利用稳定的碳源生产含量在 90% 以上的酵母 RNA，由此生产的 5′- 核苷酸产量可稳定地达到

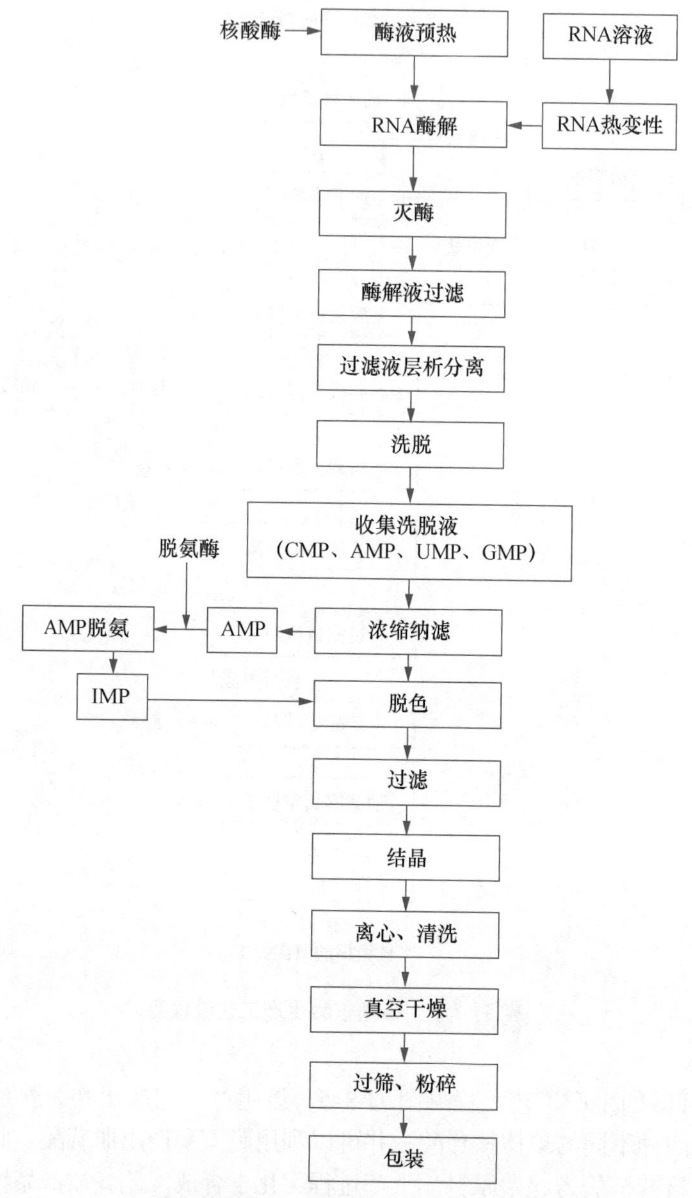

图 11-1-5 核苷酸生产工艺流程图

80% 以上，核苷酸的纯度均可达到 98% ～ 102%。

（一）高效制备原料

在化学合成法和酶催化法中，用核苷生产核苷酸的主要原料——核苷（特别是胞苷和尿苷）的生产技术也有了新的发展，采用重组微生物生产胞苷。对胞苷的降解及利用基因进行了敲除，这些基因，编码胞苷脱氨酶、核糖核苷水解酶、胞苷 / 尿苷激酶以及核苷转运蛋白。同时，对胞苷生物合成途径中的关键酶进行了过表达，包括降解胞苷三磷酸到胞苷单磷酸的胞苷三磷酸焦磷酸化酶，以及催化胞苷单磷酸到胞苷的胞苷单磷酸磷酸化酶。此外，对嘧啶核苷途径进行了基因工程改造，解除合成途径的反馈抑制。通过生物发酵将重组菌株在 5 L 发酵罐培养，可达到 20 g/L 以上的胞苷产量[13]。另外利用分子生物学方法向 Bacillus subtilis A219 的氨甲酰磷酸合成酶大亚基中引入突变位点（949 位谷氨酸缺失，E949*），获得工程菌 Bacillus subtilis A2191，并进行发酵培养获得尿苷发酵液，工程菌的尿苷产量可以达到 40 g/L 以上[14]。

（二）酶的高效利用

1. 酶的高效制备

为了满足食品和饲料领域对核苷酸的庞大需求，酶解法作为核苷酸生产的主流技术，利用含有酶的天然菌株合成核苷类药物的缺点在于酶量小，即使通过诱变提高的酶量也非常有限，需解决的主要问题是降低酶的生产成本和提高酶的水解效率。采用蛋白质工程技术、基因组学、蛋白质组学和高精分析仪器，对核酸水解酶的蛋白质结构、功能与底物的作用机制等开展更详细深入的研究，采用高通量筛选技术，从自然界中筛选新的无毒无害的产酶菌株；采用基因工程技术对编码核酸水解酶的基因及其调控机制进行深入研究，通过基因修饰和改造，提高酶的表达量，或者将产酶基因克隆至更易生长、培养条件更简单的宿主菌中，实现酶的低成本、无公害生产。华杰用 IPTG 诱导 8h 后收获菌体，可得到较高的生物量和重组酶蛋白表达量[15]。张一平以桔青霉 ATCC14994 为出发菌株，采用紫外线与亚硝基胍相结合的多次诱变育种，获得 1 株 5′- 磷酸二酯酶高产菌株 HAT2228，产酶达 1329 U/ml[16]。CHEN 等从桔青霉（*P. citrinum*）中克隆核酸酶 P1 基因（*nuc P1*）并在黑曲霉（*A. niger*）中表达，结果显示，该酶可有效将酵母 RNA 水解成 5′- 核苷酸，浓度最高可达 15.12 mg/ml[17]。5′- 肌苷酸作为新一代增味剂的重要组成成分，在调味品行业具有十分重要的地位。为进一步缩短 5′- 肌苷酸生产周期，降低生产成本，在研究来源于摩氏摩根菌 *Morganella morganii* 的酸性磷酸酶 AP/PTaseM 催化条件基础上，将该酶编码基因 phoCYM 克隆至肌苷生产菌株 Bacillus subtilis JG，获得 B.subtilis JAB 和 B.subtilis JAF，并根据重组菌株合成肌苷及表达酸性磷酸酶的特性，通过调控发酵条件实现了肌苷发酵和酶催化相偶联的二步发酵法生产 5′- 肌苷酸。经摇瓶发酵试验验证，两菌株 5′- 肌苷酸产量分别为 2.4 g/L 和 3.0 g/L[18]。

对于酶解法制备核苷酸，粗酶的分离、纯化方法很多，主要有微滤、超滤法、透析法、乙醇、丙酮或硫酸铵沉淀法、离子交换法、纤维素法、凝胶析法等。一般生产中只需对粗酶液进行过滤、微滤、超滤和盐析除杂，即可得到酶活力大于 1000 U/ml 的酶液，基本可满足实际工业生产的需要[5]。吕浩等将桔青霉发酵液通过硫酸铵分级沉淀、凝胶层析和离子交换纤维素层析等分离纯化步骤，得到的核酸酶 P_1 比活力为 711 U/mg，纯化倍数为 1500[19]。石陆娥采用硫酸铵沉淀、疏水层析、离子交换纤维素、葡聚糖凝胶层析对核酸酶 P_1 进行分离纯化，纯化酶比活为 1264 U/mg[20]。廖红东等将桔青霉发酵液经离心、超滤、硫酸铵盐析、透析和 DE-52 型树脂柱色谱分离，得到了纯化倍数 10.5 倍的核酸酶 P_1，收率 45%，酶比活 28 490 U/mg[21]。李明等采用活性炭脱色、硫酸铵分级沉淀、脱盐和凝胶层析等分离技术，得到核酸酶 P1 纯组分，该酶纯化后酶比活达到 33 967 U/mg，纯化倍数为 8.48 倍[22]。对于凝胶层析法等纯化方法，不易工业化，目前只适合实验室研究。华杰采用硫酸铵沉淀、超滤浓缩、透析膜脱盐以及 SephadexG-25、SephadexG-75 凝胶层析提纯，获得的 5′- 磷酸二酯酶制剂比酶活提高了 6 倍[15]。石陆娥通过热失活、超滤、硫酸铵分级沉淀、疏水作用层析、离子交换层析以及凝胶层析等生化分离手段提纯得到了电泳纯核酸酶 P_1，酶蛋白比活为 1264 U/mg，纯化倍数为 93[20]。张一平等采用 50 000 Da 超滤膜浓缩、40% 饱和度硫酸铵盐析、50 000 Da 超滤膜脱盐的工艺，获得 1500 U/ml 的高活力酶液，在 RNA 浓度 5.8%、酶用量 8%、反应时间 2 h 条件下，水解率可达 95%。该方法因除去了粗酶液中的大部分杂质，同时对酶液进行了浓缩，使酶活力得到较大提高，从而提高了核酸的水解率[16]。

2. 酶的高效反应体系

（1）固定化酶

酶的固定化技术，有利于实现酶的回收利用，以降低酶解反应的成本。Chen 研究发现核酸酶 P1 固定在 DEAE 纤维素上的效果最好，其次是固定在戊二醛活化的甲壳素上[23]。石陆娥采用共价偶联法、交联法等技术将核酸酶 P_1 在纸纤维、壳聚糖微球和 DEAE 纤维素等载体上，考察了固定化条件，并进一步研究了固定化核酸 P_1 的酶学性质。与游离酶相比，固定化酶的最适 pH 提高 0.5 个单位，耐酸碱性也得到了提高。以壳聚糖微球和纸纤维为载体的固定化酶最适温度提高了 10℃，热稳定性、存储稳定性都得到了提高。纸纤维固定化酶、壳聚糖微球固定化酶、DEAE 纤维素固定化酶的米氏常数分别为 5.72、96.58、27.21 mg/ml[20]。华杰采用戊二醛活化的壳聚糖为载体，固定了麦芽根 5′- 磷酸二酯酶，当酶固定化温度为 30℃，固定化酶 pH 值为 5.0，固定化时间为 6 h 的最适条件下，最高的酶活回收率可达 53.6%，所制得的固定化酶的最适温度为 75℃，最适 pH 值为 5.5，研究表明，固定化酶比游离酶更纯，可见酶的固定化过程也起到了提纯酶的作用。固定化酶的米氏常数 K_m 为 15.38 mg/ml（底物为 RNA），未固定米氏常数 K_m = 8.73 mg/ml（底物为 RNA）[23]。Lo 等人通过戊二醛交联法将 5′- 磷酸二酯酶固定在甲壳素上，回收率为 12.8%，固定化酶的热稳定性及 pH 稳定性得到了提高，在柱上连续使用 21 天后仍保留 80% 的活力[24]。Serrat 采用共价结合法固定了从麦芽根中提取的 5′- 磷酸二酯酶，以活化硅藻为载体土，戊二醛为交联剂，固定化酶活力回收率为 15%。Serrat 用钛氯活化纤维素固定 5′- 磷酸二酯酶，活力回收达 70%，平均水解率为 74.6%，而用酶量只是溶液酶的 10%，载体成本相对低廉[25]。一般常用的固定化载体除了高分子化合物外，还有高分子树脂。Olmedo 使用环氧乙烷活化丙烯酸树脂固定核酸酶 P_1，固定化酶使该酶的选择性和米氏常数明显提高[26]。南京工业大学采用固定于阴离子树脂的腺苷酸脱氨酶催化腺苷酸生成次黄嘌呤核苷酸。该方法以腺苷酸为底物，原料供应充足，而且对设备要求低，分离提取方便，能够实现次黄苷酸的半连续生产，底物方便易得且转化彻底，成本较低[27]。

（2）反应器

酶作为高效专一的催化剂，在生物转化过程中起到重要作用，而膜分离过程在混合物分级浓缩纯化方面具有显著的技术优势。如果将酶促反应与膜分离这两种过程有效集成，将大大提高生产效率。上世纪 60 年代末 Blatt 等人提出了酶膜生物反应器（enzyme membrane bioreactor）的概念。酶膜生物反应器就是采用适当孔径的膜将酶和底物与产物隔开，并使产物不断透过膜排出的一种反应设备，即酶膜生物反应器是一种利用膜的分离功能，同时采用核酸酶在酶膜反应器中水解 RNA 制备核苷酸，具有多方面的优势。石陆娥报道了在膜反应器中，采用游离酶及固定化核酸酶 P_1 水解酶母 RNA，游离核酸酶 P_1 通过桔青霉发酵制得，纯化后的核酸酶分子量为 44 000，最适 pH 值为 5.4，最适反应温度为 69℃，酶的米氏常数为 24.28 mg/ml。该游离酶在聚醚砜膜（截留分子量为 30 000 kDa，膜通量为 2.0 ml/min）组建的膜反应器（反应体积为 150 ml）中的催化最佳工艺条件为：底物浓度为 1.25%，锌离子浓度为 6.0×10^{-4} mol/L，底物 pH 值为 5.3，加酶量为 0.08 mg/ml，温度为 65℃时，核苷酸的转化率可达到 97.2%，产物中核苷酸的浓度为 12.15%[20]。杨大令 2008 年报道了将核酸酶 P_1 固定在聚芳醚砜酮（PPESK）膜上，制备了化学稳定、热稳定性和耐污染性均较好的中空纤维固定化酶膜，分别考察了固定化酶膜反应器（IEMR）和分体式酶膜反应器（REMR）的操作性能，研究结果表明，REMR 的初始反应速率较快，而 IEMR 的总体转化率更高，当底物浓度为 2%，锌离子浓度为 0.0006 mol/L，底物 pH 值为 5.4，载酶量为 200 mg/L，温度为 65℃，表压 0.1 MPa 时，工作 5 h 后 IEMR 中催化水解转化率可达到 85%[28]。王光柱设计装配了一种管式固定化床反应器（CPFR）与中空纤维超滤膜相耦合的反应-分离装置，此装置酶解反应的最适操作条件为：反应温度为 75℃，pH 值为 5，RNA 浓度控制在 3% 以内，在反应-分离耦合装置上进行了较长时间连续酶解 RNA 的反应，核苷酸的总收率达到了 88.3%。反应结束后，固定化 5′- 磷酸二酯酶能保持原酶 74.6% 的活性[29]。中科院大连化学物理研究所用膜反应器实现了核酸 RNA 的连续水解生产核苷酸，核酸水解率平均达到 80%，多个膜反应器串联使用，水解率可达 90%[30]。

3. 酶法生产核苷酸营养型食品

为了满足食品和饲料领域对核苷酸的庞大需求，酶法作为核苷酸生产的主流技术已成为趋势。近年来，由于食用酵母菌种选育条件的不断完善，生物酶工程技术水平的不断提高，企业生产工艺的不断进步，形成了一种利用酶法生产核苷酸营养型食品的产业集群，并出现了产品品种多样化的局面，使核苷酸的利用由过去的作为医药原料、食品添加剂、营养强化剂的使用范畴迈进了更广阔的营养食品应用领域。由于核苷酸营养型食品的出现，人类食品营养史上一场新的革命浪潮已经涌来。

以下是两种利用酶法生产核苷酸营养型食品的介绍。

酵母菌是食品发酵工业中常用的菌种，人们利用酵母来进行面食的发酵、酿酒等已有几千年的历史。酵母是一种天然的全营养型食品，其细胞中含有丰富的蛋白质、核酸、肽、氨基酸、B 族维生素、微量元素等多种营养物质，其细胞壁中含有葡聚糖、甘露寡糖、几丁质等多种活性成分。在普通谷物食品中，只需加入少量的酵母粉，便可以有效提升谷物食品的营养价值。同时，酵母类食品中富含的核苷酸还具有增强机体免疫力、调节血脂、改善肠道菌群等多种功能。从酵母中提取的核苷酸目前已被广泛应用于婴幼儿配方乳粉、特医食品和更广阔的食品领域之中，其安全性、可靠性也早已被证实。

（1）核苷酸型酵母抽提物

核苷酸型酵母抽提物（rich nucleotide yeast extract），是以食用酵母为原料，利用酶反应，将酵母细胞内的蛋白质降解成氨基酸和多肽，核酸降解成核苷酸，并和酵母中的 B 族维生素、微量元素、谷胱甘肽等其他成分一起从酵母细胞中抽提出来，可以直接被人体吸收利用的营养食品。核苷酸型酵母抽提物中不仅包含多种营养成分，而且其中的肌苷酸和鸟苷酸还具有鲜美的口感，因此核苷酸型酵母抽提物是一种集营养与美味于一体的优良营养食品，近年来被广泛应用于调味食品、营养保健品、特殊食品和化妆品等领域中。

在 GB/T 20886.2《酵母产品质量要求　第 2 部分：酵母加工制品》中，将酵母抽提物分为纯品型和核苷酸型两大类（表 11-1-3），其中核苷酸型酵母抽提物的定义为："以食品加工用富核酸酵母为主要原料，在酵母自身酶或外加食品加工用酶的作用下，酶解自溶并分离提取后，经过或不经过热加工等工艺，得到的含有酵母自身的氨基酸、肽、核苷酸等酵母细胞中的可溶性成分的产品，属于食品配料"。核苷酸型酵母抽提物又分为Ⅰ型和Ⅱ型，其中Ⅰ型核苷酸酵母抽提物中的天然核苷酸可高达 20% 以上，低聚肽含量达到 50% 以上。目前，国内的生产企业利用高核酸食用酵母菌种，采用特殊发酵的生产工艺，使酵母菌始终维持在对数生长期，由此得到的高核酸含量的酵母可以生产出多种核苷酸含量更高的高核苷酸型酵母抽提物。

表 11-1-3　酵母抽提物的理化要求

项目		指标		
		纯品型	核苷酸型	
			Ⅰ型	Ⅱ型
氯化钠 / （g/100 g）	≤	50.0	22.0	50.0
总氮（除 NaCl 干基计）/（g/100 g）	≥	7.0	10.0	7.0
氨基酸态氮占总氮百分比（AN/TN）/%		15.0 ～ 55.0	—	—
铵盐（NH_3-N）（除 NaCl 干基计）/（g/100 g）	≤	2.0	2.0	2.0
不溶物 / （g/100 g）	≤	2.0	—	—
总灰分（除 NaCl 干基计）/（g/100 g）	≤	20.0	25.0	25.0
核苷酸（除 NaCl 干基计，以核苷酸钠盐水合物计）/（g/100 g）	≥	—	20.0	8.0
$X_{(IMP+GMP+AMP)}$ ∶ $X_{(CMP+UMP)}$ [a]	≤	—	2.1 ∶ 1	2.1 ∶ 1
谷氨酸（除 NaCl 干基计）/（g/100 g）	≤	20.0	20.0	20.0
钾 / （g/100 g）	≤	13.0	13.0	13.0

[a] 5′- 肌苷酸二钠、5′- 鸟苷酸二钠、5′- 腺苷酸二钠三种核苷酸含量之和与 5′- 胞苷酸二钠、5′- 尿苷酸二钠两种核苷酸含量之和的比值，以钠盐水合物计。

表格数据摘自 GB/T 20886.2

（2）核苷酸型酵母水解物

核苷酸型酵母水解物（rich nucleotide autolyzed yeast）是一种集核苷酸型酵母抽提物和酵母细胞壁于一体的营养食品，它含有酵母中的全部营养成分。而且与酵母相比，酵母水解物由于经过酶反应水解，酵母中的蛋白质、核酸等营养物质被分解成多肽、核苷酸等，更利于被人体所吸收和利用。在 GB/T 20886.2《酵母产品质量要求　第 2 部分：酵母加工制品》中，将酵母水解物分为纯品型和核苷酸型两大类（表 11-1-4），其中核苷酸型酵母水解物的定义为："以食品加工用富核酸酵母为主要原料，在酵母自身的酶或外加食品加工用酶的作用下，经酶解自溶、浓缩或干燥等工艺制得的含酵母全细胞成分的产品，属于食品配料"。

核苷酸型酵母水解物中不仅包含核苷酸型酵母抽提物中的全部营养成分，其天然核苷酸含量可达到 10% 以上，而且还包含酵母细胞壁中所含有的酵母葡聚糖、甘露寡糖、蛋白质和少量几丁质等成分。其中的酵母葡聚糖具有提高免疫力、抗肿瘤、改善肠道菌群等多种功能。因此，核苷酸型酵母水解物可称为是一种全营养型食品。

表 11-1-4 酵母水解物的理化要求

项目		指标	
		纯品型	核苷酸型
氯化钠 /（g/100 g）	≤	50.0	50.0
总氮（除 NaCl 干基计）/（g/100 g）	≥	6.1	9.0
氨基酸态氮占总氮百分比（AN/TN）/%	≥	5.0	—
铵盐（NH_3-N）(除 NaCl 干基计）/（g/100 g）	≤	1.0	1.0
不溶物 /（g/100 g）	≤	60	—
总灰分（除 NaCl 干基计）/（g/100 g）	≤	15.0	20.0
核苷酸（除 NaCl 干基计，以核苷酸钠盐水合物计）/（g/100 g）	≥	—	10.0
$X_{(IMP+GMP+AMP)}$ ∶ $X_{(CMP+UMP)}$ [a]	≤	—	2.1 ∶ 1
谷氨酸（除 NaCl 干基计）/（g/100 g）	≤	13.0	—
谷氨酸占总蛋白质百分比 /%	≤	24.0	—
钾 /（g/100 g）	≤	13.0	—

[a] 5′- 肌苷酸二钠、5′- 鸟苷酸二钠、5′- 腺苷酸二钠三种核苷酸含量之和与 5′- 胞苷酸二钠、5′- 尿苷酸二钠两种核苷酸含量之和的比值，以钠盐水合物计。

表格数据摘自 GB/T 20886.2

利用酶法生产核苷酸型酵母抽提物和核苷酸型酵母水解物营养食品的生产工艺见图 11-1-6。

（三）核苷酸的分离纯化

水解液中四种核苷酸的分离提取，最常用的是离子交换法。选用强酸型 732 树脂，在酸性条件下，将核酸酶解液 pH1.5 上柱吸附，流速控制在 0.8 ml/（cm^2·min）。在此情况下，由于 UMP 没有氨基，不带正电荷，当吸附时，直接从阳离子交换树脂中流出，另外三种核苷酸存在不同程度的氨基的解离，因此所带电荷不同，吸附在阳离子交换树脂上的能力也不同。AMP 所带正电荷最多，吸附能力最强，采用 0.1 mol/L HCl（pH1.0），3%NaCl 溶液进行洗脱，虽然四种核苷酸可以一次洗脱出来，但是由于 GMP 和 CMP 具有相似的解离吸附能力，两者分离度较低。在解决四种核苷酸混合物分离问题上，徐燚通过筛选自行合成的几种树脂，得到了适合该混合物体系分离的离子交换树脂 NH-1，NH-1 不但对四种核苷酸有较大的吸附容量，而且其分离度也较高，分离效果较好。该树脂对四种核苷酸分离效果，UMP 与 GMP 之间的分离度为 1.11，GMP 与 CMP 之间的分离度为 1.87，CMP 与 AMP 之间的分离度为 1.84。其初步分离的结果分别为：UMP 收率 85% 左右，纯度 70% ～ 85%，GMP、CMP 和 AMP 的收率均大于在 90%，三种单核苷酸的纯度均在 90% 以

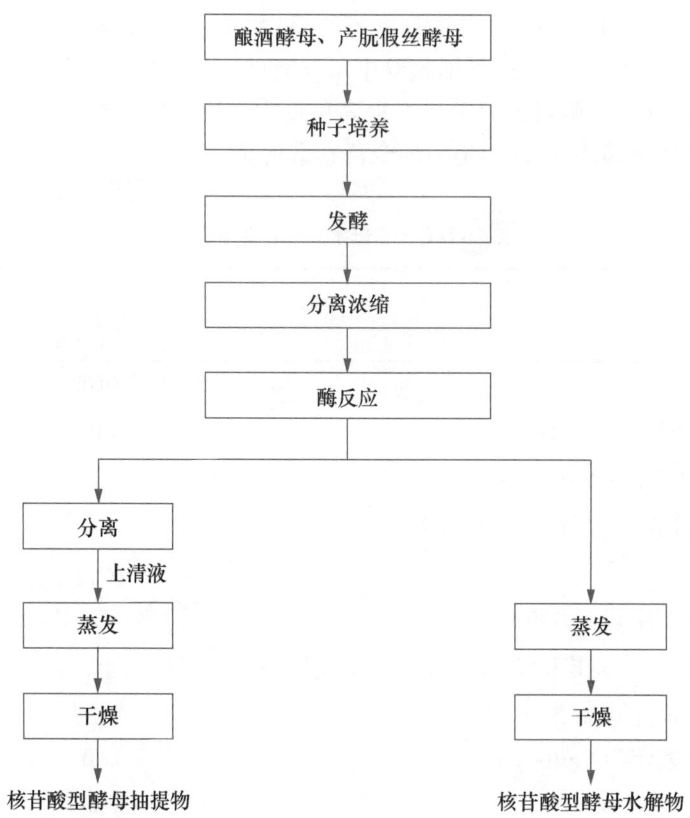

图 11-1-6 核苷酸型酵母抽提物（水解物）生产工艺流程图

上。在此基础上再进一步用自行合成的阳离子交换树脂 SD3 对 UMP 进行纯化[10]。邱蔚然通过一根大孔弱碱阴离子交换树脂柱和一根弱碱阴离子交换树脂柱，将酶解液串连上柱，分段洗脱，一次性分离核苷酸，此方法收率高，纯度高（> 98%）[32]。紧接着，邱蔚然等通过阴离子交换树脂和炭柱的有序排列组合，一次分离纯化得到了高纯度的单核苷酸，分离总收率达 90%[33]。华杰对酶解产物 5′- 核苷酸先用阳离子交换树脂 IR120 分离出 5′-AMP 和 5′-GMP，再用阴离子交换树脂 IRA400 分离 5′-UMP 和 5′-CMP，四种核苷酸都得到了很好的分离，回收率在 80% 以上[15]。除了用离子交换树脂来分离核苷酸，王光柱针对 5′- 混合脱氧单核苷酸的理化特性，利用 DEAE Sepharose Fast Flow 凝胶分离纯化 5′- 混合脱氧单核苷酸。上样液为 20 mmol/L Tris 缓冲液（pH9.0），上样量≤ 7.5 mg/ml · gel，上样流速 5 ml/min，洗脱液为 20 mmol/L Tris 缓冲液＋ 0.025 mol/L NaCl（pH9.0），洗脱流速为 0.5 ml/min。在此条件下，dCMP、dAMP、dTMP 的收率为 95% 以上，dGMP 的收率为 85% 以上，各单体纯度达到 98% 以上[29]。

近年来，膜技术也开始应用于核苷酸的分离。酶法制备核苷酸中底物 RNA 去杂可采用膜处理方式。邱芳等以 PPESK 为膜材料、NMP 为溶剂、EGME 为非溶剂添加剂，以相转化法制备的中空纤维膜为基膜，采用界面聚合法制备复合纳滤膜，在 0.6 MPa 条件下，对核苷酸的截留率达到 95% 以上，对无机盐的截留率在 50% 左右，在试验中膜性能基本稳定[34]。

对 5′- 腺嘌呤核苷酸粗品的提纯将采用重结晶的方法。重结晶是利用固体有机物在溶剂中的溶解度，一般是随温度的升高而增大，选择一个合适的溶剂，将含有杂质的固体物质溶解在热的溶剂中，形成热饱和溶液，趁热滤去不溶性杂质，滤液于低温处放置，使主要成分在低温时析出结晶，可溶性杂质仍留在母液中，产品纯度相对提高。李悦通过实验确定了重结晶的工艺，水与乙醇的体积比为 1∶3，混合溶剂用量为 150 ml，搅拌温度为 55℃，活性炭用量为 2%，搅拌时间为 30 min，此条件下 5′- 腺嘌呤核苷酸的结晶率为 88%，纯度达 96%[35]。

第二节　外源核苷酸产品质量标准 Quality standards for exogenous nucleotides

目前，市场上核苷酸相关产品主要包括：核苷酸及其衍生物、脱氧核苷酸及其衍生物、还有核苷和脱氧核苷以及相应的碱基。其中，除核苷酸产品广泛应用于配方食品、营养保健品以及食品配料（增鲜产品）外，而其他产品多用于医药化工、生物制药、基因工程等其他领域。

从目前世界范围的产量和用量看，几种核苷酸产品扮演着主要角色。比如，肌苷酸二钠、鸟苷酸二钠产量最大，主要以其增鲜作用应用于各种食品配料。而胞苷酸及其二钠盐、腺苷酸、尿苷酸二钠、肌苷酸二钠、鸟苷酸二钠又是配方食品（婴儿配方食品）的重要营养成分，产销量居第二位。

随着 2010 年美国食品与化学品法典（Food & Chemicals Codex，FCC）第 7 版增补一的出版，主要核苷酸产品在世界范围内有了统一的质量标准，并为大多数国家所接受。至 2022 年 3 月，FCC 的第 13 版正式推出。其间，FCC 公布的核苷酸产品质量标准，绝大部分没有变化，一直沿用。

我国对于核苷酸产品质量标准和应用领域，也经历了一个逐渐规范的过程。目前，已经发布了主要核苷酸产品的安全质量标准和相关使用的国家标准。具体的产品标准见表 11-2-1。

表 11-2-1　现行的核苷酸国家 / 行业标准

核苷酸种类	核苷酸标准
5′- 胞苷酸二钠	GB 1903.5-2016
5′- 单磷酸胞苷	QB/T 4357-2012
5′- 单磷酸腺苷	GB 1903.3-2015
5′- 尿苷酸二钠	GB 1886.82-2015
5′- 肌苷酸二钠	GB1886.97-2015
5′- 鸟苷酸二钠	GB 1886.170-2016

关于指导核苷酸使用的国家标准有：GB 2760-2014 发布了关于呈味核苷酸，5′- 肌苷酸

二钠和5′-鸟苷酸二钠的使用标准和GB 14880-2012发布了食品营养强化剂，5′-胞苷酸二钠、5′-单磷酸胞苷、5′-单磷酸腺苷、5′-尿苷酸二钠等核苷酸的使用标准。美国FCC的标准在国际贸易和国际交流中使用得最为广泛，附录1中以几种主流核苷酸产品为例，比较了两种标准的异同，我国的公布标准与FCC标准差别不大。

第三节 外源核苷酸的产业发展 Industrial development of exogenous nucleotides

核酸产业的迅猛发展，带动了以核苷酸为基础的理论及应用研究。目前，核苷酸的用途越来越广阔。核苷酸类物质及其衍生物已在理论研究、医药、食品、农业生产、化妆品和科研领域中得到了广泛应用。

一、在食品行业的应用

鲜味是人类的第五种味觉，随着现代鲜味科学的发展，有越来越多的鲜味剂被陆续发现。鲜味剂亦称“风味增效剂”或“增味剂”，当其用量高于其鲜味阈值（能感觉出鲜味的最低浓度）时，方能产生鲜味[36]。在1913年Shintaro Kodama研究鲣干制品时发现肌苷酸是一种典型的鲜味物质。当Akira Kuninaka在1960年从普通香菇汁中发现5′-鸟苷酸是构成鲜味的另一关键成分后，核苷酸用于增味剂便拉开了序幕[37]。现代调味剂中添加呈味核苷酸（肌苷酸＋鸟苷酸）与其他鲜味剂具有协同增效作用，二者相混合的鲜味可提高数倍至数十倍，降低鲜味阈值。呈味核苷酸对甜味、肉味、醇厚感有增效作用，对酸味、苦味、腥味、焦味等不良风味有消除或抑制作用，而且鲜味更圆润，所以它常被广泛地添加到各类调味品如鸡精、鸡粉、增鲜味精、酱油、调味包、汤料、番茄酱、蛋黄酱等中，强化滋味，改善口感，其含量水平也是衡量产品鲜度的特征之一[38]。核苷酸如今在食品行业中，已经由最初的食品增味剂，扩展为具有生物功能的营养强化剂。目前，核苷酸在很多国家均应用于婴儿配方粉中，但不同国家对核苷酸添加量的要求不同。美国在正常及低体重婴儿配方粉中对核苷酸的添加量进行了严格的限制，分别为16 mg/100 kcal和22 mg/100 kcal，欧盟规定了每种核苷酸在婴儿配方粉中的最大添加量：单磷酸胞苷（5′-CMP）2.5 mg/100 kcal；5′单磷酸尿苷（5′-UMP）1.75 mg/100 kcal；5′-单磷酸腺苷（5′-AMP）1.5 mg/100 kcal；5′单磷酸鸟苷（5′-GMP）0.5 mg/100 kcal；次黄嘌呤核苷酸（IMP）1.0 mg/100 kcal；核苷酸总量5 mg/100 kcal[39]。依据澳洲食品法规计划29的规定（Schedule 29 Special purpose foods），其可以加入到婴幼儿食品中作为营养物质，每种核苷酸在婴儿配方粉中的量为：单磷酸胞苷（5′-CMP）0.22～0.6 mg/100 kJ；5′单磷酸尿苷（5′-UMP）0.13～0.42 mg/100 kJ；5′单磷酸腺苷（5′-AMP）0.14～0.38 mg/100 kJ；5′单磷酸鸟苷（5′-GMP）0.14～0.12 mg/100 kJ；次黄嘌呤核苷酸（IMP）0.08～0.24 mg/100 kJ。我国于2005年正式允许核苷酸作为营养强化剂添加到婴幼儿配方食品中，我国《食品营养强化剂使用标准》（GB14880-2012）允许核苷酸（5′-CMP、5′-UMP、5′-AMP、5′-肌苷酸二钠、5′-鸟苷酸二钠、5′-尿苷酸二钠、5′-胞苷酸二钠）使用在部分特殊膳食用食品（婴幼儿配方食品），使用量0.12 g～0.58 g/kg（以核苷酸总量计）[40]。

近年来，随着核苷酸功能性的研究发展和消费者认识的提高，人们对身体健康的关注和高品质生活的诉求不断增强。用以进行补充营养的核苷酸产品逐渐成为市场的新宠。尤其是核苷酸的免疫功能[41]，被用于提高免疫力的保健食品中。目前，对于我国的保健食品声称的 27 项作用，对于免疫调节功能，有推荐多聚核苷酸和免疫核糖核苷酸。由于国内核苷酸类物质不能用于普通食品中，检索到的保健食品数据库显示，自 1997 年以来我国的核苷酸类保健食品就已获批，目前为止已有 20 多年的食用历史，现中国保健食品的主管部门已经批准了 20 余种核酸类的保健食品（见表 11-3-1）。特殊医学用途配方食品中的核苷酸对增加免疫力、加快蛋白质的合成、加快病情恢复起到很重要的作用[42]。国内也有多款特殊医学用途配方食品中添加了核苷酸。核苷酸应用于婴幼儿还可以促进婴幼儿胃肠道发育、调节肠道菌群、增强对细菌感染的抵抗力。因此，国内外特殊医学用途婴幼儿配方奶粉中也都添加有核苷酸成分。

从国际的法规来看，欧盟食品安全局（EFSA）2011 年发布了一个关于核苷酸的健康声称科学意见和美国新膳食成分（New Dietary Ingredient，NDI）的意见可以看出，核苷酸类原料作为食品原料是被接受的。从日本对于核糖核酸原料（DNA/RNA）的意见也可以看出，核苷酸类原料是作为食品原料进行管理的，且并没有相应的剂量限制要求。因此，国外对核苷酸类产品的开发更为丰富，在国内外的常用电商平台检索发现，核苷酸类营养补充剂（SUPPLEMENT）在国内外都很畅销，主要功能为增强免疫力、美肤、抗疲劳、护眼及增强记忆力等。其中日本核苷酸类营养补充剂品种类较多，其功能也涉及针对皮肤、眼睛及综合免疫等的作用。

表 11-3-1　部分食品药品监督管理总局批准的保健品举例

产品名称	批准文号	主要原料 / 原辅料	保健功能
珍奥核酸胶囊	卫食健字（1999）第 081 号	核酸	免疫调节
珍奥 R 核糖核酸牛磺酸胶囊	国食健注 G20200202	核糖核酸、牛磺酸、维生素 B_6（盐酸吡哆醇）、叶酸等	增强免疫力
安泰核酸胶囊	卫食健字（2000）第 0633 号	猪胰腺	免疫调节
迪源牌鲁迪核酸口服液	卫食健字（2000）第 0445 号	核酸	免疫调节
恒达核酸口服液	卫食健字（1997）第 283 号	核糖核酸、维生素 C、蜂蜜	免疫调节
泼力金核酸饮品	卫食健字（1998）第 615 号	核糖核酸	免疫调节
中西新生力牌核酸胶囊	卫食健字（1998）第 092 号	核酸、花粉、维生素 C	免疫调节
莱福赛茵牌敬尊核酸片	卫食健字（2001）第 0003 号	鲑鱼精巢提取物、食用酵母提取物、鱼油等	改善记忆、延缓衰老
佰利莱牌可邦片	卫食健字（2001）第 0026 号	精氨酸、赖氨酸、葡萄籽提取物、核酸（DNA、RNA）等	延缓衰老、抗疲劳
珍奥肝泰胶囊	卫食健字（2000）第 0474 号	核酸、绿豆、赤小豆、豇豆、硫酸镁	免疫调节、对化学性肝损伤有辅助保护作用

续表

产品名称	批准文号	主要原料 / 原辅料	保健功能
珍奥核泰胶囊	国食健字 G20060787	核苷酸、银杏叶提取物、何首乌提取物、枸杞子提取物、大豆低聚肽等	增强免疫力
珍奥脂舒平胶囊	卫食健字（1999）第 0595 号	核酸、绿豆、赤小豆、豇豆、叶酸	调节血脂
永延牌合益胶囊	国食健字 G20070377	核糖核酸、叶酸、维生素 C、淀粉	增强免疫力
夕阳美牌核康元胶囊	卫食健字（2000）第 0649 号	核酸、维生素 C	免疫调节
科尔牌益康胶囊	卫食健字（2003）第 0072 号	核酸、壳聚糖	免疫调节
双迪牌尚得泰口服液	卫食健字（1999）第 0575 号	核酸（脱氧核糖核酸 DNA ＋核糖核酸 RNA）、绿豆、豇豆	免疫调节、抗疲劳
泰尔牌普韵婷片	卫食健字（2000）第 0322 号	羊胎盘冻干粉、深海鱼蛋白、高山红景天提取物、丹参提取物、葡萄籽提取物、核酸（脱氧核糖核酸、核糖核酸）等	延缓衰老、美容（改善皮肤水分）
益生回春胶囊	卫食健字（2000）第 0072 号	刺五加浸膏、核酸、维生素 E	延缓衰老
核乐牌核康胶囊	卫食健字（2003）第 0127 号	核糖核酸、发酵油菜花粉、脱氧核糖、维生素 C 等	免疫调节
子晴牌子晴胶囊	卫食健字（2003）第 0372 号	脱氧核糖核酸、核糖核酸、油菜花粉、茯苓等	免疫调节
泼力金牌泼力金口服液	国食健字 G20040885	核糖核酸、Kappa- 硒化卡拉胶、维生素 C 等	增强免疫力
康圣牌一珍胶囊	卫食健字（2003）第 0216 号	油菜花粉、核酸（脱氧核糖核酸、核糖核酸）、维生素 C 等	免疫调节
核乐牌核乐片剂	卫食健字（2003）第 0079 号	核糖核酸、脱氧核糖核酸、发酵油菜花粉、未发酵油菜花粉等	免疫调节
小分子牌生源胶囊	卫食健字（2002）第 0465 号	核酸、维生素 C、维生素 E、葡萄糖酸锌	免疫调节
加州熊牌核康胶囊	国食健字 G20041447	核糖核酸、维生素 C	免疫调节
莱福赛茵牌劲彩片	国食健字 G20030075	鲑鱼精巢提取物、维生素 C、碳酸钙、食用酵母提取物、泛酸钙、维生素 E、维生素 A 等	免疫调节、抗疲劳
双迪 ® 核苷酸海洋低聚肽胶囊	国食健注 G20100168	核苷酸、海洋鱼肉低聚肽粉、牛磺酸、维生素 C、维生素 B_6、叶酸	增强免疫力
核乐牌核乐胶囊	卫食健字（2003）第 0102 号	核糖核酸、发酵油菜花粉、脱氧核糖、维生素 C、未发酵油菜花粉、维生素 B_1、维生素 B_2、山梨酸钾	免疫调节

二、在农业生产的应用

核苷酸对动植物的生长有不同程度的促进作用，四种核苷酸的混合制剂作为植物生长调节剂，在农业上应用已经有多年的历史。其广泛用于各种果树、蔬菜和农作物的栽培，平均增产可达 10%[10]。核苷酸及其组合物处理冬瓜，能明显地提高冬瓜老、嫩瓜的产量及总产量，增加老瓜果实中的干物质、维生素 C、还原糖和总糖含量，明显提高冬瓜植株叶片的叶绿素含量及光合速率[43]。侯文邦研究了核苷酸对于芝麻生长的效果，与喷清水相比，喷施 0.05% 核苷酸（2 ml/L）处理的芝麻株高分别增加 5.40 cm，蒴果数增加 5.96 个，株粒数增加 468.61 粒，千粒重增加 0.13 g，产量分别增加 254.70 kg/hm^2，增幅为 17.43%[44]。此外，核苷酸还可以用于食用菌的培养[2]。对动物的生长，核苷酸同样起着很明显的效果。饲料中添加适量的核苷酸粗提物能有效提高凡纳滨对虾的增重率和存活率。其中添加核苷酸粗提物（400 mg/kg）对虾的增重率显著提高，以 600 mg/kg 添加量组对虾的粗蛋白和脂肪含量最高[45]。在日粮中添加核苷酸喂养肉仔鸡，添加组比对照组平均增重达 16%[46]。在断奶仔猪饲料中添加不同水平的酵母核苷酸可以提高仔猪的生长性能，改善部分血清生化指标，增强机体免疫功能，酵母核苷酸的最适添加量为 0.10%[47]。将核苷酸添加在农作物生长剂和动物的饲料中，可以增加产量、降低成本，对于我国这样的农业大国，核苷酸的广泛使用会产生深远的经济效益和社会效益。因此在农业上的需求和应用必将随着核苷酸生产成本的降低而不断扩大。

三、在化妆品的应用

由于核苷酸具有促进蛋白质合成的作用，核苷酸制品在日用化工行业的应用也很广泛。核苷酸能够促进皮肤的新陈代谢、具有防皱、生肌保湿、控制皮脂分泌、阻止紫外线吸收、使皮肤柔软的作用，对雀斑、荞麦皮肤、青春痘等各种皮肤病都能发挥极强的渗透力，治疗效果显著，因此可添加于洗涤剂、乳化剂、雪花膏、乳液、戏剧化妆品中[48-50]。

四、在医药行业中的应用

随着对核苷酸研究的不断加深，核苷酸类物质的用途也越来越广，其应用范围由食品、农业行业迅速扩展到医药领域，特别是在抗病毒、抗肿瘤等方面的特有疗效在医药行业上的应用也越来越受到重视。在目前已上市的抗病毒药物中，核苷类化合物占半数以上，在抗病毒治疗中具有相当重要的地位。核苷类药物作为病毒聚合酶或逆转录酶抑制剂，在进入细胞后，经逐步磷酸化转变为三磷酸核苷类似物发挥抗病毒作用[51]。在人类自身免疫性缺陷病毒（HIV）中，HIV-1 是艾滋病患者中最常见的主要病理诱导因子，其致病力很强。核苷酸类抗 HIV 药物的研究主要集中在抗 HIV-1 逆转录酶上，核苷酸类药物磷酸化成 5′- 三磷酸的代谢产物，通过逆转录酶将其整合到一种病毒 DNA 中，抑制 HIV 复制[52]。目前常见的齐多夫定和替诺福韦等核苷酸类药物是抗 HIV 逆转录酶的药物[53]。拉米夫定是近年来应用较广的抗慢性乙型肝炎病毒（HBV）药物，其能有效抑制 HBV 多聚酶的逆转录活性，使血清 HBV-DNA 水平明显降低，提高血清 HBeAg/HBeAb 转换率，改善肝功能，具有较强的抗 HBV 作用[54]。此外，以核苷酸为基础的衍生物人工合成的寡核苷酸已经广泛应用于靶向基因治疗的研究，主要包括反义寡核苷酸（antisense oligonucleotides，ASODN）、小干扰 RNA（small interference RNA，siRNA）、转录因子诱饵（decoy）、核酶（ribozyme）、脱氧核酶（DNAzyme）、反基因（antigene）、CpG 寡核苷酸和核酸适配体（aptamer）等。通过反义寡核苷酸抑制致癌基因或病毒的关键编码基因，可特异性抑制肿瘤细胞增殖生长并诱导细胞凋亡[55]。当前全球有 13 款获批的核酸药物，其中 ASODN 药物 8 个，siRNA 药物 4 个，Aptamer 药物 1 个。另有两款针对新型冠状病毒肺炎（corona virus disease 2019，COVID-19）的 mRNA 疫苗获得美国食品药品监督管理局（Food and Drug Administration，FDA）的紧急使用授权（emergency use administration，EUA）[56]。

另外，人工合成的核苷酸衍生物修饰技术在病原微生物鉴定、药物相关基因突变检测、遗传性疾病诊断、无创性产前诊断、循环 DNA 检测、肿瘤个体化诊疗等领域的应用研究十分活跃，提高检测灵敏度、特异性的方法可使用经化学修饰的引物或探针，如肽核苷酸（PNA）、锁核酸（LNA）[57]。Tang 等建立三重 Taqman-LNA PCR，在一次反应中同时鉴定沙眼衣原体、细小脲原体以及解脲支原体，灵敏度达 10^2 copies/ml，特异性 100%[58]。Do 等也利用类似技术用于呼吸道合胞病毒 A、B 的检测。核苷酸的衍生物还可以在肿瘤治疗药物相关基因的检测方面发挥作用[59]。Nordgård 等用 PNA 夹止技术和放大受阻突变体系（ARMs/S）PCR 对甲醛溶液固定石蜡包埋结直肠组织中的 K-ras 基因进行了平行测定，结果显示两种方法一致率为 92%，PNA 夹止法灵敏度高于 ARMS/S PCR，可检测出 ARMS/S PCR 无法检测的突变[60]。Yu 等以 SYBR Green I 为荧光染料，将实时荧光 PCR 与 PNA 夹止技术结合，成功用于胰腺癌患者血浆 ccf DNA 中微量 K-ras 基因第 12、13 密码子突变的检测[61]。

小 结

核苷酸具有许多重要的生理生化功能，在特殊情况下适度地补充外源核苷酸是十分必要的，因此，推动了外源核苷酸的制备与产业发展。核苷酸的制备方法主要有化学法、微生物法和酶解法。基于核苷酸的功能与作用，它的应用前景十分广阔，这也一定会推动核苷酸产业的发展。

Nucleotides play an important role on physiological and biochemical functions，it is very necessary to supplement exogenous nucleotides reasonably under special circumstances. Therefore，it promotes the preparation and industrial development of exogenous nucleotides. The main preparing methods for nucleotides include chemical，microbiological and enzymatic hydrolysis method. On the basis of the nutritional function，it will apply widely，which will promote the development of nucleotide industry.

参考文献

[1] 戚娜，朱利民 . 5′- 核苷酸的合成方法比较 . 生物技术通报，2006，(C00)：242-245.

[2] 冯芳，刘建军，赵祥颖，等 . 核苷酸综合利用及制备研究进展 . 酿酒，2008，35(5)：19-22.

[3] 乔宾福 . 微生物产生核苷和核酸 . 工业微生物，1998，28(1)：22-27.

[4] 王美玲 . 利用微生物技术生产肌苷酸和鸟苷酸的进展 . 山东食品发酵，2014，31(9)：17-21.

[5] 张志军，温明浩，王克文，等 . 核苷酸生产技术现状及展望 . 现代化工，2004，24(11)：19-23.

[6] 林军 . 核苷酸生产工艺及展望 . 医药化工，2005，(4)：15-20.

[7] 韩星月，吴涛，王成，等 . 呈味核苷酸生产方法研究进展 . 发酵科技通讯，2019，48(3)：146-149.

[8] 应国清，石陆娥，唐振兴，等 . 核苷酸的生产及其在医药食品中的应用 . 食品研究与开发，2004，25(4)：120-123.

[9] 钟平，张熊禄，邱承洲 . 稀碱裂解法从啤酒糟中提取核糖核酸的研究 . 化学世界，2004，(3)：138-140.

[10] 徐燚 . 5′- 核苷酸制备工艺的研究 . 南京工业大学博士学位论文，2002.

[11] 张一平，华洵璐，匡群，等 . 核酸水解酶及酶解法生产核苷酸研究进展 . 核苷酸及衍生物开发与应用技术交流研讨会 . 2010.

[12] 大连珍奥生物技术股份有限公司 . 高纯度 5′- 核苷酸的生产新工艺 . 中国，CN101418327A. 2008.

[13] 苏州华赛生物工程技术有限公司 . 一种生产胞苷的重组微生物及生产胞苷的方法 . 中国，CN106754602A，2017.

[14] 天津科技大学 . 一种尿苷的生产方法 . 中国，CN108486162A，2018.

[15] 华杰 . 固定化酶膜反应器耦合错流萃取色谱制备 5′- 核苷酸 . 中南大学博士学位论文，2011.

[16] 张一平，华洵璐，李靖，等 . 高活力 5′- 磷酸二酯酶制备及水解 RNA 的研究 . 生物技术，2010，20(1)：62-65.

[17] Chen Xi，Wang B，Li P. Heterologous expression and characterization of Penicillium citrinum nuclease P1 in Aspergillus niger and its application in the production of nucleotides. Protein Expr Purif，2019，156：36-43.

[18] 何菊华，吴雪娇，谢希贤，等 . 枯草芽孢杆菌二步发酵法生产 5′- 肌苷酸 . 食品与发酵工业，2015，41(5)：24-29.

[19] 吕浩，应汉杰 . 核酸酶 P1 的纯化和酶学性质研究 . 南京工业大学学报，2002，6(24)：66.

[20] 石陆娥 . 酶膜生物反应器制备核苷酸的研究 . 浙江工业大学博士学位论文，2007.

[21] 廖红东，莫晓燕，宋威 . 核酸酶 P1 的分离纯化及部分酶学性质研究 . 中国医药工业杂志，2005，36(9)：536-538.

[22] 李明，余华顺，喻晨，等 . 桔青霉产核酸酶 P1 酶分离纯化及其酶学性质 . 食品工业科技，2021，42(7)：89-94.

[23] Chen WP. Use of immobilized enzymes for the production of 5′- nucleotides from yeast RNA (I)：Immobilization of 5′-phosphodiesterase. Kexue Fazhan Yuekan，1983，11(3)：228-235.

[24] Lo MC，Chang HS，Chen WP. Studies on immobilization of 5′-phosphodiesterase on chitin . Shipin Kexue，1985，12(3-4)：151-162.

[25] Serrat JM，Benaiges MD，Lópezsantín J. Immobilisation of a 5′-phosphodiesterase from vegetal origin by covalent binding on activated celite. Biocatalysis & Biotransformation，2009，6(1)：51-59.

[26] Olmedo F，Iturbe F，Gomez-Hernández J，et al. Continuous production of 5′-ribonucleotides from yeast RNA by hydrolysis with immobilized 5′-phosphodiesterase and 5′-adenylate deaminase. World Journal of Microbiology & Biotechnology，1994，10(1)：36-40.

[27] 南京工业大学 . 次黄嘌呤核苷酸的生产方法 . 中国，CN201310106699.5，2013.

[28] 杨大令，高涵，张守海，等 . 固定化酶膜中凝胶层膜的制备与性能研究 . 化工时刊，2008，22(5)：1-4.

［29］王光柱，陈枢青．层析凝胶 DEAE-Epharose fast flow 分离纯化 5′-混合脱氧单核苷酸．中国现代应用药学，2007，24（1）：17-20.
［30］中国科学院大连化学物理研究所．一种由核糖核酸连续酶水解制 5′-核苷酸的方法．中国，CN94112572.6.1996.
［31］周文晓．单核苷酸的制备及分离．山东轻工业学院硕士学位论文，2011.
［32］华东理工大学．从核糖核酸酶解液中分离核苷酸的方法．中国，CN00119589.1. 2001.
［33］上海秋之友生物科技有限公司．用阴离子交换树脂从核糖核酸酶解液中分离核苷酸的方法．中国，CN02136839.2，2003.
［34］邱芳．核苷酸膜法浓缩、提纯和分离的研究．大连理工大学硕士学位论文，2007.
［35］李悦．口感改良剂 5′-腺嘌呤核苷酸的制备与应用研究．华南理工大学硕士学位论文，2011.
［36］宋钢．鲜味剂生产技术．北京：化学工业出版社，2009.
［37］高彦祥．食品添加剂．北京：中国轻工业出版社，2011.
［38］沈浥．调味品中呈味核苷酸的研究进展和我国标准化现状．中国调味品，2017，42（1）：177-180.
［39］杨晨璐等．核苷酸与婴幼儿健康．卫生研究，2019，48（6）：1017-1019/1040.
［40］中华人民共和国卫生部．GB14880-2012 食品营养强化剂使用标准．北京：中国标准出版社，2012.
［41］Jennifer RH，Norman AG. The role of nucleotides in the immune and gastrointestinal systems：Potential clinical applications.Nutr Clin Pract，2012，27（2）：281-94.
［42］应国清，石陆娥，唐振兴，等．核苷酸的生产及其在医药食品中的应用．食品研究与开发，2004，25（4）：120-123.
［43］陈日远，关佩聪，刘厚诚，等．核苷酸及其组合物对冬瓜产量形成及其生理效应的研究．华南农业大学学报，2000，21（3）：9-12.
［44］侯文邦，王辉．0.05% 核苷酸对芝麻的增产效果研究．河南农业科学，2011，40（11）：60-62.
［45］蓝汉冰，曹俊明，许丹丹，等．饲料中添加核苷酸粗提物对凡纳滨对虾生长性能的影响．广东农业科学，2009，10：143-145.
［46］鲁小翠．外源核酸对肉仔鸡生长性能和肠黏膜结构的影响．华中农业大学硕士学位论文，2006.
［47］王会．日粮添加酵母核苷酸对断奶仔猪生长性能、血清生化指标及免疫力的影响．饲料研究，2021，18：36-39.
［48］安琪酵母股份有限公司．具有抗皱功效的化妆品．中国，CN104069051A. 2014.
［49］中国人民解放军第三军医大学第三附属医院．新型双功能抗瘢痕和组织纤维化寡聚核苷酸药物．中国，N201110001699.X. 2011
［50］日生生物股份有限公司．改善皮沟密度的化妆品用组合物及化妆品．中国，CN101259084A. 2008.
［51］孙彦莹，康东伟，高升华，等．核苷类抗病毒药物研究进展．中国药物化学杂志，2021，31（1）：55-75.
［52］周慧宇，朱梅，张国宁，等．新型 HIV-1 蛋白酶抑制剂的研究进展（2015—2019 年）．中国药物化学杂志，2020，30（7）：428-443，452.
［53］中华医学会感染病学分会艾滋病丙型肝炎学组，中国疾病预防控制中心．中国艾滋病诊疗指南（2021 年版）．协和医学杂志，2022，13（2）：203-226.
［54］刘克祥．核苷（酸）类药物治疗慢性乙型肝炎的最新研究进展．临床合理用药，2013，6（6）：117-118.
［55］汪小龙，咸静女，陈刚，等．寡核苷酸药物及寡核苷酸制备技术研究进展．生物工程学报，2018，34（5）：664-675.
［56］刘少金，冯雪娇，王俊姝，等．我国核酸药物市场分析及对策建议．中国生物工程杂志，2021，41（7）：99-109.
［57］欧启水，曾勇彬．核苷酸衍生物相关技术在分子诊断中的应用与展望．实用检验医师杂志，2013，5（3）：133-136.
［58］Tang J，Li Z，Liu X，et al. Novel multiplex real-time PCR system using the SNP technology for the

simultaneous diagnosis of Chlamydia trachomatis，Ureaplasma parvum，and Ureaplasma urealyticum，and genetic typing of serovars of C. trachomatis，and U. parvum，in NGU. Molecular & Cellular Probes，2011，25（1）：55-59.

[59] Do LAH，Doorn HRV，Bryant JE，et al. A sensitive real-time PCR for detection and subgrouping of human respiratory syncytial virus. Journal of Virological Methods，2012，179（1）：250-255.

[60] Nordgård O，Oltedal S，Janssen EA，et al. Comparison of a PNA clamp PCR and an ARMS/Scorpion PCR assay for the detection of K-ras mutations. Diagnostic Molecular Pathology the American Journal of Surgical Pathology Part B，2012，21（1）：9-13.

[61] Yu S，Wu J，Xu S，et al. Modified PNA-PCR method：A convenient and accurate method to screen plasma KRAS mutations of cancer patients. Cancer Biology & Therapy，2012，13（5）：314-320.

第十二章 核苷酸营养学的研究前景和应用展望

Future of nucleotide nutrition and the challenges

健康力就是生产力。新中国成立特别是改革开放以来，我国健康领域改革发展成就显著，人民健康水平不断提高。但我国也面临着工业化、城镇化、人口老龄化以及疾病谱、生态环境、生活方式不断变化等带来的新挑战，如何有效统筹解决，以应对如上挑战，是关系人民健康的重大且长远的问题。在全球视域下，参与健康治理的同时，如何充分发挥中国特色，更好体现我国原始创新力，是这一代中国梦的传承者更应该深刻思考和落地践行的重要使命。

核苷酸作为“生命本源物质”，在解决人类健康相关问题方面具有无可比拟的优势与潜力。目前，我国在关于核苷酸营养食疗的研究领域处于相对领先地位，依靠我国的政策优势，核苷酸产业进入了快速发展阶段，“产学研”的快速转化，取得了突破性进展。使核苷酸在营养食疗、医疗、全物种领域展现出巨大发展前景。尽管近些年来，外源核苷酸在“产学研”多方面都取得了诸多进步，未来有关外源核苷酸的进一步发展仍需重点在科研和产业双方面进行重点关注、再突破。

（一）科研在突破方面

近二十年来，以北京大学李勇教授课题组为代表的国内权威机构对核苷酸营养做了大量的基础性研究，取得了许多有意义的进展。在确定安全性的前提下，先后揭示了核苷酸的多种生物活性，如调节免疫力、促进生长发育、调节肠道菌群、抗氧化、缓解体力疲劳、辅助降血脂、保护酒精性肝损伤、辅助改善记忆，延缓衰老等。并对核苷酸与不同疾病状态、不同人群状态的关系与需要量进行了初步探索。基于以上科学数据可以认为，核苷酸是人体最重要的营养素之一。

尽管近年来对核苷酸做了大量的基础性研究，取得了许多有意义的进展。但对核苷酸营养方面的理论研究还很少，尚需大量深入细致的研究。未来有关核苷酸营养方面的研究，有如下关注热点：

1. 不同单体核苷酸及其相互配伍的生物学功能的进一步明确。核苷酸的分子结构决定了它的理化性质，而其结构和理化性质又决定着核苷酸的生物学作用。故对其生物学作用的评价的依据是核苷酸的基础属性和科学研究的结果。不同的核苷酸如 AMP、UMP、CMP 等在机体代谢和功能效应中所起的角色并不相同。其中的相互配伍组合更是会千变万化。随着核苷酸营养学的进一步建立，作为营养素的核苷酸，不同单体核苷酸及其相互配伍的生物学功能也必将被进一步地揭示出来。

2. 在临床营养领域，进一步揭示核苷酸对特殊疾病状态的调控作用。例如核苷酸与肿瘤间的关系。目前的研究结果显示，核苷酸的生物学作用主要表现在抗氧化、促进生长发育、抗衰老、改善肝和肠道功能方面。但核苷酸作为生命的最重要基础物质之一，不仅是构成生物体遗传物质的基本单位，还可以作为非遗传调控物质在机体的多种生物过程中起着重要作用。核苷酸在特殊疾病状态的营养支持作用与价值也必将被逐一揭示与体现。

3. 在人群层面，进一步阐明核苷酸在生命全周期、健康全过程中的作用和具体机制。尤其是核苷酸的抗衰老作用。核苷酸的生物学作用决定了其在生命早期和老龄期的有益作用，以及对诸如肝损伤、肾损伤和肠道功能的紊乱等慢性疾病的预防与控制作用。研究证实外源核苷酸能够通过降低机体脂质过氧化产物，优化肠道菌群结构，进而起到改善肝、肾损伤、肿瘤和高脂血症的作用。但由于外源核苷酸干预后，不同组织和体液中代谢谱的研究结果并不一致，因此尚需更多的动物和人群研究来验证潜在的生物标志物。随着分子生物学研究方法的更新与进步，营养基因组学的兴起，多组学的联合应用，精准营养、再生医学等的迅猛发展，核苷酸营养在生命全周期、健康全过程中的作用和具体机制也需被更深入地阐明。

（二）产业化发展方面

20 年来，核苷酸的研究与应用日渐成熟。目前核苷酸类物质及其衍生物已在理论探索、医药、食品、农业生产、化妆品和科研等领域得到广泛应用，并且相关产业发展迅猛，前景光明。近年来，随着《国家创新驱动发展战略纲要》和《“十三五”食品科技创新专项规划》发布，国家对于食品产业的科技投入不断加大，为核苷酸营养的落地提供了广阔的发展平台和技术保障。核苷酸产业逐步走以科技为支撑的现代产业发展之路。在营养与食疗领域，核苷酸已经突破了既有的主打呈味性功能，拓展为具有生物功能的营养强化剂。在全物种领域，无论是在农作物肥料、还是动物的饲料中添加使用核苷酸，均能降低生产成本，产生明显效益。在医药检测等领域，核苷酸不但自身可以作为药物而且还是临床上许多抗病毒、抗肿瘤药物的医药原料和中间体。核苷酸衍生物还可作为重要的药物佐剂，相关技术对于快速、准确地鉴定病原微生物也有十分重要的意义。核苷酸在营养创新领域的应用，应采取在传承中医食疗的精华的同时，进一步协同创新，以期实现将中国食疗元素注入全球健康治理体系。目前，核苷酸在营养创新领域，大有可为。诸如以下关注点：

其一，独特的营养、食疗价值。核苷酸作为生命本源物质，是食品基料，也是医药、食品中的一种新原料、新材料。因核苷酸具有多种生物学效能，能在不同疾病状态、全生命周期中均可发挥多靶向、动态调节的生物学功能，是中医“辨证施治”、个性化精准营养的良好候选物。核苷酸突出的多效协同作用，更是延缓衰老，延长健康寿命，改善生存状态，实现生命全周期，健康全过程的最优候选物。

其二，“君臣佐使”中的多角色扮演。生命代谢过程中，核苷酸是诸多细胞信号传导过程中的重要信使，是体内多种营养物质的代谢调节因子，比如在一碳单位，呼吸链三羧酸循环代谢中充当重要底物。研究显示，同时补充核苷酸，可显著提高叶酸等 B 族维生素的生物学效能，在神经修复、能量代谢中具有显著正向调节作用。在医药领域，核苷酸及其类似物作为良好的生物佐剂已被广泛应用。而且核苷酸作为低分子化合物，分子粒径属纳米级，具有极强的纳米螯合特性，与中医药联合干预可充分促进药食吸收利用的效能，这将为中草药 / 食疗方剂的改良与合理配伍提供重要的思路。

其三，立体营养，全物种跨界应用方案。目前，全医学领域正在进行 One Health 模式的深入探讨，这与中医“天人合一”不谋而合。人类健康范畴已不单纯局限于人类本身，已更多涉及包括人在内的全物种与环境，强调同一健康、同一地球、同一世界。在此概念之下，核苷酸作为“生命本源物质”在全物种中应用的优势更为显著。未来食疗可开拓性地从农业育种培育、畜牧选种饲养、安全生产加工、与自然和谐共存等多个方面同步铺展，最终达到食疗养生的目的。

其四，整合基因检测等多组学数据、生物信息科学等多学科优势，通过构建多维模型，形成不同体质、不同疾病、不同年龄，不同状态，分级靶向、动态平衡的精准营养预测 / 干预智能平台系统，实现综合智慧投放，仍是食疗创新领域的重要发展方向。而核苷酸是遗传信息构成、传递和表达的物质基础，在精准识别、解析疗养需求，药食靶向递送等多方面具有重要优势，应用创新前景更为广阔。

健康长寿是全人类永恒的主题，尽管目前对核苷酸营养的研究还处在研究阶段，相应的结果还需要进一步的临床研究去证实。尽管如此，目前核苷酸在食疗应用领域已受到越来越多的重视。随着研究手段及方法的不断提高，科学技术的不断发展，对核苷酸的研究也将进一步深入。有充足的理由相信，核苷酸必将在中医食疗创新领域占有一席之地，与中医药一同为人类健康做出更大的贡献。

小 结

核苷酸是机体重要的遗传、能量代谢、信号转导等的重要物质基础，在生命全周期与健康过程中，核苷酸所起的作用不可替代，是当之无愧的“生命本源物质”。近年来，外源性补充核苷酸的多种生物功效被相继报道，如调节免疫力、促进生长发育、调节肠道菌群、抗氧化、缓解体力疲劳、辅助降血脂、保护酒精性肝损伤、辅助改善记忆，延缓衰老等。因此，核苷酸也被认为是机体重要的营养素之一。与此同时，在营养领域，核苷酸作为多靶向“精准营养”“新型食疗”干预物、生物佐剂等，与其他活性物质 / 中医药联合配伍、实现全物种立体干预、生物信息传递与识别等多个方面的应用前景日趋引起关注。因此，核苷酸必将在营养创新领域占有一席之地，为人类健康做出更大的贡献。

Nucleotides，as "life origin material"，are the important material basis of heredity，energy metabolism，signal transduction and so on. Nucleotides are also one of the important nutrients in the body.They play an irreplaceable role in the whole life cycle and health process. In recent years，a variety of biological effects of exogenous nucleotides have been reported successively，such as regulating immunity，promoting growth and development，regulating intestinal flora，anti-oxidation，relieving physical fatigue，helping to reduce blood fat，protecting alcoholic liver injury, helping to improve memory, delaying aging and so on. At the same time, in the field of precise nutrition, diet therapy and health preservation, nucleotide, as a core intervention, biological adjuvant and so on, has attracted increasing attention for its application prospects in the fields of joint compatibility with bioactive components / Traditional Chinese medicine, whole-species intervention, biological information transmission and identification, etc. It is believed that nucleotide will certainly occupy a place in the innovation field of nutrition, and will also provide Chinese solutions for the health management of all mankind, making outstanding contributions.

附录 1　中国核苷酸产品与 FCC 标准的对比

品名：5′- 单磷酸腺苷

项目 / 标准	FCC 11th 版 1st 增补	中国标准 GB 1903.3-2015
感官指标	无色或白色结晶，或白色结晶性粉末	无色至白色结晶或结晶粉末
鉴别	红外及 HPLC，与标准品的红外光谱及 HPLC 保留时间一致	——
含量（以干基计），%	98.0 ～ 103.0	98.0 ～ 102.0
水分，%	≤ 6.0	≤ 6.0
pH	3.3 ～ 4.3（0.05 mg/ml）	——
紫外吸光度比值	——	A_{250}/A_{260}：0.82 ～ 0.88
		A_{280}/A_{260}：0.19 ～ 0.23
乙醇，mg/kg	≤ 100	——
其他核苷酸，%	≤ 0.5	——
其他核酸分解物	——	通过试验
重金属（以 Pb 计），mg/kg	——	≤ 10.0
铅（以 Pb 计），mg/kg	≤ 1	——
砷（以 As 计），mg/kg	≤ 2	≤ 3.0
汞，mg/kg	≤ 0.5	——
镉，mg/kg	≤ 0.1	——
菌落总数	≤ 1000 cfu/g	——
霉菌和酵母	≤ 100 cfu/g	——
大肠菌群	——	——
阪崎肠杆菌	不得检出 /10 g	——
沙门菌	不得检出 /25 g	——
胆汁酸耐受革兰阴性菌	不得检出 /10 g	——

品名：5′-单磷酸胞苷

项目 / 标准	FCC 11th 版 1st 增补	中国标准 QB/T 4357-2012
感官指标	无色或白色结晶，或白色结晶性粉末	白色结晶或结晶性粉末，无可见异物，无味，微溶于水
鉴别	红外及 HPLC，与标准品的红外光谱及 HPLC 保留时间一致	与标准品红外光谱一致
含量（以干基计）%	98.0 ～ 103.0	98.0 ～ 102.0
水分，%	≤ 6.0	≤ 5.0
透光率（5% 溶液），%	——	≥ 95.0
pH	2.7 ～ 3.7（5mg/ml）	2.0 ～ 3.5（5% 水溶液）
紫外吸光度比值	——	A_{250}/A_{260}：0.41 ～ 0.49
		A_{280}/A_{260}：2.03 ～ 2.17
乙醇，mg/kg	≤ 200	——
其他核苷酸，%	≤ 0.5	——
重金属（以 Pb 计），mg/kg	——	——
铅（以 Pb 计），mg/kg	≤ 1	≤ 1.0
砷（以 As 计），mg/kg	≤ 2	≤ 1.0
汞，mg/kg	≤ 0.5	——
镉，mg/kg	≤ 0.1	——
菌落总数	≤ 1000 cfu/g	≤ 1000 cfu/g
霉菌和酵母	≤ 100 cfu/g	≤ 50 cfu/g
大肠埃希群	——	＜ 3 MPN/g
阪崎肠杆菌	不得检出 /10 g	不得检出 /100 g
沙门菌	不得检出 /25 g	不得检出 /25 g
胆汁酸耐受革兰阴性菌	不得检出 /10 g	——
志贺菌	——	不得检出 /25 g
金黄色葡萄球菌	——	不得检出 /25 g

品名：5′-尿苷酸二钠

项目 / 标准	FCC 11th 版 1st 增补	中国标准 GB 1886.82-2015
感官指标	无色或白色结晶	无色至白色结晶或结晶粉末，具有特异性气味
鉴别	红外及 HPLC，与标准品的红外光谱及 HPLC 保留时间一致	——
含量（以干基计），%	98.0 ～ 103.0	97.0 ～ 102.0
水分，%	≤ 26.0	≤ 26.0
pH	7.0 ～ 8.5	7.0 ～ 8.5
紫外吸光度比值	——	A_{250}/A_{260}：0.70 ～ 0.78
		A_{280}/A_{260}：0.34 ～ 0.42
乙醇，mg/kg	≤ 1000	——
其他核苷酸，%	≤ 1	——
其他核酸分解物	——	通过试验
澄清度	——	通过试验
重金属（以 Pb 计），mg/kg	——	≤ 20.0
铅（以 Pb 计），mg/kg	≤ 1	——
砷（以 As 计），mg/kg	≤ 2	≤ 3.0
汞，mg/kg	≤ 0.5	——
镉，mg/kg	≤ 0.1	——
菌落总数	≤ 1000 cfu/g	——
霉菌和酵母	≤ 100 cfu/g	——
大肠埃希群	——	——
阪崎肠杆菌	不得检出 /10 g	——
沙门菌	不得检出 /25 g	——
胆汁酸耐受革兰阴性菌	不得检出 /10 g	——

品名：5′- 肌苷酸二钠

项目 / 标准	FCC 11th 版 1st 增补	中国标准 GB 1886.97-2015
感官指标	无色或白色结晶，或白色结晶性粉末	白色结晶或结晶性粉末，有特殊鲜味
鉴别	UV 最大吸收波长 250±2 nm	UV 最大吸收波长 250±2 nm
含量（以干基计），%	97.0 ～ 102.0	97.0 ～ 102.0
水分，%	≤ 28.5	≤ 29.0
透光率（5% 水溶液），%	——	≥ 95.0
pH	7.0 ～ 8.5	7.0 ～ 8.5
紫外吸光度比值	A_{250}/A_{260}：1.55 ～ 1.65	A_{250}/A_{260}：1.55 ～ 1.65
	A_{280}/A_{260}：0.20 ～ 0.30	A_{280}/A_{260}：0.20 ～ 0.30
氨基酸	通过试验	——
其他核苷酸（相关外来物质）	通过试验	通过试验
铵盐	——	——
溶液的澄清度及颜色	——	——
重金属（以 Pb 计），mg/kg	——	≤ 10.0
铅（以 Pb 计），mg/kg	≤ 1	——
砷（以 As 计），mg/kg	——	≤ 2.0
菌落总数	——	——
霉菌和酵母	——	——
大肠埃希菌	——	——
沙门菌	——	——

品名：5′-鸟苷酸二钠

项目 / 标准	FCC 11th 版 1st 增补	中国标准 GB 1886.170-2016
感官指标	无色或白色结晶，或白色结晶性粉末	无色或白色结晶或结晶性粉末
鉴别	与标准品的 HPLC 保留时间一致	——
含量（以干基计），%	97.0 ～ 102.0	97.0 ～ 102.0
水分，%	≤ 25.0	≤ 25.0
透光率（5% 水溶液），%	——	≥ 95.0
pH	7.0 ～ 8.5	7.0 ～ 8.5
紫外吸光度比值	——	A_{250}/A_{260}：0.95 ～ 1.03
		A_{280}/A_{260}：0.63 ～ 0.71
氨基酸	通过试验	通过试验
其他核苷酸（相关外来物质）	通过试验	通过试验
铵盐	——	通过试验
溶液的澄清度及颜色	——	——
重金属（以 Pb 计），mg/kg	——	≤ 20
铅（以 Pb 计），mg/kg	≤ 1	——
砷（以 As 计），mg/kg	——	≤ 2.0
菌落总数	——	——
霉菌和酵母	——	——
大肠埃希菌	——	——
沙门菌	——	——

附录 2　缩略语对照表

5′- AMP，5′-adenosine monophosphate　5′- 单磷酸腺苷
5′-CMP，5′-cytidine monophosphate　5′- 单磷酸胞苷
5′-GMP，5′-guanosine monophosphate　5′- 单磷酸鸟苷

A

A，adenine　腺嘌呤
ACC1，acetyl CoA carboxylase1　乙酰辅酶 A 羧化酶 1
ACE，angiotensin converting enzyme　血管紧张素转换酶
AChE，acetyl cholinesterase　乙酰胆碱酯酶
AD，Alzheimer's disease　阿尔茨海默病
ADP，adenosine diphosphate　二磷酸腺苷
ADQI，acute dialysis quality initiative　急性透析质量建议
AI，adequate intake　适宜摄入量
AIR，5′-imidazolium nucleotide　5′- 氨基咪唑核苷酸
AKI，acute kidney injury　急性肾损伤
Akt，protein kinase B　蛋白激酶 B
ALB，albumin　白蛋白
ALD，alcoholic liver disease　酒精性肝病
ALP，alkaline phosphatase　碱性磷酸酶
ALS，amyotrophic lateral sclerosis　肌萎缩侧索硬化
ALT，alanine aminotransferase　丙氨酸转氨酶
Amax　最大吸光度
AMDR，acceptable macronutrient distribution ranges　宏量营养素可接受范围
AMP，adenosine monophosphate　一磷酸腺苷
AMPK，adenosine 5′ -monophosphate（AMP）-activated protein kinase　腺苷酸活化蛋白激酶
APC，antigen-presenting cell　抗原递呈细胞
ApoE，apolipoprotein E　载脂蛋白 E
APP，amyloid precursor protein　淀粉样前体蛋白
APRT，adenine phosphoryl transferase　腺嘌呤磷酸核糖转移酶
ara-C，cytarabine　阿糖胞苷
AREG，amphiregulin　双向调节素
ARF，acute renal failure　急性肾衰竭
ARH，autosomal recessive hypercholesterolemia　常染色体隐性高胆固醇血症
AS，atherosclerosis　动脉粥样硬化
AST，aspartate aminotransferase　天冬氨酸转氨酶

ATF6a，activating transcription factor 6a 活化转录因子 6a
ATM，ataxia-telangiectasia mutated proteins 共济失调毛细血管扩张突变蛋白
ATP，adenosine triphosphate 三磷酸腺苷
AWGS，Asian Working Group for Sarcopenia 亚洲肌少症工作组
Aβ1-42，β-amyloid protein β 淀粉样蛋白 1-42

B

BA，basophil 嗜碱性粒细胞
Bacteroidales 拟杆菌目
Bacteroides 拟杆菌
Bacteroidetes 拟杆菌门
BAT，brown adipose tissue 棕色脂肪组织
BCAAs，branched-chain amino acids 支链氨基酸
BCL-2，B-cell lymphoma-2 B 淋巴细胞瘤 -2 基因
BDNF，brain-derived neurotrophic factor 脑源性神经营养因子
BER，base excision repair 碱基切除修复
BMI，body mass index 体质指数
BPP，*Bacteroides Porphyrobacter Prevotella* 拟杆菌属卟啉单胞菌属普氏菌属群
BRAF，v-Raf murine sarcoma viral oncogene homolog B v-Raf 小鼠肉瘤病毒癌基因同源物 B
BUN，blood urea nitrogen 血尿素氮

C

C，cytosine 胞嘧啶
CA，cholic acid 胆酸
CaMK Ⅱ，calcium/calmodulin-dependent protein kinase Ⅱ Ca^{2+} / 钙调蛋白依赖性蛋白激酶Ⅱ
cAMP，cyclic adenosine monophosphate 环磷酸腺苷酸
Campylobacterales 弯曲菌目
CAMs，cell adhesion molecules 细胞黏附分子
CAT，catalase 过氧化氢酶
CCF，cytoplasmic chromatin fragments 细胞质染色质片段
CCr，creatinine clearance 肌酐清除率
CD14，cluster of differentiation 14 分化抗原簇
CDCA，chenodeoxycholic acid 鹅脱氧胆酸
CDGCA，chenodeoxyglycocholic acid 鹅脱氧甘氨胆酸
CDK，cyclin-dependent kinase 细胞周期蛋白依赖性激酶
CDKis，cyclin-dependent kinase inhibitors 细胞周期蛋白依赖性激酶抑制剂
CDP，cresyl diphenyl phosphate 胞苷二磷酸
CDT，carbohydrate deficient transferring 缺糖转铁蛋白
CE，cholesterol ester 胆固醇酯
CETP，cholesteryl ester transfer protein 胆固醇酯转运蛋白
CFS，chronic fatigue syndrome 慢性疲劳综合征
cGMP，cyclic guanosine monophosphate 环磷酸鸟苷酸

CHARLS，China Health and Retirement Longitudinal Study　中国健康与养老追踪调查
ChAT，choline-acetyl transferase　乙酰胆碱转移酶
CHD，coronary heart disease　冠心病
CIS　美国住院者资料库
CKD，chronic kidney disease　慢性肾疾病
CM，chylomicron　乳糜微粒
CoA，coenzyme A　辅酶 A
Con A，concanavalin A　刀豆蛋白 A
COPD，chronic obstructive pulmonary disease　慢性阻塞性肺疾病
CP，creatine phosphate　磷酸肌酸
CPT1，carnitine palmitoyl transferase-1　肉碱转移酶 1
CR，calorie restriction　热量限制
Cr，creatinine　肌酐
CREB，cAMP-response element binding protein　环磷腺苷反应元件结合蛋白
CRF，chronic renal failure　慢性肾衰竭
CRP，C-reaction protein　C 反应蛋白
CTL，cytotoxic lymphocyte　细胞毒性 T 淋巴细胞
CTP，cytidine triphosphate　胞嘧啶核苷三磷酸
CVDs，cardiovascular diseases　心血管疾病
Cyanobacteria　蓝藻门
Cyp7a1，cholesterol 7 α -hydroxylase　胆固醇 7 α - 羟化酶

D

dAMP，deoxyadenosine monophosphate　脱氧腺苷一磷酸
DASH，dietary approach to stop hypertension　高血压防治膳食
dCMP，deoxycytidine monophosphate　脱氧胞苷一磷酸
DCs，dendritic cells　树突状细胞
DDR，DNA damage response　DNA 损伤反应
DFE，dietary folate equivalent　膳食叶酸当量
DGAT1，diacylglycerol acyltransferase 1　二酰基甘油酰基转移酶 1
DGAT2，diacylglycerol acyltransferase 2　二酰基甘油酰基转移酶 2
dGMP，deoxyguanosine monophosphate　脱氧鸟苷一磷酸
DHA，docosahexaenoic acid　二十二碳六烯酸
DILI，drug-induced liver injury　药物性肝损伤
DM，diabetes mellitus　糖尿病
DMN，default mode network　默认模式网络
DNA，deoxyribonucleic acid　脱氧核糖核酸
dNTP，deoxyribonucleotidetriphosphate　三磷酸脱氧核苷酸
Down’s syndrome　唐氏综合征
DRP1，dynamin-related protein 1　动力相关蛋白
DTH，delayed typehypersensitivity　迟发型变态反应

dyslipidemia	血脂异常
dyslipoproteinemia	异常脂蛋白血症

E

eIF4EBP1，eukaryotic initiation factor-4E-binding protein-1	真核生物翻译起始因子 4E 结合蛋白 -1
EN，exogenous nucleotides	外源核苷酸
eNOS，endothelial nitric oxide synthase	内皮型一氧化氮合酶
enzyme membrane bioreactor	酶膜生物反应器
EO，eosinophil	嗜酸性粒细胞
EPA，eicosapentaenoic acid	二十碳五烯酸
ERK，extracellular regulated protein kinases	细胞外调节蛋白激酶
ESR，erythrocyte sedimentation rate	红细胞沉降率
ESRD，end stage renal disease	终末期肾病
ET-1，endothelin-1	内皮素 -1
ETEC，enterotoxigenic Escherichia coli	产肠毒素大肠埃希菌
eWAT，epididymal white adipose tissue	附睾周围白色脂肪
EWGSOP，European Working Group on Sarcopenia in Older People	欧洲老年人肌少症工作组

F

FAD，flavin adenine dinucleotide	黄素腺嘌呤二核苷酸
FAS，fatty acid synthetase	脂肪酸合成酶
FAS，fetal alcohol syndrome	胎儿酒精综合征
FC，free cholesterol	游离胆固醇
FCH，familial combined hyperlipidemia	家族性混合型高脂血症
FD，familial dysbetalipoproteinemia	家族性异常 β - 脂蛋白血症
FDB，familial defective apolipoprotein B100	家族性 apo B100 缺陷症
FDR，false discovery rate	错误发现率
FGAM	甲酰甘氨脒核苷酸
FGAR	甲酰甘氨酰胺核苷酸
FH，familial hyper cholesterolemia	家族性高胆固醇血症
FHTG，familial hypertriglyceridemia	家族性高三酰甘油血症
fMRI，functional MRI	功能性 MRI
FN，fibronectin	纤连蛋白
FoxO，Forkhead box O	叉头盒转录调节因子
FoxO1，Forkhead box O1	叉头盒转录调节因子 1
FoxO3，Forkhead box O3	叉头盒转录调节因子 3
FoxO4，Forkhead box O4	叉头盒转录调节因子 4
FP，familial phytosterolemia	家族性植物固醇血症

G

G，guanine	鸟嘌呤
GABA ergic，γ-aminobutyric acid ergic	γ- 氨基丁酸介导
GALT，gut-associated lymphoid tissue	肠相关淋巴样组织

GAR 甘氨酰胺核苷酸
GDF11，growth differentiation factors 11 生长分化因子 11
GER，glomerular filtration rate 肾小球滤过率
GGT，glutamyl transpeptidase 谷氨酰转肽酶
GLB，globulin 球蛋白
GLP-1，glucagon-like peptide-1 胰高血糖素样肽 -1
Glu，glucose 葡萄糖
GM-CSF，granulocyte-macrophage colony-stimulating factor 粒细胞–巨噬细胞集落刺激因子
GPAT 谷氨酰胺 -PRPP 酰胺基转移酶
GR，neutrophilic granulocyte 中性粒细胞
GSH，glutathione 谷胱甘肽
GSH，reduced glutathione 还原型谷胱甘肽
GSH-Px，glutathione peroxidase 谷胱甘肽过氧化酶
GSSG，oxidized glutathione 氧化型谷胱甘肽
GTP，guanosine triphosphate 鸟嘌呤核苷三磷酸

H

HCA，human cell atlas 人类细胞图谱
HCG，human chorionic gonadotropin 人绒毛膜促性腺激素
HCT，hematocrit 红细胞压积
HDL-C，high density lipoprotein cholesterol 高密度脂蛋白胆固醇
HE，hematoxylin-eosin staining 苏木精–伊红染色
HGB，hemoglobin 血红蛋白
HGP，human genome project 人类基因组计划
HIV，human immunodeficiency virus 人类免疫缺陷病毒
HMG-CoA，3-hydroxy-3-methylglutaryl-coenzyme A reductase 3- 羟基 -3- 甲基戊二酰辅酶 A 还原酶
HNE，4-hydroxynonenal 4- 羟基壬烯醛
HPLC，high performance liquid chromatography 高效液相色谱法
HSP90，heat shock protein90 热休克蛋白 90
Hu，hydroxyurea 羟基脲
HUVECs，human umbilical vein endothelial cells 人脐静脉内皮细胞
HYP，hydroxyproline 羟脯氨酸

I

IBS，irritable bowel syndrome 肠易激综合征
ICAM-1，intercellular adhesion molecule -1 细胞间黏附分子 1
ICD-10，International Classification of Diseases-10 国际疾病分类 -10
ICR，Institute of Cancer Research 美国癌症研究所
ICS，immediately centrifugal serum 即刻离心血清
IDL，intermediate density lipoprotein 中间密度脂蛋白
IEC，intestinal epithelial cell 小肠上皮细胞
IgA，immunoglobulin A 免疫球蛋白 A

IgE，immunoglobulin E 免疫球蛋白 E
IGF-1，insulin-like growth factor-1 胰岛素样生长因子 1
IGF-1R，insulin-like growth factor 1 receptor 胰岛素样生长因子 1 受体
IgG，immunoglobulin G 免疫球蛋白 G
IgM，immunoglobulin M 免疫球蛋白 M
IL，interleukin 白细胞介素
ILCs，innate lymphoid cells 固有淋巴细胞
ILLs，innate-like lymphocytes 固有免疫样淋巴细胞
IMP，hypoxanthine nucleotide 次黄嘌呤核苷酸
IMP，inosine monphosphate 肌苷一磷酸
INF-γ，interferon-γ 干扰素 -γ
iNOS，inducible nitric oxide synthase 诱导型一氧化氮合酶
IRS-1，insulin receptor substrate-1 胰岛素受体底物 1
iWAT，inguinal white adipose tissue 腹股沟皮下白色脂肪
IWGS，International Working Group for Sarcopenia 国际肌少症工作组
IκBα，inhibitor κBα 核因子 κB 抑制因子 α

L

LBM，lean body mass 去脂体重
LBW，low birth weight 低出生体重
LCAT，lecithin cholesterol acyltransferase 卵磷脂胆固醇酰基转移酶
LCP，long chain polyunsaturated fatty acid 长链多不饱和脂肪酸
LD50，median lethal dose 半数致死量
LDH，lactate dehydrogenase 乳酸脱氢酶
LDL，low density lipoprotein 低密度脂蛋白
LDL-C，low-density lipoprotein cholesterol 低密度脂蛋白胆固醇
LDL-R，low-density lipoprotein receptor 低密度脂蛋白受体
LPA，lipoprotein 脂蛋白
LPL，lipoprotein lipase 脂蛋白脂酶
LPO，lipid peroxidation 脂质过氧化
LPS，lipopolysaccharide 脂多糖
LTP，long-term potentiation 长时程增强
LY，lymphocyte 淋巴细胞
LysoPC，lysophosphatidylcholines 溶血性磷脂酰胆碱
LysoPE，lysophosphatidylethanolamine 溶血性磷脂酰乙醇胺

M

m/z，mass to charge ratio 质荷比
MAITs，mucosa-associated invariant T cells 黏膜相关恒定 T 细胞
MAP，mean arterial pressure 平均动脉压
MAPK，mitogen-activated protein kinase 丝裂原激活蛋白激酶
MCH，mean corpuscular hemoglobin 平均红细胞血红蛋白含量

MCHC，mean corpuscular hemoglobin concentration　平均红细胞血红蛋白浓度
MCI，mild cognitive impairment　轻度认知障碍
MCP-1，monocyte chemotactic protein-1　单核趋化蛋白 -1
MCV，mean corpuscular volume　平均红细胞容积
MDA，malondialdehyde　丙二醛
MMP-2，matrix metalloproteinase-2　基质金属蛋白酶 2
MMP-3，matrix metalloproteinase-3　基质金属蛋白酶 3
MO，monocytes　单核细胞
Morris water maze test　Morris 水迷宫试验
mPTPs，mitochondrial membrane permeability transition pores　线粒体膜通透性转换孔
MPV，mean platelet volume　平均血小板体积
Mt1，metallothionein 1　金属硫蛋白 1
Mt2，metallothionein 2　金属硫蛋白 2
mtDNA，mitochondrial DNA　线粒体 DNA
mTOR，mammalian target of rapamycin　哺乳动物西罗莫司靶蛋白
mTORC1，mammalian target of rapamycin complex 1　哺乳动物西罗莫司受体复合物 1
mtROS，mitochondrial ROS　线粒体 ROS
MTX，methotrexate　甲氨蝶呤
MUFA，monounsaturated fatty acid　单不饱和脂肪酸

N

NAD$^+$，oxidized nicotinamide adenine dinucleotide　氧化型烟酰胺腺嘌呤二核苷酸
NAD，nicotinamide adenine dinucleotide　烟酰胺腺嘌呤二核苷酸
NADP$^+$　辅酶Ⅱ（磷酸烟酰胺腺嘌呤二核苷酸）
NADPH，nicotinamide adenine dinucleotide phosphate　还原型尼克酰胺腺嘌呤二核苷酸磷酸
NAFLD，non-alcoholic fatty liver disease　非酒精性脂肪肝
NAMPT，nicotinamide phosphoribosyltransferase　烟酰胺磷酸核糖转移酶
NDP，nucleoside diphosphate　核苷二磷酸
NF　无核酸饲料
NF-κB，nuclear factor κB　核因子 κB
NFT，neurofibrillary tangles　神经纤维缠结
NGFs，nerve growth factors　神经生长因子
NK，natural killer cell　自然杀伤细胞
NMDAR1，N-methyl-D-aspartate receptor 1　N- 甲基 -D- 天冬氨酸受体 1
NMN，nicotinamide mononucleotide　烟酰胺单核苷酸
NMP，nucleoside monophosphate　核苷一磷酸
nNOS，neuronal nitric oxide synthase　神经元型一氧化氮合酶
NO，nitricoxide　一氧化氮
NOAEL，no-observed-adverse-effect-level　未观察到有害作用剂量
NOS，nitric oxide synthase　一氧化氮合酶
NQO1，NAD（P）H quinone oxidoreductase 1　NAD（P）H 醌氧化还原酶 1

NRAS，neuroblastoma RAS viral（V-Ras）	神经母细胞瘤 RAS 病毒（V-Ras）癌基因同源物
NRF1，nuclear regulatory factor 1	核调节因子 1
NRF2，nuclear regulatory factor 2	核调节因子 2
NTP，nucleoside triphosphate	核苷三磷酸
NTs，nucleotide	核苷酸
NTs-HG，nucleotides high dose group	核苷酸高剂量组
NTs-LG，nucleotides low dose group	核苷酸低剂量组
NTs-MG，nucleotides medium dose group	核苷酸中剂量组

O

OIS，oncogene-induced senescence	癌基因诱导的衰老
OPA1，optic atrophy 1	视神经萎缩蛋白 1
OS，oxidative stress	氧化应激
OUT，operational taxonomic unit	操作分类单位
OXPHOS，oxidative phosphorylation	氧化磷酸化

P

p-NF-κB，phosphonated nuclear factor kappa-B	磷酸化核因子激活的 B 细胞的 κ-轻链
p38MAPK，p38 mitogen-activated protein kinase	p38 丝裂原激活蛋白激酶
p70S6，p70 ribosomalprotein S6 kinase	p70 核糖体蛋白 S6 激酶
PC，phosphatidylcholine	磷脂酰胆碱
PCNA，proliferating cell nuclear antigen	增殖细胞核抗原
PCoA，principal coordinate analysis	主坐标分析
PCT，plateletcrit	血小板压积
PCX-1，podocalyxin-1	足细胞表面标志蛋白 -1
PD，Parkinson's disease	帕金森病
PDGF-B，platelet derived growth factor	血小板衍生生长因子
PDW，platelet distribution width	血小板体积分布宽度
PE，phosphatidylethanolamine	磷脂酰乙醇胺
PGC-1α，peroxlsome proliferator-activated receptor-γ coactivator-1α	过氧化物酶体增殖物激活受体 -γ 共激活因子 -1α
Phospho-IκBα，phosphorylated-IκBα	磷酸化的 IκBα
Phospho-NF-κB p65，phosphorylated-NF-κB p65	磷酸化的 NF-κB p65
PI-NCD，proposed intakes for preventing non-communicable chronic diseases	预防非传染性慢性病的建议摄入量
PIP2，phosphatidylinositol 4,5-biphosphate	二磷酸磷脂酰肌醇
PIP3，phosphatidylinositol 3,4,5-trisphosphate	三磷酸磷脂酰肌醇
PKA，protein kinase A	蛋白激酶 A
PKCγ，protein kinase Cγ subunit	蛋白激酶 Cγ 亚单位
PLT，blood platelet	血小板计数
PPAR-α，peroxisome proliferator-activated receptors-α	过氧化物酶体增殖物激活受体
PRA	5′-磷酸核糖胺

PRDM16，PR domain-containing 16　PR 结构域蛋白 16
PRMT6，protein arginine N-methyltransferase 6　精氨酸甲基转移酶 6
PRPP synthetase　PRPP 合成酶
PRPP，phosphoribosyl pyrophosphate　磷酸核糖焦磷酸
PRR，pattern recognition receptor　模式识别受体
PS，phosphatidylserine　磷脂酰丝氨酸
PSD95，postsynaptic density protein 95　突触后致密蛋白 95
PT，prothrombin time　凝血酶原时间
PTP，permeability transition pore　通透性转运孔
PUFAs，polyunsaturated fatty acids　多不饱和脂肪酸
PV-VN1，poliovirus type 1 neutralizing antibody　1 型脊髓灰质炎病毒中和抗体
PV-VN3，poliovirus type 3 neutralizing antibody　3 型脊髓灰质炎病毒中和抗体

R

RAS，rat sarcoma oncogene　鼠肉瘤癌基因
RAS，renin-angiotensin system　肾素-血管紧张素系统
RBC，red blood cell　红细胞
RCT，randomized controlled trial　随机对照试验
RDA，recommended dietary allowance　膳食营养素推荐日供给量
RDW，red cell distribution width　红细胞体积分布宽度
RE，retinol equivalent　视黄醇当量
RI，ribonuclease inhibitor　核糖核酸酶抑制因子
RNA，ribonucleic acid　核糖核酸
RNI，recommended nutrient intakes　营养素推荐摄入量
RNS，reactive nitrogen species　活性氮类
ROS，reactive oxygen species　活性氧类
RRM1，ribonucleotide reductase M1　核糖核苷酸还原酶 M1
RRM2，ribonucleotide reductase M2　核糖核苷酸还原酶 M2
RRT，renal replacement therapy　肾替代疗法
RT，retention time　保留时间

S

SAM，senescence accelerate mouse　快速老化小鼠
SASP，senescence-associated secretory phenotype　衰老相关分泌表型
SAT，subcutaneous adipose tissue　皮下脂肪组织
SCD1，stearoyl-CoA desaturase-1　硬脂酰辅酶 A 脱氢酶
Scr，serum creatinine　血肌酐
SD，slit diaphragm　细胞裂隙膜
SDH，succinodehydrogenase　琥珀酸脱氢酶
SFA，saturated fatty acid　饱和脂肪酸
Sirt-1，sirtuin-1　沉默信息调节因子 1
SMZco，compound sulfamethoxazole　复方新诺明

SNP，single nucleotide polymorphism 单核苷酸多态性
SOD，superoxide dismutase 超氧化物歧化酶
SP，senile plaque 老年斑
SPF，specific pathogen free 无特定病原体
SRBC 绵羊红细胞
SREBP，sterol-regulatory element binding protein 固醇调节元件结合蛋白

T

T，thymine 胸腺嘧啶
TBIL，total bilirubin 总胆红素
TC，total cholesterol 总胆固醇
TCA，tricarboxylic acid 三羧酸
TD，Tangier disease 无 α - 脂蛋白血症
TDCA，taurodeoxycholic acid 牛磺脱氧胆酸
TFAM，recombinant transcription factor A mitochondrial 重组线粒体转录因子 A
TFH cells，follicular helper T cells 滤泡辅助性 T 细胞
TG，triglyceride 三酰甘油
TGF-β，transforming growth factor-β 转化生长因子 - β
Thbs-2，thrombospondins-2 血小板反应素 2
TLR4，Toll-like receptors 4 Toll 样受体 4
TNF-α，tumor necrosis factor-α 肿瘤坏死因子 - α
TP，total protein 总蛋白
TPAN，total potentially available nucleosides 潜在可利用核苷总量
TPN，total parenteral alimentation 全胃肠外营养
TrkB，tyrosine kinase receptor B 酪氨酸激酶受体 B
TRM 细胞，tissue-resident memory T cells 组织驻留记忆 T 细胞
TSLP，thymic stromal lymphopoietin 胸腺基质淋巴生成素

U

U，uracil 尿嘧啶
UA，uric acid 尿酸
UCP-1，uncoupling protein 1 解偶联蛋白 -1
Ucr，urine creatinine 尿肌酐
UDP，uridine diphosphate 尿嘧啶核苷二磷酸
UL，tolerable upper intake levels 可耐受最高摄入量
ULN，upper limit of normal 正常值上限
UMP，uridine monophosphate 尿嘧啶核苷单磷酸
UPLC-Q-TOF-MS，ultra-performance liquid chromatography quadrupole time-of-flight mass spectrometry 超高效液相色谱串联四级杆飞行时间质谱
UPR，unfolded protein response 未折叠蛋白反应
UPS，ubiquitin proteasome pathway 泛素蛋白酶体通路
UTP，uridine triphosphate 尿嘧啶核苷三磷酸

V

VAT，visceral adipose tissue　内脏脂肪组织

VCAM1，vascular cell adhesion molecule 1　血管细胞黏附分子 1

VEGF，vascular endothelial growth factor　血管内皮生长因子

VLDL，very low density lipoprotein　极低密度脂蛋白

W

WAT，white adipose tissue　白色脂肪组织

WBC，white blood cell　白细胞计数

WEC，whole embryo culture　全胚胎培养

WES，whole-exome sequencing　全外显子组测序

WGS，whole-genome sequencing　全基因组测序

WHO，World Health Organization　世界卫生组织

X

XMP　黄嘌呤核苷酸

彩　图

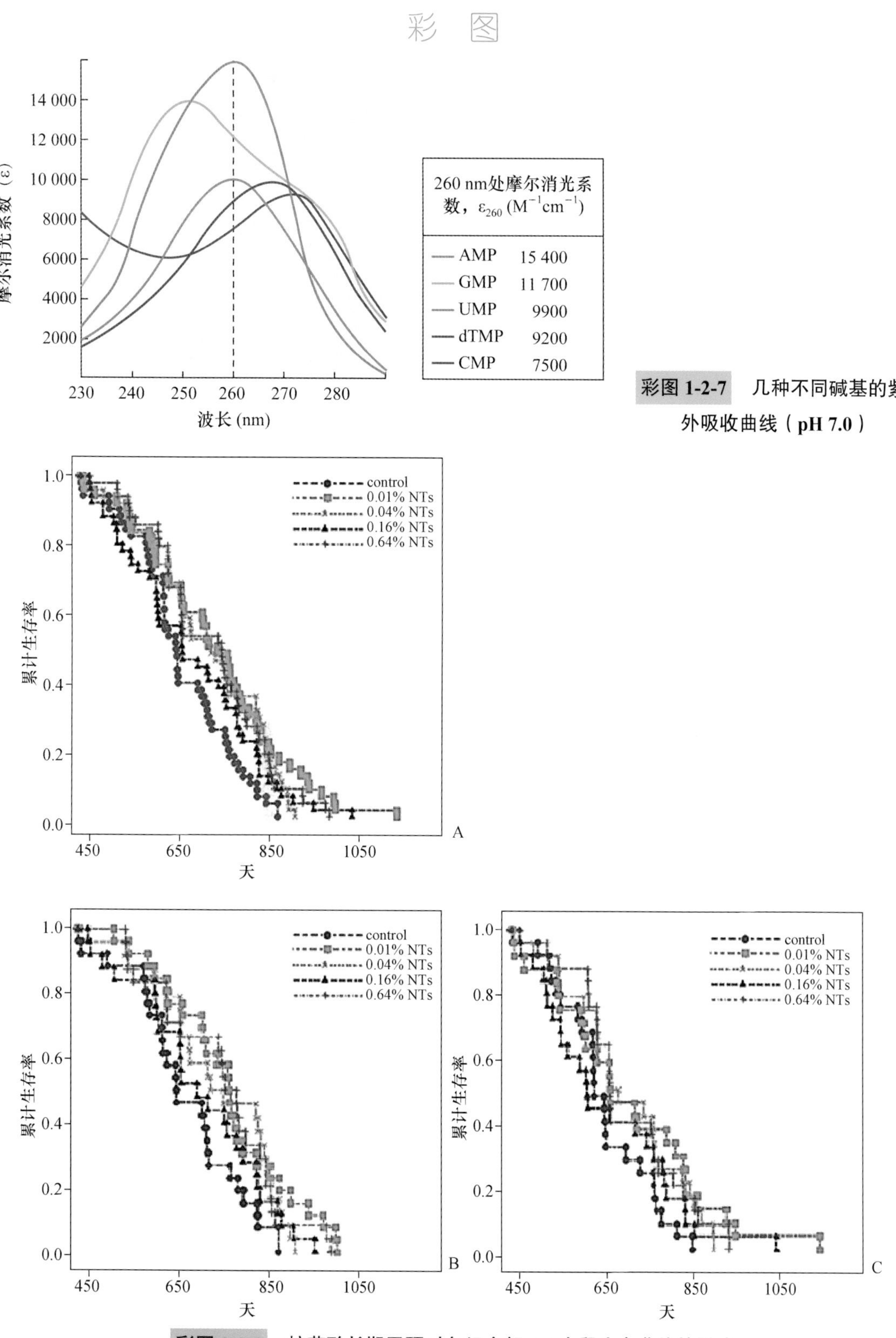

彩图 1-2-7　几种不同碱基的紫外吸收曲线（**pH 7.0**）

彩图 2-2-1　核苷酸长期干预对各组全部 **SD** 大鼠生存曲线的影响

（图 A，雌雄 SD 大鼠；图 B，雄性 SD 大鼠；图 C，雌性 SD 大鼠）

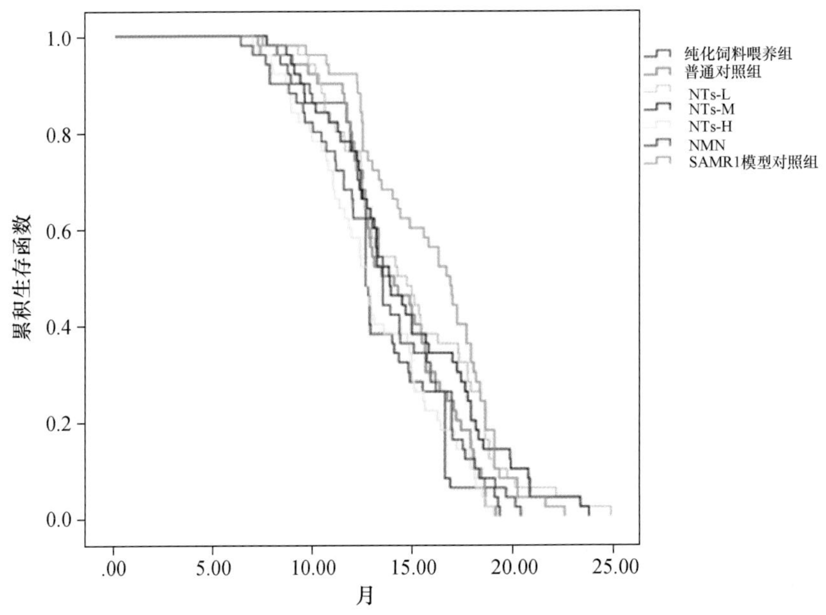

彩图 2-2-3 各组小鼠累积生存率分析

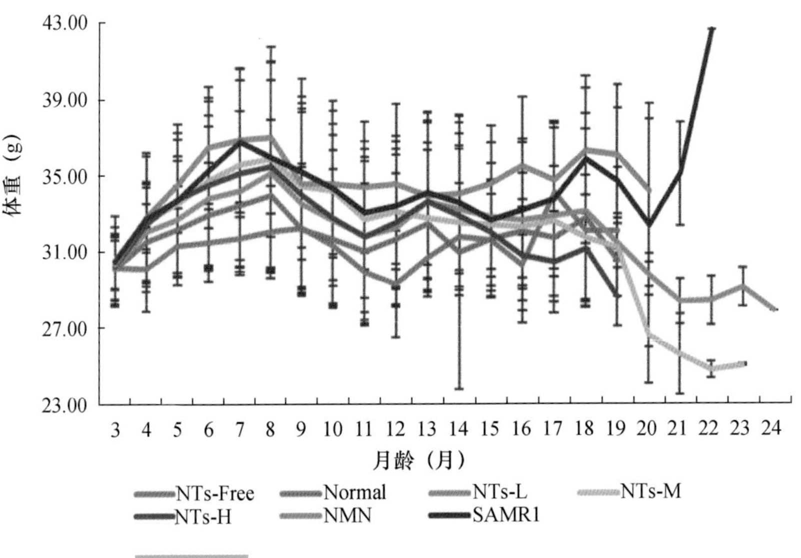

彩图 2-2-4 小鼠生命周期每月龄体重（g）的变化

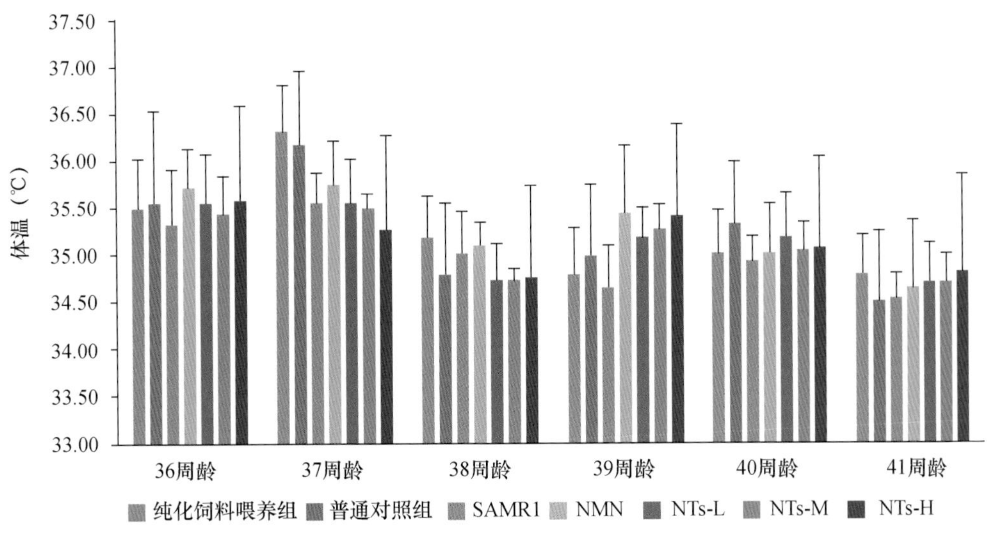

彩图 2-2-5 小鼠生命周期内体温监测

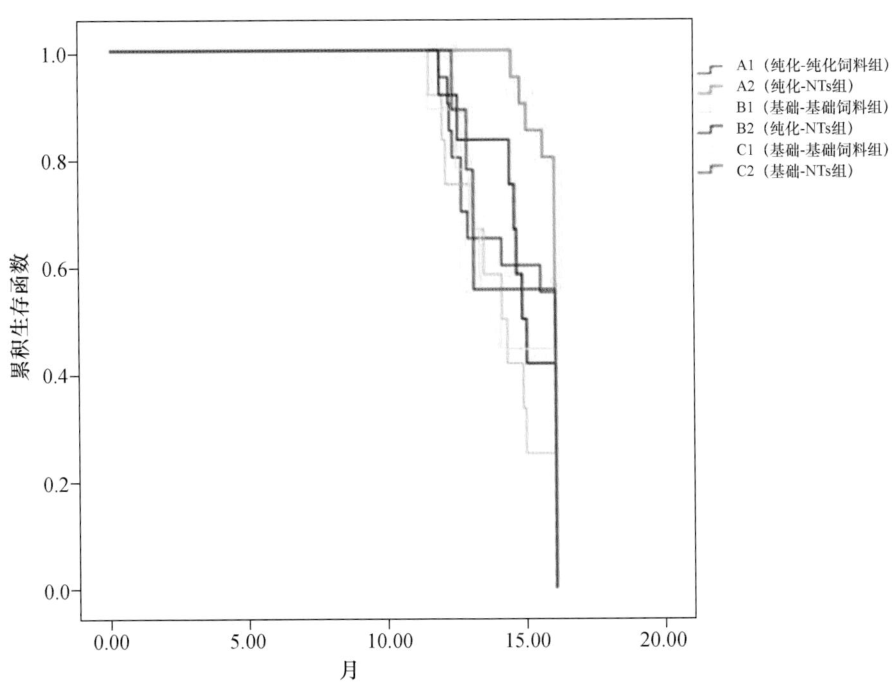

彩图 2-2-7 **NTs 中期干预对各组小鼠累计生存率的影响**

注：A 和 B 组为 SAMP8 小鼠，C 组为 SAMR1 小鼠

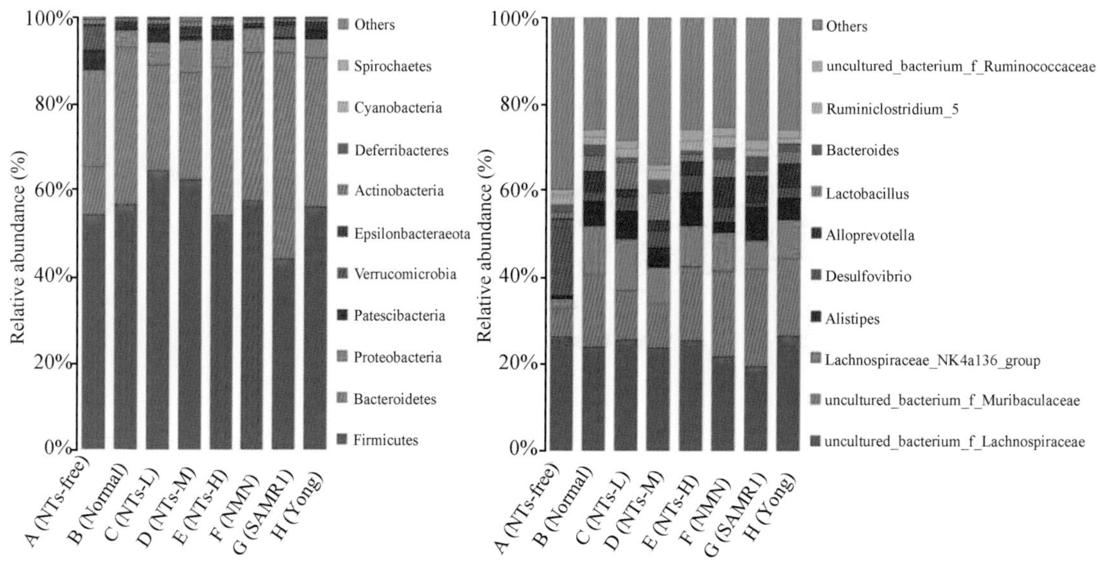

彩图 2-2-17　NTs 干预对 SAMP8 小鼠肠道菌群分布的影响（$n = 8$）

注：NTs-Free，纯化饲料喂养组；Normal，普通对照组；NTs-L、NTs-M、NTs-H，NTs 低、中、高剂量干预组；NMN，烟酰胺单核苷酸喂养组；SAMR1，模型对照组；Yong，青年对照组。

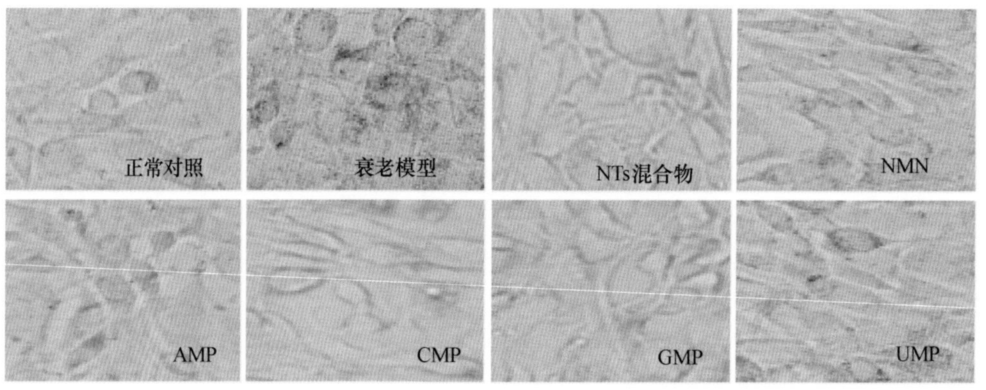

彩图 3-2-2　NTs 对衰老细胞 SA-β-gal 含量的影响（400×）

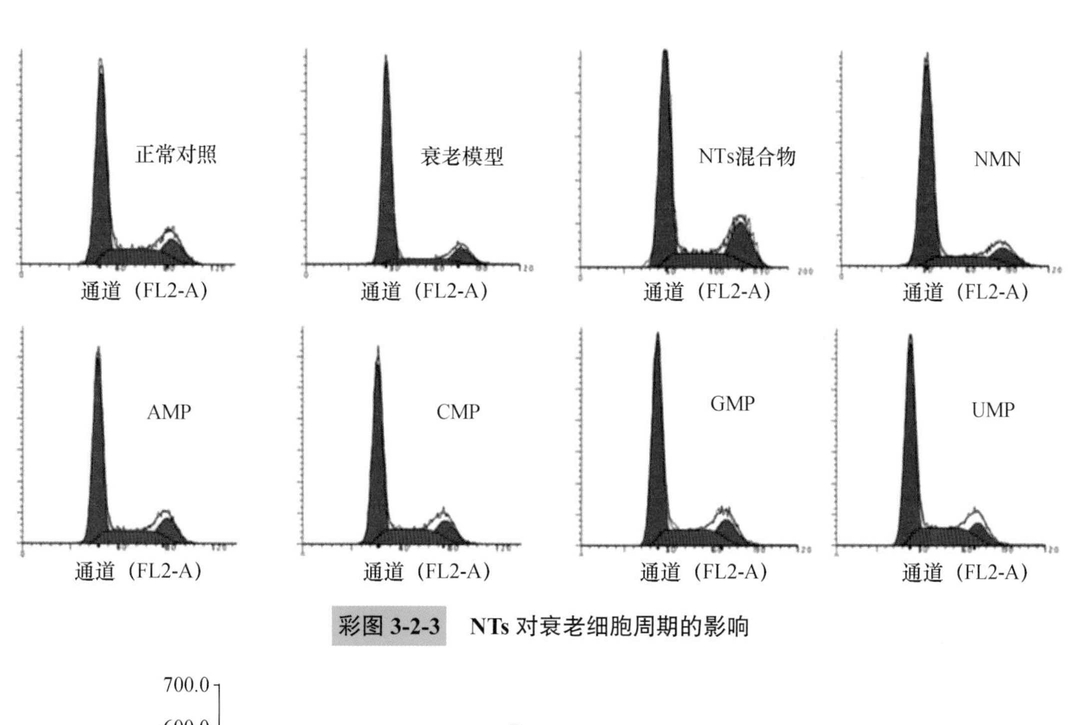

彩图 3-2-3　NTs 对衰老细胞周期的影响

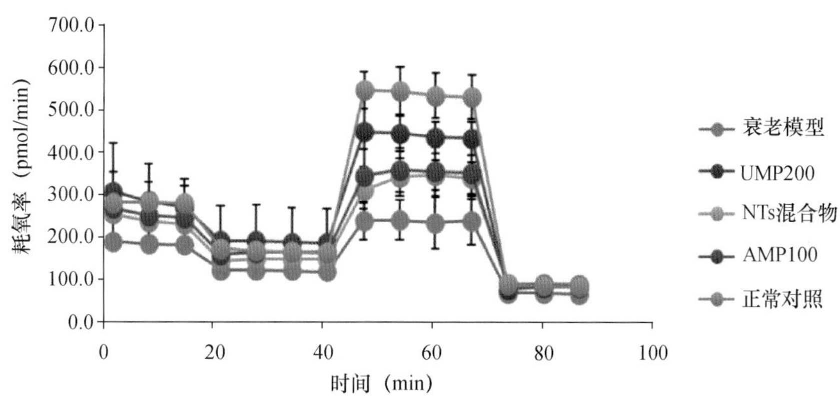

彩图 3-2-7　NTs 对衰老细胞线粒体功能的影响

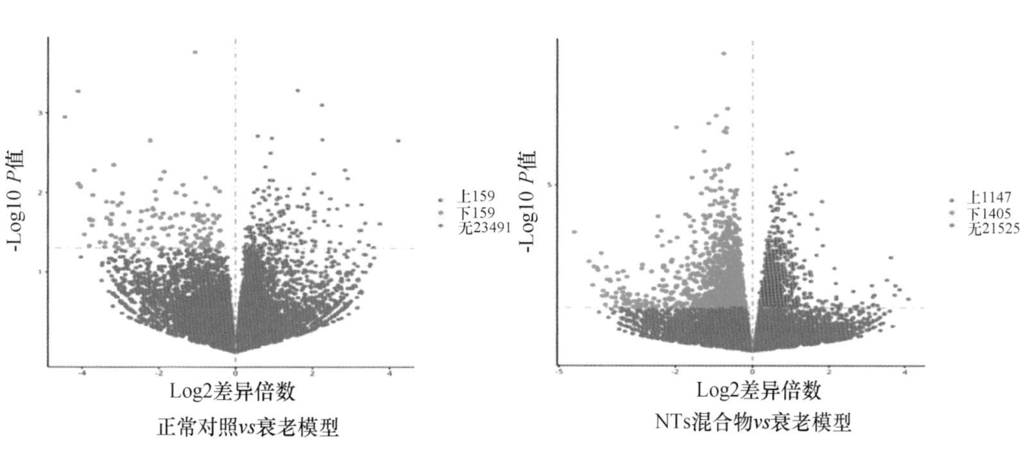

彩图 3-2-8　NTs 对衰老细胞基因表达的影响

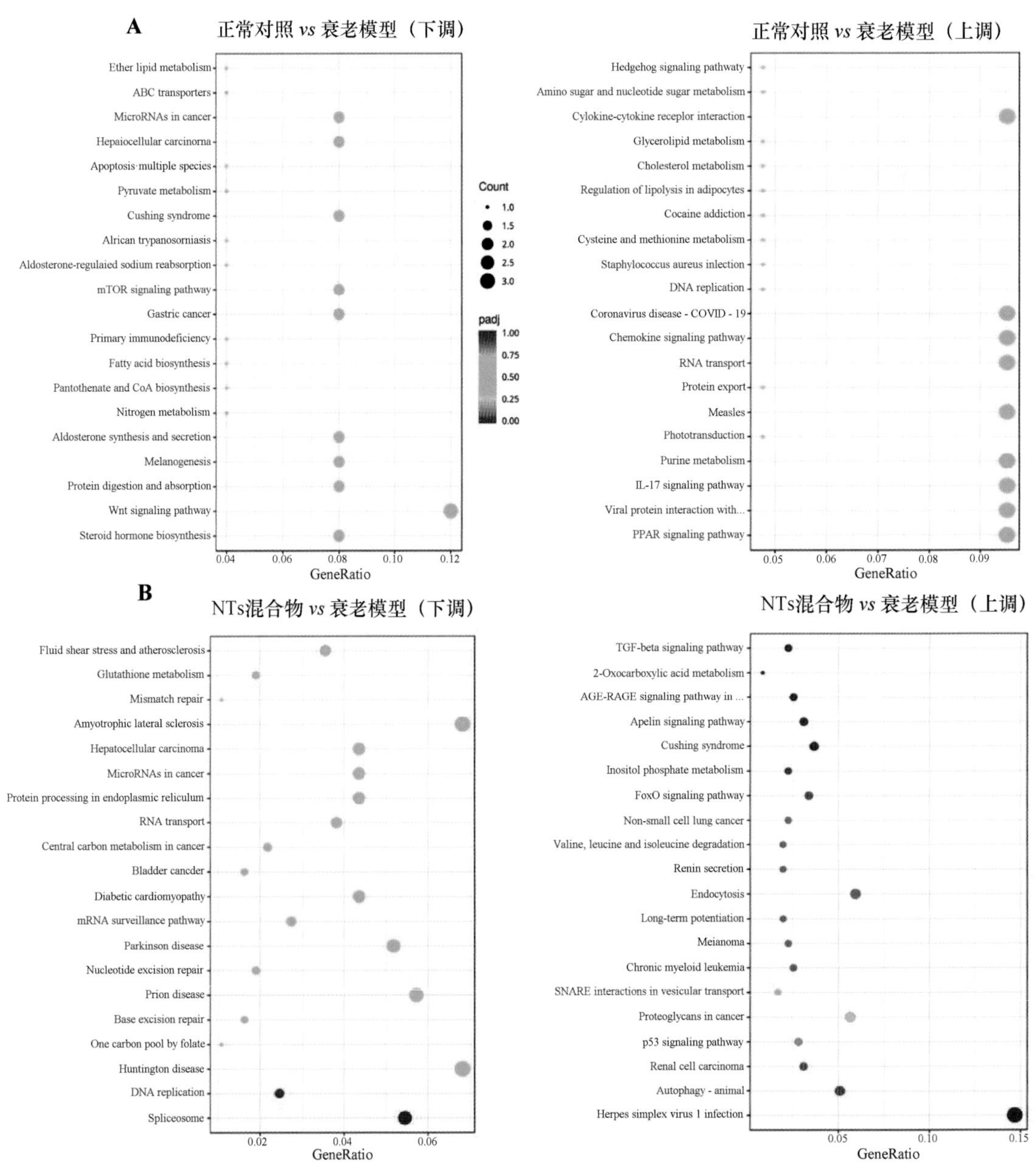

彩图 3-2-9 差异表达基因的 **KEGG** 通路富集分析汇总图

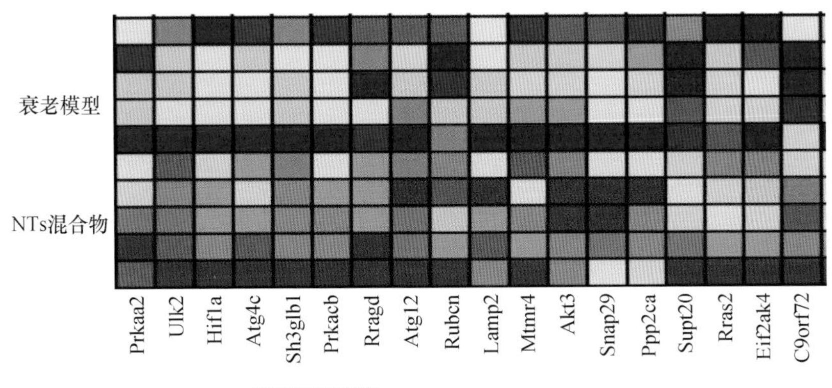

彩图 3-2-10 自噬通路基因热图

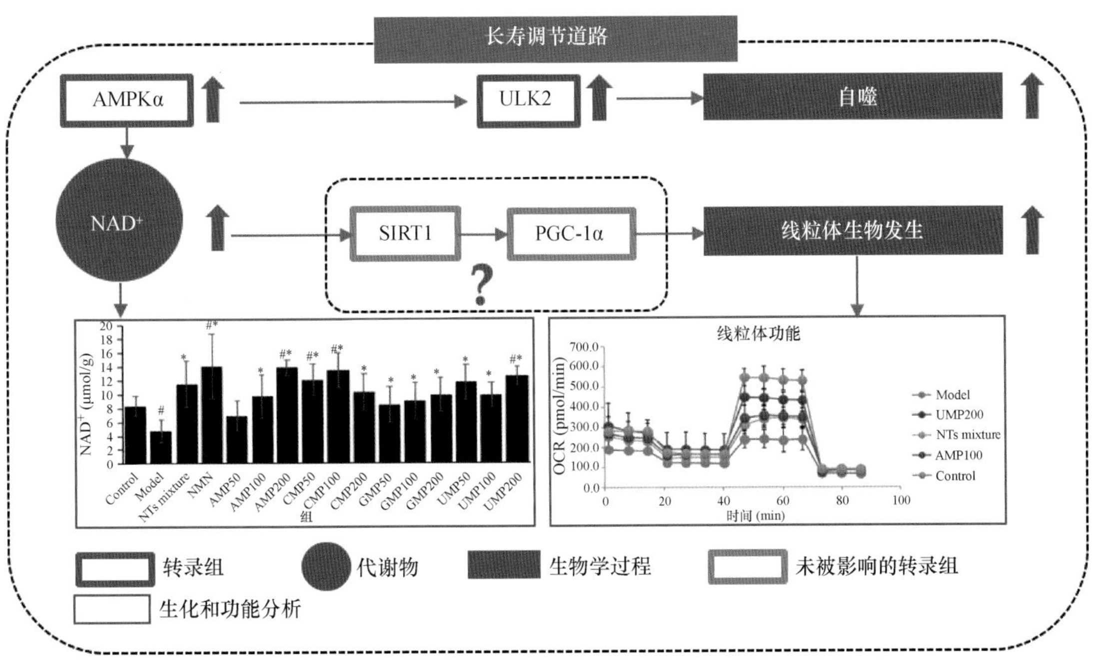

彩图 3-2-14 **NTs** 对衰老细胞长寿调节通路 **AMPK/NAD$^+$/SIRT1/PGC-1α** 的影响

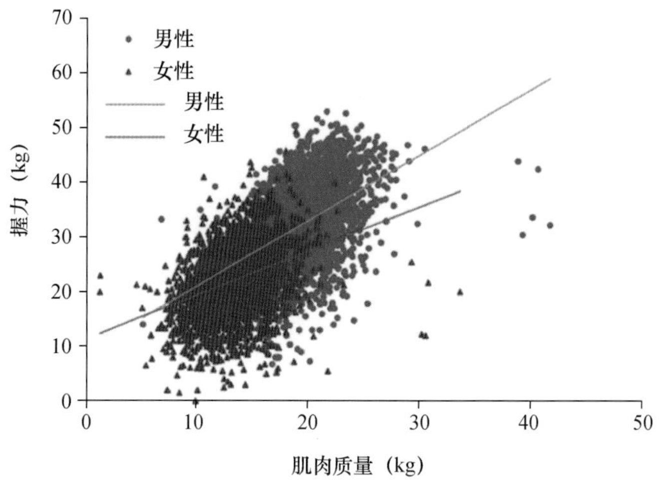

彩图 4-2-3　男性和女性 ASM 与握力之间的关系

注，直线表示拟合的回归曲线方程，绿色直线表示男性 ASM 与握力之间的回归方程，Y ＝ 1.204×X ＋ 8.823（其中，校正 R^2 ＝ 0.197，P ＜ 0.001）；红色直线表示女性 ASM 与握力之间的回归方程，Y ＝ 0.820×X ＋ 11.119（其中，校正 R^2 ＝ 0.127，P ＜ 0.001）。

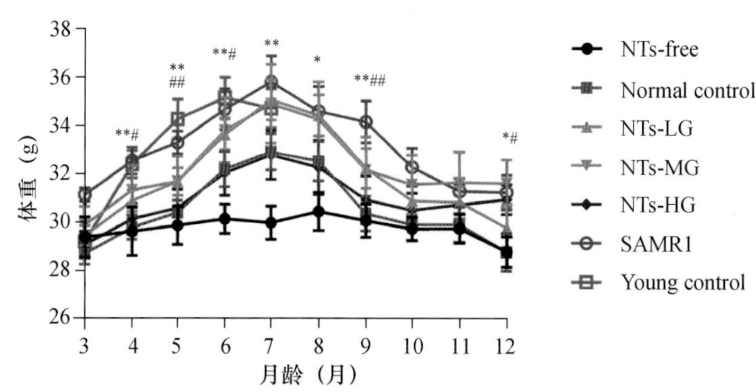

彩图 4-3-1　NTs 对 SAMP8 小鼠体重的影响

注：NTs-Free，纯化饲料喂养组；Normal，普通对照组；NTs-L、NTs-M、NTs-H，NTs 低、中、高剂量干预组；SAMR1，模型对照组；Yong，青年对照组。* 与无核苷酸组比较，# 与普通对照组比较。*P ＜ 0.05，**P ＜ 0.01；#P ＜ 0.05，##P ＜ 0.01.

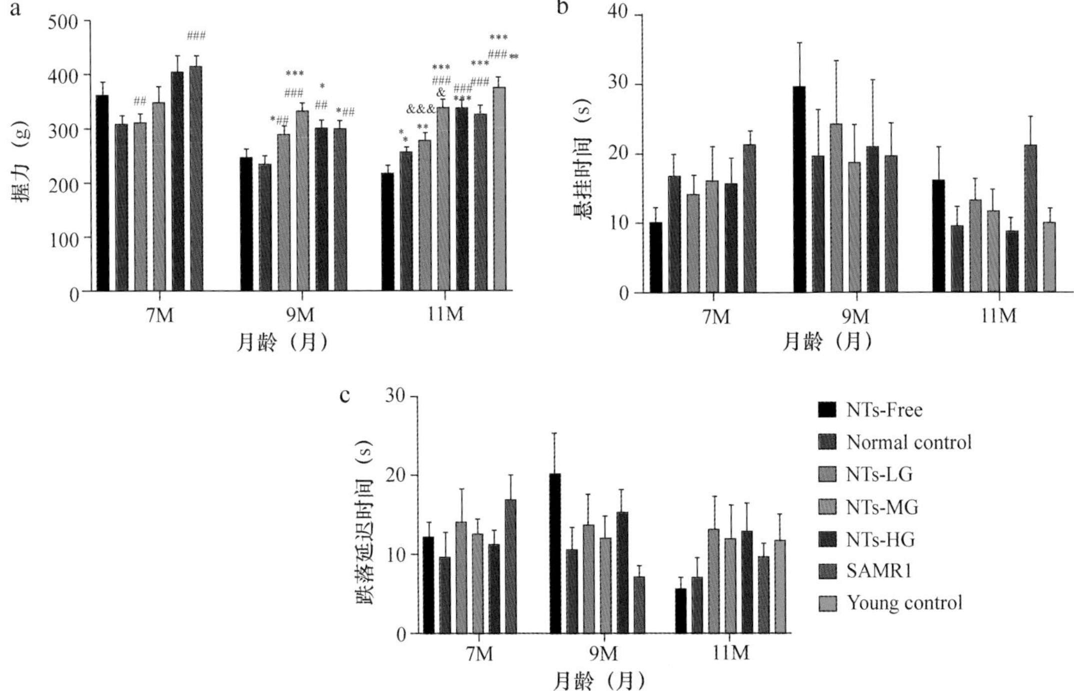

彩图 4-3-3　外源核苷酸对小鼠握力、钢丝悬挂时间、单杠时间的影响

注：图（a）、（b）、（c）分别对应 7 月龄、9 月龄（$n=12$），11 月龄小鼠（$n=10$）小鼠的握力、钢丝悬挂、单杠时间。NTs-Free，无核苷酸组；Normal control，普通对照组；NTs-L、NTs-M、NTs-H，NTs 低、中、高剂量干预组；SAMR1，模型对照组；Yong control，青年对照组。* 表示与无核苷酸比较，差异有统计学意义；# 表示与正常对照组比较，差异有统计学意义；φ 表示与 SAMR1 组比较，差异有统计学意义；& 表示与青年对照组比较，差异有统计学意义。$^{*}P<0.05$，$^{**}P<0.01$，$^{***}P<0.001$；$^{\#}P<0.05$，$^{\#\#}P<0.01$，$^{\#\#\#}P<0.001$；$^{\varphi}P<0.05$，$^{\varphi\varphi}P<0.01$，$^{\varphi\varphi\varphi}P<0.001$；$^{\&}P<0.05$，$^{\&\&}P<0.01$，$^{\&\&\&}P<0.001$

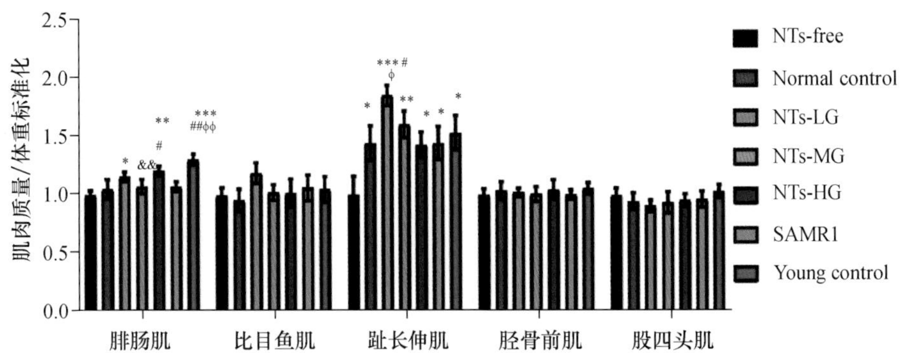

彩图 4-3-7　外源核苷酸对小鼠腓肠肌、比目鱼肌、趾长伸肌、胫骨前肌、股四头肌肌肉湿重的影响（$n=6\sim10$ mice per group）.

注：NTs-Free，无核苷酸组；Normal control，普通对照组；NTs-L、NTs-M、NTs-H，NTs 低、中、高剂量干预组；SAMR1，模型对照组；Yong control，青年对照组。

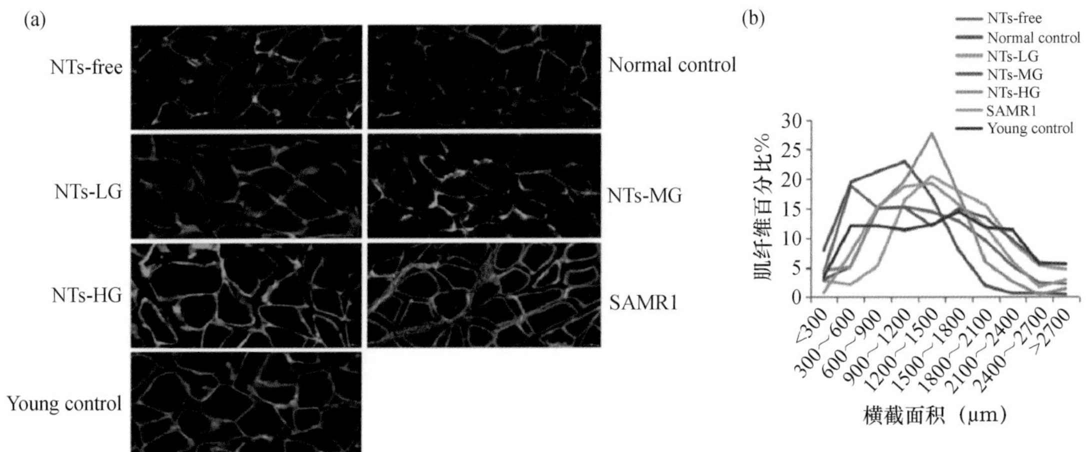

彩图 4-3-8　外源核苷酸对小鼠肌肉横截面积（CSA）的影响（400 < *n* < 500），

注：NTs-Free，无核苷酸组；Normal control，普通对照组；NTs-L、NTs-M、NTs-H，NTs 低、中、高剂量干预组；SAMR1，模型对照组；Yong control，青年对照组。

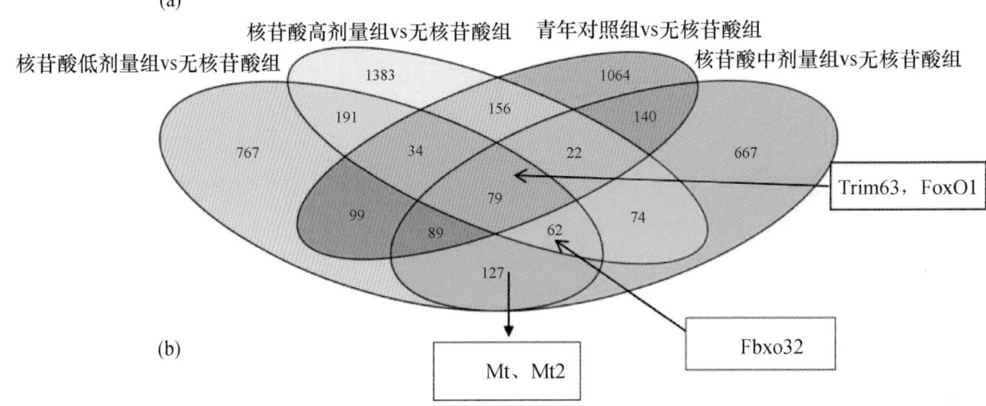

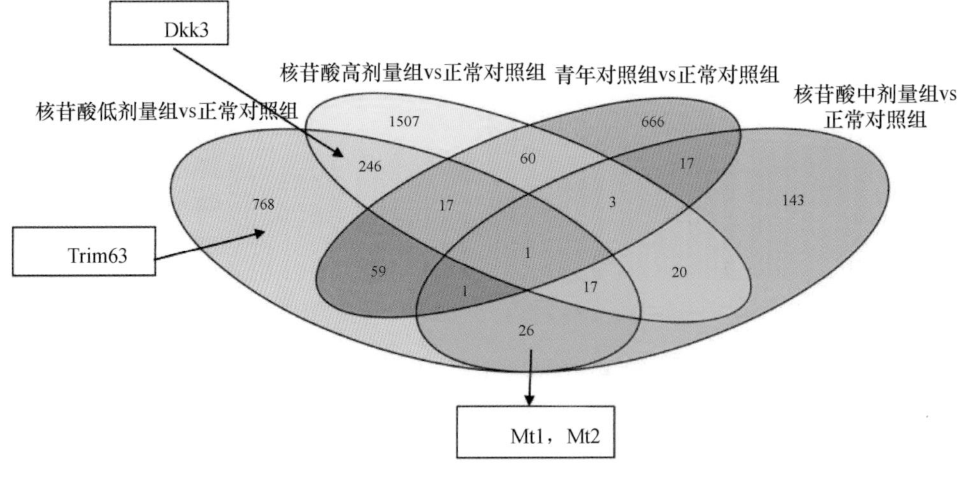

彩图 4-3-12　RNA-seq 韦恩图

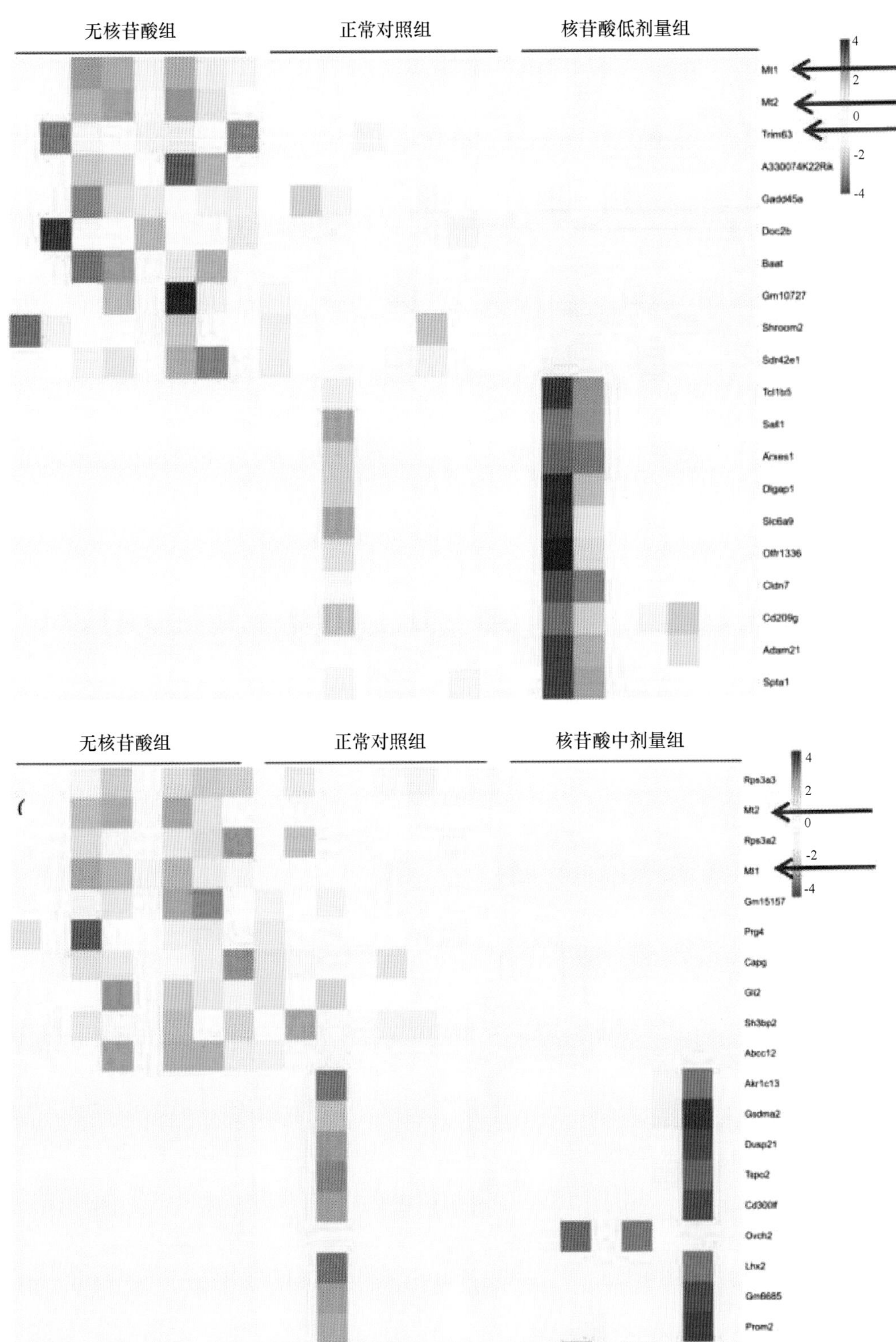
无核苷酸组
正常对照组
核苷酸低剂量组
4
2
0
-2
-4
Mt1
Mt2
Trim63
A330074K22Rik
Gadd45a
Doc2b
Baat
Gm10727
Shroom2
Sdr42e1
Tcl1b5
Sall1
Arxes1
Dlgap1
Slc6a9
Olfr1336
Cldn7
Cd209g
Adam21
Spta1
无核苷酸组
正常对照组
核苷酸中剂量组
4
2
0
-2
-4
Rps3a3
Mt2
Rps3a2
Mt1
Gm15157
Prg4
Capg
Gli2
Sh3bp2
Abcc12
Akr1c13
Gsdma2
Dusp21
Tspo2
Cd300lf
Ovch2
Lhx2
Gm8685
Prom2
Hectd2

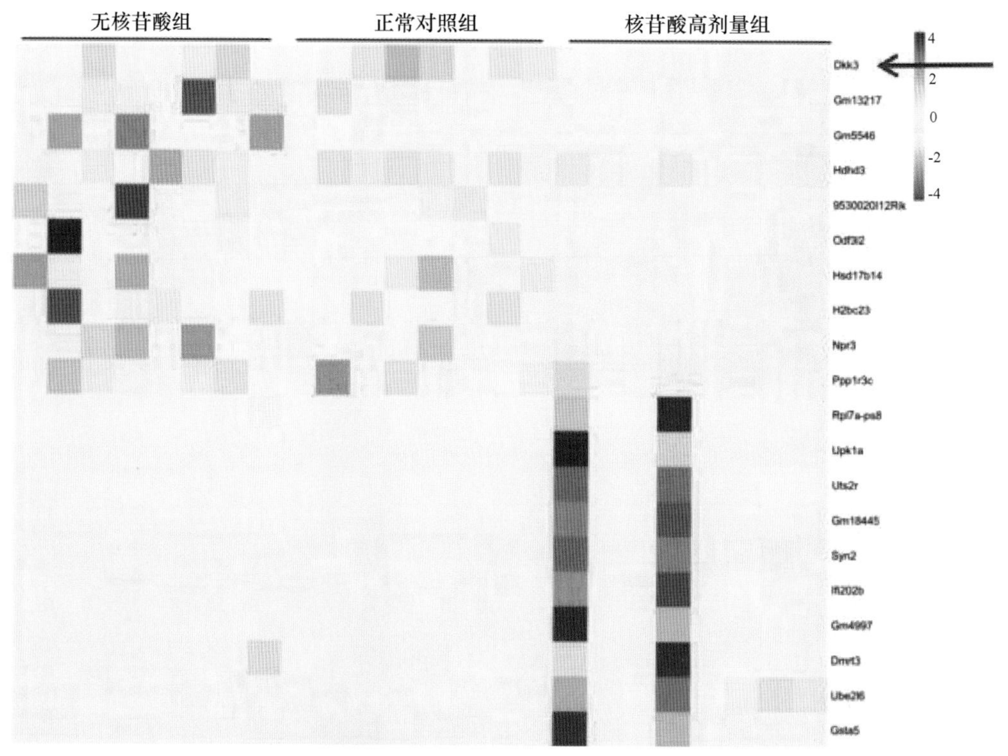

彩图 4-3-13　小鼠肌肉的 RNA-seq 热图

注：图（a）（核苷酸低剂量组 *vs* 无核苷酸）&（核苷酸低剂量组 *vs* 正常对照组）上调和下调 TOP10 基因；图（b）（核苷酸中剂量组 *vs* 无核苷酸）&（核苷酸中剂量组 *vs* 正常对照组）上调和下调 TOP10 基因；图（c）（核苷酸中剂量组 *vs* 无核苷酸）&（核苷酸中剂量组 *vs* 正常对照组）上调和下调 TOP10 基因

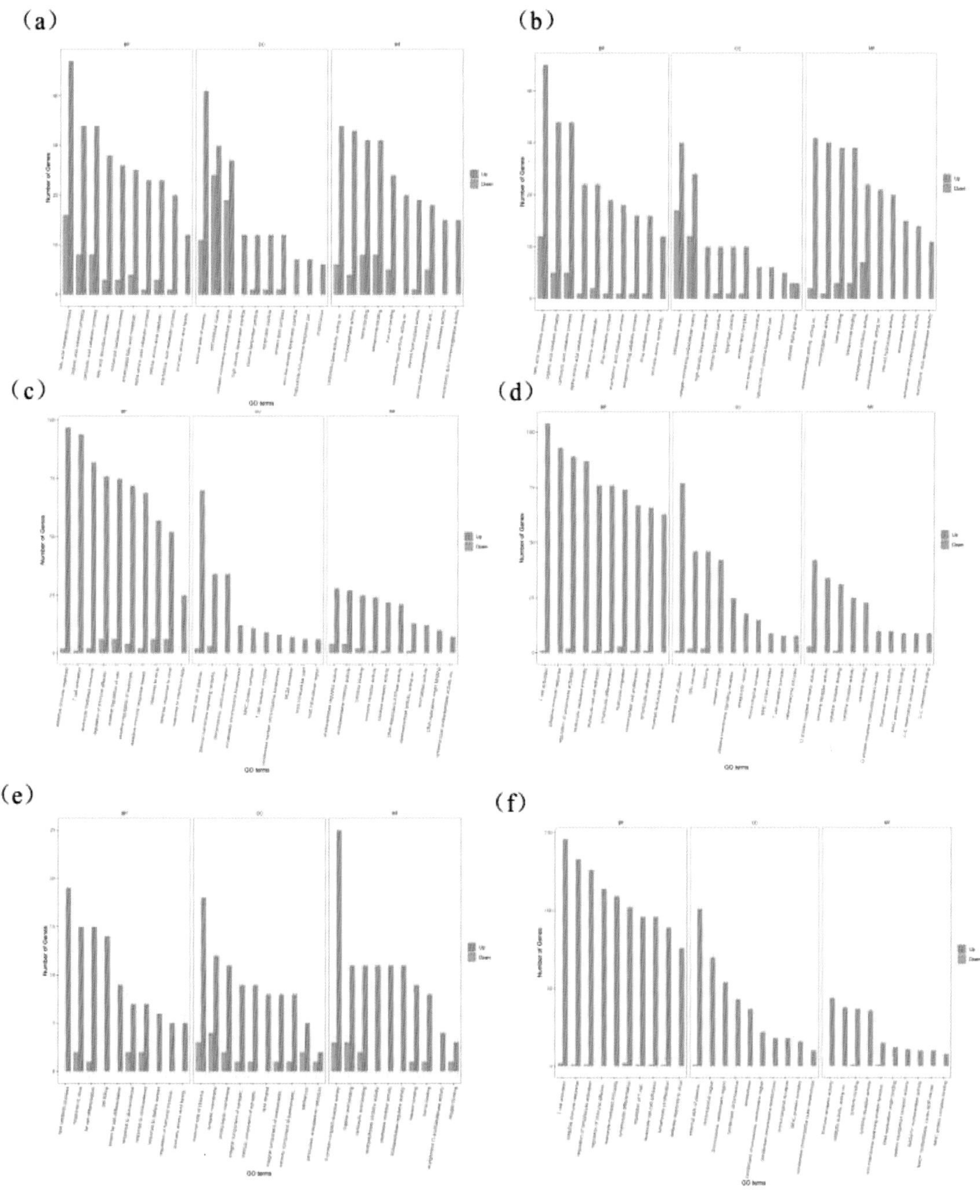

彩图 4-3-15　RNA-seq 的 GO 富集分析

注：图（a）～（f）分别为核苷酸低、中、高剂量组 *vs* 无核苷酸，核苷酸低、中、高剂量组 *vs* 正常对照组的 RNA-seq GO 富集分析图。橙色柱状图代表上调，绿色柱状图代表下调。

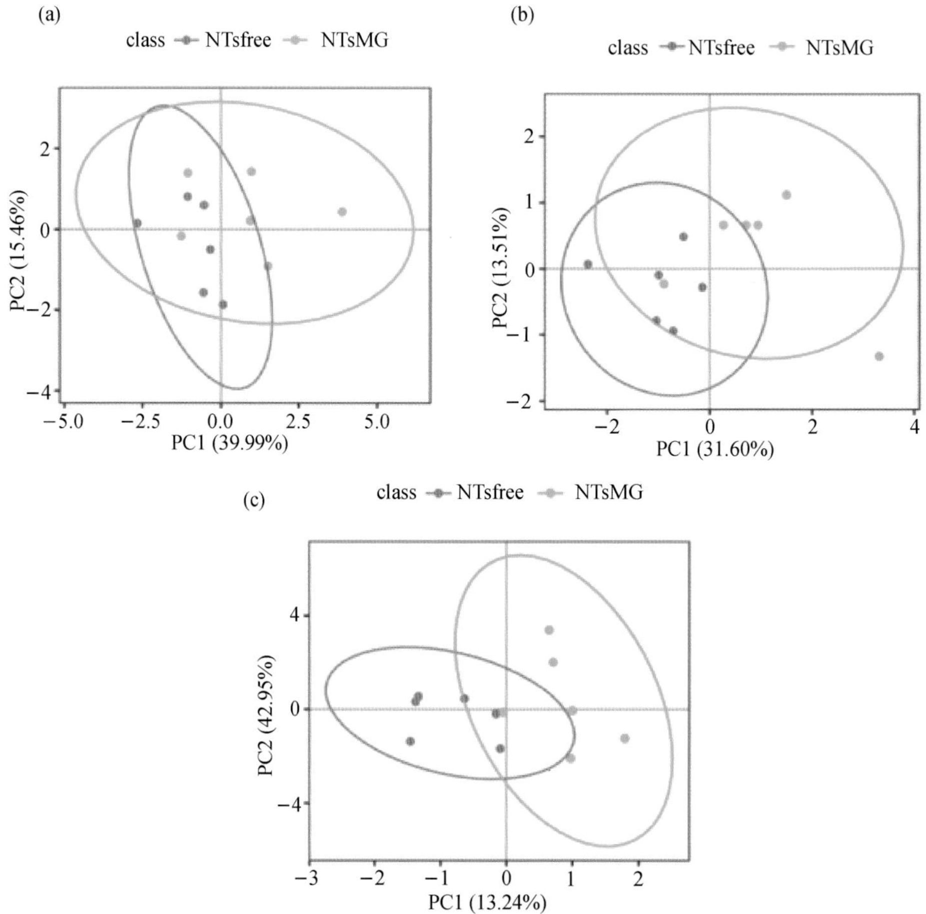

彩图 4-3-17　PLS-DA 判别分析两组分布的散点图

注：Class 是分组，NTs-Free，无核苷酸组；NTs-L、NTs-M、NTs-H，NTs 低、中、高剂量干预组。

（a）核苷酸低剂量组 *vs* 无核苷酸组；（b）核苷酸中剂量组 *vs* 无核苷酸组；（c）核苷酸高剂量组 *vs* 无核苷酸组。横轴为第一主成分，纵轴为第二主成分。括号中数字为该主成分的得分，表示该主成分对整个模型的解释能力。

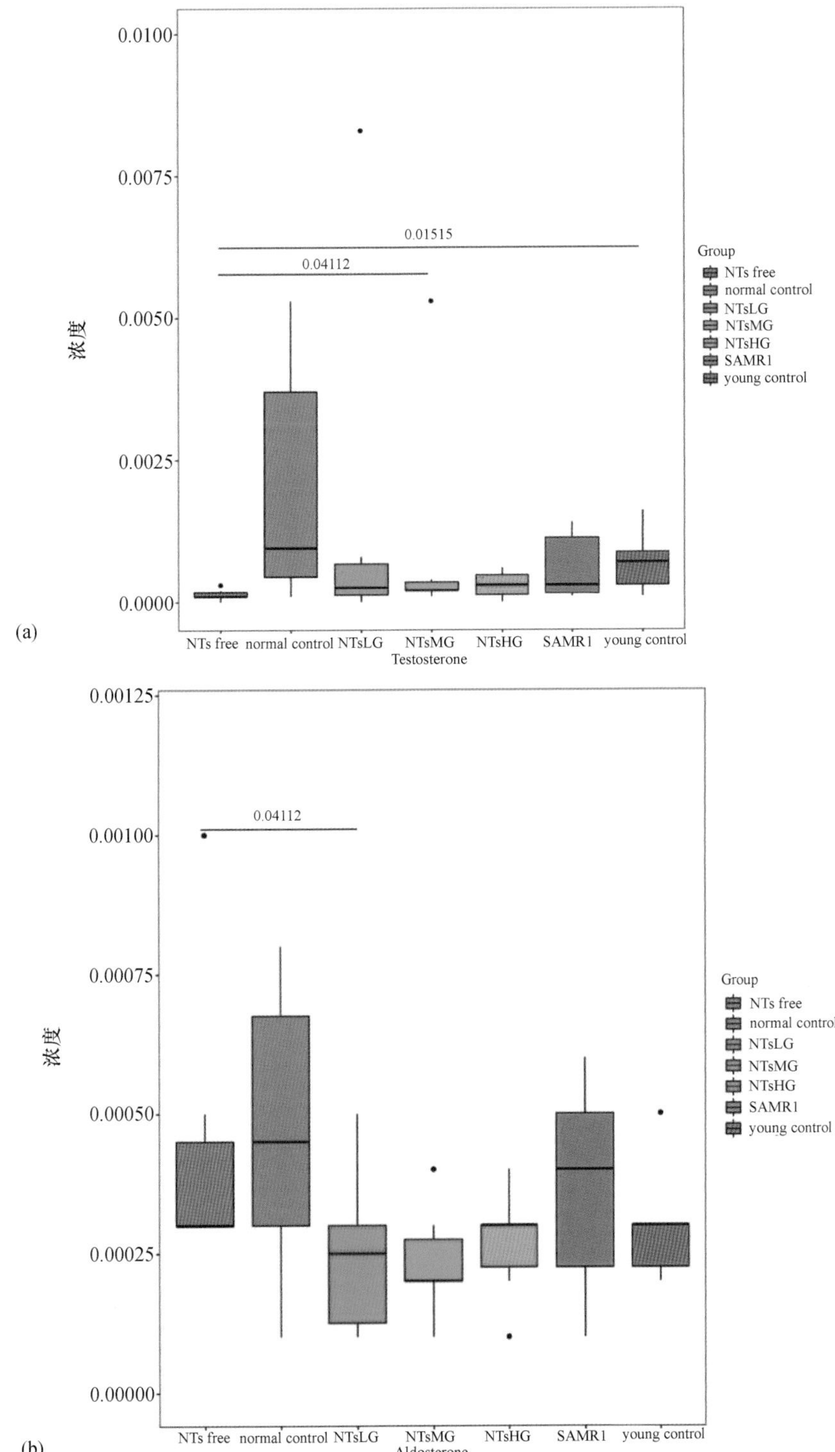

彩图 4-3-18　靶向代谢组学中差异代谢物在各组间的浓度分布

注：图（a）睾酮在各组间的浓度分布情况；（b）醛固酮在各组间的浓度分布情况。

NTs-Free，无核苷酸组；Normal control，普通对照组；NTs-L、NTs-M、NTs-H，NTs 低、中、高剂量干预组；SAMR1，模型对照组；Yong control，青年对照组。

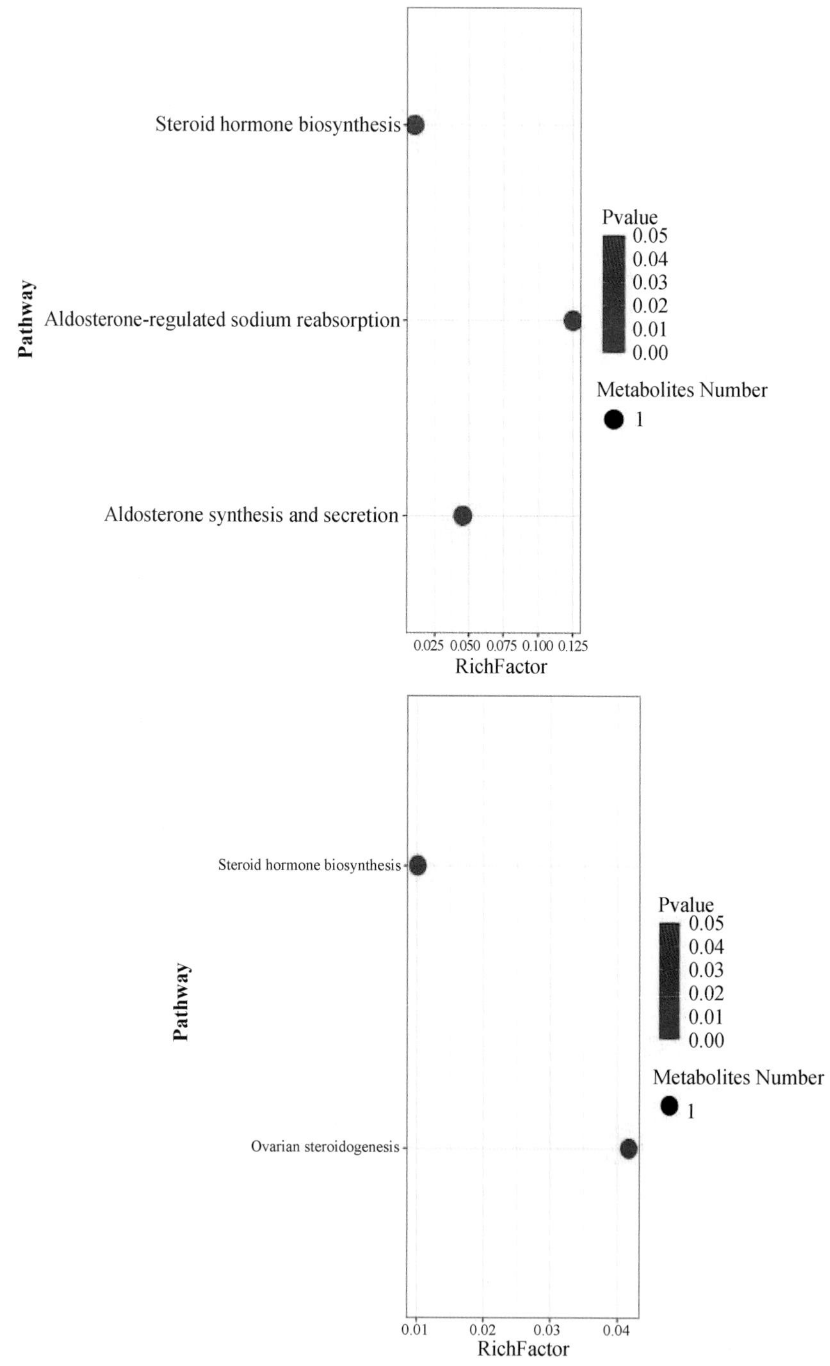

彩图 4-3-19　类固醇靶向代谢组学中 KEGG 通路富集分析

注：图（a）为核苷酸低剂量组 *vs* 无核苷酸组类固醇靶向代谢组 KEGG 通路分析；图（b）为核苷酸中剂量组 *vs* 无核苷酸组类固醇靶向代谢组 KEGG 通路分析。

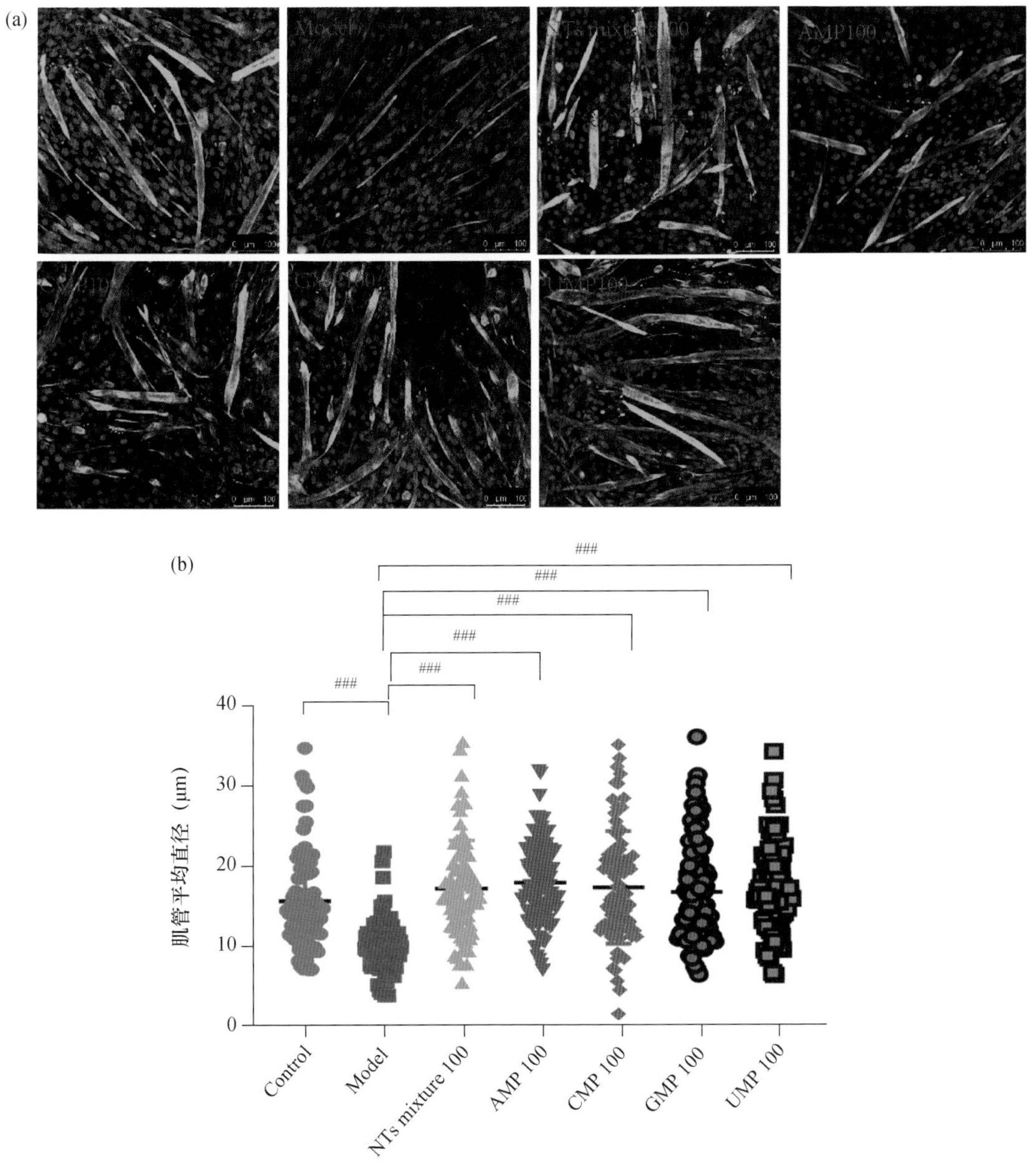

彩图 4-4-2 外源核苷酸对肌管的影响

注：图（a）外源核苷酸干预对肌管影响的代表性图像。绿色为 Desmin 免疫荧光染色，蓝色表示细胞核染色。比例尺 1∶100 μm。图（b）各组肌管平均直径。### 表示与模型对照组比较，$P < 0.001$。Control，正常对照组；Model，模型对照组；NTs mixture 100，核苷酸中剂量配伍组；AMP100，CMP100，GMP100，UMP100，AMP、CMP、GMP 和 UMP 中剂量组。

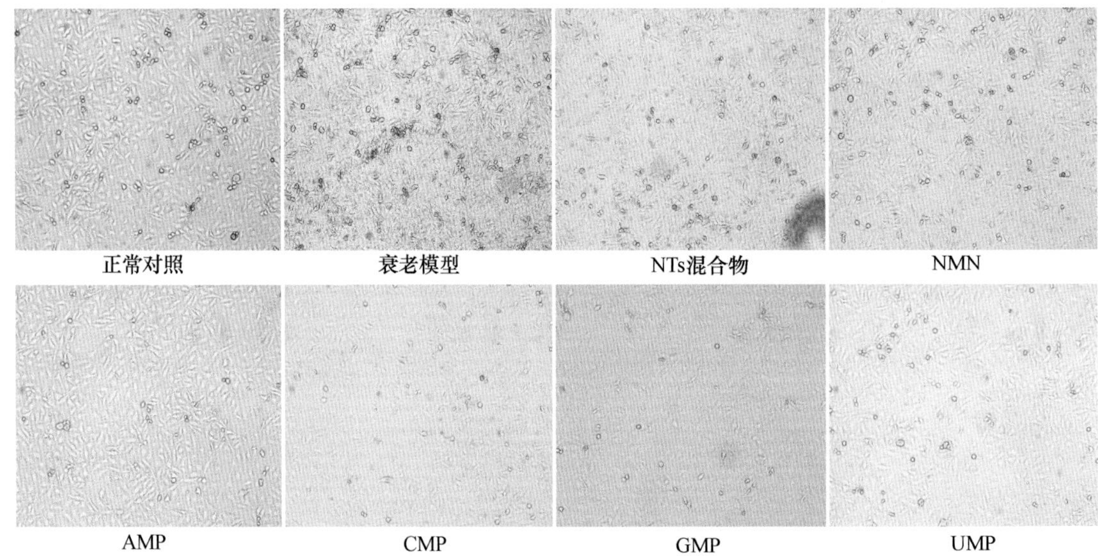

彩图 6-2-2 NTs 对血管内皮细胞 SA-β-gal 含量的影响（100×）

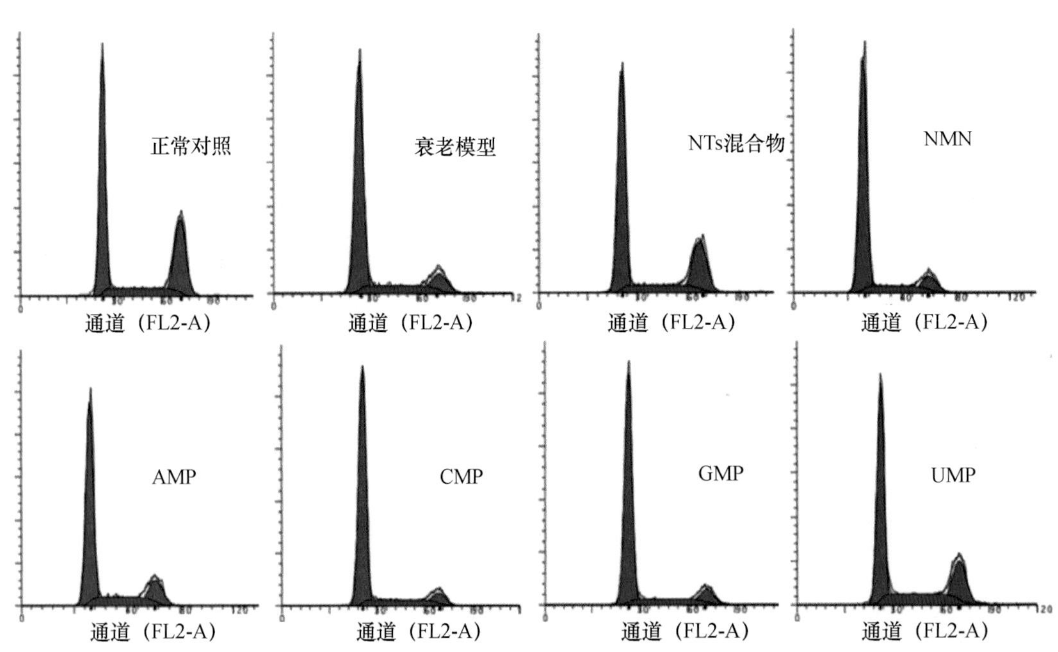

彩图 6-2-3 NTs 对血管内皮细胞周期的影响

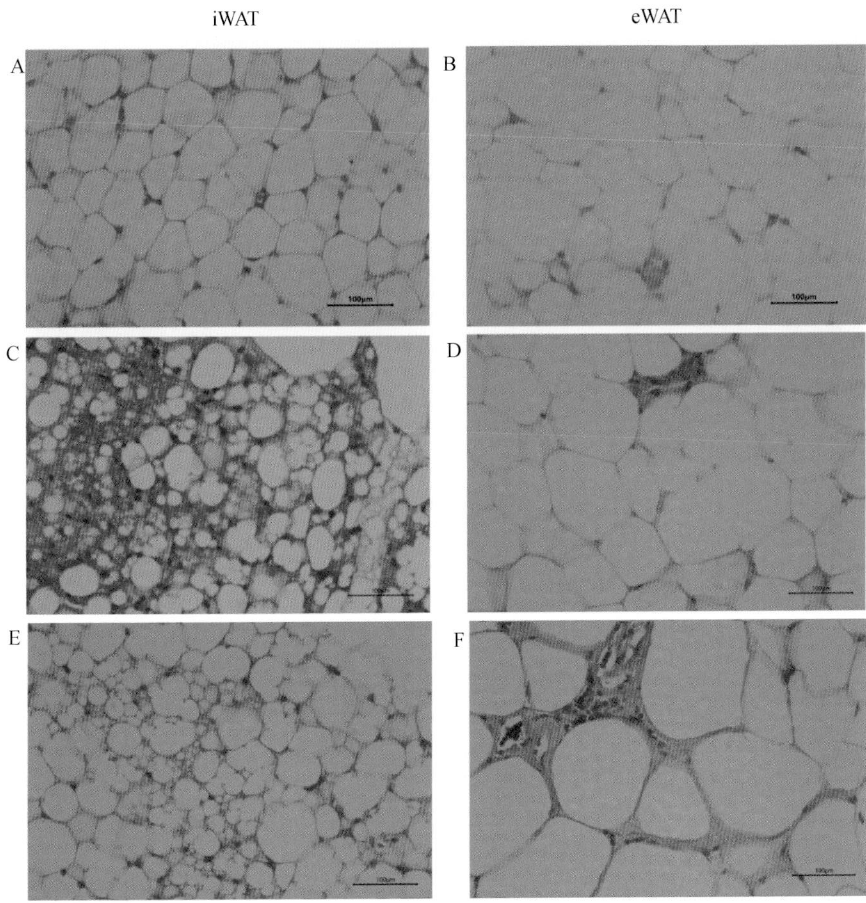

彩图 7-2-3　NTs 对 SAMP8 小鼠 WAT 细胞形态的影响（40×）

注：A、B 为一般对照组，C、D 为模型对照组，E、F 为 NTs 低剂量组。iWAT，腹股沟白色脂肪；eWAT，睾周白色脂肪。放大倍数：400 倍。

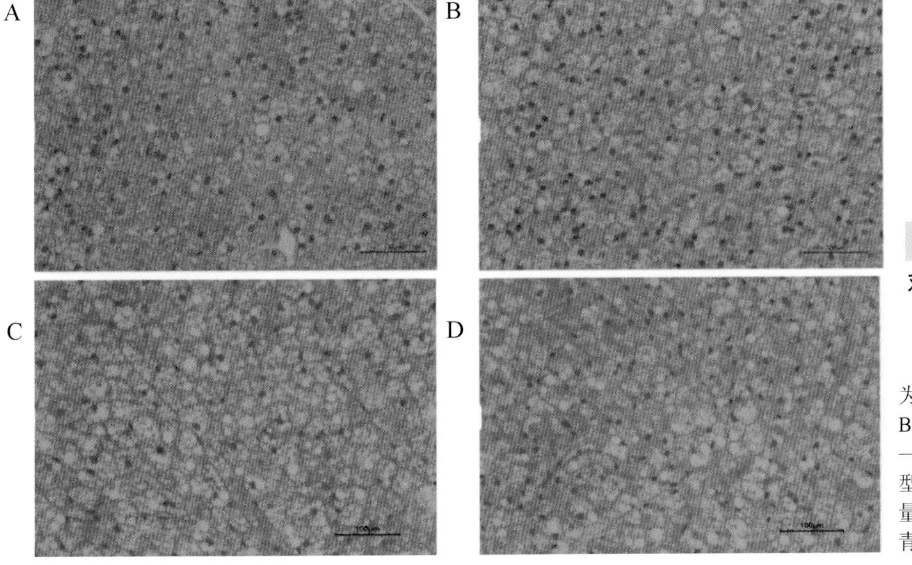

彩图 7-2-7　NTs 对 BAT 细胞形态的影响（40×）

注：如图所示为放大 400 倍后镜下 BAT 细胞形态。A 为一般对照组，B 为模型对照组，C 为低剂量 NTs 干预组，D 为青年对照组。

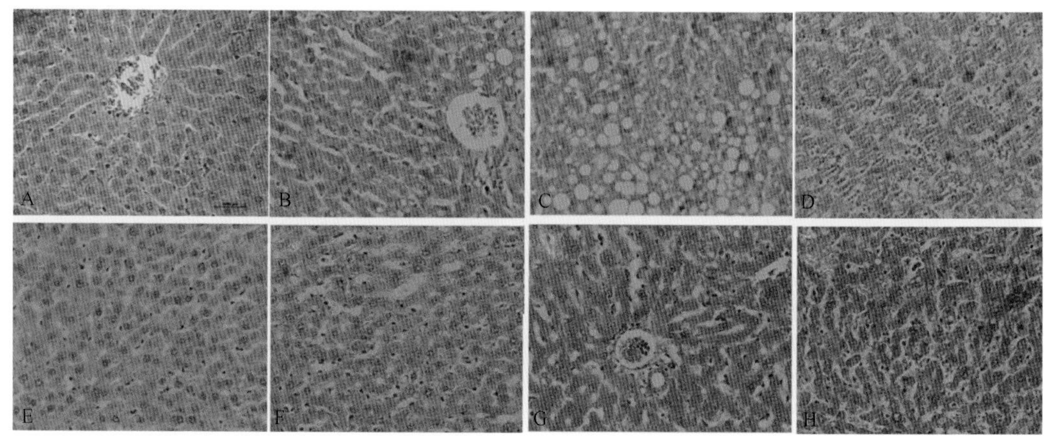

彩图 8-2-1 肝病理（×200）

注：A 为中年对照组；B、C、D 为老年对照组；E、F 为 0.01%NTs 老年组；G、H 为 0.64%NTs 老年组。

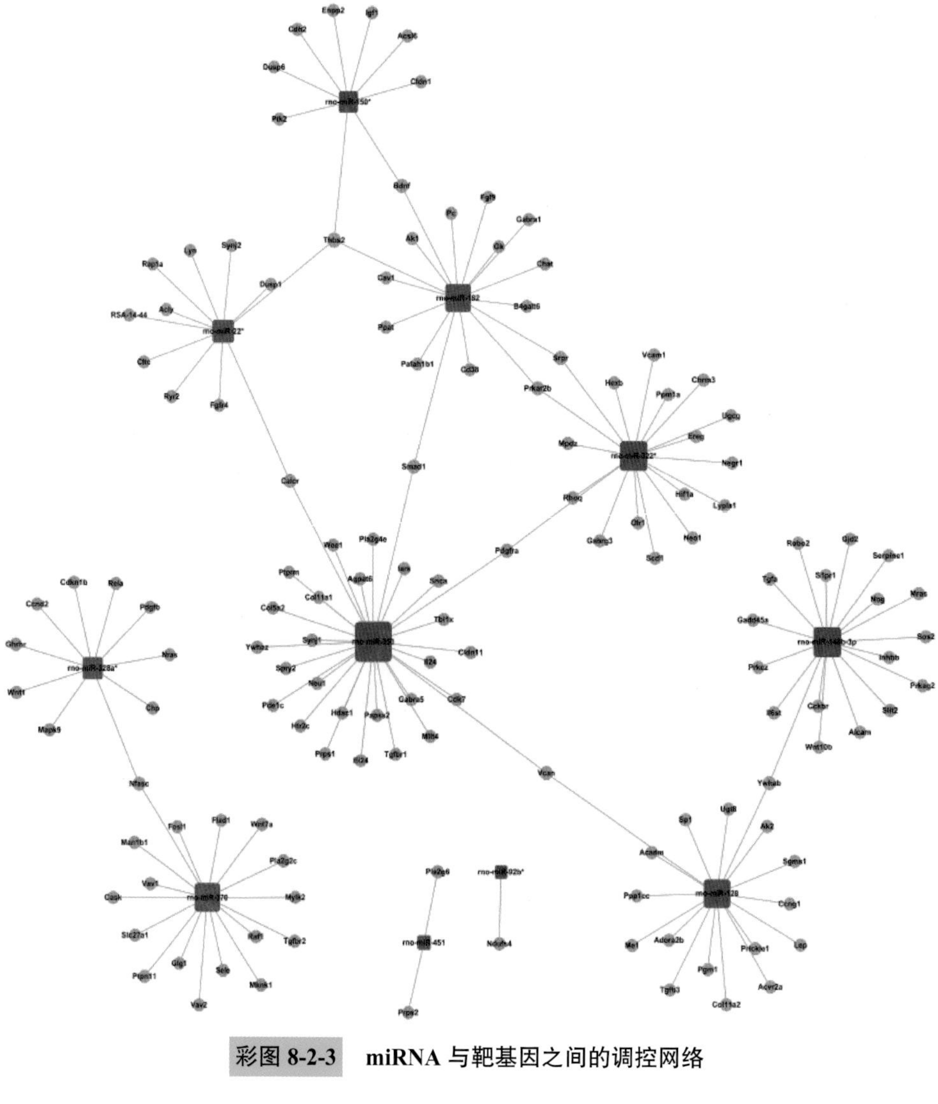

彩图 8-2-3 **miRNA 与靶基因之间的调控网络**

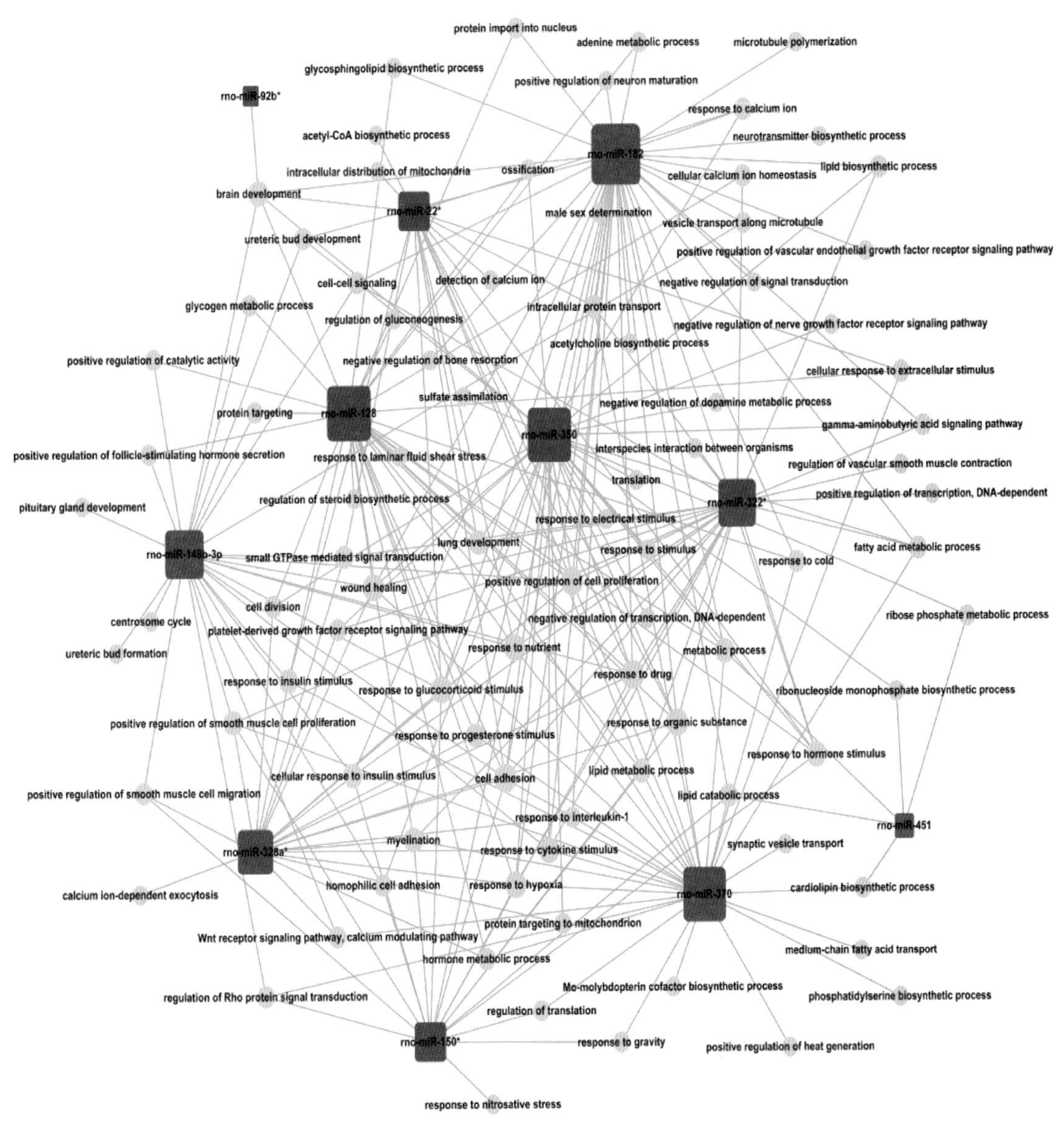

彩图 **8-2-4**　**miRNA** 与调控功能之间的调控网络

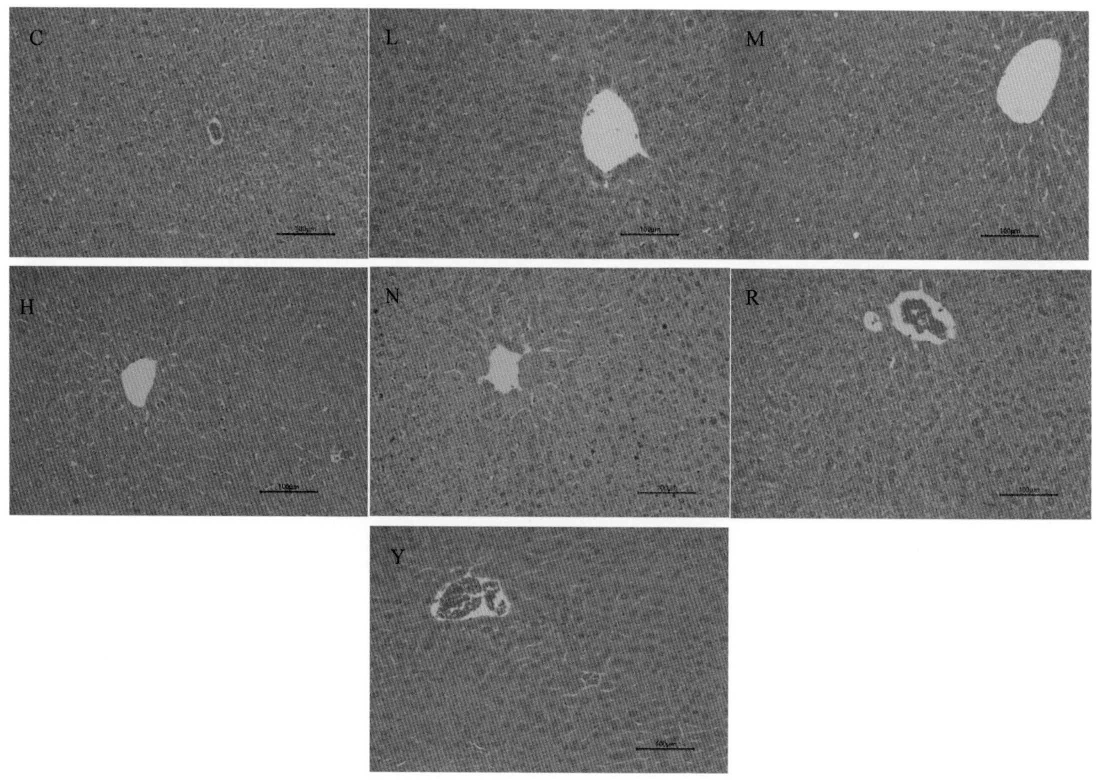

彩图 8-2-7　NTs 对小鼠肝组织病理学的影响（20×）

注：C：正常对照组；L：NTs 低剂量组；M：NTs 中剂量组；H：NTs 高剂量组；N：烟酰胺单核苷酸组；R：SAMR1 组；Y：青年对照组。

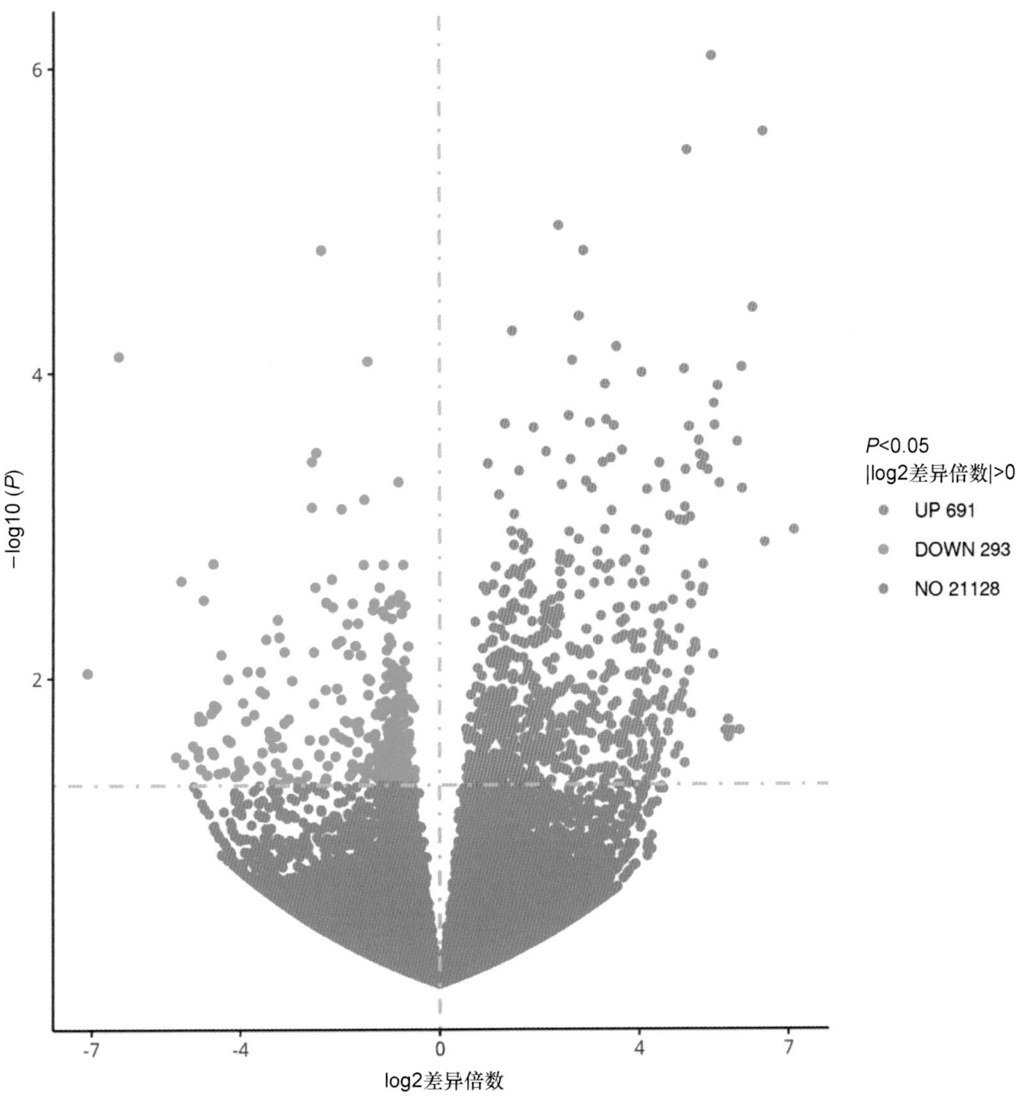

彩图 8-2-15 **NTs** 干预组和正常对照组差异基因火山图

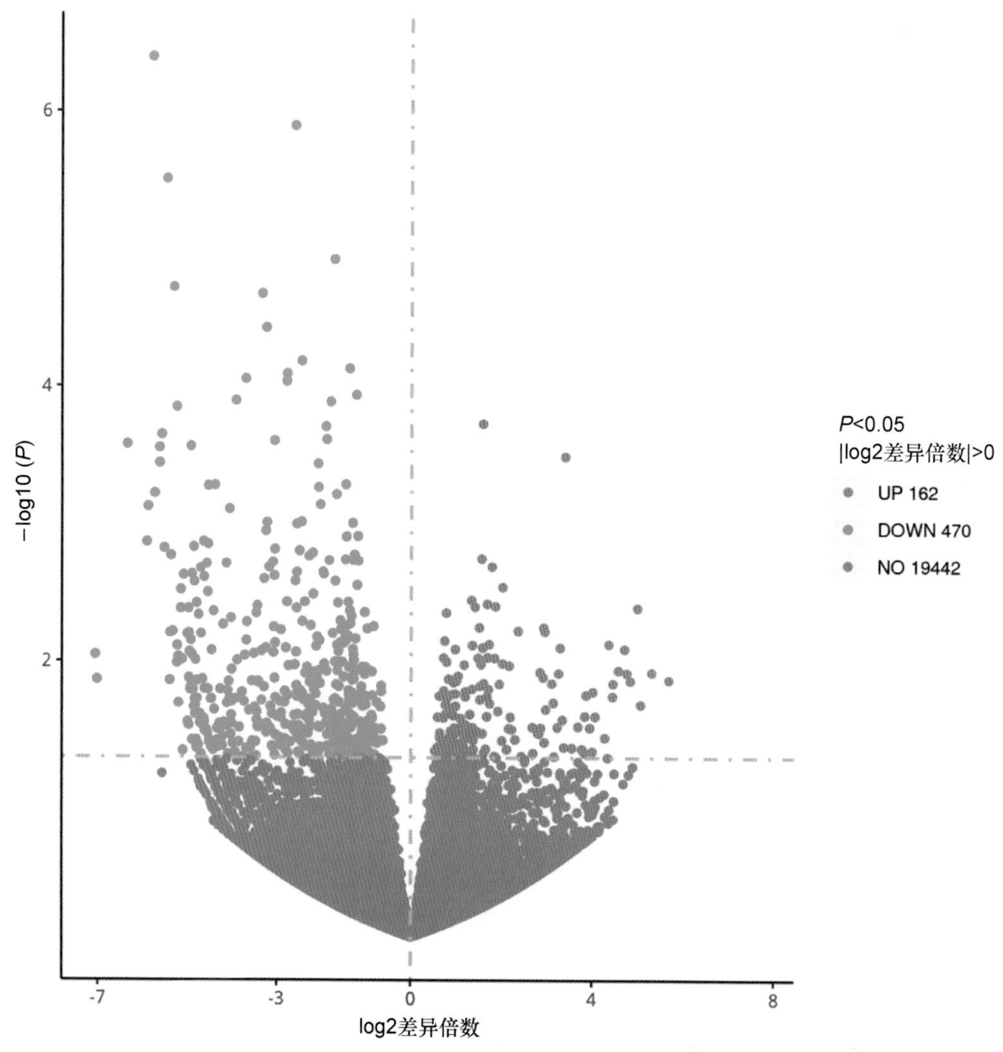

彩图 8-2-16　青年对照组和正常对照组差异基因火山图

注：火山图展示两组比较差异表达基因，红色表示上调趋势的显著性差异表达基因，绿色表示下调趋势的显著性差异表达基因；蓝色表示两组间比较得到的非显著性差异表达基因；Y 轴为－ log10（Pvalue）；X 轴 log2 差异倍数为处理组与对照组基因表达水平的比值，再以 2 为底取对数。

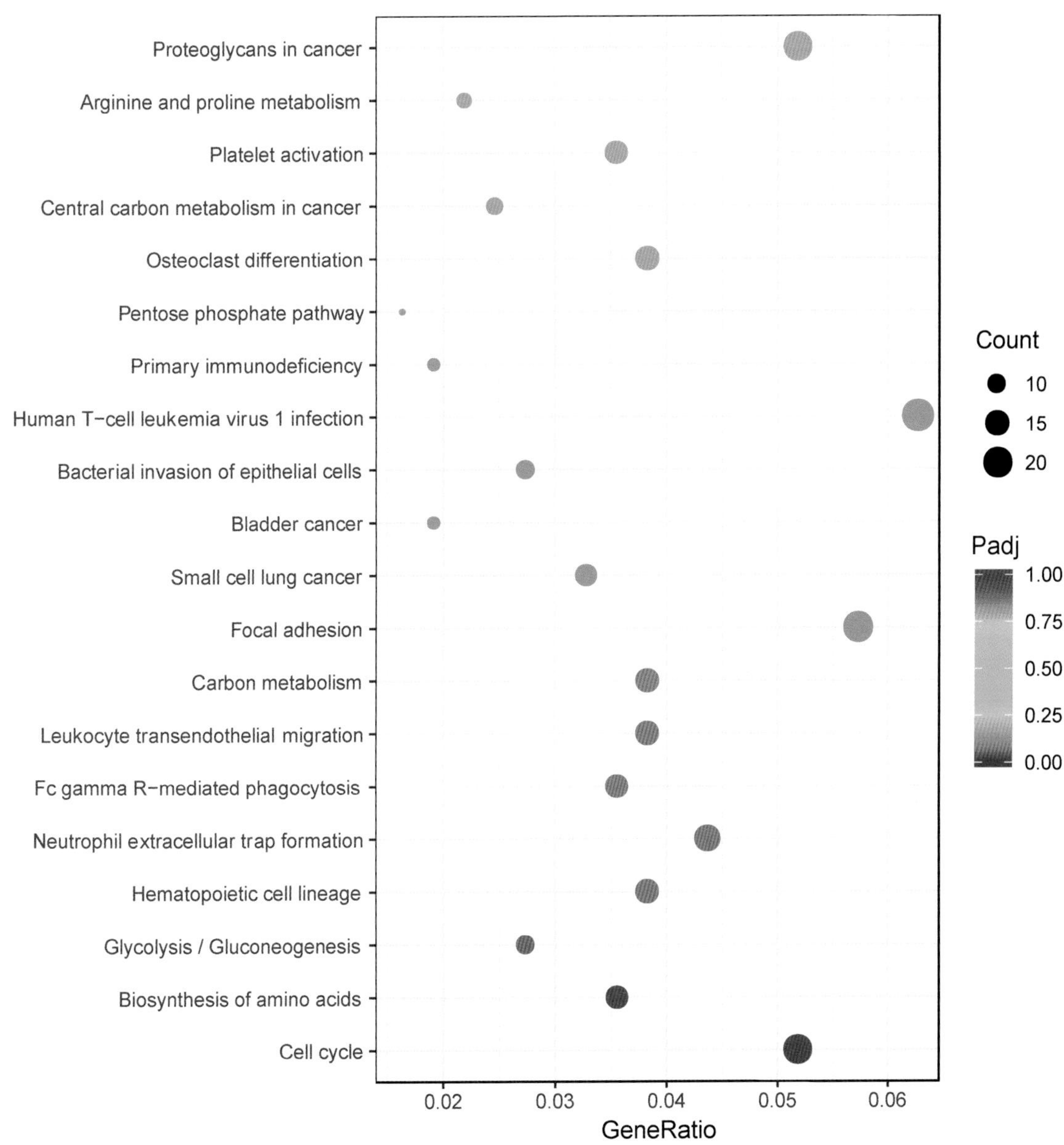

彩图 8-2-24　KEGG 通路富集散点图（NTs 干预组和正常对照组）

注：纵轴为 KEGG 通路编号对应的功能描述，横轴注释到 KEGG 通路编号上的差异基因数与差异基因总数的比值，Padj 为多重假设检验校正后的 *P* 值。

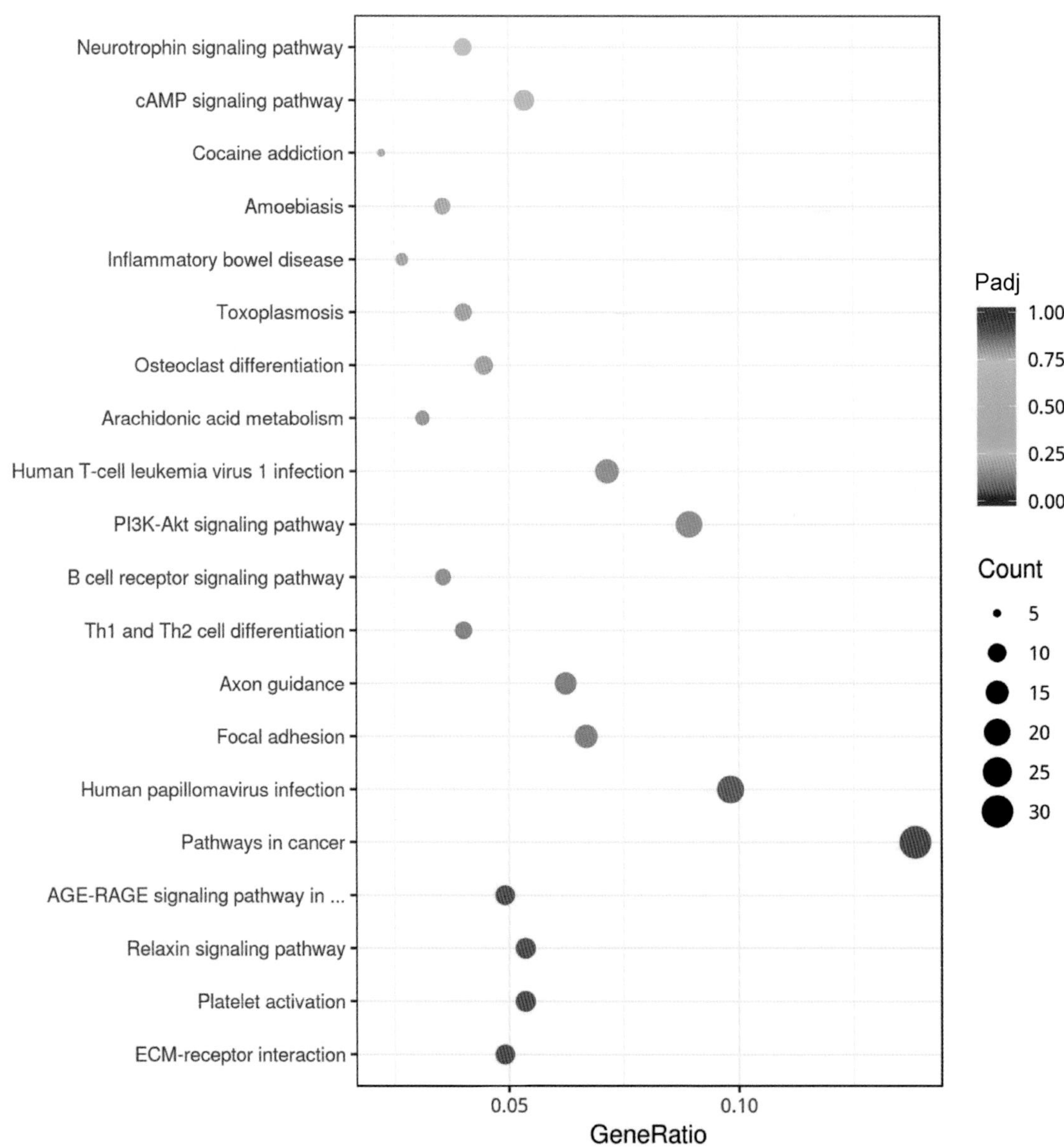

彩图 8-2-25　KEGG 通路富集散点图（青年对照组和正常对照组）

注：纵轴为 KEGG 通路编号对应的功能描述，横轴注释到 KEGG 通路编号上的差异基因数与差异基因总数的比值，Padj 为多重假设检验校正后的 P 值。

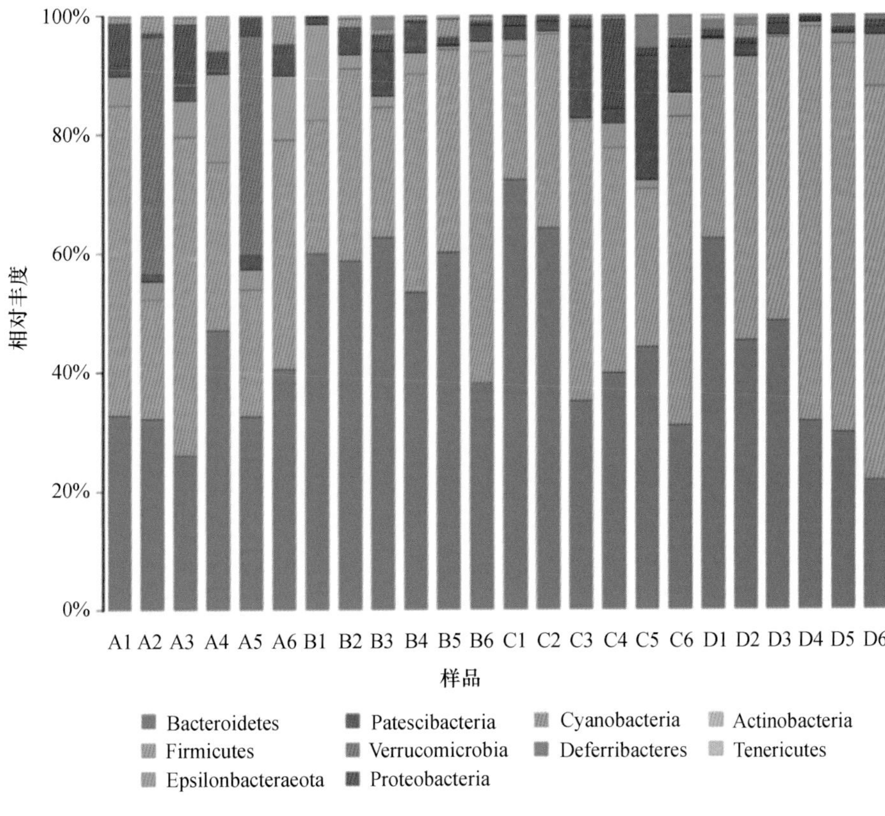

彩图 9-2-2 门水平物种分布柱状图

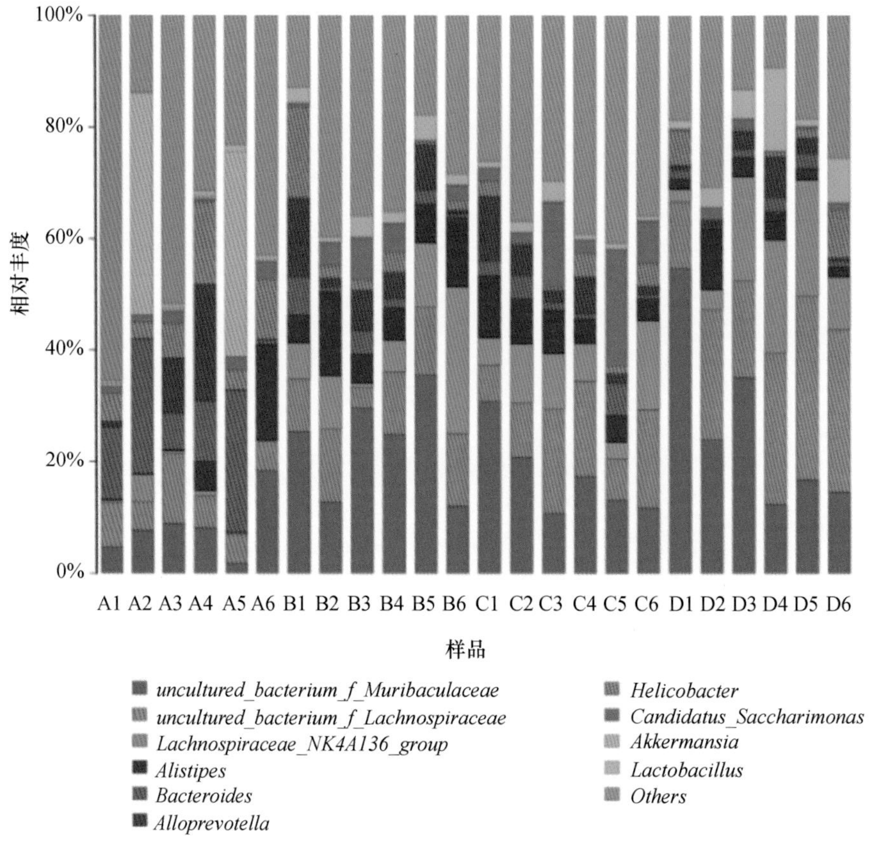

彩图 9-2-3 属水平物种分布柱状图

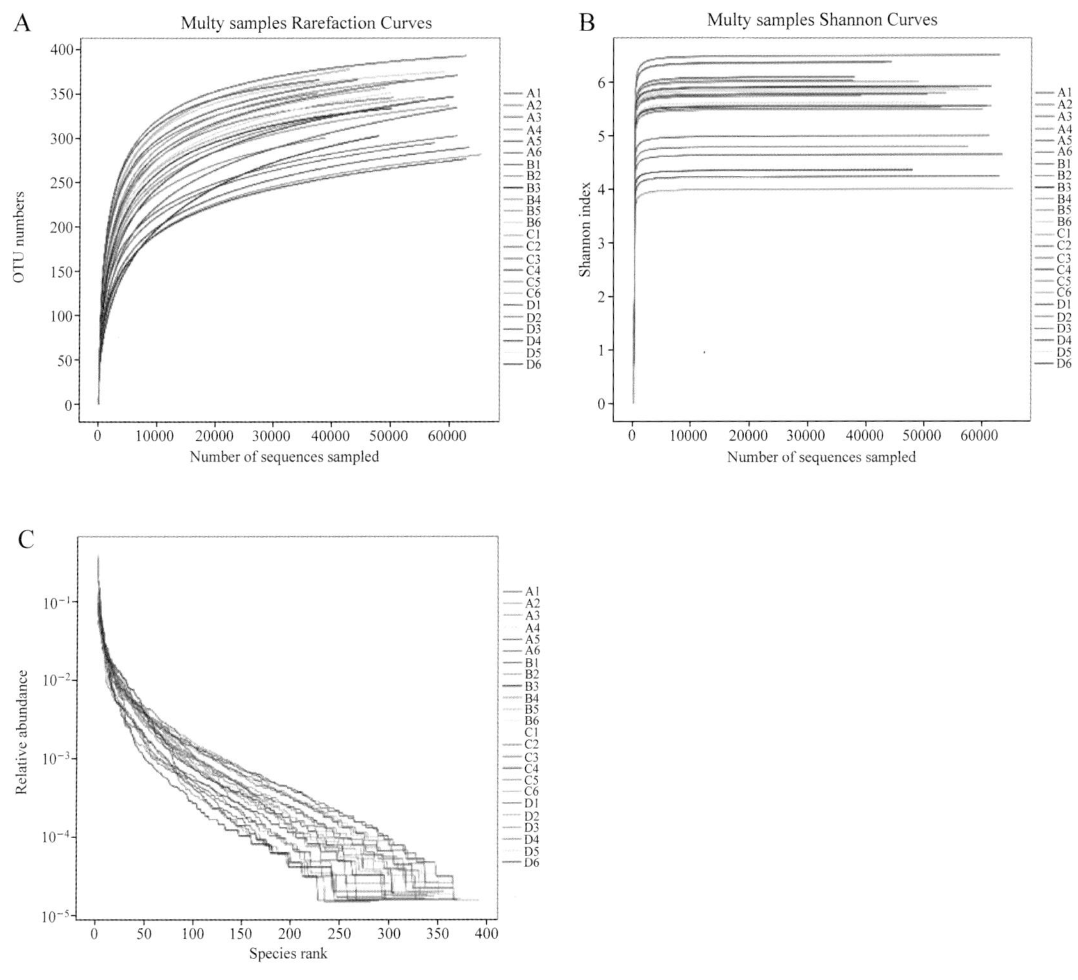

彩图 9-2-5 样品稀释曲线（A）、香农指数曲线（B）以及等级丰度曲线（C）

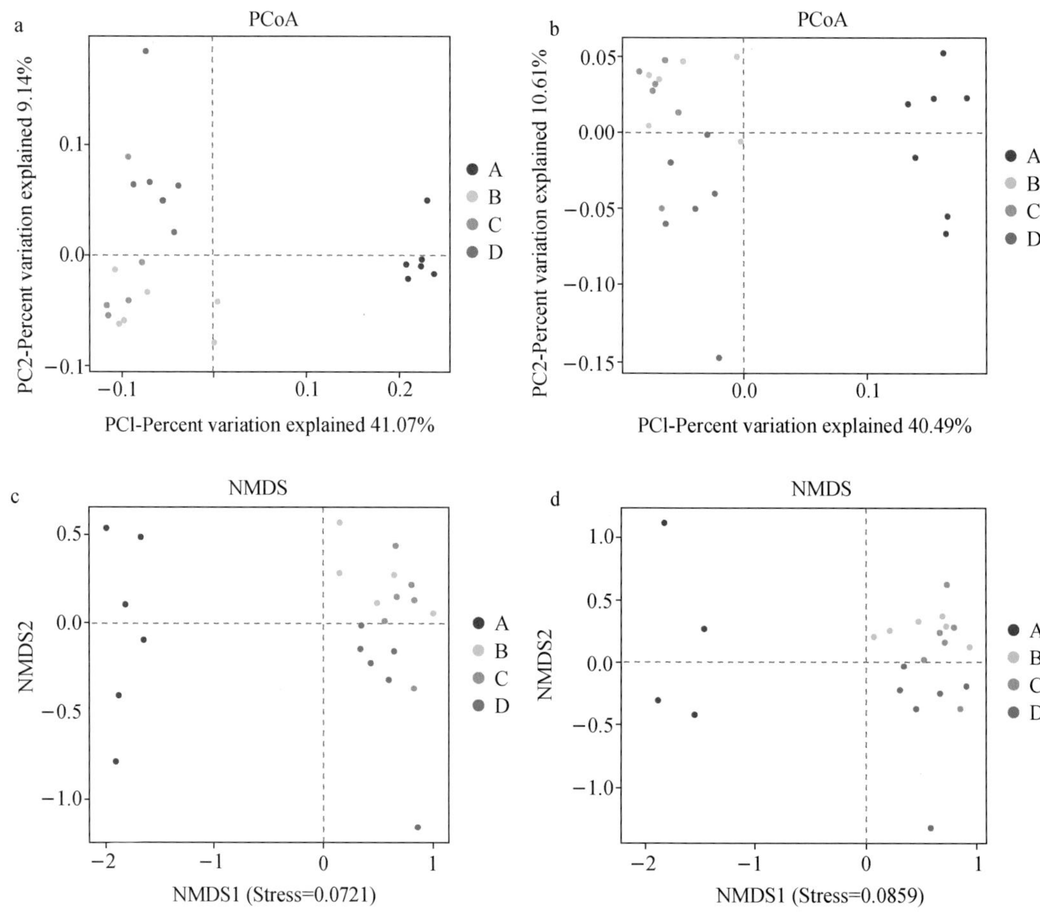

彩图 9-2-6　PCoA 分析图和 NMDS 分析图

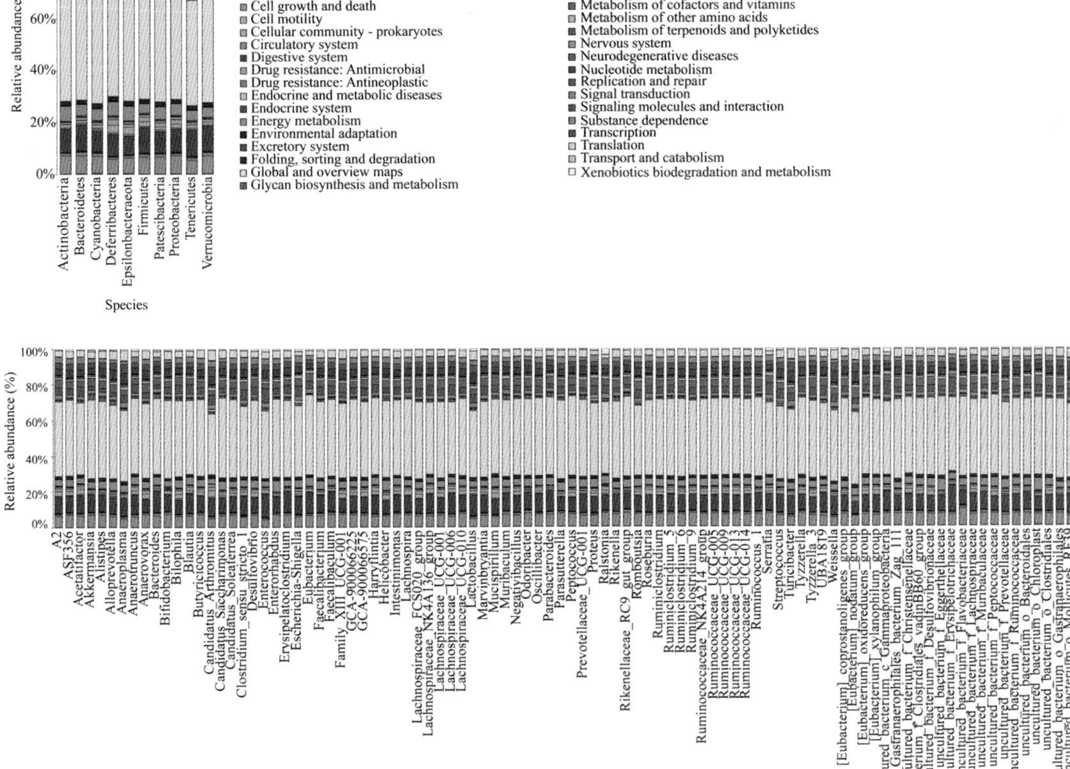

彩图 9-2-7 KEGG 代谢通路柱状图

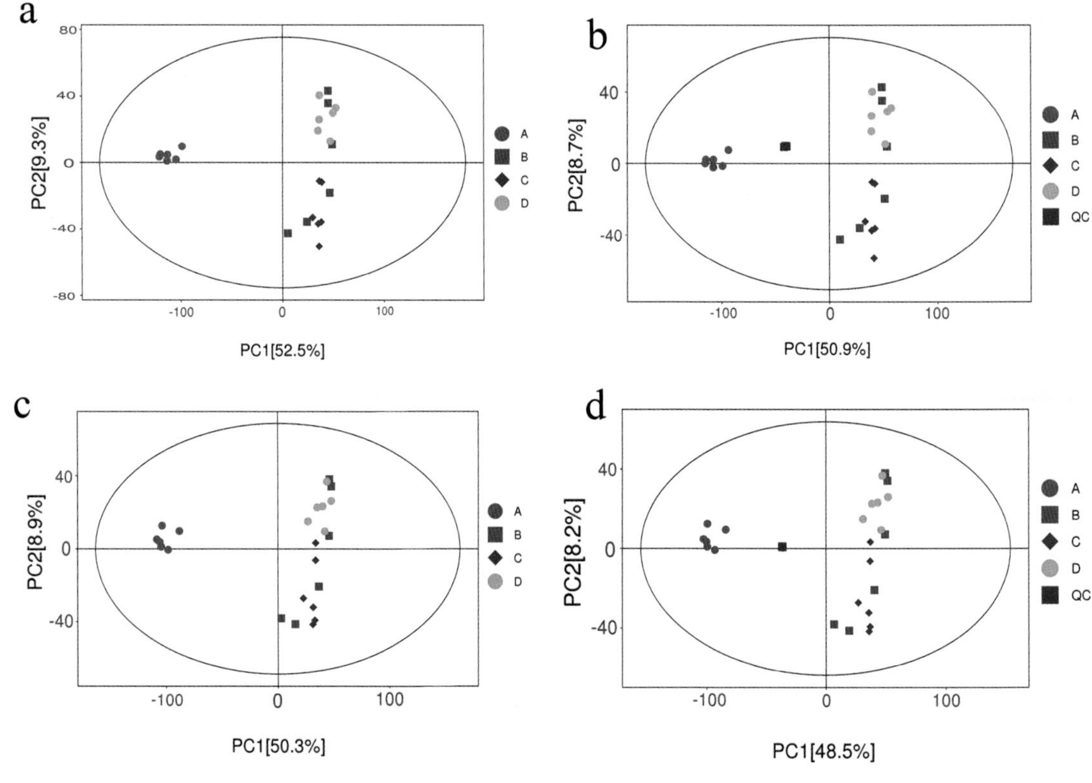

彩图 9-2-9 全部样本（包括 QC 样本）的 PCA 得分散点图

注：图 A，B：正离子模式；图 C，D：负离子模式

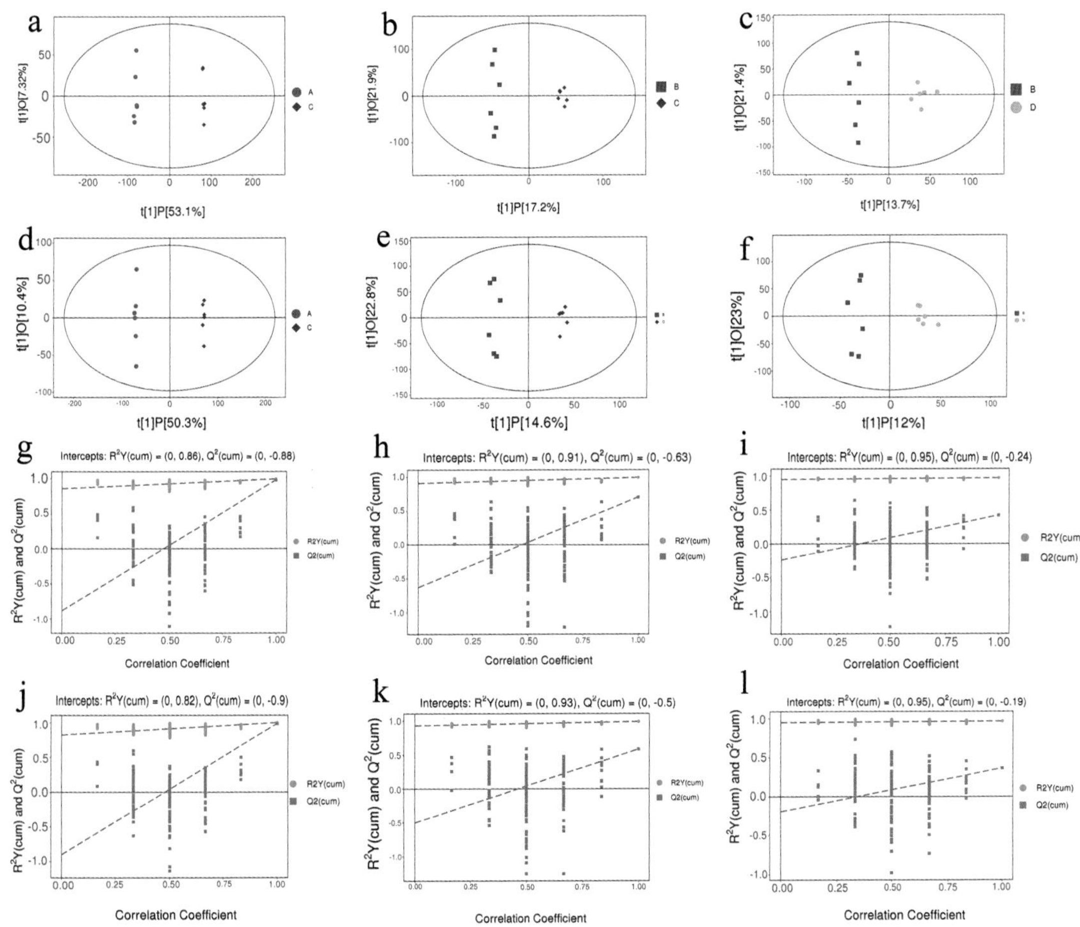

彩图 9-2-10　OPLS-DA 模型得分散点图（A-F）和置换检验结果（G-L）

注：A-C，G-I：正离子模式；D-F，J-L：负离子模式

A，D，G，J：A 组对 C 组；B，E，H，K：B 组对 C 组；C，F，I，L：B 组对 D 组

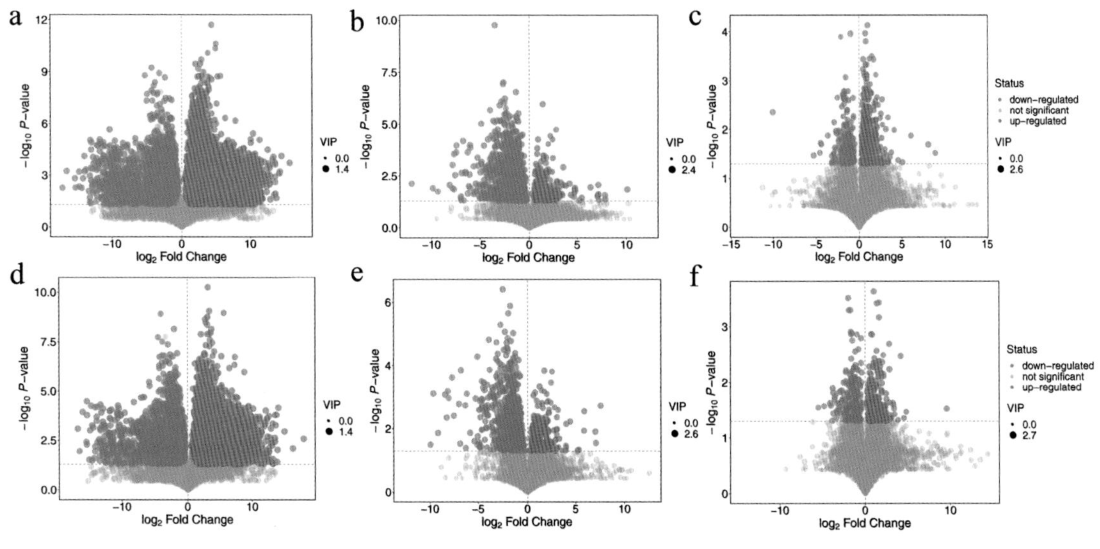

彩图 9-2-11　差异代谢物筛选火山图

注：图 A-C：正离子模式；图 D-F：负离子模式

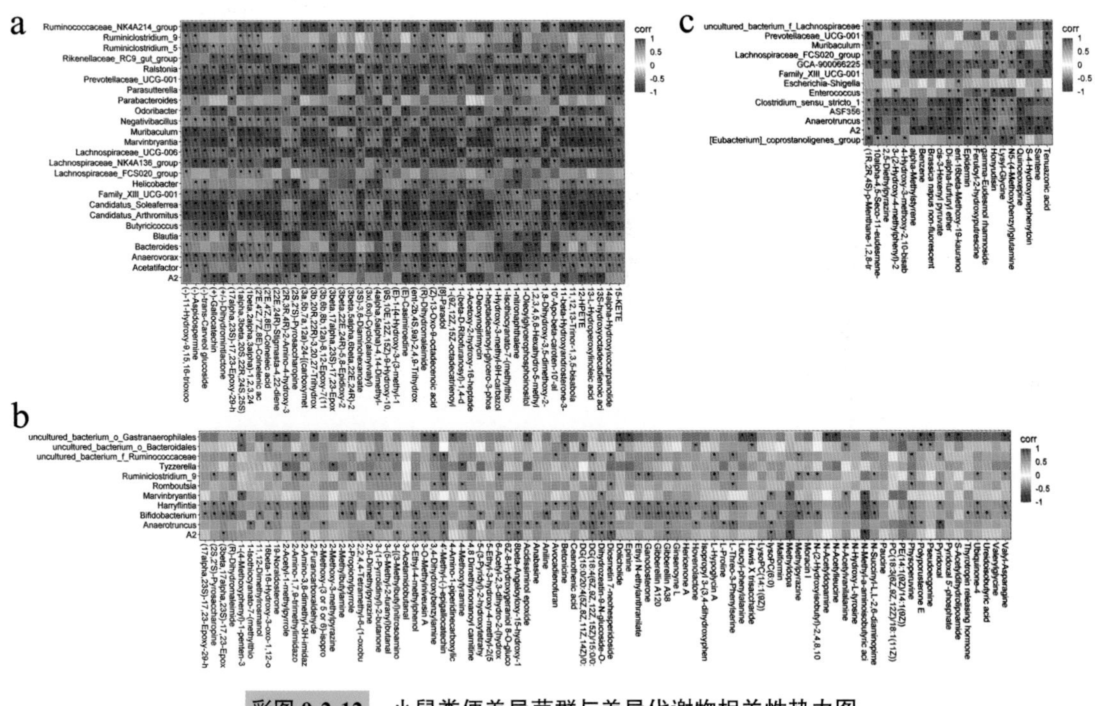

彩图 9-2-12　小鼠粪便差异菌群与差异代谢物相关性热力图

注：图 A：无核苷酸与核苷酸干预组相关性分析结果部分截图；图 B：普通饲料组与核苷酸干预组相关性分析结果；图 C：SAMP8 与 SAMR1 相关性分析结果。

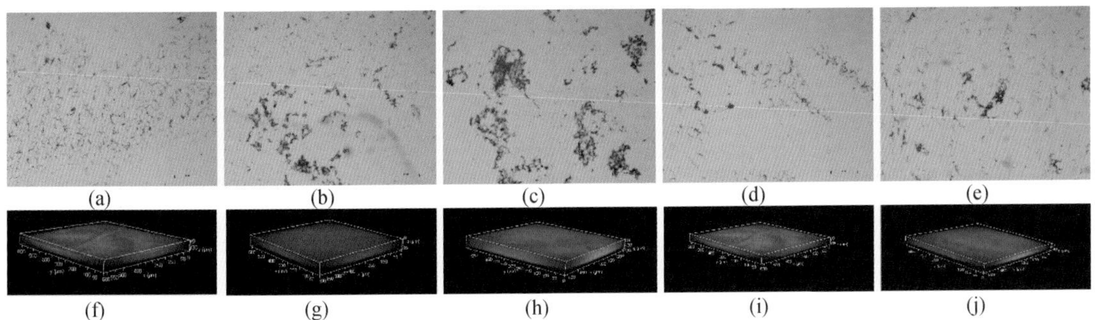

彩图 9-2-14 光学显微镜（a-e）及 CLSM（f-j）观测 NTs 对干酪乳杆菌生物被膜的影响

注：图（a，f）对照；图（b，g）添加 4.0% 5′-CMP；图（c，h）添加 4.0% 5′-AMP；图（d，i）添加 4.0% 5′-$GMPNa_2$；图（e，j）添加 4.0% 5′-$UMPNa_2$

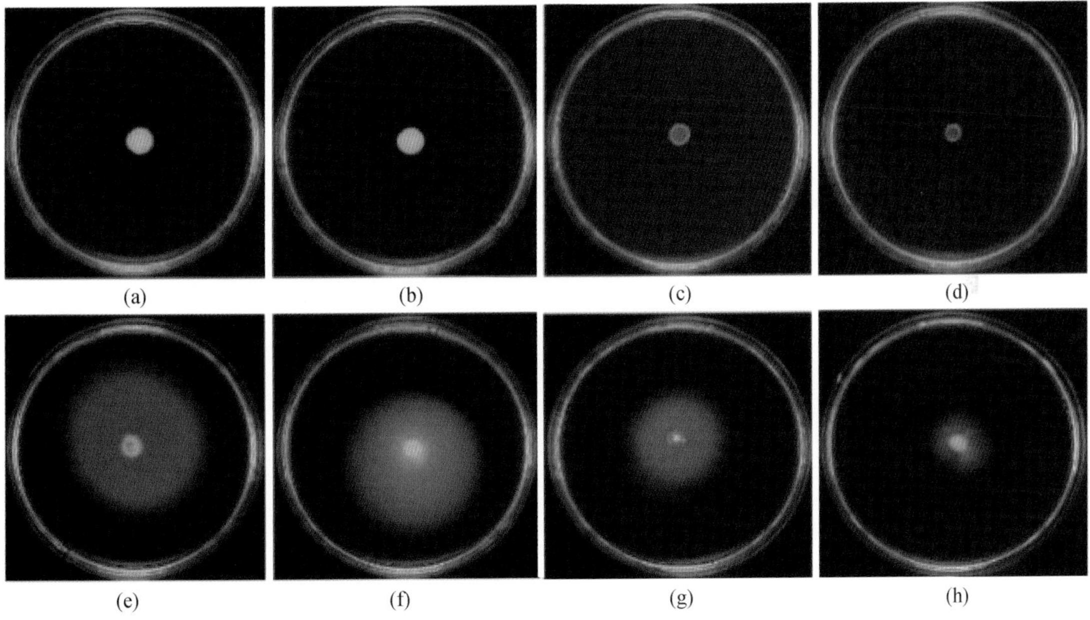

彩图 9-2-21 NTs 对干酪乳杆菌粗提物拮抗肠沙门菌群集性（a ～ d）和泳动性（e ～ h）的影响

注：图（a，e）肠沙门菌；图（b，f）添加 NTs；图（c，g）肠沙门菌添加干酪乳杆菌粗提物；图（d，h）添加 NTs 的干酪乳杆菌粗提物

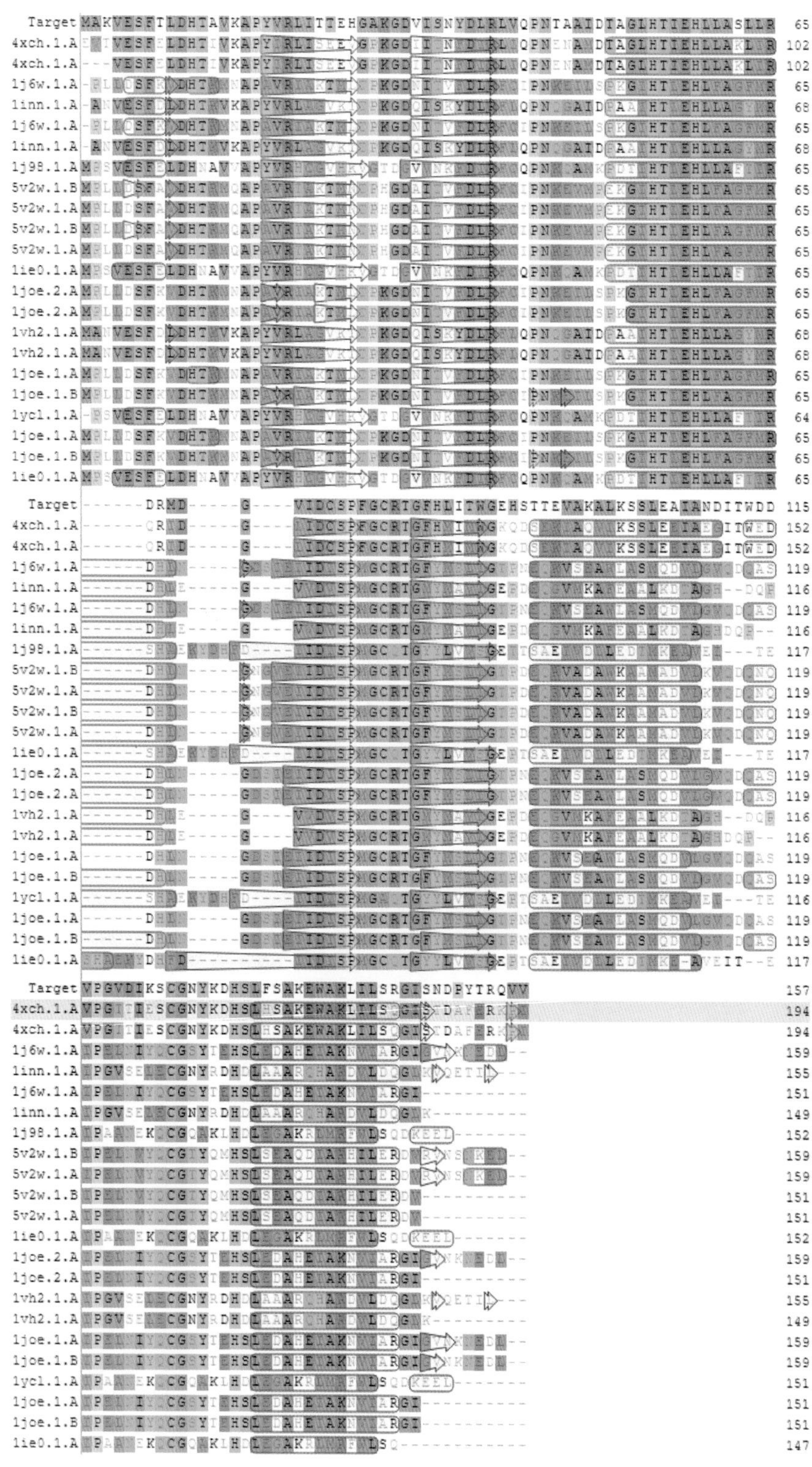

彩图 9-2-26　干酪乳杆菌的 LuxS 蛋白序列比对结果

彩表 9-2-6　干酪乳杆菌的 LuxS 蛋白的三维结构及描述

模板	描述	GMQE	QSQE	Identity（%）	模型
4xch.1.A	S-ribosylhomocysteine lyase S-ribosylhomocysteinase from *Streptococcus suis*	0.93	0.59	68.83	
1inn.1.A	Autoinducer-2 production protein（LuxS） Crystal structure of D. radiodurans LuxS，p21	0.83	0.75	48.34	
1vh2.1.A	S-ribosylhomocysteinase Crystal structure of a autoinducer-2 synthesis protein	0.81	—	48.68	
5v2w.1.B	S-ribosylhomocysteine lyase Crystal structure of a LuxS from *Salmonella typhi*	0.79	0.75	36.13	
5v2w.1.A	S-ribosylhomocysteine lyase Crystal structure of a LuxS from *Salmonella typhi*	0.78	0.75	36.13	
1j6w.1.A	Autoinducer-2 production protein（LuxS） Crystal structure of haemophilus influenzae LuxS	0.78	0.81	37.66	
1joe.2.A	Autoinducer-2 production protein Crystal structure of autoinducer-2 production protein（LuxS）from *Haemophilus influenzae*	0.75	0.72	38.06	
1j98.1.A	Autoinducer-2 production protein（LuxS） The 1.2 angstrom structure of *Bacillus subtilis* LuxS	0.74	0.81	36.73	
1ie0.1.A	Autoinducer-2 production protein（LuxS） Crystal structure of Luxs	0.74	0.74	36.73	
1joe.2.A	Autoinducer-2 production protein Crystal structure of autoinducer-2 production protein（LuxS）from *Haemophilus influenzae*	0.74	0.70	40.14	

续表

模板	描述	GMQE	QSQE	Identity（%）	模型
1joe.1.A	Autoinducer-2 production protein Crystal structure of autoinducer-2 production protein（LuxS）from *Haemophilus influenzae*	0.73	0.78	38.06	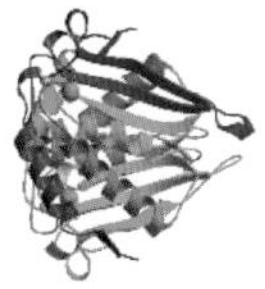
1ie0.1.A	Autoinducer-2 production protein（LuxS） Crystal structure of Luxs	0.73	0.73	41.84	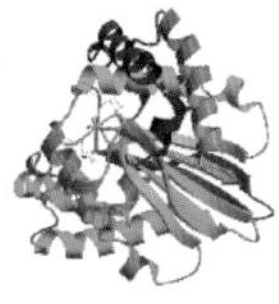
1ycl.1.A	S-ribosylhomocysteinase Crystal structure of *B. subtilis* luxS in complex with a catalytic 2-ketone intermediate	0.73	0.76	35.62	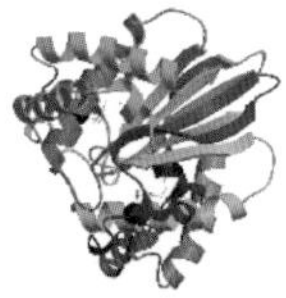
1joe.1.A	Autoinducer-2 production protein Crystal structure of autoinducer-2 production protein（LuxS）from *Haemophilus influenzae*	0.72	0.76	40.14	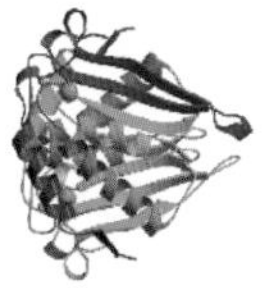
1joe.1.B	Autoinducer-2 production protein Crystal structure of autoinducer-2 production protein（LuxS）from *Haemophilus influenzae*	0.72	0.78	38.06	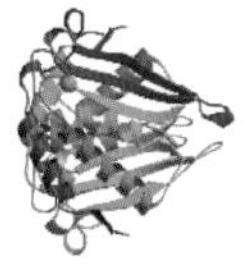

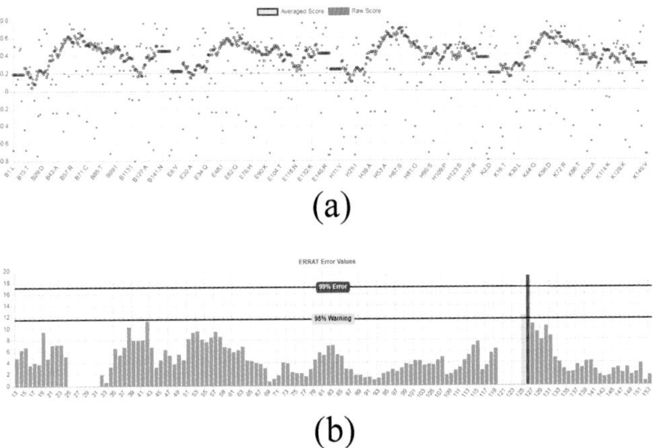

(a)

(b)

PROCHECK

Ramachandran Plot

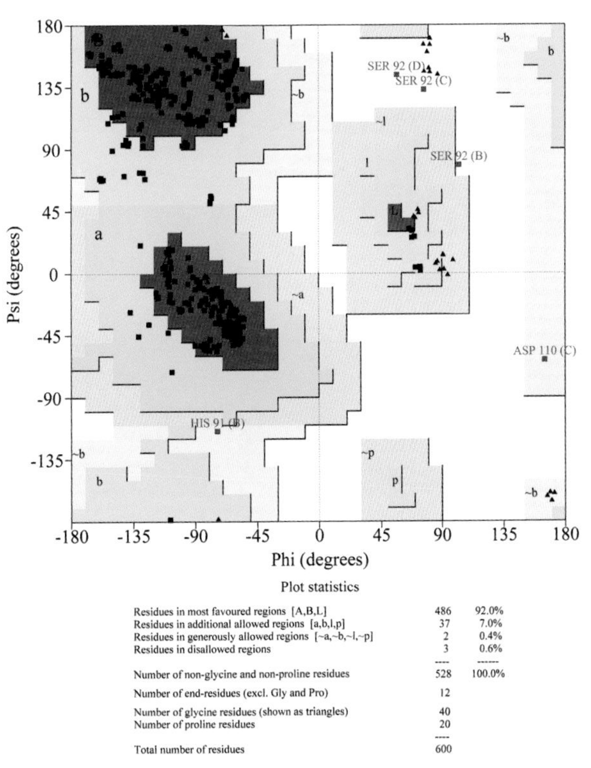

(c)

彩图 9-2-27　干酪乳杆菌的 LuxS 蛋白模型质量评价结果

注：(a) verify 3d 结果；(b) ERRAT 结果；(c) 拉氏构象图

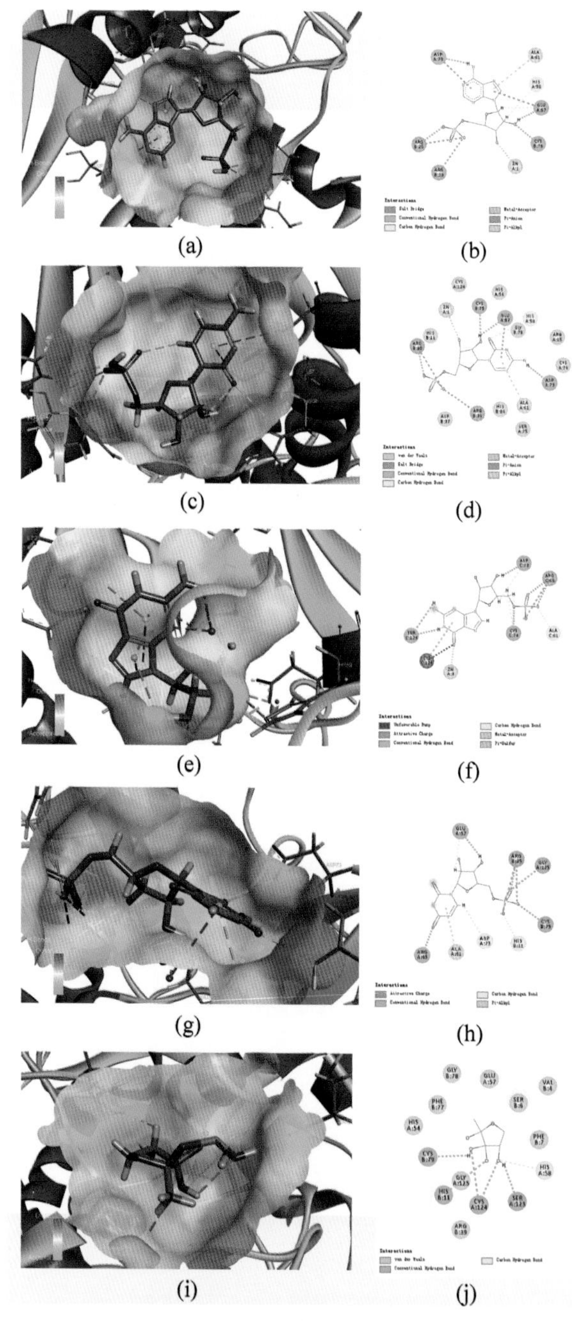

彩图 9-2-28　配体-受体蛋白相互作用图

注：(a，c，e，g，i)：5′-AMP、5′-CMP、5′-GMPNa$_2$、5′-UMPNa$_2$ 以及 AI-2 与干酪乳杆菌 LuxS 受体蛋白活性部位的氨基酸的相互作用；(b，d，f，h，j)：5′-AMP、5′-CMP、5′-GMPNa$_2$、5′-UMPNa$_2$ 以及 AI-2 与 LuxS 受体蛋白相互作用二维图

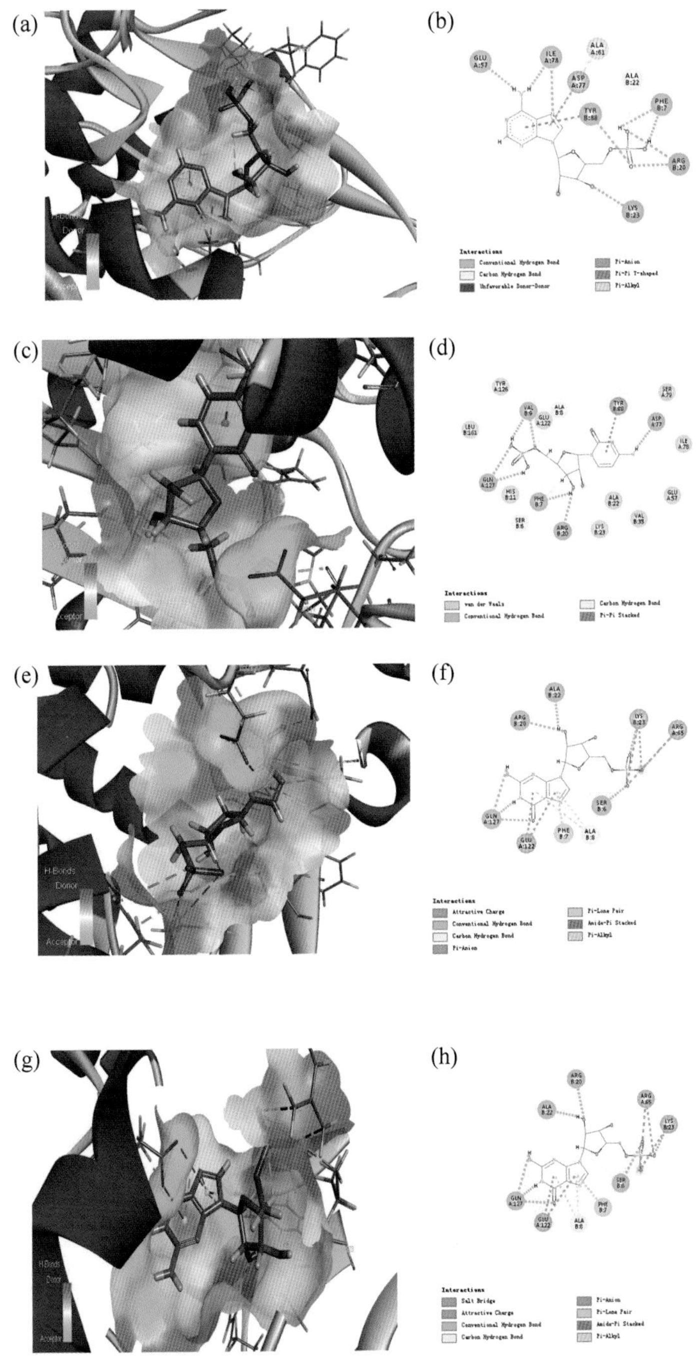

彩图 9-2-29 配体–受体蛋白相互作用图

注：(a，c，e，g)：5′-AMP、5′-CMP、5′-$GMPNa_2$、5′-$UMPNa_2$ 与肠沙门菌 LuxS 受体蛋白活性部位的氨基酸的相互作用；(b，d，f，h)：5′-AMP、5′-CMP、5′-$GMPNa_2$、5′-$UMPNa_2$ 与 LuxS 受体蛋白相互作用二维图

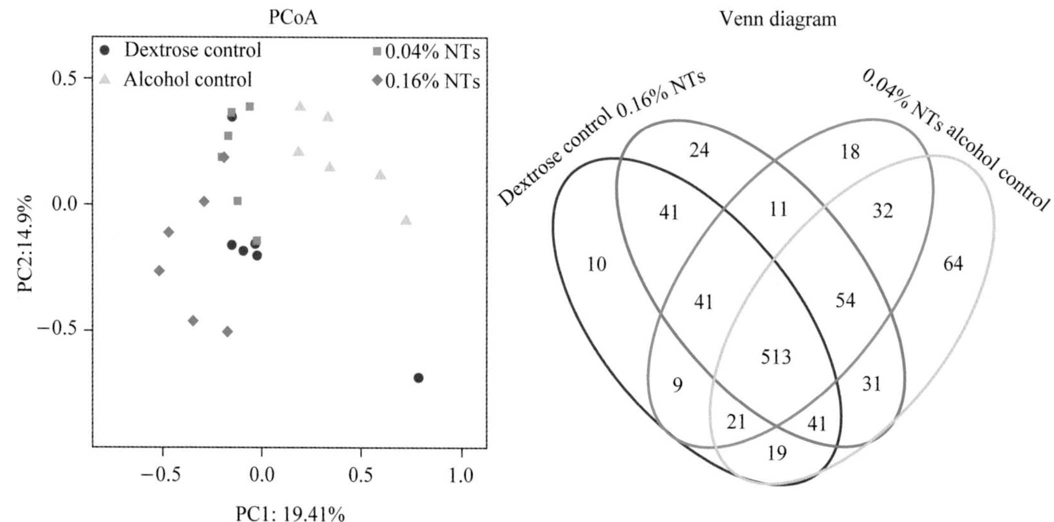

彩图 9-2-33　NTs 对各组大鼠肠道菌群整体结构的影响（$n = 6$）

注：左图是主成分分析图，横坐标，主成分 1 解释 19.41% 变异，纵坐标，主成分 2，解释 14.9% 变异。右图，韦恩图，其中，红色表示葡萄糖对照组；绿色表示 0.16%NTs 干预组；蓝色表示 0.04%NTs 干预组；黄色表示乙醇对照组。